国家出版基金项目
NATIONAL PUBLICATION FOUNDATION

中国蝗灾发生防治史

第三卷

分省蝗灾史志

朱恩林　主编

中国农业出版社
北　京

总　目

序

前言

第一卷　中国历代蝗灾发生防治概论

第一章　历史蝗灾发生概况

第二章　历史蝗灾发生统计与危害影响

第三章　对蝗虫的认识与研究简史

第四章　历代蝗灾应对措施

第五章　蝗虫文化与人物

第六章　古代治蝗书籍史料荟萃

第七章　近代治蝗书籍史料集要

附录一　新中国成立以来蝗虫防治有关领导
　　　　讲话报告选编

附录二　新中国成立以来蝗虫防治工作部
　　　　署文件选编

附录三　2000—2019 年中国与哈萨克斯坦
　　　　治蝗合作活动实录

附录四　农业部表彰全国治蝗先进集体和
　　　　先进工作者名单

附录五　中国蝗虫词汇 100 例

附录六　蝗灾相关难检字表

附录七　二十五史蝗灾记载勘误

第二卷　中国蝗灾史编年

第一章　唐前时期蝗灾

第二章　唐代（含五代十国）蝗灾

第三章　宋代（含辽、金）蝗灾

第四章　元代蝗灾

第五章　明代蝗灾

第六章　清代蝗灾

第七章　民国时期蝗灾

第八章　中华人民共和国时期蝗灾

第九章　正史中的蝗灾叙录

第十章　其他史书史料中的蝗灾叙录

第三卷　分省蝗灾史志

第一章　山东省历史蝗灾

第二章　河北省历史蝗灾

第三章　河南省历史蝗灾

第四章　江苏省历史蝗灾

第五章　安徽省历史蝗灾

第六章　陕西省历史蝗灾

第七章　山西省历史蝗灾

第八章　浙江省历史蝗灾

第九章　北京市历史蝗灾

第十章　天津市历史蝗灾

第十一章　湖北省历史蝗灾

第十二章　广东省历史蝗灾

第十三章　湖南省历史蝗灾

第十四章　甘肃省历史蝗灾

第十五章　江西省历史蝗灾

第十六章　广西壮族自治区历史蝗灾

第十七章　辽宁省历史蝗灾

第十八章　上海市历史蝗灾

第十九章　新疆维吾尔自治区历史蝗灾

第二十章　福建省历史蝗灾

第二十一章　海南省历史蝗灾

第二十二章　内蒙古自治区历史蝗灾

第二十三章　贵州省历史蝗灾

第二十四章　西藏自治区历史蝗灾

第二十五章　其他省（区、市）历史蝗灾

第四卷　地方志蝗灾集成

第一章　山东省地方志中的蝗灾记载

第二章　河北省地方志中的蝗灾记载

第三章　河南省地方志中的蝗灾记载

第四章　江苏省地方志中的蝗灾记载

第五章　安徽省地方志中的蝗灾记载

第六章　陕西省地方志中的蝗灾记载

第七章　山西省地方志中的蝗灾记载

第八章　浙江省地方志中的蝗灾记载

第九章　北京市地方志中的蝗灾记载

第十章　天津市地方志中的蝗灾记载

第十一章　湖北省地方志中的蝗灾记载

第十二章　广东省地方志中的蝗灾记载

第十三章　江西省地方志中的蝗灾记载

第十四章　湖南省地方志中的蝗灾记载

第十五章　甘肃省地方志中的蝗灾记载

第十六章　广西壮族自治区地方志中的蝗灾记载

第十七章　辽宁省地方志中的蝗灾记载

第十八章　新疆维吾尔自治区地方志中的蝗灾记载

第十九章　上海市地方志中的蝗灾记载

第二十章　福建省地方志中的蝗灾记载

第二十一章　贵州省地方志中的蝗灾记载

第二十二章　重庆市地方志中的蝗灾记载

第二十三章　海南省地方志中的蝗灾记载

第二十四章　宁夏回族自治区地方志中的蝗灾记载

第二十五章　其他省（区）地方志中的蝗灾记载

参考文献

后记

目录

第一章　山东省历史蝗灾

一、唐前时期蝗灾 …………………………………………………………… 1

二、唐代（含五代十国）蝗灾 …………………………………………… 10

三、宋代（含辽、金）蝗灾 ……………………………………………… 20

四、元代蝗灾 ………………………………………………………………… 30

五、明代蝗灾 ………………………………………………………………… 47

六、清代蝗灾 ………………………………………………………………… 92

七、民国时期蝗灾 ………………………………………………………… 134

第二章　河北省历史蝗灾

一、唐前时期蝗灾 ………………………………………………………… 150

二、唐代（含五代十国）蝗灾 …………………………………………… 160

三、宋代（含辽、金）蝗灾 ……………………………………………… 167

四、元代蝗灾 ………………………………………………………………… 178

五、明代蝗灾 ………………………………………………………………… 194

六、清代蝗灾 ………………………………………………………………… 232

七、民国时期蝗灾 ………………………………………………………… 267

第三章 河南省历史蝗灾

一、唐前时期蝗灾 ………………………………………………… 284
二、唐代（含五代十国）蝗灾 …………………………………… 293
三、宋代（含辽、金）蝗灾 ……………………………………… 304
四、元代蝗灾 ……………………………………………………… 318
五、明代蝗灾 ……………………………………………………… 334
六、清代蝗灾 ……………………………………………………… 379
七、民国时期蝗灾 ………………………………………………… 415

第四章 江苏省历史蝗灾

一、唐前时期蝗灾 ………………………………………………… 437
二、唐代（含五代十国）蝗灾 …………………………………… 440
三、宋代（含辽、金）蝗灾 ……………………………………… 443
四、元代蝗灾 ……………………………………………………… 453
五、明代蝗灾 ……………………………………………………… 458
六、清代蝗灾 ……………………………………………………… 485
七、民国时期蝗灾 ………………………………………………… 512

第五章 安徽省历史蝗灾

一、唐前时期蝗灾 ………………………………………………… 522
二、唐代（含五代十国）蝗灾 …………………………………… 524
三、宋代（含辽、金）蝗灾 ……………………………………… 526
四、元代蝗灾 ……………………………………………………… 532
五、明代蝗灾 ……………………………………………………… 536
六、清代蝗灾 ……………………………………………………… 553
七、民国时期蝗灾 ………………………………………………… 574

第六章　陕西省历史蝗灾

一、唐前时期蝗灾 ……………………………………………………… 580

二、唐代（含五代十国）蝗灾 ………………………………………… 587

三、宋代（含辽、金）蝗灾 …………………………………………… 594

四、元代蝗灾 …………………………………………………………… 597

五、明代蝗灾 …………………………………………………………… 600

六、清代蝗灾 …………………………………………………………… 613

七、民国时期蝗灾 ……………………………………………………… 623

第七章　山西省历史蝗灾

一、唐前时期蝗灾 ……………………………………………………… 630

二、唐代（含五代十国）蝗灾 ………………………………………… 633

三、宋代（含辽、金）蝗灾 …………………………………………… 636

四、元代蝗灾 …………………………………………………………… 639

五、明代蝗灾 …………………………………………………………… 645

六、清代蝗灾 …………………………………………………………… 661

七、民国时期蝗灾 ……………………………………………………… 677

第八章　浙江省历史蝗灾

一、唐前时期蝗灾 ……………………………………………………… 683

二、唐代（含五代十国）蝗灾 ………………………………………… 684

三、宋代（含辽、金）蝗灾 …………………………………………… 685

四、元代蝗灾 …………………………………………………………… 695

五、明代蝗灾 …………………………………………………………… 697

六、清代蝗灾 …………………………………………………………… 708

七、民国时期蝗灾 ……………………………………………………… 716

第九章 北京市历史蝗灾

一、唐前时期蝗灾 ………………………………………………… 720

二、唐代（含五代十国）蝗灾 …………………………………… 721

三、宋代（含辽、金）蝗灾 ……………………………………… 722

四、元代蝗灾 ……………………………………………………… 725

五、明代蝗灾 ……………………………………………………… 731

六、清代蝗灾 ……………………………………………………… 740

七、民国时期蝗灾 ………………………………………………… 745

第十章 天津市历史蝗灾

一、唐前时期蝗灾 ………………………………………………… 746

二、唐代（含五代十国）蝗灾 …………………………………… 747

三、宋代（含辽、金）蝗灾 ……………………………………… 747

四、元代蝗灾 ……………………………………………………… 748

五、明代蝗灾 ……………………………………………………… 750

六、清代蝗灾 ……………………………………………………… 755

七、民国时期蝗灾 ………………………………………………… 761

第十一章 湖北省历史蝗灾

一、唐前时期蝗灾 ………………………………………………… 764

二、唐代蝗灾 ……………………………………………………… 764

三、宋代蝗灾 ……………………………………………………… 765

四、元代蝗灾 ……………………………………………………… 766

五、明代蝗灾 ……………………………………………………… 768

六、清代蝗灾 ……………………………………………………… 777

七、民国时期蝗灾 ………………………………………………… 788

第十二章　广东省历史蝗灾

一、元代蝗灾 ·· 791

二、明代蝗灾 ·· 791

三、清代蝗灾 ·· 795

四、民国时期蝗灾 ·· 802

第十三章　湖南省历史蝗灾

一、宋代蝗灾 ·· 804

二、元代蝗灾 ·· 804

三、明代蝗灾 ·· 805

四、清代蝗灾 ·· 810

五、民国时期蝗灾 ·· 819

第十四章　甘肃省历史蝗灾

一、唐前时期蝗灾 ·· 822

二、唐代（含五代十国）蝗灾 ·· 827

三、宋代（含辽、金）蝗灾 ·· 830

四、元代蝗灾 ·· 831

五、明代蝗灾 ·· 832

六、清代蝗灾 ·· 836

七、民国时期蝗灾 ·· 839

第十五章　江西省历史蝗灾

一、唐前时期蝗灾 ·· 840

二、唐代蝗灾 ·· 842

三、宋代蝗灾 ·· 842

四、元代蝗灾 ·· 844

五、明代蝗灾 ……………………………………………………… 845

六、清代蝗灾 ……………………………………………………… 847

七、民国时期蝗灾 ………………………………………………… 855

第十六章 广西壮族自治区历史蝗灾

一、宋代蝗灾 ……………………………………………………… 858

二、明代蝗灾 ……………………………………………………… 858

三、清代蝗灾 ……………………………………………………… 859

四、民国时期蝗灾 ………………………………………………… 870

第十七章 辽宁省历史蝗灾

一、唐前时期蝗灾 ………………………………………………… 872

二、宋代（含辽、金）蝗灾 ……………………………………… 873

三、元代蝗灾 ……………………………………………………… 873

四、明代蝗灾 ……………………………………………………… 875

五、清代蝗灾 ……………………………………………………… 876

六、民国时期蝗灾 ………………………………………………… 877

第十八章 上海市历史蝗灾

一、宋代蝗灾 ……………………………………………………… 879

二、元代蝗灾 ……………………………………………………… 879

三、明代蝗灾 ……………………………………………………… 880

四、清代蝗灾 ……………………………………………………… 882

五、民国时期蝗灾 ………………………………………………… 886

第十九章 新疆维吾尔自治区历史蝗灾

一、元代蝗灾 ……………………………………………………… 888

二、清代蝗灾 ……………………………………………………… 888

三、民国时期蝗灾 891

第二十章 福建省历史蝗灾

一、唐代蝗灾 896

二、宋代蝗灾 897

三、明代蝗灾 898

四、清代蝗灾 899

五、民国时期蝗灾 900

第二十一章 海南省历史蝗灾

一、明代蝗灾 901

二、清代蝗灾 902

三、民国时期蝗灾 903

第二十二章 内蒙古自治区历史蝗灾

一、唐前时期蝗灾 904

二、宋代（含辽、金）蝗灾 904

三、元代蝗灾 905

四、明代蝗灾 906

五、清代蝗灾 906

六、民国时期蝗灾 908

第二十三章 贵州省历史蝗灾

一、宋代蝗灾 909

二、明代蝗灾 909

三、清代蝗灾 910

四、民国时期蝗灾 911

第二十四章　西藏自治区历史蝗灾

一、清代蝗灾 ……………………………………………………………… 913

二、民国时期蝗灾 ………………………………………………………… 920

第二十五章　其他省（区、市）历史蝗灾

一、重庆市 ………………………………………………………………… 922

二、云南省 ………………………………………………………………… 924

三、宁夏回族自治区 ……………………………………………………… 926

四、四川省 ………………………………………………………………… 929

五、台湾省 ………………………………………………………………… 931

六、青海省 ………………………………………………………………… 931

七、吉林省 ………………………………………………………………… 932

八、黑龙江省 ……………………………………………………………… 933

第一章
山东省历史蝗灾

一、唐前时期蝗灾

1. 周桓王十三年　鲁桓公五年（前707年）

秋，大雩，螽。《穀梁传》曰：螽，虫灾也。 ·············《春秋三传》

秋，山东蝗。 ·····························《中国历代蝗患之记载》

秋，鲁有螽。 ·································· 宣统《山东通志》

秋，鲁螽。 ···《济宁市志》

秋，（曲阜）大雩，螽。 ···························· 乾隆《曲阜县志》

2. 周襄王七年　鲁僖公十五年（前645年）

八月，螽。 ···《春秋三传》

秋，山东蝗。 ·····························《中国历代蝗患之记载》

秋八月，鲁有螽。 ································· 宣统《山东通志》

秋八月，（曲阜）螽。 ······························ 乾隆《曲阜县志》

3. 周襄王三十三年　鲁文公八年（前619年）

冬十月，螽。 ·······································《春秋三传》

鲁螽。 ·······················《古今图书集成·庶征典·蝗灾部汇考》

秋，山东蝗。 ·····························《中国历代蝗患之记载》

（曲阜）螽。 ······································ 乾隆《曲阜县志》

4. 周定王四年　鲁宣公六年（前603年）

秋八月，螽。 ·······································《春秋三传》

1

秋八月，鲁有螽。 ·· 宣统《山东通志》

秋八月，（曲阜）螽。 ·· 乾隆《曲阜县志》

5. 周定王六年　鲁宣公八年（前 601 年）

鲁螽。 ·· 《古今图书集成·庶征典·蝗灾部汇考》

山东蝗。 ·· 《中国历代蝗患之记载》

6. 周定王十一年　鲁宣公十三年（前 596 年）

秋，螽。 ·· 《春秋三传》

秋，山东蝗。 ·· 《中国历代蝗患之记载》

秋，鲁有螽。 ·· 宣统《山东通志》

秋，（曲阜）螽。 ·· 乾隆《曲阜县志》

7. 周定王十三年　鲁宣公十五年（前 594 年）

秋，螽。冬，蝝生。饥。 ·· 《春秋三传》

秋，山东蝗。 ·· 《中国历代蝗患之记载》

秋，鲁有螽，鲁初税亩，蝝生，饥。 ·· 宣统《山东通志》

冬，（单县）蝝生，饥。是时宣公初税亩，乱先王制而为食，故有是应。

·· 康熙《单县志》

冬，（兖州）蝝生，饥。 ·· 康熙《兖州府志》

秋，（曲阜）螽，初税亩。冬，蝝生，饥。 ·· 乾隆《曲阜县志》

8. 周定王十五年　鲁宣公十七年（前 592 年）

山东又蝗。 ·· 《中国历代蝗患之记载》

9. 周灵王六年　鲁襄公七年（前 566 年）

秋八月，螽。 ·· 《春秋三传》

鲁螽。 ·· 《古今图书集成·庶征典·蝗灾部汇考》

山东蝗。 ·· 《中国历代蝗患之记载》

八月，鲁有螽。 ·· 宣统《山东通志》

八月，（曲阜）螽。 ·· 乾隆《曲阜县志》

10. 周敬王三十七年　鲁哀公十二年（前 483 年）

冬十有二月，螽。 ·· 《春秋三传》

秋冬，鲁有螽。 ·· 宣统《山东通志》

冬，山东蝗。 ·· 《中国历代蝗患之记载》

冬十有二月，（单县）螽。 ·· 康熙《单县志》

冬十二月，（兖州）螽。 ·· 康熙《兖州府志》

冬十有二月，（曲阜）螽。 ·························· 乾隆《曲阜县志》

11. 周敬王三十八年　鲁哀公十三年（前482年）

九月，螽。十有二月，螽。 ····························· 《春秋三传》

鲁螽。 ·························· 《古今图书集成·庶征典·蝗灾部汇考》

秋冬，山东蝗。 ························ 《中国历代蝗患之记载》

秋九月，（曲阜）螽。冬十有二月，螽。 ·········· 乾隆《曲阜县志》

12. 西汉中元三年（前147年）

秋，单县蝗。 ····································· 《山东蝗虫》

13. 西汉元光五年（前130年）

六月，单县蝗。秋，蝗。 ····························· 《山东蝗虫》

14. 西汉太初三年（前102年）

夏，（单县）蝗。秋，蝗。 ··························· 《山东蝗虫》

15. 西汉征和三年（前90年）

秋，（单县）蝗。 ·································· 《山东蝗虫》

16. 西汉征和四年（前89年）

夏，（单县）蝗。 ·································· 《山东蝗虫》

17. 西汉元始二年（公元2年）

夏四月，郡国大旱蝗，青州尤甚，民流亡。 ········ 《汉书·平帝本纪》

秋，蝗遍天下。 ····························· 《汉书·五行志》

夏，（山东）大旱蝗，青州尤甚。 ·········· 宣统《山东通志》

夏旱，（青州）蝗灾，官府令百姓捕蝗，按数量给钱。 ········· 《青州市志》

夏，郡国大旱蝗，青州尤甚，遣使者捕蝗，民捕蝗诣吏，以石[①]斗受钱。

·························· 光绪《益都县图志》

（临朐）大旱蝗，民流亡，诏民捕蝗诣吏，以石斗受钱。

·························· 光绪《临朐县志》

大旱蝗，青州尤甚，民流亡。潍县蝗。 ·········· 民国《潍县志稿》

18. 新莽始建国三年（11年）

濒河郡蝗生。 ····························· 宣统《山东通志》

---

① 石为中国古代计量单位，作为重量单位使用时，1石＝60千克。1929年后，仅作容量单位使用，1石＝100升。下同。——编者注

19. 新莽地皇三年（22 年）

域内旱蝗成灾，粟一斤①黄金一斤。⋯⋯⋯⋯⋯⋯⋯⋯《临清市志》

莽末，天下旱蝗，黄金一斤易粟一斤。⋯⋯⋯⋯ 嘉庆《东昌府志》

20. 东汉建武二十二年（46 年）

是岁，青州蝗。⋯⋯⋯⋯⋯⋯⋯⋯⋯⋯⋯《后汉书·光武帝纪》

春，山东蝗灾。⋯⋯⋯⋯⋯⋯⋯⋯⋯《中国历代蝗患之记载》

北海②安丘蝗。⋯⋯⋯⋯⋯⋯⋯⋯⋯ 雍正《山东通志》

青州蝗。⋯⋯⋯⋯⋯⋯⋯⋯⋯⋯ 宣统《山东通志》

青州蝗。⋯⋯⋯⋯⋯⋯⋯⋯⋯⋯ 咸丰《青州府志》

蝗。⋯⋯⋯⋯⋯⋯⋯⋯⋯⋯⋯⋯ 光绪《临朐县志》

青州潍县蝗。⋯⋯⋯⋯⋯⋯⋯⋯⋯ 民国《潍县志稿》

安丘蝗。⋯⋯⋯⋯⋯⋯⋯⋯⋯⋯ 万历《安丘县志》

蝗。⋯⋯⋯⋯⋯⋯⋯⋯⋯⋯⋯⋯⋯《寿光县志》

蝗。⋯⋯⋯⋯⋯⋯⋯⋯⋯⋯⋯ 嘉庆《昌乐县志》

蝗。⋯⋯⋯⋯⋯⋯⋯⋯⋯⋯⋯ 民国《增修胶志》

21. 东汉建武二十五年（49 年）

青州蝗入县境，辄死，有年平原蝗。⋯⋯⋯⋯⋯ 乾隆《平原县志》

22. 东汉建武二十九年（53 年）

四月，清河③蝗。⋯⋯⋯⋯⋯⋯⋯⋯⋯⋯《后汉书·五行志》

23. 东汉建武三十一年（55 年）

蝗起太山④郡，西南过陈留、河南，遂入夷狄，所集乡县，以千百数。

⋯⋯⋯⋯⋯⋯⋯⋯⋯⋯⋯⋯⋯⋯⋯⋯《论衡·商虫篇》

24. 东汉中元元年（56 年）

山阳、楚、沛多蝗，其飞至九江界者，辄东西散去。⋯⋯⋯《后汉书·宋均传》

25. 东汉永平十五年（72 年）

蝗起泰山，弥行兖、豫。未数年豫章遭蝗，谷不收，民饥死县数千人。

⋯⋯⋯⋯⋯⋯⋯⋯⋯⋯⋯⋯⋯⋯⋯⋯⋯⋯《后汉书·五行志》

---

① 斤为中国非法定计量单位，据闵宗殿主编《中国农业通史·附录卷》（中国农业出版社 2020 年 4 月版），战国至东汉时期，1 斤＝250 克；隋代，1 大斤＝700 克，1 小斤＝250 克；唐代，1 大斤＝670 克，1 小斤＝224 克；宋代，1 斤＝640 克；元代，1 斤＝620 克；明清时期，1 斤＝590 克；自民国至今，1 斤＝500 克。下同。——编者注

② 北海：旧县名，治所在今山东潍坊。

③ 清河：旧郡、国名，治所在今山东临清东北，隋唐时移治今河北清河。

④ 太山：指泰山，旧郡名，治所奉高，在今山东泰安东北。

蝗起泰山，流被郡国，过邹界不集。郡因以状闻，诏书以为不然，遣使案
　　行，如言。·····················《后汉书·郑弘传》

蝗发泰山，流徙郡国，荐食五谷，过寿张①界，飞逝不集。

·····························《后汉书·谢夷吾传》

（曲阜）蝗。·····························乾隆《曲阜县志》

26. 东汉永元三年（91 年）

夏，兖州蝗灾。·····················《中国历代蝗患之记载》

夏四月，兖州蝗。·····················雍正《山东通志》

27. 东汉永元四年（92 年）

夏四月，青州蝗。潍县蝗。·····················民国《潍县志稿》

28. 东汉元兴元年（105 年）

秋八月，青州蝗，食生草尽。·····················《山东蝗虫》

29. 东汉永初三年（109 年）

夏四月，（胶南）蝗，疫。·····················《胶南县志》

30. 东汉永初四年（110 年）

夏四月，兖州、青州蝗。·····················《后汉书·安帝本纪》

夏，青州、兖州蝗灾。·····················《中国历代蝗患之记载》

四月，（青、兖等）六州蝗。·····················宣统《山东通志》

夏四月，（曲阜）蝗。·····················乾隆《曲阜县志》

夏四月，青州蝗。·····················咸丰《青州府志》

夏四月，（安丘）蝗。·····················万历《安丘县志》

夏四月，（寿光）蝗。·····················《寿光县志》

夏四月，诸城蝗。·····················乾隆《诸城县志》

31. 东汉永初五年（111 年）

夏，曲阜蝗灾。·····················《中国历代蝗患之记载》

（曲阜）蝗，举贤良方正、有道直言极谏之士及至孝者。

·····························乾隆《曲阜县志》

夏，（宁津）蝗。·····················光绪《宁津县志》

32. 东汉永初六年（112 年）

夏，山东蝗灾。·····················《中国历代蝗患之记载》

① 寿张：旧县名，治所在今山东东平西南，明时迁治今山东阳谷寿张镇。

33. 东汉延光元年（122 年）

兖州蝗蝝滋生。 ···《资治通鉴·汉纪》

34. 东汉永和二年（137 年）

黄县①蝗灾。 ···《中国历代蝗患之记载》

35. 东汉永兴元年（153 年）

秋七月，冀州蝗，民饥。 ·································· 宣统《山东通志》

秋七月，（临清等）三十二郡蝗。 ·······················《临清市志》

36. 东汉兴平元年（194 年）

山东东昌蝗灾大发生。 ·································《中国历代蝗患之记载》

（单县）蝗虫起，百姓大饥，是岁谷一斛五十余万钱，人相食。

···《山东蝗虫》

夏，（宁津）大蝗。 ··································· 光绪《宁津县志》

夏，（东昌府）东郡蝗。 ··························· 嘉庆《东昌府志》

夏，（聊城）东郡蝗。 ······························ 宣统《聊城县志》

37. 东汉建安二年（197 年）

夏，东昌蝗灾。 ·······································《中国历代蝗患之记载》

38. 东汉建安三年（198 年）

（夏侯惇）复领陈留、济阴②太守，加建武将军。时大旱，蝗虫起。

···《三国志·魏书·夏侯惇传》

39. 三国魏太和八年（234 年）

夏四月，济、光、齐等州③蝗。 ···················· 雍正《山东通志》

40. 西晋咸宁元年（275 年）

秋九月甲子，青州螟。 ·······························《山东蝗虫》

秋，安丘蝗灾。 ·······································《中国历代蝗患之记载》

九月，安丘蝗。 ·· 雍正《山东通志》

41. 西晋永安元年（304 年）

秋，平原蝗灾大发生。 ·································《中国历代蝗患之记载》

42. 西晋永嘉四年（310 年）

夏四月，冀州大蝗。 ································· 宣统《山东通志》

---

① 黄县：旧县名，治所在今山东龙口市东城关镇。

② 济阴：旧郡名，治所在今山东定陶西北，隋大业初，移治今山东曹县西北。

③ 济州：旧州名，治所在今山东茌平西南；光州：旧州名，治所在今山东莱州；齐州：旧州名，治所在今山东济南。

43. 东晋建武元年（317 年）

秋七月，青州蝥蝗。 ················《晋书·愍帝纪》

秋七月，青州大蝗。 ················《资治通鉴·晋纪》

秋，青州、沂州①、益都、安丘蝗灾。 ········《中国历代蝗患之记载》

安丘旱蝗。 ····················雍正《山东通志》

秋七月，司、冀、青等州大蝗。 ········宣统《山东通志》

七月，（平原）大蝗。 ············乾隆《平原县志》

（潍坊）市境西部蝗灾严重。 ·········《潍坊市志》

秋七月，青州蝥蝗。 ··············咸丰《青州府志》

秋七月，（昌乐）大旱，蝥蝗。 ·······嘉庆《昌乐县志》

秋七月，（安丘）大旱，蝥蝗。 ·······万历《安丘县志》

（寿光）蝥。 ···················《寿光县志》

秋七月，（益都）蝗。 ············光绪《益都县图志》

44. 东晋大兴元年（318 年）

秋，青州、沂州、东昌、益都、寿光蝗灾。 ·······《中国历代蝗患之记载》

六月，兰陵、合乡蝗害禾稼；东莞蝗虫纵广三百里②，害苗稼。七月，东海③
　蝗虫害禾豆。八月，青州蝗食生草尽，至于二年。 ······《晋书·五行志》

乐安④、高密二国，兰陵、东莞二郡蝗。 ·······雍正《山东通志》

夏六月，兰陵、合乡蝗，东莞蝗。 ·······宣统《山东通志》

八月，（历城）蝗。 ··············乾隆《历城县志》

（平原）大蝗。 ················乾隆《平原县志》

八月，徐州蝗。 ················乾隆《曹州府志》

冀、徐、青三州蝗。东昌府蝗。 ·······嘉庆《东昌府志》

秋八月，（曲阜）蝗。 ············乾隆《曲阜县志》

（潍坊）又遭蝗灾，禾苗被吃光。 ·········《潍坊市志》

秋八月，青州蝗食生草尽，至于二年。 ·······咸丰《青州府志》

秋八月，（益都）蝗食生草尽，至于二年。 ·····光绪《益都县图志》

---

① 沂州：旧府、州名，治所在今山东临沂西，隋初移治今山东临沂市。

② 里为中国非法定计量单位，据闵宗殿主编《中国农业通史·附录卷》（中国农业出版社 2020 年 4 月版），战国至西汉时期，1 里＝417.6 米；东晋时期，1 里＝441.0 米；宋代，1 里＝561.6 米；明代，1 里＝572.4 米；清代，1 里＝576.0 米；自民国至今，1 里＝500 米。下同。——编者注

③ 东海：旧郡名，治所在今山东郯城。

④ 乐安：古国名，治所在今山东邹平东北苑城镇。

秋八月，青州蝗食生草尽，至于次年。胶州蝗。………… 民国《增修胶志》

秋八月，寿光蝗食生草尽。……………………………………《寿光县志》

秋八月，（昌乐）蝗食苗尽。……………………… 嘉庆《昌乐县志》

秋八月，（临朐）蝗食生草尽，至于二年。……… 光绪《临朐县志》

八月，（安丘）蝗食生草尽。……………………… 万历《安丘县志》

秋八月，兰陵、东莞二郡蝗。沂州蝗。…………… 乾隆《沂州府志》

秋八月，兰陵郡蝗。……………………………… 民国《临沂县志》

秋八月，青州蝗食生草尽，至于次年。胶南蝗。………《胶南县志》

八月，东莞郡蝗。沂水蝗。………………………… 道光《沂水县志》

六月，莒南一带蝗灾，方圆三百里。………………………《莒南县志》

八月，兰陵、东莞二郡蝗。莒州①蝗。…………… 嘉庆《莒州志》

七月，（滕县）蝗害禾菽，食生草俱尽。………… 道光《滕县志》

夏六月，合乡蝗。……………………………… 民国《续滕县志》

六月，东莞郡蝗灾，方圆三百里庄稼无收。………………《莒县志》

45. 东晋咸康三年（337 年）

夏，东昌蝗灾大发生。……………………《中国历代蝗患之记载》

夏，冀州（东昌等）八郡大蝗。…………………… 嘉庆《东昌府志》

46. 东晋升平三年（359 年）

五月旱，单县大蝗。………………………………………《单县志》

47. 东晋太元十五年（390 年）

八月，兖州蝗。………………………………………《晋书·五行志》

是岁，兖州蝗。…………………………………… 宣统《山东通志》

秋，沂州、曲阜蝗灾。……………………《中国历代蝗患之记载》

八月，兖州蝗。单县蝗。………………………… 民国《单县志》

八月，兖州蝗。…………………………………… 乾隆《曹州府志》

秋八月，（沂州）蝗。…………………………… 乾隆《沂州府志》

秋八月，（曲阜）蝗。…………………………… 乾隆《曲阜县志》

48. 东晋太元十六年（391 年）

夏，堂邑②等蝗灾，害稼。………………《中国历代蝗患之记载》

---

① 莒州：旧州名，治所在今山东沂水，金大定二十四年（1184 年）移治今山东莒县。

② 堂邑：旧县名，治所在今山东聊城西北堂邑镇。

七月，飞蝗自南来，食堂邑禾苗殆尽。 ……………………… 雍正《山东通志》

49. 宋元嘉三年（426 年）

秋，堂邑等蝗灾。 ……………………… 《中国历代蝗患之记载》

50. 北魏太和元年（477 年）

六月八日，（掖县）蝗害稼。 ……………………………… 《山东蝗虫》

51. 北魏太和五年（481 年）

八月，（金乡）蝗害稼。 ……………………………… 《山东蝗虫》

52. 北魏太和六年（482 年）

八月，东徐、兖、济、光等州，平原、临济①等镇蝗害稼。

………………………………………………… 《魏书·灵征志》

秋，曲阜、平原、掖县等蝗灾，害稼。 ……… 《中国历代蝗患之记载》

六月，光州蝗。八月，平原大水蝗。 ……………… 雍正《山东通志》

八月，兖、济等州蝗害稼。 ………………………… 乾隆《曹州府志》

八月，（平原）蝗害稼。 …………………………… 乾隆《平原县志》

秋八月，（曲阜）蝗害稼。 ………………………… 乾隆《曲阜县志》

八月，光州蝗害稼。 ………………………………… 乾隆《掖县志》

53. 北魏太和八年（484 年）

四月，济、光、齐等州蝗。 ………………………… 《魏书·灵征志》

夏，山东蝗灾。 ……………………… 《中国历代蝗患之记载》

四月，济、光、齐等州蝗。 ………………………… 宣统《山东通志》

六月，（济南）好蝗害稼。 ………………………… 道光《济南府志》

54. 北魏正始元年（504 年）

夏，山东蝗灾。 ……………………… 《中国历代蝗患之记载》

六月，司州阳平②等郡俱蝗。 ……………………… 雍正《山东通志》

55. 北魏永平三年（510 年）

八月，（寿光）蝗害稼。 …………………………………… 《寿光县志》

56. 北魏熙平元年（516 年）

夏，山东齐州蝗灾。 ………………………… 《中国历代蝗患之记载》

六月，齐州蝗。 ……………………………………… 雍正《山东通志》

---

① 东徐：旧州名，治所团城，今山东沂水；临济：旧县名，治所在今山东章丘西北。

② 阳平：旧郡、县名，治所在今山东莘县。

57. 北魏永安三年（530 年）

夏，山东齐州蝗灾大发生，树叶全部吃光。 ………《中国历代蝗患之记载》

58. 北齐天保八年（557 年）

七月，齐河南北大蝗。 …………………… 宣统《山东通志》

夏，（昌乐）大蝗。 ………………… 嘉庆《昌乐县志》

夏六月，（安丘）大蝗。 ………………… 万历《安丘县志》

59. 北齐天保九年（558 年）

夏四月，山东大蝗，差夫役捕而坑之。 ………《北齐书·文宣帝纪》

山东蝗灾大发生，民捕而瘗之。 ………《中国历代蝗患之记载》

夏四月，齐山东大蝗。 …………………… 宣统《山东通志》

山东又蝗。济南蝗。 …………………… 道光《济南府志》

山东大蝗。无棣蝗。 …………………… 民国《无棣县志》

夏，山东大蝗，差人夫捕而坑之。潍县蝗。 ……… 民国《潍县志稿》

山东大旱蝗。胶州蝗。 …………………… 民国《增修胶志》

夏，（黄县）蝗。 ……………………………… 同治《黄县志》

60. 北齐乾明元年（560 年）

夏四月，南胶、光、南青①九州，往因螽水，颇伤时稼，遣使分涂赡恤。

……………………………………………《北史·废帝本纪》

夏四月，光、青等九州螽水伤稼，遣使赡恤。潍县蝗。

…………………………………………… 民国《潍县志稿》

夏四月，（益都）境内往因螽水伤稼，遣使赡恤。 …… 光绪《益都县图志》

（黄县）螽水伤稼。 …………………… 同治《黄县志》

61. 隋大业八年（612 年）

（胶州）大旱蝗，疫。 …………………… 民国《增修胶志》

（胶南）大旱蝗，疫。 …………………………… 《胶南县志》

二、唐代（含五代十国）蝗灾

62. 唐贞观二年（628 年）

（昌乐）蝗。 …………………………………… 嘉庆《昌乐县志》

---

① 南胶：胶州，今山东诸城，隋开皇五年（585 年）改名密州；南青：旧州名，今山东沂水。

（潍县）蝗。 ·· 民国《潍县志稿》

（莱阳）旱，飞蝗蔽日，食禾稼、草木尽。 ············ 民国《莱阳县志》

63. 唐贞观三年（629 年）

秋，德、戴等州①蝗。 ······························· 《新唐书·五行志》

夏，山东蝗灾。 ··························· 《中国历代蝗患之记载》

夏五月，德、戴等州蝗。 ······················· 宣统《山东通志》

秋，德州蝗。 ··························· 道光《济南府志》

五月，戴州蝗。单县蝗。 ······················· 民国《单县志》

五月，戴州蝗。 ························· 乾隆《曹州府志》

64. 唐贞观四年（630 年）

秋，兖州蝗。 ······························· 《新唐书·五行志》

兖州蝗。 ································· 宣统《山东通志》

65. 唐贞观十五年（641 年）

五月，戴州蝗。 ····································· 《单县志》

66. 唐永徽四年（653 年）

山东平原蝗灾。 ····················· 《中国历代蝗患之记载》

平原蝗。 ···························· 乾隆《平原县志》

长山②蝗。 ·························· 嘉庆《长山县志》

67. 唐太极元年（712 年）

夏，山东诸州蝗。 ····················· 《旧唐书·五行志》

68. 唐开元三年（715 年）

六月，山东诸州大蝗，飞则蔽景，下则食苗稼，声如风雨。紫微令姚崇奏请
　　差御史下诸道，促官吏遣人驱、扑、焚、瘗，以救秋稼，从之。是岁，田
　　收有获，人不甚饥。 ·················· 《旧唐书·玄宗本纪》

青州、沂州、泰安、曲阜等飞蝗蔽天，食稼。 ····· 《中国历代蝗患之记载》

五月，山东诸州大蝗。 ··············· 《中国历代天灾人祸表》

夏六月，山东诸州蝗。 ··············· 宣统《山东通志》

（曲阜）大蝗。 ······················· 乾隆《曲阜县志》

---

① 德州：旧州名，治所在今山东陵县，明洪武七年（1374 年）移治今山东德州市；戴州：旧州名，治所在今
山东成武，唐贞观十七年（643 年）废。

② 长山：旧县名，1956 年并入今山东邹平县。

山东大蝗，民间焚香设祭无敢杀，姚崇奏遣御史督州县捕瘗。

.... 咸丰《金乡县志略》

（长山）大蝗，从姚崇请，始下捕蝗令。 .... 嘉庆《长山县志》

夏六月，（莱芜）蝗。 .... 民国《续修莱芜县志》

夏，（昌乐）大蝗。 .... 嘉庆《昌乐县志》

（沂州府）蝗。 .... 乾隆《沂州府志》

（胶州）大蝗。 .... 民国《增修胶志》

（胶南）大蝗。 .... 《胶南县志》

（日照）大蝗。 .... 康熙《日照县志》

69. 唐开元四年（716 年）

夏，山东蝗虫大起，遣使分捕而瘗之。 .... 《旧唐书·玄宗本纪》

五月，山东螟蝗害稼，分遣御史捕而埋之。 ...... 《旧唐书·五行志》

山东大蝗，民祭且拜，坐视食苗不敢捕。 .... 《新唐书·姚崇传》

夏，山东蝗蚀稼，声如风雨。 .... 《新唐书·五行志》

曲阜、青州、泰安、沂州蝗灾，食稼声如风雨。 ..... 《中国历代蝗患之记载》

夏，山东河南、河北蝗，遣使分捕瘗之。 .... 宣统《山东通志》

夏，单县蝗虫食生稼，声如风雨。 .... 《单县志》

夏，（巨野）蝗食稼，声如风雨。 .... 道光《巨野县志》

（曲阜）蝗，敕察捕蝗者勤惰以闻。 .... 乾隆《曲阜县志》

（金乡）蝗又起。 .... 咸丰《金乡县志略》

（东阿）蝗食禾稼，声如风雨。 .... 道光《东阿县志》

（泰安）蝗食稼，声如风雨。 .... 乾隆《泰安府志》

夏，（莱芜）蝗。 .... 民国《续修莱芜县志》

春，（昌乐）复大蝗食稼。 .... 嘉庆《昌乐县志》

（山东）蝗食稼，声如风雨。潍县蝗。 .... 民国《潍县志稿》

（寿光）蝗食稼。 .... 《寿光县志》

（沂州）蝗。 .... 乾隆《沂州府志》

夏，（日照）蝗虫成灾，食稼声如风雨。 .... 《日照市志》

（胶州）蝗食稼，声如风雨。 .... 民国《增修胶志》

（胶南）蝗食稼，声如风雨。 .... 《胶南县志》

山东连续两年旱，蝗灾，宰相姚崇遣官督捕蝗虫，莱州民始捕蝗虫。

.... 《莱州市志》

70. 唐开元五年（717 年）

夏，（金乡）蝗食稼。 ·····················《金乡县史志》

71. 唐开元二十五年（737 年）

东昌蝗灾，有白鸟数千食蝗尽。 ·······《中国历代蝗患之记载》

五月，贝州①蝗，有白鸟成群见即食之，不为灾。 ········ 雍正《山东通志》

贝州蝗，有白鸟数十万，群飞食之，一夕而尽，禾稼不伤。

························ 宣统《重修恩县志》

72. 唐天宝四年（745 年）

寿张蝗不入境。 ·····················康熙《兖州府志》

73. 唐上元二年（761 年）

秋，（单县）蝗，关辅尤甚，米斗千钱。 ·············《单县志》

74. 唐兴元元年（784 年）

秋，螟蝗自山而东，际于海，晦天蔽野，草木叶皆尽。 ·····《新唐书·五行志》

冬闰十月，诏：淄青②等八节度，螟蝗为害，蒸民饥馑，每节度赐米五万石。

·····················《旧唐书·德宗本纪》

东昌蝗虫害稼，民饥。 ·············《中国历代蝗患之记载》

青州蝗。 ·······················雍正《山东通志》

秋，（平原）蝗。 ···················乾隆《平原县志》

秋，博州③蝗。 ····················宣统《聊城县志》

秋，魏博等州蝗。东昌府蝗。 ···········嘉庆《东昌府志》

秋，（长山）蝗。 ···················嘉庆《长山县志》

秋，（青州）螟蝗自山而东，际于海，晦天蔽野，草木叶皆尽。

························ 咸丰《青州府志》

秋，（潍坊）螟蝗自山而东，际于海，晦天蔽野，草木叶皆尽。潍县蝗。

························ 民国《潍县志稿》

秋，（昌乐）蝗食草皆尽，大饥。 ········· 嘉庆《昌乐县志》

秋，（寿光）大蝗。 ················· 民国《寿光县志》

秋，（安丘）大蝗，自山而东，际于海，晦天蔽野，草木皆尽。

························ 万历《安丘县志》

---

① 贝州：旧州名，治所在今河北清河西北，时辖今山东临清、武城、夏津等县。
② 淄青：唐方镇名，治所在今山东青州。
③ 博州：旧州名，治所在今山东聊城东南。

秋，（黄县）螟蝗。 ………………………………………………………… 同治《黄县志》

75. 唐贞元元年（785 年）

夏，蝗，东自海，西尽河、陇，群飞蔽天，旬日不息，所至草木叶及畜毛靡有
子遗，饿殍枕道。民蒸蝗，曝，扬去翅足而食之。 ……《新唐书·五行志》

五月，蝗自海而至，飞蔽天，每下则草木及畜毛无复子遗，谷价腾踊。

………………………………………………………………… 《旧唐书·德宗本纪》

是岁，天下蝗旱，物价腾踊，军乏粮饷。 ………… 《旧唐书·马燧传》

沂州、寿光蝗灾，蝗飞蔽天，民蒸蝗而食。 ……… 《中国历代蝗患之记载》

棣州蝗。乾封、安丘、莒三县蝗，大饥。① ……… 雍正《山东通志》

夏，（莱芜）蝗灾，群飞蔽天，禾稼皆食尽，饥荒。 ……… 《莱芜市志》

夏六月，（滨州）蝗，大饥，斗米千钱，饿殍载道。 ……… 咸丰《滨州志》

夏六月，滨、棣蝗，大饥。 ………………………… 咸丰《武定府志》

夏六月，（惠民）蝗，大饥。 ……………………… 光绪《惠民县志》

六月，（长山）蝗飞蔽天，旬日不息，所至草木叶及畜毛靡有子遗，饿殍枕
道，斗米千钱，民蒸蝗曝干食之。 ……………… 嘉庆《长山县志》

夏，（潍坊）蝗灾，从东海到陇山几千里内，飞蝗遮天蔽日，庄稼、树叶
吃光。 ………………………………………………………………… 《潍坊市志》

夏，（安丘）大旱蝗，群飞蔽天，旬日不息。 ………… 万历《安丘县志》

夏，（昌乐）大旱蝗。 ……………………………… 嘉庆《昌乐县志》

夏，（寿光）大旱蝗，食草木、畜毛皆尽。 …………… 民国《寿光县志》

夏，莒县旱蝗。 …………………………………… 乾隆《沂州府志》

莒州大旱，蝗灾。 ………………………………………… 《莒县志》

夏，（日照）蝗，群飞蔽天，十日不息，所至庄稼、草木无存。

………………………………………………………………………… 《日照市志》

秋，（登州②）螟蝗自山而东，际于海，晦天蔽野，草木叶皆尽。

………………………………………………………… 光绪《增修登州府志》

夏，（黄县）旱蝗。 ………………………………… 同治《黄县志》

76. 唐贞元二年（786 年）

泰安蝗灾，飞蔽天，禾草吃尽，民饥死。 ………… 《中国历代蝗患之记载》

---

① 棣州：旧州名，治所在今山东惠民东南；乾封：旧县名，治所在今山东泰安东南。
② 登州：旧府名，治所在今山东蓬莱。

夏，（东阿）蝗，群飞蔽天，旬日，食禾稼、草木叶俱尽，饿殍枕野。

.... 道光《东阿县志》

夏，（泰安）蝗，群飞蔽天，旬日，食禾稼、草木叶俱尽，饿殍枕野。

.... 乾隆《泰安府志》

夏，（登州）旱蝗，东自海，西尽河、陇，群飞蔽天，旬日不息，草木叶及
畜毛靡有孑遗，民蒸蝗食之。........................ 光绪《增修登州府志》

77. 唐兴元五年（788 年）

夏，（长山）螟蝗害稼。 .... 嘉庆《长山县志》

78. 唐永贞元年（805 年）

夏，淄州、青州蝗灾。 .... 《中国历代蝗患之记载》

六月，（淄博）飞蝗蔽日，旬日不息，所至草木尽。............ 《淄博市志》

夏六月，淄青蝗。 .... 咸丰《青州府志》

79. 唐元和五年（810 年）

夏，曹县蝗灾，害稼。 .... 《中国历代蝗患之记载》

（曹县）螟蝗害稼。 .... 光绪《曹州府曹县志》

80. 唐长庆二年（822 年）

夏，曲阜蝗灾。 .... 《中国历代蝗患之记载》

夏四月，（曲阜）蝗。 .... 乾隆《曲阜县志》

81. 唐长庆四年（824 年）

夏，淄州、青州蝗灾，害稼。 .... 《中国历代蝗患之记载》

夏，淄青螟蝗害稼。 .... 咸丰《青州府志》

（定陶）蝗虫伤稼。 .... 《定陶县志》

82. 唐长庆五年（825 年）

夏，济阴蝗灾，害稼。 .... 《中国历代蝗患之记载》

济阴郡蝗。 .... 雍正《山东通志》

夏，曹、濮①螟蝗害稼。 .... 康熙《曹州志》

曹、濮螟蝗害稼。菏泽蝗。 .... 光绪《新修菏泽县志》

（定陶）螟蝗害稼。 .... 民国《定陶县志》

---

① 濮：濮州，旧州名，治所在今山东鄄城旧城镇，时辖今山东观城、朝城二县，明景泰三年（1452 年）移治
今河南范县。

83. 唐太和元年（827 年）

济阴蝗灾。 ························《中国历代蝗患之记载》

84. 唐太和二年（828 年）

魏、濮诸州蝗蝻生。 ···················· 宣统《濮州志》

（观城①）蝗生。 ···················· 道光《观城县志》

85. 唐太和五年（831 年）

秋，（观城）螟蝗害稼。 ···················《山东蝗虫》

86. 唐太和七年（833 年）

秋，郓、曹②、濮等州螟蝗害稼。 ············· 民国《单县志》

87. 唐开成元年（836 年）

夏，平原蝗灾，害稼。 ············《中国历代蝗患之记载》

夏，郓、曹、青、兖四州螟蝗害稼。 ············《兖州府志》

夏，青、沧诸州蝗。 ················ 民国《潍县志稿》

（庆云）蝗食草木叶尽。 ··············· 民国《庆云县志》

88. 唐开成二年（837 年）

六月，淄青、兖海③蝗害稼，郓州蝗得雨自死。 ········《旧唐书·文宗本纪》

夏，青州、益都、寿光蝗灾，害稼。 ········《中国历代蝗患之记载》

六月，寿光蝗。 ··················· 雍正《山东通志》

夏六月，魏博、淄青、德、兖等州蝗害稼，郓州蝗得雨自死。

　　　　　　 ···················· 宣统《山东通志》

六月，魏、博等六州蝗虫成灾，秋苗被蝗虫食尽。临清蝗。 ······《临清市志》

夏六月，淄青蝗。 ················ 咸丰《青州府志》

夏六月，（寿光）蝗。 ··············· 民国《寿光县志》

夏六月，（安丘）蝗。 ··············· 万历《安丘县志》

夏六月，青州蝗。潍县蝗。 ············· 民国《潍县志稿》

六月，海州、兖州蝗灾。 ··············《连云港市志》

夏五月，（益都）蝗害稼，诏以本处常平仓赈贷。 ······ 光绪《益都县图志》

---

　① 观城：旧县名，治所在今山东莘县观城镇。

　② 郓州：旧州名，治所在今山东东平西北；曹州：旧州名，治所在今山东曹县西北，金大定八年（1168 年）移治今山东菏泽，清升为曹州府。

　③ 兖海：唐方镇名，治所在今山东临沂。

89. 唐开成三年（838 年）

八月，博州蝗食秋苗并尽。 ·············《旧唐书·文宗本纪》

秋，益都蝗灾，禾叶吃光。 ·············《中国历代蝗患之记载》

夏，魏、博等六州蝗。 ·············宣统《山东通志》

齐州螟蝗害稼。宁津蝗。 ·············光绪《宁津县志》

（潍县）蝗。 ·············民国《潍县志稿》

90. 唐开成四年（839 年）

五月，天平①蝗食秋稼。 ·············《旧唐书·文宗本纪》

夏五月，天平、魏博蝗。 ·············宣统《山东通志》

（历城）蝗害稼都尽。 ·············乾隆《历城县志》

91. 唐开成五年（840 年）

夏，郓、曹、濮、齐、德、淄青、兖海等州螟蝗害稼。······《新唐书·五行志》

夏，曲阜、泰安、平原、益都蝗灾，害稼。 ·········《中国历代蝗患之记载》

夏，郓、曹、濮、齐、德、淄青、兖海等州螟蝗害稼。······宣统《山东通志》

夏，齐、德、淄等州螟蝗害稼。 ·············道光《济南府志》

夏，（历城）螟蝗害稼。 ·············乾隆《历城县志》

（庆云）蝗蝻害稼。 ·············民国《庆云县志》

夏，（平原）螟蝗害稼。 ·············乾隆《平原县志》

秋，郓、曹、濮等州螟蝗害稼。单县蝗。 ·············乾隆《单县志》

夏，（东阿）螟蝗。 ·············道光《东阿县志》

秋，（观城）螟蝗害稼。 ·············道光《观城县志》

（朝城②）蝗。 ·············康熙《朝城县志》

夏，（寿张）螟蝗害稼。 ·············光绪《寿张县志》

（曹州）螟蝗害稼。 ·············康熙《曹州志》

濮州等处螟蝗。 ·············宣统《濮州志》

（菏泽）螟蝗害稼。 ·············光绪《新修菏泽县志》

夏，郓、曹、青、兖四州螟蝗害稼。鱼台蝗。 ·············光绪《鱼台县志》

四月，（鄄城）蝗虫成灾。 ·············《鄄城县志》

夏，（郓城）螟蝗害稼。 ·············光绪《郓城县志》

① 天平：旧军名，治所在今山东东平西北。

② 朝城：旧县名，治所在今山东莘县朝城镇。

秋，（巨野）蟓蝗害稼。 ·························· 道光《巨野县志》

夏，（曲阜）蟓蝗害稼。 ·························· 乾隆《曲阜县志》

夏，郓、曹、青、兖四州蝗害稼。 ··············· 康熙《兖州府志》

夏，郓州及兖蟓蝗。 ···························· 光绪《东平州志》

夏，淄青等蟓蝗害稼。潍县蝗。 ················· 民国《潍县志稿》

夏，（益都）蟓蝗害稼。 ························ 光绪《益都县图志》

夏，淄青蝗蟓害稼。 ···························· 咸丰《青州府志》

92. 唐大中五年（851年）

平原、德州蝗灾，害稼。 ·············· 《中国历代蝗患之记载》

夏，齐州、德州、淄州蟓蝗害稼。 ··············· 道光《济南府志》

夏，齐郡蝗蟓害稼。 ······························· 崇祯《历乘》

德州蝗蟓害稼。 ································· 康熙《德州志》

德州蟓蝗害稼。 ································· 光绪《陵县志》

（平原）蟓蝗害稼。 ···························· 乾隆《平原县志》

夏，（长山）蝗害稼。 ·························· 嘉庆《长山县志》

夏，（淄川）蝗蟓害稼。 ························ 乾隆《淄川县志》

93. 唐咸通三年（862年）

五月，（历城）蝗旱，民饥。 ·················· 乾隆《历城县志》

94. 唐乾符二年（875年）

秋七月，（山东）蝗自东而西，所过赤地。 ······· 宣统《山东通志》

秋七月，（临朐）大蝗。 ························ 光绪《临朐县志》

七月，（鄄城）蝻群遍野，飞蝗蔽天，所过处田禾一空。 ······· 《鄄城县志》

95. 唐乾符三年（876年）

（单县）蝗，自东而西蔽天。 ······················ 《单县志》

96. 后唐同光三年（925年）

八月，青州大水蝗。 ················· 《旧五代史·唐书·庄宗纪》

97. 后晋天福四年（939年）

七月，山东蝗害稼。 ·················· 《旧五代史·五行志》

山东诸郡蝗。潍县蝗。 ·························· 民国《潍县志稿》

98. 后晋天福七年（942年）

春，郓、曹、博诸州蝗。 ············· 《旧五代史·晋书·高祖纪》

四月，山东蝗害稼。 ·················· 《旧五代史·五行志》

夏，青州、东昌、沂州蝗灾，民饥。 …………………《中国历代蝗患之记载》

（东昌府）旱蝗。 …………………………………… 嘉庆《东昌府志》

（沂州府）蝗。 …………………………………… 乾隆《沂州府志》

夏四月，（昌乐）蝗害稼。 ……………………… 嘉庆《昌乐县志》

（日照）蝗害稼。 …………………………………… 康熙《日照县志》

99. 后晋天福八年（943 年）

五月，泰宁军节度使安审信捕蝗于中都①。 ………《新五代史·晋出帝纪》

四月，天下诸州飞蝗害田，食草木叶皆尽，诏州县长吏捕蝗。

　　………………………………………………………《旧五代史·五行志》

是岁，蝗大起，东自海壖，西距陇坻，南逾江淮，北抵幽蓟，原野、山谷、
城郭、庐舍皆满，竹木叶俱尽。重以官括民谷，使者督责严急，至封碓
硙，不留其食，有坐匿谷抵死者。县令往往以督趣不办，纳印自劾去。民
饿死者数十万口，流亡不可胜数。 …………………《资治通鉴·后晋纪》

东昌蝗灾，食禾稼、草木皆尽，命士兵捕捉。 ……《中国历代蝗患之记载》

（东昌府）旱蝗。 …………………………………… 嘉庆《东昌府志》

夏四月，天下诸州飞蝗害田，食草木叶皆尽。潍县蝗。…… 民国《潍县志稿》

是年，（昌乐）蝗大起。 ………………………… 嘉庆《昌乐县志》

（临朐）旱蝗，大饥。 …………………………… 光绪《临朐县志》

（莱州）蝗虫成灾，庄稼、树叶全吃光。 ……………………《莱州市志》

100. 后汉天福十二年（947 年）

曹县螽生。 ………………………………………《中国历代蝗患之记载》

101. 后汉乾祐元年（948 年）

七月，青、郓、兖、齐、濮、沂、密②、邢、曹皆言螽生。

　　………………………………………………………《旧五代史·五行志》

秋，曹县、沂州、寿光、东昌、兖州等螽生，有鸲鹆食螽尽。

　　………………………………………………………《中国历代蝗患之记载》

秋，（东昌）旱蝗，有鸲鹆食蝗，禁捕鸲鹆。 ………… 嘉庆《东昌府志》

（曹县）螽生，寻为鸲鹆食之殆尽。 ………… 光绪《曹州府曹县志》

（定陶）螽生，寻为鸲鹆食之殆尽。 ………………… 民国《定陶县志》

---

① 泰宁军：五代方镇名，治所在今山东兖州；中都：旧县名，治所在今山东汶上。

② 密：密州，旧州名，隋开皇五年（585 年）改胶州置，治所在今山东诸城。

七月，郓州蝝生。 …………………………………… 光绪《东平州志》

秋七月，青、兖、齐、密皆言蝝生。 …………………… 咸丰《青州府志》

夏六月，（益都）蝗。秋七月，蝝生。 ………………… 光绪《益都县图志》

青州蝝生。潍县蝝生。 ……………………………………… 民国《潍县志稿》

秋七月，（临朐）蝝生。 ………………………………… 光绪《临朐县志》

秋七月，（安丘）蝝生。 ………………………………… 万历《安丘县志》

秋七月，（寿光）蝝生。 ………………………………… 民国《寿光县志》

秋七月，（昌乐）蝝生。 ………………………………… 嘉庆《昌乐县志》

密州蝝生。 ………………………………………………… 乾隆《沂州府志》

七月，（日照）蝝生。 …………………………………… 康熙《日照县志》

102. 后汉乾祐二年（949 年）

五月，博州博平①县界蝝生，弥亘数里；兖、郓、齐三州蝝生。六月，兖州
捕蝗二万斛，博州蝗抱草而死；濮、曹、兖、淄、青、齐、博等州蝗，
分命中使致祭于所在川泽山林之神。曹州蝗甚，遣使捕之。秋七月，兖
州捕蝗四万斛。 ………………………………《旧五代史·汉书·隐帝纪》

青州、益都、兖州、淄州蝗灾，抱草死。 ………《中国历代蝗患之记载》

夏六月，（益都）蝗。 …………………………………… 光绪《益都县图志》

七月，（鄄城）蝝虫为灾。 ………………………………………《鄄城县志》

103. 后周显德元年（954 年）

濮州蝝生。 ………………………………………………… 宣统《濮州志》

三、宋代（含辽、金）蝗灾

104. 宋建隆元年（960 年）

秋，陵县②蝗灾。 ………………………………………《中国历代蝗患之记载》

（陵县）蝝生。 ……………………………………………… 光绪《陵县志》

（曲阜）蝝生。 ……………………………………………… 乾隆《曲阜县志》

105. 宋建隆二年（961 年）

夏，濮县蝗灾。 ………………………………………《中国历代蝗患之记载》

---

① 博平：旧县名，1956 年划归今山东茌平。

② 陵县：旧县名，治所在今山东德州，明永乐七年（1409 年）移治今山东陵县。

五月，濮州蝗。 ·· 雍正《山东通志》

五月，濮州蝗。 ·· 宣统《濮州志》

五月，（观城）蝗。 ·· 道光《观城县志》

106. 宋建隆三年（962 年）

秋七月，兖、济、德等州蝝。 ···························· 《宋史·太祖本纪》

秋，兖州、济州、德州蝗蝻生。 ···················· 《中国历代蝗患之记载》

秋七月，兖、济、德等州蝝。 ························· 宣统《山东通志》

夏，大旱，济州等十余州苗皆稿，蝝生。 ········· 道光《济宁直隶州志》

济、郓等十余州蝝生。 ······························· 咸丰《金乡县志略》

七月，济、德等州蝝生。 ····························· 道光《济南府志》

七月，（平原）蝝生。 ································· 乾隆《平原县志》

济州、莱、巨野等十余州苗皆稿于蝝生。 ········· 道光《巨野县志》

是年，济州蝝生。 ····································· 乾隆《曹州府志》

秋七月，（曲阜）蝝生。 ····························· 乾隆《曲阜县志》

107. 宋建隆四年（963 年）

六月，濮、曹等州有蝗。 ······························· 《宋史·五行志》

夏，曹县蝗灾。 ·································· 《中国历代蝗患之记载》

夏六月，濮、曹蝗。 ······························· 宣统《山东通志》

六月，濮、曹等州蝗。 ······························· 乾隆《曹州府志》

108. 宋乾德二年（964 年）

夏，平原蝗灾，食稼。 ···························· 《中国历代蝗患之记载》

夏，（平原）蝗。 ···································· 乾隆《平原县志》

109. 宋乾德三年（965 年）

秋，青州等蝗灾。 ······························· 《中国历代蝗患之记载》

110. 宋乾德四年（966 年）

六月，濮州蝗。 ······································· 宣统《濮州志》

是岁，（曹州）有蝗。 ······························· 康熙《曹州志》

秋九月，东阿、须城①县蝗，不为灾。 ·········· 民国《续修东阿县志》

是岁，（菏泽）有蝗。 ······························· 光绪《菏泽县志》

———————————

① 须城：旧县名，治所在今山东东平州城镇北。

111. 宋太平兴国七年（982 年）

阳谷蝗灾。·······《中国历代蝗患之记载》

秋七月，阳谷县蝻虫生。·······宣统《山东通志》

七月，郓州蝗蝻生。·······光绪《东平州志》

112. 宋雍熙三年（986 年）

七月，鄄城县有蛾蝗，自死。·······《宋史·五行志》

秋，濮县、鄄城蝗灾，自死。·······《中国历代蝗患之记载》

秋七月，鄄城县有蝗，蛾蝗自死。·······宣统《山东通志》

德彝嗣侯，判沂州。属飞蝗入境，吏民请坎瘗、火焚之。

·······《续资治通鉴·宋纪》

秋七月，鄄城蝗。·······宣统《濮州志》

113. 宋淳化元年（990 年）

七月，淄、濮州有蝗，棣州飞蝗自北来，害稼。·······《宋史·五行志》

是岁，曹、单二州有蝗，不为灾。·······《宋史·太宗本纪》

四月，郓州中都县蝻虫生。七月，曹州济阴县有蝗自北来，飞亘天有声。

·······《文献通考·物异考》

秋，曹州、淄州、濮县蝗食苗害稼。·······《中国历代蝗患之记载》

秋七月，淄、濮、棣等州蝗。是岁，曹、单二州有蝗，不为灾。

·······宣统《山东通志》

七月，（长山）蝗。·······嘉庆《长山县志》

七月，（观城）蝗。·······道光《观城县志》

七月，棣州蝗。·······咸丰《武定府志》

秋七月，（惠民）蝗。·······光绪《惠民县志》

七月，棣州飞蝗并起害稼。·······光绪《宁津县志》

七月，淄州蝗。·······乾隆《淄川县志》

七月，濮州蝗。·······乾隆《曹州府志》

114. 宋淳化二年（991 年）

六月，楚丘①、鄄城、淄川三县蝗。·······《宋史·太宗本纪》

六月，淄、濮州蝗生。七月，棣州飞蝗北来，害稼。······《文献通考·物异考》

夏，东昌、鄄城蝗灾。·······《中国历代蝗患之记载》

---

① 楚丘：旧县名，治所在今山东曹县东南。

六月，楚丘、鄄城、淄川三县蝗。 …………………… 宣统《山东通志》

博、贝等州蝗。 …………………… 嘉庆《东昌府志》

博州蝗。 …………………… 宣统《聊城县志》

贝州蝗。 …………………… 宣统《重修恩县志》

115. 宋淳化三年（992年）

秋七月，兖、单、齐、贝等八州蝗。 …………… 《宋史·太宗本纪》

七月，贝、沂、兖、单等州蝗，蛾抱草自死。 ……… 《宋史·五行志》

夏，兖州蝗灾。 …………………… 《中国历代蝗患之记载》

秋七月，兖、单、齐、贝等州蝗。 …………… 宣统《山东通志》

七月，（历城）蝗。 …………………… 乾隆《历城县志》

贝州蝗灾。 …………………… 《临清市志》

秋七月，（曲阜）蝗。 …………………… 乾隆《曲阜县志》

正月，单州有蝗，蛾抱草自死。 …………………… 民国《单县志》

116. 宋至道二年（996年）

六月，密州蝗生，食苗。七月，历城、长清等县有蝗。 …… 《宋史·五行志》

秋七月，齐州蝗抱草死。八月，密州蝗不为灾。 ……… 《宋史·太宗本纪》

济南、长清蝗灾，齐州蝗抱草死。 …………… 《中国历代蝗患之记载》

秋七月，历城、长清等县蝗。 …………… 宣统《山东通志》

历城、长清等县有蝗。 …………………… 道光《济南府志》

七月，（长清）蝗，大伤禾稼。 …………… 道光《长清县志》

七月，（历城）蝗，齐州蝗抱草死。 …………… 乾隆《历城县志》

夏六月，密州蝗生，食苗。 …………… 咸丰《青州府志》

六月，（胶州）蝗食生苗。 …………… 民国《增修胶志》

117. 宋至道三年（997年）

七月，单州螟虫生。 …………………… 《宋史·五行志》

秋，单州螟虫生。 …………………… 《中国历代蝗患之记载》

秋七月，单州蝗螟生。 …………………… 宣统《山东通志》

七月，单州螟生。 …………………… 民国《单县志》

118. 宋咸平二年（999年）

八月，（惠民）蝗。 …………………… 光绪《惠民县志》

119. 宋景德元年（1004年）

是岁，滨、棣州蝗害稼，命使振之。 …………… 《宋史·真宗本纪》

商河、滨县大蝗害稼。 ·········· 《中国历代蝗患之记载》

九月，（商河）大蝗。 ·········· 民国《重修商河县志》

九月，（临邑）大蝗。 ·········· 同治《临邑县志》

120. 宋景德二年（1005 年）

夏，山东蝻虫生。 ·········· 《中国历代蝗患之记载》

八月，棣州蝗。九月，商河大蝗。 ·········· 咸丰《武定府志》

121. 宋景德三年（1006 年）

八月，德、博蝗生。 ·········· 《宋史·五行志》

秋，平原、青州、沂州蝻虫生。 ·········· 《中国历代蝗患之记载》

密州、莒县蝗。 ·········· 雍正《山东通志》

博州蝗，不为灾。 ·········· 宣统《山东通志》

八月，（平原）蝗生。 ·········· 乾隆《平原县志》

（胶州）蝗蝻生。 ·········· 民国《增修胶志》

密州、莒县蝗。 ·········· 乾隆《沂州府志》

（日照）蝻生。 ·········· 康熙《日照县志》

（莒州）蝗。 ·········· 嘉庆《莒州志》

莒县发生蝗灾。 ·········· 《莒县志》

122. 宋景德四年（1007 年）

九月，东阿、须城县蝗。 ·········· 《宋史·五行志》

秋，泰安蝗灾。 ·········· 《中国历代蝗患之记载》

九月，东阿、须城县蝗，不为灾。 ·········· 宣统《山东通志》

九月，须城、东阿蝗。 ·········· 光绪《东平州志》

九月，东阿蝗。 ·········· 道光《东阿县志》

123. 宋大中祥符四年（1011 年）

兖属有蝗，青色。巨野蝗。 ·········· 道光《巨野县志》

秋七月，（诸城）蝗。 ·········· 乾隆《诸城县志》

七月，（胶州）蝗。 ·········· 民国《增修胶志》

124. 宋大中祥符九年（1016 年）

八月，博州蝗，不为灾。九月，督诸路捕蝗；青州飞蝗赴海死，积海岸百
余里。 ·········· 《宋史·真宗本纪》

九月，令诸路转运使督民捕蝗，诏：诸州蝗旱，今始得雨，方在劝农，罢
诸营造；青州飞蝗投海死。 ·········· 《续资治通鉴·宋纪》

平原、益都、青州蝗灾。 ························ 《中国历代蝗患之记载》
夏六月，河北诸路蝗蝻继生。九月，令诸路督民捕蝗，青州飞蝗投海死。
   ································· 宣统《山东通志》
六月，（平原）蝗生弥野，食民田殆尽，入公私庐舍，及霜寒始毙。
   ································· 乾隆《平原县志》
五月，（潍坊）飞蝗弥覆郊野，食民田殆尽。 ·········· 《潍坊市志》
六月，（青州）飞蝗弥覆郊野，食民田殆尽。九月，飞蝗无所得食，赴
   海死。 ································· 《青州市志》
秋九月，（益都）飞蝗赴海死。 ············ 光绪《益都县图志》
夏六月，（诸城）蝗。 ················· 乾隆《诸城县志》
六月，（胶州）蝗。 ·················· 民国《增修胶志》

125. 宋天禧元年（1017 年）
春，平原蝗蝻复生。 ············ 《中国历代蝗患之记载》
是岁，诸路蝗，民饥。 ·············· 宣统《山东通志》
春，（平原）蝗蝻复生，多去岁蛰者。 ········ 乾隆《平原县志》
春，（诸城）蝗蝻复生。 ············· 乾隆《诸城县志》
春二月，（胶州）蝗蝻生。 ············· 民国《增修胶志》

126. 宋乾兴元年（1022 年）
范讽通判淄州，岁旱蝗，他谷皆不粒，民以蝗不食菽，犹可艺，而患无种，
   讽行县至邹平，发官廪贷民，即出三万斛。比秋，民皆先期而输。
   ································· 《续资治通鉴·宋纪》

127. 宋天圣二年（1024 年）
濮州蝗。 ················ 《河北省农业厅·志源》

128. 宋天圣六年（1028 年）
夏，（平原）蝗灾。 ············ 《中国历代蝗患之记载》
五月，（平原）蝗。 ················ 乾隆《平原县志》
五月，（临清）蝗灾。 ················· 《临清市志》
夏五月，（诸城）蝗。 ··············· 乾隆《诸城县志》

129. 宋明道二年（1033 年）
夏四月，范讽出知青州，时山东旱蝗，讽发取数千斛济饥民，因请遣使
   安抚。 ································· 《续资治通鉴·宋纪》
秋，平原蝗灾。 ·············· 《中国历代蝗患之记载》

七月，（平原）蝗。 ······ 乾隆《平原县志》

七月，（临清）境内蝗灾，草木殆尽，免租。 ······ 《临清市志》

秋七月，（临沂）旱蝗。 ······ 民国《临沂县志》

130. 宋景祐元年（1034 年）

春正月，诏：募民掘蝗种，给菽米。是岁，淄州蝗。 ······ 《宋史·仁宗本纪》

六月，淄州蝗。诸路募民掘蝗种万余石。 ······ 《宋史·五行志》

淄州令民掘蝗卵。 ······ 《中国历代蝗患之记载》

六月，淄州蝗。 ······ 宣统《山东通志》

淄州诸路蝗，募民掘蝗种万余石。济南蝗。 ······ 道光《济南府志》

淄州蝗。 ······ 乾隆《淄川县志》

（长山）蝗。 ······ 嘉庆《长山县志》

131. 宋景祐二年（1035 年）

是年，濮州蝗。 ······ 宣统《濮州志》

（观城）蝗。 ······ 道光《观城县志》

132. 宋宝元元年（1038 年）

六月，曹、濮、单三州蝗。 ······ 《文献通考·物异考》

133. 宋宝元二年（1039 年）

六月，曹、濮、单三州蝗。 ······ 《宋史·五行志》

夏，曹州、濮县、单州蝗灾。 ······ 《中国历代蝗患之记载》

夏六月，曹、濮、单三州蝗。 ······ 宣统《山东通志》

六月，曹、濮、单三州蝗。 ······ 乾隆《曹州府志》

夏六月，（曹州）蝗。 ······ 康熙《曹州志》

夏，（菏泽）蝗。 ······ 光绪《新修菏泽县志》

六月，濮州复蝗。 ······ 宣统《濮州志》

134. 宋熙宁五年　辽咸雍八年（1072 年）

平原蝗灾大发生。 ······ 《中国历代蝗患之记载》

（平原）大蝗。 ······ 乾隆《平原县志》

135. 宋熙宁六年（1073 年）

平原蝗灾。 ······ 《中国历代蝗患之记载》

平原复蝗。 ······ 乾隆《平原县志》

136. 宋熙宁七年（1074 年）

河北路皆蝗，民多饿殍。宁津蝗。 ······ 光绪《宁津县志》

137. 宋元丰四年（1081 年）

　　夏，平原蝗灾。⋯⋯⋯⋯⋯⋯⋯⋯⋯⋯⋯《中国历代蝗患之记载》

　　六月，（平原）蝗。⋯⋯⋯⋯⋯⋯⋯⋯⋯⋯⋯乾隆《平原县志》

138. 宋元丰五年（1082 年）

　　沂州蝗。⋯⋯⋯⋯⋯⋯⋯⋯⋯⋯⋯《中国东亚飞蝗蝗区的研究》

139. 宋元丰六年（1083 年）

　　夏，沂州蝗灾。⋯⋯⋯⋯⋯⋯⋯⋯⋯⋯⋯《中国历代蝗患之记载》

　　夏五月，沂州蝗。⋯⋯⋯⋯⋯⋯⋯⋯⋯⋯⋯宣统《山东通志》

140. 宋元符三年（1100 年）

　　黄县蝗灾。⋯⋯⋯⋯⋯⋯⋯⋯⋯⋯⋯《中国历代蝗患之记载》

141. 宋崇宁元年（1102 年）

　　夏，平原蝗灾。⋯⋯⋯⋯⋯⋯⋯⋯⋯⋯⋯《中国历代蝗患之记载》

　　夏，（平原）蝗。⋯⋯⋯⋯⋯⋯⋯⋯⋯⋯⋯乾隆《平原县志》

142. 宋崇宁二年　辽乾统三年（1103 年）

　　诸路蝗，令有司酺祭。⋯⋯⋯⋯⋯⋯⋯⋯⋯⋯⋯《宋史·五行志》

　　秋，寿光蝗灾。⋯⋯⋯⋯⋯⋯⋯⋯⋯⋯⋯《中国历代蝗患之记载》

　　是岁，诸路蝗。⋯⋯⋯⋯⋯⋯⋯⋯⋯⋯⋯宣统《山东通志》

　　诸路蝗，令有司酺祭勿捕，及至官舍之馨香来焉，而田间之苗叶已无矣。

　　　宁津蝗。⋯⋯⋯⋯⋯⋯⋯⋯⋯⋯⋯光绪《宁津县志》

　　（潍县）蝗。⋯⋯⋯⋯⋯⋯⋯⋯⋯⋯⋯民国《潍县志稿》

　　（寿光）蝗生。⋯⋯⋯⋯⋯⋯⋯⋯⋯⋯⋯民国《寿光县志》

　　（沂州）蝗。⋯⋯⋯⋯⋯⋯⋯⋯⋯⋯⋯乾隆《沂州府志》

　　临朐蝗。⋯⋯⋯⋯⋯⋯⋯⋯⋯⋯⋯光绪《临朐县志》

　　安丘蝗。⋯⋯⋯⋯⋯⋯⋯⋯⋯⋯⋯万历《安丘县志》

　　（昌乐）蝗。⋯⋯⋯⋯⋯⋯⋯⋯⋯⋯⋯嘉庆《昌乐县志》

143. 宋崇宁三年　辽乾统四年（1104 年）

　　是岁，诸路蝗。⋯⋯⋯⋯⋯⋯⋯⋯⋯⋯⋯《宋史·徽宗本纪》

　　连岁大蝗，其飞蔽日，来自山东及府界。⋯⋯⋯⋯⋯⋯《宋史·五行志》

　　平原蝗灾，食稼尽。⋯⋯⋯⋯⋯⋯⋯⋯⋯⋯⋯《中国历代蝗患之记载》

　　（宁津）大蝗，其飞蔽日，山东野无青草。⋯⋯⋯⋯光绪《宁津县志》

　　（平原）蝗。⋯⋯⋯⋯⋯⋯⋯⋯⋯⋯⋯乾隆《平原县志》

　　（寿光）旱蝗。⋯⋯⋯⋯⋯⋯⋯⋯⋯⋯⋯《寿光县志》

144. 宋崇宁四年（1105 年）

连岁大蝗，其飞蔽日，来自山东及府界。 ⋯⋯⋯⋯⋯《宋史·五行志》

沂州、平原蝗虫大发生，群飞蔽天。 ⋯⋯⋯《中国历代蝗患之记载》

（平原）连岁蝗，尤甚。 ⋯⋯⋯⋯⋯⋯⋯⋯⋯乾隆《平原县志》

河南北诸州连岁大蝗，山东尤甚。 ⋯⋯⋯⋯乾隆《曹州府志》

（宁津）连岁大蝗，其飞蔽日，山东野无青草。⋯⋯⋯光绪《宁津县志》

（沂州府）蝗。 ⋯⋯⋯⋯⋯⋯⋯⋯⋯⋯⋯乾隆《沂州府志》

（临沂）蝗。 ⋯⋯⋯⋯⋯⋯⋯⋯⋯⋯⋯⋯民国《临沂县志》

145. 宋宣和三年（1121 年）

是岁，诸路蝗。 ⋯⋯⋯⋯⋯⋯⋯⋯⋯⋯宣统《山东通志》

146. 宋绍兴二十七年　金正隆二年（1157 年）

秋，山东蝗。 ⋯⋯⋯⋯⋯⋯⋯⋯⋯⋯⋯《金史·五行志》

秋，山东蝗。 ⋯⋯⋯⋯⋯⋯⋯⋯⋯⋯宣统《山东通志》

秋，（历城）蝗。 ⋯⋯⋯⋯⋯⋯⋯⋯⋯⋯乾隆《历城县志》

秋，（齐河）蝗灾。 ⋯⋯⋯⋯⋯⋯⋯⋯⋯⋯⋯《齐河县志》

秋，（东明）蝗。 ⋯⋯⋯⋯⋯⋯⋯⋯⋯民国《东明县新志》

山东蝗。潍县蝗。 ⋯⋯⋯⋯⋯⋯⋯⋯⋯民国《潍县志稿》

六月，（黄县）蝗。 ⋯⋯⋯⋯⋯⋯⋯⋯⋯同治《黄县志》

秋，（胶州）蝗。 ⋯⋯⋯⋯⋯⋯⋯⋯⋯⋯民国《增修胶志》

147. 宋绍兴二十九年（1159 年）

八月，（金乡）大蝗。 ⋯⋯⋯⋯⋯⋯⋯⋯⋯《金乡县史志》

148. 宋绍兴三十二年　金大定二年（1162 年）

八月，山东大蝗，颁祭酺礼式。 ⋯⋯⋯⋯⋯《宋史·五行志》

青州蝗灾。 ⋯⋯⋯⋯⋯⋯⋯⋯⋯《中国历代蝗患之记载》

八月，（济南）大蝗。 ⋯⋯⋯⋯⋯⋯⋯⋯道光《济南府志》

（牟平）蝗害庄稼，民多饿死者。 ⋯⋯⋯⋯⋯《牟平县志》

（宁海州）蝗害稼，民殍没者众。 ⋯⋯⋯⋯同治《宁海州志》

149. 宋隆兴元年　金大定三年（1163 年）

四月，（菏泽）飞蝗自北来，遮天蔽日，呼呼有声。 ⋯⋯⋯⋯《菏泽市志》

四月，（菏泽）飞蝗自北来，蔽天有声。 ⋯⋯光绪《新修菏泽县志》

150. 宋乾道三年　金大定七年（1167 年）

青州蝗灾大发生。 ⋯⋯⋯⋯⋯⋯⋯《中国历代蝗患之记载》

151. 金大定十年（1170 年）

（齐河）旱，蝗灾。 ································《齐河县志》

152. 宋淳熙元年 金大定十四年（1174 年）

泰安蝗灾。 ························《中国历代蝗患之记载》

四月，（曹州）有蝗自北来，其飞蔽日有声。 ··········· 康熙《曹州志》

四月，曹州济阴蝗自北来，亘天有声。 ··········· 康熙《兖州府志》

四月，（菏泽）有蝗自北来，其飞亘天有声。 ··········· 光绪《菏泽县志》

四月，东平蝗。 ················ 光绪《东平州志》

（汶上）蝗灾。 ····················《汶上县志》

153. 宋淳熙三年 金大定十六年（1176 年）

是岁，山东旱蝗。 ················《金史·五行志》

沾化、章丘、商河、平原蝗灾。 ········《中国历代蝗患之记载》

夏六月，山东两路蝗，免明年被旱蝗租赋。 ······· 宣统《山东通志》

（历城）旱蝗。 ·············· 乾隆《历城县志》

商河蝗。 ··················· 咸丰《武定府志》

商河大蝗。 ··············· 民国《重修商河县志》

（章丘）旱蝗。 ·············· 道光《章丘县志》

（德州）旱蝗，免租赋。 ··········· 乾隆《德州志》

（德县）旱蝗，免租赋。 ··········· 民国《德县志》

河北、山东旱蝗。宁津蝗。 ········· 光绪《宁津县志》

（平原）旱蝗。 ·············· 乾隆《平原县志》

（临邑）大蝗。 ·············· 同治《临邑县志》

（长山）旱蝗。 ·············· 嘉庆《长山县志》

夏，（东明）旱蝗，诏免去年租赋。 ····· 民国《东明县新志》

山东旱蝗。沾化蝗。 ············· 民国《沾化县志》

山东旱蝗。惠民蝗。 ············· 光绪《惠民县志》

（无棣）蝗。 ··············· 民国《无棣县志》

夏六月，（诸城）蝗。 ··········· 乾隆《诸城县志》

（胶州）蝗。 ··············· 民国《增修胶志》

（莱阳）旱蝗。 ·············· 民国《莱阳县志》

（黄县）旱蝗。 ·············· 同治《黄县志》

登州旱蝗。 ··············· 光绪《增修登州府志》

（文登）旱蝗。 …………………………………………… 光绪《文登县志》

154. 宋淳熙四年　金大定十七年（1177 年）

春三月，以旱蝗免山东等十路租税。昌乐蝗。 ………… 嘉庆《昌乐县志》

春三月，（临朐）旱蝗，免租税。 ………………………… 光绪《临朐县志》

春，免（诸城）去年被灾旱蝗租赋。 …………………… 乾隆《诸城县志》

155. 金明昌八年（1197 年）

夏五月，山东蝗。 ………………………………………… 《无棣县志》

156. 金泰和四年（1204 年）

山东连年旱蝗，潍、密等五州尤甚。 …………………… 《寒亭区档案》

157. 宋开禧元年　金泰和五年（1205 年）

是岁，山东旱蝗。 ……………………………………… 《续资治通鉴·宋纪》

158. 宋开禧二年　金泰和六年（1206 年）

九月，山东连岁旱蝗，沂、密、莱、莒、潍五州尤甚。

………………………………………………………… 《续资治通鉴·宋纪》

沂州、掖县蝗灾大发生。 …………………… 《中国历代蝗患之记载》

山东连年旱蝗，潍、密等五州尤甚。 …………… 民国《潍县志稿》

（沂州府）旱蝗。 ………………………………………… 乾隆《沂州府志》

（临沂）旱蝗。 …………………………………………… 民国《临沂县志》

莱州旱蝗，甚。 …………………………………………… 乾隆《掖县志》

159. 宋嘉定元年　金泰和八年（1208 年）

五月，金遣使分路捕蝗。 ………………………………… 宣统《山东通志》

五月，山东蝗。无棣蝗。 ………………………………… 民国《无棣县志》

四、元代蝗灾

160. 蒙古中统四年（1263 年）

六月，益都、东平蝗。八月，滨、棣二州蝗。 …………… 《元史·五行志》

夏至秋，沾化、益都、蒲台①、泰安、商河蝗灾。 …… 《中国历代蝗患之记载》

秋八月，（商河）蝗。 …………………………………… 民国《重修商河县志》

六月，东平蝗。 …………………………………………… 光绪《东平州志》

---

① 蒲台：旧县名，治所在今山东滨州东南蒲城乡。

夏六月，益都、东平诸路蝗。东阿蝗。 ············· 民国《续修东阿县志》

八月，（滨州）蝗，禾尽食。 ··················· 咸丰《滨州志》

秋八月，滨、棣二州蝗。 ····················· 咸丰《武定府志》

滨、棣二州蝗。 ··························· 民国《无棣县志》

八月，滨、棣二州蝗。沾化蝗。 ··············· 民国《沾化县志》

秋八月，（惠民）蝗。 ····················· 光绪《惠民县志》

秋八月，（蒲台）蝗。 ····················· 乾隆《蒲台县志》

夏六月，益都蝗。 ························· 咸丰《青州府志》

（黄县）蝗。 ··························· 同治《黄县志》

161. 蒙古至元二年（1265 年）

秋七月，益都大蝗，饥，命减价粜官粟以赈。是岁，益都、东平蝗旱。

·································· 《元史·世祖本纪》

益都蝗灾。 ··················· 《中国历代蝗患之记载》

是岁，益都、东平旱蝗。 ··············· 宣统《山东通志》

（德州）蝗。 ····················· 乾隆《德州志》

（德县）旱蝗。 ··················· 民国《德县志》

益都、东平旱蝗。东阿蝗。 ········· 民国《续修东阿县志》

秋七月，（益都）大蝗，饥，减价粜官粟以赈。 ······· 光绪《益都县图志》

秋七月，益都大蝗。 ················· 咸丰《青州府志》

秋七月，（临朐）大蝗。 ··············· 光绪《临朐县志》

162. 蒙古至元三年（1266 年）

是岁，东平、济南、益都蝗。 ··········· 《元史·世祖本纪》

平原、益都、济南蝗灾。 ········· 《中国历代蝗患之记载》

是岁，东平、济南、益都蝗。 ··········· 宣统《山东通志》

益都、东平又蝗。东阿蝗。 ········· 民国《续修东阿县志》

（平原）蝗。 ····················· 乾隆《平原县志》

夏，（益都）蝗。 ················· 光绪《益都县图志》

163. 蒙古至元四年（1267 年）

是岁，山东诸路蝗。 ··············· 《元史·世祖本纪》

是岁，山东诸路蝗。 ················· 宣统《山东通志》

是岁，山东诸路蝗。东阿蝗。 ········· 民国《续修东阿县志》

（金乡）蝗灾。 ··················· 《金乡县史志》

（无棣）蝗。 ……………………………………………… 民国《无棣县志》

（胶州）蝗。 ……………………………………………… 民国《增修胶志》

164. 蒙古至元五年（1268 年）

六月，东平等郡蝗。 …………………………………… 《元史·五行志》

泰安蝗灾。 …………………………………… 《中国历代蝗患之记载》

夏六月，东平等处蝗。 ……………………………… 宣统《山东通志》

六月，东平蝗。 …………………………………… 光绪《东平州志》

165. 蒙古至元六年（1269 年）

六月，山东诸郡蝗。 ………………………………… 《元史·世祖本纪》

夏，平原蝗灾。 …………………………………… 《中国历代蝗患之记载》

山东诸郡蝗。 ……………………………………… 宣统《山东通志》

六月，（平原）蝗。 ……………………………… 乾隆《平原县志》

山东蝗。无棣蝗。 ……………………………… 民国《无棣县志》

（胶州）蝗。 ……………………………………… 民国《增修胶志》

166. 蒙古至元七年（1270 年）

三月，益都、登、莱蝗旱，诏：减其今年包银之半。秋七月，山东诸路旱
蝗，免军户田租，戍边者给粮。 …………………… 《元史·世祖本纪》

秋，益都、平原、掖县、平度蝗害。 ……… 《中国历代蝗患之记载》

春三月，益都、登、莱旱蝗。秋七月，山东诸路旱蝗，免军户田租。

……………………………………………… 宣统《山东通志》

七月，（历城）旱蝗，免军户田租。 ……………… 乾隆《历城县志》

七月，（平原）旱蝗。 ……………………………… 乾隆《平原县志》

（无棣）蝗。 ……………………………………… 民国《无棣县志》

七月，（金乡）旱蝗。 ……………………………… 《金乡县史志》

（安丘）旱蝗。 ……………………………………… 万历《安丘县志》

秋七月，（胶州）旱蝗。 ………………………… 民国《增修胶志》

三月，（平度）旱蝗。 ……………………………… 道光《平度州志》

六月，莱州蝗灾，诏减租赋银之半。 ………………… 《莱州市志》

（黄县）旱蝗，减其年包银之半。 ……………… 同治《黄县志》

167. 元至元八年（1271 年）

六月，济南、淄莱、益都诸州县蝗。 ……………… 《元史·世祖本纪》

夏，益都、平原、掖县、济南蝗灾。 ……… 《中国历代蝗患之记载》

六月，济南、淄莱、益都诸州县蝗。 …………………… 宣统《山东通志》

六月，（历城）蝗。 …………………… 乾隆《历城县志》

（德州）蝗。 …………………… 乾隆《德州志》

（德县）蝗。 …………………… 民国《德县志》

六月，（平原）蝗。 …………………… 乾隆《平原县志》

大名、彰德等州蝗灾。临清蝗灾。 …………………… 《临清市志》

秋六月，益都蝗。 …………………… 咸丰《青州府志》

（长山）蝗。 …………………… 嘉庆《长山县志》

（淄川）蝗。 …………………… 乾隆《淄川县志》

六月，莱州蝗。 …………………… 乾隆《掖县志》

168. 元至元九年（1272 年）

二月，以去岁东平等州县旱、蝗、水潦，免其租赋。 …… 《元史·世祖本纪》

东平等州县旱蝗，免其租赋。 …………………… 宣统《山东通志》

169. 元至元十年（1273 年）

是岁，诸路虫螟灾五分。 …………………… 《元史·世祖本纪》

（山东）诸路蝗螟灾，赈之。 …………………… 宣统《山东通志》

（无棣）蝗螟为灾。 …………………… 民国《无棣县志》

170. 元至元十二年（1275 年）

（东明）水、旱、蝗，大饥，给钞赈之。 …………………… 《东明县志》

171. 元至元十五年（1278 年）

秋七月，濮州蝗。 …………………… 《元史·世祖本纪》

秋，濮县蝗灾。 …………………… 《中国历代蝗患之记载》

172. 元至元十八年（1281 年）

秋，武城蝗灾，害稼。 …………………… 《中国历代蝗患之记载》

无棣县蝗。 …………………… 《海丰县志》

夏，（胶州）蝗。 …………………… 民国《增修胶志》

173. 元至元十九年（1282 年）

益都蝗灾，禾稼俱尽。 …………………… 《中国历代蝗患之记载》

山东等六十余处皆蝗，食苗稼、草木俱尽，所至蔽日，碍人马不能行，填
　坑堑皆盈，饥民捕蝗以食，或曝干积之，又尽，则人相食。

　　…………………… 康熙《河间府志》

五月，山东飞蝗蔽天，人马难行，大饥。博兴蝗，食禾稼、草木俱尽。无

棣蝗。 ⋯⋯⋯⋯⋯⋯⋯⋯⋯⋯⋯⋯⋯⋯⋯⋯⋯⋯⋯《无棣县志》

（德州）蝗。 ⋯⋯⋯⋯⋯⋯⋯⋯⋯⋯⋯⋯⋯⋯⋯⋯⋯⋯《德州市志》

（东阿）大蝗。 ⋯⋯⋯⋯⋯⋯⋯⋯⋯⋯⋯⋯⋯⋯⋯道光《东阿县志》

（青州）蝗食禾稼、草木俱尽。 ⋯⋯⋯⋯⋯⋯⋯⋯⋯⋯⋯《青州市志》

（益都）蝗食禾稼、草木俱尽。 ⋯⋯⋯⋯⋯⋯⋯光绪《益都县图志》

174. 元至元二十一年（1284 年）

山东蝗。 ⋯⋯⋯⋯⋯⋯⋯⋯⋯⋯⋯⋯⋯⋯⋯⋯⋯⋯⋯⋯《无棣县志》

175. 元至元二十二年（1285 年）

夏四月，益都、济宁蝗。 ⋯⋯⋯⋯⋯⋯⋯⋯⋯⋯《元史·世祖本纪》

夏四月，益都、济宁蝗。 ⋯⋯⋯⋯⋯⋯⋯⋯宣统《山东通志》

无棣蝗。 ⋯⋯⋯⋯⋯⋯⋯⋯⋯⋯⋯⋯⋯⋯⋯⋯⋯⋯⋯《无棣县志》

（德州）蝗。 ⋯⋯⋯⋯⋯⋯⋯⋯⋯⋯⋯⋯⋯⋯⋯乾隆《德州志》

（德县）蝗。 ⋯⋯⋯⋯⋯⋯⋯⋯⋯⋯⋯⋯⋯⋯⋯民国《德县志》

176. 元至元二十五年（1288 年）

是岁，东平路须城等六县蝗。 ⋯⋯⋯⋯⋯⋯⋯宣统《山东通志》

东平路须城、东阿等六县蝗。 ⋯⋯⋯⋯民国《续修东阿县志》

（无棣）虫蟵为害。 ⋯⋯⋯⋯⋯⋯⋯⋯⋯⋯⋯⋯⋯⋯⋯《无棣县志》

177. 元至元二十六年（1289 年）

秋七月，东平、济宁、东昌、益都蝗。 ⋯⋯⋯《元史·世祖本纪》

秋，东昌、益都、济宁蝗灾。 ⋯⋯⋯⋯⋯《中国历代蝗患之记载》

秋七月，东平、济宁、东昌、益都蝗。 ⋯⋯⋯宣统《山东通志》

秋，东昌等处蝗。 ⋯⋯⋯⋯⋯⋯⋯⋯⋯⋯⋯嘉庆《东昌府志》

秋七月，（安丘）蝗。 ⋯⋯⋯⋯⋯⋯⋯⋯⋯万历《安丘县志》

秋七月，益都蝗。 ⋯⋯⋯⋯⋯⋯⋯⋯⋯⋯⋯咸丰《青州府志》

秋七月，（微山）蝗。 ⋯⋯⋯⋯⋯⋯⋯⋯⋯⋯⋯⋯《微山县志》

178. 元至元二十七年（1290 年）

夏，曲阜蝗灾。 ⋯⋯⋯⋯⋯⋯⋯⋯⋯⋯⋯《中国历代蝗患之记载》

夏，（宁津）蝗。 ⋯⋯⋯⋯⋯⋯⋯⋯⋯⋯⋯光绪《宁津县志》

河北东昌等十七郡蝗。 ⋯⋯⋯⋯⋯⋯⋯⋯嘉庆《东昌府志》

夏，（曲阜）蝗。 ⋯⋯⋯⋯⋯⋯⋯⋯⋯⋯⋯乾隆《曲阜县志》

179. 元至元二十九年（1292 年）

闰六月，东昌路蝗；济南、般阳①蝗。……………………《元史·世祖本纪》

六月，东昌、济南、般阳等郡蝗。……………………《元史·五行志》

夏，济南、东昌、夏津、淄川蝗灾。……………《中国历代蝗患之记载》

六月，东昌、济南等郡蝗。闰六月，般阳路蝗。……… 宣统《山东通志》

六月，（历城）蝗。……………………………… 乾隆《历城县志》

六月，济南蝗。……………………………………… 崇祯《历乘》

闰六月，（夏津）蝗。………………………………… 乾隆《夏津县志》

六月，东昌路蝗。…………………………………… 嘉庆《东昌府志》

秋，般阳蝗。………………………………… 民国《重修新城县志》

六月，般阳蝗。淄川蝗。…………………………… 乾隆《淄川县志》

济南、般阳二路蝗。济阳蝗。………………………… 民国《济阳县志》

六月，（长山）蝗。………………………………… 嘉庆《长山县志》

（黄县）蝗。………………………………………… 同治《黄县志》

180. 元至元三十年（1293 年）

九月，登州蝗。……………………………………《元史·世祖本纪》

秋九月，登州蝗。…………………………………… 宣统《山东通志》

九月，登州蝗。…………………………………… 光绪《增修登州府志》

九月，（栖霞）蝗。………………………………… 光绪《栖霞县志》

181. 元至元三十一年（1294 年）

夏，沾化蝗灾。……………………………………《中国历代蝗患之记载》

六月，济南郡蝗。…………………………………… 咸丰《武定府志》

济南郡蝗。沾化蝗。………………………………… 民国《沾化县志》

182. 元元贞元年（1295 年）

五月，济宁之济州蝗。六月，济宁鱼台、东平、汶上县、德州蝗。八月，
东明旱蝗。……………………………………………………《山东蝗虫》

183. 元元贞二年（1296 年）

六月，济宁、东平、德州蝗。八月，德州蝗。…………《元史·成宗本纪》

六月，济宁任城、鱼台县，东平须城、汶上县，德州齐河县蝗。

…………………………………………………………《元史·五行志》

---

① 般阳：元路名，治所在今山东淄博淄川区。

夏，泰安、鱼台、平原、济宁、东平、德州、须城、汶上等县大蝗伤稼。

....《中国历代蝗患之记载》

六月，济宁路任城、鱼台蝗，东平路须城、汶上、德州齐河等县蝗。

....宣统《山东通志》

秋，（平原）蝗。............................乾隆《平原县志》

六月，（齐河）蝗灾。........................《齐河县志》

六月，（东明）蝗。八月，旱蝗。............《东明县志》

六月，大名、德州一带蝗灾。临清蝗。........《临清市志》

六月，（巨野）蝗。..........................道光《巨野县志》

五月，（济宁）蝗。..........................道光《济宁直隶州志》

六月，（鱼台）蝗。..........................光绪《鱼台县志》

（汶上）蝗灾。..............................《汶上县志》

六月，须城蝗。..............................光绪《东平州志》

夏六月，（曲阜）蝗。颁官吏受赇格。........乾隆《曲阜县志》

六月，（金乡）蝗。..........................《金乡史志》

184. 元大德二年（1298年）

夏四月，山东属县蝗。六月，山东蝗。........《元史·成宗本纪》

夏，沂州、平原、沾化、商河等飞蝗大发生。...《中国历代蝗患之记载》

四月，（历城）蝗。..........................乾隆《历城县志》

四月，山东蝗。商河蝗。......................民国《重修商河县志》

夏，（平原）蝗。............................乾隆《平原县志》

四月，山东（武定）蝗。......................咸丰《武定府志》

四月，山东蝗。惠民蝗。......................光绪《惠民县志》

夏四月，山东、燕南属县蝗。无棣蝗。........民国《无棣县志》

四月，山东蝗。沾化蝗。......................民国《沾化县志》

四月，（阳信）蝗。..........................民国《阳信县志》

四月，（长山）蝗。..........................嘉庆《长山县志》

（沂州）蝗。................................乾隆《沂州府志》

山东诸行省属县蝗。潍县蝗。..................民国《潍县志稿》

夏四月，（安丘）蝗。........................万历《安丘县志》

185. 元大德四年（1300年）

五月，东昌、济宁旱蝗。......................《元史·成宗本纪》

夏，曲阜、济宁、东昌蝗灾。⋯⋯⋯⋯⋯⋯⋯⋯《中国历代蝗患之记载》

夏五月，东昌、济宁旱蝗。⋯⋯⋯⋯⋯⋯⋯⋯宣统《山东通志》

三月，东昌、济宁旱，蝗灾。临清蝗。⋯⋯⋯⋯《临清市志》

五月，济宁蝗。微山蝗。⋯⋯⋯⋯⋯⋯⋯⋯⋯⋯《微山县志》

（曲阜）旱蝗。⋯⋯⋯⋯⋯⋯⋯⋯⋯⋯⋯⋯⋯乾隆《曲阜县志》

186. 元大德六年（1302年）

四月，河间属县蝗。宁津蝗。⋯⋯⋯⋯⋯⋯⋯光绪《宁津县志》

（德平①）蝗。⋯⋯⋯⋯⋯⋯⋯⋯⋯⋯⋯⋯⋯光绪《德平县志》

187. 元大德七年（1303年）

五月，东平、益都、济南等路蝗。⋯⋯⋯⋯⋯《元史·成宗本纪》

夏，东平、益都、济南蝗灾。⋯⋯⋯⋯⋯⋯⋯《中国历代蝗患之记载》

五月，东平、益都、济南等路蝗。⋯⋯⋯⋯⋯宣统《山东通志》

五月，（济南）蝗食麦。⋯⋯⋯⋯⋯⋯⋯⋯⋯道光《济南府志》

五月，（历城）蝗虫食麦。⋯⋯⋯⋯⋯⋯⋯⋯乾隆《历城县志》

四月，河间属县蝗。宁津蝗。⋯⋯⋯⋯⋯⋯⋯《宁津县志》

夏，（曲阜）蝗。⋯⋯⋯⋯⋯⋯⋯⋯⋯⋯⋯⋯乾隆《曲阜县志》

夏五月，益都蝗。⋯⋯⋯⋯⋯⋯⋯⋯⋯⋯⋯⋯咸丰《青州府志》

夏四月，（潍县）蝗。⋯⋯⋯⋯⋯⋯⋯⋯⋯⋯民国《潍县志稿》

188. 元大德八年（1304年）

四月，益都临朐、德州齐河县蝗。六月，益津县蝗。⋯⋯《元史·五行志》

夏，益都、临朐、平原、齐河、德州、青州蝗灾。

⋯⋯⋯⋯⋯⋯⋯⋯⋯⋯⋯⋯⋯⋯⋯⋯⋯⋯《中国历代蝗患之记载》

夏四月，益都、临朐、德州、齐河蝗。⋯⋯⋯⋯宣统《山东通志》

四月，（平原）蝗。⋯⋯⋯⋯⋯⋯⋯⋯⋯⋯⋯乾隆《平原县志》

四月，（齐河）蝗。⋯⋯⋯⋯⋯⋯⋯⋯⋯⋯⋯《齐河县志》

夏四月，（益都）蝗。⋯⋯⋯⋯⋯⋯⋯⋯⋯⋯光绪《益都县图志》

夏四月，（临朐）蝗。⋯⋯⋯⋯⋯⋯⋯⋯⋯⋯光绪《临朐县志》

189. 元大德十年（1306年）

夏，平原蝗灾。⋯⋯⋯⋯⋯⋯⋯⋯⋯⋯⋯⋯⋯《中国历代蝗患之记载》

七月，（平原）蝗。⋯⋯⋯⋯⋯⋯⋯⋯⋯⋯⋯乾隆《平原县志》

---

① 德平：旧县名，治所在今山东临邑德平镇。

190. 元大德十一年（1307 年）

七月，德州蝗。 ·····················《元史·成宗本纪》

七月，德州蝗，延及（宁津）县境。 ·············光绪《宁津县志》

大名路（东明）旱蝗，民饥，诏并赈饥。 ···········《东明县志》

191. 元至大元年（1308 年）

五月，东平、东昌、益都蝝。 ···············《元史·武宗本纪》

益都、东平、东昌蝗灾。 ············《中国历代蝗患之记载》

夏五月，东平、东昌、益都蝝。 ············宣统《山东通志》

濮州、高唐等州蝗。 ···················宣统《濮州志》

曹、濮、高唐等处蝗入州境，临清与焉。 ·····乾隆《临清直隶州志》

五月，（夏津）蝝生。 ·················乾隆《夏津县志》

（武城）蝗。 ·······················嘉靖《武城县志》

（朝城）蝗。 ·······················康熙《朝城县志》

（观城）蝗。 ·······················道光《观城县志》

夏五月，东平、东昌等处蝝。东阿蝝。 ········民国《续修东阿县志》

五月，东昌蝝。 ·····················嘉庆《东昌府志》

（东明）旱蝗，民饥。 ··················《东明县志》

夏五月，益都诸郡蝝。 ·················咸丰《青州府志》

夏五月，（昌乐）蝝。 ·················嘉庆《昌乐县志》

夏五月，（临朐）蝝。 ·················光绪《临朐县志》

五月，（胶州）蝝。 ···················民国《增修胶志》

192. 元至大二年（1309 年）

夏四月，益都、东平、东昌、济宁、泰安、高唐、曹、濮、德等处蝗。秋
七月，济南、济宁、般阳、曹、濮、德、高唐等州蝗。

·····················《元史·武宗本纪》

益都、济宁、泰安、东平、东昌、高唐、济南、曹县、德州蝗灾。

·················《中国历代蝗患之记载》

陵、高唐二州蝗。 ···············雍正《山东通志》

四月，德州、历城、般阳蝗。 ·············道光《济南府志》

四月，济南蝗。 ·····················崇祯《历乘》

七月，（历城）蝗。 ···················乾隆《历城县志》

四月，德州蝗。 ·····················康熙《德州志》

四月，（陵县）蝗生。 …………………………………… 光绪《陵县志》

四月，（平原）蝗。七月，又蝗。 …………………… 乾隆《平原县志》

六月，（菏泽）蝗。 ………………………………… 光绪《新修菏泽县志》

六月，曹、濮等州蝗。 ………………………………… 乾隆《曹州府志》

七月，（鄄城）蝗虫为灾。 …………………………………… 《鄄城县志》

七月，（巨野）蝗，大饥。 ……………………………… 道光《巨野县志》

四月，农事正殷，（临清）蝗虫遍野，百姓困苦。 ………… 《临清市志》

四月，金乡、汶上蝗。七月，济宁州蝗，大饥，金乡又蝗。…… 《济宁市志》

七月，（嘉祥）蝗，大饥。 …………………………………… 《嘉祥县志》

夏四月，济宁等处蝗。微山蝗。 …………………………… 《微山县志》

四月，（汶上）蝗灾。七月，又蝗灾。 ……………………… 《汶上县志》

四月，东平蝗。 …………………………………… 光绪《东平州志》

四月，（长山）蝗。 ………………………………… 嘉庆《长山县志》

夏四月，（昌乐）蝗。 ……………………………… 嘉庆《昌乐县志》

夏四月，（临朐）蝗。 ……………………………… 光绪《临朐县志》

夏四月，益都诸郡蝗。 ……………………………… 咸丰《青州府志》

夏四月，（益都）蝗。 …………………………… 光绪《益都县图志》

七月，（淄川）蝗。 ………………………………… 乾隆《淄川县志》

秋，般阳蝗。 …………………………………… 民国《重修新城县志》

七月，（黄县）蝗。 ………………………………… 同治《黄县志》

193. 元至大三年（1310 年）

夏四月，宁津、堂邑、荏平、阳谷、高唐、禹城等县蝗。

…………………………………………… 《元史·武宗本纪》

四月，宁津、堂邑、荏平、阳谷、平原、齐河、禹城七县蝗。七月，无棣
等县蝗。 ………………………………………… 《元史·五行志》

九月，监察御史上时政书，其略曰：累年山东诸郡蝗、旱洊臻，郊关之外
十室九空，民之扶老携幼就食他所者络绎道路，其他父子、兄弟、夫妇
至相与鬻为食，比比皆是。 ………………… 《续资治通鉴·元纪》

夏，商河、平原、东昌、高唐、堂邑、阳谷蝗灾。……《中国历代蝗患之记载》

堂邑、荏平、须城三县蝗。 …………………… 雍正《山东通志》

（庆云）蝗，大饥，有父子相食者。 …………… 民国《庆云县志》

七月，（商河）蝗。 ……………………………… 民国《重修商河县志》

四月，（平原）蝗。 ·· 乾隆《平原县志》

四月，（齐河）蝗。 ·· 《齐河县志》

四月，宁津、平原、齐河等七县蝗。 ················ 光绪《宁津县志》

秋七月，（无棣）蝗。 ······································ 民国《无棣县志》

四月，茌平、高唐等县蝗。 ···························· 嘉庆《东昌府志》

四月，高唐等县蝗。 ······································ 光绪《高唐州志》

194. 元至大四年（1311 年）

（新城）辕固里蝗。 ·· 民国《重修新城县志》

195. 元皇庆元年（1312 年）

是岁，（宁海州）蝗，赈之。 ·························· 同治《宁海州志》

196. 元延祐六年（1319 年）

六月，济宁路螭虫害稼。微山蝗。 ·················· 《微山县志》

197. 元延祐七年（1320 年）

六月，益都蝗。秋七月，堂邑县螭。 ·············· 《元史·英宗本纪》

夏，堂邑、益都、青州、东昌蝗灾。 ············· 《中国历代蝗患之记载》

夏六月，益都路蝗。秋七月，堂邑县螭。 ········ 宣统《山东通志》

八月，堂邑县螭。 ·· 嘉庆《东昌府志》

夏六月，（昌乐）蝗。 ······································ 嘉庆《昌乐县志》

夏六月，（临朐）蝗。 ······································ 光绪《临朐县志》

夏六月，益都路蝗。 ······································ 咸丰《青州府志》

198. 元至治元年（1321 年）

十二月，宁海州蝗。 ······································ 《元史·英宗本纪》

六月，濮州、郓等处蝗。 ································ 《中国历代天灾人祸表》

是年，宁海州蝗。 ·· 宣统《山东通志》

（牟平）蝗。 ··· 《牟平县志》

199. 元至治二年（1322 年）

十二月，济宁、濮州、益都诸属县蝗。 ··········· 《元史·英宗本纪》

益都、济宁、濮州蝗灾。 ································ 《中国历代蝗患之记载》

是岁，济宁、濮州、益都诸县蝗。 ·················· 宣统《山东通志》

济宁、濮州、益都诸县卫及诸卫屯田蝗。微山蝗。 ······· 《微山县志》

益都诸属县蝗。 ··· 咸丰《青州府志》

夏，（安丘）蝗。 ·· 万历《安丘县志》

（德州）蝗水。 ·· 乾隆《德州志》

（德县）蝗水，赈之，免常赋之半。 ············· 民国《德县志》

200. 元泰定元年（1324 年）

六月，东昌、益都、济宁、般阳、东平等郡蝗。 ······· 《元史·五行志》

夏，曲阜、青州、益都、德州、东昌、东平蝗灾。

······················· 《中国历代蝗患之记载》

夏六月，东昌、益都、济宁、东平等郡蝗。 ······· 宣统《山东通志》

六月，济南蝗。 ······························· 崇祯《历乘》

夏六月，（曲阜）蝗。 ······················· 乾隆《曲阜县志》

夏六月，巨野蝗。 ··························· 道光《巨野县志》

夏六月，东平、济阴蝗。 ····················· 康熙《兖州府志》

六月，（济宁）有蝗。 ····················· 道光《济宁直隶州志》

六月，（嘉祥）蝗。 ························· 《嘉祥县志》

（汶上）蝗灾。 ····························· 《汶上县志》

六月，（淄川）蝗。 ··························· 乾隆《淄川县志》

夏六月，济南、般阳蝗。 ··············· 民国《重修新城县志》

六月，东平蝗。 ··························· 乾隆《泰安府志》

六月，（长山）蝗。 ························· 嘉庆《长山县志》

夏六月，（昌乐）蝗。 ······················· 嘉庆《昌乐县志》

夏六月，（临朐）蝗。 ······················· 光绪《临朐县志》

夏六月，益都、般阳等郡蝗。 ··············· 咸丰《青州府志》

（益都）蝗。 ····························· 光绪《益都县图志》

201. 元泰定二年（1325 年）

六月，济南、东昌等九郡蝗。秋七月，般阳新城县蝗。

······················· 《元史·泰定本纪》

六月，德、濮、曹等州，历城、章丘、淄川、茌平等县蝗。

······························· 《元史·五行志》

夏秋，济南、东昌、德州、平原、章丘、曹县、濮州蝗灾。

······················· 《中国历代蝗患之记载》

六月，德、濮、曹等州，历城、章丘、淄川、茌平等县蝗。七月，般阳新

城县蝗。 ····························· 宣统《山东通志》

五月，德州、历城、章丘、淄川等县蝗。 ······· 道光《济南府志》

41

六月，（历城）蝗。九月，又蝗。 ················ 乾隆《历城县志》

六月，（章丘）蝗。 ······················· 道光《章丘县志》

六月，（德州）蝗。 ······················· 乾隆《德州志》

六月，（德县）蝗。 ······················· 民国《德县志》

六月，（平原）蝗。 ······················· 乾隆《平原县志》

六月，淄州蝗。 ························· 乾隆《淄川县志》

六月，（长山）蝗。 ······················· 嘉庆《长山县志》

六月，（齐东①）蝗。 ······················ 康熙《齐东县志》

六月，曹、濮等州蝗。 ····················· 乾隆《曹州府志》

202. 元泰定三年（1326 年）

六月，东平属县蝗。 ······················ 《元史·泰定本纪》

六月，东平须城县蝗。 ····················· 《元史·五行志》

六月，东平须城县蝗。 ····················· 宣统《山东通志》

夏，东平、泰安、须城蝗灾。 ················· 《中国历代蝗患之记载》

五月，（济宁）蝗。 ······················ 道光《济宁直隶州志》

须城蝗。 ··························· 光绪《东平州志》

大名路旱蝗，民饥，诏赈之。东明蝗。 ··········· 乾隆《东明县志》

203. 元泰定四年（1327 年）

是岁，济南、济宁路属县蝗。 ················· 《元史·泰定本纪》

八月，冠州、恩州蝗。十二月，济南、济宁路，博兴、临淄、胶西等县蝗。

··································· 《元史·五行志》

济南、济宁、曲阜、青州、平原、临淄蝗灾。 ······ 《中国历代蝗患之记载》

济南、济宁等路蝗，博兴、临淄、胶西等县蝗。 ······· 宣统《山东通志》

是岁，（历城）旱蝗，免田租之半。 ·············· 乾隆《历城县志》

六月，（平原）旱蝗，免田租之半。 ·············· 乾隆《平原县志》

秋，（曲阜）蝗。 ························ 乾隆《曲阜县志》

济南、济宁等八路属县蝗。微山蝗。 ············· 《微山县志》

六月，大名等路属县蝗灾。临清蝗。 ············· 《临清市志》

（巨野）蝗。 ·························· 万历《巨野县志》

（临淄）蝗。 ·························· 民国《临淄县志》

---

① 齐东：旧县名，治所在今山东邹平西北。

夏,(博兴) 大旱,蝗骤起,且夕满野。秋,又蝗。

……………………………………… 民国《重修博兴县志》

是年,胶西等县蝗。 ……………………………… 乾隆《莱州府志》

(胶州) 蝗。 ……………………………………… 民国《增修胶志》

(胶南) 蝗。 ……………………………………… 《胶南县志》

204. 元致和元年　天历元年（1328 年）

五月,济宁蝗。 ………………………………………… 《微山县志》

(东明) 旱蝗。 ………………………………………… 《东明县志》

(莒州) 蝗。 …………………………………………… 嘉庆《莒州志》

205. 元天历二年（1329 年）

六月,益都莒、密二州夏旱、蝗,饥民三万一千四百户,赈粮一月。

……………………………………………… 《元史·文宗本纪》

夏,沂州、青州、益都、曲阜、平原蝗灾。 ……《中国历代蝗患之记载》

六月,益都莒、密二州蝗。 ……………………… 宣统《山东通志》

五月,(平原) 蝗。 ………………………………… 乾隆《平原县志》

夏六月,(曲阜) 旱蝗,饥。 ……………………… 乾隆《曲阜县志》

(东明) 旱蝗。 ………………………………………… 《东明县志》

夏六月,益都、密州蝗。 ………………………… 咸丰《青州府志》

夏六月,(益都) 蝗。 …………………………… 光绪《益都县图志》

夏,(昌乐) 旱蝗,饥。 …………………………… 嘉庆《昌乐县志》

夏,(诸城) 旱蝗,饥,民采草木食之。 ……… 乾隆《诸城县志》

夏,(胶南) 旱蝗,饥,民采草木食之。 ……………… 《胶南县志》

莒州蝗。 ……………………………………………… 乾隆《沂州府志》

莒地蝗,饥民采草木充饥。 ……………………………… 《莒县志》

206. 元至顺元年　天历三年（1330 年）

五月,般阳、济宁、东平等路蝗,高唐、濮、德、冠等州蝗。六月,益都
路、泰安州蝗。秋七月,益都、般阳、济南、济宁等路蝗。

……………………………………………… 《元史·文宗本纪》

五月,般阳、济宁、东平等郡,德、濮、高唐等州蝗。六月,博兴蝗。

……………………………………………… 《元史·五行志》

夏,曲阜、东昌、泰安、平原、青州、益都、东平、济宁、德州、济南蝗
虫大发生。 ……………………………………《中国历代蝗患之记载》

夏四月，般阳、济宁、东平等路，高唐、濮、德、冠等州蝗。六月，益都
　　路及泰安诸州蝗。秋七月，益都、般阳、济南、济宁等路蝗。
　　　　　　　　　　　　　　　　　　　　　　　　宣统《山东通志》

七月，（历城）蝗。…………………………………乾隆《历城县志》
五月，（平原）蝗。…………………………………乾隆《平原县志》
五月，高唐、冠等州蝗。……………………………嘉庆《东昌府志》
五月，（高唐）蝗。…………………………………光绪《高唐州志》
（东明）旱蝗。………………………………………《东明县志》
秋七月，济宁蝗。微山县蝗。………………………《微山县志》
（汶上）蝗灾。………………………………………《汶上县志》
五月，（巨野）蝗。…………………………………道光《巨野县志》
夏五月，（曲阜）蝗。………………………………乾隆《曲阜县志》
五月，东平蝗。………………………………………光绪《东平州志》
夏六月，博兴等州蝗。………………………………咸丰《青州府志》
六月，（益都）蝗。…………………………………光绪《益都县图志》
（黄县）蝗。…………………………………………同治《黄县志》

207. 元至顺三年（1332 年）

（济宁）蝗。…………………………………………道光《济宁直隶州志》
夏，（巨野）蝗。……………………………………道光《巨野县志》

208. 元元统元年（1333 年）

山东旱蝗为灾。………………………………………《元史·朵尔直班传》

209. 元至元元年　元统三年（1335 年）

益都蝗。………………………………………………咸丰《青州府志》
是岁，（临朐）大蝗。………………………………光绪《临朐县志》
（东明）旱蝗。………………………………………《东明县志》

210. 元至元四年（1338 年）

六月，（巨野）蝗。…………………………………万历《巨野县志》

211. 元至元五年（1339 年）

七月，胶州即墨县蝗。………………………………《元史·五行志》
秋，即墨、东平蝗灾。………………………………《中国历代蝗患之记载》
六月，东平蝗。………………………………………光绪《东平州志》
七月，（即墨）蝗。…………………………………同治《即墨县志》

212. 元至正四年（1344 年）

（禹城）蝗。 ································· 嘉庆《禹城县志》

213. 元至正五年（1345 年）

六月，禹城县蝗。 ······················ 雍正《山东通志》

214. 元至正八年（1348 年）

（东明）旱蝗。 ··························· 《东明县志》

215. 元至正十一年（1351 年）

山东蝗。嘉祥蝗。 ······················· 《嘉祥县志》

216. 元至正十二年（1352 年）

（东明）水、旱、蝗灾，大饥。 ············· 《东明县志》

217. 元至正十七年（1357 年）

东昌茌平县蝗。 ····················· 《元史·五行志》

夏，茌平蝗灾。 ················· 《中国历代蝗患之记载》

（东明）旱蝗。 ··························· 《东明县志》

218. 元至正十八年（1358 年）

夏，潍州昌邑县、胶州高密县蝗。秋，潍州之北海、莒州之蒙阴皆蝗。

······························· 《元史·五行志》

夏，高密、昌邑、蒙阴蝗灾。 ······· 《中国历代蝗患之记载》

五月，昌邑、高密蝗。八月，北海、蒙阴蝗。 ···· 宣统《山东通志》

秋八月，北海蝗。 ················· 民国《潍县志稿》

潍州蝗食禾稼、草木俱尽，所至蔽日，碍人马不能行，填坑堑皆盈，饥民
  捕蝗为食，或曝干而积之，又尽，人相食。 ······· 《寒亭区志》

夏，（胶州）蝗。 ··················· 民国《增修胶志》

219. 元至正十九年（1359 年）

五月，山东蝗飞蔽天，人马不能行，所落沟堑尽平，民大饥。

······························· 《元史·顺帝本纪》

东昌，河间之临邑，东平之须城、东阿、阳谷三县，山东益都、临淄二县，
  潍州、胶州、博兴州皆蝗，食禾稼、草木俱尽，所至蔽日，碍人马不能
  行，填坑堑皆盈。饥民捕蝗以为食，或曝干而积之，又罄，则人相食。
  五月，济南章丘、邹平二县螟，五谷不登。 ······ 《元史·五行志》

夏，泰安、济南、阳谷、东昌、须城、益都、临淄、胶州等蝗灾。

······························· 《中国历代蝗患之记载》

夏，济南章丘、邹平二县蝻，须城、东阿、阳谷三县，益都、临淄二县，潍、胶、博兴三州皆蝗。 ……………………… 宣统《山东通志》

章丘、邹平二县蝗，五谷不登。淄川蝗，大饥。 ……… 道光《济南府志》

济南蝻生。 ……………………………………… 崇祯《历乘》

五月，（历城）蝗飞蔽天，人马不能行，所落沟堑尽平，民大饥。

………………………………………… 乾隆《历城县志》

五月，（宁津）大蝗，山东飞蔽天日，所落沟堑尽平，人马难行，民大饥。

………………………………………… 光绪《宁津县志》

（德平）旱蝗，大饥，饿殍盈野。 ……………… 光绪《德平县志》

（临邑）蝗食禾稼、草木俱尽，饥民捕蝗为食。 ……… 同治《临邑县志》

（东阿）蝗食禾稼、草木俱尽，人相食。 ……………… 道光《东阿县志》

五月，山东（微山）飞蝗蔽天，人马不能行，所落沟堑皆平，民大饥。

………………………………………… 《微山县志》

五月，（汶上）蝗飞蔽天。 …………………………… 《汶上县志》

山东（金乡）蝗飞蔽天日，人马不能行。 …………… 咸丰《金乡县志略》

须城、东阿、莱芜蝗食禾稼、草木尽，人相食。 ……… 光绪《东平州志》

莱芜蝗灾，旬日不息，禾稼、草木食尽。 ……………… 《莱芜市志》

（临淄）蝗食禾稼、草木俱尽，人相食。 ……………… 民国《临淄县志》

（淄川）蝗，大饥。 ……………………………… 乾隆《淄川县志》

（博兴）蝗食禾稼、草木俱尽。 ……………… 民国《重修博兴县志》

（邹平）蝻，五谷不生。 ……………………… 民国《邹平县志》

（长山）蝗，大饥。 ……………………………… 嘉庆《长山县志》

（潍坊）蝗虫遮天蔽日，人马难行。 ……………… 《潍坊市志》

夏五月，益都、临淄、高苑[①]、博兴州蝗食禾稼、草木俱尽，人相食。

………………………………………… 咸丰《青州府志》

潍州蝗食禾稼、草木俱尽，所至蔽日，碍人马不能行，填坑堑皆盈，饥民捕蝗以为食，或曝干而积之，又尽，则人相食。 …… 民国《潍县志稿》

五月，（青州）飞蝗蔽天，民大饥。 ……………… 《青州市志》

夏五月，（安丘）大蝗，所落沟堑皆平，人马不能行。 …… 万历《安丘县志》

夏五月，（胶州）蝗，自大都以南、山东以西至汴梁、郑、许、钧等州皆蝗，

———————————
① 高苑：旧县名，治所在今山东高青东南高城镇。

食禾稼、草木俱尽，所至蔽日，碍人马不能行。 ……… 民国《增修胶志》

夏五月，（胶南）蝗，自大都以南、山东以西至汴梁、郑、许、钧等州皆蝗。 ………………………………………………《胶南县志》

潍州、胶州蝗，食禾稼、草木俱尽，所至蔽日，碍人马不能行，填坑堑皆盈，饥民捕蝗以食，或曝干积之，又尽，则人相食。 ……… 乾隆《莱州府志》

220. 元至正二十年（1360 年）

益都临朐、寿光二县蝗。 ……………………………………《元史·五行志》

临朐、寿光蝗灾。 …………………………《中国历代蝗患之记载》

秋七月，临朐、寿光蝗。 ………………… 咸丰《青州府志》

（临朐）蝗。 …………………………………… 光绪《临朐县志》

221. 元至正二十六年（1366 年）

六月，（济南）飞蝗蔽天，所过沟堑尽平，民大饥。 …… 道光《济南府志》

夏六月，（历城）飞蝗蔽天，民大饥。 ………… 乾隆《历城县志》

222. 元至正二十七年（1367 年）

六月，（济南）蝗生。 ……………………… 道光《济南府志》

（东明）旱蝗。 ……………………………………《东明县志》

六月，（长山）蝗生。 ……………………… 嘉庆《长山县志》

五、明代蝗灾

223. 明洪武二年（1369 年）

六月，（淄川）蝗。 ……………………………… 乾隆《淄川县志》

224. 明洪武三年（1370 年）

七月，青州蝗。 …………………………《明实录·太祖实录》

六月，（寿光）蝗。 ……………………… 民国《寿光县志》

秋七月，（诸城）蝗。 ……………………… 乾隆《诸城县志》

225. 明洪武五年（1372 年）

六月，济南属县及青、莱二府蝗。 ……………《明史·五行志》

济南府历城等县蝗，青州、莱州二府蝗。 ……《明实录·太祖实录》

夏，益都、莱州及济南府各县蝗灾。 ……《中国历代蝗患之记载》

六月，济南属县及青、莱二府蝗。 ………… 宣统《山东通志》

六月，（济南）蝗，赈饥。 ………………… 道光《济南府志》

六月，（历城）蝗，大饥。 ············ 乾隆《历城县志》

六月，（齐河）蝗，大饥，草实、树皮食之尽。 ······ 《齐河县志》

（禹城）蝗，大饥，食草木、树皮皆尽。 ····· 嘉庆《禹城县志》

夏六月，（青州）蝗。 ············ 咸丰《青州府志》

夏六月，（益都）蝗。 ··········· 光绪《益都县图志》

夏六月，（临朐）蝗。 ··········· 光绪《临朐县志》

夏六月，（诸城）蝗。 ··········· 乾隆《诸城县志》

夏五月，（胶州）旱蝗。 ·········· 民国《增修胶志》

226. 明洪武六年（1373 年）

七月，山东蝗。 ············· 《明史·五行志》

秋，平原、曲阜蝗灾。 ·········· 《中国历代蝗患之记载》

秋七月，山东蝗。 ············· 宣统《山东通志》

七月，（平原）蝗。 ············ 乾隆《平原县志》

七月，（齐河）蝗。 ············· 《齐河县志》

秋七月，山东蝗。无棣蝗。 ········· 民国《无棣县志》

秋七月，山东蝗。潍县蝗。 ········· 民国《潍县志稿》

夏六月，（诸城）蝗。 ··········· 乾隆《诸城县志》

秋七月，（胶州）蝗。 ··········· 民国《增修胶志》

227. 明洪武七年（1374 年）

二月，历城蝗。六月，山东蝗。 ······· 《明史·五行志》

三月，济南府长清县蝗，命有司捕之。四月，青州府寿光县、胶州、东昌
府聊城并蝗，命捕之。宁津蝗。 ······ 《明实录·太祖实录》

曲阜、济南等蝗灾。 ·········· 《中国历代蝗患之记载》

以济南府历城等县蝗，免其田租。 ······ 宣统《山东通志》

六月，（济南）旱蝗，免租税。 ······· 道光《济南府志》

（历城）旱蝗，免租税。 ·········· 乾隆《历城县志》

六月，山东飞蝗如雨。宁津蝗。 ······· 光绪《宁津县志》

六月，（齐河）蝗。 ············· 《齐河县志》

夏六月，（曲阜）蝗。 ··········· 乾隆《曲阜县志》

夏六月，山东蝗。潍县蝗。 ········· 民国《潍县志稿》

228. 明洪武八年（1375 年）

（东明）旱蝗。 ··············· 《东明县志》

229. 明洪武十年（1377 年）

四月，济宁府蝗。 ································《明实录·太祖实录》

230. 明洪武二十四年（1391 年）

即墨蝗灾，大饥。 ·······················《中国历代蝗患之记载》

（即墨）蝗，大饥。 ························ 同治《即墨县志》

山东（莱阳）蝗，大饥，免田租。 ·············· 民国《莱阳县志》

231. 明建文元年（1399 年）

登州各属蝗。 ·························· 光绪《增修登州府志》

登州各属蝗。莱阳蝗。 ···················· 民国《莱阳县志》

（福山①）蝗。 ························ 民国《福山县志稿》

232. 明建文二年（1400 年）

登州各属蝗。 ·························· 光绪《增修登州府志》

（福山）蝗。 ························· 民国《福山县志稿》

233. 明建文三年（1401 年）

登州各属蝗。 ·························· 光绪《增修登州府志》

登州各属复蝗。莱阳蝗。 ··················· 民国《莱阳县志》

（福山）蝗。 ························· 民国《福山县志稿》

234. 明建文四年（1402 年）

十月，诸城蝗。 ·························· 咸丰《青州府志》

冬十月，（诸城）蝗，诏赈恤。 ················ 乾隆《诸城县志》

235. 明永乐元年（1403 年）

夏，山东蝗。 ··························· 《明史·五行志》

五月，捕山东蝗。 ······················ 《明史·成祖本纪》

夏，曲阜等蝗灾。 ······················《中国历代蝗患之记载》

夏五月，山东蝗。 ······················ 宣统《山东通志》

九月，吏部奉太宗皇帝旨：各处有司，今年山东等处蝗蝻生时，有司官合
当随即打捕，却乃坐视不理。虽有几处打捕，亦不用心，致朝廷得知，
差人打捕，方才尽绝。吏部便行文书与各处有司知道，明年春初惊蛰之
时，所在官司差人巡视境内，遇有蝗蝻初生时，随即设法扑捕，务要
尽绝。 ··························· 嘉靖《宿州志》

---

① 福山：旧县名，治所在今山东烟台福山区。

夏，（济南）蝗。 ·························· 道光《济南府志》

五月，（历城）蝗。 ·························· 乾隆《历城县志》

（德州）蝗，饥。 ·························· 乾隆《德州志》

夏，（齐河）蝗，饥。 ·························· 《齐河县志》

（曲阜）蝗，饥。 ·························· 乾隆《曲阜县志》

夏五月，山东蝗。无棣蝗。 ·················· 民国《无棣县志》

夏，山东蝗。潍县蝗。 ······················ 民国《潍县志稿》

夏五月，（诸城）蝗。 ······················ 乾隆《诸城县志》

夏五月，（胶州）蝗。 ······················ 民国《增修胶志》

236. 明永乐二年（1404 年）

五月，（历城）蝗。 ·························· 乾隆《历城县志》

临清五年连遭旱灾蝗灾，民众饥荒。 ·········· 《临清市志》

237. 明永乐三年（1405 年）

五月，济南蝗。 ·························· 《明史·五行志》

夏，济南蝗灾。 ·························· 《中国历代蝗患之记载》

夏五月，济南蝗。 ·························· 宣统《山东通志》

五月，（济南）蝗。 ·························· 道光《济南府志》

（禹城）蝗。 ·························· 嘉庆《禹城县志》

五月，（齐河）蝗。 ·························· 《齐河县志》

238. 明永乐四年（1406 年）

秋，济南蝗灾。 ·························· 《中国历代蝗患之记载》

八月，（济南）蝗，赈饥。 ·················· 道光《济南府志》

八月，（历城）蝗，赈饥。 ·················· 乾隆《历城县志》

（济宁）蝗，发粟赈济。 ···················· 道光《济宁直隶州志》

（金乡）蝗，诏发粟赈济。 ·················· 咸丰《金乡县志略》

（嘉祥）蝗。 ·························· 《嘉祥县志》

239. 明永乐五年（1407 年）

七月，兖州府武城等处蝗。 ·················· 《明实录·太宗实录》

240. 明永乐六年（1408 年）

五月，青州蝗，命遣官督捕。 ················ 《明实录·太宗实录》

五月，济南蝗。 ·························· 《齐河县志》

夏五月，（诸城）蝗，布政使遣官捕之。 ········ 乾隆《诸城县志》

241. 明永乐七年（1409 年）

夏，（德平）蝗。 …………………………………… 光绪《德平县志》

242. 明永乐十年（1412 年）

夏四月，山东蝗伤稼，饥。 ………………………… 宣统《山东通志》

四月，（无棣）蝗。 ………………………………… 民国《无棣县志》

夏四月，山东（胶州）蝗伤稼，饥。 …………… 民国《增修胶志》

243. 明永乐十一年（1413 年）

五月，山东诸城等县蝗。九月，上谓户部曰：今山东蝗生，有司坐视不问，
及朝廷知之遣人督捕，则已滋蔓矣。 ………《明实录·太宗实录》

曲阜、诸城等蝗灾。 ………………………《中国历代蝗患之记载》

诏郡县官捕（曲阜）境内蝗蝻。 ……………… 乾隆《曲阜县志》

夏五月，（诸城）蝗，命有司捕瘗。 …………… 乾隆《诸城县志》

244. 明永乐十四年（1416 年）

秋七月，遣使捕山东州县蝗。 ………………《明史·成祖本纪》

七月，山东乐安①州蝗，遣人捕瘗。 ………《明实录·太宗实录》

秋七月，遣使捕山东州县蝗。 …………………… 宣统《山东通志》

七月，（济南）蝗，发粟赈之。 ………………… 道光《济南府志》

七月，（历城）蝗。 ………………………………… 乾隆《历城县志》

七月，遣使捕（德州）蝗。 ……………………… 乾隆《德州志》

七月，畿内、河南、山东三省蝗。 …………… 光绪《宁津县志》

七月，（平原）蝗。 ………………………………… 乾隆《平原县志》

七月，（齐河）蝗。 ………………………………… 《齐河县志》

秋七月，（曲阜）蝗。 ……………………………… 乾隆《曲阜县志》

秋七月，山东蝗。潍县蝗。 …………………… 民国《潍县志稿》

245. 明永乐十五年（1417 年）

五月，山东蝗。 …………《古今图书集成·庶征典·蝗灾部汇考》

夏，莱芜蝗灾。 …………………………《中国历代蝗患之记载》

（莱芜）旱蝗。 …………………………… 民国《续修莱芜县志》

五月，吏部奉太宗皇帝旨：今山东、河南来奏，蝗蝻生发，已令户部差人
去督察打捕。恐所在军卫、有司不行用心打捕尽绝，以致滋蔓伤害禾稼，

---

① 乐安：旧州名，治所在今山东惠民县，明宣德元年（1426 年）改武定州。

　　恁户部再差人铺马裹将文书去说与各处军卫、有司知道，但有蝗蝻生发，
不即设法打捕尽绝，致有飞跳延蔓者，当该官吏与蝗蝻一般罪。钦此。

　　　　　　　　　　　　　　　　　　　　　　　　……………………… 嘉靖《宿州志》

246. 明洪熙元年（1425 年）

　　夏，寿光蝗灾。………………………………………………《中国历代蝗患之记载》

　　四月，寿光、昌乐、安丘蝗旱。………………………………… 咸丰《青州府志》

　　夏四月，（潍县）旱蝗。………………………………………… 民国《潍县志稿》

　　夏四月，（临朐）旱蝗，免租税之半。……………………… 光绪《临朐县志》

　　夏四月，（安丘）旱蝗。………………………………………… 万历《安丘县志》

　　夏四月，（寿光）旱蝗，诏免田租之半。……………………… 民国《寿光县志》

　　夏四月，（昌乐）旱蝗，免租税之半。……………………… 嘉庆《昌乐县志》

247. 明宣德五年（1430 年）

　　六月，（宁津）蝗，御制《捕蝗诗》宣示畿甸。………… 光绪《宁津县志》

　　夏，（曲阜）蝗，寒亭区蝗。…………………………………………《曲阜县志》

248. 明宣德六年（1431 年）

　　六月，济宁州及滋阳县奏蝗蝻生，命户部遣人往督有司捕之。七月，兖州
　　　　府鱼台县蝗蝻生，遣人督捕。……………………………《明实录·宣宗实录》

　　（东明）境蝗蝻伤稼，虽悉力捕瘗，而日加烦。…………………《东明县志》

　　夏，（曲阜）蝗。…………………………………………………………《曲阜县志》

249. 明宣德八年（1433 年）

　　八月，兖州府济宁、东平二州及汶上县，济南府阳信、长山、历城、淄川四
　　　　县蝻生，委官捕瘗而未息，命户部遣人督捕。……《明实录·宣宗实录》

　　大名府境内蝗，遣官督捕。东明蝗。…………………… 乾隆《东明县志》

250. 明宣德九年（1434 年）

　　秋七月，遣给事中、御史、锦衣卫官督捕山东蝗，蠲秋粮十之四。

　　　　　　　　　　　　　　　　　　　　　　　　…………………………《明史·宣宗本纪》

　　七月，山东蝗蝻覆地尺①许，伤稼。……………………………《明史·五行志》

　　五月，济宁州及滋阳②、邹县蝗蝻生，命遣官督捕。七月，济南府历城、长
　　　　清、齐河、齐东、禹城、肥城、平原、邹平、商河九县及登州府文登县

---

　　① 尺为中国非法定计量单位，据闵宗殿主编《中国农业通史·附录卷》（中国农业出版社 2020 年 4 月版），明
代，1 量地尺＝32.7 厘米；清代，1 量地尺＝34.5 厘米；自民国至今，3 尺＝1 米。下同。——编者注

　　② 滋阳：旧县名，治所在今山东兖州。

蝗蝻生，命户部遣官督捕。 ……………………………… 《明实录·宣宗实录》

平原、曲阜蝗蝻盖地尺厚，遣官督捕。 ………………… 《中国历代蝗患之记载》

秋七月，遣官督捕山东蝗。 ……………………………… 宣统《山东通志》

七月，（济南）蝗蝻覆地尺许，伤稼。 ………………… 道光《济南府志》

五月，（历城）旱蝗，饥。 ……………………………… 乾隆《历城县志》

七月，（平原）蝗。 ……………………………………… 乾隆《平原县志》

七月，（德州）旱蝗，大伤禾稼，饥。 ………………… 乾隆《德州志》

七月，（德县）旱蝗伤稼，饥。 ………………………… 民国《德县志》

七月，（宁津）蝗，诏遣使督捕。 ……………………… 光绪《宁津县志》

秋七月，遣官督捕山东蝗。东阿蝗。 ………………… 民国《续修东阿县志》

七月，（齐河）蝗蝻覆地尺许，伤稼。 ………………… 《齐河县志》

七月，（禹城）蝻生，覆地尺许。 ……………………… 嘉庆《禹城县志》

（曲阜）旱蝗，饥。 ……………………………………… 乾隆《曲阜县志》

秋七月，（诸城）蝗。 …………………………………… 乾隆《诸城县志》

秋七月，山东蝗蝻覆地尺许，伤稼。潍县蝗。 ……… 民国《潍县志稿》

251. 明宣德十年（1435 年）

夏四月，遣给事中、御史捕山东蝗。 ………………… 《明史·英宗本纪》

四月，山东蝗蝻伤稼。 ………………………………… 《明史·五行志》

夏，曲阜、平原蝗伤稼。 ……………………………… 《中国历代蝗患之记载》

四月，遣官捕山东蝗。 ………………………………… 宣统《山东通志》

四月，（济南）蝗蝻伤稼。 …………………………… 道光《济南府志》

四月，（历城）蝗。 …………………………………… 乾隆《历城县志》

（禹城）蝗蝻复生。 …………………………………… 嘉庆《禹城县志》

四月，（齐河）蝗蝻伤稼。 …………………………… 《齐河县志》

四月，（德州）蝗蝻伤稼。 …………………………… 乾隆《德州志》

四月，（德县）蝗蝻伤稼。 …………………………… 民国《德县志》

四月，（平原）又蝗，遣锦衣卫官督捕。 …………… 乾隆《平原县志》

夏四月，（曲阜）蝗。 ………………………………… 乾隆《曲阜县志》

（桓台）蝗灾。 ………………………………………… 《桓台县志》

夏四月，山东蝗蝻伤稼。潍县蝗。 ………………… 民国《潍县志稿》

252. 明正统元年（1436 年）

七月，兖州府蝗蝻生，捕之未绝，命遣官覆视以闻。……《明实录·宣宗实录》

山东蝗灾严重。 ························《中国历代蝗患之记载》

(嘉祥) 旱蝗。 ···························《嘉祥县志》

夏,(登州) 各属蝗。 ·················光绪《增修登州府志》

夏,(莱阳) 蝗。 ·····················民国《莱阳县志》

夏,(福山) 蝗。 ···················民国《福山县志稿》

253. 明正统二年（1437 年）

四月,山东蝗。 ·······················《明史·五行志》

夏,寿光、平原、曲阜捕蝗。 ········《中国历代蝗患之记载》

(历城) 蝗。 ·······················乾隆《历城县志》

四月,(德州) 蝗。 ···················乾隆《德州志》

四月,(平原) 蝗。 ·················乾隆《平原县志》

四月,(齐河) 蝗。 ·····················《齐河县志》

夏,(昌乐) 旱蝗,饥。 ···············嘉庆《昌乐县志》

夏,(寿光) 旱蝗。 ·················民国《寿光县志》

夏四月,山东蝗,饥。潍县蝗。 ·······民国《潍县志稿》

夏四月,(无棣) 蝗。 ···············民国《无棣县志》

夏四月,(胶州) 蝗。 ···············民国《增修胶志》

254. 明正统四年（1439 年）

五月,兖州、济南二府属县有蝗,上谓户部曰:不速扑灭,恐遗民患,即
遣人驰,传令所司捕之。 ···········《明实录·英宗实录》

夏,沂州、济南蝗虫大发生。 ········《中国历代蝗患之记载》

五月,兖州、济南蝗,捕之。 ······《古今图书集成·庶征典·蝗灾部汇考》

夏,济南蝗。齐河蝗。 ···············民国《齐河县志》

255. 明正统五年（1440 年）

夏,兖州蝗。 ·······················《明史·五行志》

六月,德州、清平①、观城、临清、冠县、恩县蝗。 ······《明实录·英宗实录》

四月,山东蝗。 ···········《古今图书集成·庶征典·蝗灾部汇考》

夏,沂州、曲阜蝗虫大发生。 ········《中国历代蝗患之记载》

夏,兖州蝗。 ·····················宣统《山东通志》

兖州蝗。 ·························乾隆《曹州府志》

---

① 清平:旧县名,治所在今山东高唐清平镇。

六月，东昌、兖州诸府蝗。·····················《成武县大事记》

兖州蝗。单县蝗。·····························民国《单县志》

夏，（曲阜）蝗。····························乾隆《曲阜县志》

256. 明正统六年（1441 年）

秋，济南、东昌、青、莱、兖、登诸府蝗。···········《明史·五行志》

五月，山东武城县蝗旱相继，麦尽槁死，上命户部覆视以闻。六月，山东
乐陵、阳信、海丰①蝗飞入境，延及章丘、历城、新城并青、莱等府、博
兴等县。寿光、临淄旱蝗，民食不给。七月，济南、东昌、青州、莱州、
兖州、登州六府蝗生，上命户部移文，严督军卫、有司捕灭。闰十一月，
户部言：济南府淄川县蝗灾。···················《明实录·英宗实录》

秋，济南、东昌、青州、平原、莱州、蓬莱、曲阜、益都、掖县蝗虫严重
发生。·······························《中国历代蝗患之记载》

夏四月，济南、东昌、青、莱、兖、登诸府蝗。········宣统《山东通志》

秋，（济南）蝗。····························道光《济南府志》

夏，（历城）蝗。····························乾隆《历城县志》

秋，（齐河）蝗。·······························《齐河县志》

秋，（平原）蝗。····························乾隆《平原县志》

夏，河间各属蝗，蠲其租税。宁津蝗。···········光绪《宁津县志》

兖州诸属蝗。巨野蝗。·····················道光《巨野县志》

夏，（曲阜）蝗。····························乾隆《曲阜县志》

夏，（金乡）蝗。·······························《金乡县史志》

东昌、兖州诸府蝗。观城蝗。·················道光《观城县志》

东昌、兖州诸府蝗。·······················乾隆《曹州府志》

东昌、兖州诸府蝗。单县蝗。·················民国《单县志》

夏，（青州）蝗。····························咸丰《青州府志》

夏，（益都）蝗。····························光绪《益都县图志》

夏，青、莱诸府蝗。潍县蝗。·················民国《潍县志稿》

秋，（临朐）蝗生，免税粮。·················光绪《临朐县志》

秋，（登州）各属蝗。·····················光绪《增修登州府志》

秋，（黄县）蝗。····························同治《黄县志》

---

① 海丰：旧县名，治所在今山东无棣。

夏四月，济南、东昌、青、莱、兖、登诸府蝗，免被灾税粮。

　　‥‥‥‥‥‥‥‥‥‥‥‥‥‥‥‥‥‥‥‥‥‥ 民国《莱阳县志》

秋，（福山）蝗。‥‥‥‥‥‥‥‥‥‥‥‥‥‥‥ 民国《福山县志稿》

（莱州）蝗灾。‥‥‥‥‥‥‥‥‥‥‥‥‥‥‥‥‥‥ 《莱州市志》

莱州蝗。‥‥‥‥‥‥‥‥‥‥‥‥‥‥‥‥‥‥‥‥ 乾隆《掖县志》

秋，（牟平）蝗。‥‥‥‥‥‥‥‥‥‥‥‥‥‥‥‥ 民国《牟平县志》

257. 明正统七年（1442 年）

夏，山东旱蝗。‥‥‥‥‥‥‥‥‥‥‥‥‥‥‥‥‥‥‥ 《明会要》

夏四月，山东旱蝗，免被灾税粮。‥‥‥‥‥‥‥‥ 宣统《山东通志》

夏四月，山东蝗。无棣蝗。‥‥‥‥‥‥‥‥‥‥‥ 民国《无棣县志》

夏四月，昌乐蝗。‥‥‥‥‥‥‥‥‥‥‥‥‥‥‥ 咸丰《青州府志》

（桓台）旱蝗。‥‥‥‥‥‥‥‥‥‥‥‥‥‥‥‥‥‥ 《桓台县志》

夏四月，（胶州）旱蝗。‥‥‥‥‥‥‥‥‥‥‥‥ 民国《增修胶志》

夏四月，山东旱蝗，免被灾税粮。莱阳蝗。‥‥‥‥ 民国《莱阳县志》

258. 明正统八年（1443 年）

四月，济南等府，长清、历城等县蝗蝻生发，已委官督捕，所掘蝗种少有

　　一二百石，多至一二千石。六月，邹平县飞蝗骤盛，上命遣官覆视以闻。

　　‥‥‥‥‥‥‥‥‥‥‥‥‥‥‥‥‥‥‥‥‥‥ 《明实录·英宗实录》

259. 明正统九年（1444 年）

（金乡）旱蝗。‥‥‥‥‥‥‥‥‥‥‥‥‥‥‥‥‥‥ 《山东蝗虫》

260. 明正统十年（1445 年）

七月，兖州府、济宁州曹县等县蝗蝻间发，上命遣人督捕。

　　‥‥‥‥‥‥‥‥‥‥‥‥‥‥‥‥‥‥‥‥‥‥ 《明实录·英宗实录》

261. 明正统十二年（1447 年）

夏，济南蝗。‥‥‥‥‥‥‥‥‥‥‥‥‥‥‥‥‥ 《明史·五行志》

山东诸州县旱蝗相仍，军民饥殍。‥‥‥‥ 《古今图书集成·庶征典·蝗灾部汇考》

闰四月，济南府所属州县蝗，上命遣官督军民扑灭之。八月，兖州府、济

　　宁等州旱蝗相仍，军民饥窘，鬻子女易食；莱州、青州雨涝、蝗生，禾

　　稼无收。‥‥‥‥‥‥‥‥‥‥‥‥‥‥‥‥‥‥ 《明实录·英宗实录》

（历城）蝗。‥‥‥‥‥‥‥‥‥‥‥‥‥‥‥‥‥ 乾隆《历城县志》

夏，（齐河）蝗。‥‥‥‥‥‥‥‥‥‥‥‥‥‥‥‥‥ 《齐河县志》

（济宁）旱蝗。‥‥‥‥‥‥‥‥‥‥‥‥‥‥‥ 道光《济宁直隶州志》

(嘉祥) 旱蝗。 ⋯⋯⋯⋯⋯⋯⋯⋯⋯⋯⋯⋯⋯⋯⋯⋯⋯《嘉祥县志》

(金乡) 旱蝗。 ⋯⋯⋯⋯⋯⋯⋯⋯⋯⋯⋯⋯⋯⋯咸丰《金乡县志略》

九月，(莱州) 雨涝蝗生，民饥。 ⋯⋯⋯⋯⋯⋯⋯⋯⋯《莱州市志》

262. 明正统十三年（1448 年）

五月，遣使捕山东蝗。 ⋯⋯⋯⋯⋯⋯⋯⋯⋯⋯《明史·英宗本纪》

四月，诸城旱蝗。 ⋯⋯⋯⋯⋯⋯⋯⋯⋯⋯《明实录·英宗实录》

山东蝗灾严重，飞蝗蔽天。 ⋯⋯⋯⋯⋯《中国历代蝗患之记载》

五月，遣使捕山东蝗。 ⋯⋯⋯⋯⋯⋯⋯宣统《山东通志》

五月，(历城) 蝗。 ⋯⋯⋯⋯⋯⋯⋯⋯⋯乾隆《历城县志》

夏，(桓台) 蝗。 ⋯⋯⋯⋯⋯⋯⋯⋯⋯⋯⋯《桓台县志》

(宁津) 蝗旱。 ⋯⋯⋯⋯⋯⋯⋯⋯⋯⋯⋯光绪《宁津县志》

夏五月，(诸城) 蝗。 ⋯⋯⋯⋯⋯⋯⋯⋯乾隆《诸城县志》

五月，(牟平) 蝗。 ⋯⋯⋯⋯⋯⋯⋯⋯⋯⋯《牟平县志》

(掖县) 飞蝗蔽天。 ⋯⋯⋯⋯⋯⋯⋯⋯光绪《三续掖县志》

263. 明正统十四年（1449 年）

夏，济南、青州蝗。 ⋯⋯⋯⋯⋯⋯⋯⋯⋯《明史·五行志》

夏，济南、青州、益都、曹县蝗灾，飞蝗蔽天。⋯⋯《中国历代蝗患之记载》

夏，济南、青州蝗。 ⋯⋯⋯⋯⋯⋯⋯⋯宣统《山东通志》

夏，(济南) 蝗。 ⋯⋯⋯⋯⋯⋯⋯⋯⋯⋯道光《济南府志》

夏，(历城) 蝗。 ⋯⋯⋯⋯⋯⋯⋯⋯⋯⋯乾隆《历城县志》

夏，(齐河) 蝗。 ⋯⋯⋯⋯⋯⋯⋯⋯⋯⋯⋯《齐河县志》

(宁津) 连岁蝗旱。 ⋯⋯⋯⋯⋯⋯⋯⋯⋯光绪《宁津县志》

曹州飞蝗蔽天，岁大饥。 ⋯⋯⋯⋯⋯⋯康熙《曹州志》

(定陶) 飞蝗蔽天。 ⋯⋯⋯⋯⋯⋯⋯⋯民国《定陶县志》

(菏泽) 蝗。 ⋯⋯⋯⋯⋯⋯⋯⋯⋯⋯光绪《新修菏泽县志》

(城武) 飞蝗蔽天。 ⋯⋯⋯⋯⋯⋯⋯⋯道光《城武县志》

夏，(桓台) 蝗。 ⋯⋯⋯⋯⋯⋯⋯⋯⋯⋯⋯《桓台县志》

夏，(青州) 蝗。 ⋯⋯⋯⋯⋯⋯⋯⋯⋯⋯咸丰《青州府志》

夏，(益都) 蝗。 ⋯⋯⋯⋯⋯⋯⋯⋯⋯⋯光绪《益都县图志》

夏，(临朐) 蝗。 ⋯⋯⋯⋯⋯⋯⋯⋯⋯⋯光绪《临朐县志》

264. 明景泰三年（1452 年）

济南蝗灾，害稼。 ⋯⋯⋯⋯⋯⋯⋯⋯《中国历代蝗患之记载》

六月，（济南）蝗。　·························· 道光《济南府志》

六月，（历城）蝗。　·························· 乾隆《历城县志》

265. 明景泰六年（1455 年）

五月，山东旱蝗。　·········· 《古今图书集成·庶征典·蝗灾部汇考》

七月，（历城）蝗。　·························· 乾隆《历城县志》

266. 明景泰七年（1456 年）

户部奏：山东虫蝻。　·························· 《明实录·英宗实录》

267. 明天顺元年　景泰八年（1457 年）

七月，济南蝗。　··························· 《明史·五行志》

秋七月，济南飞蝗众多，伤害稼穑。九月，济南、兖州、青州三府蝗蝻生

　发，食伤禾稼。　······················ 《明实录·英宗实录》

秋，济南、平原、平阴、泰安蝗灾严重。　····· 《中国历代蝗患之记载》

夏五月，济南蝗。　························· 宣统《山东通志》

七月，（历城）蝗。　·························· 乾隆《历城县志》

七月，（齐河）蝗灾。　························· 《齐河县志》

（平原）蝗，民饥，父子相食，发仓银以赈。　····· 乾隆《平原县志》

（东明）大蝗。　··························· 《东明县志》

（平阴）蝗。　··························· 光绪《平阴县志》

268. 明天顺二年（1458 年）

四月，济南、兖州、青州蝗。　·················· 《明史·五行志》

夏四月，济南、兖州、青州所属州县及平山卫蝗生，伤麦。五月，平原、

　乐陵、海丰、阳信蝗皆延蔓。　················ 《明实录·英宗实录》

夏，曲阜、济南、益都蝗灾严重发生。　········· 《中国历代蝗患之记载》

夏四月，济南、兖州、青州蝗。　················ 宣统《山东通志》

四月，（济南）蝗。　························· 道光《济南府志》

四月，（历城）蝗。　·························· 乾隆《历城县志》

（平阴）复蝗。　··························· 光绪《平阴县志》

四月，（齐河）蝗灾。　························· 《齐河县志》

四月，兖属（巨野）蝗。　····················· 道光《巨野县志》

（东明）大蝗，既而抱草死，臭不可近。　············· 《东明县志》

四月，兖州蝗。单县蝗。　····················· 民国《单县志》

四月，兖州蝗。　··························· 乾隆《曹州府志》

夏四月，（曲阜）蝗。 ……………………………………… 乾隆《曲阜县志》

夏四月，（青州）蝗。 ……………………………………… 咸丰《青州府志》

夏四月，（益都）蝗。 ……………………………………… 光绪《益都县图志》

四月，（金乡）蝗灾。 ……………………………………… 《金乡县史志》

夏四月，（临朐）蝗，免秋粮。 ………………………… 光绪《临朐县志》

269. 明天顺四年（1460 年）

平阴蝗灾。 ……………………………………… 《中国历代蝗患之记载》

夏，平阴复蝗。 ……………………………………… 乾隆《泰安府志》

夏，（齐河）蝗灾。 ……………………………………… 《齐河县志》

270. 明成化元年（1465 年）

八月，（禹城）旱蝗，民大饥，人相食。 ………………… 嘉庆《禹城县志》

271. 明成化三年（1467 年）

秋，曲阜蝗灾。 ……………………………………… 《中国历代蝗患之记载》

秋八月，（曲阜）旱蝗。 ……………………………… 乾隆《曲阜县志》

272. 明成化八年（1472 年）

（嘉祥）虫蝗。 ……………………………………… 《嘉祥县志》

273. 明成化九年（1473 年）

八月，山东旱蝗。 ……………………………………… 《明史·五行志》

秋，平原、沂州、济南、青州蝗灾严重，民饥。 …… 《中国历代蝗患之记载》

秋八月，（山东）旱蝗。 ……………………………… 宣统《山东通志》

八月，（济南）旱蝗。 ……………………………… 道光《济南府志》

八月，（齐河）蝗。 ……………………………………… 《齐河县志》

（平原）大旱蝗，民饥。 ……………………………… 乾隆《平原县志》

（临邑）蝗。 ……………………………………… 《临邑县志》

秋八月，（胶州）旱蝗。 ……………………………… 民国《增修胶志》

274. 明成化二十一年（1485 年）

沂州飞蝗蔽天。 ……………………………………… 《中国历代蝗患之记载》

至秋不雨，（兖州）蝗蝻遍野，人相食。 ……………… 康熙《兖州府志》

至秋无雨，（鱼台）蝗虫遍地，作物无收。 …………… 《鱼台县志》

至秋不雨，（阳谷）蝗蝻遍地，人相食。 ……………… 光绪《阳谷县志》

至秋不雨，（临沂）蝗灾，人相食。 …………………… 民国《临沂县志》

秋，（沂州）蝗灾，人相食。 ………………………… 乾隆《沂州府志》

275. **明弘治五年**（1492 年）

沂州飞蝗蔽天。 ················《中国历代蝗患之记载》

沂州府飞蝗蔽日。 ················乾隆《沂州府志》

（临沂）旱，蝗灾。 ················《临沂市志》

（临沂）旱蝗，人相食。 ················民国《临沂县志》

276. **明弘治六年**（1493 年）

费县飞蝗蔽天。 ················康熙《兖州府志》

（费县）蝗。 ················光绪《费县志》

277. **明弘治九年**（1496 年）

五月，山东青州蝗灾，免税粮。 ················《明实录·孝宗实录》

278. **明弘治十四年**（1501 年）

嘉祥虫蝗。 ················《嘉祥县志》

279. **明弘治十六年**（1503 年）

四月，济南、青州、兖州、登州四府水、旱、蝗虫，免粮草子粒有差。

················《明实录·孝宗实录》

280. **明正德二年**（1507 年）

秋，东昌蝗灾严重，伤稼；夏津蝗灾。 ········《中国历代蝗患之记载》

秋，（东昌）蝗蝻害稼。 ················嘉庆《东昌府志》

秋，（夏津）蝻生。 ················乾隆《夏津县志》

茌平县博平蝗蝻害稼。 ················《茌平县志》

秋，（博平）蝗蝻害稼。 ················道光《博平县志》

281. **明正德四年**（1509 年）

淄川、新城蝗。 ················道光《济南府志》

（淄川）蝗。 ················乾隆《淄川县志》

（新城）旱蝗，无禾。 ················民国《重修新城县志》

（济宁）旱蝗。 ················道光《济宁直隶州志》

（金乡）旱蝗。 ················咸丰《金乡县志略》

（桓台）旱蝗。 ················《桓台县志》

282. **明正德七年**（1512 年）

平阴、泰安、长清、曹县蝗灾，飞蔽天。 ········《中国历代蝗患之记载》

六月，武定州蝗。 ················雍正《山东通志》

（长清）蝗。 ················道光《长清县志》

（平阴）蝗害稼。 ·· 光绪《平阴县志》

（齐河）飞蝗蔽天。 ·· 《齐河县志》

秋八月，（菏泽）飞蝗蔽天。 ························· 光绪《新修菏泽县志》

秋七月，（曹县）飞蝗蔽天，食禾殆尽。 ··········· 光绪《曹州府曹县志》

秋八月，（曹州）飞蝗蔽天，食稼殆尽。 ············ 康熙《曹州志》

濮、观蝗。 ·· 道光《观城县志》

六月，濮州、清平、博平蝗害稼。 ··················· 宣统《濮州志》

武定飞蝗蔽天。 ·· 咸丰《武定府志》

曹州定陶蝗。 ·· 康熙《兖州府志》

（惠民）飞蝗蔽天。 ·· 光绪《惠民县志》

（无棣）蝗。 ·· 民国《无棣县志》

秋七月，（成武）飞蝗蔽日，食稼殆尽。 ············ 《成武县志》

283. 明正德八年 （1513 年）

文登蝗灾，伤稼。 ··························· 《中国历代蝗患之记载》

夏，齐河蝗。秋，蝻生。 ························· 道光《济南府志》

秋，（齐河）蝗蝻生。 ·· 《齐河县志》

夏，（登州）飞蝗蔽日。 ····················· 光绪《增修登州府志》

（海阳）各属飞蝗蔽日。 ························· 乾隆《海阳县志》

夏，（福山）飞蝗蔽日。 ························· 民国《福山县志稿》

夏六月，（莱阳）飞蝗蔽日。 ····················· 民国《莱阳县志》

（文登）飞蝗蔽日。 ·· 光绪《文登县志》

（荣城）飞蝗蔽日。 ·· 道光《荣成县志》

284. 明正德十一年 （1516 年）

秋，宁海州蝗。 ····························· 光绪《增修登州府志》

（牟平）蝗。 ·· 民国《牟平县志》

285. 明正德十三年 （1518 年）

益都、长清蝗灾。 ··························· 《中国历代蝗患之记载》

（长清）蝗生。 ·· 道光《长清县志》

（益都）蝗。 ·· 光绪《益都县图志》

286. 明正德十四年 （1519 年）

（泗水）飞蝗蔽天，害稼。 ····················· 光绪《泗水县志》

287. 明正德十五年（1520 年）

单县飞蝗蔽天。 ·················· 康熙《兖州府志》

秋，（单县）飞蝗蔽天。 ·················· 民国《单县志》

288. 明正德十六年（1521 年）

（单县）飞蝗蔽天，尤甚。 ·················· 民国《单县志》

289. 明嘉靖元年（1522 年）

夏，兖州、莘县蝗灾。 ·················· 《中国历代蝗患之记载》

290. 明嘉靖二年（1523 年）

八月，（嘉祥）旱蝗。 ·················· 《嘉祥县志》

秋，（东阿）有蝗。 ·················· 道光《东阿县志》

291. 明嘉靖三年（1524 年）

秋，陵县、平原、利津蝗灾。 ·················· 《中国历代蝗患之记载》

乐陵蝗蝻遍野。 ·················· 乾隆《乐陵县志》

七月，（利津）飞蝗伤稼。 ·················· 光绪《利津县志》

（陵县）蝗蝻遍野。 ·················· 光绪《陵县志》

三月，（平原）蝗蝻遍野。 ·················· 道光《济南府志》

三月，（平原）大旱，蝗蝻遍野。 ·················· 乾隆《平原县志》

六月，河间属县蝗。宁津蝗。 ·················· 光绪《宁津县志》

292. 明嘉靖四年（1525 年）

七月，利津蝗。 ·················· 咸丰《武定府志》

293. 明嘉靖五年（1526 年）

武定蝗灾。 ·················· 《中国历代蝗患之记载》

七月，武定蝗生。 ·················· 咸丰《武定府志》

七月，（惠民）蝗。 ·················· 光绪《惠民县志》

武定（无棣）蝗生，害稼。 ·················· 民国《无棣县志》

七月，（桓台）蝗灾。 ·················· 《桓台县志》

294. 明嘉靖六年（1527 年）

夏，平阴、费县蝗虫大发生。 ·················· 《中国历代蝗患之记载》

（德平）蝗。 ·················· 光绪《德平县志》

（平阴）大蝗。 ·················· 光绪《平阴县志》

（肥城）蝗。 ·················· 光绪《肥城县志》

秋，（费县）蝗。 ·················· 光绪《费县志》

295. 明嘉靖七年（1528 年）

夏津、平原、平阴、费县、长清、章丘蝗灾。……《中国历代蝗患之记载》

章丘、长清、齐东、德平大蝗。………… 道光《济南府志》

（章丘）飞蝗蔽日。……………… 道光《章丘县志》

平阴又蝗。………………………… 乾隆《泰安府志》

（平阴）大蝗。…………………… 光绪《平阴县志》

（夏津）飞蝗害稼。……………… 乾隆《夏津县志》

（德平）螟蝗，大饥。…………… 光绪《德平县志》

（平原）旱蝗。…………………… 乾隆《平原县志》

秋，（恩县）蝗蔽天。…………… 宣统《重修恩县志》

（堂邑）蝗害稼。………………… 康熙《堂邑县志》

秋，（寿张）蝗遍野。…………… 光绪《寿张县志》

（茌平）蝗灾重。…………………………《茌平县志》

（博平）飞蝗害稼。……………… 道光《博平县志》

（鱼台）蝗虫毁麦；秋，幼蝗羽化遮天蔽日，作物尽毁。……《鱼台县志》

（肥城）蝗。……………………… 光绪《肥城县志》

（齐东）大蝗。…………………… 康熙《齐东县志》

（昌乐）蝗，大饥，人相食。…… 嘉庆《昌乐县志》

（诸城）飞蝗蔽天，宿集如冢，生息至十六年方止。…… 乾隆《诸城县志》

春，（安丘）大蝗，饥，人相食。…… 万历《安丘县志》

春，费县蝗。秋，（沂州）蝗。………… 乾隆《沂州府志》

春，（费县）蝗蝻食麦殆尽。秋，飞蝗蔽天，害稼。……… 光绪《费县志》

（胶南）蝗飞蔽日，宿集如冢，生息至十六年方止。…………《胶南县志》

平度大旱蝗。……………………… 乾隆《莱州府志》

296. 明嘉靖八年（1529 年）

七月，济南郡县蝗。………………《古今图书集成·庶征典·蝗灾部汇考》

秋，蒲台、平度、章丘、济南蝗虫大发生。………《中国历代蝗患之记载》

五月，费县蝗蝻，免征折色马一百九十八匹。六月，以旱蝗减免济南、兖州、东昌、青州、莱州及平山卫夏税。……………《明实录·世宗实录》

秋，济南郡县蝗，（章丘）蝻生。………… 道光《章丘县志》

（济阳）蝗蝻生。………………… 民国《济阳县志》

（平原）蝗，大饥。……………… 乾隆《平原县志》

秋，（武城）飞蝗蔽天，岁大饥。 .... 嘉靖《武城县志》

（临清）飞蝗蔽日。 .... 乾隆《临清直隶州志》

（观城）飞蝗蔽天。 .... 道光《观城县志》

（朝城）大蝗。 .... 康熙《朝城县志》

秋，（东明）蝗。 .... 《东明县志》

（鄄城）飞蝗蔽天，食尽田禾，大饥。 .... 《鄄城县志》

（济宁）旱蝗。 .... 道光《济宁直隶州志》

（嘉祥）旱蝗。 .... 《嘉祥县志》

（金乡）旱蝗。 .... 咸丰《金乡县志略》

（蒲台）螣。 .... 乾隆《蒲台县志》

泰安、莱芜蝗。 .... 乾隆《泰安府志》

泰安蝗。 .... 民国《重修泰安县志》

秋，（莱芜）蝗。 .... 《续修莱芜县志》

七月，（长山）飞蝗蔽天，捕之，弥月而止。 .... 嘉庆《长山县志》

夏，昌乐旱蝗。 .... 咸丰《青州府志》

（潍县）旱蝗。 .... 民国《潍县志稿》

七月，（淄川）蝗。 .... 乾隆《淄川县志》

七月，（桓台）飞蝗蔽天。 .... 《桓台县志》

平度又旱蝗。 .... 乾隆《莱州府志》

（平度）旱蝗。 .... 道光《平度州志》

（莱阳）旱蝗。 .... 民国《莱阳县志》

六月，（莱州）旱蝗成灾。 .... 《莱州市志》

297. 明嘉靖九年（1530 年）

夏，泰安、沂州、莘县蝗虫大发生。 .... 《中国历代蝗患之记载》

五月，（东昌）飞蝗自兖郡来，所至无遗稼，北至莘，忽黑蜂满野，啮蝗
尽死。 .... 嘉庆《东昌府志》

夏五月，（莘县）蝗蝻自兖郡来，群队如云，所过无遗稼，忽黑蜂满野，啮
蝗尽死，田禾不至损伤。 .... 光绪《莘县志》

泰安又蝗。 .... 民国《重修泰安县志》

298. 明嘉靖十年（1531 年）

济南、平原、夏津、商河、泰安、莱芜、济阳、沾化蝗灾。

.... 《中国历代蝗患之记载》

（济南）蝗。 ………………………………………… 道光《济南府志》

济南诸州邑蝗。商河蝗。 …………………………… 民国《重修商河县志》

（历城）蝗。 ………………………………………… 乾隆《历城县志》

（章丘）蝗。 ………………………………………… 道光《章丘县志》

（济阳）复生蝗。 …………………………………… 民国《济阳县志》

八月，（夏津）蝗。 ………………………………… 乾隆《夏津县志》

（平原）蝗。 ………………………………………… 乾隆《平原县志》

济南诸州邑蝗。临邑蝗。 …………………………… 同治《临邑县志》

济南诸路邑蝗。沾化蝗。 …………………………… 民国《沾化县志》

泰安、莱芜蝗。 ……………………………………… 乾隆《泰安府志》

泰安又蝗。 …………………………………………… 民国《重修泰安县志》

（莱芜）蝗。 ………………………………………… 民国《续修莱芜县志》

（惠民）蝗。 ………………………………………… 光绪《惠民县志》

（长山）蝗。 ………………………………………… 嘉庆《长山县志》

299. 明嘉靖十一年（1532 年）

即墨蝗虫大发生，伤稼。长清蝗灾。 …………… 《中国历代蝗患之记载》

（长清）蝗生。 ……………………………………… 道光《长清县志》

六月，（东昌）蝗起。 ……………………………… 嘉庆《东昌府志》

六月，（堂邑）蝗起。 ……………………………… 康熙《堂邑县志》

六月，（朝城）蝗，禾尽伤。 ……………………… 康熙《朝城县志》

夏，（潍县）大蝗。 ………………………………… 民国《潍县志稿》

安丘大蝗。 …………………………………………… 咸丰《青州府志》

夏，（安丘）大蝗，蔽天映日，田禾一空。 …… 万历《安丘县志》

（即墨）飞蝗蔽日，大伤禾稼。 …………………… 同治《即墨县志》

300. 明嘉靖十二年（1533 年）

益都、寿光蝗虫大发生，食稼尽；费县蝗灾。 …… 《中国历代蝗患之记载》

山东旱蝗，临清大饥。 ……………………………… 《临清市志》

（长清）旱蝗。 ……………………………………… 道光《长清县志》

（嘉祥）旱蝗，民饥。 ……………………………… 《嘉祥县志》

秋七月，（兖州）飞蝗蔽野。 ……………………… 康熙《兖州府志》

秋，寿光、益都、临朐等县蝗灾严重，禾稼殆尽。 ……………… 《潍坊市志》

（青州）蝗食禾稼殆尽。 …………………………… 咸丰《青州府志》

（益都）蝗食禾稼殆尽。 ················ 光绪《益都县图志》

（寿光）蝗为灾。 ················ 民国《寿光县志》

夏，（临朐）蝗，知县祷于沂山[①]，天乃大雨，蝗尽飞去。

················ 光绪《临朐县志》

潍县蝗食禾稼殆尽。 ················ 乾隆《莱州府志》

（潍县）蝗食禾稼殆尽。 ················ 民国《潍县志稿》

（莱阳）蝗。 ················ 民国《莱阳县志》

（登州）各属蝗，禾稼尽食。 ········ 光绪《增修登州府志》

（海阳）蝗灾，禾稼殆尽。 ········ 乾隆《海阳县志》

（福山）蝗，禾稼尽食。 ········ 民国《福山县志稿》

301. 明嘉靖十三年（1534 年）

夏，黄县、长清、益都蝗虫大发生。 ····· 《中国历代蝗患之记载》

益都蝗。 ················ 咸丰《青州府志》

秋，（惠民）蝗，民饥。 ········ 光绪《惠民县志》

（桓台）蝗，民饥。 ················ 《桓台县志》

（莱阳）蝗。 ················ 民国《莱阳县志》

（黄县）蝗，禾稼尽食。 ················ 同治《黄县志》

（登州）各属蝗，禾稼尽食。 ········ 光绪《增修登州府志》

（海阳）蝗灾，禾稼殆尽。 ········ 乾隆《海阳县志》

（福山）蝗，禾稼尽食。 ········ 民国《福山县志稿》

302. 明嘉靖十四年（1535 年）

沾化、利津蝗灾。 ················ 《中国历代蝗患之记载》

阳谷飞蝗蔽天，苗稼灾。 ········ 康熙《兖州府志》

（桓台）蝗，饥。 ················ 《桓台县志》

秋，（武定）蝗生，民饥。 ········ 咸丰《武定府志》

秋，（沾化）蝗。 ················ 民国《沾化县志》

秋，（无棣）蝗生。 ················ 民国《无棣县志》

（利津）蝗伤稼，大饥。 ········ 光绪《利津县志》

（高密）大蝗。 ················ 民国《高密县志》

（莱阳）蝗食禾稼尽。 ········ 民国《莱阳县志》

---

① 沂山：山名，又称东泰山，在今山东临朐县南部。

（乳山）蝗灾，禾稼殆尽。 ···《乳山市志》

（登州）各属蝗，禾稼尽食。 ····················· 光绪《增修登州府志》

（海阳）蝗灾，禾稼殆尽。 ····························· 乾隆《海阳县志》

（福山）蝗，禾稼尽食。 ····························· 民国《福山县志稿》

303. 明嘉靖十五年（1536 年）

滨县蝗灾。 ·································《中国历代蝗患之记载》

十月，济南府旱蝗，免税粮有差。 ·············《明实录·世宗实录》

滨州蝗。 ······································· 雍正《山东通志》

（济南）蝗，饥，免被灾税粮。 ····················· 道光《济南府志》

（阳谷）蝗蝻遍生，知县驱民捕之。 ················· 光绪《阳谷县志》

六月，临清旱，蝗灾。 ································《临清市志》

夏，（桓台）蝗为灾，禾殆尽。 ························《桓台县志》

六月，（淄川）蝗。七月，蝻生。 ··················· 乾隆《淄川县志》

六月，利津、滨州蝗。 ····························· 咸丰《武定府志》

（滨州）蝗伤稼，岁大饥。 ··························· 咸丰《滨州志》

夏，昌乐、安丘蝗。 ······························· 咸丰《青州府志》

夏，（潍县）蝗。 ································· 民国《潍县志稿》

夏，（昌乐）蝗。 ································· 嘉庆《昌乐县志》

夏，（安丘）蝗。 ································· 万历《安丘县志》

304. 明嘉靖十七年（1538 年）

平原大蝗伤稼。 ···························《中国历代蝗患之记载》

夏，（平原）大旱，蝗蝻食禾殆尽。 ················· 乾隆《平原县志》

六月，（长山）蝗自东入境，越城渡河而西，所过田禾一空。

·································· 嘉庆《长山县志》

（泗水）飞蝗蔽天，害稼。 ··························· 光绪《泗水县志》

滕县飞蝗蔽天，害稼。 ······························《枣庄市志》

305. 明嘉靖十八年（1539 年）

山东岁歉，捕蝗者倍于谷，蝗绝而饥者济。

························《古今图书集成·庶征典·蝗灾部汇考》

（陵县）蝗蝻食禾殆尽。 ····························· 光绪《陵县志》

微山蝗蝝害稼尤甚，室庐床榻皆满。 ··················《微山县志》

（枣庄）蝗虫害稼尤甚，室庐床榻皆满。 ················《枣庄市志》

（滕县）蝗蝝害稼尤甚，室庐床榻皆满。 ……………………… 道光《滕县志》

306. 明嘉靖十九年（1540 年）

十月，以旱蝗免济南等府及德州等州、历城等县各民屯军粮有差。

……………………………………………………《明实录·世宗实录》

十月，以旱蝗免山东济南、东昌等卫秋粮。 ……《聊城地区农牧渔业志资料》

307. 明嘉靖二十年（1541 年）

夏，蒲台、日照蝗灾。 …………………………《中国历代蝗患之记载》

六月，（淄川）蝗。 ……………………………… 乾隆《淄川县志》

夏六月，（蒲台）蝗。 …………………………… 乾隆《蒲台县志》

秋，茌平蝗灾，官府令民以蝗易粮。 …………………《茌平县志》

秋，（博平）大蝗，令民捕蝗易粟。 ……………… 道光《博平县志》

秋，（日照）飞蝗自北来，食苗几尽。 …………… 康熙《日照县志》

308. 明嘉靖二十一年（1542 年）

夏，黄县、利津、泰安蝗虫大发生，伤稼。 ………《中国历代蝗患之记载》

夏，（冠县）旱蝗，不为灾。 …………………… 民国《冠县志》

泰安蝗，不为灾。 ……………………………… 乾隆《泰安府志》

泰山蝗，不为灾。 ……………………… 民国《重修泰安县志》

（黄县）旱蝗相仍。 …………………………… 同治《黄县志》

309. 明嘉靖二十二年（1543 年）

夏，定陶飞蝗蔽天，禾不能擎，栖于树，枝为之折。 …… 康熙《兖州府志》

310. 明嘉靖二十三年（1544 年）

夏，（定陶）飞蝗蔽天，禾不能擎，集树，枝为所折。 ……… 民国《定陶县志》

311. 明嘉靖二十四年（1545 年）

夏，（沂州）旱，蝗灾。 ………………………… 乾隆《沂州府志》

四月，（临沂）旱蝗。 …………………………… 民国《临沂县志》

312. 明嘉靖二十五年（1546 年）

五月，（济南）大蝗。 …………………………… 道光《济南府志》

五月，（淄川）蝗。 ……………………………… 乾隆《淄川县志》

五月，（桓台）大蝗。 …………………………………《桓台县志》

六月，海丰旱蝗。 ……………………………… 咸丰《武定府志》

六月，（海丰）大蝗。 …………………………… 康熙《海丰县志》

（无棣）蝗。 …………………………………… 民国《无棣县志》

313. 明嘉靖二十七年（1548 年）

(德平) 蝗蝻生。 ·· 光绪《德平县志》

314. 明嘉靖二十八年（1549 年）

平原、蒲台、肥城蝗伤稼。 ················· 《中国历代蝗患之记载》

夏，长山、淄川、平原旱蝗。 ················· 道光《济南府志》

春夏，(平原) 旱蝗。 ·························· 乾隆《平原县志》

(肥城) 蝗。 ······································· 光绪《肥城县志》

夏，长山旱蝗。 ································· 嘉庆《长山县志》

秋七月，蒲台大螣。 ···························· 乾隆《蒲台县志》

夏，(淄川) 旱，蝗蝻螟交作。 ················ 乾隆《淄川县志》

夏，(桓台) 旱蝗。 ······························ 《桓台县志》

315. 明嘉靖二十九年（1550 年）

东平蝗伤稼。 ·························· 《中国历代蝗患之记载》

316. 明嘉靖三十年（1551 年）

平原、德州、陵县蝗灾。 ················· 《中国历代蝗患之记载》

(德州) 蝗，饥。 ······························· 乾隆《德州志》

(陵县) 蝗入境。 ······························· 光绪《陵县志》

(平原) 飞蝗入境。 ···························· 乾隆《平原县志》

秋，(高苑) 蝗。 ······························· 乾隆《高苑县志》

317. 明嘉靖三十二年（1553 年）

德州蝗虫大发生，飞蝗蔽天。 ············· 《中国历代蝗患之记载》

秋，(德州) 飞蝗蔽天。 ························ 乾隆《德州志》

318. 明嘉靖三十三年（1554 年）

夏，曲阜蝗灾。 ······················ 《中国历代蝗患之记载》

夏，(曲阜) 旱蝗。 ···························· 乾隆《曲阜县志》

六月，(淄川) 蝗。 ···························· 乾隆《淄川县志》

319. 明嘉靖三十四年（1555 年）

九月，以蝗灾免济南、兖州、东昌、青州秋粮有差。

·· 《明实录·世宗实录》

费县蝗灾。 ·························· 《中国历代蝗患之记载》

秋，(费县) 蝗。 ······························· 光绪《费县志》

(肥城) 旱蝗，食禾殆尽。 ·············· 光绪《肥城县志》

320. 明嘉靖三十五年（1556 年）

秋，青城①蝗虫大发生。 ……………………………《中国历代蝗患之记载》

秋，（青城）大蝗。 …………………………………… 乾隆《青城县志》

321. 明嘉靖三十七年（1558 年）

（泗水）蝗害稼，入人家舍，床榻为满。 …………… 光绪《泗水县志》

322. 明嘉靖三十八年（1559 年）

夏，昌乐、安丘大旱蝗。 …………………………… 咸丰《青州府志》

六月，（安丘）大蝗，飞蔽天日。 ………………… 万历《安丘县志》

六月，（潍县）大蝗。 ……………………………… 民国《潍县志稿》

新泰旱蝗。 …………………………………………… 乾隆《泰安府志》

夏，莒州大旱蝗。 …………………………………… 乾隆《沂州府志》

夏，（莒州）蝗飞蔽日，入人家舍，啮食衣物。 ………… 嘉庆《莒州志》

323. 明嘉靖三十九年（1560 年）

九月，以旱蝗灾免济南府税有差。 …………………《明实录·世宗实录》

蒲台旱蝗。 …………………………………………… 咸丰《武定府志》

夏六月，（蒲台）旱蝗。 …………………………… 乾隆《蒲台县志》

（新城）旱蝗，田无禾。 ………………………… 民国《重修新城县志》

（东阿）旱，有蝗。 ………………………………… 道光《东阿县志》

（寿张）大旱，飞蝗蔽天。 ………………………… 光绪《寿张县志》

秋，（茌平）蝗灾，令民以蝗易粟，官府出粟数千石。 ………《茌平县志》

秋，（博平）大蝗，令民以蝗易粟，出官粟数千石。 …… 道光《博平县志》

秋，汶上蝗生，平地厚寸许，禾稼、树叶一空，入人户，衣服、书籍多残
　毁，后生飞虫如蜂，啮蝗首杀之。 ………………… 万历《汶上县志》

东平蝗伤禾稼。 …………………………………… 光绪《东平州志》

（新泰）旱蝗。 ……………………………………… 乾隆《新泰县志》

八月，（淄川）蝗蝻害稼。 ………………………… 乾隆《淄川县志》

（桓台）旱蝗，田无禾。 ……………………………………《桓台县志》

秋七月，（青州）蝗蝻自西北来，所过田禾一空。 ……… 咸丰《青州府志》

秋七月，（益都）蝗蝻自西北来，所过田禾一空。 …… 光绪《益都县图志》

---

　① 青城：旧县名，治所在今山东高青西青城镇。

324. 明嘉靖四十一年 （1562 年）

秋，（汶上）螣虫生，食禾殆尽。 ·····················《汶上县志》

325. 明嘉靖四十三年 （1564 年）

（庆云）蝗，民饥，流移者十之三。 ·············· 民国《庆云县志》

昌邑飞蝗蔽天，食田禾殆尽。 ················· 乾隆《莱州府志》

（昌邑）大蝗。 ···························· 乾隆《昌邑县志》

（嘉祥）旱蝗。 ······························《嘉祥县志》

326. 明嘉靖四十四年 （1565 年）

莱芜、肥城、沂州蝗灾。 ··············《中国历代蝗患之记载》

夏，（沂州）蝗灾。 ····················· 乾隆《沂州府志》

夏四月，（青州）昌乐大蝗。 ·············· 咸丰《青州府志》

四月，（桓台）大蝗。 ······················《桓台县志》

夏，（潍县）大蝗。 ···················· 民国《潍县志稿》

夏四月，（昌乐）大蝗。 ················· 嘉庆《昌乐县志》

夏，（莒县）蝗灾。 ··························《莒县志》

327. 明嘉靖四十五年 （1566 年）

新泰、莱芜、肥城蝗害稼。 ············《中国历代蝗患之记载》

328. 明隆庆二年 （1568 年）

秋，德州、蒲台蝗灾。 ···············《中国历代蝗患之记载》

夏，德州大旱蝗。 ····················· 道光《济南府志》

（德州）旱蝗。 ························ 乾隆《德州志》

临邑飞蝗蔽天，东西亘数里，伤禾几尽。 ········· 同治《临邑县志》

秋七月，（蒲台）蝗。 ··················· 乾隆《蒲台县志》

329. 明隆庆三年 （1569 年）

六月，山东旱蝗。 ···················· 《明史·五行志》

秋，东昌蝗飞蔽天，蝻生遍野，食禾稼殆尽。曲阜蝗灾。

···················《中国历代蝗患之记载》

闰六月，山东旱蝗。 ··················· 宣统《山东通志》

六月，（济南）旱蝗。 ·················· 道光《济南府志》

六月，（历城）蝗。 ···················· 乾隆《历城县志》

六月，（齐河）旱蝗。 ·····················《齐河县志》

夏六月，（恩县）蝗飞蔽天，后蝻生遍野，伤禾殆尽。 ····· 宣统《重修恩县志》

秋，（茌平）白头雀食蝗，灾情减轻。 ·························《茌平县志》

秋，（博平）蝗，白头雀群飞田间，蝗不为灾。 ·········道光《博平县志》

（嘉祥）旱蝗。 ·····································《嘉祥县志》

闰六月，（曲阜）旱蝗。 ·························乾隆《曲阜县志》

（汶上）蝗生。 ·································万历《汶上县志》

（肥城）旱蝗。 ·································光绪《肥城县志》

夏，（新城）蝗。 ·····························民国《重修新城县志》

夏，（长山）蝗。 ·································嘉庆《长山县志》

夏，（东昌）蝗飞蔽天，后蝻生遍野，伤禾殆尽。 ·······嘉庆《东昌府志》

六月，山东蝗。无棣蝗。 ·························民国《无棣县志》

夏五月，昌乐、安丘蝗。 ·························咸丰《青州府志》

夏五月，（昌乐）蝗。 ·····························嘉庆《昌乐县志》

夏五月，（安丘）蝗。 ·····························万历《安丘县志》

七月，（昌邑）有蝗，民大饥。 ·················乾隆《昌邑县志》

闰六月，（胶州）旱蝗。 ·························民国《增修胶志》

330. 明隆庆四年（1570 年）

（济南）新城蝗。 ·································道光《济南府志》

（桓台）蝗。 ·····································《桓台县志》

（蓬莱）蝗蝻生。 ·································道光《蓬莱县志》

331. 明隆庆五年（1571 年）

蒲台蝗灾。 ·································《中国历代蝗患之记载》

夏六月旱，（蒲台）螣生。 ·····················乾隆《蒲台县志》

332. 明万历二年（1574 年）

（东明）蝗。 ·····································《东明县志》

333. 明万历五年（1577 年）

淄川旱，蝗蝻食禾殆尽。 ·························道光《济南府志》

（淄川）旱，蝗蝻食稼殆尽。 ·····················乾隆《淄川县志》

334. 明万历七年（1579 年）

夏，（泗水）蝗蝻遍野，害稼，民饥。 ·············光绪《泗水县志》

335. 明万历九年（1581 年）

（临邑）蝗。 ·································同治《临邑县志》

336. 明万历十年（1582 年）

　　夏六月，昌乐、安丘蝗。 ·············· 咸丰《青州府志》

　　夏六月，（昌乐）蝗蝻。 ·············· 嘉庆《昌乐县志》

　　夏六月，（安丘）蝗蝻，诏蠲逋赋。 ·············· 万历《安丘县志》

337. 明万历十一年（1583 年）

　　莒州蝗灾。 ·············· 《中国历代蝗患之记载》

　　夏，茌平蝗蝻满地。 ·············· 《茌平县志》

　　八月，滨州蝗。 ·············· 咸丰《武定府志》

　　秋，（滨州）蝗。 ·············· 咸丰《滨州志》

　　夏六月，昌乐、安丘、诸城大蝗。 ·············· 咸丰《青州府志》

　　夏六月，（昌乐）蝗。 ·············· 嘉庆《昌乐县志》

　　夏六月，（安丘）大蝗，奉诏垦田。 ·············· 万历《安丘县志》

　　夏六月，（诸城）大蝗。 ·············· 乾隆《诸城县志》

　　夏，（莒州）蝗。 ·············· 嘉庆《莒州志》

338. 明万历十二年（1584 年）

　　十月，以水、旱、蝗灾诏免山东各被灾伤地方屯钱粮。·············· 《明实录·神宗实录》

　　（嘉祥）旱蝗。 ·············· 《嘉祥县志》

　　（淄川）蝗虫伤谷。 ·············· 乾隆《淄川县志》

339. 明万历十四年（1586 年）

　　（莒州）蝗害稼。 ·············· 嘉庆《莒州志》

340. 明万历十五年（1587 年）

　　平原蝗灾。 ·············· 《中国历代蝗患之记载》

　　秋，（平原）螣食晚禾，蠲赈有差。 ·············· 乾隆《平原县志》

　　秋七月，（恩县）螣生遍野，食禾伤穗。 ·············· 宣统《重修恩县志》

　　（莱芜）蝗。 ·············· 民国《续修莱芜县志》

341. 明万历十六年（1588 年）

　　夏，（新城）大旱蝗。 ·············· 民国《重修新城县志》

　　夏，（桓台）蝗。 ·············· 《桓台县志》

342. 明万历十八年（1590 年）

　　蒲台蝗害稼。 ·············· 《中国历代蝗患之记载》

　　八月，（新城）飞蝗蔽天。 ·············· 民国《重修新城县志》

　　八月，（高苑）飞蝗蔽天。 ·············· 乾隆《高苑县志》

六月，（蒲台）螣生。 ················· 乾隆《蒲台县志》

343. 明万历十九年（1591 年）

夏津、东昌蝗灾。 ··············《中国历代蝗患之记载》

夏，德平大蝗。 ················· 道光《济南府志》

（德平）蝗。 ··················· 光绪《德平县志》

夏六月，（夏津）蝗。 ············· 乾隆《夏津县志》

夏六月，（恩县）蝗入境，食苗殆尽，后蝻复作。 ······ 宣统《重修恩县志》

夏六月，（东昌）蝗。 ············· 嘉庆《东昌府志》

夏六月，（聊城）蝗。 ············· 宣统《聊城县志》

八月，（桓台）飞蝗蔽天。 ············· 《桓台县志》

344. 明万历二十一年（1593 年）

（利津）蝗飞蔽天。 ·············· 光绪《利津县志》

345. 明万历二十二年（1594 年）

六月，利津蝗。 ················· 咸丰《武定府志》

夏，（滕县）旱蝗。 ··············· 道光《滕县志》

346. 明万历二十四年（1596 年）

（嘉祥）旱蝗，秋，蝻生。 ············· 《嘉祥县志》

秋，（莱芜）蝗。 ·············· 民国《续修莱芜县志》

（泗水）蝗蝻出境。 ·············· 光绪《泗水县志》

（汶上）蝗灾。 ·················· 《汶上县志》

（临淄）仔蝗生，不入境。 ········· 康熙《临淄县志》

（淄川）蝻伤禾。 ················ 乾隆《淄川县志》

347. 明万历二十五年（1597 年）

秋，（汶上）蝗生。 ·············· 万历《汶上县志》

348. 明万历二十七年（1599 年）

夏，平原、博平蝗灾。 ··········《中国历代蝗患之记载》

（平原）旱蝗。 ················· 乾隆《平原县志》

夏，（宁津）螟螣害稼。 ············· 光绪《宁津县志》

五月，博平蝗。 ················· 嘉庆《东昌府志》

（冠县）飞蝗蔽天，庄稼严重受灾。 ·········· 《冠县志》

349. 明万历三十年（1602 年）

秋，夏津蝗虫遍野。 ··········《中国历代蝗患之记载》

（夏津）飞蝗遍野。 ……………………………………… 乾隆《夏津县志》

（高唐）蝗。 ……………………………………………… 光绪《高唐州志》

350. 明万历三十三年（1605 年）

夏，昌乐、堂邑蝗虫大发生，食稼尽。 …………《中国历代蝗患之记载》

（德平）蝗。 ……………………………………………… 光绪《德平县志》

六月，堂邑蝗。 ………………………………………… 嘉庆《东昌府志》

六月，（堂邑）蝗。七月，蝻害稼。 ………………… 康熙《堂邑县志》

（东明）大旱蝗。 ………………………………………………《东明县志》

五月，（桓台）旱蝗。秋，蝻生。 ……………………………《桓台县志》

（临淄）蝗灾。 ………………………………………… 康熙《临淄县志》

（广饶）大旱，蝗灾严重。 …………………………………《广饶县志》

夏五月，乐安①、昌乐、安丘大蝗。秋，蝻生。 ………咸丰《青州府志》

五月，（乐安）旱蝗。秋，蝻生。 …………………… 民国《乐安县志》

五月，（安丘）蝗。秋，蝻生蔽地，田禾食尽，哭声遍野。

………………………………………………… 康熙《续安丘县志》

夏五月，（昌乐）蝗蔽地，禾尽。秋，蝻复生。 ………嘉庆《昌乐县志》

351. 明万历三十四年（1606 年）

六月，东昌、兖州蝗灾异常。 ……………………《明实录·神宗实录》

（德平）蝗。 ……………………………………………… 光绪《德平县志》

六月，（寿张）飞蝗蔽日，食禾过半。七月，蝻复生，田禾被伤。

……………………………………………………… 光绪《寿张县志》

夏，（东阿）蝗。秋，蝻生。 ……………………… 道光《东阿县志》

（冠县）飞蝗蔽天，稼大伤。 ………………………… 民国《冠县志》

夏，（汶上）飞蝗蔽天。秋，螣生。 …………………… 万历《汶上县志》

352. 明万历三十五年（1607 年）

东明蝗灾。 ……………………………………… 《中国历代蝗患之记载》

（东明）飞蝗东北来，遮天蔽日，二十日不尽，蝗蝻复生。 ……《东明县志》

春，（寿光）大旱蝗。 ………………………………… 民国《寿光县志》

353. 明万历三十六年（1608 年）

东明、平原蝗灾，害稼。 ……………………… 《中国历代蝗患之记载》

① 乐安：旧县名，治所在今山东广饶。

（平原）蝗。 ·· 乾隆《平原县志》

（东明）大蝗。 ·· 《东明县志》

354. 明万历三十七年（1609 年）

九月，山东蝗。 ·· 《明史·五行志》

八月，济南、青州等郡蝗。 ·· 《明实录·神宗实录》

曲阜蝗灾。 ·· 《中国历代蝗患之记载》

秋八月，济南、青州诸府蝗。 ·· 宣统《山东通志》

（济南）蝗。 ·· 道光《济南府志》

（历城）蝗。 ·· 乾隆《历城县志》

夏秋，（济阳）大旱，蝗飞蔽天，大无麦禾。 ·········· 民国《济阳县志》

九月，（齐河）蝗灾。 ·· 《齐河县志》

五月，（堂邑）蝗。七月，蝻害稼。 ·········· 康熙《堂邑县志》

秋九月，曲阜蝗。 ·· 乾隆《曲阜县志》

355. 明万历三十八年（1610 年）

六月，德州、平原、禹城、齐河蝗蝻为灾。 ·········· 《明实录·神宗实录》

滕县、邹县、曲阜、曹县及微山湖蝗灾。 ·········· 《中国历代蝗患之记载》

（平阴）蝗，岁大饥。 ·· 光绪《平阴县志》

（曹县）大蝗，为灾。 ·· 光绪《曹州府曹县志》

（东明）大蝗。 ·· 《东明县志》

夏，（曲阜）旱蝗，饥，赈之。 ·········· 乾隆《曲阜县志》

356. 明万历三十九年（1611 年）

九月，（齐河）蝗灾。 ·· 《齐河县志》

（巨野）蝗。 ·· 道光《巨野县志》

秋，青城旱蝗。 ·· 咸丰《武定府志》

秋，（高青）蝗食谷，人无食。 ·········· 《高青县志》

秋，（青城）蝗食谷殆尽。 ·········· 乾隆《青城县志》

九月，（桓台）蝗。 ·· 《桓台县志》

357. 明万历四十年（1612 年）

山东蝗灾，各县几无收成。 ·········· 《中国历代蝗患之记载》

山东、河南大蝗，距（东明）县不远，忽有乌鸦数万啮食之，未入境。

·· 《东明县志》

（巨野）蝗。 ·· 道光《巨野县志》

358. 明万历四十二年（1614 年）

东昌蝗灾。 ······《中国历代蝗患之记载》

（莘县）旱蝗。 ······光绪《莘县志》

（菏泽）旱蝗，大饥。 ······光绪《新修菏泽县志》

（曹州）旱蝗，岁饥。 ······康熙《曹州志》

夏，莒地发生蝗灾。 ······《莒县志》

359. 明万历四十三年（1615 年）

秋七月，山东旱蝗。 ······《明史·五行志》

平原、沂州、曲阜、掖县、蒲台、寿光、文登蝗虫大发生，害稼，民大饥。

······《中国历代蝗患之记载》

沂州蝗。 ······雍正《山东通志》

秋七月，（历城）蝗。 ······乾隆《历城县志》

（平阴）旱蝗。 ······光绪《平阴县志》

春夏，（平原）大旱蝗，千里如焚，民饥，或父子相食。

······乾隆《平原县志》

七月，（齐河）蝗灾，饥，人相食。 ······《齐河县志》

秋不雨，（朝城）多蝗。 ······康熙《朝城县志》

（菏泽）又旱蝗，大饥。 ······光绪《新修菏泽县志》

（曹州）旱蝗，岁大饥。 ······康熙《曹州志》

夏，（巨野）旱蝗，大饥，民相食，骨肉不相保。 ······道光《巨野县志》

七月，（单县）旱蝗。 ······《单县志》

（嘉祥）旱蝗。 ······《嘉祥县志》

秋，（曲阜）大旱蝗，留税银赈之。 ······乾隆《曲阜县志》

秋八月，（滨州）螣，岁大饥，人相食。 ······咸丰《滨州志》

秋八月，（蒲台）螣，大饥，人相食。 ······乾隆《蒲台县志》

秋七月，山东蝗。 ······民国《无棣县志》

（阳信）蝗蝻满地，禾麦全无。 ······民国《阳信县志》

（长山）蝗，纳谷、纳蝗者给衣巾送学，始有谷生、蝗生之名。

······嘉庆《长山县志》

（肥城）旱蝗。 ······光绪《肥城县志》

秋，（东营）蝗严重，树木、房草被食尽。 ······《东营市志》

（淄川）遍地皆蝗蝻，庄稼根苗被食尽。 ······《淄川区志》

秋，（潍坊）蝗灾严重，树木、草房被食尽。 …………………《潍坊市志》

春，（昌邑）旱蝗，大饥，妇女南贩。 …………………乾隆《昌邑县志》

（寿光）旱蝗，大饥，人相食，御史过庭训赈荒。 ……… 民国《寿光县志》

（青州）大旱，蝗蝻生，大饥。 …………………………《青州市志》

夏，（安丘）旱蝗。秋，大饥。 …………………康熙《续安丘县志》

夏，（昌乐）旱蝗，大饥，御史过庭训赈荒。 …………嘉庆《昌乐县志》

夏，（临朐）旱蝗。 ……………………………光绪《临朐县志》

夏，（诸城）大旱蝗，大饥，人相食，鬻子女，至有人市。

………………………………………乾隆《诸城县志》

（高密）旱蝗，大饥，人相食。 …………………民国《高密县志》

夏，（潍县）旱蝗。秋，大饥，米价涌贵，民刮木皮和糠秕而食，林木为之
尽，饥死者道相枕藉，乃有割尸肉而食者，法不能止，又有奸民掠卖男
女，贩至远方，辄获重利，谓之贩销，往来络绎不绝，号哭之声震动
天地。 ……………………………………民国《潍县志稿》

（沂州）大旱蝗，蠲赈。 …………………………乾隆《沂州府志》

（临沂）大旱蝗，蠲赈。 …………………………民国《临沂县志》

（郯城）蝗蝻为灾，大饥，人相食。 ………………乾隆《郯城县志》

夏旱，（莒南）蝗灾。 ……………………………《莒南县志》

夏旱，（胶州）有蝗。 ……………………………民国《增修胶志》

（胶南）旱蝗并起，大饥。 …………………………《胶南县志》

（日照）大旱蝗，赤地千里，人相食，子女贩若牛羊，死者枕籍于道。

………………………………………康熙《日照县志》

至九月不雨，（登州）蝗蝻遍野。 …………光绪《增修登州府志》

春，（掖县）大旱蝗，岁大饥。 …………………乾隆《掖县志》

至九月不雨，（牟平）蝗蝻遍野。 …………………《牟平县志》

三至九月不雨，（福山）千里如焚，蝗蝻遍野。 ……… 民国《福山县志稿》

至九月不雨，（栖霞）蝗蝻生。 …………………光绪《栖霞县志》

至九月无雨，（乳山）赤地千里，蝗蝻遍野。 …………《乳山市志》

至九月不雨，（文登）蝗蝻遍野，大饥。 …………光绪《文登县志》

秋，（荣成）蝗蝻遍野，食禾几尽。 …………………道光《荣成县志》

360. 明万历四十四年（1616年）

四月，山东复蝗。 ……………………………《明史·五行志》

山东蝗，御史过庭训《山东赈饥疏》：捕蝗男妇，皆饥饿之人，如一面捕蝗，
　　一面归家吃饭，未免稽迟时候。遂向市上买现成面做饼，担至有蝗去处，
　　不论远近大小男妇，但能捉得蝗虫与蝗子一升者，换饼三十个。又查得崮
　　山邻近两厂领粮饥民一千二百名，可乘机拨用，能将近地蝗虫或虫子捕得
　　半升者，方给米面一升为五日之粮，如无，不许准给。　……《捕蝗集要》
沾化、沂州、益都、掖县、长清、平原、曲阜、曹县蝗灾，民饥。

　　…………………………………………………………《中国历代蝗患之记载》
夏四月，（山东）蝗。遣御史过庭训赈山东饥。…………宣统《山东通志》
四月，（济南）蝗，饥甚，人相食，蠲赈有差。…………道光《济南府志》
（长清）蝗杀禾稼。…………………………………………道光《长清县志》
四月，（历城）复蝗，大饥，蠲赈有差。…………………乾隆《历城县志》
夏，（德州）蝗，大饥。…………………………………………《德州市志》
夏，（德县）蝗，大饥。…………………………………民国《德县志》
（平原）旱蝗。……………………………………………乾隆《平原县志》
四月，（齐河）复蝗灾，民饥甚，人相食。…………………《齐河县志》
（朝城）大旱，多蝗，所落处沟壕尽平，复生蝻，晚禾尽食。

　　………………………………………………………………康熙《朝城县志》
四月，（临清）蝗灾，民大饥。…………………………………《临清市志》
（曹县）大旱，蝗起，流离载道。………………………光绪《曹州府曹县志》
（城武）大旱蝗起，青、济尤甚，妇女贩卖，流亡载道。……道光《城武县志》
（巨野）蝗蝻生。…………………………………………道光《巨野县志》
夏，（曲阜）旱蝗，饥，人相食。………………………乾隆《曲阜县志》
沾化旱，蝗生。……………………………………………咸丰《武定府志》
秋，（沾化）蝗。…………………………………………民国《沾化县志》
（益都）蝗。………………………………………………光绪《益都县图志》
七月，莱芜、肥城旱蝗。…………………………………乾隆《泰安府志》
（肥城）旱蝗。……………………………………………光绪《肥城县志》
五月，（莱芜）飞蝗遍野，秋禾一空。……………………………《莱芜市志》
（沂州）蝗，御史过庭训赈济，许有力者纳粟、捕蝗补庠生。

　　………………………………………………………………乾隆《沂州府志》
（临沂）旱蝗，御史过庭训赈济，许有力者纳粟、捕蝗补庠生。

　　………………………………………………………………民国《临沂县志》

夏四月，（胶州）蝗，大饥。 …………………………………… 民国《增修胶志》

（掖县）蝗旱，大饥。 ……………………………………………… 乾隆《掖县志》

（莱州）蝗灾。 ………………………………………………………… 《莱州市志》

361. 明万历四十五年（1617 年）

七月，山东蝗灾。济属武定、滨州等十四州县荒旱、蝗蝻，东昌、兖州、
青州亦然。 ……………………………………………… 《明实录·神宗实录》

城武飞蝗蔽天，以入粟为庠生，时谓之粟生，又以捕蝗应格亦许入庠，时
谓之蝗生。 ……………………… 《古今图书集成·庶征典·蝗灾部汇考》

费县、临淄、寿光、城武、曹县蝗灾。 ………… 《中国历代蝗患之记载》

（城武）大旱，飞蝗蔽天，赈荒直指使过庭训奏，以入粟为庠生，时谓之粟
生，捕蝗应格亦许入庠，时谓之蝗生。 …………………… 道光《城武县志》

（曹县）大旱，飞蝗蔽天，赈荒使过庭训奏以入粟为庠生，谓之粟生，又以
捕蝗应格亦许入庠，时谓之蝗生。 ………………… 光绪《曹州府曹县志》

新泰、莱芜、肥城复蝗，田禾俱尽，饿殍枕野。 ……… 乾隆《泰安府志》

（新泰）蝗，田禾尽伤。 ………………………………… 乾隆《新泰县志》

（莱芜）蝗灾严重，庄稼食尽。 ………………………………… 《莱芜市志》

（新城）蝗，大饥。是岁，蝗灾遍山东，饿死甚众，御史过庭训建议纳粟、
纳蝗者给衣巾送学，始有谷生、蝗生之名。 …… 民国《重修新城县志》

（桓台）蝗，大饥。 ……………………………………………… 《桓台县志》

（临淄）大蝗。 ………………………………………… 民国《临淄县志》

夏，海丰、阳信等县旱蝗。 …………………………… 咸丰《武定府志》

夏，（海丰）蝗，民移食东郡。 ……………………… 康熙《海丰县志》

（阳信）旱蝗为灾，民饥。 …………………………… 民国《阳信县志》

齐东旱蝗。 ………………………………………………… 道光《济南府志》

六月，（齐东）蝗大至，蔽天数日，禾尽扫。七月，蝻复生。

………………………………………………………………… 康熙《齐东县志》

（广饶）蝗灾严重，官府令捕蝗三百石者，得充儒学生员。 …… 《广饶县志》

乐安境内蝗灾严重，官府令捕蝗三百石者，得充儒学生员。 …… 《东营市志》

（垦利）蝗灾严重，官府令捕蝗三百石者，得充儒学生员。 …… 《垦利县志》

（肥城）复蝗，大饥，人相食，死者无数。 ………………… 光绪《肥城县志》

秋，（潍坊）蝗灾严重，朝廷下令有捕得蝗虫三百石者，准予成为儒学
生员。 ………………………………………………………… 《潍坊市志》

秋，临淄、乐安、寿光、昌乐、安丘、诸城大蝗，奉檄捕蝗三百石，准给
　儒学生员。 ··· 咸丰《青州府志》

秋，（寿光）蝗灾，令捕蝗三百石者，得充儒学生员。 ····· 民国《寿光县志》

秋，（昌乐）大蝗，奉文捕蝗三百石，准充儒学生员。 ····· 嘉庆《昌乐县志》

秋，（安丘）大蝗，奉文捕蝗三百石，准充儒学生员。 ····· 康熙《续安丘县志》

（临朐）旱蝗，奉文捕蝗三百石，准充儒学生员。 ······· 光绪《临朐县志》

（昌邑）大蝗，捕纳三百石，准充附生。 ··············· 乾隆《昌邑县志》

秋，（诸城）大蝗。 ································· 乾隆《诸城县志》

（费县）蝗。 ·· 光绪《费县志》

362. 明万历四十六年（1618 年）

成武大旱，蝗蔽天，赈荒。 ···················· 道光《城武县志》

363. 明万历四十七年（1619 年）

八月，济南、东昌、登州蝗。 ················ 《明史·五行志》

济南、曲阜、登州、东昌蝗灾。 ··········· 《中国历代蝗患之记载》

是岁，济南、东昌、登州蝗。 ·············· 宣统《山东通志》

八月，（历城）蝗。 ······················· 乾隆《历城县志》

八月，（齐河）蝗。 ····························· 《齐河县志》

八月，东昌等府蝗。 ····················· 乾隆《曹州府志》

秋八月，（曲阜）蝗。 ····················· 乾隆《曲阜县志》

秋八月，（莱阳）蝗。 ····················· 民国《莱阳县志》

八月，（福山）蝗。 ····················· 民国《福山县志稿》

八月，（登州）蝗。 ···················· 光绪《增修登州府志》

八月，（黄县）蝗。 ····················· 同治《黄县志》

364. 明万历四十八年（1620 年）

八月，登、莱两郡今苦水、苦蝗。 ·········· 《明实录·光宗实录》

（东明）旱蝗。 ····························· 《东明县志》

365. 明天启元年（1621 年）

沾化、堂邑蝗灾。 ··················· 《中国历代蝗患之记载》

七月，（济阳）蝗。 ····················· 民国《济阳县志》

堂邑旱蝗。 ····························· 嘉庆《东昌府志》

（淄川）旱蝗。 ························· 乾隆《淄川县志》

七月，武定、沾化旱蝗。 ················ 咸丰《武定府志》

七月，（惠民）旱蝗。 …………………………………… 光绪《惠民县志》

七月，（沾化）旱蝗。 …………………………………… 民国《沾化县志》

七月，（阳信）蝗。 ……………………………………… 民国《阳信县志》

（齐东）旱蝗。 …………………………………………… 康熙《齐东县志》

（邹平）旱蝗。 …………………………………………… 民国《邹平县志》

宁海蝗。 ………………………………………………… 光绪《增修登州府志》

（牟平）蝗。 ……………………………………………… 民国《牟平县志》

（宁海州）蝗。 …………………………………………… 同治《宁海州志》

（栖霞）蝗。 ……………………………………………… 光绪《栖霞县志》

366. 明天启二年（1622 年）

文登、泰安蝗灾，新泰秃鹙食蝗。 ……………… 《中国历代蝗患之记载》

泰安州县蝗。 …………………………………………… 雍正《山东通志》

八月，（新泰）蝗，有大鸟名秃鹙食之，吐而复食。 …… 乾隆《新泰县志》

秋七月，（泰安）蝗。 ………………………………… 民国《重修泰安县志》

（单县）蝗食禾苗，岁饥。 ……………………………… 民国《单县志》

（文登）蝗。 ……………………………………………… 光绪《文登县志》

（荣成）蝗。 ……………………………………………… 道光《荣成县志》

（栖霞）蝗。 ……………………………………………… 光绪《栖霞县志》

367. 明天启三年（1623 年）

秋七月，昌乐、安丘大蝗。 …………………………… 咸丰《青州府志》

秋七月，（昌乐）大蝗。 ………………………………… 嘉庆《昌乐县志》

秋七月，（安丘）大蝗。 ………………………………… 康熙《续安丘县志》

秋七月，安丘、昌乐大蝗。潍县蝗。 ………………… 民国《潍县志稿》

368. 明天启五年（1625 年）

六月，济南飞蝗蔽天，田禾俱尽。 ………………… 《明史·五行志》

济南、新泰、平原蝗灾。 ………………………… 《中国历代蝗患之记载》

夏六月，济南飞蝗蔽天，田禾俱尽。 ………………… 宣统《山东通志》

六月，（济南）飞蝗蔽天，田禾俱尽。 ………………… 道光《济南府志》

六月，（历城）飞蝗蔽天，田禾俱尽。 ………………… 乾隆《历城县志》

六月，（平原）蝗。 ……………………………………… 乾隆《平原县志》

六月，（禹城）蝗飞蔽天。 ……………………………… 嘉庆《禹城县志》

六月，（齐河）飞蝗蔽天，田禾俱尽。 ………………… 《齐河县志》

秋，（东明）飞蝗大至，啮禾稼。 ················ 《东明县志》

（泗水）蝗蝻害稼。 ···················· 光绪《泗水县志》

（新泰）蝗。 ······················· 乾隆《新泰县志》

秋，（桓台）飞蝗蔽天。 ················· 《桓台县志》

夏，胶州大蝗。 ···················· 乾隆《莱州府志》

369. 明天启六年（1626 年）

夏，山东旱蝗。 ················· 《明史·熹宗本纪》

临淄、商河、曹县、曲阜蝗灾。 ······· 《中国历代蝗患之记载》

夏六月，山东旱蝗。 ·············· 宣统《山东通志》

六月，（历城）旱蝗。 ·············· 乾隆《历城县志》

六月，（商河）旱蝗。 ············ 民国《重修商河县志》

山东蝗。临清蝗。 ················· 《临清市志》

（微山）多雨，遍地起蝗，损田十之七八。 ······ 《微山县志》

（曲阜）旱蝗。 ··················· 乾隆《曲阜县志》

夏旱，（曹县）蝗大起，冲天翳日，禾苗一空。 ····· 光绪《曹州府曹县志》

夏旱，（城武）蝗大起，冲天翳日，所过禾苗一空。 ···· 道光《城武县志》

夏，诸城旱蝗。秋，临淄、乐安蝻生。 ·········· 咸丰《青州府志》

秋，（临淄）蝻生。 ·············· 民国《临淄县志》

秋，（乐安）蝻食禾。 ·············· 民国《乐安县志》

秋，（广饶）蝗蝻为害。 ················ 《广饶县志》

夏六月，（胶州）旱蝗。 ·············· 民国《增修胶志》

370. 明天启七年（1627 年）

（滕县）蝗。 ······················ 道光《滕县志》

371. 明崇祯三年（1630 年）

益都、寿光、昌乐蝗害稼。 ··········· 咸丰《青州府志》

夏，（益都）蝗害稼。 ············· 光绪《益都县图志》

（昌乐）蝗害稼。 ················· 嘉庆《昌乐县志》

（寿光）蝗害稼。 ················· 民国《寿光县志》

（昌邑）蝗。 ····················· 乾隆《昌邑县志》

372. 明崇祯四年（1631 年）

（东明）蝗蝻复作，二麦俱尽。 ············ 《东明县志》

373. 明崇祯六年（1633 年）

秋，（菏泽）大旱，蝗灾，民大饥。…………………………………《菏泽市志》

374. 明崇祯七年（1634 年）

寿光、沂州、益都、青州等蝗灾。………………《中国历代蝗患之记载》

夏，青州府属尽蝗。………………………………雍正《山东通志》

秋，飞蝗忽生，各邑皆受其害，历独无之。……………崇祯《历乘》

夏，临朐、昌乐、安丘三县皆蝗。………………咸丰《青州府志》

夏，（昌乐）蝗蝻生。………………………………嘉庆《昌乐县志》

（寿光）蝗食禾黍皆尽。……………………………民国《寿光县志》

夏，大旱，安丘、昌乐、寿光蝗蝻生。潍县蝗。………民国《潍县志稿》

（沂州）蝗。………………………………………乾隆《沂州府志》

（临沂）蝗。………………………………………民国《临沂县志》

375. 明崇祯八年（1635 年）

七月，（济南）旱蝗。………………………………道光《济南府志》

秋七月，（历城）旱蝗。……………………………乾隆《历城县志》

八月，（平阴）飞蝗蔽天，害稼。…………………光绪《平阴县志》

七月，（桓台）旱蝗。………………………………《桓台县志》

（肥城）飞蝗蔽天，害稼。…………………………光绪《肥城县志》

（泗水）蝗蝻害稼。…………………………………光绪《泗水县志》

（费县）蝗。………………………………………光绪《费县志》

376. 明崇祯九年（1636 年）

七月，山东蝗，大饥，斗米千钱。……《古今图书集成·庶征典·蝗灾部汇考》

益都蝗灾，害稼。……………………………《中国历代蝗患之记载》

秋七月，（青州）蝗，大饥，斗粟千钱。……………咸丰《青州府志》

秋七月，（益都）蝗，大饥，斗米千钱。……………光绪《益都县图志》

十一月，（临朐）蝻生，草竹皆尽。…………………光绪《临朐县志》

（泗水）蝗蝻害稼。…………………………………光绪《泗水县志》

秋七月，栖霞大水蝗。………………………………光绪《增修登州府志》

377. 明崇祯十年（1637 年）

七月，山东蝗。………………………………………《明史·五行志》

曲阜、平原、蒲台、商河蝗灾。………………《中国历代蝗患之记载》

（历城）蝗，民大饥。………………………………乾隆《历城县志》

六月，（齐河）蝗。 ·································《齐河县志》

（平原）旱蝗。 ····························· 乾隆《平原县志》

五月，山东蝗。商河蝗。 ················· 民国《重修商河县志》

（城武）大旱蝗。 ··························· 道光《城武县志》

秋七月，（曲阜）蝗，民大饥。 ············· 乾隆《曲阜县志》

（滨州）螣。 ····························· 咸丰《滨州志》

（蒲台）螣。 ··························· 乾隆《蒲台县志》

（桓台）大旱蝗，民大饥。 ····················《桓台县志》

（诸城）蝗，大饥。 ······················· 乾隆《诸城县志》

安丘、诸城大蝗。 ························· 咸丰《青州府志》

夏六月，（潍县）大蝗，大饥。 ············· 民国《潍县志稿》

夏，（安丘）大蝗。 ······················· 康熙《续安丘县志》

夏六月，（胶州）蝗，民大饥。 ············· 民国《增修胶志》

夏六月，（胶南）蝗，民大饥。 ··················《胶南县志》

378. 明崇祯十一年（1638 年）

六月，山东大旱蝗。 ····················《明史·五行志》

滨县、泰安、新泰、无棣、濮县、商河、曲阜、平原、曹县、蒲台蝗灾；
　　黄县蝗飞蔽天，食禾殆尽；沾化蝗食禾无遗，民大饥。
　　 ···························《中国历代蝗患之记载》

泰安、武定、滨、濮四州蝗。 ············· 雍正《山东通志》

六月，邹平、齐河、历城蝗。 ············· 道光《济南府志》

（历城）大旱蝗。 ························· 乾隆《历城县志》

夏五月，（济阳）蝗飞蔽野，禾苗立尽。 ····· 民国《济阳县志》

夏，山东蝗。商河蝗。 ··················· 民国《重修商河县志》

（平原）大旱蝗，谷苗尽枯。 ············· 乾隆《平原县志》

（齐河）大旱，蝗灾。 ······················《齐河县志》

（濮州）旱蝗。 ··························· 宣统《濮州志》

（观城）蝗。 ····························· 道光《观城县志》

春，（朝城）旱蝗，落处树摧屋损。秋七月，复蝗。 ····· 康熙《朝城县志》

（菏泽）旱蝗。 ························· 光绪《新修菏泽县志》

（曹州）旱蝗。 ························· 康熙《曹州志》

麦后，（曹县）大蝗。 ················· 光绪《曹州府曹县志》

夏六月，（曲阜）大旱蝗。 ·················· 乾隆《曲阜县志》

（嘉祥）旱蝗。 ·················· 《嘉祥县志》

（泰安）旱蝗，大饥，人相食。 ·············· 民国《重修泰安县志》

（新泰）有蝗。 ·················· 乾隆《新泰县志》

（桓台）大蝗。 ·················· 《桓台县志》

（滨州）蝗。 ·················· 咸丰《滨州志》

夏，海丰、阳信、商河、蒲台、沾化蝗。 ········· 咸丰《武定府志》

六月，（海丰）大蝗，食禾殆尽。 ·············· 康熙《海丰县志》

五月，（阳信）飞蝗蔽野，禾苗立尽。 ············ 民国《阳信县志》

夏，（蒲台）蝗。 ·················· 乾隆《蒲台县志》

五月，（沾化）蝗。 ·················· 民国《沾化县志》

夏，（齐东）蝗。 ·················· 康熙《齐东县志》

夏，（邹平）旱蝗。 ·················· 民国《邹平县志》

夏六月，昌乐、安丘、诸城大旱蝗。 ············ 咸丰《青州府志》

夏，（昌乐）大旱蝗。 ·················· 嘉庆《昌乐县志》

夏六月，（诸城）大旱蝗。 ·············· 乾隆《诸城县志》

夏六月，（胶州）大旱蝗。 ·············· 民国《增修胶志》

夏，（黄县）飞蝗蔽天，食谷殆尽。秋，螽蝝遍野，丛集禾穗累累如贯珠，
蝗飞复蔽天，无禾。 ·················· 同治《黄县志》

（海阳）蝗旱。 ·················· 乾隆《海阳县志》

（栖霞）蝗。 ·················· 光绪《栖霞县志》

（牟平）蝗。 ·················· 《牟平县志》

夏，（福山）飞蝗蔽天，食谷殆尽。秋，螽蝝遍野，蝗复大起，无禾。
·················· 民国《福山县志稿》

夏，（莱阳）蝗食谷殆尽。秋，螽蝝遍野，蝗复大起，无禾。
·················· 民国《莱阳县志》

夏，（登州）飞蝗蔽天，食谷殆尽。秋，螽蝝遍野，蝗复大起，无禾。
·················· 光绪《增修登州府志》

夏，（文登）蝗飞蔽天，食谷殆尽。秋，螽蝝遍野，蝗复大起，无禾。
·················· 光绪《文登县志》

（鄄城）旱蝗。 ·················· 《鄄城县志》

六月，（寒亭区）大旱蝗。 ·············· 《寒亭区志》

（宁海州）蝗。 ···《宁海州志》

379. 明崇祯十二年（1639年）

六月，山东旱蝗。 ·····························《明史·庄烈帝纪》

曲阜、曹县、益都、蒲台、长清、平原、文登蝗。

··《中国历代蝗患之记载》

夏六月，山东旱蝗。 ·····················宣统《山东通志》

（长清）旱蝗。 ···························道光《长清县志》

（平原）大旱蝗，谷苗尽枯。 ···········乾隆《平原县志》

六月，山东（宁津）旱蝗。 ·············光绪《宁津县志》

济南郡县旱蝗，民饥。临邑蝗。 ·······同治《临邑县志》

（齐河）蝗旱。 ···························《齐河县志》

（寿张）旱蝗，食禾草、树叶一空，饥，人相食。········光绪《寿张县志》

（高唐）蝗。 ·····························光绪《高唐州志》

夏，（朝城）旱蝗。八月，蝻生。 ·······康熙《朝城县志》

（菏泽）大旱，蝗飞蔽天，蝻生遍地。 ········《菏泽市志》

（菏泽）旱，蝗飞蔽天，蝻生遍地。 ·······光绪《新修菏泽县志》

山东（单县）大旱蝗。 ·····················《单县志》

（鄄城）旱蝗。 ···························《鄄城县志》

（濮州）旱蝗。 ·························宣统《濮州志》

（郓城）蝗灾，平地尺许，禾草、树叶一空，大饥，人相食。

··光绪《郓城县志》

（曹州）大旱，飞蝗蔽天，蝻生遍野。 ·······康熙《曹州志》

（曹县）大旱，飞蝗蔽天，状如黑云，声如风雨，至秋，蝗蝻复生，为害
更重。 ·······························光绪《曹州府曹县志》

（嘉祥）旱蝗。 ···························《嘉祥县志》

夏六月，（曲阜）旱蝗。 ·················乾隆《曲阜县志》

（泗水）螽蝝害稼，野无青草，大饥，人相食。 ·········光绪《泗水县志》

（泰安）旱蝗，大饥，人相食。 ·········民国《重修泰安县志》

（长山）旱蝗，民饥。 ·················嘉庆《长山县志》

（蒲台）飞蝗蔽天，食禾殆尽。 ·········乾隆《蒲台县志》

夏四月，（阳信）蝗蝻入城，行如流水。 ···民国《阳信县志》

夏六月，临朐、诸城旱蝗。益都蝗，大饥。 ······咸丰《青州府志》

秋七月，（益都）大蝗，大饥，人相食。·················· 光绪《益都县图志》

至七月不雨，（临朐）蝗蝻盈野。··················· 光绪《临朐县志》

夏六月，（诸城）旱蝗。······················· 乾隆《诸城县志》

（蒙阴）蝗蝻灾，禾食尽，民相食。················· 宣统《蒙阴县志》

夏六月，（胶州）旱蝗。······················· 民国《增修胶志》

宁海、文登飞蝗蔽空。················· 光绪《增修登州府志》

（宁海州）蝗。·························· 同治《宁海州志》

春，（莱阳）蝗，饥。······················· 民国《莱阳县志》

（海阳）蝗旱。·························· 乾隆《海阳县志》

（文登）飞蝗蔽天，饥。····················· 光绪《文登县志》

（荣成）飞蝗蔽空，饥。····················· 道光《荣成县志》

380. 明崇祯十三年（1640 年）

五月，山东大旱蝗。·····················《明史·五行志》

泰安、新泰、寿光、莱芜、肥城、平阴、益都、临淄、昌乐、掖县、沾化、
平原、即墨、利津、曲阜蝗灾；沂州蝗虫满野，尺厚，食禾稼无遗。
·····················《中国历代蝗患之记载》

益都、临淄、昌乐飞蝗蔽天。············· 雍正《山东通志》

夏五月，（历城）大旱蝗。··················· 乾隆《历城县志》

五月，（齐河）旱蝗，大饥，人相食。··············《齐河县志》

夏，（平原）大旱蝗，斗米千钱无籴处，人相食。········ 乾隆《平原县志》

春，（冠县）蝗蝻生。······················· 民国《冠县志》

六月，（曹州）飞蝗蔽天，继而蝗蝻生，禾尽食草，草尽食树叶，屋垣、井
灶皆满。··························· 康熙《曹州志》

（鄄城）旱蝗。··························《鄄城县志》

六月，（菏泽）蝗飞蔽天，继而蝗蝻相生，禾尽食草，草尽食树叶，屋垣、
井灶皆满。························· 光绪《菏泽县志》

（濮州）蝗，大饥，人相食。··············· 宣统《濮州志》

（单县）蝗旱，大饥，斗米价银三两，人相食。········· 民国《单县志》

夏，邹县蝗蝻生；济宁旱蝗，大饥。············· 《济宁市志》

（金乡）旱蝗，大饥。···················· 咸丰《金乡县志略》

（鱼台）大旱，独山、昭阳等湖尽涸，蝗虫遍地。·········《鱼台县志》

夏旱，（微山）湖水涸，蝗蝻遍野。···············《微山县志》

（嘉祥）旱，蝗灾，民饥死十之八九。···《嘉祥县志》

夏，（曲阜）旱蝗。···乾隆《曲阜县志》

（滋阳）旱蝗，大饥。···光绪《滋阳县志》

（兖州）连岁蝗旱，斗米银三两，父子相食。······················康熙《兖州府志》

夏，（邹县）蝗蝻生。···康熙《邹县志》

（泗水）蠡螽害稼，野无青草，大饥，人相食。···············光绪《泗水县志》

（汶上）大旱蝗，斗米三金，父子、兄弟相食。······康熙《续修汶上县志》

泰安、新泰、莱芜、肥城、平阴旱蝗，禾稼俱尽。······乾隆《泰安府志》

（泰安）旱蝗，大饥，人相食。······················民国《重修泰安县志》

（肥城）旱蝗，禾稼俱尽，人相食。·····················光绪《肥城县志》

（宁阳）大旱蝗。···光绪《宁阳县志》

（新泰）蝗，大饥。···乾隆《新泰县志》

六月，（桓台）飞蝗蔽天，蝗蝻挚生，屋垣、井灶皆满，禾苗、草木被食
尽，民大饥。···《桓台县志》

秋，（沾化）大旱蝗，野无青草，道殣相望，人相食。······民国《沾化县志》

（利津）蝗伤麦。···光绪《利津县志》

夏，（益都）蝗旱。···光绪《益都县图志》

（临朐）大旱蝗，斗粟钱二千。···光绪《临朐县志》

（安丘）大蝗，蝻从平地涌出，道路、场圃皆满，乘壁渡河，不可捕截，田
禾食尽，亦有啮人衣物及小儿者。·················康熙《续安丘县志》

（高密）旱蝗，大饥，人相食。···民国《高密县志》

（沂州）蝗。···乾隆《沂州府志》

（临沂）大旱，蝗蝻塞厩舍，大饥，人相食。················民国《临沂县志》

（费县）旱，蝗飞蔽天，害稼，饥，人相食。·················光绪《费县志》

（蒙阴）蝗蝻灾，禾食尽，人相食。·····················宣统《蒙阴县志》

（临沭）旱，蝗蝻塞庭舍，遍野盈尺，百树无叶，赤地千里。······《临沭县志》

春麦间，（郯城）飞蝗遍野，未几又生小蝻，附壁入室，衣物尽蚀，缘城进
县，民舍、官廨悉为塞满，釜灶掩闭不敢开，捕获数百千石，蝗愈盛，
合境大饥，人相食。···乾隆《郯城县志》

（峄县①）旱蝗频年，大饥。···光绪《峄县志》

① 峄县：旧县名，治所在今山东枣庄市峄城区。

（台儿庄）旱，蝗灾频年，民大饥。 ···《台儿庄区志》

（日照）蝗旱，大饥，人相食。 ····································· 康熙《日照县志》

（莒州）蝗。 ··· 嘉庆《莒州志》

夏五月，（胶州）大旱蝗。 ····································· 民国《增修胶志》

夏五月，（胶南）旱蝗。 ···《胶南县志》

（平度）旱蝗，饥，人相食。 ····································· 道光《平度州志》

夏，（登州）各属大旱，飞蝗蔽天，伤禾，大饥。 ····· 光绪《增修登州府志》

（掖县）旱蝗，大饥，人相食。 ····································· 乾隆《掖县志》

（栖霞）旱，飞蝗蔽天，伤稼，大饥，人相食。 ········· 光绪《栖霞县志》

（海阳）连年蝗旱。 ··· 乾隆《海阳县志》

夏，（莱阳）旱蝗。 ··· 民国《莱阳县志》

（莱州）旱蝗，民饥，人相食。 ····································《莱州市志》

（文登）旱，飞蝗蔽天，伤稼，大饥。 ····················· 光绪《文登县志》

381. 明崇祯十四年（1641 年）

六月，山东旱蝗。 ··《明史·庄烈帝纪》

平原、曲阜、沂州、堂邑蝗灾。 ·····················《中国历代蝗患之记载》

夏六月，山东大旱蝗。 ····································· 宣统《山东通志》

六月，（济南）大旱蝗。 ····································· 道光《济南府志》

（历城）大旱蝗。 ··· 乾隆《历城县志》

是岁，（平阴）旱蝗。 ··· 光绪《平阴县志》

（平原）复旱蝗，父子、夫妇相食，村落间杳无人烟。 ····· 乾隆《平原县志》

秋，（东昌）蝗起，人有饥死者。 ····························· 嘉庆《东昌府志》

夏，（朝城）复蝗，啮食麦穗。 ····························· 康熙《朝城县志》

六月，畿内旱蝗。临清蝗。 ···《临清市志》

六月，（冠县）飞蝗骤至，食苗几半，至末旬蝻子生，积地至三五寸。

··· 民国《冠县志》

秋，（聊城）蝗飞蔽天。 ···《聊城市志》

秋，（堂邑）蝗起蔽天，民饥。 ····························· 康熙《堂邑县志》

秋，（莘县）大蝗，来自东南，平地丛积尺余，越城逾屋，所过树木压折，
　草禾皆空。 ··· 光绪《莘县志》

（茌平）蝗蝻遍野，大饥。 ···《茌平县志》

夏，（菏泽）蝗蝻遍地，野无禾黍，民大饥。 ········· 光绪《新修菏泽县志》

夏，（曹州）蝗蝻遍地，蚕食二麦及禾黍。 ⋯⋯⋯⋯⋯⋯ 康熙《曹州志》

（东明）蝻虫复作，二麦俱尽。 ⋯⋯⋯⋯⋯⋯ 乾隆《东明县志》

（巨野）蝗虫遍野。 ⋯⋯⋯⋯⋯⋯⋯⋯ 道光《巨野县志》

（单县）大旱蝗。 ⋯⋯⋯⋯⋯⋯⋯⋯⋯⋯⋯ 《单县志》

（济宁）旱蝗，大饥，人相食。 ⋯⋯⋯ 道光《济宁直隶州志》

（嘉祥）旱蝗。 ⋯⋯⋯⋯⋯⋯⋯⋯⋯⋯ 《嘉祥县志》

夏六月，（曲阜）旱蝗，大饥。 ⋯⋯⋯⋯ 乾隆《曲阜县志》

夏六月，（诸城）旱蝗。 ⋯⋯⋯⋯⋯⋯ 乾隆《诸城县志》

山东（无棣）大蝗。 ⋯⋯⋯⋯⋯⋯⋯⋯ 民国《无棣县志》

（沂州）蝗，大饥。 ⋯⋯⋯⋯⋯⋯⋯⋯ 乾隆《沂州府志》

（临沂）蝗，大饥。 ⋯⋯⋯⋯⋯⋯⋯⋯ 民国《临沂县志》

（蒙阴）蝗蝻连灾，食禾尽，民相食。 ⋯⋯ 宣统《蒙阴县志》

夏六月，（胶州）大旱蝗，洊饥。 ⋯⋯⋯ 民国《增修胶志》

（莒州）蝗害稼。 ⋯⋯⋯⋯⋯⋯⋯⋯⋯ 嘉庆《莒州志》

（日照）秃鹜食蝗，旋吐旋食。 ⋯⋯⋯⋯ 光绪《日照县志》

（鄄城）蝗虫遍野。 ⋯⋯⋯⋯⋯⋯⋯⋯⋯ 《鄄城县志》

382. 明崇祯十五年（1642 年）

山东蝗飞蔽天。 ⋯⋯⋯⋯⋯《古今图书集成·庶征典·蝗灾部汇考》

夏，（东明）蝻生，麦无遗，忽有黑蜂攫蝻而食之，啮蝻或入土化为蜂，蝻
尽灭。 ⋯⋯⋯⋯⋯⋯⋯⋯⋯⋯ 民国《东明县新志》

麦大熟，（曹州）蝗蝻复生，随有黑蜂群起嗫其脑而毙之。
⋯⋯⋯⋯⋯⋯⋯⋯⋯⋯⋯⋯⋯⋯⋯ 康熙《曹州志》

四月，（菏泽）蝗蝻复生，随有黑蜂群起啮其脑而毙之。
⋯⋯⋯⋯⋯⋯⋯⋯⋯⋯⋯⋯⋯⋯ 光绪《菏泽县志》

（巨野）蝗虫遍野。 ⋯⋯⋯⋯⋯⋯⋯⋯ 道光《巨野县志》

（微山）有蝗灾。 ⋯⋯⋯⋯⋯⋯⋯⋯⋯⋯ 《微山县志》

（滋阳）飞蝗蔽日，集树枝折。 ⋯⋯⋯⋯ 光绪《滋阳县志》

（沾化）大旱蝗。 ⋯⋯⋯⋯⋯⋯⋯⋯⋯ 民国《沾化县志》

（鄄城）蝗虫遍野。 ⋯⋯⋯⋯⋯⋯⋯⋯⋯ 《鄄城县志》

383. 明崇祯十六年（1643 年）

（巨野）蝗虫遍野。 ⋯⋯⋯⋯⋯⋯⋯⋯ 道光《巨野县志》

（鄄城）蝗虫遍野。 ⋯⋯⋯⋯⋯⋯⋯⋯⋯ 《鄄城县志》

六、清代蝗灾

384. 清顺治二年（1645 年）

　　九月，（冠县）蝗蝻食麦苗。 ………………………………… 民国《冠县志》

385. 清顺治三年（1646 年）

　　七月，（冠县）飞蝗过境三日，不为大害。 …………………… 民国《冠县志》

386. 清顺治四年（1647 年）

　　六月，益都、定陶旱蝗。 …………………………………《清史稿·灾异志》

　　夏四月，益都县旱蝗。 ……………………………… 宣统《山东通志》

　　夏，（益都）旱蝗。 ……………………………… 光绪《益都县图志》

387. 清顺治五年（1648 年）

　　夏津蝗灾。 ………………………………《中国历代蝗患之记载》

　　山东夏津蝗。 ………………………………《中国历代天灾人祸表》

388. 清顺治六年（1649 年）

　　五月，阳信蝗害稼。六月，德州、堂邑、博兴蝗。 ……《清史稿·灾异志》

389. 清顺治七年（1650 年）

　　新泰、莱芜蝗灾。 ………………………………《中国历代蝗患之记载》

　　秋，（莱芜）蝗。 ……………………………… 民国《续修莱芜县志》

　　七月，（新泰）蝗伤稼。 ……………………………… 乾隆《新泰县志》

　　（荏平）飞蝗遍野。 ……………………………………《荏平县志》

　　（桓台）飞蝗害稼。 ……………………………………《桓台县志》

390. 清顺治九年（1652 年）

　　费县蝗灾。 ………………………………《中国历代蝗患之记载》

　　（费县）蝗。 ……………………………………… 光绪《费县志》

391. 清顺治十一年（1654 年）

　　六月，黄河决口，（荏平）飞蝗遍野。 …………………《荏平县志》

　　（博平）飞蝗遍野，蜂啮蝗死。 ……………………… 光绪《博平县志》

392. 清顺治十二年（1655 年）

　　淄川、滨县、堂邑等 21 县蝗灾，害稼。 ………《中国历代蝗患之记载》

　　淄川、滨州、堂邑等县蝗。 ……………………… 宣统《山东通志》

　　（长清）飞蝗蔽日。 ……………………………… 道光《长清县志》

六月，临清大旱，蝗飞蔽天。·····················《临清市志》

393. 清顺治十三年（1656 年）

五月，定陶大旱蝗。七月，东平蝗。·············《清史稿·灾异志》

（博山①）蝗，大饥。··················民国《续修博山县志》

（淄川）蝗，无秋。····················乾隆《淄川县志》

五月，（冠县）飞蝗至，无大害。···············民国《冠县志》

394. 清顺治十六年（1659 年）

莱芜蝗灾。···················《中国历代蝗患之记载》

夏，（莱芜）蝗。·················民国《续修莱芜县志》

395. 清顺治十八年（1661 年）

（昌邑）蝗生，有鸟数万啄食之。··············乾隆《昌邑县志》

396. 清康熙三年（1664 年）

东平、福山蝗灾。················《中国历代蝗患之记载》

六月，（东阿）大旱，飞蝗蔽天。············民国《续修东阿县志》

397. 清康熙四年（1665 年）

四月，东平、日照大旱蝗。·············《清史稿·灾异志》

五月，东平蝗。·················光绪《东平州志》

夏，（沂州）大旱蝗。···············乾隆《沂州府志》

夏，（临沂）蝗。·················民国《临沂县志》

秋，（福山）有蝗，大饥。············民国《福山县志稿》

398. 清康熙五年（1666 年）

五月，日照大旱蝗。···············《清史稿·灾异志》

沂州蝗灾。···················《中国历代蝗患之记载》

齐东县蝗。·················宣统《山东通志》

日照蝗。···················乾隆《沂州府志》

秋，（新泰）蝗过境，未食禾。············乾隆《新泰县志》

399. 清康熙六年（1667 年）

八月，东明蝗。·················《清史稿·灾异志》

齐东、莱阳蝗灾；德州蝗，不为灾。········《中国历代蝗患之记载》

夏，（济阳）蝗害稼。···············民国《济阳县志》

---

① 博山：旧县名，治所在今山东淄博博山区。

夏，(商河)旱蝗。…………………………………… 民国《重修商河县志》

五月，(德州)旱蝗，不伤禾。…………………………… 乾隆《德州志》

五月，(德县)旱蝗，不伤禾。…………………………… 民国《德县志》

六月，(东昌)蝗。………………………………………… 嘉庆《东昌府志》

六月，(堂邑)蝗。………………………………………… 康熙《堂邑县志》

(阳谷)旱，蝗蝻遍地，田禾尽损。……………………… 光绪《阳谷县志》

六月，(聊城)蝗灾，庄稼受害严重。…………………… 《聊城市志》

秋，(东明)蝗。…………………………………………… 《东明县志》

阳信、海丰旱蝗害稼。…………………………………… 咸丰《武定府志》

夏，(阳信)蝗害稼。……………………………………… 民国《阳信县志》

(博兴)蝗起，县令捕之。………………………………… 民国《重修博兴县志》

夏，(海丰)蝗。…………………………………………… 康熙《海丰县志》

(峄县)蝗，不害稼。……………………………………… 光绪《峄县志》

春，(海阳)蝗生，数日皆自死。………………………… 乾隆《海阳县志》

400. 清康熙九年（1670 年）

七月，阳信大旱，蝗食稼殆尽。………………………… 《清史稿·灾异志》

山东潍县、阳谷蝗害稼。………………………………… 《中国历代天灾人祸表》

秋，(济阳)蝗害稼，免夏秋钱粮五分。………………… 民国《济阳县志》

(齐东)旱，蝗灾，免钱粮十之二。……………………… 康熙《齐东县志》

秋，(阳信)蝗害稼。……………………………………… 民国《阳信县志》

401. 清康熙十年（1671 年）

六月，定陶大旱蝗。七月，济南府属旱蝗害稼。……… 《清史稿·灾异志》

齐河、长清、夏津、平原、蒙阴蝗灾。………………… 《中国历代蝗患之记载》

济南府属旱蝗，齐河、长清十分灾。…………………… 雍正《山东通志》

(历城)旱蝗，蠲免钱粮。………………………………… 乾隆《历城县志》

济南府属(济阳)旱蝗。…………………………………… 民国《济阳县志》

济南府属(长清)旱蝗。…………………………………… 道光《长清县志》

七月，(平原)蟊螣害稼。………………………………… 乾隆《平原县志》

济南府属(临邑)旱蝗。…………………………………… 同治《临邑县志》

七月，(夏津)蟊螣害稼。………………………………… 乾隆《夏津县志》

七月，(临清)蟊螣害稼。………………………………… 乾隆《临清直隶州志》

蒙阴蝗，忽有蛤蟆数万食蝗殆尽。……………………… 乾隆《沂州府志》

402. 清康熙十一年 （1672 年）

二月，武定、阳信蝗害稼。五月，平度、益都飞蝗蔽天。六月，邹县、东
平蝗。七月，昌邑飞蝗蔽天，莘县、临清、冠县、沂水、日照、定陶、
菏泽蝗。 ⋯⋯⋯⋯⋯⋯⋯⋯⋯⋯⋯⋯⋯⋯⋯⋯《清史稿·灾异志》

博平、沂州、泰安、莱阳、莱芜、夏津、章丘、曹县、寿光、即墨、商河、
益都蝗灾。 ⋯⋯⋯⋯⋯⋯⋯⋯⋯⋯⋯⋯⋯⋯《中国历代蝗患之记载》

博平等五县蝗。 ⋯⋯⋯⋯⋯⋯⋯⋯⋯⋯⋯⋯⋯宣统《山东通志》

（历城）旱蝗。 ⋯⋯⋯⋯⋯⋯⋯⋯⋯⋯⋯⋯⋯乾隆《历城县志》

秋，（章丘）旱蝗。 ⋯⋯⋯⋯⋯⋯⋯⋯⋯⋯⋯⋯道光《章丘县志》

七月，（平阴）蝗虫作。 ⋯⋯⋯⋯⋯⋯⋯⋯⋯⋯光绪《平阴县志》

（商河）飞蝗从东来。 ⋯⋯⋯⋯⋯⋯⋯⋯⋯民国《重修商河县志》

（长清）蝗为灾。 ⋯⋯⋯⋯⋯⋯⋯⋯⋯⋯⋯⋯道光《长清县志》

秋，（夏津）蝗。 ⋯⋯⋯⋯⋯⋯⋯⋯⋯⋯⋯⋯乾隆《夏津县志》

（庆云）旱蝗，俱免税十之二。 ⋯⋯⋯⋯⋯⋯⋯民国《庆云县志》

六月，（冠县）飞蝗至，谷田有未食者，有食既者。闰七月，城南城北蝻
生，食晚苗殆尽。 ⋯⋯⋯⋯⋯⋯⋯⋯⋯⋯⋯⋯民国《冠县志》

（观城）蝗，不为灾。 ⋯⋯⋯⋯⋯⋯⋯⋯⋯⋯⋯道光《观城县志》

夏，（朝城）蝗。秋，蝻生，禾稼殆尽。 ⋯⋯⋯⋯⋯康熙《朝城县志》

（莘县）蝗，蠲免钱粮十之一。 ⋯⋯⋯⋯⋯⋯⋯⋯光绪《莘县志》

秋，（临清）蝗灾。 ⋯⋯⋯⋯⋯⋯⋯⋯⋯⋯⋯⋯⋯《临清市志》

夏六月，（菏泽）有蝗自东南来，群飞蔽天。七月，蝻生遍地，秋禾大损。
⋯⋯⋯⋯⋯⋯⋯⋯⋯⋯⋯⋯⋯光绪《新修菏泽县志》

夏，（东明）飞蝗蔽日，蝗蝻复生。 ⋯⋯⋯⋯⋯⋯⋯《东明县志》

（濮州）蝗，不为灾。 ⋯⋯⋯⋯⋯⋯⋯⋯⋯⋯⋯宣统《濮州志》

六月，（定陶）飞蝗蔽天。 ⋯⋯⋯⋯⋯⋯⋯⋯⋯民国《定陶县志》

夏六月，（曹州）有蝗自东南来，群飞蔽天。七月，蝻生遍地，秋禾大损。
⋯⋯⋯⋯⋯⋯⋯⋯⋯⋯⋯⋯⋯⋯⋯⋯康熙《曹州志》

六月，（曹县）飞蝗蔽天。秋，蝻生，未甚伤稼。 ⋯⋯光绪《曹州府曹县志》

夏，（邹县）蝗蝻生，飞则蔽天掩日，止则积野折枝。 ⋯⋯⋯《济宁市志》

夏，蝗蝻生，自徐淮来，入邹境，飞则蔽天掩日，止则积野折枝，官民惊
惧，知县奉命急督民捕捉，蝗被鞭死者积地盈尺，飞逐水滨溺死者几至
断流，禾麦无伤。 ⋯⋯⋯⋯⋯⋯⋯⋯⋯⋯⋯⋯康熙《邹县志》

夏，(宁阳) 蝗。 …………………………………… 光绪《宁阳县志》

六月，(莱芜) 蝗飞蔽天，不可胜计。 ……………………《莱芜市志》

(临淄) 有蝗，不为灾。 …………………………… 民国《临淄县志》

夏，(淄川) 蝗蝻伤谷。 ……………………………… 乾隆《淄川县志》

六月，(高苑) 飞蝗蔽天，不大为灾。 ……………… 乾隆《高苑县志》

武定、阳信飞蝗害稼。 …………………………… 咸丰《武定府志》

(惠民) 飞蝗害稼。 ………………………………… 光绪《惠民县志》

(阳信) 蝗害稼。 …………………………………… 民国《阳信县志》

青州益都、博山、临淄、博兴、高苑、乐安、寿光、昌乐、临朐、安丘、诸
  城十一县皆有蝗，益都、临淄、高苑蝗不为灾。 ……… 咸丰《青州府志》

六月，(益都) 蝗。 ……………………………… 光绪《益都县图志》

(寿光) 蝗为灾。 …………………………………… 民国《寿光县志》

(昌乐) 蝗。 ………………………………………… 嘉庆《昌乐县志》

秋七月，(安丘) 旱蝗。八月，蝻生。 ……………… 康熙《续安丘县志》

秋七月，(潍县) 蝗。 …………………………… 民国《潍县志稿》

秋七月，(沂州) 蝗。 …………………………… 乾隆《沂州府志》

秋七月，(临沂) 蝗。 …………………………… 民国《临沂县志》

七月，(昌邑) 飞蝗为灾，饥。 …………………… 乾隆《昌邑县志》

六月，(费县) 蝗。 ………………………………… 光绪《费县志》

沂水蝗食稼。 ……………………………………… 道光《沂水县志》

六月，(蒙阴) 蝗灾，食田禾之半。 ……………… 宣统《蒙阴县志》

(日照) 高家庄有蝻甚盛，县尹率民捕之，忽有蛤蟆数万成群食蝻殆尽。
  ………………………………………………… 康熙《日照县志》

五月，(即墨) 大蝗蔽天。 ……………………… 同治《即墨县志》

七月，莱阳蝗，不为灾。 ……………………… 光绪《增修登州府志》

秋七月，(海阳) 飞蝗投海死。 …………………… 乾隆《海阳县志》

秋七月，(莱阳) 蝗，不为灾。 …………………… 民国《莱阳县志》

六月，(莱州) 大蝗，飞蔽天。 …………………… 乾隆《莱州府志》

五月，(平度) 蝗飞蔽天。 ……………………… 道光《平度州志》

六月，(掖县) 大旱，蝗飞蔽天。 ………………… 乾隆《掖县志》

403. 清康熙十二年 (1673 年)

夏，青州、潍县蝗食稼。 …………………… 《中国历代蝗患之记载》

（潍县）蝗。 ·· 民国《潍县志稿》

404. 清康熙十三年（1674 年）

是岁，乐安蝗。 ································· 咸丰《青州府志》

（乐安）蝗灾。 ································· 民国《乐安县志》

（广饶）蝗灾为害。 ····························· 《广饶县志》

春，（昌邑）蝗旱。 ····························· 乾隆《昌邑县志》

405. 清康熙十四年（1675 年）

闰五月，（冠县）飞蝗至。六月，蝻生，无大害。 ·········· 民国《冠县志》

（恩县）蝗从南来。 ····························· 光绪《重修恩县志》

406. 清康熙十五年（1676 年）

（新泰）蝗不入境。 ····························· 乾隆《新泰县志》

407. 清康熙十七年（1678 年）

秋，（海丰）蝗害稼。 ··························· 康熙《海丰县志》

408. 清康熙十八年（1679 年）

七月，宁津蝗。 ······························· 《清史稿·灾异志》

（宁津）蝗旱。 ······························· 光绪《宁津县志》

夏，沾化旱蝗。 ······························· 咸丰《武定府志》

夏，（沾化）旱蝗。 ····························· 民国《沾化县志》

秋，（淄川）蝗灾，禾苗荒废，颗粒不登。 ············· 《淄川区志》

409. 清康熙二十年（1681 年）

七月，（邹平）蝗生遍地。 ······················· 民国《邹平县志》

410. 清康熙二十一年（1682 年）

莒州蝗。 ··································· 《清史稿·灾异志》

（莒州）蝻害稼，州守督民扑灭，遍野腥臭。 ·········· 嘉庆《莒州志》

阳信、沾化旱蝗。 ····························· 咸丰《武定府志》

（沾化）旱蝗，草穗皆空。 ······················· 民国《沾化县志》

411. 清康熙二十五年（1686 年）

春，章丘、德平蝗。 ····························· 《清史稿·灾异志》

（历城）蝗，蠲免钱粮。 ························· 乾隆《历城县志》

五月，（章丘）飞蝗布天，经七日夜，南山稼伤。 ······· 道光《章丘县志》

（德平）旱蝗。 ······························· 光绪《德平县志》

（长山）蝗，巡抚檄倡所属捐俸买瘗。 ··············· 嘉庆《长山县志》

（新城）蝗蝻生。 ⋯⋯⋯⋯⋯⋯⋯⋯⋯⋯⋯⋯⋯⋯⋯ 康熙《新城县志》

七月，（博山）大蝗。 ⋯⋯⋯⋯⋯⋯⋯⋯⋯⋯⋯ 民国《续修博山县志》

七月，（淄川）有蝗害稼。 ⋯⋯⋯⋯⋯⋯⋯⋯⋯ 乾隆《淄川县志》

秋，（汶上）蝗蝻生。 ⋯⋯⋯⋯⋯⋯⋯⋯⋯⋯⋯ 康熙《续修汶上县志》

秋，（嘉祥）蝗蝻生。 ⋯⋯⋯⋯⋯⋯⋯⋯⋯⋯⋯⋯⋯⋯⋯ 《嘉祥县志》

412. 清康熙二十六年（1687 年）

东明蝗。 ⋯⋯⋯⋯⋯⋯⋯⋯⋯⋯⋯⋯⋯⋯⋯⋯⋯ 《清史稿·灾异志》

413. 清康熙二十七年（1688 年）

东昌蝗灾。 ⋯⋯⋯⋯⋯⋯⋯⋯⋯⋯⋯⋯⋯ 《中国历代蝗患之记载》

414. 清康熙二十八年（1689 年）

夏，新泰、益都蝗灾。 ⋯⋯⋯⋯⋯⋯⋯⋯ 《中国历代蝗患之记载》

夏，（新泰）蝗损禾。 ⋯⋯⋯⋯⋯⋯⋯⋯⋯⋯⋯ 乾隆《新泰县志》

夏六月，（青州）蝗。秋七月，蝻生。 ⋯⋯⋯⋯⋯ 咸丰《青州府志》

夏六月，（益都）蝗。秋七月，蝻生。 ⋯⋯⋯⋯ 光绪《益都县图志》

秋七月，（安丘）蝻生。 ⋯⋯⋯⋯⋯⋯⋯⋯⋯⋯ 民国《安丘新志》

415. 清康熙二十九年（1690 年）

五月，临邑、东昌、章丘蝗。 ⋯⋯⋯⋯⋯⋯⋯ 《清史稿·灾异志》

（临邑）蝗。 ⋯⋯⋯⋯⋯⋯⋯⋯⋯⋯⋯⋯⋯⋯⋯ 同治《临邑县志》

（东昌）旱蝗。 ⋯⋯⋯⋯⋯⋯⋯⋯⋯⋯⋯⋯⋯⋯ 嘉庆《东昌府志》

（聊城）旱蝗。 ⋯⋯⋯⋯⋯⋯⋯⋯⋯⋯⋯⋯⋯⋯ 宣统《聊城县志》

（汶上）蝗灾。 ⋯⋯⋯⋯⋯⋯⋯⋯⋯⋯⋯⋯⋯ 康熙《续修汶上县志》

（嘉祥）蝗灾。 ⋯⋯⋯⋯⋯⋯⋯⋯⋯⋯⋯⋯⋯⋯⋯⋯⋯ 《嘉祥县志》

秋，（新泰）蝗损禾，奉旨蠲租。 ⋯⋯⋯⋯⋯⋯ 乾隆《新泰县志》

416. 清康熙三十年（1691 年）

五月，登州府属蝗。六月，宁津、邹平、蒲台、莒州飞蝗蔽天。七月，昌
邑、潍县、平度蝗。 ⋯⋯⋯⋯⋯⋯⋯⋯⋯⋯⋯⋯ 《清史稿·灾异志》

夏，掖县、益都、潍县、文登、蒲台、寿光、沾化、莱阳蝗灾。

⋯⋯⋯⋯⋯⋯⋯⋯⋯⋯⋯⋯⋯⋯⋯⋯ 《中国历代蝗患之记载》

（宁津）旱蝗。 ⋯⋯⋯⋯⋯⋯⋯⋯⋯⋯⋯⋯⋯⋯ 光绪《宁津县志》

（德平）旱蝗。 ⋯⋯⋯⋯⋯⋯⋯⋯⋯⋯⋯⋯⋯⋯ 光绪《德平县志》

（汶上）蝗灾。 ⋯⋯⋯⋯⋯⋯⋯⋯⋯⋯⋯⋯⋯ 康熙《续修汶上县志》

（嘉祥）蝗灾。 ⋯⋯⋯⋯⋯⋯⋯⋯⋯⋯⋯⋯⋯⋯⋯⋯⋯ 《嘉祥县志》

（新城）蝗蝝生。 ················· 康熙《新城县志》

六月，（滨州）蝗。 ················· 咸丰《滨州志》

夏，滨州、沾化旱蝗。 ··············· 咸丰《武定府志》

六月，（邹平）飞蝗蔽天。 ············· 民国《邹平县志》

夏六月，（蒲台）飞蝗蔽天。 ··········· 乾隆《蒲台县志》

六月，（沾化）蝗为灾。七月，蝻生，晚禾无。 ····· 民国《沾化县志》

（潍县）蝗损禾稼。 ················· 民国《潍县志稿》

夏六月，（青州）蝗。 ··············· 咸丰《青州府志》

夏六月，（益都）蝗。 ··············· 光绪《益都县图志》

夏，（昌乐）蝗蝻为灾。 ·············· 嘉庆《昌乐县志》

六月，（昌邑）蝗。秋，又蝗。 ·········· 乾隆《昌邑县志》

夏，（寿光）蝗为灾，蝻生。 ··········· 民国《寿光县志》

（滕县）蝗。 ···················· 道光《滕县志》

夏六月，（福山）蝗。 ··············· 民国《福山县志稿》

六月，（栖霞）飞蝗蔽天，自西南来。八月，蝻生，寻扑灭。

·························· 光绪《栖霞县志》

秋七月，（海阳）飞蝗遍天，后自死。 ······· 乾隆《海阳县志》

秋七月，（莱阳）蝗，不为灾。 ·········· 民国《莱阳县志》

七月，登州各属蝗飞蔽天，伤禾稼。八月，栖霞蝻生，饥。

·························· 光绪《增修登州府志》

（掖县）飞蝗蔽天，食禾叶殆尽。 ········· 乾隆《掖县志》

七月，（文登）飞蝗突至，伤禾稼，遭雨毙。 ····· 光绪《文登县志》

417. 清康熙三十一年（1692 年）

莒州蝗灾。 ····················· 《中国历代蝗患之记载》

莒州蝻。 ······················ 乾隆《沂州府志》

（莱州）飞蝗蔽天，食禾叶殆尽。 ········· 《莱州市志》

418. 清康熙三十二年（1693 年）

九月中，蝵蝗丛生，上谕内阁命山东巡抚、郡县，必于今岁来春皆勉力耕
耨，蝵蝗之灾务令消灭。 ······· 《古今图书集成·庶征典·蝗灾部汇考》

秋八月，（德平）蝗。 ··············· 光绪《德平县志》

（恩县）有蝗。 ··················· 宣统《重修恩县志》

（嘉祥）蝗虫遍野。 ················· 《嘉祥县志》

419. 清康熙三十三年（1694 年）

五月，高苑、乐安蝗，宁阳蝗。 ·····················《清史稿·灾异志》

诏山东捕蝗。 ·················《古今图书集成·庶征典·蝗灾部汇考》

山东蝗灾。 ·····························《中国历代蝗患之记载》

夏，（宁阳）蝗蝻并生，知县率民扑灭。 ················光绪《宁阳县志》

高苑、乐安蝗。 ·····························咸丰《青州府志》

（高苑）飞蝗伤稼。 ····························乾隆《高苑县志》

（汶上）蝗虫遍野。 ·······················康熙《续修汶上县志》

四月，（邹平）蝗蝻生。 ·······················民国《邹平县志》

（乐安）蝗灾。 ·····························雍正《乐安县志》

（广饶）蝗灾。 ·······························《广饶县志》

420. 清康熙三十四年（1695 年）

夏，（邹县）有蝗自西南来，落地尺余，赏以钱，不为灾。

·································康熙《邹县志》

421. 清康熙三十六年（1697 年）

夏六月，莒州蝗。 ··························乾隆《沂州府志》

夏六月，（莒州）蝗飞蔽日，伤禾。 ···············嘉庆《莒州志》

422. 清康熙四十三年（1704 年）

武定、滨州蝗。 ·························《清史稿·灾异志》

沾化蝗害稼，民饥，以草根为食。 ···········《中国历代蝗患之记载》

（沾化）旱蝗，大饥，斗米千钱，民食草木。 ········民国《沾化县志》

（博兴）蝗蝻遍野，起飞蔽日，绝产。 ················《博兴县志》

（淄川）蝗，岁歉。 ····························乾隆《淄川县志》

夏，（乐安）大旱蝗。 ·························雍正《乐安县志》

423. 清康熙四十四年（1705 年）

沾化蝗灾。 ·····························《中国历代蝗患之记载》

春，（沾化）大旱蝗，诏免租。 ···············民国《沾化县志》

424. 清康熙四十七年（1708 年）

夏，商河蝗伤稼。 ··························咸丰《武定府志》

夏，（商河）蝗。 ·······················民国《重修商河县志》

春，（沾化）蝗蝻生。 ·······················民国《沾化县志》

（广饶）蝗灾。 ·······························《广饶县志》

（乐安）蝗灾。 ……………………………………… 雍正《乐安县志》

（茌平）旱，蝗灾。 ………………………………………… 《茌平县志》

425. 清康熙四十八年（1709 年）

秋，昌邑蝗。 …………………………………… 《清史稿·灾异志》

沾化、寿光、益都蝗灾。 ……………… 《中国历代蝗患之记载》

夏六月，博兴、寿光蝗。秋七月，（青州）蝻生。 …… 咸丰《青州府志》

夏，（益都）蝗。秋七月，蝻生。 ………… 光绪《益都县图志》

（昌邑）蝗。 ……………………………………… 乾隆《昌邑县志》

夏，（寿光）蝗。 ………………………………… 民国《寿光县志》

夏六月，（博兴）蝗食稼。 ……………… 民国《重修博兴县志》

七月，（沾化）蝻生。 …………………………… 民国《沾化县志》

（曲阜）蝗，严捕蝗不力之例。 …………… 乾隆《曲阜县志》

426. 清康熙四十九年（1710 年）

（庆云）蝗。 ……………………………………… 民国《庆云县志》

427. 清康熙五十年（1711 年）

夏，莘县、邹县蝗。 …………………………… 《清史稿·灾异志》

六月，邹县飞蝗南来，落山阴等村约十余里，经宿遗子而去，旬日后，知县
督官民于烈日盛暑中昼夜扑捕数日尽灭，禾稼无伤。 …… 康熙《邹县志》

（莘县）蝗来，县率吏属扑灭之。 ………… 光绪《莘县志》

秋，（滕县）飞蝗蔽天。 ………………………… 道光《滕县志》

428. 清康熙五十四年（1715 年）

六月，（长山）飞蝗过境，不害稼。 ……… 嘉庆《长山县志》

429. 清康熙五十五年（1716 年）

益都蝗灾。 ……………………………… 《中国历代蝗患之记载》

夏五月，（益都）旱蝗。 ………………………… 光绪《益都县图志》

（峄县）蝗。 ……………………………………… 光绪《峄县志》

430. 清康熙五十七年（1718 年）

夏六月，博兴蝗，不为灾。 …………………… 咸丰《青州府志》

夏六月，（博兴）有蝗，不为灾。 ………… 民国《重修博兴县志》

431. 清康熙五十九年（1720 年）

胶州、掖县蝗。 ………………………………… 《清史稿·灾异志》

掖县蝗自南来，食麦苗，至冬死。 …… 《中国历代蝗患之记载》

夏，（胶州）蝗。 ·························· 民国《增修胶志》

九月，掖县飞蝗自南来，食麦苗殆尽。 ·········· 乾隆《掖县志》

九月，莱州飞蝗自南来，食麦苗。 ·············· 《莱州市志》

432. 清康熙六十年（1721 年）

阳信蝗食稼。 ······························ 咸丰《武定府志》

新泰、莱芜旱蝗。 ························ 乾隆《泰安府志》

（新泰）旱蝗。 ·························· 乾隆《新泰县志》

（莱芜）旱蝗。 ···················· 民国《续修莱芜县志》

433. 清康熙六十一年（1722 年）

（兖州）蝗蝻遍地，人多饿死。 ·············· 《兖州府志》

（邹县）蝗。 ·························· 光绪《邹县续志》

（微山）湖水尽涸，蝗蝻遍地，人多饿死。 ······ 《微山县志》

秋七月，郯城蝗。 ························ 乾隆《沂州府志》

434. 清雍正元年（1723 年）

四月，乐安、临朐大旱蝗，栖霞蝗。 ········· 《清史稿·灾异志》

泰安、新泰、东阿、沂州蝗灾。 ········· 《中国历代蝗患之记载》

四月，蝗过齐东，不为灾。 ·············· 道光《济南府志》

八月，（齐河）飞蝗入境。 ················ 《齐河县志》

（东阿）旱蝗。 ························ 道光《东阿县志》

（濮州）蝗，不为灾。 ·················· 宣统《濮州志》

秋七月，（曲阜）蝗，平地深数尺，不为灾。 ······ 乾隆《曲阜县志》

新泰、东阿旱蝗；泰安蝗，不为灾。 ········· 乾隆《泰安府志》

八月，（新泰）旱蝗。 ·················· 乾隆《新泰县志》

秋八月，临朐蝗。 ······················ 咸丰《青州府志》

六月，（沂州）蝗，饥。 ················ 乾隆《沂州府志》

六月，（临沂）蝗，饥。 ················ 民国《临沂县志》

六月，（费县）蝗，饥。 ················ 光绪《费县志》

秋，（莒南）蝗灾。 ···················· 《莒南县志》

（蒙阴）大旱蝗。 ······················ 宣统《蒙阴县志》

（沂水）蝗。 ·························· 道光《沂水县志》

九月，（栖霞）蝗食麦苗殆尽。 ············ 光绪《栖霞县志》

435. 清雍正二年（1724 年）

山东境旱蝗，捕蝗略尽。 ················《清史稿·陈世倌传》

四月，(临邑) 旱蝗。 ················ 同治《临邑县志》

(泰安) 蝗，不为灾。 ················ 民国《重修泰安县志》

夏四月，(临朐) 蝗蝻遍野，知府亲至督捕。 ·········· 光绪《临朐县志》

(昌邑) 蝗。 ················ 乾隆《昌邑县志》

(莒州) 生蝻。 ················ 嘉庆《莒州志》

(掖县) 蝗自东来，集海堧食麦苗，至腊月始尽。 ······· 乾隆《掖县志》

十一月，(莱州) 蝗自东来，食麦苗，至腊始尽。 ······· 《莱州市志》

436. 清雍正五年（1727 年）

淄川蝗，不害稼。 ················ 道光《济南府志》

(淄川) 蝗来，禾稼未损。 ················ 乾隆《淄川县志》

春，(齐河) 蝗。 ················ 《齐河县志》

437. 清雍正九年（1731 年）

山东济宁州南乡新店蝗蝻生。 ················ 《授时通考》

438. 清雍正十一年（1733 年）

夏，(夏津) 郑保屯蝻生，知县督民扑捕间，忽有山鹊数千飞集，啄食
殆尽。 ················ 乾隆《夏津县志》

439. 清雍正十二年（1734 年）

六月，直隶属蝗蝻生发，飞至乐陵及商河。济阳蝗。 ·········· 《捕蝗汇编》

秋，(泰安) 蝗。 ················ 民国《重修泰安县志》

(新泰) 蝗不入境。 ················ 乾隆《新泰县志》

440. 清雍正十三年（1735 年）

九月，蒲台蝗。 ················ 《清史稿·灾异志》

(青城) 蝗害稼。 ················ 乾隆《青城县志》

441. 清乾隆元年（1736 年）

邹平、长山蝗。 ················ 道光《济南府志》

(邹平) 蝗灾。 ················ 民国《邹平县志》

(长山) 蝗。 ················ 嘉庆《长山县志》

(桓台) 蝗。 ················ 《桓台县志》

442. 清乾隆三年（1738 年）

八月，山东郯城蝗。 ················ 《清史稿·高宗本纪》

六月，日照旱蝗。 ……………………………………………《清史稿·灾异志》

郯城、日照、济南、兰山[①]、淄川、桓台蝗灾。 ……《中国历代蝗患之记载》

夏，兰山、日照旱蝗。 ……………………………………… 乾隆《沂州府志》

（临沂）旱蝗。 ………………………………………………… 民国《临沂县志》

夏，（日照）旱蝗。 …………………………………………… 光绪《日照县志》

443. 清乾隆四年（1739 年）

六月，山东济南等七府蝗。 ……………………………《清史稿·高宗本纪》

六月，东平、宁津蝗。 ……………………………………《清史稿·灾异志》

夏，（夏津）城东飞蝗过境，自西北而来，零星散落张家集等处，知县督民
扑灭，禾稼无伤。 ………………………………… 乾隆《夏津县志》

444. 清乾隆五年（1740 年）

六月，命山东捕除蝻子。 ………………………………《清史稿·高宗本纪》

五月，（夏津）杨家洼等处蝻生，县督民捕灭。 ……… 乾隆《夏津县志》

（东明）蝗。 …………………………………………………… 《东明县志》

（濮州）蝗，不为灾。 ……………………………………… 宣统《濮州志》

（定陶）蝗蝻生。 …………………………………………… 民国《定陶县志》

445. 清乾隆六年（1741 年）

（宁津）蝗。 ………………………………………………… 光绪《宁津县志》

446. 清乾隆八年（1743 年）

夏五月，（曲阜）蝗来，不为灾。 ………………………… 乾隆《曲阜县志》

447. 清乾隆九年（1744 年）

九月，山东蝗。 …………………………………………《清史稿·高宗本纪》

七月，滕县、滋阳、宁阳、鱼台蝗。 ……………………《清史稿·灾异志》

东平、东阿蝗灾。 …………………………………《中国历代蝗患之记载》

滋阳、宁阳、鱼台蝗。 ……………………………………… 乾隆《兖州府志》

（滕县）蝗飞蔽天。 ………………………………………… 道光《滕县志》

（宁阳）蝗。 ………………………………………………… 光绪《宁阳县志》

东平、东阿蝗。 ……………………………………………… 乾隆《泰安府志》

（东阿）蝗。 ………………………………………………… 道光《东阿县志》

四月，东平蝗。 ……………………………………………… 光绪《东平州志》

---

① 兰山：旧县名，治所在今山东临沂。

448. 清乾隆十二年（1747 年）

是岁，登州旱蝗，饥。 …………………………… 宣统《山东通志》

夏，（汶上）旱，蝗灾，民大饥。 …………………………《汶上县志》

六月，黄县蝗食谷叶殆尽，大饥。 ………… 光绪《增修登州府志》

夏，（黄县）蝗食谷叶殆尽，大饥。 ………… 同治《黄县志》

449. 清乾隆十三年（1748 年）

夏，兰山、郯城、费县、沂水、蒙阴旱蝗；诸城、福山、栖霞、文登、荣
成蝗；高密、栖霞尤甚，平地涌出，道路皆满。……《清史稿·灾异志》

即墨、文登、掖县、兰山、郯城、费县、蒙阴、沂水蝗灾。
…………………………《中国历代蝗患之记载》

兰山、郯城、费县、沂水、蒙阴旱蝗，赈济。 ………… 乾隆《沂州府志》

（蒙阴）旱蝗，饥，蠲赈。 ………………………… 宣统《蒙阴县志》

春，（潍县）大蝗。 ……………………………… 民国《潍县志稿》

春，（安丘）大蝗。 ……………………………… 民国《安丘新志》

夏，（高密）大蝗，平地涌出，道路、场圃皆满，所过田禾无遗，遣使
赈济。 ………………………………………… 民国《高密县志》

（费县）旱蝗。 ………………………………………… 光绪《费县志》

夏四月，（诸城）大蝗，勘赈之。 ………………… 乾隆《诸城县志》

三月，（胶州）蝗蝻生。 ………………………… 民国《增修胶志》

（胶南）蝗、疫、涝三灾并起，大饥。 …………………《胶南县志》

五月，（即墨）旱蝗，饥，民多逃亡。 ………… 同治《即墨县志》

（平度）飞蝗蔽日，麦禾无遗，赈饥。 ………… 道光《平度州志》

六月，福山、栖霞、文登、荣成涝，飞蝗蔽日，饥；栖霞尤甚，鬻卖男女。
………………………………………… 光绪《增修登州府志》

（栖霞）飞蝗。 ………………………………… 光绪《栖霞县志》

（莱阳）飞蝗蔽日，食禾麦无遗，民饥，诏免田赋。 ……民国《莱阳县志》

四月，（莱州）蝗，至八月始尽，民饥。 …………………《莱州市志》

秋，（文登）飞蝗蔽日，蠲租赋。 ………………… 光绪《文登县志》

（荣成）飞蝗蔽日。 ………………………………… 道光《荣成县志》

450. 清乾隆十五年（1750 年）

夏，掖县飞蝗蔽天。 ………………………………《清史稿·灾异志》

汶上蝗。 …………………………………………… 乾隆《兖州府虫》

夏，（掖县）飞蝗蔽天。 ………………………………… 乾隆《掖县志》

夏，（莱州）飞蝗蔽天，害稼。 ………………………………… 《莱州市志》

451. 清乾隆十六年（1751 年）

六月，诸城蝗。 ………………………………… 《清史稿·灾异志》

（山东）旱蝗为灾，督吏捕治，昼夜巡阅，未及旬，蝗尽。

………………………………… 《清史稿·吴士功传》

秋，诸城蝗。 ………………………………… 咸丰《青州府志》

（诸城）蝗。 ………………………………… 乾隆《诸城县志》

452. 清乾隆十七年（1752 年）

五月，山东济南等八府蝗。 ………………………………… 《清史稿·高宗本纪》

四月，东明蝗。七月，东阿、乐陵、惠民、商河、滋阳、定陶、东昌蝗。

………………………………… 《清史稿·灾异志》

东昌、东阿、蒲台、商河蝗灾。 ………………………… 《中国历代蝗患之记载》

（商河）蝗蝻生，旋灭。 ………………………………… 民国《重修商河县志》

（东阿）蝗。 ………………………………… 道光《东阿县志》

（东明）飞蝗遍野。 ………………………………… 《东明县志》

（濮州）蝗，不为灾。 ………………………………… 宣统《濮州志》

滋阳蝗。 ………………………………… 乾隆《兖州府志》

（定陶）蝗蝻生，旋即扑灭。 ………………………………… 民国《定陶县志》

夏，（东昌）蝗。 ………………………………… 嘉庆《东昌府志》

夏，（聊城）蝗。 ………………………………… 宣统《聊城县志》

惠民、乐陵、商河等县蝗蝻生，旋即扑灭。 ………………… 咸丰《武定府志》

（惠民）蝗蝻生，旋即扑灭。 ………………………………… 光绪《惠民县志》

（无棣）蝗蝻生。 ………………………………… 民国《无棣县志》

夏五月，（阳信）蝗蝻生发。 ………………………………… 民国《阳信县志》

（长山）蝗，不害稼。 ………………………………… 嘉庆《长山县志》

（蒲台）蝗，捕灭之。 ………………………………… 乾隆《蒲台县志》

（莒州）旱蝗。 ………………………………… 嘉庆《莒州志》

453. 清乾隆十八年（1753 年）

五月，山东济宁、汶上等州县蝻。 ………………………………… 《清史稿·高宗本纪》

章丘、黄县蝗灾。 ………………………… 《中国历代蝗患之记载》

夏，（章丘）蝗生，不为灾。 ………………………………… 道光《章丘县志》

惠民、乐陵、商河等县蝗蝻生，旋即扑灭。 ············ 乾隆《乐陵县志》

五月，（汶上）蝗灾。 ····························《汶上县志》

春，（黄县）蝗蝻生，知县募民捕之，不为灾。 ·········· 同治《黄县志》

454. 清乾隆二十年（1755 年）

七月，沂州蝗蝻生，禾为灾。 ·············《中国历代天灾人祸表》

（无棣）蝗生，不为灾。 ················· 民国《无棣县志》

（阳信）蝗生，无害。 ·················· 民国《阳信县志》

（沾化）蝗生，未害稼。 ················· 民国《沾化县志》

455. 清乾隆二十三年（1758 年）

夏，德平、泰安蝗，有群鸟食之，不为灾。 ······· 《清史稿·灾异志》

（德平）蝗。 ······················ 光绪《德平县志》

六月，泰安蝗，群鸦啄食，不为灾。 ············ 乾隆《泰安府志》

六月，（泰安）蝗，有群鸟食之，不为灾。 ······ 民国《重修泰安县志》

（肥城）旱蝗。 ····················· 光绪《肥城县志》

456. 清乾隆二十四年（1759 年）

六月，山东兰山等县蝗。 ··············《清史稿·高宗本纪》

山东蝗，京畿道御史史茂上《捕蝗事宜疏》。 ··········· 《治蝗全法》

泰安、东昌、商河蝗灾。 ·············《中国历代蝗患之记载》

（济南）旱蝗。 ···················· 道光《济南府志》

（商河）蝗不入境。 ·················· 民国《重修商河县志》

六月，（乐陵）蝗蝻生，夹堤群鸟食之皆尽。 ········· 乾隆《乐陵县志》

（平原）旱蝗。 ······················ 《平原县志》

（桓台）蝗。 ······················· 《桓台县志》

（淄川）蝗。 ······················ 乾隆《淄川县志》

（东昌）蝗蝻害稼。 ·················· 嘉庆《东昌府志》

（聊城）蝗蝻害稼。 ·················· 宣统《聊城县志》

六月，（泰安）蝗。 ··················· 乾隆《泰安府志》

六月，（泰安）蝗。秋，蝻生，寻扑灭之。 ······ 民国《重修泰安县志》

夏，（新泰）蝗，不为灾。 ··············· 乾隆《新泰县志》

（肥城）蝗，民艰食。 ················· 光绪《肥城县志》

六月，（长山）飞蝗过境，不害稼。 ··········· 嘉庆《长山县志》

457. 清乾隆二十五年（1760 年）

夏四月，山东兰山等县蝻生。 ················《清史稿·高宗本纪》

458. 清乾隆二十六年（1761 年）

潍县一带蝗灾，蝗虫落处树枝被压折。 ··············《潍坊市志》

459. 清乾隆二十八年（1763 年）

六月，山东历城等州县蝗。 ················《清史稿·高宗本纪》

三月，临邑、蒲台飞蝗七日不绝。 ··········《清史稿·灾异志》

夏，（临邑）旱蝗。 ·····················同治《临邑县志》

夏，（蒲台）飞蝗自西来，七日不绝，旋即歼除。 ·······乾隆《蒲台县志》

秋，（东昌）蝗。 ·····················嘉庆《东昌府志》

秋，（聊城）蝗。 ·····················宣统《聊城县志》

460. 清乾隆二十九年（1764 年）

夏，东昌、安丘蝗。 ····················《清史稿·灾异志》

即墨、益都、东昌蝗灾。 ············《中国历代蝗患之记载》

秋，（东昌）蝗。 ·····················嘉庆《东昌府志》

秋，（聊城）蝗。 ·····················宣统《聊城县志》

（淄川）蝗。 ························乾隆《淄川县志》

夏六月，（安丘）蝗大至，逢王、杞城尤甚。 ··········民国《安丘新志》

夏，（益都）蝗。 ·····················光绪《益都县图志》

五月，（即墨）西南乡蝗蝻生，未驱，尽入海死。 ········同治《即墨县志》

461. 清乾隆三十年（1765 年）

三月，宁阳、滋阳蝗。 ···················《清史稿·灾异志》

（宁阳）蝗。 ························光绪《宁阳县志》

（滋阳）旱蝗。 ·······················光绪《滋阳县志》

462. 清乾隆三十二年（1767 年）

秋，东昌蝗蝻生。 ·················《中国历代蝗患之记载》

463. 清乾隆三十三年（1768 年）

七月，庆云蝗。 ·······················《清史稿·灾异志》

（庆云）蝗。 ························民国《庆云县志》

464. 清乾隆三十四年（1769 年）

初，山东蝗起，命曰修捕治。 ············《清史稿·裘曰修传》

465. 清乾隆三十五年（1770 年）

秋，德平蝗，不为灾。 ································ 道光《济南府志》

（德平）蝗，不为灾。 ································ 光绪《德平县志》

八月，（东昌）蝗。 ································ 嘉庆《东昌府志》

八月，（聊城）蝗。 ································ 宣统《聊城县志》

（胶州）蝗。 ································ 民国《增修胶志》

466. 清乾隆三十六年（1771 年）

夏，（东昌）蝗。 ································ 嘉庆《东昌府志》

夏，（聊城）蝗。 ································ 宣统《聊城县志》

夏，（即墨）旱蝗。 ································ 同治《即墨县志》

467. 清乾隆三十七年（1772 年）

二月，淄川、新城蝗。 ································ 《清史稿·灾异志》

淄川、新城蝗。 ································ 道光《济南府志》

（淄川）蝗。 ································ 乾隆《淄川县志》

468. 清乾隆三十八年（1773 年）

六月，（沂水）蝗，至九月方止。 ··········· 道光《沂水县志》

（蒙阴）蝗。 ································ 宣统《蒙阴县志》

469. 清乾隆三十九年（1774 年）

二月，安丘、寿光、沂水蝗。八月，文登蝗。 ··········· 《清史稿·灾异志》

寿光、文登蝗灾。 ················ 《中国历代蝗患之记载》

夏秋，（济南）旱蝗。 ················ 道光《济南府志》

（齐河）大旱蝗。 ································ 《齐河县志》

夏秋，（桓台）蝗。 ································ 《桓台县志》

夏秋，（淄川）旱蝗。 ················ 乾隆《淄川县志》

六月，（潍坊）蝗成灾，致使有人迷路，误入蝗群被咬死。 ······ 《潍坊市志》

秋七月，（安丘）大蝗，落地厚数尺，集树枝干折。 ······ 民国《安丘新志》

（寿光）蝗害稼。 ································ 民国《寿光县志》

（沂水）蝗。 ································ 道光《沂水县志》

（蒙阴）蝗。 ································ 宣统《蒙阴县志》

（费县）飞蝗蔽天，食禾殆尽。 ··········· 光绪《费县志》

八月，（文登）蝗。 ································ 光绪《文登县志》

470. 清乾隆四十年（1775 年）

夏秋，（济南）复旱蝗。 ························· 道光《济南府志》

秋，（平原）旱蝗。 ······························· 《平原县志》

夏秋，（淄川）旱蝗。 ························· 乾隆《淄川县志》

秋，黄县、招远螟蝗害稼。 ············· 光绪《增修登州府志》

秋，（招远）蝗虫成灾。 ························· 《招远县志》

471. 清乾隆四十一年（1776 年）

秋八月，（诸城）蝗，集树树折，近十余里禾黍一空。 ····· 《诸城续县志》

（德平）蝗。 ····························· 光绪《德平县志》

（庆云）蝗。 ····························· 民国《庆云县志》

秋八月，（胶南）蝗，集树枝折，近十里禾黍一空。 ······· 《胶南县志》

472. 清乾隆四十二年（1777 年）

（庆云）蝗。 ····························· 民国《庆云县志》

473. 清乾隆四十四年（1779 年）

武定蝗灾，免租。 ················· 《中国历代蝗患之记载》

474. 清乾隆四十五年（1780 年）

（茌平）旱，蝗灾。 ······················· 《茌平县志》

475. 清乾隆四十七年（1782 年）

秋，德州蝗旱。 ························· 宣统《山东通志》

夏，（德州）蝗。 ······················· 乾隆《德州志》

夏，（德县）蝗。 ······················· 民国《德县志》

（平原）旱蝗。 ··························· 《平原县志》

476. 清乾隆四十九年（1784 年）

冬，济南大旱蝗。 ····················· 《清史稿·灾异志》

四月，（济南）旱蝗，麦禾俱无。 ············· 道光《济南府志》

平原旱蝗，麦禾俱无，大饥。 ················· 《平原县志》

（齐河）大旱，继以蝗。 ····················· 《齐河县志》

秋，（桓台）蝗生，大饥。 ··················· 《桓台县志》

夏，（费县）蝗螟为灾。 ··················· 光绪《费县志》

（峄县）旱，有蝗。 ····················· 光绪《峄县志》

477. 清乾隆五十年（1785 年）

六月，日照县大旱，飞蝗蔽天，食稼。 ········· 《清史稿·灾异志》

夏，（安丘）大蝗，飞蔽天日，落地辄数尺，有人不辨路径，陷入沟渠不能

　　自出，遂为蝗所食者，真奇灾也。　··············· 民国《安丘新志》

秋七月，（潍县）大蝗，人有不辨路径为蝗所食者。····· 民国《潍县志稿》

夏，台儿庄蝗虫食禾苗殆尽。 ····················《台儿庄区志》

（即墨）蝗旱，饿殍遍野。 ······················《即墨县志》

（日照）旱，飞蝗蔽野，食木叶尽，岁大饥。 ········· 光绪《日照县志》

478. 清乾隆五十三年（1788 年）

六月，平度县大旱，飞蝗蔽天，田禾俱尽。 ·········《清史稿·灾异志》

六月，（平度）飞蝗蔽日。 ···················· 道光《平度州志》

479. 清乾隆五十六年（1791 年）

六月，宁津大旱，飞蝗蔽天，田禾俱尽。 ·········《清史稿·灾异志》

（宁津）旱蝗，民多饥。 ······················ 光绪《宁津县志》

秋，（黄县）蝗。 ·························· 同治《黄县志》

480. 清乾隆五十七年（1792 年）

五月，武城、黄县、高唐旱蝗。 ·············《清史稿·灾异志》

481. 清乾隆五十八年（1793 年）

春，历城旱蝗，有虫如蜂附于蝗背，蝗立毙，不为灾。七月，安丘、章丘、

　　临邑、德平蝗。 ······················《清史稿·灾异志》

六月，历城飞蝗遍野，忽有飞虫如蜂附于蝗背，蝗立毙。····· 道光《济南府志》

（历城）蝗，不为灾。 ···················· 民国《续修历城县志》

秋，（临邑）蝗。 ······················· 同治《临邑县志》

（齐河）蝗，不为灾。 ···················· 民国《齐河县志》

七月，邹平蝗生。 ························《邹平县志》

秋九月，（安丘）蝻生，有鸟食之。 ··········· 民国《安丘新志》

482. 清乾隆六十年（1795 年）

秋，商河蝗伤稼。 ························ 咸丰《武定府志》

（平原）蝗蝻生。 ························《平原县志》

长山蝗害稼。 ··························《邹平县志》

483. 清嘉庆四年（1799 年）

六月旱，（德县）蝗不入境。 ··············· 民国《德县志》

484. 清嘉庆六年（1801 年）

（费县）蝗。 ························· 光绪《费县志》

蓬莱蝗。 ································· 光绪《增修登州府志》

（蓬莱）蝗。 ································· 道光《蓬莱县志》

485. 清嘉庆七年（1802 年）

蓬莱、莘县、高唐、邹平、诸城、即墨、文登、招远、黄县蝗。

································· 《清史稿·灾异志》

（禹城）蝗。 ································· 嘉庆《禹城县志》

夏，（博平）飞蝗入境，西北乡蝻子生发。 ····· 道光《博平县志》

秋，（莘县）飞蝗入境，蝻复生。 ············· 光绪《莘县志》

（高唐）蝗。 ································· 光绪《高唐州志》

秋，（阳谷）飞蝗入境，蝗蝻复生。 ··········· 光绪《阳谷县志》

（济宁）蝗，不为灾。 ··············· 道光《济宁直隶州志》

秋，（宁阳）蝻生。 ··················· 光绪《宁阳县志》

七月，（邹平）旱蝗。 ················· 民国《邹平县志》

秋八月，诸城蝗。 ··················· 咸丰《青州府志》

（费县）蝗，饥。 ··················· 光绪《费县志》

夏，台儿庄地区旱，飞蝗蔽天，禾豆几尽。 ········ 《台儿庄区志》

夏旱，（峄县）蝗飞蔽天，食禾豆几尽，大饥。 ····· 光绪《峄县志》

（即墨）蝗。 ······················· 同治《即墨县志》

八月，黄县、招远蝗食麦，文登蝗食麦苗殆尽。 ····· 光绪《增修登州府志》

秋，（招远）蝗虫成灾。 ··············· 《招远县志》

八月，（黄县）蝗自西飞来，残食麦苗，官命民捕之，斗蝗易以十钱。

································· 同治《黄县志》

八月，（莱州）飞蝗蔽天，害稼。 ············· 《莱州市志》

十月，（文登）蝗食麦苗殆尽。 ··········· 光绪《文登县志》

486. 清嘉庆八年（1803 年）

章丘、商河蝗灾，伤稼。 ··········· 《中国历代蝗患之记载》

秋，（章丘）飞蝗蔽日。 ··············· 道光《章丘县志》

（商河）蝗伤禾稼。 ··············· 民国《重修商河县志》

秋，（宁阳）蝗。 ··················· 光绪《宁阳县志》

（东平）蝗，不为灾。 ················· 光绪《东平州志》

（济宁）蝗，不为灾。 ··············· 道光《济宁直隶州志》

秋，（汶上）蝗蝻生，庄稼几尽。 ············· 《汶上县志》

（邹平）旱蝗。 ·· 民国《邹平县志》

春三月，诸城蝗。 ·· 咸丰《青州府志》

夏，（费县）蝗。 ·· 光绪《费县志》

夏不雨，（枣庄）蝗败稼。 ····································· 《枣庄市志》

夏，峄县弥月不雨，蝗败稼。 ································· 光绪《峄县志》

夏，（登州）蝗蝻交作。 ····································· 光绪《增修登州府志》

夏，（黄县）蝗蝻交作。 ··· 同治《黄县志》

自三月至五月，（莱州）遍地生蝗，食禾叶殆尽。 ········· 《莱州市志》

487. 清嘉庆九年（1804 年）

章丘、益都、商河蝗灾，伤稼。 ············ 《中国历代蝗患之记载》

夏，章丘、新城蝗蝝生。 ····························· 道光《济南府志》

（商河）蝗伤禾稼，有收买蝻子之令，民争掘挖，不数日而尽。

·· 民国《重修商河县志》

夏，（章丘）蝻生。 ····································· 道光《章丘县志》

夏，（新城）蝗。 ····························· 民国《重修新城县志》

夏，（桓台）蝗。 ··· 《桓台县志》

夏，（青州）蝗灾，官府用钱购蝗，民争捕送。 ············· 《青州市志》

夏，（益都）蝗，知县督民急捕之，又以钱购蝗，民争捕送，数日蝗灭。

·· 光绪《益都县图志》

夏，（寿光）蝗。 ····························· 民国《寿光县志》

（临朐）旱蝗。 ····························· 光绪《临朐县志》

春，栖霞蝗生，不为灾。 ····················· 光绪《增修登州府志》

春旱，（栖霞）蝻生，厚不见地，知县率民捕埋。 ········· 光绪《栖霞县志》

488. 清嘉庆十年（1805 年）

春，博兴、昌邑、诸城蝗。夏，滕县飞蝗蔽天，食草皆尽。秋，昌邑蝗食

稼，宁海蝗。 ····························· 《清史稿·灾异志》

（桓台）蝗。 ····························· 《桓台县志》

（新城）蝗生。 ····························· 民国《重修新城县志》

夏，蝗虫成灾。 ····························· 《博兴县志》

七月，（青州）蝗自西北来，飞蔽日月，所过田禾一空。 ······ 《青州市志》

秋，昌乐旱蝗，诸城蝗，博兴蝻生。 ············· 咸丰《青州府志》

秋七月，（益都）飞蝗为灾。采访：蝗自西来，飞蔽日月，所过禾稼一空，

113

刈而藏之于室，多方保护者，尚有所获。 ············ 光绪《益都县图志》

（寿光）旱蝗，饥。 ···················· 民国《寿光县志》

秋，（昌乐）旱蝗害稼。 ················· 嘉庆《昌乐县志》

秋，（安丘）旱蝗。 ·················· 民国《安丘新志》

秋，（潍县）旱蝗害稼。 ················· 民国《潍县志稿》

夏，滕县飞蝗蔽天，食生草尽。七月，峄县蝗。 ······· 《枣庄市志》

夏，（滕县）飞蝗蔽天，食生草尽。 ··········· 道光《滕县志》

秋七月，（峄县）蝗。 ················· 光绪《峄县志》

秋，（宁海州）蝗。 ················· 同治《宁海州志》

秋，（牟平）蝗。 ···················· 《牟平县志》

489. 清嘉庆十一年（1806 年）

夏，（新泰）有蝗。 ·················· 乾隆《新泰县志》

宁海蝝生，不为灾。 ·············· 光绪《增修登州府志》

春，（宁海）蝝生，不为灾。 ············ 同治《宁海州志》

490. 清嘉庆十五年（1810 年）

秋，利津蝗灾，伤稼。 ············ 《中国历代蝗患之记载》

491. 清嘉庆十六年（1811 年）

临清、高唐、邱县、清平等八县旱，蝗灾，饥。 ········· 《临清市志》

（邹县）旱，有蝗。 ·················· 邹县《吴志》

492. 清嘉庆十七年（1812 年）

夏，（台儿庄）蝗自西南来，落地深半尺，蝗虫过后谷菜几空，人流亡。

··· 《台儿庄区志》

夏，（峄县）蝗自西南来，平地深半尺，所过谷叶俱空，入民室啮食衣服，

人多流亡。 ···················· 光绪《峄县志》

493. 清嘉庆十八年（1813 年）

秋，商河有蝗害稼。 ····················· 《山东蝗虫》

494. 清嘉庆十九年（1814 年）

菏泽、曹县、博兴蝗。 ··············· 《清史稿·灾异志》

秋，商河有蝗害稼。 ················ 咸丰《武定府志》

秋，（陵县）有蝗。 ·················· 光绪《陵县志》

（无棣）有蝗，不为灾。 ············· 民国《无棣县志》

夏，博兴蝗。 ···················· 咸丰《青州府志》

夏，(博兴) 蝗虫成灾。 ………………………………………………………《博兴县志》

夏，(菏泽) 宝镇都飞蝗大起，有蜂螫之，蝗尽死。 ………………《菏泽市志》

夏，(曹县) 飞蝗遍野，蜂螫蝗死，禾不受害。 …… 光绪《曹州府曹县志》

夏，(东明) 飞蝗遍野。 …………………………………………………《东明县志》

(招远) 蝗虫为害。 ………………………………………………………《招远县志》

495. 清嘉庆二十年（1815 年）

临清等地蝗灾。 …………………………………………………………《临清市志》

496. 清嘉庆二十三年（1818 年）

博兴蝗。 ……………………………………………………… 咸丰《青州府志》

(博兴) 有蝗。 ……………………………………… 民国《重修博兴县志》

秋，(寿张) 飞蝗蔽野。 ……………………………… 光绪《寿张县志》

秋，(阳谷) 飞蝗蔽野。 ……………………………… 光绪《阳谷县志》

497. 清道光元年（1821 年）

山东黄河、渤海、黄海沿岸蝗灾。 …………………《中国历代蝗患之记载》

六月，(临清) 蝗灾。 ……………………………………………《临清市志》

博兴大水蝗。 ……………………………………………… 咸丰《青州府志》

秋，(博兴) 有蝻。 ……………………………… 民国《重修博兴县志》

498. 清道光二年（1822 年）

夏，(博兴) 蝗虫成灾。 …………………………………………《博兴县志》

秋，黄县蝗。 ……………………………………… 光绪《增修登州府志》

499. 清道光三年（1823 年）

莘县蝗。 ……………………………………………………《清史稿·灾异志》

秋七月，饬琦善扑蝗。 …………………………………《清史稿·宣宗本纪》

山东蝗飞蔽天，盖满田野，食禾麦尽，令捕之。 …… 《中国历代蝗患之记载》

夏六月，(莘县) 蝻蝗并生。 ………………………… 光绪《莘县志》

(阳谷) 蝗为灾。 …………………………………… 光绪《阳谷县志》

六月，(博平) 东北乡飞蝗停落，西南乡蝗子生发。 …… 道光《博平县志》

秋八月，(蒙阴) 蝗。 ………………………………… 宣统《蒙阴县志》

500. 清道光四年（1824 年）

东平蝗。 ……………………………………………………《清史稿·灾异志》

(东平) 蝗。 …………………………………………… 光绪《东平州志》

(德州) 蝗蝻滋生。 …………………………………………………《德州市志》

秋雨，（德县）蝻生。 ·· 民国《德县志》

春三月，（博平）蝗蝻复生，北乡、东乡萌动。 ·········· 道光《博平县志》

（济宁）蝗。 ·· 道光《济宁直隶州志》

（金乡）蝗。 ·· 咸丰《金乡县志略》

（嘉祥）旱蝗。 ·· 《嘉祥县志》

501. 清道光五年（1825 年）

七月，长清、冠县、博兴旱蝗。 ··················· 《清史稿·灾异志》

（长清）旱，蝗生。 ·· 道光《长清县志》

（冠县）旱，蝗生。 ·· 民国《冠县志》

（济宁）蝗旱。 ·· 道光《济宁直隶州志》

秋，（邹县）蝗。 ·· 邹县《吴志》

（金乡）蝗旱，缓征旧赋。 ······························ 咸丰《金乡县志略》

（东平）蝗旱。 ·· 光绪《东平州志》

夏，（博兴）蝗虫成灾。 ·· 《博兴县志》

502. 清道光六年（1826 年）

秋，（东阿）大蝗。 ·· 道光《东阿县志》

秋，（邹县）蝗。 ·· 光绪《邹县续志》

503. 清道光七年（1827 年）

春，（微山）湖水始涸，蝗蝻遍野，麦菽皆啮尽。 ·········· 《微山县志》

504. 清道光九年（1829 年）

秋，（历城）螣害稼，饥。 ··················· 民国《续修历城县志》

秋，（齐河）螣害稼，饥。 ································ 《齐河县志》

505. 清道光十一年（1831 年）

八月，（诸城）蝗灾。 ······································ 《诸城市志》

506. 清道光十二年（1832 年）

六月，（郓城）飞蝗弥天。 ·································· 《郓城县志》

507. 清道光十三年（1833 年）

秋，（费县）飞蝗蔽日，为灾。 ····························· 光绪《费县志》

508. 清道光十四年（1834 年）

夏，滕县蝗。 ·· 《枣庄市志》

夏，（滕县）蝗。 ·· 道光《滕县志》

秋七月，（峄县）有蝗。 ································ 光绪《峄县志》

509. 清道光十五年（1835 年）

七月，滨州、观城、巨野、博兴蝗。·············《清史稿·灾异志》

（济阳）蝗蝻遍野，害稼，草根、树叶均被食尽。········民国《济阳县志》

六月，（寿张）飞蝗蔽野，食禾，灾未甚。·············光绪《寿张县志》

六月，（阳谷）飞蝗蔽野，诏免积欠钱粮。············光绪《阳谷县志》

秋，（观城）蝗生。······················道光《观城县志》

闰六月，（巨野）蝗。·····················道光《巨野县志》

六月，（郓城）飞蝗至。····················光绪《郓城县志》

秋，（济宁）蝗。······················道光《济宁直隶州志》

秋，（嘉祥）蝗。·······················《嘉祥县志》

秋，（东平）蝗。······················光绪《东平州志》

秋，（肥城）蝗。······················光绪《肥城县志》

（新泰）旱蝗，大饥。·····················乾隆《新泰县志》

秋，滨州、蒲台有蝗。·····················咸丰《武定府志》

（滨州）蝗。·························咸丰《滨州志》

七月，（博兴）有蝗。·················民国《重修博兴县志》

（利津）旱蝗，岁大饥。····················光绪《利津县志》

五月，安丘飞蝗蔽天，横四五里。秋七月，博兴蝗。·····咸丰《青州府志》

（费县）蝗蝻生，捕打旬日乃尽，不为灾。············光绪《费县志》

夏六月，（峄县）蝗。·····················光绪《峄县志》

510. 清道光十六年（1836 年）

（新泰）旱蝗，大饥。·····················乾隆《新泰县志》

（肥城）旱蝗，食谷殆尽。···················光绪《肥城县志》

511. 清道光十七年（1837 年）

夏，（单县）蝗。·······················民国《单县志》

秋七月，（巨野）蝗。·····················道光《巨野县志》

（济宁）蝗。························道光《济宁直隶州志》

（嘉祥）蝗。·························《嘉祥县志》

（金乡）蝗。························咸丰《金乡县志略》

（泗水）蝗蝻伤稼，逃散饿死者众。·············光绪《泗水县志》

（东平）蝗。·························光绪《东平州志》

（肥城）蝗蝻，大饥，死者枕藉。···············光绪《肥城县志》

（费县）蝗。 ·· 光绪《费县志》

秋，（峄县）蝗。 ··· 光绪《峄县志》

秋九月，（胶州）蝗蝻生。 ································· 民国《增修胶志》

夏秋，（掖县）蝗。 ·· 乾隆《掖县志》

夏秋，（莱州）蝗灾。 ··· 《莱州市志》

512. 清道光十八年（1838 年）

夏，博兴旱蝗。 ······································· 《清史稿·灾异志》

夏，（博兴）蝗虫成灾，汛期又有蝗蝻为害。 ··········· 《博兴县志》

闰四月，（阳谷）蝗蝻生。 ································· 光绪《阳谷县志》

闰四月，（寿张）蝗蝻生。 ································· 光绪《寿张县志》

（菏泽）飞蝗过境，蝗蝻遍野，大雨，蛤蟆食之，不为灾。

·· 光绪《新修菏泽县志》

（曹县）飞蝗过境，蝻生遍野，雨后蛤蟆食之，禾不受害。

·· 光绪《曹州府曹县志》

六月，（巨野）蝗，知县躬率乡民扑捕，禾稼不伤。 ····· 道光《巨野县志》

（东明）蝗蝻遍野，蛤蟆食之，竟不为灾。 ············· 《东明县志》

四月，（郓城）蝗蝻生。 ···································· 光绪《郓城县志》

夏，（邹县）有蝻。 ··· 光绪《邹县续志》

（泗水）蝗蝻伤稼，逃散饿死者众。 ···················· 光绪《泗水县志》

（费县）蝗。 ·· 光绪《费县志》

夏，（峄县）大旱蝗。 ······································· 光绪《峄县志》

四月，荣成蝗蝻生，捕之。 ································· 光绪《增修登州府志》

夏四月，（荣成）青鱼滩等处蝗蝻孳生，知县率乡民捕打数日净尽，刻有

《捕蝗简便法》。 ······································ 道光《荣成县志》

513. 清道光十九年（1839 年）

曹县蝗蝻遍野，有群蛙食之，不为灾。 ············ 《中国历代蝗患之记载》

514. 清道光二十年（1840 年）

夏，沾化蝗灾。 ···································· 《中国历代蝗患之记载》

（无棣）蝗。 ·· 民国《无棣县志》

夏，（阳信）蝗。 ··· 民国《阳信县志》

夏，（沾化）蝗。 ··· 民国《沾化县志》

夏，（胶州）旱蝗。 ·· 民国《增修胶志》

（栖霞）蝗虫大发生。 ·······················《栖霞县志》

515. 清道光二十一年（1841 年）

秋，莒州蝗虫吃尽庄稼，又食屋草。 ···············《临沂地区志》

516. 清道光二十二年（1842 年）

秋，（高密）蝗。 ·······················民国《高密县志》

七月，（招远）蝗虫为害严重。 ··············《招远县志》

517. 清道光二十五年（1845 年）

邑（蒙阴）患蝗，两以文吁神，皆应。 ·······《清史稿·文颖传》

秋，惠民有蝗。 ·······················咸丰《武定府志》

秋，（昌乐）蝗害稼。 ···············民国《昌乐县续志》

夏，（胶州）北部蝗，未伤稼。 ··········民国《增修胶志》

夏五月，（平度）大旱蝗。 ·············道光《平度州志》

518. 清道光二十六年（1846 年）

五月，台儿庄蝗虫伤食禾稼十之三四。 ·········《台儿庄区志》

六月，（滕县）飞蝗过境，害禾。 ·········道光《滕县志》

六月，（峄县）有蝗，颇伤禾稼。 ·········光绪《峄县志》

519. 清道光二十七年（1847 年）

夏，沾化蝗。十月，临邑蝗。 ···········《清史稿·灾异志》

夏，（沾化）蝗。 ···················民国《沾化县志》

夏，（无棣）蝗。 ···················民国《无棣县志》

夏，（阳信）蝗。 ···················民国《阳信县志》

520. 清道光二十八年（1848 年）

蒲台有蝗。 ·························咸丰《武定府志》

六月，宁海蝗。 ···············光绪《增修登州府志》

夏，（宁海）旱蝗。 ·················同治《宁海州志》

夏，（牟平）旱蝗。 ·····················《牟平县志》

521. 清道光三十年（1850 年）

（冠县）蝗灾。 ·······················《冠县志》

522. 清咸丰元年（1851 年）

（高密）蝗蝻伤禾稼，诏举孝廉方正。 ·······民国《高密县志》

523. 清咸丰二年（1852 年）

七月，莒州飞蝗蔽日，食尽田禾，又食屋草。 ·······《临沂地区志》

七月，（莒县）飞蝗蔽日自南而来，庄稼吃光，再吃房草。 ……《莒县志》

春，（日照）大旱，蝗虫成灾。 …………………………《日照市志》

524. 清咸丰三年（1853 年）

（平原）飞蝗蔽天，禾尽伤。 …………………………《平原县志》

夏旱，（武城）飞蝗蔽天，禾苗尽伤。 ………………《武城县志》

（恩县）飞蝗蔽天，禾尽伤。 ………………… 宣统《重修恩县志》

夏，（单县）蝗。 ………………………………… 民国《单县志》

夏，武定蝗飞蔽日。 ………………………………… 咸丰《武定府志》

夏，（惠民）飞蝗蔽日。 …………………………… 光绪《惠民县志》

（无棣）飞蝗蔽日。 ………………………………… 民国《无棣县志》

（阳信）飞蝗蔽日。 ………………………………… 民国《阳信县志》

夏，（费县）有蝗，不为灾。 …………………… 光绪《费县志》

夏，（苍山）蝗。 ……………………………………《苍山县志》

525. 清咸丰四年（1854 年）

（平原）飞蝗入境，蝻生，害稼。 …………………《平原县志》

武城蝗自南来，飞蔽天日，作物受灾。 ……………《武城县志》

（恩县）飞蝗入境，蝻生，害稼。 ………………… 宣统《重修恩县志》

秋，（淄博）蝗虫害稼。 ……………………………《淄博市志》

春，（惠民）蝻子生，鸦鸟食之净。 …………… 光绪《惠民县志》

（阳信）蝗蝻生，被鸟食之净。 ………………… 民国《阳信县志》

秋，（新城）蝗。 …………………………… 民国《重修新城县志》

秋，（桓台）蝗。 ……………………………………《桓台县志》

夏，（苍山）蝗。 ……………………………………《苍山县志》

（日照）旱蝗。 ………………………………… 光绪《日照县志》

526. 清咸丰五年（1855 年）

秋，沾化蝗虫大发生，飞蝗蔽天，食稼尽。 ………《中国历代蝗患之记载》

夏，（济阳）蝗。 ………………………………… 民国《济阳县志》

（平原）飞蝗由西南来，食禾叶尽光。 ……………《平原县志》

夏，（武城）蝗飞蔽天，禾苗尽伤。 ………………《武城县志》

七月，（恩县）蝗从南来飞蔽天，集田害稼。 ……… 宣统《重修恩县志》

济宁、嘉祥蝗灾。 ……………………………………《济宁市志》

秋，（微山）蝗食禾。 ………………………………《微山县志》

秋，（嘉祥）蝗食禾。 ·····················《嘉祥县志》

秋，（新城）有蝗。 ··············· 民国《重修新城县志》

秋，（桓台）蝗。 ·····················《桓台县志》

六月，（惠民）蝗飞蔽天。 ··········· 光绪《惠民县志补遗》

夏，（阳信）蝗。 ················· 民国《阳信县志》

夏，（沾化）蝗。 ················· 民国《沾化县志》

秋，（昌乐）蝗蝻害稼。 ············· 民国《昌乐县续志》

（高密）旱蝗，免民欠租赋。 ········· 民国《高密县志》

六月，（苍山）南部飞蝗蔽天，为害庄稼。 ····《苍山县志》

六月，（费县）飞蝗蔽天，害稼。 ········ 光绪《费县志》

（栖霞）蝗虫大发生。 ·················《栖霞县志》

秋，（莱阳）蝗飞蔽日，伤禾。 ········· 民国《莱阳县志》

527. 清咸丰六年（1856 年）

益都、利津、陵县蝗灾。 ········《中国历代蝗患之记载》

七月，济南府属州县蝗灾严重。 ············《济南市志》

秋，（历城）蝗。 ··············· 民国《续修历城县志》

（长清）蝗蝻伤禾，岁大饥。 ··········《长清县志》

（平阴）飞蝗害稼，禾茎并尽。 ········ 光绪《平阴县志》

秋，（陵县）蝗害稼。 ··············· 光绪《陵县志》

（平原）旱，蝗遍生，食禾尽，大饥。 ········《平原县志》

六月，（恩县）蝗蝻生遍地，食禾尽，民大饥。 ····· 宣统《重修恩县志》

（武城）旱，蝻生遍地，吃尽作物，饥甚。 ······《武城县志》

秋，（齐河）蝗。 ·····················《齐河县志》

七月，（寿张）蝗蝻生。 ············· 光绪《寿张县志》

秋，（高唐）飞蝗遍地，田禾绝产。 ········《高唐县志》

五月，（定陶）飞蝗遍野。六月，蝻生，食禾害稼。 ····· 民国《定陶县志》

秋，（濮州）蝻生，禾稼尽食。 ········· 宣统《濮州志》

秋七月，（巨野）蝗蝻生。 ··········· 民国《续修巨野县志》

七月，（郓城）蝗蝻生。 ············· 光绪《郓城县志》

（济宁）旱，蝗灾，秋无禾。 ······· 咸丰《济宁直隶州续志》

夏，（鱼台）蝗食麦。秋，蝗伤禾。 ········ 光绪《鱼台县志》

（金乡）旱蝗，缓征钱粮。 ··········· 咸丰《金乡县志略》

（兖州）大旱，蝗虫成灾。 ·······················《兖州市志》

（滋阳）旱蝗。 ························光绪《滋阳县志》

六月，（汶上）飞蝗蔽日，秋禾食尽，野无青草。 ·········《汶上县志》

（东平）旱，蝗为灾，秋无禾。 ···············光绪《东平州志》

（宁阳）旱蝗，大饥。 ···················光绪《宁阳县志》

夏，（新泰）蝗伤禾。 ···················乾隆《新泰县志》

秋七月，（肥城）飞蝗蔽天，害稼。 ············光绪《肥城县志》

秋，（新城）蝗。 ···················民国《重修新城县志》

夏，（桓台）蝗。 ·······················《桓台县志》

（利津）旱蝗。 ·······················光绪《利津县志》

秋，（青州）蝗虫吃麦苗。 ···················《青州市志》

春，（益都）旱蝗。秋，蝗食麦苗。 ···········光绪《益都县图志》

秋，（潍坊）蝗灾。 ·······················《潍城区志》

秋，（寒亭区）蝗。 ·······················《寒亭区志》

七月，（诸城）蝗虫自南涌来，渡潍水时重重叠叠类若架桥，平地尺许，所
  经之处青草、树叶、庄稼皆被吃光。 ···········《诸城市志》

秋七月，（临朐）蝗。 ···················光绪《临朐县志》

秋，（安丘）大蝗。冬十月，蝝生，汶河两岸麦苗几尽。

  ·······················民国《续安丘新志》

秋，（昌乐）飞蝗为灾。 ···············民国《昌乐县续志》

（高密）旱蝗，免民欠租赋。 ·············民国《高密县志》

七月旱，（沂南）蝗灾严重。 ·················《沂南县志》

秋七月，（蒙阴）蝗蝻为灾。 ·············宣统《蒙阴县志》

六月，（费县）蝗蝻食禾几尽。 ·············光绪《费县志》

夏，莒州不雨，蝗蝻害稼。八月，莒州又蝗，飞蝗蔽天。······《临沂地区志》

七月，（苍山）南部飞蝗遍野，食禾殆尽。 ··········《苍山县志》

夏，（台儿庄区）蝗虫害稼，民大饥。 ···········《台儿庄区志》

春，（峄县）大旱，蝗败稼。 ·················光绪《峄县志》

秋，（日照）飞蝗蔽天。 ···················光绪《日照县志》

至六月不雨，（莒县）蝗虫步蝻为害，粮歉收。 ········《莒县志》

七月，（牟平）蝗，大疫。 ···················《牟平县志》

七月，宁海蝗，海阳蝗，不为灾。 ·········光绪《增修登州府志》

七月，（宁海）有蝗，大疫。 ·· 同治《宁海州志》

秋，（海阳）飞蝗蔽日。冬，地多蝻子，知县率民掘取尽净。

·· 光绪《海阳县续志》

秋，（蓬莱）蝗灾，农作物受害严重。 ····················· 《蓬莱县志》

秋，（乳山）飞蝗蔽日，庄稼临熟，未成重灾。 ············· 《乳山市志》

528. 清咸丰七年（1857 年）

益都、陵县蝗灾。 ···································· 《中国历代蝗患之记载》

六月，（陵县）蝗害稼。 ····························· 光绪《陵县志》

五月，（清平）飞蝗蔽天。六月，蝻出四乡，食禾稼殆尽。

·· 民国《清平县志》

（夏津）蝗食禾稼，岁大饥。 ············ 民国《夏津县志续编》

（平原）飞蝗蔽空，米价昂贵。 ···················· 《平原县志》

武城、恩县旱，蝗灾严重，作物歉收。 ············· 《武城县志》

（恩县）飞蝗蔽空，饥。 ················· 宣统《重修恩县志》

七月，（宁津）蝻孽萌生。 ············· 光绪《宁津县志》

乐陵旱，有蝗。 ···································· 咸丰《武定府志》

六月，（寿张）飞蝗蔽日。七月，蝻生。 ········ 光绪《寿张县志》

六月，（临清）飞蝗蔽天，禾稼皆尽，大饥。 ········· 《临清市志》

五月，（定陶）飞蝗遍野。六月，蝻生，食禾害稼。 ····· 民国《定陶县志》

七月，（濮州）蝗生。 ························· 宣统《濮州志》

六月，（郓城）飞蝗蔽日。七月，蝗蝻生。 ······· 光绪《郓城县志》

济宁、金乡、滋阳蝗灾，曲阜蝗灾，五谷不登。 ········· 《济宁市志》

（济宁）有蝗，不为灾。 ············· 咸丰《济宁直隶州续志》

秋，（金乡）有蝗，不为灾。 ············ 咸丰《金乡县志略》

（曲阜）雹、旱、蝗三灾均有，五谷不登，人相食。 ····· 民国《续修曲阜县志》

秋，（滋阳）旱蝗。 ··························· 光绪《滋阳县志》

春，（兖州）蝗虫为患，大饥。 ···················· 《兖州市志》

夏，（新泰）蝗伤禾。 ························· 乾隆《新泰县志》

秋，（肥城）蝗，不为害。 ············· 光绪《肥城县志》

五月，（新城）蝗生，有飞虫如蜂啮之尽死，秋禾无害。

·· 民国《重修新城县志》

秋，（桓台）蝗。 ·································· 《桓台县志》

秋，（淄川）飞蝗蔽日，三昼夜不止，害稼。 ·················《淄川区志》

秋，（博山）飞蝗蔽日，禾稼尽伤。 ··············民国《续修博山县志》

秋七月，（无棣）蝗。 ·······················民国《无棣县志》

（广饶）蝗。 ·························民国《续修广饶县志》

（乐安）蝗。 ···························民国《乐安县志》

夏，（寿光）旱蝗。 ························民国《寿光县志》

夏，（青州）蝗。 ··························《青州市志》

夏五月，（益都）蝗。 ····················光绪《益都县图志》

六月，（诸城）蝗灾，大部豆苗吃光。 ·············《诸城市志》

（高密）蝗，免租赋。 ······················民国《高密县志》

夏，（昌乐）蝗蝻生。 ····················民国《昌乐县续志》

夏五月，（临朐）蝗灾，西境尤甚。 ··············光绪《临朐县志》

夏四月，（安丘）蝝生。六月，大蝗，自东南来飞蔽天，所过食禾稼俱尽。

·······························民国《续安丘新志》

六月，莒州飞蝗遍野，庄稼吃尽，唯绿豆、芝麻不食，继而生蝻，村野皆
满，后自城西渡水入城，厚数寸，衙署、民居、街巷处处皆是；兰山县
亦遭蝗灾。秋，费县蝗蝻为灾，入室集聚达数寸厚，小儿卧者多被咬伤。

·······························《临沂地区志》

（临沂）蝗蝻遍野，饥。 ····················民国《临沂县志》

五月，（蒙阴）蝗蝻为灾。 ···················宣统《蒙阴县志》

秋，（苍山）蝗虫遍地，咬伤儿童。 ···············《苍山县志》

秋，（费县）蝗蝻为灾，集人家舍厚数寸，小儿卧者多被咬伤。

·······························光绪《费县志》

夏，滕县蝗虫成灾。 ························《枣庄市志》

夏旱，（台儿庄区）蝗蝻孳生，吞啮禾稼过半。 ·········《台儿庄区志》

夏旱，（峄县）蝗蝻生，败禾稼。 ···············光绪《峄县志》

（日照）飞蝗蔽野。 ······················光绪《日照县志》

闰五月，莒地飞蝗遍野，庄稼吃尽，不食芝麻、绿豆，继而蝻子遍地，自城西
渡壕水越垣进城，厚寸许，衙署、民居、街巷处处皆蝗蝻。 ······《莒县志》

（即墨）大蝗害稼，啮人。 ···················同治《即墨县志》

夏，黄县蝗。八月，蝗蝻生，食禾殆尽。栖霞、宁海蝗，不为灾。

·······························光绪《增修登州府志》

夏，（黄县）蝗。八月，蝗生子，食禾殆尽。 ……………… 同治《黄县志》

六月，（牟平）蝗，不为灾。 …………………………… 民国《牟平县志》

夏，（栖霞）蝻生，不为灾。 …………………………… 光绪《栖霞县志》

六月，（宁海）蝗，不为灾。 …………………………… 同治《宁海州志》

七月，（掖县）飞蝗蔽天。冬，官收蝗子。 ……… 光绪《三续掖县志》

七月，（莱州）蝗飞蔽天，庄稼吃光。冬，官收蝗子。 ……… 《莱州市志》

夏，（文登）蝗，不为灾。 …………………………… 光绪《文登县志》

529. 清咸丰八年（1858 年）

（德平）蝗蝻生。 ……………………………………… 光绪《德平县志》

（临邑）旱，蝗蝻。 …………………………………………… 《临邑县志》

（兖州）旱，蝗虫为患。 ……………………………………… 《兖州市志》

（肥城）有蝗，不为害。 ……………………………… 光绪《肥城县志》

（莱芜）蝗飞蔽天，食草木叶殆尽，庄稼无恙。 ……………… 《莱芜市志》

二月，（博山）蝗蝻遍野，捕两月始尽。 ……… 民国《续修博山县志》

（无棣）蝗蝻生。 ……………………………………… 民国《无棣县志》

春，（高密）蝽生，伤禾稼，免民欠租赋。 ……… 民国《高密县志》

秋，（费县）蝗，饥。 ………………………………… 光绪《费县志》

秋，（苍山）蝗。 ……………………………………………… 《苍山县志》

春，（即墨）蝗孳生。秋，飞蝗至，饥。 ……… 同治《即墨县志》

（栖霞）蝗虫大发生。 ………………………………………… 《栖霞县志》

（福山）蝗飞蔽天，禾稼遭之立尽。 …………… 民国《福山县志稿》

530. 清咸丰九年（1859 年）

秋旱，（兖州）蝗虫成灾。 …………………………………… 《兖州市志》

夏，（诸城）蝗虫成灾。 ……………………………………… 《诸城市志》

秋，（高密）旱蝗，不为灾。 ………………………… 民国《高密县志》

（栖霞）蝗虫大发生。 ………………………………………… 《栖霞县志》

（福山）蝗。 …………………………………………… 民国《福山县志稿》

531. 清咸丰十年（1860 年）

秋，（高密）旱蝗。 …………………………………… 民国《高密县志》

秋，（蒙阴）有蝗为害。 ……………………………………… 《蒙阴县志》

秋，滕县旱，蝗虫成灾。 ……………………………………… 《枣庄市志》

532. 清咸丰十一年（1861 年）

(蒙阴) 蝗食麦禾。 ·· 宣统《蒙阴县志》

533. 清同治元年（1862 年）

秋旱，(阳谷) 飞蝗蔽天，晚禾无收。 ··············· 光绪《阳谷县志》

秋，(冠县) 蝗，田地荒芜。 ··························· 《冠县志》

秋，(莘县) 大旱，飞蝗蔽天，晚禾绝收。 ··········· 光绪《莘县志》

夏，(桓台) 蝗。 ····································· 《桓台县志》

四月，(定陶) 蝗蝻生。六月，飞去东南，不害稼。 ····· 民国《定陶县志》

七月，(潍坊) 蝗虫成灾。 ··························· 《潍城区志》

六月，(昌邑) 蝗虫成灾，农作物产量大减。 ··········· 《昌邑县志》

夏五月，(临朐) 蝗。 ······························· 光绪《临朐县志》

夏六月，(潍县) 蝗。 ······························· 民国《潍县志稿》

夏，(益都) 蝗。 ····································· 光绪《益都县图志》

六月，(安丘) 大蝗，飞蔽天日，汶河以北田禾几尽。七月，蝗过处遍地生
　蠓，捕者束手。 ································· 民国《续安丘新志》

六月，(诸城) 蝗飞蔽日，幸未落地成灾。 ··········· 《诸城市志》

五月，(苍山) 飞蝗害禾稼。 ······················· 《苍山县志》

六月，(沂南) 飞蝗遍野，农作物受害严重。 ········· 《沂南县志》

五月，(蒙阴) 蝗。 ································· 宣统《蒙阴县志》

五月，(费县) 飞蝗遍野，害稼。 ··················· 光绪《费县志》

(莱阳) 飞蝗过境，谷叶尽伤。 ····················· 民国《莱阳县志》

534. 清同治二年（1863 年）

六月，(菏泽) 绥感都飞蝗过境，遗蝻遍地，土人收买蚂蚱子数千斤，蝗不
　为灾。 ····································· 光绪《新修菏泽县志》

曹县蝗生遍野，忽有无数小蛤蟆，自北而南见蝗蝻便吞食，不日而尽，蝗
　患始息。 ··································· 光绪《曹州府曹县志》

夏，(东明) 飞蝗过境，遗蝻遍野。 ················· 《东明县志》

秋，(诸城) 蝗灾。 ······························· 《诸城市志》

四月，(费县) 有蝗，不为灾。 ····················· 光绪《费县志》

535. 清同治三年（1864 年）

秋，(昌乐) 蝗害稼。 ······························· 民国《昌乐县续志》

秋，(诸城) 蝗灾。 ································· 《诸城市志》

（东明）蝗不绝。 ·· 民国《东明县新志》

秋，（微山）蝗。 ·· 《微山县志》

秋，（嘉祥）蝗。 ·· 《嘉祥县志》

536. 清同治四年（1865 年）

秋，（嘉祥）旱蝗。 ·· 《嘉祥县志》

537. 清同治五年（1866 年）

（鄄城）飞蝗遍野，落树上枝被压折。 ···················· 《鄄城县志》

六月，（濮州）飞蝗盈野，害田禾，大树压折。 ·········· 宣统《濮州志》

538. 清同治六年（1867 年）

秋，（诸城）蝗灾。 ·· 《诸城市志》

539. 清同治七年（1868 年）

秋，（广饶）飞蝗蔽日，农民及时扑打，未成大灾。 ·········· 《广饶县志》

540. 清同治八年（1869 年）

夏，（寿张）蝗。 ·· 光绪《寿张县志》

夏，（临邑）旱蝗。 ·· 同治《临邑县志》

夏，（阳谷）蝗。 ·· 光绪《阳谷县志》

（冠县）蝗灾。 ·· 《冠县志》

五月，（濮州）蝻出盈野，继而顺河水去，不害稼。 ········ 宣统《濮州志》

夏，（郓城）飞蝗食禾几尽。 ································ 光绪《郓城县志》

夏，（巨野）飞蝗食禾几尽。 ······················ 民国《续修巨野县志》

秋，（新城）旱蝗。 ·· 民国《重修新城县志》

夏秋，（桓台）蝗。 ·· 《桓台县志》

（苍山）北部蝗灾。 ·· 《苍山县志》

六月，（费县）蝗。 ·· 光绪《费县志》

541. 清同治九年（1870 年）

（泰安）蝗伤秋禾将半。 ································ 民国《重修泰安县志》

七月，长清蝗灾，大饥。 ·· 《济南市志》

七月，（长清）蝗虫生，伤禾稼。 ································ 《长清县志》

（荏平）旱，蝗虫成灾。 ·· 《荏平县志》

542. 清同治十年（1871 年）

五月，（定陶）四方飞蝗落于田，不害稼。 ·········· 民国《定陶县志》

夏，（陵县）飞蝗入境，大雨，蝗自僵。 ·············· 光绪《陵县志》

543. 清同治十一年（1872 年）

（庆云）蝗，不为灾。 ·························· 民国《庆云县志》

544. 清光绪二年（1876 年）

五月，以近畿亢旱，谕山东捕蝗。 ·········· 《清史稿·德宗本纪》

秋，（濮州）飞蝗云集，食草尽，而菽不害。 ·········· 宣统《濮州志》

秋，（郓城）飞蝗云集，食草殆尽，而豆得收。 ·········· 光绪《郓城县志》

秋，（寒亭区）蝗虫过境。 ·························· 《寒亭区志》

（昌邑）县南飞蝗侵害农作物。 ·························· 《昌邑县志》

秋，（临沂）飞蝗成灾。 ·························· 《临沂市志》

秋，（苍山）蝗灾。 ·························· 《苍山县志》

夏，（牟平）蝗。 ·························· 《牟平县志》

七月，（荣成）大旱，蝗飞遍野，禾草几尽。 ·········· 《荣成市志》

545. 清光绪三年（1877 年）

六月，（定陶）飞蝗飞落，生蝻，害稼。 ·········· 民国《定陶县志》

（新泰）有蝗，毁坏庄稼。 ·························· 《新泰市志》

秋，费县、兰山相继发生蝗灾。 ·················· 《临沂地区志》

秋七月，（临沂）蝗飞蔽天。 ·················· 民国《临沂县志》

六月，（费县）大旱，蝗蝻食禾殆尽。 ·········· 光绪《费县志》

六月，苍山蝗飞蔽天。八月，蝗虫从南部洼地群起，飞蔽天日，遍及全县，

　　秋作近乎绝产，人饿死甚多。 ·················· 《苍山县志》

春三月，（蒙阴）有蝗，不为灾。 ·········· 宣统《蒙阴县志》

546. 清光绪四年（1878 年）

（冠县）蝗灾。 ·························· 《冠县志》

（泰安）蝗。 ·························· 民国《重修泰安县志》

（新泰）群蝗过境。 ·························· 《新泰市志》

夏，（费县）蝗，不为灾。 ·················· 光绪《费县志》

六月，（诸城）蝗虫成灾。 ·················· 《诸城市志》

夏，（日照）蝗灾，知县率百姓尽力捕捉。 ·········· 《日照市志》

547. 清光绪五年（1879 年）

秋，（峄县）蝗，不害稼。 ·················· 光绪《峄县志》

548. 清光绪六年（1880 年）

（冠县）蝗灾。 ·························· 《冠县志》

秋旱，（临沂）蝗蝻成灾。 ………………………… 《临沂市志》

秋旱，（临沂）蝗蝻损豆。 …………………… 民国《临沂县志》

秋，（苍山）八大洼、塘西湖、芦塘湖等处蝗蝻孳生地蝗群聚群起，蝗蝻
损豆。 ……………………………………… 《苍山县志》

夏六月，（蒙阴）旱蝗，饥。 ………………… 宣统《蒙阴县志》

秋，（寿光）蝗害稼。 ………………………… 《寿光县志》

五月，（诸城）飞蝗投海。 …………………… 《诸城市志》

549. 清光绪七年（1881 年）

七月，临朐蝗。 ………………………… 《清史稿·灾异志》

秋七月，（临朐）蝗，不为灾。 ……………… 光绪《临朐县志》

秋，（益都）蝗，知府李嘉乐亲督官民捕之，不为灾。 ⋯⋯ 光绪《益都县图志》

（新泰）群蝗过境。 ………………………… 《新泰市志》

六月，（费县）飞蝗云集，害稼。 …………… 光绪《费县志》

八月，（蒙阴）有蝗，不为灾。 ……………… 宣统《蒙阴县志》

550. 清光绪八年（1882 年）

夏四月，（蒙阴）蝗。 ………………………… 宣统《蒙阴县志》

551. 清光绪十年（1884 年）

（夏津）蝗蝻害稼，大饥。 …………………… 民国《夏津县志续编》

夏，（博山）蝗。 …………………………… 民国《续修博山县志》

552. 清光绪十一年（1885 年）

七月，（宁津）有蝗，南飞蔽日，未集县境。 ………… 光绪《宁津县志》

（冠县）飞蝗入境，县令设局收买蝗虫。 ……………… 《冠县志》

秋旱，（兖州）蝗虫为灾，农作物歉收。 ……………… 《兖州市志》

七月，（滋阳）旱蝗。 ………………………… 光绪《滋阳县志》

553. 清光绪十二年（1886 年）

（德平）蝗。 ………………………………… 光绪《德平县志》

七月，（博兴）蝗蝻生。 ……………………… 民国《重修博兴县志》

七月，（广饶）蝗灾严重。 …………………… 《广饶县志》

七月，（乐安）蝗蝻生。 ……………………… 民国《乐安县志》

六月，（阳谷）蝗蝻遍野，县令捕之。 ……… 光绪《阳谷县志》

（淄川）蝗害稼。 …………………………… 《淄川区志》

邹平旱，蝗蝻生。 …………………………… 《邹平县志》

秋，（寿光）蝗害稼。 ·································· 民国《寿光县志》

554. 清光绪十三年（1887 年）

春，（寿光）知县收买蝻子。 ···················· 民国《寿光县志》

（博山）飞蝗多落西乡，官府督捕，秋成无大害。 ······ 民国《续修博山县志》

555. 清光绪十四年（1888 年）

夏旱，（武城）蝗灾，颗粒未收，多人饿死。 ·············《武城县志》

秋，（齐河）飞蝗蔽日。 ·······················《齐河县志》

秋，（长清）飞蝗蔽日。 ·······················《长清县志》

556. 清光绪十五年（1889 年）

（长清）蝗虫生。 ·························《长清县志》

夏，台儿庄飞蝗蔽天，禾稼几光。 ·················《台儿庄区志》

557. 清光绪十六年（1890 年）

夏，（博山）飞蝗蔽野。 ···················· 民国《续修博山县志》

夏，（淄川）飞蝗遍野。 ·······················《淄川区志》

558. 清光绪十七年（1891 年）

三月，宁津旱蝗伤稼。 ·····················《清史稿·灾异志》

夏，（宁津）飞蝗蔽日，捕逐不为灾，后蝻生，损伤禾稼。

··························· 光绪《宁津县志》

（恩县）蝗蝻生，食禾。 ····················· 宣统《重修恩县志》

（茌平）蝗蝻遍野，庄稼被食殆尽。 ················《茌平县志》

夏六月，（蒙阴）有蝗，不为灾。 ··············· 宣统《蒙阴县志》

齐东蝗蝻生。 ··························《邹平县志》

559. 清光绪十八年（1892 年）

夏，历城、长清、平阴蝗虫成灾。 ·················《济南市志》

夏，（历城）蝗。秋，有蝝生。 ················ 民国《续修历城县志》

七月，（长清）蝗虫为灾。 ·····················《长清县志》

六月下旬，（平阴）飞蝗从东北来，蝗过后所遗蝻子遍境内，极力扑打，旋扑旋
　　生，至七月杪，逐渐扑灭，禾稼不损，岁乃有秋。········ 光绪《平阴县志》

（临邑）蝗蝻。 ·························《临邑县志》

（德平）蝗蝻生。 ······················ 光绪《德平县志》

夏旱，（茌平）蝗虫成灾。 ·····················《茌平县志》

六月，（临清）飞蝗入境。七月，蝻生。 ···············《临清市志》

八月，（汶上）蝗灾。 ···《汶上县志》

夏，（新城）蝗生。 ···民国《重修新城县志》

夏五月，（无棣）蝗。 ···民国《无棣县志》

邹平飞蝗害稼。 ···《邹平县志》

六月，（潍坊）蝗虫成灾。 ··《潍坊市志》

夏六月，（潍县）蝗。 ···民国《潍县志稿》

夏五月，（昌乐）蝗飞过境。秋，蝗蝻为灾。 ·····················民国《昌乐县续志》

夏六月，（寿光）蝗，知县督捕之。 ·····························民国《寿光县志》

秋，（高密）蝗，不为灾。 ··民国《高密县志》

夏五月，（蒙阴）旱蝗。 ··宣统《蒙阴县志》

560. 清光绪十九年（1893 年）

秋七月，（胶州）飞蝗蔽日，秫稻被食一空。 ·····················民国《增修胶志》

秋七月，（胶南）蝗飞蔽日，秫稻被食一空。 ····················《胶南县志》

561. 清光绪二十一年（1895 年）

秋，（博山）蝗。 ···民国《续修博山县志》

夏五月旱，（寿光）飞蝗过境。 ··民国《寿光县志》

六月，（昌乐）蝗害稼。 ··民国《昌乐县续志》

562. 清光绪二十二年（1896 年）

（长清）蝗虫伤禾稼。 ···《长清县志》

（夏津）蝗蝻食稼，饥。 ··民国《夏津县志续编》

563. 清光绪二十三年（1897 年）

夏，（博兴）蝗虫成灾，遍地皆是，秋作大减。 ·····················《博兴县志》

564. 清光绪二十四年（1898 年）

（曲阜）蝗虫为灾，毁伤谷穗殆尽。 ····································民国《续修曲阜县志》

565. 清光绪二十五年（1899 年）

（恩县）蝗蝻生，害稼。 ··宣统《重修恩县志》

（武城）蝗蝻生，为害庄稼。 ··《武城县志》

夏，（博兴）蝗虫成灾，遍地皆是，秋作大减。 ·····················《博兴县志》

（新泰）蝗灾重，粮食绝产。 ··《新泰市志》

六月，邹平蝗生。 ···《邹平县志》

（昌邑）蝗虫成灾，收成大减。 ··《昌邑县志》

五月，（诸城）蝗灾，谷子吃得仅剩秸秆。 ·····················《诸城市志》

六月，（广饶）飞蝗遍野。 ……………………………………………… 《广饶县志》

六月，（乐安）飞蝗遍野。 ……………………………………… 民国《乐安县志》

夏六月，（蒙阴）蝗食禾尽。 ………………………………… 宣统《蒙阴县志》

秋七月，（胶州）蝗害稼。 …………………………………… 民国《增修胶志》

秋七月，（胶南）蝗蝻生。 …………………………………………… 《胶南县志》

566. 清光绪二十六年（1900 年）

夏，（东明）蝗不入境。 …………………………………… 民国《东明县新志》

七月，（汶上）飞蝗蔽天。 …………………………………………… 《汶上县志》

六月，（临淄）大蝗。 ……………………………………………… 民国《临淄县志》

八月，（博山）蝗自北来，经宿尽毙，惟七区受灾深。

………………………………………………… 民国《续修博山县志》

六月，（淄川）飞蝗蔽日。七月，生蝻，口头庄附近数村受害最深。

………………………………………………………… 《淄川区志》

八月，（惠民）沙河两岸麦苗为蝗所食，莫不更番另种，苗出后，民皆惴惴

不安，忽来山鸦成群，将蝗一一啄尽。 …………… 光绪《惠民县志补遗》

八月，（阳信）蝗虫，麦苗吃尽。 …………………………………… 《阳信县志》

（邹平）大旱，飞蝗蔽天，蝻生遍地。 ……………………………… 《邹平县志》

秋，（寿光）大水，蝗害稼。 ………………………………… 民国《寿光县志》

（临沂）蝗。 ……………………………………………………… 民国《临沂县志》

夏五月，（蒙阴）蝗，不为灾。 ……………………………… 宣统《蒙阴县志》

五月，（日照）蝗灾，蝗虫自南向北遮天蔽日。 …………………… 《日照市志》

567. 清光绪二十七年（1901 年）

夏，峄县蝗虫成灾。 …………………………………………………… 《枣庄市志》

夏，（峄县）蝗败稼。 ……………………………………………… 光绪《峄县志》

568. 清光绪二十八年（1902 年）

（无棣）蝗。 ……………………………………………………… 民国《无棣县志》

（阳信）蝗虫生。 ………………………………………………… 民国《阳信县志》

夏，（台儿庄）蝗伤稼。七月，蝻。 ……………………………… 《台儿庄区志》

夏六月，（峄县）蝗伤稼。秋七月，蝻子复生遍野。 ……… 光绪《峄县志》

569. 清光绪二十九年（1903 年）

秋，长清蝗虫食禾殆尽。 ……………………………………………… 《济南市志》

秋，（长清）蝗虫食秋禾殆尽。 ……………………………………… 《长清县志》

秋，（昌乐）蝗。 ································ 民国《昌乐县续志》

570. 清光绪三十一年（1905 年）

秋，（新城）蝗灾。 ································ 民国《重修新城县志》

秋，（桓台）蝗灾。 ································· 《桓台县志》

571. 清光绪三十二年（1906 年）

夏，（博兴）蝗虫成灾，遍地皆是，秋作大减。 ········· 《博兴县志》

秋，（新城）蝗蝻为灾。 ·························· 民国《重修新城县志》

五月，（广饶）飞蝗蔽空。 ························· 民国《续修广饶县志》

六月，（莱芜）飞蝗蔽天，禾稼无恙。 ············· 民国《续修莱芜县志》

五月，（桓台）飞蝗蔽天。 ························· 《桓台县志》

五月，（博山）飞蝗蔽日，禾苗尽伤。 ··········· 民国《续修博山县志》

七月，邹平蝗蝻生。 ···························· 《邹平县志》

五月，（乐安）飞蝗蔽天。 ························· 民国《乐安县志》

572. 清光绪三十三年（1907 年）

夏，（博兴）蝗虫成灾，遍地皆是，秋作大减。 ········· 《博兴县志》

573. 清光绪三十四年（1908 年）

六月，新城、鱼台蝗。 ··························· 宣统《山东通志》

六月，（鱼台）旱蝗，飞蝗铺天盖地，所到庄稼全被吃光。 ·· 《鱼台县志》

六月，（濮州）蝗，不为灾。 ······················ 宣统《濮州志》

微山旱蝗。 ································· 《微山县志》

冬，（青州）异暖，三九出蝗。 ···················· 《青州市志》

574. 清宣统元年（1909 年）

秋，（定陶）生蝗虫，谷子吃光。 ··················· 《定陶县志》

秋，（曹县）蝗虫自东南飞来，谷物被吃光。 ············ 《曹县志》

秋，（兖州）蝗虫成灾。 ·························· 《兖州市志》

夏，（蒙阴）蝗蝻为灾。 ·························· 《蒙阴县志》

575. 清宣统二年（1910 年）

秋，（嘉祥）旱蝗。 ···························· 《嘉祥县志》

六月，（淄川）飞蝗蝻成灾，秋无收。 ················ 《淄川区志》

（新泰）蝗吃大秋，复吃晚禾，粮歉收。 ·············· 《新泰市志》

576. 清宣统三年（1911 年）

秋，（淄川）生蝗蝻。 ··························· 《淄川区志》

七、民国时期蝗灾

577. 民国元年 （1912 年）

（金乡）大蝗，铺天盖地而来，庄稼食尽。 ⋯⋯⋯⋯⋯⋯⋯⋯《金乡县史志》

初秋，（昌邑）飞蝗自西北来遮天蔽日，高粱、谷子叶被吃光。

⋯⋯⋯⋯⋯⋯⋯⋯⋯⋯⋯⋯⋯⋯⋯⋯⋯⋯⋯⋯⋯《昌邑农业志》

秋，（泰安）蝗虫自南来，遮天蔽日，进入良庄镇一带。 ⋯⋯⋯《泰安市志》

578. 民国二年 （1913 年）

秋，（菏泽）蝗灾。 ⋯⋯⋯⋯⋯⋯⋯⋯⋯⋯⋯⋯⋯⋯⋯⋯⋯《菏泽市志》

春夏之交，利津及广饶北部蝗灾严重。 ⋯⋯⋯⋯⋯⋯⋯⋯⋯《东营市志》

（利津）蝗虫为害，田苗多被啃光。 ⋯⋯⋯⋯⋯⋯⋯⋯⋯⋯《利津县志》

（广饶）城北一带旱蝗。 ⋯⋯⋯⋯⋯⋯⋯⋯⋯⋯⋯⋯⋯⋯《广饶县志》

（垦利）旱，蝗灾严重，农田大部绝产。 ⋯⋯⋯⋯⋯⋯⋯⋯《垦利县志》

（博山）蝗。 ⋯⋯⋯⋯⋯⋯⋯⋯⋯⋯⋯⋯⋯ 民国《续修博山县志》

秋，滕县沿湖地区蝗灾。 ⋯⋯⋯⋯⋯⋯⋯⋯⋯⋯⋯⋯⋯⋯《枣庄市志》

春夏之交，（台儿庄）蝗虫成灾，禾苗被食十之七八。 ⋯⋯《台儿庄区志》

（日照）韩家营村蝗灾，庄稼绝产。 ⋯⋯⋯⋯⋯⋯⋯⋯⋯⋯《日照市志》

579. 民国三年 （1914 年）

春，（曲阜）蝗蝻生，不甚为灾。 ⋯⋯⋯⋯⋯⋯⋯ 民国《续修曲阜县志》

夏，（东明）旱蝗，秋禾不登。 ⋯⋯⋯⋯⋯⋯⋯⋯⋯⋯⋯⋯《东明县志》

（泰安）良庄镇一带蝗蝻生。 ⋯⋯⋯⋯⋯⋯⋯⋯⋯⋯⋯⋯⋯《泰安市志》

七月，（蒙阴）全县有蝗灾。 ⋯⋯⋯⋯⋯⋯⋯⋯⋯⋯⋯⋯⋯《蒙阴县志》

580. 民国四年 （1915 年）

（长清）蝗虫生，伤禾稼。 ⋯⋯⋯⋯⋯⋯⋯⋯⋯⋯⋯⋯⋯⋯《长清县志》

六月，（临邑）飞蝗自北来，遮天蔽日，幸不为灾。 ⋯⋯⋯⋯《临邑县志》

（乐陵）蝗灾严重，飞行时遮天蔽日，落地将作物叶子吃光，造成绝产。

⋯⋯⋯⋯⋯⋯⋯⋯⋯⋯⋯⋯⋯⋯⋯⋯⋯⋯⋯⋯⋯⋯⋯《乐陵县志》

夏，（惠民）蝗蝻为害。 ⋯⋯⋯⋯⋯⋯⋯⋯⋯⋯⋯⋯⋯⋯⋯《惠民县志》

六月，（阳信）飞蝗自北来蔽日遮天，不见边际。 ⋯⋯⋯ 民国《阳信县志》

夏六月，（无棣）飞蝗至。 ⋯⋯⋯⋯⋯⋯⋯⋯⋯⋯⋯ 民国《无棣县志》

六月，（桓台）飞蝗自北来南去，尚不为害。 ⋯⋯⋯⋯⋯⋯《桓台县志》

夏，（博兴）蝗虫成灾，歉收。 ·························《博兴县志》

八月，（莱芜）飞蝗蔽天。 ··············· 民国《续修莱芜县志》

夏，（临淄）蝗。 ······················· 民国《临淄县志》

（淄川）淄河下游飞蝗蔽日，食禾成灾。 ···········《淄川区志》

（博山）飞蝗自淄河下游蔽空而至，继而蝻生，公家设局收买蝻子，庄稼不致大伤。 ··························· 民国《续修博山县志》

581. 民国五年（1916 年）

六月，长清飞蝗蔽日，蝻子遍地，灾情严重。 ·······《济南市志》

（长清）飞蝗蔽日，蝗蝻遍地。 ················《长清县志》

夏，（商河）蝗。 ··················· 民国《重修商河县志》

七月旱，（平原）蝗蝻为灾。 ················《平原县志》

夏，（齐河）蝗。 ·······················《齐河县志》

（东平）蝗虫为灾。 ·····················《东平县志》

（无棣）蝗。 ······················· 民国《无棣县志》

五月，（阳信）飞蝗入境。六月，蝗蝻为灾。 ·······民国《阳信县志》

（临淄）蝗。 ······················· 民国《临淄县志》

夏，（博山）蝗。秋，蝻子害豆。 ··········· 民国《续修博山县志》

夏，（蒙阴）全县有蝗为害。 ················《蒙阴县志》

六月，莒县安庄乡遭蝗灾，谷叶被吃光。 ·········《临沂地区志》

（新泰）蝗灾，歉收。 ····················《新泰市志》

六月，（莱芜）大旱，蝗虫害稼。 ·········· 民国《续修莱芜县志》

582. 民国六年（1917 年）

（商河）蝗，岁歉，蠲免丁银十之四。 ········ 民国《重修商河县志》

（无棣）飞蝗蔽日，草木叶食尽。 ··············《无棣县志》

（利津）蝗蝻为灾，海滩淤地尤多。 ············《利津县志》

（昌邑）蝗虫成灾，农作物产量大减。 ···········《昌邑县志》

秋，（寿光）飞蝗自西南来，数日始尽。 ········ 民国《寿光县志》

秋，（莱芜）飞蝗遍野，蝝生。 ··········· 民国《续修莱芜县志》

夏旱，（台儿庄）沿运河两岸蝗虫为灾。 ·········《台儿庄区志》

583. 民国七年（1918 年）

夏五月，（商河）飞蝗入境，岁大歉。 ········ 民国《重修商河县志》

（齐河）飞蝗入境，岁大歉。 ················《齐河县志》

夏，(博山)旱蝗。秋，蝻子生。·················· 民国《续修博山县志》

秋七月，(无棣)飞蝗蔽日。·················· 民国《无棣县志》

秋七月，(寿光)飞蝗蔽天。·················· 民国《寿光县志》

(利津)蝗虫为害，成灾。·················· 《利津县志》

夏，(台儿庄)农作物被蝗食之六七。·········· 《台儿庄区志》

七月，(山亭区)飞蝗过境，遮天蔽日，农作物秆叶吃光。······ 《山亭区志》

584. 民国八年（1919年）

夏，(济阳)大旱，蝗蝻遍野，谷禾不收，秋后复将麦苗食尽。

·· 民国《济阳县志》

六月，(长清)蝗虫生。秋，飞蝗蔽天。·········· 《长清县志》

秋，(德平)儒林寺一带飞蝗降落，禾稼被食。······ 民国《德平县续志》

秋，(夏津)蝗。·························· 民国《夏津县志续编》

六月，(临邑)飞蝗自东北来。·················· 《临邑县志》

五月，(武城)发生蝗虫。·················· 《武城县志》

夏，(齐河)旱蝗。·························· 《齐河县志》

(济宁)蝗灾。·························· 《济宁市志》

七月，(曲阜)有蝗自西南来，损害秋禾。········ 民国《续修曲阜县志》

七月，(聊城)发生大面积蝗灾。·················· 《聊城市志》

(嘉祥)蝗灾。·························· 《嘉祥县志》

六月，(金乡)蝗蝻灾害，庄稼吃光。·············· 《金乡县志》

秋，(汶上)蝗灾。·························· 《汶上县志》

五月，泰安中部和东部飞蝗大至。六月，蝻生，厚者系二寸，侵及村屋，
　缘壁入人家，谷菽食尽。·················· 《泰安市志》

七月，(莱芜)蝗蝻大至。·················· 民国《续修莱芜县志》

夏，(临淄)旱蝗。·························· 民国《临淄县志》

(博山)飞蝗至，继而生蝻子，公家在农会设局收买。

·· 民国《续修博山县志》

秋，(惠民)飞蝗蔽日，自西南来，未成大害。······ 《惠民县志》

秋，(无棣)蝗。·························· 民国《无棣县志》

六月，(阳信)飞蝗蔽日自东北来，田禾食尽。七月，蝻生遍野，满坑盈
　沟，两月不绝。·················· 民国《阳信县志》

(博兴)蝗虫遍野，五谷减产。·················· 《博兴县志》

（利津）连续三年蝗灾，灾重。 …………………………………《利津县志》

夏旱，（桓台）蝗蝻为灾。 ………………………………… 民国《桓台县志》

秋，寿光、益都、临朐等县蝗灾严重，临朐飞蝗落地厚半尺，树枝被压折。

…………………………………《潍坊市志》

（昌邑）县北部红蝗为灾，小麦受害。 …………………………《昌邑县志》

秋，（寿光）蝗。 ……………………………………… 民国《寿光县志》

秋，（临朐）飞蝗自西南来，落地深半尺，树枝压折。 ………《临朐县志》

秋，（诸城）蝗灾，庄稼吃光。 …………………………………《诸城市志》

夏，（蒙阴）全县有蝗为害。 ……………………………………《蒙阴县志》

秋，（莱阳）飞蝗蔽日，食禾几尽。 ……………………… 民国《莱阳县志》

（即墨）飞蝗蔽日，稼禾受害严重。 ……………………………《即墨县志》

585. 民国九年（1920 年）

山东蝗。 …………………………………………………………《中国的飞蝗》

山东长清等 56 县蝗灾。 ……………………………《中国历代蝗患之记载》

秋，（长清）河东等处蝗虫为灾。 ………………………………《长清县志》

夏，（商河）蝗飞蔽日，无麦。 ………………………… 民国《重修商河县志》

（德州）飞蝗成灾。 ………………………………………………《德州市志》

五月旱，（朝城）蝗蝻生，邑令督捕。 ………………… 民国《朝城县志》

（济宁）蝗灾。 ……………………………………………………《济宁市志》

（嘉祥）旱蝗。 ……………………………………………………《嘉祥县志》

（东平）蝗灾，秋无收。 …………………………………………《东平县志》

秋，（临淄）蝗。 ……………………………………… 民国《临淄县志》

春夏，（桓台）蝗，五谷不登，民乏食。 ………………………《桓台县志》

夏，（泰安）西乡蝗蝻生，不为灾。 …………………… 民国《重修泰安县志》

秋，（博山）又蝗。 ……………………………………… 民国《续修博山县志》

八月，齐东飞蝗过境三日。 ……………………………………《邹平县志》

滕县飞蝗过境，所袭作物吃光。 ………………………………《枣庄市志》

夏，（日照）三庄、沈疃蝗灾，蝗虫遮天蔽日，所经之处禾苗无剩。

…………………………………《日照市志》

夏，（莱阳）蝗蝻生，有海鸟来食之尽。 ……………… 民国《莱阳县志》

（即墨）蝗虫遍地，各村挖沟掩埋。 ……………………………《即墨县志》

586. 民国十年（1921 年）

（博山）飞蝗。 ·· 民国《续修博山县志》

（济宁）蝗灾。 ··· 《济宁市志》

五月，（微山）沿湖地区发生蝗灾，飞蝗遮天盖地，庄稼被吃光。

·· 《微山县志》

五月，齐东蝗蝻害稼。 ··· 《邹平县志》

秋，潍县飞蝗过境，遮天蔽日，所落处庄稼吃光。 ········· 《潍坊市志》

秋，（寒亭区）飞蝗过境，蔽天遮日，庄稼尽被吃光。 ····· 《寒亭区志》

夏，滕县沿湖一带蝗虫为害。 ···································· 《枣庄市志》

587. 民国十一年（1922 年）

（平阴）旱，有蝗。 ·· 《平阴县志》

（平原）蝗灾，禾被吃光叶，又飞上树，枝条压断。 ········· 《平原县志》

（冠县）蝗灾。 ··· 《冠县志》

（东阿）蝗灾。 ··· 《东阿县志》

冬，（青州）异暖，河开出蝗。 ···································· 《青州市志》

（博山）蝻子生。 ·· 民国《续修博山县志》

六月，（诸城）蝗灾，半数庄稼被毁。 ··························· 《诸城市志》

588. 民国十二年（1923 年）

春，（德平）孙家屯一带批现蝗蝻甚夥，西南风作，顿消。

·· 民国《德平县续志》

（泰安）飞蝗蔽日，自西南进入邱家店一带，庄稼尽毁。 ····· 《泰安市志》

（莱西）飞蝗蔽日，所落之处禾苗尽食。 ······················· 《莱西县志》

589. 民国十三年（1924 年）

夏，（广饶）八区孙武路及三区安七、安六各保蝗虫为灾。

·· 民国《续修广饶县志》

七月，（兖州）蝗虫成灾，作物多被吃光。 ····················· 《兖州市志》

590. 民国十四年（1925 年）

六月，（商河）飞蝗蔽野，禾稼无伤。 ···························· 民国《重修商河县志》

（广饶）西南乡蝗灾。 ··· 民国《续修广饶县志》

六月，（泰安）飞蝗自西南蔽日而来，进入北集坡一带，将高粱、玉米、谷

子悉数吃光。 ·· 《泰安市志》

（日照）韩家营村蝗灾，庄稼绝产。 ······························ 《日照市志》

591. 民国十五年（1926 年）

山东蝗灾。 ·····································《中国历代蝗患之记载》

（泰安）邱家店遭蝗灾，减产五成。 ·····················《泰安市志》

夏，（惠民）蝗虫为灾。 ···························《惠民县志》

592. 民国十六年（1927 年）

山东旱蝗，罹灾者 900 万人。 ·····················《飞蝗概说》

山东 63 县蝗。 ·······························《中国的飞蝗》

六月，（商河）飞蝗过境。 ···············民国《重修商河县志》

（德平）旱蝗为灾。 ····················民国《德平县续志》

（陵县）280 个村遭蝗灾，歉收。 ·······················《陵县志》

（禹城）飞蝗蔽日，落地数寸，秋收不足一成。 ···········《禹城县志》

（临邑）飞蝗过境，禾苗枯槁。 ·······················《临邑县志》

夏，武城、恩县旱，蝗自西北来，后又生蝻，满地皆是，庄稼歉收。

·····································《武城县志》

（平原）旱蝗。 ·······························《平原县志》

秋旱，（齐河）飞蝗遍境，食尽稼禾。 ·················《齐河县志》

六月，（冠县）蝗灾严重。 ·······················《冠县志》

五月，（莘县）蝗蝻生，岁大饥。 ·····················《莘县志》

（高唐）旱蝗严重，受灾村庄 190 个。 ·················《高唐县志》

（济宁）蝗灾特重，田禾尽食。 ·······················《济宁市志》

秋，（曲阜）飞蝗蔽天，蝻生遍野，秋禾食之殆尽。

·····································民国《续修曲阜县志》

（泗水）蝗虫成灾，庄稼吃光。 ·······················《泗水县志》

（广饶）城北李佛、万全、马琅各乡，城南安二、安七各保皆蝗虫为灾。

·····································民国《续修广饶县志》

秋，（泰安）范镇蝗灾，角峪镇一带飞蔽日，地面、墙壁爬满蝗虫，未几蝻
虫成堆，玉米、谷子基本吃光。 ···············《泰安市志》

夏，（博兴）蝗蝻成灾。 ···························《博兴县志》

（沾化）蝗蝻生，岁饥。 ····················民国《沾化县志》

（蒙阴）旱，有蝗灾。 ···························《蒙阴县志》

（郯城）蝗虫漫天涌入县城，庄稼吃光后蔽空南下，停留在陇海铁路线上的
蝗虫达一米厚，使火车受阻，交通中断。 ···········《郯城县志》

四月，（莱州）蝗食麦叶。秋，蝗食稼，饥。 ·················《莱州市志》

六月，（招远）过蝗虫，遮天盖地。 ·················《招远县志》

593. 民国十七年（1928 年）

山东蝗。 ···································《中国的飞蝗》

济宁、邹县、滕县、曲阜、滋阳、掖县、郯城、鱼台蝗灾。

·······················《中国历代蝗患之记载》

四月，（平阴）飞蝗遍野，早苗无余。五月，蝗蝻生，晚禾殆尽。

·······································《平阴县志》

秋，（德平）蝗螟，未成灾。 ·············· 民国《德平县续志》

秋，（夏津）蝗。 ····················· 民国《夏津县志续编》

（平原）蝗、水、雹灾。 ····················《平原县志》

五月，（东阿）蝗虫遍野。六月，蝗蝻食晚苗殆尽。 ·······《东阿县志》

秋，（巨野）蝗虫成灾。 ····················《巨野县志》

五月，（东明）飞蝗成灾，田禾被食过半，继而生蝻，绵延遍野，村人挖沟

驱逐不能止，高粱、谷禾、玉米俱被食尽，四、五、六区尤为严重。

·······································《东明县志》

（郓城）蝗灾，禾苗被吃大半，歉收。 ···········《郓城县志》

夏，（鄄城）飞蝗遍野，早秋作物受害。 ···········《鄄城县志》

（济宁）蝗灾特重，田禾尽食，饿殍载道。 ·········《济宁市志》

六月，（曲阜）蝗虫由县西南而东北，遮天蔽日，城西徐家村等庄稼被

吃光。 ·································《曲阜市志》

七月，（广饶）四区及八区北部飞蝗蔽野，继生蝻子。

·······················民国《续修广饶县志》

（新泰）蝗灾，歉收。 ···················《新泰市志》

（滨州）蝗灾。 ·······················《滨州市志》

秋，（利津）飞蝗蔽野，农业荒失。 ············《利津县志》

七月，蝗虫在潍县过境，在央子镇一带停留 10 天，草禾被食一空，直至无

食向北飞去，坠海溺死，被风吹到岸上堆积如丘，百姓运回充食、作柴。

·······································《潍坊市志》

八月，寒亭区飞蝗过境，菜禾被食一空，高粱、谷子被食过半，直至无食

可觅，方飞越渤海，坠海溺死，被风吹到岸边者堆积如丘，人们运回充

饥、作柴。 ·······················《寒亭区志》

七月，（昌邑）蝗虫，所到之处作物被吃光。 …………………《昌邑县志》

秋，（临朐）蝗虫遍野，庄稼、树叶吃光。 …………………《临朐县志》

六月旱，（临沂）蝗蝻遮地，农田大多绝产。 …………………《临沂市志》

七月，临沂旱，蝗蝻生，食秋禾几尽，各乡自动捕蝗。…… 民国《临沂县志》

夏，莒县、临沂蝗灾，飞蝗行如风雨，止如丘山，禾苗吃光。而后，日照、
沂水又遭蝗害，莒县、沂水交界处被害尤甚，庄稼、树叶吃光。秋，蒙
阴、费县、平邑又遭蝗灾，作物绝产。 …………………《临沂地区志》

（临沭）大旱，蝗蝻生，秋禾几尽。 …………………《临沭县志》

秋，（沂南）发生蝗灾，庄稼、野草吃光。 …………………《沂南县志》

八月，（沂水）蝗灾，蝗虫遮天蔽日，庄稼、树叶吃光。 ……《沂水县志》

（蒙阴）有蝗蝻，大饥。 …………………《蒙阴县志》

秋，（平邑）飞蝗自西入境，遍地皆是，除不食绿豆外，其余禾草殆尽。
…………………《平邑县志》

峄县受蝗虫为害。 …………………《枣庄市志》

台儿庄农作遭蝗灾。 …………………《台儿庄区志》

五月，（五莲）西部飞蝗蔽天，行如风雨来临，止则食尽禾苗，一月始息。
…………………《五莲县志》

六月，莒地飞蝗蔽日，行如风雨，止如丘山，月余方息。………《莒县志》

七月，（栖霞）飞蝗自西入境，落地成团，秋作绝收。 ………《栖霞县志》

（莱州）蝗食麦叶。秋，蝗食稼，饥。 …………………《莱州市志》

五月，（掖县）蝗食麦叶。秋，蝗食稼。……………… 民国《四续掖县志》

594. 民国十八年（1929年）

山东29县蝗。 …………………《江苏省昆虫局十七、十八两年年刊》

山东齐东、新泰、乐陵、沾化、即墨、博兴、高苑、邹县、汶上、茌平、
平原、广饶、平阴、濮县、黄县、栖霞、海阳、莱阳、昌邑、临邑、寿
光、昌乐、临朐、东平、德平、冠县、济阳、邹平、益都、平度、郓城、
临淄、临清、巨野、蓬莱蝗灾。 …………………《中国历代蝗患之记载》

夏，（长清）飞蝗为灾。 …………………《长清县志》

秋，（平原）蝗自西南来，禾叶吃光又食草。 …………………《平原县志》

（临邑）飞蝗过境，复遗殖蝗蝻。 …………………《临邑县志》

七月，（武城）飞蝗入境，继生蝻，繁殖不绝，为害作物，恩县洼东受灾
最重。 …………………《武城县志》

（济宁）蝗灾，饿殍载道。 ·············· 《济宁市志》

（鱼台）大旱，蝗灾。 ·············· 《鱼台县志》

（滨州）蝗。 ·············· 《滨州市志》

六月，齐东蝗蝻害稼。 ·············· 《邹平县志》

鲁南蝗虫严重，青草、树叶、禾稼几吃光。 ·············· 《苍山县志》

（郯城）蝗灾严重，青草、禾苗、庄稼、树叶几乎被吃光，实为百年所
　　罕见。 ·············· 《郯城县志》

夏，（蓬莱）蝗灾，飞蝗蔽日，农作物严重受损。 ·············· 《蓬莱县志》

春，（栖霞）蝗蝻为害，受灾严重。 ·············· 《栖霞县志》

（莱州）飞蝗为灾，食谷叶殆尽。 ·············· 《莱州市志》

（掖县）飞蝗为灾，食谷殆尽。 ·············· 民国《四续掖县志》

595. 民国十九年（1930 年）

夏，（商河）蝗蝻生。 ·············· 民国《重修商河县志》

五月，飞蝗入恩县，复生蝻。 ·············· 《平原县志》

（济宁）蝗灾，饿殍载道。 ·············· 《济宁市志》

（泰安）省庄镇一带飞蝗自西南遮天盖地而来，呼呼作响，落到地下，食尽
　　庄稼。 ·············· 《泰安市志》

（新泰）蝗灾重，玉米歉收。 ·············· 《新泰市志》

邹平旱蝗。 ·············· 《邹平县志》

四月，（莱州）连年飞蝗遗卵，沿海苇地生跳蝻，蝗灭。 ······ 《莱州市志》

夏五月，（掖县）飞蝗遗卵沿苇田孵生跳蝻，食麦叶，大有蕃滋之势，县长
　　组织捕蝻会，派警督同民众掘沟截捕掩埋，幸不为灾。

　　·············· 民国《四续掖县志》

五月，飞蝗入恩县，继生蝻，为害作物。 ·············· 《武城县志》

596. 民国二十年（1931 年）

（临邑）蝗，大歉。 ·············· 《临邑县志》

（济宁）蝗灾。 ·············· 《济宁市志》

八月，（兖州）蝗虫成灾，秋禾歉收。 ·············· 《兖州市志》

秋，（嘉祥）蝗灾，飞蝗遮天盖地，家家户户敲打盆锣震蝗，农作物毁坏
　　惨重。 ·············· 《嘉祥县志》

（沾化）李家一带蝗灾严重，吃光庄稼又啃房檐窗纸。 ······ 《沾化县志》

长山飞蝗过境，蝻生遍地，无收。 ·············· 《邹平县志》

秋，（广饶）八区耿家井、卢家乡一带蝗虫为灾。　……民国《续修广饶县志》

597. 民国二十一年（1932 年）

山东蝗灾。　……………………………………………………《华北的飞蝗》

鱼台蝗灾。　………………………………………………《中国历代蝗患之记载》

七月，（东明）六区东境蝗蝻蔓延，满地跳跃，啮食田禾，县政府派员督乡
　　民不分昼夜捕灭之。　………………………民国《东明县新志》

（济宁）蝗灾。　……………………………………………………《济宁市志》

（滨州）蝗。　………………………………………………………《滨州市志》

夏，（阳信）蝗。　…………………………………………………《阳信县志》

秋，（利津）蝗虫为害，减产。　…………………………………《利津县志》

（广饶）城北万全、卢家、袁家、李佛诸乡蝗灾。　……民国《续修广饶县志》

598. 民国二十二年（1933 年）

山东省临朐、海阳、新泰、冠县、沾化、博兴、昌邑、东平、益都、寿光、
　　邹平、广饶、临清、巨野、利津、汶上、临沂、宁阳、费县、荏平、青城、
　　莱阳、无棣、德平、临淄、高苑、德县、夏津、曹县、武城、高唐、齐河、
　　历城、肥城、泗水、峄县、郯城、文登等 38 县蝗。　………《中国的飞蝗》

（济宁）蝗灾。　……………………………………………………《济宁市志》

（滨州）蝗。　………………………………………………………《滨州市志》

599. 民国二十三年（1934 年）

山东省成武、武城、利津三县蝗。　……《民国二十三年全国蝗患调查报告》

五月，国民政府召开江苏、安徽、山东、河北、河南、湖南、浙江七省治
　　蝗会议。　…………………………………………………《飞蝗概说》

秋，（平原）飞蝗遍野，继生蝻，禾叶食光。　…………………《平原县志》

（济宁）蝗灾。　……………………………………………………《济宁市志》

六月，（曲阜）蝗灾，田间路上积蝻四指厚，多数秋作被吃绝产。

　　………………………………………………………………《曲阜市志》

（泰安）粥店一带蝗蝻遮地，毁禾无数。　………………………《泰安市志》

600. 民国二十四年（1935 年）

山东等六省蝗，蒋介石下治蝗令。……《昆虫与植病》1935 年第 3 卷第 18 期

七月，（滨州）蝗虫蔓延。　………………………………………《滨州市志》

夏，邹平蝗。　………………………………………………………《邹平县志》

秋，（临朐）蝗灾，飞蝗自南向北遮天蔽日，庄稼吃光。　……《临朐县志》

日照遭蝗灾，庄稼多无收成。 ……………………………………《临沂地区志》

（荣成）飞蝗蔽日，上庄一带尤甚。 ……………………………………《荣成市志》

601. 民国二十五年（1936 年）

（阳谷）大旱，蝗灾。 ………………………………………………………《阳谷县志》

沛县沿湖发生蝗灾，有蝗面积 30 千米^2。微山县蝗。 ………………《微山县志》

秋，（沂南）飞蝗蔽日，压断树枝，田禾一空。 …………………………《沂南县志》

602. 民国二十六年（1937 年）

（乐陵）蝗虫灾害。 ………………………………………………………《乐陵县志》

七月，（汶上）蝗虫自南而北过县境，作物被吃光，越十数日，幼蝻起，新
　　萌叶芽又啃光。 ………………………………………………………《汶上县志》

夏，（鱼台）飞蝗蔽天，蜂拥而至，所过之处农作物、树叶全被吃光，村内
　　水井、灶台到处爬满蝗虫。 ……………………………………………《鱼台县志》

（昌邑）北部沿海蝗灾，禾苗无存，民大饥。 …………………………《昌邑县志》

603. 民国二十七年（1938 年）

（滨州）蝗，谷子吃光。 ……………………………………………………《滨州市志》

秋，滕县蝗虫为灾。 ………………………………………………………《枣庄市志》

604. 民国二十八年（1939 年）

（滨州）蝗。 …………………………………………………………………《滨州市志》

（邹平）南部山区蝗虫成灾，草木皆光。 ………………………………《邹平县志》

六月，（曲阜）蝗虫由南来，田禾被其吃光。 …………………………《曲阜市志》

夏，蝗虫从微山湖东飞落，台儿庄禾苗多被吃光。 …………………《台儿庄区志》

605. 民国二十九年（1940 年）

山东蝗。 ………………………………………………《中国东亚飞蝗蝗区的研究》

（济宁）蝗灾。 ………………………………………………………………《济宁市志》

五月，（泰安）良庄一带飞蝗遮天蔽日自西南来，落地将禾苗食尽。六月，
　　蝻生，良庄乡捕蝗者逾万人。 ………………………………………《泰安市志》

七月，（寒亭区）飞蝗由西北向东南迁飞，持续十几天，所过之处草禾吞啮
　　一空。 …………………………………………………………………《寒亭区志》

春，（桓台）蝗虫。 …………………………………………………………《桓台县志》

（利津）蝗蝻为害。 ………………………………………………………《利津县志》

秋，滕县湖水干涸，蝗虫为害。 …………………………………………《枣庄市志》

夏，（日照）蝗。秋，蝗虫遮天盖地，庄稼、叶草被吃光。 ……《日照市志》

606. **民国三十年**（1941 年）

（平阴）旱，蝗虫为害。 ·········《平阴县志》

夏，（博兴）蝗蝻为害严重，起飞蔽日，田禾被吃光。 ·······《博兴县志》

秋，（巨野）蝗虫成灾。 ·········《巨野县志》

秋，临沂县部分乡村飞蝗蔽日，蝗粪如雨，禾苗被吃光，连收至场间庄稼
亦未幸免，当地农民群起扑打，将蝗虫煮熟再行晒干，以备粮荒。

·········《临沂地区志》

春，滕县旱，蝗虫灾。 ·········《枣庄市志》

607. **民国三十一年**（1942 年）

秋，（商河）蝗灾，饥民载道。 ·········《商河县志》

（乐陵）蝗虫灾害。 ·········《乐陵县志》

（陵县）旱，蝗灾严重。 ·········《陵县志》

秋，堂邑县飞蝗蔽天，落地成灾，地无青苗，人们以蝗虫、草籽充饥。

·········《聊城市志》

（阳谷）蝗灾。 ·········《阳谷县志》

秋，（冠县）飞蝗蔽天，庄稼大部吃光。 ·········《冠县志》

（荏平）蝗虫遍野，遮天蔽日。 ·········《荏平县志》

夏，（东阿）蝗虫成灾。 ·········《东阿县志》

（东明）旱蝗，庄稼绝收。 ·········《东明县志》

夏，（菏泽）飞蝗过境，遮天盖地，有如黄风，落于树则枝干压断，落于田
则禾苗立尽，收成大减。 ·········《菏泽市志》

七月，（成武）严重蝗灾，县抗日民主政府发动群众采取多种方式开展灭蝗
与生产自救。 ·········《成武县志》

秋，蝗虫为害，庄稼歉收。飞蝗自西北入巨野，遮天盖地，高粱、谷子每
棵有蝗数十个，每人每天可手捉飞蝗 30 余千克，秋作物减产七成多，许
多树木也被蝗虫吃得光秃无叶。 ·········《巨野县志》

七月，（兖州）蝗虫成灾。 ·········《兖州市志》

（嘉祥）蝗灾。 ·········《嘉祥县志》

秋，（泗水）先遭蝗虫，后遭米蝻，庄稼吃光。 ·········《泗水县志》

秋，（汶上）飞蝗蔽日，树枝压折，屋顶、房檐、锅台、炕头比比皆是，庄
稼、树叶啃光。 ·········《汶上县志》

（滨州）蝗。 ·········《滨州市志》

夏，（临沭）飞蝗遮天蔽日，草木、禾苗一空，危及人畜。 ……《临沭县志》

五月，滕县蝗虫为害，歉收。 ……………………………………《枣庄市志》

七月，（薛城）蝗虫遍野，禾苇殆尽，大饥。 …………………《薛城区志》

秋，（荣成）蝗虫成灾，庄稼几乎绝产。 ………………………《荣成市志》

608. 民国三十二年（1943 年）

（德州）飞蝗成灾。 ……………………………………………………《德州市志》

秋，（临邑）蝗。 ………………………………………………………《临邑县志》

（章丘）蝗蝻成灾，尺地数百只，麦无收。 …………………………《章丘县志》

（平阴）大旱，蝗灾。 …………………………………………………《平阴县志》

（乐陵）蝗虫灾害。 ……………………………………………………《乐陵县志》

（高唐）晚秋作物遭受蝗灾。 …………………………………………《高唐县志》

（东阿）大旱，蝗虫成灾，交多少斤蝗虫，奖励等量小米。 ……《东阿县志》

七月，（鄄城）飞蝗成灾。 ……………………………………………《鄄城县志》

夏，（成武）蝗发生，大片禾苗、树叶吃光，县委根据行署关于"扑灭蝗灾抢救秋
　　禾"的指示，动员区县干部组织广大群众，统一指挥，划片负责，分工扑打，
　　昼夜奋战在灭蝗第一线，基本战胜了蝗灾，保住了禾苗。 ………《成武县志》

七月，（单县）蝗害，飞蝗由北向南遮天蔽日，蝗落处禾苗、树叶皆被吃
　　光，县委组织群众灭蝗。 ……………………………………………《单县志》

秋，（郓城）飞蝗蔽日，声若风雨，蝗过禾秃，民大饥。 ……《郓城县志》

秋，（兖州）蝗虫飞落县西南，绝收。 ………………………………《兖州市志》

六月，（梁山）发生大面积蝗灾，冀鲁豫行署发出关于"扑灭蝗灾抢救秋
　　禾"的指示。 …………………………………………………………《梁山县志》

秋，（泰安）道朗、夏张、角峪镇发生严重蝗灾，庄稼大部绝产，夏张一带
　　蝗虫落在树上，树枝折断。 …………………………………………《泰安市志》

（东平）蝗灾。 …………………………………………………………《东平县志》

秋，（肥城）飞蝗蔽天。 ………………………………………………《肥城县志》

（沾化）蝗虫成灾。 ……………………………………………………《沾化县志》

五月，（垦利）发生大面积蝗蝻灾害，全县党政军民学齐上阵捕打，至七月
　　取得灭蝗胜利。 ……………………………………………………《垦利县志》

（昌邑）北部沿海蝗灾，人民政府组织捕蝗，免受其害。 ……《昌邑县志》

（莒南）壮岗、坪上一带发生蝗灾，自西而来遮天蔽日，多的一米^2 百余只，

一人一天能捉一二百斤，百余村庄屋草、树叶和十几万亩^①庄稼被吃光。

....《莒南县志》

秋，滕县蝗虫遮天蔽日，一经落地，禾苗顿时被蝗吃光，失收。

....《枣庄市志》

台儿庄农作被蝗食之八九。..........................《台儿庄区志》

609. 民国三十三年（1944 年）

秋，（冠县）县境蝗灾，县政府组织群众扑灭蝗虫。.........《冠县志》

秋，（东阿）蝗虫成灾，县成立捕蝗指挥部和捕蝗队，按捕蝗斤数发奖。

....《东阿县志》

七月，（东明）飞蝗自南来遮蔽天日，势如狂风，五昼夜不停，秋禾十伤

八九。...《东明县志》

五月，（菏泽）飞蝗入境，捕之无数，毁之不尽，禾稼皆被嚼食。

....《菏泽市志》

麦收后，（曹县）飞蝗由东南飞来，数日后向北飞出县境。六月，蝗蝻生，

遍地皆是，早晨向东行，午间向北行，房屋墙垣不能阻，所到之处作物

被食一空。...《曹县志》

六月，（定陶）飞蝗入境，早向阳行，午向北行，方向一致如行军，禾苗被

食殆尽。...《定陶县志》

四月，（梁山）飞蝗暴发，蝗蝻盖地，县区政府组织群众挖沟土埋、人工

扑打。...《梁山县志》

夏，（泰安）夏张镇蝗蝻成灾。.......................《泰安市志》

四月，（垦利）蝗灾严重，县委县政府组织捕蝗委员会，带领全县人民投入

灭蝗战斗，取得胜利。...................................《垦利县志》

七月，滕县遭受蝗灾，中共滕县县委县政府召开会议要求以村为单位组织

捕蝗队，捕蝗救灾。.....................................《枣庄市志》

八月，五莲以东飞蝗蔽天，向南飞去。...............《五莲县志》

610. 民国三十四年（1945 年）

秋，（汶上）蝗虫发生面积 65.7 万亩，经济损失 7 256 万元。

....《汶上县志》

七月，（博兴）飞蝗大发生。..........................《博兴县志》

---

① 亩为中国非法定计量单位，15 亩＝1 公顷。下同。——编者注

（无棣）飞蝗蔽日，庄稼吃尽。 ·······················《无棣县志》

四月，（沾化）县东蝗灾，县长带领 4 万人扑灭蝗灾。 ········《沾化县志》

四月，（垦利）出现大面积蝗蝻，全县 3 万人上阵连续捕打 33 天，捕打面
积 20 余万亩，捕蝗 1.8 万千克。 ·······················《垦利县志》

六月，渤海区蝗灾蔓延，垦利、沾化、广饶、寿光、昌邑、潍县等地受灾
面积 432 万亩，渤海行署组织男女老幼灭蝗。 ···············《潍坊市志》

五月，（寿光）北部地区蝗灾。 ·······················《寿光县志》

六月，（莱州）后坡、西由、午城区发生蝗虫，7 天捕打 1.5 万余千克。
···《莱州市志》

垦利沿海荆荒处蝗，群众 13 万人经一周捕打，消灭蝻 61.8 万斤，救出禾
苗 113 万亩，挖封锁沟及灭蝗沟 300 里。 ··················《渤海日报》

611. 民国三十五年（1946 年）

山东蝗。 ···《中国的飞蝗》

（平原）蝗灾。 ·······································《平原县志》

夏，（临邑）蝗。 ·····································《临邑县志》

四月，（庆云）蝗灾，全县奋力捕杀蝗虫。 ·················《庆云县志》

（无棣）蝗蝻暴发。 ···································《无棣县志》

七月，（利津）蝗虫严重发生。 ·······················《利津县志》

612. 民国三十七年（1948 年）

（临邑）蝗虫。 ·······································《临邑县志》

夏，利津、垦利蝗灾，两县组织人力、药物灭蝗。 ···········《东营市志》

秋，（利津）蝗灾严重，粮田减产四成。 ···················《利津县志》

七月，（乳山）汤泉、午极、育黎、夏村等地发生蝗虫（油蚂蚱）灾害。
···《乳山市志》

613. 民国三十八年（1949 年）

夏，（陵县）蝗灾发生 6 480 亩，出动 3 500 人捕蝗。 ········《陵县志》

（宁津）发生蝗虫 3.2 万亩。 ·························《宁津县志》

五月，（禹城）郭辛、石屯区发生蝗蝻，县委组织捕打，禾苗受损轻微。
···《禹城县志》

六月，齐禹[①]县四、六、十区发生蝗蝻。 ·················《齐河县志》

---

① 齐禹：旧县名，治所在今山东齐河南，1950 年撤销。

秋，（冠县）一、二、七、八区蝗灾，县委领导群众扑灭蝗虫。

··《冠县志》

夏，（长清）蝗虫为害 11 万亩。·······················《长清县志》

夏，（曹县）全县 273 个村发生蝗虫，损害谷地 8 008 亩。········《曹县志》

五月，（滨州）有 9 个区发生蝗灾，县委县政府发出紧急指示，发动群众歼
灭蝗灾。·······································《滨州市志》

（惠民）蝗虫为害严重。··························《惠民县志》

五月，（垦利）蝗灾严重，县成立捕蝗指挥部，全县 3 万人参加捕蝗。

··《垦利县志》

夏，（郯城）蝗灾，受害庄稼 15 万亩。···············《郯城县志》

七月，（福山）门楼土蝗为害。·····················《福山区志》

六月，（莱州）全县 235 个村遭受蝗灾，捕打 2 000 余千克，害稼 4 万亩，
减产五成。·····································《莱州市志》

第二章
河北省历史蝗灾

一、唐前时期蝗灾

1. 秦王政四年（前 243 年）

（望都）蝗虫蔽天。 ···《望都县志》

2. 西汉后元六年（前 158 年）

天下大旱蝗，发仓庾振贫民。 ··························· 咸丰《大名府志》

秋，河北大名蝗，民饥。 ···················《中国历代蝗患之记载》

3. 西汉中元三年（前 147 年）

秋，河北蝗灾。 ·······························《中国历代蝗患之记载》

4. 西汉中元四年（前 146 年）

河北蝗灾。 ···································《中国历代蝗患之记载》

5. 西汉建元五年（前 136 年）

夏，河北蝗虫大发生。 ·······················《中国历代蝗患之记载》

夏，（海兴）蝗。 ·····································《海兴县志》

6. 西汉元光五年（前 130 年）

秋，河北蝗。 ·······················《中国东亚飞蝗蝗区的研究》

秋，（海兴）蝗。 ·····································《海兴县志》

7. 西汉元光六年（前 129 年）

夏，河北蝗。 ·······················《中国东亚飞蝗蝗区的研究》

夏，（海兴）蝗。 ·····································《海兴县志》

夏，（蔚州）蝗。 ·································· 光绪《蔚州志》

夏，（怀来）蝗。 ·································· 光绪《怀来县志》

8. 西汉元鼎五年（前 112 年）

秋，河北蝗。 ·································· 《中国历代蝗患之记载》

9. 西汉元封六年（前 105 年）

秋，河北蝗。 ·································· 《中国东亚飞蝗蝗区的研究》

秋，（海兴）蝗。 ·································· 《海兴县志》

10. 西汉元始二年（公元 2 年）

秋，蝗遍天下。 ·································· 《汉书·五行志》

河北大名大蝗，饥。 ····················· 《中国东亚飞蝗蝗区的研究》

天下旱蝗。 ·································· 咸丰《大名府志》

（冀县）蝗灾。 ·································· 《冀县志》

（南和）蝗虫蔽天。 ·································· 《南和县志》

（邱县）大旱蝗，遣使督民捕蝗，诣吏以捕蝗多寡授钱。 ······ 《邱县志》

11. 新莽天凤四年（17 年）

天下旱蝗。 ·································· 《河北省农业厅·志源（1）》

（望都）旱蝗。 ·································· 《望都县志》

（海兴）旱蝗。 ·································· 《海兴县志》

（南和）蝗灾，饥民遍地，各地饥民相继起义。 ······ 《南和县志》

（邱县）大旱蝗。 ·································· 《邱县志》

12. 新莽地皇三年（22 年）

（临西）蝗虫成灾。 ·································· 《临西县志》

（邱县）大旱蝗，民饥，黄金一斤粟一斤。 ······ 《邱县志》

13. 东汉建武二十二年（46 年）

（涉县）大蝗。 ·································· 《涉县志》

14. 东汉建武二十八年（52 年）

（邱县）蝗。 ·································· 《邱县志》

15. 东汉建武二十九年（53 年）

四月，清河、魏郡①蝗。 ·································· 《后汉书·五行志》

夏，河北清河蝗灾。 ····················· 《中国历代蝗患之记载》

---

① 魏郡：旧郡名，治所在今河北临漳西南。

四月，（邱县）又蝗。 ·····················《邱县志》

（永年）蝗。 ·····················《永年县志》

16. 东汉永元八年（96年）

夏，河北大名蝗灾。 ·····················《中国历代蝗患之记载》

17. 东汉永初四年（110年）

夏四月，冀州①蝗。 ·····················《后汉书·安帝纪》

夏，河北蝗灾。 ·····················《中国历代蝗患之记载》

夏四月，（枣强）蝗。 ·····················嘉庆《枣强县志》

夏六月，（饶阳）蝗。 ·····················《饶阳县志》

18. 东汉永和四年（139年）

清河郡蝗。 ·····················民国《清河县志》

19. 东汉永兴元年（153年）

秋七月，郡国三十二蝗，冀州尤甚。 ·····················《资治通鉴·汉纪》

七月，（望都）蝗，饥。 ·····················《望都县志》

七月，冀县蝗。 ·····················《冀县志》

秋七月，（枣强）蝗。 ·····················嘉庆《枣强县志》

（武邑）蝗灾。 ·····················《武邑县志》

（南和）多蝗虫，百姓流离失所。 ·····················《南和县志》

七月，（邱县）蝗。 ·····················《邱县志》

20. 东汉永兴二年（154年）

（邱县）旱蝗。 ·····················《邱县志》

21. 东汉熹平六年（177年）

夏，河北广平蝗灾。 ·····················《中国历代蝗患之记载》

广平②大旱蝗。 ·····················光绪《永年县志》

夏四月，（鸡泽）大旱蝗。 ·····················民国《鸡泽县志》

四月，（邱县）大旱蝗。 ·····················《邱县志》

（平乡）大旱，蝗灾。 ·····················《平乡县志》

22. 东汉光和元年（178年）

河北广平蝗灾。 ·····················《中国历代蝗患之记载》

---

① 冀州：旧州名，东汉时治所在今河北高邑，三国魏时移治今河北冀州。

② 广平：旧郡名，治所在今河北鸡泽东南。

23. 东汉兴平元年（194 年）

河北交河①蝗灾大发生。⋯⋯⋯⋯⋯⋯⋯⋯⋯⋯⋯⋯⋯⋯《中国历代蝗患之记载》

夏，（交河）大蝗。⋯⋯⋯⋯⋯⋯⋯⋯⋯⋯⋯⋯⋯⋯ 民国《交河县志》

夏，（盐山）大蝗为灾。⋯⋯⋯⋯⋯⋯⋯⋯⋯⋯⋯⋯⋯⋯《盐山县志》

夏，（海兴）大蝗为灾。⋯⋯⋯⋯⋯⋯⋯⋯⋯⋯⋯⋯⋯⋯《海兴县志》

大名府蝗起，大饥。⋯⋯⋯⋯⋯⋯⋯⋯⋯⋯⋯⋯⋯⋯ 咸丰《大名府志》

四至七月，（邱县）蝗虫起，百姓大饥，人相食。⋯⋯⋯⋯⋯《邱县志》

24. 东汉建安二年（197 年）

夏，河北交河蝗灾。⋯⋯⋯⋯⋯⋯⋯⋯⋯⋯⋯⋯⋯《中国历代蝗患之记载》

25. 三国魏黄初元年（220 年）

（饶阳）旱蝗，民饥。⋯⋯⋯⋯⋯⋯⋯⋯⋯⋯⋯⋯⋯⋯⋯《饶阳县志》

26. 三国魏黄初二年（221 年）

冀州大蝗，民饥。⋯⋯⋯⋯⋯⋯⋯⋯⋯⋯⋯⋯⋯⋯《中国历代蝗患之记载》

27. 三国魏黄初三年（222 年）

秋七月，冀州大蝗，民饥，使尚书杜畿持节开仓以振之。

⋯⋯⋯⋯⋯⋯⋯⋯⋯⋯⋯⋯⋯⋯⋯⋯⋯⋯《三国志·魏书·文帝纪》

河北冀州大蝗，民饥。⋯⋯⋯⋯⋯⋯⋯⋯⋯⋯⋯《中国历代蝗患之记载》

七月，蠡县大蝗。⋯⋯⋯⋯⋯⋯⋯⋯⋯⋯⋯⋯⋯ 光绪《保定府志》

七月，（蠡县）大蝗，人饥。⋯⋯⋯⋯⋯⋯⋯⋯⋯ 光绪《蠡县志》

七月，（望都）大蝗，民饥。⋯⋯⋯⋯⋯⋯⋯⋯⋯⋯⋯《望都县志》

（安新）境内蝗灾，粮无收，民无食。⋯⋯⋯⋯⋯⋯⋯⋯《安新县志》

七月，冀县大蝗，民饥。⋯⋯⋯⋯⋯⋯⋯⋯⋯⋯⋯ 乾隆《冀州志》

秋七月，（饶阳）大蝗，民饥。⋯⋯⋯⋯⋯⋯⋯⋯⋯⋯《饶阳县志》

七月，（南和）大蝗，民饥。⋯⋯⋯⋯⋯⋯⋯⋯⋯⋯⋯《南和县志》

秋七月，（成安）大蝗，饥。⋯⋯⋯⋯⋯⋯⋯⋯⋯ 民国《成安县志》

七月，（邱县）大蝗，饥。⋯⋯⋯⋯⋯⋯⋯⋯⋯⋯⋯⋯《邱县志》

28. 西晋泰始七年（271 年）

幽州②蝗，延袤千里。⋯⋯⋯⋯⋯⋯⋯⋯⋯⋯⋯⋯⋯⋯《阳原县志》

---

① 交河：旧县名，治所在今河北泊头市西交河镇。

② 幽州：旧州名，西晋迁治今河北涿州，北魏复移治今北京市西南隅。

29. 西晋泰始十年（274 年）

夏，河北保定等蝗灾。 …………………………《中国历代蝗患之记载》

六月，（新河）蝗。 …………………………民国《新河县志》

30. 西晋咸宁四年（278 年）

七月，（任丘）蝗灾。 …………………………《任丘市志》

31. 西晋咸宁六年（280 年）

六月，（清苑）蝗。 …………………………民国《清苑县志》

32. 西晋永嘉四年（310 年）

五月，幽、冀州大蝗，食草木、牛马毛皆尽。 …………《晋书·怀帝纪》

河北保定、大名等蝗灾，草木、牛马毛皆尽。

…………………………《中国历代蝗患之记载》

五月，（灵寿）严重蝗灾，草木叶及牛马毛皆食尽。 …………《灵寿县志》

五月，常山①蝗。 …………………………光绪《正定县志》

五月，新城②蝗。 …………………………道光《新城县志》

五月，（望都）大蝗，草木皆尽。 …………………………《望都县志》

五月，（蠡县）大蝗，草木、牛马毛皆尽。 …………光绪《蠡县志》

五月，满城大蝗，草木、牛马毛皆尽。 …………光绪《保定府志》

五月，（清苑）大蝗。 …………………………民国《清苑县志》

五月，（东光）境内遭蝗灾。 …………………………《东光县志》

五月，冀县大蝗，草木、牛马毛皆尽。 …………乾隆《冀州志》

（武邑）蝗灾，食草木、牛马毛皆尽。 …………………………《武邑县志》

五月，（枣强）大蝗，草木、牛马毛皆尽。 …………嘉庆《枣强县志》

夏五月，（新河）大蝗，草木、牛马毛皆尽。 …………民国《新河县志》

五月，（临西）大蝗，草木皆尽。 …………………………《临西县志》

五月，（宁晋）大蝗，食草木、牛马毛皆尽。 …………民国《宁晋县志》

（南和）大蝗，食草木、牛马毛皆尽。 …………………………《南和县志》

五月，（邱县）大蝗，草木食尽。 …………………………《邱县志》

33. 西晋建兴元年（313 年）

（望都）大蝗。 …………………………《望都县志》

---

① 常山：旧郡名，治所在今正定县南。

② 新城：旧县名，治所在今河北高碑店新城镇。

34. 西晋建兴四年（316 年）

聪境内大蝗，冀尤甚。 ·······························《晋书·刘聪载记》

大蝗，中山[①]、常山尤甚。 ·····················《晋书·石勒载记》

夏，河北保定蝗灾大发生。 ···············《中国历代蝗患之记载》

秋七月，（高阳）大旱蝗，石勒竟取百姓禾。 ········雍正《高阳县志》

七月，（蠡县）螽蝗，石勒竟取百姓禾，人谓之"胡蝗"。

·····························光绪《蠡县志》

六月，中山发生蝗灾。 ·······················《定州市志》

七月，（新河）大旱，蝻蝗并生。 ···············民国《新河县志》

35. 西晋建兴五年　东晋建武元年（317 年）

秋七月，冀州螽蝗。 ·························《晋书·愍帝纪》

秋，河北大名蝗灾。 ···················《中国历代蝗患之记载》

秋七月，（饶阳）大蝗。 ·······················《饶阳县志》

七月，（南和）大蝗，弥亘百草，惟不食豆、麻。 ········《南和县志》

七月，（邱县）大旱蝗。 ·······················《邱县志》

36. 东晋太兴元年（318 年）

八月，冀州蝗，食生草尽，至于二年。 ···········《晋书·五行志》

夏秋，河北蝗灾，毁稼。 ···············《中国历代蝗患之记载》

37. 东晋太兴二年（319 年）

（冀州）蝗。 ·····························乾隆《冀州志》

38. 东晋太兴三年（320 年）

河间蝗。 ·······························《肃宁县志》

39. 东晋咸和五年（330 年）

幽州蝗，延袤千里。 ·······················《隆化县志》

40. 东晋咸和七年（332 年）

夏，河北蝗灾，食草尽。 ···············《中国历代蝗患之记载》

41. 东晋咸和八年（333 年）

广阿[②]有蝗，石虎密使其子冀州刺史邃率骑三千游于蝗所。

·····························《资治通鉴·晋纪》

---

① 中山：旧郡名，治所在今河北定州。

② 广阿：旧县名，治所在今河北隆尧东。

42. 东晋咸康三年（337 年）

夏，河北冀州等蝗灾大发生。 ⋯⋯⋯⋯⋯⋯⋯⋯⋯《中国历代蝗患之记载》

43. 东晋咸康四年（338 年）

五月，冀州八郡大蝗。 ⋯⋯⋯⋯⋯⋯⋯⋯⋯⋯《资治通鉴·晋纪》

夏，大名、清苑蝗灾大发生。 ⋯⋯⋯⋯⋯《中国历代蝗患之记载》

赵郡大蝗。 ⋯⋯⋯⋯⋯⋯⋯⋯⋯⋯⋯⋯⋯⋯⋯⋯《赵县志》

冀州大蝗，初穿地生，二旬化状若蚕，七八日而卧，四日蜕而飞，食百草，
惟不食二豆及麻。 ⋯⋯⋯⋯⋯⋯⋯⋯⋯⋯乾隆《冀州志》

夏五月，（雄县）大蝗。 ⋯⋯⋯⋯⋯⋯⋯⋯民国《雄县新志》

夏五月，（高阳）大蝗。 ⋯⋯⋯⋯⋯⋯⋯⋯雍正《高阳县志》

五月，（清苑）大蝗。 ⋯⋯⋯⋯⋯⋯⋯⋯⋯民国《清苑县志》

五月，（任丘）大蝗。 ⋯⋯⋯⋯⋯⋯⋯⋯⋯⋯《任丘县志》

河间诸郡大蝗，司隶请罪守宰，虎曰：此朕失政所致，司隶不进说言，而妄
陷无辜者乎! ⋯⋯⋯⋯⋯⋯⋯⋯⋯⋯乾隆《河间府新志》

五月，（献县）大蝗灾。 ⋯⋯⋯⋯⋯⋯⋯⋯⋯⋯《献县志》

（吴桥）大蝗。 ⋯⋯⋯⋯⋯⋯⋯⋯⋯⋯⋯⋯⋯《吴桥县志》

（东光）境内遭蝗灾。 ⋯⋯⋯⋯⋯⋯⋯⋯⋯⋯《东光县志》

（饶阳）大蝗。 ⋯⋯⋯⋯⋯⋯⋯⋯⋯⋯⋯⋯⋯《饶阳县志》

（武邑）大蝗。 ⋯⋯⋯⋯⋯⋯⋯⋯⋯⋯⋯⋯⋯《武邑县志》

秋，（南和）大蝗蔽天，庄稼受害严重。 ⋯⋯⋯⋯《南和县志》

（平乡）大蝗成灾。 ⋯⋯⋯⋯⋯⋯⋯⋯⋯⋯⋯《平乡县志》

冀州魏郡蝗。 ⋯⋯⋯⋯⋯⋯⋯⋯⋯⋯⋯咸丰《大名府志》

五月，（邱县）大蝗。 ⋯⋯⋯⋯⋯⋯⋯⋯⋯⋯⋯《邱县志》

44. 东晋咸康六年（340 年）

（冀县）蝗。 ⋯⋯⋯⋯⋯⋯⋯⋯⋯⋯⋯⋯⋯⋯《冀县志》

45. 东晋宁康二年（374 年）

宣化蝗灾。 ⋯⋯⋯⋯⋯⋯⋯⋯⋯⋯《中国历代蝗患之记载》

（万全）蝗虫成灾。 ⋯⋯⋯⋯⋯⋯⋯⋯⋯⋯⋯《万全县志》

（怀来）发生蝗虫。 ⋯⋯⋯⋯⋯⋯⋯⋯⋯⋯⋯《怀来县志》

46. 东晋太元七年（382 年）

幽州蝗，广袤千里，坚遣其散骑常侍刘兰持节为使者，发青、冀、幽、并百
姓讨之。所司奏刘兰讨蝗幽州，经秋冬不灭，请征下廷尉诏狱。坚曰：灾

降自天，殆非人力所能除也。此自朕之政违所致，兰何罪焉！

....《晋书·符坚载记》

河北清苑、阳原蝗灾。...........................《中国历代蝗患之记载》

五月，(清苑) 蝗。.................................民国《清苑县志》

夏五月，(雄县) 蝗。...............................民国《雄县新志》

夏五月，(高阳) 蝗。...............................雍正《高阳县志》

五月，(望都) 蝗生遍野。.........................《望都县志》

河间郡大蝗，有司请下郡守廷尉，治其讨蝗不灭之罪，坚曰：灾降自天，非人力可除，兰无罪也。...................乾隆《河间府新志》

五月，任丘蝗，刘兰捕蝗不灭，有司请下廷尉，坚曰：灾降自天，非人力可除，此由朕之失，兰何罪？...................《任丘县志》

(吴桥) 大蝗。.....................................《吴桥县志》

东光遭蝗灾。.....................................《东光县志》

47. 北魏兴安元年 （452 年）

河北邢州①蝗灾。.................................《中国历代蝗患之记载》

48. 北魏太和五年 （481 年）

秋，河北顺天②蝗灾，害稼。.....................《中国历代蝗患之记载》

幽州蝗。...光绪《顺天府志》

49. 北魏太和六年 （482 年）

秋，河北蝗灾，害稼。............................《中国历代蝗患之记载》

八月，平州③、广阿蝗害稼。.....................《魏书·灵征志》

50. 北魏太和七年 （483 年）

四月，相州④蝗害稼。............................《魏书·灵征志》

51. 北魏太和八年 （484 年）

四月，平州蝗。...................................《魏书·灵征志》

夏，河北蝗灾。...................................《中国历代蝗患之记载》

平州有飞蝗。.....................................《抚宁县志》

---

① 邢州：旧州名，治所在今河北邢台。
② 顺天：旧府名，治所在今北京西南隅。明朝时辖今北京市属区县，今河北廊坊市属县、涿州、玉田、丰润、遵化以及天津市武清、宝坻、蓟县等 27 州县。
③ 平州：旧州名，治所在今河北卢龙北。
④ 相州：旧州名，治所在今在河北临漳西南邺镇。

52. 北魏正始元年（504 年）

河北大名蝗灾。　……………………………………………《中国历代蝗患之记载》

53. 北齐天保元年（550 年）

夏，诏赵、瀛、沧①等州往因蝝水颇伤时稼，遣使分涂赈恤。……乾隆《天津府志》

夏，（东安②）蝗，赈之。　………………………………………乾隆《东安县志》

四月，河间、东光等九州蝗水连伤时稼，遣使分涂赈恤。　…乾隆《河间府新志》

（吴桥）蝗。　……………………………………………………………《吴桥县志》

54. 北齐天保二年（551 年）

赵州蝝涝损田，免其年租赋。　………………………………………光绪《赵州志》

55. 北齐天保五年（554 年）

秋，河北大名蝗灾。　……………………………………《中国历代蝗患之记载》

（冀县）蝗。　……………………………………………………………《冀县志》

56. 北齐天保七年（556 年）

河北广平、清河蝗灾。　…………………………………《中国历代蝗患之记载》

广平、清河二郡蝝涝损田。　…………………………………………光绪《永年县志》

57. 北齐天保八年（557 年）

河北六州、畿内八郡大蝗，蔽日，声如风雨。诏：今年遭蝗之处，免租。

　………………………………………………………………《北齐书·文宣帝纪》

秋七月，河北大蝗。齐王问魏郡丞崔叔瓒曰：何故致蝗？对曰："《五行志》：
　　土功不时，蝗虫为灾。今外筑长城，内兴三台，殆以此乎！"齐王怒，使
　　左右殴之，撝其发，以溷沃其头，曳足以出。　………《资治通鉴·陈纪》

河北大名、保定蝗灾大发生。　…………………………《中国历代蝗患之记载》

夏及秋，（赞皇）蝗大害，成灾。　……………………………………《赞皇县志》

秋，（赵县）蝗蔽日，声如风雨。　……………………………………《赵县志》

（定兴）蝗。　……………………………………………………光绪《定兴县志》

（蠡县）蝗。　……………………………………………………光绪《蠡县志》

夏，（望都）大蝗。　……………………………………………………《望都县志》

（唐县）蝗。　……………………………………………………光绪《唐县志》

（高阳）蝗。　……………………………………………………雍正《高阳县志》

---

① 赵：赵州，旧州名，治所在今河北隆尧东；瀛：瀛州，旧州名，治所在今河北河间；沧：沧州，旧州名，治
所在今河北盐山千童镇。

② 东安：旧州、县名，治所在今河北廊坊西旧州。

（新城）蝗。 ………………………………………………… 民国《新城县志》

（青县）大蝗。 ………………………………………………… 民国《青县志》

（献县）螽涝。 ………………………………………………… 民国《献县志》

七月，（任丘）蝗虫为灾。 ……………………………………《任丘市志》

夏秋，（海兴）蝗。 ……………………………………………《海兴县志》

七月，（冀县）大蝗蔽日，声如风雨。 ………………………《冀县志》

九月，（饶阳）大蝗。 …………………………………………《饶阳县志》

清河螽涝。 ……………………………………………………… 民国《清河县志》

（新河）蝗。 …………………………………………………… 民国《新河县志》

七月，（南和）大蝗，飞鸣如风。 ……………………………《南和县志》

七月，（威县）蝗虫成灾，声如风雨，大害农禾。 …………《威县志》

七月，（临西）大蝗，遮天蔽日，声如风雨。 ………………《临西县志》

秋七月，（大名）蝗。 ………………………………………… 咸丰《大名府志》

七月，魏郡蝗。 ………………………………………………… 民国《大名县志》

七月，（邱县）大蝗，铺天盖地，声如风雨。 ………………《邱县志》

七月，（南和）大蝗，飞鸣如风。 ……………………………《南和县志》

（曲周）蝗灾。 …………………………………………………《曲周县志》

（磁县）旱，蝗蔽天，声如风雨。 ……………………………《磁县志》

58. 北齐天保九年（558 年）

秋七月，诏：赵、燕、瀛、定、南营①五州及司州广平、清河二郡去年螽涝
  损田，免今年租赋。 …………………………………《北齐书·文宣帝纪》

河北六州蝗。 …………………………………………………… 光绪《广平府志》

（定兴）又蝗。 ………………………………………………… 光绪《定兴县志》

（高阳）又蝗。 ………………………………………………… 雍正《高阳县志》

（新城）又蝗。 ………………………………………………… 民国《新城县志》

七月，诏：瀛州去年螽涝损田，免今年租。 ………………… 乾隆《献县志》

（饶阳）大蝗，差夫役捕而坑之。 ……………………………《饶阳县志》

（临西）大蝗。 …………………………………………………《临西县志》

夏，（南和）大蝗，民扑而坑杀。 ……………………………《南和县志》

夏，（邱县）大旱蝗。 …………………………………………《邱县志》

---

① 燕州：旧州名，治所在今河北涿鹿；南营：旧州名，治所在今河北徐水西遂城镇。

59. 北齐天保十年（559 年）

幽州大蝗。 ……………………………………………《隋书·五行志》

河北顺天、保定、清苑蝗灾。 ………………《中国历代蝗患之记载》

新城蝗。 …………………………………………光绪《保定府志》

（高阳）又大蝗。 …………………………………雍正《高阳县志》

（定兴）大蝗。 ……………………………………光绪《定兴县志》

（新城）又大蝗。 …………………………………民国《新城县志》

清苑蝗。 ……………………………………《河北省农业厅·志源（2）》

60. 北齐乾明元年（560 年）

夏四月，河南定、冀、赵、瀛、沧州往因蝨水，颇伤时稼，遣使分涂赡恤。

………………………………………………………《北史·齐本纪》

（蠡县）又大蝗。 …………………………………光绪《蠡县志》

四月，（献县）蝨水伤稼，赡恤之。 ………………民国《献县志》

四月，（盐山）蝨伤稼。 ……………………………《盐山县志》

61. 隋大业九年（613 年）

（高阳）大蝗。 ……………………………………雍正《高阳县志》

62. 隋大业十年（614 年）

（保定）大蝗。 ……………………………………光绪《保定府志》

（高阳）大蝗。 ……………………………………雍正《高阳县志》

（蠡县）大蝗。 ……………………………………光绪《蠡县志》

二、唐代（含五代十国）蝗灾

63. 唐贞观元年（627 年）

六月，河北蝗。 …………………………………《中国历代天灾人祸表》

64. 唐贞观二年（628 年）

天下蝗。 …………………………………………《资治通鉴·唐纪》

（海兴）蝗。 ………………………………………《海兴县志》

65. 唐贞观四年（630 年）

秋，观州①蝗。 ……………………………………《新唐书·五行志》

---

① 观州：旧州名，治所在今河北阜城东北。

66. 唐先天元年（712 年）

磁州蝗。 ··《安阳县志》

67. 唐开元二年（714 年）

秋，河北顺天、三河蝗灾。 ················《中国历代蝗患之记载》

七月，河北蝗。 ···························· 康熙《河间府志》

七月，三河蝗。 ···························· 光绪《顺天府志》

七月，（盐山）蝗。 ·························· 同治《盐山县志》

七月，（海兴）蝗灾。 ··························《海兴县志》

七月，（阜城）蝗。 ·························· 雍正《阜城县志》

魏县蝗。 ···《魏县志》

68. 唐开元三年（715 年）

七月，河北蝗。 ····························《新唐书·五行志》

河北磁州蝗灾，食稼。 ···············《中国历代蝗患之记载》

三月，（灵寿）蝗虫遍野，食苗声如风雨，飞起遮住太阳。 ······《灵寿县志》

七月，（保定）蝗。 ·························· 光绪《保定府志》

秋七月，（定兴）蝗。 ······················ 光绪《定兴县志》

秋七月，（新城）蝗。 ······················ 民国《新城县志》

七月，（高阳）蝗。 ·························· 雍正《高阳县志》

七月，（蠡县）蝗。 ························ 光绪《蠡县志》

（望都）蝗大起，苗稼尽，人流亡。 ···············《望都县志》

境内遭大蝗灾，蝗虫飞则蔽天。 ·················《东光县志》

七月，（海兴）蝗灾。 ··························《海兴县志》

（武邑）蝗。 ·································《武邑县志》

五月，（临西）大蝗，飞则蔽天，下则食苗，声如风雨。 ·······《临西县志》

七月，（新河）蝗。 ·························· 民国《新河县志》

五月，河北大蝗，民流亡，官府督扑蝗。 ·············《南和县志》

（永年）蝗。 ·································《永年县志》

夏，鸡泽、滏阳①大蝗。七月，河北蝗。 ·············光绪《重修广平府志》

五月，（邱县）大蝗。 ··························《邱县志》

（磁州）蝗。 ···························· 康熙《磁州志》

---

① 滏阳：旧县名，治所在今河北磁县。

69. 唐开元四年（716 年）

夏，河北蝗虫大起，遣使分捕而瘗之。 ·········《旧唐书·玄宗本纪》

八月，敕河北检校捕蝗使待虫尽而刈禾将毕，即入京奏事。

·····················《旧唐书·五行志》

（望都）蝗大起，苗稼尽，人流亡。 ············《望都县志》

夏，（武邑）蝗。 ·····························《武邑县志》

（临西）蝗，民捕杀之。 ·······················《临西县志》

夏，（南和）蝗害严重，朝廷派使者详察州县扑蝗情况。 ·······《南和县志》

夏，（鸡泽）复大蝗。 ····················民国《鸡泽县志》

夏，（邱县）复大蝗。 ·······················《邱县志》

70. 唐开元五年（717 年）

二月，河北遭涝及蝗虫处，无出今年地租。 ·······《旧唐书·玄宗本纪》

71. 唐开元二十五年（737 年）

贝州①蝗，有白鸟数千万，群飞食之，一夕而尽，禾稼不伤。

·····················《新唐书·五行志》

贝州蝗灾，有白鸟数千食蝗尽。 ·······《中国历代蝗患之记载》

北地蝗，有白鸟数千只食蝗尽，庄稼未受影响。 ········《故城县志》

72. 唐兴元元年（784 年）

冬闰十月，恒冀、易定、魏博②等八节度，螟蝗为害，蒸民饥馑，每节度赐

米五万石。 ···························《旧唐书·德宗本纪》

（灵寿）螟蝗遍野，草木吃光。 ···············《灵寿县志》

秋，（赞皇）飞蝗晦天蔽野，禾稼大受其害。 ········《赞皇县志》

秋，（赵县）蝗，晦天蔽野，草木叶皆尽。 ··········《赵县志》

73. 唐贞元元年（785 年）

河北旱蝗。 ····························民国《大名县志》

夏，（赵县）蝗，群飞蔽天，旬日不息，所至草木叶及畜毛靡有，民大饥，

蒸蝗，去翅足而食之。 ·····················《赵县志》

夏，（海兴）蝗。 ··························《海兴县志》

魏县蝗。 ······························《魏县志》

---

① 贝州：旧州名，治所在今河北清河西北。

② 恒冀：唐方镇名，治所在今河北正定；易定：唐方镇名，治所在今河北定州；魏博：唐方镇名，治所在今河
北大名东北。

（邱县）大旱蝗，斗米千钱。 ·················《邱县志》

74. 唐贞元二年（786 年）

河北蝗旱，米斗一千五百文。 ·············《旧唐书·张孝忠传》

河北蝗灾，斗米一千五百钱。 ···············《南和县志》

（邱县）又蝗旱，民饿殍相枕。 ···············《邱县志》

75. 唐元和元年（806 年）

夏，镇①、冀蝗害稼。 ·················《旧唐书·五行志》

河北蝗灾。 ···············《中国历代蝗患之记载》

夏，（正定）蝗。 ···············光绪《正定县志》

（保定）蝗。 ···············光绪《保定府志》

（高阳）蝗。 ···············雍正《高阳县志》

夏，（冀州）蝗。 ···············乾隆《冀州志》

夏，（枣强）蝗。 ···············嘉庆《枣强县志》

夏，（武邑）蝗灾。 ···············《武邑县志》

夏，（饶阳）蝗害稼。 ···············《饶阳县志》

（新河）蝗。 ···············民国《新河县志》

76. 唐元和二年（807 年）

秋，灵寿蝗灾。 ···············《中国历代蝗患之记载》

秋，（灵寿）蝗灾。 ···············《灵寿县志》

77. 唐大和二年（828 年）

魏州蝗蝻生。 ···············《濮州志》

78. 唐大和九年（835 年）

秋，（正定）蝗害稼。 ···············光绪《正定县志》

79. 唐开成元年（836 年）

夏，镇州蝗害稼。 ···············《新唐书·五行志》

夏，（正定）蝗。 ···············光绪《正定县志》

（盐山）蝗，草木叶皆尽。 ···············同治《盐山县志》

（孟村）蝗灾，草木、树叶皆尽。 ···············《孟村回族自治县志》

夏秋，（海兴）蝗，草木皆尽。 ···············《海兴县志》

（吴桥）蝗灾，庄稼、树叶皆尽。 ···············《吴桥县志》

---

① 镇：镇州，旧州名，治所在今河北正定。

夏，（冀县）蝗虫为灾。 ···《冀县志》

七月，（武邑）蝗。 ···《武邑县志》

夏，（邱县）蝗成灾。 ···《邱县志》

80. 唐开成二年（837 年）

河北旱蝗害稼。 ···《旧唐书·五行志》

六月，魏博、沧等州蝗害稼。 ···················《旧唐书·文宗本纪》

夏，河北大名蝗灾，害稼。 ·············《中国历代蝗患之记载》

（南皮）蝗。 ··民国《南皮县志》

六月，（海兴）蝗。 ···《海兴县志》

六月，（青县）蝗灾。 ···《青县志》

秋，（南和）蝗虫食苗皆尽。 ·································《南和县志》

（平乡）蝗害稼。 ···《平乡县志》

六月，魏县蝗。 ···《魏县志》

（邱县）蝗虫为害，田禾被毁，野草、树枝皆尽。 ·········《邱县志》

81. 唐开成三年（838 年）

秋，河北镇、定等州蝗，草木叶皆尽。 ·········《新唐书·五行志》

八月，魏博六州蝗食秋苗并尽。 ···············《旧唐书·文宗本纪》

秋，河北大名、磁州蝗灾，食叶尽。 ·········《中国历代蝗患之记载》

（正定）蝗，草木叶皆尽。 ·····················光绪《正定县志》

（藁城）蝗灾，庄稼、树叶均食尽。 ·················《藁城县志》

（保定）大蝗，草木叶皆尽。 ···················光绪《保定府志》

定州蝗，草木叶皆尽。 ···《定县志》

（定兴）大蝗，草木之叶皆尽。 ···················光绪《定兴县志》

（望都）旱蝗为灾，野草、树枝皆尽。 ···············《望都县志》

（安新）境内旱，遇蝗灾，草木叶尽被食光。 ·········《安新县志》

（蠡县）蝗，草木叶皆尽。 ·······················光绪《蠡县志》

（高阳）蝗，草木叶皆尽。 ·······················雍正《高阳县志》

（新城）大蝗，草木之叶皆尽。 ···················民国《新城县志》

河北等处蝗，草木叶皆尽。 ·······················康熙《河间府志》

沧州螟蝗害稼。 ·································民国《沧县志》

（黄骅）蝗灾。 ···《黄骅县志》

（海兴）蝗。 ···《海兴县志》

（阜城）蝗，食草木叶尽。 ·························· 民国《阜城县志》

河北等处蝗，草木叶皆尽。 ··················· 民国《景县志》

（新河）大蝗。 ····························· 民国《新河县志》

（邱县）蝗虫为害，田禾被毁，野草、树枝皆尽。 ·········《邱县志》

秋，蝗。 ·································· 康熙《磁州志》

82. 唐开成四年（839 年）

五月，魏博、易定等管内蝗食秋稼。八月，镇、冀四州蝗食稼，至于野草、
树叶皆尽。 ·························《旧唐书·文宗本纪》

是岁，河北蝗，害稼都尽。镇、定等州田稼既尽，至于野草、树叶、细枝
亦尽。 ···························《旧唐书·五行志》

八月，（灵寿）蝗灾，庄稼及草木叶吃光。 ···········《灵寿县志》

（望都）旱蝗为灾，野草、树枝皆尽。 ·············《望都县志》

定州蝗虫为害。 ···························《定州市志》

（曲阳）蝗灾严重，庄稼、野草、树叶被吃光。 ········《曲阳县志》

（冀县）蝗虫食稼，至于野草、树枝皆尽。 ··········《冀县志》

八月，（武邑）蝗食禾稼、野草、树叶皆尽。 ·········《武邑县志》

（临西）蝗虫食稼。 ·······················《临西县志》

（邱县）蝗虫为害，田禾被毁，野草、树枝皆尽。 ·······《邱县志》

83. 唐开成五年（840 年）

六月，河北蝗，疫，除其徭。 ·············《新唐书·武宗本纪》

夏，魏博、沧等州螟蝗害稼。 ·············《新唐书·五行志》

夏，河北顺天、大名蝗灾，害稼。 ········《中国历代蝗患之记载》

夏，（新城）螟蝗害稼。 ···················民国《新城县志》

（望都）旱蝗为灾，野草、树枝皆尽。 ·············《望都县志》

（定州）蝗虫为害。 ·······················《定州市志》

夏，沧州等二十九处螟蝗害稼。 ···········康熙《河间府志》

夏，（盐山）螟蝗害稼。 ···················同治《盐山县志》

夏，（海兴）螟蝗害稼。 ····················《海兴县志》

（阜城）蝗害稼。 ·····················雍正《阜城县志》

（邱县）蝗虫为害，田禾被毁，野草、树枝皆尽。 ·······《邱县志》

84. 唐咸通三年（862 年）

夏，河北大名蝗灾。 ··············《中国历代蝗患之记载》

85. 后梁贞明六年（920 年）

磁县蝗。 ···《河北省农业厅·志源（3）》

86. 后唐同光三年（925 年）

九月，镇州飞蝗害稼。 ·······················《旧五代史·五行志》

九月，镇、魏博州飞蝗害稼。 ···············《中国历代天灾人祸表》

（正定）蝗害稼。 ·································光绪《正定县志》

（饶阳）飞蝗害稼。 ·······························《饶阳县志》

87. 后晋天福四年（939 年）

（正定）大旱蝗。 ·································光绪《正定县志》

88. 后晋天福六年（941 年）

镇州大旱蝗。 ·································《新五代史·安重荣传》

（行唐）飞蝗成灾。 ·······························《行唐县志》

89. 后晋天福七年（942 年）

春，洺州①蝗。六月，河北蝗害稼。 ············《旧五代史·晋书》

90. 后晋天福八年（943 年）

四月，河北旱蝗，分命使臣捕之。 ·············《旧五代史·晋书》

是岁，蝗大起，东自海堧，西距陇坻，南逾江淮，北抵幽蓟，原野、山谷、
城郭、庐舍皆满，竹木叶皆尽。 ·············《资治通鉴·后晋纪》

（正定）蝗大起，原野、山谷、城郭、庐舍皆满，竹木叶皆尽。

··光绪《正定县志》

秋，（石家庄）蝗虫大起，庄稼及草木叶被吃光，民众饥馑。······《石家庄市志》

蝗遍全国，民馁死数十万，流亡不可胜数。 ·········《栾城县志》

秋，（赞皇）蝗虫作害，饥。 ·······················《赞皇县志》

（赵县）蝗虫遍野，草木叶皆尽，民饥死不计其数。 ·····《赵县志》

秋，（定州）蝗大起，城郭、原野、山谷皆遍，食竹木叶且尽。

···雍正《直隶定州志》

秋，（顺平）蝗虫铺天盖地，庄稼、树叶吃光，百姓流离。······《顺平县志》

（望都）旱蝗害稼，食草木尽。 ·····················《望都县志》

（饶阳）蝗大起。 ·································《饶阳县志》

---

① 洺州：旧州名，治所在今河北永年东南。

（清河）大蝗伤田，人食草木、树叶尽，百姓捕蝗一斗官给粟一斗。

....《清河县志》

（临西）蝗。..《临西县志》

六月，（邱县）大旱蝗。..《邱县志》

91. 后汉乾祐元年（948年）

七月，邢螽生。..《旧五代史·五行志》

（临西）蝗。..《临西县志》

92. 后汉乾祐二年（949年）

六月，魏、博蝗抱草而死。..《旧五代史·汉书》

河北蝗灾大发生，抱草死。..《中国历代蝗患之记载》

三、宋代（含辽、金）蝗灾

93. 宋建隆元年（960年）

秋，河北大名蝗。..《中国东亚飞蝗蝗区的研究》

94. 宋建隆三年（962年）

河北旱蝗，悉蠲其租。..《续资治通鉴·宋纪》

秋七月，磁、洺州蝝。..《宋史·太祖本纪》

七月，深州蝻虫生。..《宋史·五行志》

秋，河北磁州、洺州、深县蝗蝻生。..《中国历代蝗患之记载》

（栾城）旱蝗，免除租税。..《栾城县志》

（冀县）旱蝗。..《冀县志》

七月，（饶阳）蝻虫生。..《饶阳县志》

七月，磁州、相州、深州蝗蝻生。..道光《深州直隶州志》

（临西）蝗。..《临西县志》

（南和）蝗灾严重，庄稼绝收，朝廷下诏免租。..《南和县志》

七月，磁、相（辖临漳）、深州蝗虫发生。..《临漳县志》

七月，（邱县）旱蝗。..《邱县志》

七月，（永年）蝗。..《永年县志》

七月，（曲周）蝗灾。..《曲周县志》

95. 宋建隆四年（963年）

夏，河北大名蝗。..《中国历代蝗患之记载》

96. 宋乾德二年（964 年）

五月，昭庆①县有蝗，东西四十里，南北二十里。是时，河北蝗。

....《宋史·五行志》

六月，河北蝗，惟赵州不食稼。 ....《宋史·太祖本纪》

夏，磁州蝗灾，食稼。 ....《中国历代蝗患之记载》

夏六月，赵州蝗。 ....《赵县志》

六月，（宁晋）蝗。 ....《宁晋县志》

五月，（南和）蝗虫生。 ....《南和县志》

（磁县）蝗灾。 ....《磁县志》

97. 宋乾德三年（965 年）

七月，（海兴）蝗。 ....《海兴县志》

98. 宋开宝元年（968 年）

八月，磁县蝗灾。 ....《磁县志》

99. 宋开宝二年（969 年）

八月，冀、磁二州蝗。 ....《宋史·五行志》

秋，冀州、磁州蝗灾。 ....《中国历代蝗患之记载》

八月，冀州蝗。 ....乾隆《冀州志》

八月，（武邑）蝗。 ....《武邑县志》

秋八月，（新河）蝗。 ....民国《新河县志》

100. 宋开宝五年（972 年）

秋，河北大名蝗灾。 ....《中国历代蝗患之记载》

101. 宋开宝七年（974 年）

河北大名蝗灾。 ....《中国历代蝗患之记载》

102. 宋太平兴国二年（977 年）

八月，巨鹿步蛹生。 ....《宋史·太宗本纪》

秋，巨鹿蝗蛹生。 ....《中国历代蝗患之记载》

103. 宋太平兴国七年　辽乾亨四年（982 年）

四月，大名府蝗。 ....《宋史·五行志》

四月，大名蝗灾。 ....《中国历代蝗患之记载》

四月，大名蝗。 ....民国《大名县志》

---

① 昭庆：旧县名，治所在今河北隆尧东旧城乡。

四月，魏县蝗。 ·· 《魏县志》

秋九月，滦旱蝗，赈滦饥。 ····························· 万历《滦志》

秋九月旱，（滦南）蝗灾。 ····························· 《滦南县志》

104. 宋太平兴国八年　辽统和元年（983年）

九月，平州旱蝗，暂停关征，以通山西籴易。 ········ 《续资治通鉴·宋纪》

秋，永平、滦州蝗灾。 ···························· 《中国历代蝗患之记载》

九月，平州旱，蝗灾。 ································· 《抚宁县志》

105. 宋雍熙三年　辽统和四年（986年）

秋，河北大名蝗灾。 ······························· 《中国历代蝗患之记载》

106. 宋淳化元年（990年）

七月，乾宁①军有蝗，沧州蝗蝻虫食苗。 ··········· 《宋史·五行志》

秋，河北蝗食苗稼。 ······························· 《中国历代蝗患之记载》

七月，（青县）蝗食禾。 ···························· 民国《青县志》

（南皮）蝗害禾稼。 ································· 《南皮县志》

七月，（盐山）蝗蝻伤苗。 ···························· 《盐山县志》

七月旱，（黄骅）蝗蝻成灾，食尽草木叶。 ········· 《黄骅县志》

107. 宋淳化二年（991年）

六月，乾宁军蝗生。七月，宁边②军有蝻，沧州蝻虫食苗。

···································· 《文献通考·物异考》

秋，河北蝗灾。 ································· 《中国历代蝗患之记载》

七月，（海兴）蝗。 ································· 《海兴县志》

博、贝等州蝗。 ································· 嘉庆《东昌府志》

108. 宋淳化三年（992年）

七月，贝、沧等州蝗，蛾抱草自死。 ··········· 《宋史·五行志》

七月，贝、沧等州，静戎③军蝗，俄抱草自死。 ········ 《文献通考·物异考》

（东光）蝗，俄抱草死。 ···························· 《东光县志》

沧州等州蝗，俄抱草自死。 ····················· 光绪《吴桥县志》

（盐山）蝗，抱草死。 ································· 《盐山县志》

七月，（海兴）蝗。 ································· 《海兴县志》

---

① 乾宁：旧军名，治所在今河北青县。
② 宁边：旧军名，治所在今河北蠡县。
③ 静戎：旧军名，治所在今河北徐水。

109. 宋景德三年（1006 年）

秋，河北大名蝻虫生。 ·························《中国历代蝗患之记载》

八月，河北蝼。 ·····································民国《大名县志》

110. 宋大中祥符二年（1009 年）

五月，雄州蝻虫食苗。 ·························《宋史·五行志》

夏，雄县蝻虫食苗。 ·························《中国历代蝗患之记载》

111. 宋大中祥符四年（1011 年）

夏秋，河北大名蝗食禾苗。 ·················《中国历代蝗患之记载》

112. 宋大中祥符九年（1016 年）

六月，河北路蝗蝻继生，弥覆郊野，食民田殆尽，入公私庐舍。

·····································《宋史·五行志》

八月，磁、瀛等州蝗，不为灾。 ·············《宋史·真宗本纪》

秋，磁州蝗灾。 ·····························《中国历代蝗患之记载》

六月，（保定）蝗蝻生。 ·····················光绪《保定府志》

六月，（高阳）蝗蝻继生，弥覆郊野，食民田殆尽。 ····· 雍正《高阳县志》

六月，（蠡县）蝗蝻继生，弥覆郊野，食民田殆尽，入公私庐舍，及霜寒始

毕。 ·····································光绪《蠡县志》

六月，（望都）蝗蝻生，入公私庐舍。 ···········《望都县志》

六月，（安新）蝗灾，食尽田中庄稼，飞入公私庐舍。 ·········《安新县志》

（冀县）蝗滋生，弥漫郊野。 ···················《冀县志》

六月，（临西）蝗蝻继生，食民田殆尽。 ···········《临西县志》

六月，（新河）蝗蝻继生，食民田殆尽。 ·········民国《新河县志》

六月，（南和）蝗蝻继生，弥漫郊野，食田禾殆尽。 ·········《南和县志》

六月，（魏县）蝗蝻继生，食田殆尽。 ···········《魏县志》

113. 宋天禧元年（1017 年）

二月，河北蝗蝻复生，多去岁蛰者。 ···········《宋史·五行志》

六月，南京①诸县蝗。 ·····················《辽史·圣宗本纪》

春，大名蝗蝻复生。 ·························《中国历代蝗患之记载》

二月，魏县蝗。 ···························《魏县志》

---

① 南京：汉为燕国，辽会同元年（938 年）得幽、蓟十六州，升幽州为南京，又称燕京，据《辽史·地理志》载，统今河北安次、香河、固安、三河、永清、易州、涿州、容城、玉田、景州等地。

114. 宋天禧四年（1020 年）

河北洺州蝗灾。 ···《中国历代蝗患之记载》

洺州蝗。 ·· 光绪《永年县志》

115. 宋天圣二年（1024 年）

河北邢州、洺州、赵县蝗灾，食稼。 ··························《中国历代蝗患之记载》

116. 宋天圣四年（1026 年）

六月，魏县蝗。 ···《魏县志》

117. 宋天圣五年（1027 年）

七月，邢、洺州蝗，赵州蝗。 ································《宋史·五行志》

赵州蝗。 ·· 光绪《赵州志》

七月，（南和）蝗生。 ··《南和县志》

七月，（曲周）蝗灾。 ··《曲周县志》

洺州蝗。 ·· 《永年县志》

118. 宋天圣六年（1028 年）

五月，河北蝗。 ··《宋史·五行志》

夏，河北大名蝗灾。 ···《中国历代蝗患之记载》

五月，高阳蝗。 ··· 光绪《保定府志》

五月，（蠡县）蝗。 ··· 光绪《蠡县志》

五月，（高阳）蝗。 ··· 雍正《高阳县志》

五月，（临西）蝗蝻生。 ··《临西县志》

（南和）蝗灾，百姓困苦。 ··《南和县志》

五月，（邱县）蝗。九月，蝗。 ····································《邱县志》

119. 宋明道二年（1033 年）

是岁，河北蝗。 ··《宋史·仁宗本纪》

（南和）蝗食草木殆尽，官府免民租税。 ···························《南和县志》

秋，河北大名蝗灾。 ···《中国历代蝗患之记载》

磁县蝗。 ·· 康熙《磁州志》

魏县蝗。 ·· 《魏县志》

七月，（临西）蝗食草木殆尽。 ··································《临西县志》

120. 宋宝元二年（1039 年）

夏，河北大名蝗灾。 ···《中国历代蝗患之记载》

121. 宋皇祐三年（1051年）

（新河）蝗。 ·· 民国《新河县志》

122. 宋嘉祐元年（1056年）

夏，热河①蝗蝻为灾。 ··························· 《中国历代蝗患之记载》

123. 宋治平四年（1067年）

河北顺天蝗灾。 ·································· 《中国历代蝗患之记载》

124. 宋熙宁元年（1068年）

（青县）蝗灾。 ·· 《青县志》

125. 宋熙宁四年（1071年）

五月，（固安）蝗灾。 ···································· 《固安县志》

126. 宋熙宁五年　辽咸雍八年（1072年）

闰七月，大名府、祁、保、邢、莫州、顺安、保定军所奏，凡四十九状，
而三十九状除捕未尽，蝗蝻几遍河朔②。是岁，河北大蝗。

·· 《续资治通鉴·宋纪》

六月，安州③蝗。 ··························· 光绪《保定府志》

（高阳）大蝗。 ····························· 雍正《高阳县志》

（蠡县）大蝗。 ····························· 光绪《蠡县志》

（定兴）大蝗。 ····························· 光绪《定兴县志》

（新城）大蝗。 ····························· 民国《新城县志》

（饶阳）大蝗。 ····························· 《饶阳县志》

（临西）大蝗。 ····························· 《临西县志》

六月，（南和）蝗蝻遍地。 ··················· 《南和县志》

魏县大蝗。 ································· 《魏县志》

127. 宋熙宁六年　辽咸雍九年（1073年）

四月，河北诸路蝗。 ··························· 《宋史·五行志》

秋七月，南京奏归义④、涞水两县蝗飞入宋境，余为蜂所食。

·· 《辽史·道宗本纪》

---

① 热河：旧省名，治所在今河北承德。

② 祁州：旧州名，治所在今河北安国；保州：旧州名，治所在今河北保定；莫州：旧州名，治所在今河北任丘；顺安：旧军名，在今河北高阳东旧城镇；河朔：区域名，泛指今黄河以北地区。

③ 安州：旧州名，1913年与新安县合并为今河北安新县。

④ 归义：旧县名，治所在今河北雄县。

（高阳）又蝗。 ························· 雍正《高阳县志》

（蠡县）又蝗。 ························· 光绪《蠡县志》

四月，新河蝗。 ························· 民国《新河县志》

（临西）大蝗。 ························· 《临西县志》

（南和）大蝗。 ························· 《南和县志》

128. 宋熙宁七年　辽咸雍十年（1074 年）

秋七月，诏河北两路捕蝗，以米十五万石赈河北西路灾伤。

························· 《宋史·神宗本纪》

河北大名蝗灾。 ····················· 《中国历代蝗患之记载》

河北旱蝗，民多饿殍。 ················· 民国《南皮县志》

春夏旱，（保定）又蝗。 ··············· 光绪《保定府志》

（高阳）又蝗。 ····················· 雍正《高阳县志》

夏，（蠡县）旱蝗。 ··················· 光绪《蠡县志》

春夏，（定兴）旱蝗。 ················· 光绪《定兴县志》

春夏，（新城）旱蝗。 ················· 光绪《新城县志》

夏，（河间）蝗。 ····················· 《河间县志》

秋七月，（海兴）蝗。 ················· 《海兴县志》

（新河）大旱蝗。 ····················· 民国《新河县志》

春，魏县蝗。 ························· 《魏县志》

秋七月，（成安）蝗。 ················· 民国《成安县志》

129. 宋熙宁八年（1075 年）

青县蝗。 ··························· 《河北省农业厅·志源（3）》

130. 宋熙宁九年　辽大康二年（1076 年）

夏，河北蝗。 ························· 《宋史·五行志》

九月，以南京蝗，免明年租税。 ········· 《辽史·道宗本纪》

夏秋，河北大名、顺天蝗灾。 ··········· 《中国历代蝗患之记载》

夏，（河间）蝗。 ····················· 《河间县志》

夏，魏县蝗。 ························· 《魏县志》

131. 宋熙宁十年　辽大康三年（1077 年）

五月，玉田，安次①蟓伤稼。 ··········· 《辽史·道宗本纪》

---

① 安次：旧县名，治所在今河北廊坊东南光荣村。

夏，玉田、安次蝻虫伤稼。 ················· 《中国历代蝗患之记载》

（玉田）蟓伤庄稼。 ···················· 光绪《玉田县志》

132. 宋元丰二年（1079 年）

河北大名蝗灾。 ····················· 《中国历代蝗患之记载》

133. 宋元丰三年（1080 年）

河北蝗。 ························ 咸丰《大名府志》

134. 宋元丰四年　辽大康七年（1081 年）

六月，河北蝗。 ······················ 《宋史·五行志》

五月，辽永清、武清、固安三县蝗。六月，河北诸郡蝗生。诏曰：闻河北
飞蝗极盛，渐已南来，速令开封界提举司，京东、西路转运司遣官督捕；
仍告谕州县，收获先熟禾稼。 ··············· 《续资治通鉴·宋纪》

夏，永清、固安、大名蝗灾。 ············· 《中国历代蝗患之记载》

夏，河北大名、永清、承德蝗。 ··········· 《中国东亚飞蝗蝗区的研究》

五月，（固安）蝗灾。 ··················· 《固安县志》

（临西）蝗生。 ······················ 《临西县志》

六月，（南和）蝗虫。 ··················· 《南和县志》

魏县蝗。 ·························· 《魏县志》

135. 宋元丰五年（1082 年）

永清、大名蝗，飞鸟食蝗。 ············· 《中国历代蝗患之记载》

夏，河北大名、永清、承德蝗。 ··········· 《中国东亚飞蝗蝗区的研究》

136. 宋元丰六年（1083 年）

夏，（河北）又蝗。 ····················· 《宋史·五行志》

夏，大名蝗灾。 ···················· 《中国历代蝗患之记载》

夏，河北大名、永清、承德蝗。 ··········· 《中国东亚飞蝗蝗区的研究》

魏县蝗。 ·························· 《魏县志》

137. 辽大安四年（1088 年）

八月，永清蝗为飞鸟所食。 ·············· 《续资治通鉴·宋纪》

夏，永清蝗灾。 ···················· 《中国历代蝗患之记载》

138. 宋元符元年（1098 年）

高阳属县有蝗。 ···················· 《续资治通鉴·宋纪》

易州属县有蝗。 ······················ 《易县志》

139. 辽寿昌七年（1101 年）

固安蝗灾。 ···《中国历代蝗患之记载》

五月，固安蝗。 ···光绪《顺天府志》

140. 宋崇宁元年（1102 年）

夏，河北路蝗。 ···《宋史·五行志》

夏，河北大名蝗灾。 ·····························《中国历代蝗患之记载》

（保定）蝗。 ···光绪《保定府志》

（望都）大蝗，其飞蔽天。 ·····························《望都县志》

（定兴）蝗。 ···光绪《定兴县志》

（高阳）蝗。 ···雍正《高阳县志》

（蠡县）蝗。 ···光绪《蠡县志》

（新河）蝗。 ···民国《新河县志》

夏，（南和）蝗灾。 ·····························《南和县志》

魏县蝗。 ···《魏县志》

141. 宋崇宁二年　辽乾统三年（1103 年）

河北诸路皆蝗，命有司酺祭勿捕，及至官舍之馨香来焉，而田间之苗已无矣。 ·····························民国《交河县志》

河北大名、顺天、交河蝗灾。 ·····················《中国历代蝗患之记载》

（望都）连岁大蝗，其飞蔽天。 ·····················《望都县志》

（定兴）又大蝗。 ···光绪《定兴县志》

142. 宋崇宁三年　辽乾统四年（1104 年）

连岁大蝗，河北尤甚。 ·····························《宋史·五行志》

秋七月，南京蝗。 ·····························《辽史·天祚本纪》

大名蝗蝻盖地，食稼尽。 ·····················《中国历代蝗患之记载》

（保定）飞蝗蔽天。 ·····························光绪《保定府志》

（蠡县）大蝗，其飞蔽日。 ·····························光绪《蠡县志》

（望都）连岁大蝗，其飞蔽天。 ·····················《望都县志》

（定兴）又大蝗。 ···光绪《定兴县志》

（高阳）蝗飞蔽日。 ·····························雍正《高阳县志》

河北大蝗，野无青草。 ·····························民国《南皮县志》

（新河）大蝗，飞蔽日。 ·····························民国《新河县志》

四月，魏县大蝗。 ···《魏县志》

143. 宋崇宁四年 辽乾统五年（1105 年）

连岁大蝗，河北尤甚。 ·····················《宋史·五行志》

大名蝗虫大发生，飞蔽天。 ·············《中国历代蝗患之记载》

（保定）飞蝗蔽天。 ·······················光绪《保定府志》

（蠡县）大蝗，其飞蔽日。 ···················光绪《蠡县志》

（高阳）蝗飞蔽日。 ·························雍正《高阳县志》

（望都）连岁大蝗，其飞蔽天。 ·················《望都县志》

（孟村）境内蝗灾，野无青草。 ·······《孟村回族自治县志》

（冀县）大蝗，其飞蔽日。 ·····················《冀县志》

（武邑）蝗飞蔽日。 ·························《武邑县志》

（临西）大蝗，其飞蔽日。 ·····················《临西县志》

（新河）大蝗，飞蔽日。 ···················民国《新河县志》

（南和）大蝗，其飞蔽日。 ·····················《南和县志》

144. 辽天庆二年（1112 年）

（新城）蝗。 ·····························民国《新城县志》

145. 辽天庆三年（1113 年）

（新城）大蝗。 ·························民国《新城县志》

146. 宋政和四年 辽天庆四年（1114 年）

（新城）又大蝗。 ·······················民国《新城县志》

清州蝗。 ·····························民国《青县志》

147. 金天眷二年（1139 年）

定兴大蝗。 ···························光绪《保定府志》

148. 宋绍兴十一年（1141 年）

秋，赵州蝗。 ·····························《赵县志》

149. 宋绍兴二十七年（1157 年）

顺天、大名蝗灾大发生，飞入京师。 ·······《中国历代蝗患之记载》

150. 宋绍兴三十年（1160 年）

秋，（南宫）大蝗蔽天，数日散去，不为灾。 ·······民国《南宫县志》

151. 金大定三年（1163 年）

三月，中都以南八路蝗，诏尚书省遣官捕之。 ·······《金史·世宗本纪》

交河、顺天飞蝗害稼，民缺食，悉蠲其租。 ·······《中国历代蝗患之记载》

（保定）蝗。 ·························光绪《保定府志》

（定兴）蝗。 ·························· 光绪《定兴县志》

（新城）蝗。 ·························· 民国《新城县志》

沧州蝗。 ·························· 民国《沧县志》

（盐山）蝗。 ·························· 《盐山县志》

三月，（海兴）蝗。 ·························· 《海兴县志》

三月，（邱县）蝗害麦。 ·························· 《邱县志》

152. 金大定四年（1164 年）

八月，中都以南八路蝗，飞入京畿。

·························· 《古今图书集成·庶征典·蝗灾部汇考》

九月，平州蝗旱，百姓艰食，父母、兄弟不能相保，多昌鬻为奴。

·························· 《金史·世宗本纪》

从夏至秋，河北永平等大蝗。 ·························· 《中国历代蝗患之记载》

九月，平州旱，蝗灾。 ·························· 《抚宁县志》

（保定）蝗。 ·························· 光绪《保定府志》

（定兴）又蝗。 ·························· 光绪《定兴县志》

（新城）蝗。 ·························· 民国《新城县志》

153. 金大定十六年（1176 年）

是岁，河北旱蝗。 ·························· 《金史·五行志》

河北大名、顺天、交河、热河大蝗。 ·························· 《中国历代蝗患之记载》

河北旱蝗。 ·························· 《新乐县志》

（定兴）旱蝗。 ·························· 民国《定兴县志》

（新城）旱蝗。 ·························· 民国《新城县志》

（望都）大旱蝗。 ·························· 《望都县志》

沧州旱蝗。 ·························· 民国《沧县志》

（盐山）蝗。 ·························· 《盐山县志》

中都、河北等十路旱蝗。 ·························· 光绪《东光县志》

（海兴）旱蝗。 ·························· 《海兴县志》

（黄骅）蝗灾。 ·························· 《黄骅县志》

（武邑）大旱，蝗灾。 ·························· 《武邑县志》

（饶阳）旱蝗。 ·························· 《饶阳县志》

中都、河北等十路旱蝗。 ·························· 民国《景县志》

154. 金大定二十二年（1182 年）

五月，庆都①蝗蝝生，散漫十余里，一夕大风，蝗皆不见。

....《金史·五行志》

从夏至秋，河北保定蝗灾大发生，害稼。.........《中国历代蝗患之记载》

155. 宋嘉定八年（1215 年）

河北蝗灾，食禾稼、山林、草木皆尽。.........《中国历代蝗患之记载》

156. 宋嘉定九年（1216 年）

河北蝗虫害稼，民饥。.....................《中国历代蝗患之记载》

157. 宋宝庆元年（1226 年）

夏，河北蝗灾。...........................《中国历代蝗患之记载》

158. 宋端平二年（1235 年）

藁城旱蝗，民不聊生。....................《元史·董文炳传》

159. 宋嘉熙二年（1238 年）

（南和）蝗灾。...........................《南和县志》

四、元代蝗灾

160. 蒙古中统三年　宋景定三年（1262 年）

五月，真定、顺天②、邢州蝗。............《元史·五行志》

河北邢州等蝗灾。........................《中国历代蝗患之记载》

夏五月，（行唐）蝗。....................乾隆《行唐县志》

（曲阳）蝗灾。..........................《曲阳县志》

五月，（饶阳）蝗。......................《饶阳县志》

（南和）蝗灾。..........................《南和县志》

（磁县）蝗灾。..........................《磁县志》

161. 蒙古中统四年　宋景定四年（1263 年）

六月，河间、真定路蝗。..................《元史·五行志》

夏至秋，河北顺天、交河蝗灾。...........《中国历代蝗患之记载》

（赞皇）旱蝗。..........................《赞皇县志》

---

① 庆都：旧县名，治所在今河北望都。

② 真定：元路名，治所在今河北正定；顺天：元路名，治所在今河北保定，至元十二年（1275 年）改名保定路。

六月，新乐蝗。 ························· 《新乐县志》

六月，沧州蝗。 ····················· 民国《沧县志》

六月，（献县）蝗。 ··················· 民国《献县志》

六月，河间诸路蝗。 ················ 光绪《东光县志》

六月，（海兴）蝗。 ··················· 《海兴县志》

（盐山）蝗。 ························· 《盐山县志》

（饶阳）又蝗。 ······················ 《饶阳县志》

162. 蒙古至元元年（1264 年）

大名路大水蝗。 ····················· 同治《滑县志》

163. 蒙古至元二年（1265 年）

是岁，真定、顺德①、河间蝗旱。 ········· 《元史·世祖本纪》

河北邢台蝗灾大发生。 ········· 《中国历代蝗患之记载》

夏五月，大名路旱蝗。 ············ 咸丰《大名府志》

（献县）蝗。 ····················· 民国《献县志》

（青县）闹蝗虫。 ···················· 《青县志》

（饶阳）蝗旱。 ······················ 《饶阳县志》

（成安）蝗灾。 ······················ 《成安县志》

魏县蝗。 ··························· 《魏县志》

164. 蒙古至元三年　宋咸淳二年（1266 年）

是岁，平滦、真定、洺磁②、河间蝗。 ······ 《元史·世祖本纪》

顺天、永年、滦州、洺州、磁州等蝗灾，毁稼。

 ························· 《中国历代蝗患之记载》

夏五月，（行唐）蝗。 ··········· 乾隆《行唐县新志》

（抚宁）起蝗虫。 ···················· 《抚宁县志》

（献县）蝗。 ····················· 民国《献县志》

（吴桥）蝗灾。 ······················ 《吴桥县志》

（饶阳）蝗。 ························· 《饶阳县志》

（鸡泽）蝗。 ····················· 民国《鸡泽县志》

秋，（成安）大蝗。 ··············· 民国《成安县志》

---

① 顺德：元路名，治所在今河北邢台。

② 平滦：元路名，治所在今河北卢龙；洺磁：元路名，治所在今河北永年东南广府镇。

洺州、磁州蝗灾。 …………………………………………《邯郸县志》

（曲周）蝗灾。 …………………………………………《曲周县志》

165. 蒙古至元四年　宋咸淳三年（1267 年）

是岁，河北诸路蝗。 ………………………………《元史·世祖本纪》

河北蝗灾。 ………………………………《中国历代蝗患之记载》

四月，（行唐）蝗。 ………………………………乾隆《行唐县新志》

四月，（正定）蝗。 ………………………………光绪《正定县志》

（望都）大蝗。 …………………………………………《望都县志》

（冀县）蝗灾。 …………………………………………《冀县志》

（饶阳）蝗。 …………………………………………《饶阳县志》

（临西）蝗。 …………………………………………《临西县志》

（南和）蝗灾。 …………………………………………《南和县志》

（邱县）蝗灾。 …………………………………………《邱县志》

166. 蒙古至元五年（1268 年）

灵寿蝗。 …………………………………《河北省农业厅·志源（3）》

167. 蒙古至元六年（1269 年）

六月，河北诸郡蝗。真定等路旱蝗，其代输、筑城役夫户赋悉免之。

…………………………………………《元史·世祖本纪》

夏，河北蝗灾。 ………………………………《中国历代蝗患之记载》

六月，（望都）大蝗。 …………………………………《望都县志》

（冀县）蝗灾。 …………………………………………《冀县志》

六月，（临西）蝗。 …………………………………………《临西县志》

六月，（南和）蝗灾。 …………………………………………《南和县志》

六月，（邱县）大旱蝗。 ………………………………………《邱县志》

168. 蒙古至元七年（1270 年）

从春至秋，河北蝗害，减田租。 …………………《中国历代蝗患之记载》

169. 元至元八年　宋咸淳七年（1271 年）

六月，河间、真定、洺磁、顺德、大名、顺天诸州县蝗。

…………………………………………《元史·世祖本纪》

蝗起真定，朝廷遣使者督捕，役夫四万人以为不足，欲牒邻道助之。磐曰：
四万人多矣，何烦他郡。使者怒，责磐状，期三日尽捕蝗。磐不为动，
亲率役夫走田间，设方法督捕之，三日而蝗尽灭。……《元史·王磐传》

夏，顺天、灵寿、大名蝗灾。 ⋯⋯⋯⋯⋯⋯⋯⋯ 《中国历代蝗患之记载》

六月，（正定）蝗，宣抚使王磐扑灭之。 ⋯⋯⋯⋯ 光绪《正定县志》

六月，（灵寿）蝗灾。 ⋯⋯⋯⋯⋯⋯⋯⋯⋯⋯⋯ 《灵寿县志》

夏，（行唐）蝗，蒙古宣抚使王磐扑灭之。 ⋯⋯⋯ 乾隆《行唐县新志》

（献县）蝗。 ⋯⋯⋯⋯⋯⋯⋯⋯⋯⋯⋯⋯⋯⋯⋯ 民国《献县志》

（饶阳）蝗。 ⋯⋯⋯⋯⋯⋯⋯⋯⋯⋯⋯⋯⋯⋯⋯ 《饶阳县志》

（南和）蝗虫。 ⋯⋯⋯⋯⋯⋯⋯⋯⋯⋯⋯⋯⋯⋯⋯ 《南和县志》

洺州、磁州蝗灾。 ⋯⋯⋯⋯⋯⋯⋯⋯⋯⋯⋯⋯⋯⋯ 《邯郸县志》

六月，（邱县）蝗。 ⋯⋯⋯⋯⋯⋯⋯⋯⋯⋯⋯⋯⋯ 《邱县志》

（永年）蝗。 ⋯⋯⋯⋯⋯⋯⋯⋯⋯⋯⋯⋯⋯⋯⋯⋯ 《永年县志》

六月，（曲周）蝗灾。 ⋯⋯⋯⋯⋯⋯⋯⋯⋯⋯⋯⋯ 《曲周县志》

六月，魏县蝗。 ⋯⋯⋯⋯⋯⋯⋯⋯⋯⋯⋯⋯⋯⋯⋯ 《魏县志》

六月，上都、中都诸州县蝗。兴州①地蝗灾。 ⋯⋯ 《隆化县志》

170. 元至元十年（1273 年）

夏，（正定）大水蝗，诏所在赈米。 ⋯⋯⋯⋯⋯ 光绪《正定县志》

171. 元至元十三年（1276 年）

（巨鹿）饥民食蝗。 ⋯⋯⋯⋯⋯⋯⋯⋯⋯⋯⋯⋯⋯ 《巨鹿县志》

172. 元至元十五年（1278 年）

卢龙蝗。 ⋯⋯⋯⋯⋯⋯⋯⋯⋯⋯⋯⋯ 《河北省农业厅·志源（3）》

173. 元至元十六年（1279 年）

六月，右、左卫屯田②蝗蝻生。 ⋯⋯⋯⋯⋯⋯⋯ 《元史·世祖本纪》

夏，河北永清等蝗灾。 ⋯⋯⋯⋯⋯⋯⋯⋯⋯⋯ 《中国历代蝗患之记载》

四月，（海兴）蝗。 ⋯⋯⋯⋯⋯⋯⋯⋯⋯⋯⋯⋯⋯ 《海兴县志》

174. 元至元十七年（1280 年）

五月，真定蝗。 ⋯⋯⋯⋯⋯⋯⋯⋯⋯⋯⋯⋯⋯⋯ 《元史·世祖本纪》

夏，河北蝗灾。 ⋯⋯⋯⋯⋯⋯⋯⋯⋯⋯⋯⋯ 《中国历代蝗患之记载》

175. 元至元十八年（1281 年）

邢台、曲周蝗灾，害稼，免税。 ⋯⋯⋯⋯⋯⋯ 《中国历代蝗患之记载》

顺德九县民食蝗。 ⋯⋯⋯⋯⋯⋯⋯⋯⋯⋯⋯⋯⋯ 万历《顺德府志》

---

① 兴州：旧州名，治所在今河北承德西南滦河镇。

② 左、右卫屯田：即左卫屯田和右卫屯田，均蒙古中统三年（1262 年）置，分布在今河北廊坊、永清、霸县一带。

邢台民食蝗。•••••••••••••••••••••••••••••••••••《邢台县志》

（巨鹿）民食蝗。•••••••••••••••••••••••••••光绪《巨鹿县志》

秋，广平①蝗，人相食。•••••••••••••••••••••光绪《广平府志》

秋，（曲周）蝗灾，人相食。•••••••••••••••••••《曲周县志》

（永年）蝗，人相食。••••••••••••••••••••••••••《永年县志》

176. 元至元十九年（1282 年）

大都、燕南、燕北、河间六十余处皆蝗，食苗稼、草木俱尽，所至蔽日，碍人马不能行，填坑堑皆盈，饥民捕蝗以食，或曝干积之，又尽，则人相食。•••••••••••••••••••••••••••••••康熙《河间府志》

沧州蝗食苗稼、草叶俱尽，民捕蝗为食，曝干积之，尽，则人相食。
•••••••••••••••••••••••••••••••••••••民国《沧县志》

河间属县大蝗。••••••••••••••••••••••••••••乾隆《献县志》

（东光）蝗食苗稼、草木叶俱尽，民捕蝗为食，曝干积之，又尽，人相食。
•••••••••••••••••••••••••••••••••••光绪《东光县志》

（盐山）蝗食草木尽，民捕蝗为食，又尽，人相食。••••••《盐山县志》

（吴桥）蝗食苗稼皆尽。•••••••••••••••••••••••《吴桥县志》

（海兴）蝗食禾稼、草木叶俱尽，所至蔽日，碍人马不能行，填坑堑皆盈，饥民捕蝗为食，或曝干积之，又尽，人相食。••••••••••《海兴县志》

（阜城）蝗害稼，食草木俱尽，民捕蝗以食，尽，人相食。•••••《阜城县志》

（大厂）蝗虫成灾，禾稼尽食。••••••••••••《大厂回族自治县志》

（三河）蝗食苗稼、草木俱尽。•••••••••••••••••乾隆《三河县志》

（清河）蝗飞蔽天西北来，凡经七日，禾稼俱尽。••••••••《清河县志》

（涉县）蝗食禾稼、草木俱尽，所至蔽日，碍人马不能行，填坑堑皆盈，饥民捕蝗为食。•••••••••••••••••••••••••••••••••《涉县志》

177. 元至元二十年（1283 年）

四月，燕京、河间等路蝗。••••••••••••••••••康熙《河间府志》

178. 元至元二十一年（1284 年）

六月，中卫屯田②蝗。••••••••••••••••••••《元史·世祖本纪》

六月，（东安）蝗。••••••••••••••••••••••••康熙《东安县志》

---

① 广平：元路名，治所在今河北永年东南广府镇。

② 中卫屯田：至元四年（1267 年）置，在今天津武清、河北香河等县，为田 1 000 余顷（约 6 666.7 万米²）。

179. 元至元二十二年（1285 年）

夏四月，河间、保定蝗。 ·········· 《元史·世祖本纪》

180. 元至元二十三年（1286 年）

五月，霸州蝻生。 ·········· 《元史·五行志》

夏，霸州蝗蝻生。 ·········· 《中国历代蝗患之记载》

181. 元至元二十五年（1288 年）

秋七月，真定蝗。八月，赵、晋、冀三州蝗。 ········· 《元史·世祖本纪》

夏至秋，赵县、冀州、晋县蝗害稼。 ········· 《中国历代蝗患之记载》

冀州蝗。 ·········· 乾隆《冀州志》

八月，（武邑）蝗。 ·········· 《武邑县志》

（饶阳）蝗。 ·········· 《饶阳县志》

182. 元至元二十六年（1289 年）

秋七月，真定、广平蝗。 ·········· 《元史·世祖本纪》

夏秋，河北蝗。 ·········· 《中国东亚飞蝗蝗区的研究》

夏秋，清苑等蝗灾。 ·········· 《中国历代蝗患之记载》

四月，河北十七郡蝗，诏发常平仓米一万五千石赈保定饥。 ····· 民国《清苑县志》

秋七月，（饶阳）蝗。 ·········· 《饶阳县志》

七月，（永年）蝗。 ·········· 《永年县志》

（曲周）蝗灾。 ·········· 《曲周县志》

183. 元至元二十七年（1290 年）

四月，河北十七郡蝗。 ·········· 《元史·五行志》

夏，河北蝗灾。 ·········· 《中国历代蝗患之记载》

夏四月，（雄县）大蝗。 ·········· 民国《雄县新志》

（冀县）蝗。 ·········· 《冀县志》

四月，（临西）蝗。 ·········· 《临西县志》

四月，（邱县）蝗灾。 ·········· 《邱县志》

184. 元至元二十九年（1292 年）

八月，以广济署屯田①蝗，免田租。 ·········· 《元史·世祖本纪》

185. 元至元三十年（1293 年）

是岁，真定、宁晋等处被蝗。 ·········· 《元史·世祖本纪》

---

① 广济署屯田：元屯田署名，在今河北沧州、青县一带。

186. 元至元三十一年（1294 年）

六月，东安州蝗。 ·······································《元史·五行志》

夏秋，河北安次蝗灾。 ·························《中国历代蝗患之记载》

187. 元元贞元年（1295 年）

(定兴) 蝗。 ··《定兴县志》

188. 元元贞二年（1296 年）

六月，真定、保定、大名蝗。 ·····················《元史·成宗本纪》

八月，大名、真定等郡蝗。 ·······················《元史·五行志》

夏秋，河北顺天、大名、清苑、保定大蝗伤稼，民饥死。

·······································《中国历代蝗患之记载》

(蠡县) 蝗。 ·································光绪《蠡县志》

九月，(高阳) 蝗。 ····························雍正《高阳县志》

六月，(临西) 蝗。 ·····························《临西县志》

八月，魏县蝗。 ·································《魏县志》

189. 元大德元年（1297 年）

七月，大都涿州、固安蝗。 ·················光绪《顺天府志》

夏秋，河北邢台蝗，大发生迁移。 ·······《中国东亚飞蝗蝗区的研究》

夏秋，河北顺天、邢台、固安飞蝗蔽空。 ······《中国历代蝗患之记载》

正定路各州蝗。 ································《赵县志》

(赞皇) 蝗灾。 ·································《赞皇县志》

七月，(新乐) 蝗。 ·····························《新乐县志》

(顺德) 旱蝗。 ·································乾隆《顺德府志》

夏，(迁西) 闹蝗虫。 ·····························《迁西县志》

190. 元大德二年（1298 年）

夏四月，燕南属县蝗。 ·····················《元史·成宗本纪》

河北蝗，全年猖獗。 ·················《中国东亚飞蝗蝗区的研究》

(望都) 蝗虫猖獗。 ·····························《望都县志》

四月，(临西) 蝗。 ·····························《临西县志》

四月，(邱县) 蝗。 ·····························《邱县志》

191. 元大德三年（1299 年）

夏，邢台大蝗。 ·························《中国历代蝗患之记载》

(顺德) 旱蝗。 ·································万历《顺德府志》

六月，（邢台）蝗。 …………………………………………………… 民国《邢台县志》

192. 元大德四年（1300 年）

五月，顺德旱蝗。 ……………………………………………………《元史·成宗本纪》

三月，（邱县）旱蝗。 …………………………………………………………《邱县志》

魏县蝗。 ……………………………………………………………………………《魏县志》

193. 元大德五年（1301 年）

六月，顺德蝗。秋七月，广平、真定蝗。 ……………………《元史·成宗本纪》

夏至秋，河北邢台、永年蝗灾。 …………………《中国历代蝗患之记载》

七月，大名等路蝗灾。 …………………………………………………………《临清市志》

七月，（临西）蝗。 ……………………………………………………………《临西县志》

（南和）蝗虫食桑。 ……………………………………………………………《南和县志》

七月，广平路蝗灾。 …………………………………………… 康熙《广平县志》

（邱县）旱蝗。 …………………………………………………………………………《邱县志》

七月，（永年）蝗。 ……………………………………………………………《永年县志》

（曲周）蝗灾。 ……………………………………………………………………《曲周县志》

194. 元大德六年（1302 年）

夏四月，真定、大名、河间等路蝗。 ……………………《元史·成宗本纪》

七月，大都涿、顺、固安三州蝗。 ……………………………《元史·五行志》

夏至秋，河北顺天、大名、交河、固安蝗灾。 ……《中国历代蝗患之记载》

四月，（献县）蝗。 …………………………………………………… 民国《献县志》

四月，河间属县蝗。 …………………………………………… 光绪《宁津县志》

（饶阳）蝗。 ……………………………………………………………………《饶阳县志》

四月，（临西）蝗。 ……………………………………………………………《临西县志》

四月，（邱县）蝗。 ……………………………………………………………《邱县志》

195. 元大德七年（1303 年）

保定路蝗。 ……………………………………………………………… 民国《清苑县志》

（定兴）蝗。 …………………………………………………………… 光绪《定兴县志》

（蠡县）蝗。 …………………………………………………………… 光绪《蠡县志》

196. 元大德八年（1304 年）

六月，益津①县蝗。 ……………………………………………………《元史·五行志》

---

① 益津：旧县名，治所在今河北霸州。

隆兴路怀安蝗。 ·······················《中国历代天灾人祸表》

四月，河间、南皮等八州县蝗。 ·············· 康熙《河间府志》

（南皮）蝗。 ·······························民国《南皮县志》

（盐山）蝗。 ·······························《盐山县志》

四月，（海兴）蝗。 ·························《海兴县志》

197. 元大德九年（1305 年）

八月，涿州良乡、河间南皮等县及东安等州蝗。 ·······《元史·五行志》

八月，涿州、东安州、河间蝗。 ···········《元史·成宗本纪》

夏至秋，顺天、清苑、东安、涿县、河间、南皮蝗灾大发生。

·······································《中国历代蝗患之记载》

八月，（东安）蝗。 ·······················康熙《东安志》

保定路蝗。 ·······························民国《清苑县志》

（蠡县）蝗。 ·····························光绪《蠡县志》

（徐水）蝗灾。 ···························《徐水县志》

（高阳）蝗。 ·····························雍正《高阳县志》

198. 元大德十年（1306 年）

四月，真定、河间、保定蝗。 ···············《元史·五行志》

夏，河北顺天、交河、保定、河间蝗灾。 ·······《中国历代蝗患之记载》

四月，（定兴）蝗。 ·······················光绪《定兴县志》

四月，（新城）蝗。 ·······················民国《新城县志》

四月，（沧县）蝗。 ·······················民国《沧县志》

四月，（献县）蝗。 ·······················民国《献县志》

四月，河间等郡蝗。 ·······················光绪《东光县志》

四月，（阜城）蝗。 ·······················雍正《阜城县志》

四月，（武邑）蝗。 ·······················《武邑县志》

五月，（饶阳）蝗。 ·······················《饶阳县志》

199. 元大德十一年（1307 年）

五月，真定、河间、顺德、保定等郡蝗。六月，保定属县蝗。

·······································《元史·成宗本纪》

夏，河间、保定等大蝗。 ·············《中国历代蝗患之记载》

五月，（正定）蝗。八月，又蝗。 ···········光绪《正定县志》

五月，（献县）蝗。八月，蝗。 ·············民国《献县志》

八月，（饶阳）蝗。 ·························《饶阳县志》

（南和）蝗虫。 ···························《南和县志》

200. 元至大元年（1308 年）

六月，保定、真定二郡蝗。 ···············《元史·五行志》

河北保定、清苑蝗灾。 ···········《中国历代蝗患之记载》

六月，（新城）蝗。 ···············民国《新城县志》

（蠡县）蝗。 ·····················光绪《蠡县志》

（高阳）蝗。 ···················雍正《高阳县志》

（徐水）蝗灾。 ······················《徐水县志》

八月，河间等路蝗。 ···········康熙《河间府志》

（文安）蝗。 ···················民国《文安县志》

八月，（景州）蝗。 ···············乾隆《景州志》

八月，阜城蝗。 ·················雍正《阜城县志》

六月，（武邑）蝗。 ···················《武邑县志》

故城南地发生蝗灾。 ··················《故城县志》

澶、曹、濮、高唐等州蝗，馆陶与焉。 ·······民国《馆陶县志》

（邱县）虫蝗成灾。 ····················《邱县志》

（曲周）虫蝗成灾。 ···················《曲周县志》

201. 元至大二年（1309 年）

夏四月，河间、顺德、广平、大名蝗。六月，霸州、涿州蝗。八月，真定、
　　保定、河间、顺德、广平、大名等处蝗。 ·········《元史·武宗本纪》

河北顺天、邢台、大名、涿县、清苑、任丘蝗灾，察哈尔①蝗虫盖地。
　　　·····················《中国历代蝗患之记载》

六月，霸州蝗灾。 ···················《廊坊市志》

八月，（保定）蝗。 ···············光绪《保定府志》

秋八月，（定兴）蝗。 ·············光绪《定兴县志》

八月，（蠡县）蝗。 ···············光绪《蠡县志》

八月，（高阳）蝗。 ···············雍正《高阳县志》

秋八月，（新城）蝗。 ·············民国《新城县志》

夏四月，沧州蝗。 ·················乾隆《沧州志》

① 察哈尔：旧省名，治所在今河北万全。

四月，献县蝗。八月，复蝗。 ………………………… 民国《献县志》

四月，河间、沧州等处蝗，至八月，(东光)蝗蝻大作。 …… 光绪《东光县志》

(盐山)大蝗毁稼。 ……………………………………… 《盐山县志》

四月，(海兴)大蝗为灾，庄稼被毁。 ………………… 《海兴县志》

(任丘)蝗伤稼，民饥，命有司赈之。 ………………… 乾隆《任丘县志》

(冀县)蝗。 ……………………………………………… 《冀县志》

(阜城)蝗。 ……………………………………………… 雍正《阜城县志》

(饶阳)蝗。 ……………………………………………… 《饶阳县志》

四月，(邢台)蝗。 ……………………………………… 民国《邢台县志》

四月，(临西)农事正殷，蝗虫遍野，百姓艰食。 …… 《临西县志》

四月，(南和)农事正殷，蝗虫遍野，百姓艰食。 …… 《南和县志》

七月，磁州、威州、滏阳蝗。 ………………………… 光绪《广平府志》

夏四月，(成安)大蝗。八月，又大蝗。 …………… 民国《成安县志》

(邱县)虫蝗成灾。 ……………………………………… 《邱县志》

(永年)蝗。 ……………………………………………… 《永年县志》

(曲周)虫蝗成灾。 ……………………………………… 《曲周县志》

四月，魏县蝗。 ………………………………………… 《魏县志》

202. 元至大三年（1310 年）

夏四月，盐山蝗。秋七月，磁州、威州诸县旱蝗。 …… 《元史·武宗本纪》

七月，饶阳、元氏、平棘、滏阳、元城①等县蝗。 ……… 《元史·五行志》

夏秋，顺天、盐山、宁晋蝗灾。 ……………………… 《中国历代蝗患之记载》

七月，平棘蝗。 ………………………………………… 《赵县志》

七月，(盐山)蝗。 …………………………………… 同治《盐山县志》

七月，(海兴)大蝗灾，庄稼绝收，人相食。 ………… 《海兴县志》

秋七月，大名路旱，蝗生。 …………………………… 咸丰《大名府志》

(邱县)虫蝗成灾。 ……………………………………… 《邱县志》

(曲周)虫蝗成灾。 ……………………………………… 《曲周县志》

203. 元至大四年（1311 年）

(邱县)虫蝗成灾。 ……………………………………… 《邱县志》

(曲周)虫蝗成灾。 ……………………………………… 《曲周县志》

---

① 平棘：旧县名，治所在今河北赵县；元城：旧县名，治所在今河北大名东北。

204. 元皇庆二年（1313 年）

五月，获鹿①县蝻。 ·······················《元史·仁宗本纪》

夏秋，河北获鹿蝗灾。 ···············《中国历代蝗患之记载》

205. 元延祐七年（1320 年）

秋七月，霸州蝻。 ·····················《元史·英宗本纪》

夏秋，河北顺天蝗灾。 ···············《中国历代蝗患之记载》

206. 元至治元年（1321 年）

五月，霸州蝗。秋七月，清池②县蝗。 ·······《元史·英宗本纪》

夏秋，河北顺天蝗灾。 ···············《中国历代蝗患之记载》

七月，清池县蝗。 ·······················民国《沧县志》

207. 元至治二年（1322 年）

十二月，顺德、河间、保定蝗。 ···········《元史·英宗本纪》

冬，河北河间、保定、清苑蝗灾。 ·····《中国历代蝗患之记载》

夏四月，（蠡县）蝗。 ···················光绪《蠡县志》

（徐水）大蝗灾，所经之地禾叶尽食。 ·········《徐水县志》

（献县）水蝗。 ·······················民国《献县志》

（海兴）蝗。 ·························《海兴县志》

（南和）蝗虫。 ·························《南和县志》

208. 元至治三年（1323 年）

五月，保定路归信③县蝗。秋七月，真定路诸州属县蝗。······《元史·英宗本纪》

夏，保定等蝗灾。 ···············《中国历代蝗患之记载》

雄县蝗。 ·························光绪《保定府志》

清池县蝗。 ·························康熙《河间府志》

海兴蝗。 ·····························《海兴县志》

景县蝗。 ·····························民国《景县志》

209. 元泰定元年（1324 年）

六月，顺德、保定、真定、广平、大名、河间等郡蝗。 ·····《元史·五行志》

夏，河北顺德、大名、河间、保定等蝗灾。 ·······《中国历代蝗患之记载》

六月，（新城）蝗。 ···················民国《新城县志》

---

① 获鹿：旧县名，1994 年改名今河北鹿泉市。

② 清池：旧县名，治所在今河北沧县东南旧州镇。

③ 归信：旧县名，治所在今河北雄县。

六月，（献县）旱蝗。 ···································· 民国《献县志》

（吴桥）蝗。 ···································· 《吴桥县志》

（饶阳）蝗。 ···································· 《饶阳县志》

夏六月，（临西）蝗，饥。 ···················· 《临西县志》

六月，（南和）蝗虫。 ···························· 《南和县志》

六月，魏县蝗。 ·································· 《魏县志》

六月，（邱县）蝗。 ······························· 《邱县志》

六月，（永年）蝗。 ······························· 《永年县志》

210. 元泰定二年（1325 年）

六月，景州蝗。 ························· 《元史·五行志》

六月，河间蝗。 ························· 《元史·泰定本纪》

夏秋，河间、景县、新城蝗灾，民饥。 ········· 《中国历代蝗患之记载》

德、景等州县蝗。 ················· 康熙《河间府志》

211. 元泰定三年（1326 年）

秋七月，大名、顺德等路，赵、涿、霸等州蝗。 ········· 《元史·泰定本纪》

七月，大名、顺德、广平等路，赵州、曲阳、满城、庆都等县蝗；雄州、
霸州蝗。八月，永平①郡蝗。 ··········· 《元史·五行志》

夏秋，顺天、永年、清苑、永平、大名、赵县、涿县蝗灾。

··················· 《中国历代蝗患之记载》

七月，赵州蝗。 ···································· 《赵县志》

六月，保定郡蝗。 ····························· 民国《清苑县志》

六月，清苑蝗。七月，满城、庆都县蝗。 ·············· 光绪《保定府志》

六月，（高阳）蝗。 ·························· 雍正《高阳县志》

六月，（蠡县）蝗。 ···························· 光绪《蠡县蝗》

七月，曲阳等县蝗。 ···················· 光绪《重修曲阳县志》

八月，（献县）蝗。 ·························· 民国《献县志》

（阜城）蝗。 ····························· 雍正《阜城县志》

（南和）蝗虫，民饥。 ························· 《南和县志》

（鸡泽）蝗。 ····························· 民国《鸡泽县志》

广平路蝗。 ····························· 光绪《永年县志》

---

① 永平：旧路、府、郡名，治所在今河北卢龙，辖今河北迁安、迁西、滦县、滦南、乐亭等县。

212. 元泰定四年（1327 年）

十二月，保定蝗。 ·······························《元史·五行志》

六月，河间、大名属县蝗。八月，河间蝗。 ·······《元史·泰定本纪》

顺天、河间、清苑、大名、保定蝗灾。 ·······《中国历代蝗患之记载》

（新城）蝗。 ·······························民国《新城县志》

（蠡县）蝗。 ·······························光绪《蠡县志》

六月，大名蝗。 ·······························《临西县蝗》

六月，魏县蝗。 ·······························《魏县蝗》

六月，（邱县）旱蝗。 ·······························《邱县志》

213. 元致和元年（1328 年）

四月，永平路石城①县蝗。 ·······················《元史·五行志》

顺天、永平、滦州蝗灾。 ·······················《中国历代蝗患之记载》

（广平）三次蝗。 ·······························康熙《广平县志》

214. 元天历二年（1329 年）

六月，永平屯田府昌国、济民、丰赡②诸署，以蝗及水灾，免今年租。秋七月，
真定、河间、永平蝗。八月，保定之行唐蝗。 ··········《元史·文宗本纪》

夏，河间、永平、热河蝗灾。 ·················《中国历代蝗患之记载》

秋七月，（行唐）蝗。 ·······················乾隆《行唐县新志》

七月，（灵寿）蝗灾。 ·······························《灵寿县志》

七月，（抚宁）蝗灾。 ·······························《抚宁县志》

夏四月，（雄县）旱蝗，民饥。 ·················民国《雄县新志》

（任丘）蝗灾。 ·······························《任丘市志》

夏，（献县）旱蝗。 ·······························民国《献县志》

七月，（武邑）蝗。 ·······························《武邑县志》

215. 元至顺元年（1330 年）

五月，广平、大名等路蝗。六月，大都、真定、河间诸路，献、景诸州及左
都威卫屯田蝗。秋七月，保定、河间等路及武卫、左卫率府诸屯田蝗③。

······························《元史·文宗本纪》

---

① 石城：旧县名，治所在今河北唐山开平区。
② 永平屯田府：元屯田府名，治所滦州马城县，辖昌国、济民、丰赡三署，均在今河北乐亭东部地区。
③ 左都威卫：在今北京通州及天津武清和河北廊坊一带；武卫屯田：在今河北涿州、霸州、保定、定兴一带；
左卫屯田：在今河北廊坊、永清一带。

六月，固安蝗。⋯⋯⋯⋯⋯⋯⋯⋯⋯⋯⋯⋯⋯⋯⋯⋯⋯《元史·五行志》

从夏至秋，河北顺天、大名、清苑、交河、河间、保定蝗虫大发生，免税。

⋯⋯⋯⋯⋯⋯⋯⋯⋯⋯⋯⋯⋯⋯⋯⋯⋯《中国历代蝗患之记载》

（高阳）蝗。⋯⋯⋯⋯⋯⋯⋯⋯⋯⋯⋯⋯⋯⋯⋯⋯⋯雍正《高阳县志》

（蠡县）蝗。⋯⋯⋯⋯⋯⋯⋯⋯⋯⋯⋯⋯⋯⋯⋯⋯⋯光绪《蠡县志》

七月，（望都）蝗害稼。⋯⋯⋯⋯⋯⋯⋯⋯⋯⋯⋯⋯⋯《望都县志》

六月，河间、献、景诸州蝗。⋯⋯⋯⋯⋯⋯⋯⋯⋯民国《交河县志》

（阜城）蝗食禾尽。⋯⋯⋯⋯⋯⋯⋯⋯⋯⋯⋯⋯⋯雍正《阜城县志》

（饶阳）蝗。⋯⋯⋯⋯⋯⋯⋯⋯⋯⋯⋯⋯⋯⋯⋯⋯⋯《饶阳县志》

（景州）蝗。⋯⋯⋯⋯⋯⋯⋯⋯⋯⋯⋯⋯⋯⋯⋯⋯⋯乾隆《景州志》

魏县蝗灾。⋯⋯⋯⋯⋯⋯⋯⋯⋯⋯⋯⋯⋯⋯⋯⋯⋯⋯⋯《魏县志》

五月，（邱县）蝗。⋯⋯⋯⋯⋯⋯⋯⋯⋯⋯⋯⋯⋯⋯⋯⋯《邱县志》

（永年）蝗。⋯⋯⋯⋯⋯⋯⋯⋯⋯⋯⋯⋯⋯⋯⋯⋯⋯⋯《永年县志》

216. 元至顺二年（1331 年）

自春至秋，河北大名蝗灾大发生。⋯⋯⋯⋯《中国历代蝗患之记载》

夏，（清苑）蝗。⋯⋯⋯⋯⋯⋯⋯⋯⋯⋯⋯⋯⋯⋯⋯⋯《清苑县志》

（河间）蝗。⋯⋯⋯⋯⋯⋯⋯⋯⋯⋯⋯⋯⋯⋯⋯⋯⋯⋯《河间县志》

217. 元至顺三年（1332 年）

五月，大名路蝗。⋯⋯⋯⋯⋯⋯⋯⋯⋯⋯⋯⋯⋯民国《大名县志》

河间等处屯田蝗。⋯⋯⋯⋯⋯⋯⋯⋯⋯⋯⋯⋯乾隆《河间县志》

（威县）一年三次蝗。⋯⋯⋯⋯⋯⋯⋯⋯⋯⋯⋯⋯⋯⋯《威县志》

218. 元元统元年（1333 年）

河北旱蝗为灾。⋯⋯⋯⋯⋯⋯⋯⋯⋯⋯⋯⋯⋯《元史·朵尔直班传》

219. 元元统二年（1334 年）

夏秋，热河蝗灾。⋯⋯⋯⋯⋯⋯⋯⋯⋯⋯⋯《中国历代蝗患之记载》

220. 元至元元年（1335 年）

（定兴）蝗。⋯⋯⋯⋯⋯⋯⋯⋯⋯⋯⋯⋯⋯⋯⋯⋯光绪《定兴县志》

221. 元至正元年（1341 年）

河间等路旱蝗缺食，累蒙赈恤。⋯⋯⋯⋯⋯⋯⋯《元史·食货志》

222. 元至正三年（1343 年）

河间行盐地方旱蝗相仍。⋯⋯⋯⋯⋯⋯⋯⋯⋯⋯《元史·食货志》

（河间）行盐之地，旱、蝗、水灾相仍，百姓无买盐之资。⋯⋯《河间县志》

223. **元至正八年**（1348 年）

　　永年、威县蝗灾，人相食。⋯⋯⋯⋯⋯⋯⋯⋯《中国历代蝗患之记载》

　　永年、威县蝗，人相食。⋯⋯⋯⋯⋯⋯⋯⋯⋯ 光绪《永年县志》

224. **元至正十二年**（1352 年）

　　六月，大名路、元城十一县水、旱、虫蝗，饥民七十一万六千九百八十口，

　　　给钞十万锭赈之。⋯⋯⋯⋯⋯⋯⋯⋯⋯⋯《元史·顺帝本纪》

　　夏，大名等十一县蝗灾，民饥。⋯⋯⋯⋯⋯《中国历代蝗患之记载》

　　六月，（临西）蝗，民饥。⋯⋯⋯⋯⋯⋯⋯⋯⋯《临西县志》

　　六月，（邱县）蝗。⋯⋯⋯⋯⋯⋯⋯⋯⋯⋯⋯⋯《邱县志》

225. **元至正十八年**（1358 年）

　　秋，广平、顺德蝗，顺德九县民食蝗，广平人相食。⋯⋯《元史·五行志》

　　夏，顺德九县民食蝗；广平蝗，人相食。⋯⋯⋯《中国历代蝗患之记载》

　　七月，（南和）蝗，民食蝗，人相食。⋯⋯⋯⋯⋯⋯《南和县志》

　　（平乡）蝗飞蔽天，人马不能行，大饥。⋯⋯⋯⋯⋯《平乡县志》

　　（广宗）民食蝗。⋯⋯⋯⋯⋯⋯⋯⋯⋯⋯⋯⋯⋯《广宗县志》

　　（曲周）蝗。⋯⋯⋯⋯⋯⋯⋯⋯⋯⋯⋯⋯⋯ 同治《曲周县志》

226. **元至正十九年**（1359 年）

　　霸州、真定、河间蝗，食禾稼、草木俱尽，所至蔽日，碍人马不能行，填

　　　坑堑皆盈，饥民捕蝗以为食，或曝干而积之，又罄，则人相食。

　　　⋯⋯⋯⋯⋯⋯⋯⋯⋯⋯⋯⋯⋯⋯⋯⋯《元史·五行志》

　　秋七月，霸州蝗。⋯⋯⋯⋯⋯⋯⋯⋯⋯⋯⋯《元史·顺帝本纪》

　　自夏之秋，霸县、顺天、交河、蝗虫大发生，食禾稼、草木俱尽，所至蔽

　　　日，填坑堑皆满，饥民捕蝗为食，或曝干积之，又尽，人相食。

　　　⋯⋯⋯⋯⋯⋯⋯⋯⋯⋯⋯⋯⋯⋯《中国历代蝗患之记载》

　　五月，霸州蝗灾，蝗虫蔽野，禾稼、草木皆尽，蝗灾过后人相食。

　　　⋯⋯⋯⋯⋯⋯⋯⋯⋯⋯⋯⋯⋯⋯⋯⋯⋯⋯《廊坊市志》

　　四月，（香河）蝗食禾稼、草木皆尽，饥民捕蝗以食。⋯⋯⋯《香河县志》

　　（永清）蝗食禾稼、草木皆尽，人相食。⋯⋯⋯ 光绪《续永清县志》

　　（保定）飞蝗蔽天，民大饥。⋯⋯⋯⋯⋯⋯⋯⋯ 光绪《保定府志》

　　夏五月，（高阳）大蝗。⋯⋯⋯⋯⋯⋯⋯⋯⋯⋯ 雍正《高阳县志》

　　夏五月，（蠡县）大蝗。⋯⋯⋯⋯⋯⋯⋯⋯⋯⋯ 光绪《蠡县志》

　　五月，（新城）大蝗。⋯⋯⋯⋯⋯⋯⋯⋯⋯⋯⋯ 民国《新城县志》

夏五月，（雄县）飞蝗蔽天，沟堑尽平，大饥，有杀子而食者。

.... 民国《雄县新志》

（徐水）蝗灾极重，飞蔽天，所落沟堑尽平。 ....《徐水县志》

（安新）蝗灾严重，飞蝗蔽日，所落沟堑皆满，民饥无食。

.... 《安新县志》

五月，（交河）大蝗，直隶、京师飞蝗蔽天，沟堑皆平，人马难行，民
　　大饥。 .... 民国《交河县志》

（冀县）蝗食草木皆尽，所至蔽日，碍人马不能行，民捕蝗以为食，又尽，
　　则人相食。 .... 《冀县志》

（南和）蝗虫食禾一空。 .... 《南和县志》

四月，（磁县）蝗灾，食禾稼、草木殆尽，饥民捕蝗以食。 ......《磁县志》

四月，临漳大蝗，食禾稼、草木俱尽，饥民捕蝗为食。 ....《临漳志》

（鸡泽）飞蝗蔽路，人马不能行，大饥。 ....《鸡泽县志》

秋八月，（蔚县）大蝗。 .... 《蔚县志》

227. 元至正二十年（1360 年）

四月，河北十七郡蝗。 ....《河北省农业厅·志源（3）》

228. 元至正二十五年（1365 年）

八月，（赵州）蝗。 .... 《赵县志》

五、明代蝗灾

229. 明洪武二年（1369 年）

六月，保定蝗。 .... 光绪《保定府志》

（盐山）蝗灾。 .... 《盐山县志》

（海兴）蝗灾。 .... 《海兴县志》

230. 明洪武六年（1373 年）

六月，北平河间蝗灾。 .... 《明实录·太祖实录》

231. 明洪武七年（1374 年）

六月，真定、保定、河间、顺德蝗。 .... 《明史·五行志》

四月，顺德府平乡县、任县，保定府雄县，永平府乐亭县，河间府莫州、
　　清州并蝗，命捕之。五月，河间府任丘、宁津二县，永平府昌黎县，保

定府安肃①县、真定府宁晋县、北平府文安县、顺德府唐山②县并蝗，命

捕之。九月，河间府河间县蝗。·················《明实录·太祖实录》

昌黎、保定、河间蝗灾。·················《中国历代蝗患之记载》

六月，（新城）蝗。·····················民国《新城县志》

沧州蝗。···························民国《沧县志》

（海兴）蝗。··························《海兴县志》

（任丘）蝗灾。·······················《任丘市志》

（河间）蝗灾。·······················《河间县志》

（青县）蝗，饥。·····················民国《青县志》

六月，（献县）蝗。····················民国《献县志》

河间诸路蝗。东光蝗。··············光绪《东光县志》

（饶阳）蝗。·························《饶阳县志》

六月，（武邑）蝗。····················《武邑县志》

夏，（乐亭）蝗，饥。···············光绪《乐亭县志》

夏，（昌黎）蝗。·····················民国《昌黎县志》

八月，（南和）蝗虫，民饥，官府免租，赈恤。·····《南和县志》

232. 明洪武八年（1375 年）

夏，真定、大名诸府属县蝗。·············《明史·五行志》

五月，真定府平山等县蝗。八月，赵州宁晋县蝗。·····《明实录·太祖实录》

夏，河北顺天、大名蝗灾。···········《中国历代蝗患之记载》

五月，（行唐）蝗。··············乾隆《行唐县新志》

夏，（武邑）蝗。·····················《武邑县志》

夏，（磁县）蝗灾。····················《磁县志》

夏，魏县蝗，免田租。··················《魏县志》

夏四月，免大名蝗灾田租。···········咸丰《大名府志》

233. 明建文二年（1400 年）

夏，行唐蝗。··············《河北省农业厅·志源（3）》

234. 明永乐元年（1403 年）

五月，真定府枣强县蝗旱。·············《明实录·太宗实录》

---

① 安肃：旧县名，治所在今河北徐水。

② 唐山：旧县名，治所在今河北隆尧西尧山乡。

235. 明永乐二年（1404 年）

（安新）境内发生大面积蝗灾。 ························《安新县志》

（临西）蝗，民饥。 ····································《临西县志》

236. 明永乐七年（1409 年）

故城北地大蝗。 ······································《故城县志》

237. 明永乐十四年（1416 年）

大城、永年蝗灾。 ··························《中国历代蝗患之记载》

（大城）蝗。 ··································光绪《大城县志》

238. 明宣德元年（1426 年）

六月，顺天府霸州及固安、永清二县，保定府新城县蝗蝻生，上命有司急
捕勿缓；临漳县蝗。七月，保定府安肃县、真定府新乐县蝗蝻生。

·····································《明实录·宣宗实录》

六月，畿内蝗，命使者驿捕。 ······《古今图书集成·庶征典·蝗灾部汇考》

磁州蝗大发，忽秃鹜飞集，啄蝗殆尽。

·····························《古今图书集成·庶征典·蝗灾部纪事》

239. 明宣德四年（1429 年）

六月，顺天州县蝗。 ····························《明史·五行志》

五月，永清县蝗蝻生。六月，霸州并东安蝗蝻生，命户部遣官督捕。

·····································《明实录·宣宗实录》

夏，永清及顺天属县蝗蝻生。 ············《中国历代蝗患之记载》

五月，永清蝗蝻生，遣人督捕。 ······《古今图书集成·庶征典·蝗灾部汇考》

240. 明宣德五年（1430 年）

六月，遣官捕近畿蝗。 ····························《明史·宣宗本纪》

四月，易州、满城蝗蝻生，上命户部遣人往捕。六月，永平兴州左屯卫①蝗
蝻生。十二月，保定府定兴县奏：连年蝗涝，田谷不收，徭役频繁，人
民逃窜。 ·····························《明实录·宣宗实录》

（河间）蝗灾。 ····································《河间县志》

241. 明宣德八年（1433 年）

大名境内蝗，遣官驰驿督捕。 ··················同治《元城县志》

---

①　兴州左屯卫：旧卫名，治所在今河北玉田县。

242. 明宣德九年（1434 年）

七月，两畿蝗蝻覆地尺许，伤稼。 ··················《明史·五行志》

河北永年、大名蝗蝻盖地尺厚，帝遣官督捕。 ·····《中国历代蝗患之记载》

大名府境内蝗，诏遣官督捕。户部奏大名府境内蝗蝻覆地伤稼，虽悉力捕

瘗，日加繁盛。上叹曰：民以谷为命，蝗不尽则民何所望。遂遣御史、

给事中、锦衣卫分往督捕。 ··················· 咸丰《大名府志》

大名府境内蝗，诏遣官督捕。 ·············· 民国《大名县志》

七月，（望都）蝗蝻伤稼。 ····················《望都县志》

魏县蝗蝻覆地，伤稼。 ·······················《魏县志》

两畿蝗蝻覆地尺许，害稼。 ·············· 光绪《永年县志》

243. 明宣德十年（1435 年）

夏四月，遣给事中、御史捕畿南蝗。 ············《明史·英宗本纪》

四月，保定、真定、顺德蝗蝻伤稼，上命往捕。五月，广平府邯郸旱蝗相

继，保定灾伤尤甚。 ···················《明实录·英宗实录》

夏，河北永年蝗伤稼。 ···············《中国历代蝗患之记载》

（武邑）蝗。 ·····························《武邑县志》

244. 明正统元年（1436 年）

四月，保定府清苑县旱蝗无收，顺天府所属州县蝗蝻伤稼。十月，唐县旱

蝗相仍，蝗蝻生发，田禾灾伤。 ··········《明实录·英宗实录》

四月，河北旱蝗，遣官督捕之。畿内蝗。

················《古今图书集成·庶征典·蝗灾部汇考》

河北大城蝗灾严重发生。 ···············《中国历代蝗患之记载》

四月，都御使鲁穆巡视正定蝗蝻。 ··········· 光绪《正定县志》

四月，（大城）蝗旱。 ···················· 光绪《大城县志》

（南和）蝗灾。 ···························《南和县志》

夏五月，（成安）蝗。 ···················· 民国《成安县志》

245. 明正统二年（1437 年）

四月，北畿蝗。 ·························《明史·五行志》

四月，广平、顺德二府所属州县蝗，未能捕尽，粟谷俱伤。

··························《明实录·英宗实录》

夏，河北文安捕蝗。 ··················《中国历代蝗患之记载》

文安蝗。 ························· 光绪《顺天府志》

七月，保定等处蝗灾，遣御史督守令捕之。 ·········· 民国《满城县志略》

秋，（易州）蝗。 ··· 乾隆《易州志》

246. 明正统四年（1439 年）

河北大蝗。 ······················ 《古今图书集成·庶征典·蝗灾部汇考》

夏，大城、清苑、保定蝗灾。 ··················· 《中国历代蝗患之记载》

七月，顺天府遵化县、保定府易州涞水县蝗伤稼，令严督军民扑捕。

··· 《明实录·英宗实录》

六月，（正定）蝗。 ······························· 光绪《正定县志》

六月，（无极）蝗，民饥。 ························· 民国《重修无极县志》

（保定）大蝗。 ································· 光绪《保定府志》

（清苑）大蝗，遣吏部侍郎魏骥捕之。 ············· 民国《清苑县志》

（蠡县）大蝗。 ································· 光绪《蠡县志》

（高阳）大蝗。 ································· 雍正《高阳县志》

（新城）大蝗。 ································· 民国《新城县志》

（定兴）大蝗。 ································· 光绪《定兴县志》

河间州县蝗。 ··································· 乾隆《肃宁县志》

河间县蝗。 ····································· 乾隆《河间县志》

（大城）大蝗。 ································· 光绪《大城县志》

夏，（枣强）蝗。 ······························· 嘉庆《枣强县志》

（新河）大蝗。 ································· 民国《新河县志》

六月，（宁晋）蝗，捕之。 ····················· 民国《宁晋县志》

247. 明正统五年（1440 年）

夏，顺天、河间、真定、顺德、广平蝗。 ············· 《明史·五行志》

四月，保定府清苑县蝗生，上命户部遣人令所在官司捕绝，毋使滋蔓。五月，顺天、广平、顺德、河间四府蝗，上命户部速令有司捕之。六月，馆陶、邱县蝗。七月，安肃蝗。 ············· 《明实录·英宗实录》

夏，顺天、河间、广平、永平、保定、永年蝗灾大发生，捕之。

··· 《中国历代蝗患之记载》

六月，（永平）蝗，吏部侍郎魏骥抚安永平等府蝗灾。

··· 光绪《永平府志》

夏，（卢龙）蝗。六月，吏部侍郎魏骥抚蝗灾。 ·········· 民国《卢龙县志》

六月，（迁安）蝗灾。 ····························· 《迁安县志》

夏，（行唐）蝗。 ·· 乾隆《行唐县新志》

（霸县）蝗，遣侍郎魏骥捕之。 ····················· 民国《霸县新志》

秋，（唐县）蝗。 ·· 光绪《唐县志》

（定兴）又蝗，遣吏部侍郎魏骥督捕之。 ··········· 光绪《定兴县志》

（新城）又蝗，遣吏部侍郎魏骥督捕之。 ··········· 民国《新城县志》

（高阳）蝗，遣吏部侍郎魏骥督捕之。 ··········· 雍正《高阳县志》

（蠡县）蝗，吏部侍郎魏骥巡行捕之。 ··········· 光绪《蠡县志》

（雄县）蝗，遣吏部侍郎魏骥督捕之。 ··········· 民国《雄县新志》

夏，沧州蝗。 ··· 民国《沧县志》

（吴桥）蝗。 ··· 光绪《吴桥县志》

夏，（献县）蝗。 ··· 民国《献县志》

（盐山）蝗食野草、树叶、果菜。 ····················· 《盐山县志》

夏，河间蝗。 ··· 光绪《东光县志》

（海兴）蝗食野草、树叶、果菜。 ····················· 《海兴县志》

五月，（南和）蝗虫。 ···································· 《南和县志》

夏，广平蝗。 ··· 光绪《广平府志》

魏县蝗。 ··· 《魏县志》

夏，（永年）蝗。 ··· 光绪《永年县志》

广平蝗灾。 ·· 《曲周县志》

248. 明正统六年（1441 年）

夏，顺天、保定、真定、河间、顺德、广平、大名蝗。

·· 《明史·五行志》

六月，沧州蝗，永平蝗，捕灭已尽；顺天府所属捕蝗，涿州谷麦间有损伤。
七月，直隶河间、顺德所属州县复蝗，命捕之。九月，保定、大名、广
平、永平诸府，卢龙、山海、兴州、东胜[①]、抚宁诸卫蝗伤禾稼，命有司
设法捕之；安肃县去岁蝗，民困之食；河间府所属州县蝗伤禾稼。

·· 《明实录·英宗实录》

由春到秋，河北顺天、广平、保定、河间、大名、交河、永年蝗虫严重
发生。 ······································ 《中国历代蝗患之记载》

（新城）蝗，大饥，赈之。 ······················· 民国《新城县志》

---

① 东胜：旧卫名，明永乐元年（1403 年）分东胜左卫（治所在今河北卢龙）和东胜右卫（治所在今河北遵化）。

河间大蝗，野无青草。 ················· 光绪《东光县志》

（沧县）蝗，食草叶皆尽。 ················· 民国《沧县志》

（盐山）蝗食野草、树叶、果菜。 ················· 《盐山县志》

（海兴）蝗食野草、树叶、果菜。 ················· 《海兴县志》

夏，（献县）蝗。 ················· 民国《献县志》

（吴桥）蝗。 ················· 光绪《吴桥县志》

夏，（武邑）蝗。 ················· 《武邑县志》

（饶阳）蝗。 ················· 《饶阳县志》

夏，广平蝗。 ················· 光绪《广平府志》

（永年）蝗。 ················· 光绪《永年县志》

广平蝗灾。 ················· 《曲周县志》

249. 明正统七年（1442 年）

五月，顺天、广平、大名、河间蝗。 ················· 《明史·五行志》

夏，两畿旱蝗。 ················· 《明会要》

正月，河间府沧州连岁旱蝗相仍，民食匮乏。四月，真定府去岁蝗发，虑
　　有遗种复生，命督军卫、有司。五月，顺天府并直隶广平、大名蝗蝻生
　　发，伤害苗稼。 ················· 《明实录·英宗实录》

夏，河北广平、大名、河间、永年、交河蝗灾。

················· 《中国历代蝗患之记载》

五月，河间等府蝗。 ················· 乾隆《献县志》

河间大蝗，野无青草。 ················· 光绪《东光县志》

（吴桥）连岁蝗。 ················· 光绪《吴桥县志》

（安次）蝗蔽天而行，所过野无青草。 ················· 民国《安次县志》

五月，广平蝗。 ················· 光绪《广平府志》

永年蝗。 ················· 光绪《永年县志》

广平府连年蝗灾。 ················· 《曲周县志》

魏县蝗。 ················· 《魏县志》

250. 明正统八年（1443 年）

夏，两畿蝗。 ················· 《明史·五行志》

夏，河北永年捕蝗虫。 ················· 《中国历代蝗患之记载》

永年蝗。 ················· 光绪《永年县志》

251. 明正统十年（1445 年）

　　七月，直隶保定、真定府，清苑等县蝗蝻间发，上命户部遣人设法扑捕。

　　　　　　　　　　　　　　　　　　　　　　　　　　　　《明实录·英宗实录》

252. 明正统十二年（1447 年）

　　夏，保定蝗。秋，永平蝗。　　　　　　　　　　　　　　　《明史·五行志》

　　闰四月，保定府蝗，上命户部督军民捕灭之。七月，永平府旱蝗，真定、大
　　　名府蝗，上命户部移文严督扑灭，勿遗民患。　　……《明实录·英宗实录》

　　河北顺天、文安、涿县、保定、永平、大城蝗灾。

　　　　　　　　　　　　　　　　　　　　　　　　　　　《中国历代蝗患之记载》

　　七月，（正定）蝗灾，都御史张楷督守令捕之。　　……光绪《正定县志》

　　秋，永平府蝗灾。　　　　　　　　　　　　　　　　　　　　《抚宁县志》

　　夏，（新城）蝗。　　　　　　　　　　　　　　　　　道光《新城县志》

　　七月，定州蝗。　　　　　　　　　　　　　　　　雍正《直隶定州志》

　　文安、涿州蝗。　　　　　　　　　　　　　　　　光绪《顺天府志》

　　（大城）蝗。　　　　　　　　　　　　　　　　　光绪《大城县志》

　　七月，（枣强）蝗。　　　　　　　　　　　　　　嘉庆《枣强县志》

　　七月，（宁晋）蝗。　　　　　　　　　　　　　　民国《宁晋县志》

253. 明正统十三年（1448 年）

　　四月，保定府捕蝗。十二月，邢台县奏：今岁蝗蝻，发民捕瘗，践伤禾苗
　　　计地二百四十二顷①。　　　　　　　　　　　　《明实录·英宗实录》

　　四月，直隶蝗，捕之。　　………《古今图书集成·庶征典·蝗灾部汇考》

　　河北顺天蝗大发生，迁移。　　………《中国东亚飞蝗蝗区的研究》

　　七月，（望都）飞蝗蔽天。　　　　　　　　　　　　《望都县志》

　　七月，（东光）县境飞蝗蔽天。　　　　　　　　　光绪《东光县志》

254. 明正统十四年（1449 年）

　　夏，顺天、永平蝗。　　　　　　　　　　　　　　　　　《明会要》

　　五月，顺天、永平府蝗，上命户部移文捕之。　　………《明实录·英宗实录》

　　夏，顺天、永平蝗灾，飞蔽天。　　………《中国历代蝗患之记载》

　　顺天蝗大发生，迁移。　　………《中国东亚飞蝗蝗区的研究》

---

① 顷为中国古代土地面积单位，1 顷≈66 667 米²。下同。——编者注

255. 明景泰元年（1450 年）

畿辅旱蝗相仍。 ···《明史·叶盛传》

六月，丰润、直隶兴州前屯卫①蝗生。 ···········《明实录·英宗实录》

256. 明景泰三年（1452 年）

九月，以旱蝗等灾，免宣府前等十六卫②所屯粮。 ·····《明实录·英宗实录》

257. 明景泰四年（1453 年）

夏，河北大城蝗灾。 ···························《中国历代蝗患之记载》

夏，（大城）蝗。 ·······································光绪《大城县志》

258. 明景泰七年（1456 年）

五月，畿内蝗蝻延蔓。 ·························《明史·五行志》

夏，河北永年、大名大蝗灾，迁移。 ·········《中国历代蝗患之记载》

五月，（河间）蝗灾。 ·································《河间县志》

五月，（武邑）蝗蝻延蔓。 ·····························《武邑县志》

五月，（南和）蝗虫。 ·································《南和县志》

夏五月，大名蝗。 ·································咸丰《大名府志》

259. 明天顺二年（1458 年）

五月，沧州、兴济③、东光、吴桥、青县蝗生。 ·····《明实录·英宗实录》

夏，河北大名蝗灾严重发生。 ·················《中国历代蝗患之记载》

（大名）大蝗。 ·····································咸丰《大名府志》

魏县大蝗。 ···《魏县志》

260. 明天顺八年（1464 年）

河北大名捕蝗。 ·······························《中国历代蝗患之记载》

（大名）大蝗，遣官督捕。 ·······················咸丰《大名府志》

261. 明成化八年（1472 年）

河北大城蝗灾。 ·······························《中国历代蝗患之记载》

六月，（大城）蝗。 ·································光绪《大城县志》

262. 明成化九年（1473 年）

六月，河间蝗。七月，真定蝗。 ···············《明史·五行志》

六月，河间府蝗。 ·································《明实录·宪宗实录》

---

① 兴州前屯卫：治所在今河北丰润。

② 宣府前卫：治所在今河北宣化，清代改为宣化府。

③ 兴济：旧县名，治所在今河北沧县北兴济镇。

夏秋，河北顺天、河间、大城蝗灾。 ················《中国历代蝗患之记载》

六月，（献县）蝗。 ································· 民国《献县志》

（大城）蝗。 ····································· 光绪《大城县志》

六月，（武邑）蝗。 ································· 《武邑县志》

263. 明成化十九年（1483 年）

夏，河北邢台蝗灾。 ··················《中国历代蝗患之记载》

（赞皇）蝗。 ····························· 乾隆《赞皇县志》

（顺德）蝗。 ····························· 万历《顺德府志》

（邢台）蝗。 ····························· 民国《邢台县志》

（任县）蝗。 ····························· 民国《任县志》

（平乡）大蝗。 ··························· 《平乡县志》

夏六月，（临城）蝗伤稼。 ················· 《临城县志》

（内丘）蝗。 ····························· 道光《内邱县志》

264. 明成化二十三年（1487 年）

秋，（唐县）蝗。 ···························· 《唐县志》

265. 明弘治元年（1488 年）

（冀县）境乃蝗。 ···························· 《冀县志》

266. 明弘治三年（1490 年）

北畿蝗。 ······························· 《明史·五行志》

河北永年蝗灾，免税。 ···········《中国历代蝗患之记载》

（永年）蝗。 ····························· 光绪《永年县志》

267. 明弘治四年（1491 年）

夏，河北顺天、永平、乐亭蝗灾。 ·······《中国历代蝗患之记载》

五月，（永平）蝗。 ························· 光绪《永平府志》

五月，（卢龙）蝗。 ························· 民国《卢龙县志》

五月，（乐亭）蝗。 ························· 光绪《乐亭县志》

五月，（抚宁）蝗灾。 ······················· 《抚宁县志》

268. 明弘治五年（1492 年）

（迁安）蝗灾。 ····························· 《迁安县志》

269. 明弘治六年（1493 年）

六月，飞蝗过京师，自东南而西北，日为掩者三日，遣顺天府督捕。

··· 《明会要》

四月，以蝗蝻免永平府迁安、抚宁及兴州右屯卫、建昌营、河流口等弘治
五年分粮草子粒有差①。·················《明实录·孝宗实录》

夏，河北飞蝗自东南来西北去，日为掩者三日。

··《中国历代蝗患之记载》

四月，（永平）蝗灾。·····················光绪《永平府志》

夏四月，（迁安）蝗灾，免去年田租。···········《迁安县志》

夏四月，（迁西）蝗虫成灾。················《迁西县志》

四月，（抚宁）蝗灾，免去年田租。············《抚宁县志》

六月，（望都）飞蝗自东南而西北，日为掩者三日。··《望都县志》

河间蝗。····························《肃宁县志》

六月，（武邑）蝗。·····················《武邑县志》

（清河）飞蝗蔽天，尽伤禾稼。··········民国《清河县志》

（威县）蝗虫遍野，禾稼损伤成灾。···········《威县志》

四月，（宽城）蝗，免上年田租。·············《宽城县志》

270. 明弘治七年（1494 年）

三月，两畿蝗，捕蝗一斗给米倍之。············《明会要》

马兰峪②等营堡蝗灾，免弘治六年粮草有差。·····《明实录·孝宗实录》

春，河北永年捕蝗虫。·············《中国历代蝗患之记载》

五月，（武邑）蝗。·····················《武邑县志》

（永年）蝗。·······················光绪《永年县志》

271. 明弘治八年（1495 年）

夏，河北保定、永平、乐亭蝗灾。·······《中国历代蝗患之记载》

夏四月，永平府蝗。·····················光绪《永平府志》

夏四月，（乐亭）蝗。····················光绪《乐亭县志》

272. 明弘治十年（1497 年）

三河旱，蝗灾。·······················《三河县志》

273. 明弘治十三年（1500 年）

河北大城蝗灾。···············《中国历代蝗患之记载》

（大城）蝗。·······················光绪《大城县志》

---

① 兴州右屯卫：治所在今河北迁安；建昌营：治所在今河北迁安东北建昌营镇；河流口：长城关口之一，在今
河北迁安县东北。

② 马兰峪：长城关口之一，在今河北遵化西马兰峪镇。

274. 明弘治十四年（1501 年）

河北大城、文安蝗灾。 ·······················《中国历代蝗患之记载》

夏，文安蝗。 ·····································光绪《顺天府志》

夏，（大城）蝗。 ·····························光绪《大城县志》

（临西）蝗虫遍野。 ·······························《临西县志》

（邱县）蝗生遍野。 ·······························《邱县志》

275. 明正德二年（1507 年）

夏秋，（邱县）旱蝗。 ·····························《邱县志》

276. 明正德五年（1510 年）

旱，（行唐）蝗。 ·································《行唐县志》

277. 明正德六年（1511 年）

（遵化）蝗。 ·····································《遵化县志》

278. 明正德七年（1512 年）

十二月，以蝗灾免保定、河间等府并沧州等卫秋税。

···《明实录·武宗实录》

河北容城蝗灾。 ·····················《中国历代蝗患之记载》

（容城）地生蝗蝻，二麦食残。 ·····················《容城县志》

六月，（阜城）大水蝗。 ·····················雍正《阜城县志》

六月，（武强）蝗蝻食稼殆尽。 ·············道光《武强县志》

279. 明正德八年（1513 年）

河北昌黎、滦州蝗虫大发生，伤稼，饥荒。 ·········《中国历代蝗患之记载》

夏四月，（永平）蝗。 ·····················光绪《永平府志》

（丰润）旱，蝗灾。 ·······························《丰润县志》

夏四月，（卢龙）蝗。 ·····················民国《卢龙县志》

（昌黎）蝗害禾，民大饥。 ·················民国《昌黎县志》

四月，（抚宁）蝗灾。 ·····························《抚宁县志》

博野蝗灾。 ·····························《河北省农业厅·志源（1）》

六月，（衡水）蝗灾。 ·····························《衡水市志》

280. 明正德九年（1514 年）

河间诸州县蝗，食苗稼皆尽，所至蔽日，人马不能行，民捕蝗以食，或曝
  干积之，又尽，则人相食。 ·················光绪《吴桥县志》

（东光）遭蝗灾。 ·································《东光县志》

281. 明正德十年（1515 年）

（新河）临邑蝗为患，独不入新河界。 ················· 民国《新河县志》

282. 明正德十三年（1518 年）

河北邢台蝗灾。 ···················《中国历代蝗患之记载》

夏六月，迁西蝗虫。 ······················《迁西县志》

（饶阳）蝗害，大饥。 ····················《饶阳县志》

（顺德）蝗。 ··················· 万历《顺德府志》

（邢台）蝗。 ··················· 民国《邢台县志》

（任县）蝗。 ··················· 民国《任县志》

（临城）蝗，大饥。 ·····················《临城县志》

283. 明正德十四年（1519 年）

夏，河北滦州、滑县、昌黎蝗灾。 ·········《中国历代蝗患之记载》

六月，滦州蝗。 ··················· 光绪《永平府志》

六月，（昌黎）蝗。 ················· 民国《昌黎县志》

六月，迁安蝗灾。 ······················《迁安县志》

284. 明嘉靖二年（1523 年）

四月，畿内旱蝗，赈之。 ·······《古今图书集成·庶征典·蝗灾部汇考》

河北永平蝗灾。 ···················《中国历代蝗患之记载》

六月，（永平）蝗。 ················· 光绪《永平府志》

六月，（抚宁）蝗灾。 ····················《抚宁县志》

285. 明嘉靖三年（1524 年）

六月，顺天、保定、河间蝗。 ············《明史·五行志》

六月，顺天、保定、河间蝗，户部请敕有司捕蝗，上曰：蝗蝻损稼，小民
难食，朕心恻然。八月，以旱蝗灾减免顺天、永平、保定、河间四府各
州县夏税。 ···················《明实录·世宗实录》

河北顺天、保定、河间、交河蝗灾。 ··········《中国历代蝗患之记载》

秋八月，免永平旱蝗岁税。 ············· 光绪《永平府志》

六月，（新城）蝗。 ················· 民国《新城县志》

夏，（沧县）旱蝗。 ················· 民国《沧县志》

夏，（河间）蝗。 ·················· 康熙《河间府志》

六月，（南皮）旱蝗。 ················ 民国《南皮县志》

夏，（青县）蝗。 ·················· 民国《青县志》

夏，（兴济）蝗。 ·· 民国《兴济县志书》

河间诸属旱蝗。东光旱蝗。 ···························· 光绪《东光县志》

夏，（盐山）蝗为灾。 ······························· 《盐山县志》

夏，（孟村）飞蝗成灾，大饥。 ···················· 《孟村回族自治县志》

夏，（黄骅）旱，蝗灾。 ···························· 《黄骅县志》

夏，（海兴）蝗虫为灾。 ···························· 《海兴县志》

六月，（献县）蝗。 ································· 民国《献县志》

夏，（任丘）蝗。 ································· 乾隆《任丘县志》

秋，（清河）复蝗。 ······························· 民国《清河县志》

秋，威县、清河复蝗。 ······························· 光绪《广平府志》

秋，（邱县）蝗。 ································· 《邱县志》

七月，（万全）蝗虫成灾。 ···························· 《万全县志》

286. 明嘉靖四年（1525 年）

夏四月，（昌黎）蝗。 ······························· 民国《昌黎县志》

287. 明嘉靖六年（1527 年）

夏，河北东安、固安蝗虫大发生，伤稼。 ·········· 《中国历代蝗患之记载》

易县、涞水、任丘旱蝗。 ···················· 《河北省农业厅·志源（1）》

固安旱蝗，东安大旱，蝗飞蔽天。 ············· 光绪《顺天府志》

（霸县）蝗旱。 ································· 民国《霸县新志》

（安次）旱，蝗飞蔽天。 ······························· 《安次县志》

（饶阳）蝗。 ································· 《饶阳县志》

（武强）蝗飞蔽日，灾。 ···················· 道光《武强县志》

六月，（柏乡）蝗飞过境。 ···························· 《柏乡县志》

288. 明嘉靖七年（1528 年）

河北任丘、永年蝗灾。 ···················· 《中国历代蝗患之记载》

秋，（徐水）蝗。 ································· 民国《徐水县新志》

夏，（盐山）蝗。 ································· 乾隆《天津府志》

秋，（任丘）蝗。 ································· 乾隆《任丘县志》

夏，（海兴）蝗。 ································· 《海兴县志》

（冀州）蝗。 ································· 乾隆《冀州志》

深县、武强、饶阳蝗灾。 ······························· 《深县志》

（武强）蝗，复为灾。 ···················· 道光《武强县志》

六月，（饶阳）蝗。 ……………………………………………《饶阳县志》

（武邑）蝗。 ……………………………………………………《武邑县志》

（阜城）蝗。 ………………………………………… 雍正《阜城县志》

巨鹿大蝗，食禾稼，地赤。 …………………… 乾隆《顺德府志》

（隆尧）蝗灾。 …………………………………………………《隆尧县志》

（永年）旱蝗。 ………………………………… 光绪《永年县志》

邱县蝗。 …………………………………………… 康熙《邱县志》

魏县大蝗，知县以蝗易谷，捕灭殆尽。 ……… 民国《大名县志》

289. 明嘉靖八年（1529 年）

十月，以旱蝗免顺天、永平夏税。 ………《明实录·世宗实录》

河北任丘、滦州、乐亭、曲周、磁州、邢台、灵寿蝗虫大发生。

……………………………………………《中国历代蝗患之记载》

（新乐）大蝗，食禾殆尽，民大饥。 ……………光绪《重修新乐县志》

夏，（获鹿）大旱蝗，岁大饥，每斗米千余钱，饿殍满路。

………………………………………………… 光绪《获鹿县志》

夏，（栾城）大旱蝗。 ………………………………………《栾城县志》

七月，（平山）蝗飞蔽天，蝻生，食稼尽，民饥。 ……… 咸丰《平山县志》

六月，（无极）蝗，民饥。 ………………… 民国《重修无极县志》

八月，（赞皇）飞蝗蔽天，半月遍地蝻生，势如穴蚁，五谷秸秆俱尽，大水

巨河不能限，旬日物尽，自相啖食。 ………………… 乾隆《赞皇县志》

四月，（灵寿）蝗灾，有鸟如鸦成群飞来啄食。七月，又蝗灾。

……………………………………………………《灵寿县志》

夏五月，（永平）蝗。七月，乐亭蝗。九月，永平旱蝗，免夏税。

……………………………………………… 光绪《永平府志》

夏五月，（滦县）蝗飞蔽天，落地尺厚，知州出郊捕之。 ……万历《滦志》

夏五月，（滦南）蝗灾严重，群飞蔽天，落地尺厚。 …………《滦南县志》

七月，（抚宁）蝗灾。 …………………………………………《抚宁县志》

（定州）大蝗。 ………………………………… 雍正《直隶定州志》

春，（博野）蝗蝻遍野，麦苗受灾。 ……………………《博野县志》

（任丘）大蝗。 ………………………………… 乾隆《任丘县志》

（武强）蝗蝻食禾稼。 ………………………… 道光《武强县志》

秋，（故城）南地蝗飞蔽天，民大饥。 …………………《故城县志》

六月，（深州）蝗蝻食禾稼殆尽，民饥，人相食，诏赈之。

.... 康熙《直隶深州志》

（顺德）民食蝗。 .... 乾隆《顺德府志》

（隆平①）蝗蝻食尽田苗，民饥，人相食。 .... 乾隆《隆平县志》

（邢台）民食蝗。 .... 民国《邢台县志》

（南和）大灾，民食蝗。 .... 《南和县志》

（巨鹿）蝗。 .... 光绪《巨鹿县志》

（柏乡）大蝗。 .... 《柏乡县志》

夏六月，（临城）蝗蝻食尽禾稼，民饥，人相食。 .... 《临城县志》

秋，（内丘）大蝗，野无遗禾。 .... 《内邱县志》

六月，（宁晋）旱蝗，民相食，赈粥。 .... 民国《宁晋县志》

夏，邯郸、磁州蝗，大饥。 .... 光绪《广平府志》

（邯郸）蝗灾，蝗遮天蔽日，庄稼被吃光，饥。 .... 《邯郸县志》

（邱县）旱蝗。 .... 《邱县志》

（曲周）旱蝗。 .... 同治《曲周县志》

290. 明嘉靖九年（1530 年）

五月，正定大旱蝗。 .... 《河北省农业厅·志源（1）》

夏四月，（盐山）蝗，不为灾。 .... 同治《盐山县志》

夏四月，（海兴）蝗。 .... 《海兴县志》

秋，（新河）飞蝗蔽天，食禾稼。 .... 乾隆《冀州志》

（隆尧）蝗大作。 .... 乾隆《隆平县志》

（巨鹿）蝗，疫。 .... 光绪《巨鹿县志》

（平乡）蝗。 .... 《平乡县志》

291. 明嘉靖十年（1531 年）

河北任丘蝗灾。 .... 《中国历代蝗患之记载》

秋，（任丘）大蝗，免田租之半。 .... 乾隆《任丘县志》

秋七月，（南宫）飞蝗蔽天，食禾稼，大饥，死者载道。 ..... 民国《南宫县志》

292. 明嘉靖十一年（1532 年）

河间、真定、保定、顺德属县水蝗蝻，免税粮。

.... 《河北省农业厅·志源（1）》

---

① 隆平：旧县名，1947 年与尧山县合并为河北隆尧县。

河北任丘、东安蝗灾。 ·······《中国历代蝗患之记载》

夏，赵州大旱蝗。 ·······《赵县志》

（任丘）蝗水，民饥，命有司赈之。 ·······乾隆《任丘县志》

（肃宁）蝗蝻生。 ·······《肃宁县志》

九月，东安旱蝗。 ·······光绪《顺天府志》

（内丘）大蝗。 ·······道光《内邱县志》

293. 明嘉靖十二年（1533 年）

七月，以旱蝗免顺天、永平所属夏税有差。 ·······《明实录·世宗实录》

河北昌黎、滦州蝗灾。 ·······《中国历代蝗患之记载》

秋七月，免永平旱蝗夏税。 ·······民国《卢龙县志》

六月，滦州蝗，落地尺许。 ·······光绪《永平府志》

至六月不雨，蝗（昌黎）落地尺厚，蝝生。 ·······民国《昌黎县志》

六月，（抚宁）蝗落地尺厚。 ·······《抚宁县志》

秋，（博野）蝗，三冬未衰。 ·······《博野县志》

夏，（青县）飞蝗翳空。 ·······民国《青县志》

夏，（兴济）飞蝗翳空。 ·······民国《兴济县志书》

（临西）蝗，民大饥。 ·······《临西县志》

294. 明嘉靖十四年（1535 年）

河北大城、大名、清苑蝗灾。 ·······《中国历代蝗患之记载》

夏，（大城）蝗。 ·······光绪《大城县志》

夏，（保定）蝗。 ·······光绪《保定府志》

夏，（清苑）蝗，赈之。 ·······民国《清苑县志》

夏，（新城）蝗，大饥。 ·······民国《新城县志》

夏，（易县）蝗，大饥。 ·······《易县志》

夏，（高阳）蝗，赈之。 ·······雍正《高阳县志》

夏，（蠡县）蝗，赈之。 ·······光绪《蠡县志》

夏，（定兴）蝗，大饥。 ·······民国《定兴县志》

秋，（海兴）蝗甚重。 ·······《海兴县志》

（大名）蝗。 ·······咸丰《大名府志》

295. 明嘉靖十五年（1536 年）

秋，河北任丘、清苑、滦州、乐亭、大名蝗灾。

·······《中国历代蝗患之记载》

滦州、乐亭蝗。 ·························· 光绪《永平府志》

夏，（清苑）蝗，民捕蝗入官二千石。 ··········· 民国《清苑县志》

夏，（定兴）蝗。 ·························· 光绪《定兴县志》

夏，（蠡县）蝗。 ·························· 光绪《蠡县志》

夏，（高阳）蝗。 ·························· 雍正《高阳县志》

夏，（新城）蝗。 ·························· 民国《新城县志》

夏，（易县）蝗。 ··························· 《易县志》

夏，（雄县）蝗。 ·························· 民国《雄县新志》

夏，（任丘）蝗，不为灾。 ··············· 乾隆《任丘县志》

衡水蝗蝻生，令民捕之，纳仓给谷，不为灾。 ······· 《衡水市志》

秋，（平乡）蝗灾。 ························ 《平乡县志》

（巨鹿）蝗。 ··························· 光绪《巨鹿县志》

六月，（隆尧）蝗蝻生。 ·················· 《隆尧县志》

六月，（临西）蝗。 ······················ 《临西县志》

夏，（威县）蝗飞蔽日。 ··················· 《威县志》

秋，（大名）大蝗，食禾且尽。 ············· 民国《大名县志》

六月旱，（馆陶）蝗蔽天。 ··············· 民国《馆陶县志》

六月旱，（邱县）蝗飞蔽天。 ················ 《邱县志》

（武安）蝗虫遍地，田禾被毁。 ············· 民国《武安县志》

七月，（保安①）蝗。 ··················· 道光《保安州志》

秋七月，（怀来）蝗。 ·················· 光绪《怀来县志》

秋七月，（怀安）旱蝗。 ··················· 《怀安县志》

秋七月，（万全）蝗。 ·················· 乾隆《万全县志》

七月，（阳原）蝗。 ····················· 民国《阳原县志》

秋七月，（蔚县）蝗。 ····················· 《蔚县志》

296. 明嘉靖十六年（1537 年）

河北滦州、阳原蝗灾，飞蔽天。 ·········· 《中国历代蝗患之记载》

夏，（安新）蝗灾严重，出内帑赈济。 ············· 《安新县志》

秋七月，（保安）蝗。 ·················· 道光《保安州志》

七月，（阳原）蝗。 ····················· 民国《阳原县志》

---

① 保安：旧州名，治所在今河北涿鹿。

秋七月，（怀安）蝗，人捕食之。 ·····················《怀安县志》

秋七月，（怀来）蝗，人捕食之。 ·················光绪《怀来县志》

七月，（蔚县）蝗，人捕食之。 ·················乾隆《蔚县志》

297. 明嘉靖十七年（1538 年）

河北滦州、昌黎大蝗伤稼，饥。 ···········《中国历代蝗患之记载》

夏四月，滦州、昌黎蝗。 ·················光绪《永平府志》

298. 明嘉靖十八年（1539 年）

（徐水）蝗灾。 ·······························《徐水县志》

299. 明嘉靖十九年（1540 年）

十月，以旱蝗免涿鹿等卫并宣府各民屯军粮有差。

·····················《明实录·世宗实录》

夏秋，大名蝗灾。 ···············《中国历代蝗患之记载》

（三河）蝗自南而来，铺天盖地，阻碍交通，人马不能行。

·····························《三河县志》

（大厂）蝗自南来，铺天盖地，人马不能行，沟堑尽平，禾草俱尽。

·····························《大厂回族自治县志》

（玉田）蝗虫从西南飞来，铺天盖地，禾苗食尽，禾无收。

·····························《玉田县志》

（平乡）飞蝗蔽天，食禾殆尽，民饥食蝗。 ···········《平乡县志》

十月，（临西）蝗。 ·······················《临西县志》

秋，（大名）旱蝗伤稼，民大饥。 ···········咸丰《大名府志》

300. 明嘉靖二十年（1541 年）

夏，大名蝗虫大发生，害稼。 ···········《中国历代蝗患之记载》

夏，（易州）旱蝗。 ·····················乾隆《易州志》

平乡、广宗民食蝗。 ·····················乾隆《顺德府志》

（广宗）民食蝗。 ·······················《广宗县志》

鸡泽、成安、广平飞蝗蔽天，食禾殆尽。 ···········光绪《广平府志》

（成安）飞蝗蔽天，食禾殆尽，民大饥。 ···········民国《成安县志》

夏五月，（大名）飞蝗蔽天。 ···············咸丰《大名府志》

魏县飞蝗蔽天，饥，人相食。 ···············《魏县志》

（永年）飞蝗蔽天，食禾殆尽。 ···············《永年县志》

301. 明嘉靖二十一年（1542 年）

夏秋，大城、清苑、抚宁蝗虫大发生，严重伤稼。

....《中国历代蝗患之记载》

四月，永平蝗蝻遍地，大饥。................... 光绪《永平府志》

（丰南）蝗蝻遍地，五谷歉收。................... 《丰南县志》

（丰润）蝗蝻遍地，粮食歉收。................... 《丰润县志》

夏四月，（卢龙）蝗蝻遍地，大饥。........... 民国《卢龙县志》

（抚宁）蝗蝻遍地，大饥。....................... 光绪《抚宁县志》

（大城）蝗，饥疫，人相食。................... 光绪《大城县志》

（清苑）蝗。....................................... 民国《清苑县志》

夏，（定兴）旱蝗。........................... 光绪《定兴县志》

（蠡县）蝗。....................................... 光绪《蠡县志》

（高阳）蝗。....................................... 雍正《高阳县志》

夏，（武强）遍地蝻生。....................... 道光《武强县志》

302. 明嘉靖二十五年（1546 年）

河北滦州蝗灾。...............................《中国历代蝗患之记载》

秋七月，蝗飞渡滦，未落境。............... 万历《滦志》

（海兴）大蝗灾。............................... 《海兴县志》

秋，威县蝗。....................................... 光绪《广平府志》

（隆尧）蝗蝻生。............................... 《隆尧县志》

303. 明嘉靖二十七年（1548 年）

秋，饶阳大蝗，食禾尽，发仓粟易之。........《河北省农业厅·志源（1）》

304. 明嘉靖二十九年（1550 年）

河北大名蝗伤稼。...............................《中国历代蝗患之记载》

赵州诸县蝗飞蔽天。........................... 《赵县志》

（大名）旱蝗伤稼。........................... 民国《大名县志》

肥乡旱蝗。....................................... 光绪《广平府志》

305. 明嘉靖三十年（1551 年）

河北香河蝗食禾稼尽，民饥，捕蝗为食。........《中国历代蝗患之记载》

秋，遵化蝗。....................................... 《遵化县志》

香河飞蝗蔽天，食禾尽，民间男女捕蝗作舖。........ 光绪《顺天府志》

夏，（高阳）蝗，不为灾。................... 雍正《高阳县志》

（青县）蝗。……………………………………………… 民国《青县志》

（兴济）蝗。………………………………………… 民国《兴济县志书》

306. 明嘉靖三十二年（1553 年）

广平旱蝗。………………《古今图书集成·庶征典·蝗灾部纪事》

307. 明嘉靖三十四年（1555 年）

河北大名蝗灾。…………………………《中国历代蝗患之记载》

夏六月，（大名）蝗蝻生。………………………… 咸丰《大名府志》

（魏县）蝗蝻生。…………………………………………《魏县志》

308. 明嘉靖三十五年（1556 年）

（盐山）蝗，不为灾。…………………………… 同治《盐山县志》

（海兴）蝗。……………………………………………《海兴县志》

309. 明嘉靖三十六年（1557 年）

夏秋，河北滦州蝗虫大发生。………………《中国历代蝗患之记载》

秋七月，滦州蝗。……………………………… 光绪《永平府志》

310. 明嘉靖三十七年（1558 年）

秋，河北临榆[①]、滦州蝗灾。…………《中国历代蝗患之记载》

河北滦县蝗。…………………………《中国东亚飞蝗蝗区的研究》

秋七月，（永平）蝗，岁饥。…………………… 光绪《永平府志》

七月，（山海关）闹蝗虫。………………………………《山海关志》

秋七月，（临榆）蝗。……………………………民国《临榆县志》

秋七月，卢龙蝗，岁饥。…………………………民国《卢龙县志》

七月，（抚宁）蝗灾。…………………………………《抚宁县志》

311. 明嘉靖三十八年（1559 年）

夏秋，河北永平蝗灾。………………………《中国历代蝗患之记载》

八月，（永平）蝗。……………………………… 光绪《永平府志》

秋，（平乡）蝗，民大饥。……………………………《平乡县志》

312. 明嘉靖三十九年（1560 年）

河北大城、邢台、滦州、抚宁、任丘、完县[②]蝗灾；三河蝗灾发生，蝻从南

到北坑堑皆满，人马难行，禾稼无收。…………《中国历代蝗患之记载》

---

① 临榆：旧县名，治所在今河北秦皇岛市山海关区。

② 完县：旧县名，1993 年改名今河北顺平县。

河北滦县大蝗，严重发生。··················《中国东亚飞蝗蝗区的研究》

秋九月，免永平旱蝗田租。···············光绪《永平府志》

秋，（遵化）蝗。···························《遵化县志》

（玉田）旱，飞蝗积地。··················光绪《玉田县志》

（抚宁）飞蝗蔽天，大饥。················光绪《抚宁县志》

春旱，（丰润）飞蝗蔽空，庄稼所剩无几，民食野草度日。······《丰润县志》

（丰南）飞蝗蔽空，民大饥。·············《丰南县志》

顺天府大蝗，民大饥，三河蝗自南来，如水越城北飞，碍人马不能行，坑
  堑尽盈，禾草俱尽。···············光绪《顺天府志》

（三河）蝗自南来，如水越城北行，碍人马不得行，坑堑皆盈，禾草俱尽。
  ·······························乾隆《三河县志》

夏，（大城）蝗。··························光绪《大城县志》

（霸县）旱蝗。·······················民国《霸县新志》

夏，（文安）蝗。·························《文安县志》

灵寿旱蝗，民饥；深泽旱蝗蔽天，食禾殆尽，民流离；定县大蝗，无收。
  ···························《河北省农业厅·志源（1）》

赵州诸县旱蝗，流移载道。···············光绪《赵州志》

（晋州）大旱，蝗蝻生，道馑相望，民多流徙河南。·······康熙《晋州志》

（赞皇）大旱，蝗飞蔽天，流离载道。·········乾隆《赞皇县志》

六月，（无极）蝗旱，西南境尤甚。··········民国《重修无极县志》

七月，（栾城）大旱，飞蝗生蝻，寸草无遗，民流入河南就食。
  ·······························同治《栾城县志》

（安新）蝗蝻遍地，残噬禾苗，民大饥。·······《安新县志》

（清苑）蝗蝻遍地，害稼，民大饥，人相食。····民国《清苑县志》

春夏不雨，虫蝝满野。···················乾隆《易州志》

满城蝗蝻遍地，害稼，民大饥。············光绪《保定府志》

（完县）大蝗，颗粒无收，至有父子相食者。···民国《完县新志》

夏，（定兴）蝗蝻盈野，大无麦。··········光绪《定兴县志》

（蠡县）蝗，民大饥。···················光绪《蠡县志》

（高阳）蝗，民大饥。···················雍正《高阳县志》

至夏不雨，（新城）蟊蝝盈野，无麦。········民国《新城县志》

（河间）飞蝗蔽天，禾穗殆尽。············乾隆《河间县志》

（献县）飞蝗蔽天，食禾尽。………………………………… 民国《献县志》

夏，（任丘）大蝗，蔽天，禾尽食。……………………… 乾隆《任丘县志》

（肃宁）蝗蔽天，禾穗殆尽。………………………………… 乾隆《肃宁县志》

（吴桥）飞蝗蔽天，食禾殆尽。…………………………… 光绪《吴桥县志》

（东光）飞蝗蔽天，食禾殆尽。……………………………… 《东光县志》

夏，（饶阳）旱蝗，野无青草，民多流亡。……………… 《饶阳县志》

（顺德）旱蝗。……………………………………………… 乾隆《顺德府志》

（邢台）旱蝗。……………………………………………… 民国《邢台县志》

（隆尧）蝗飞蔽天。………………………………………… 乾隆《隆平县志》

（平乡）蝗飞蔽天。…………………………………………… 《平乡县志》

（唐山）大旱，蝗飞蔽天。………………………………… 光绪《唐山县志》

六月，柏乡蝗飞蔽天。………………………………………… 《柏乡县志》

（任县）旱蝗。……………………………………………… 民国《任县志》

夏，（广宗）蝗飞蔽天，大饥。……………………………… 《广宗县志》

（成安）旱，大蝗，诏赈饥。……………………………… 民国《成安县志》

（清河）遍地蝗生，大饥，民采草木、根叶为食，多饿死者。

……………………………………………………………… 民国《清河县志》

（临城）飞蝗蔽天，岁大饥，民流移河南过半。…………… 《临城县志》

（内丘）蝗飞蔽天，民食草根、树皮，或剥殍肉，或呻吟气尚未绝而操刀剥

之，流离四方不可胜纪。………………………… 道光《内邱县志》

夏六月，南宫蝗，不为灾。……………………………… 民国《南宫县志》

曲周、鸡泽、成安、清河旱蝗，民大饥。………………… 光绪《广平府志》

秋，（鸡泽）蝗，民大饥。………………………………… 民国《鸡泽县志》

秋，（邱县）大旱蝗。………………………………………… 《邱县志》

（曲周）旱，蝗灾。…………………………………………… 《曲周县志》

313. 明嘉靖四十年（1561 年）

顺德、永平、邢台、昌黎蝗灾；抚宁、大名蝗虫大发生，食稼殆尽。

………………………………………………………《中国历代蝗患之记载》

夏，抚宁蝗，人食树皮、草根。……………………… 光绪《永平府志》

夏，（卢龙）蝗。…………………………………………… 民国《卢龙县志》

春，（昌黎）捕蝗。………………………………………… 民国《昌黎县志》

（玉田）旱，蝻生。………………………………………… 光绪《玉田县志》

六月，(抚宁) 蝗蝻生，食稼殆尽，人食草根、树皮。 …… 光绪《抚宁县志》

(遵化) 蝗蝻生，米价腾贵。 ……………………………《遵化县志》

(丰润) 旱，蝗虫积地数寸，绵亘百里，庄稼几乎绝收。 ……《丰润县志》

(雄县) 旱蝗。 …………………………………… 民国《雄县新志》

(青县) 蝗，连年饥馑，至人相食。 …………… 民国《青县志》

(兴济) 蝗。 …………………………………… 民国《兴济县志书》

(顺德) 蝗飞蔽天，大饥。 …………………… 乾隆《顺德府志》

(邢台) 飞蝗蔽天，大饥。 …………………… 民国《邢台县志》

(巨鹿) 蝗飞蔽天，大饥。 …………………… 光绪《巨鹿县志》

(沙河) 蝗飞蔽天，大饥。 …………………… 民国《沙河县志》

夏，(大名) 蝗伤麦禾，民饥。 …………… 咸丰《大名府志》

(蔚县) 蝗，饥。 ……………………………… 光绪《蔚州志》

314. 明嘉靖四十一年 (1562 年)

河北香河蝗虫大发生，伤稼；乐亭蝗，不为灾。

………………………………《中国历代蝗患之记载》

乐亭蝗入境，不为灾。 …………………… 光绪《永平府志》

香河蝗蝻食田禾殆尽。 …………………… 光绪《顺天府志》

夏四月，(易州) 蝗。 ……………………… 乾隆《易州志》

(清苑) 蝗。 ……………………………… 民国《清苑县志》

(新城) 蝗，大饥。 ……………………… 民国《新城县志》

(蠡县) 蝗。 ……………………………… 光绪《蠡县志》

315. 明嘉靖四十三年 (1564 年)

(海兴) 蝗。 ……………………………………《海兴县志》

316. 明嘉靖四十五年 (1566 年)

至六月不雨，(丰南) 飞蝗遍地，食禾尽。 ……………《丰南县志》

317. 明隆庆元年 (1567 年)

夏，(枣强) 旱蝗。 ……………………… 嘉庆《枣强县志》

318. 明隆庆二年 (1568 年)

夏秋，永平、抚宁蝗虫发生严重，飞蔽天。 ……《中国历代蝗患之记载》

夏六月，(永平) 飞蝗蔽空。 …………… 光绪《永平府志》

六月，(抚宁) 飞蝗蔽空。 ……………… 光绪《抚宁县志》

(阜城) 大蝗蝻，不为灾。 ……………… 雍正《阜城县志》

319. 明隆庆三年（1569 年）

六月，河间蝗灾。 ·····················《明实录·穆宗实录》

河北霸县、大城、大名蝗灾。 ···········《中国历代蝗患之记载》

六月，（丰润）飞蝗骤起，蔽日遮空。 ············《丰润县志》

夏，霸州蝗。 ·······················光绪《顺天府志》

夏，（大城）蝗。 ····················光绪《大城县志》

夏，（文安）蝗。 ·······················《文安县志》

夏六月，（海兴）飞蝗蔽空，蠲夏麦之半。 ········《海兴县志》

夏六月，（南宫）蝗，不为灾。 ············乾隆《冀州志》

夏六月，（大名）蝗。 ················咸丰《大名府志》

魏县蝗。 ···························《魏县志》

320. 明万历元年（1573 年）

冀州飞蝗蔽天，官宅、民舍一片赤黄。 ·····《河北省农业厅·志源（3）》

321. 明万历九年（1581 年）

安新县蝗蝻遍野，百姓捕捉，收蝗八九百石。 ······《安新县志》

322. 明万历十年（1582 年）

河北交河蝗灾。 ···············《中国历代蝗患之记载》

（安新）蝗灾。 ·······················《安新县志》

（涉县）蝗灾。 ·························《涉县志》

323. 明万历十一年（1583 年）

河北永平、大名蝗灾。 ···········《中国历代蝗患之记载》

六月，（永平）蝗。 ··················光绪《永平府志》

六月，（卢龙）蝗。 ··················民国《卢龙县志》

（青县）蝗。 ·······················民国《青县志》

（兴济）蝗。 ····················民国《兴济县志书》

（献县）蝗，不为灾。 ················民国《献县志》

（东光）蝗灾。 ····················光绪《东光县志》

（大名）旱蝗。 ····················咸丰《大名府志》

魏县蝗。 ···························《魏县志》

324. 明万历十二年（1584 年）

沧州蝗。 ·························乾隆《沧州志》

（海兴）蝗。 ·······················《海兴县志》

325. 明万历十三年（1585 年）

（盐山）大旱，飞蝗蔽天，特加赈恤，蠲夏麦之半。 …… 乾隆《天津府志》

（海兴）大旱，飞蝗蔽空。 ………………………………………《海兴县志》

（孟村）大旱，飞蝗蔽空。 …………………………《孟村回族自治县志》

（大名）大旱蝗。 …………………………………………… 咸丰《大名府志》

（大名）大旱蝗，诏免田租十之三。 ………………… 民国《大名县志》

326. 明万历十四年（1586 年）

春，（香河）蝗灾。 ……………………………………………《香河县志》

327. 明万历十五年（1587 年）

河北永清蝗灾。 ……………………………………《中国历代蝗患之记载》

四月，（永清）先旱后蝗。 ………………………… 光绪《续永清县志》

威县螽腾伤稼。 …………………………………………… 光绪《广平府志》

328. 明万历十六年（1588 年）

河北交河蝗灾，飞蔽天，蝻生遍野。 …………《中国历代蝗患之记载》

（交河）蝗飞蔽日，蝻子厚积数寸。 ………………… 民国《交河县志》

329. 明万历十七年（1589 年）

（青县）蝗。 ……………………………………………… 乾隆《天津府志》

（兴济）蝗。 …………………………………………… 民国《兴济县志书》

（武强）蝗。 ……………………………………………… 道光《武强县志》

（饶阳）蝗食禾稼尽。 …………………………………………《饶阳县志》

（新河）飞蝗蔽日。 ……………………………………… 民国《新河县志》

330. 明万历十九年（1591 年）

夏，顺德、广平、大名蝗。 …………………………………《明史·五行志》

是年，畿内蝗。 ……………………………………………《明史·神宗本纪》

九月，真定、顺德、广平、大名被蝗旱灾伤。 ………《明实录·神宗实录》

河北大名、顺德、广平、永年蝗灾。 …………………《中国历代蝗患之记载》

（遵化）蝗飞蔽天。 ……………………………………………《遵化县志》

（霸县）蝗。 …………………………………………… 民国《霸县新志》

夏五月，（新乐）蝗生县东，未几蝻滋生遍野。 …… 光绪《重修新乐县志》

（保定①）蝗。 ………………………………………… 康熙《保定县志》

---

① 保定：旧县名，治所在今河北文安西北新镇。

（满城）蝗蝻生，官出仓谷易之。 …………………… 民国《满城县志略》

秋，（安新）蝗虫为灾，令百姓捕捉，斗蝗换斗米。 ………《安新县志》

秋七月，（易州）蝝生。 ……………………………… 乾隆《直隶易州志》

五月，（定州）蝗蝻灾，所过禾无遗穗。 …………… 雍正《直隶定州志》

（青县）蝗。 ……………………………………………… 民国《青县志》

（兴济）蝗。 …………………………………………… 民国《兴济县志书》

夏，（河间）大蝗，食禾几尽。 ……………………… 康熙《河间府志》

夏，（肃宁）大蝗，食禾几尽。 ……………………… 乾隆《肃宁县志》

夏，（献县）蝗，食禾几尽。 ………………………… 民国《献县志》

夏，（东光）蝗，食禾几尽。 ……………………………《东光县志》

（吴桥）蝗食禾尽。 ………………………………………《吴桥县志》

六月，（武邑）蝝食禾。 …………………………………《武邑县志》

（安平）蝗蝻遍野，无稼。 ………………………………《安平县志》

（深州）蝗蝻遍野，禾稼一空。 ……………… 道光《深州直隶州志》

六月，衡水蝻生蔽野，县令捕之给谷，不为灾。 ………《衡水市志》

秋，（枣强）飞蝗蔽日，蝻生遍野。 ………………… 乾隆《冀州志》

平乡旱蝗。 …………………………………………… 乾隆《顺德府志》

（永年）蝗。 …………………………………………… 光绪《永年县志》

秋，（鸡泽）蝗，禾稼尽伤。 ………………………… 民国《鸡泽县志》

（邱县）蝗。 …………………………………………… 康熙《邱县志》

331. 明万历二十年（1592 年）

春，河北容城蝗灾。 ………………………《中国历代蝗患之记载》

春，（保定）蝗。 ……………………………………… 光绪《保定府志》

春，（容城）蝗虫为害。 …………………………………《容城县志》

二月中，（枣强）蝻复生，忽雨雪厚四寸，蝻尽冻死。

…………………………………………………………… 嘉庆《枣强县志》

332. 明万历二十二年（1594 年）

夏，河北大名蝗灾。 ………………………《中国历代蝗患之记载》

（南和）蝗。 …………………………………………… 乾隆《南和县志》

333. 明万历二十六年（1598 年）

夏，河北大城、文安蝗灾发生，害稼。 ……《中国历代蝗患之记载》

八月，文安蝗灾。 …………………………………… 光绪《顺天府志》

（大城）蝗。 ………………………………………… 光绪《大城县志》

（文安）蝗。 ………………………………………………… 《文安县志》

（邱县）旱蝗。 …………………………………………… 康熙《邱县志》

334. 明万历二十七年（1599 年）

夏，河北文安蝗灾发生，害稼。 ……………… 《中国历代蝗患之记载》

文安蝗。 ………………………………………… 光绪《顺天府志》

春，（深州）旱蝗。 …………………………… 道光《深州直隶州志》

（武邑）蝱食禾，饥。 …………………………………… 《武邑县志》

秋，威县蝗伤禾。 ……………………………… 光绪《广平府志》

335. 明万历二十八年（1600 年）

七月，保定以旱蝗乞敕尽罢矿税。 …………… 《明实录·神宗实录》

河北大名蝗灾。 ………………………… 《中国历代蝗患之记载》

（平山）旱蝗，岁大荒。 ……………………… 咸丰《平山县志》

五月，（新乐）蝗生，未几蝻滋生遍野。 ………………… 《新乐县志》

（文安）蝗。 ……………………………………………… 《文安县志》

献县旱蝗损禾。 ……………………………… 《河北省农业厅·志源（1）》

（深州）旱蝗，民大饥。 ……………………… 道光《深州直隶州志》

夏，（饶阳）旱蝱损禾。 ……………………… 乾隆《饶阳县志》

（武强）旱，蝗蝻食禾殆尽，积尸满野，或弃子女，或鬻妻自缢。

………………………………………………… 道光《武强县志》

威县蝻生。 …………………………………… 光绪《广平府志》

（大名）大蝗。 ……………………………… 咸丰《大名府志》

336. 明万历三十年（1602 年）

夏，新城大旱蝗。 ……………………………… 民国《新城县志》

夏，（定兴）蝗。 ……………………………… 光绪《定兴县志》

清河蝗虫为灾。 …………………………………………… 《清河县志》

337. 明万历三十一年（1603 年）

七月，清苑县蝗蝻甚生，蚕食禾稼，聚如蚁，起如蜂。

………………………………………………… 《明实录·神宗实录》

338. 明万历三十三年（1605 年）

七月，保定巡抚孙玮奏：清苑、安肃、清河等处蝗蝻食残。

………………………………………………… 《明实录·神宗实录》

河北容城、大名蝗灾。 ·············《中国历代蝗患之记载》

（容城）蝗虫为害，蝗黑小如蚁。 ·············《容城县志》

（青县）蝗。 ·············民国《青县志》

（兴济）蝗。 ·············民国《兴济县志书》

（清河）蝗。 ·············光绪《广平府志》

（隆尧）蝗生。 ·············《隆尧县志》

夏四月，（大名）旱蝗。 ·············咸丰《大名府志》

四月，魏县蝗。 ·············《魏县志》

339. 明万历三十四年（1606 年）

六月，畿内大蝗。 ·············《明史·神宗本纪》

六月，顺天文安、永清、三河等县大蝗。七月，畿南浐灾，继以蝗蝻，蠲真
定、顺德、广平、大名行派诸税。 ·············《明实录·神宗实录》

春到秋，文安、永清、三河、抚宁、临榆、保定、大名蝗虫大发生，害稼。
·············《中国历代蝗患之记载》

秋九月，（永平）蝗。 ·············光绪《永平府志》

九月，（临榆）蝗。 ·············民国《临榆县志》

九月，（山海关）蝗虫为害。 ·············《山海关志》

（抚宁）飞蝗蔽天。 ·············光绪《抚宁县志》

至夏不雨，顺天文安、永清、三河诸县大蝗。 ·············《光绪顺天府志》

（文安）蝗。 ·············《文安县志》

（新乐）蝗蝻。 ·············光绪《重修新乐志》

夏秋，（保定）蝗。 ·············光绪《保定府志》

夏四月，（定兴）蝗飞蔽天。 ·············光绪《定兴县志》

（新城）蝗飞蔽天。 ·············民国《新城县志》

（蠡县）夏蝗，秋蝻，奉文捕剿乃灭，民不为灾。 ·············光绪《蠡县志》

（青县）蝗。 ·············民国《青县志》

（兴济）蝗。 ·············民国《兴济县志书》

六月，（东光）大蝗，食苗殆尽。 ·············光绪《东光县志》

六月，（景县）大蝗，食苗殆尽。 ·············民国《景县志》

唐山大旱蝗。 ·············乾隆《顺德府志》

（隆尧）蝗生。 ·············《隆尧县志》

春三月，（大名）旱蝗，民饥。 ·············咸丰《大名府志》

（元城）蝗。 ·························· 同治《元城县志》

（武安）蝗蝻。 ·························· 民国《武安县志》

三月，魏县蝗。 ·························· 《魏县志》

340. 明万历三十五年（1607 年）

秋，成安大蝗。 ·························· 光绪《广平府志》

秋八月，（成安）飞蝗蔽日。 ·············· 民国《成安县志》

341. 明万历三十六年（1608 年）

（遵化）蝗蝻遍野，禾稼如扫。 ············ 《遵化县志》

（南皮）蝗。 ·························· 民国《南皮县志》

（盐山）蝗灾。 ························· 《盐山县志》

（海兴）蝗灾。 ························· 《海兴县志》

342. 明万历三十七年（1609 年）

九月，北畿蝗。 ······················ 《明史·五行志》

八月，畿南六郡蝗。 ················ 《明实录·神宗实录》

河北容城、永年蝗灾。 ·············· 《中国历代蝗患之记载》

（容城）大旱，蝗虫为害。 ·············· 《容城县志》

（望都）旱蝗。 ······················ 《望都县志》

（徐水）蝗灾，大饥。 ················· 《徐水县志》

至秋无雨，（安新）蝗蝻食菽殆尽。 ········· 《安新县志》

永年蝗。 ··························· 光绪《永年县志》

343. 明万历三十八年（1610 年）

河北任丘、大名蝗灾。 ·············· 《中国历代蝗患之记载》

（容城）旱，蝗继续为害，民大饥。 ········· 《容城县志》

（徐水）蝗灾，大饥。 ················· 《徐水县志》

任丘之人，言蝗起于赵堡口，或言来从苇地。 ······ 《捕蝗考》

夏，唐山大旱蝗。 ················· 乾隆《顺德府志》

夏，（内丘）大蝗。 ·················· 《内邱县志》

夏，（大名）蝗。 ················· 咸丰《大名府志》

（元城）飞蝗蔽日。 ················ 同治《元城县志》

魏县蝗。 ··························· 《魏县志》

344. 明万历三十九年（1611 年）

秋，（肥乡）飞蝗害稼。 ·············· 民国《肥乡县志》

345. 明万历四十年（1612 年）

河北大名蝗灾，成千乌鸦食蝗。⋯⋯⋯⋯⋯⋯⋯⋯⋯《中国历代蝗患之记载》

346. 明万历四十二年（1614 年）

河北容城蝻生，黑小如蚁。⋯⋯⋯⋯⋯⋯⋯⋯⋯《中国历代蝗患之记载》

秋，正定蝗。⋯⋯⋯⋯⋯⋯⋯⋯⋯⋯⋯⋯⋯⋯⋯ 光绪《正定县志》

（容城）蝗虫为害，蝗黑小如蚁。⋯⋯⋯⋯⋯⋯⋯⋯⋯《容城县志》

秋，（蠡县）蝗。⋯⋯⋯⋯⋯⋯⋯⋯⋯⋯⋯⋯⋯⋯ 光绪《蠡县志》

（安新）蝗灾已续三载。⋯⋯⋯⋯⋯⋯⋯⋯⋯⋯⋯⋯《安新县志》

（馆陶）旱蝗，令民捕蝗，照蝗给谷。⋯⋯⋯⋯⋯ 民国《馆陶县志》

347. 明万历四十三年（1615 年）

七月，（临西）蝗。⋯⋯⋯⋯⋯⋯⋯⋯⋯⋯⋯⋯⋯⋯⋯《临西县志》

七月，（邱县）蝗。⋯⋯⋯⋯⋯⋯⋯⋯⋯⋯⋯⋯⋯⋯⋯《邱县志》

348. 明万历四十四年（1616 年）

滦州、抚宁、昌黎、保定、大名、乐亭蝗灾。⋯⋯《中国历代蝗患之记载》

秋七月，（永平）飞蝗蔽天，落地尺余，诏发粟赈之。⋯⋯ 光绪《永平府志》

（抚宁）蝗蝻灾。⋯⋯⋯⋯⋯⋯⋯⋯⋯⋯⋯⋯⋯ 光绪《抚宁县志》

七月，（乐亭）蝗落地尺余，食禾稼。⋯⋯⋯⋯⋯ 光绪《乐亭县志》

七月，（卢龙）飞蝗蔽天，落地尺余，大饥，诏赈之。⋯⋯ 民国《卢龙县志》

秋，（昌黎）蝗飞蔽天，赈之。⋯⋯⋯⋯⋯⋯⋯⋯ 民国《昌黎县志》

夏四月，（迁西）蝗。七月，飞蝗蔽天，落地盈尺，害稼甚重，饥荒。

⋯⋯⋯⋯⋯⋯⋯⋯⋯⋯⋯⋯⋯⋯⋯⋯⋯⋯⋯《迁西县志》

四月，（迁安）蝻生。七月，飞蝗蔽天，积地尺余，沟堑皆平，大伤禾稼，

民饥。⋯⋯⋯⋯⋯⋯⋯⋯⋯⋯⋯⋯⋯⋯⋯⋯⋯⋯《迁安县志》

（新安①）蝗。⋯⋯⋯⋯⋯⋯⋯⋯⋯⋯⋯⋯⋯⋯ 乾隆《新安县志》

（定州）邻境多蝗。⋯⋯⋯⋯⋯⋯⋯⋯⋯⋯⋯⋯ 雍正《直隶定州志》

（雄县）蝗。⋯⋯⋯⋯⋯⋯⋯⋯⋯⋯⋯⋯⋯⋯⋯ 民国《雄县新志》

夏，（故城）北地蝗灾。⋯⋯⋯⋯⋯⋯⋯⋯⋯⋯⋯⋯《故城县志》

四月，（临西）蝗灾。⋯⋯⋯⋯⋯⋯⋯⋯⋯⋯⋯⋯⋯《临西县志》

（内丘）蝗伤稼。⋯⋯⋯⋯⋯⋯⋯⋯⋯⋯⋯⋯⋯ 道光《内邱县志》

（临城）人食蝗。⋯⋯⋯⋯⋯⋯⋯⋯⋯⋯⋯⋯⋯⋯⋯《临城县志》

---

① 新安：旧县名，治所在今河北安新新安镇。

秋七月，（大名）旱蝗，食禾殆尽。 …………………… 咸丰《大名府志》

秋七月旱，（元城）蝗蝻蔽野，食禾殆尽。 …………… 同治《元城县志》

四月，（邱县）旱蝗，大饥。 ………………………………… 《邱县志》

七月，魏县蝗虫蔽野，食禾殆尽。 ………………………… 《魏县志》

四月，（宽城）蝻生。七月，飞蝗蔽日，积地尺余，沟堑皆平，大伤禾稼。

…………………………………………………………… 《宽城县志》

349. 明万历四十五年（1617 年）

北畿旱蝗。 …………………………………………… 《明史·五行志》

畿南六郡，数年以来，水、旱、蝗蝻相继为虐。 …… 《明实录·神宗实录》

河北东安、永年蝗灾。 ………………………… 《中国历代蝗患之记载》

东安旱蝗。 ……………………………………………… 《光绪顺天府志》

（安次）旱蝗。 ……………………………………… 民国《安次县志》

（新乐）蝗。 ………………………………………… 光绪《重修新乐县志》

（保定）旱蝗。 ……………………………………… 光绪《保定府志》

七月，（蠡县）蝗飞蔽天。 ……………………… 光绪《蠡县志》

（定州）蝗灾。 ……………………………………… 雍正《直隶定州志》

（新安）蝗。 ………………………………………… 乾隆《新安县志》

春，（望都）蝗生，县令民捕之，其蝗如蝇，捕一斗者与粟一斗，捕蝻二斗
者与粟二斗，捕飞蝗三斗与粟一斗，飞蝗不为灾。 … 民国《望都县志》

夏，（海兴）庄稼被蝗虫吃尽，民大量外逃关东。 ……… 《海兴县志》

（鸡泽）蝗入民居。 ………………………………… 民国《鸡泽县志》

永年蝗。 ……………………………………………… 光绪《广平府志》

（邱县）旱，蝗蝻遍地，钦差赈济，山东以捕蝗给衣巾，邱有十余人。

…………………………………………………… 康熙《邱县志》

（涉县）大蝗。 ……………………………………… 嘉庆《涉县志》

350. 明万历四十六年（1618 年）

畿南四府又蝗。 ……………………………………… 《明史·五行志》

河北永年等蝗灾。 ………………………………… 《中国历代蝗患之记载》

永年蝗。 ……………………………………………… 光绪《永年县志》

351. 明万历四十八年（1620 年）

河北大名蝗灾；交河蝗飞蔽日，害稼，民饥。 …… 《中国历代蝗患之记载》

六月，（固安）蝗害成灾。 ………………………… 《固安县志》

（交河）旱，蝗飞蔽日，害稼，民饥。……………………民国《交河县志》

（大名）旱蝗。………………………………………………咸丰《大名府志》

352. 明天启二年（1622年）

河北大名蝗虫严重发生，飞蔽天。………………《中国历代蝗患之记载》

夏，（大名）蝗飞蔽日。……………………………………咸丰《大名府志》

353. 明天启四年（1624年）

（定兴）蝗食苗叶尽。………………………………………光绪《定兴县志》

354. 明天启五年（1625年）

九月，定兴等处飞蝗蔽天。………………………《明实录·熹宗实录》

河北固安蝗灾。……………………………………《中国历代蝗患之记载》

六月，固安蝗。……………………………………………光绪《顺天府志》

（新安）蝗。………………………………………………乾隆《新安县志》

夏，（南皮）蝗。…………………………………………民国《南皮县志》

夏，（东光）飞蝗蔽天。…………………………………光绪《东光县志》

夏，（景县）飞蝗蔽天。…………………………………民国《景县志》

355. 明天启六年（1626年）

大城、永年、曲周蝗灾。…………………………《中国历代蝗患之记载》

秋七月，迁安飞蝗遍野，伤禾稼。………………………光绪《永平府志》

七月，（迁安）飞蝗遮蔽田野，损害庄稼。………………………《迁安县志》

秋七月，（迁西）飞蝗遮盖四野，严重损害庄稼。…………………《迁西县志》

五月，（新乐）蝗。………………………………………光绪《重修新乐县志》

（固安）蝗灾。………………………………………………………《固安县志》

（大城）蝗。………………………………………………光绪《大城县志》

（保定）蝗。………………………………………………康熙《保定县志》

（文安）蝗。………………………………………………康熙《文安县志》

七月，（保定）飞蝗蔽天。………………………………光绪《保定府志》

夏五月，（阜平）旱蝗。…………………………………同治《阜平县志》

七月，（雄县）飞蝗蔽天。………………………………民国《雄县新志》

秋，（蠡县）蝗。…………………………………………光绪《蠡县志》

吴桥旱蝗。…………………………………《河北省农业厅·志源（1）》

（景县）旱，蝗灾。………………………………………………《景县志》

（临西）蝗。………………………………………………………《临西县志》

五月，（成安）蝗灾。 ···《成安县志》

春，（广平）属县旱蝗。 ····························· 光绪《广平府志》

六月，（永年）蝗伤禾稼。 ························· 光绪《永年县志》

（曲周）蝗伤稼。 ···································· 同治《曲周县志》

六月，（鸡泽）蝗伤禾。 ····························· 民国《鸡泽县志》

（邱县）旱蝗。 ··《邱县志》

356. 明天启七年（1627 年）

秋，河北保定、永年蝗虫大发生，害稼。 ·······《中国历代蝗患之记载》

（赞皇）蝗。 ······································· 乾隆《赞皇县志》

（保定）蝗，秋禾殆尽。 ····························· 光绪《保定府志》

秋八月，（新城）蝗。 ······························· 民国《新城县志》

秋八月，（定兴）蝗。 ······························· 光绪《定兴县志》

容城飞蝗蔽天。 ·····································《容城县志》

五月，（雄县）蝗蝻遍野，食黍谷，掘壕堑捕之，后翼成飞去。

·· 民国《雄县新志》

平乡蝗食麦穗。 ····································· 乾隆《顺德府志》

（永年）蝗。 ······································· 光绪《永年县志》

（鸡泽）麦熟，蝗啮穗。 ····························· 民国《鸡泽县志》

357. 明崇祯元年（1628 年）

（广宗）蝗灾。 ·······································《广宗县志》

358. 明崇祯二年（1629 年）

五月，（栾城）蝗。 ································· 同治《栾城县志》

359. 明崇祯五年（1632 年）

河北交河蝗飞蔽日，横占十余里，食禾稼、树叶尽。

···《中国历代蝗患之记载》

（交河）旱，蝗飞掩日，横占十余里，树叶、禾秸俱尽。 ······ 民国《交河县志》

360. 明崇祯六年（1633 年）

五月，（迁安）蝗伤禾稼，大饥。 ·························《迁安县志》

361. 明崇祯七年（1634 年）

（东光）旱蝗。 ····································· 光绪《东光县志》

362. 明崇祯九年（1636 年）

河北永平、滦州、昌黎蝗灾。 ·················《中国历代蝗患之记载》

中国蝗灾发生防治史 >>>
第三卷　分省蝗灾史志

秋，卢龙蝗。 ···《河北省农业厅·志源（1）》

秋，（昌黎）蝗，大饥。 ·······································民国《昌黎县志》

平乡、广宗大旱蝗。 ···乾隆《顺德府志》

363. 明崇祯十年（1637 年）

河北保定、大城蝗灾。 ·································《中国历代蝗患之记载》

秋，（保定）飞蝗蔽天，遗子复生。 ···················光绪《保定府志》

秋，（徐水）飞蝗蔽天，遗蝻复生遍地。 ···················《徐水县志》

秋，（望都）蝗飞蔽日。 ·····································《望都县志》

（大城）旱蝗。 ···光绪《大城县志》

（文安）旱蝗。 ···民国《文安县志》

任丘旱蝗。 ·····································《河北省农业厅·志源（1）》

（枣强）蝻，禾稼不登。 ·································嘉庆《枣强县志》

（南和）蝗生。 ···乾隆《南和县志》

夏，（威县）蝗蝻遍野，田苗尽伤。 ·························《威县志》

六月，（邱县）蝗，禾苗尽伤，民大饥。 ·····················《邱县志》

364. 明崇祯十一年（1638 年）

六月，两京旱蝗。 ·······································《明史·五行志》

河北顺天、永年、交河蝗灾。 ·····················《中国历代蝗患之记载》

七月，永清蝗飞蔽天，食禾殆尽。 ·················《光绪顺天府志》

七月，（永清）飞蝗蔽天，食禾殆尽，饥民捕蝗食之。 ·······《永清县志》

（文安）蝗。 ···《文安县志》

秋七月，（定兴）蝗飞蔽天，遗子复生遍地。 ···········光绪《定兴县志》

秋七月，（新城）蝗飞蔽天，遗子复生遍地。 ···········民国《新城县志》

（望都）旱蝗，大饥。 ·····································《望都县志》

（沧县）大旱蝗。 ·······································民国《沧县志》

（盐山）蝗。 ···同治《盐山县志》

（海兴）蝗。 ···《海兴县志》

（交河）旱蝗害稼，民饥。 ·······························民国《交河县志》

七月，（威县）飞蝗蔽天。 ·································《威县志》

九月，（平乡）飞蝗食麦苗。 ·······························《平乡县志》

夏六月，（广平）蝗飞蔽天，积地厚尺许。 ·············光绪《广平府志》

夏六月，（鸡泽）蝗飞蔽天，积地尺厚。 ·············民国《鸡泽县志》

七月，（馆陶）飞蝗蔽天，食树叶，蝗蝻入人室。·········· 民国《馆陶县志》

（永年）蝗。·················· 光绪《永年县志》

夏，（大名）大蝗，飞扬蔽日，食禾殆尽。·········· 民国《大名县志》

（元城）蝗飞蔽日，食禾几尽。·········· 同治《元城县志》

魏县大蝗，飞扬蔽日，食禾殆尽。·········· 《魏县志》

（邱县）大旱蝗，飞蝗落处，房损树摧。·········· 《邱县志》

365. 明崇祯十二年 （1639 年）

六月，畿内蝗。·········· 《明史·庄烈帝纪》

河北曲周、永年、大名、交河蝗灾。·········· 《中国历代蝗患之记载》

（栾城）蝨起，人相食。·········· 同治《栾城县志》

（保定）飞蝗蔽日，人相食。·········· 康熙《保定县志》

（望都）旱蝗，大饥。·········· 《望都县志》

秋，（孟村）蝗蝻遍野，食稼殆尽。·········· 《孟村回族自治县志》

秋，（盐山）蝗蝻遍野，食稼殆尽。·········· 乾隆《天津府志》

秋，（海兴）蝗蝻遍野，食稼殆尽。·········· 《海兴县志》

（交河）旱，蝗蝻大伤田稼，民饥。·········· 民国《交河县志》

（平乡）旱蝗。·········· 《平乡县志》

（邯郸）蝗灾严重，平地蝗虫一尺多厚，草被吃光。·········· 《邯郸县志》

六月，（大名）大蝗，飞扬散落，未几蝻子复发，伤稼殆尽。

·········· 咸丰《大名府志》

夏六月，（元城）飞蝗生蝻。·········· 同治《元城县志》

夏，（广平）大蝗，草尽集于树，树为之枯。·········· 光绪《广平府志》

夏，（永年）旱蝗，草尽皆集于树，树为之枯。·········· 光绪《永年县志》

夏，（鸡泽）大旱蝗。·········· 民国《鸡泽县志》

（邱县）蝗，颗粒不收，人相食。·········· 《邱县志》

魏县蝗。·········· 《魏县志》

（武安）大旱，蝗灾。·········· 民国《武安县志》

夏，（曲周）蝗蔽天，伤稼。·········· 同治《曲周县志》

（肥乡）大旱蝗，蔽天隔日，暗如黑夜，行人路阻，青草食绝，集树枝折。

·········· 民国《肥乡县志》

（馆陶）蝗蝻食麦。·········· 民国《馆陶县志》

（磁县）大旱，蝗灾。·········· 《磁县志》

366. 明崇祯十三年（1640 年）

五月，两京大旱蝗。 ……………………………………………《明史·五行志》

秋七月，畿内捕蝗，发帑振被蝗州县。 …………………《明史·庄烈帝纪》

河北昌黎、临榆、容城、大名、大城、文安蝗灾。

………………………………………………《中国历代蝗患之记载》

（栾城）蝗，大饥，民食木皮、草子、蒺藜。 …………… 同治《栾城县志》

卢龙、东光旱蝗。 …………………《河北省农业厅·志源（1）》

（遵化）蝗螟遍野。 ……………………………………………《遵化县志》

（临榆）旱蝗。 ……………………………………… 民国《临榆县志》

（山海关）旱，蝗虫为害。 ……………………………………《山海关志》

（抚宁）旱，蝗灾。 ……………………………………………《抚宁县志》

（玉田）蝗。 ……………………………………… 光绪《玉田县志》

夏，（昌黎）蝗。 ……………………………………… 民国《昌黎县志》

夏五月，（迁西）蝗虫伤稼。 ……………………………………《迁西县志》

五月，（迁安）蝗伤禾稼，饥荒。 ……………………………………《迁安县志》

六月，文安飞蝗蔽日而下，人捕数石。 …………………《光绪顺天府志》

（大城）旱蝗。 ……………………………………… 光绪《大城县志》

（霸县）旱蝗，大饥。 ……………………………………… 民国《霸县新志》

（雄县）有蝗。 ……………………………………… 民国《雄县新志》

（望都）旱蝗，大饥。 ……………………………………………《望都县志》

秋，（徐水）蝗虫食禾几尽。 ……………………………………《徐水县志》

容城飞蝗蔽天。 ……………………………………… 光绪《保定府志》

（青县）旱蝗，人相食；至秋不雨，（盐山）禾苗尽枯，飞蝗遍野。

……………………………………………… 乾隆《天津府志》

沧州蝗，人相食。 ……………………………………… 乾隆《沧州志》

五月，（肃宁）蝗。 ……………………………………………《肃宁县志》

（海兴）大旱蝗，人相食。 ……………………………………《海兴县志》

（孟村）飞蝗遍野，木皮、草根剥掘俱尽，人相食。……《孟村回族自治县志》

（兴济）旱蝗。 ……………………………………… 民国《兴济县志书》

秋，（深州）蝗，民多道死。 ……………………………… 道光《深州直隶州志》

（阜城）大旱蝗，人相食。 ……………………………………… 雍正《阜城县志》

秋后，（安平）蝗。 ……………………………………………《安平县志》

秋，（饶阳）蝗。 ……………………………………………………《饶阳县志》

（宁晋）大旱蝗，人相食。 …………………………………… 民国《宁晋县志》

秋，（南和）蝗，无禾稼，人食草根、树皮，饿殍载道。 ……《南和县志》

（临城）大旱，虫蝗。 ………………………………………………《临城县志》

（临西）蝗。 …………………………………………………………《临西县志》

五月，（大名）蝗，斗米千钱，人相食，命官赈济。 …… 咸丰《大名府志》

（大名）旱蝗，大饥，斗粟千钱，鬻妻卖子，人相食，赈之。

………………………………………………………… 民国《大名县志》

（邱县）连年蝗旱，颗粒不收，人相食。 …………………………《邱县志》

五月，（馆陶）大旱蝗。 …………………………………… 民国《馆陶县志》

魏县蝗，人相食。 ……………………………………………………《魏县志》

五月，（宽城）蝗伤禾稼，民大饥。 ………………………………《宽城县志》

367. 明崇祯十四年（1641 年）

六月，两畿旱蝗。 ……………………………………………《明史·庄烈帝纪》

河北任丘、大名等蝗灾。 …………………………………《中国历代蝗患之记载》

（文安）旱蝗。 ………………………………………………………《文安县志》

（望都）旱蝗，大饥。 ………………………………………………《望都县志》

（肃宁）大旱，飞蝗蔽天，或夫妇、父子相食，死亡略尽。

……………………………………………………… 乾隆《肃宁县志》

（河间）蝗飞蔽天，人相食。 ……………………………… 乾隆《河间县志》

（任丘）飞蝗蔽天，人相食。 ……………………………… 乾隆《任丘县志》

（吴桥）大旱，飞蝗蔽天，死徙流亡略尽。 ……………… 光绪《吴桥县志》

（武邑）蝗，饥，斗米千钱，人相食。 ……………………………《武邑县志》

平乡大蝗。 ……………………………………………………………《平乡县志》

六月，（威县）蝗虫成灾，百姓饥甚。 ……………………………《威县志》

五月，（清河）飞蝗至，饥民捕而代食。 …………………………《清河县志》

六月，（临西）蝗。 …………………………………………………《临西县志》

六月，（南和）蝗虫，民饥，人死取以食。 ………………………《南和县志》

邯郸、磁县、临漳、武安旱蝗。 …………………《河北省农业厅·志源（1）》

夏，（大名）大旱蝗，飞扬蔽日，食麦几尽，民饥，互相杀食。

………………………………………………………… 咸丰《大名府志》

夏，（大名）大旱蝗，飞蝗食麦。 ………………………… 民国《大名县志》

（元城）大旱，飞蝗食麦。 ·· 同治《元城县志》

（邱县）大旱蝗。 ·· 《邱县志》

魏县飞蝗食麦。 ·· 《魏县志》

368. 明崇祯十五年（1642 年）

河北大城蝗灾。 ·································· 《中国历代蝗患之记载》

夏，（大城）蝗，如烟似雾，木叶、草根一过如扫。 ····· 光绪《大城县志》

369. 明崇祯十六年（1643 年）

秋，河北大名蝻蛹生，有蜂食蛹殆尽。 ········· 《中国历代蝗患之记载》

秋七月，（枣强）蝗飞蔽天，不伤稼。 ········· 嘉庆《枣强县志》

秋，（大名）蝻生，旋有黑虫状如蜂食蛹殆尽。 ········· 咸丰《大名府志》

魏县蝻生。 ·· 《魏县志》

370. 明崇祯十七年（1644 年）

河北大名蝗灾。 ·································· 《中国历代蝗患之记载》

六月，大名府蝗。 ··· 《大名县志》

魏县蝗。 ·· 《魏县志》

六、清代蝗灾

371. 清顺治三年（1646 年）

元氏蝗，初，蝗未来时，先有大鸟类鹤，蔽空而来，各吐蝗数升。

·· 《清史稿·灾异志》

七月，（石家庄）飞蝗蔽天，栾城及邻县庄稼食尽。 ········· 《石家庄市志》

七月，（正定）飞蝗蔽天，禾稼尽损。 ················· 光绪《正定县志》

（井陉）蝗。 ··· 民国《井陉县志料》

七月，（栾城）飞蝗蔽天，蝻生匝地，禾稼尽食。 ········· 同治《栾城县志》

秋七月，（新乐）蝗。 ····························· 光绪《重修新乐县志》

秋七月，（行唐）飞蝗蔽天，禾稼吃尽。 ························· 《行唐县志》

七月，（束鹿[①]）飞蝗自南来，望之黑黄，如烟至，落地，树枝干皆折，不
食苗，信宿飘去。 ····························· 乾隆《束鹿县志》

七月，（定州）蝗。 ····························· 雍正《直隶定州志》

---

① 束鹿：旧县名，治所在今河北辛集市东南新城镇。

（威县）蝗虫遍野，禾苗尽伤。 …………………………………《威县志》

（成安）蝗蛹食禾几尽。 …………………………………民国《成安县志》

九月，鸡泽蝗，成安蛹食禾几尽。 …………………光绪《广平府志》

372. 清顺治四年（1647 年）

三月，元氏、无极、邢台、内丘、保定蝗。九月，交河蝗，落地积尺许。

…………………………………《清史稿·灾异志》

河北邢台、交河、保定、河间、真定、顺德蝗灾。

…………………………………《中国历代蝗患之记载》

（元氏）飞蝗四至，如红云丽天，蔽日无光，落树枝折，集禾，仆地厚尺
许，食禾顷刻立尽，奉文豁免灾伤粮银。 …………民国《元氏县志》

（赵州）蝗。 …………………………………………………光绪《赵州志》

八月，（晋州）飞蝗蔽天。 …………………………………康熙《晋州志》

秋，（高邑）蝗。 …………………………………………………《高邑县志》

六月，（无极）蝗群飞蔽天。 …………………民国《重修无极县志》

（柏乡）蝗灾。 …………………………………………………《柏乡县志》

（行唐）飞蝗过境，漫天蔽日，声如骤雨烈风。 ………《行唐县志》

七月，保定蝗。 …………………………………………光绪《保定府志》

广昌蝗，不为灾。 …………………………………………乾隆《易州志》

（涞源）蝗灾。 …………………………………………………《涞源县志》

（清苑）飞蝗蔽天，大损禾稼。 …………………………民国《清苑县志》

（完县）蝗飞蔽天，禾稼伤大半。 …………………………民国《完县新志》

六月，（望都）飞蝗蔽天，食禾几尽，赈之。 …………民国《望都县志》

七月，（徐水）蝗灾，所集树叶吃光、树折。 …………………《徐水县志》

秋，（博野）飞蝗蔽日，所落处庄稼尽食。 …………………《博野县志》

（盐山）旱蝗。 …………………………………………………《盐山县志》

（海兴）旱蝗。 …………………………………………………《海兴县志》

（孟村）大蝗。 …………………………………《孟村回族自治县志》

（交河）蝗飞掩日，落地厚尺余，禾秸尽食。 …………民国《交河县志》

（河间）飞蝗蔽天。 …………………………………………康熙《河间府志》

（献县）飞蝗蔽天。 …………………………………………民国《献县志》

（肃宁）飞蝗蔽天。 …………………………………………乾隆《肃宁县志》

（吴桥）飞蝗蔽日。 …………………………………………《吴桥县志》

七月，（东光）县境飞蝗蔽日，树枝坠折。 …………………… 光绪《东光县志》

（冀州）蝗。 ………………………………………………… 乾隆《冀州志》

七月，（安平）飞蝗蔽天。 ……………………………… 康熙《安平县志》

七月，（阜城）蝗，食禾秸、树叶并尽。 ……………… 雍正《阜城县志》

（武邑）蝗。 ……………………………………………………《武邑县志》

（枣强）蝗。 ……………………………………………… 嘉庆《枣强县志》

（饶阳）蝗不入境。 ……………………………………… 乾隆《饶阳县志》

（邢台）蝗飞蔽日。 ……………………………………………《邢台市志》

（南和）飞蝗蔽天。 ……………………………………………《南和县志》

（内丘）蝗自西南来。 …………………………………… 道光《内邱县志》

四月，（新河）蝗飞过境。 ……………………………… 民国《新河县志》

秋七月，（临漳）蝗为灾。 ……………………………… 光绪《临漳县志》

七月，（蔚州）飞蝗。 …………………………………… 光绪《蔚州志》

八月，（万全）蝗虫成灾。 ……………………………………《万全县志》

秋七月，（怀安）飞蝗蔽天。 …………………………………《怀安县志》

七月，（保安）蝗从西南来，禾稼立尽，灾无甚于此者。…… 道光《保安州志》

373. 清顺治五年（1648年）

五月，衡水蝗。 ………………………………………《清史稿·灾异志》

河北容城大蝗害稼，饥。 ……………………………《中国历代蝗患之记载》

春三月，定兴蝗蝻如蝇，一夕为风飘去。 …………… 光绪《保定府志》

（容城）大蝗，食稼殆尽，岁饥。 ………………………………《容城县志》

六月，（蠡县）飞蝗自西而来，飞蔽日，宽十余里，长四十余里，城西北伤稼。 …………………………………………… 光绪《蠡县志》

（涿鹿）蝗虫复起，灾民以蝗为食，因饥饿而死者无数。 ……《涿鹿县志》

（蔚州）蝗子炽盛，逢河越渡。 ………………………… 光绪《蔚州志》

（怀安）蝗蝻生。 ………………………………………………《怀安县志》

夏，冀州衡水有蝗自西南来，遮天蔽日，亦不为灾。 …… 乾隆《冀州志》

夏，衡水蝗自西南来，遮日蔽空。 ……………………………《衡水市志》

374. 清顺治六年（1649年）

八月，（晋州）蝗蝻皆黑色，自南而北，东西阔数里，缘屋过壁，势若流水，至滹沱南岸结聚斗大，浮水竟过至南门下，不入城。

……………………………………………………… 康熙《晋州志》

八月，（束鹿）蝗蝻皆黑色，自北而南，东西十余里，缘屋过壁，有如流
　　水，南至黄河结聚斗大，浮水而过。⋯⋯⋯⋯⋯⋯⋯⋯ 乾隆《束鹿县志》

春，（蠡县）城东小蝻始生如蝇，方圆五里宽。⋯⋯⋯⋯⋯⋯ 光绪《蠡县志》

广昌蝗。⋯⋯⋯⋯⋯⋯⋯⋯⋯⋯⋯⋯⋯⋯⋯⋯⋯⋯⋯⋯ 乾隆《易州志》

广平蝗，免田租。⋯⋯⋯⋯⋯⋯⋯⋯⋯⋯⋯⋯⋯⋯ 光绪《广平府志》

（邱县）旱蝗。⋯⋯⋯⋯⋯⋯⋯⋯⋯⋯⋯⋯⋯⋯⋯⋯⋯⋯⋯《邱县志》

夏，（曲周）旱，蝗灾，麦无收。⋯⋯⋯⋯⋯⋯⋯⋯⋯⋯⋯《曲周县志》

（保安）南山被蝗。⋯⋯⋯⋯⋯⋯⋯⋯⋯⋯⋯⋯⋯⋯ 道光《保安州志》

（蔚州）蝗。⋯⋯⋯⋯⋯⋯⋯⋯⋯⋯⋯⋯⋯⋯⋯⋯⋯ 光绪《蔚州志》

375. 清顺治七年（1650 年）

河北大名蝗灾。⋯⋯⋯⋯⋯⋯⋯⋯⋯⋯⋯《中国历代蝗患之记载》

（平山）飞蝗食禾，民大饥，流亡载道。⋯⋯⋯⋯⋯ 咸丰《平山县志》

六月，（唐县）蝗。⋯⋯⋯⋯⋯⋯⋯⋯⋯⋯⋯⋯⋯⋯ 光绪《唐县志》

（枣强）蝗。⋯⋯⋯⋯⋯⋯⋯⋯⋯⋯⋯⋯⋯⋯⋯⋯⋯ 嘉庆《枣强县志》

（南和）飞蝗蔽天。⋯⋯⋯⋯⋯⋯⋯⋯⋯⋯⋯⋯⋯⋯⋯⋯《南和县志》

夏，（大名）旱蝗。⋯⋯⋯⋯⋯⋯⋯⋯⋯⋯⋯⋯⋯⋯ 咸丰《大名府志》

夏，（元城）旱蝗。⋯⋯⋯⋯⋯⋯⋯⋯⋯⋯⋯⋯⋯⋯ 同治《元城县志》

376. 清顺治十年（1653 年）

十一月，文安蝗。⋯⋯⋯⋯⋯⋯⋯⋯⋯⋯⋯⋯⋯⋯《清史稿·灾异志》

河北文安蝗灾。⋯⋯⋯⋯⋯⋯⋯⋯⋯⋯⋯⋯《中国历代蝗患之记载》

377. 清顺治十一年（1654 年）

秋，临西蝗。⋯⋯⋯⋯⋯⋯⋯⋯⋯⋯⋯⋯⋯⋯⋯⋯⋯⋯⋯《临西县志》

378. 清顺治十二年（1655 年）

夏，直隶蝗。⋯⋯⋯⋯⋯⋯⋯⋯⋯⋯⋯⋯《中国历代天灾人祸表》

深泽蝗为灾。⋯⋯⋯⋯⋯⋯⋯⋯⋯⋯⋯⋯⋯⋯ 雍正《直隶定州志》

任丘蝗。⋯⋯⋯⋯⋯⋯⋯⋯⋯⋯⋯⋯⋯《河北省农业厅·志源（1）》

七月，（衡水）蝗自东来，蝻由北来，县东南尤甚，歉收。

⋯⋯⋯⋯⋯⋯⋯⋯⋯⋯⋯⋯⋯⋯⋯⋯⋯⋯⋯⋯⋯⋯《衡水市志》

五月，（安平）蝗灾，禾苗被食咬过半。⋯⋯⋯⋯⋯⋯⋯⋯《安平县志》

六月，（临西）蝗飞蔽天。⋯⋯⋯⋯⋯⋯⋯⋯⋯⋯⋯⋯⋯《临西县志》

六月，（邱县）旱，蝗飞蔽天。⋯⋯⋯⋯⋯⋯⋯⋯⋯ 康熙《邱县志》

七月，曲周蝗。⋯⋯⋯⋯⋯⋯⋯⋯⋯⋯⋯⋯⋯⋯⋯ 光绪《广平府志》

379. 清顺治十三年（1656 年）

三月，玉田大旱蝗。七月，新乐、临榆蝗，滦河蝗。冬，昌黎大雨蝗。

·····················《清史稿·灾异志》

河北曲周、临榆、昌黎、滦州、新乐蝗灾。········《中国历代蝗患之记载》

直隶新乐、玉田蝗。··········《中国历代天灾人祸表》

六月，（永平）蝗。··············光绪《永平府志》

（临榆）蝗。····················民国《临榆县志》

（山海关）蝗虫为害，成灾。·········《山海关志》

夏，（抚宁）蝗。·················《抚宁县志》

（玉田）蝗。······················光绪《玉田县志》

（遵化）蝗。······················《遵化县志》

夏五月，（保定）大蝗。···········光绪《保定府志》

夏五月，（定兴）大蝗。···········光绪《定兴县志》

五月，（唐县）蝗。··············光绪《唐县志》

夏，（雄县）蝗。···············民国《雄县新志》

（望都）蝗蝻生，食禾几尽。·········《望都县志》

（青县）麦禾皆遭蝗食。···········民国《青县志》

（兴济）蝗食麦。··············民国《兴济县志书》

（盐山）飞蝗蔽天累日，不害稼。······乾隆《天津府志》

（深州）蝗，不为灾。············康熙《直隶深州志》

（内丘）蝗。····················道光《内邱县志》

闰五月，（馆陶）蝗。············民国《馆陶县志》

闰五月，（邱县）飞蝗食禾。·········康熙《邱县志》

380. 清顺治十四年（1657 年）

秋，河北东安蝗灾。···········《中国历代蝗患之记载》

秋，东安蝗。················《光绪顺天府志》

秋，（安次）蝗灾。············民国《安次县志》

381. 清顺治十五年（1658 年）

三月，邢台、交河、清河大旱蝗，害稼。······《清史稿·灾异志》

河北邢台蝗害稼。···········《中国历代蝗患之记载》

（邢台）旱蝗，赈之。···········民国《邢台县志》

永年、鸡泽蝗，饥，赈之。·········光绪《广平府志》

（永年）蝗，饥。 ···《永年县志》

382. 清顺治十六年（1659 年）

河北交河蝗蝻和成虫害稼。 ···············《中国历代蝗患之记载》

（遵化）蝗。 ···《遵化县志》

（交河）蝗伤稼，民饥。 ····················民国《交河县志》

383. 清顺治十八年（1661 年）

河北永平蝗灾。 ·····················《中国历代蝗患之记载》

七月，迁安蝗。 ·················《河北省农业厅·志源（1）》

384. 清康熙二年（1663 年）

广平县蝗。 ·······································光绪《广平府志》

385. 清康熙三年（1664 年）

秋，（盐山）蝗。 ···························同治《盐山县志》

秋，（海兴）旱蝗。 ·························《海兴县志》

386. 清康熙四年（1665 年）

四月，真定大旱蝗。 ·····················《清史稿·灾异志》

387. 清康熙五年（1666 年）

五月，任县飞蝗自东来蔽日，伤禾。 ·········《清史稿·灾异志》

夏，河北保定以东发生蝗灾，飞蔽天，害稼。 ······《中国历代蝗患之记载》

五月，（保定）蝗自东来蔽日，伤禾。 ·············康熙《保定县志》

388. 清康熙六年（1667 年）

六月，灵寿、高邑大旱，蝗害稼。八月，滦州、灵寿蝗。

···《清史稿·灾异志》

秋，灵寿、大名、滦州蝗灾。 ··········《中国历代蝗患之记载》

秋，（永平）蝗。 ···························光绪《永平府志》

秋，（卢龙）蝗。 ···························民国《卢龙县志》

六月，（束鹿）蝗自西来障天蔽日，有食苗至尽者，有竟不食而飞去者。

···乾隆《束鹿县志》

秋，（灵寿）大蝗，诏免租税十之三。 ·············同治《灵寿县志》

（赞皇）蝗虫蔽天漫野，大伤禾稼。 ·················《赞皇县志》

秋七月，（唐县）蝗。 ·······················光绪《唐县志》

夏，（海兴）蝗虫成灾。 ····················《海兴县志》

（武强）蝗害稼。 ···························道光《武强县志》

七月，（大名）旱蝗，遣官督捕。 ……………………………… 民国《大名县志》

（武安）飞蝗蔽天，食禾，大饥。 …………………………… 民国《武安县志》

389. 清康熙七年（1668 年）

广平蝗。 ……………………………………………………… 光绪《广平府志》

390. 清康熙十年（1671 年）

七月，元城、龙门[①]、武邑蝗。 ………………………… 《清史稿·灾异志》

河北大名蝗灾。 ………………………………… 《中国历代蝗患之记载》

秋，直隶文安、徐水蝗。 ……………………… 《中国历代天灾人祸表》

七月，（南和）蝗灾。 ……………………………………………… 《南和县志》

夏六月，（馆陶）仔蝗食禾。 ……………………………… 民国《馆陶县志》

秋七月，（大名）旱蝗。 …………………………………… 咸丰《大名府志》

七月，（大名）旱蝗，捕之。 ……………………………… 民国《大名县志》

（邱县）旱蝗。 ……………………………………………………… 《邱县志》

391. 清康熙十一年（1672 年）

三月，献县、交河蝗。五月，行唐、南宫、冀州蝗。六月，邢台、东安、

文安、广平蝗，定州蝻。 ………………………… 《清史稿·灾异志》

河北东安、任丘、大名、文安、邢台、交河、大城蝗。

……………………………………… 《中国历代蝗患之记载》

六月，（晋州）蝗。 ……………………………………… 康熙《晋州志》

夏六月，行唐飞蝗蔽天，自南而东不停落。 ………… 乾隆《行唐县新志》

（安次）旱蝗。 …………………………………………… 民国《安次县志》

（大城）旱蝗。 …………………………………………… 光绪《大城县志》

（文安）蝗。 ……………………………………………………… 《文安县志》

清苑等 19 州县蝗。 ……………………………………………… 《徐水县志》

（蠡县）旱蝗。 …………………………………………… 光绪《蠡县志》

（新城）蝗蝻伤稼。 ……………………………………… 民国《新城县志》

（任丘）蝗。 ……………………………………………… 乾隆《任丘县志》

（河间）旱蝗，蠲免钱粮。 ……………………………… 乾隆《河间县志》

（肃宁）蝗。 ……………………………………………………… 《肃宁县志》

（青县）蝗。 ……………………………………………… 民国《青县志》

---

①　龙门：旧县名，治所在今河北赤城西南龙关镇。

秋，（盐山）蝗，不为灾。 ·········· 同治《盐山县志》

秋，（海兴）旱蝗。 ·················· 《海兴县志》

六月，（冀州）蝗。 ·················· 乾隆《冀州志》

（武邑）蝗蝻灾。 ···················· 《武邑县志》

（邢台）蝗自南来，历二十余村，食禾几尽。 ·········· 民国《邢台县志》

七月，（清河）蝗飞蔽日。 ·········· 民国《清河县志》

（南和）蝗灾。 ······················ 《南和县志》

五月，广平蝗食禾。七月，威县蝗飞蔽天。 ·········· 光绪《广平府志》

春，（大名）旱蝗。 ·················· 民国《大名县志》

七月，（馆陶）飞蝗蔽日，一面请蠲，一面悬赏令民掩捕，数日之内四关厢

集蝗如阜，秋禾赖焉。 ·········· 民国《馆陶县志》

七月，（邱县）蝗。 ·················· 《邱县志》

魏县蝗。 ···························· 《魏县志》

392. 清康熙十五年（1676 年）

沧州旱蝗。 ·················· 乾隆《沧州志》

393. 清康熙十六年（1677 年）

三河、内丘蝗。 ··············《清史稿·灾异志》

秋，河北三河、卢龙蝗灾。 ········《中国历代蝗患之记载》

沧州蝗。 ···················· 乾隆《沧州志》

夏，（南皮）蝗。 ·············· 康熙《南皮县志》

（海兴）旱蝗。 ·················· 《海兴县志》

（卢龙）有蝗云集。 ············ 民国《卢龙县志》

（遵化）蝗。 ···················· 《遵化县志》

（内丘）蝻生城西，草禾食尽。 ······ 道光《内邱县志》

394. 清康熙十七年（1678 年）

沧州蝗。 ···················· 乾隆《沧州志》

秋，（盐山）蝗，不为灾。 ········ 同治《盐山县志》

（南皮）旱蝗。 ·············· 康熙《南皮县志》

395. 清康熙十八年（1679 年）

七月，抚宁蝗。 ··············《清史稿·灾异志》

河北抚宁蝗自西北来，蔽天满野十日，伤稼十之二，部分蝗虫向东北飞至

长城，部分向东南飞蝗入海。 ·········《中国历代蝗患之记载》

秋七月，（卢龙）蝗。 …………………………………… 民国《卢龙县志》

七月，（迁安）蝗灾，民大饥。 …………………………… 《迁安县志》

七月，（迁西）蝗。 ………………………………………… 《迁西县志》

夏六月，（抚宁）飞蝗自西北来，蔽天漫野十余日，损晚禾十之二。

………………………………………………… 光绪《抚宁县志》

滦县旱蝗。 ………………………………… 《河北省农业厅·志源（1）》

沧州大旱蝗，蝗蝻遍地，民多流亡。 ………………… 乾隆《沧州志》

是年，（东光）旱蝗。 …………………………………… 光绪《东光县志》

（南皮）蝗蝻遍生，食禾殆尽。 ………………………… 康熙《南皮县志》

夏，（海兴）蝗。 ………………………………………… 《海兴县志》

七月，（深州）旱蝗。 ……………………………… 道光《深州直隶州志》

七月，（宽城）蝗，疫。 ………………………………… 《宽城县志》

七月，（兴隆）蝗伤稼。 ………………………………… 《兴隆县志》

396. 清康熙十九年（1680 年）

夏秋，大名蝗不入境。 ……………………… 《中国历代蝗患之记载》

夏，（大名）蝗不入境。 ………………………… 咸丰《大名府志》

夏，（元城）蝗不入境。 ………………………… 同治《元城县志》

397. 清康熙二十二年（1683 年）

永年旱，蝗飞蔽天，无秋，人食树皮；威县大旱蝗。

………………………………………………… 《河北省农业厅·志源（1）》

398. 清康熙二十三年（1684 年）

四月，东安蝗，永年蝗。 ………………………… 《清史稿·灾异志》

河北东安蝗灾；永年蝗害稼，粮无收。 ………… 《中国历代蝗患之记载》

（安次）蝗。 ……………………………………… 民国《安次县志》

（武邑）蝝生。 …………………………………… 同治《武邑县志》

永年、威县大旱蝗，免田租。 …………………… 光绪《广平府志》

（临漳）飞蝗蔽日，麦苗多损。 ………………… 光绪《临漳县志》

四月，（邱县）大旱蝗。 ………………………… 《邱县志》

399. 清康熙二十四年（1685 年）

三月，（邱县）西北有蝗食禾，复蝗飞蔽天。 ………… 《邱县志》

400. 清康熙二十五年（1686 年）

六月，无极、饶阳、井陉蝗。 ……………………… 《清史稿·灾异志》

河北蝗害稼，免田租。 ················· 《中国历代蝗患之记载》

（无极）蝗蝻生。 ····················· 光绪《无极县续志》

（深州）旱蝗，民乏食。 ··············· 道光《深州直隶州志》

唐山蝝生遍地，苗草立尽。 ··············· 乾隆《顺德府志》

至夏不雨，（临城）蝱虫。 ················· 《临城县志》

（大名）蝗不入境。 ··················· 咸丰《大名府志》

七月，（武安）飞蝗食禾。 ··············· 民国《武安县志》

401. 清康熙二十六年（1687 年）

藁城蝗。 ······························ 《清史稿·灾异志》

402. 清康熙二十八年（1689 年）

夏秋，永年蝗食稼，民饥。 ········· 《中国历代蝗患之记载》

（东光）旱，蝗蝻遍地。 ··············· 光绪《东光县志》

夏，丰润旱，蝗飞蔽天，岁大饥。 ·········· 《河北省农业厅·志源（1）》

403. 清康熙二十九年（1690 年）

（邱县）旱蝗。 ························· 《邱县志》

404. 清康熙三十年（1691 年）

七月，真定、卢龙蝗，抚宁县蝗。 ········· 《清史稿·灾异志》

喜峰口①、丰润蝗灾。 ············· 《中国历代蝗患之记载》

九月，丰润等处地方被蝗灾。 ········· 光绪《畿辅通志》

夏，（抚宁）蝗。 ····················· 光绪《抚宁县志》

（遵化）大蝗。 ······················· 《遵化县志》

（赞皇）旱蝗。 ······················· 乾隆《赞皇县志》

七月，（南和）蝗虫。 ················· 《南和县志》

春夏，（武安）大旱，蝗蝻遍生。 ········· 民国《武安县志》

六月，（涉县）忽有飞蝗蔽天漫野，青苗啮伤俱尽，大饥。 ····· 嘉庆《涉县志》

405. 清康熙三十一年（1692 年）

河北大名蝗灾。 ················· 《中国历代蝗患之记载》

赵县旱蝗。 ··················· 《河北省农业厅·志源（1）》

406. 清康熙三十二年（1693 年）

河北大城蝗灾。 ················· 《中国历代蝗患之记载》

---

① 喜峰口：长城关口之一，明置，属遵化，在今河北迁西县北。

（武邑）漳河有蝗。 ·· 乾隆《冀州志》

夏，（大名）蝗。 ·· 民国《大名县志》

魏县蝗。 ·· 《魏县志》

407. 清康熙三十三年（1694 年）

河北蝗灾。 ····································· 《中国历代蝗患之记载》

诏直隶捕蝗。 ······················ 《古今图书集成·庶征典·蝗灾部汇考》

（遵化）蝗蝻遍野。 ·································· 《遵化县志》

五月，（晋州）飞蝗蔽天，落地尺深，禾尽伤。六月，蝗蝻生。

··· 康熙《晋州志》

（大城）蝗，不为灾。 ······················ 光绪《大城县志》

（青县）蝗，不为灾。 ······················ 民国《青县志》

夏，（武邑）蝝生。 ·························· 乾隆《冀州志》

408. 清康熙三十四年（1695 年）

涉县大蝗。 ·· 《涉县志》

409. 清康熙三十六年（1697 年）

文安、元氏蝗。 ····························· 《清史稿·灾异志》

夏秋，河北文安蝗灾。 ················· 《中国历代蝗患之记载》

（文安）蝗。 ······························ 《文安县志》

（元氏）蝗虫食禾殆尽，民大饥，县令为民放饭。 ······· 民国《元氏县志》

（枣强）蝻生遍野。 ························ 嘉庆《枣强县志》

410. 清康熙三十八年（1699 年）

遵化州、晋州、卢龙、抚宁蝗。 ··············· 《清史稿·灾异志》

河北永平蝗虫大发生，伤麦。 ··········· 《中国历代蝗患之记载》

（文安）蝗灾。 ····························· 《文安县志》

夏，（抚宁）蝗。 ·························· 光绪《抚宁县志》

七月，（晋州）蝗来自东北，郡守率乡民捕捉。闰七月，蝗蝻生，郡守复命
掘坑驱逐填之，禾稼存半。 ············· 康熙《晋州志》

411. 清康熙三十九年（1700 年）

秋，祁州、卢龙、抚宁蝗。 ··············· 《清史稿·灾异志》

河北永平蝗灾。 ····················· 《中国历代蝗患之记载》

秋，（保定）飞蝗伤稼。 ···················· 光绪《保定府志》

秋，（抚宁）蝗。 ·························· 《抚宁县志》

412. 清康熙四十年（1701 年）

秋，（抚宁）蝗。 ……………………………………………………《抚宁县志》

413. 清康熙四十三年（1704 年）

（井陉）蝗蝻遍野。 …………………………………… 民国《井陉县志料》

414. 清康熙四十四年（1705 年）

九月，卢龙、新乐、保安州蝗。 …………………………《清史稿·灾异志》

永平、三河、阳原蝗灾。 …………………………《中国历代蝗患之记载》

六月，（新乐）蝗飞蔽天。 …………………………… 光绪《重修新乐县志》

（赞皇）旱蝗。 …………………………………………… 乾隆《赞皇县志》

晋州旱蝗。 …………………………………《河北省农业厅·志源（1）》

八月，三河蝗，不为灾。 ………………………… 光绪《顺天府志》

夏，（定州）飞蝗蔽天，随扑灭。 ………………… 雍正《直隶定州志》

七月，（涞水）飞蝗遍野，数日不知去向，不为灾。 …… 光绪《涞水县志》

（涞源）蝗灾。 …………………………………………《涞源县志》

（涿鹿）蝗虫成灾。 …………………………………《涿鹿县志》

六月，（阳原）蝗。 ………………………………… 民国《阳原县志》

（蔚县）飞蝗。 …………………………………………《蔚县志》

415. 清康熙四十五年（1706 年）

春夏，（肃宁）蝗。 ……………………………………… 乾隆《肃宁县志》

416. 清康熙四十六年（1707 年）

邢台、肃宁、平乡蝗。 …………………………………《清史稿·灾异志》

（隆尧）蝗蝻害稼。 …………………………………《隆尧县志》

417. 清康熙四十七年（1708 年）

春夏，邢台蝗灾发生。 …………………………《中国历代蝗患之记载》

（邢台）旱蝗，饥。 …………………………………… 民国《邢台县志》

夏秋，（肃宁）蝗。 …………………………………… 乾隆《肃宁县志》

（平乡）旱蝗，大饥。 …………………………………《平乡县志》

418. 清康熙四十八年（1709 年）

秋，卢龙、昌黎蝗。 …………………………………《清史稿·灾异志》

从夏到秋，东安、卢龙、滦州、迁安蝗灾。 ………《中国历代蝗患之记载》

四月，东安蝗。 …………………………………… 光绪《顺天府志》

四月，（安次）蝗。 ………………………………… 民国《安次县志》

秋，（巨鹿）蝗，捕瘗两月始尽，不为灾。 …………………… 光绪《巨鹿县志》

419. 清康熙四十九年（1710 年）

（阜城）蝗。 ……………………………………………… 雍正《阜城县志》

秋，（新河）蝗虫为灾。 ………………………………… 民国《新河县志》

420. 清康熙五十一年（1712 年）

夏，河北固安蝗灾。 …………………………… 《中国历代蝗患之记载》

六月，固安蝗。 ………………………………………… 光绪《顺天府志》

421. 清康熙五十二年（1713 年）

夏，河北固安蝗灾。 …………………………… 《中国历代蝗患之记载》

四月，固安蝗。 ………………………………………… 光绪《顺天府志》

422. 清康熙五十七年（1718 年）

沧州遭蝗灾。 …………………………………………… 乾隆《沧州志》

423. 清康熙五十八年（1719 年）

沧州屡遭蝗灾。 ………………………………………… 乾隆《沧州志》

424. 清康熙六十一年（1722 年）

（涉县）虫蝗。 ………………………………………………… 《涉县志》

425. 清雍正元年（1723 年）

八月，任县有飞蝗遮拥从东北至，扑灭半月净。 …………… 《捕蝻历效》

426. 清雍正二年（1724 年）

河北邢台蝗灾。 ………………………………… 《中国历代蝗患之记载》

六月，（枣强）蝗。 …………………………………… 嘉庆《枣强县志》

（邢台）蝗。 …………………………………………… 民国《邢台县志》

四月，任县娘娘庙、杜科、北张、牛星寨、骆庄等蝗蝻生，自首夏至早秋
　建厂捕蝻，凡四阅月，而蝻始净。 …………………………… 《扑蝻历效》

（巨鹿）蝗。 …………………………………………… 光绪《巨鹿县志》

427. 清雍正四年（1726 年）

（平乡）蝗。 …………………………………………… 同治《平乡县志》

（南和）蝗灾。 ………………………………………………… 《南和县志》

428. 清雍正八年（1730 年）

七月，（南和）蝗。 …………………………………… 乾隆《南和县志》

429. 清雍正十年（1732 年）

夏，（隆尧）蝗灾。 …………………………………………… 《隆尧县志》

430. 清雍正十二年（1734 年）

夏，直隶河间、天津蝗生，六月初一飞至乐陵，初五飞至商河，乐、商二邑协力扑捕，尽行扑灭。 ·····················《治蝗全法》

（隆平）蝗食麦。 ····················· 乾隆《隆平县志》

431. 清雍正十三年（1735 年）

九月，东光、获鹿蝗。 ···············《清史稿·灾异志》

秋，（栾城）旱蝗。 ·····················《栾城县志》

（隆平）飞蝗为灾。 ················· 乾隆《隆平县志》

七月，（武安）飞蝗为灾。 ··········· 民国《武安县志》

432. 清乾隆二年（1737 年）

（巨鹿）蝗。 ····················· 光绪《巨鹿县志》

433. 清乾隆四年（1739 年）

四月，饬直隶捕蝗。 ·········《中国历代天灾人祸表》

河北曲周蝗灾。 ···········《中国历代蝗患之记载》

（新安）蝗。 ····················· 乾隆《新安县志》

夏，（深州）蝗，免田租。 ······· 道光《深州直隶州志》

（武邑）蝗。 ····················· 乾隆《冀州志》

夏五月，（隆尧）蝗灾。 ··············《隆尧县志》

（曲周）蝗。 ····················· 同治《曲周县志》

五月，（隆化）四旗厅等地蝗虫成灾，兵民以蝗易米捕捉。
·································《隆化县志》

434. 清乾隆五年（1740 年）

八月，三河飞蝗来境，抱禾稼而毙，不为灾。 ·········《清史稿·灾异志》

河北大名蝗灾；三河蝗虫抱庄稼茎叶死，不为灾。
·······················《中国历代蝗患之记载》

六月，（元氏）蝻生遍野，乡民竭力扑之，数日净尽，幸未成灾。
·································民国《元氏县志》

夏，（大名）蝗。 ················· 咸丰《大名府志》

夏，（元城）蝗。 ················· 同治《元城县志》

435. 清乾隆八年（1743 年）

（巨鹿）蝗。 ····················· 光绪《巨鹿县志》

436. 清乾隆九年（1744 年）

七月，献县、景州蝗。 ……………………………………《清史稿·灾异志》

六月，（献县）飞蝗自山东至，翳空不下，凡二四日乃绝，秋稔。

　　……………………………………………………… 民国《献县志》

六月，（河间）飞蝗自山东来，凡三四日，翛翛然，昼夜不绝，是岁，稔。

　　………………………………………………………… 乾隆《河间县志》

六月，（肃宁）蝗从山东来，翳飞不下，凡三四日。 ………《肃宁县志》

六月，（景县）飞蝗成群自山东来，凡三四日，翛翛然北去，昼夜不停，不

　　曾下损一禾。 ……………………………………………… 民国《景县志》

437. 清乾隆十六年（1751 年）

六月，交河、祁州蝗；河间蝗，有鸟数千自西南来，尽食之。

　　……………………………………………………………《清史稿·灾异志》

五月，直隶河间等州县蝗。 …………………………《清史稿·高宗本纪》

七月，（望都）蝗伤禾。 ……………………………… 光绪《保定府志》

夏，（献县）飞蝗集境，扑不能尽，有鸟自西南来啄食之。

　　…………………………………………………………… 民国《献县志》

夏，（河间）飞蝗集境，捕不能尽，有鸟数千自西南来啄食之。

　　…………………………………………………………… 乾隆《河间县志》

（吴桥）飞蝗集境，捕不能尽，有鸟数千西南来啄食之。 …《吴桥县志》

六月，交河、河间等地发生蝗灾，有数千只鸟从东南飞来，将蝗虫全部

　　吃掉。 …………………………………………………………《泊头市志》

（景县）飞蝗集境，有鸟数千自西南来啄食之。 ……… 民国《景县志》

438. 清乾隆十七年（1752 年）

五月，直隶东光等四十三州县蝗。 …………………《清史稿·高宗本纪》

四月，柏乡、鸡泽、元氏、祁州蝗。 ………………《清史稿·灾异志》

夏，河北大名蝗虫发生，积地尺厚，食稼尽，督捕之；三河、容城蝗。

　　……………………………………………………《中国历代蝗患之记载》

六月初旬，（元氏）飞蝗自北而来，数日向南而去，至七月间，遗蝻大发，

　　城西北诸村几遍原野，扑之不灭，秋尽乃消。 ……… 民国《元氏县志》

六月，（灵寿）蝗蝻并生。 …………………………… 光绪《灵寿县志》

（容城）蚂蚱生。 …………………………………………《容城县志》

七月，（祁州）蝗蝻遍生，禾稼啮伤，甚于十六年。 …………《祁州志》

三河蝗，不为灾。 ·· 光绪《顺天府志》

五月，盐山、沧州等县蝗蝻萌生，乾隆帝令侍郎胡宝前往河间督率扑除。

六月，沧州等处募民捕蝗，收效颇高。 ·········· 《天津通志·大事记》

夏五月，隆平蝗生。 ································ 乾隆《隆平县志》

七月，（广平）属县蝗，捕灭之。 ············ 光绪《广平府志》

夏，（大名）大蝗，积地盈尺，禾稼食尽，督有司逐捕。

·· 民国《大名县志》

七月，（鸡泽）飞蝗自西南来，过境去。是岁，广平、大名、天津等府多

蝗，捕灭皆尽。 ······························ 民国《鸡泽县志》

夏，魏县大蝗。 ···································· 《魏县志》

439. 清乾隆十八年（1753 年）

秋，永年、临榆、乐亭蝗。 ······················ 《清史稿·灾异志》

近畿蝗，（曹）秀先请御制文以祭。 ········ 《清史稿·曹秀先传》

夏，河北永平蝗从外县飞来；临榆、乐亭蝗。 ·····《中国历代蝗患之记载》

夏，（永平）蝗，不为灾。秋七月，蝻复生，食稼殆尽。是年，乐亭、临榆

捕蝗得力，岁丰。 ······················ 光绪《永平府志》

六月，（遵化）蝗飞蔽天。 ···················· 《遵化县志》

夏，（卢龙）蝗，不为灾。七月，蝻复生，食稼殆尽。

·· 民国《卢龙县志》

（丰润）飞蝗漫山遍野，高可盈尺，飞则蔽天。 ············ 《丰润县志》

（丰南）飞蝗漫山塞野，落地盈尺，飞蔽天。 ············ 《丰南县志》

四月，沧州蝗孽复萌。五月，沧州等处蝗，用以米易蝗办法分路设立厂局，

凡捕蝗子一斗给米五升，村民踊跃搜捕。 ·········· 《天津通志·大事记》

（蔚县）蝗。 ···································· 《蔚县志》

440. 清乾隆十九年（1754 年）

夏，井陉蝗。 ························ 《河北省农业厅·志源（3）》

441. 清乾隆二十二年（1757 年）

夏，河北大城蝗害稼。 ···················· 《中国历代蝗患之记载》

夏，（大城）蝗虫为灾。 ······················ 光绪《大城县志》

442. 清乾隆二十三年（1758 年）

六月，直隶元城等州县蝗。 ···················· 《清史稿·高宗本纪》

灵寿蝗伤麦。 ························ 《河北省农业厅·志源（1）》

443. **清乾隆二十四年**（1759 年）

京畿捕蝗。京畿道御史史茂上《捕蝗事宜疏》，户部议准捕蝗法六条。

....《治蝗全法》

河北大城蝗害稼。..................................《中国历代蝗患之记载》

五月，遵化州属毗连永平地方蝻生。...............光绪《畿辅通志》

夏，（卢龙）螣。...............................民国《卢龙县志》

夏，（抚宁）蝗食谷几尽。.......................光绪《抚宁县志》

夏，（滦州）螣。................................光绪《滦州志》

夏，（束鹿）蝗食麦。..........................《乾隆束鹿县志》

（栾城）蝗。...................................同治《栾城县志》

（赞皇）蝗。.................................光绪《续修赞皇县志》

夏，（灵寿）蝗灾，小麦受害。....................《灵寿县志》

夏，（大城）蝗虫为灾。.........................光绪《大城县志》

沧州、南皮、献县、交河、青县、盐山蝗，抚宁蝗食谷尽。

....《河北省农业厅·志源（1）》

（海兴）蝗灾。...................................《海兴县志》

（邢台）蝗虫成灾。...............................《邢台市志》

夏六月，（南宫）蝗飞蔽天，蝻生，食禾稼几尽。........民国《南宫县志》

444. **清乾隆二十五年**（1760 年）

秋七月，谕热河捕蝗，直隶广昌等州县蝗。...........《清史稿·高宗本纪》

（广宗）蝗蝻为灾。...............................《广宗县志》

445. **清乾隆二十七年**（1762 年）

三河捕蝗。.................................《清史稿·窦光鼐传》

446. **清乾隆二十八年**（1763 年）

三月，滦州、文安、霸州飞蝗七日不绝。..........《清史稿·灾异志》

秋七月，顺直大城、沧州等州县蝗。..............《清史稿·高宗本纪》

河北霸县、文安、滦州蝗灾。..................《中国历代蝗患之记载》

三月，文安、霸州飞蝗七日不绝。七月，大城蝗灾。.........《廊坊市志》

（文安）飞蝗。...................................《文安县志》

夏，（永平）蝗蝝生。...........................光绪《永平府志》

夏，（卢龙）蝗蝝生。...........................民国《卢龙县志》

夏，（滦南）生蝗。...............................《滦南县志》

秋，定兴蝗。 ·························· 光绪《保定府志》

南皮、东光、吴桥蝗。 ·················· 光绪《畿辅通志》

交河蝗。 ························· 《中国历代天灾人祸表》

七月，沧州严重蝗灾。 ···················· 《沧县志》

夏，永年旱蝗，岁大饥。 ················ 光绪《广平府志》

447. 清乾隆二十九年（1764 年）

定兴蝗。 ························ 光绪《保定府志》

河北交河蝗虫发生严重。 ············· 《中国历代蝗患之记载》

448. 清乾隆三十三年（1768 年）

夏，（海兴）蝗。 ······················ 《海兴县志》

449. 清乾隆三十四年（1769 年）

秋，灵寿蝗。 ················· 《河北省农业厅·志源（3）》

450. 清乾隆三十五年（1770 年）

闰五月，东安飞蝗起，三河蝗。 ·········· 光绪《畿辅通志》

河北永平、东安、大城、三河大蝗，官府令民捕蝗。

·························· 《中国历代蝗患之记载》

（大城）大蝗。 ····················· 光绪《大城县志》

（望都）邻邑飞蝗入境，月余蝻旋生，县令陈洪书捐米三百余石资民夫扑

灭，禾稼无伤。 ·················· 民国《望都县志》

（完县）飞蝗入境，蝻孽旋生。 ··········· 民国《完县新志》

451. 清乾隆三十六年（1771 年）

夏，（完县）蝗。 ···················· 民国《完县新志》

夏，（望都）邻邑有蝗，至望都界皆死。 ······· 民国《望都县志》

452. 清乾隆四十一年（1776 年）

秋，（海兴）蝗灾严重。 ·················· 《海兴县志》

453. 清乾隆四十二年（1777 年）

（海兴）蝗。 ························· 《海兴县志》

454. 清乾隆四十五年（1780 年）

（东光）蝗蝻为灾。 ·················· 光绪《东光县志》

455. 清乾隆四十六年（1781 年）

夏，（获鹿）飞蝗生。 ················· 光绪《获鹿县志》

456. 清乾隆五十六年（1791 年）

六月，东光大旱，飞蝗蔽天，田禾俱尽。·······················《清史稿·灾异志》

河北交河蝗灾。·································《中国历代蝗患之记载》

（交河）旱蝗。···民国《交河县志》

457. 清乾隆五十七年（1792 年）

秋七月，顺直玉田等州县蝗。·······················《清史稿·高宗本纪》

八月，顺天各属县飞蝗蚕食禾稼。·······················光绪《畿辅通志》

夏，三河蝗灾，食稼，惩治治蝗不力者。·······《中国历代蝗患之记载》

（遵化）飞蝗过境。··································《遵化县志》

唐县旱蝗，寸草皆枯。·······················《河北省农业厅·志源（1）》

458. 清乾隆五十八年（1793 年）

秋，（束鹿）蝗，不为灾。·······················嘉庆《束鹿县志》

秋，（祁州）蝗食禾稼殆尽。·······················光绪《祁州续志》

459. 清乾隆六十年（1795 年）

夏，河北交河蝗灾。·······················《中国历代蝗患之记载》

（交河）旱蝗。···民国《交河县志》

（东光）旱蝗。···光绪《东光县志》

（景县）旱蝗。···民国《景县志》

460. 清嘉庆四年（1799 年）

（新城）蟓，大饥。·····································民国《新城县志》

（定兴）蝗。···光绪《定兴县志》

（东光）蝗蟓为灾。·····································光绪《东光县志》

夏，（青县）蝗蟓初生遍野，忽一夕大风，次日蝗净。······民国《青县志》

（景县）蝗。···民国《景县志》

461. 清嘉庆五年（1800 年）

春，（东光）蝗蟓复生。·································光绪《东光县志》

462. 清嘉庆七年（1802 年）

夏秋，邢台、滦州大蝗，飞蔽天，声如雷，降落盖满地；定兴、清苑、安
　　肃、满城、景县、交河蝗灾。·················《中国历代蝗患之记载》

六月，新城、安肃、定兴、景州、任丘蝗。七月，遵化、丰润、玉田、卢
　　龙、迁安、抚宁飞蝗过境，三河蝗。·················光绪《畿辅通志》

春，（永平）蝝。夏，蝗，至秋不绝。·················光绪《永平府志》

（临榆）蝗。 ················ 民国《临榆县志》

夏，（抚宁）蝗。 ················ 《抚宁县志》

秋八月，（滦州）蝗飞遍野，自边城至海。 ········· 光绪《滦州志》

夏，（正定）大蝗，禾稼一空。 ········· 光绪《正定县志》

（栾城）蝗伤禾稼。 ················ 同治《栾城县志》

（藁城）蝗。 ················ 《藁城县志》

（保定）飞蝗伤稼。 ················ 光绪《保定府志》

秋，（清苑）蝗。 ················ 民国《清苑县志》

秋，定县蝗。 ················ 道光《直隶定州志》

（完县）蝗。 ················ 民国《完县新志》

秋，（唐县）蝗。 ················ 光绪《唐县志》

（望都）飞蝗伤稼。 ················ 民国《望都县志》

（容城）飞蝗遍地。 ················ 《容城县志》

（青县）蝗。 ················ 民国《青县志》

六月，（深州）蝗。 ················ 道光《深州直隶州志》

六月，（武强）蝗。 ················ 道光《武强县志》

（邢台）蝗飞蔽天，声如雷，落地不见土，无禾。 ······· 民国《邢台县志》

夏，（任县）旱蝗。 ················ 民国《任县志》

（唐山）飞蝗蔽天。 ················ 光绪《唐山县志》

（隆尧）飞蝗蔽天。 ················ 《隆尧县志》

（广宗）大旱，飞蝗遍野，大饥。 ········· 《广宗县志》

（邱县）蝗旱。 ················ 《邱县志》

463. 清嘉庆八年（1803 年）

河北邢台、滦州蝗灾。 ········· 《中国历代蝗患之记载》

春，（滦州）蝝生。夏，蝗，蝝复生，至秋不绝。 ······· 光绪《滦州志》

夏，（滦南）蝗。 ················ 《滦南县志》

（平山）蝗蝻为害，岁大饥。 ········· 咸丰《平山县志》

八月，（井陉）飞蝗遍野，所种麦苗食尽。 ········· 《井陉县志料》

（青县）蝗，不为灾。 ················ 民国《青县志》

三月，（邢台）蝻生，无容足地。四月，大热风，蝻突不见。

················ 民国《邢台县志》

秋，临漳、成安、涉县旱蝗，被灾五分。 ······《河北省农业厅·志源（1）》

464. **清嘉庆九年**（1804 年）

近畿飞蝗生，顺天府属县蝗。 ·· 光绪《畿辅通志》

465. **清嘉庆十年**（1805 年）

春，临榆螽生。 ··· 《清史稿·灾异志》

夏，（抚宁）生螽。 ··· 《抚宁县志》

夏六月，（怀安）蝗螽生。 ··· 《怀安县志》

466. **清嘉庆十六年**（1811 年）

（邱县）旱蝗交加，大饥。 ··· 《邱县志》

467. **清嘉庆十八年**（1813 年）

（栾城）蝗。 ··· 《栾城县志》

468. **清嘉庆十九年**（1814 年）

（肥乡）旱，虫螽灾伤。 ·· 民国《肥乡县志》

469. **清嘉庆二十年**（1815 年）

馆陶等地蝗灾。 ··· 《临清市志》

470. **清嘉庆二十二年**（1817 年）

（元氏）飞蝗自南至，秋禾一空，黎民大饥，奉文豁免粮银。

·· 民国《元氏县志》

（高邑）蝗。 ··· 《高邑县志》

471. **清嘉庆二十三年**（1818 年）

（高邑）蝗。 ··· 《高邑县志》

472. **清嘉庆二十四年**（1819 年）

（栾城）蝗。 ··· 《栾城县志》

473. **清道光元年**（1821 年）

夏，顺天郡县及渤海沿岸蝗螽大发生，官府令捕之。

······································ 《中国历代蝗患之记载》

五月，沧州各属螽生。 ·· 光绪《畿辅通志》

六月，顺天府属地方设厂收买蝗螽，以钱米易蝗。 ·············· 《顺义县志》

六月，（固安）蝗灾，官府设厂收买，以粮米兑易。 ············· 《固安县志》

夏，（盐山）蝗，不为灾。 ·· 同治《盐山县志》

夏，（海兴）蝗。 ··· 《海兴县志》

474. **清道光二年**（1822 年）

五月，滦县蝗伤麦。 ····································· 《河北省农业厅·志源（1）》

475. 清道光三年（1823 年）

抚宁蝗。 ....《清史稿·灾异志》

（井陉）大蝗，禾苗俱食尽。 ....民国《井陉县志料》

（抚宁）飞蝗西来。 ....光绪《抚宁县志》

476. 清道光四年（1824 年）

顺天府属有蝗孽，却属官供张。 ....《清史稿·朱为弼传》

清苑、望都、定州蝗。 ....《清史稿·灾异志》

秋，河北大城蝗食禾稼尽。 ....《中国历代蝗患之记载》

秋，（永平）飞蝗压境。 ....光绪《永平府志》

（抚宁）蝻生遍野。 ....光绪《抚宁县志》

秋，（滦州）蝗。 ....光绪《滦州志》

秋，（滦南）蝗。 ....《滦南县志》

秋，（卢龙）飞蝗压境。 ....民国《卢龙县志》

（栾城）蝗。 ....同治《栾城县志》

七月，（大城）飞蝗大至，食禾殆尽。 ....光绪《大城县志》

（霸县）旱蝗。 ....民国《霸县新志》

（保定）蝗蝻生。 ....光绪《保定府志》

（新城）蝗蝻伤稼，请赈。 ....民国《新城县志》

（定兴）大蝗，请赈缓征。 ....光绪《定兴县志》

（容城）飞蝗过后继生蝗蝻，庄稼尽毁。 ....《容城县志》

（献县）蝗，林木皆食。 ....民国《献县志》

六月，（武强）蝗，不为害。 ....道光《武强县志》

（枣强）蝗蝻生。 ....《枣强县志》

（景县）蝗。 ....民国《景县志》

（隆尧）大蝗，县张告示收购蝗蝻。 ....《隆尧县志》

477. 清道光五年（1825 年）

七月，清苑、定州飞蝗蔽天，三日乃止；内丘、新乐、曲阳旱蝗。

....《清史稿·灾异志》

五月，顺天府蝗，奏准捕蝗事宜六条。 ....《治蝗全法》

河北永年、昌黎蝗灾。 ....《中国历代蝗患之记载》

（平山）蝗蝻为灾。 ....咸丰《平山县志》

夏旱，（正定）飞蝗蔽天，禾尽损。 ....光绪《正定县志》

深泽飞蝗蔽日，秋稼被食殆尽。·······················《深泽县志》

（晋县）蝗。·····································民国《晋县志料》

秋，（新乐）蝗。·····························光绪《重修新乐县志》

秋，（灵寿）蝗灾。·······························《灵寿县志》

六月，（井陉）飞蝗蔽天，从东入山西界，为害犹浅，至七月间蝻子出，街
坊、人家无处不到，所种晚稼全被食尽，寸草不留。

···民国《井陉县志料》

束鹿旱，蝗食禾。·················《河北省农业厅·志源（1）》

春，（永平）蠓食苗。夏秋，蝗。·················光绪《永平府志》

（昌黎）蝗。·····································民国《昌黎县志》

春，（卢龙）蠓食苗。夏秋，蝗。·················民国《卢龙县志》

春，（滦州）蝗蝻食苗。秋，蝗。·················光绪《滦州志》

秋，（滦南）蝗。·································《滦南县志》

（抚宁）蝻生。·································光绪《抚宁县志》

六月，（临榆）蝗飞蔽天，数日蝻生，食禾尽，岁大饥。

···民国《临榆县志》

六月，（山海关）蝗虫遮天蔽日，数日蝻生，食尽禾苗。······《山海关志》

（遵化）有蝗。···································《遵化县志》

七月，（清苑）蝗飞蔽空，三日乃止。·············民国《清苑县志》

（定兴）蝻害禾稼。·····························光绪《定兴县志》

（曲阳）飞蝗入境，成灾。·····················光绪《重修曲阳县志》

秋七月，定州蝗群飞蔽日，三日乃止。···········道光《直隶定州志》

秋，（唐县）蝗害稼。·····························光绪《唐县志》

六月，（新城）蝗蝻伤稼。·······················道光《新城县志》

（献县）蝗。·····································民国《献县志》

八月，（内丘）飞蝗蔽天，田苗尽食，九月乃尽死。······道光《内邱县志》

八月，（永年）蝗伤麦。·························光绪《广平府志》

九月，（邯郸）蝗自北而南遮天蔽日，从东入山西界，食麦苗一空，县设厂
四门收买蝗虫，每斤给钱二十文。···············《邯郸县志》

478. 清道光六年（1826 年）

二月，滦州、抚宁蝗。·························《清史稿·灾异志》

秋初，曲周蝗灾发生。·····················《中国历代蝗患之记载》

夏五月，（卢龙）蝗自抚宁西北来，伤田苗殆尽。 …… 民国《卢龙县志》

夏五月，（抚宁）蝗自西北来，伤田苗殆尽。 …… 光绪《抚宁县志》

（迁安）蝗。 …… 民国《迁安县志》

八月，（遵化）飞蝗过境。 …… 《遵化县志》

（迁西）蝗。 …… 《迁西县志》

夏，（正定）旱蝗。 …… 光绪《正定县志》

（藁城）蝗虫成灾。 …… 《藁城县志》

七月，（栾城）蝗。 …… 同治《栾城县志》

（阜平）蝗。 …… 同治《阜平县志》

（东光）螟螣害稼。 …… 光绪《东光县志》

四月，（邱县）大旱蝗，无麦。 …… 《邱县志》

秋七月，（曲周）蝗。 …… 同治《曲周县志》

479. 清道光七年（1827 年）

六月，（栾城）飞蝗蔽日。七月，蝗蝻遍地，禾稼尽伤。

…… 同治《栾城县志》

七月间，（元氏）飞蝗入境，晚禾不收。 …… 民国《元氏县志》

480. 清道光八年（1828 年）

七月，（栾城）旱蝗。 …… 同治《栾城县志》

481. 清道光十一年（1831 年）

夏，（内丘）蝗飞蔽天。 …… 道光《内邱县志》

482. 清道光十二年（1832 年）

八月，（乐亭）蝗虫为害。 …… 《乐亭县志》

483. 清道光十五年（1835 年）

秋，（平山）有蝗。 …… 咸丰《平山县志》

秋，（灵寿）蝗吃麦苗。 …… 《灵寿县志》

（新城）蝗，不害灾。 …… 民国《新城县志》

484. 清道光十六年（1836 年）

河北博野蝗灾；阳原蝗虫大发生，严重伤稼，民饥。

…… 《中国历代蝗患之记载》

（藁城）蝗灾。 …… 《藁城县志》

（定兴）蝻。 …… 光绪《定兴县志》

（新城）蝗，不害稼。 …… 民国《新城县志》

五月，（任县）蝗，数日蝗遍郊野，县令设厂收买。 ……… 民国《任县志》

（新河）飞蝗遍野，蝻继生。 …………………………… 民国《新河县志》

秋七月，（怀安）蝗飞蔽天。 ……………………………………《怀安县志》

七月，（阳原）大蝗，民饥，赈之。 ………………………… 民国《阳原县志》

（蔚州）飞蝗入境。 …………………………………………… 光绪《蔚州志》

485. 清道光十七年（1837 年）

夏，（怀安）蝗蝻生。 ………………………………………………《怀安县志》

486. 清道光十八年（1838 年）

八月，东光蝗，不为灾。 ……………………………………《清史稿·灾异志》

秋，（栾城）飞蝗过境。 ………………………………………《栾城县志》

夏旱，（邱县）蝗蝻生。 ………………………………………………《邱县志》

487. 清道光十九年（1839 年）

（武邑）蝗蝻。 …………………………………………………《武邑县志》

春，鸡泽蝗大作。 ……………………………………………… 光绪《广平府志》

（邱县）旱蝗交作。 …………………………………………………《邱县志》

488. 清道光二十七年（1847 年）

（元氏）大旱，飞蝗四至，如云丽天，是岁，荒歉。 …… 民国《元氏县志》

489. 清道光二十八年（1848 年）

夏五月，（永平）滨海蝝起，捕之，不为灾。 ………… 光绪《永平府志》

五月，（滦州）滨海蝝起，捕之，不为灾。 ………………… 光绪《滦州志》

（青县）蝗雨伤稼。 …………………………………………… 民国《青县志》

六月，（肥乡）仔蝗生，不食禾稼，食柳叶殆尽。 ……… 民国《肥乡县志》

鸡泽蝗。 ………………………………………………………… 光绪《广平府志》

490. 清道光二十九年（1849 年）

六月，（万全）飞蝗蔽日，田禾损伤成灾。 …………………《万全县志》

491. 清咸丰元年（1851 年）

（宁晋）旱蝗。 ……………………………………………… 民国《宁晋县志》

492. 清咸丰三年（1853 年）

五月，（遵化）有蝗，知州率民捕逐略尽。 ………………《遵化县志》

493. 清咸丰四年（1854 年）

六月，唐山、滦州、固安蝗。 ………………………………《清史稿·灾异志》

河北固安蝗灾。 ………………………………………《中国历代蝗患之记载》

秋八月，（滦南）蝗灾。 ……………………………………………《滦南县志》

春，（遵化）收买蝗蝻，掘坑焚埋。 ………………………………《遵化县志》

（晋县）大蝗。 ………………………………………………… 民国《晋县志料》

秋，（正定）蝗。 ……………………………………………… 光绪《正定县志》

（固安）蝗，知县陈崇砥率丁役捕扑，民不为灾。 ……… 咸丰《固安县志》

（定兴）蝻。 …………………………………………………… 光绪《定兴县志》

（新城）蝻。 …………………………………………………… 民国《新城县志》

（蠡县）蝗。 ……………………………………………………………《蠡县志》

七月，（枣强）蝗。 ……………………………………………………《枣强县志》

（唐山）蝗蝻为灾。 ………………………………………… 光绪《唐山县志》

494. 清咸丰五年（1855 年）

河北蝗大发生，迁移。 …………………………《中国东亚飞蝗蝗区的研究》

四月，新乐蝗。 ……………………………………………《清史稿·灾异志》

（晋县）大蝗。 ………………………………………………… 民国《晋县志料》

秋，（正定）蝗。 ……………………………………………… 光绪《正定县志》

（三河）飞蝗入境，灾。 ……………………………………… 民国《三河县新志》

（新城）飞蝗害稼。 …………………………………………… 民国《新城县志》

（定兴）飞蝗害稼。 …………………………………………… 光绪《定兴县志》

495. 清咸丰六年（1856 年）

三月，青县、曲阳蝗。八月，邢台蝗，香河、武邑、唐山蝗。

………………………………………………………………《清史稿·灾异志》

近畿属县飞蝗成灾。 ……………………………《中国历代天灾人祸表》

七月，直隶蝗，布政使司钱炘和印发旧存捕蝗要说二十则、图说十二幅于
各牧令仿照扑捕蝗虫。 ………………………………………《捕蝗要诀》

河北昌黎、永年、邢台、大名、顺德、广平、永平、保定等 28 县蝗灾。

………………………………………………………………《中国历代蝗患之记载》

滦县、丰润、易县、束鹿、正定、晋县等 57 州县水、旱、蝗灾，免被灾村
庄额赋。 ………………………………………《河北省农业厅·志源（1）》

玉田、滦县、丰润被水、旱、蝗害。 ………………………………《唐山市志》

秋七月，（永平）蝗，不为灾。 ……………………………… 光绪《永平府志》

秋，（迁安）蝗灾。 ……………………………………………………《迁安县志》

秋，（迁西）蝗。 ………………………………………………………《迁西县志》

（玉田）蝗蝻遍地，禾苗尽食。 ……………………………………《玉田县志》

秋，（昌黎）飞蝗自东南入境。 ……………………………… 民国《昌黎县志》

（临榆）蝗。 ……………………………………………………… 民国《临榆县志》

秋八月，（乐亭）飞蝗自东南入境，晚禾灾。 ………………… 光绪《乐亭县志》

六月，（井陉）飞蝗自东而来遮天蔽日，后蝻生，禾苗、叶蔬俱无。

………………………………………………………………… 民国《井陉县志料》

夏不雨，（赵州）蝗害稼。 ………………………………… 光绪《赵州志》

秋，（平山）飞蝗过境。 ………………………………………… 《平山县志》

七月，（栾城）蝗。 ……………………………………………… 《栾城县志》

（大厂）蝗蝻遍野，食禾殆尽。 ………………… 《大厂回族自治县志》

（三河）蝗蝻遍野，食苗殆尽，大歉。 ………………… 民国《三河县新志》

夏，（霸县）旱蝗。 ……………………………………… 民国《霸县新志》

夏，（永清）多蝗。 ……………………………………… 光绪《续永清县志》

（文安）蝗。 ……………………………………………… 民国《文安县志》

秋，（保定）飞蝗蔽天。十月，蝻孽生，吃麦苗。 ……… 光绪《保定府志》

（新城）飞蝗蔽天，十月，蝻生，食麦苗。 ……………… 民国《新城县志》

秋，（望都）飞蝗蔽天。十月，蝻生，啮麦苗。 ………… 民国《望都县志》

秋，（容城）飞蝗蔽天，至十月蝗蝻犹生，继食麦田。 ……… 《容城县志》

秋，（唐县）蝗，禾稼大伤。 …………………………… 光绪《唐县志》

（曲阳）蝗。 ………………………………………… 光绪《重修曲阳县志》

（定兴）又蝗。 …………………………………………… 光绪《定兴县志》

（易县）蝗。 ……………………………………………………… 《易县志》

秋，（盐山）蝗，不为灾。 ……………………………… 同治《盐山县志》

七月，（海兴）蝗。 ……………………………………………… 《海兴县志》

七月，（献县）蝗。 ……………………………………… 民国《献县志》

秋，（故城）北地飞蝗蔽天，食尽庄稼，民大饥。 …………… 《故城县志》

六月，（枣强）旱蝗。八月，蝻生。 …………………………… 《枣强县志》

七月，（邢台）飞蝗蔽天，伤禾，独不食绿豆。 ……… 民国《邢台县志》

秋，（新河）飞蝗蔽日。 ……………………………… 民国《新河县志》

（唐山）蝗蝻为灾，民多流离。 ……………………… 光绪《唐山县志》

六月，（成安）飞蝗蔽天。 ……………………………… 民国《成安县志》

七月，永年、肥乡蝗。 …………………………………… 光绪《广平府志》

夏，（大名）旱蝗。…………………………………… 民国《大名县志》

魏县大蝗。…………………………………………………………《魏县志》

496. 清咸丰七年（1857年）

春，唐山、望都、乐亭、平乡蝗；青县蝻孖生，抚宁、曲阳、元氏、清苑、无极大旱蝗；邢台有小蝗，名曰蠕，食五谷茎俱尽。
…………………………………………………………《清史稿·灾异志》

河北曲周、固安、永年、大城蝗灾。………………《中国历代蝗患之记载》

春，（赵州）蝻生。…………………………………………… 光绪《赵州志》

（晋县）旱，蝗飞蔽天。……………………………… 民国《晋县志料》

（井陉）蝻生蝗起，饥馑大荒。……………………… 民国《井陉县志料》

秋，（灵寿）蝗灾，大饥。…………………………………………《灵寿县志》

（无极）旱蝗，民大饥。……………………………… 民国《重修无极县志》

六月，（正定）飞蝗蔽天，禾尽损，知县令收买蝗蝻。…… 光绪《正定县志》

六月，（栾城）飞蝗蔽日。七月，蝗蝻遍地，禾稼尽伤。……《栾城县志》

夏，（平山）飞蝗过境。秋，蝗蝻成灾。…………………………《平山县志》

秋将熟，（获鹿）飞蝗蔽天，食禾殆尽，岁大饥。……… 光绪《获鹿县志》

五月，（元氏）飞蝗自东南来，丽天蔽日，落地顷刻禾尽。蝗去蝻生，横行遍野，疾如流水，涌如行军，乡民挑壕防守，昼夜不敢懈，十余日，蝗不能尽，城西北诸村尤甚，趋集满平街巷，食难举火，睡不成眠，炕上小儿为蝗吮啖而哭，为害至此极矣，岁大饥。……… 民国《元氏县志》

（赞皇）飞蝗蔽日，蝗游城郭，大饥。……………… 光绪《续修赞皇县志》

五月，（高邑）飞蝗蔽天，蝗去蝻生，如水横流，庄稼咬成光秆。
…………………………………………………………………《高邑县志》

秋，（新乐）大蝗。…………………………………… 光绪《重修新乐县志》

春，（永平）蝝子复生。…………………………………… 光绪《永平府志》

春，（卢龙）蝝复生。……………………………………… 民国《卢龙县志》

春，（昌黎）蝝生。………………………………………… 民国《昌黎县志》

（抚宁）蝗伤稼。…………………………………………… 光绪《抚宁县志》

春，（滦县）蝝生。…………………………………………… 民国《滦县志》

（迁安）蝻生，伤禾。…………………………………………………《迁安县志》

（迁西）生蝗幼虫，伤害禾苗。………………………………………《迁西县志》

六月，（大城）飞蝗蔽日，天如阴，数日尽去。………… 光绪《大城县志》

固安蝗。 ···································· 光绪《顺天府志》

秋，（保定）蝻蝗迭生，食稼殆尽。 ·············· 光绪《保定府志》

秋，（祁州）蝗食禾稼殆尽。 ·················· 光绪《祁州续志》

夏秋，（新城）蝻迭生，食稼殆尽。 ·············· 民国《新城县志》

夏秋，（望都）蝻蝗迭生，食稼殆尽。 ············· 民国《望都县志》

（徐水）蝗灾。 ···························· 《徐水县志》

春，（唐县）螽生。秋，蝗。 ················· 光绪《唐县志》

夏，（涞水）大旱蝗。 ······················ 光绪《涞水县志》

（蠡县）蝗。 ···························· 光绪《蠡县志》

（阜平）蝗。 ···························· 同治《阜平县志》

（曲阳）又蝗。 ·························· 光绪《重修曲阳县志》

（定兴）蝗。 ···························· 光绪《定兴县志》

五月，（容城）飞蝗又至。闰五月，蝻复生，食谷黍殆尽。六月，又生蝻。

七月，蝻又成蝗。 ······················ 《容城县志》

五月，（献县）蝗。 ························ 民国《献县志》

（故城）收买蝗蝻。 ······················ 民国《故城县志》

七月，（邢台）生小蝗，食五谷叶俱尽，饥。 ········· 民国《邢台县志》

五月，（清河）蝗飞蔽天。六月，蝻生遍地，岁大饥。 ····· 民国《清河县志》

夏，（宁晋）蝗蝻遍野。 ····················· 民国《宁晋县志》

夏，（巨鹿）蝻食苗殆尽。秋，蝗飞蔽天，大饥。 ······· 光绪《巨鹿县志》

（南宫）飞蝗蔽野，邑令收买蝗虫解省。 ··········· 光绪《南宫县志》

六月，（新河）蝗食禾殆尽，民大饥。 ············· 民国《新河县志》

（广宗）飞蝗蔽野，岁大饥。 ················· 《广宗县志》

（平乡）旱，大蝗，禾食尽。 ················· 《平乡县志》

夏，（南和）蝗飞蔽天。 ····················· 《南和县志》

（任县）蝗。 ···························· 民国《任县志》

七月，永年、曲周、肥乡、鸡泽、邯郸飞蝗蔽野，大饥，发粟赈恤。

···································· 光绪《广平府志》

（大名）大蝗，官以粟钱易蝗及蝗子，令民逐捕，麦被食。

···································· 民国《大名县志》

七月，（成安）飞蝗遍野，大饥，发粟赈恤。 ··········· 民国《成安县志》

（馆陶）蝗虫成灾，大饥。 ··················· 民国《馆陶县志》

五月，（曲周）蝗遍野，伤禾稼，大饥。 ·············· 同治《曲周县志》

魏县大蝗。 ··· 《魏县志》

497. 清咸丰八年（1858 年）

三月，抚宁、元氏蝗蝻生。秋，清苑、望都、蠡县蝻子生。

·· 《清史稿·灾异志》

七月，近京各州县均有蝗蝻蠕动，著直隶总督饬所属查有蝗蝻滋长之处，
即行设法扑捕，勿令长翅飞腾，致伤禾稼。 ·········· 光绪《畿辅通志》

河北三河蝗灾。 ··························· 《中国历代蝗患之记载》

春，（正定）蝻孳萌生，各村扑之甚力。 ·········· 光绪《正定县志》

（藁城）大蝗伤禾。 ··························· 《藁城县志》

五月，蝗入深泽境，令民捕捉始尽。六月，蝻子复生。 ······· 《深泽县志》

（井陉）有蝻蝗，不为害。 ·············· 民国《井陉县志料》

春，（元氏）四野蝻生。 ·················· 民国《元氏县志》

（无极）蝻，不为灾。 ················· 光绪《无极县续志》

秋七月，（栾城）蝗。 ······················· 《栾城县志》

（高邑）蝗蝻，捕治及时，为灾稍轻。 ············ 《高邑县志》

夏，（永平）蝗。 ························· 光绪《永平府志》

夏，（滦州）蝗。 ························· 光绪《滦州志》

夏，（卢龙）蝗。 ························· 民国《卢龙县志》

（抚宁）蝻生遍野。 ······················· 光绪《抚宁县志》

夏，（滦南）蝗灾。 ························· 《滦南县志》

六月，自三河境内至大王务蝗，秋禾伤半。 ·········· 光绪《顺天府志》

秋，（保定）蝗。 ························· 光绪《保定府志》

秋，（望都）蝗生。 ······················· 民国《望都县志》

秋，（清苑）蝗。 ························· 民国《清苑县志》

秋，（涞水）蝗。 ························· 光绪《涞水县志》

（定兴）蝗。 ··························· 光绪《定兴县志》

秋，（新城）蝗。 ························· 民国《新城县志》

春，（唐县）蝝生。夏，蝗。 ·············· 光绪《唐县志》

秋，（祁州）蝗，食禾稼殆尽。 ·············· 光绪《祁州续志》

六月，（献县）飞蝗至，不食苗。 ·············· 民国《献县志》

八月，（任丘）蝗虫为灾。 ··················· 《任丘市志》

六月，（东光）飞蝗过境，无伤。七月，蝻生，捕灭之。

　　·· 光绪《东光县志》

（巨鹿）蝗。·· 光绪《巨鹿县志》

（平乡）旱，大蝗，禾食尽。······················《平乡县志》

（宁晋）蝗灾，人乏食。························ 民国《宁晋县志》

（邯郸）复旱蝗，遮天蔽日，禾稼一空。·········· 民国《邯郸县志》

498. 清咸丰九年（1859 年）

　　（藁城）大蝗伤禾。·································《藁城县志》

　　（井陉）蝗蝻灾害。·································《井陉县志》

　　（定州）蝗伤禾稼。·································《定州市志》

　　（武邑）蝗。·····································《武邑县志》

499. 清咸丰十年（1860 年）

　　（藁城）连续大蝗伤禾。·····························《藁城县志》

　　（井陉）自咸丰七年始，连续四年蝗蝻灾害。·········《井陉县志》

500. 清同治元年（1862 年）

　　六月，直隶蝗。八月，诏顺直捕蝗。·········《清史稿·穆宗本纪》

　　河北顺天等蝗灾。·····················《中国历代蝗患之记载》

　　夏，（平山）蝗虫成灾。·······················《平山县志》

　　夏五月，（永年）蝻生。····················· 光绪《永年县志》

　　六月，肥乡大蝗，知县竭力扑打，不为灾。········ 民国《肥乡县志》

501. 清同治二年（1863 年）

　　秋，定兴蝗。·····················《河北省农业厅·志源（3）》

　　六月，（枣强）蝗。·······························《枣强县志》

502. 清同治三年（1864 年）

　　定兴蝗。·························《河北省农业厅·志源（3）》

503. 清同治四年（1865 年）

　　（鸡泽）蝗。································· 民国《鸡泽县志》

　　夏秋，（邱县）大旱蝗。·····························《邱县志》

504. 清同治五年（1866 年）

　　河北永年蝗灾。·····················《中国历代蝗患之记载》

505. 清同治六年（1867 年）

　　（永清）旱，有蝗。························ 光绪《续永清县志》

（武邑）蝗。 ⋯⋯⋯⋯⋯⋯⋯⋯⋯⋯⋯⋯⋯⋯⋯⋯⋯⋯《武邑县志》

506. 清同治七年（1868 年）

（枣强）蝗。 ⋯⋯⋯⋯⋯⋯⋯⋯⋯⋯⋯⋯⋯⋯⋯⋯⋯⋯《枣强县志》

六月，（平乡）蝗，旋有黑雀食之尽。 ⋯⋯⋯⋯⋯⋯《平乡县志》

507. 清同治八年（1869 年）

秋，（宁晋）旱蝗。 ⋯⋯⋯⋯⋯⋯⋯⋯⋯⋯⋯⋯⋯民国《宁晋县志》

508. 清同治十一年（1872 年）

河北顺天以南部分县、保定各县蝗灾，伤稼。 ⋯⋯《中国历代蝗患之记载》

七月，（沧县）蝗。 ⋯⋯⋯⋯⋯⋯⋯⋯⋯⋯⋯⋯⋯民国《沧县志》

（海兴）蝗，不为灾。 ⋯⋯⋯⋯⋯⋯⋯⋯⋯⋯⋯⋯⋯《海兴县志》

（霸县）大水蝗。 ⋯⋯⋯⋯⋯⋯⋯⋯⋯⋯⋯⋯⋯民国《霸县新志》

509. 清同治十二年（1873 年）

（新城）蝗，不害稼。 ⋯⋯⋯⋯⋯⋯⋯⋯⋯⋯⋯民国《新城县志》

夏，（枣强）飞蝗过境，被扑灭。八月，蝻生，又扑灭。 ⋯⋯《枣强县志》

510. 清光绪元年（1875 年）

河北大城蝗害稼。 ⋯⋯⋯⋯⋯⋯⋯⋯⋯⋯《中国历代蝗患之记载》

（大城）蝗虫为害。 ⋯⋯⋯⋯⋯⋯⋯⋯⋯⋯⋯⋯光绪《大城县志》

511. 清光绪二年（1876 年）

五月，以近畿亢旱，直隶、河北等府小民艰食，谕长官抚恤，并捕蝗蝻。

⋯⋯⋯⋯⋯⋯⋯⋯⋯⋯⋯⋯⋯⋯⋯⋯⋯⋯《清史稿·德宗本纪》

（深泽）蝗灾尤重。 ⋯⋯⋯⋯⋯⋯⋯⋯⋯⋯⋯⋯⋯⋯《深泽县志》

（霸县）蝗灾。 ⋯⋯⋯⋯⋯⋯⋯⋯⋯⋯⋯⋯⋯⋯民国《霸县新志》

夏，（永清）遭蝗虫。 ⋯⋯⋯⋯⋯⋯⋯⋯⋯⋯⋯⋯⋯《永清县志》

（博野）蝗害，饥民逃荒不绝。 ⋯⋯⋯⋯⋯⋯⋯⋯⋯《博野县志》

秋，直隶顺天蝗旱，河间为重。 ⋯⋯⋯⋯⋯《河北省农业厅·志源（1）》

（涉县）蝗灾严重，官民奋扑之。 ⋯⋯⋯⋯⋯⋯⋯⋯⋯《涉县志》

512. 清光绪三年（1877 年）

畿辅蝗蝻。 ⋯⋯⋯⋯⋯⋯⋯⋯⋯⋯⋯⋯⋯《中国历代天灾人祸表》

夏，滦州旱蝗。秋，柏乡蝗。 ⋯⋯⋯⋯⋯⋯⋯《清史稿·灾异志》

夏旱，（永平）滦州、乐亭蝗。 ⋯⋯⋯⋯⋯⋯⋯光绪《永平府志》

（博野）蝗害，饥民逃荒不绝。 ⋯⋯⋯⋯⋯⋯⋯⋯⋯《博野县志》

夏，（饶阳）大旱蝗。 ⋯⋯⋯⋯⋯⋯⋯⋯⋯⋯⋯⋯⋯《饶阳县志》

513. 清光绪四年（1878 年）

（望都）旱蝗。 ……………………………………………………《望都县志》

（任县）旱蝗，民饥，食树皮、草根。 ……………………… 民国《任县志》

514. 清光绪六年（1880 年）

（三河）螟生。 ……………………………………………… 民国《三河县新志》

515. 清光绪七年（1881 年）

河北邢台蝗灾发生，捕之，不为灾。 …………《中国历代蝗患之记载》

（三河）螟生遍野，秋大歉。 …………………………… 民国《三河县新志》

秋，（玉田）飞蝗大至，所伤实多。 ………………… 光绪《玉田县志》

五月，（遵化）蝗。 ……………………………………………《遵化县志》

（邢台）蝗。 ……………………………………………… 民国《邢台县志》

516. 清光绪八年（1882 年）

五月，直隶蝗。 …………………………………《清史稿·德宗本纪》

春，玉田螟生。 …………………………………………《清史稿·灾异志》

（玉田）螟生，县令集民夫掩捕数十日始尽，时城西又有蠕动，忽有群鸟啄食而尽。 …………………………………………… 光绪《玉田县志》

（文安）蝗。 ……………………………………………… 民国《文安县志》

（南皮）蝗螟生。 ………………………………………… 民国《南皮县志》

517. 清光绪九年（1883 年）

夏，邢台蝗。 ……………………………………………《清史稿·灾异志》

（遵化）飞蝗过境，知州率民焚捕略尽。 …………………《遵化县志》

518. 清光绪十年（1884 年）

（新城）蝗，不害稼。 ………………………………… 民国《新城县志》

（献县）蝗。 ……………………………………………… 民国《献县志》

519. 清光绪十一年（1885 年）

（新城）蝗，不害稼。 ………………………………… 民国《新城县志》

520. 清光绪十二年（1886 年）

四月，（南皮）蝗螟伤麦。 …………………………… 民国《南皮县志》

五月，（沧县）螟食麦。 ……………………………… 民国《沧县志》

五月，（平乡）蝗，蔓延数十村，旋扑尽，不为灾。 ………《平乡县志》

（曲周）蝗灾，县令躬行田间，率民捕灭。 …………………《曲周县志》

521. 清光绪十三年（1887 年）

（武邑）蝗蝻生。 ·······················《武邑县志》

522. 清光绪十四年（1888 年）

夏，（故城）北地蝗虫害稼，颗粒未收，多饿死。 ·············《故城县志》

523. 清光绪十六年（1890 年）

五月，（沧县）蝗大至，居民捕蝗交官，每斗换仓谷五升，仓中积蝗如阜。

·································· 民国《沧县志》

三月，（景县）飞蝗蔽天，春草无存，遗卵。六月，蝻生遍野，践之如行泥
淖中，鸡不敢食。是年，河决，蝻团结如斗，渡水至陆地，草根、树叶
皆尽。 ·························· 民国《景县志》

524. 清光绪十七年（1891 年）

五月，京畿蝗。 ···················《清史稿·德宗本纪》

（涿县）蝗。 ·················· 民国《涿县志》

（新城）蝗，不害稼。 ·············· 民国《新城县志》

秋，永年蝗。 ·················· 光绪《广平府志》

秋，（永年）蝗。 ···················《永年县志》

五月，（邱县）飞蝗遍野。六月，蝗蝻又生，因民驱打，未成大灾。

·································· 《邱县志》

525. 清光绪十八年（1892 年）

闰六月，京畿蝗。 ···············《清史稿·德宗本纪》

（容城）蝻孽遍野，知县倡导农民竭力捕灭，幸未大灾。 ······《容城县志》

（临西）飞蝗入境。 ················《临西县志》

夏，永年蝻生芦滩，肥乡蝻生，扑灭之。 ·········· 光绪《广平府志》

夏，（永年）蝗蝻生。 ···············《永年县志》

夏，（邱县）蝗。 ···················《邱县志》

526. 清光绪十九年（1893 年）

（容城）蝻孽遍野，知县倡导农民竭力捕灭，幸未大灾。 ······《容城县志》

527. 清光绪二十年（1894 年）

（饶阳）滹沱河北堤多蝗。 ··············《饶阳县志》

528. 清光绪二十一年（1895 年）

（三河）蝻伤禾稼。 ··············· 民国《三河县新志》

夏四月，（馆陶）蝗食麦苗，劝富户买蝗捕杀。 ·········· 民国《馆陶县志》

529. 清光绪二十二年（1896 年）

（三河）蝻伤禾稼。 ·························· 民国《三河县新志》

530. 清光绪二十四年（1898 年）

五月，（献县）蝗，不食禾。 ·················· 民国《献县志》

531. 清光绪二十五年（1899 年）

故城北地蝗虫成灾，为害庄稼。 ··············· 《故城县志》

532. 清光绪二十六年（1900 年）

秋，（容城）飞蝗蔽天，田禾残败。 ·············· 《容城县志》

六月，（青县）飞蝗蔽空。 ·················· 民国《青县志》

七月，新河蝻生，贫民多捕蝗为食。 ········ 《河北省农业厅·志源（3）》

533. 清光绪二十七年（1901 年）

（曲周）蝗灾，禾稼不收。 ·················· 《曲周县志》

534. 清光绪二十八年（1902 年）

六月，赵县蝗。 ························· 《捕蝗纪略》

535. 清光绪三十年（1904 年）

六月，（大名）蝗蝻生，食谷叶尽，蝗滚滚团行，人至郊几无措足地。

··································· 《大名县志》

536. 清光绪三十二年（1906 年）

六月，（文安）蝗。 ···················· 民国《文安县志》

537. 清光绪三十四年（1908 年）

七月，（文安）蝗。 ···················· 民国《文安县志》

538. 清宣统元年（1909 年）

阳原蝗伤苗稼，饥。 ·············· 《中国历代蝗患之记载》

七月，（文安）蝗。 ···················· 民国《文安县志》

夏，（大名）大蝗。 ···················· 民国《大名县志》

夏，魏县大蝗。 ························· 《魏县志》

（曲周）飞蝗遍野，大饥。 ·················· 《曲周县志》

七月，（阳原）蝗起伤苗，民大饥。 ·········· 民国《阳原县志》

539. 清宣统二年（1910 年）

七月，（文安）蝗。 ···················· 民国《文安县志》

（武邑）蝗食禾尽。 ····················· 《武邑县志》

540. 清宣统三年（1911 年）

阳原蝗灾，严重伤稼。••••••••••••••••••••••••••••《中国历代蝗患之记载》

（阳原）蝗虫为灾。••••••••••••••••••••••••••••••••••民国《阳原县志》

七、民国时期蝗灾

541. 民国元年（1912 年）

青县蝗。•••••••••••••••••••••••••••••••••••••《河北省农业厅·志源（1）》

542. 民国二年（1913 年）

丰润蝗灾，收成大减。••••••••••••••••••••••••••••••••••《丰润县志》

（完县）蝗。••••••••••••••••••••••••••••••••••••••民国《完县新志》

六月旱，（曲阳）蝗虫成灾。••••••••••••••••••••••••••••《曲阳县志》

（青县）蝗，歉收。••••••••••••••••••••••••••••••••••民国《青县志》

（广平）蝗灾。•••••••••••••••••••••••••••••••••••••••《广平县志》

543. 民国三年（1914 年）

秋末，（元氏）飞蝗蔽野，天日无光，麦苗食尽。•••••••民国《元氏县志》

（灵寿）蝻生西北山区，遍野，食草木、田禾。••••••••••《灵寿县志》

（霸县）蝗群飞蔽天，其声如雷。••••••••••••••••••民国《霸县新志》

（清苑）蝗，被灾三百余村。••••••••••••••••••••••民国《清苑县志》

五月，（宁晋）旱蝗伤稼。九月，蝻伤麦苗。••••••••••民国《宁晋县志》

夏，（任县）蝗飞遍境，所过赤地，邑西督率乡民捕打有法，得免于患。

•••••••••••••••••••••••••••••••••••••••民国《任县志》

夏，（大名）蝗蝻生，东区一带秋苗受损。••••••••••••民国《大名县志》

夏，魏县蝗蝻生。•••••••••••••••••••••••••••••••••••••《魏县志》

（曲周）蝗灾。•••••••••••••••••••••••••••••••••••••••《曲周县志》

544. 民国四年（1915 年）

河北蝗。•••《中国的飞蝗》

秋，河北交河飞蝗蔽天，落地遍满田野，食稼尽。

•••••••••••••••••••••••••••••••••••《中国历代蝗患之记载》

八月，（井陉）飞蝗蔽天，麦苗全被食尽。••••••••••民国《井陉县志料》

秋，（元氏）蝗蝻发生田野，谷叶俱被食。••••••••••••民国《元氏县志》

八月，（栾城）蝗群飞入城内，遍地皆是。••••••••••••••••《栾城县志》

秋，（高邑）蝗蝻为灾。 ···《高邑县志》

六月，（迁安）飞蝗入境，伤禾稼。 ·································《迁安县志》

六月，（迁西）飞蝗入境，伤害庄稼。 ·····························《迁西县志》

夏六月，（临榆）大蝗。 ·····································民国《临榆县志》

五月，（山海关）蝗虫繁密。 ·································《山海关志》

五月，（抚宁）蝗灾。 ·······································《抚宁县志》

（霸县）蝗蝻，先有飞蝗至，不害苗，阅半月，蝻出遍地如流水，县长饬乡
　　民捕之，并设局收买，日获数万斤，竟不成灾。 ······民国《霸县新志》

（永清）蝗虫成群，连续交飞。 ·····························《永清县志》

（清苑）蝗，被灾二百余村。 ·····························民国《清苑县志》

秋，（容城）蝗蝻遍野，庄稼被食尽。 ·····················《容城县志》

五月，（定州）北俱佑 18 村蝗灾，县督促警佐率领村民捕打，捕获 762 斤，
　　由县收买。七月，望都飞蝗遍野，向定州飞来，县召集村民捕打，共捕
　　获蝗虫 5 945 斤。 ···《定州市志》

（阜平）飞蝗蔽日，食尽庄稼、树叶、野草。 ·············《阜平县志》

（涿县）蝗蝻害稼，歉收。 ·······························民国《涿县志》

易县闹蝗灾。 ···《易县志》

（青县）蝗害稼。 ···民国《青县志》

（海兴）蝗灾，害稼。 ·······································《海兴县志》

七月，（交河）旱蝗，飞则蔽天，落地遍野，所至之处稼禾皆空，后蝗子
　　出，为害更甚。 ···民国《交河县志》

夏，（肃宁）蝗。 ···《肃宁县志》

六月，（景县）飞蝗蔽天，遍地蝻生，其黑如蚁，晚禾尽，野草空，入村上
　　树缘墙。 ···民国《景县志》

六月，任县、南和县交界处蝻生，二县协同搜捕；保定蝗，道尹出示布告
　　捕蝗法 9 种。 ···《捕蝗纪略》

春，（宁晋）蝻伤稼。八月，蝗蝻为灾。 ···············民国《宁晋县志》

七月，（宽城）蝗飞入，伤禾稼。 ·························《宽城县志》

545. 民国五年（1916 年）

秋，（无极）蝗，捕灭甚力，未成大灾。 ···········民国《重修无极县志》

（完县）飞蝗入境，伤禾稼。 ·····················民国《完县新志》

六月旱，（曲阳）蝗虫成灾。 ·····························《曲阳县志》

（定州）东内堡蝗蝻，经警佐率领村民竭力捕打，捕尽。 ……《定州市志》

七月，（宁晋）蝗飞蔽天。 ……………………………… 民国《宁晋县志》

546. 民国六年（1917 年）

六月，（永清）飞蝗自南遮天蔽日而来，连续五昼夜，降落田间食尽禾稼，几经捕打无效。 ……………………………………………《永清县志》

夏，（唐县）闹蝗虫，飞蝗遮天蔽日，庄稼光秆。有民谣称：打了飞蝗打蝻子，一打打了个光秆子。 …………………………………………《唐县志》

547. 民国七年（1918 年）

七月，（霸县）蝗蝻四出，谷受伤。 ……………………… 民国《霸县新志》

七月，（文安）蝗。 ……………………………………… 民国《文安县志》

（望都）飞蝗为灾。 ……………………………………… 民国《望都县志》

（容城）全县蝗虫为害。 …………………………………………《容城县志》

（定州）蝗虫为害，捕灭。 ………………………………………《定州市志》

（河间）蝗虫肆虐，十室九空，斗米千钱。 ………………………《河间县志》

夏，（大名）东区偏北一带蝗蝻滋生遍地，县长督促扑打，令警局分头购买，获蝗一斤给铜子七枚，十数日蝗蝻尽灭。 ……… 民国《大名县志》

魏县蝗蝻生。 ……………………………………………………《魏县志》

548. 民国八年（1919 年）

河北发生之际，所施行之驱除法为卵之掘取、毒剂之使用、卵之收买、犬之使用、夜间以多人发高声追散等法。 ………………………《飞蝗概说》

八月，（晋县）飞蝗蔽野。 ………………………………… 民国《晋县志料》

（丰南）县南蝗虫起飞，遮天蔽日，所过禾苗一扫而光。 ……《丰南县志》

（卢龙）飞蝗入境。 ……………………………………… 民国《卢龙县志》

五月，（文安）蝗。 ……………………………………… 民国《文安县志》

七月，（大城）蝗灾。 ……………………………………………《大城县志》

春，（望都）蝻生，成立劝业所劝农治蝗。 ……………… 民国《望都县志》

（定州）蝗虫为害，捕灭。 ………………………………………《定州市志》

（南皮）东区蝗生。 ……………………………………… 民国《南皮县志》

（平乡）蝗灾。 …………………………………………………《平乡县志》

六月，（故城）北地发生蝗灾。 …………………………………《故城县志》

549. 民国九年（1920 年）

河北蝗。 …………………………………………………………《中国的飞蝗》

河北旱蝗，严重伤稼。·······················《中国历代蝗患之记载》

灵寿、平山、获鹿、元氏、石家庄、赞皇、新乐蝗。

···························《河北省农业厅·志源（1）》

井陉蝗灾，蝗虫遮天蔽日，所到庄稼食为光秆。·············《井陉县志》

（获鹿）庄稼将熟之季，飞蝗突至，食五谷殆尽。·········《获鹿县志》

（新乐）旱，复遭蝗害。····················《新乐县志》

（行唐）蝗。···························《行唐县志》

秋，（文安）东北蝗，伤田禾。···········民国《文安县志》

（霸县）蝗。···················民国《霸县新志》

五月，（满城）飞蝗入境，食禾苗殆尽。七月，蝻生，大饥。

·····················民国《满城县志略》

（清苑）大旱蝗。···················民国《清苑县志》

夏，（蠡县）飞蝗为患，麦穗、谷苗食尽无遗，县知事被记过两次，限期
肃清。·························《蠡县志》

（徐水）大旱蝗。·····················《徐水县志》

（容城）境内蝗蝻重生，遮天蔽日。···········《容城县志》

（定州）全县 100 余村发生蝗虫，其中 64 村严重，很快捕灭。

·····················《定州市志》

四月，（南皮）东区蝻子繁生，县署令各村村正副督率扑打，未几大风，蝻
皆不见。·················民国《南皮县志》

（东光）县境遭蝗灾。···················《东光县志》

（吴桥）旱蝗。·····················《吴桥县志》

秋，南和飞蝗蔽天，声如风雨，食尽庄稼。·········《南和县志》

550. 民国十年（1921 年）

秋，（香河）蝗灾，成群的蝗虫铺天盖地，成片的庄稼成光秆。

·····················《香河县志》

（霸县）蝗。···················民国《霸县新志》

（丰润）蝗虫起飞，禾草一扫而光，窗纸也被吃掉。·······《丰润县志》

秋，（深泽）飞蝗成灾。···················《深泽县志》

（行唐）飞蝗蔽日。···················《行唐县志》

（赞皇）蝗害。·····················《赞皇县志》

六月，（定州）城东南发生蝗虫，依同法捕尽。·········《定州市志》

八月，（南皮）南区飞蝗过境，不为灾。 ……………………… 民国《南皮县志》

551. 民国十一年（1922 年）

（迁安）螟伤禾稼。 …………………………………………… 《迁安县志》

六月，（迁西）生蝗幼虫，伤害庄稼。 ……………………… 《迁西县志》

（霸县）蝗。 …………………………………………………… 民国《霸县新志》

秋，（献县）蝗灾。 …………………………………………… 《献县志》

六月，（宽城）蝗伤禾。 ……………………………………… 《宽城县志》

552. 民国十二年（1923 年）

（青县）旱蝗，田禾半收。 ………………………………… 民国《青县志》

秋，（三河）蝗，歉收。 …………………………………… 民国《三河县新志》

553. 民国十三年（1924 年）

夏，（灵寿）蝗生遍地，草木叶吃光。 …………………… 《灵寿县志》

秋，（安平）县南蝗螟，禾稼减产三至五成。 …………… 《安平县志》

554. 民国十四年（1925 年）

河北蝗。 ……………………………………………………… 《飞蝗概说》

秋，（新乐）蝗虫起自化皮，往赵门、柴里、东阳等村蔓延，歉收。

……………………………………………………………… 《新乐县志》

555. 民国十六年（1927 年）

（东光）县境遭蝗灾。 ……………………………………… 《东光县志》

夏，（故城）北地蝗自西北来遮天蔽日，后又生螟，灾情严重，庄稼歉收。

……………………………………………………………… 《故城县志》

春，（乐亭）飞蝗遍野，沿海一带成灾。 ………………… 《乐亭县志》

秋，（肥乡）蝗遍四境。 …………………………………… 民国《肥乡县志》

七月，魏县蝗螟生。 ………………………………………… 《魏县志》

（永年）蝗螟为灾，农产大减。 …………………………… 《永年县志》

556. 民国十七年（1928 年）

河北蝗。 ……………………………………………………… 《中国的飞蝗》

河北曲周等蝗灾。 ………………………………………… 《中国历代蝗患之记载》

七月，（昌黎）南乡起蝗灾。 ……………………………… 民国《昌黎县志》

五月，（玉田）九丈窝、赵官庄等百余村发生蝗螟，伤禾。 …… 《玉田县志》

秋，（晋县）飞蝗满野。 …………………………………… 《晋县志料》

（元氏）飞蝗、雹灾亦烈。 ………………………………… 民国《元氏县志》

（霸县）蝗食麦苗。 …………………………………………………… 民国《霸县新志》

七月，（清苑）蝗害颇灾，县政府督建设局沿村扑打。……… 民国《清苑县志》

七月，（南皮）飞蝗蔽天。 …………………………………………… 《南皮县志》

秋，（青县）大蝗。 …………………………………………………… 《青县志》

（衡水）蝗灾，王许庄等 400 余村受害。 ………………………… 《衡水市志》

（深县）蝗灾。 ………………………………………………………… 《深县志》

（武邑）蝗。 …………………………………………………………… 《武邑县志》

（清河）蝗害稼。 ……………………………………………… 民国《清河县志》

（南宫）有蝗。 ………………………………………………… 民国《南宫县志》

六月，威县蝗起。 …………………………… 《河北省农业厅·志源（1）》

六月，（成安）蝗蝻生。 ……………………………………………… 《成安县志》

（肥乡）蝗蝻遍地，十月，蝻皆成蝗。 ……………………… 民国《肥乡县志》

四月，（广平）蝗蝻生。七月，飞蝗蔽天，田禾一空。 …………… 《广平县志》

七月，（大名）蝗蝻生，甚为苗害。 ………………………… 民国《大名县志》

秋，（馆陶）蝗灾。 …………………………………………… 民国《馆陶县志》

春旱，（邱县）蝗虫为祸。 …………………………………………… 《邱县志》

滦平第三区 51 个村有蝗灾。 ……………………………………… 《滦平县志》

557. 民国十八年（1929 年）

河北 48 县蝗。 …………………《江苏省昆虫局十七、十八年年刊》

晋县、束鹿、元氏、赵县、高邑、行唐、获鹿、井陉、赞皇、平山、深泽、易县、涞水、博野、定兴、满城、徐水、曲阳、容城、蠡县、雄县、安国、安新、高阳、清苑、沧县、河间、肃宁、任丘、吴桥、交河、文安、霸县、大城、永清、安次、新镇、昌黎、卢龙、迁安、乐亭、临榆、遵化、丰润、玉田、饶阳、枣强、武邑、安平、景县、故城、武强、阜城、南和、邢台、平乡、威县、南宫、新河、临城、宁晋、广宗、大名、曲周、广平、磁县、邯郸蝗灾。 …………………《中国历代蝗患之记载》

春，（晋县）蝗蝻发生，皆黑色，齐一前跃如流水，禾本科植物皆被咬没。

　夏，飞蝗又来，遍地皆是，城南一带特别多。 ……… 民国《晋县志料》

（元氏）蝗蝻为灾。 …………………………………………… 民国《元氏县志》

秋，（平山）县东南蝗蝻遍地，县长及绅民会议悬赏捕捉，每斤洋二角四，

　捉获万余斤，未成灾。 …………………………………………… 《平山县志》

（栾城）蝗灾。 ………………………………………………………… 《栾城县志》

五月，（深泽）县境发生飞蝗灾害，延至八月底。 ·················《深泽县志》

八月，（迁西）飞蝗害稼，各区成立捕蝗会组织捕蝗，收蝗数万斤。

···《迁西县志》

八月，（迁安）飞蝗伤禾，各区成立捕蝗会，收买死蝗数万斤。

··· 民国《迁安县志》

夏，（遵化）飞蝗伤农过甚。 ·················《遵化县志》

（丰南）蝗灾近全县，禾苗尽损，民不聊生。 ·················《丰南县志》

（丰润）蝗灾，受灾面积近百万亩，跳蝻满地，飞蝗蔽天，人民流离失所。

···《丰润县志》

夏，（乐亭）蝗虫成灾，减免税赋，开仓赈饥。 ·················《乐亭县志》

七月，（昌黎）县境多起蝗灾。 ·················《昌黎县志》

六月，（完县）王各庄一带飞蝗遍野，数日飞去。 ······· 民国《完县新志》

六月，（满城）蝗蝻生，令各乡成立治蝗分会，限期扑灭之。

··· 民国《满城县志略》

（博野）宋村、解营、东阳村、城三铺蝗灾。 ·················《博野县志》

（曲阳）朱家峪等 90 余村发生蝗灾。 ·················《曲阳县志》

（定兴）蝗蝻生。 ·················《定兴县志》

（大城）蝗灾。 ·················《大城县志》

春旱，（青县）蝗蝻生，伤麦禾。 ······· 民国《青县志》

（吴桥）大蝗。 ·················《吴桥县志》

五月，（肃宁）蝗。 ·················《肃宁县志》

（海兴）蝗。 ·················《海兴县志》

四月，（南皮）蝻生，大风，蝻不见。六月，飞蝗自东北来。

··· 民国《南皮县志》

五月，（衡水）旧城、岳家村等蝗，六月肃清。 ·················《衡水市志》

（深县）蝗灾重于上年。 ·················《深县志》

武邑蝗蝻遍地，县建设局与财政局协商购买蝗虫 3 万斤，每斤 3 角。

··· 《河北省农业厅·志源（2）》

秋，（南和）飞蝗蔽天，食苗皆尽。 ·················《南和县志》

秋，（馆陶）蝗复为害，继而生蝻，蝻又成蝗，愈捕愈多，至八月，忽来山
蜂无数，将蝗蛰死，其患乃息。 ······· 民国《馆陶县志》

四月，（肥乡）蝻生，人民流离载道。 ······· 民国《肥乡县志》

四月，（广平）飞蝗蔽天，损麦禾。 ……………………………《广平县志》

三月，（大名）蝗蝻生，二麦、春苗皆被害。七月，飞蝗起，食苗，不能种
　　麦。 ……………………………………………………民国《大名县志》

魏县蝗蝻生，二麦受灾。 ……………………………………………《魏县志》

（曲周）蝗生，伤禾。 ………………………………………………《曲周县志》

七月，（宽城）飞蝗伤禾，各区设捕蝗会，平泉收买蝗虫数千斛。
　　………………………………………………………………《宽城县志》

558. 民国十九年（1930 年）

河北省 72 县蝗灾。 ……………《河北省蝗虫调查及其防治法》

（曲阳）发生蝗灾。 ………………………………………………《曲阳县志》

四月，（高碑店）蝗灾，七月底肃清。 …………………………《高碑店市志》

五月，（景县）蝗，县饬兵民竭力捕治，损失已巨。 ………民国《景县志》

（曲周）蝗灾。 ……………………………………………………《曲周县志》

559. 民国二十年（1931 年）

河北、热河蝗灾。 …………………………………………………《飞蝗概说》

河北文安、大城、香河、霸县、青县、沧县、盐山、南皮、河间、献县、
　　肃宁、任丘、东光、故城、饶阳、冀县、枣强、武邑、衡水、武强、景
　　县、满城、徐水、高阳、清苑、深泽、束鹿、宁晋、南宫、隆平、新河、
　　清河、尧山、巨鹿、滦县、临榆、丰润等 42 县蝗。白洋淀、宁晋泊、大
　　陆泽、七里海及运河、永定河、大清河、滹沱河、胡卢河两岸分布更多。
　　五月，河北省政府派员分赴各县调查督捕，并于同年在省政府 258 次会
　　议上，通过《治蝗暂行简章》十三条公布之。
　　………………………………………………《民国二十年河北省之蝗患》

河北大名、盐山、青县蝗灾。 ……………《中国历代蝗患之记载》

（博野）迁庄等 7 村蝗灾。 ………………………………………《博野县志》

六月，（高碑店）大屯、钱家营、恩赐庄等发生蝗灾，肃清。
　　………………………………………………………………《高碑店市志》

（海兴）蝗灾甚重。 ………………………………………………《海兴县志》

六月二十四日，（南皮）二区飞蝗起，县令扑打，用钱收买，未几蝻生，又
　　收买，费洋五千余元，不为灾。 ………………………民国《南皮县志》

（曲阳）发生蝗灾。 ………………………………………………《曲阳县志》

（南和）蝗灾，面积占全县 6%，损失 6 万元。……………………《南和县志》

560. 民国二十一年（1932 年）

河北蝗。 ·······························《华北的飞蝗》

秋，河北大名等蝗伤稼。 ·················《中国历代蝗患之记载》

秋，（栾城）城西蝗灾。 ·····················《栾城县志》

秋八月，（徐水）蝗。 ················ 民国《徐水县新志》

（博野）东章，大、小西章蝗灾。 ···············《博野县志》

（曲阳）连续发生蝗灾。 ·····················《曲阳县志》

秋，（宽城）蝗伤禾。 ·······················《宽城县志》

七月，（兴隆）蝗伤禾。 ·····················《兴隆县志》

561. 民国二十二年（1933 年）

河北元氏、晋县、赵县、获鹿、深泽、藁城、正定、栾城、束鹿、行唐、赞皇、安国、容城、定县、博野、满城、高阳、曲阳、安新、望都、完县、雄县、清苑、徐水、唐县、蠡县、定兴、新城、献县、任丘、沧县、东光、河间、交河、青县、肃宁、盐山、永清、新镇、大城、霸县、固安、文安、冀县、枣强、武邑、深县、安平、景县、衡水、饶阳、武强、故城、威县、临城、柏乡、沙河、尧山、任县、巨鹿、广宗、宁晋、南宫、隆平、南和、平乡、清河、新河、邢台、大名、永年、磁县、曲周、成安、肥乡、鸡泽、邯郸、广平等 78 县蝗。 ·········《中国的飞蝗》

河北元氏、晋县、赵县、获鹿、深泽、藁城、正定、栾城、束鹿、行唐、赞皇、安国、容城、定县、博野、满城、高阳、曲阳、安新、望都、完县、雄县、清苑、徐水、唐县、蠡县、定兴、新城、献县、任丘、沧县、东光、河间、交河、青县、肃宁、盐山、永清、新镇、大城、霸县、固安、文安、冀县、枣强、武邑、深县、安平、景县、衡水、饶阳、武强、故城、威县、临城、柏乡、沙河、尧山、任县、广宗、南宫、宁晋、隆平、南和、平乡、清河、新河、邢台、大名、永年、磁县、曲周、成安、肥乡、鸡泽、邯郸、广平、临榆蝗灾。 ·········《中国历代蝗患之记载》

春，（完县）蝗蝻发生，县政府督同各局各区各村长副等设法捕治，并布告备价收买，每日运城至数车之多。 ·········· 民国《完县新志》

四月，（曲阳）一、二、三、四区发生蝗灾，庄稼被害 20％～80％。五月，马古庄、上庄尔、杨砂侯一带发现大批蝗蝻。 ·········《曲阳县志》

夏，（雄县）蝗灾，歉收。 ·····················《雄县新志》

（蠡县）蝗。 ···························《蠡县志》

（海兴）发生大面积蝗灾。 ···《海兴县志》

（大城）蝗灾面积 75 平方里。 ·······························《大城县志》

六月，邢台四区蝗灾，被害作物 3 种。 ·················《邢台市志》

562. 民国二十三年（1934 年）

河北安新、定兴、曲阳、任丘、南皮、安次、文安、新镇、衡水、邢台、
沙河、南宫、永年、魏县、肥乡等 15 县蝗。

························《民国二十三年全国蝗患调查报告》

河北保定、博野、安新、定兴、曲阳、任丘、南皮、安次、文安、新镇、
衡水、邢台、沙河、南宫、永年、大名、肥乡蝗灾。

·······························《中国历代蝗患之记载》

五月，河北参加由国民政府召开的全国七省治蝗会议。·········《飞蝗概说》

（赞皇）蝗灾。 ···《赞皇县志》

秋，（赵县）杨家郭、高庄一带蝗蝻成灾。 ···············《赵县志》

七月，（易县）蝗蝻损害玉米、谷子、高粱。 ···········《易县志》

（曲阳）岸下、留百户、北养马、西邸村、南故张等村发生蝗蝻，庄稼受害
20%～60%。 ·····························《曲阳县志》

五月，（高碑店）蝗灾，为害数村。 ·····················《高碑店市志》

秋，（唐海）飞蝗自南来，田中大部分高粱、玉米叶穗被吃光，收成无几。

···《唐海县志》

（大名）蝗害。 ···《大名县志》

563. 民国二十四年（1935 年）

河北蝗，蒋介石下治蝗令。 ···········《昆虫与植病》1935 年第 3 卷第 18 期

河北曲周、廊坊、邯郸蝗灾。 ·············《中国历代蝗患之记载》

（涞源）县南蝗蝻，为害作物。 ·························《涞源县志》

（高碑店）蝗蝻发生，给县长侯安澜记大过 1 次。 ·······《高碑店市志》

564. 民国二十五年（1936 年）

全国 7 省 1 市 111 县蝗。 ·······························《中国的飞蝗》

七月，（曲阳）发生蝗灾，受灾面积 6.4 万亩。 ···········《曲阳县志》

大城蝗灾。 ···《大城县志》

（南皮）双庙、五拨蝗灾严重。 ·························《南皮县志》

（东光）蝗为灾。 ···《东光县志》

七月，（邯郸）蝗灾。 ···《邯郸县志》

565. 民国二十六年（1937 年）

(雄县) 蝗灾，小麦歉收。 ·················《雄县新志》

六月，(玉田) 石臼窝、窝洛沽发生飞蝗，从西南飞来，铺天盖地，持续 40
余天，高粱码被咬掉 50%。 ·················《玉田县志》

566. 民国二十七年（1938 年）

河北省 5 县蝗灾。 ·····························《飞蝗概说》

秋，(孟村) 飞蝗遍地，庄稼多被吃光。 ·········《孟村回族自治县志》

四月，(玉田) 林南仓、虹桥、石臼窝、窝洛沽等地发生蝗灾，遍地皆是，
禾苗食尽，严重地区吃掉窗户纸。 ·············《玉田县志》

567. 民国二十八年（1939 年）

河北省 24 县蝗，以冀东为多。 ···············《飞蝗概说》

河北大水，蝗灾严重。 ·············《中国东亚飞蝗蝗区的研究》

夏，(唐海) 飞蝗入境为灾，农作物只剩秸秆，歉收 80%。 ·····《唐海县志》

(博野) 潴龙河东蝗蝻灾，村民挖沟驱赶掩埋。 ·········《博野县志》

是年，(黄骅) 旱、蝗灾迭生，人民生活十分困难。 ·······《黄骅县志》

春，(饶阳) 旱蝗。 ·······················《饶阳县志》

夏，(成安) 蝗蝻生，至成虫飞遮日月，谷类无收成。 ······《成安县志》

568. 民国二十九年（1940 年）

河北蝗。 ·····················《中国东亚飞蝗蝗区的研究》

(大城) 飞蝗吃光庄稼。 ·················《大城县志》

大名蝗虫成灾。 ·······················《大名县志》

569. 民国三十年（1941 年）

河北蝗。 ··························《中国的飞蝗》

秋，(藁城) 飞蝗蔽日，秋粮基本绝收。 ·········《藁城县志》

四月，(曲阳) 燕赵、西羊平两个区蝗虫成灾，县政府决定每捕一斤蝗虫奖
一斤小米。 ·······················《曲阳县志》

九月，(高碑店) 蝗灾。 ···············《高碑店市志》

秋，(内丘) 大蝗，秋禾食尽。 ·············《内邱县志》

(平乡) 蝗为害。 ·····················《平乡县志》

大名飞蝗蔽日，蝗蝻滚团。 ···············《大名县志》

570. 民国三十一年（1942 年）

河北蝗。 ··························《中国的飞蝗》

（望都）大旱蝗。　…………………………………………………《望都县志》

六月，（大城）飞蝗甚广，遭灾严重，收成极少。　………………《大城县志》

（东光）境内飞蝗蔽天，禾苗、树叶殆尽。　………………………《东光县志》

（吴桥）飞蝗蔽天。　……………………………………………………《吴桥县志》

秋，（隆尧）蝗虫大作，无收。　………………………………………《隆尧县志》

秋，（内丘）蝗虫遍地，秋禾食尽。　………………………………《内邱县志》

夏秋间，（临城）山区丘陵发生蝗灾，飞蝗遮天蔽日，谷子整块吃光。

　………………………………………………………………………《临城县志》

大名蝗虫成灾，挖沟捕打。　………………………………………《大名县志》

571. 民国三十二年（1943 年）

八月旱，（柏乡）蝗灾又起，蝗群所到之处禾草净尽，饥民争食蝗虫充饥。

　………………………………………………………………………《柏乡县志》

（高邑）蝗灾，大部庄稼叶子吃光。　………………………………《高邑县志》

夏，（赵县）飞蝗成灾。秋，蝻生，减产。　………………………《赵县志》

河北省黄骅县的蝗虫吃完了芦苇和庄稼，又像洪水一样冲进村庄，连糊窗

纸都被吃光，甚至婴儿的耳朵也被咬破。　………………《蝗虫防治法》

（献县）蝗灾严重。　…………………………………………………《献县志》

（海兴）发生严重蝗灾。　……………………………………………《海兴县志》

（衡水）蝗灾，所至之处遮天蔽日。　………………………………《衡水市志》

（武邑）蝗。　……………………………………………………………《武邑县志》

（故城）北地蝗灾 15 万亩，其中 10 万亩农作物叶被吃光。　……《故城县志》

八月，（平乡）蝗虫从南铺天盖地而来，群蝗飞过遮天蔽日，所过庄稼净

光，县委县政府率领广大群众开展大规模捕蝗运动。　………《平乡县志》

（广宗）蝗蝻盖地，飞蝗遮天蔽日，秋禾无存。　…………………《广宗县志》

八月，（清河）蝗虫遮天蔽日，群众开展捕蝗运动。　……………《清河县志》

六月，（威县）蝗虫遍野，飞蔽天日，庄稼吃光。　………………《威县志》

七月，（广平）飞蝗自东南来遮天蔽日，庄稼、树叶吃光。　……《广平县志》

（邯郸）蝗灾严重。　…………………………………………………《邯郸县志》

五月，磁武[①]抗日根据地发生蝗蝻，飞蝗过后，庄稼、树叶、杂草一扫而

光，破坏麦田 6 574 亩。　……………………………………………《磁县志》

---

① 磁武：旧县名，1942 年由磁县和武南县合并而成，1945 年抗日战争胜利后撤销。

八月，元城、大名蝗虫成灾，蝗如乌云遮日，自北向南从天而降，秋季大减产。 ⋯⋯⋯⋯⋯⋯⋯⋯⋯⋯⋯⋯⋯⋯⋯⋯⋯⋯⋯⋯⋯⋯⋯⋯《大名县志》

（临漳）特大蝗灾，蝗虫盖地三寸厚，夏秋作物全被咬掉，粮食绝收。

⋯⋯⋯⋯⋯⋯⋯⋯⋯⋯⋯⋯⋯⋯⋯⋯⋯⋯⋯⋯⋯⋯⋯⋯⋯⋯⋯《临漳县志》

（邱县）旱，蝗虫遍地。 ⋯⋯⋯⋯⋯⋯⋯⋯⋯⋯⋯⋯⋯⋯⋯⋯《邱县志》

六月，（馆陶）蝗虫遍野，禾草叶吃光。 ⋯⋯⋯⋯⋯⋯⋯⋯⋯《馆陶县志》

八月，魏县飞蝗蔽日，落地成群，禾、树叶吃光。 ⋯⋯⋯⋯⋯《魏县志》

572. 民国三十三年（1944 年）

河北蝗。 ⋯⋯⋯⋯⋯⋯⋯⋯⋯⋯⋯⋯⋯⋯⋯⋯⋯⋯⋯《中国的飞蝗》

太行区的赞皇、临城、磁县、武安、邢台、沙河等县发生飞蝗，一大批飞蝗从磁武暴风雨般飞来，经过武安磁山、八特向岗西一带降落，一个多小时，满山遍野落了很厚一层，多的地方有一二尺厚，落在树上，竟将树枝压弯、压断，有十六平方里的地方变成了蝗虫世界。 ⋯⋯⋯⋯⋯⋯⋯《打蝗斗争》

秋，（唐海）飞蝗入境，农作物被蝗吃得只剩秸秆。 ⋯⋯⋯⋯《唐海县志》

六月，（深泽）飞蝗成灾，数千亩庄稼吃尽。 ⋯⋯⋯⋯⋯⋯《深泽县志》

六月，（行唐）西城仔阳关、上方等七村蝗灾。 ⋯⋯⋯⋯⋯《行唐县志》

夏，平山数十个村庄出现大面积蝗虫，县委、县政府、县抗联发动群众除蝗。 ⋯⋯⋯⋯⋯⋯⋯⋯⋯⋯⋯⋯⋯⋯⋯⋯⋯⋯⋯⋯⋯⋯⋯《平山县志》

六月，飞蝗群侵入栾城，遮天蔽日，庄稼多被食尽，半月后生蛹。

⋯⋯⋯⋯⋯⋯⋯⋯⋯⋯⋯⋯⋯⋯⋯⋯⋯⋯⋯⋯⋯⋯⋯⋯⋯⋯⋯《栾城县志》

五月，（赞皇）蝗，根据地政府积极组织农民捕蝗。 ⋯⋯⋯《赞皇县志》

六月，（曲阳）燕赵、西羊平、城关等 40 多个村发生蝗灾。

⋯⋯⋯⋯⋯⋯⋯⋯⋯⋯⋯⋯⋯⋯⋯⋯⋯⋯⋯⋯⋯⋯⋯⋯⋯⋯⋯《曲阳县志》

（蠡县）潴龙河南北部分村庄蝗灾。 ⋯⋯⋯⋯⋯⋯⋯⋯⋯⋯《蠡县志》

四月，（阜平）城厢、青沿、高街、高阜口、大道等村蝗灾。七月，蝗复生，蔓延全县。 ⋯⋯⋯⋯⋯⋯⋯⋯⋯⋯⋯⋯⋯⋯⋯⋯⋯《阜平县志》

夏，（饶阳）旱蝗。 ⋯⋯⋯⋯⋯⋯⋯⋯⋯⋯⋯⋯⋯⋯⋯⋯《饶阳县志》

（武强）蝗灾。 ⋯⋯⋯⋯⋯⋯⋯⋯⋯⋯⋯⋯⋯⋯⋯⋯⋯⋯《武强县志》

夏，（枣强）特大蝗灾。 ⋯⋯⋯⋯⋯⋯⋯⋯⋯⋯⋯⋯⋯⋯《枣强县志》

（临西）蝗。 ⋯⋯⋯⋯⋯⋯⋯⋯⋯⋯⋯⋯⋯⋯⋯⋯⋯⋯《临西县志》

七月，大批飞蝗从沙河进入本县，县委发出"立即动员起来，坚决消灭飞蝗"的紧急号召，并成立县剿蝗指挥部，代理县长郭成允任指挥，半月时间，全县消灭飞蝗 39.5 万千克，取得剿蝗的胜利。至九月，剿蝗运动基本结束，总计捕打蝗虫 50.1 万千克，消灭蝗蝻 12.5 万千克。

....《邢台县志》

六月，内丘境内两次飞入蝗虫，后又发生蝗蝻，遍地皆是，吃光青苗 1.47 万亩。七月，成群飞蝗由平汉线东和邢台境内飞来，蝗群约长 10 公里、宽 5 公里，遮天蔽日，所经之处秋禾吃光；另一批蝗虫由邢台县宋家庄一带飞入，蝗群长约 2 公里、宽约 1 公里，落地厚 6～7 寸，60 余亩谷物被吃光，这次受灾面积 12.14 万亩，吃光秋禾 5.75 万亩。 ....《内邱县志》

五月，(清河) 蝗虫，受灾 30 余万亩，6 万人参加，捕蝗 20 余万斤。

....《清河县志》

五月，(临城) 二、三、六、七区发生蝗蝻灾。六月，两股飞蝗落到石城一带，区政府组织群众 6 天将蝗虫消灭，农作物受到损失，7 天后，又有三股飞蝗落到赵庄、石家栏、都丰、白鸽井一带，后蔓延全县。

....《临城县志》

夏，(隆尧) 蝗蝻生。 ....《隆尧县志》

(南和) 蝗虫，粮价暴涨，饥荒严重。 ....《南和县志》

春，(平乡) 蝗虫自南而北向县境蔓延，县委组织灭蝗。 ......《平乡县志》

春旱，(涉县) 飞蝗蔽天。 ....《涉县志》

四月，(广平) 蝗蝻突生，遍地皆是，抗日政府发动全民捕打，但仍造成了灾害。 ....《广平县志》

八月，(邯郸) 严重蝗灾，飞蝗遮天蔽日，除绿豆外，庄稼几乎被吃光。

....《邯郸县志》

五月，(磁县) 县内蝗灾，飞蝗由安阳水冶经武吉、上七桓、时村营、庆和峪向西北飞去，长 10 里、宽 5 里、厚 2 尺，遮天蔽日，草木皆无，数万军民开展大规模"剿蝗战"，保住了夏季收成。 ....《磁县志》

五月，太行区党委和军区政治部发出扑灭蝗蝻的紧急号召，号召根据地军民立即投入灭蝗战斗，下旬从安阳水冶等敌占区飞来一群飞蝗，长约 10 里、宽约 5 里，遮天蔽日，在根据地军民努力下，飞蝗被歼。

....《武安县志》

七月，(馆陶) 蝗灾严重，蝗蝻蚕食秋苗，县区成立捕蝗指挥部，进行灭蝗大会战。 ....《馆陶县志》

四月，(曲周) 发生特大蝗灾 (据本书《自然灾害·蝗灾专记》载：1944 年

5 月，飞蝗南来，数以亿计，遮天盖日，天呈灰黄色，浩浩荡荡，声传数里。后发生蝗蝻盖地，满目皆是，登堂入室，人畜不惧。所过之处田禾、青草一扫而光，树叶无一幸存，为千古罕见之奇灾。80 万亩农作物全毁，一年两季无收，时值日伪盘踞曲周，群众苦不堪言）。 ……《曲周县志》

魏县蝗蝻遍地。……………………………………………………………《魏县志》

573. 民国三十四年（1945 年）

五月，束鹿、晋县、安新、蠡县、高阳、献县、武强、深县、宁晋等县相继发生蝗蝻。………………………………《河北省农业厅·志源（1）》

（灵寿）四、五区遍生蝗蝻，为害十分严重，人民政府发动群众捕蝗挖卵，灾情得到控制。……………………………………………《灵寿县志》

六月，（平山）沿庄滩88顷土地发现蝗虫，出动民众1 652人，3 天将蝗蝻消灭。……………………………………………………《平山县志》

五月，（蠡县）蝗蝻生。………………………………………………《蠡县志》

（阜平）旱，蝗灾。………………………………………………………《阜平县志》

春旱，（黄骅）蝗灾。……………………………………………………《黄骅县志》

七月，（任丘）飞蝗，受灾面积8 万亩。…………………………………《任丘市志》

（衡水）蝗灾，受灾面积32.15 万亩。………………………………《衡水市志》

七月，隆平蝗灾。………………………………………………………《隆尧县志》

大名蝗虫成灾，挖沟捕打。……………………………………………《大名县志》

夏秋间，（馆陶）生蝗蝻，庄稼受害。……………………………………《馆陶县志》

春旱，（涉县）蝗飞蔽日，所过禾稼、树叶俱尽。………………………《涉县志》

574. 民国三十五年（1946 年）

河北蝗。……………………………………………………………《中国的飞蝗》

大名部分地方蝗灾，用碗盛蝻子，飞蝗遮太阳。……………………《大名县志》

（安国）蝗灾。……………………………………………………………《安国县志》

575. 民国三十六年（1947 年）

河北蝗。……………………………………………………………《中国的飞蝗》

五月，深县百余村蝗蝻为灾，县成立扑蝗指挥部，组织群众大力捕蝗。

……………………………………………………………………《深县志》

秋，（景县）蝗灾，县委县政府组织捕打，未造成严重损失。 …《景县志》

阳原4 个区发生蝗灾。……………………………………………《阳原县志》

576. 民国三十七年（1948 年）

（深泽）蝗灾。　　······································《深泽县志》

大名蝗灾，秋苗受损。　·······························《大名县志》

夏旱，（涉县）六、七、八区发生蝗灾。　··············《涉县志》

577. 民国三十八年（1949 年）

河北南部 43 县蝗，受灾面积 123 万亩。　···········《中国的飞蝗》

玉田蝗虫大发生，干部群众捕捉蝗虫 4.31 吨。　·······《唐山市志》

七月，（迁安）蔡滩子、西李铺之间东西 1 公里、南北 15 公里范围内发生
　　蝗蝻，每平方米 27 头。　························《迁安县志》

七月，（玉田）亮甲店、大韩庄、彩亭桥、石臼窝发生蝗蝻，共捕捉蝗蝻
　　8 620 斤。　····································《玉田县志》

五月，栾城龙门等村蝗灾，咬光谷子 21.1 万亩。　····《石家庄市志》

（藁城）部分村庄发生蝗灾。　·······················《藁城县志》

五月，高邑蝗灾。　·································《高邑县志》

七月，（栾城）蝗灾。　·····························《栾城县志》

春，（灵寿）三、四区发生蝗虫，吃麦苗，政府以斤卵换斤米，鼓励群众挖
　　蝗卵。　··《灵寿县志》

六月，（徐水）全县 80 余村蝗蝻生，大者如蝇，小如麦粒，庄稼吃光，受
　　灾 4 万亩。　····································《徐水县志》

八月，（安国）蝗。　·······························《安国县志》

五月，（蠡县）35 村发生蝗虫，面积 6.71 万亩，县委组织捕打，未造成
　　灾害。　··《蠡县志》

五月，（曲阳）蝗灾，受灾面积 12.5 万亩，有 2 000 亩禾苗吃尽。
　　··《曲阳县志》

（南皮）蝗灾面积 3 万多亩。　·····················《南皮县志》

（海兴）蝗害。　···································《海兴县志》

六月，（深县）发生蝗灾。　·························《深县志》

（景县）蝗灾。　···································《景县志》

夏，（枣强）蝗灾，面积 1.05 万亩。　················《枣强县志》

（武强）全县普遭蝗灾。　···························《武强县志》

夏，（饶阳）旱蝗。　·······························《饶阳县志》

六月，（邢台）发生蝗灾，7万亩农田受灾，严重地区每平方尺有蝗50头。

....《邢台市志》

（隆尧）大部地区蝗蝻生，一株秋苗伏蝻六七个。...........《隆尧县志》

（南和）蝗灾，民不聊生，冀南第四行政督察教导员公署颁布《捕蝗奖惩办
法》。...《南和县志》

六月，（柏乡）二区北部、三区西部一些村庄发生大面积蝗虫，当地群众进
行捕杀。...《柏乡县志》

四月，（广平）发生蝗蝻，人民政府组织群众捕打灭蝗。......《广平县志》

（大名）一、二、三、四区有71个村庄发生蝗虫13.5万亩，蝗虫成团。

....《大名县志》

五月，（武安）10个区316个村庄有53万亩禾苗发生蝗虫，全县出动13万
人灭蝗，蝗虫吃毁谷苗35 000亩。...................《武安县志》

六月，（涉县）境内6个区发生蝗灾，面积5 309亩。.........《涉县志》

永年洼蝗蝻为害，政府集中群众消灭蝗虫。五月，全县240个村蝗，1.4万
亩土地受害。.......................................《永年县志》

第三章
河南省历史蝗灾

一、唐前时期蝗灾

1. 鲁文公三年　周襄王二十八年（前 624 年）

秋，雨螽于宋。注：《左传》曰：雨螽于宋，坠而死也。《穀梁传》曰：此何以志? 曰灾甚也。其甚奈何? 茅茨尽矣。 ……………………《春秋三传》

秋，雨螽于宋[①]。董仲舒以为宋三世内取，大夫专恣，杀生不中，故螽先死而至。刘歆以为螽为谷灾，卒遇贼阴，坠而死也。 …………《汉书·五行志》

秋，河南蝗虫落下。 ………………………《中国历代蝗患之记载》

秋，雨螽于宋。 ……………………………… 雍正《河南通志》

秋，宋国蝗虫成灾。 ……………………………《商丘地区志》

秋，（商丘）雨螽于宋。 ……………………… 康熙《商丘县志》

（周口）大旱，蝗灾。 ……………………………《周口地区志》

豫东旱蝗。沈丘蝗。 ……………………………《沈丘县志》

夏，（鹿邑）蝗。 ………………………………《鹿邑县志》

2. 西汉元光五年（前 130 年）

十一月，（沈丘）蝗。 ……………………………《沈丘县志》

八月，（平舆）蝗虫遍地。 ………………………《平舆县志》

---

① 宋：古国、州名，治所在今河南商丘南。

284

3. 西汉太初元年（前 104 年）

弘农①飞蝗成灾。 ....《灵宝县志》

4. 西汉征和三年（前 90 年）

（鹿邑）蝗害。 ....《鹿邑县志》

5. 西汉神爵四年（前 58 年）

河南②界中又有蝗虫，府丞义出行蝗，还，见延年，延年曰：此蝗岂为凤皇食

耶？ ....《资治通鉴·汉纪》

6. 西汉甘露元年（前 53 年）

（开封）蝗。 ....《开封县志》

7. 西汉元始二年（公元 2 年）

秋，蝗遍天下。 ....《汉书·五行志》

秋，蝗遍天下。河南受蝗灾 20 个县，官府为鼓励捕蝗，派使者督促捕杀，送

官的以石斗计算数量给予奖励。 ....《河南省志·农业志》

秋，（淮阳）蝗，民捕蝗以斗受钱。 ....《淮阳县志》

四月至秋旱，（长葛）蝗灾。 ....《长葛县志》

秋，（新蔡）蝗虫遍野，民捕蝗以石斗缴官领钱。 ....《新蔡县志》

（潢川）旱，蝗虫成灾，民捕蝗交官按升斗计钱。 ....《潢川县志》

8. 西汉元始四年（4 年）

秋，（长垣）蝗。 ....嘉庆《长垣县志》

9. 新莽地皇二年（21 年）

秋，关东③大饥，蝗。 ....《汉书·王莽传》

秋，（灵宝）又发蝗灾。 ....《灵宝县志》

10. 新莽地皇三年（22 年）

莽末，天下连岁灾蝗，寇盗锋起。地皇三年，南阳荒饥。

....《后汉书·光武帝纪》

河南蝗虫从东方来，庄稼吃光。 ....《中国历代蝗患之记载》

函谷关东蝗灾，十万灾民涌入函谷关，饿死十之七八。 ......《三门峡市志》

（灵宝）蝗自东向西飞蔽天，流民入关数十万人，饿死十之七八。

....《灵宝县志》

---

① 弘农：旧县名，治所在今河南灵宝北。

② 河南：旧郡、府、县名，治所在今河南洛阳。

③ 关东：区域名，泛指今河南新安函谷关以东，或指今陕西潼关以东的河南区域。

（南召）旱，蝗灾。 ……………………………………………《南召县志》

（新野）旱，蝗灾。 ……………………………………………《新野县志》

11. 东汉建武五年（29 年）

河南等蝗灾。 …………………………………《中国历代蝗患之记载》

五月，颍川[①]旱蝗伤麦。 ………………………………………《长葛县志》

夏四月，（洛阳）旱蝗。 ……………………………乾隆《洛阳县志》

（新安）蝗灾。 …………………………………………………《新安县志》

12. 东汉建武二十二年（46 年）

三月，京师[②]蝗。 ………………………………………《后汉书·五行志》

京师及十九郡县蝗灾，赤地千里，草木尽枯。 ………《河南省志·农业志》

三月，京师郡国十九蝗。 ………………………………乾隆《河南府志》

13. 东汉建武二十三年（47 年）

京师大蝗旱，草木尽。 ……………………………………《后汉书·五行志》

河南等十八县蝗虫大发生。 ……………《中国东亚飞蝗蝗区的研究》

（河南）复大旱蝗，草木尽。 …………………………乾隆《河南府志》

孟县[③]大旱蝗，草木尽枯。 ………………《河南东亚飞蝗及其综合治理》

夏，扶沟蝗，禾稼食尽。 ………………………………………《扶沟县志》

14. 东汉建武二十八年（52 年）

河南等八十郡县蝗灾。 ……………………………《中国历代蝗患之记载》

15. 东汉建武二十九年（53 年）

四月，弘农蝗。 …………………………………………《后汉书·五行志》

夏，河南蝗灾。 …………………………………《中国历代蝗患之记载》

四月，（河南）蝗。 ……………………………………雍正《河南通志》

夏四月，（祥符[④]）蝗。 …………………………………光绪《祥符县志》

弘农蝗。 …………………………………………………光绪《灵宝县志》

（陕县）蝗灾。 …………………………………………………《陕县志》

16. 东汉建武三十一年（55 年）

蝗时至，蔽天如雨，集地食物，不择谷草。蝗起太山郡，西南过陈留、河

---

① 颍川：旧郡名，治所在今河南禹州。

② 京师：指东汉国都，今河南洛阳。

③ 孟县：旧县名，1996 年改设今河南孟州市。

④ 祥符：旧县名，治所在今河南开封。

南，遂入夷狄①。所集乡县，以千百数。蝗食谷草，连日老极，或飞徙去，或止枯死。 ·················《论衡·商虫篇》

17. 东汉永平九年（66年）

夏秋间，（新蔡）蝗。 ·······················《新蔡县志》

18. 东汉永平十五年（72年）

蝗起泰山，弥行兖、豫②。 ·················《后汉书·五行志》

河南息县蝗虫大发生。 ···········《中国东亚飞蝗蝗区的研究》

（临颍）蝗。 ·························民国《重修临颍县志》

七月，（新蔡）蝗起，谷不收。 ···············《新蔡县志》

19. 东汉建初七年（82年）

河南中牟蝗。 ···················《中国历代蝗患之记载》

（中牟）蝗不入境。 ·····················民国《中牟县志》

20. 东汉永元四年（92年）

汝南蝗灾。 ·························《驻马店地区志》

21. 东汉永元八年（96年）

五月，河内③、陈留蝗。九月，京师蝗。吏民言事者，多归责有司。诏曰：蝗虫之异，殆不虚生，万方有罪在予一人，而言事者专咎自下，非助我者也。刺史、二千石详刑辟，理冤虐，恤鳏寡，矜孤弱，思惟致灾兴蝗之咎。 ·····················《后汉书·孝和帝纪》

夏秋，洛阳、陈留、河内等蝗灾。 ·······《中国历代蝗患之记载》

洛都蝗。 ·························雍正《河南通志》

（长垣）蝗。 ·······················嘉庆《长垣县志》

22. 东汉永元九年（97年）

六月，蝗旱。诏：今年秋稼为蝗虫所伤，皆勿收租、更、刍稿；若有所损失，以实除之，余当收租者亦半入。其山林饶利，陂池渔采，以赡元元，勿收假税。秋七月，蝗虫飞过京师。 ·········《后汉书·孝和帝纪》

23. 东汉永初三年（109年）

鲁山蝗灾，此后连续七年蝗害，民不聊生。 ·········《鲁山县志》

宝丰蝗灾，此后连续七年蝗害，民不聊生。 ·········《宝丰县志》

---

① 陈留：旧县名，治所在今河南开封陈留镇；夷狄：意指今黄河以北地区。

② 兖、豫：区域名，东汉时兖州、豫州相连，辖今山东西南部、河南东部及安徽北部的部分地区。

③ 河内：旧县名，治所在今河南武陟西南，西晋移治今河南沁阳。

24. 东汉永初四年（110 年）

夏四月，司隶①等六州蝗。·····················《后汉书·安帝纪》

夏，河南蝗灾。·······················《中国历代蝗患之记载》

太康、扶沟、陈州②、项城、沈丘旱蝗。··············《周口地区志》

夏四月，（陈州）多蝗。·················· 乾隆《陈州府志》

四月，（淮阳）多蝗。······················《淮阳县志》

夏，（沈丘）旱蝗。·······················《沈丘县志》

（新蔡）大蝗。·························《新蔡县志》

25. 东汉永初五年（111 年）

闰三月，诏曰：重以蝗虫滋生，害及成麦，秋稼方收，甚可悼也。公、卿、
大夫将何以匡救？其令三公、特进、侯、中二千石、二千石、郡守、诸侯
相，举贤良方正、有道术、达于政化、能直言极谏之士各一人，及至孝与
众卓异者，并遣诣公车。··················《后汉书·安帝纪》

夏，河南蝗灾。·······················《中国历代蝗患之记载》

夏，（商丘）旱蝗。·······················《商丘县志》

（新蔡）大蝗。·························《新蔡县志》

夏，（鹿邑）蝗。·························《鹿邑县志》

（固始）蝗灾。·························《固始县志》

26. 东汉永初六年（112 年）

三月，去蝗处复蝗子生。《古今注》曰：郡国四十八蝗。

·······························《后汉书·五行志》

夏，河南蝗灾。·······················《中国历代蝗患之记载》

春三月，（陈州）蝝生。·················· 乾隆《陈州府志》

三月，（淮阳）蝗蝻生。·····················《淮阳县志》

（新蔡）大蝗。·························《新蔡县志》

27. 东汉永初七年（113 年）

八月，京师大风，蝗虫飞过洛阳。诏赐民爵：郡国被蝗伤稼十五以上，勿收
今年田租；不满者，以实除之。··············《后汉书·安帝纪》

秋，蝗虫飞过洛阳，庄稼被毁。·············《中国历代蝗患之记载》

----

① 司隶：旧司隶校尉部名，治所在今河南洛阳东北。

② 陈州：旧州、府名，治所在今河南淮阳。

秋，（鹿邑）蝗。 ···《鹿邑县志》

28. 东汉元初元年（114 年）

夏四月，京师及郡国五旱蝗。 ·············《后汉书·安帝纪》

夏，河南洛阳等蝗灾。 ·············《中国历代蝗患之记载》

（汝州）旱蝗。 ···《汝州市志》

29. 东汉元初二年（115 年）

五月，河南及郡国十九蝗。诏曰：被蝗以来，七年于兹，而州郡隐匿，裁言

顷亩。今群飞蔽天，为害广远，所言所见，宁相副邪？三司之职，内外是

监，既不奏闻，又无举正。天灾至重，欺罔罪大。今方盛夏，且复假贷，

以观厥后。其务消救灾眚，安辑黎元。 ·············《后汉书·安帝纪》

马融上《广成颂》①以讽谏，其辞曰：虽尚颇有蝗虫，今年五月以来，雨露

时澍，祥应将至。 ···《后汉书·马融传》

夏五月，（陈州）蝗。 ·············乾隆《陈州府志》

五月，（淮阳）蝗。 ···《淮阳县志》

30. 东汉延光元年（122 年）

六月，郡国蝗。 ···《后汉书·安帝纪》

六月，郡国蝗。是岁，尚书仆射陈忠上疏曰：兖、豫蝗螽滋生。

···《资治通鉴·汉纪》

夏，河南等十九郡县蝗灾。 ·············《中国历代蝗患之记载》

31. 东汉永建五年（130 年）

夏四月，京师及郡国十二蝗。 ·············《后汉书·顺帝纪》

夏，洛阳等十二郡县蝗灾。 ·············《中国历代蝗患之记载》

（新安）蝗灾。 ···《新安县志》

32. 东汉永和元年（136 年）

秋七月，偃师蝗。 ···《后汉书·顺帝纪》

秋，河南开封、偃师蝗灾。 ·············《中国历代蝗患之记载》

秋，偃师蝗。 ···雍正《河南通志》

秋七月，偃师蝗。 ·············乾隆《河南府志》

七月，（偃师）蝗灾。 ···《偃师县志》

---

① 广成：亦称广成苑，帝王狩猎的园林，在今河南汝州西。马融上《广成颂》，意在讽刺帝王只顾打猎游玩，
不顾百姓遭受蝗虫灾害。

33. **东汉永和七年**（142 年）

偃师蝗。 ⋯⋯⋯⋯⋯⋯⋯⋯⋯⋯⋯⋯⋯⋯《艺文类聚》

河南偃师蝗灾。 ⋯⋯⋯⋯⋯⋯⋯⋯《中国历代蝗患之记载》

34. **东汉永兴元年**（153 年）

七月，郡国三十二蝗，百姓饥，民流亡。淮阳蝗。 ⋯⋯⋯《淮阳县志》

（新蔡）蝗飞蔽天，为害广远。 ⋯⋯⋯⋯⋯⋯⋯《新蔡县志》

35. **东汉永兴二年**（154 年）

六月，诏：蝗灾为害，水变仍至，五谷不登，人无宿储。其令所伤郡国种芜菁，以助人食。京师蝗。九月，又诏：蝗蝝孳蔓，残我百谷，饥馑荐臻。其不被害郡县，当为饥馁者储。天下一家，趣不糜烂，则为国宝。其禁郡国不得卖酒。 ⋯⋯⋯⋯⋯⋯⋯《后汉书·桓帝纪》

夏，河南洛阳蝗灾。 ⋯⋯⋯⋯⋯⋯《中国历代蝗患之记载》

六月，京都蝗。 ⋯⋯⋯⋯⋯⋯⋯⋯乾隆《河南府志》

六月，京都蝗。 ⋯⋯⋯⋯⋯⋯⋯⋯乾隆《洛阳县志》

36. **东汉永寿元年**（155 年）

弘农蝗灾。 ⋯⋯⋯⋯⋯⋯⋯⋯⋯⋯⋯《三门峡市志》

（新安）蝗灾。 ⋯⋯⋯⋯⋯⋯⋯⋯⋯⋯《新安县志》

37. **东汉永寿三年**（157 年）

六月，京师蝗。 ⋯⋯⋯⋯⋯⋯⋯⋯《后汉书·桓帝纪》

夏，河南洛阳蝗灾。 ⋯⋯⋯⋯⋯⋯《中国历代蝗患之记载》

六月，京都蝗灾。 ⋯⋯⋯⋯⋯⋯⋯⋯乾隆《河南府志》

38. **东汉延熹元年**（158 年）

夏五月，京师蝗。 ⋯⋯⋯⋯⋯⋯⋯《后汉书·桓帝纪》

五月，京都蝗。 ⋯⋯⋯⋯⋯⋯⋯⋯乾隆《河南府志》

39. **东汉延熹九年**（166 年）

（淮阳）蝗灾。 ⋯⋯⋯⋯⋯⋯⋯⋯⋯⋯《淮阳县志》

40. **东汉熹平四年**（175 年）

六月，弘农郡蝗灾。 ⋯⋯⋯⋯⋯⋯⋯⋯《三门峡市志》

41. **东汉熹平六年**（177 年）

夏，（周口）蝗。 ⋯⋯⋯⋯⋯⋯⋯⋯⋯《周口地区志》

夏，（沈丘）蝗。 ⋯⋯⋯⋯⋯⋯⋯⋯⋯《沈丘县志》

42. 东汉初平二年（191 年）

（陕县）蝗灾。 ·······························《陕县志》

43. 东汉兴平元年（194 年）

布为兖州牧，据濮阳。曹操闻而引军击布，累战，相持百余日。是时旱蝗少

谷，百姓相食。 ·······················《后汉书·吕布传》

（滑县）蝗虫起，百姓大饥。 ···············《滑县志》

夏，（鹿邑）大蝗。 ·······················《鹿邑县志》

44. 东汉兴平二年（195 年）

（阌乡①）蝗虫起，旱，五谷不收，从官者枣菜充饥。

···················《河南东亚飞蝗及其综合治理》

滑县蝗虫起，百姓大饥。 ···············《滑县志》

45. 三国魏黄初元年（220 年）

帝欲徙冀州士卒家十万户实河南，时天旱蝗，民饥，群司以为不可，而帝意

甚盛。 ·····························《资治通鉴·魏纪》

46. 西晋咸宁三年（277 年）

司州②大蝗，食草木、牛马毛皆尽。 ···········《临潼县志》

47. 西晋咸宁四年（278 年）

夏，河南祥符蝗灾。 ···············《中国历代蝗患之记载》

夏，（祥符）蝗。 ···············光绪《祥符县志》

（封丘）蝗害禾稼。 ···············顺治《封丘县志》

九月，（浚县）蝗灾。 ·······················《浚县志》

（固始）蝗灾。 ···························《固始县志》

48. 西晋永嘉四年（310 年）

五月，司州大蝗，食草木、牛马毛皆尽。 ········《晋书·怀帝纪》

河南蝗灾大发生，草木、牛马毛皆尽。 ········《中国历代蝗患之记载》

五月，（河南）大蝗，草木、牛马毛皆尽。 ········乾隆《河南府志》

弘农蝗食草木、牛马毛皆尽。 ···············《灵宝县志》

弘农、湖县③大蝗灾，食草木、牛马毛皆尽。 ········《三门峡市志》

五月，司州蝗食草木、牛马毛皆尽，大饥。 ·········咸丰《大名府志》

---

① 阌乡：旧郡、县名，治所在今河南灵宝西北。

② 司州：旧州名，治所在今河南洛阳东北。

③ 湖县：旧县名，治所在今河南灵宝西北。

49. 西晋永嘉五年（311 年）

司州螽。 ··· 雍正《山西通志》

50. 西晋建兴四年（316 年）

夏，河南蝗灾大发生。 ··························《中国历代蝗患之记载》

六月，（河南）大蝗。 ·······························乾隆《河南府志》

51. 西晋建兴五年（317 年）

秋七月，司州螽蝗。 ····························《晋书·愍帝纪》

秋，河南蝗灾。 ································《中国历代蝗患之记载》

七月，弘农、湖县旱，蝗灾。 ·····················《三门峡市志》

秋七月，弘农旱，蝗灾。 ··························《灵宝县志》

52. 东晋太兴二年（319 年）

五月，淮陵、临淮、淮南、安丰、庐江等五郡蝗食秋麦。

··· 乾隆《重修固始县志》

53. 北魏太和六年（482 年）

八月，豫州、枋头①蝗害稼。 ·······················《魏书·灵征志》

秋，河南蝗灾，害稼。 ··························《中国历代蝗患之记载》

54. 北魏太和七年（483 年）

四月，相、豫二州蝗害稼。 ·······················《魏书·灵征志》

夏，河南相州②、豫州蝗灾，害稼。 ·············《中国历代蝗患之记载》

（驻马店）蝗灾。 ·······························《驻马店地区志》

55. 北魏正始元年（504 年）

六月，司州蝗害稼。 ····························《魏书·灵征志》

夏六月，司州蝗。 ································咸丰《大名府志》

56. 北魏正始四年（507 年）

八月，司州恒农③郡蝗虫为灾。 ·····················《魏书·灵征志》

八月，恒农郡蝗虫为灾。 ·······················乾隆《直隶陕州志》

陕县蝗虫为灾。 ································民国《陕县志》

57. 北齐天保八年（557 年）

秋七月，河南大蝗。 ····························《资治通鉴·陈纪》

---

① 豫州：旧州名，治所在今河南汝南；枋头：在今河南浚县西南。

② 相州：旧州名，治所在今河南安阳。

③ 恒农：亦称弘农，旧郡名，治所在今河南灵宝北。

自夏至九月，河北六州、河南十二州①、畿内八郡大蝗，是月，飞至京师，蔽日，声如风雨。诏：今年遭蝗之处，免租。 ……《北齐书·文宣帝纪》

河南济源、杞县、尉氏、汲县②、获嘉、安阳等蝗灾大发生，飞蔽日，声如风雨。 ……………………………………………《中国历代蝗患之记载》

河南蝗。孟县蝗。汜水③蝗灾。 ………《河南东亚飞蝗及其综合治理》

（荥阳）蝗。 ……………………………………… 民国《续荥阳县志》

六月，（杞县）大蝗。 …………………………………………《杞县志》

（尉氏）大蝗。 ………………………………………… 道光《尉氏县志》

（获嘉）蝗。 ………………………………………… 民国《获嘉县志》

（卫辉）蝗。 ………………………………………… 乾隆《卫辉府志》

（汲县）蝗。 ………………………………………… 乾隆《汲县志》

河北蝗。辉县蝗。 …………………………………… 道光《辉县志》

（怀庆④）蝗。 ……………………………………… 乾隆《怀庆府志》

（武陟）蝗。 ………………………………………… 道光《武陟县志》

（济源）蝗灾。 …………………………………………《济源市志》

（安阳）大蝗，飞至京师，蔽日，声如风雨。 ………《安阳县志》

（彰德⑤）州郡大蝗，飞至邺，蔽日，声如风雨。 … 乾隆《彰德府志》

河北蝗。淇县蝗灾。 ………………………………… 顺治《淇县志》

自夏至九月，（陈州）大蝗，人皆祭之。 ………… 乾隆《陈州府志》

七月，黄河以南大蝗，起飞蔽日，声如风雨。 ………《长葛县志》

汝州大蝗。 ……………………………………………道光《汝州全志》

（宝丰）蝗灾，自夏之秋，蝗虫遍野。 ………………《宝丰县志》

二、唐代（含五代十国）蝗灾

58. 唐贞观元年（627年）

六月，河南等县蝗。 ……………………………《中国历代天灾人祸表》

---

① 河南、河北：区域名，指今黄河南、北而言。
② 汲县：旧县名，治所在今河南卫辉。
③ 汜水：旧县名，治所在今河南荥阳西北汜水镇。
④ 怀庆：旧府、路名，治所在今河南沁阳。
⑤ 彰德：旧路、府名，治所在今河南安阳。

六月，（鲁山）蝗灾。 ⋯⋯⋯⋯⋯⋯⋯⋯⋯⋯⋯⋯⋯⋯《鲁山县志》

六月，（宝丰）蝗灾，大饥荒。 ⋯⋯⋯⋯⋯⋯⋯⋯⋯⋯⋯《宝丰县志》

59. 唐贞观二年（628 年）

三月，诏：今兹旱蝗，赦天下。 ⋯⋯⋯⋯⋯⋯⋯⋯《资治通鉴·唐纪》

河南新野蝗灾。 ⋯⋯⋯⋯⋯⋯⋯⋯⋯⋯⋯《中国历代蝗患之记载》

六月，武陟、孟县蝗。 ⋯⋯⋯⋯⋯⋯《河南东亚飞蝗及其综合治理》

虢州①旱蝗连灾。 ⋯⋯⋯⋯⋯⋯⋯⋯⋯⋯⋯⋯⋯⋯⋯《灵宝县志》

（新野）蝗甚。 ⋯⋯⋯⋯⋯⋯⋯⋯⋯⋯⋯⋯⋯⋯⋯⋯《新野县志》

60. 唐贞观三年（629 年）

（新野）蝗。 ⋯⋯⋯⋯⋯⋯⋯⋯⋯⋯⋯⋯⋯⋯⋯⋯⋯《新野县志》

61. 唐贞观十二年（638 年）

陕州②蝗。 ⋯⋯⋯⋯⋯⋯⋯⋯⋯⋯⋯⋯⋯⋯⋯⋯民国《陕县志》

62. 唐永徽元年（650 年）

秋，（陈州）蝗。 ⋯⋯⋯⋯⋯⋯⋯⋯⋯⋯⋯⋯⋯乾隆《陈州府志》

秋，宛丘③、项城、沈丘蝗。 ⋯⋯⋯⋯⋯⋯⋯⋯⋯《周口地区志》

秋，（淮阳）蝗。 ⋯⋯⋯⋯⋯⋯⋯⋯⋯⋯⋯⋯⋯⋯⋯《淮阳县志》

秋，（沈丘）蝗。 ⋯⋯⋯⋯⋯⋯⋯⋯⋯⋯⋯⋯⋯⋯⋯《沈丘县志》

63. 唐永徽二年（651 年）

（兰考）蝗。 ⋯⋯⋯⋯⋯⋯⋯⋯⋯⋯⋯⋯⋯⋯⋯⋯⋯《兰考县志》

64. 唐仪凤二年（677 年）

宛丘、太康、沈丘、项城旱蝗。 ⋯⋯⋯⋯⋯⋯⋯⋯《周口地区志》

秋，（淮阳）蝗。 ⋯⋯⋯⋯⋯⋯⋯⋯⋯⋯⋯⋯⋯⋯⋯《淮阳县志》

65. 唐先天元年（712 年）

安阳、磁州蝗。 ⋯⋯⋯⋯⋯⋯⋯⋯⋯⋯⋯⋯⋯⋯⋯⋯《安阳县志》

66. 唐开元元年（713 年）

河南开封、太康蝗灾，食稼声如风雨。 ⋯⋯⋯⋯《中国历代蝗患之记载》

（开封）蝗食稼，声如风雨。 ⋯⋯⋯⋯⋯⋯⋯康熙《开封府志》

宛丘、太康、扶沟、西华、沈丘、项城蝗食禾。 ⋯⋯⋯⋯《周口地区志》

秋，（淮阳）蝗食禾黍，声如风雨。 ⋯⋯⋯⋯⋯⋯⋯⋯《淮阳县志》

---

① 虢州：旧州名，治所在今河南灵宝。

② 陕州：旧州名，治所在今河南陕县。

③ 宛丘：旧县名，治所在今河南淮阳。

（西华）蝗食禾稼，声如风雨。 ·························· 乾隆《陈州府志》

（沈丘）蝗食禾黍，声如风雨。 ·························· 《沈丘县志》

（扶沟）蝗食禾有声，似风雨。 ·························· 《扶沟县志》

（太康）蝗食禾稼，声如风雨。 ·························· 道光《太康县志》

67. 唐开元二年（714 年）

宛丘、太康、扶沟、西华、沈丘、项城蝗食禾。 ············ 《周口地区志》

（沈丘）遭蝗灾。 ································· 《沈丘县志》

68. 唐开元三年（715 年）

七月，河南蝗。 ····························· 《新唐书·五行志》

五月，河南蝗，人流亡殆尽。 ····················· 《中国历代天灾人祸表》

济源、正阳、尉氏、获嘉蝗飞蔽天，食稼，民捕蝗。

·························· 《中国历代蝗患之记载》

河南水蝗。 ······························· 乾隆《河南府志》

（荥阳）蝗。 ······························ 民国《续荥阳县志》

河南、北蝗。兰考蝗。 ························· 《兰考县志》

（尉氏）蝗。 ······························ 道光《尉氏县志》

（获嘉）蝗。 ······························ 民国《获嘉县志》

（卫辉）蝗。 ······························ 乾隆《卫辉府志》

（汲县）蝗。 ······························ 乾隆《汲县志》

河北蝗。辉县蝗。 ·························· 道光《辉县志》

（长垣）蝗。 ······························ 嘉庆《长垣县志》

（怀庆）蝗。 ······························ 乾隆《怀庆府志》

七月，河北蝗。河内蝗。 ······················ 道光《河内县志》

七月，（武陟）蝗。 ·························· 道光《武陟县志》

（济源）蝗。 ······························ 《济源县志》

（浚县）蝗灾。 ···························· 《浚县志》

宛丘、太康、扶沟、西华、沈丘、项城蝗食禾。 ············ 《周口地区志》

夏，（陈州）多蝗。 ·························· 乾隆《陈州府志》

（沈丘）遭蝗灾。 ··························· 《沈丘县志》

（桐柏）蝗。 ······························ 乾隆《桐柏县志》

秋七月，（正阳）蝗飞蔽天。 ····················· 民国《重修正阳县志》

69. 唐开元四年（716 年）

夏，河南蝗虫大起，遣使分捕而瘗之。 ·················《旧唐书·玄宗本纪》

五月，汴州①行埋瘗之法，获蝗一十四万，乃投之汴河，流者不可胜数。八月，敕河南检校捕蝗使待虫尽而刈禾将毕，即入京奏事。

·····································《旧唐书·五行志》

夏，黄河北蝗大起，武陟、孟县蝗。 ·······《河南东亚飞蝗及其综合治理》

宛丘、太康、扶沟、西华、沈丘、项城蝗食禾。 ··········《周口地区志》

夏，（陈州）蝗。 ························· 乾隆《陈州府志》

（沈丘）遭蝗灾。 ··························《沈丘县志》

夏，（淮阳）蝗。 ··························《淮阳县志》

70. 唐开元五年（717 年）

二月，河南遭涝及蝗虫处，无出今年地租。 ·······《旧唐书·玄宗本纪》

71. 唐开元十四年（726 年）

七月，怀庆蝗。 ···············《河南东亚飞蝗及其综合治理》

72. 唐天宝四年（745 年）

（台前）蝗不入境，县令德化教育。 ··············《台前县志》

73. 唐兴元元年（784 年）

秋，螟蝗蔽野，草木无遗。冬闰十月，诏：宋亳②等八节度，螟蝗为害，蒸民饥馑，每节度赐米五万石。 ·············《旧唐书·德宗本纪》

时天下蝗旱，谷价翔贵，选人不能赴调。 ··········《旧唐书·刘滋传》

秋，螟蝗自山而东，际于海，晦天蔽野，草木叶皆尽。·····《新唐书·五行志》

蝗遍远近，草木无遗，惟不食稻，大饥。 ·······《中国历代天灾人祸表》

（焦作）蝗虫遍地，远近草木无遗，大饥荒。 ··········《焦作市志》

（孟县）旱，蝗遍远近，草木无遗，大饥荒。 ··········《孟县志》

沈丘、项城蝗，大饥。 ·······················《周口地区志》

（沈丘）蝗，大饥。 ·······················《沈丘县志》

74. 唐贞元元年（785 年）

夏，蝗，东自海，西尽河、陇，群飞蔽天，旬日不息，所至草木及畜毛靡有孑遗，饿馑枕道，民蒸蝗，曝，扬去翅足而食之。 ·········《新唐书·五行志》

---

① 汴州：旧州名，治所在今河南开封。

② 宋亳：唐方镇名，治所在今河南商丘。

河南蝗灾，飞蔽天，草木及畜毛皆尽，民蒸蝗而食。

　　　　　　　　　　　　　　　　　……………………《中国历代蝗患之记载》

灵宝连年旱蝗。　……………………………………………………《灵宝县志》

75. 唐贞元二十一年（805 年）

七月，关东蝗食田稼。　……………………………《旧唐书·顺宗本纪》

秋，陈州蝗。　………………………………………………《新唐书·五行志》

秋，宛丘、太康、沈丘、西华、项城旱蝗。　……………《周口地区志》

秋，（淮阳）蝗。　………………………………………………《淮阳县志》

秋，（沈丘）旱蝗。　……………………………………………《沈丘县志》

（扶沟）旱蝗。　…………………………………………………《扶沟县志》

76. 唐元和四年（809 年）

夏，河阳①螟蝗害稼。　………………………………………《焦作市志》

77. 唐太和二年（828 年）

濮州②蝗螳生。　………………………………………宣统《濮州志》

范县蝗。　……………………………《河南东亚飞蝗及其综合治理》

魏、濮等州蝗螳。　………………………………………………《范县志》

78. 唐大和四年（830 年）

夏，河南洛宁蝗灾，无收成。　……………………《中国历代蝗患之记载》

（新安）蝗食禾。　………………………………………乾隆《新安县志》

（宜阳）旱蝗为灾，歉收。　……………………………………《宜阳县志》

（洛宁）旱蝗为虐，夏秋不登。　………………………民国《洛宁县志》

79. 唐大和五年（831 年）

夏，（淮阳）螟蝗害稼。　………………………………………《淮阳县志》

夏，（沈丘）螟蝗害稼。　………………………………………《沈丘县志》

80. 唐开成元年（836 年）

许州③螟蝗害稼。　………………………………………道光《许州志》

81. 唐开成二年（837 年）

六月，河南府等州蝗害稼。秋七月，汴州蝗虫入境，不食田苗，诏书褒美，

---

① 河阳：旧县名，治所在今河南孟州南。

② 濮州：旧州名，治所在今山东鄄城旧城镇，时辖今河南濮阳南部地区，明景泰三年（1452 年）移治今河南范县。

③ 许州：旧州名，治所在今河南许昌。

仍刻石于相国寺。 ················《旧唐书·文宗本纪》

六月，河南蝗。 ·················《新唐书·五行志》

秋，汲县、尉氏蝗灾，害稼。 ·······《中国历代蝗患之记载》

河南旱蝗害稼。 ···············《中国历代天灾人祸表》

秋，河南、北蝗。 ················雍正《河南通志》

秋，(孟津) 蝗虫成灾。 ·······《河南东亚飞蝗及其综合治理》

(荥阳) 蝗。 ···················民国《续荥阳县志》

秋，(尉氏) 蝗。 ·················道光《尉氏县志》

秋，(新乡) 蝗甚，草木皆尽，饥民甚多。 ·········《新乡县志》

秋，(卫辉) 蝗，草木叶尽。 ··········乾隆《卫辉府志》

秋，(汲县) 蝗，草木叶尽。 ··········乾隆《汲县志》

秋，(武陟) 蝗。 ·················道光《武陟县志》

(浚县) 蝗。 ······················《浚县志》

秋，(扶沟) 蝗食草木叶皆尽。 ············《扶沟县志》

(桐柏) 蝗。 ···················乾隆《桐柏县志》

秋，(汝南) 蝗蝻害稼。 ················《汝南县志》

夏，(新蔡) 大蝗，草木皆尽。 ············《新蔡县志》

82. 唐开成三年（838 年）

秋，河南蝗，草木叶皆尽。 ···········《新唐书·五行志》

秋，河南正阳蝗灾，庄稼叶吃光。 ·····《中国历代蝗患之记载》

秋，郑县蝗。 ············《河南东亚飞蝗及其综合治理》

河南蝗，草木叶皆尽。 ··············乾隆《河南府志》

秋，河南、北蝗。兰考蝗。 ·············《兰考县志》

秋，(辉县) 蝗。 ·················道光《辉县志》

安阳、磁州蝗。 ··················《安阳县志》

八月，朝歌①蝗食草木叶皆尽。 ············《淇县志》

夏，太康、西华、扶沟、宛丘、沈丘、项城蝗蝻害稼，草木叶皆尽。

··························《周口地区志》

沈丘蝗蝻害稼，草木皆尽。 ·············《沈丘县志》

(新蔡) 蝗蝻害稼。 ·················《新蔡县志》

---

① 朝歌：古邑、县名，治所在今河南淇县。

秋，（正阳）大蝗，草木叶皆尽。 ·················· 民国《重修正阳县志》

83. 唐开成四年（839 年）

六月，天下旱，蝗食田；是岁，河南蝗，害稼都尽。 ······《旧唐书·五行志》

七月，开封、郑州等蝗。 ·········《河南东亚飞蝗及其综合治理》

（新乡）螟蝗为害田禾。 ···················《新乡县志》

（滑县）生蝗虫。 ·····················《滑县志》

84. 唐开成五年（840 年）

六月，河南蝗，疫，除其徭。 ············《新唐书·武宗本纪》

夏，河阳、虢、陈、许、汝等州螟蝗害稼。 ········《新唐书·五行志》

夏，河南蝗灾，害稼。 ···········《中国历代蝗患之记载》

（长垣）螟蝗害稼。 ··············嘉庆《长垣县志》

六月，虢州蝗。 ·····················《灵宝县志》

夏，台前螟蝗害稼。 ·················《台前县志》

（滑县）雨雹蝗。 ················同治《滑县志》

夏，（淮阳）螟蝗害稼。 ············民国《淮阳县志》

夏，（沈丘）螟蝗害稼。 ···············《沈丘县志》

六月，许州螟蝗害稼。 ················《许昌县志》

夏，（临颍）蝗害稼。 ············民国《重修临颍县志》

武陟、孟县蝗害稼尽。 ·········《河南东亚飞蝗及其综合治理》

85. 唐会昌元年（841 年）

七月，关东、山南邓、唐[①]等州蝗。 ··········《新唐书·五行志》

秋，河南唐县[②]、南阳蝗灾。 ··········《中国历代蝗患之记载》

七月，唐、邓等州蝗。 ··············嘉庆《南阳府志》

86. 唐咸通二年（861 年）

夏，宛丘、沈丘、项城、鹿邑旱蝗，大饥。 ·········《周口地区志》

夏，（鹿邑）旱，生蝗。 ···············《鹿邑县志》

夏，（沈丘）旱蝗，大饥。 ···············《沈丘县志》

87. 唐咸通三年（862 年）

六月，河南蝗。 ·····················《新唐书·五行志》

---

① 唐州：旧州名，治所在今河南泌阳。

② 唐县：旧县名，治所在今河南唐河。

夏，河南正阳蝗灾。 ················《中国历代蝗患之记载》

六月，东都①蝗。 ················ 乾隆《河南府志》

（新安）蝗。 ················ 乾隆《新安县志》

六月，淮南、河南蝗。 ················ 乾隆《重修固始县志》

五月，（光山）蝗。 ················《光山县志》

夏六月，河南蝗，饥。 ················ 咸丰《大名府志》

夏六月，（正阳）蝗。 ················ 嘉庆《正阳县志》

88. 唐咸通四年（863 年）

夏，虢、陕等州蝗。 ················《河南东亚飞蝗及其综合治理》

89. 唐咸通六年（865 年）

八月，东都、陕、虢等州蝗。 ················《新唐书·五行志》

秋，河南洛阳等蝗灾。 ················《中国历代蝗患之记载》

90. 唐咸通七年（866 年）

夏，东都、陕、虢蝗。 ················《新唐书·五行志》

秋，河南洛阳等蝗灾。 ················《中国历代蝗患之记载》

91. 唐咸通九年（868 年）

东都蝗。 ················《新唐书·五行志》

河南洛阳蝗灾。 ················《中国历代蝗患之记载》

92. 唐咸通十年（869 年）

夏，陕、虢等州蝗。 ················《新唐书·五行志》

六月，制曰：昨陕虢中使回，方知蝗旱有损处，诸道长吏，分忧共理，宜各
　　推公，共思济物。内有饥歉，切在慰安。 ··········《旧唐书·懿宗本纪》

秋，陕州、虢州蝗灾。 ················《中国历代蝗患之记载》

夏，陕、虢等州蝗。 ················ 雍正《河南通志》

夏，陕、虢二州蝗灾。 ················《三门峡市志》

93. 唐乾符二年（875 年）

秋，河南蝗灾，蔽天。 ················《中国历代蝗患之记载》

94. 唐光启二年（886 年）

（新野）旱，蝗灾，大饥。 ················《新野县志》

淮南蝗。 ················ 乾隆《重修固始县志》

---

① 东都：唐代两京之一，指今河南洛阳。

95. 唐天祐四年　后梁开平元年（907 年）

六月，许、陈、汝、蔡①等州蝝生，有野禽群飞蔽空，食之皆尽。

................................《旧五代史·五行志》

秋，正阳、息县蝗灾，野鸟食之尽。................《中国历代蝗患之记载》

河南诸郡蝗。兰考蝗。................................《兰考县志》

六月，许陈、汝、蔡等州蝻生。..................《淮阳县志》

许州蝗蝻为害。..................................《许昌县志》

六月，汝南、上蔡蝗蝻，有野禽群飞食之尽净。........《上蔡县志》

(确山) 蝗，寻为野禽啄食。................民国《确山县志》

六月，汝州蝝生遍野，有野禽飞来啄食尽净。........《汝州市志》

六月，(息县) 蝝生，野禽群飞食之皆尽。........嘉庆《息县志》

96. 后梁开平四年（910 年）

七月，时陈、许、汝、蔡境内有蝝为灾，许州有野禽群飞蔽空，旬日之间，

食蝝皆尽，是岁乃大有秋。................《旧五代史·梁书》

97. 后梁贞明六年（920 年）

河南中牟蝗灾。................《中国历代蝗患之记载》

98. 后晋天福四年（939 年）

七月，河南诸郡蝗害稼。................《旧五代史·五行志》

七月，沈丘、项城蝗害稼。................《周口地区志》

七月，(沈丘) 蝗害稼。................《沈丘县志》

99. 后晋天福五年（940 年）

河南、北蝗。兰考蝗。................《兰考县志》

100. 后晋天福七年（942 年）

是春，澶②、相诸州蝗。六月，河南蝗害稼。八月，汝州蝗。

................《旧五代史·晋书》

四月，河南诸郡蝗害稼。................《旧五代史·五行志》

飞蝗为灾，诏有虫蝗处，不论军民人等捕蝗一斗即以粟一斗易之，有司官

员捕蝗使者不得少有指滞。................《治蝗全法》

夏四月，(淮阳) 蝗害稼。................《淮阳县志》

---

① 蔡州：旧州名，治所在今河南汝南。
② 澶州：旧州名，治所在今河南濮阳。

夏四月，（陈州）蝗害稼。 ·················· 乾隆《陈州府志》

四月，（沈丘）蝗害稼。 ···················· 《沈丘县志》

六月，（舞阳）旱蝗。 ······················ 《舞阳县志》

秋，（鲁山）蝗灾。 ························ 《鲁山县志》

四月，（新蔡）飞蝗害田，食草木皆尽。 ············ 《新蔡县志》

101. 后晋天福八年（943 年）

夏四月，河南诸州旱蝗，分命使臣捕之。五月，飞蝗自北翳天而南。六月，以螟蝗为害，诏侍卫往皋门祭告，仍遣诸司使分往开封府界捕之。开封府界飞蝗自死。河南府飞蝗大下，遍满山野，草苗、木叶食之皆尽，人多饿死。陕州飞蝗入界，伤食五稼及竹木之叶，逃户凡八千一百。是月，诸州郡大蝗，所至草木皆尽。九月，州郡二十七蝗，饿死者数十万。

·················· 《旧五代史·晋书》

夏四月，威顺军捕蝗于陈州。六月，祭蝗于皋门。七月，奉国军捕蝗于京畿[1]。八月，募民捕蝗，易以粟。 ······ 《新五代史·晋出帝纪》

是岁，春夏旱，蝗大起，东自海堧，西距陇坻，南逾江淮，北抵幽蓟，原野、山谷、城郭、庐舍皆满，竹木叶皆尽。重以官括民谷，使者督责严急，至封碓硙，不留其食，有坐匿谷抵死者。县令往往以督趣不办，纳印自劾去。民馁死者数十万口，流亡不可胜数。 ······ 《资治通鉴·后晋纪》

六月，宣供奉官朱彦威等七人，各部领奉国兵士于封丘、长垣、阳武、浚仪、酸枣[2]、中牟、开封等县捕蝗。

·················· 《古今图书集成·庶征典·蝗灾部汇考》

开封、洛阳、中牟、封丘、阳武、长垣蝗灾。

·················· 《中国历代蝗患之记载》

春，（杞县）大蝗，草木食尽，派员督民捕杀。 ······ 《杞县志》

（长垣）蝗食稼、草木皆尽。 ············ 嘉庆《长垣县志》

夏，（台前）蝗虫遍境，禾叶食尽。 ············ 《台前县志》

七月，扶沟、淮阳、沈丘旱蝗。 ············ 《周口地区志》

陈州大蝗，遣官捕之。 ·············· 康熙《开封府志》

四月，天下诸州飞蝗害稼。六月，遣官捕蝗。 ······ 《淮阳县志》

---

① 京畿：国都及附近地区为京畿，后晋国都在今河南开封。

② 阳武：旧县名，治所在今河南原阳东南；浚仪：旧县名，治所在今河南开封；酸枣：旧县名，治所在今河南延津。

夏，（沈丘）蝗害稼。 …………………………………………《沈丘县志》

春，（鹿邑）大旱，遍地蝗患，官府促民捕杀。 ………………《鹿邑县志》

（扶沟）旱蝗成灾。 ………………………………………………《扶沟县志》

五月，（汝州）旱蝗，百姓流亡。 ………………………………《汝州市志》

四月，（陈州）蝗。 ………………………………………乾隆《陈州府志》

四月，新蔡复蝗。 ………………………………………………《新蔡县志》

春夏间，光州①旱蝗，庄稼、树叶全被吃光。 …………………《潢川县志》

102. 后晋天福九年（944 年）

夏，（周口）蝗害稼。 ………………………………………《周口地区志》

103. 后汉乾祐元年（948 年）

开封府阳武、雍丘、襄邑②等县蝗，寻为鸲鹆食之皆尽。敕禁罗弋鸲鹆，以
其有吞蝗之异。 …………………………………《旧五代史·五行志》

七月，河南蝗。 …………………………《河南东亚飞蝗及其综合治理》

七月，（怀庆）蝗。 ……………………………………乾隆《怀庆府志》

七月，（杞县）蝗。 ………………………………………………《杞县志》

七月，原武③蝗。 ………………………………………乾隆《原武县志》

秋七月，（阳武）蝗。 …………………………………乾隆《阳武县志》

104. 后汉乾祐二年（949 年）

五月，宋州蝗抱草而死。六月，滑、澶、怀、相、卫④、陈等州蝗，分命中
使致祭于所在川泽山林之神。开封府滑州蝗甚，遣使捕之。
…………………………………………《旧五代史·汉书》

陈州蝗灾大发生。 ………………………………《中国历代蝗患之记载》

夏五月，宋州蝗，一夕抱草尽死。 ……………………康熙《商丘县志》

（杞县）飞蝗，一夜尽死，祭之。 ………………………………《杞县志》

（扶沟）蝗虫为害。 ………………………………………………《扶沟县志》

105. 后周显德元年（954 年）

六月，（兰考）蝗。 ………………………………………………《兰考县志》

---

① 光州：旧州名，治所在今河南潢川。

② 雍丘：旧县名，治所在今河南杞县；襄邑：旧县名，治所在今河南睢县。

③ 原武：旧县名，治所在今河南原阳西南原武镇。

④ 滑州：旧州名，治所在今河南滑县东南城关镇；怀州：旧州名，治所在今河南沁阳；卫州：旧州名，治所在
今河南卫辉。

三、宋代（含辽、金）蝗灾

106. 宋建隆元年（960 年）

七月，澶州蝗。 ·············《宋史·五行志》

（濮阳）旱蝗。 ·············《濮阳县志》

（范县）旱蝗成灾。 ·············《范县志》

澶州旱蝗。 ·············光绪《开州志》

澶州蝗。 ·············咸丰《大名府志》

107. 宋建隆二年（961 年）

五月，范县蝗。 ·············《宋史·五行志》

五月，濮州蝗。 ·············宣统《濮州志》

（范县）旱蝗成灾。 ·············《范县志》

108. 宋建隆三年（962 年）

是岁，京东[①]诸州旱蝗，悉蠲其租。 ·············《续资治通鉴·宋纪》

七月，相州等地蝻虫生。 ·············《深县志》

范县连续三年旱蝗成灾。 ·············《范县志》

109. 宋建隆四年（963 年）

六月，澶州有蝗。七月，怀州蝗生。 ·············《宋史·五行志》

（新乡）旱蝗成灾。 ·············《新乡县志》

七月，怀州蝗。 ·············道光《河内县志》

七月，（武陟）蝗。 ·············道光《武陟县志》

（濮阳）蝗。 ·············《濮阳县志》

六月，澶州蝗。 ·············光绪《开州志》

110. 宋乾德二年（964 年）

六月，河南蝗。 ·············《宋史·太祖本纪》

四月，相州蝻虫食桑。五月，河南有蝗。 ·············《宋史·五行志》

夏，河南济源、尉氏、汲县蝗灾。 ·············《中国历代蝗患之记载》

河南、北蝗。 ·············雍正《河南通志》

河内蝗，郑县大旱蝗，秋禾食光，大饥。 ······《河南东亚飞蝗及其综合治理》

---

① 京东：宋路名，治所在今河南商丘南。

五月，河南诸州蝗。 ┄┄┄┄┄┄┄┄┄┄┄┄┄┄┄┄┄ 乾隆《河南府志》

（中牟）蝗。 ┄┄┄┄┄┄┄┄┄┄┄┄┄┄┄┄┄┄┄ 民国《中牟县志》

（荥阳）蝗。 ┄┄┄┄┄┄┄┄┄┄┄┄┄┄┄┄┄ 民国《续荥阳县志》

（尉氏）蝗。 ┄┄┄┄┄┄┄┄┄┄┄┄┄┄┄┄┄┄ 道光《尉氏县志》

河南、北皆有蝗灾。兰考蝗。 ┄┄┄┄┄┄┄┄┄┄┄┄ 《兰考县志》

夏，（卫辉）蝗。 ┄┄┄┄┄┄┄┄┄┄┄┄┄┄┄┄ 乾隆《卫辉府志》

夏，（汲县）蝗。 ┄┄┄┄┄┄┄┄┄┄┄┄┄┄┄┄ 乾隆《汲县志》

夏，（辉县）蝗。 ┄┄┄┄┄┄┄┄┄┄┄┄┄┄┄┄ 道光《辉县志》

（怀庆）蝗。 ┄┄┄┄┄┄┄┄┄┄┄┄┄┄┄┄┄┄ 乾隆《怀庆府志》

（济源）蝗。 ┄┄┄┄┄┄┄┄┄┄┄┄┄┄┄┄┄┄ 乾隆《济源县志》

夏，（安阳）旱蝗。四月，相州蝻。 ┄┄┄┄┄┄┄┄ 《安阳县志》

夏，（淇县）蝗。 ┄┄┄┄┄┄┄┄┄┄┄┄┄┄┄┄ 顺治《淇县志》

沈丘、淮阳、项城、太康旱蝗。 ┄┄┄┄┄┄┄┄┄ 《周口地区志》

夏，（陈州）蝗。 ┄┄┄┄┄┄┄┄┄┄┄┄┄┄┄┄ 乾隆《陈州府志》

夏，（淮阳）蝗。 ┄┄┄┄┄┄┄┄┄┄┄┄┄┄┄┄┄ 《淮阳县志》

夏，（沈丘）旱蝗。 ┄┄┄┄┄┄┄┄┄┄┄┄┄┄┄┄ 《沈丘县志》

（新野）唐、白河流域蝗。 ┄┄┄┄┄┄┄┄┄┄┄┄┄ 《新野县志》

（桐柏）蝗。 ┄┄┄┄┄┄┄┄┄┄┄┄┄┄┄┄┄┄ 乾隆《桐柏县志》

111. 宋乾德三年（965年）

七月，诸路有蝗。 ┄┄┄┄┄┄┄┄┄┄┄┄┄┄┄┄ 《宋史·五行志》

荥阳旱蝗。 ┄┄┄┄┄┄┄┄┄┄┄┄┄┄┄┄┄┄┄┄ 《荥阳县志》

112. 宋乾德四年（966年）

六月，澶州、濮州蝗。 ┄┄┄┄┄┄┄┄┄┄┄┄┄┄ 宣统《濮州志》

二月，（鹿邑）蝗。 ┄┄┄┄┄┄┄┄┄┄┄┄┄┄┄┄ 《鹿邑县志》

113. 宋开宝二年（969年）

八月，安阳、磁州蝗。 ┄┄┄┄┄┄┄┄┄┄┄┄┄┄┄ 《安阳县志》

澶州蝗。 ┄┄┄┄┄┄┄┄┄┄┄┄┄┄┄┄┄┄┄┄ 光绪《开州志》

114. 宋开宝五年（972年）

六月，澶州蝗。 ┄┄┄┄┄┄┄┄┄┄┄┄┄┄┄┄┄ 咸丰《大名府志》

115. 宋开宝七年（974年）

七月，滑州蝗。 ┄┄┄┄┄┄┄┄┄┄┄┄┄┄┄┄┄ 咸丰《大名府志》

滑州蝗。 ┄┄┄┄┄┄┄┄┄┄┄┄┄┄┄┄┄┄┄┄ 同治《滑县志》

116. 宋开宝八年（975 年）

（浚县）蝗灾。 …………………………………………………《浚县志》

117. 宋太平兴国二年（977 年）

闰七月，卫州蝻虫生。 …………………………………《宋史·五行志》

秋，河南汲县、洛阳蝻虫生。 ………………《中国历代蝗患之记载》

卫州蝗蝻生。 ……………………………………… 雍正《河南通志》

七月，（辉县）蝗蝻生。 ………………………… 道光《辉县志》

闰七月，蝗蝻生 ………………………………… 顺治《淇县志》

118. 宋太平兴国六年（981 年）

七月，河南府、宋州蝗。 …………………………《宋史·五行志》

秋，河南洛阳等蝗灾。 ………………………《中国历代蝗患之记载》

七月，河南府蝗。 ………………………………… 乾隆《河南府志》

秋七月，河南府、宋州蝗。 ……………………… 乾隆《归德府志》

七月，（商丘）蝗旱。 …………………………………《商丘县志》

119. 宋太平兴国七年（982 年）

三月，北阳①县蝗，飞鸟数万食之尽。五月，陕州蝗。

……………………………………………《宋史·太宗本纪》

四月，北阳县蝻虫生，有飞鸟食之尽；滑州蝻虫生；是月，陕州、陈州蝗。

……………………………………………《宋史·五行志》

秋，河南南阳等蝗灾；北阳县蝗灾，有飞鸟千群食蝗。

……………………………………《中国历代蝗患之记载》

四月，比阳县蝻生，有飞鸟食之尽。 ………… 嘉庆《南阳府志》

夏，（沈丘）蝗。 ………………………………………《沈丘县志》

五月，陈州蝗。 ………………………………………《淮阳县志》

（陈州）蝗。 ……………………………………… 乾隆《陈州府志》

120. 宋太平兴国八年（983 年）

四月，滑州蝻生。 ……………………………… 同治《滑县志》

四月，（浚县）生蝗蝻。 ………………………………《浚县志》

121. 宋端拱二年（989 年）

春，河南息县蝗灾。 …………………………《中国历代蝗患之记载》

---

① 北阳：即比阳县，旧县名，治所在今河南泌阳。

确山、正阳、汝南飞蝗蔽天。 ·················《驻马店地区志》

春，（确山）蝗，民饥。 ·················民国《确山县志》

春，汝南大旱蝗。 ·················康熙《汝宁府志》

（汝阳）大旱蝗。 ·················康熙《汝阳县志》

春，（汝南）旱蝗，民多饥死。 ·················《汝南县志》

四月，（新蔡）飞蝗遍野。 ·················《新蔡县志》

春，（息县）大旱蝗。 ·················嘉庆《息县志》

122. 宋淳化元年（990 年）

七月，澶州有蝗。 ·················《宋史·五行志》

秋，（鲁山）蝗灾。 ·················《鲁山县志》

七月，（新蔡）复蝗。 ·················《新蔡县志》

123. 宋淳化二年（991 年）

六月，澶州蝗生。 ·················《文献通考·物异考》

夏秋，河南开封、尉氏、祥符蝗灾。 ·················《中国历代蝗患之记载》

春，（河南）大旱蝗。 ·················雍正《河南通志》

春，郑县蝗旱。秋，荥阳蝗毁禾，岁饥。

·················《河南东亚飞蝗及其综合治理》

春，（荥阳）大旱蝗。 ·················民国《续荥阳县志》

春，（开封）大旱蝗。 ·················康熙《开封府志》

三月，（祥符）大旱蝗。 ·················光绪《祥符县志》

春旱，（杞县）蝗灾。 ·················《杞县志》

春，（尉氏）大旱蝗。 ·················道光《尉氏县志》

春旱，（鹿邑）蝗虫为害。 ·················《鹿邑县志》

春，（沈丘）旱蝗。 ·················《沈丘县志》

124. 宋淳化三年（992 年）

秋七月，许、汝、蔡州蝗。 ·················《宋史·太宗本纪》

六月，京师①有蝗起东北，趣至西南，蔽空如云翳日。七月，许、蔡、汝等

州蝗，蛾抱草自死。 ·················《宋史·五行志》

六月，河南飞蝗东北经西南而去，遮天蔽日，大雨，蝗尽死。

·················《河南省志·农业志》

---

① 京师：指宋国都，今河南开封。

夏，开封蝗灾，从东北向西南，飞蔽天日。 ………《中国历代蝗患之记载》

七月，许昌蝗。 ………………………………………………《许昌县志》

（临颍）蝗。 ……………………………………民国《重修临颍县志》

七月，汝州旱，蝗虫抱枯草而死。 ………………………………《汝州市志》

七月，蔡州蝗灾。 …………………………………………《驻马店地区志》

（汝南）旱蝗。 ……………………………………………………《汝南县志》

七月，（新蔡）蝗，蛾抱草自死。 ………………………………《新蔡县志》

六月，京师蝗大起，自东北趋至西南，蔽空如云翳日。 ………《开封县志》

125. 宋至道元年（995 年）

夏六月，（鹿邑）蝗虫为害。 ……………………………………《鹿邑县志》

126. 宋至道二年（996 年）

秋七月，许州蝗抱草死。 …………………………………《宋史·太祖本纪》

七月，长葛、阳翟①二县有蝻虫食苗。 …………………《宋史·五行志》

河南长葛、密县②蝗害。 …………………《中国东亚飞蝗蝗区的研究》

七月，许州蝻食秋苗。 ……………………………………………《许昌县志》

许州有蝻虫食苗。 …………………………………………道光《许州志》

七月，（长葛）蝻虫食苗。 ………………………………………《长葛县志》

七月，阳翟蝗蝻食苗。 ……………………………………………《禹州市志》

127. 宋咸平四年（1001 年）

河南开封蝗灾。 ………………………………………《中国历代蝗患之记载》

陈留蝗。 …………………………………………………康熙《开封府志》

河南蝗。兰考蝗。 ………………………………………………《兰考县志》

陈留蝗。 …………………………………………………宣统《陈留县志》

128. 宋景德元年（1004 年）

是岁，陕州蝗害稼，命使振之。 …………………………《宋史·真宗本纪》

河南陕州大蝗害稼。 ………………………………《中国历代蝗患之记载》

129. 宋景德二年（1005 年）

六月，京东诸州蝻虫生。 …………………………………《宋史·五行志》

夏，河南蝻虫生。 ………………………………………《中国历代蝗患之记载》

---

① 阳翟：旧县名，治所在今河南禹州。
② 密县：旧县名，1994 年改设今河南新密市。

春，（郑县）大旱蝗。 ·························《河南东亚飞蝗及其综合治理》

130. 宋景德四年（1007 年）

九月，宛丘县蝗，不为灾。 ·························《宋史·真宗本纪》

六月，（荥阳）蝗。 ·························民国《续荥阳县志》

八月，宛丘蝗，不为灾。 ·························乾隆《陈州府志》

秋，宛丘、项城蝗。 ·························《淮阳县志》

八月，（沈丘）蝗。 ·························《沈丘县志》

131. 宋大中祥符元年（1008 年）

六月，（通许）蝗。 ·························乾隆《通许县志》

132. 宋大中祥符二年（1009 年）

八月，陈留蝗。 ·························宣统《陈留县志》

七月，（杞县）蝗。 ·························《杞县志》

八月，封丘蝗。 ·························顺治《封丘县志》

秋，宛丘等三县蝗。 ·························《淮阳县志》

封丘遭严重蝗灾，田苗吃光。 ·························《封丘县志》

133. 宋大中祥符三年（1010 年）

六月，开封府尉氏县蝻虫生。 ·························《宋史·五行志》

六月，开封府咸平①、尉氏二县蝻虫生。 ·············《文献通考·物异考》

夏，河南开封、尉氏蝻虫生。 ·············《中国历代蝗患之记载》

六月，咸平、尉氏蝗蝻生。 ·························雍正《河南通志》

六月，（尉氏）蝗蝻生。 ·························道光《尉氏县志》

六月，咸平、尉氏蝗蝝生。 ·························康熙《开封府志》

134. 宋大中祥符四年（1011 年）

是岁，畿内蝗。 ·························《宋史·真宗本纪》

六月，祥符县蝗。七月，河南府及京东蝗生，食苗叶。八月，开封府祥符、
咸平、中牟、陈留、雍丘、封丘六县蝗。 ·········《宋史·五行志》

夏秋，河南洛阳、尉氏、开封、祥符、中牟蝗灾，食禾苗。

·························《中国历代蝗患之记载》

七月，河南府及京东蝗生，食苗叶。八月，开封府祥符、中牟、陈留、封
丘数县蝗灾。 ·························《河南省志·农业志》

① 咸平：旧县名，治所在今河南通许。

六月，河南府蝗生，食苗叶。 …………………………… 乾隆《河南府志》

六月，河南蝗。 …………………………………………… 雍正《河南通志》

七月，（新安）蝗。 ………………………………………… 乾隆《新安县志》

六月，祥符蝗。八月，陈留蝗。 ……………………………… 《开封县志》

八月，（杞县）蝗。 …………………………………………………… 《杞县志》

六月，（尉氏）生蝗。 …………………………………… 道光《尉氏县志》

六月，通许蝗继作。 ……………………………………… 乾隆《通许县志》

秋七月，京东蝗。 ………………………………………… 咸丰《大名府志》

135. 宋大中祥符九年（1016 年）

六月，京畿蝗。秋七月，开封府祥符县蝗附草死者数里。以畿内蝗下诏戒
郡县，诏京城禁乐一月。九月，督诸路捕蝗。 ………《宋史·真宗本纪》

六月，京畿、京东西蝗蝻继生，弥覆郊野，食民田殆尽，入公私庐舍。七
月，过京师，群飞翳空，延至江、淮南，趣河东，及霜寒始毙。

…………………………………………………………… 《宋史·五行志》

秋七月，飞蝗过京城，帝诣玉清昭应宫、开宝寺、灵感塔焚香祈祷，禁宫
城音乐五日。先是帝出死蝗以示大臣曰：“朕遣人遍于郊野视蝗，多自死
者。”翌日，执政有袖死蝗以进者曰：“蝗实死矣，请示于朝。”率百官
贺。王旦曰：“蝗出为灾，灾弭，幸也，又何贺焉？”众力请，旦固称不
可，乃止。于是二府方奏事，飞蝗蔽天，有坠于殿廷间者。帝顾谓旦曰：
“使百官方贺而蝗若此，岂不为天下笑邪！”诏曰：“近以蝗蝝伤于苗稼，
仍令所在官司谨察视之。”八月，中使等言分路检视，蝗伤民田约十之一
二，帝命所定蠲税分数，更加优厚。九月，令诸路转运使督民捕蝗。诏：
“诸州蝗旱，今始得雨，方在劝农，罢诸营造。”又诏：“诸州县七月以后
诉灾伤者，准格例不许；今岁蝗旱，特听受其牒诉。”先是京畿、京东、
西蝗生，弥覆郊野。七月，过京师，延至江、淮，及霜寒始尽。飞蝗之
过京城也，帝方坐便殿，左右以告，帝起，临轩仰视，则蝗势连云障日，
莫见其际。帝默然还坐，意甚不怿，乃命撤膳。

…………………………………………………… 《续资治通鉴·宋纪》

七月，郏县蝗灾；开封蝗蝻生，弥覆郊野，食稼尽，入公私庐舍。八月，
飞蝗蔽空，延至江、淮，及霜寒始毙；祥符县飞蝗抱草死。

…………………………………………………… 《中国历代蝗患之记载》

七月，蝗过京师，群飞翳日。 …………………………………… 《开封县志》

（长垣）旱，蝗食民田殆尽。 ·····················嘉庆《长垣县志》

夏六月，京东西、河北蝗蝻继生，食田殆尽。 ···········咸丰《大名府志》

136. 宋天禧元年（1017 年）

二月，开封府、京东西①蝗蝻复生，多去岁蛰者。 ·········《宋史·五行志》

夏四月，查道知虢州。时虢州蝗灾。道既至，不俟报，出官廪米设糜粥赈
饥者，发州麦四千斛给农民种，所全活万余人。五月，诏以仍岁蝗旱，
遣使分路安抚。开封府及京东二月后蝗蝻食苗，诏：遣使臣与本县官吏
焚捕，每三五州命内臣一人提举之。 ·············《续资治通鉴·宋纪》

春，河南开封蝗蝻复生。 ·················《中国历代蝗患之记载》

（陈州）蝗蝻复生。 ······················乾隆《陈州府志》

淮宁②蝗蝻复生。 ·························《淮阳县志》

春，（沈丘）蝗蝻复生。 ·····················《沈丘县志》

137. 宋天圣二年（1024 年）

河南开封蝗灾，食稼。 ·················《中国历代蝗患之记载》

（辉县）大旱蝗。 ························道光《辉县志》

酸枣旱蝗，百姓流亡。 ·····················《延津县志》

（汲县）大旱蝗。 ························乾隆《汲县志》

（卫辉）大旱蝗。 ·······················乾隆《卫辉府志》

（淇县）大旱蝗。 ························顺治《淇县志》

138. 宋天圣五年（1027 年）

春，（考城③）大旱蝗。 ············《河南东亚飞蝗及其综合治理》

139. 宋天圣六年（1028 年）

五月，京东蝗。 ·························《宋史·五行志》

五月，武陟、孟县蝗。 ············《河南东亚飞蝗及其综合治理》

夏，河南郏县蝗灾。 ···················《中国历代蝗患之记载》

六月，（兰考）蝗。 ························《兰考县志》

五月，（辉县）大蝗。 ·····················道光《辉县志》

（汲县）大蝗。 ·························乾隆《汲县志》

五月，（卫辉）大蝗。 ·····················乾隆《卫辉府志》

---

① 京西：宋路名，治所在今河南洛阳。

② 淮宁：旧府、县名，治所在今河南淮阳。

③ 考城：旧县名，治所在今河南民权东北，清代徙治今河南兰考东北。

五月，（淇县）大蝗。 ·························· 顺治《淇县志》

140. 宋天圣八年（1030 年）

（兰考）飞蝗蔽天。 ·························· 《兰考县志》

141. 宋明道二年（1033 年）

是岁，畿内、京东西蝗。 ·················· 《宋史·仁宗本纪》

岁大蝗旱，京东滋甚。 ·················· 《宋史·范仲淹传》

秋，河南郏县蝗灾。 ·············· 《中国历代蝗患之记载》

河南、北蝗。 ·························· 雍正《河南通志》

孟津蝗虫为害。 ·········· 《河南东亚飞蝗及其综合治理》

（荥阳）蝗。 ·························· 民国《续荥阳县志》

七月，（辉县）蝗。 ·················· 道光《辉县志》

七月，（卫辉）蝗。 ·················· 乾隆《卫辉府志》

七月，（汲县）蝗。 ·················· 乾隆《汲县志》

（焦作）蝗灾。 ·························· 《焦作市志》

怀州蝗灾。 ·························· 《沁阳市志》

（怀庆）蝗。 ·························· 乾隆《怀庆府志》

河北蝗。河内蝗。 ·················· 道光《河内县志》

（武陟）蝗。 ·························· 道光《武陟县志》

安阳等州蝗灾。 ·························· 《安阳县志》

夏四月，（陈州）蝗。 ·················· 乾隆《陈州府志》

四月，（沈丘）蝗。七月，（沈丘）蝗。 ·············· 《沈丘县志》

（桐柏）蝗。 ·························· 乾隆《桐柏县志》

四月，（淮阳）蝗。七月，（淮阳）蝗。 ·············· 《淮阳县志》

七月，（淇县）蝗。 ·················· 顺治《淇县志》

142. 宋景祐元年（1034 年）

春正月，诏：募民掘蝗种，给菽米。是岁，开封府蝗。

·························· 《宋史·仁宗本纪》

六月，开封府蝗。诸路募民掘蝗种万余石。 ·········· 《宋史·五行志》

三月，开封府判官谢绛言：蝗亘田野，坌入郛郭，跳掷官寺、井匽皆满，而使者数出，府县监捕驱逐，蹂践田舍，民不聊生。以臣愚所闻，似吏不甚称职而召其变。 ·········· 《续资治通鉴·宋纪》

河南开封、尉氏令民掘蝗卵万余石。 ·········· 《中国历代蝗患之记载》

六月，（尉氏）蝗。.. 道光《尉氏县志》

夏，（周口）连续两年旱蝗。.. 《周口地区志》

七月，淮宁蝗。.. 《淮阳县志》

七月，（沈丘）蝗。.. 《沈丘县志》

143. 宋景祐二年（1035 年）

是年，范县蝗。.. 《河南东亚飞蝗及其综合治理》

秋七月，（陈州）蝗。.. 乾隆《陈州府志》

秋七月，（淮阳）蝗。.. 《淮阳县志》

144. 宋宝元元年（1038 年）

河北大蝗。怀庆蝗。.. 乾隆《怀庆府志》

145. 宋宝元二年（1039 年）

六月，范县蝗。.. 《河南东亚飞蝗及其综合治理》

京师飞蝗蔽天。.. 《开封县志》

146. 宋庆历元年（1041 年）

是岁，京师飞蝗蔽天。.. 《宋史·五行志》

河南开封蝗灾大发生，飞蔽天。.. 《中国历代蝗患之记载》

京师飞蝗蔽天。.. 康熙《开封府志》

147. 宋庆历四年（1044 年）

春，京师飞蝗蔽天。.. 《文献通考·物异考》

夏，河南开封、尉氏、祥符蝗灾大发生。.. 《中国历代蝗患之记载》

六月，汴京大旱蝗。.. 雍正《河南通志》

夏六月，（开封）大旱蝗。.. 康熙《开封府志》

六月，（祥符）大旱蝗。.. 光绪《祥符县志》

（尉氏）大旱蝗。.. 道光《尉氏县志》

148. 宋庆历八年（1048 年）

河南汝南蝗。.. 《中国东亚飞蝗蝗区的研究》

河南汝南、正阳蝗灾。.. 《中国历代蝗患之记载》

汝南蝗。.. 嘉庆《正阳县志》

149. 宋皇祐四年（1052 年）

是岁，京师飞蝗蔽天。.. 《中国历代天灾人祸表》

150. 宋熙宁五年（1072 年）

河南汲县等蝗灾大发生。.. 《中国历代蝗患之记载》

河北蝗。 ·························· 雍正《河南通志》

河北蝗。怀庆蝗。 ·············· 乾隆《怀庆府志》

（武陟）蝗。 ······················ 道光《武陟县志》

（辉县）大蝗。 ···················· 道光《辉县志》

（汲县）大蝗。 ···················· 乾隆《汲县志》

（卫辉）大蝗。 ···················· 乾隆《卫辉府志》

（淇县）大蝗。 ···················· 顺治《淇县志》

151. 宋熙宁六年（1073 年）

河南汲县蝗灾。 ············ 《中国历代蝗患之记载》

（辉县）蝗。 ······················ 道光《辉县志》

（汲县）蝗。 ······················ 乾隆《汲县志》

（卫辉）蝗。 ······················ 乾隆《卫辉府志》

（淇县）大蝗。 ···················· 顺治《淇县志》

152. 宋熙宁七年（1074 年）

秋七月，诏开封提点、提举司检覆蝗旱。 ········· 《宋史·神宗本纪》

夏，开封府界蝗。七月，咸平县鸲鹆食蝗。 ········· 《宋史·五行志》

夏四月，光州司法参军福清郑侠乃绘所见为图。上之银台司。其略曰：去
　年大蝗，秋冬亢旱，麦苗焦枯，五种不入，群情惧死。愿陛下开仓廪，
　赈贫乏，取有司搕克不道之政。帝反复观图，长吁数四，遂命开封体放
　免行钱，三司察市易，司农发常平仓。 ········· 《续资治通鉴·宋纪》

河南开封蝗灾。 ············ 《中国历代蝗患之记载》

咸平县鸲鹆食蝗。 ·············· 雍正《河南通志》

秋七月，咸平县鸲鹆食蝗。 ········ 康熙《开封府志》

七月，（通许）鸲鹆食蝗。 ········ 乾隆《通许县志》

（长垣）蝗。 ······················ 嘉庆《长垣县志》

夏，太康、沈丘旱蝗成灾。 ········ 《周口地区志》

春至夏，（沈丘）旱蝗成灾。 ········ 《沈丘县志》

153. 宋熙宁八年（1075 年）

八月，淮西蝗，陈州蔽野。 ········ 《宋史·五行志》

河南陈州蝗灾，募民捕蝗交官易粟。 ········ 《中国历代蝗患之记载》

八月，淮阳、沈丘飞蝗蔽野。 ········ 《周口地区志》

八月，（淮阳）蝗蔽野。 ············ 《淮阳县志》

八月，（沈丘）蝗虫蔽野。 ·······················《沈丘县志》

八月，蔡州蝗灾。 ·····························《驻马店地区志》

秋八月，（陈州）蝗蔽野。 ·····················乾隆《陈州府志》

154. 宋熙宁九年（1076 年）

夏，开封府畿、京东蝗。 ·······················《宋史·五行志》

夏秋，河南开封及其以东邻县蝗灾。 ·······《中国历代蝗患之记载》

155. 宋元丰四年（1081 年）

秋，开封府界蝗。 ····························《宋史·五行志》

六月，河北诸郡蝗生。诏：闻河北飞蝗极盛，渐已南来，速令开封界提举
　　司，京东、西路转运司遣官督捕；仍告谕州县，收获先熟禾稼。

······································《续资治通鉴·宋纪》

河南开封蝗。 ······················《中国东亚飞蝗蝗区的研究》

秋，太康、沈丘、淮阳、扶沟飞蝗为灾。 ·············《周口地区志》

秋，（陈州）蝗。 ···························乾隆《陈州府志》

秋，（沈丘）蝗。 ····························《沈丘县志》

秋，（扶沟）蝗。 ···························光绪《扶沟县志》

河北蝗。怀庆蝗。 ···························乾隆《怀庆府志》

河北蝗。武陟蝗。 ···························道光《武陟县志》

秋，淮宁蝗。 ·····························《淮阳县志》

156. 宋元丰五年（1082 年）

河南开封蝗。 ······················《中国东亚飞蝗蝗区的研究》

六月，周口地区蝗。 ··························《周口地区志》

六月，（沈丘）蝗。 ··························《沈丘县志》

157. 宋元丰六年（1083 年）

夏，（开封府界）又蝗。 ·······················《宋史·五行志》

河南开封蝗。 ······················《中国东亚飞蝗蝗区的研究》

夏，（兰考）蝗。 ····························《兰考县志》

158. 宋绍圣元年（1094 年）

夏，（荥阳）蝗灾，大饥。 ············《河南东亚飞蝗及其综合治理》

159. 宋建中靖国元年（1101 年）

是岁，京畿蝗。 ···························《宋史·徽宗本纪》

河南开封蝗灾。 ·····················《中国历代蝗患之记载》

160. **宋崇宁元年**（1102 年）

夏，开封府界、京东等路蝗。 ···《宋史·五行志》

京师蝗。 ···《宋史·王厍传》

夏，河南开封、汲县蝗灾。 ·····················《中国历代蝗患之记载》

夏，（辉县）蝗。 ·······································道光《辉县志》

夏，（汲县）蝗。 ·······································乾隆《汲县志》

夏，（卫辉）蝗 ··乾隆《卫辉府志》

（淇县）大蝗。 ···顺治《淇县志》

161. **宋崇宁三年**（1104 年）

连岁大蝗，其飞蔽日，来自山东及府界，河北尤甚。 ······《宋史·五行志》

河南汲县蝗虫盖地，食稼尽。 ··················《中国历代蝗患之记载》

（辉县）大蝗。 ···道光《辉县志》

（汲县）大蝗。 ···乾隆《汲县志》

（怀庆）大蝗。 ···乾隆《怀庆府志》

（武陟）大蝗。 ···道光《武陟县志》

太康、沈丘、淮阳大蝗。 ···························《周口地区志》

（陈州）大蝗。 ···乾隆《陈州府志》

（卫辉）大蝗。 ···乾隆《卫辉府志》

（淇县）蝗。 ··顺治《淇县志》

秋，（淮阳）大蝗。 ···································《淮阳县志》

（沈丘）大蝗。 ···《沈丘县志》

162. **宋崇宁四年**（1105 年）

连岁大蝗，其飞蔽日，来自山东及府界，河北尤甚。 ······《宋史·五行志》

河南开封、汲县蝗虫大发生，飞蔽天。 ·········《中国历代蝗患之记载》

（辉县）蝗。 ··道光《辉县志》

（汲县）连岁大蝗。 ···································乾隆《汲县志》

（武陟）连岁大蝗。 ···································道光《武陟县志》

（卫辉）连岁大蝗。 ···································乾隆《卫辉府志》

（淇县）蝗。 ··顺治《淇县志》

163. **宋宣和三年**（1121 年）

（汝州）蝗。 ··《汝州市志》

164. **宋建炎二年**（1128 年）

六月，京畿①蝗。 ·····························《宋史·高宗本纪》

165. **宋隆兴二年**（1164 年）

归德②蝗，督民捕蝗，死蝗一斗给粟一斗，数日捕绝。

·····························《古今图书集成·庶征典·蝗灾部汇考》

166. **宋乾道元年**（1165 年）

夏，河南正阳蝗灾。 ···················《中国历代蝗患之记载》

汝南蝗，姚岳贡死蝗，其佞坐黜。 ··········· 嘉庆《正阳县志》

167. **宋淳熙三年　金大定十六年**（1176 年）

河南正阳大蝗。 ·····················《中国历代蝗患之记载》

长垣、内黄诸境旱蝗。 ················· 咸丰《大名府志》

（长垣）蝗。 ······················· 嘉庆《长垣县志》

168. **宋淳熙九年　金大定二十二年**（1182 年）

（固始）蝗灾。 ························· 《固始县志》

169. **宋开禧三年　金泰和七年**（1207 年）

河南旱蝗，诏维翰体究田禾分数以闻。七月雨，复诏维翰曰：雨虽沾足，

秋种过时，使多种蔬菜犹愈于荒莱也。蝗蝻遗子，如何可绝？旧有蝗处

来岁宜菽麦，谕百姓使知之。 ··········《金史·王维翰传》

河南蝗灾。 ·······················《中国历代蝗患之记载》

六月，河南旱蝗，遣使捕蝗。 ············《中国昆虫学史》

170. **宋嘉定元年　金泰和八年**（1208 年）

闰四月，河南路蝗。 ··················《金史·五行志》

河南蝗虫大发生。 ···················《中国历代蝗患之记载》

四月，河南路蝗。 ··················· 乾隆《洛阳县志》

171. **宋嘉定八年　金贞祐三年**（1215 年）

夏四月，河南路蝗，遣官分捕。上谕宰臣曰：朕在潜邸，闻捕蝗者止及道

旁，使者不见处即不加意，当以此意戒之。 ·········《金史·宣宗本纪》

河南洛阳蝗灾，食禾稼、山林、草木皆尽。 ········《中国历代蝗患之记载》

五月，河南大蝗。 ··················· 乾隆《河南府志》

---

① 宋高宗建炎元年（1127 年）建都商丘，京畿指今河南商丘附近地区。

② 归德：旧府名，治所在今河南商丘南睢阳区。

夏五月，（陈州）大蝗。 ················· 乾隆《陈州府志》

五月，（淮阳）大蝗。 ······················· 《淮阳县志》

四月，南京①路蝗虫为害，遣官分捕。 ············· 《杞县志》

172. 宋嘉定九年　金贞祐四年（1216 年）

夏四月，河南蝗。五月，邓、裕②、汝等州蝗。六月，河南大蝗伤稼，遣官
分道捕之。 ················· 《金史·宣宗本纪》

洛阳、临汝③蝗虫害稼，民饥。 ········· 《中国历代蝗患之记载》

夏六月，（陈州）大蝗伤稼。 ············ 乾隆《陈州府志》

夏，（沈丘）旱蝗伤稼。 ··················· 《沈丘县志》

六月，（鹿邑）蝗伤田禾。 ··················· 《鹿邑县志》

六月，（淮阳）大蝗伤禾。 ··················· 《淮阳县志》

173. 宋嘉定十一年　金兴定二年（1218 年）

夏四月，河南诸郡蝗。五月，诏遣官督捕河南诸路蝗。······《金史·宣宗本纪》

夏，河南尉氏等蝗灾。 ··············· 《中国历代蝗患之记载》

（孟津）蝗灾。 ············ 《河南东亚飞蝗及其综合治理》

四月，（淮阳）蝗。 ······················· 《淮阳县志》

四月，（尉氏）蝗。 ··················· 道光《尉氏县志》

太康、淮阳、沈丘旱蝗。 ··················· 《周口地区志》

夏四月，（陈州）蝗。 ················· 乾隆《陈州府志》

夏，（沈丘）蝗。 ······················· 《沈丘县志》

174. 宋宝庆二年　金正大三年（1226 年）

四月，（开封）蝗。 ············ 《河南东亚飞蝗及其综合治理》

175. 宋嘉熙二年（1238 年）

武陟、孟县旱蝗，诏免田租。 ········ 《河南东亚飞蝗及其综合治理》

四、元代蝗灾

176. 蒙古至元元年（1264 年）

大名路（滑县）大水、蝗灾。 ················· 同治《滑县志》

---

① 南京：元路名，治所在今河南开封，元至元二十五年（1288 年）改称汴梁路。

② 裕州：旧州名，治所在今河南方城。

③ 临汝：旧县名，治所在今河南汝州。

177. 蒙古至元三年（1266 年）

六月，武陟、孟县蝗。⋯⋯⋯⋯⋯⋯⋯⋯《河南东亚飞蝗及其综合治理》

六月，怀庆蝗。⋯⋯⋯⋯⋯⋯⋯⋯⋯⋯⋯道光《河内县志》

怀庆阳武蝗。⋯⋯⋯⋯⋯⋯⋯⋯⋯⋯⋯乾隆《怀庆府志》

（舞阳）蝗虫为害。⋯⋯⋯⋯⋯⋯⋯⋯⋯⋯《舞阳县志》

（舞钢）蝗虫为害。⋯⋯⋯⋯⋯⋯⋯⋯⋯⋯《舞钢市志》

六月，（武陟）蝗。⋯⋯⋯⋯⋯⋯⋯⋯⋯⋯道光《武陟县志》

178. 蒙古至元四年（1267 年）

是岁，河南北诸路蝗。⋯⋯⋯⋯⋯⋯⋯⋯《元史·世祖本纪》

河南蝗灾。⋯⋯⋯⋯⋯⋯⋯⋯⋯⋯《中国历代蝗患之记载》

归德府永城、亳州蝗。⋯⋯⋯⋯⋯⋯⋯⋯乾隆《归德府志》

（商丘）蝗旱。⋯⋯⋯⋯⋯⋯⋯⋯⋯⋯⋯⋯《商丘县志》

179. 蒙古至元五年（1268 年）

河南新乡、卫辉蝗灾，新乡鸲鹆食蝗。⋯⋯⋯《中国历代蝗患之记载》

七月，（新乡）鸲鹆食蝗。⋯⋯⋯⋯⋯⋯乾隆《新乡县志》

秋七月，（卫辉）鸲鹆食蝗。⋯⋯⋯⋯⋯乾隆《卫辉府志》

秋七月，（辉县）蝗生，鸲鹆食蝗尽。⋯⋯⋯道光《辉县志》

七月，朝歌鸲鹆食蝗。⋯⋯⋯⋯⋯⋯⋯⋯⋯⋯《淇县志》

秋七月，（鹿邑）蝗。⋯⋯⋯⋯⋯⋯⋯⋯光绪《鹿邑县志》

180. 蒙古至元六年（1269 年）

六月，河南诸郡蝗。⋯⋯⋯⋯⋯⋯⋯⋯⋯《元史·世祖本纪》

洧川①县达鲁花赤贪暴，盛夏役民捕蝗，禁不得饮水，民不胜忿，击之
而毙。⋯⋯⋯⋯⋯⋯⋯⋯⋯⋯⋯⋯⋯⋯《元史·袁裕传》

夏，河南蝗灾。⋯⋯⋯⋯⋯⋯⋯⋯⋯《中国历代蝗患之记载》

六月，（通许）蝗。⋯⋯⋯⋯⋯⋯⋯⋯⋯乾隆《通许县志》

181. 蒙古至元七年（1270 年）

五月，南京、河南等路蝗，减今年银丝十之三。冬十月，以南京、河南两
路旱蝗，减今年差赋十之六。⋯⋯⋯⋯⋯《元史·世祖本纪》

从春至秋，河南蝗害，减田租。⋯⋯⋯《中国历代蝗患之记载》

七月，（洛阳）大蝗。⋯⋯⋯⋯⋯⋯⋯⋯乾隆《洛阳县志》

---

① 洧川：旧县名，治所在今河南尉氏西南洧川镇。

四月，（延津）蝗。　·······························《延津县志》

182. 元至元八年（1271 年）

六月，卫辉、河南、南京、彰德、怀孟①、归德诸州县蝗。

·······························《元史·世祖本纪》

夏，河南洛阳、卫辉、彰德、归德蝗灾。　···········《中国历代蝗患之记载》

六月，（长垣）蝗。　····························嘉庆《长垣县志》

怀孟路蝗。　·································乾隆《怀庆府志》

怀孟路（河内）蝗。　···························道光《河内县志》

怀孟路蝗灾。　··································《沁阳县志》

（武陟）蝗。　································道光《武陟县志》

怀孟路蝗。孟县蝗。　·····························《孟县志》

飞蝗入宁陵境，伤禾稼数百顷。　·················《商丘地区志》

三月，（宁陵）飞蝗入境，伤禾数百亩。　···········《宁陵县志》

六月，（鹿邑）蝗。　··························光绪《鹿邑县志》

183. 元至元九年（1272 年）

五月，许州蝗。　······························《许昌县志》

184. 元至元十五年（1278 年）

秋，（安阳）旱，蝗灾。　·······················《安阳县志》

185. 元至元十八年（1281 年）

夏，归德之永城蝗。　··························乾隆《归德府志》

夏，永城蝗灾。　······························《永城县志》

186. 元至元十九年（1282 年）

中牟、长葛、尉氏蝗灾，禾稼俱尽，飞蔽天，坑堑皆满，民饥，捕蝗为食。

·······························《中国历代蝗患之记载》

河南等处皆蝗，食苗稼、草木俱尽，所至蔽日，碍人马不能行，填坑堑皆盈，

饥民捕蝗以食，或曝干积之，又尽，则人相食。　········康熙《河间府志》

（开封）蝗灾严重。　··························《开封县志》

五月，河南、河北诸郡大蝗，飞蔽天。兰考蝗。　···········《兰考县志》

五月，（尉氏）蝗食禾稼、草木叶皆尽，所至蔽日，碍人马不能行，填坑堑皆

盈，饥民捕蝗以食，或曝干积之，又尽，则人相食。　······道光《尉氏县志》

---

① 怀孟：元路名，治所在今河南沁阳。

（杞县）旱，飞蝗蔽天，人马不能行，沟堑尽平，草木俱尽，大饥，人

   相食。 ……………………………………………………《杞县志》

原武蝗。 ………………………………………… 乾隆《怀庆府志》

（浚县）蝗虫为害甚烈，禾稼不登，民捕蝗充饥，乃至人相食。

          ………………………………………………《浚县志》

夏，（柘城）飞蝗蔽天，沟堑皆平，食禾稼俱尽。 …………《柘城县志》

五月，淮阳、扶沟、沈丘、鹿邑旱，飞蝗蔽天，人马不能行，沟堑皆平。

          ……………………………………………《周口地区志》

夏五月，（陈州）蝗蔽天，人马不能行，所落沟堑尽平。

          …………………………………… 乾隆《陈州府志》

五月旱，（沈丘）蝗飞蔽天。 …………………………《沈丘县志》

五月，（鹿邑）蝗飞蔽天，落满沟堑。 …………………《鹿邑县志》

五月，（扶沟）飞蝗蔽天，所落沟堑尽平。 ………… 光绪《扶沟县志》

（舞阳）飞蝗成灾，所至蔽日，庄稼、草木被吃光。 …………《舞阳县志》

许地蝗食禾稼、草木俱尽，所至蔽日，碍人马不能行，饥民捕蝗以食，或

   曝干积之，又尽，人相食。 ………………… 道光《许州志》

（长葛）蝗食苗、草木俱尽，所至蔽日，碍人马不能行，填坑堑皆盈，饥民

   捕蝗以食，或曝干而积之，又尽，人相食。 ………《长葛县志》

（襄城）蝗灾严重，禾草俱尽，所至蔽日，碍人马不能行，饥民初食蝗，继

   而人相食。 ………………………………………《襄城县志》

187. 元至元二十二年（1285 年）

夏四月，汴梁、归德蝗。 ……………………………《元史·世祖本纪》

许州蝗。 ……………………………………………… 道光《许州志》

秋，许州蝗 ……………………………………………《许昌县志》

188. 元至元二十三年（1286 年）

许州又蝗灾。 …………………………………………《许昌县志》

189. 元至元二十五年（1288 年）

秋七月，汴梁路蝗。 …………………………………《元史·世祖本纪》

夏至秋，河南蝗害稼。 ………………………《中国历代蝗患之记载》

河南蝗，为害作物。 ………………………《中国东亚飞蝗蝗区的研究》

190. 元至元二十六年（1289 年）

秋七月，归德、汴梁、怀孟蝗。 ………………………《元史·世祖本纪》

夏，河南归德、沁阳、孟县等蝗灾。 ……………………《中国历代蝗患之记载》

夏秋，河南蝗。 …………………………《中国东亚飞蝗蝗区的研究》

怀孟蝗。 ……………………………………………… 乾隆《怀庆府志》

七月，怀孟（河内）蝗。 …………………………… 道光《河内县志》

七月，（武陟）蝗。 ………………………………… 道光《武陟县志》

秋七月，孟州蝗。 …………………………………………《孟县志》

七月，河南沁阳蝗。 ……………《河南东亚飞蝗及其综合治理》

怀孟路蝗灾。 ………………………………………………《沁阳市志》

七月，孟州蝗。 ……………………………………………《焦作市志》

191. 元至元二十七年（1290 年）

夏，河南汲县等蝗灾。 ……………………《中国历代蝗患之记载》

夏四月，河北蝗。 ………………………… 雍正《河南通志》

夏四月，（卫辉）蝗。 ……………………… 乾隆《卫辉府志》

（辉县）蝗。 ………………………………………… 道光《辉县志》

四月，（延津）旱蝗。 ……………………………………《延津县志》

（长垣）蝗。 ……………………………………… 嘉庆《长垣县志》

四月，（怀庆）蝗。 ………………………………… 乾隆《怀庆府志》

四月，（武陟）蝗。 ………………………………… 道光《武陟县志》

四月，（汤阴）大旱蝗。 …………………………………《汤阴县志》

夏四月，（汲县）蝗。 ……………………………… 乾隆《汲县志》

四月，（淇县）蝗。 ………………………………… 顺治《淇县志》

192. 元至元二十九年（1292 年）

六月，归德等郡蝗。 ………………………………《元史·五行志》

夏秋，河南归德蝗灾。 ……………………《中国历代蝗患之记载》

秋，（孟县）旱蝗，饥。 …………………………………《孟县志》

（新野）蝗。 ………………………………………………《新野县志》

193. 元元贞元年（1295 年）

六月，汴梁陈留、太康、考城等县，睢①、许等州蝗。 ……《元史·五行志》

夏秋，河南太康、陈留、考城蝗灾。 ……………《中国历代蝗患之记载》

六月，（通许）蝗。 ………………………………… 乾隆《通许县志》

---

① 睢：睢州，旧州名，治所在今河南睢县。

六月，陈留蝗。 ·············· 宣统《陈留县志》

考城县蝗。 ·············· 《兰考县志》

睢、许等州，考城等县蝗。 ·············· 光绪《续修睢州志》

六月，汴、陈等州蝗。 ·············· 《淮阳县志》

汴梁太康等县蝗。 ·············· 道光《太康县志》

六月，许州蝗。 ·············· 道光《许州志》

六月，考城蝗。 ·············· 民国《考城县志》

六月，考城蝗灾。 ·············· 《民权县志》

六月，许州蝗。 ·············· 民国《许昌县志》

194. 元元贞二年（1296年）

六月，汝宁①、滑州蝗。秋七月，归德蝗。八月，彰德蝗。

·············· 《元史·成宗本纪》

六月，开州②长垣、清丰县，滑州，内黄县蝗。八月，归德等郡蝗。

·············· 《元史·五行志》

夏，彰德、归德、内黄蝗灾。 ·············· 《中国历代蝗患之记载》

滑、开诸州县旱蝗。 ·············· 咸丰《大名府志》

六月，（长垣）蝗。 ·············· 嘉庆《长垣县志》

六月，（南乐）旱蝗。 ·············· 民国《南乐县志》

（浚县）蝗灾。 ·············· 《浚县志》

八月，（商丘）蝗。 ·············· 《商丘县志》

秋，（沈丘）旱蝗。 ·············· 《沈丘县志》

六月，汝宁府蝗灾。 ·············· 《驻马店地区志》

195. 元大德元年（1297年）

六月，归德蝗。 ·············· 《元史·成宗本纪》

夏秋，河南归德蝗，大发生迁移。 ·············· 《中国东亚飞蝗蝗区的研究》

六月，归德蝗。 ·············· 乾隆《归德府志》

196. 元大德二年（1298年）

二月，归德等处蝗。六月，河南蝗。 ·············· 《元史·成宗本纪》

河南洛阳、归德蝗，全年猖獗。 ·············· 《中国东亚飞蝗蝗区的研究》

---

① 汝宁：旧府名，治所在今河南汝南。

② 开州：旧州名，治所在今河南濮阳。

睢州等处蝗。 ·······························光绪《续修睢州志》

197. 元大德三年（1299 年）

冬十月，陕蝗，免其田租。 ··············《元史·成宗本纪》

十月，汴梁、归德蝗。 ··········《古今图书集成·庶征典·蝗灾部汇考》

河南归德蝗灾。 ·················《中国历代蝗患之记载》

内黄旱蝗，饥，诏赈之。 ·············光绪《内黄县志》

198. 元大德四年（1300 年）

五月，南阳、归德旱蝗。 ··············《元史·成宗本纪》

夏秋，河南归德、南阳蝗灾。 ··········《中国历代蝗患之记载》

五月，（商丘）旱蝗。 ·················《商丘县志》

南阳蝗。 ·······················光绪《南阳县志》

（南召）蝗灾。 ·····················《南召县志》

199. 元大德五年（1301 年）

六月，淇州①蝗。八月，河南、睢、陈、唐等州，新野、汝阳等县蝗。

·····························《元史·五行志》

六月，怀孟蝗。是岁，汴梁、归德、南阳、邓州、唐州、陈州、汝宁蝗。

·····························《元史·成宗本纪》

夏至秋，河南睢县、新野、洛阳、汝宁、陈州、邓县、南阳、归德蝗灾。

·····························《中国历代蝗患之记载》

怀孟路蝗。 ·····················乾隆《怀庆府志》

六月，怀孟蝗。 ·····················《焦作市志》

六月，孟县蝗。 ·····················《孟县志》

六月，怀孟（河内）蝗。 ·············道光《河内县志》

（陈州）蝗。 ·····················乾隆《陈州府志》

（沈丘）蝗灾。 ·····················《沈丘县志》

八月，（项城）蝗。 ·················民国《项城县志》

八月，唐州新野蝗。 ·············嘉庆《南阳府志》

南阳蝗。 ·······················光绪《南阳县志》

八月，（新野）蝗。 ·················《新野县志》

（南召）蝗、旱两灾相加。 ···········《南召县志》

---

① 淇州：旧州名，治所在今河南淇县。

汝宁、唐州蝗灾。 ·······························《驻马店地区志》

秋，（汝南）蝗。 ·······························《汝南县志》

（固始）蝗灾。 ·······························《固始县志》

200. 元大德六年（1302 年）

（长垣）蝗。 ·······························嘉庆《长垣县志》

（孟县）蝗。 ·······························《孟县志》

武陟蝗。 ·······················《河南东亚飞蝗及其综合治理》

201. 元大德八年（1304 年）

夏，河南孟津、南阳蝗灾。 ···············《中国历代蝗患之记载》

202. 元大德十年（1306 年）

夏四月，河南蝗。 ·······················《元史·成宗本纪》

四月，河南等郡蝗。 ·······················《元史·五行志》

夏，河南蝗灾。 ·······················《中国历代蝗患之记载》

203. 元大德十一年（1307 年）

汝宁府各县旱蝗并发。 ·······················《驻马店地区志》

204. 元至大元年（1308 年）

二月，汝宁、归德二路旱蝗，民饥，给钞万锭赈之。

·······························《元史·武宗本纪》

河南大蝗，伤稼，大饥；汝宁、归德蝗灾。 ·········《中国历代蝗患之记载》

（新乡）旱蝗俱灾。 ·······················《新乡县志》

灵宝水、旱、蝗灾。 ·······················《三门峡市志》

澶、曹、濮、高唐等处蝗入州境，临清与焉。 ····· 乾隆《临清直隶州志》

二月，（商丘）旱蝗，民饥。 ·······················《商丘地区志》

太康、沈丘旱蝗，大饥，民采树皮、草根为食。 ·········《周口地区志》

（沈丘）蝗，大饥。 ·······················《沈丘县志》

蔡境旱蝗成灾。 ·······················《上蔡县志》

（新蔡）蝗。 ·······················《新蔡县志》

遂平旱蝗，大饥，民采树皮、草根为食，父子相食。 ·········《遂平县志》

205. 元至大二年（1309 年）

夏四月，汴梁、卫辉等处蝗。八月，彰德、卫辉、怀孟、汴梁等处蝗。

·······························《元史·武宗本纪》

河南开封、沁阳、卫辉、郏县等蝗灾。 ············《中国历代蝗患之记载》

夏四月，汴梁蝗。 ·························· 康熙《开封府志》

四月，（兰考）蝗。 ························· 《兰考县志》

八月，怀孟蝗。 ························· 乾隆《怀庆府志》

八月，怀孟蝗。 ························· 《焦作市志》

八月，怀孟郡（河内）蝗。 ··············· 道光《河内县志》

八月，怀孟路（武陟）蝗。 ··············· 道光《武陟县志》

八月，怀孟（孟县）蝗。 ················· 《孟县志》

八月，（新蔡）蝗。 ····················· 《新蔡县志》

八月，（汝南）蝗。 ····················· 《汝南县志》

206. 元至大三年（1310 年）

八月，汴梁、怀孟、卫辉、彰德、归德、汝宁、南阳、河南等路蝗。

·························· 《元史·武宗本纪》

九月，监察御史上时政书，其略曰：累年河南诸郡，蝗、旱洊臻，郊关之

外，十室九空，民之扶老携幼就食他所者，络绎道路，其他父子、兄弟、

夫妇至相与鬻为食者，比比皆是。 ········ 《续资治通鉴·元纪》

夏秋，河南卫辉、彰德、归德、汝宁、南阳、洛阳蝗灾。

·························· 《中国历代蝗患之记载》

怀孟蝗。 ························· 乾隆《怀庆府志》

八月，怀孟路（河内）蝗。 ··············· 道光《河内县志》

八月，（南阳）旱蝗。 ··················· 《南阳市志》

（新野）蝗食稼。 ······················ 《新野县志》

（南召）蝗灾。 ························ 《南召县志》

八月，汝宁各地蝗灾。 ·················· 《驻马店地区志》

八月，（新蔡）蝗。 ····················· 《新蔡县志》

207. 元至大四年（1311 年）

（浚县）蝗灾。 ························ 《浚县志》

208. 元皇庆元年（1312 年）

夏四月，彰德安阳县蝗。 ··············· 《元史·仁宗本纪》

夏，河南安阳蝗灾。 ··················· 《中国历代蝗患之记载》

209. 元延祐二年（1315 年）

秋，河南陕州诸县蝗灾。 ··············· 《中国历代蝗患之记载》

（浚县）水、旱、蝗灾并作，饥荒严重。 ······ 《浚县志》

210. 元延祐三年（1316 年）

怀孟路蝗。 ·················· 乾隆《怀庆府志》

211. 元延祐四年（1317 年）

怀孟路旱蝗。 ·················· 乾隆《怀庆府志》

212. 元至治元年（1321 年）

六月，卫辉、汴梁等处蝗。秋七月，卫辉路胙城①县蝗，通许等县蝗。

·················· 《元史·英宗本纪》

七月，（通许）蝗食禾稼尽，大饥。 ·········· 乾隆《通许县志》

七月，胙城蝗。 ················· 《延津县志》

213. 元至治二年（1322 年）

十二月，汴梁属县蝗。 ············ 《元史·英宗本纪》

汴梁祥符县蝗，有群鹜食蝗，既而复吐，积如丘垤。 ······ 《元史·五行志》

冬，河南开封蝗灾。 ········· 《中国历代蝗患之记载》

祥符县蝗，有群鹜食之，既而复吐，积如丘山。 ······· 康熙《开封府志》

（通许）蝗蝻继生，有群鹜食之，既而复吐，积如丘陵。

·················· 乾隆《通许县志》

祥符、兰阳②诸县蝗。 ··········· 《兰考县志》

夏，（宁陵）护城堤外蝗虫云集，继生蝻，大雨，蝗灭。 ····· 《宁陵县志》

214. 元至治三年（1323 年）

夏秋，河南南阳蝗灾。 ········ 《中国历代蝗患之记载》

南阳蝗。 ·················· 嘉庆《南阳府志》

（南召）蝗灾。 ·············· 《南召县志》

215. 元泰定元年（1324 年）

六月，卫辉、彰德等郡蝗。 ········· 《元史·五行志》

夏，河南卫辉蝗灾。 ········· 《中国历代蝗患之记载》

（新乡）旱、蝗、水灾甚重。 ········· 《新乡县志》

六月，（长垣）蝗。 ············ 嘉庆《长垣县志》

216. 元泰定二年（1325 年）

五月，彰德路蝗。九月，归德等郡蝗。 ····· 《元史·五行志》

---

① 胙城：旧县名，治所在今河南延津北胙城乡。

② 兰阳：旧县名，治所在今河南兰考。

夏秋，河南归德蝗灾，民饥。 ………………………《中国历代蝗患之记载》

安阳等蝗。 ………………………………………………《安阳县志》

217. 元泰定三年（1326 年）

秋七月，卫辉路、睢州蝗。九月，怀庆路蝗。…………《元史·泰定本纪》

七月，修武等县蝗，睢州蝗。八月，汴梁、怀庆等郡蝗。

………………………………………………………《元史·五行志》

夏秋，河南沁阳、卫辉等蝗灾。…………《中国历代蝗患之记载》

内黄旱蝗。 ………………………………………乾隆《彰德府志》

怀孟路蝗灾。 ……………………………………………《沁阳市志》

（修武）蝗。 ……………………………………道光《修武县志》

八月，怀庆郡蝗。 ………………………………道光《河内县志》

六月，睢州等地蝗灾。 …………………………………《商丘地区志》

四月，孟县蝗。 ………………《河南东亚飞蝗及其综合治理》

（内黄）旱蝗，饥，诏赈之。 …………………光绪《内黄县志》

怀孟路蝗灾。 ……………………………………………《焦作市志》

218. 元泰定四年（1327 年）

五月，南阳、汝宁等路属县旱蝗；河南路洛阳县有蝗可五亩，群鸟食之既，
数日蝗再集，又食之。八月，怀庆等路蝗。是岁，卫辉、南阳属县蝗。

………………………………………………………《元史·泰定本纪》

五月，洛阳县有蝗五亩，群鸟尽食之，越数日，蝗又集，又食之。十二月，
卫辉路，南阳、河南二府蝗。 …………………《元史·五行志》

河南南阳、汝宁、洛阳、卫辉蝗灾。…………《中国历代蝗患之记载》

五月，洛阳有蝗五亩，群鸟尽食，越数日，蝗又集，又食之。是岁，河南
府蝗。 ………………………………………………乾隆《河南府志》

五月，洛阳有蝗五亩，群鸟尽食之，越数日，蝗又集，又食之。

………………………………………………………乾隆《洛阳县志》

夏，（封丘）蝗虫吃毁秋苗。 …………………………《封丘县志》

八月，怀庆路（河内）蝗。 ……………………道光《河内县志》

八月，怀庆路（武陟）蝗。 ……………………道光《武陟县志》

五月，南阳旱蝗。 ………………………………光绪《南阳县志》

（新野）蝗。 ……………………………………………《新野县志》

五月，（南召）旱、蝗、雨灾相加。十二月，蝗蝻遍地。 ……《南召县志》

六月，汝宁、南阳各地蝗灾严重。 ·····················《驻马店地区志》

夏，（汝南）旱蝗，民死者无数。 ·····················《汝南县志》

（新蔡）蝗。 ·····························《新蔡县志》

219. 元致和元年　天历元年　天顺元年（1328 年）

五月，汝宁府、卫辉路汲县蝗。 ·················《元史·泰定本纪》

十一月，汴梁、河南等路及南阳府频有蝗旱，禁其境内酿酒。

··《元史·文宗本纪》

五月，汲县蝗。 ·····························《元史·五行志》

河南汝宁、汲县、息县蝗灾。 ···············《中国历代蝗患之记载》

四月，孟州旱蝗，大饥。 ···········《河南东亚飞蝗及其综合治理》

夏，沈丘、太康、淮阳旱蝗，人相食。 ···············《周口地区志》

夏，（沈丘）旱蝗。 ·························《沈丘县志》

（汝南）蝗灾。 ···························《汝南县志》

（新蔡）蝗。 ···························《新蔡县志》

夏五月，（息县）蝗。 ·····················嘉庆《息县志》

（正阳）蝗，免租。 ·····················嘉庆《正阳县志》

220. 元天历二年（1329 年）

夏四月，怀庆孟州蝗。秋七月，汴梁蝗。 ·········《元史·文宗本纪》

夏，河南孟县等蝗灾。 ···············《中国历代蝗患之记载》

孟州蝗。 ·····························乾隆《怀庆府志》

四月，孟州蝗。 ···························《孟县志》

四月，怀庆（河内）蝗，饥。 ···············道光《河内县志》

（浚县）蝗虫孳生，岁大饥。 ···············《浚县志》

滑州蝗。 ·····························同治《滑县志》

（新蔡）蝗。 ···························《新蔡县志》

221. 元天历三年　至顺元年（1330 年）

五月，河南、南阳、汴梁等路，开、辉①、滑等州蝗。秋七月，怀庆、卫
辉、河南等路蝗。 ·····················《元史·文宗本纪》

五月，汴梁、南阳、河南等郡，辉、开州蝗。七月，河内、灵宝、延津等
二十二县蝗。 ·····················《元史·五行志》

---

① 辉：辉州，旧州名，治所在今河南辉县。

从夏至秋，河南南阳、正阳蝗灾。 ······················《中国历代蝗患之记载》

四月，孟州蝗。七月，河内蝗。 ·····················乾隆《怀庆府志》

七月，河内蝗。 ···························道光《河内县志》

夏五月，大名路及开、滑诸州蝗，饥。 ···············咸丰《大名府志》

夏，（新乡）遭蝗。 ·························《新乡县志》

七月，（延津）蝗。 ·························《延津县志》

（沈丘）旱蝗。 ····························《沈丘县志》

五月，南阳蝗。 ···························光绪《南阳县志》

夏，（新野）蝗。 ··························《新野县志》

五月，（南召）蝗灾。 ·······················《南召县志》

五月，唐州蝗。 ··························嘉庆《南阳府志》

（新蔡）蝗。 ···························《新蔡县志》

222. 元至顺二年（1331 年）

三月，陕州诸县蝗。六月，河南诸属县蝗。秋七月，河南属县蝗。

······························《元史·文宗本纪》

三月，陕州诸路蝗。六月，孟州济源县蝗。七月，河南阌乡、陕县蝗。

······························《元史·五行志》

自春至秋，河南孟县、陕县、洛阳、济源蝗灾大发生。

·······················《中国历代蝗患之记载》

夏，长垣旱蝗。 ··························咸丰《大名府志》

六月，孟县、济源县蝗。 ·····················乾隆《怀庆府志》

六月，孟州蝗。 ···························《孟县志》

223. 元至顺三年（1332 年）

夏，濮阳蝗灾。 ·······················《中国历代蝗患之记载》

夏五月，开州蝗。 ·························咸丰《大名府志》

224. 元元统二年（1334 年）

八月，灵宝旱蝗连灾，民饥。 ·····················《灵宝县志》

225. 元元统三年 至元元年（1335 年）

嵩州[①]飞蝗蔽空，所落沟壑皆平。 ···················《嵩县志》

---

① 嵩州：旧州名，治所在今河南嵩县。

226. 元至元二年（1336 年）

（永城）旱，蝗灾，草木皆尽。 ·······················《永城县志》

（杞县）蝗食禾、草木几尽，沟堑皆满，人马不能行，大饥，人相食。

·······················《杞县志》

227. 元至元三年（1337 年）

秋七月，河南武陟县禾将熟，有蝗自东来，俄有鱼鹰群飞啄食之。

·······················《元史·顺帝本纪》

六月，怀庆温县、汴梁阳武县蝗。 ·······················《元史·五行志》

夏，河南沁阳、阳武蝗灾；武陟大蝗，有群鹰食蝗。

·······················《中国历代蝗患之记载》

（孟县）蝗。 ·······················《河南东亚飞蝗及其综合治理》

怀孟路蝗灾。 ·······················《沁阳市志》

夏，太康、扶沟、沈丘旱蝗。 ·······················《周口地区志》

夏，（沈丘）旱蝗。 ·······················《沈丘县志》

228. 元至正元年（1341 年）

（安阳）旱蝗为害。 ·······················《安阳县志》

229. 元至正三年（1343 年）

夏，怀庆蝗。七月，武陟蝗。 ·······················乾隆《怀庆府志》

（武陟）蝗。 ·······················道光《武陟县志》

230. 元至正四年（1344 年）

归德府永城县蝗。 ·······················《元史·五行志》

河南永城蝗灾。 ·······················《中国历代蝗患之记载》

（永城）蝗灾。 ·······················《永城县志》

231. 元至正五年（1345 年）

夏秋，河南汲县蝗。 ·······················《中国东亚飞蝗蝗区的研究》

秋七月，（卫辉）蝗，鸲鹆食蝗。 ·······················乾隆《卫辉府志》

（汲县）蝗，秋七月，鸲鹆食蝗。 ·······················乾隆《汲县志》

232. 元至正十二年（1352 年）

六月，开、滑、浚三州虫蝗。 ·······················《元史·顺帝本纪》

夏六月，开、滑、浚三州蝗。 ·······················咸丰《大名府志》

（长垣）旱蝗，大饥。 ·······················嘉庆《长垣县志》

六月，（南乐）蝗，诏给钞赈之。 ·······················民国《南乐县志》

滑县旱蝗。 ………………………………………………………………… 同治《滑县志》

大名路开、滑、浚三州遭水、旱、蝗灾。浚县蝗。 ……………………《浚县志》

233. 元至正十八年（1358 年）

秋，汴梁之陈留、归德之永城皆蝗。 …………………………《元史·五行志》

夏，河南陈留、永城蝗灾。 ……………………………《中国历代蝗患之记载》

（荥阳）蝗飞蔽天，后连续四年大旱蝗，集蝗处沟堑皆平，人马不能行，食
稼尽净，人自相食。 ………………………………………………《荥阳县志》

（伊川）飞蝗蔽空。 ……………………………………………………《伊川县志》

嵩州飞蝗蔽空，沟堑尽平。 …………………………………… 乾隆《嵩县志》

（伊阳[①]）蝗。 ………………………………………………… 道光《伊阳县志》

陈留蝗。 ………………………………………………………… 宣统《陈留县志》

夏，（安阳）大蝗。 ……………………………………………………《安阳县志》

（汤阴）大旱蝗，人相食。 ……………………………………………《汤阴县志》

秋，（商丘）飞蝗蔽天，自东入境。 ………………………………《商丘县志》

（永城）蝗灾。 …………………………………………………………《永城县志》

（沈丘）旱蝗。 …………………………………………………………《沈丘县志》

（鹿邑）蝗虫为害作物。 ………………………………………………《鹿邑县志》

汝南蝗灾，庄稼被吃严重。 ………………………………………《驻马店地区志》

（新蔡）蝗飞蔽日如云涌，所落沟堑尽平，农田一空。 ………《新蔡县志》

234. 元至正十九年（1359 年）

五月，河南等处蝗飞蔽天，人马不能行，所落沟堑尽平，民大饥。八月，
蝗自河北飞渡汴梁，食田禾一空。 …………………………《元史·顺帝本纪》

彰德、怀庆、卫辉及汴梁之祥符、原武、鄢陵、扶沟、杞、尉氏、洧川七
县，郑之荥阳、汜水，许之长葛、郾城、襄城、临颍，钧[②]之新郑、密县
皆蝗，食禾稼、草木俱尽，所至蔽日，碍人马不能行，填坑堑皆盈，饥
民捕蝗为食，或曝干而积之，又罄，则人相食。 ………《元史·五行志》

夏至秋，河南沁阳、尉氏、密县、正阳、卫辉、祥符、原武、杞县、长葛、
襄城蝗灾。 …………………………………………………《中国历代蝗患之记载》

太康蝗。 ………………………………………………………… 雍正《河南通志》

---

① 伊阳：旧州名，1959 年改名今河南汝阳。
② 钧：钧州，旧州名，治所在今河南禹州。

钧之新郑、密县皆蝗，食禾稼、草木俱尽，所在蔽日，碍人马不能行，填
坑堑皆盈，饥民捕蝗以为食，或曝干积之，又尽，则人相食。

.... 乾隆《新郑县志》

五月，(中牟) 蝗。.. 民国《中牟县志》

(栾川) 飞蝗蔽天，食禾一空，大饥。................ 《栾川县志》

五月，(辉县) 大蝗，飞则蔽天，止则满堑，人马不能行。

.... 道光《辉县志》

五月，获嘉大蝗，飞蔽天。............................... 《获嘉县志》

怀庆蝗，草木俱尽，人相食。................ 乾隆《怀庆府志》

怀庆蝗食禾稼、草木俱尽，所至蔽日，碍人马不能行，填坑堑皆盈，饥民
捕蝗以食，或曝干积之，又尽，则人相食。 .... 道光《河内县志》

河内蝗灾。... 《沁阳市志》

怀庆 (武陟) 蝗食禾。................................ 道光《武陟县志》

怀庆 (博爱) 蝗灾，赤地千里，饥民捕蝗为食，甚至以死尸为食。

.... 《博爱县志》

(温县) 蝗食禾稼、草木俱尽，所至蔽日，碍人马不能行，填坑堑皆盈，饥
民捕蝗以食，或曝干积之。...................... 乾隆《温县志》

台前蝗虫成灾。... 《台前县志》

(汤阴) 蝗食禾稼、草木俱尽，所至蔽日，碍人马不能行。 ...《汤阴县志》

(商丘) 夏螟，秋蝗，草木皆尽，人相食。 .... 《商丘县志》

(虞城) 蝗灾，庄稼受害严重，大饥。 .... 《虞城县志》

夏，鄢陵蝗灾，所至蔽日，秋禾、草木被食殆尽。 ...... 民国《鄢陵县志》

(禹州) 蝗灾。... 《禹州市志》

夏，(太康) 飞蝗蔽日，庄稼、草木吃净。 .... 《太康县志》

五月，河南正阳等地飞蝗蔽天，人马不能行。 ....《驻马店地区志》

(新蔡) 蝗飞蔽日如云涌，所落沟堑尽平，农田一空。 ....《新蔡县志》

235. 元至正二十一年 (1361 年)

六月，河南巩县蝗，食稼俱尽。七月，卫辉及汴梁荥泽县[①]、郑州蝗。

.... 《元史·五行志》

夏秋，河南巩县、卫辉、荥泽、郑州蝗灾。 ....《中国历代蝗患之记载》

---

① 巩县：旧县名，治所在今河南巩义市老城；荥泽：旧县名，治所在今河南郑州西北。

六月，河南巩县蝗食稼俱尽。　……………………　乾隆《河南府志》

巩县蝗食稼俱尽。　………………………………　民国《巩县志》

236. 元至正二十二年（1362 年）

秋，卫辉及汴梁开封、扶沟、洧川三县，许州及钧之新郑、密二县蝗。

………………………………………………………《元史·五行志》

秋，河南卫辉、开封、洧川、扶沟、许州、新郑、密县蝗灾。

………………………………………………《中国历代蝗患之记载》

秋，新郑蝗。　………………………………　乾隆《新郑县志》

秋，（洛阳）飞蝗蔽天，沟满壕平，人马不能行。　…《洛阳市志·农业志》

秋旱，（孟津）飞蝗蔽天，落地沟满壕平，道路阻塞，人马难行。

………………………………………………………………《孟津县志》

钧之新郑、密二县蝗。　………………………　民国《密县志》

许州蝗食禾稼、草木俱尽。　…………………………《许昌县志》

五、明代蝗灾

237. 明洪武元年（1368 年）

河南蝗。　………………………《河南东亚飞蝗及其综合治理》

（原武）蝗。　…………………………………　乾隆《原武县志》

238. 明洪武二年（1369 年）

河南襄城及开封府各县蝗灾。　………………《中国历代蝗患之记载》

六月，开封府诸县蝗。　………………………　乾隆《襄城县志》

239. 明洪武五年（1372 年）

夏秋，河南尉氏、中牟及开封府各县蝗灾。　………《中国历代蝗患之记载》

夏六月，开封府诸县蝗。　……………………　雍正《河南通志》

（中牟）蝗。　…………………………………　民国《中牟县志》

六月，（尉氏）蝗。　…………………………　道光《尉氏县志》

（商丘）蝗。　…………………………………………《商丘县志》

（周口）旱蝗。　………………………………………《周口地区志》

夏六月，（淮阳）蝗。　………………………………《淮阳县志》

夏，扶沟蝗。　…………………………………　光绪《扶沟县志》

许州蝗。　………………………………………………《许昌县志》

夏六月，开封蝗。 ·······························康熙《开封府志》

（陈州）蝗。 ·······························乾隆《陈州府志》

240. 明洪武六年（1373 年）

七月，河南蝗。 ·······························《明史·五行志》

五月，开封府封丘县蝗。六月，河南开封府蝗。七月，河南蝗。

·······························《明实录·太祖实录》

秋，河南洛阳等蝗灾。 ·······························《中国历代蝗患之记载》

六月，原武蝗，怀庆蝗，孟县蝗灾。 ········《河南东亚飞蝗及其综合治理》

七月，河南蝗。 ·······························乾隆《河南府志》

七月，（禹州）蝗灾。 ·······························《禹州市志》

241. 明洪武七年（1374 年）

二月，汲县旱蝗，免租税。六月，河南蝗，蠲田租。 ······《明史·太祖本纪》

二月，汲县蝗。六月，怀庆蝗。 ·······························《明史·五行志》

河南汲县蝗灾。 ·······························《中国历代蝗患之记载》

四月，河南府巩县蝗，命捕之。 ·······················《明实录·太祖实录》

孟县蝗灾，免田租。 ·······················《河南东亚飞蝗及其综合治理》

六月，（河内）蝗。 ·······························道光《河内县志》

灵宝蝗灾，免田租。 ·······························《灵宝县志》

（沈丘）旱蝗。 ·······························《沈丘县志》

242. 明洪武八年（1375 年）

夏，彰德府属县蝗。 ·······························《明史·五行志》

夏，河南彰德各县蝗灾。 ·······························《中国历代蝗患之记载》

四月，河南彰德府安阳县、内黄县蝗。 ·············《明实录·太祖实录》

（汤阴）蝗。 ·······························《汤阴县志》

夏，彰德府属县蝗。 ·······························《安阳县志》

243. 明洪武十九年（1386 年）

六月，河南开封府郑州旱蝗，命户部遣官赈济饥民。

·······························《明实录·太祖实录》

244. 明永乐元年（1403 年）

五月，河南蝗，免今年夏税。 ·······················《明史·成祖本纪》

夏，河南蝗。 ·······························《明史·五行志》

河南蝗，有司不以闻，新劾治之。 ·······················《明史·郁新传》

正月，大名府清丰等县蝗，民饥。五月，河南蝗，免其民今年夏税。阌乡
累岁蝗旱。 ···《明实录·太宗实录》

夏，（安阳）蝗。 ·····································《安阳县志》

夏，（禹州）蝗灾。 ··································《禹州市志》

245. 明永乐二年（1404 年）

正月，河南郑州荥泽县蝗蝻伤稼。 ···················《明实录·太宗实录》

246. 明永乐三年（1405 年）

怀庆蝗。 ·····························《古今图书集成·庶征典·蝗灾部汇考》

春夏，河南怀庆等蝗灾。 ···················《中国历代蝗患之记载》

247. 明永乐七年（1409 年）

河南汲县蝗虫大发生。 ·····················《中国历代蝗患之记载》

（卫辉）旱蝗。 ·······················乾隆《卫辉府志》

（汲县）旱蝗。 ·······················乾隆《汲县志》

248. 明永乐十四年（1416 年）

秋七月，遣使捕河南州县蝗。 ···············《明史·成祖本纪》

七月，河南卫辉府新乡县蝗，遣人捕瘞；彰德府属县蝗。

·······················《古今图书集成·庶征典·蝗灾部汇考》

河南新乡蝗灾。 ·····················《中国历代蝗患之记载》

河南蝗，严重猖獗。 ···················《中国东亚飞蝗蝗区的研究》

七月，河南卫辉府新乡县蝗。彰德府属县蝗。 ·········《明实录·太宗实录》

七月，（长垣）蝗。 ·····················嘉庆《长垣县志》

七月，（禹州）蝗灾。 ···················《禹州市志》

249. 明永乐十五年（1417 年）

五月，吏部奉太宗皇帝旨：今山东、河南来奏，蝗蝻生发，已令户部差人
去督察打捕。恐所在军卫、有司不行用心打捕尽绝，以致滋蔓伤害禾稼，
恁户部再差人铺马裹将文书去说与各处军卫、有司知道，但有蝗蝻生发，
不即设法打捕尽绝，致有飞跳延蔓者，当该官吏与蝗蝻一般罪。钦此。

·······················嘉靖《宿州志》

250. 明永乐十七年（1419 年）

河北浚县蝗灾，有鸟食之尽。 ···············《中国历代蝗患之记载》

浚县蝗，有鸟食蝗殆尽。 ·················咸丰《大名府志》

251. 明永乐二十年（1422 年）

荥阳、荥泽旱蝗。 ……………………《河南东亚飞蝗及其综合治理》

（荥阳）旱蝗。 ………………………………………《荥阳县志》

252. 明永乐二十一年（1423 年）

夏，河南洛宁旱，蝗灾。秋，小麦无收。 …………《中国历代蝗患之记载》

夏秋，（宜阳）旱蝗相继为灾，麦禾俱枯。 ……………………《宜阳县志》

夏秋间，（洛宁）旱蝗相继，麦禾俱无。 ………………民国《洛宁县志》

253. 明永乐二十二年（1424 年）

五月，大名府浚县蝗蝻生，有鸟万数食蝗殆尽。

…………………………………《古今图书集成·庶征典·蝗灾部汇考》

夏，河北浚县蝗灾，有鸟千只食蝗尽。 …………《中国历代蝗患之记载》

254. 明宣德元年（1426 年）

六月，河南蝗，命使者驿捕。 ……《古今图书集成·庶征典·蝗灾部汇考》

夏，河南蝗灾。 …………………………………《中国历代蝗患之记载》

六月，安阳县蝗。 ………………………………《明实录·宣宗实录》

255. 明宣德三年（1428 年）

（浚县）蝗虫为害。 ………………………………………《浚县志》

256. 明宣德五年（1430 年）

九月，大名府浚县虫蝻生。 ……………………《明实录·宣宗实录》

浚县蝻，命有司督捕。 …………………………咸丰《大名府志》

257. 明宣德九年（1434 年）

秋七月，遣给事中、御史、锦衣卫官督捕河南蝗，蠲秋粮十之四。

………………………………………………………《明史·宣宗本纪》

七月，河南蝗蝻覆地尺许，伤稼。 ………………《明史·五行志》

河南洛阳蝗蝻盖地，尺厚。 ………………《中国历代蝗患之记载》

五月，河南开封府祥符县蝗蝻生。 ………………《明实录·宣宗实录》

河南蝗蝻覆地尺许，伤禾稼。 …………………乾隆《河南府志》

（长垣）蝗蝻害稼。 ……………………………嘉庆《长垣县志》

（南乐）蝗，遣官督捕。 ………………………民国《南乐县志》

（滑县）蝗，遣官督捕。 ………………………同治《滑县志》

夏，柘城、永城、夏邑旱，蝗蝻覆地尺许，禾苗尽毁，民大饥。

………………………………………………………《商丘地区志》

七月，（禹州）蝗蝻盖地尺余厚，伤害庄稼。 ·················《禹州市志》

258. 明宣德十年（1435 年）

夏四月，遣给事中、御史捕河南蝗。 ·············《明史·英宗本纪》

四月，河南蝗蝻伤稼。 ·······················《明史·五行志》

四月，河南蝗蝻伤禾稼，上命驰驿往捕。 ·········《明实录·英宗实录》

夏，河南蝗伤稼。 ·····················《中国历代蝗患之记载》

四月，（禹州）蝗蝻成灾。 ·····················《禹州市志》

259. 明正统元年（1436 年）

河南蝗。 ···························《明实录·英宗实录》

河南汲县蝗灾严重发生。 ·················《中国历代蝗患之记载》

卫辉蝗旱。 ························· 乾隆《卫辉府志》

辉县旱蝗。 ························· 道光《辉县志》

（汲县）蝗旱。 ······················· 乾隆《汲县志》

（淇县）大旱蝗。 ····················· 顺治《淇县志》

260. 明正统二年（1437 年）

四月，河南蝗。 ·······················《明史·五行志》

五月，河南诸处连年蝗虫、水、旱。六月，怀庆府天久不雨，蝗蝻伤稼。

·····························《明实录·英宗实录》

夏，河南捕蝗。 ·····················《中国历代蝗患之记载》

四月，（禹州）蝗灾。 ·····················《禹州市志》

261. 明正统三年（1438 年）

七月，归德州蝗。 ·····················《明实录·英宗实录》

262. 明正统四年（1439 年）

五月，河南开封府有蝗。 ·················《明实录·英宗实录》

五月，开封蝗，命捕之。 ·········《古今图书集成·庶征典·蝗灾部汇考》

夏，河南开封蝗灾大发生，民捕蝗。 ·········《中国历代蝗患之记载》

263. 明正统五年（1440 年）

夏，开封、彰德蝗。 ·····················《明史·五行志》

四月，河南蝗。 ·············《古今图书集成·庶征典·蝗灾部汇考》

四月，开封、彰德府蝗灾，上令所在官司捕绝，毋使滋蔓。六月，范县蝗。

七月，河南怀庆、卫辉二府蝗生。 ·········《明实录·英宗实录》

夏，河南开封、彰德蝗灾大发生，捕之。 ·········《中国历代蝗患之记载》

夏，淮阳、沈丘旱蝗，民饥。 ┄┄┄┄┄┄┄┄┄┄┄┄┄┄┄《周口地区志》

(陈州) 旱蝗，民饥。 ┄┄┄┄┄┄┄┄┄┄┄┄┄┄┄┄乾隆《陈州府志》

夏，(项城) 蝗，民饥。 ┄┄┄┄┄┄┄┄┄┄┄┄┄┄┄民国《项城县志》

夏，(沈丘) 旱蝗，民饥。 ┄┄┄┄┄┄┄┄┄┄┄┄┄┄┄《沈丘县志》

陈州蝗，民饥。 ┄┄┄┄┄┄┄┄┄┄┄┄┄┄┄┄┄┄┄《淮阳县志》

264. 明正统六年（1441年）

秋，彰德、卫辉、开封、南阳、怀庆蝗。 ┄┄┄┄┄┄┄《明史·五行志》

七月，河南彰德、卫辉、开封、南阳、怀庆五府蝗生，上命行在户部速移
　文，严督军卫、有司捕灭。八月，河南所属府州县蝗灾。

　　　┄┄┄┄┄┄┄┄┄┄┄┄┄┄┄┄┄┄┄┄《明实录·英宗实录》

由春到秋，河南彰德、卫辉、开封、南阳、汲县、夏邑蝗虫严重发生。

　　　　　┄┄┄┄┄┄┄┄┄┄┄┄┄┄┄┄《中国历代蝗患之记载》

秋，(河内) 蝗。 ┄┄┄┄┄┄┄┄┄┄┄┄┄┄┄┄┄道光《河内县志》

秋，(汤阴) 蝗。 ┄┄┄┄┄┄┄┄┄┄┄┄┄┄┄┄┄┄《汤阴县志》

(商丘) 旱蝗交织，二麦不收，诏令富人助赈。 ┄┄┄┄《商丘地区志》

夏，(夏邑) 旱蝗，无麦。 ┄┄┄┄┄┄┄┄┄┄┄┄┄民国《夏邑县志》

秋，(项城) 蝗。 ┄┄┄┄┄┄┄┄┄┄┄┄┄┄┄┄┄民国《项城县志》

秋，(沈丘) 蝗。 ┄┄┄┄┄┄┄┄┄┄┄┄┄┄┄┄┄┄《沈丘县志》

秋，(南召) 蝗灾。 ┄┄┄┄┄┄┄┄┄┄┄┄┄┄┄┄┄《南召县志》

秋，(卫辉) 蝗。 ┄┄┄┄┄┄┄┄┄┄┄┄┄┄┄┄┄乾隆《卫辉府志》

秋，(汲县) 蝗。 ┄┄┄┄┄┄┄┄┄┄┄┄┄┄┄┄┄乾隆《汲县志》

秋，彰德蝗。 ┄┄┄┄┄┄┄┄┄┄┄┄┄┄┄┄┄┄┄《安阳县志》

秋，南阳蝗。 ┄┄┄┄┄┄┄┄┄┄┄┄┄┄┄┄┄┄光绪《南阳县志》

265. 明正统七年（1442年）

五月，开封、怀庆、河南蝗。 ┄┄┄┄┄┄┄┄┄┄┄┄《明史·五行志》

夏，河南旱蝗。 ┄┄┄┄┄┄┄┄┄┄┄┄┄┄┄┄┄┄┄┄《明会要》

五月，河南开封、怀庆、河南三府所属州县蝗蝻生发。

　　　┄┄┄┄┄┄┄┄┄┄┄┄┄┄┄┄┄┄┄┄《明实录·英宗实录》

夏，河南开封、怀庆、洛阳蝗灾。 ┄┄┄┄《中国历代蝗患之记载》

河南蝗。 ┄┄┄┄┄┄┄┄┄┄┄┄┄┄┄┄┄┄┄┄乾隆《河南府志》

五月，(洛阳) 蝗。 ┄┄┄┄┄┄┄┄┄┄┄┄┄┄┄┄乾隆《洛阳县志》

五月，(河内) 蝗。 ┄┄┄┄┄┄┄┄┄┄┄┄┄┄┄┄道光《河内县志》

五月，孟县旱蝗，麦歉收。 ……………………《河南东亚飞蝗及其综合治理》

七月，彰德蝗。安阳蝗。 ………………………………………《安阳县志》

七月，（汤阴）蝗。 ……………………………………………《汤阴县志》

五月，（项城）蝗。 ………………………………………民国《项城县志》

夏，（沈丘）蝗。 ………………………………………………《沈丘县志》

266. 明正统十一年（1446 年）

（卫辉）蝗。 ……………………………………………乾隆《卫辉府志》

（延津）蝗。 ……………………………………………康熙《延津县志》

（淇县）蝗。 ……………………………………………顺治《淇县志》

267. 明正统十二年（1447 年）

夏，开封、河南、彰德蝗。 ……………………………………《明史·五行志》

五月，河南开封、河南、彰德三府旱蝗，上命户部遣官覆视。

………………………………………………………《明实录·英宗实录》

河南开封、洛阳、彰德蝗灾。 ………………《中国历代蝗患之记载》

268. 明正统十三年（1448 年）

正月，户部以去岁河南多有蝗蝻，恐今春遗种复生，宜令巡抚官遣官分巡，
严督军民寻掘扑灭。六月，开封府及汝阳县蝗，有秃鹙万余下食之，蝗
因尽绝，禾稼无损。 ………………………………《明实录·英宗实录》

河南蝗。 ……………………………………《中国东亚飞蝗蝗区的研究》

五月，河南旱蝗。 ………………《古今图书集成·庶征典·蝗灾部汇考》

269. 明正统十四年（1449 年）

六月，开封府诸县蝗。 ……………………………《明实录·英宗实录》

270. 明景泰元年（1450 年）

秋，（通许）蝗灾。 ……………………………………乾隆《通许县志》

271. 明景泰七年（1456 年）

河南等处虫蝻。 ……………………………………《明实录·英宗实录》

（长垣）蝗，饥。 ………………………………………嘉庆《长垣县志》

272. 明天顺元年（1457 年）

正月，去岁河南虫蝻，恐今春遗种复生，令巡抚官巡视扑捕。

………………………………………………………《明实录·英宗实录》

（上蔡）蝗虫为害。 ……………………………………………《上蔡县志》

（汝阳）蝗，免田租。 …………………………………康熙《汝阳县志》

273. 明天顺二年（1458 年）

（长垣）蝗遍野，忽抱草死，臭不可近。 …………… 嘉庆《长垣县志》

（汝南）蝗虫满地，残害禾苗。 …………… 《汝南县志》

274. 明成化二年（1466 年）

（通许）蝗灾。 …………… 乾隆《通许县志》

275. 明成化三年（1467 年）

七月，开封、彰德、卫辉蝗。 …………… 《明史·五行志》

秋七月，河南开封、彰德、卫辉三府地方间有飞蝗过落，及虫蝻生发，食伤禾稼。 …………… 《明实录·宪宗实录》

秋，河南开封、卫辉、汲县、彰德蝗灾。 …………… 《中国历代蝗患之记载》

七月，（卫辉）蝗。 …………… 乾隆《卫辉府志》

七月，（汲县）蝗。 …………… 乾隆《汲县志》

秋，（商丘）旱蝗。 …………… 《商丘县志》

（陈州）蝗蝻伤稼。 …………… 乾隆《陈州府志》

七月，（淮阳）蝗蝻伤稼。 …………… 《淮阳县志》

（项城）蝗伤稼。 …………… 民国《项城县志》

秋，（沈丘）旱蝗伤禾。 …………… 《沈丘县志》

276. 明成化八年（1472 年）

河南孟津蝗虫大发生，盖地，蝗伤稼。 …………… 《中国历代蝗患之记载》

277. 明成化十八年（1482 年）

（通许）蝗食禾稼尽，飞积民舍。 …………… 乾隆《通许县志》

秋，（虞城）蝗蔽天，自东入境。 …………… 光绪《虞城县志》

秋，（固始）大蝗。 …………… 乾隆《重修固始县志》

278. 明成化十九年（1483 年）

五月，河南蝗。 …………… 《明史·五行志》

夏，河南洛阳蝗灾。 …………… 《中国历代蝗患之记载》

五月，河南蝗。 …………… 乾隆《河南府志》

（焦作）蝗蝻食禾殆尽。 …………… 《焦作市志》

（怀庆）蝗。 …………… 乾隆《怀庆府志》

（温县）蝗蝻生，食禾稼殆尽。 …………… 乾隆《温县志》

（柘城）蝗灾，五谷不收。 …………… 《柘城县志》

五月，河南蝗，陈地尤甚，岁大饥。 …………… 《淮阳县志》

（沈丘）旱蝗，人相食。 ·· 《沈丘县志》

五月，（禹州）蝗灾。 ·· 《禹州市志》

279. 明成化二十年（1484 年）

（延津）大旱蝗，民饥死者十之七八。 ················· 《延津县志》

280. 明成化二十一年（1485 年）

至秋不雨，（台前）蝗虫遍野。 ······················· 《台前县志》

（新安）蝗。 ·································· 乾隆《新安县志》

281. 明成化二十二年（1486 年）

夏四月，河南蝗。 ··················· 《明实录·宪宗实录》

河南蝗灾。 ··················· 《中国历代蝗患之记载》

（伊川）蝗灾。 ·································· 《伊川县志》

（新安）蝗灾。 ·································· 《新安县志》

282. 明成化二十三年（1487 年）

六月旱，（伊川）蝗虫为害庄稼。 ····················· 《伊川县志》

（汝阳）蝗。 ·································· 《汝阳县志》

（嵩县）蝗，督民捕之易谷，仓廒皆满。 ·········· 乾隆《嵩县志》

是岁，柘城旱蝗。 ·························· 光绪《柘城县志》

（鹿邑）旱蝗。 ·························· 光绪《鹿邑县志》

伊阳蝗。 ·································· 道光《汝州全志》

（伊阳）蝗。 ·································· 道光《伊阳县志》

283. 明弘治三年（1490 年）

河南旱蝗。 ··································· 《明史·刘吉传》

284. 明弘治八年（1495 年）

夏五月，（洧川）飞蝗蔽天。 ····················· 嘉庆《洧川县志》

285. 明弘治十三年（1500 年）

八月，（固始）蝗。 ······················· 乾隆《重修固始县志》

286. 明正德三年（1508 年）

秋，沈丘、项城、淮阳旱蝗。 ····················· 《周口地区志》

秋，（陈州）蝗。 ·························· 乾隆《陈州府志》

秋，陈州蝗。淮阳蝗。 ·························· 《淮阳县志》

秋，（沈丘）蝗。 ·································· 《沈丘县志》

秋，（项城）蝗。 ·························· 民国《项城县志》

287. 明正德四年（1509 年）

河南永城、夏邑蝗灾，害稼。 ·········《中国历代蝗患之记载》

夏，（永城）旱，蝗飞蔽天。 ··········· 光绪《永城县志》

夏，（夏邑）旱蝗。 ················ 民国《夏邑县志》

288. 明正德七年（1512 年）

秋，考城蝗，饥。 ················ 民国《考城县志》

六月，濮州蝗害稼。 ··············· 宣统《濮州志》

（临颍）蝗。 ················ 民国《重修临颍县志》

秋，考城蝗，岁饥。 ················· 《民权县志》

289. 明正德八年（1513 年）

河南永城、夏邑蝗灾大发生，伤稼，饥荒。 ·······《中国历代蝗患之记载》

六月，（通许）蝗。 ··············· 乾隆《通许县志》

秋，（商丘）蝗蝻食谷。 ·············· 《商丘县志》

（虞城）大蝗。 ················· 光绪《虞城县志》

（周口）蝗灾。 ·················《周口地区志》

夏，（陈州）大蝗。 ··············· 乾隆《陈州府志》

夏，（淮阳）大蝗。 ················· 《淮阳县志》

夏，（扶沟）大蝗。 ··············· 光绪《扶沟县志》

秋，（夏邑）蝗虫食谷。 ·············· 民国《夏邑县志》

秋，（永城）蝗。 ················ 光绪《永城县志》

六月，许昌旱，生蝗，秋作被食殆尽。 ········· 《许昌市志》

夏，许昌大旱蝗。 ················· 《许昌县志》

（新野）蝗食二麦。 ················· 《新野县志》

290. 明正德十一年（1516 年）

（民权）蝗虫食禾殆尽，生蝻，平地尺许。 ······· 《民权县志》

291. 明正德十四年（1519 年）

夏，河北滑县蝗灾。 ···········《中国历代蝗患之记载》

（滑县）蝗。 ················ 同治《滑县志》

292. 明正德十五年（1520 年）

河北滑县蝗虫大发生。 ··········《中国历代蝗患之记载》

滑县大蝗。 ·················· 《舞阳县志》

（滑县）复蝗，食禾且尽。 ············· 同治《滑县志》

（舞阳）蝗灾。 ························《舞阳县志》

（鄢城）蝗。 ·····················民国《鄢城县记》

293. 明嘉靖元年（1522 年）

夏，（南召）蝗虫蔽日，大饥，民相食。 ···········《南召县志》

294. 明嘉靖二年（1523 年）

秋，沈丘蝗。 ·······················《周口地区志》

秋，（陈州）蝗。 ···············乾隆《陈州府志》

秋，（沈丘）蝗。 ····················《沈丘县志》

295. 明嘉靖三年（1524 年）

河南蝗灾。 ·················《中国历代蝗患之记载》

秋，（考城）蝗飞蔽天，蝻生，食禾殆尽。 ·······民国《考城县志》

秋，杞县蝗飞蔽天，遗种生蝻，食禾殆尽。 ·······《民权县志》

秋，（淇县）周边县有蝗，不犯淇县，禾大熟。 ·······《淇县志》

秋，（兰考）蝗。 ····················《兰考县志》

296. 明嘉靖五年（1526 年）

（南阳）蝗，大饥，人相食。 ···········《南阳市志》

297. 明嘉靖六年（1527 年）

夏，河南永城、夏邑蝗虫大发生，伤稼。 ·······《中国历代蝗患之记载》

六月，（商丘）蝗蝻为害。 ···········《商丘县志》

六月，（永城）蝗蝻生，厚数寸。 ·······光绪《永城县志》

六月，（夏邑）蝗蝻生。 ···········民国《夏邑县志》

七月，（宁陵）蝗灾，黍稷一空。 ·········《宁陵县志》

淮阳、项城、沈丘、太康连续旱蝗，大饥。 ·······《周口地区志》

298. 明嘉靖七年（1528 年）

河南蝗虫大发生，食禾草尽；中牟、卫辉、新乡、南阳、夏邑蝗灾；南阳
大饥，人相食。 ·············《中国历代蝗患之记载》

夏，郑县飞蝗蔽天，田禾尽没；温县蝗飞蔽天，蝗蝻结块成团；仪封①大
旱，蝗飞蔽天。 ···········《河南东亚飞蝗及其综合治理》

（新郑）蝗，大饥。 ···············乾隆《新郑县志》

（中牟）飞蝗蔽天，田禾尽没。 ·······民国《中牟县志》

---

① 仪封：旧县名，治所在今河南兰考仪封乡。

荥阳连续三年蝗蝻大侵。 ·····················《荥阳县志》

伊阳蝗，大饥。 ····················· 道光《汝州全志》

(伊川) 蝗灾。 ·····················《伊川县志》

六月，(通许) 飞蝗蔽空，平地厚二三寸，禾稼尽。 ····· 乾隆《通许县志》

(兰考) 飞蝗蔽天。 ·····················《兰考县志》

(汝阳) 蝗飞蔽空，饥民死者大半。 ·············《汝阳县志》

(新乡) 蝗，寸草皆无。 ·················《新乡县志》

(卫辉) 大旱蝗，野无青草。 ············ 乾隆《卫辉府志》

(辉县) 大旱蝗。 ····················· 道光《辉县志》

秋七月，(阳武) 蝗蝻生，害稼殆尽。 ········· 乾隆《阳武县志》

(封丘) 大旱蝗，民多饥死。 ············· 顺治《封丘县志》

(延津) 旱蝗，路有饿殍。 ···············《延津县志》

秋，(焦作) 蝗蝻结块如斗，飞行蔽日。 ·········《焦作市志》

(怀庆) 蝗，结块如球。 ·············· 乾隆《怀庆府志》

秋，(修武) 蝗结块如斗，飞集入屋院遍满。 ······ 道光《修武县志》

(武陟) 多蝗。 ···················· 道光《武陟县志》

秋，(台前) 蝗遍野。 ··················《台前县志》

七月，(汤阴) 蝗。 ··················《汤阴县志》

秋，(舞阳) 旱，蝗虫为害。 ··············《舞阳县志》

宝丰旱蝗，大饥。 ···················《宝丰县志》

秋，南阳蝗，大饥，人相食。 ··········· 嘉庆《南阳府志》

(伊阳) 蝻。 ····················· 道光《伊阳县志》

(汲县) 大旱蝗，寸草无存。 ············· 乾隆《汲县志》

(原武) 大蝗，大饥，人相食。 ··········· 乾隆《原武县志》

(淇县) 大旱蝗。 ····················· 顺治《淇县志》

(鲁山) 旱，蝗灾严重，饥馑。 ·············《鲁山县志》

南阳蝗，大饥，人相食。 ·············· 光绪《南阳县志》

秋旱，(新野) 蝗灾，民多饿死。 ············《新野县志》

秋，(裕州) 蝗食稼，大饥，父子相食。 ········ 乾隆《裕州志》

秋，(方城) 蝗食禾，民大饥。 ·············《方城县志》

(南召) 蝗灾，大饥，人死徙过半。 ···········《南召县志》

(平舆) 旱，飞蝗蔽天，饥民饿死大半。 ·········《平舆县志》

（新蔡）蝗食禾穗殆尽。 ·······························《新蔡县志》

（光山）旱，蝗食禾苗殆尽。 ·······················《光山县志》

299. 明嘉靖八年（1529 年）

十一月，以河南蝗灾，免开封府所属州县并宣武等卫秋粮。

·······························《明实录·世宗实录》

夏，陕西飞蝗蔽天，自河南来。七月，蔡、颍间蝗，食禾穗殆尽，及经陕、阌、
潼关，晚禾无遗，流民载道。·····《古今图书集成·庶征典·蝗灾部汇考》

夏秋，洛宁、尉氏、长垣、沁阳、济源、孟县、陕州、滑县、浚县、息县
蝗灾。 ·······························《中国历代蝗患之记载》

荥阳蝗蝻大褉。 ·······························《荥阳县志》

六月，（洛阳）蝗虫成灾，秋苗殆尽。 ·············《洛阳市志》

（新安）飞蝗蔽天，复生蝻遍地，入民屋，上延瓦檐，日流一瓮。

·······························乾隆《新安县志》

（宜阳）飞蝗蔽日。 ·······························《宜阳县志》

六月，（孟津）飞蝗成灾，秋苗被食殆尽。 ·········《孟津县志》

七月，（杞县）蝗飞蔽天。 ·······················《杞县志》

夏，（仪封）蝗。 ·······························乾隆《仪封县志》

夏，（兰考）蝗。 ·······························《兰考县志》

六月，（尉氏）蝗飞蔽天。 ·····················道光《尉氏县志》

秋，（长垣）大蝗。 ·······························嘉庆《长垣县志》

（怀庆）蝗，大饥。 ·······························乾隆《怀庆府志》

（济源）蝗蝻生。 ·······························乾隆《济源县志》

（河内）蝗蝻生。 ·······························道光《河内县志》

（武陟）蝗蝻生。 ·······························道光《武陟县志》

（孟县）旱蝗，民饥。 ·······························《孟县志》

（陕县）蝗。 ·······························民国《陕县志》

（阌乡）蝗。 ·······························民国《阌乡县志》

（汝宁）蝗灾。 ·······························康熙《汝宁府志》

春，陈州蝗。淮阳蝗。 ·······························《淮阳县志》

七月，（巩县）蝗，五谷、苗草食尽，民流移。 ·······民国《巩县志》

（洛宁）飞蝗蔽天。 ·······························民国《洛宁县志》

（陕州）蝗。 ·······························乾隆《直隶陕州志》

灵宝蝗灾。 ···《灵宝县志》

濮州、观城等处飞蝗蔽天。 ·····················宣统《濮州志》

六月、杞县飞蝗蔽天（民权西部属杞县）。 ···········《民权县志》

（汝阳）旱蝗。 ·································康熙《汝阳县志》

浚、滑、东明、长垣蝗。 ·······················咸丰《大名府志》

（范县）蝗灾，巡抚命官以粟易蝗，民捕之，日足千石。 ·······《范县志》

（林县）蝗灾。 ································《林县志》

七月，淇境大蝗，禾尽食，民大饥。 ················《淇县志》

秋八月，（归德）蝗飞蔽天。 ·················乾隆《归德府志》

秋八月，归德州蝗飞蔽天，秋禾无收。 ···········《商丘地区志》

八月，（商丘）蝗飞蔽天。 ···················康熙《商丘县志》

八月，（柘城）蝗飞蔽天，人马不能驰，食禾几尽。 ·····光绪《柘城县志》

春，陈州蝗。六月，飞蝗蔽空，早禾俱伤，复生蝻，平地盈尺，晚禾亦损。

·······················乾隆《陈州府志》

七月，（鹿邑）蝗飞蔽天。 ···················光绪《鹿邑县志》

（项城）蝗，民饥。 ·························民国《项城县志》

（沈丘）飞蝗。 ································《沈丘县志》

夏六月，（扶沟）大蝗，早晚禾俱伤。 ············光绪《扶沟县志》

（禹州）蝗虫遍四境，约厚一尺，令民捕蝗一斗给粮一斗，秋无大伤。

···························《禹州市志》

六月，（临颍）蝗飞蔽天。 ···············民国《重修临颍县志》

（驻马店）旱蝗。 ·····························《驻马店市志》

上蔡、确山旱，蝗蝻遍野。 ·····················《驻马店地区志》

八月，（确山）蝗。 ·························民国《确山县志》

（上蔡）旱，蝗灾。 ····························《上蔡县志》

七月，（新蔡）蝗飞蔽天。 ·······················《新蔡县志》

秋旱，（平舆）飞蝗蔽天。 ·······················《平舆县志》

（商城）旱蝗，禾不登，民饥。 ····················《商城县志》

七月，（光山）蝗飞蔽天，凡能充饥草木顷刻皆尽。 ·····《光山县志》

秋，（息县）旱蝗，岁饥。 ····················嘉庆《息县志》

（固始）蝗灾。 ································《固始县志》

七月，巩县飞蝗自东南来，飞蔽日，止栖阔长四十里，五谷、苗草尽为食毁，后蝻复生，地皮尽赤，民流移；温县飞蝗遮天蔽日，所过之处寸草不留。 ·············《河南东亚飞蝗及其综合治理》

300. 明嘉靖九年（1530 年）

夏秋，河南尉氏蝗虫大发生。 ·············《中国历代蝗患之记载》

（荥阳）大蝗蝻。 ·············乾隆《荥阳县志》

夏，（尉氏）蝗。秋，复生蝻。 ·············道光《尉氏县志》

（陕县）蝗伤禾。 ·············民国《陕县志》

（陕州）禾蝻。 ·············乾隆《直隶陕州志》

（灵宝）蝗蝻食禾。 ·············《灵宝县志》

春，（阌乡）蝻伤禾。 ·············民国《阌乡县志》

夏，（陈州）飞蝗蔽天，食稼，民饥。 ·············乾隆《陈州府志》

夏，（淮阳）飞蝗蔽天，民饥。 ·············《淮阳县志》

301. 明嘉靖十年（1531 年）

河南永城、尉氏蝗虫大发生，禾稼殄尽。 ·············《中国历代蝗患之记载》

（尉氏）蝗伤稼殄尽。 ·············道光《尉氏县志》

（永城）大蝗。 ·············光绪《永城县志》

夏，（陈州）蝗飞蔽天。九月，蝻生，食麦苗。 ·············乾隆《陈州府志》

（裕州）蝗蝻生。 ·············乾隆《裕州志》

（方城）蝗蝻，岁大饥，有父子相食。 ·············《方城县志》

302. 明嘉靖十一年（1532 年）

河南尉氏蝗灾。 ·············《中国历代蝗患之记载》

（尉氏）大蝗，知县以粟召民捕之，升斗相易，不数日，积满诸仓。

·············道光《尉氏县志》

（焦作）飞蝗遍野。 ·············《焦作市志》

（修武）飞蝗遍野。 ·············道光《修武县志》

温县飞蝗蔽天。 ·············《河南东亚飞蝗及其综合治理》

夏，（鲁山）飞蝗蔽日。秋，遍地蝗蝻，食禾无遗。 ·············《鲁山县志》

（裕州）蝗蝻，知州率民捕打三万余石，蝗遂息。 ·············乾隆《裕州志》

（方城）蝗。 ·············《方城县志》

（新野）蝗飞蔽天。 ·············《新野县志》

303. 明嘉靖十二年（1533 年）

九月，以河南开封府旱蝗，许折征起运钱粮。 ·············《明实录·世宗实录》

（裕州）邻县蝗蝻复生，独裕无害。 ·································· 乾隆《裕州志》

304. 明嘉靖十三年 （1534 年）

（濮阳）旱蝗，无收，民大饥。 ································· 《濮阳县志》

305. 明嘉靖十四年 （1535 年）

河南蝗，严重猖獗。 ······························· 《中国东亚飞蝗蝗区的研究》

河南舞阳蝗灾，乌鸦食蝗。 ························· 《中国历代蝗患之记载》

（内黄）飞蝗蔽天。 ······························· 光绪《内黄县志》

（开州）蝗。 ······································· 光绪《开州志》

（南乐）蝗。 ······································· 民国《南乐县志》

（清丰）飞蝗蔽天。 ······························· 民国《清丰县志》

秋七月，（陈州）蝗。 ····························· 乾隆《陈州府志》

七月，（淮阳）蝗。 ······························· 《淮阳县志》

（舞阳）群鸦食蝗，禾不为害。 ····················· 道光《舞阳县志》

306. 明嘉靖十五年 （1536 年）

秋，河南新野、杞县蝗灾。 ····················· 《中国历代蝗患之记载》

七月，（杞县）蝗。 ······························· 乾隆《杞县志》

七月，（兰考）生蝻。 ····························· 《兰考县志》

夏，（阳武）旱蝗，禾殆尽。 ······················· 乾隆《阳武县志》

（开州）蝗伤稼。 ································· 光绪《开州志》

（南乐）复蝗，禾且尽。 ··························· 民国《南乐县志》

（清丰）复蝗，禾且尽。 ··························· 民国《清丰县志》

（台前）蝗虫遍野。 ······························· 《台前县志》

秋，（内黄）大蝗。 ······························· 光绪《内黄县志》

（陈州）蝗蝻生，害稼。 ··························· 乾隆《陈州府志》

（淮阳）蝗蝻生，害稼。 ··························· 《淮阳县志》

（新野）蝗飞蔽天。 ······························· 乾隆《新野县志》

（濮阳）旱蝗，伤稼。 ····························· 《濮阳县志》

秋，大蝗，内黄知县建八蜡庙。 ··················· 咸丰《大名府志》

307. 明嘉靖十七年 （1538 年）

河南汲县、登封大蝗伤稼，饥。 ················· 《中国历代蝗患之记载》

（登封）蝗，人相食。 ····························· 乾隆《登封县志》

（宜阳）蝗。 ······································· 《宜阳县志》

（卫辉）大蝗。 ·· 乾隆《卫辉府志》

（辉县）大蝗。 ··· 道光《辉县志》

（汤阴）蝗灾。 ··· 《汤阴县志》

（汲县）大蝗。 ··· 乾隆《汲县志》

（淇县）大蝗。 ··· 顺治《淇县志》

（镇平）蝗食稼。 ······································· 光绪《镇平县志》

308. 明嘉靖十八年（1539 年）

夏，河南沁阳、息县、杞县、尉氏、永城蝗灾。 ······《中国历代蝗患之记载》

濮阳蝗伤禾稼；秋，郑县蝗。 ············《河南东亚飞蝗及其综合治理》

（河阴[①]）蝗大禭。 ···································· 民国《河阴县志》

（汝阳）大旱，飞蝗蔽天。 ······························ 康熙《汝阳县志》

（河内）蝗蝻生。 ··· 道光《河内县志》

秋，（尉氏）蝗。 ··· 道光《尉氏县志》

秋，（杞县）蝗。 ··· 乾隆《杞县志》

夏，（永城）蝗。 ··· 光绪《永城县志》

秋，（宁陵）蝗伤禾菽尽。 ································· 《宁陵县志》

秋，（鲁山）蝗灾。 ······································· 《鲁山县志》

（驻马店）大旱蝗。 ······································· 《驻马店市志》

上蔡、遂平、确山旱，飞蝗蔽天。 ·················· 《驻马店地区志》

（遂平）大旱，飞蝗蔽天。 ································· 《遂平县志》

（伊阳）蝗。 ··· 道光《伊阳县志》

伊阳旱蝗。 ··· 道光《汝州全志》

（汝宁）大旱，蝗飞蔽天。 ······························ 康熙《汝宁府志》

（上蔡）大旱，飞蝗蔽天。 ································· 《上蔡县志》

（新蔡）蝗飞蔽天。 ······································· 《新蔡县志》

（平舆）旱，飞蝗蔽天。 ··································· 《平舆县志》

（确山）大旱，飞蝗蔽天。 ······························ 民国《确山县志》

（汝南）大旱，飞蝗蔽天。 ································· 《汝南县志》

（息县）大旱蝗。 ······································· 嘉庆《息县志》

（潢川）大旱，蝗灾。 ····································· 《潢川县志》

① 河阴：旧县名，治所在今河南荥阳广武镇。

秋，（固始）蝗灾。 ·······················《固始县志》

309. 明嘉靖十九年（1540 年）

夏秋，河南汲县蝗灾大发生，飞蔽天，害稼。 ······《中国历代蝗患之记载》

（濮阳）旱，蝗伤秋禾，民大饥。 ·············《濮阳县志》

秋，（南乐）蝗，大饥。 ··················民国《南乐县志》

（卫辉）蝗。 ·······················乾隆《卫辉府志》

（辉县）蝗。 ·······················道光《辉县志》

秋，（商城）蝗虫为灾。 ··················《商城县志》

（汲县）蝗。 ·······················乾隆《汲县志》

（延津）蝗。 ·······················康熙《延津县志》

秋，（开州）蝗害稼，民大饥。 ············光绪（开州志）

（淇县）蝗。 ·······················顺治《淇县志》

310. 明嘉靖二十年（1541 年）

夏秋，河南汲县、禹县、杞县、中牟蝗虫大发生，害稼。

·······················《中国历代蝗患之记载》

夏，（中牟）蝗蝻食禾尽。 ·············民国《中牟县志》

秋，（仪封）蝻。 ····················乾隆《仪封县志》

秋，（兰考）蝗。 ····················《兰考县志》

七月，（杞县）蝻。 ···················《杞县志》

夏，（通许）蝗，民大饥。 ·············乾隆《通许县志》

（洧川）飞蝗蔽野。 ···················嘉庆《洧川县志》

（卫辉）大蝗。 ·····················乾隆《卫辉府志》

（辉县）大蝗。 ·····················道光《辉县志》

秋，（长垣）大旱蝗，禾稼俱尽。 ··········嘉庆《长垣县志》

（延津）蝗翳天日，遍于郊野。 ············《延津县志》

夏秋，（陈州）蝗。 ···················乾隆《陈州府志》

秋，（淮阳）蝗。 ····················《淮阳县志》

七月，（禹州）飞蝗蔽天。 ···············《禹州市志》

（长葛）旱，飞蝗蔽遍野。 ···············《长葛县志》

（汲县）大蝗。 ·····················乾隆《汲县志》

（淇县）大蝗。 ·····················顺治《淇县志》

311. **明嘉靖二十一年**（1542 年）

夏秋，河南夏邑蝗虫大发生，严重伤稼。 ⋯⋯⋯⋯《中国历代蝗患之记载》

（商丘）蝗蝻食麦苗。 ⋯⋯⋯⋯⋯⋯⋯⋯⋯⋯⋯⋯《商丘县志》

夏，（虞城）蝗蝻食麦。 ⋯⋯⋯⋯⋯⋯⋯⋯⋯⋯ 光绪《虞城县志》

五月，（夏邑）蝗蝻食麦。 ⋯⋯⋯⋯⋯⋯⋯⋯ 民国《夏邑县志》

秋，（浚县）蝗虫为害。 ⋯⋯⋯⋯⋯⋯⋯⋯⋯⋯⋯《浚县志》

（怀庆）蝗。 ⋯⋯⋯⋯⋯⋯⋯⋯⋯⋯⋯⋯⋯ 乾隆《怀庆府志》

温县蝗蝻结块如球。 ⋯⋯⋯⋯⋯《河南东亚飞蝗及其综合治理》

312. **明嘉靖二十二年**（1543 年）

河南新野蝗灾，食稼殆尽。 ⋯⋯⋯⋯⋯⋯《中国历代蝗患之记载》

（新野）大蝗，食禾殆尽。 ⋯⋯⋯⋯⋯⋯⋯⋯⋯⋯《新野县志》

313. **明嘉靖二十三年**（1544 年）

河南郑州蝗灾大发生。 ⋯⋯⋯⋯⋯⋯⋯⋯《中国历代蝗患之记载》

（怀庆）蝗，大疫。 ⋯⋯⋯⋯⋯⋯⋯⋯⋯⋯ 乾隆《怀庆府志》

（武陟）蝗。 ⋯⋯⋯⋯⋯⋯⋯⋯⋯⋯⋯⋯⋯ 道光《武陟县志》

温县蝗。 ⋯⋯⋯⋯⋯⋯⋯⋯⋯《河南东亚飞蝗及其综合治理》

314. **明嘉靖二十四年**（1545 年）

（罗山）飞蝗蔽天，禾黍食尽。 ⋯⋯⋯⋯⋯⋯⋯⋯《罗山县志》

315. **明嘉靖二十五年**（1546 年）

（舞阳）大旱，蝗灾。 ⋯⋯⋯⋯⋯⋯⋯⋯⋯⋯⋯⋯《舞阳县志》

316. **明嘉靖二十六年**（1547 年）

河北长垣蝗蝻生，食稼殆尽。 ⋯⋯⋯⋯⋯《中国历代蝗患之记载》

六月，（长垣）蝝遍野，食稼，有蛤蟆遍野食蝝尽。 ⋯⋯ 嘉庆《长垣县志》

（驻马店）蝗。 ⋯⋯⋯⋯⋯⋯⋯⋯⋯⋯⋯⋯《驻马店市志》

长垣蝝生，食稼，有蛤蟆食蝝殆尽。 ⋯⋯⋯⋯⋯ 咸丰《大名府志》

317. **明嘉靖二十九年**（1550 年）

（开州）旱蝗害稼。 ⋯⋯⋯⋯⋯⋯⋯⋯⋯⋯⋯ 光绪《开州志》

（滑县）蝗伤稼。 ⋯⋯⋯⋯⋯⋯⋯⋯⋯⋯⋯⋯ 同治《滑县志》

318. **明嘉靖三十年**（1551 年）

夏，（阌乡）飞蝗蔽天。秋，蝻生，大饥。 ⋯⋯⋯⋯ 民国《阌乡县志》

夏，（陕县）蝗飞蔽天。秋，蝻生，大饥。 ⋯⋯⋯⋯ 民国《陕县志》

夏，（陕州）蝗飞蔽天。秋，蝻生，大饥。 ⋯⋯⋯⋯ 乾隆《直隶陕州志》

夏，灵宝蝗飞蔽天。秋，蝻，大饥。 ·························《灵宝县志》

319. 明嘉靖三十三年（1554 年）

温县蝗，大疫。 ····················《河南东亚飞蝗及其综合治理》

怀庆蝗，大饥。 ·····························乾隆《怀庆府志》

（原武）大蝗。 ·····························乾隆《原武县志》

320. 明嘉靖三十四年（1555 年）

河南孟县、新乡、息县蝗灾；罗山蝗飞蔽天，食稼尽。

·····························《中国历代蝗患之记载》

秋七月，河南蝗蝻生。 ···············《河南东亚飞蝗及其综合治理》

（新乡）蝗。 ·································《新乡县志》

秋七月，（阳武）蝗蝻生。 ·····················乾隆《阳武县志》

夏六月，（开州）大水蝗。 ·····················光绪《开州志》

（濮阳）蝗。 ·································《濮阳县志》

（滑县）蝗生。 ·····························同治《滑县志》

（息县）蝗，民饥。 ·························嘉庆《息县志》

（罗山）飞蝗蔽天，禾黍食尽。 ···················《罗山县志》

321. 明嘉靖三十五年（1556 年）

（罗山）飞蝗蔽天，禾黍食尽。 ···················《罗山县志》

322. 明嘉靖三十六年（1557 年）

夏秋，河南汝宁、汝阳、息县蝗虫大发生。 ·········《中国历代蝗患之记载》

汝宁飞蝗蔽野。 ·····················雍正《河南通志》

（汝阳）飞蝗蔽天。 ·························康熙《汝阳县志》

（新蔡）飞蝗蔽天。 ·························《新蔡县志》

（确山）飞蝗蔽天。 ·························民国《确山县志》

秋，（上蔡）飞蝗蔽天。 ·······················《上蔡县志》

秋旱，（平舆）飞蝗蔽天。 ·····················《平舆县志》

八月，（固始）蝗灾。 ·························《固始县志》

秋，（息县）飞蝗蔽天。 ·····················嘉庆《息县志》

秋，（汝宁）飞蝗蔽天。 ·····················康熙《汝宁府志》

秋，汝南旱蝗。 ·································《汝南县志》

323. 明嘉靖三十七年（1558 年）

河南水、旱、大蝗。 ················《河南东亚飞蝗及其综合治理》

324. 明嘉靖三十八年（1559 年）

(驻马店) 旱，飞蝗蔽天。 ⋯⋯⋯⋯⋯⋯⋯⋯⋯⋯⋯⋯《驻马店市志》

325. 明嘉靖三十九年（1560 年）

彰德、卫辉、怀庆、归德以水、旱、蝗蝻，免四府州县税；孟县旱，蝗灾。

⋯⋯⋯⋯⋯⋯⋯⋯⋯⋯⋯⋯⋯⋯《河南东亚飞蝗及其综合治理》

秋，(阳武) 蝗蝻生。 ⋯⋯⋯⋯⋯⋯⋯⋯⋯⋯⋯ 乾隆《阳武县志》

(台前) 大旱，飞蝗蔽天。 ⋯⋯⋯⋯⋯⋯⋯⋯⋯⋯《台前县志》

(汤阴) 旱，蝗蝻生。 ⋯⋯⋯⋯⋯⋯⋯⋯⋯⋯⋯⋯《汤阴县志》

(商丘) 旱蝗。 ⋯⋯⋯⋯⋯⋯⋯⋯⋯⋯⋯⋯⋯⋯⋯《商丘县志》

326. 明嘉靖四十年（1561 年）

内黄蝗，大饥。 ⋯⋯⋯⋯⋯⋯⋯⋯⋯⋯⋯ 乾隆《彰德府志》

(内黄) 蝗，大饥。 ⋯⋯⋯⋯⋯⋯⋯⋯⋯⋯⋯ 光绪《内黄县志》

327. 明嘉靖四十四年（1565 年）

孟县蝗灾；禹县蝗灾，蝻生盖地尺厚，民捕蝗易粟，不为灾。

⋯⋯⋯⋯⋯⋯⋯⋯⋯⋯⋯⋯⋯⋯《中国历代蝗患之记载》

六月，(禹州) 蝗灾。 ⋯⋯⋯⋯⋯⋯⋯⋯⋯⋯⋯⋯《禹州市志》

328. 明万历八年（1580 年）

河南济源、沁阳蝗灾。 ⋯⋯⋯⋯⋯⋯《中国历代蝗患之记载》

(怀庆) 济源蝗。 ⋯⋯⋯⋯⋯⋯⋯⋯⋯⋯⋯ 乾隆《怀庆府志》

河内蝗灾。 ⋯⋯⋯⋯⋯⋯⋯⋯⋯⋯⋯⋯⋯⋯⋯《沁阳市志》

(河内) 蝗。 ⋯⋯⋯⋯⋯⋯⋯⋯⋯⋯⋯⋯⋯ 道光《河内县志》

(济源) 蝗。 ⋯⋯⋯⋯⋯⋯⋯⋯⋯⋯⋯⋯⋯ 乾隆《济源县志》

329. 明万历九年（1581 年）

(陈州) 蝗。 ⋯⋯⋯⋯⋯⋯⋯⋯⋯⋯⋯⋯⋯ 乾隆《陈州府志》

(扶沟) 蝗。 ⋯⋯⋯⋯⋯⋯⋯⋯⋯⋯⋯⋯⋯ 光绪《扶沟县志》

(许州) 蝗。 ⋯⋯⋯⋯⋯⋯⋯⋯⋯⋯⋯⋯⋯⋯ 道光《许州志》

许昌蝗灾。 ⋯⋯⋯⋯⋯⋯⋯⋯⋯⋯⋯⋯⋯⋯⋯《许昌县志》

(临颍) 蝗。 ⋯⋯⋯⋯⋯⋯⋯⋯⋯⋯⋯ 民国《重修临颍县志》

夏，(新野) 唐、白河流域蝗，饥。 ⋯⋯⋯⋯⋯⋯《新野县志》

330. 明万历十年（1582 年）

河南长垣、永城、汲县、长葛、卫辉、中牟蝗灾；夏邑蝗虫大发生，声如
风雨，食禾稼、衣料尽。 ⋯⋯⋯⋯⋯《中国历代蝗患之记载》

卫辉旱蝗。 .... 雍正《河南通志》

（中牟）蝗螟伤禾。 .... 民国《中牟县志》

七月，（杞县）大蝗。 ....《杞县志》

（辉县）旱蝗。 .... 道光《辉县志》

（卫辉）旱蝗。 .... 乾隆《卫辉府志》

（汲县）旱蝗。 .... 乾隆《汲县志》

秋，（原武）螽。 .... 乾隆《原武县志》

秋，原武螽。 .... 乾隆《怀庆府志》

（长垣）蝗。 .... 嘉庆《长垣县志》

秋，（商丘）大蝗，声如风雨，所至草木皆空。 ....《商丘地区志》

（虞城）大蝗。 .... 光绪《虞城县志》

夏秋，（陈州）蝗螟害稼。 .... 乾隆《陈州府志》

秋，（淮阳）蝗螟害稼。 ....《淮阳县志》

（夏邑）大蝗。 .... 民国《夏邑县志》

（永城）大蝗。 .... 光绪《永城县志》

秋，（长葛）蝗食庄稼。 ....《长葛县志》

（郾城）蝗。 .... 民国《郾城县记》

（淇县）旱蝗。 .... 顺治《淇县志》

331. 明万历十一年（1583 年）

（濮阳）旱蝗。 ....《濮阳县志》

（开州）旱蝗。 .... 光绪《开州志》

332. 明万历十三年（1585 年）

河南光州蝗灾。 ....《中国历代蝗患之记载》

（长垣）旱蝗。 .... 嘉庆《长垣县志》

光州旱，蝗灾严重。 ....《信阳地区志》

夏，（光山）旱蝗，人相食。 ....《光山县志》

（固始）蝗灾。 ....《固始县志》

夏，（商城）旱蝗。 ....《商城县志》

（潢川）旱，蝗灾严重，人相食。 ....《潢川县志》

333. 明万历十四年（1586 年）

七月，（阳武）蝗生。 .... 乾隆《阳武县志》

（怀庆）大旱蝗。 .... 乾隆《怀庆府志》

334. 明万历十五年（1587年）

（陈州）蚜蝗害稼。 ·············· 乾隆《陈州府志》

（淮阳）子蝗害稼。 ·············· 《淮阳县志》

335. 明万历十六年（1588年）

（卢氏）大蝗。 ·············· 光绪《卢氏县志》

336. 明万历十七年（1589年）

河南获嘉蝗灾。 ·············· 《中国历代蝗患之记载》

（获嘉）蝗，草木皆枯。 ·············· 民国《获嘉县志》

337. 明万历二十一年（1593年）

河南正阳蝗虫严重害稼。 ·············· 《中国历代蝗患之记载》

（正阳）蝗，人相食。 ·············· 嘉庆《正阳县志》

338. 明万历二十二年（1594年）

夏四月，内黄蝗。 ·············· 咸丰《大名府志》

汝南、新蔡、正阳旱，蝗灾。 ·············· 《驻马店地区志》

夏，（汝南）旱，飞蝗蔽天。 ·············· 《汝南县志》

339. 明万历二十四年（1596年）

河南旱蝗。 ·············· 《河南东亚飞蝗及其综合治理》

河南永城、卫辉、夏邑、商丘、沁阳、荥泽、息县蝗灾；汲县蝗虫严重发
　　生，食秋稼殆尽。 ·············· 《中国历代蝗患之记载》

秋，卫辉蝗食禾稼殆尽，至啮人衣。 ·············· 雍正《河南通志》

（中牟）蝗，惟韩庄里、板桥、高黄里、郭泽里、鲁庙、白沙里、蒋家冲、
　　大庄里等处蝗最多。 ·············· 民国《中牟县志》

七月，（杞县）蝗。 ·············· 《杞县志》

秋，（新乡）遭蝗灾，民饥苦。 ·············· 《新乡县志》

秋，（卫辉）蝗食禾殆尽，至啮人衣。 ·············· 乾隆《卫辉府志》

秋，（卫辉）蝗食禾殆尽。 ·············· 《卫辉市志》

秋，（汲县）蝗食禾殆尽。 ·············· 乾隆《汲县志》

（阳武）蝗蝻生。 ·············· 乾隆《阳武县志》

（延津）大蝗。 ·············· 《延津县志》

七月旱，（焦作）蝗大作，沟堑尽平，禾无遗穗。 ·············· 《焦作市志》

秋七月，（怀庆）大蝗伤稼。 ·············· 乾隆《怀庆府志》

（河内）蝗蝻生。 ·············· 道光《河内县志》

...

秋七月旱，（修武）蝗大作，所过沟堑尽平，禾无遗。

               ······························ 道光《修武县志》

（济源）大旱，蝗蝻生。 ···························· 乾隆《济源县志》

（内黄）大蝗。 ·································· 光绪《内黄县志》

秋，（滑县）蝗。 ······························· 同治《滑县志》

（汝宁）蝗蝻毁稼。 ···························· 康熙《汝宁府志》

（夏邑）蝗。 ·································· 民国《夏邑县志》

（永城）蝗。 ·································· 光绪《永城县志》

（汝州）旱，大蝗。 ···························· 道光《汝州全志》

（宝丰）蝗灾。 ······························· 《宝丰县志》

（郏县）大旱，蝗虫成灾。 ························· 《郏县志》

夏，（汝南）蝗。 ····························· 《汝南县志》

夏秋间，（新蔡）蝗蝻毁稼。 ···················· 《新蔡县志》

（上蔡）蝗蝻为害。 ·························· 《上蔡县志》

（息县）蝗蝻毁稼。 ·························· 嘉庆《息县志》

340. **明万历二十五年**（1597 年）

（鄢城）蝗。 ·································· 民国《鄢城县记》

秋旱，（鲁山）蝗灾。 ························· 《鲁山县志》

341. **明万历二十六年**（1598 年）

（仪封）飞蝗蔽天，声如大风。 ··············· 乾隆《仪封县志》

（兰考）飞蝗蔽天，声如风雨。 ·················· 《兰考县志》

342. **明万历二十七年**（1599 年）

（嵩县）飞蝗蔽日，食禾苗殆尽。 ·············· 乾隆《嵩县志》

（仪封）蝗，平地三寸厚，伤禾。 ·············· 乾隆《仪封县志》

（兰考）飞蝗蔽天，平地三寸厚，伤禾。 ··········· 《兰考县志》

343. **明万历三十年**（1602 年）

秋，河南新乡蝗灾。 ··············· 《中国历代蝗患之记载》

秋，（新乡）蝗。 ···························· 乾隆《新乡县志》

夏六月，（陈州）蝗食禾，民大饥。 ·········· 乾隆《陈州府志》

六月，（沈丘）蝗食禾，民大饥。 ················ 《沈丘县志》

344. **明万历三十一年**（1603 年）

河北浚县蝗蝻生，盖满田野。 ··········· 《中国历代蝗患之记载》

浚县蝻生蔽野。 ·· 《浚县志》

345. 明万历三十二年（1604 年）

（焦作）连年旱，蝗夺民稼，大饥。 ···················· 《焦作市志》

346. 明万历三十三年（1605 年）

（长垣）大旱蝗。 ···································· 嘉庆《长垣县志》

347. 明万历三十四年（1606 年）

春到秋，河南汲县、济源、息县蝗虫大发生，害稼。

···························· 《中国历代蝗患之记载》

秋，原阳蝗，无稼；荥阳蝗自北而南群飞蔽天，秋禾被毁，大饥。

···················· 《河南东亚飞蝗及其综合治理》

（郑州）飞蝗蔽天自北而南，食禾几尽。 ·········· 乾隆《郑州志》

（新郑）飞蝗蔽日自北而南，食禾稼尽。 ············ 《新郑县志》

（荥阳）大蝗，自北而南群飞蔽天。 ·············· 乾隆《荥阳县志》

秋，（卫辉）大蝗伤禾。 ························ 乾隆《卫辉府志》

六月，（台前）飞蝗蔽天，食禾过半。七月，蝗蝻复生，田禾被伤。

·· 《台前县志》

秋，（新乡）蝗伤禾，人困饥。 ···················· 《新乡县志》

（阳武）蝗，无稼。 ······························ 乾隆《阳武县志》

秋，（汲县）大蝗伤禾稼。 ························ 乾隆《汲县志》

（怀庆）蝗。 ···································· 乾隆《怀庆府志》

（济源）蝗。 ···································· 乾隆《济源县志》

（孟县）蝗。 ·· 《孟县志》

六月，（开州）飞蝗。 ·························· 光绪《开州志》

（长葛）飞蝗自北而南，食禾几尽。 ·················· 《长葛县志》

（确山）蝗食禾稼殆尽。 ···························· 《确山县志》

（息县）蝗，大饥，民流。 ······················ 嘉庆《息县志》

348. 明万历三十五年（1607 年）

六月，（封丘）飞蝗过野，投河而死。 ············ 顺治《封丘县志》

六月，（延津）蝗。 ································ 《延津县志》

（濮阳）蝗。 ······································ 《濮阳县志》

夏之秋，（长葛）蝗蝻弥漫四野，食禾稼俱尽。 ········ 《长葛县志》

（驻马店）蝗蝻遍野，大饥。 ···················· 《驻马店地区志》

秋，（新蔡）蝗蝻遍野。 ·················· 《新蔡县志》

349. 明万历三十六年（1608 年）

（长葛）蝗蝻复生为灾。 ·················· 《长葛县志》

350. 明万历三十七年（1609 年）

河南息县蝗灾。 ·················· 《中国历代蝗患之记载》

（新蔡）蝗。 ·················· 《新蔡县志》

（息县）大旱蝗，民流。 ·················· 嘉庆《息县志》

351. 明万历三十八年（1610 年）

（范县）飞蝗蔽野，官以粟易蝗，民捕之甚多。 ······· 《范县志》

（内黄）飞蝗蔽日。 ·················· 光绪《内黄县志》

352. 明万历三十九年（1611 年）

八月，河南巡按奏：今春至夏，开、归、汝等处飞蝗蔽天，禾麦一空。

·················· 《明实录·神宗实录》

353. 明万历四十年（1612 年）

河南杞县、永城、尉氏蝗灾大发生，夏邑许多蝗蝻食一小儿。

·················· 《中国历代蝗患之记载》

三月，（尉氏）蝗。 ·················· 道光《尉氏县志》

三月，（杞县）蝗。 ·················· 《杞县志》

秋，（新乡）蝗虫蔽天，食谷殆尽。 ········· 《新乡县志》

（永城）蝗。 ·················· 光绪《永城县志》

（夏邑）蝗蝻生，食一小儿。 ·········· 民国《夏邑县志》

六月，（沈丘）飞蝗食禾。 ·················· 《沈丘县志》

354. 明万历四十一年（1613 年）

河南洛阳蝗灾。 ·················· 《中国历代蝗患之记载》

秋，洛阳飞蝗蔽天，食禾尽，草木叶一空。 ········ 雍正《河南通志》

（新安）蝗灾。 ·················· 《新安县志》

（汝南）飞蝗蔽天。 ·················· 《汝南县志》

秋，（洛阳）飞蝗蔽天，食禾、草木皆尽。 ········ 乾隆《洛阳县志》

355. 明万历四十二年（1614 年）

河南尉氏蝗蝻食稼，饥荒。 ·········· 《中国历代蝗患之记载》

（尉氏）蝗蝻食禾稼，民饥。 ·········· 道光《尉氏县志》

（怀庆）蝗。 ·················· 乾隆《怀庆府志》

356. 明万历四十三年（1615 年）

（修武）蝗。 …………………………………………… 道光《修武县志》

南阳蝗食禾。 …………………………………………… 光绪《南阳县志》

（南召）蝗蝻大盛，禾稼被食。 ……………………………《南召县志》

（裕州）蝗蝻大盛。 …………………………………… 乾隆《裕州志》

（方城）蝗蝻食禾。 ……………………………………《方城县志》

（新蔡）蝗自北来，无翼，遍野，纠缠相抱如磙，渡河延城而进，入房厨、
　　　卧榻啮人衣物，久则生羽飞去。 …………………………《新蔡县志》

新蔡蝗。 …………………………………………………《驻马店地区志》

357. 明万历四十四年（1616 年）

七月，河南蝗。 ………………………………………《明史·五行志》

七月，河南报蝗蝻。九月，河南通省旱蝗为厉。 ……《明实录·神宗实录》

河南新野、孟津、沁阳、渑池、密县、罗山、尉氏、汝阳、禹县、济源、
　　　开封、祥符、息县蝗灾；襄城、长葛蝗生，飞蔽天，盖满地，逾屋越城，
　　　墙壁、井堰皆满，食稼尽。 …………………《中国历代蝗患之记载》

开封蝗。 ……………………………………………… 雍正《河南通志》

（新郑）大蝗蔽天，小蝗匝地，寸草不留。 ……… 乾隆《新郑县志》

（密县）蝗。 ……………………………………… 民国《密县志》

夏六月，（开封）蝗食谷黍殆尽，生蝻甚多，官以谷易之，蝗堆积如山。
　　　…………………………………………………… 康熙《开封府志》

六月，飞蝗蔽天自东而西，食禾尽。 …………… 民国《阌乡县志》

夏六月，（祥符）蝗。 …………………………… 光绪《祥符县志》

六月，（兰考）蝗。 ……………………………………《兰考县志》

六月，（尉氏）蝗。 …………………………… 道光《尉氏县志》

（阳武）蝗，无秋。 …………………………… 乾隆《阳武县志》

陕、灵、阌蝗蝻蔽野，伤禾稼殆尽。 ………… 乾隆《直隶陕州志》

（怀庆）蝗。 …………………………………… 乾隆《怀庆府志》

（河内）蝗蝻生。 ……………………………… 道光《河内县志》

七月，（河南）蝗。 …………………………… 乾隆《河南府志》

陕、灵、阌蝗蝻遍野，伤稼殆尽。 …………… 民国《陕县志》

（济源）蝗。 …………………………………… 乾隆《济源县志》

（孟县）蝗。 ……………………………………………《孟县志》

陕县、灵宝、阌乡蝗灾，蝗蝻食尽禾苗。 ··············《三门峡市志》

六月，（灵宝）蝗飞蔽天自东而西，食禾苗。 ··············《灵宝县志》

秋七月，（清丰）飞蝗虫蝻遍野，食禾殆尽。 ·············· 民国《清丰县志》

彰德府大蝗。 ··《安阳县志》

秋七月旱，（内黄）蝗蝻遍野，食禾殆尽。 ·············· 光绪《内黄县志》

夏，柘城蝗飞蔽天。 ··《商丘地区志》

夏六月，柘城飞蝗蔽天。 ································ 光绪《柘城县志》

五月，陈州大蝗，飞蔽天。六月，蝗自北来，积厚寸许。

　　··· 乾隆《陈州府志》

夏，（淮阳）飞蝗蔽天，禾稼一空。 ························《淮阳县志》

五月，（沈丘）蝗食禾。 ··《沈丘县志》

夏六月，（扶沟）蝗。 ·································· 光绪《扶沟县志》

夏六月，（鹿邑）蝗。 ·································· 光绪《鹿邑县志》

（西华）蝗虫食禾殆尽。 ··《西华县志》

秋，许州城郊、鄢陵、禹州飞蝗蔽日，逾屋越城，井灶皆满，秋作物被

　　吃光。 ··《许昌市志》

（许昌）蝗飞蔽天，蝻遍野，逾屋越城，井灶、釜瓮皆满，禾稼尽伤。

　　··《许昌县志》

（襄城）蝗蔽天匝地，逾屋越城，秋禾尽伤。 ·············· 乾隆《襄城县志》

夏至秋，（长葛）蝗蝻遍野，禾稼俱尽。 ··············《长葛县志》

六月，（禹州）有蝗。七月雨，蝗死。 ·············· 道光《禹州志》

六月，（鄢陵）蝗自东南来，城内外积厚寸余，秋无禾。

　　··· 民国《鄢陵县志》

（临颍）蝗飞蔽天。 ······························ 民国《重修临颍县志》

（郾城）蝗。 ·· 民国《郾城县记》

六月，（新野）蝗。 ··《新野县志》

（方城）蝗蝻大盛，伤禾无遗。 ··································《方城县志》

（驻马店）蝗食稼尽。 ··《驻马店市志》

新蔡、上蔡、确山蝗食禾稼殆尽。 ··························《驻马店地区志》

（汝阳）蝗食禾殆尽。 ·································· 康熙《汝阳县志》

（新蔡）蝗蝻害稼。 ··《新蔡县志》

（上蔡）蝗虫为害田禾。 ··《上蔡县志》

（汝南）旱蝗。 ⋯⋯⋯⋯⋯⋯⋯⋯⋯⋯⋯⋯⋯⋯⋯⋯⋯《汝南县志》

（确山）蝗食禾稼殆尽。 ⋯⋯⋯⋯⋯⋯⋯⋯⋯⋯⋯民国《确山县志》

（罗山）蝗灾。 ⋯⋯⋯⋯⋯⋯⋯⋯⋯⋯⋯⋯⋯⋯⋯⋯⋯《罗山县志》

（息县）旱蝗。 ⋯⋯⋯⋯⋯⋯⋯⋯⋯⋯⋯⋯⋯⋯⋯嘉庆《息县志》

六月，（阌乡）飞蝗蔽天自东而西，食禾尽。 ⋯⋯⋯民国《阌乡县志》

涉县、内黄大蝗。 ⋯⋯⋯⋯⋯⋯⋯⋯⋯⋯⋯⋯⋯乾隆《彰德府志》

（许州）蝗蔽天，蝻遍野，逾屋越城，禾稼尽伤。 ⋯⋯道光《许州志》

六月旱，（禹州）蝗蝻厚一尺，飞蔽天，大街小巷皆是，禾苗食尽食人衣
帽，七月尽死。 ⋯⋯⋯⋯⋯⋯⋯⋯⋯⋯⋯⋯⋯⋯⋯《禹州市志》

（裕州）蝗蝻大盛，伤禾稼无遗。 ⋯⋯⋯⋯⋯⋯⋯⋯乾隆《裕州志》

（汝宁）蝗食禾殆尽。 ⋯⋯⋯⋯⋯⋯⋯⋯⋯⋯⋯⋯康熙《汝宁府志》

六月，仪封蝗；孟津旱，蝗灾，颗粒无收。
⋯⋯⋯⋯⋯⋯⋯⋯⋯⋯⋯《河南东亚飞蝗及其综合治理》

358. 明万历四十五年（1617年）

七月，河南或大旱、或大水、或蝗蝻，又或水而旱、旱而复蝗。九月，沈
丘等五十州县因旱蝗为虐，漕粟难输。 ⋯⋯⋯⋯⋯《明实录·神宗实录》

六月，河南蝗飞蔽天，孟津蝗灾，歉收，免征税赋。
⋯⋯⋯⋯⋯⋯⋯⋯⋯⋯⋯《河南东亚飞蝗及其综合治理》

密县、渑池、襄城、罗山、泌阳、孟津蝗灾；从夏至秋，项城蝗虫大发生，
从东北来，飞蔽天，声如风雨，产卵于地下，蝻生，食禾稼、牧草殆尽，
爬满屋顶，墙壁、锅灶、井堰皆满；夏，新野蝗飞蔽天，食禾草尽，秋
蝗蝻盖地，蝗灾一直延续至1623年。 ⋯⋯⋯⋯《中国历代蝗患之记载》

（新郑）蝗蝻复生，捕近千石，有瘗蝗处。 ⋯⋯⋯乾隆《新郑县志》

（密县）大蝗。 ⋯⋯⋯⋯⋯⋯⋯⋯⋯⋯⋯⋯⋯⋯⋯民国《密县志》

秋，（辉县）蝗食禾殆尽。 ⋯⋯⋯⋯⋯⋯⋯⋯⋯⋯道光《辉县志》

（三门峡）再次发生蝗灾。 ⋯⋯⋯⋯⋯⋯⋯⋯⋯⋯⋯《三门峡市志》

陕、灵、阌蝗蝻遍野，伤禾稼殆尽。 ⋯⋯⋯⋯⋯⋯民国《陕县志》

五月，（陈州）蝗食禾。六月，有蝗自东南来，如烟雾蔽天，至城东分二
股，一股由牟家集入南顿，一股由任兴集至马庄店飞坠禾田，死者甚多，
余向西北飞去，二十二日，蝗从西北飞回，始集境内，所经之处生子，
旬日出蝻蔽野，伤禾。 ⋯⋯⋯⋯⋯⋯⋯⋯⋯⋯⋯乾隆《陈州府志》

沈丘、扶沟、太康、项城、陈州旱，蝗食禾。 ⋯⋯⋯⋯《周口地区志》

六月，（淮阳）有飞蝗自东南来，如烟雾蔽天，后向西北飞去，至境内伤秋
　　禾，所经处生子，旬日蝻出蔽野，岁饥。 ·······《淮阳县志》

（沈丘）蝗食禾。 ······《沈丘县志》

（扶沟）蝗。 ······光绪《扶沟县志》

七月，（项城）飞蝗蔽天，其声如雨，落地入土生子，出而为蝻，食黍谷
　　殆尽。 ······民国《项城县志》

六月，（许州）蝗。 ······道光《许州志》

六月，（许昌）复生蝗蝻，秋作物又被吃光。 ······《许昌市志》

六月，（许昌）蝗。 ······《许昌县志》

（长葛）蝗复生为灾。 ······《长葛县志》

六月，（襄城）蝗至。秋，螣生。 ······乾隆《襄城县志》

（鄢陵）蝗。 ······民国《鄢陵县志》

六月，（临颍）蝗。 ······民国《重修临颍县志》

（郾城）蝗。 ······民国《郾城县记》

（舞阳）飞蝗蔽日，田禾如扫。 ······《舞阳县志》

六月，（郏县）蝗，谷物吃光。 ······《郏县志》

六月，（新野）蝗飞蔽天，禾草间食。七月，蝗蝻遍野，禾稼一空。
　　 ······《新野县志》

（裕州）有蝗蔽天，遗子遍野，禾稼如扫。 ······乾隆《裕州志》

（方城）飞蝗蔽天，食尽禾稼。 ······《方城县志》

泌阳飞蝗遍野。 ······《驻马店地区志》

（泌阳）旱，蝗遍野，捕之。 ······道光《泌阳县志》

（新蔡）蝗蝻害稼。 ······《新蔡县志》

（罗山）旱、蝗灾并发。 ······《罗山县志》

359. **明万历四十六年**（1618 年）

河南新野、息县、汲县、渑池蝗灾，新乡蝗食稼殆尽。
　　 ······《中国历代蝗患之记载》

（新乡）蝗蔽天，食谷殆尽。 ······乾隆《新乡县志》

（卫辉）飞蝗蔽天，食谷殆尽。 ······乾隆《卫辉府志》

（卫辉）飞蝗蔽天，食尽禾苗。 ······《卫辉市志》

卢氏大蝗。 ······乾隆《直隶陕州志》

（汲县）飞蝗蔽天。 ······乾隆《汲县志》

（渑池）蝗灾，人相食。 ···《渑池县志》

（滑县）蝗飞蔽天，食谷殆尽。 ·······················同治《滑县志》

（浚县）蝗虫飞天蔽日，谷被吃尽。 ·····················《浚县志》

（郾城）蝗食竹树殆尽。 ·······················民国《郾城县记》

（方城）蝗。 ···《方城县志》

（新野）蝗。 ···《新野县志》

（新蔡）蝗蝻害稼。 ···《新蔡县志》

（息县）蝗。 ···嘉庆《息县志》

（商城）飞蝗蔽天，民大饥。 ·····························《商城县志》

360. 明万历四十七年（1619 年）

秋，河南南阳蝗蝻遍野，新野蝗灾。 ··········《中国历代蝗患之记载》

南阳蝗食稼，蝻遍野。 ·······················嘉庆《南阳府志》

（新野）蝗食稼，蝗蝻遍野。 ·····························《新野县志》

（方城）蝗。 ···《方城县志》

（镇平）蝗食禾。 ···························光绪《镇平县志》

（南召）跳蝻遍野，毁稼。 ·····························《南召县志》

（息县）蝗。 ···嘉庆《息县志》

361. 明万历四十八年 泰昌元年（1620 年）

新野、太康、罗山、汝阳、息县蝗灾。 ··········《中国历代蝗患之记载》

中牟蝗。 ·····························《河南东亚飞蝗及其综合治理》

秋，（汝阳）蝗。 ···《汝阳县志》

（通许）蝗。 ·······························乾隆《通许县志》

（长垣）旱蝗。 ···························嘉庆《长垣县志》

（濮阳）蝗。 ···《濮阳县志》

（陈州）蝗食禾殆尽，沿墙登屋，无处不入。 ··········乾隆《陈州府志》

太康旱，飞蝗蔽天。 ·································《周口地区志》

（太康）飞蝗蔽日。 ·······················道光《太康县志》

（开州）旱蝗。 ···························光绪《开州志》

（新野）蝗灾。 ···························乾隆《新野县志》

（方城）蝗。 ···《方城县志》

秋，（驻马店）蝗起。 ·································《驻马店市志》

秋，（确山）蝗。 ···························民国《确山县志》

秋，（汝宁）蝗。 ……………………………………… 康熙《汝宁府志》

秋，（汝阳）蝗。 ……………………………………… 康熙《汝阳县志》

秋，（汝南）蝗。 ………………………………………… 《汝南县志》

秋，（平舆）蝗。 ………………………………………… 《平舆县志》

秋，（上蔡）蝗灾。 ……………………………………… 《上蔡县志》

（罗山）蝗灾。 ………………………………………… 《罗山县志》

（息县）旱蝗。 ……………………………………… 嘉庆《息县志》

362. 明天启元年（1621 年）

夏秋，河南新野、泌阳蝗灾。 ………………… 《中国历代蝗患之记载》

（新野）蝗。 …………………………………………… 《新野县志》

（方城）大蝗。 ………………………………………… 《方城县志》

（泌阳）大蝗成灾。 ……………………………………… 《泌阳县志》

秋旱，（汝南）蝗灾。 …………………………………… 《汝南县志》

（新蔡）蝗虫伤禾。 ……………………………………… 《新蔡县志》

（罗山）水、旱、蝗灾相继发生。 ……………………… 《罗山县志》

夏秋，（商城）飞蝗又起，苗尽伤。 …………………… 《商城县志》

363. 明天启二年（1622 年）

河南息县、新野、罗山蝗灾。 ………………… 《中国历代蝗患之记载》

三月，（杞县）蝗。 ………………………………………… 《杞县志》

（新野）大蝗。 ………………………………………… 《新野县志》

（唐县）大蝗。 ………………………………………… 乾隆《唐县志》

（裕州）蝗。 …………………………………………… 乾隆《裕州志》

（方城）大蝗。 ………………………………………… 《方城县志》

（内乡）蝗。 ………………………………………… 康熙《内乡县志》

（上蔡）旱，蝗灾。 ……………………………………… 《上蔡县志》

（汝宁）旱蝗。 ………………………………………… 康熙《汝宁府志》

（新蔡）蝗虫伤禾。 ……………………………………… 《新蔡县志》

（固始）蝗灾。 ………………………………………… 《固始县志》

（罗山）旱、蝗灾并发。 ………………………………… 《罗山县志》

（商城）旱蝗交加，伤禾稼。 …………………………… 《商城县志》

（息县）旱蝗。 ……………………………………… 嘉庆《息县志》

364. 明天启三年（1623 年）

河南新野、内乡蝗灾，害稼。 ………………………《中国历代蝗患之记载》

（新野）蝗。 ……………………………………………………《新野县志》

（汝南）旱蝗。 ……………………………………………………《汝南县志》

365. 明天启六年（1626 年）

是秋，河南蝗。 ……………………………………………《明史·熹宗本纪》

五月，河南苦旱又苦蝗。 ……………………………《明实录·熹宗实录》

河南开封蝗灾。 ………………………………………《中国历代蝗患之记载》

（项城）旱蝗。 ………………………………………… 民国《项城县志》

十月，（沈丘）旱蝗。 ……………………………………………《沈丘县志》

秋，（新蔡）飞蝗蔽天盖地，食禾殆尽。 ………………………《新蔡县志》

366. 明天启七年（1627 年）

秋，河南夏邑、杞县、永城蝗虫大发生，害稼。……《中国历代蝗患之记载》

春三月，仪封蝗。 ………………………《河南东亚飞蝗及其综合治理》

三月，（兰考）蝗。 ……………………………………………《兰考县志》

春三月，（杞县）蝗。 ……………………………… 乾隆《杞县志》

（商丘）蝗灾。 ……………………………………………………《商丘县志》

（永城）蝗。 ………………………………………… 光绪《永城县志》

（夏邑）大旱蝗。 ………………………………………… 民国《夏邑县志》

（虞城）旱，大蝗。 ……………………………………… 光绪《虞城县志》

（新野）蝗食禾。 ……………………………………………………《新野县志》

八月，（临颍）蝗飞蔽天。 …………………………… 民国《重修临颍县志》

367. 明崇祯二年（1629 年）

（内乡）旱蝗。 ………………………………………… 康熙《内乡县志》

（西峡）旱蝗。 ……………………………………………………《西峡县志》

368. 明崇祯六年（1633 年）

淮阳、鹿邑蝗蝻遍野。 …………………………………………《周口地区志》

（陈州）蝗蝻遍野。 ……………………………………… 乾隆《陈州府志》

夏，（淮阳）蝗蝻蔽野。 ……………………………………………《淮阳县志》

（临颍）蝗。 ………………………………………… 民国《重修临颍县志》

（郾城）蝗。 ………………………………………… 民国《郾城县记》

369. 明崇祯七年（1634 年）

河南杞县、尉氏、密县、内乡蝗灾。 ······《中国历代蝗患之记载》

(密县) 飞蝗蔽天。 ·······民国《密县志》

(孟津) 蝗灾，人外逃过半。 ·······《孟津县志》

五月，(杞县) 蝗。 ·······《杞县志》

六月，(尉氏) 蝗自东南来，落地尺余，五谷食毁大半。

·······道光《尉氏县志》

(陈州) 蝗。 ·······乾隆《陈州府志》

(淮阳) 蝗。 ·······民国《淮阳县志》

秋七月，(鹿邑) 蝗。 ·······光绪《鹿邑县志》

八月，(临颍) 旱蝗。 ·······民国《重修临颍县志》

五月，(郏县) 蝗。 ·······《郏县志》

夏，(邓州) 蝗旱。 ·······乾隆《邓州志》

(内乡) 蝗蝝生。 ·······康熙《内乡县志》

370. 明崇祯八年（1635 年）

七月，河南蝗。 ·······《明史·五行志》

秋，河南汲县、济源、汤阴蝗灾，密县飞蝗蔽天盖地。

·······《中国历代蝗患之记载》

汤阴县蝗。 ·······雍正《河南通志》

夏旱，(郑州) 飞蝗蔽日，禾枯粮绝。 ·······乾隆《郑州志》

荥阳旱蝗。 ·······《河南东亚飞蝗及其综合治理》

秋，(密县) 复大蝗，蔽天布野。 ·······民国《密县志》

(新安) 大旱，飞蝗蔽日，室无隙地。 ·······乾隆《新安县志》

(通许) 蝗。 ·······乾隆《通许县志》

(洧川) 飞蝗蔽空，谷菽俱食。 ·······嘉庆《洧川县志》

(卫辉) 大蝗。 ·······乾隆《卫辉府志》

(辉县) 大蝗。 ·······道光《辉县志》

(济源) 蝗。 ·······乾隆《济源县志》

(陕县) 飞蝗蔽天。 ·······民国《陕县志》

(阌乡) 飞蝗蔽天。 ·······民国《阌乡县志》

秋，(彰德) 大蝗损禾，复生蝻，食禾叶一空。 ·······乾隆《彰德府志》

(汤阴) 旱蝗。 ·······《汤阴县志》

（滑县）大蝗。······························ 同治《滑县志》

（浚县）飞蝗遮天蔽日，草木叶尽光。············ 《浚县志》

（陈州）旱，蝗灾，至十三年，不食于蝗，则苦于旱，连岁灾祲。

　　　　·································· 乾隆《陈州府志》

（禹州）旱，蝗虫成灾。···················· 《禹州市志》

（长葛）飞蝗为灾。··················· 乾隆《长葛县志》

（舞阳）大旱，蝗虫为害。················· 《舞阳县志》

（郾城）旱蝗。······················ 民国《郾城县记》

（舞钢）蝗虫为害。···················· 《舞钢市志》

夏，（邓州）蝗旱，民大饥。··············· 乾隆《邓州志》

（荥阳）旱蝗。······················· 《荥阳县志》

（汲县）大蝗。······················ 乾隆《汲县志》

（陕州）飞蝗蔽天。················· 乾隆《直隶陕州志》

（灵宝）蝗飞蔽天。···················· 《灵宝县志》

371. 明崇祯九年（1636 年）

九月，河南大蝗。·········· 《河南东亚飞蝗及其综合治理》

河南获嘉蝗灾。············· 《中国历代蝗患之记载》

夏旱，（郑州）飞蝗蔽天，禾枯粮绝。········· 乾隆《郑州志》

（新安）旱蝗。···················· 乾隆《新安县志》

（洧川）飞蝗蔽空，谷菽俱食。············ 嘉庆《洧川县志》

（通许）蝗。····················· 乾隆《通许县志》

（原武）大蝗。···················· 乾隆《原武县志》

（获嘉）旱蝗。···················· 民国《获嘉县志》

（怀庆）蝗。····················· 乾隆《怀庆府志》

（陕州）蝗。···················· 乾隆《直隶陕州志》

（阌乡）蝗。····················· 民国《阌乡县志》

（陕县）蝗。····················· 民国《陕县志》

（卢氏）蝗飞蔽天。·················· 光绪《卢氏县志》

（濮阳）飞蝗蔽日。···················· 《濮阳县志》

（陈州）旱，蝗灾。·················· 乾隆《陈州府志》

（长葛）飞蝗为灾。·················· 乾隆《长葛县志》

七月，（郾城）蝗。·················· 民国《郾城县记》

夏，（邓州）蝗旱，民相食。 ·························· 乾隆《邓州志》

（正阳）蝗，大饥，人相食。 ·················· 民国《重修正阳县志》

372. 明崇祯十年（1637 年）

秋七月，河南蝗，民大饥。 ·························· 《明史·庄烈帝纪》

河南获嘉、夏邑蝗灾；内乡蝗蝻生，尺厚。 ········· 《中国历代蝗患之记载》

夏旱，（郑州）飞蝗蔽天，禾枯粮绝。 ················ 乾隆《郑州志》

（新安）旱蝗。 ······························· 乾隆《新安县志》

（通许）蝗。 ······························· 乾隆《通许县志》

（洧川）飞蝗蔽空，谷菽俱食。 ················ 嘉庆《洧川县志》

（获嘉）旱蝗。 ······························· 民国《获嘉县志》

（焦作）飞蝗从东南来，起飞如云，田禾受灾甚大。 ········· 《焦作市志》

修武蝗。 ································· 乾隆《怀庆府志》

（修武）飞蝗自东南来，飞起如云，田禾受害甚大。 ········· 《修武县志》

（陕州）蝗。 ····························· 乾隆《直隶陕州志》

（陕县）蝗。 ······························· 民国《陕县志》

（阌乡）蝗。 ······························· 民国《阌乡县志》

（濮阳）飞蝗蔽日。 ··························· 《濮阳县志》

七月，（商丘）蝗。 ··························· 《商丘地区志》

（夏邑）蝗。 ······························· 民国《夏邑县志》

（永城）蝗。 ······························· 《永城县志》

夏，扶沟、项城、沈丘、淮阳、太康、鹿邑、商水旱蝗。以后连续四年旱
蝗，人相食。 ························· 《周口地区志》

（陈州）飞蝗蔽天，九月，复生蝻，食麦苗。 ·········· 乾隆《陈州府志》

灵宝蝗灾。 ······························· 《灵宝县志》

（淇县）旱蝗。 ······························· 顺治《淇县志》

（扶沟）大蝗。 ······························· 光绪《扶沟县志》

（商水）蝗。 ······························· 《商水县志》

（项城）蝗。 ······························· 民国《项城县志》

（许昌）大蝗灾。 ··························· 《许昌县志》

（长葛）飞蝗为害。 ························· 乾隆《长葛县志》

六月，（鄢陵）有蝗自山东来，蔽野，岁大饥。 ·········· 民国《鄢陵县志》

七月，（禹州）蝗虫成灾。 ······················ 《禹州市志》

（西峡）蝗集地，死蝗厚尺许。 ·····················《西峡县志》

（内乡）蝗蝝生，积地厚尺许。 ·················康熙《内乡县志》

夏，（新蔡）飞蝗食禾。 ·······················《新蔡县志》

（正阳）蝗。 ···························民国《重修正阳县志》

373. 明崇祯十一年（1638 年）

六月，河南大旱蝗。 ·····················《明史·五行志》

六月，河南大蝗，赤地千里；孟津旱，蝗灾；汜水大蝗。

·····················《河南东亚飞蝗及其综合治理》

河南内乡、获嘉、杞县、密县、沁阳、长葛、永城、洛宁、新乡、汲县、

济源、渑池、新野、夏邑、洛阳蝗灾。 ·········《中国历代蝗患之记载》

洛阳旱蝗，赤地千里。 ·················雍正《河南通志》

夏旱，（郑州）飞蝗蔽天，禾枯粮绝。 ·············乾隆《郑州志》

（密县）大旱蝗。 ·····················民国《密县志》

洛阳旱蝗。 ·······················乾隆《河南府志》

（洛阳）大旱，赤地千里，蝗蝻集地厚寸余。 ·······乾隆《洛阳县志》

（汝阳）旱蝗。 ·······················《汝阳县志》

（新安）旱蝗。 ·····················乾隆《新安县志》

（宜阳）飞蝗为灾，大饥。 ·················《宜阳县志》

（嵩县）旱，蝗飞蔽天，所过田苗立尽。 ·········乾隆《嵩县志》

七月，杞县蝗。 ·······················《杞县志》

考城蝗食禾尽，生蝻，平地尺许。 ·············《兰考县志》

考城蝗食禾尽，生蝻，平地尺许。 ···········民国《考城县志》

（洧川）飞蝗蔽空，谷菽俱食。 ·············嘉庆《洧川县志》

秋，（新乡）蝗蔽天翳日，五谷食尽，啮及竹芦。 ·····《新乡县志》

（获嘉）旱蝗。 ·····················民国《获嘉县志》

（辉县）蝗。 ·······················道光《辉县志》

秋，（汲县）蝗，蔽天翳日，五谷尽食。 ·········乾隆《汲县志》

（原武）大蝗。 ·····················乾隆《原武县志》

（延津）蝗。 ·······················《延津县志》

（长垣）蝗飞蔽天，食禾几尽。 ·············嘉庆《长垣县志》

秋，（焦作）蝗灾，伤稼甚重。 ···············《焦作市志》

六月，（怀庆）蝗。 ···················乾隆《怀庆府志》

（洛宁）蝗，大饥。…………………………………………民国《洛宁县志》

秋，（卫辉）蝗飞蔽日，食禾殆尽。……………………乾隆《卫辉府志》

六月，（河内）蝗。………………………………………道光《河内县志》

六月，河内又遭蝗灾。………………………………………《沁阳市志》

六月，（济源）蝗。………………………………………乾隆《济源县志》

（温县）蝗。………………………………………………乾隆《温县志》

六月，（孟县）蝗，大饥。……………………………………《孟县志》

（修武）蝗。………………………………………………道光《修武县志》

（博爱）旱，蝗灾，民不聊生。………………………………《博爱县志》

秋，陕、灵、阌、卢飞蝗蔽日，食禾殆尽。………………《三门峡市志》

陕、卢飞蝗蔽天，食禾殆尽。……………………乾隆《直隶陕州志》

秋，陕、灵、阌、卢飞蝗蔽天，食禾殆尽。……………民国《陕县志》

（灵宝）旱蝗。………………………………………………《灵宝县志》

秋，（阌乡）蝗食禾。……………………………………民国《阌乡县志》

（濮阳）飞蝗蔽日。…………………………………………《濮阳县志》

（濮州）旱蝗。……………………………………………宣统《濮州志》

夏，（清丰）飞蝗蔽天，禾偃折枝。……………………民国《清丰县志》

（内黄）飞蝗蔽天。………………………………………光绪《内黄县志》

秋，（滑县）蝗，五谷殆尽。……………………………同治《滑县志》

秋，（浚县）蝗虫食谷尽光。…………………………………《浚县志》

秋七月，（柘城）蝗，大无禾。…………………………光绪《柘城县志》

五月，（虞城）大蝗，过三昼夜，飞蝗蔽天。…………光绪《虞城县志》

（夏邑）大蝗飞落，灶不能炊，井不能汲，令捕之。……民国《夏邑县志》

（永城）蝗。………………………………………………光绪《永城县志》

（睢州）旱蝗。……………………………………………光绪《续修睢州志》

（陈州）旱蝗。……………………………………………乾隆《陈州府志》

（商水）蝗。…………………………………………………《商水县志》

（项城）蝗。………………………………………………民国《项城县志》

禹州、许州城郊、鄢陵生蝗，逾屋越城，农作物被吃光。……《许昌市志》

（长葛）飞蝗为害。………………………………………乾隆《长葛县志》

六月旱，（禹州）蝗灾。………………………………………《禹州市志》

（鄢陵）蝗复生，倍之。…………………………………民国《鄢陵县志》

（汝州）大旱蝗。 …………………………………………………… 道光《汝州全志》

秋，（郏县）旱蝗。 …………………………………………………… 《郏县志》

秋旱，（鲁山）蝗灾。 …………………………………………………… 《鲁山县志》

五月，（内乡）蝗。 …………………………………………………… 康熙《内乡县志》

五月，（西峡）蝗虫为害。 …………………………………………………… 《西峡县志》

汝南、沁阳旱，蝗灾。 …………………………………………………… 《驻马店地区志》

（新野）蝗。 …………………………………………………… 《新野县志》

夏，（汝南）旱蝗。 …………………………………………………… 《汝南县志》

（沁阳）旱蝗。 …………………………………………………… 《沁阳县志》

（开州）飞蝗蔽日。 …………………………………………………… 光绪《开州志》

（淇县）旱蝗。 …………………………………………………… 顺治《淇县志》

秋，考城蝗食禾尽，生蝻，平地尺许。 …………………………………………………… 《民权县志》

夏，（新蔡）飞蝗食禾。 …………………………………………………… 《新蔡县志》

374. 明崇祯十二年（1639 年）

七月，怀庆旱，蝗蝻结块渡河，作物尽食。

………………………………………………… 《古今图书集成·庶征典·蝗灾部汇考》

六月，河南旱蝗。 …………………………………………………… 《明史·庄烈帝纪》

河南获嘉、内乡、杞县、济源、襄城、密县、新乡、永城、洛宁、渑池、夏邑、孟县蝗灾；罗山、怀庆蝗食禾稼尽，结块渡河，密布城墙，房草尽，食衣物。 …………………………………………………… 《中国历代蝗患之记载》

怀庆旱蝗，蝻结块渡河。 …………………………………………………… 雍正《河南通志》

夏旱，（郑州）飞蝗蔽天，禾枯粮绝。 …………………………………………………… 乾隆《郑州志》

（巩县）连年蝗。 …………………………………………………… 《巩县志》

（密县）大旱蝗。 …………………………………………………… 民国《密县志》

（登封）旱蝗，人相食。 …………………………………………………… 乾隆《登封县志》

（新安）旱蝗。 …………………………………………………… 乾隆《新安县志》

（宜阳）旱蝗交加。 …………………………………………………… 《宜阳县志》

（嵩县）飞蝗蔽天，蝻虫继生，食禾几尽。 …………………………………………………… 乾隆《嵩县志》

（洛宁）旱蝗。 …………………………………………………… 民国《洛宁县志》

春无雨，（伊川）蝗灾，民相食。 …………………………………………………… 《伊川县志》

四月，蝗，卢氏、嵩县、伊阳尤甚。 …………………………………………………… 《汝阳县志》

夏，（杞县）旱蝗。 …………………………………………………… 《杞县志》

（洧川）飞蝗蔽空，谷菽俱食。 ⋯⋯⋯⋯⋯⋯⋯⋯⋯⋯⋯ 嘉庆《洧川县志》

（通许）蝗。 ⋯⋯⋯⋯⋯⋯⋯⋯⋯⋯⋯⋯⋯⋯⋯⋯⋯ 乾隆《通许县志》

考城蝗蝻生，平地尺许，麦禾尽。 ⋯⋯⋯⋯⋯⋯⋯⋯ 民国《考城县志》

（兰阳）飞蝗盈野蔽天，其势更甚，生子入土，十八日成蝝，稠密如蚁，稍
长，无翅不能高飞，禾稼瞬息一空，焚之以火，堑之以坑，终不能制。
⋯⋯⋯⋯⋯⋯⋯⋯⋯⋯⋯⋯⋯⋯⋯⋯⋯⋯⋯ 康熙《兰阳县志》

秋，（新乡）蝗。 ⋯⋯⋯⋯⋯⋯⋯⋯⋯⋯⋯⋯⋯⋯⋯⋯⋯ 《新乡县志》

（获嘉）旱蝗。 ⋯⋯⋯⋯⋯⋯⋯⋯⋯⋯⋯⋯⋯⋯⋯⋯ 民国《获嘉县志》

（卫辉）旱蝗，大荒。 ⋯⋯⋯⋯⋯⋯⋯⋯⋯⋯⋯⋯⋯ 乾隆《卫辉府志》

（汲县）旱蝗，大荒。 ⋯⋯⋯⋯⋯⋯⋯⋯⋯⋯⋯⋯⋯ 乾隆《汲县志》

（焦作）蝗蝻遍野，蔽城垣，入房宇。 ⋯⋯⋯⋯⋯⋯⋯⋯ 《焦作市志》

（怀庆）蝗飞蔽天。 ⋯⋯⋯⋯⋯⋯⋯⋯⋯⋯⋯⋯⋯⋯ 乾隆《怀庆府志》

（河内）蝗飞蔽天，蝝蝶入城，结块渡河。 ⋯⋯⋯⋯⋯ 道光《河内县志》

（武陟）大旱，蝗食秋禾，缘墙壁入户食物，结块渡河。
⋯⋯⋯⋯⋯⋯⋯⋯⋯⋯⋯⋯⋯⋯⋯⋯⋯⋯ 道光《武陟县志》

七月，（孟县）蝻越城垣东南走，及河结块以渡。 ⋯⋯⋯⋯ 《孟县志》

（温县）蝗蝻遍野，逾城垣，入户宇。 ⋯⋯⋯⋯⋯⋯⋯ 乾隆《温县志》

（博爱）旱，蝗灾，民不聊生。 ⋯⋯⋯⋯⋯⋯⋯⋯⋯⋯⋯ 《博爱县志》

夏四月，（伊阳）蝗。八月，蝝生。 ⋯⋯⋯⋯⋯⋯⋯⋯ 道光《伊阳县志》

夏，陕、灵、阌、卢再受蝗灾。 ⋯⋯⋯⋯⋯⋯⋯⋯⋯⋯ 《三门峡市志》

六月，（开州）飞蝗害稼。 ⋯⋯⋯⋯⋯⋯⋯⋯⋯⋯⋯⋯ 光绪《开州志》

（沁阳）蝗灾。 ⋯⋯⋯⋯⋯⋯⋯⋯⋯⋯⋯⋯⋯⋯⋯⋯⋯ 《沁阳市志》

夏，（济源）蝗蝻遍野，拥入庐舍。至九月，草尽树赭，蝗蝻自相食。
⋯⋯⋯⋯⋯⋯⋯⋯⋯⋯⋯⋯⋯⋯⋯⋯⋯⋯ 乾隆《济源县志》

（陕州）蝗甚，积地厚尺许，陕、灵、阌、卢蝗蝻食麦。
⋯⋯⋯⋯⋯⋯⋯⋯⋯⋯⋯⋯⋯⋯⋯⋯⋯ 乾隆《直隶陕州志》

夏，（阌乡）蝗。 ⋯⋯⋯⋯⋯⋯⋯⋯⋯⋯⋯⋯⋯⋯⋯ 民国《阌乡县志》

夏，（陕县）蝻食麦。 ⋯⋯⋯⋯⋯⋯⋯⋯⋯⋯⋯⋯⋯⋯ 民国《陕县志》

（渑池）飞蝗蔽天，集地盈尺。 ⋯⋯⋯⋯⋯⋯⋯⋯⋯⋯⋯ 《渑池县志》

六月，（濮阳）蝗飞蔽日。 ⋯⋯⋯⋯⋯⋯⋯⋯⋯⋯⋯⋯⋯ 《濮阳县志》

（清丰）蝗蝻为灾，秋禾尽没。 ⋯⋯⋯⋯⋯⋯⋯⋯⋯⋯ 民国《清丰县志》

秋，（南乐）飞蝗遍野，食稼几尽。 ⋯⋯⋯⋯⋯⋯⋯⋯ 民国《南乐县志》

（台前）蝗食禾尽。 ···《台前县志》

（濮州）旱蝗。 ···································· 宣统《濮州志》

曹、濮二州连年旱蝗，大饥，人相食。 ················《范县志》

（内黄）蝗螟食禾尽。 ······················ 光绪《内黄县志》

（永城）大蝗。 ······························ 光绪《永城县志》

夏，（宁陵）大面积蝗灾，农作物损失严重。 ·········《宁陵县志》

夏秋，（柘城）蝗螟为害，大饥。 ·············· 光绪《柘城县志》

（夏邑）大旱蝗。 ······························· 民国《夏邑县志》

（睢州）大蝗。 ······························ 光绪《续修睢州志》

（陈州）旱蝗。 ······························ 乾隆《陈州府志》

春，（商水）大旱蝗。 ····························《商水县志》

夏六月，（鹿邑）蝗。秋，螟生。 ············· 光绪《鹿邑县志》

春，（沈丘）大旱蝗。 ····························《沈丘县志》

（项城）大旱蝗。 ······························· 民国《项城县志》

六月，蝗虫倍生，大饥。 ························《许昌市志》

（许昌）大旱蝗，秋禾尽伤。 ·····················《许昌县志》

（长葛）飞蝗为害。 ·························· 乾隆《长葛县志》

（襄城）蝗，秋禾伤。 ······················ 乾隆《襄城县志》

四月，汝州蝗灾。八月，蝝生。 ··················《汝州市志》

（郏县）大旱，蝗灾。 ·····························《郏县志》

南阳大蝗灾，草木食尽，始飞蝗如雨，继而蝗螟结块，数十里并排而进，
　　自北向南，山河、城垣无阻，草木、禾稼无遗。 ········《南阳市志》

（镇平）蝗食稼。 ···························· 光绪《镇平县志》

（桐柏）飞蝗蔽天。 ·························· 乾隆《桐柏县志》

（南召）大蝗灾，飞蝗如雨，继而跳螟结块，自北向南，数十里结排而进，
　　所过草木无遗。 ·····························《南召县志》

（内乡）旱蝗。 ······························ 康熙《内乡县志》

（西峡）旱蝗。 ·································《西峡县志》

泌阳旱，蝗虫肆虐。 ························《驻马店地区志》

（泌阳）蝗飞蔽天，落地寸草不生。 ················《泌阳县志》

夏秋，（新蔡）飞蝗蔽天，蝗螟为害。 ···············《新蔡县志》

（罗山）飞蝗入境，五谷、衣物俱食。 ···············《罗山县志》

（商城）飞蝗蔽天，禾尽，民大饥。 ………………………《商城县志》

375. 明崇祯十三年（1640 年）

河南汝宁、洛阳蝗。 …………《古今图书集成·庶征典·蝗灾部汇考》

五月，河南大旱蝗。 …………………………………《明史·五行志》

襄城、汝宁、汲县、新乡、尉氏、获嘉、密县、祥符、内乡、息县、罗山
　蝗灾；洛阳、开封、夏邑、登封、西平蝗蝻遍野，尺厚，千里禾稼、草
　树叶无遗，粮贵民饥，以草根、树皮为食，有弃婴于路，死亡载道，人
　相食。 ……………………………《中国历代蝗患之记载》

七月，开封大旱蝗，秋禾尽伤；汝宁蝗蝻生；洛阳旱蝗，草木、兽皮、虫
　蝇皆尽，父子、兄弟、夫妇相食，死亡载道。 ……… 雍正《河南通志》

秋，仪封蝗，遍野蔽天；孟津旱蝗；孟县旱蝗，野无青草。
　………………………………《河南东亚飞蝗及其综合治理》

洛阳旱蝗。 …………………………… 乾隆《河南府志》

夏旱，（郑州）飞蝗蔽天，禾枯粮绝。 ………… 乾隆《郑州志》

（新郑）蝗蝻遍野。 …………………………… 乾隆《新郑县志》

（荥阳）蝗过蝻生，荒野断青。 ………………………《荥阳县志》

（密县）大旱蝗，人相食。 ………………… 民国《密县志》

（登封）大旱蝗，蝗蟓为灾。 ………………… 乾隆《登封县志》

（巩县）蝗旱，饥馑。 …………………………………《巩县志》

（河阴）蝗蝻生，饿殍枕籍，人相食。 ………… 民国《河阴县志》

（新安）旱蝗，野无青草，民以树皮、雁矢充饥，骨肉相食，死者相继。
　………………………………… 乾隆《新安县志》

（嵩县）连年大旱，赤地千里，蝗飞蔽天，田苗立尽。 …… 乾隆《嵩县志》

秋七月，汝州大蝗，饥，赤地千里。汝阳蝗灾。 …………《汝阳县志》

夏四月，（开封）蝗食麦。秋七月，旱蝗，禾草皆枯。 …… 康熙《开封府志》

夏四月，（祥符）蝗。 …………………………… 光绪《祥符县志》

夏，（陈留）蝗，麦颗粒无收。 ………………… 宣统《陈留县志》

秋，（兰阳）有蝗，入土生子。 ………………… 康熙《兰阳县志》

秋，（兰考）蝗。 …………………………………《兰考县志》

四月，（尉氏）蝗食禾尽。七月，大旱蝗。 ………… 道光《尉氏县志》

四月，（通许）蝗，无麦。 …………………………《通许县志》

夏旱，（新乡）生蝗，麦尽食，无秋禾。 ……………《新乡县志》

（洛阳）旱蝗，草木皆食尽。 …………………………… 乾隆《洛阳县志》

秋七月，（伊阳）蝗。 ………………………………… 道光《伊阳县志》

（开封）蝗灾严重。 …………………………………………《开封县志》

夏，（卫辉）旱蝗，大饥，人相食。 …………………… 乾隆《卫辉府志》

夏旱，（阌乡）蝗蝻生，食禾殆尽。 …………………… 民国《阌乡县志》

（淇县）旱蝗。 ………………………………………… 顺治《淇县志》

六月，（长垣）蝗生蝻。 ……………………………… 嘉庆《长垣县志》

夏，（卫辉）蝗灾，民大饥。 ………………………………《卫辉市志》

夏，（汲县）旱蝗，大饥，人相食。 …………………… 乾隆《汲县志》

（辉县）大蝗。 ………………………………………… 道光《辉县志》

（获嘉）旱蝗。 ………………………………………… 民国《获嘉县志》

（博爱）旱，蝗灾，民不聊生。 ……………………………《博爱县志》

夏，陕、灵、阌、卢旱蝗，蝻生，食禾殆尽，斗米五千钱，人相食。
　　…………………………………………… 乾隆《直隶陕州志》

夏旱，（灵宝）蝗蝻生，禾苗被食几尽。 …………………《灵宝县志》

夏，陕县旱蝗，蝻生，食禾殆尽。 …………………… 民国《陕县志》

（濮州）蝗，大饥，人相食。 ………………………… 宣统《濮州志》

（滑县）蝗虫起，麦苗吃尽。 ………………………………《滑县志》

五月，（商丘）大旱蝗。 ……………………………………《商丘地区志》

秋，（夏邑）蝗，大饥。 ……………………………… 民国《夏邑县志》

（睢州）大旱蝗，野无青草。 ………………………… 光绪《续修睢州志》

（陈州）旱蝗。 ………………………………………… 乾隆《陈州府志》

（太康）旱蝗相继。 …………………………………………《太康县志》

（许昌）旱，蝗灾严重，秋禾尽伤。 ………………………《许昌市志》

（许州）大旱蝗，秋禾尽伤，人相食。 ………………… 道光《许州志》

（许昌）大旱蝗，秋禾尽伤。 ………………………………《许昌县志》

（长葛）飞蝗连岁为害。 ……………………………… 乾隆《长葛县志》

（襄城）大旱蝗，秋禾伤。 …………………………… 乾隆《襄城县志》

秋，（舞阳）蝗虫遍野，大饥。 ……………………………《舞阳县志》

秋，（郾城）蝗。 ……………………………………… 民国《郾城县记》

秋，（临颍）蝗。 ……………………………………… 民国《重修临颍县志》

汝州旱蝗，人相食。 …………………………………………《汝州市志》

秋，（舞钢）蝗虫为害。 ···《舞钢市志》

（郏县）大旱蝗灾。 ···《郏县志》

秋，（鲁山）蝗灾。 ···《鲁山县志》

（内乡）蝗，饥民蒸蝗而食。 ·······················康熙《内乡县志》

（西峡）大饥，民蒸蝗而食。 ·····················《西峡县志》

（桐柏）飞蝗蔽天。 ···《桐柏县志》

泌阳、遂平、西平、确山、上蔡、新蔡旱，蝗蝻遍野，五谷不实。

···《驻马店地区志》

七月，（汝南）飞蝗。 ···《汝南县志》

夏秋间，（新蔡）飞蝗蔽天，蝗蝻为害。 ···········《新蔡县志》

（西平）蝗蝻积地盈尺，飞蝗蔽日，田禾尽食，野无青草，人相食。

···民国《西平县志》

（遂平）特大旱蝗，麦秋不收，大饥，人相食。 ······《遂平县志》

四月，（淮阳）蝗，大饥。 ·····································《淮阳县志》

河南旱蝗，人相食。鹿邑蝗。 ·····················光绪《鹿邑县志》

（汝州）旱蝗，大饥，人相食。 ·····················道光《汝州全志》

信阳、光山旱，蝗灾严重。 ···································《信阳地区志》

光州旱，蝗灾严重，粮食减产。 ·····························《潢川县志》

（光山）旱蝗，人相食。 ·······································《光山县志》

（息县）大旱蝗。 ···嘉庆《息县志》

（固始）大旱，蝗灾。 ···《固始县志》

（罗山）大旱、蝗灾并发。 ·····································《罗山县志》

（商城）旱蝗，无禾。 ···《商城县志》

376. 明崇祯十四年（1641 年）

六月，河南旱蝗。 ···《明史·庄烈帝纪》

从春到秋，河南卫辉、沁阳、内乡、新乡、密县、济源、泌阳蝗灾，汲县
  蝗食禾麦。 ···《中国历代蝗患之记载》

卫辉大蝗。 ···雍正《河南通志》

秋，（新郑）蝗复至，无收。 ·································《新郑县志》

陈留蝗，麦无收，人相食。 ·····················《河南东亚飞蝗及其综合治理》

夏五月，（仪封）蝗食麦。 ·····················乾隆《仪封县志》

夏，（兰考）有蝗食麦，生蝻。 ···························《兰考县志》

（新乡）蝗复生，食麦，忽有群蜂逐之，啮其背，穴土掩之，逾日幼蜂出于
　　蝗腹，旬余满郊原蝗遂绝。 ···《新乡县志》

（卫辉）蝗食麦。 ··《卫辉市志》

（辉县）大蝗食麦。 ···道光《辉县志》

（汲县）大蝗食麦。 ···乾隆《汲县志》

（延津）蝗蝻遍野，民以树皮、草根充饥。 ·················《延津县志》

（封丘）蝗蝻蔽野，斗米数金，有父子相食者。 ·········顺治《封丘县志》

四月，（阳武）蝗蝻生，无麦。 ···························乾隆《阳武县志》

（长垣）飞蝗食麦，人相食。 ·····························嘉庆《长垣县志》

秋，（焦作）蝗灾，山区一带绝收。 ·······················《焦作市志》

（修武）蝗。 ···道光《修武县志》

（武陟）蝗食麦，人相食。 ·································道光《武陟县志》

四月，（济源）蝗蝻食麦。 ·································乾隆《济源县志》

（博爱）旱，蝗灾，民不聊生。 ·····························《博爱县志》

河内蝗灾。 ···《沁阳市志》

（濮阳）飞蝗食麦。 ···《濮阳县志》

春，（南乐）蝗蝻食麦，岁大歉。 ·······················民国《南乐县志》

夏，（范县）蝗蝻为害，食麦禾皆尽。 ···················嘉庆《范县志》

（彰德）大蝗。 ···乾隆《彰德府志》

（汤阴）大蝗。 ···《汤阴县志》

夏四月，（兰阳）螽生，麦尽咬。 ·······················康熙《兰阳县志》

（卫辉）大蝗食麦，野无寸草。 ·························乾隆《卫辉府志》

（河内）蝗蝻生。 ···道光《河内县志》

（开州）大旱，飞蝗食麦。 ·································光绪《开州志》

春，（滑县）蝗蝻食麦尽。 ·································同治《滑县志》

至夏无雨，（浚县）蝗虫起，春苗无存。 ·····················《浚县志》

浚县旱、蝗灾并发。 ·······································《鹤壁市志》

（淇县）旱蝗。 ···顺治《淇县志》

六月，（商丘）大旱蝗。 ···································《商丘地区志》

（许州）旱蝗。 ···道光《许州志》

（许昌）旱蝗。 ···《许昌县志》

（襄城）大旱蝗。 ···乾隆《襄城县志》

（长葛）连年旱蝗，民大饥。·················《长葛县志》

七月，（临颍）蝗。·················民国《重修临颍县志》

六月旱，（舞阳）蝗灾，大饥。·················《舞阳县志》

六月，（舞钢）蝗灾。·················《舞钢市志》

（郏县）旱蝗。·················《郏县志》

（方城）蝗。·················《方城县志》

（内乡）旱蝗。·················康熙《内乡县志》

（西峡）旱蝗。·················《西峡县志》

（泌阳）旱蝗为灾。·················道光《泌阳县志》

春，（潢川）旱蝗交作。·················《潢川县志》

377. 明崇祯十五年（1642 年）

河南内乡蝗灾；汲县蝗食麦，有很多黑头蜂食蝗。······《中国历代蝗患之记载》

（卫辉）蝗食春苗，有黑头蜂食蝗。·················乾隆《卫辉府志》

（汲县）蝗食春苗，有黑头蜂食蝗，蝗灭。·················乾隆《汲县志》

灵宝又遭旱蝗灾害。·················《灵宝县志》

春，（滑县）蝗食苗。·················同治《滑县志》

春，淇县细腰蜂降蝗。·················《淇县志》

（浚县）蝗虫食春苗。·················《浚县志》

（西峡）蝗。·················《西峡县志》

（内乡）蝗。·················康熙《内乡县志》

378. 明崇祯十六年（1643 年）

秋，（开州）蝗，不为灾。·················光绪《开州志》

（郏县）蝗。·················《郏县志》

379. 明崇祯十七年（1644 年）

（禹州）蝗灾。·················《禹州市志》

六、清代蝗灾

380. 清顺治二年（1645 年）

（商城）蝗疫交加，民不聊生。·················《商城县志》

381. 清顺治三年（1646 年）

河南泌阳蝗灾。·················《中国历代蝗患之记载》

夏，阌乡蝗。 ·· 乾隆《直隶陕州志》

夏，灵宝蝗灾。 ··· 《灵宝县志》

夏，（阌乡）蝗。 ·· 民国《阌乡县志》

六月，（泌阳）大蝗，自东来，有秃鹙食之尽。 ············ 《泌阳县志》

382. 清顺治四年（1647 年）

河南陕州、汝州、新安、灵宝、伊阳、修武、武陟、镇平、太康、项城等
县蝗灾。 ··· 《河南省志·农业志》

六月，（阌乡）飞蝗蔽天。 ···························· 民国《阌乡县志》

六月，（陕县）飞蝗蔽天。 ······························· 《陕县志》

秋，（商丘）大蝗，集树枝皆折。 ···················· 康熙《商丘县志》

秋，（归德）大蝗，集树枝折。 ······················ 乾隆《归德府志》

六月，（陕州）飞蝗蔽天。 ························· 乾隆《直隶陕州志》

六月，灵宝飞蝗蔽天。 ··································· 《灵宝县志》

383. 清顺治五年（1648 年）

禹县、孟县以南各县蝗；禹县以南有很多鸟食蝗，不为灾。

··· 《中国历代蝗患之记载》

三月，（阳武）蝗蝻生。 ····························· 乾隆《阳武县志》

六月，（禹州）有鸟食蝗。 ··························· 道光《禹州志》

384. 清顺治七年（1650 年）

河南夏邑蝗灾。 ······························ 《中国历代蝗患之记载》

（清丰）飞蝗蔽天，不为灾。 ························ 民国《清丰县志》

（夏邑）旱蝗。 ····································· 民国《夏邑县志》

（虞城）大蝗。 ····································· 光绪《虞城县志》

385. 清顺治九年（1652 年）

六月，（陕县）飞蝗蔽天。 ······························· 《陕县志》

386. 清顺治十三年（1656 年）

河南彰德、卫辉、孟县蝗灾；获嘉蝗飞蔽天，复生蝻，蝻复成蝗，食稼尽。

··· 《中国历代蝗患之记载》

河南彰德蝗。 ······························ 《中国历代天灾人祸表》

秋，（彰德）大蝗。 ································· 乾隆《彰德府志》

（阳武）蝗。 ····································· 乾隆《阳武县志》

四月，汲县蝗，扑灭之。 ····························· 乾隆《汲县志》

（获嘉）飞蝗蔽天，蝗生蝻，蝻复成蝗，秋稼如扫。 …… 民国《获嘉县志》

六月，（封丘）飞蝗自北来，蔽川塞野。七月，遗蝻悉抱草棘僵死。

……………………………………………………………… 顺治《封丘县志》

秋，（汤阴）大蝗。 ……………………………………………………… 《汤阴县志》

夏，（虞城）油蚂蚱害稼。 …………………………………… 光绪《虞城县志》

（许州）蝗不入境。 ………………………………………………… 道光《许州志》

六月，（临颍）蝗。 ……………………………………… 民国《重修临颍县志》

八月，（汝州）蝗伤稼。 …………………………………………… 《汝州市志》

六月，（荥阳）飞蝗蔽日。 ………………………………… 乾隆《荥阳县志》

阳武蝗。 ……………………………………………………… 乾隆《怀庆府志》

六月，汜水飞蝗蔽天。 ………………………… 《河南东亚飞蝗及其综合治理》

387. 清顺治十四年（1657 年）

（汤阴）蝗灾，秋禾吃光。 …………………………………………… 《汤阴县志》

（淇县）蝗。 ………………………………………………………… 顺治《淇县志》

388. 清顺治十五年（1658 年）

秋，（汤阴）蝗蝻成灾。 …………………………………………… 《汤阴县志》

389. 清顺治十八年（1661 年）

确山、泌阳、汝阳旱，飞蝗肆虐。 …………………………… 《驻马店地区志》

夏秋，（汝阳）大旱蝗。 …………………………………… 康熙《汝阳县志》

秋，（汝南）蝗。 …………………………………………………… 《汝南县志》

秋，（平舆）旱蝗。 ………………………………………………… 《平舆县志》

390. 清康熙二年（1663 年）

河南密县蝗蝻遍野。 …………………………………… 《中国历代蝗患之记载》

（密县）蝗蝻遍野。 ………………………………………… 民国《密县志》

七月，（陈州）旱蝗。 ……………………………………… 乾隆《陈州府志》

七月，（沈丘）旱蝗。 ……………………………………… 乾隆《沈邱县志》

391. 清康熙三年（1664 年）

河南尉氏蝗害稼。 ……………………………………… 《中国历代蝗患之记载》

夏旱，阳武蝗蝻生，秋蝗害稼。七月，武陟飞蝗。

……………………………………………… 《河南东亚飞蝗及其综合治理》

七月，（原武）蝗害稼，谷价腾贵。 ………………………… 乾隆《原武县志》

（尉氏）大旱，蝗为灾。 …………………………………… 道光《尉氏县志》

秋，（怀庆）蝗害稼。 …………………………………… 乾隆《怀庆府志》

秋，（淮阳）蝗蝻入市。 ………………………………………… 《淮阳县志》

（扶沟）蝗。 ……………………………………………… 光绪《扶沟县志》

至秋不雨，（长葛）蝗蝻为灾，麦秋无收。 ……………… 《长葛县志》

（陈州）蝗蝻二次进城。 ………………………………… 乾隆《陈州府志》

392. 清康熙四年（1665 年）

夏至秋，河南长葛及邻近县蝗灾，大批秋蝗飞经长葛。

　　　………………………………………… 《中国历代蝗患之记载》

武陟蝗。 …………………………………………… 乾隆《怀庆府志》

七月，（武陟）蝗。 ……………………………………… 道光《武陟县志》

（修武）飞蝗自东南来，次日即去。 …………………… 道光《修武县志》

夏，（柘城）蝗。 ………………………………………… 光绪《柘城县志》

八月，（长葛）蝗害。 …………………………………………… 《长葛县志》

秋七月，（汝阳）蝗。 …………………………………… 康熙《汝阳县志》

七月，（汝南）蝗。 ……………………………………………… 《汝南县志》

七月，（平舆）蝗。 ……………………………………………… 《平舆县志》

393. 清康熙五年（1666 年）

河南长葛蝗灾。 ……………………………… 《中国历代蝗患之记载》

七月，（长葛）蝗蝻成灾。 …………………………………… 《长葛县志》

394. 清康熙六年（1667 年）

考城、新乡、卫辉、沁阳、项城、宝丰蝗灾；罗山蝗飞蔽天，食稼殆尽。

　　　………………………………………… 《中国历代蝗患之记载》

洧川、考城、辉县、罗山、宝丰旱蝗。 ………… 雍正《河南通志》

七月，考城蝗。 …………………………………………… 《兰考县志》

（汝阳）蝗。 ……………………………………………………… 《汝阳县志》

（伊阳）蝗。 ……………………………………………… 道光《伊阳县志》

七月，考城蝗。 ………………………………………… 民国《考城县志》

（洧川）蝗。 ……………………………………………… 嘉庆《洧川县志》

八月，（汲县）蝗。 ……………………………………… 乾隆《汲县志》

六月，怀庆蝗自西南来，往东北去。孟县蝗灾。

　　　…………………………………… 《河南东亚飞蝗及其综合治理》

六月，（河内）蝗自西南来，往东北去。 …………… 道光《河内县志》

秋八月，（新乡）蝗。 ························· 乾隆《新乡县志》

八月，（卫辉）蝗。 ························· 乾隆《卫辉府志》

七月，（辉县）蝗自县东来，数十里如水西流，厚三尺，遍野满城，无处
　　不到。 ····························· 道光《辉县志》

（台前）蝗蝻遍野，食禾殆尽。 ············· 《台前县志》

（内黄）旱蝗。 ························· 光绪《内黄县志》

八月，（滑县）蝗。 ···················· 同治《滑县志》

秋，淮阳、项城、商水、沈丘旱，飞蝗蔽天，食禾稼。 ······ 《周口地区志》

七月，（陈州）蝗蝻遍野，秋禾尽没。 ········ 乾隆《陈州府志》

六月，（淮阳）飞蝗蔽天，蝗蝻蔽野，食禾殆尽。 ······ 《淮阳县志》

（扶沟）蝗食禾殆尽。 ···················· 光绪《扶沟县志》

秋旱，（商水）蝗飞蔽天，食稼殆尽。 ········· 《商水县志》

七月，（沈丘）飞蝗蔽天，无禾。 ··········· 《沈丘县志》

夏，（西华）蝗成灾。 ······················ 《西华县志》

秋，（项城）飞蝗蔽天，无禾。 ············· 民国《项城县志》

（汝州）蝗。 ························· 道光《汝州全志》

六月，（鲁山）蝗灾。 ··················· 《鲁山县志》

（驻马店）飞蝗蔽天。 ··················· 《驻马店市志》

（确山）飞蝗蔽天，未伤禾。 ············· 民国《确山县志》

秋，（罗山）飞蝗蔽天，绵亘数里，禾黍食尽。 ······ 《罗山县志》

（息县）飞蝗蔽天。 ······················· 《息县志》

八月，（固始）蝗灾。 ··················· 《固始县志》

395. 清康熙七年（1668 年）

河南洛宁飞蝗蔽天，伤稼五分。 ·········· 《中国历代蝗患之记载》

（宜阳）飞蝗损禾折半。 ·················· 《宜阳县志》

（洛宁）飞蝗损禾之半。 ·················· 民国《洛宁县志》

396. 清康熙十年（1671 年）

（新安）蝗灾。 ························· 《新安县志》

（汝州）蝗。 ························· 道光《汝州全志》

六月，（鲁山）蝗害，秋作物被啮食，歉收。 ······ 《鲁山县志》

397. 清康熙十一年（1672 年）

六月，南乐蝗。 ····················· 《清史稿·灾异志》

河南陕县、灵宝、济源、汲县、密县蝗灾。·········《中国历代蝗患之记载》

秋七月，陕州灵宝蝗。·············雍正《河南通志》

济源、阳武蝗。·················乾隆《怀庆府志》

春，旱蝗。夏五月，南乐复蝗，厚盈尺，食禾无遗；清丰、东明蝻生。

·························咸丰《大名府志》

六月，鹿邑蝗。················《周口地区志》

春，（南乐）蝗。秋，复蝗，厚盈尺，禾稼尽。········民国《南乐县志》

夏，（新郑）有蝗。···············乾隆《新郑县志》

（密县）蝗飞蔽天。···············民国《密县志》

秋七月，（杞县）蝗。··············乾隆《杞县志》

夏旱，（阳武）蝗蝻生。············乾隆《阳武县志》

（原武）蝗。···················乾隆《原武县志》

夏，（开州）蝗，不为灾。···········光绪《开州志》

（濮州）蝗，不为灾。·············宣统《濮州志》

秋，（清丰）飞蝗蔽野，禾稼殆尽。·······民国《清丰县志》

七月，（济源）飞蝗来。············乾隆《济源县志》

秋七月，陕州灵宝蝗。·············乾隆《直隶陕州志》

秋七月，（陕县）蝗。··············民国《陕县志》

秋七月，（灵宝）蝗飞蔽天，食禾殆尽。·····光绪《灵宝县志》

夏六月，（鹿邑）蝗。·············光绪《鹿邑县志》

（驻马店）蝗蝻遍生。············《驻马店市志》

（确山）蝗蝻生。················民国《确山县志》

398. 清康熙十二年（1673 年）

阌乡飞蝗蔽天，民饥。············民国《阌乡县志》

灵宝飞蝗成灾，饥荒。············《灵宝县志》

399. 清康熙十三年（1674 年）

洛阳蝗害谷类庄稼。············《中国历代蝗患之记载》

洛阳旱蝗，无禾。···············乾隆《河南府志》

（新安）蝗灾。·················《新安县志》

400. 清康熙十七年（1678 年）

河南密县蝗灾。···············《中国历代蝗患之记载》

（密县）螣食谷禾。··············民国《密县志》

401. 清康熙十九年（1680 年）

夏秋，河南新乡蝗灾。·······························《中国历代蝗患之记载》

七月，（新乡）蝗。·····································《新乡县志》

六月，（滑县）蝗不入境。·························· 同治《滑县志》

夏秋，（唐县）大蝗。······························· 乾隆《唐县志》

402. 清康熙二十一年（1682 年）

信阳蝗。··《清史稿·灾异志》

403. 清康熙二十二年（1683 年）

（开封）有螣食麦。································· 康熙《开封府志》

（兰考）有蝗食麦。··································《兰考县志》

（尉氏）有螣食麦，歉收。························· 道光《尉氏县志》

（原武）螣，无麦。································· 乾隆《原武县志》

404. 清康熙二十五年（1686 年）

（滑县）蝗不入境。······························· 同治《滑县志》

七月，（睢州）蝗从东来，过境如云蔽天。·········· 光绪《续修睢州志》

夏六月，（鹿邑）蝗。····························· 光绪《鹿邑县志》

夏旱，（长葛）蝗灾。································《长葛县志》

夏旱，（上蔡）蝗灾。································《上蔡县志》

七月，蝗入睢州境，不伤田禾。····················· 乾隆《归德府志》

405. 清康熙二十六年（1687 年）

项城、长葛、舞阳蝗灾；宝丰东北蝗虫发生，有鸟名鹳雀食蝗殆尽。

···《中国历代蝗患之记载》

宝丰蝗自东北来，鹳雀逐食殆尽。·················· 雍正《河南通志》

秋，（柘城）蝗。································· 光绪《柘城县志》

夏，项城蝗飞蔽天，禾无恙。······················ 乾隆《陈州府志》

秋七月，（鹿邑）蝗。····························· 光绪《鹿邑县志》

夏，（项城）飞蝗入境。·························· 民国《项城县志》

五月，（许州）蝗。······························· 道光《许州志》

五月，（许昌）蝗。··································《许昌县志》

五月，（长葛）飞蝗遍野，止于路旁食草菜。·········· 乾隆《长葛县志》

（舞阳）蝗，不为灾。····························· 道光《舞阳县志》

（宝丰）蝗灾，蝗自东北来。························《宝丰县志》

夏，（鲁山）蝗灾。 ……………………………………………………《鲁山县志》

鲁山蝗。 ……………………………………………………… 道光《汝州全志》

406. 清康熙二十七年（1688 年）

河南长葛、罗山蝗灾。 ………………………………《中国历代蝗患之记载》

沈丘旱蝗。 …………………………………………………… 乾隆《陈州府志》

（沈丘）旱蝗。 ……………………………………………………《沈丘县志》

（长葛）蝗不入境。 ………………………………………… 乾隆《长葛县志》

（罗山）蝗灾。 ……………………………………………………《罗山县志》

407. 清康熙二十八年（1689 年）

商水、淮阳、沈丘旱，飞蝗遍野。 ………………………………《周口地区志》

沈丘旱蝗。 …………………………………………………… 乾隆《陈州府志》

（沈丘）旱蝗。 ……………………………………………………《沈丘县志》

（商水）大旱蝗，野无青草，民食树皮、草根。 …………………《商水县志》

408. 清康熙二十九年（1690 年）

河南正阳、新乡、息县蝗灾。 ………………………《中国历代蝗患之记载》

六月，（兰考）蝗从邻县入，飞蔽日，平地尺余，食禾殆尽。

…………………………………………………………………《兰考县志》

秋，（新乡）生蝗。 ………………………………………………《新乡县志》

（获嘉）旱蝗相继为灾。 …………………………………………《获嘉县志》

七月，（阳武）蝗蝻重生。 ………………………………… 乾隆《阳武县志》

（原武）蝗食麦苗殆尽。 …………………………………… 乾隆《原武县志》

（长垣）飞蝗自东来，害稼。 ……………………………… 嘉庆《长垣县志》

秋，（温县）蝗灾。 ………………………………………………《温县志》

八月，孟县蝗，食麦苗殆尽。武陟旱蝗。 ……《河南东亚飞蝗及其综合治理》

（陕县）自东而西飞蝗蔽天。 ……………………………… 民国《陕县志》

秋，（柘城）有蝗自东北来，俄西南去。 ………………… 光绪《柘城县志》

夏，淮阳、项城、沈丘、鹿邑、商水旱蝗，秋禾尽枯。 ……《周口地区志》

沈丘旱蝗。 …………………………………………………… 乾隆《陈州府志》

（沈丘）旱蝗。 ……………………………………………………《沈丘县志》

秋，（郾城）蝗蝻成灾，知县下令捕蝗，得蝗一斗给制钱一文，民积极捕
打，蝗害方止。 …………………………………………………《郾城县志》

（新蔡）飞蝗食禾。 ………………………………………………《新蔡县志》

秋七月，（正阳）旱蝗。 ·················· 嘉庆《正阳县志》

秋旱，（息县）飞蝗。 ·················· 嘉庆《息县志》

秋，（商城）蝗飞蔽天。 ·················· 《商城县志》

（延津）螣腾伤稼。 ·················· 康熙《延津县志》

八月，（武陟）蝗。 ·················· 道光《武陟县志》

（陕州）飞蝗蔽天自东而西。 ·················· 乾隆《直隶陕州志》

409. 清康熙三十年（1691 年）

夏，长葛飞蝗蔽天，忽大雨，蝗死；新乡蝗蔽天，积地尺厚，田苗尽伤，
民大饥；登封蝗自东南来，积地尺厚，蝻生至十月不绝，民流离饥死；
偃师、汝阳、罗山、洛阳、项城、内黄、尉氏、孟津、南阳、内乡、开
封、彰德、怀庆、获嘉、汲县、沁阳、洛宁、汝宁、临汝蝗灾。

·················· 《中国历代蝗患之记载》

开封、彰德、怀庆、河南、南阳、汝宁、汝州所属旱蝗。

·················· 雍正《河南通志》

六月，（登封）飞蝗自东南来，障日蔽天，集地厚尺许，食秋禾立尽，蝼生
至十月不绝。 ·················· 乾隆《登封县志》

（洛阳）大旱，蝗飞蔽天。 ·················· 乾隆《洛阳县志》

（新安）蝗灾。 ·················· 《新安县志》

夏，（孟津）飞蝗蔽天，落地盈尺。 ·················· 《孟津县志》

（偃师）蝗灾。 ·················· 《偃师县志》

（宜阳）蝗蝻迭出，损禾几尽。 ·················· 《宜阳县志》

（汝阳）蝗。 ·················· 《汝阳县志》

（伊阳）蝗。 ·················· 道光《伊阳县志》

（洛宁）蝗蝻迭出，损禾几尽。 ·················· 民国《洛宁县志》

秋，（汲县）飞蝗食禾苗尽，民大饥。 ·················· 乾隆《汲县志》

秋，彰德府蝗。 ·················· 《安阳县志》

秋，（彰德）蝗，奉蠲。 ·················· 乾隆《彰德府志》

夏六月，（开封）蝗飞蔽天。秋七月，蝻生，蠲免钱粮。

·················· 康熙《开封府志》

六月，（兰考）蝗飞蔽天。七月，生蝻。 ·················· 《兰考县志》

七月，（洧川）飞蝗蔽天，继蝻生，秋禾几尽。 ·················· 嘉庆《洧川县志》

七月，（尉氏）飞蝗蔽天，继生蝻，食禾殆尽。 ·················· 道光《尉氏县志》

秋旱，（新乡）飞蝗蔽日，积地数尺，田禾伤尽，饥。·········《新乡县志》

秋，（阳武）蝗蝻生，民饥。·····················乾隆《阳武县志》

秋，（卫辉）蝗，民大饥。·····················乾隆《卫辉府志》

秋，（获嘉）蝗，免赋十之三。·················民国《获嘉县志》

六月，（焦作）蝗飞蔽天，食禾殆尽，田苗无遗。·········《焦作市志》

六月，（河内）蝗。·························道光《河内县志》

秋，（修武）蝗。··························道光《修武县志》

秋，（武陟）旱蝗，无麦。·····················道光《武陟县志》

六月，（孟县）飞蝗蔽天，城西落地尺许，食禾殆尽。········《孟县志》

秋，（阌乡）飞蝗蔽天，食禾殆尽。···············民国《阌乡县志》

（灵宝）飞蝗蔽天，禾苗被食几尽，灾荒。·············《灵宝县志》

秋，（汤阴）蝗。···························《汤阴县志》

秋，（林县）发生蝗灾。······················《林县志》

秋，（滑县）旱蝗，田苗食尽，大饥。·············同治《滑县志》

秋，内黄蝗。··························咸丰《大名府志》

夏六月，（归德）蝗。······················乾隆《归德府志》

夏六月，（睢州）蝗。·····················光绪《续修睢州志》

秋，周口飞蝗蔽野。·······················《周口地区志》

麦始收，陈州有飞蝗自南而北，日暮则飞，夜静则止，所落处盈尺，用火
攻之，继生蝻，掘坑瘗之。·················乾隆《陈州府志》

夏，（淮阳）蝗。麦始收，有飞蝗自南而北，日飞夜止，积地盈尺，用炮火
攻之皆散去，继生蝻，随所聚，掘大坑瘗之，稼无大害。

·····································《淮阳县志》

（沈丘）旱蝗。··························《沈丘县志》

秋，（项城）飞蝗遍野，士民捕之，不为灾。·········民国《项城县志》

秋，许州城郊、鄢陵生蝗遍野，秋作物吃光。···········《许昌市志》

六月，（许昌）飞蝗蔽天，忽大雨如注，蝗不为灾。········《许昌县志》

六月，（许州）飞蝗蔽天，忽大雨，蝗不为灾。········道光《许州志》

夏，（禹州）蝗。秋，复蝗，食禾无遗。···········道光《禹州志》

夏，（禹州）蝗。秋，复蝗，禾苗尽食。·············《禹州市志》

五月旱，（长葛）蝗飞蔽天，忽大雨，蝗死。········乾隆《长葛县志》

六月，（舞阳）蝗虫为害。·····················《舞阳县志》

七月，（鲁山）蝗灾，庄稼几乎绝收，免秋季税粮。 ··········《鲁山县志》

七月，（汝州）蝗，蠲免钱粮。 ··········道光《汝州全志》

五月，（汝宁）蝗自北来，不为灾。 ··········康熙《汝宁府志》

六月，（叶县）蝗。 ··········同治《叶县志》

（南阳）旱蝗。 ··········《南阳县志》

（方城）蝗蝻。 ··········《方城县志》

（裕州）蝗蝻生。 ··········乾隆《裕州志》

秋，（内乡）蝗。 ··········康熙《内乡县志》

闰七月，（新野）蝗食草，不食苗。 ··········《新野县志》

夏，（汝南）旱蝗。 ··········《汝南县志》

五月，（汝阳）蝗自北来，不为灾。 ··········康熙《汝阳县志》

五月，（上蔡）旱，蝗灾。 ··········《上蔡县志》

（新蔡）飞蝗食禾。 ··········《新蔡县志》

（平舆）蝗。 ··········《平舆县志》

（罗山）蝗灾。 ··········《罗山县志》

春夏间，（潢川）旱蝗。 ··········《潢川县志》

410. 清康熙三十一年（1692 年）

河南内黄、长葛蝗灾。 ··········《中国历代蝗患之记载》

夏旱，（孟津）蝗蝻孳生，禾苗被食，免征。 ··········《孟津县志》

（阌乡）蝻食麦。 ··········民国《阌乡县志》

灵宝蝗灾。 ··········《三门峡市志》

（灵宝）蝻生，食麦，饥荒。 ··········《灵宝县志》

内黄蝗。 ··········咸丰《大名府志》

秋七月，（邓州）蝗。 ··········乾隆《邓州志》

（内黄）蝗蝻。 ··········光绪《内黄县志》

沈丘连岁旱蝗。 ··········乾隆《陈州府志》

（沈丘）旱蝗。 ··········《沈丘县志》

六月，鄢陵复生蝗蝻，秋作物吃光。 ··········《许昌市志》

六月，（长葛）蝗灾。 ··········《长葛县志》

（内乡）蝗。 ··········康熙《内乡县志》

（西峡）蝗虫为害。 ··········《西峡县志》

（新蔡）飞蝗食禾。 ··········《新蔡县志》

411. 清康熙三十二年（1693 年）

十月，上谕内阁命户部速牒河南巡抚，示所领郡县咸令悉知，田则必于今岁来春皆勉力耕耨，螟蝗之灾务令消灭。

　　⋯⋯⋯⋯⋯⋯⋯⋯⋯⋯⋯⋯⋯《古今图书集成·庶征典·蝗灾部汇考》

河南获嘉、正阳、中牟蝗灾。⋯⋯⋯⋯⋯⋯⋯《中国历代蝗患之记载》

六月，（中牟）蝗食禾殆尽。⋯⋯⋯⋯⋯⋯⋯⋯民国《中牟县志》

秋，（孟津）蝗灾，官令捕打蝗虫。⋯⋯⋯⋯⋯⋯⋯《孟津县志》

六月，（阳武）蝗蝻遍野。⋯⋯⋯⋯⋯⋯⋯⋯⋯乾隆《阳武县志》

夏，（获嘉）蝗。⋯⋯⋯⋯⋯⋯⋯⋯⋯⋯⋯⋯民国《获嘉县志》

（内黄）飞蝗蔽天。⋯⋯⋯⋯⋯⋯⋯⋯⋯⋯⋯光绪《内黄县志》

沈丘旱蝗。⋯⋯⋯⋯⋯⋯⋯⋯⋯⋯⋯⋯⋯⋯乾隆《陈州府志》

（沈丘）连岁旱蝗。⋯⋯⋯⋯⋯⋯⋯⋯⋯⋯⋯⋯《沈丘县志》

秋旱，（鲁山）蝗灾。⋯⋯⋯⋯⋯⋯⋯⋯⋯⋯⋯《鲁山县志》

三月，（邓州）螽蝝生。⋯⋯⋯⋯⋯⋯⋯⋯⋯⋯乾隆《邓州志》

夏四月，（正阳）旱蝗。⋯⋯⋯⋯⋯⋯⋯⋯⋯⋯嘉庆《正阳县志》

412. 清康熙三十三年（1694 年）

诏河南捕蝗。⋯⋯⋯⋯⋯⋯⋯⋯《古今图书集成·庶征典·蝗灾部汇考》

河南很多地方发生蝗灾，官府令民翻耕田间蝗卵；登封、开封、尉氏、汲县、太康、正阳蝗灾。⋯⋯⋯⋯⋯⋯⋯⋯《中国历代蝗患之记载》

（河南）蝗，遣官谕地方吏民捕蝗蝻殆尽。⋯⋯⋯⋯雍正《河南通志》

秋，荥阳蝗飞蔽天，食禾尽。⋯⋯⋯⋯《河南东亚飞蝗及其综合治理》

（荥阳）飞蝗蔽天。⋯⋯⋯⋯⋯⋯⋯⋯⋯⋯⋯乾隆《荥阳县志》

闰五月，（登封）有蝗，奉旨扑灭，知县率民设法捕打殆尽，继而蝻生，督民众掘坑且焚且埋，未成灾。⋯⋯⋯⋯⋯乾隆《登封县志》

夏，（汝阳）蝗。⋯⋯⋯⋯⋯⋯⋯⋯⋯⋯⋯⋯⋯《汝阳县志》

夏，（开封）蝗生。⋯⋯⋯⋯⋯⋯⋯⋯⋯⋯⋯康熙《开封府志》

夏，（尉氏）蝗，遣官谕吏民捕蝗殆尽。⋯⋯⋯⋯道光《尉氏县志》

夏旱，（封丘）飞蝗蔽天，捕杀九十余石。⋯⋯⋯康熙《封丘县续志》

秋，（卫辉）蝗，不为灾。⋯⋯⋯⋯⋯⋯⋯⋯⋯乾隆《卫辉府志》

夏秋，（滑县）蝗。⋯⋯⋯⋯⋯⋯⋯⋯⋯⋯⋯⋯同治《滑县志》

（清丰）蝗为灾。⋯⋯⋯⋯⋯⋯⋯⋯⋯⋯⋯⋯民国《清丰县志》

（汤阴）蝗。⋯⋯⋯⋯⋯⋯⋯⋯⋯⋯⋯⋯⋯⋯⋯《汤阴县志》

夏秋，（浚县）蝗虫成灾。 ························· 《浚县志》

（虞城）蝗不入境。 ····················· 光绪《虞城县志》

（陈州）飞蝗蔽天，奉文捕逐，乡民平列数里，举号鸣炮并力喊扑，蝗惊飞去。六月，蝻生复发，悬示捕捉，每斗给钱十文，远乡各自收埋，近乡赴县收于演武场，掘坑埋瘗数百石。 ·········· 乾隆《陈州府志》

六月，（淮阳）蝻，飞蝗蔽野，奉文捕逐。 ·········· 《淮阳县志》

夏，（西华）飞蝗食稼。 ····················· 《西华县志》

秋，（郾城）蝗自东来，蔽天。 ··········· 民国《郾城县记》

夏，（汝州）蝗。 ····················· 道光《汝州全志》

秋七月，（正阳）旱蝗。 ··············· 嘉庆《正阳县志》

夏，（伊阳）蝗，设法扑捕，秋稼无伤。 ······· 道光《伊阳县志》

秋，（汲县）有蝗，不成灾。 ··············· 乾隆《汲县志》

（延津）蝗为甚。 ····················· 康熙《延津县志》

夏，清丰蝗。 ······················· 咸丰《大名府志》

（彰德）蝗。 ······················· 乾隆《彰德府志》

（太康）飞蝗蔽天，奉文捕逐，蝗落处蝻子复发，县示扑捉，每斗给钱十文，埋瘗千数百石。 ·············· 道光《太康县志》

413. 清康熙三十四年（1695 年）

太康及邻近县蝗虫大发生，捕之，不为灾。 ····· 《中国历代蝗患之记载》

（陈州）飞蝗蔽野，驱捕之，秋禾无损。 ······· 乾隆《陈州府志》

秋，（郾城）蝗。 ····················· 民国《郾城县记》

（太康）飞蝗遍野，县令如前驱捕，秋禾无损。 ····· 道光《太康县志》

414. 清康熙三十五年（1696 年）

秋，河南禹县蝗灾。 ·············· 《中国历代蝗患之记载》

夏，（陈州）西华飞蝗食稼，扑灭之。 ········· 乾隆《陈州府志》

夏，（禹州）蝗虫成灾。 ····················· 《禹州市志》

夏，（西华）飞蝗成灾，知县领导群众扑灭之。 ····· 《西华县志》

（禹州）旱蝗。 ······················· 道光《禹州志》

415. 清康熙三十六年（1697 年）

夏秋，河南禹县蝗灾。 ·············· 《中国历代蝗患之记载》

八月，（禹州）蝗。 ····················· 《禹州市志》

八月，（禹州）蝗。 ··················· 道光《禹州志》

416. 清康熙四十七年（1708 年）

夏，河南禹县蝗灾。·····················《中国历代蝗患之记载》

（禹州）旱蝗。·································· 道光《禹州志》

417. 清康熙四十九年（1710 年）

夏，（获嘉）蚱蜢伤苗。·························· 民国《获嘉县志》

418. 清康熙五十年（1711 年）

河南泌阳蝗灾。·····················《中国历代蝗患之记载》

（驻马店）飞蝗遍野。···························《驻马店市志》

（确山）飞蝗遍野，官民捕治。···············民国《确山县志》

六月，（泌阳）旱蝗，捕之。················· 道光《泌阳县志》

（裕州）邻县蝗生食稼，不犯境。··········· 乾隆《裕州志》

（罗山）旱，飞蝗蔽天，食麦禾，大饥。··········《罗山县志》

（息县）飞蝗蔽天，害禾苗。·····················《息县志》

419. 清康熙五十一年（1712 年）

夏，河南泌阳蝗灾，有乌鸦千只食蝗尽。···········《中国历代蝗患之记载》

夏六月，（陈州）蝗。························· 乾隆《陈州府志》

夏六月，（淮阳）蝗。···························《淮阳县志》

秋，（许昌）大蝗。·····························《许昌县志》

四月，（泌阳）蝗复生，捕焚瘗之，盘古山一带有乌鸦数千食蝗尽。

······································ 道光《泌阳县志》

420. 清康熙五十三年（1714 年）

（固始）蝗灾。·································《固始县志》

421. 清康熙六十年（1721 年）

（新安）蝗伤禾，斗米五百五十钱。·········· 乾隆《新安县志》

422. 清康熙六十一年（1722 年）

河南卫辉、怀庆蝗灾；济源蝗灾发生，食稼尽。

·····································《中国历代蝗患之记载》

卫辉、怀庆蝗，扑灭之。··············· 雍正《河南通志》

秋，（怀庆）蝗食禾殆尽。············· 乾隆《怀庆府志》

（河内）蝗，旋扑灭。················· 道光《河内县志》

秋，（济源）蝗食禾殆尽。············· 乾隆《济源县志》

（济源）蝗灾，庄稼被吃光。···················《济源市志》

（归德）蝗。 ·· 乾隆《归德府志》

（商丘）旱蝗。 ·· 《商丘县志》

（虞城）蝗灾。 ·· 光绪《虞城县志》

（淮阳）蝗。 ·· 《淮阳县志》

423. 清雍正元年（1723 年）

河南永城、杞县蝗灾。 ·················· 《中国历代蝗患之记载》

濮州范县蝗，不为灾。秋，孟县蝗食禾尽。

·· 《河南东亚飞蝗及其综合治理》

七月，（杞县）蝗。 ·································· 《杞县志》

（新乡）旱蝗。 ·· 《新乡县志》

秋，（焦作）蝗飞蔽天，食禾殆尽。 ·········· 《焦作市志》

（怀庆）大旱，蝗飞蔽天。 ·················· 乾隆《怀庆府志》

秋，（温县）飞蝗蔽天，食禾殆尽。 ·········· 乾隆《温县志》

七八月间，（柘城）蝗虫害禾。 ·········· 光绪《柘城县志》

春，（陈州）西华蝗。 ·················· 乾隆《陈州府志》

春，（西华）蝗灾。 ·································· 《西华县志》

（鹿邑）旱，蝗蝻生，免民欠钱粮。 ·········· 光绪《鹿邑县志》

秋，（许州）蝗蝻生。 ·················· 道光《许州志》

秋，（许昌）蝗蝻为害。 ·················· 《许昌县志》

秋，（郾城）蝗。 ·································· 民国《郾城县记》

424. 清雍正五年（1727 年）

河南旱，蝗蝻生。 ·················· 《河南东亚飞蝗及其综合治理》

（武陟）蝗蝻生。 ·································· 道光《武陟县志》

425. 清雍正九年（1731 年）

夏六月，（光山）有虫似蝗蚕食竹叶，已捕除。 ·········· 乾隆《光山县志》

426. 清雍正十一年（1733 年）

河南获嘉蝗蝻生，民扑灭之。 ·················· 《中国历代蝗患之记载》

（获嘉）蝻生，捕灭之。 ·················· 民国《获嘉县志》

427. 清雍正十三年（1735 年）

河南获嘉蝗蝻生。 ·················· 《中国历代蝗患之记载》

（获嘉）蝻生，捕灭之。 ·················· 民国《获嘉县志》

428. 清乾隆三年（1738 年）

夏秋，河南获嘉、洛阳邻近蝗灾发生，未入洛阳境。

···《中国历代蝗患之记载》

夏，（河南）蝗不入境。·································乾隆《河南府志》

（获嘉）蝻生，捕灭之。·······························民国《获嘉县志》

秋，（温县）蝗蝻生。·································乾隆《温县志》

429. 清乾隆五年（1740 年）

河南太康、尉氏、杞县、获嘉蝗灾。·············《中国历代蝗患之记载》

夏，（兰阳）有蝗，不为灾。···························乾隆《兰阳县续志》

秋，（尉氏）蝗。·····································道光《尉氏县志》

七月，（洧川）飞蝗食秋禾。··························嘉庆《洧川县志》

（杞县）蝗蝻生。·····································乾隆《杞县志》

夏，（新乡）蝗入城。·································《新乡县志》

夏，（获嘉）蝻生，捕灭之。··························民国《获嘉县志》

五月，（阳武）蝗蝻生，食禾。·······················乾隆《阳武县志》

六月，（原武）蝗。···································乾隆《原武县志》

（濮州）蝗，不为灾。·································宣统《濮州志》

夏，（滑县）蝗蝻生。·································同治《滑县志》

（浚县）水蝗为灾。···································《浚县志》

夏四月，（陈州）蝗，扑灭之，一夕抱草而死。··········乾隆《陈州府志》

（扶沟）蝗。···光绪《扶沟县志》

四月，（沈丘）蝗。···································《沈丘县志》

春，（鹿邑）蝻生。···································光绪《鹿邑县志》

六月，（鄢陵）遍境皆蝗，县南尤甚，秋禾损伤。········民国《鄢陵县志》

郾城蝗。···道光《许州志》

（郾城）蝗。···民国《郾城县记》

三月，（汝州）螽。···································道光《汝州全志》

四月，（淮阳）蝗蝻并生。····························《淮阳县志》

（太康）蝗。···道光《太康县志》

430. 清乾隆六年（1741 年）

夏，（淮阳）蝗蝻生，县令何登棻督夫役扑灭。··········道光《淮宁县志》

431. 清乾隆七年（1742 年）

(辉县) 蝗。 ………………………………………………… 道光《辉县志》

四月，(汝州) 螽，不成灾。 ………………………………… 道光《汝州全志》

432. 清乾隆九年（1744 年）

九月，河南蝗。 ………………………………………… 《清史稿·高宗本纪》

河南太康、项城、获嘉蝗灾大发生，民捕蝗，无大害。

………………………………………………… 《中国历代蝗患之记载》

夏，(兰阳) 蝗飞蔽天，不入境，邑人宋之范作《蝗不入境》诗颂之。

………………………………………………… 乾隆《兰阳县续志》

(获嘉) 蝻生穆官营，捕灭之。 ………………… 民国《获嘉县志》

(长垣) 蝗，不为灾。 ………………………………… 嘉庆《长垣县志》

秋，(陈州) 所在多蝗，不入境。 ………………… 乾隆《陈州府志》

兰邑飞蝗蔽天。 …………………………………………… 《兰考县志》

(太康) 蝗，不为害。 ……………………………… 道光《太康县志》

秋，(项城) 飞蝗近境。 …………………………… 民国《项城县志》

七月，江南飞蝗入 (固始) 境，不伤禾稼。 ……… 乾隆《重修固始县志》

六月二十二日，飞蝗自山东来，凡三四日，翛翛然，昼夜不绝，是岁，稔。

………………………………………………… 乾隆《河间县志》

433. 清乾隆十年（1745 年）

五月，(息县) 蝗蝻遍发。 ……………………………………… 《息县志》

四月，(罗山) 蝗蝻遍发。 ……………………………………… 《罗山县志》

434. 清乾隆十五年（1750 年）

(郾城) 蝗。 ……………………………………………………… 《郾城县志》

435. 清乾隆十六年（1751 年）

(汝阳) 蝗。 ……………………………………………………… 《汝阳县志》

(辉县) 蚜蝗生，食禾殆尽。 ……………………… 道光《辉县志》

(伊阳) 蝗，不为灾。 ……………………………… 道光《伊阳县志》

436. 清乾隆十七年（1752 年）

七月，范县蝗。 ……………………………………… 《清史稿·灾异志》

河南汲县和获嘉邻近县蝗灾。 …………………… 《中国历代蝗患之记载》

(濮州) 蝗，不为灾。 ……………………………… 宣统《濮州志》

夏，(获嘉) 邻邑蝻生，不入境。 ………………… 民国《获嘉县志》

四月，（卫辉）蝗，不为灾。 ·················· 乾隆《卫辉府志》

六月，（滑县）蝗。 ·················· 同治《滑县志》

（西华）蝗，知府、知县皆率民工用布墙法扑打，并捐钱收买蝗蝻，蝗灭。

·················· 《西华县志》

秋，（禹州）蝗灾。 ·················· 《禹州市志》

四月，（汲县）有蝗，旋扑灭之。 ·················· 乾隆《汲县志》

（范县）蝗。 ·················· 嘉庆《范县志》

秋，（禹州）有蝗。 ·················· 道光《禹州志》

437. 清乾隆二十三年（1758 年）

（方城）蝗蝻丛生，为巨灾。 ·················· 《方城县志》

438. 清乾隆二十四年（1759 年）

七月，（项城）飞蝗遍野，未几蝻生，乡民扑灭之。 ······ 民国《项城县志》

439. 清乾隆三十年（1765 年）

（通许）蝗起邻邑，将入许，有群鸦啄食之。 ······ 乾隆《通许县志》

440. 清乾隆三十二年（1767 年）

八月，（杞县）蝗灾，豆禾皆毁。 ·················· 《杞县志》

441. 清乾隆三十五年（1770 年）

六月，河南永城等州县蝗。 ·················· 《清史稿·高宗本纪》

六月，（固始）蝗灾。 ·················· 《固始县志》

（永城）飞蝗成灾。 ·················· 《永城县志》

442. 清乾隆三十六年（1771 年）

（卫辉）蝗。 ·················· 乾隆《卫辉府志》

443. 清乾隆三十七年（1772 年）

（内黄）蝗灾。 ·················· 光绪《内黄县志》

444. 清乾隆四十年（1775 年）

（辉县）大蝗。 ·················· 道光《辉县志》

445. 清乾隆四十三年（1778 年）

夏，（卫辉）蝗，不为灾。 ·················· 乾隆《卫辉府志》

秋，（鲁山）蝗灾。 ·················· 《鲁山县志》

446. 清乾隆四十七年（1782 年）

夏，（叶县）蝗。 ·················· 同治《叶县志》

447. 清乾隆四十九年（1784 年）

夏，开封旱，蝗灾。 ……………………《河南东亚飞蝗及其综合治理》

（汤阴）旱蝗成灾，大饥。 ……………………………《汤阴县志》

秋，（郾城）禾苗与草皆被蝗虫吃光。 ……………《郾城县志》

448. 清乾隆五十年（1785 年）

（汝阳）旱蝗，岁大饥。 ……………………………《汝阳县志》

（伊阳）旱蝗，岁大饥。 …………………… 道光《伊阳县志》

夏，（新乡）飞蝗蔽日，食尽秋禾，民大饥。 …………《新乡县志》

秋，（郾城）蝗。 …………………………… 民国《郾城县记》

（汝州）旱蝗，岁大饥。 …………………… 道光《汝州全志》

449. 清乾隆五十一年（1786 年）

河南杞县、祥符蝗灾；济源蝗生，食禾稼尽。 ……《中国历代蝗患之记载》

（巩县）蝗食苗尽。 ………………………… 民国《巩县志》

（祥符）蝗生蔽野，伤稼。 ………………… 光绪《祥符县志》

秋，（杞县）飞蝗伤稼，赈济。 …………… 乾隆《杞县志》

（淯川）蝗虫食秋禾。 ……………………… 嘉庆《淯川县志》

夏，（卫辉）飞蝗遍日，食秋禾尽。 ……… 乾隆《卫辉府志》

（封丘）旱蝗，饥，赈之。 ………………… 民国《封丘县续志》

秋，（济源）蝗食庄稼几尽。 ………………………《济源市志》

夏，（汤阴）飞蝗蔽日，大饥。 ………………………《汤阴县志》

夏，（商丘）旱蝗，赤地千里。 ………………………《商丘地区志》

春旱，（永城）飞蝗蔽日，饥馑。 ……………………《永城县志》

扶沟、西华、商水、淮阳、项城、鹿邑、沈丘旱蝗，大饥。

……………………………………………《周口地区志》

秋，（淮阳）飞蝗遍野日，坠地深尺，禾尽伤。 …………《淮阳县志》

秋，（扶沟）飞蝗蔽天，未成灾。 ………… 光绪《扶沟县志》

秋，（许州）大蝗。 ………………………… 道光《许州志》

秋，（许昌）大蝗。 …………………………………《许昌县志》

秋，（鄢陵）蝗生遍野，伤稼。 …………… 民国《鄢陵县志》

秋，（临颍）大旱蝗。 ……………………… 民国《重修临颍县志》

七月，（郏县）蝗自南来群飞蔽天，禾苗食尽。 …………《郏县志》

秋，（南阳）蝗灾，食禾殆尽。 ………………………《南阳市志》

秋，（范县）蝗，人相食。 ·· 嘉庆《范县志》

秋，（南阳）蝗灾，食禾殆尽。 ······················ 光绪《南阳县志》

秋七月，（光山）有飞蝗渡淮而南，督捕不能尽，大雨，群蝗尽死。

··· 乾隆《光山县志》

秋，（新野）蝗食禾稼殆尽。 ························· 《新野县志》

秋，（南召）蝗虫食禾殆尽。 ························· 《南召县志》

秋，（舞阳）蝗，不为灾。 ························ 道光《舞阳县志》

秋，（驻马店）全区蝗灾。 ··················· 《驻马店地区志》

秋，（泌阳）蝗食禾尽。 ······················· 道光《泌阳县志》

秋，（正阳）蝗。 ································· 嘉庆《正阳县志》

八月，（固始）飞蝗入境，伤禾稼。 ············· 《固始县志》

450. 清乾隆五十二年（1787 年）

（开封）蝗灾严重。 ······························· 《开封县志》

六月，（祥符）遍地生蝗，积三寸许，秋禾被伤。 ········· 光绪《祥符县志》

（辉县）蝗。 ································· 道光《辉县志》

秋，（开州）蝗，不为灾。 ····················· 光绪《开州志》

六月，（鄢陵）遍地蝗生，秋禾被伤。 ············ 民国《鄢陵县志》

451. 清乾隆五十三年（1788 年）

夏，河南密县蝗，不为灾。 ············ 《中国历代蝗患之记载》

夏，（密县）多螣，不为灾。 ·················· 民国《密县志》

春，（新蔡）蝗蝻生，食禾稼一空。 ············ 《新蔡县志》

452. 清乾隆五十七年（1792 年）

（林县）蝗灾。 ································· 《林县志》

453. 清嘉庆元年（1796 年）

夏，河南密县蝗，不为灾。 ············ 《中国历代蝗患之记载》

夏，（密县）蝗飞蔽日，不为灾。 ·············· 民国《密县志》

秋七月，（扶沟）蝗，未成灾。 ·············· 光绪《扶沟县志》

秋七月，（许州）蝗。 ························ 道光《许州志》

七月，（许昌）蝗灾。 ························ 《许昌县志》

五月，（鄢陵）蝗自东来，蔽野，不为灾。 ········ 民国《鄢陵县志》

七月，（临颍）蝗。 ··············· 民国《重修临颍县志》

454. 清嘉庆四年（1799 年）

夏，河南夏邑蝗害稼。 ·········《中国历代蝗患之记载》

六月，（夏邑）蝗害稼。 ·········民国《夏邑县志》

455. 清嘉庆七年（1802 年）

夏秋，河南密县蝗灾。 ·········《中国历代蝗患之记载》

夏，（密县）飞蝗过境。 ·········民国《密县志》

456. 清嘉庆八年（1803 年）

郑县、孟县、武陟旱蝗，成灾五分。汜水、荥阳蝗虫成灾。

·········《河南东亚飞蝗及其综合治理》

六月，（洧川）飞蝗蔽天，不为灾。 ·········嘉庆《洧川县志》

（延津）旱蝗。 ·········《延津县志》

七月，（宜阳）蝗虫蔽天，秋禾损毁大半。 ·········《宜阳县志》

秋，（辉县）有蝗。 ·········道光《辉县志》

（温县）旱，蝗灾，收成大减。 ·········《温县志》

（滑县）蝗。 ·········同治《滑县志》

457. 清嘉庆九年（1804 年）

（浚县）飞蝗蔽日，田禾毁之殆尽。 ·········《浚县志》

458. 清嘉庆十六年（1811 年）

（林县）蝗灾。 ·········《林县志》

459. 清嘉庆十八年（1813 年）

春，（汝州）蝝食麦尽。 ·········《汝州市志》

夏，（方城）旱蝗为灾。 ·········《方城县志》

460. 清嘉庆二十三年（1818 年）

秋，（台前）飞蝗遍野。 ·········《台前县志》

461. 清道光三年（1823 年）

（台前）飞蝗成灾。 ·········《台前县志》

462. 清道光五年（1825 年）

夏，永城蝗灾；孟县蝗灾，禾稼严重受害，民病饥。

·········《中国历代蝗患之记载》

四月，（永城）蝗蝻遍野。 ·········光绪《永城县志》

（许州）蝻食豆叶殆尽。 ·········道光《许州志》

六月，（许昌）蝻食豆叶殆尽。 ·········《许昌县志》

463. 清道光六年（1826 年）

夏，（濮阳）蝗虫遍野，成灾。 ·············《濮阳县志》

夏六月，（开州）蝗生遍野，各村受灾。 ············光绪《开州志》

464. 清道光十二年（1832 年）

夏，（密县）蝗蝻蔽野。 ·············民国《密县志》

465. 清道光十五年（1835 年）

（宜阳）秋禾将熟，蝗虫蔽天而至，所过秋禾俱无。 ·············《宜阳县志》

秋，（辉县）有蝗。 ·············道光《辉县志》

（濮阳）蝗害稼。 ·············《濮阳县志》

（台前）蝗。 ·············《台前县志》

（浚县）蝗灾。 ·············《浚县志》

（镇平）蝗食秋稼，遗蝗子。 ············光绪《镇平县志》

六月，（方城）蝗蝻伤禾。七月，蝗飞向东北经过裕州坠田野，乡民捕杀未

成巨灾。 ·············《方城县志》

秋，（开州）飞蝗害稼。 ············光绪《开州志》

466. 清道光十六年（1836 年）

河南长垣、夏邑、祥符蝗灾。 ············《中国历代蝗患之记载》

四月，氾水旱蝗，岁饥。考城蝗。 ········《河南东亚飞蝗及其综合治理》

夏四月，（河阴）蝗，麦穗尽脱。 ············民国《河阴县志》

（荥阳）旱蝗。 ············民国《续荥阳县志》

（中牟）蝗。 ············民国《中牟县志》

夏六月，（祥符）蝗。 ············光绪《祥符县志》

六月，（汝阳）蝗。 ·············《汝阳县志》

六月，（伊阳）蝗，知县捐廉督扑净尽。 ············道光《伊阳县志》

（灵宝）蝗飞蔽天，食秋苗殆尽。 ············《灵宝县志》

（开州）蝗灾。 ············光绪《开州志》

八月，（宜阳）谷大熟，蝗虫至，民皆连夜收获。 ·············《宜阳县志》

（阌乡）蝗食秋苗殆尽。 ············民国《阌乡县志》

（濮阳）蝗。 ·············《濮阳县志》

开州、长垣蝗灾。 ············咸丰《大名府志》

六月，（柘城）蝗从西北入，蝻生子，食禾殆尽。 ········光绪《柘城县志》

八月，（夏邑）蝗飞蔽天。 ············民国《夏邑县志》

五月，（商水）飞蝗至。六月，蝻生，食禾殆尽。 ·············《商水县志》

秋，（淮阳）蝗。 ·············《淮阳县志》

秋七月，（鹿邑）蝗蝻伤稼。 ·············光绪《鹿邑县志》

六月，（沈丘）蝗。 ·············《沈丘县志》

六月，（项城）飞蝗蔽野，伤禾。七月，蝻生，食禾殆尽。

·············民国《项城县志》

（扶沟）蝗。 ·············光绪《扶沟县志》

七月，（许州）蝗，谷多伤。 ·············道光《许州志》

七月，（许昌）蝗食谷多伤。 ·············《许昌县志》

夏，（鄢陵）蝗食稼。 ·············民国《鄢陵县志》

七月，（郾城）蝗伤禾稼。 ·············民国《郾城县记》

七月，（临颍）蝗伤谷。 ·············民国《重修临颍县志》

六月，（鲁山）蝗灾。 ·············《鲁山县志》

五月，（叶县）蝗。六月，蝻生。 ·············同治《叶县志》

夏，（宝丰）飞蝗过境，少有为害。 ·············《宝丰县志》

秋，（郏县）旱蝗。 ·············《郏县志》

六月，（汝州）蝗，不为灾。 ·············道光《汝州全志》

七月，（内乡）蝗虫为害，所到处秋禾食尽。 ·············《内乡县志》

（镇平）蝗食秋稼。 ·············光绪《镇平县志》

七月，（正阳）有飞蝗自西北来，遮天蔽日。 ·······民国《重修正阳县志》

467. 清道光十七年（1837 年）

河南洛宁蝗灾。 ·············《中国历代蝗患之记载》

（中牟）蝗。 ·············民国《中牟县志》

（伊阳）蝗，不为灾。 ·············道光《伊阳县志》

（汝阳）蝗。 ·············《汝阳县志》

（内黄）蝻生，设局收买蝗蝻。 ·············《内黄县志》

夏旱，（灵宝）飞蝗蔽日，阌乡捕之，后大雨始无。秋，蝻食禾将尽。

·············《灵宝县志》

夏，（阌乡）飞蝗蔽日，知县令捕之，后大雨皆死。秋，蝗食禾几尽。

·············民国《阌乡县志》

夏旱，（鲁山）蝗灾。 ·············《鲁山县志》

七月，（洛宁）蝗为灾。 ·············民国《洛宁县志》

468. 清道光十八年（1838 年）

六月，（阌乡）蝗食禾殆尽，大饥。 ⋯⋯⋯⋯⋯ 民国《阌乡县志》

（陕县）蝗。 ⋯⋯⋯⋯⋯⋯⋯⋯⋯⋯⋯ 民国《陕县志》

夏旱，（鲁山）蝗灾。 ⋯⋯⋯⋯⋯⋯⋯⋯⋯ 《鲁山县志》

六月，（灵宝）蝗食禾将尽，百姓食树皮、草根。 ⋯⋯⋯ 《灵宝县志》

469. 清道光二十二年（1842 年）

夏，灵宝蝗灾。 ⋯⋯⋯⋯⋯⋯⋯⋯⋯⋯⋯ 《灵宝县志》

十月，（商丘）蝗。 ⋯⋯⋯⋯⋯⋯⋯⋯⋯ 《商丘地区志》

（开州）州东五十九村蝻虫食禾叶，收无害。 ⋯⋯ 光绪《开州志》

470. 清道光二十三年（1843 年）

（阌乡）飞蝗食禾。 ⋯⋯⋯⋯⋯⋯⋯⋯⋯ 民国《阌乡县志》

（灵宝）飞蝗食禾苗。 ⋯⋯⋯⋯⋯⋯⋯⋯⋯ 《灵宝县志》

471. 清道光二十五年（1845 年）

（鄢陵）蝗生遍野，秋禾食尽。 ⋯⋯⋯⋯⋯⋯ 《鄢陵县志》

472. 清道光二十七年（1847 年）

秋，（陕县）蝗蝻生。 ⋯⋯⋯⋯⋯⋯⋯⋯⋯⋯ 《陕县志》

秋，（开州）蝗生遍野，害稼。 ⋯⋯⋯⋯⋯ 光绪《开州志》

473. 清道光二十八年（1848 年）

自夏之秋，（嵩县）飞蝗东来，遮天蔽日，伤害禾稼。 ⋯⋯ 《嵩县志》

474. 清道光三十年（1850 年）

（浚县）飞蝗蔽天，禾苗被害。 ⋯⋯⋯⋯⋯⋯ 《浚县志》

475. 清咸丰元年（1851 年）

四月，（叶县）蝗。 ⋯⋯⋯⋯⋯⋯⋯⋯⋯ 同治《叶县志》

476. 清咸丰二年（1852 年）

（河阴）飞蝗为灾。 ⋯⋯⋯⋯⋯⋯⋯⋯⋯ 民国《河阴县志》

（中牟）蝗甚多，飞满城中，花木俱尽。 ⋯⋯⋯ 民国《中牟县志》

中牟蝗飞满城，草木殆尽。 ⋯⋯⋯⋯⋯⋯⋯ 《郑州市志》

477. 清咸丰四年（1854 年）

五月，（宜阳）飞蝗大至，遮天蔽日，塞窗推户，室无隙地。

⋯⋯⋯⋯⋯⋯⋯⋯⋯⋯⋯⋯⋯⋯⋯⋯ 《宜阳县志》

（浚县）蝗虫为害甚烈。 ⋯⋯⋯⋯⋯⋯⋯⋯ 《浚县志》

六月，（光山）蝗蔽天日。 ⋯⋯⋯⋯⋯ 民国《光山县志约稿》

478. 清咸丰五年（1855 年）

以河南南阳诸地旱蝗，请饬发仓筹赈。 ·············《清史稿·王庆云传》

四月，(宜阳) 有蝗长寸许，遇麦口啮穗落。八月，飞蝗大至。

···《宜阳县志》

秋，(卢氏) 飞蝗蔽天。 ··················· 光绪《卢氏县志》

八月，(密县) 蝗，不为灾。 ·············· 民国《密县志》

秋，(淮阳) 蝗，禾尽伤。 ··················《淮阳县志》

光州遭旱灾、蝗灾。 ·······················《潢川县志》

479. 清咸丰六年（1856 年）

河南永城、夏邑蝗灾。 ·············《中国历代蝗患之记载》

河南商丘飞蝗成灾。 ·············《中国历代天灾人祸表》

河南永城大蝗，严重成灾。 ·········《中国东亚飞蝗蝗区的研究》

是年，武陟、新乡一带蝗灾严重。 ·······《河南省志·大事记》

郑州、中牟、新郑、巩县蝗灾。 ···········《郑州市志》

(巩县) 旱蝗为害。 ·······················《巩县志》

(仪封) 蝗。 ····················· 民国《续仪封县志》

考城蝗。 ·······························《兰考县志》

秋旱，(新乡) 蝗自南来，飞则蔽天，落则数尺，秋禾尽伤，民大饥。

···《新乡县志》

八月旱，(原阳) 飞蝗蔽天，秋禾尽伤。 ·······《原阳县志》

(焦作) 蝗虫成灾，飞蔽天，损坏田禾无数，遗蝻不绝。 ·····《焦作市志》

(温县) 蝗虫成灾。 ·······················《温县志》

七月，(武陟) 飞蝗蔽天，蝻生不绝，损禾无数。 ····· 民国《续武陟县志》

夏六月，(孟县) 蝗蝻害稼。 ···············《孟县志》

(卢氏) 蝻生。 ··················· 光绪《卢氏县志》

(灵宝) 蝗。 ····················· 光绪《灵宝县志》

(阌乡) 蝗。 ····················· 民国《阌乡县志》

夏旱，(台前) 蝗蝻生。 ···················《台前县志》

秋，(濮州) 蝻生，禾稼尽食。 ··········· 宣统《濮州志》

大旱，(内黄) 飞蝗为灾。 ··············· 光绪《内黄县志》

(浚县) 飞蝗蔽天，蝻子遍地。 ··········· 光绪《续浚县志》

(商丘) 蝗灾。 ···························《商丘县志》

六月，（永城）蝗食禾尽，惟绿豆收。 ·················· 光绪《永城县志》

秋，（宁陵）蝗虫食禾。 ························· 《宁陵县志》

秋，（柘城）蝗。 ····························· 光绪《柘城县志》

（睢州）飞蝗蔽天。七月，蝻伤秋禾。 ········· 光绪《续修睢州志》

（虞城）大旱，蝗伤禾。 ···················· 光绪《虞城县志》

（夏邑）大旱蝗。 ························ 民国《夏邑县志》

夏，淮阳、项城、沈丘、鹿邑旱蝗。 ············· 《周口地区志》

秋，（淮阳）蝗。 ·························· 《淮阳县志》

夏，（沈丘）蝗。 ·························· 《沈丘县志》

（项城）大旱蝗。 ······················· 民国《项城县志》

六月，飞蝗落（鹿邑）境内，食稼殆尽。 ··········· 《鹿邑县志》

八月，（密县）蝗食秋禾。九月，蝗食麦苗。 ········ 民国《密县志》

（开州）州南二十余村蝻孽萌生，官饬各村夫役扑捕。 ····· 光绪《开州志》

是岁，（商丘）蝗灾。 ····················· 《商丘地区志》

睢州飞蝗蔽天。七月，蝻伤秋禾。 ·············· 《民权县志》

禹州、许州蝗灾。 ······················· 《许昌市志》

（许昌）蝗。 ·························· 《许昌县志》

（禹州）旱，蝗灾。 ····················· 《禹州市志》

（鄢陵）有蝗，不为灾。 ················· 民国《鄢陵县志》

（临颍）蝗。 ······················ 民国《重修临颍县志》

四月，（叶县）蝗。 ·················· 同治《叶县志》

（郏县）旱蝗。 ························· 《郏县志》

夏，（宝丰）飞蝗遍野，为害庄稼，遗卵于郊。 ······ 《宝丰县志》

六月，（鲁山）大批飞蝗从东北来蔽日遮天，禾苗被食无遗。

················· 《鲁山县志》

夏秋，（方城）蝗蝻为灾，禾稼减产六七成。 ······ 《方城县志》

夏，正阳、新蔡、确山蝗虫为害。 ············· 《驻马店地区志》

（驻马店）蝗伤毁庄稼。 ···················· 《驻马店市志》

秋旱，（新蔡）蝗虫为害，稻梁无收。 ············ 《新蔡县志》

秋，（正阳）蝗。 ···················· 民国《重修正阳县志》

夏六月，（确山）蝗伤禾。 ·············· 民国《确山县志》

信阳、光州旱，蝗灾。 ···················· 《信阳地区志》

秋，（息县）蝗蝻遍地，为害庄稼。 ···《息县志》

（固始）蝗灾害稼。 ···《固始县志》

（光山）旱，蝗虫为灾，颗粒不收。 ···《光山县志》

480. 清咸丰七年（1857年）

河南洛宁、西平蝗灾。 ···························《中国历代蝗患之记载》

郑州、中牟、新郑、巩县蝗灾。 ·································《郑州市志》

秋旱，（新郑）蝗灾。 ···《新郑县志》

（中牟）蝗。 ···民国《中牟县志》

（荥阳）蝗害稼。 ··民国《续荥阳县志》

（巩县）旱蝗为害。 ···《巩县志》

（栾川）连年旱蝗灾害，民饥。 ···································《栾川县志》

（兰考）蝗。 ···《兰考县志》

夏，温县蝗。是岁，孟县旱蝗。 ·········《河南东亚飞蝗及其综合治理》

（灵宝）飞蝗蔽天，食禾将尽。 ···································《灵宝县志》

（卢氏）蝻生。 ···光绪《卢氏县志》

七月，（濮州）蝗生。 ···宣统《濮州志》

夏，（台前）复旱，蝗飞蔽日。七月，蝻生。 ···············《台前县志》

（清丰）蝗。 ···民国《清丰县志》

秋旱，（安阳）蝗虫遍野，飞满天日，县境无处无之，蝗飞食禾叶，穗尽
　　秕，大饥。 ···《安阳县志》

（内黄）又旱，蝗飞蔽日，禾稼俱伤。 ···············光绪《内黄县志》

七月，（洛宁）蝗为灾。 ·······································民国《洛宁县志》

（阌乡）蝗食禾殆尽。 ···民国《阌乡县志》

（开州）州南庆祖等村蝻孽萌动，官督饬各村夫役扑打，并设厂用义仓谷
　　换买。 ···光绪《开州志》

夏，（汤阴）蝗食禾。秋，复生蝻，布满田间不露地面，晚禾根株不留。
　　 ···《汤阴县志》

七月，（商丘）蝗自东南来，落地尺许，树枝折断，秋禾尽，睢州、柘城
　　尤甚。 ···《商丘地区志》

七月，（睢州）蝗自东南来，积地尺许，秋禾尽。 ······光绪《续修睢州志》

七月，睢州蝗自东南来，积地尺许，树枝折。 ···············《民权县志》

秋，（柘城）蝗。 ···光绪《柘城县志》

秋，沈丘、扶沟、鹿邑飞蝗蔽天，食禾殆尽。 …………………《周口地区志》

秋，（淮阳）蝗食稼殆尽。 ……………………………………《淮阳县志》

（项城）蝗食禾殆尽。 …………………………………… 民国《项城县志》

闰五月，（扶沟）蝗飞蔽天，禾尽食。 ……………… 光绪《扶沟县志》

秋七月，（鹿邑）蝗。 …………………………………… 光绪《鹿邑县志》

夏，（沈丘）蝗。 …………………………………………………《沈丘县志》

（鄢陵）蝗生遍野，食晚禾殆尽。 ……………………… 民国《鄢陵县志》

六月，（鲁山）大群飞蝗从东北来蔽日遮光，禾苗被食无遗。

　　　　　………………………………………………………《鲁山县志》

秋，（宝丰）蝗蝻为害严重。 ………………………………《宝丰县志》

五月，（叶县）蝗。六月，复蝻，晚禾尽食。 ……………… 同治《叶县志》

六月，（南阳）飞蝗蔽天。八月，蝻生遍野，食秋稼。 ………《南阳市志》

六月，（南阳）飞蝗蔽天，食禾殆尽。七月，蝻生遍野，食秋稼。

　　　　　…………………………………………………… 光绪《南阳县志》

八月，（镇平）蝗飞蔽天，损禾稼。 …………………… 光绪《镇平县志》

春，（方城）蝗灾，岁饥。 …………………………………《方城县志》

六月，（南召）飞蝗蔽天，食禾殆尽。七月，蝻生遍野，食秋稼。八月，又

　　生蝗灾。 ……………………………………………………《南召县志》

七月，（内乡）有蝗自东飞来遮天，沟渠皆满。 ………………《内乡县志》

七月，（西峡）蝗自东来遮天映月，沟渠皆满，民挥杖驱逐，遍野死蝗成

　　堆，经冬始绝。 ………………………………………………《西峡县志》

六月，西平、新蔡、正阳旱，蝗起。 …………………《驻马店地区志》

六月，（驻马店）蝗起。 ……………………………………《驻马店市志》

六月，（确山）蝗伤稼。 ……………………………………………《确山县志》

夏，（上蔡）飞蝗蔽天。 ……………………………………………《上蔡县志》

六月，（平舆）飞蝗遮天盖地，禾稼尽为所食。 …………………《平舆县志》

七月，（正阳）蝗蝻繁生，如蜂聚而来，过城越池，沟路不绝。九月，飞蝗

　　蔽天，禾稼尽为所食。 ……………………… 民国《重修正阳县志》

秋，（汝南）飞蝗蔽天。 ……………………………………………《汝南县志》

六月，（西平）飞蝗忽至，掩蔽日光，草叶尽食，惟不食豆、棉、芝麻、山

　　芋诸物。 ……………………………………………… 民国《西平县志》

七月，（新蔡）蝗蝻生，如蜂聚而来，接连不绝。九月，又过飞蝗，遮天盖

地，秋禾尽为所食。 ……………………………………………《新蔡县志》

夏秋，(信阳) 蝗虫蔽天，玉蜀黍及竹林受损。 …… 民国《重修信阳县志》

481. 清咸丰八年 (1858 年)

夏，汜水旱，蝗灾。 …………………………《河南东亚飞蝗及其综合治理》

(荥阳) 又蝗，飞则蔽天。 ………………………… 民国《续荥阳县志》

六月，(中牟) 蝗食稼尽，压覆茅屋。 ……………………… 民国《中牟县志》

(巩县) 连年旱蝗为害。 ……………………………………………《巩县志》

(伊川) 蝗虫遍野，作物尽毁。 ……………………………………《伊川县志》

(汝阳) 蝗虫甚多。 ………………………………………………《汝阳县志》

(兰考) 蝗。 ………………………………………………………《兰考县志》

考城蝗。 ………………………………………………… 民国《考城县志》

(仪封) 蝗。 ……………………………………………… 民国《续仪封县志》

(清丰) 蝗。 ……………………………………………… 民国《清丰县志》

(内黄) 设局收买蝗蝻。 ……………………………… 光绪《内黄县志》

(睢州) 蝗。 ……………………………………………… 光绪《续修睢州志》

秋，(鹿邑) 蝗。 ……………………………………… 光绪《鹿邑县志》

六月，(叶县) 蝗。 ……………………………………… 同治《叶县志》

五月，(南阳) 飞蝗入境。 …………………………… 光绪《南阳县志》

五月，(南召) 飞蝗入境成灾。 ……………………………《南召县志》

482. 清咸丰九年 (1859 年)

中牟蝗虫食禾。 …………………………………………………《郑州市志》

(兰考) 蝗。 ………………………………………………………《兰考县志》

(中牟) 蝗。 ……………………………………………… 民国《中牟县志》

483. 清咸丰十年 (1860 年)

(中牟) 蝗。 ……………………………………………… 民国《中牟县志》

(兰考) 蝗。 ………………………………………………………《兰考县志》

夏，(柘城) 飞蝗从东南入境，食禾殆尽。 ………… 光绪《柘城县志》

(方城) 蝗蝻大盛，食禾几尽。 ………………………………《方城县志》

484. 清咸丰十一年 (1861 年)

永城蝗灾。 …………………………………………《中国历代蝗患之记载》

五月，(永城) 飞蝗蔽天。 …………………………… 光绪《永城县志》

夏，(鹿邑) 蝗。 ……………………………………… 光绪《鹿邑县志》

九月，（叶县）蝗自东来，沿澧河数十里不绝，食麦苗，忽有群鹊如鸦去蝗首而食之。 ·············· 同治《叶县志》

485. 清同治元年（1862 年）

河南永城、洛宁蝗飞蔽天，严重伤稼。 ·············· 《中国历代蝗患之记载》

六月，（宜阳）飞蝗蔽天，自东而西遍满陇亩。 ·············· 《宜阳县志》

七月，（洛宁）飞蝗过境，遮蔽天日，禾伤大半。 ·············· 民国《洛宁县志》

（新安）蝗灾。 ·············· 《新安县志》

六月，（嵩县）飞蝗蔽天，禾黍皆尽。 ·············· 《嵩县志》

（开州）州南花园屯等村飞蝗停落。 ·············· 光绪《开州志》

（灵宝）蝗。 ·············· 光绪《灵宝县志》

六月，（陕县）蝗。七月，蝻生。 ·············· 民国《陕县志》

六月，（阌乡）飞蝗蔽天，食禾殆尽。八月，蝻。 ·············· 民国《阌乡县志》

七月，（卢氏）蝗。 ·············· 光绪《卢氏县志》

七月，（渑池）飞蝗东来，禾苗被食。九月，蝗虫普盖地面，厚寸许，麦苗被毁。 ·············· 《渑池县志》

四月，（永城）蝻子出，飞蝗自北来，麦禾大损。六月，蝗复至，食禾无遗。 ·············· 光绪《永城县志》

夏，（柘城）有蝗。 ·············· 光绪《柘城县志》

六月，（叶县）蝗。 ·············· 同治《叶县志》

秋旱，（郏县）蝗飞蔽日。 ·············· 《郏县志》

（南阳）蝗食秋稼。 ·············· 光绪《南阳县志》

秋，（南召）蝗食稼。 ·············· 《南召县志》

六月，（确山）蝗。 ·············· 民国《确山县志》

486. 清同治二年（1863 年）

河南洛宁、永城飞蝗蔽天，食稼尽。 ·············· 《中国历代蝗患之记载》

六月，飞蝗入杞，啮食秋禾殆尽。 ·············· 《杞县志》

六月，（焦作）飞蝗蔽天。 ·············· 《焦作市志》

六月，（孟县）飞蝗蔽天。 ·············· 《孟县志》

夏，（宁陵）蝗灾，继生蝻。 ·············· 《宁陵县志》

五月，（永城）蝗自西来，食禾尽。 ·············· 光绪《永城县志》

沈丘、项城、淮阳蝗食麦。 ·············· 《周口地区志》

夏，（淮阳）蝗食麦。 ·············· 《淮阳县志》

（沈丘）蝗食麦。 ···《沈丘县志》

（项城）蝗食麦。 ·····························民国《项城县志》

五月，（叶县）蝗。七月，蝻生。 ····················同治《叶县志》

四月，（光山）蝗起，所过皆成赤地。 ·················《光山县志》

（商城）蝗起，所过成白地。 ····················《商城县志》

秋，（洛宁）蝗飞蔽天，禾稼尽食。 ··············民国《洛宁县志》

487. 清同治三年（1864 年）

夏，河南洛宁蝗灾。 ··················《中国历代蝗患之记载》

温县、孟县蝗。 ···············《河南东亚飞蝗及其综合治理》

（洛宁）蝗蝻复生。 ·······················民国《洛宁县志》

488. 清同治四年（1865 年）

七月，（尉氏）飞蝗蔽日，禾苗食尽。 ················《尉氏县志》

夏，（濮阳）飞蝗，州牧投资收买之。 ················《濮阳县志》

夏，（开州）生飞蝗，州牧捐资收买。 ···········光绪《开州志》

489. 清同治五年（1866 年）

六月，怀庆府蝗。 ·············《河南东亚飞蝗及其综合治理》

（陈留）蝗。 ···························宣统《陈留县志》

六月，（濮州）飞蝗盈野，害田禾，大树压折。 ········宣统《濮州志》

六月，（范县）飞蝗盈野，害田禾，树枝多被压折。 ········《范县志》

490. 清同治六年（1867 年）

（清丰）蝗蝻为灾。 ·······················民国《清丰县志》

（范县）蝗蝻生，后缢死。 ················光绪《范县志续编》

（内黄）飞蝗为灾。 ·····················光绪《内黄县志》

（商水）蝗生。 ·························《商水县志》

七月，（正阳）蝻蝻暴发，食苗殆尽，大饥。 ········民国《重修正阳县志》

491. 清同治八年（1869 年）

范县蝗。 ···················《河南东亚飞蝗及其综合治理》

五月，（濮州）蝻生盈野，继而顺河水去，不害稼。 ·······宣统《濮州志》

八月，（新乡）飞蝗伤禾成灾。 ···················《新乡县志》

秋，（滑县）蝗虫遍野，禾苗吃尽。 ·················《滑县志》

夏，（鄢陵）蝗生遍地，秋禾尽毁。 ··············民国《鄢陵县志》

492. 清同治九年（1870 年）

　　春，（密县）螣食麦苗。 ·· 民国《密县志》

493. 清同治十年（1871 年）

　　怀庆府蝗。六月，孟县蝗。 ···················· 《河南东亚飞蝗及其综合治理》

494. 清同治十一年（1872 年）

　　（正阳）蝗。 ····································· 民国《重修正阳县志》

495. 清同治十三年（1874 年）

　　八月，河南蝗。 ································· 《清史稿·穆宗本纪》

　　夏，河南永城蝗灾。 ····················· 《中国历代蝗患之记载》

　　六月，（永城）蝗。 ·························· 光绪《永城县志》

496. 清光绪元年（1875 年）

　　六月，（杞县）蝗毁秋禾。 ························· 《杞县志》

　　新乡旱蝗灾害。 ································· 《新乡县志》

　　夏，（阌乡）蝗。 ···························· 民国《阌乡县志》

　　（镇平）螣食麦苗。 ·························· 光绪《镇平县志》

497. 清光绪二年（1876 年）

　　五月，谕河南捕蝗蝻。 ····················· 《清史稿·德宗本纪》

　　河南夏邑、太康蝗灾。 ····················· 《中国历代蝗患之记载》

　　夏，郑县旱蝗，大饥。 ··············· 《河南东亚飞蝗及其综合治理》

　　六月，（杞县）蝗毁秋禾，岁歉。 ················· 《杞县志》

　　秋，（范县）蝗灾，田禾受害甚重。 ················ 《范县志》

　　秋，（濮州）飞蝗云集，食草尽，而菽不害。 ·········· 宣统《濮州志》

　　（夏邑）旱蝗。 ······························· 民国《夏邑县志》

　　秋，扶沟、淮阳、太康、沈丘旱蝗。 ············· 《周口地区志》

　　（太康）旱蝗。 ······························· 民国《太康县志》

　　秋，（郾城）大旱蝗，歉收。 ···················· 民国《郾城县记》

498. 清光绪三年（1877 年）

　　河南东部部分地区发生蝗灾。 ·············· 《中国历代蝗患之记载》

　　豫东蝗蝻。 ······························· 《中国历代天灾人祸表》

　　夏，郑县旱蝗，饿毙。 ··············· 《河南东亚飞蝗及其综合治理》

　　夏，（中牟）旱蝗，大饥。 ···················· 民国《中牟县志》

　　（辉县）连年旱蝗，歉收。 ······················ 《辉县市志》

（浚县）蝗。 ·······《浚县志》

陈州府旱蝗，秋禾未收。 ·······《周口地区志》

夏，（淮阳）飞蝗成灾。 ·······《淮阳县志》

六月，（商水）蝗食禾几尽。 ·······《商水县志》

六月，（项城）蝗食禾几尽。 ·······民国《项城县志》

秋，（鹿邑）大旱蝗，发义仓谷赈济。 ·······光绪《鹿邑县志》

（襄城）旱蝗频仍。 ·······《襄城县志》

（临颍）大旱蝗，秋无禾，民大饥。 ·······民国《重修临颍县志》

（西平）蝗生，岁大饥。 ·······民国《西平县志》

（信阳）蝗灾，蝗群南飞，三日不绝，最大一群宽长数十里，天为之黑。

·······民国《重修信阳县志》

（息县）蝗遍地，伤害庄稼。 ·······《息县志》

（光山）旱，蝗至，地赤年荒。 ·······《光山县志》

499. 清光绪五年（1879 年）

五月，河南蝗。 ·······《清史稿·德宗本纪》

五月，（延津）蝗。 ·······《延津县志》

500. 清光绪六年（1880 年）

（正阳）飞蝗蔽天日，草木、禾稼尽被吃秃。 ·······民国《重修正阳县志》

501. 清光绪十年（1884 年）

（方城）蝗。 ·······《方城县志》

502. 清光绪十二年（1886 年）

六月，（台前）飞蝗遍野。 ·······《台前县志》

（内黄）飞蝗过境，遗蝻极多，设局收买。 ·······光绪《内黄县志》

503. 清光绪十三年（1887 年）

（遂平）旱蝗。 ·······《遂平县志》

504. 清光绪十五年（1889 年）

（项城）蝗蝻生，吏民扑灭之。 ·······民国《项城县志》

（商水）蝗蝻生。 ·······《商水县志》

505. 清光绪十六年（1890 年）

（内黄）蝗蝻为灾，设局收买。 ·······光绪《内黄县志》

（夏邑）蝗灾。 ·······《夏邑县志》

506. 清光绪十七年（1891 年）

秋，河南夏邑蝗灾。 ⋯⋯⋯⋯⋯⋯⋯⋯⋯⋯⋯《中国历代蝗患之记载》

（夏邑）蝗灾。 ⋯⋯⋯⋯⋯⋯⋯⋯⋯⋯⋯⋯⋯⋯⋯《夏邑县志》

有蝗由（正阳）皮店南飞一昼夜，逾淮而南。 ⋯⋯ 民国《重修正阳县志》

507. 清光绪十八年（1892 年）

秋七月，河南蝗。 ⋯⋯⋯⋯⋯⋯⋯⋯⋯⋯⋯《清史稿·德宗本纪》

夏，河南祥符蝗灾。 ⋯⋯⋯⋯⋯⋯⋯⋯⋯《中国历代蝗患之记载》

秋，（祥符）旱蝗，不为灾。 ⋯⋯⋯⋯⋯⋯⋯ 光绪《祥符县志》

七月，（阌乡）飞蝗蔽天，不为灾。 ⋯⋯⋯⋯ 民国《阌乡县志》

（范县）蝗。 ⋯⋯⋯⋯⋯⋯⋯⋯⋯⋯⋯⋯ 光绪《范县志续编》

闰六月，蝗自亳、鹿入（柘城）境，蔓延买臣寺等处，旋复蝻生，官费千

缗，捕买五十余日乃尽，幸不成灾。 ⋯⋯⋯⋯ 光绪《柘城县志》

（夏邑）连续三年蝗灾。 ⋯⋯⋯⋯⋯⋯⋯⋯⋯⋯⋯《夏邑县志》

夏五月，（扶沟）蝗，设局收买。 ⋯⋯⋯⋯⋯⋯⋯《扶沟县志》

五月，（商水）飞蝗蔽天，邑西南尤多。 ⋯⋯⋯⋯⋯《商水县志》

闰六月，（鹿邑）蝗蝻害稼。 ⋯⋯⋯⋯⋯⋯⋯ 光绪《鹿邑县志》

六月，（许昌）蝗。 ⋯⋯⋯⋯⋯⋯⋯⋯⋯⋯⋯⋯⋯《许昌县志》

（长葛）旱，遭蝗。 ⋯⋯⋯⋯⋯⋯⋯⋯⋯⋯⋯⋯⋯《长葛县志》

（临颍）蝗。 ⋯⋯⋯⋯⋯⋯⋯⋯⋯⋯⋯⋯ 民国《重修临颍县志》

夏，（郾城）蝗蝻生。 ⋯⋯⋯⋯⋯⋯⋯⋯⋯⋯ 民国《郾城县记》

（郏县）旱蝗。 ⋯⋯⋯⋯⋯⋯⋯⋯⋯⋯⋯⋯⋯⋯⋯《郏县志》

七月，（灵宝）蝗飞蔽天。 ⋯⋯⋯⋯⋯⋯⋯⋯⋯⋯⋯《灵宝县志》

508. 清光绪十九年（1893 年）

春，河南获嘉蝻生，由东方邻县来，捕除 40 日，不为灾。

⋯⋯⋯⋯⋯⋯⋯⋯⋯⋯⋯⋯⋯⋯⋯《中国历代蝗患之记载》

春三月，（获嘉）蝗从东来，捕除四十余日，不为灾。

⋯⋯⋯⋯⋯⋯⋯⋯⋯⋯⋯⋯⋯⋯⋯⋯ 民国《获嘉县志》

夏四月，（扶沟）蝻蔓生。 ⋯⋯⋯⋯⋯⋯⋯⋯ 光绪《扶沟县志》

509. 清光绪二十二年（1896 年）

秋，（新乡）生蝗。 ⋯⋯⋯⋯⋯⋯⋯⋯⋯⋯⋯⋯⋯《新乡县志》

510. 清光绪二十四年（1898 年）

夏，（偃师）蝗虫大起，秋禾被食。 ⋯⋯⋯⋯⋯⋯⋯《偃师县志》

511. 清光绪二十五年 （1899 年）

秋，淮阳蝗蝻食禾。 ………………………………………《周口地区志》

秋，（淮阳）蝗蝻旋生，伤禾。 …………………………《淮阳县志》

（鹿邑）麦后生蝗。 ………………………………………《鹿邑县志》

秋，（南阳）蝗食稼。 ……………………………………《南阳县志》

秋，（南召）飞蝗蔽天，食坏庄稼。 ……………………《南召县志》

夏，（宁陵）蝗，生蝻，伤禾无多。 ……………… 宣统《宁陵县志》

512. 清光绪二十六年 （1900 年）

河南永城及其邻县飞蝗入境。 ………………《中国历代蝗患之记载》

八月，陈留蝗。封丘蝗虫遍野，食禾尽。……《河南东亚飞蝗及其综合治理》

（兰考）蝗由邻县入境，飞则蔽日，平地尺余，食禾殆尽。 ……《兰考县志》

（考城）蝗。 …………………………………… 民国《考城县志》

六月，（杞县）飞蝗自南而北，时落时起，食秋禾几尽。 ……《杞县志》

夏，（获嘉）旱蝗。 …………………………… 民国《获嘉县志》

（焦作）旱，蝗虫害稼。 …………………………………《焦作市志》

夏，（修武）旱蝗伤稼。 …………………………………《修武县志》

夏，飞蝗由邻县入考城，伤禾。秋，（民权）墨蝻遍野，食禾殆尽。

………………………………………………………………《民权县志》

五月，（永城）飞蝗入境。 …………………………… 光绪《永城县志》

沈丘、商水、项城旱，蝗虫食田禾殆尽。 ………………《周口地区志》

（项城）蝗食田禾殆尽。 ……………………… 民国《项城县志》

六月，（沈丘）蝗食田禾殆尽。 …………………………《沈丘县志》

（扶沟）蝗虫为害。 ………………………………………《扶沟县志》

七月，长葛、鄢陵、许州城郊、禹州蝗蝻遍野，秋作物被吃光。

………………………………………………………………《许昌市志》

八月，（许昌）蝗。 ………………………………………《许昌县志》

（禹州）旱，蝗灾。 ………………………………………《禹州市志》

八月，（鄢陵）蝗蝻遍地，秋禾多毁。 ……………… 民国《鄢陵县志》

（临颍）蝗，大饥。 …………………………… 民国《重修临颍县志》

（郾城）旱蝗。 ………………………………… 民国《郾城县记》

夏，（舞阳）蝗虫为害，大饥。 …………………………《舞阳县志》

七月，（舞钢）蝗虫为害。 ………………………………《舞钢市志》

513. **清光绪二十七年**（1901 年）

夏，孟津黄河夹心滩发生蝗虫，集厚盈尺。

....《河南东亚飞蝗及其综合治理》

考城螟生，知县率民扑灭之。................民国《考城县志》

（仪封）蝗，饥。................................民国《续仪封县志》

（封丘）蝗食秋禾。............................民国《封丘县续志》

秋，（延津）蝗，禾稼受害。....................《延津县志》

三月，考试蝗螟生。............................《兰考县志》

七月，（焦作）飞蝗害稼。......................《焦作市志》

七月，（孟县）飞蝗害稼。......................民国《孟县志》

秋，（南乐）蝗。................................民国《南乐县志》

秋，（滑县）飞蝗铺天盖地。....................《滑县志》

五月，（永城）飞蝗入境。......................光绪《永城县志》

（许昌）飞蝗过境。............................《许昌县志》

514. **清光绪二十八年**（1902 年）

夏四月，原阳官厂东南河滩蝗，近滩各地食苗几尽。

....《河南东亚飞蝗及其综合治理》

（许昌）飞蝗过境。............................《许昌县志》

（临颍）飞蝗过境。............................民国《重修临颍县志》

七月，（新蔡）蝗虫为害。......................《新蔡县志》

515. **清光绪三十年**（1904 年）

怀庆蝗。孟县蝗灾。............《河南东亚飞蝗及其综合治理》

516. **清光绪三十三年**（1907 年）

秋，河南洛阳蝗，不为灾。............《中国历代蝗患之记载》

秋八月，（洛宁）蝗为灾。......................民国《洛宁县志》

517. **清光绪三十四年**（1908 年）

秋，（通许）蝗螟遍生，食尽晚禾，县东南受灾尤甚。.........《通许县志》

六月，（濮州）蝗，不为灾。....................宣统《濮州志》

六月，范县蝗，不为灾。............《河南东亚飞蝗及其综合治理》

夏，（永城）飞蝗东来，吃秋禾过半。..........《永城县志》

518. **清宣统元年**（1909 年）

七月，（滑县）生黑蝗虫，飞天蔽日，秋苗吃毁。..........《滑县志》

六月，孟县蝗蝻遍野。夏，怀庆蝗；中牟旱蝗。

....《河南东亚飞蝗及其综合治理》

519. 清宣统二年（1910 年）

（新安）蝗灾。 ....《新安县志》

四月，（商水）蝗食麦。 ....《商水县志》

520. 清宣统三年（1911 年）

怀庆蝗，大水。秋，孟县旱蝗。 ....《河南东亚飞蝗及其综合治理》

（商丘）蝗旱。 ....《商丘县志》

七、民国时期蝗灾

521. 民国元年（1912 年）

秋，（辉县）飞蝗自南向北遮天蔽日，呜呜作响两小时。 ......《辉县市志》

秋，（许昌）蝗灾。 ....《许昌县志》

夏，（临颍）蝗灾。 ....《临颍县志》

522. 民国二年（1913 年）

河南蝗。 ....《中国的飞蝗》

秋初，河南获嘉蝗飞蔽天，降落盖满地，食禾稼穗殆尽。

....《中国历代蝗患之记载》

温县、孟县蝗灾。 ....《河南东亚飞蝗及其综合治理》

夏，（清丰）田间遍生蝗蝻，民众结伙扑打。 ....《清丰县志》

（浚县）蝗蝻成灾，收成锐减。 ....《浚县志》

夏，（郸城）发生蝗蝻，秋作物受害。 ....《郸城县志》

夏，（项城）蝗。 ....《项城县志》

夏，（临颍）有蝗。 ....民国《重修临颍县志》

（宝丰）蝗灾。 ....《宝丰县志》

夏，（许昌）蝗，无麦。 ....民国《许昌县志》

秋，（唐河）蝗灾，蝗来自东北，遮天蔽日，作物吃光。 ......《唐河县志》

523. 民国三年（1914 年）

夏，河南蝗起，飞蔽野，秋禾不收。八月，郑县蝗蝻生。

....《河南东亚飞蝗及其综合治理》

修武、沁阳、西华、鄢城等县蝗蝻为灾。 ....《捕蝗意见书》

夏五月，（巩县）蝗。秋七月，蝗蝻食禾几尽，乡民捕治。

.... 民国《巩县志》

（新安）蝗灾。 .... 《新安县志》

夏，（孟津）蝗飞蔽天，秋禾被食殆尽。 .... 《孟津县志》

六月，（宜阳）飞蝗至。七月，复生蝻，城东北及西关、丁湾、灵山、桥头
　一带田禾被食殆尽。 .... 《宜阳县志》

六月，飞蝗至杞北燕寨等地，啮食秋禾殆尽。 .... 《杞县志》

夏，（新乡）全境生蝗，漫空蔽野，食秋禾殆尽。 .... 《新乡县志》

五月，（获嘉）蝗蝻满地。七月，蝗飞蔽天，落则盖地，禾穗殆尽，唯不食
　芝麻。 .... 民国《获嘉县志》

闰五月，（原阳）齐街飞蝗蔽日，禾被吃光。 .... 《原阳县志》

夏，（焦作）幼蝗遍地，飞蝗大起，秋禾叶穗吃光。 .... 《焦作市志》

秋，（武陟）飞蝗蔽野，秋禾为灾。 .... 民国《续武陟县志》

夏，（修武）幼蝗遍地。秋，飞蝗大起，禾叶穗吃光。 .... 《修武县志》

四月，（清丰）蝗生，督民捕之，不为灾。 .... 民国《清丰县志》

六月，（滑县）生蝗虫，秋苗几尽。 .... 《滑县志》

夏，（临颍）有蝗为灾。 .... 民国《重修临颍县志》

六月，（禹州）蝗虫为害庄稼，北从浅井，南至颍水，谷子、玉米几乎
　吃尽。 .... 《禹州市志》

（宝丰）蝗灾。 .... 《宝丰县志》

七月，（镇平）蝗灾，秋禾受害。 .... 《镇平县志》

夏，正阳、泌阳蝗灾，秋粮绝收。 .... 《驻马店地区志》

四月，（泌阳）蝗灾，秋无收。 .... 《泌阳县志》

入夏不雨，（新蔡）蝗虫大起。 .... 《新蔡县志》

春，（光山）蝗虫大发，二麦歉收。 .... 《光山县志》

夏旱，（商城）蝗起。 .... 《商城县志》

春，（新县）蝗起，麦豆歉收。 .... 《新县志》

524. 民国四年 （1915 年）

封丘蝗遍野，禾稼被食。秋，孟县蝗。 ...... 《河南东亚飞蝗及其综合治理》

夏，（中牟）蝗。 .... 民国《中牟县志》

秋，（孟津）蝗虫成灾，秋苗被食，歉收。 .... 《孟津县志》

（兰考）先生蝻，后成蝗，食禾大半。 .... 《兰考县志》

（考城）先生螟，后成蝗，食禾大半。 ················· 民国《考城县志》

秋，（温县）蝗虫成灾。 ··················· 《温县志》

春，（武陟）蝗螟生，县令购而毙之。 ··········· 民国《续武陟县志》

八月，飞蝗从山西永济县越过黄河飞入阌乡境，蝗群约一里宽，自西北飞
  向东南，经二十余村，为害不太严重。 ··········· 《灵宝县志》

七月，飞蝗自山西永济县渡河入境，宽长约一里，自西北飞向东南，历二
  十余村，越山向南飞去，为灾不甚烈。 ··········· 民国《阌乡县志》

五月，（台前）蝗螟满地。七月，蝗飞蔽天，禾穗殆尽，惟不食芝麻。
  ······························ 《台前县志》

六月，永城蝗灾。 ······················ 《商丘地区志》

六月，（淮阳）蝗螟生，不为灾。 ············· 民国《淮阳县志》

八月，（郸城）田生蝗螟。 ·················· 《郸城县志》

五月，（鄢陵）蝗螟遍地，秋禾咬毁。 ············· 《鄢陵县志》

（宝丰）蝗灾。 ······················· 《宝丰县志》

七月，（南阳）飞蝗成灾。 ·················· 《南阳县志》

六月，（方城）飞蝗蔽月。 ·················· 《方城县志》

秋，（桐柏）蝗灾。 ····················· 《桐柏县志》

（西峡）飞蝗自东南来，为害庄稼。 ············· 《西峡县志》

六月，（内乡）蝗虫自东来，各地受灾轻重不同。 ······· 《内乡县志》

夏，（信阳）东南乡蝗，知事下乡扑灭，未成灾。 ····· 民国《重修信阳县志》

525. 民国五年（1916年）

河南蝗。 ························· 《中国的飞蝗》

夏，河南夏邑蝗食禾稼。 ··············· 《中国历代蝗患之记载》

秋，温县、孟县蝗。 ············· 《河南东亚飞蝗及其综合治理》

夏，（兰考）蝗。 ····················· 《兰考县志》

夏六月，（巩县）蝗食稼，县署饬民捕治，计斤收买。 ····· 民国《巩县志》

秋七月，（长垣）飞蝗蔽天，县北秋禾被食。 ·········· 《长垣县志》

（濮阳）蝗螟为灾。 ····················· 《濮阳县志》

夏，（范县）蝗灾。 ····················· 《范县志》

（林县）县北蝗灾，谷子、玉米受灾严重。 ··········· 《林县志》

夏，（夏邑）蝗螟食禾。 ················· 民国《夏邑县志》

五月，（唐河）蝗灾，高粱、谷叶吃光，高粱减产一半，谷子绝收。秋，蝗

蝻遍野。 ···《唐河县志》

夏，（西峡）蝗。 ·······································《西峡县志》

泌阳蝗灾严重，减产五成。 ·····················《驻马店地区志》

六月，（泌阳）蝗灾，减产五成。 ················《泌阳县志》

秋，（平舆）蝗虫为虐。 ·························《平舆县志》

秋，（汝南）旱蝗。 ·······························《汝南县志》

秋，（新蔡）蝗虫为害。 ·························《新蔡县志》

526. 民国六年（1917 年）

秋，（卫辉）蝗灾。 ·······························《卫辉市志》

夏秋，（长垣）蝗蝻复生，为害庄稼。 ············《长垣县志》

秋，（浚县）蝗灾。 ·······························《浚县志》

秋，（淮阳）蝗灾，禾被害。 ·····················《淮阳县志》

527. 民国七年（1918 年）

夏，河南蝗。 ······················《河南东亚飞蝗及其综合治理》

夏，（中牟）蝗。 ····························民国《中牟县志》

六月，（唐河）蝗灾，谷叶吃光。 ·················《唐河县志》

秋，（驻马店）蝗灾严重。 ·······················《驻马店地区志》

七月，（泌阳）蝗灾，谷子吃光。 ·················《泌阳县志》

528. 民国八年（1919 年）

秋，河南大蝗。 ····················《河南东亚飞蝗及其综合治理》

夏，（兰考）蝗。 ·······························《兰考县志》

秋，（焦作）蝗食禾。 ···························《焦作市志》

夏，（武陟）城西南一带蝗生。 ···············民国《续武陟县志》

529. 民国九年（1920 年）

河南蝗。 ··《中国的飞蝗》

河南旱蝗，严重伤稼。 ·····················《中国历代蝗患之记载》

河南久旱，飞蝗肆虐，颗粒无收，民多流离，饥馑相望。

·····························《河南东亚飞蝗及其综合治理》

秋，（尉氏）蝗食谷叶尽。 ·······················《尉氏县志》

夏旱，（渑池）蝗虫遍地，民饥。 ·················《渑池县志》

（内黄）旱，蝗灾，民多无食。 ···················《内黄县志》

夏，（浚县）蝗灾。 ·······························《浚县志》

西华、淮阳、沈丘、扶沟、鹿邑、太康旱蝗。·············《周口地区志》

（沈丘）旱，蝗灾。·······························《沈丘县志》

秋，（项城）飞蝗蔽天，始如空中撒墨，自北而南。·········《项城县志》

（长葛）旱，遭蝗。·······························《长葛县志》

秋旱，（鲁山）蝗虫成灾。·························《鲁山县志》

八月，（桐柏）蝗灾，庄稼减产四成。···············《桐柏县志》

530. 民国十年（1921 年）

秋，温县蝗。·······················《河南东亚飞蝗及其综合治理》

531. 民国十一年（1922 年）

七月，（新乡）蝗灾，伤禾甚重。···················《新乡县志》

秋，（内黄）蝗虫为灾。·························《内黄县志》

秋，（浚县）谷物遭蝗灾。·························《浚县志》

（沈丘）旱，蝗灾。·······························《沈丘县志》

532. 民国十二年（1923 年）

夏旱，（孟津）飞蝗蔽日，秋禾无收。···············《孟津县志》

四月，（襄城）蝗虫为害。·························《襄城县志》

六月，（宝丰）飞蝗蚕食秋禾，县城附近为害严。·········《宝丰县志》

533. 民国十四年（1925 年）

（长垣）县南飞蝗蔽日，复生蝻，歉收。···············《长垣县志》

534. 民国十六年（1927 年）

开封北郊蝗虫成灾。···············《河南东亚飞蝗及其综合治理》

六月，（范县）蝗灾。·····························《范县志》

七月，（台前）蝗虫成灾，遮天蔽日，禾草尽食，大饥。······《台前县志》

秋，（周口）蝗灾惨重。·························《周口市志》

535. 民国十七年（1928 年）

河南等 6 省蝗。·······························《中国的飞蝗》

河南蝗食禾稼尽，野无青草，产卵遍野，开封、西华、鄢城、商水、鄢陵、

　　扶沟、太康、永城等县蝗灾。···········《中国历代蝗患之记载》

郑县蝗。孟县旱蝗。温县蝗食苗殆尽，收成无几。

　　·······················《河南东亚飞蝗及其综合治理》

夏，荥阳蝗灾。·····························《郑州市志》

（荥阳）蝗。·······························《荥阳县志》

九月，（孟津）蝗虫成灾，秋禾食尽，滩地野草亦为所食，人心惶惶不敢
种麦。 ··《孟津县志》

秋，（偃师）蝗灾。 ··《偃师县志》

六月，范县蝗虫生，秋禾尽食，未食豆类。 ··············《山东蝗虫》

（孟县）蝗。 ·· 民国《孟县志》

秋，（原阳）蝗蝻食苗，收获无几。 ························《原阳县志》

夏旱，（长垣）飞蝗食禾，后蝻生成灾。 ····················《长垣县志》

秋，（安阳）蝗虫为灾。 ······································《安阳县志》

七月，（永城）飞蝗过境。 ····································《永城县志》

秋，周口蝗灾，食禾殆尽。 ································《周口地区志》

秋，（沈丘）蝗灾，食苗殆尽。 ································《沈丘县志》

秋，（太康）有蝗。 ······························ 民国《太康县志》

夏，禹县、许昌、鄢陵生蝗虫，作物被吃光。 ············《许昌市志》

夏，（许昌）蝗灾。 ··《许昌县志》

七月，（禹州）飞蝗蔽日，秋苗吃尽。八月，蝗虫延至颍南。

···《禹州市志》

（鄢陵）生蝗蝻，遂成灾。 ····································《鄢陵县志》

夏旱，（襄城）蝗食禾几尽。九月，蝗食麦。 ··············《襄城县志》

秋，（汝州）蝗灾。 ··《汝州市志》

秋旱，（宝丰）蝗蝻食苗殆尽。 ································《宝丰县志》

秋，西峡口蝗虫为灾。 ··《西峡县志》

八月，（淅川）蝗灾。 ··《淅川县志》

七月，（桐柏）蝗虫遍地。 ····································《桐柏县志》

八月，（西平）飞蝗成灾，禾叶、树叶几乎吃光。 ··········《西平县志》

536. 民国十八年（1929 年）

河南 14 县蝗。 ··············《江苏省昆虫局十七、十八两年之刊》

河南封丘、汲县、济源、安阳、滑县、淇县、商丘、沈丘、太康、禹县、
鄢城、临颍、镇平、桐柏、商城、固始等县蝗。

·····································《中国历代蝗患之记载》

新郑蝗虫食麦。 ··《郑州市志》

五月，（新郑）县南陉山蝗蝻如蚁，麦尽毁。 ··············《新郑县志》

五月，孟津蝗虫食麦穗，子粒落地，群众哭声遍野。

....《河南东亚飞蝗及其综合治理》

秋，（濮阳）蝗蝻遍野，晚禾尽，民饥。 ....《濮阳县志》

（商丘）蝗蝻成灾，民饥。 ....《商丘地区志》

（商丘）蝗食秋苗。 ....《商丘县志》

夏，睢县蝗灾。 ....《睢县志》

夏，（永城）蝗虫过境。 ....《永城县志》

秋，（商水）生蝗虫，面积约 30 里宽，高粱、谷子吃光。 ......《商水县志》

是年，（临颍）蝗灾。 ....《临颍县志》

七月，（禹州）杏山一带蝗蝻如蚁似蝇，秋苗吃尽。 ....《禹州市志》

（新野）蝗，大荒。 ....《新野县志》

（社旗）麦后蝗生。 ....《社旗县志》

537. 民国十九年（1930 年）

郑县蝗蝻群聚如蚁。 ....《河南东亚飞蝗及其综合治理》

夏，（中牟）旱蝗。 ....民国《中牟县志》

（巩县）蝗。 ....《巩县志》

秋，（原阳）齐街生蝗；祝楼蝗虫食禾，绝收。 ....《原阳县志》

（温县）蝗虫生，二麦遭害。 ....《温县志》

沁阳蝗灾，秋禾被蝗蚕食。 ....《沁阳市志》

秋，（陕县）蝗蝻生，食禾稼殆尽，县府令民捕捉，出款购买蝗虫。

....民国《陕县志》

秋，（渑池）蝗灾严重，东区 30 里，南区 40 余里，禾苗被蝗吃尽。

....《渑池县志》

（商丘）旱蝗相交。 ....《商丘县志》

睢县蝗灾。 ....《睢县志》

春，（柘城）蝗蝻伤禾。 ....《柘城县志》

夏旱，（宁陵）蝗灾。 ....《宁陵县志》

夏，（郏县）蝗蝻食禾稼。 ....《郏县志》

夏，陕县蝗灾。秋，池东区 30 余里和南区 40 余里庄稼尽为蝗虫所食，灾
情严重。 ....《三门峡市志》

538. 民国二十年（1931 年）

濮阳蝗。 ....《昆虫与植病》1933 年第 1 卷第 30 - 35 期

秋，（伊川）飞蝗蔽天。 ·····················《伊川县志》

秋，（桐柏）蝗灾，食晚禾过半。 ·············《桐柏县志》

九月，（西平）遭蝗灾，秋禾叶穗被食。 ·········《西平县志》

539. **民国二十一年**（1932 年）

河南蝗灾。 ·······························《华北的飞蝗》

秋，河南郑县、孟县、太康、洛阳、郾城等蝗伤稼。

·····················《中国历代蝗患之记载》

（河南）18 个县遭受蝗灾。 ···········《河南省志·农业志》

秋，（新乡）蝗成灾。 ·····················《新乡县志》

八月，孟县蝗虫害稼。 ·······《河南东亚飞蝗及其综合治理》

（浚县）水蝗为害，收成锐减。 ·············《浚县志》

夏，（商丘）蝗灾。 ·····················《商丘地区志》

秋，（商丘）蝗蝻遍野，秋禾遭灾。 ·········《商丘县志》

秋，（虞城）蝗蝻遍野，秋禾遭灾。 ·········《虞城县志》

八月，（太康）蝗蝻为灾。 ·············民国《太康县志》

五月，（扶沟）蝗蝻毁伤禾稼。 ·············《扶沟县志》

五月，（鄢陵）蝗蝻成灾。 ···············《鄢陵县志》

七月，（汝州）二、四、八区蝗蝻为灾。 ·········《汝州市志》

盛夏，（唐河）蝗蝻相杂由北盖地而来，过后，地面植物片叶难寻。

·····························《唐河县志》

（新野）蝗。 ·························《新野县志》

（驻马店）蝗伤秋稼。 ·················《驻马店市志》

540. **民国二十二年**（1933 年）

河南郑县、汜水、中牟、巩县、广武[①]、洛阳、新安、宜阳、孟津、偃师、嵩县、洛宁、新乡、获嘉、辉县、汲县、原武、阳武、封丘、延津、沁阳、修武、武陟、温县、济源、孟县、灵宝、阌乡，安阳、汤阴、内黄、浚县、商丘、睢县、虞城、夏邑、永城、太康、禹县、鄢陵、郾城、舞阳、临颍、叶县、宝丰、郏县、邓县、方城、内乡、西平、正阳、信阳、息县等 53 县蝗。濮阳、清丰蝗。 ·········《中国的飞蝗》

春旱，（原阳）蝗灾。 ·····················《原阳县志》

---

① 广武：旧县名，治所在今河南河阴旧城。

六月，（济源）蝗为灾，秋禾几尽。 ……………………………《济源市志》

（汤阴）设将城有蝗灾。 ……………………………………《汤阴县志》

（商丘）蝗旱。 …………………………………………………《商丘县志》

秋，（夏邑）蝗灾，禾稼歉收。 ………………………………《夏邑县志》

（永城）飞蝗入境，县南受重灾。 …………………………《永城县志》

是年，临颍蝗灾。 ……………………………………………《临颍县志》

（固始）蝗灾，庄稼损失七成。 ……………………………《固始县志》

七月，（新乡）蝗灾，庄稼损失严重。 ……………………《新乡县志》

（安阳）旱蝗。 …………………………………………………《安阳县志》

（浚县）蝗灾。 …………………………………………………《浚县志》

七月，（宝丰）蝗蝻为灾，秋禾几被食尽，灾情奇重。 ………《宝丰县志》

541. 民国二十三年（1934 年）

河南省偃师、林县、滑县、上蔡、渑池、息县等县蝗。濮阳蝗。

……………………………《民国二十三年全国蝗患调查报告》

五月，国民政府召开江苏、安徽、山东、河北、河南、湖南、浙江七省治
蝗会议。 ………………………………………………………《飞蝗概说》

河南郑县、孟津、偃师、渑池、孟县、林县、滑县、上蔡、息县蝗灾。

……………………………………………《中国历代蝗患之记载》

（嵩县）蝗灾。 …………………………………………………《嵩县志》

夏，（新安）蝗虫伤害庄稼。 ………………………………《新安县志》

夏，（偃师）蝗灾。 ……………………………………………《偃师县志》

（焦作）蝗灾。 …………………………………………………《焦作市志》

（唐河）桐寨铺一带蝗虫遍地，地面积蝗寸许，空中蝗虫蔽日，压断树枝，
作物吃光。 ……………………………………………………《唐河县志》

夏，（固始）蝗灾。 ……………………………………………《固始县志》

（辉县）旱，蝗食禾稼，半收。 ……………………………《辉县市志》

542. 民国二十四年（1935 年）

河南等省蝗。蒋介石下治蝗令。……《昆虫与植病》1935 年第 3 卷第 18 期

（河南）17 个县遭受蝗灾。 …………………………《河南省志·农业志》

秋，巩县蝗害，禾无收。 ……《河南东亚飞蝗及其综合治理》

秋，（南乐）蝗。 ………………………………………… 民国《南乐县志》

（浚县）蝗、旱、风灾。 ………………………………………《浚县志》

六月，商丘蝗灾。……………………………………………《商丘地区志》

夏，（商丘）旱蝗。……………………………………………《商丘县志》

秋旱，（扶沟）蝗从西北入境，禾被食。……………………《扶沟县志》

夏，（内乡）马口山一带飞蝗遮日，庄稼食尽。……………《内乡县志》

七月，（固始）飞蝗遍野，颗粒无收，饥民死者甚多。………《固始县志》

543. 民国二十五年（1936年）

（河南）5个县遭受蝗灾。………………………………《河南省志·农业志》

六月，原阳蝗为害，初由下滩生蝻，渐至上滩，相继羽化成蝗，沿西飞向
徐庄、阎庄等地，沿东飞至赵厂、张固一带，所过田禾几尽。孟县蝗虫
铺天盖地而来，庄稼茎叶掠食一空，绝收。郑县、巩县、汜水旱蝗。

…………………………………………《河南东亚飞蝗及其综合治理》

（新安）蝗灾。…………………………………………………《新安县志》

至秋旱，（偃师）又遭蝗灾。…………………………………《偃师县志》

四月旱，（通许）蝗为灾，麦秋只收三四成。………………《通许县志》

秋，（卫辉）旱蝗。……………………………………………《卫辉市志》

河南汲县蝗，作物全灭。………………………………………《飞蝗概说》

（南乐）蝗。…………………………………………………民国《南乐县志》

（汤阴）五陵蝗灾严重。………………………………………《汤阴县志》

六月，（浚县）大批飞蝗自西北而来，连续数日，田禾全被吃光，为害方圆
数十里，秋季歉收。……………………………………………《浚县志》

六月，（周口）蝗自西北来，谷子、高粱等叶片被吃光。……《周口市志》

六月，（商水）蝗虫从北方飞来，玉米、谷子、高粱吃成光秆，连过3个年
头，均遭灾。……………………………………………………《商水县志》

七月，（太康）蝗蝻盖地，飞蝗蔽天，声如刮风。…………《太康县志》

禹州、长葛、许昌、鄢陵遭蝗灾。……………………………《许昌市志》

544. 民国二十六年（1937年）

（许昌）飞蝗蔽天，百万亩秋禾被毁。………………………《许昌市志》

（正阳）蝗虫大作。……………………………………………《正阳县志》

545. 民国二十七年（1938年）

六月，（浚县）蝗灾肆虐，秋苗被毁大半。…………………《浚县志》

546. 民国二十八年（1939年）

夏，（社旗）青台蝗蝻盖地。…………………………………《社旗县志》

547. 民国二十九年（1940 年）

河南蝗。 ·································《中国东亚飞蝗蝗区的研究》

夏，（原阳）蝗食禾，麦基本绝收。 ·············《原阳县志》

八月，（辉县）蝗自西南向东北飞去，遮天蔽日，方圆数十里，落地二三寸
　　厚，禾苗基本吃光。 ·····················《辉县市志》

七月，（获嘉）大批飞蝗压境，蔓延全县。 ·········《获嘉县志》

（南乐）蝗。 ······················民国《南乐县志》

夏，（西华）蝗虫遮天蔽日，跳蝻遍野，逾墙过屋，秋禾无存。

　　·····························《西华县志》

秋，（鹿邑）飞蝗蔽天，蝗蝻盖地，秋作全被吃光。 ·····《鹿邑县志》

秋，（项城）飞蝗自北而南遮天蔽日，秋禾殆尽。 ·····《项城县志》

（内乡）马口山一带蝗虫为害。 ···············《内乡县志》

548. 民国三十年（1941 年）

八月，巩县蝗害，秋绝收。 ················《郑州市志》

（登封）飞蝗成灾。 ···················《登封县志》

孟津蝗灾。 ·····················《洛阳市志·农业志》

九月，（孟津）全县蝗灾很重，禾苗被食。 ········《孟津县志》

七月，（伊川）蝗虫自东飞来，秋苗被毁。 ········《伊川县志》

秋，（获嘉）蝗蝻遍地。 ·················《获嘉县志》

（汤阴）蝗。 ······················《汤阴县志》

（浚县）蝗灾，饿殍载道。 ················《浚县志》

秋，鹿邑、周口、商水大旱，蝗虫铺天盖地，每平方米可达千头，浮水过
　　河，所到之处，除绿豆、红薯外，作物全无。 ·····《周口地区志》

六月，（周口）蝗虫自黄泛区来，谷子、高粱叶片全被吃光，产卵生子，成
　　蝗后为害庄稼，造成严重灾荒。 ············《周口市志》

七月，（淮阳）飞蝗遮天蔽日，秋禾、树叶、苇草吃光。 ···《淮阳县志》

夏，（商水）蝗虫从河泛区飞来，遮天蔽日，密密麻麻，飞起嗡嗡作响，吃
　　起来唰唰有声，秋作除绿豆、红芋外，全被吃光，飞蝗走后，生下的蝗
　　卵又成蝻子，又成飞蝗，作物受害惨重。 ·······《商水县志》

秋，（桐柏）飞蝗自西北来，落县城东，庄稼食尽。 ·····《桐柏县志》

秋，（南召）蝗虫遍野，绝收。 ··············《南召县志》

六月，（汝南）蝗虫。 ··················《汝南县志》

是年，息县蝗灾。 ···《信阳地区志》

（息县）蝗虫聚成一里多宽、数里长的蝗带，所过庄稼吃光。 ······《息县志》

549. 民国三十一年（1942 年）

河南省蝗。 ···《中国的飞蝗》

河南遭受特大蝗灾。 ···《河南省志·农业志》

河南西华蝗虫特大发生，农业无收成。

·······························农牧渔业部文件〔1986〕农农字第 13 号

河南蝗飞蔽天，辽阔中原饿殍遍野。开封市郊蝗飞蔽天，饿殍遍野。八月，

封丘蝗遍天，减产八成。秋，郑县大蝗，从东向西漫布全县，禾稼食尽，

赤地千里。濮阳蝗灾。 ·························《河南东亚飞蝗及其综合治理》

六月，巩县蝗飞蔽天，庄稼、树叶吃光。 ···················《郑州市志》

（荥阳）飞蝗蔽天，树为之折，蝗蝻生，人行受阻。 ·········《荥阳县志》

七月，（中牟）成群蝗蝻自北向南过河，抱成团滚成蛋，小如斗大如筛，一

望无际向南爬行，在刘集，村里村外、街头巷尾、房上房下、院里院外、

庄稼树上，到处都爬满蝗虫，有的棚屋压塌，各家各户锅灶不敢掀，高

粱、谷子吃成光秆，树叶吃光，群众抢收的庄稼装上车拉不到家，穗叶

就被蝗虫吃光，后变成飞蝗，飞起来遮天蔽日，所到之处犹如狂风暴雨，

天昏地暗，一片轰鸣声，压塌房屋，压折树枝，庄稼一扫而光，县北四

区东西近百里、南北 40 里，除黄豆外，全成白地，大灾不可避免。

···《中牟县志》

（登封）飞蝗成灾。 ···《登封县志》

孟津蝗灾。 ···《洛阳市志·农业志》

（新安）飞蝗由黄泛区以东掠河而西，所至禾苗无存。 ·······《新安县志》

七月，（偃师）蝗灾，人多以树皮、草根、观音土、雁屎充饥。

···《偃师县志》

夏秋间旱，（尉氏）蝗虫为害。 ·································《尉氏县志》

秋，（新乡）飞蝗蔽日，收成全无。 ·····························《新乡县志》

（获嘉）大蝗。 ···《获嘉县志》

夏旱，（卫辉）蝗成灾。 ···《卫辉市志》

阳武 32.45 万亩庄稼遭蝗灾。 ···································《原阳县志》

秋，（封丘）蝗虫遮天蔽日，大面积发生，秋苗被噬光。 ·······《封丘县志》

（焦作）蝗虫遮天蔽日，部分秋禾吃光，减产五成。 ·········《焦作市志》

（武陟）旱，蝗灾，秋禾吃成光杆。 ················《武陟县志》

秋，（博爱）蝗虫从东南遮天盖地而来，全县庄稼被蝗虫啮食殆尽，灾荒
　严重。 ··《博爱县志》

八月，（济源）飞蝗蔽日，庄稼殆尽。 ···············《济源市志》

秋，沁阳蝗灾。 ··《沁阳市志》

（孟县）旱，蝗虫成灾。 ·······························《孟县志》

（渑池）遭蝗灾，民不聊生。 ··························《渑池县志》

是年，（内黄）蝗灾。 ·································《内黄县志》

（商丘）蝗灾，农作减产。 ·························《商丘地区志》

七月，（柘城）飞蝗自西向东遮盖天日，食禾殆尽。 ·····《柘城县志》

周口旱，蝗蝻为灾，赤地千里。 ····················《周口地区志》

（商水）河泛区各乡又生蝗虫，禾苗被吃殆尽，受害面积55.5万亩，麦收
　仅三成。 ··《商水县志》

秋，（淮阳）蝗，禾被害。 ···························《淮阳县志》

七月，（鹿邑）飞蝗自西北铺天盖地入境，落地产卵，后孵化黑蝻，田野每
　平方米达600～1 000只，一渔网捕捉三四十斤，地头挖沟，片刻捕杀一
　布袋，灾民晒蝻干备荒，秋作尽食，蝗蝻外迁方向一致，遇河聚成蝻团
　大如斗，凭水漂浮而过。 ······························《鹿邑县志》

六月，（巩县）有蝗遮天蔽日六天六夜，庄稼、树叶、野草全被吃尽，实属
　罕见。 ··《巩县志》

五月，（辉县）蝗灾。 ·······························《辉县市志》

（商丘）蝗灾。 ··《商丘县志》

（扶沟）蝗灾。 ··《扶沟县志》

七月，（太康）忽有飞蝗漫天至，禾稼蚕食殆尽。 ·····民国《太康县志》

夏，（许昌）飞蝗蔽日，大饥。 ·······················《许昌市志》

麦后，（许昌）飞蝗至，似云遮日，声如刮风，秋禾被害。 ······《许昌县志》

（鄢陵）蝗虫遮天盖地，禾苗吃尽。 ···················《鄢陵县志》

（漯河）蝗灾，飞蝗铺天盖地，所到之处禾苗秆光叶净，人工扑打无济于
　事，农民望蝗兴叹，束手无策。 ·······················《漯河市志》

七月，（舞阳）蝗虫入境，遮天蔽日，所过高粱、玉米、谷子等叶被吃光，
　几乎绝收。 ··《舞阳县志》

（郾城）大蝗，所至草木皆空。 ·······················《郾城县志》

七月，（宝丰）蝗虫从东北入境，遮天盖地，捕杀不尽，秋禾转眼变成
　　光秆。 ·····《宝丰县志》

（郏县）春夏连旱，蝗飞蔽日，秋无收。 ·····《郏县志》

六月，（汝州）蝗。 ·····《汝州市志》

夏，（方城）飞蝗蔽日，蝗蝻丛生，田禾食尽，大饥。 ·····《方城县志》

夏，（桐柏）飞蝗自东北铺天盖地而来，秋粮几乎绝收。 ·····《桐柏县志》

（南召）旱蝗相加，大饥。 ·····《南召县志》

（淅川）蝗灾严重。 ·····《淅川县志》

（驻马店）蝗伤秋稼。 ·····《驻马店市志》

秋，（遂平）特重蝗灾，飞蝗之来遮天盖地，其形若云，其声似风，飞蝗之
　　后幼蝻塞野，凡平行脉作物尽食一空。 ·····《遂平县志》

七月，（平舆）飞蝗成灾。 ·····《平舆县志》

秋，（上蔡）飞蝗从县北铺天盖地而来，大部地区受害，所到田禾尽无。
　　·····《上蔡县志》

豫南蝗虫为害。 ·····《信阳地区志》

稻熟时，（信阳）蝗群由北南飞，每群宽一里、长达数里，历时三天，高
　　粱、玉米、谷子受灾严重。 ·····《信阳县志》

七月，（光山）蝗虫为灾。 ·····《光山县志》

（潢川）旱，蝗灾。 ·····《潢川县志》

550. 民国三十二年（1943 年）

河南 92 县蝗，受灾 5 708 万亩。 ·····《中国的飞蝗》

河南遭受特大蝗灾。 ·····《河南省志·农业志》

武陟蝗飞蔽天如云，来如风雨，落地成层，所至秋禾全光，落于村庄集成
　　球如斗大，秋绝收，外出逃荒者十余万人，卖儿卖女，人相食。原武蝗
　　灾 4.57 万亩。荥阳飞蝗蔽日，树为之折，草房压塌，人行受阻，乡民摇
　　旗敲锣追赶，幼蝗挖坑掩埋，庄稼绝收，大饥，人相食。中牟飞蝗蔽天，
　　禾稼吃光。秋，封丘旱蝗，飞蔽天，蝻生。孟津蝗自东来遮天蔽日，聚
　　落树压折树枝，乡民驱蝗，沟埋火烧无济于事，庄稼吃光，灾情极重。
　　濮阳蝗灾。 ·····《河南东亚飞蝗及其综合治理》

八月，郑州、新郑、密县、荥阳飞蝗蔽日，颗粒无收。 ·····《郑州市志》

八月，（新郑）飞蝗自东北向西南，似乌云密布，盖天蔽日，食尽树叶、秋
　　禾，压断树枝，男女老少去田驱蝗或捕蝗晒干作粮，多者一户捕蝗一二

百千克。 ……………………………………………………《新郑县志》

(中牟) 蝗灾严重, 蝗群过处树叶、禾苗一扫而空。 ………《中牟县志》

(登封) 秋作物长势好, 不料蝗虫从东飞来遮天蔽日, 秋禾全被吃光, 又成

　　大灾。 ……………………………………………………《登封县志》

孟津连续蝗灾。 ……………………………………《洛阳市志·农业志》

七月, (密县) 飞蝗蔽日, 伤禾稼。 ……………………………《密县志》

秋, (巩县) 蝗灾严重。 ……………………………………………《巩县志》

夏, (嵩县) 蝗自东来, 小麦和早秋作物吃光。秋, 蝗灾又来, 秋禾毁于

　　一旦。 ……………………………………………………《嵩县志》

夏, (新安) 飞蝗成灾, 蝗虫从黄泛区以东掠河而起, 过新安, 遮天蔽日,

　　嗡嗡有声, 树枝压断, 庄稼殆尽。 …………………………《新安县志》

(偃师) 蝗灾。 ……………………………………………………《偃师县志》

五月, (伊川) 飞蝗从东来, 吃光麦叶咬掉穗, 半收。 ………《伊川县志》

秋, (汝阳) 飞蝗东来, 遮天蔽日, 禾尽毁。 …………………《汝阳县志》

五月, (宜阳) 飞蝗从东来, 遮天蔽日, 落地一层, 成片谷子、玉米被

　　吃光。 ……………………………………………………《宜阳县志》

七月, (洛宁) 飞蝗东来, 遮天蔽日, 秋禾吃光。 ……………《洛宁县志》

(开封) 蝗灾严重。 ……………………………………………………《开封县志》

(新乡) 旱蝗成灾, 除棉花、豆类外, 皆遭蝗食。 ……………《新乡县志》

(获嘉) 大蝗。 ……………………………………………………《获嘉县志》

阳武 35.67 万亩庄稼遭蝗灾。 ……………………………………《原阳县志》

(封丘) 蝗灾, 作物绝收。 ………………………………………《封丘县志》

(延津) 蝗灾, 受害面积 30 余万亩, 减产十之九。 ……………《延津县志》

(焦作) 蝗虫铺天盖地, 落地成层, 来如风雨, 飞如云阵, 所过之处庄稼全

　　成光秆, 落于村庄树木, 集结成球如斗大, 数以万计, 入室则锅灶皆

　　盈, 秋粮绝收。 …………………………………………《焦作市志》

夏, (博爱) 小麦将熟, 蝗灾再次发生, 小麦被食殆尽, 收成不及一二。

　　…………………………………………………………《博爱县志》

(孟县) 旱, 蝗虫灾害。 …………………………………………《孟县志》

秋, (温县) 蝗灾。 ……………………………………………………《温县志》

秋, (辉县) 飞蝗自南向北遮天蔽日, 呜呜作响, 落地二寸厚, 禾苗吃光。

　　…………………………………………………………《辉县市志》

沁南蝗灾。 ······························《武陟县志》

八月，济源王屋飞蝗成灾，县委领导人民全力灭蝗救灾。 ·····《济源市志》

沁阳遭受罕见蝗灾，麦子受害严重。 ···················《沁阳市志》

秋，（陕县）飞蝗蔽天，玉米、谷子吃光。 ··············《陕县志》

八月，（渑池）飞蝗自东来遮天蔽日，几遍渑境，玉米、谷子遭害严重。

······························《渑池县志》

夏旱，（安阳）大蝗灾，共产党和抗日政府领导解放区人民开展生产度荒，

　秋季又组织万人大会战，围剿歼灭蝗虫和蝗卵，保护秋禾。

······························《安阳县志》

五月，（林县）蝗虫遍野。 ·······················《林县志》

（汤阴）大蝗，先后组织群众五千余人，并请林县援助三千余人扑打蝗虫，

　大部田苗获七八成收。 ························《汤阴县志》

八月，（内黄）蝗虫成灾，抗日政府组织群众灭蝗。 ·······《内黄县志》

夏，（滑县）飞蝗蔽天，秋苗受害严重。 ···········《滑县志》

夏秋，（浚县）蝗灾，秋禾无收。 ·················《浚县志》

六月，淇县旱，飞蝗蔽天，颗粒不收。 ··············《淇县志》

秋，周口旱蝗。 ··························《周口地区志》

春，（鹿邑）蝗灾，粮食奇缺。 ··················《鹿邑县志》

夏，（沈丘）过飞蝗。秋，起跳蝻，盖地，谷子、高粱等作物被吃净尽。

······························《沈丘县志》

（商水）蝗灾特重。 ·························《商水县志》

秋，（扶沟）飞蝗蔽天，禾尽食。 ·················《扶沟县志》

秋，（郸城）蝗虫遮天盖地，秋禾被食殆尽。 ··········《郸城县志》

秋，（许昌）蝗蝻遍地，秋禾被食殆尽。 ············《许昌市志》

秋，（许昌）蝗蝻遍地，逾墙越屋，谷物吃光。 ·······《许昌县志》

秋，（长葛）旱且蝗。 ························《长葛县志》

（禹州）蝗蝻成灾，盖地一层，秋绝收。 ············《禹州市志》

秋，（鄢陵）蝗蝻遍地，禾多被毁。 ···············《鄢陵县志》

七月，（襄城）飞蝗自北向南入县境，遮天蔽日，所到之处先食谷类禾苗，

　后食豆类作物，除烟草外，粮食作物全被食尽。 ·······《襄城县志》

（漯河）旱，蝗虫蔽日，秋禾食之殆尽，灾情严重。 ·······《漯河市志》

秋，（郾城）遭蝗虫侵害，遮天蔽日，秋禾侵蚀殆尽。 ·····《郾城县志》

秋，（舞阳）遍生蝗蝻。 ·····················《舞阳县志》

六月，（临颍）飞蝗蔽天，跳蝻盖地，禾秃草光。 ··········《临颍县志》

（汝州）特大蝗灾，群飞遮日，除豆、红薯外，玉米谷叶吃光。

················《汝州市志》

七月，（舞钢）遍遭蝗害，飞蝗遮天盖地，所过之处平行叶脉、禾苗、草类
被吃光。八月，遍生蝗蝻，庄稼叶被吃掉。 ··········《舞钢市志》

（平顶山）蝗灾，遮天蔽日，蝗蝻铺地，秋粮绝收。 ········《平顶山市志》

六月，（鲁山）蝗虫从北向南遮天盖地而至，全县除豆类、红薯外，其余庄
稼全被啮净。 ···························《鲁山县志》

夏，（叶县）蝗虫自扶沟泛区飞来，遮天蔽日。秋，遍生蝗蝻，所经之处谷
子、玉米被吃光。 ·······················《叶县志》

（宝丰）蝗蝻遍地，爬墙越屋、穿沟渡河无所阻挡，所过之处草禾食之
殆尽。 ······························《宝丰县志》

（郏县）蝗成灾。 ·······························《郏县志》

秋，南阳飞蝗成灾，先后三次飞蝗如雨，秋禾被食殆尽。 ······《南阳市志》

六月，（南阳）飞蝗过境，自北而南铺天盖地，歉收。 ······《南阳县志》

秋，（镇平）先后三次蝗灾，作物殆尽。 ·············《镇平县志》

（唐河）黑龙镇以北地区过蝗虫一天一夜，作物吃光。 ·······《唐河县志》

七月，（社旗）飞蝗遮天蔽日，庄稼被食尽，绝收。 ·······《社旗县志》

秋，（方城）飞蝗蔽天，后蝻生，食尽秋禾，大饥。 ·······《方城县志》

七月，（南召）蝗虫蜂拥飞至，自东北向西南若黄尘卷滚，后又两次飞蝗如
雨，秋禾被食殆尽。 ·····················《南召县志》

秋，（桐柏）飞蝗吃庄稼 8 700 亩。 ················《桐柏县志》

七月，（驻马店）飞蝗过境，至秋蝗蝻遍野，禾稼殆尽。 ····《驻马店地区志》

七月，（驻马店）飞蝗遍及，秋禾多遭啮食。八月，跳蝻大如蝇，弥漫田
野，为害较飞蝗更甚。 ··················《驻马店市志》

七月，（平舆）飞蝗蔽日，庄稼、野草、树叶全吃光。 ······《平舆县志》

六月，（确山）飞蝗过境，遍及全县，啮食秋禾。七月，跳蝻大如蝇，为害
甚于飞蝗。 ·························《确山县志》

夏，（西平）飞蝗自东北结群入境，蔽空遮日，随之跳蝻遍地，农民焚香祈
祷、击鼓惊吓、竹竿驱赶无济于事，后采用挖沟掩埋、篝火诱杀，稍见
成效。 ···························《西平县志》

夏秋间，（上蔡）蝗虫成灾，飞翔于空，遮天蔽日，栖于地下，积厚寸余，
农作物茎叶被食尽净。 ·······························《上蔡县志》

八月，（泌阳）蝗灾，秋禾食尽。 ·························《泌阳县志》

五月，（汝南）飞蝗蔽日，芦苇、树叶、禾苗、野草均被吃净。
·······························《汝南县志》

（正阳）飞蝗蔽天，草木、禾叶被食尽。 ·················《正阳县志》

八月，（新蔡）飞蝗自南来，田禾食尽，至秋，跳蝻遍地，屋室内外如团，
做饭扑锅。 ·······························《新蔡县志》

秋，固始、潢川、光山等地蝗灾，庄稼殆尽。 ···········《信阳地区志》

八月，（罗山）飞蝗蔽日。 ·····························《罗山县志》

（光山）蝗虫遮天蔽日。 ·······························《光山县志》

秋，（潢川）蝗灾，飞蝗过境，宽 2.5 公里，长 4 公里，形似一股黄烟，过
后，豆黍、稻梁株棵无存。 ·······················《潢川县志》

夏，（固始）飞蝗由东北蜂拥而至，遮天蔽日，落聚成堆，覆盖田野，民众
日夜捕蝗时达旬余，城郊等地禾稼尽伤。 ···········《固始县志》

551. 民国三十三年（1944 年）

河南蝗。 ·······························《中国的飞蝗》

在解放区，南起黄河北岸的修武、沁博，北至正太路南的赞皇、临城、磁
武、邢台、沙河及山西和顺、左权等 23 县 879 村蝗患大发，分布范围南
北长 800 余里、东西宽 100 余里，严重蝗情。太行区赞皇、临城、磁县、
武安、邢台、沙河等县蝗，一大批飞蝗从磁武暴风雨般飞来，经过武安
磁山、八特向岗西一带降落，一个多小时，满山遍野落了很厚一层，多
的地方有一二尺厚，落在树上，竟将树枝压弯、压断。 ·····《打蝗斗争》

六月，（台前）蝗虫遍地成灾，敌占区烧香磕头敬蝗神，解放区军民积极灭
蝗救灾。夏，广武特大蝗群如浓云密布从西向东而来，落地压弯树枝，
树叶、庄稼吃光，无收成。入夏以来，孟县蝻蔓延遍野，七月，飞蝗落
地，乡民扬旗鸣锣赶杀数日无效，秋禾食尽。孟津飞蝗为灾。秋，冀鲁
豫边区遭受蝗灾，濮、范二县尤重，庄稼、树叶尽光。封丘蝻蝗交加，
田禾受灾。郑县蝗盖地无隙，挑沟阻止，顷刻而满，食禾几尽。武陟蝗
灾 1.2 万亩，只五成收。 ···········《河南东亚飞蝗及其综合治理》

（新郑）又生蝗蝻，为害甚烈。 ·······················《新郑县志》

（登封）飞蝗成灾。 ·······························《登封县志》

（汝阳）蝗蝻丛生如蚁群，秋禾尽光。⋯⋯⋯⋯⋯⋯《汝阳县志》

夏，（宜阳）飞蝗遮天盖地，树枝压断，谷苗吃光，集中带有 2 尺厚。

⋯⋯⋯⋯⋯⋯⋯⋯⋯⋯⋯⋯⋯⋯⋯⋯⋯《宜阳县志》

（嵩县）落蝗累累，树枝压折，飞蝗声传数里，2 万亩秋禾被害。

⋯⋯⋯⋯⋯⋯⋯⋯⋯⋯⋯⋯⋯⋯⋯⋯⋯《嵩县志》

六月，（新安）飞蝗成灾，由东而西蔓延全县，绝收。⋯⋯《新安县志》

夏至秋，（栾川）蝗虫遍地，秋禾无存。⋯⋯⋯⋯⋯《栾川县志》

九月，（洛宁）飞蝗再起，禾毁过半，竹木遭殃。⋯⋯《洛宁县志》

秋，（兰考）蝗从西南入境，飞蔽天日，落地食禾尽。⋯⋯《兰考县志》

（获嘉）连续三年大蝗，田园荒芜。⋯⋯⋯⋯⋯《获嘉县志》

（焦作）蝗灾继续，饿死人不计其数。⋯⋯⋯⋯《焦作市志》

夏，（修武）蝗虫对禾苗为害很大，县抗日民主政府组织群众打蝗虫保护

秋苗。⋯⋯⋯⋯⋯⋯⋯⋯⋯⋯⋯⋯⋯⋯⋯⋯《修武县志》

七月，（长垣）飞蝗自南来遮天蔽日，势如狂风，五昼夜不息，秋禾十伤

八九。⋯⋯⋯⋯⋯⋯⋯⋯⋯⋯⋯⋯⋯⋯⋯《长垣县志》

（原阳）蝗灾。⋯⋯⋯⋯⋯⋯⋯⋯⋯⋯⋯⋯《原阳县志》

秋，（陕县）飞蝗蔽天，蝗蝻满地。⋯⋯⋯⋯⋯⋯《陕县志》

三月，（辉县）蝗蝻生，严重损害禾苗。⋯⋯⋯⋯《辉县市志》

秋，冀鲁豫边区遭蝗灾，濮、范二县发动军民扑打，灾情不重。⋯⋯《范县志》

六月，飞蝗如云，遮天盖地，侵袭台前等地，抗日军民采用人工扑打、挖沟

掩埋等办法灭蝗，至八月战胜了这场罕见大蝗灾。⋯⋯⋯《台前县志》

七月，（清丰）飞蝗蔽日，秋禾减产五成。⋯⋯⋯⋯《清丰县志》

春，（安阳）蝗虫滋生，中共太行五地委、专署成立安、林两县剿蝗联合指

挥部，地委宣传部长任总指挥，安阳、林县两县县长任副总指挥，下设

联防大队、中队和小队，万人会战，围剿蝗虫，提出了"从蝗虫口里夺

麦子"的口号，经过奋战，取得了显著成效。⋯⋯⋯⋯《安阳县志》

（林县）蝗灾，540 个村的 77 万亩农作物，除豆类外，其他叶尽秆光，粮食

减产 50% 左右。⋯⋯⋯⋯⋯⋯⋯⋯⋯⋯⋯⋯《林县志》

九月，（内黄）蝗虫继发，压折树枝。⋯⋯⋯⋯⋯《内黄县志》

夏秋，（滑县）白道口以南生蝗生，树枝压断。⋯⋯⋯《滑县志》

（浚县）部分地区发生蝗灾。⋯⋯⋯⋯⋯⋯⋯⋯《浚县志》

四月，中共太行区委发出扑灭蝗蝻的紧急通知，淇、汤两县联合建立剿蝗

指挥部，组织各村群众打蝗蝻，白天用木棍、鞋底、铁锨、扫帚、树枝打，晚上用点火诱杀、挖沟土埋、集中围歼等办法，减少了蝗蝻为害。

....《淇县志》

夏，睢县蝗灾，状如云雾，落地成团，飞蝗过后，遍地生蝻，禾苗一空。

....《商丘地区志》

夏，（商丘）旱蝗。...《商丘县志》

（夏邑）蝗虫遍野，禾稼殆尽。...................................《夏邑县志》

七月，（周口）蝗虫自淮阳、西华飞来，持续3天，高粱、谷子等叶片全被吃光。...《周口市志》

六月，（商水）自淮阳、西华一带飞来成群蝗虫，宽约20里，3天后才减少，秋作叶穗全被吃光。.................................《商水县志》

秋，（长葛）蝗灾，谷子、高粱多被食。............................《长葛县志》

五月，（鲁山）跳蝻破土而出，满山遍野皆是，自南而北跳动，遇墙爬越、遇水抱成团渡，所过之处除豆类、红薯外，其他庄稼全都啮净。

....《鲁山县志》

八月，（镇平）飞蝗成灾，秋粮减产。..............................《镇平县志》

秋，（内乡）蝗虫遍及全县15乡镇，秋禾食尽，村民捕蝗18.5万千克。

....《内乡县志》

四月，（南召）九分垛、青山崖一带方圆四公里内跳蝻状如蝇蚁，县政府召开捕蝗会议，机关人员分赴各乡督促捕蝗、挖卵，开展捕蝗周活动，挖卵300余千克。...《南召县志》

秋，（西峡）境内蝗飞蔽日，落下盖地，所过禾苗、树叶多被吃光，丹水、丁河、回车、西峡口尤重。.............................《西峡县志》

（新蔡）复蝗灾。...《新蔡县志》

夏，（息县）蝗蝻遍地，为害庄稼。................................《息县志》

四月，（潢川）蝗虫为害，县提出"捕蝗等于抗战"的口号，县长率队督战，日捕杀蝗虫3 000斤。....................................《潢川县志》

夏，（商城）蝗起。...《商城县志》

秋，（固始）蝗虫奇多，作物歉收。................................《固始县志》

（泌阳）大蝗。..《泌阳县志》

552. 民国三十四年（1945年）

河南91县蝗，受灾2 591万亩，捕杀蝻835万斤。............《中国的飞蝗》

夏，（新安）蝗灾，抗日政府组织群众捕打。 ………………《新安县志》

八月，（洛宁）飞蝗遮天蔽日东来。 ………………………《洛宁县志》

（宜阳）连续蝗灾。 ……………………………………………《宜阳县志》

八月，（伊川）蝗灾，玉米、谷子减产。 …………………《伊川县志》

六月，（卫辉）飞蝗入境，县委县政府组织军民灭蝗。 ………《卫辉市志》

六月，（辉县）飞蝗遮天蔽日，经薄壁飞向张飞城，几天后，蔓延到嵩平、秦王井、峪河、师庄、南王庄、南村等地，所到之处树枝压折、禾苗吃光，抗日政府领导群众剿灭蝗虫。 …………………《辉县市志》

七月，大批飞蝗入（获嘉）境，禾苗啃食殆尽。 ………《获嘉县志》

原武蝗灾面积 6.82 万亩，阳武蝗灾面积 34.3 万亩。 ………《原阳县志》

（延津）旱、蝗、风三灾并发。 ……………………………《延津县志》

夏，（长垣）蝗蝻成灾。 ………………………………………《长垣县志》

六月，（修武）飞蝗为害全县，县抗日民主政府和群众一起组织起来打蝗，据 13 村的 3 天统计，参加灭蝗的有 6 300 人，灭蝗 8 500 斤，打死一斤飞蝗政府奖粮一斤。 ……………………………《修武县志》

（汤阴）旱、蝗灾。 ……………………………………………《汤阴县志》

春，（林县）197 个村的 13 万亩土地发现蝗卵。 ……………《林县志》

（滑县）白道口、瓦岗等地蝗虫。 ……………………………《滑县志》

（商丘）旱蝗交织。 ……………………………………………《商丘县志》

（虞城）蝗灾。 …………………………………………………《虞城县志》

（太康）麦收后蝗灾，中共领导群众捕蝗，并拨出 10 万千克小麦兑换蝗虫。 …………………………………………………《太康县志》

（扶沟）旱蝗。 …………………………………………………《扶沟县志》

夏，（南阳）卧龙、王村遍生蝗蝻，蔓延成蝗群。 ………《南阳县志》

（方城）蝗。 ……………………………………………………《方城县志》

（桐柏）蝗灾。 …………………………………………………《桐柏县志》

（光山）旱，蝗灾，不亚于 1942 年。 ………………………《光山县志》

553. 民国三十五年（1946 年）

河南蝗。 ………………………………………………………《中国的飞蝗》

长垣夏季歉收，后又蝻生为灾。 ………《河南东亚飞蝗及其综合治理》

汝南遭蝗虫。 …………………………………………………《汝南县志》

夏，（新县）沙窝地区蝗灾。 …………………………………《新县志》

554. 民国三十六年（1947 年）

河南蝗。 ·······································《中国的飞蝗》

夏，（孟县）蝻多集结成团，六区区长冯登带领学生、干部挖沟、捕打、撵埋之十数天。 ·······《河南东亚飞蝗及其综合治理》

（嵩县）蝗灾严重。 ·······································《嵩县志》

555. 民国三十七年（1948 年）

武陟蝗蝻生于黄河滩 3 000 亩。 ·······《河南东亚飞蝗及其综合治理》

七月，苏村、高庄、池头、吕村蝗吃秋苗 4 500 亩。十月，平罗、高庄、薄壁蝗吃秋苗 5 000 亩。 ·······································《辉县市志》

（安阳）蝗灾。 ·······································《安阳县志》

（林县）全县 3.86 万亩小麦遭受蝗虫袭击。 ·······《林县志》

（西华）蝗灾，政府领导人民捕杀蝗虫 31.13 万斤。 ·······《西华县志》

556. 民国三十八年（1949 年）

七月，新乡、濮阳、开封、商丘等市发生蝗灾 30 万亩。

·······································《河南省志·农业志》

（嵩县）有蝗灾。 ·······································《嵩县志》

五月，（新乡）全县四十六村发生严重蝗蝻，平均每平方寸一个。

·······································《新乡县志》

六月，（获嘉）蝗蝻生，县政府动员捕打 8 天，扑灭。 ·······《获嘉县志》

（修武）全县 107 个村发生蝗虫，吃光秋苗 4 317 亩，县委和人民政府组织群众打死蝗虫 9 000 余斤。 ·······································《修武县志》

五月，（博爱）蝗灾蔓延，吞食庄稼 6 180 亩，县委动员 7.3 万人投入灭蝗战斗。 ·······································《博爱县志》

七月，（武陟）黄河滩农田发生蝗灾 2.8 万亩。 ·······《武陟县志》

（林县）11 个区 325 个村庄发生蝗虫为害，受灾面积 7.9 万亩，严重的 2.59 万亩。 ·······································《林县志》

（汤阴）蝗。 ·······································《汤阴县志》

六月，（浚县）蝗灾。 ·······································《浚县志》

六、七月旱，（汜水）周沟、西关、十里堡蝗灾。

·······································《河南东亚飞蝗及其综合治理》

五月，（辉县）蝗蝻吃麦苗 7.3 万亩，政府组织捕打。 ·······《辉县市志》

第四章
江苏省历史蝗灾

一、唐前时期蝗灾

1. 东汉中元元年（56 年）

山阳、楚①、沛多蝗，其飞至九江界者，辄东西散去。……《后汉书·宋均传》

山阳、楚、沛多蝗。……………………………… 民国《江苏省通志稿》

江苏徐州、淮安蝗灾。……………………………《中国历代蝗患之记载》

（沛县）蝗。………………………………………… 乾隆《沛县志》

2. 东汉章和元年（87 年）

《东观汉记》曰：棱在广陵②，蝗虫入江海，化为鱼虾。

………………………………………………………《后汉书·马棱传》

江苏淮安蝗灾。………………………………《中国历代蝗患之记载》

3. 东汉永初四年（110 年）

夏四月，徐州蝗。……………………………………《后汉书·安帝纪》

夏，江苏徐州蝗灾。…………………………《中国历代蝗患之记载》

徐、青等六州蝗。……………………………………… 同治《徐州府志》

4. 东汉永初七年（113 年）

秋，江苏邳州蝗灾。…………………………《中国历代蝗患之记载》

---

① 楚：古国名，治所在今江苏徐州。
② 广陵：旧县名，治所在今江苏扬州西北。

5. 东汉永兴二年（154 年）

六月，彭城、泗水①水增长逆流，诏曰：皇灾为害，水变乃至，其令所伤郡国种芜菁，以助人食。 ………………………………… 民国《沛县志》

6. 东汉延熹九年（166 年）

扬州六郡②连水、旱、蝗害。 ………………………《后汉书·五行志》

江苏扬州等蝗灾，造成巨大损失。 ………………《中国历代蝗患之记载》

7. 西晋太康二年（281 年）

夏，江苏徐州等蝗灾。 …………………………《中国历代蝗患之记载》

8. 东晋太兴元年（318 年）

七月，东海、彭城、下邳、临淮③四郡蝗虫害禾豆。八月，徐州蝗，食生草尽，至于二年。 …………………………………《晋书·五行志》

夏，江苏徐州、邳州、淮安蝗灾。 ………………《中国历代蝗患之记载》

东海郡蝗虫肆虐。 …………………………………………《海州区志》

七月，彭城蝗食禾豆。八月，（铜山）蝗食生草尽。 ………《铜山县志》

九月，丰县蝗灾，局部地区禾苗、树叶被吃光。 …………《丰县志》

9. 东晋太兴二年（319 年）

五月，临淮蝗虫食秋麦。是月，徐州及扬州④诸郡蝗，吴郡百姓多饿死。

………………………………………………………《晋书·五行志》

江苏徐州、淮安、南京、扬州蝗灾，民多饥死。 …《中国历代蝗患之记载》

五月，徐州、扬州诸郡蝗。 ………………………民国《江苏省通志稿》

五月，徐州蝗。 ……………………………………同治《徐州府志》

夏五月，扬州蝗。 …………………………………同治《上江两县志》

五月，临淮蝗食秋麦。 ……………………………光绪《盱眙县志稿》

夏五月，（仪征）蝗食麦禾。 ……………………道光《仪征县志》

10. 东晋太兴三年（320 年）

五月，徐州及扬州诸郡蝗，吴民多饿死。 ………《宋书·五行志》

江苏徐州、扬州、镇江蝗灾，民多饥死。 ………《中国历代蝗患之记载》

---

① 彭城：古郡、国名，治所在今江苏徐州；泗水：旧郡名，治所在今江苏沛县。

② 扬州：旧州名，治所在今安徽和县，时辖吴郡（今江苏苏州）。

③ 东海：旧郡名，治所在今山东郯城，辖今山东临沂市南北与江苏省东北部一带；下邳：旧郡名，治所在今江苏睢宁西北；临淮：旧郡名，治所在今江苏盱眙东北。

④ 扬州：晋刺史部名，治所在今江苏南京。

五月，徐州蝗。 ·· 同治《徐州府志》

六月，(句容)水蝗。 ····································· 《句容县志》

五月，徐州蝗。铜山蝗。 ····························· 《铜山县志》

11. 东晋太元十五年（390 年）

秋，江苏扬州蝗灾。 ·············· 《中国历代蝗患之记载》

12. 东晋太元十六年（391 年）

夏，江苏六合蝗虫从南来，害稼。 ····· 《中国历代蝗患之记载》

五月，(应天)飞蝗从南来，集堂邑县①，害苗稼。 ······· 万历《应天府志》

(六合)飞蝗集县界，害苗稼。 ············ 光绪《六合县志》

五月，(上元②)飞蝗从南来，集堂邑县界。 ······ 康熙《上元县志》

13. 南朝宋元嘉三年（426 年）

秋，江苏六合蝗灾。 ·············· 《中国历代蝗患之记载》

14. 北魏太和六年　南朝齐建元四年（482 年）

八月，徐、东徐蝗害稼。 ······················· 《魏书·灵征志》

秋，江苏徐州、泗阳、宿迁蝗灾，害稼。 ······ 《中国历代蝗患之记载》

八月，魏徐、东徐蝗害稼。 ················· 同治《徐州府志》

八月，徐州(铜山)蝗害稼。 ····················· 《铜山县志》

秋，(洪泽)境内蝗灾。 ···························· 《洪泽县志》

八月，魏东徐州蝗害稼。 ··················· 民国《泗阳县志》

15. 南朝梁大同三年③（537 年）

(江宁)大蝗，松柏叶皆食。 ··············· 康熙《江宁县志》

16. 南朝梁太清三年（549 年）

江南④旱蝗。 ································· 《资治通鉴·梁纪》

17. 南朝梁大宝元年（550 年）

时，江南连年旱蝗，江、扬尤甚。 ·········· 《资治通鉴·梁纪》

江苏苏州蝗灾，大饥。 ············ 《中国历代蝗患之记载》

(吴江)蝗。 ····································· 《吴江县志》

① 应天：旧府名，治所江宁，今江苏南京；堂邑：旧县名，治所在今江苏南京六合区北。

② 上元：旧县名，治所在今江苏南京。

③ 原文为"梁大同初"，据《梁书·武帝纪》，梁大同三年（537 年）记载有"九月，南兖州大饥"和"是岁饥"等语，其他各史大同初均无灾害记载，大同初应为大同三年。

④ 江南：梁建都建康（今江苏南京），指长江以南今江苏、安徽的一些区域。

二、唐代（含五代十国）蝗灾

18. 唐贞观三年（629 年）

五月，徐州蝗。 ·····················《新唐书·五行志》

夏秋，江苏徐州、淮安蝗灾。 ·············《中国历代蝗患之记载》

19. 唐兴元元年（784 年）

夏，江苏淮安、淮阴蝗灾。 ·············《中国历代蝗患之记载》

冬闰十月，诏宋亳、淄青、泽潞、河东、恒冀、幽易定、魏博等八节度螟蝗
为害，蒸民饥馑，每节度赐米五万石，河阳、东畿各赐三万石。淮安
府蝗。 ·······························光绪《淮安府志》

20. 唐贞元元年（785 年）

江苏蝗灾，飞蔽天，草木叶及畜毛皆尽，民蒸蝗而食。

·····························《中国历代蝗患之记载》

夏，（涟水）飞蝗蔽日，所到处草木、畜毛尽。 ············《涟水县志》

21. 唐永贞元年（805 年）

六月，徐州飞蝗蔽天而下，旬日不息，木叶、畜毛俱尽，民蒸蝗，曝，扬去
足翅而食之。 ·····················民国《江苏省通志稿》

六月，丰县蝗灾，蚂蚱从天而下，遮天盖地 10 余天不息，庄稼苗、树叶吃
光，百姓蒸炒蚂蚱吃。 ·····················《丰县志》

22. 唐元和三年（808 年）

淮南[①]有蝗。 ·······················《扬州市郊区志》

23. 唐元和五年（810 年）

夏，盱眙蝗灾，害稼。 ·············《中国历代蝗患之记载》

夏，淮南等州螟蝗害稼。 ·············光绪《盱眙县志稿》

24. 唐宝历元年（825 年）

夏，江苏扬州蝗灾，害稼。 ·············《中国历代蝗患之记载》

夏，（江都）蝗。 ·······················《江都县志》

夏，（仪征）蝗。 ·····················道光《仪征县志》

---

① 淮南：唐方镇名，治所在今江苏扬州。

25. 唐开成二年（837 年）

夏秋，江苏海州①蝗灾，害稼。 ·····················《中国历代蝗患之记载》

六月，海州蝗灾。 ····································《连云港市志》

26. 唐开成三年（838 年）

秋，江苏扬州蝗灾，庄稼叶吃光。 ··············《中国历代蝗患之记载》

（江都）螟蝗害稼。 ································《江都县志》

（仪征）螟蝗害稼。 ······························ 道光《仪征县志》

27. 唐开成五年（840 年）

六月，淮南蝗，疫，除其徭。 ··············《新唐书·武宗本纪》

夏，淮南等州螟蝗害稼。 ··················《新唐书·五行志》

夏，江苏海州、扬州蝗灾，害稼。 ··········《中国历代蝗患之记载》

海州、扬州螟蝗害稼。 ················· 民国《江苏省通志稿》

夏，（扬州）螟蝗害稼。 ··············· 嘉庆《重修扬州府志》

夏，海州蝗害稼。 ····························《连云港市志》

（江都）螟蝗害稼。 ································《江都县志》

夏，（仪征）螟蝗害稼。 ·························· 道光《仪征县志》

28. 唐开成九年（844 年）

（仪征）蝗，民饥。 ······························ 道光《仪征县志》

（江都）蝗，民饥。 ······························ 乾隆《江都县志》

29. 唐咸通三年（862 年）

六月，淮南蝗。 ··························《新唐书·五行志》

夏，江苏蝗，盱眙蝗灾。 ··············《中国历代蝗患之记载》

夏，（仪征）蝗。 ······························ 道光《仪征县志》

30. 唐咸通九年（868 年）

江淮②蝗。 ·······························《新唐书·五行志》

江苏南京、盱眙等蝗灾。 ··············《中国历代蝗患之记载》

江淮旱蝗。 ····························· 万历《应天府志》

江淮旱，蝗食稼。 ································《江都县志》

（仪征）旱蝗。 ································ 道光《仪征县志》

---

① 海州：旧州名，治所在今江苏连云港西南海州镇。

② 江淮：区域名，指今长江与淮河之间江苏、安徽的一些区域。

31. 唐光启元年（885年）

江苏扬州、高邮等蝗自东来，蔽天。 ⋯⋯⋯⋯⋯《中国历代蝗患之记载》

淮南蝗自西来，行而不飞，浮水缘城入扬州府署，旬日自相食。

⋯⋯⋯⋯⋯⋯⋯⋯⋯⋯⋯⋯⋯⋯ 民国《江苏省通志稿》

淮南蝗。⋯⋯⋯⋯⋯⋯⋯⋯⋯⋯⋯⋯⋯⋯⋯ 光绪《寿州志》

32. 唐光启二年（886年）

淮南蝗，自西来，行而不飞，浮水缘城入扬州府署，竹树幢节，一夕如剪，幡帜画像，皆啮去其首，扑不能止。旬日，自相食尽。

⋯⋯⋯⋯⋯⋯⋯⋯⋯⋯⋯⋯⋯《新唐书·五行志》

淮南蝗，自西来，浮水缘城入扬州府署，竹树、幢节、画像一夕如剪，旬日自相食尽。 ⋯⋯⋯⋯⋯⋯⋯⋯《中国历代蝗患之记载》

（仪征）蝗。⋯⋯⋯⋯⋯⋯⋯⋯⋯⋯⋯ 道光《仪征县志》

33. 后唐同光三年（925年）

九月，徐州飞蝗害稼。⋯⋯⋯⋯⋯⋯《中国历代天灾人祸表》

34. 杨吴大和二年（930年）

（句容）蝗灾，积地尺许。⋯⋯⋯⋯⋯⋯⋯⋯《句容县志》

35. 后唐长兴三年 杨吴大和四年（932年）

钟山①之阳，积飞蝗尺余厚。⋯⋯⋯⋯《十国春秋·吴本纪》

南京钟山南面蝗，盖地尺高。⋯⋯⋯⋯《中国历代蝗患之记载》

钟山之阳，积蝗尺许。⋯⋯⋯⋯⋯ 同治《上江两县志》

金陵钟山之阳，积飞蝗尺余厚。⋯⋯⋯⋯ 至正《金陵新志》

36. 后晋天福七年（942年）

八月，徐州蝗。⋯⋯⋯⋯⋯⋯《旧五代史·晋书·少帝纪》

夏秋，江苏徐州、扬州、睢宁大蝗，民饥死。 ⋯⋯《中国历代蝗患之记载》

六月，（睢宁）有蝗自淮北蔽空飞至。⋯⋯⋯⋯ 光绪《睢宁县志稿》

37. 后晋天福八年（943年）

是岁，蝗大起，东自海壖，西距陇坻，南逾江淮，北抵幽蓟，原野、山谷、城郭、庐舍皆满，竹木叶皆尽。重以官括民谷，使者督责严急，至封碓硙，不留其食，有坐匿谷抵死者。县令往往以督趣不办，纳印自劾去。民馁死数十万口，流亡不可胜数。⋯⋯⋯⋯⋯《资治通鉴·后晋纪》

---

① 钟山：又称紫金山，在今江苏南京东。

38. 后周广顺三年（953 年）

江苏蝗灾大发生，民饥。 ·····················《中国东亚飞蝗蝗区的研究》

（溧水）旱蝗。 ···《溧水县志》

（句容）旱蝗。 ···《句容县志》

三、宋代（含辽、金）蝗灾

39. 宋太平兴国九年（984 年）

七月，泗州①蝝虫食桑。 ···························《文献通考·物异考》

40. 宋淳化二年（991 年）

三月，诏从旱蝗自焚，翌日雨。 ···················至正《金陵新志》

41. 宋淳化三年（992 年）

七月，淮阳②军、彭城蝗，蛾抱草自死。 ···········《宋史·五行志》

秋，江苏徐州、邳州蝗灾，蝗多抱草死。 ······《中国历代蝗患之记载》

七月，彭城、淮阳军蝗，蛾抱草自死。 ···········同治《徐州府志》

42. 宋淳化四年（993 年）

江浙、淮陕比岁旱蝗，遣使分路巡抚。 ···········至正《金陵新志》

43. 宋大中祥符九年（1016 年）

七月，过京师，群飞蔽空，延至江、淮南③，趣河东，及霜寒始毙。

···《宋史·五行志》

七月，过京师，延至江、淮，及霜寒始尽。 ·····《续资治通鉴·宋纪》

八月，江苏江都、如皋、盱眙飞蝗蔽空，及霜寒始毙。

···《中国历代蝗患之记载》

秋，（如皋）蝗灾。 ·····································《如皋县志》

（广陵）蝗灾。 ···《广陵区志》

七月，（仪征）蝗。 ·································道光《仪征县志》

七月，（盱眙）蝗飞翳空，延至江、淮，及霜寒始毙。 ·····光绪《盱眙县志稿》

44. 宋天禧元年（1017 年）

六月，陕西、江、淮南蝗，并言自死。 ···········《宋史·真宗本纪》

---

① 泗州：旧州名，治所临淮，在今江苏盱眙西北，清康熙十九年（1680 年）陷入洪泽湖。

② 淮阳：旧军名，治所在今江苏睢宁西北。

③ 江、淮南：宋路名，即江南路（治所在今江苏南京）和淮南路（治所在今江苏扬州）。

六月，江、淮大风，多吹蝗入江海，或抱草木僵死。 ……《宋史·五行志》

江、淮等百三十州军并言二月后蝗蝻食苗，诏：遣使臣与本县官吏焚捕，每
　　三五州命内臣一人提举之。 ……………………《续资治通鉴·宋纪》

夏，江淮旱蝗，大风吹蝗入海或抱草木僵死。 ……… 民国《江苏省通志稿》

夏，江苏泰兴、泗阳、江都、如皋、东台、盱眙蝗灾。

　　………………………………………………《中国历代蝗患之记载》

江、淮南蝗。 ……………………………………… 乾隆《上元县志》

夏，(泰兴)旱蝗。 ………………………………………《泰兴县志》

六月，(如皋)蝗灾，大风吹蝗入海或抱草木僵死。 ………《如皋县志》

六月，(仪征)蝗，大风吹蝗入江或抱草木僵死。 …… 道光《仪征县志》

(广陵)连年蝗灾。 …………………………………………《广陵区志》

(泗阳)蝗，不为灾，江淮大风吹蝗入海或抱草木僵死。 …… 民国《泗阳县志》

45. 宋天禧二年（1018 年）

四月，江阴军蝻虫生。 ……………………………《宋史·五行志》

江苏江阴蝻虫复生。 ……………………………《中国历代蝗患之记载》

(江阴)蝻虫生。 ……………………………………… 光绪《江阴县志》

46. 宋乾兴元年（1022 年）

江苏蝗，大风吹蝗入水。 ……………………………《中国历代蝗患之记载》

江淮(泗洪)大风吹蝗入海。 ……………………………………《泗洪县志》

47. 宋明道二年（1033 年）

岁大蝗旱，江、淮、京东滋甚。 …………………………《宋史·范仲淹传》

48. 宋景祐元年（1034 年）

春正月，诏：去岁飞蝗所至遗种，恐春夏滋长，其令民掘蝗子，每一升给菽
　　五斗。既而诸州言得蝗种万余石。 ……………… 光绪《盱眙县志稿》

49. 宋景祐四年（1037 年）

盱眙蝗灾。 ……………………………………《中国历代蝗患之记载》

淮南旱蝗。 ……………………………………… 光绪《盱眙县志稿》

50. 宋宝元二年（1039 年）

夏，江苏扬州蝗灾。 ……………………………《中国历代蝗患之记载》

六月，扬州旱蝗。 ……………………………… 民国《江苏省通志稿》

51. 宋宝元三年（1040 年）

(泰兴)旱蝗。 ……………………………………………《泰兴县志》

52. 宋康定二年（1041 年）

淮南旱蝗。 ……………………………………………《宋史·五行志》

江苏泰兴、盱眙、江都蝗灾大发生，飞蔽天。 ……《中国历代蝗患之记载》

春，（仪征）旱蝗。 …………………………………道光《仪征县志》

53. 宋庆历四年（1044 年）

春，淮南旱蝗。 …………………………………《文献通考·物异考》

五月，诏：淮南比年谷不登，今春又旱蝗，其募民纳粟与官，以备赈贷。

……………………………………………………光绪《盱眙县志稿》

54. 宋皇祐四年（1052 年）

淮南旱蝗。 …………………………………《中国历代天灾人祸表》

55. 宋皇祐五年（1053 年）

建康①府蝗。 …………………………………………《宋史·五行志》

夏，江苏南京、苏州蝗灾。 …………………《中国历代蝗患之记载》

江宁府蝗。 ………………………………………万历《应天府志》

七月，旱蝗。 ……………………………………至正《金陵新志》

56. 宋熙宁五年（1072 年）

（昆山）蝗虫在滩荡芦丛集结，官府命割芦苇灭蝗。 …………《昆山县志》

57. 宋熙宁六年（1073 年）

是岁，江宁飞蝗自江北②来。 …………………………《宋史·五行志》

江苏南京飞蝗自江北来。 ……………………《中国历代蝗患之记载》

江宁府飞蝗自江北来。 …………………………万历《应天府志》

江宁府（上元）飞蝗自江北来。 ………………康熙《上元县志》

江宁府（六合）飞蝗自江北来。 ………………………《六合县志》

58. 宋熙宁七年（1074 年）

秋七月，诏淮南提点、提举司检覆蝗旱。 …………《宋史·神宗本纪》

四月，王荆公（安石）罢相，镇金陵。是秋，江左③大蝗，有无名子题诗曰：

青苗免役两妨农，天下嗷嗷怨相公。唯有蝗虫感恩德，又随钧旆过江东。

……………………………《古今图书集成·庶征典·蝗灾部纪事》

江苏扬州蝗灾。 …………………………………《中国历代蝗患之记载》

---

① 建康：旧府名，治所在今江苏南京。
② 江北：区域名，泛指长江以北今江苏、安徽的广大区域。
③ 金陵：南京市别称；江左：即江东，古时常指芜湖至南京段长江以东地区。

（吴江）蝗螟生。 …………………………………………………………《吴江县志》

59. 宋熙宁八年（1075 年）

江苏扬州蝗灾，募民捕蝗交官易粟。 …………………《中国历代蝗患之记载》

淮西连岁旱蝗，居民艰食。 ………………………………… 道光《泰州志》

60. 宋元符元年（1098 年）

八月，高邮军蝗，抱草死。 …………………………………《宋史·五行志》

秋，江苏扬州、高邮蝗灾，抱草死。 ……………………《中国历代蝗患之记载》

八月，（高邮）飞蝗抱草死。 ……………………………… 乾隆《高邮州志》

61. 宋崇宁元年（1102 年）

夏，淮南等路[①]蝗。 …………………………………………《宋史·五行志》

夏，淮南蝗。 ……………………………………………… 民国《江苏省通志稿》

夏，江苏泰兴、江都、高邮、盱眙蝗灾。 ………………《中国历代蝗患之记载》

夏，（仪征）蝗。 …………………………………………… 道光《仪征县志》

夏，（广陵）蝗灾。 ……………………………………………《广陵区志》

62. 宋崇宁三年（1104 年）

盱眙蝗虫盖地，食稼尽。 …………………………………《中国历代蝗患之记载》

（盱眙）大旱，蝗飞蔽天。 ……………………………… 道光《盱眙县志稿》

63. 宋崇宁四年（1105 年）

盱眙蝗灾。 ………………………………………………《中国历代蝗患之记载》

（盱眙）旱蝗。 …………………………………………… 光绪《盱眙县志稿》

64. 宋建炎二年（1128 年）

扬州大蝗。 ………………………………………………… 民国《江苏省通志稿》

江苏扬州、盱眙蝗，为害作物。 …………………《中国东亚飞蝗蝗区的研究》

夏，（仪征）蝗。 …………………………………………… 道光《仪征县志》

65. 宋建炎三年（1129 年）

盱眙蝗灾。 ………………………………………………《中国历代蝗患之记载》

66. 宋绍兴二十六年（1156 年）

江苏如皋蝗灾，有鸟名鹙食蝗尽。 ………………………《中国历代蝗患之记载》

秋，如皋蝗，有鹙食之尽。 ……………………………… 民国《江苏省通志稿》

秋，（如皋）蝗灾，为鹙食之尽，诏禁捕鹙。 …………………《如皋县志》

---

① 淮南路：宋熙宁五年（1072 年）分为淮南东路（治所在今江苏扬州）与淮南西路。

秋，（南通）蝗灾。 ···《南通市志》

67. 宋绍兴二十九年（1159 年）

九月，蠲江、浙蝗潦州县租。 ·····································《宋史·高宗本纪》

七月，盱眙军、楚州①金界三十里，蝗为风所坠，风止，复飞还淮北。

···《宋史·五行志》

秋七月，淮东安抚司言：北边蝗虫为风所吹，有至盱眙军、楚州境上者，然
　　不食稼，比复飞过淮北，皆已净尽。 ···················《续资治通鉴·宋纪》

秋，江苏蝗灾，免田租。 ·······························《中国历代蝗患之记载》

七月，盱眙军三十里蝗，为风所坠，复飞还淮北。 ······ 民国《江苏省通志稿》

68. 宋绍兴三十二年（1162 年）

六月，江东、淮南北郡县蝗，飞入湖州境，声如风雨。 ······《宋史·五行志》

建康府张浚言：访得东北今岁蝗虫大作，米价踊贵，中原之人，极艰于食。
　　诏：以米万石予之。 ·································《续资治通鉴·宋纪》

江苏扬州、如皋、泰兴、盱眙飞蝗大发生，从江苏西南进入浙江杭州，声如
　　风雨。 ···《中国历代蝗患之记载》

六月，扬州、通州②蝗。 ·······························民国《江苏省通志稿》

（如皋）蝗灾。 ···《如皋县志》

69. 宋隆兴元年（1163 年）

七月，旱蝗。 ·· 至正《金陵新志》

70. 宋乾道元年（1165 年）

夏，江苏死蝗。 ·······································《中国历代蝗患之记载》

71. 宋乾道三年（1167 年）

是岁，江东西蝗，振之。 ·······································《宋史·孝宗本纪》

江苏蝗灾大发生。 ·······································《中国历代蝗患之记载》

江东蝗。 ·· 乾隆《上元县志》

72. 宋淳熙元年（1174 年）

江苏蝗灾，伤稼。 ·······································《中国历代蝗患之记载》

73. 宋淳熙三年（1176 年）

八月，淮北飞蝗入楚州、盱眙军界，如风雷者，逾时遇大雨，皆死，稼用

---

① 楚州：旧州名，治所在今江苏淮安。
② 通州：旧州名，治所在今江苏南通。

不害。 ···《宋史·五行志》

扬州、南通、泰兴、江都、如皋、东台、盱眙蝗灾，扬州、泰州捕蝗5 000
斛，余郡捕蝗数十车。 ··················《中国历代蝗患之记载》

七月，如皋大蝗，东台蝗，楚州界飞蝗声如雷，逾时大雨，蝗皆死，禾稼
不伤。 ·······························民国《江苏省通志稿》

楚州界飞蝗蔽天，声如雷，逾时大雨，蝗皆死，禾稼不害。
···光绪《淮安府志》

（江都）蝗灾。 ······························《江都县志》

七月，（如皋）蝗灾，每日捕蝗数十车。 ··········《如皋县志》

七月，（海安）蝗虫大发，日捕蝗数十车。 ·······《海安县志》

（盐城）蝗灾。 ·····························《盐城市志》

淮北飞蝗入楚州盱眙军界，如风雷者，逾时遇大雨皆死，稼不为害。
···光绪《盱眙县志稿》

74. 宋淳熙四年（1177 年）

盱眙多蝗。 ······················《中国历代蝗患之记载》

五月，淮北多蝗。 ····················光绪《盱眙县志稿》

75. 宋淳熙八年（1181 年）

秋，盱眙蝗灾，食稼尽，民饥。 ·······《中国历代蝗患之记载》

通州、如皋旱蝗害稼。 ····················《南通市志》

泰县①旱蝗，民艰食。 ······················《泰县志》

淮南北自七月不雨，至十一月，（盱眙）蝗食禾苗、草木皆尽。
···光绪《盱眙县志稿》

76. 宋淳熙九年（1182 年）

七月，淮甸大蝗，真②、扬、泰州窖捕蝗五千斛，余郡或日捕数十车，群飞绝
江，坠镇江府，皆害稼。令淮、浙郡国捕除。 ········《文献通考·物异考》

七月，真、扬、泰三州蝗群飞绝江，坠镇江皆害稼，如皋、泰兴蝗。
···民国《江苏省通志稿》

从夏至秋，江苏丹徒、扬州、高邮、如皋、泰州、泰兴、盱眙蝗灾大发生，
害稼。 ·····················《中国历代蝗患之记载》

---

① 泰县：旧县名，治所在今江苏泰州。
② 真州：旧州名，治所在今江苏仪征。

七月，六合蝗。 ·· 万历《应天府志》

七月，真、扬诸郡日捕蝗数十车，群飞绝江，坠镇江府害稼。

·· 乾隆《镇江府志》

（句容）蝗害稼。 ·· 《句容县志》

秋，（吴江）蝗食稻，大饥。 ·· 《吴江县志》

秋，（如皋）大蝗灾。 ·· 《如皋县志》

秋，淮南大蝗害稼，日捕数十车。 ··································· 乾隆《高邮州志》

淮南大蝗，真、扬、泰州窖捕蝗五千斛，所在捕除。 ······ 道光《仪征县志》

七月，（邗江）蝗群害稼。 ·· 《邗江县志》

七月，淮甸大蝗，真、扬、泰州窖捕蝗五千斛，所在捕除。

·· 道光《泰州志》

77. 宋淳熙十年（1183 年）

江苏南通、如皋、江都、高邮、盱眙蝗害稼，有鹜食之。

··· 《中国历代蝗患之记载》

（江苏）旧蝗遗育害稼，仪征蝗，有鹜食之。 ········· 民国《江苏省通志稿》

旧蝗遗育害稼，是时，蝗在地为秃鹜所食，飞者以翼击死，诏禁捕鹜。

·· 道光《仪征县志》

夏旱，（高邮）旧蝗遗种害稼。 ·· 乾隆《高邮州志》

（如皋）蝗虫害稼。 ·· 《如皋县志》

六月，蝗遗种于淮、浙，害稼。 ······················· 光绪《盱眙县志稿》

78. 宋淳熙十四年（1187 年）

七月，（吴江）蝗，岁饥。 ·· 《吴江县志》

79. 宋绍熙二年（1191 年）

七月，高邮县蝗，至于泰州。 ·································· 《宋史·五行志》

秋，江苏扬州、高邮、泰州、泰兴、东台、如皋蝗灾。

··· 《中国历代蝗患之记载》

秋七月，（高邮）旱蝗。 ·· 乾隆《高邮州志》

（泰兴）大旱蝗。 ·· 《泰兴县志》

（如皋）蝗灾。 ·· 《如皋县志》

80. 宋绍熙五年（1194 年）

八月，楚州蝗。 ··· 《宋史·五行志》

秋，江苏蝗。 ·································· 《中国东亚飞蝗蝗区的研究》

秋，淮阴蝗灾。 ···《中国历代蝗患之记载》

81. 宋庆元二年（1196 年）

秋，江苏蝗。 ·······································《中国东亚飞蝗蝗区的研究》

秋，江苏高邮蝗灾，有蛆寄生蝗虫。 ···············《中国历代蝗患之记载》

夏，高邮旱蝗。 ···民国《江苏省通志稿》

秋七月，（高邮）飞蝗戴蛆死。是夏旱，飞蝗起，自凌塘俄遍四野，继皆抱
草死，每一蝗有一蛆食其脑。陈造诗云：使君手有垂云帚，虐魅妖蟆扫不
余。千顷飞蝗戴蛆死，已濡银笔为君书。 ···············乾隆《高邮州志》

82. 宋嘉泰二年（1202 年）

蝗自丹阳入武进，若烟雾蔽天，其坠亘十余里。常之三县捕八千余石。

···《宋史·五行志》

丹徒、丹阳、常州、无锡蝗灾，飞在空中若烟雾蔽天，民捕蝗 10 万石。

···《中国历代蝗患之记载》

江北旱，（江都）蝗虫害稼。 ···························《江都县志》

镇江蝗，自丹阳入武进，群飞蔽天。 ···············乾隆《镇江府志》

（常州府）大蝗。 ·····································康熙《常州府志》

武进蝗自丹阳来，若烟雾蔽天，其坠落延绵十余里，常之三县捕蝗八千
余石。 ···光绪《武进阳湖县志》

蝗自丹阳、武进入（无锡）境，若烟雾蔽天。 ···········《无锡市志》

83. 宋开禧二年（1206 年）

夏秋久旱，（震泽[①]）蝗飞蔽天，豆粟皆既于蝗。 ···········光绪《震泽县志》

84. 宋开禧三年（1207 年）

江苏江阴蝗灾。 ·································《中国历代蝗患之记载》

夏，江阴飞蝗蔽天。 ·····························民国《江苏省通志稿》

（吴江）蝗飞蔽天，豆粟皆既于蝗。 ·····················《吴江县志》

85. 宋嘉定元年（1208 年）

五月，江、浙大蝗。六月，祭醢。七月，又醢，颁醢式于郡县。

···《宋史·五行志》

五月，江、浙大蝗。 ·································《六合县志》

五月，蝗。 ·······································至正《金陵新志》

---

① 震泽：旧县名，治所在今江苏吴江。

86. 宋嘉定二年（1209 年）

江苏南京、丹阳、武进蝗虫如烟似雾，飞蔽天，落满地。

　　………………………………………………………《中国历代蝗患之记载》

金坛蝗飞蔽天。　………………《古今图书集成·庶征典·蝗灾部纪事》

夏，建康旱蝗，大饥。　……………………………………万历《应天府志》

建康旱蝗，大饥，诏：收养弃道小儿。　…………………康熙《上元县志》

秋，（句容）蝗虫为灾。　……………………………………《句容县志》

秋，（吴县①）飞蝗入境，大灾。　…………………………………《吴县志》

四月，蝗。夏，大旱，蝗为灾。　…………………………至正《金陵新志》

87. 宋嘉定三年（1210 年）

秋，江苏南京蝗灾。　…………………………………《中国历代蝗患之记载》

建康旱蝗，赈之。　…………………………………同治《上江两县志》

建康旱蝗，民饥。　…………………………………至正《金陵新志》

（句容）旱蝗。　……………………………………………………《句容县志》

88. 宋嘉定七年（1214 年）

江苏无锡蝗灾。　………………………………………《中国历代蝗患之记载》

（常州府）大蝗。　…………………………………康熙《常州府志》

（无锡）蝗遍于野。　………………………………………《无锡市志》

秋，吴江大旱蝗，官令饥民捕，计斗易粟。　………………《吴江县志》

89. 宋嘉定八年（1215 年）

是岁，江东、西路旱蝗。　……………………………《宋史·宁宗本纪》

四月，飞蝗越淮而南，江、淮郡蝗，食禾苗、山林、草木皆尽。自夏至秋，

　　诸道捕蝗者以千百石计，饥民竞捕，官出粟易之。

　　………………………………………………………《宋史·五行志》

四月，江、淮蝗食禾苗、山林、草木皆尽。　…………民国《江苏省通志稿》

江苏南京、扬州、高邮、如皋、盱眙蝗灾，食禾稼、山林、草木皆尽。

　　………………………………………………………《中国历代蝗患之记载》

夏，江东旱蝗，赈之。　…………………………………同治《上江两县志》

扬州蝗食禾稼、山林、草木皆尽。　…………………嘉庆《重修扬州府志》

四月，（仪征）蝗食禾苗、草木皆尽，饥。　…………道光《仪征县志》

---

① 吴县：旧县名，治所在今江苏苏州吴中区。

（高邮）飞蝗食禾苗、草木叶皆尽。 …………………… 乾隆《高邮州志》

夏，（如皋）蝗灾。 …………………………………………《如皋县志》

四月，（盱眙）飞蝗越淮而南，江、淮蝗食禾苗、草木皆尽。

………………………………………………… 光绪《盱眙县志稿》

夏秋，百泉皆竭，杭嘉、苏，江浙、淮、闽蝗。 …………《嘉兴市志》

两浙、江东旱蝗，运使真德秀义仓米赈之。 ………… 至正《金陵新志》

90. 宋嘉定九年　金贞祐四年（1216 年）

五月，泗州蝗。 ………………………………………《金史·宣宗本纪》

91. 宋嘉定十年（1217 年）

四月，楚州蝗。 ………………………………………《宋史·五行志》

江苏淮阴、淮安蝗灾，金朝皇宫见蝗。 ……………《中国历代蝗患之记载》

92. 宋嘉熙四年（1240 年）

六月，江、浙大旱蝗。 ………………………………《宋史·理宗本纪》

夏，江苏蝗灾。 ……………………………………《中国历代蝗患之记载》

建康蝗，平江①大市人肉。 ………………………… 民国《江苏省通志稿》

（六合）蝗。 …………………………………………………《六合县志》

旱蝗。 …………………………………………………… 至正《金陵新志》

93. 宋淳祐二年（1242 年）

五月，两淮蝗。 ………………………………………《宋史·五行志》

五月，两淮蝗，泰兴蝗。 …………………………… 民国《江苏省通志稿》

夏，江苏、扬州、盱眙蝗灾。 ……………………《中国历代蝗患之记载》

94. 宋淳祐六年（1246 年）

夏，江苏泰兴、如皋、江都蝗灾，飞蔽天，食禾豆。

………………………………………………《中国历代蝗患之记载》

六月，泰兴、如皋飞蝗蔽天。 ……………………… 民国《江苏省通志稿》

六月，江淮飞蝗蔽天，集食禾豆。 ………………… 万历《应天府志》

（广陵）飞蝗蔽天。 …………………………………………《广陵区志》

六月，（如皋）飞蝗蔽日。 …………………………………《如皋县志》

95. 宋景定三年（1262 年）

江苏昆山蝗灾。 ……………………………………《中国历代蝗患之记载》

---

① 平江：旧府名，治所在今江苏苏州。

平江蝗，不为灾。 ……………………………………… 民国《江苏省通志稿》

四、元代蝗灾

96. 蒙古至元二年（1265 年）

是岁，徐、邳蝗旱。 ………………………………………《元史·世祖本纪》

适东方大蝗，徐、邳尤甚，责捕至急，祐部民丁数万人至其地，谓左右曰：
   捕蝗虑其伤稼，今蝗虽盛，而谷以熟，不如令早刈之，庶力省而有得。
   …………………………………………………………《元史·陈祐传》

江苏徐州、宿迁、邳州、淮安、靖江、泰兴蝗灾大发生。
   …………………………………………………《中国历代蝗患之记载》

徐、邳州蝗，丰县蝗食禾稼。 …………………… 民国《江苏省通志稿》

徐、邳等州蝗。 ……………………………………… 同治《徐州府志》

是岁，徐州旱蝗。 …………………………………………《铜山县志》

徐、邳等州蝗。 ……………………………………… 同治《宿迁县志》

97. 蒙古至元六年　宋咸淳五年（1269 年）

夏，泗阳蝗灾。 …………………………………《中国历代蝗患之记载》

徐州、邳州蝗。 ……………………………………… 民国《泗阳县志》

98. 元至元十五年（1278 年）

(盐城) 旱，蝗灾。 …………………………………………《盐城市志》

(建湖) 旱，蝗虫为灾。 ……………………………………《建湖县志》

99. 元至元十七年（1280 年）

五月，涟、海、邳诸州郡蝗。 ……………………………《元史·世祖本纪》

五月，邳州蝗。 …………………………………… 民国《江苏省通志稿》

夏，江苏海州、邳州、徐州、涟水蝗灾。 …………《中国历代蝗患之记载》

邳州等州旱蝗。 ……………………………………… 同治《徐州府志》

涟、海诸州蝗。 ……………………………………… 光绪《安东县志》

(建湖) 蝗害。 ………………………………………………《建湖县志》

海州、邳州、宿迁蝗害。 …………………………………《连云港市志》

100. 元至元十九年（1282 年）

七月，淮安、清河飞蝗蔽天自西北来，凡经七日，禾稼俱尽。
   ……………………………………………………………《清河县志》

七月，清河①飞蝗蔽天自西北来，凡经七日，禾稼俱尽。

           ……………………………………………………… 民国《江苏省通志稿》

（盐城）飞蝗蔽日，所过禾稼俱尽。 ………………………………《盐城市志》

（建湖）飞蝗蔽日，所过禾稼俱尽。 ………………………………《建湖县志》

101. 元元贞元年（1295 年）

夏秋，江苏丹徒蝗灾。 …………………………《中国历代蝗患之记载》

五月，镇江、丹徒县蝗。 ……………………………… 光绪《丹徒县志》

102. 元元贞二年（1296 年）

六月，常州、镇江、建康蝗。 …………………………《元史·成宗本纪》

夏秋，常州、南京、镇江大蝗伤稼，民饥死。 ……《中国历代蝗患之记载》

六月，建康蝗，发粟赈之。 ………………………… 万历《应天府志》

六月，建康蝗，赈之。 ……………………………… 同治《上江两县志》

103. 元大德元年（1297 年）

六月，邳州、徐州蝗。 …………………………………《元史·五行志》

江苏镇江、徐州蝗，大发生迁移。 …………《中国东亚飞蝗蝗区的研究》

夏秋，徐州、邳州、镇江飞蝗蔽空。 …………《中国历代蝗患之记载》

六月，徐、邳蝗。 ……………………………………… 同治《徐州府志》

扬州旱蝗，以粮赈济。 ………………………………………《扬州市志》

八月，（兴化）大蝗。 ………………………………………《兴化市志》

104. 元大德二年（1298 年）

夏四月，江南、江浙属县蝗。十二月，扬州、淮安两路旱蝗，以粮十万石
赈之。 ……………………………………………《元史·成宗本纪》

江苏扬州、高邮、盱眙蝗，全年猖獗。 ………《中国东亚飞蝗蝗区的研究》

扬州旱蝗。 ……………………………… 民国《江苏省通志稿》

四月，江浙蝗。 ……………………………… 光绪《盱眙县志稿》

江宁等邑大蝗。 ……………………………… 康熙《江宁县志》

扬州路旱蝗。 ……………………………… 嘉庆《重修扬州府志》

（广陵）旱，蝗虫成灾。 ………………………………………《广陵区志》

四月，（江都）蝗虫甚多。 ………………………………………《江都县志》

夏，（仪征）蝗。 ……………………………… 道光《仪征县志》

---

① 清河：旧县名，治所在今江苏淮安淮阴区西南。

105. 元大德三年（1299 年）

秋七月，扬州、淮安属县蝗，在地者为鹜啄食，飞者以翅击死，诏：禁捕鹜。 ······《元史·成宗本纪》

以旱蝗，除扬州、淮安两路税粮。 ······《元史·食货志》

七月，扬州属县蝗，有鹜食之。 ······民国《江苏省通志稿》

江苏扬州、高邮、盱眙大蝗，淮安群鹜食蝗。 ······《中国历代蝗患之记载》

扬州属县蝗，在地者为鹜啄食，飞者以翅击死，诏勿捕鹜。

······嘉庆《重修扬州府志》

扬州等处蝗食苗稼，成宗祭祀之，忽有鹜鸟群至，在地者啄之，飞者以翼格杀之，蝗尽灭。 ······乾隆《高邮州志》

（广陵）旱，蝗虫成灾。 ······《广陵区志》

（邗江）蝗灾。 ······《邗江县志》

八月，淮南蝗。 ······光绪《盱眙县志稿》

淮安管内蝗虫为害，有鹜数千啄食之，禁捕秃鹜。 ······宣统《续纂山阳县志》

106. 元大德四年（1300 年）

五月，扬州、徐州旱蝗。 ······《元史·成宗本纪》

夏秋，江苏徐州、扬州蝗灾。 ······《中国历代蝗患之记载》

五月，扬州旱蝗。 ······民国《江苏省通志稿》

（邗江）蝗灾。 ······《邗江县志》

徐州旱蝗。 ······同治《徐州府志》

五月，徐州旱蝗。 ······《铜山县志》

107. 元大德五年（1301 年）

是岁，高邮、扬州、常州蝗。 ······《元史·成宗本纪》

八月，江都、兴化等县蝗。 ······《元史·五行志》

夏至秋，江苏高邮、武进、江都、扬州、兴化蝗灾。

······《中国历代蝗患之记载》

八月，江都、兴化、高邮、常州蝗。 ······民国《江苏省通志稿》

八月，（邗江）蝗灾。 ······《邗江县志》

108. 元大德六年（1302 年）

五月，扬州、淮安路蝗。秋七月，镇江蝗。 ······《元史·成宗本纪》

七月，镇江丹徒县蝗。 ······《元史·五行志》

夏至秋，江苏扬州、高邮、淮安、镇江、淮阴蝗灾。

　　　　　　　　　　　　　　　　　　　　　······《中国历代蝗患之记载》

五月，扬州路蝗。七月，丹徒蝗。　······民国《江苏省通志稿》

秋，（仪征）蝗。　······道光《仪征县志》

（盐城）蝗虫遍野，食禾尽。　······《盐城市志》

淮安蝗。　······光绪《淮安府志》

109. 元大德九年（1305 年）

六月，通、泰等州县蝗。　······《元史·五行志》

夏至秋，江苏泰州、如皋、南通、东台、泰兴、扬州蝗灾。

　　　　　　　　　　　　　　　　　　　　　······《中国历代蝗患之记载》

六月，通、泰等处蝗，上海旱蝗。　······民国《江苏省通志稿》

六月，通州、泰州蝗。　······嘉庆《重修扬州府志》

六月，通、泰蝗。　······道光《泰州志》

（如皋）蝗灾。　······《如皋县志》

八月，泗州蝗。　······光绪《盱眙县志稿》

110. 元大德十年（1306 年）

八月，（吴县）高乡蝗灾。　······民国《吴县志》

111. 元至大元年（1308 年）

八月，扬州、淮安蝗。　······《元史·武宗本纪》

八月，淮东[①]蝗。　······《元史·五行志》

江苏扬州、淮安、武进大蝗伤稼，大饥。　······《中国历代蝗患之记载》

八月，扬州蝗。　······民国《江苏省通志稿》

秋，（仪征）旱蝗，大饥。　······道光《仪征县志》

（常州府）旱蝗。　······康熙《常州府志》

（武进）旱蝗，民食草根、树叶尽。　······光绪《武进阳湖县志》

淮安蝗。　······光绪《淮安府志》

112. 元至大二年（1309 年）

夏四月，扬、高邮等处蝗。六月，江宁、句容、溧水、上元等处蝗。

　　　　　　　　　　　　　　　　　　　　　······《元史·武宗本纪》

六月，江宁、上元、句容、溧水、高邮、高淳蝗。······民国《江苏省通志稿》

---

① 淮东：元宣慰司名，治所在今江苏扬州，辖扬州、淮安二路。

江苏南京、溧水、句容蝗灾。 ······················《中国历代蝗患之记载》

扬州、高邮蝗。 ····························嘉庆《重修扬州府志》

六月，上元蝗。 ·····························康熙《上元县志》

六月，（溧水）蝗。 ···························《溧水县志》

113. 元延祐六年（1319 年）

六月，济宁路（沛县）大螟害稼。 ················民国《沛县志》

114. 元至治元年（1321 年）

秋七月，临淮、盱眙等县蝗。八月，泰兴、江都县蝗。

···《元史·英宗本纪》

五月，泰兴蝗。七月，江都、泰兴蝗。 ···········民国《江苏省通志稿》

夏至冬，江苏扬州、泰兴、南通蝗灾。 ···········《中国历代蝗患之记载》

四月，洪泽屯田旱蝗。 ·······················光绪《凤阳府志》

（广陵）旱蝗，饥。 ·························《广陵区志》

七月，临淮、盱眙等县蝗。 ···················光绪《盱眙县志稿》

115. 元至治二年（1322 年）

（广陵）旱蝗，饥。 ·························《广陵区志》

116. 元至治三年（1323 年）

（广陵）旱蝗，饥。 ·························《广陵区志》

117. 元泰定三年（1326 年）

秋七月，淮安等路蝗。 ·······················《元史·泰定本纪》

七月；淮安、高邮二郡，泗州蝗。 ···············《元史·五行志》

夏秋，江苏扬州、高邮、盱眙、泗县蝗灾。 ········《中国历代蝗患之记载》

淮安蝗。 ·································光绪《淮安府志》

七月，高邮蝗。 ····························嘉庆《重修扬州府志》

七月，泗州蝗。 ····························光绪《盱眙县志稿》

118. 元泰定四年（1327 年）

秋七月，江南旱蝗荐至。 ·····················《元史·泰定本纪》

溧阳蝗。 ·································至正《金陵新志》

119. 元天历元年（1328 年）

江苏金坛蝗灾。 ····························《中国历代蝗患之记载》

（金坛）蝗。 ······························民国《金坛县志》

120. **元天历二年**（1329 年）

秋七月，淮安属县蝗。 ···《元史·文宗本纪》

淮安路属县蝻。 ···《元史·五行志》

夏，江苏淮安蝗灾。 ·······························《中国历代蝗患之记载》

淮安属县蝗蝻。 ···································光绪《淮安府志》

121. **元至顺元年**（1330 年）

秋七月，扬州、淮安路蝗。 ·····························《元史·文宗本纪》

秋，江苏淮安、扬州蝗灾大发生，免税。 ········《中国历代蝗患之记载》

七月，扬州路蝗。 ······························民国《江苏省通志稿》

淮安路蝗。 ·······································光绪《淮安府志》

七月，（邗江）蝗灾。 ································《邗江县志》

122. **元至元二年**（1336 年）

夏冬，江苏邳州、徐州蝗灾。 ················《中国历代蝗患之记载》

徐、邳等州蝗。 ···································同治《徐州府志》

（丰县）蝗灾，禾稼被害。 ···························《丰县志》

123. **元至正三年**（1343 年）

秋，江苏南京、江宁蝗灾。 ················《中国历代蝗患之记载》

八月，（上元、江宁）蝗。 ·····················同治《上江两县志》

八月，蝗。 ·······································至正《金陵新志》

124. **元至正十七年**（1357 年）

夏，江苏邳州蝗灾。 ·······················《中国历代蝗患之记载》

六月，邳州蝗。 ···································同治《徐州府志》

125. **元至正十九年**（1359 年）

七月，淮安清河县飞蝗蔽天，自西北来，凡经七日，禾稼俱尽。

···《元史·五行志》

五、明代蝗灾

126. **明洪武四年**（1371 年）

溧阳蝗虫遍野，免税粮。 ·····················万历《应天府志》

127. **明洪武五年**（1372 年）

七月，徐州蝗。 ·································《明史·五行志》

七月，徐州蝗。 ························《明实录·太祖实录》

秋，江苏徐州蝗灾。 ·············《中国历代蝗患之记载》

秋七月，徐州蝗，免田租。 ··················《铜山县志》

128. 明建文元年（1399 年）

秋，江苏江北蝗灾。 ·············《中国历代蝗患之记载》

秋七月，江北蝗。 ·········《古今图书集成·庶征典·蝗灾部汇考》

129. 明建文三年（1401 年）

江苏常州、无锡蝗灾，飞蔽天。 ······《中国历代蝗患之记载》

常州蝗。 ·······················民国《江苏省通志稿》

（常州）飞蝗蔽空。 ···················康熙《常州府志》

（无锡）飞蝗蔽空。 ·······················《无锡市志》

溧阳飞蝗遍野。 ·····················乾隆《镇江府志》

130. 明建文四年（1402 年）

夏，京师①飞蝗蔽天，旬余不息。 ·········《明史·五行志》

江苏蝗飞蔽天，旬日不息，南京、常州蝗灾。 ···《中国历代蝗患之记载》

（常州）蝗。 ·····················康熙《常州府志》

（溧阳）飞蝗遍野。 ···················嘉庆《溧阳县志》

四月，（句容）蝗飞蔽天。 ··················《句容县志》

131. 明永乐元年（1403 年）

四月，淮安府蝗，上命户部遣人捕之，仍验所伤稼，免其租税。

·······························《明实录·太宗实录》

夏，吴县蝗灾。 ·················《中国历代蝗患之记载》

（震泽）大旱蝗。 ···················光绪《震泽县志》

132. 明永乐七年（1409 年）

江苏沛县蝗虫大发生。 ···········《中国历代蝗患之记载》

133. 明永乐十一年（1413 年）

五月，淮安府盐城县蝗。 ·············《明实录·太宗实录》

134. 明宣德三年（1428 年）

江苏如皋蝗灾，有鹜食之。 ·······《中国历代蝗患之记载》

如皋蝗，有鹜食之。 ···············民国《江苏省通志稿》

---

① 京师：明建都应天府，今江苏南京，永乐十九年（1421 年）迁都顺天府，今北京市。

（如皋）蝗灾。 …………………………………………………《如皋县志》

135. 明宣德七年（1432年）

沛县蝗灾严重发生。 ……………………………《中国历代蝗患之记载》

沛县大蝗。 ………………………………………… 同治《徐州府志》

沛县大蝗，蠲免租税。 ……………………………………《沛县志》

136. 明宣德九年（1434年）

七月，两畿①蝗蝻覆地尺许，伤稼。 ………………………《明史·五行志》

七月，淮安府沭阳、盐城县蝗蝻生，命行在户部遣官驰驿督捕。八月，直隶
扬州府高邮州六月以来蝗蝻生，已发民捕瘗。 ……《明实录·宣宗实录》

江苏南京、江宁蝗蝻盖地尺厚，皇帝遣官督捕。 ……《中国历代蝗患之记载》

（上元、江宁）遣官捕蝗，敕南京各官行视灾伤。 …… 同治《上江两县志》

（洪泽）蝗蝻覆地尺许，伤禾稼。 ……………………………《洪泽县志》

137. 明宣德十年（1435年）

夏四月，遣给事中、御史捕淮安蝗。 ………………………《明史·英宗本纪》

四月，两京蝗蝻伤稼。 ……………………………………《明史·五行志》

四月，淮安府蝗蝻伤禾稼，上命驰驿往捕。五月，应天、扬州、淮安府蝗
旱灾伤，人民艰食，无以赈济。六月，应天府六合县、扬州府高邮州、
宝应、兴化、泰兴县蝗，差官督捕。 ……………《明实录·英宗实录》

夏，江苏南京、江宁、淮安、淮阴蝗伤稼。 ………《中国历代蝗患之记载》

四月，南京蝗蝻伤稼。 …………………………… 民国《江苏省通志稿》

淮安蝗。 ……………………………………………… 光绪《淮安府志》

四月，（句容）蝗蝻害稼。 ……………………………………《句容县志》

138. 明正统元年（1436年）

七月，直隶高邮州蝗蝻生发，扑之未绝，上命行在户部遣官覆视以闻。

…………………………………………………《明实录·英宗实录》

江苏南京蝗灾严重发生，皇帝遣官督捕。 …………《中国历代蝗患之记载》

四月，两畿蝗蝻伤稼。 ……………………《古今图书集成·庶征典·蝗灾部汇考》

139. 明正统二年（1437年）

五月，淮安、邳州蝗，上命行在户部遣官驰驿往督军卫、有司捕之。

…………………………………………………《明实录·英宗实录》

---

① 两畿：明时以今江苏南京和今北京为两京，指两京附近的地区，即南畿和北畿。

140. 明正统四年（1439 年）

五月，淮安、徐州有蝗，上谓户部：不速扑灭，恐遗民患，即遣人驰，传
令有司捕之。七月，徐州蝗。 ……………………………《明实录·英宗实录》

五月，（洪泽）蝗。 …………………………………………………《洪泽县志》

141. 明正统五年（1440 年）

夏，应天、淮安蝗。 …………………………………………《明史·五行志》

五月，淮安多蝗，上命行在户部速令有司设法捕之。

…………………………………………………《明实录·英宗实录》

四月，两畿蝗。 …………………《古今图书集成·庶征典·蝗灾部汇考》

夏，江苏江宁、淮安、盱眙蝗灾大发生，捕之。 ……《中国历代蝗患之记载》

夏，（句容）蝗。 …………………………………………………《句容县志》

夏，（洪泽）蝗。 …………………………………………………《洪泽县志》

夏，凤阳、淮安等府蝗。 …………………………… 光绪《盱眙县志稿》

142. 明正统六年（1441 年）

夏，淮安蝗。 …………………………………………………《明史·五行志》

五月，应天府江浦县蝗，命户部遣监察御史严督捕瘗，毋使滋蔓。

…………………………………………………《明实录·英宗实录》

夏，南京、淮安、盱眙蝗虫严重发生。 …………《中国历代蝗患之记载》

南京、江北诸府蝗。 …………《古今图书集成·庶征典·蝗灾部汇考》

143. 明正统七年（1442 年）

夏，两畿旱蝗。 …………………………………………………………《明会要》

夏，江苏如皋蝗灾。 …………………………………《中国历代蝗患之记载》

淮安蝗，命大臣分巡天下有蝗处，通政司王锡命往淮安。

………………………………………………………… 光绪《淮安府志》

山阳①有蝗，命大臣分巡天下有蝗处。 ……………… 同治《重修山阳县志》

144. 明正统八年（1443 年）

夏，两畿蝗。 …………………………………………………《明史·五行志》

夏，江苏南京、江宁捕蝗虫。 …………………………《中国历代蝗患之记载》

夏，南畿蝗。 ……………………………………………… 同治《上江两县志》

夏，（句容）蝗。 …………………………………………………《句容县志》

---

① 山阳：旧县名，治所在今江苏淮安市淮安区。

145. 明正统九年（1444 年）

早春，江苏南京等官府令民掘蝗卵。 ·········《中国历代蝗患之记载》

遣官分往南畿督捕蝗种。 ·········《古今图书集成·庶征典·蝗灾部汇考》

146. 明正统十二年（1447 年）

夏，淮安蝗。 ·································《明史·五行志》

闰四月，直隶淮安府所属州县蝗，上命户部遣官督军民捕灭之。八月，应
    天府旱蝗相仍，军民饥窘，鬻子女易食。 ·········《明实录·英宗实录》

江苏旱，蝗灾大发生，军民饥殍，淮安、江宁蝗灾。

        ·································《中国历代蝗患之记载》

八月，应天旱蝗相仍，军民饥殍。

        ·········《古今图书集成·庶征典·蝗灾部汇考》

夏，江浦大蝗，淮安蝗，饥。 ·········民国《江苏省通志稿》

（震泽）大旱蝗，饥。 ·········光绪《震泽县志》

五月，六合蝗。 ·································万历《应天府志》

夏，（六合）大蝗。 ·································光绪《六合县志》

（洪泽）蝗。 ·································《洪泽县志》

147. 明正统十三年（1448 年）

六月，淮安府海州等十一州县水涝、蝗、旱相仍。 ······《明实录·英宗实录》

江苏蝗。 ·································《中国东亚飞蝗蝗区的研究》

四月，遣官分诣南北直隶等府捕蝗。

        ·········《古今图书集成·庶征典·蝗灾部汇考》

148. 明正统十四年（1449 年）

六月，淮安府奏：上年飞蝗遗种。 ·········《明实录·英宗实录》

149. 明景泰六年（1455 年）

江苏镇江、常州、金坛、江阴蝗灾。 ·········《中国历代蝗患之记载》

五月，苏州府蝗灾。 ·································《明实录·英宗实录》

江阴、武进旱蝗。 ·································民国《江苏省通志稿》

（镇江府）三县大旱蝗，丹阳尤甚。 ·········乾隆《镇江府志》

（丹阳）蝗虫为灾。 ·································《丹阳县志》

夏，（江阴）旱蝗，免租。 ·········光绪《江阴县志》

150. 明景泰七年（1456 年）

六月，淮安、扬州大旱蝗。九月，应天府蝗。 ·········《明史·五行志》

九月，应天府蝗。································《明实录·英宗实录》

六月，淮安、扬州大蝗，仪征、通州、如皋、泰兴旱蝗。九月，应天蝗。

···民国《江苏省通志稿》

夏秋，江苏淮安、扬州、泰兴、南通、东台、江宁、盱眙大蝗灾，迁移。

···《中国历代蝗患之记载》

秋，（无锡）蝗。·································《无锡市志》

（南通）旱蝗。·································《南通市志》

（如皋）蝗灾。·································《如皋县志》

六月，扬州大旱蝗。·······················嘉庆《重修扬州府志》

（仪征）大旱蝗，免田租。·····················道光《仪征县志》

（泰兴）旱蝗。·································《泰兴县志》

五月，淮安大旱蝗。·························光绪《盱眙县志稿》

（洪泽）蝗。·································《洪泽县志》

151. 明天顺二年（1458 年）

（吴郡甫里①）旱蝗。·······················《吴郡甫里志》

152. 明天顺八年（1464 年）

··《金湖县志》

（金湖）旱蝗。

153. 明成化四年（1468 年）

秋，江苏淮阴、淮安蝗灾，大雨，蝗死。··········《中国历代蝗患之记载》

秋，淮安旱蝗，愈捕愈甚，大雨，蝗尽死。·······民国《江苏省通志稿》

秋，（洪泽）旱蝗。·······························《洪泽县志》

秋，山阳旱蝗，有司捕之，翌月大雨，蝗尽死。······同治《重修山阳县志》

154. 明成化六年（1470 年）

夏，江苏睢宁蝗灾。·························《中国历代蝗患之记载》

夏，睢宁旱蝗，俄顷大雨降，蝗死。·············光绪《睢宁县志稿》

155. 明成化七年（1471 年）

盐城旱，蝗食稼。·························民国《江苏省通志稿》

（盐城）旱，蝗灾。·······························《盐城县志》

156. 明成化十五年（1479 年）

盐城旱蝗。·································民国《江苏省通志稿》

---

① 甫里：乡镇名，今江苏苏州东南角直镇。

（盐城）旱，蝗食禾尽。 ·································《盐城市志》

（盐城）旱，蝗食禾尽。 ·································《盐城县志》

（常州）旱蝗。 ·································康熙《常州府志》

157. 明成化十六年（1480 年）

江苏扬州、东台蝗灾，从东北来，飞蔽天日。 ·······《中国历代蝗患之记载》

东台旱，蝗自东北来，蔽空翳日。 ···········民国《江苏省通志稿》

扬州旱，蝗自东北飞来，遮天蔽日。 ·················《江都县志》

（盐城）又旱，蝗虫为害。 ·························《盐城市志》

（大丰）旱，有蝗。 ·······························《大丰县志》

158. 明成化十七年（1481 年）

夏，常熟、苏州蝗灾，常州蝗虫大发生，从北来，食稼尽。

·······································《中国历代蝗患之记载》

夏，（常熟）大旱，蝗虫为灾。 ·····················《常熟市志》

夏，（太仓）大旱，蝗食禾。 ···············民国《太仓州志》

159. 明成化二十三年（1487 年）

六月，徐州蝗。 ·······························《明实录·宪宗实录》

160. 明弘治三年（1490 年）

两畿旱蝗。 ·································《明史·刘吉传》

161. 明弘治四年（1491 年）

夏，淮安、扬州蝗。 ·························《明史·五行志》

夏，江苏扬州、淮安蝗。 ···············《中国东亚飞蝗蝗区的研究》

夏，扬州蝗。 ·································嘉庆《重修扬州府志》

夏，（邗江）蝗灾。 ·······························《邗江县志》

162. 明弘治七年（1494 年）

三月，两畿蝗，命捕蝗一斗给米倍之。 ·················《明会要》

春，江苏南京、江宁捕蝗虫。 ···········《中国历代蝗患之记载》

南畿蝗。 ·································同治《上江两县志》

三月，（句容）蝗灾。 ·······························《句容县志》

163. 明弘治十五年（1502 年）

（盐城）大旱，蝗灾。 ·······························《盐城县志》

（射阳）蝗食禾苗尽。 ·······························《射阳县志》

（建湖）蝗食苗尽，野有饿殍。 ·····················《建湖县志》

164. 明弘治十八年（1505 年）

江苏高邮、宝应、东台、如皋、南通蝗灾；扬州蝗虫大发生，飞蔽天，食
稼尽。 ……………………………………………《中国历代蝗患之记载》

高邮、通州旱蝗，饥。 ………………………… 民国《江苏省通志稿》

（南通）大旱蝗，饥。 …………………………………《南通市志》

（如皋）蝗灾。 …………………………………………《如皋县志》

（海安）旱，蝗飞蔽天，食禾苗殆尽，岁大饥。 …………《海安县志》

扬州大旱，飞蝗蔽天，食禾苗尽。 …………………《扬州市郊区志》

（江都）大旱，蝗飞蔽天，食尽田稼。 …………………《江都县志》

（宝应）旱蝗。 …………………………………………《宝应县志》

（广陵）蝗飞蔽日，食田禾尽。 …………………………《广陵区志》

（高邮）大旱，飞蝗食禾尽，民饥。 ………………… 乾隆《高邮州志》

（盐城）蝗飞蔽日，食稼尽。 …………………………《盐城市志》

（大丰）大旱，蝗飞蔽天，食禾尽。 ……………………《大丰县志》

（金湖）大旱，飞蝗食禾稼尽，民饥。 …………………《金湖县志》

165. 明正德三年（1508 年）

秋，江苏东台蝗灾严重，飞蔽天，食稼尽；宝应蝗灾。
………………………………………《中国历代蝗患之记载》

东台大旱蝗。 ………………………… 民国《江苏省通志稿》

（大丰）大旱，飞蝗蔽天，食禾尽。 ……………………《大丰县志》

（宝应）大旱蝗。 ………………………………………《宝应县志》

166. 明正德四年（1509 年）

盱眙蝗灾。 …………………《中国东亚飞蝗蝗区的研究》

夏，（泗州）旱蝗。 ………………………… 乾隆《泗州志》

夏旱，（盱眙）蝗飞蔽日。 ………………… 光绪《盱眙县志稿》

夏旱，（泗洪）飞蝗蔽天。 …………………………《泗洪县志》

167. 明正德八年（1513 年）

江苏淮阴蝗灾大发生，伤稼，饥荒。 …………《中国历代蝗患之记载》

淮安旱蝗。 ………………………… 民国《江苏省通志稿》

（淮安）旱蝗。 ………………………… 光绪《淮安府志》

（山阳）旱蝗。 ………………………… 同治《重修山阳县志》

（盐城）旱，又有蝗虫，禾稼无收。 ……………………《盐城市志》

（盐城）旱，蝗灾，禾稼无收。 ···《盐城县志》

（大丰）蝗灾，歉收。 ···《大丰县志》

168. 明正德九年（1514 年）

江苏宝应蝗虫大发生，伤稼。 ···················《中国历代蝗患之记载》

（宝应）大旱蝗。 ···《宝应县志》

（金湖）大旱蝗。 ···《金湖县志》

169. 明正德十四年（1519 年）

六月，（泰县）蝗。 ···《泰县志》

170. 明嘉靖二年（1523 年）

江苏涟水蝗灾大发生，民饥。 ···················《中国历代蝗患之记载》

六月，（丹阳）蝗灾，芦荡一空。 ·······················《丹阳县志》

涟水旱蝗。 ···《涟水县志》

（安东①）蝗，饥，人相食。 ·······················光绪《安东县志》

171. 明嘉靖三年（1524 年）

六月，徐州蝗。 ·······································《明史·五行志》

六月，徐州蝗，户部请敕有司捕蝗。 ···········《明实录·世宗实录》

夏，江苏六合、徐州、涟水、苏州蝗灾。 ·········《中国历代蝗患之记载》

六月，徐州蝗，安东旱蝗。 ·······················民国《江苏省通志稿》

（六合）旱蝗。 ·······································光绪《六合县志》

涟水旱蝗。 ···《涟水县志》

（安东）旱蝗，令纳蝗子五斗，准入三等吏缺。 ···········光绪《安东县志》

172. 明嘉靖四年（1525 年）

江苏沛县、无锡蝗灾大发生。 ···················《中国历代蝗患之记载》

（无锡）蝗。 ···《无锡市志》

（沛县）蝗，无禾。 ·································乾隆《沛县志》

173. 明嘉靖五年（1526 年）

正月，以蝗灾诏免镇江丹徒、丹阳二县钱粮。

···《明实录·英宗实录》

江苏金坛、镇江蝗灾。 ·····························《中国历代蝗患之记载》

六月，（镇江）蝗，芦荻叶一空，未食苗稼。 ·············乾隆《镇江府志》

---

① 安东：旧县名，治所在今江苏涟水。

（金坛）飞蝗蔽天，庄稼、芦荻食之一空，自此连续七年蝗灾。

                                    《金坛县志》

174. **明嘉靖六年**（1527 年）

夏秋，江苏东台、丹徒、金坛蝗虫大发生，伤稼。

           《中国历代蝗患之记载》

（金坛）蝗灾。   《金坛县志》

夏，（盐城）有蝗虫。   《盐城市志》

夏，（大丰）旱，蝗虫。   《大丰县志》

175. **明嘉靖七年**（1528 年）

江苏常州、金坛、如皋、宝应、东台、江都、盱眙蝗灾。

           《中国历代蝗患之记载》

夏，东台旱蝗。七月，盐城蝗，民饥；常州旱蝗。

          民国《江苏省通志稿》

（常州）旱蝗，蠲免。   康熙《常州府志》

（金坛）蝗灾。   《金坛县志》

（吴郡甫里）旱蝗。   《吴郡甫里志》

夏，（如皋）蝗灾。   《如皋县志》

（宝应）大旱蝗。   《宝应县志》

七月，（盐城）蝗大起，食禾苗。   《盐城县志》

七月，（建湖）蝗大起，食禾苗及衣书，饥。 《建湖县志》

夏旱，（大丰）蝗虫。   《大丰县志》

七月，（淮阴）蝗大起，食禾苗、衣物，民饥。 《淮阴县志》

（金湖）大旱蝗。   《金湖县志》

（盱眙）蝗。   光绪《盱眙县志稿》

（泗洪）蝗。   《泗洪县志》

176. **明嘉靖八年**（1529 年）

六月，以旱蝗减免淮安、扬州府属各州县夏税。

           《明实录·世宗实录》

七月，长洲[①]、吴县蝗。   《古今图书集成·庶征典·蝗灾部汇考》

六月，昆山、江阴、仪征、常州蝗，食草木、竹、芦荻殆尽。七月，高邮

[①] 长洲：旧县名，治所在今江苏苏州。

旱蝗；东台、如皋、泰兴蝗飞蔽天，蝗满民庐。八月，扬州蝗飞蔽天。

.... 民国《江苏省通志稿》

夏秋，扬州蝗飞蔽天，盖地尺厚，绵延百里，食禾草殆尽，南飞过扬子江，

北行者衣服皆变黄；昆山、苏州、如皋、江阴、常熟、无锡、金坛、宝

应、常州、高邮、东台、泰州蝗灾。.............《中国历代蝗患之记载》

秋，（六合）大蝗，群飞蔽天。............................《六合县志》

（金坛）蝗灾。..《金坛县志》

六月，（吴县）飞蝗入境，伤禾稼。.......................《吴县志》

六月，（江阴）飞蝗蔽天，食竹草叶尽。.........光绪《江阴县志》

秋，（太仓）大旱蝗。...........................民国《太仓州志》

（常熟）蝗虫为灾。...............................《常熟市志》

七月，（如皋）飞蝗蔽天，落地厚数寸。...........《如皋县志》

六月，（扬州）飞蝗积厚数寸，长十余里，食草木殆尽，数月渡江食芦荻

尽。八月，蝗复自北来，群飞蔽天，绵亘百里，厚尺许，山行者衣履皆

黄，禾稼不登。...........................嘉庆《重修扬州府志》

夏六月，（仪征）蝗，积地厚尺许，长数十里，食草木殆尽，数日飞渡江，

食芦荻亦尽。八月，蝗复自北来，群飞蔽天。.........道光《仪征县志》

夏，（宝应）蝗甚。...............................《宝应县志》

秋七月，（高邮）飞蝗蔽天，积地厚数寸，禾稼不登。......乾隆《高邮州志》

七月，（兴化）飞蝗蔽空，至十七年每年皆蝗。............《兴化市志》

六月，（靖江）蝗自西北来蔽天，禾稼俱尽。...............光绪《靖江县志》

七月，（金湖）飞蝗蔽天，积地厚数寸，庄稼不登。...........《金湖县志》

177. 明嘉靖九年（1530 年）

秋，江苏金坛、东台、如皋蝗虫大发生。............《中国历代蝗患之记载》

秋，东台、如皋、泰兴、仪征蝗。...............民国《江苏省通志稿》

（金坛）蝗灾。..《金坛县志》

秋，（如皋）蝗灾。...............................《如皋县志》

秋，（仪征）蝗。...............................道光《仪征县志》

三月，（靖江）蝗，捕蝗遗种甚多。...............光绪《靖江县志》

178. 明嘉靖十年（1531 年）

八月，以旱蝗免淮安、扬州二府各属州县田粮有差。九月，以淮安、扬州、

徐州水旱、虫蝗，诏以兑运粮二仓支运。.........《明实录·世宗实录》

江苏东台、金坛、苏州、如皋蝗灾。 ·············《中国历代蝗患之记载》

夏，萧县蝗，东台、如皋蝗蝻生。 ·············民国《江苏省通志稿》

（金坛）蝗灾。 ·················《金坛县志》

七月，（仪征）蝗。 ···············道光《仪征县志》

夏，（如皋）蝗蝻大发生。 ···········《如皋县志》

淮安府属县旱蝗。 ···············《涟水县志》

（洪泽）蝗。 ·················《洪泽县志》

六月，（泗洪）大旱蝗。 ···········《泗洪县志》

（丰县）蝗灾，蚂蚱遮天盖地，庄稼苗被吃。 ·····《丰县志》

179. 明嘉靖十一年（1532 年）

九月，以旱蝗诏改折淮安、扬州和徐州正兑米八万石改兑米三万石，仍免
租有差。 ···············《明实录·世宗实录》

五月，仪征、丰县、常州蝗，食禾苗草木殆尽。秋，溧水蝗。

············· 民国《江苏省通志稿》

江苏金坛、常州、六合蝗灾。 ·········《中国历代蝗患之记载》

夏秋，六合、溧水蝗。 ···········万历《应天府志》

夏，（六合）蝗，知县令民捕蝗，照斗给谷。 ···光绪《六合县志》

夏秋，（溧水）蝗。 ············《溧水县志》

武进蝗，食稻叶、芦苇俱尽。 ········康熙《常州府志》

（金坛）蝗灾。 ···············《金坛县志》

五月，（仪征）蝗。 ···············道光《仪征县志》

（靖江）蝗自西北来蔽天，所集禾苗立尽。 ···光绪《靖江县志》

丰县蝗。 ·················同治《徐州府志》

180. 明嘉靖十二年（1533 年）

江苏东台蝗灾。 ···············《中国历代蝗患之记载》

东台、砀山蝗。 ···············民国《江苏省通志稿》

181. 明嘉靖十三年（1534 年）

夏，江苏苏州蝗虫大发生，伤稼。 ······《中国历代蝗患之记载》

182. 明嘉靖十四年（1535 年）

江苏南通、如皋、东台、泰兴、泰县、高邮、盱眙蝗。

············· 《中国历代蝗患之记载》

江苏东台、高邮、盱眙、泗县蝗，严重猖獗。

···《中国东亚飞蝗蝗区的研究》

通州、如皋、泰兴、江浦大旱蝗。·················· 民国《江苏省通志稿》

溧阳、江浦、六合蝗旱，赈之。·················· 万历《应天府志》

（江浦）旱，蝗灾。··························《江浦县志》

溧阳旱，飞蝗蔽野。·················· 乾隆《镇江府志》

（南通）大旱蝗。··························《南通市志》

（如皋）蝗灾。··························《如皋县志》

夏旱，（高邮）飞蝗蔽天。·················· 乾隆《高邮州志》

秋，（仪征）旱蝗。·················· 道光《仪征县志》

六月，（泰州）蝗灾。·················· 道光《泰州志》

（泰兴）大旱蝗。··························《泰兴县志》

江淮大旱，赤地千里，飞蝗蔽日，禾草无存。·········《盐城市志》

六月，（大丰）飞蝗蔽天，禾草无存。·············《大丰县志》

夏旱，（金湖）飞蝗蔽天。·················· 《金湖县志》

（盱眙）旱蝗。·················· 光绪《盱眙县志稿》

五月不雨，（泗州）蝗生不绝，遍入居室吃衣服。········ 光绪《泗虹合志》

（泗洪）大旱蝗。··························《泗洪县志》

183. 明嘉靖十五年（1536 年）

秋，江苏仪征、高邮、句容、常熟、苏州蝗灾。······《中国历代蝗患之记载》

六月，高邮旱蝗，不为灾，仪征蝗蝻生。·········· 民国《江苏省通志稿》

夏四月，（仪征）蝗蝻生，县令民掘取其子，每升赏以斗米，成蝻者谷半
之，积数百斗，蝗尽灭。·················· 道光《仪征县志》

（高邮）旱蝗，不为灾。·················· 乾隆《高邮州志》

四月，（句容）蝗生。··························《句容县志》

（吴郡甫里）旱蝗。··························《吴郡甫里志》

（常熟）蝗。·················· 康熙《常熟县志》

184. 明嘉靖十八年（1539 年）

七月，高淳蝗，大雾三日，蝗尽死；青浦旱蝗，食禾几尽。

·················· 民国《江苏省通志稿》

七月，（高淳）蝗飞蔽天，大雾三日，死蝗浮湖数十里。······《高淳县志》

（吴郡甫里）旱蝗。··························《吴郡甫里志》

185. 明嘉靖十九年（1540 年）

夏秋，江苏扬州、高邮、东台、如皋、南通、苏州蝗灾大发生，飞蔽天，害稼。⋯⋯⋯⋯⋯⋯⋯⋯⋯⋯⋯⋯⋯⋯⋯⋯《中国历代蝗患之记载》

七月，高邮、东台、通州、如皋、泰兴旱蝗。⋯⋯ 民国《江苏省通志稿》

（吴郡甫里）旱蝗。⋯⋯⋯⋯⋯⋯⋯⋯⋯⋯⋯⋯《吴郡甫里志》

蝗至（靖江），三日蝗尽去。⋯⋯⋯⋯⋯⋯⋯ 光绪《靖江县志》

（南通）旱蝗。⋯⋯⋯⋯⋯⋯⋯⋯⋯⋯⋯⋯⋯⋯《南通市志》

（如皋）蝗灾。⋯⋯⋯⋯⋯⋯⋯⋯⋯⋯⋯⋯⋯⋯《如皋县志》

（高邮）旱蝗。⋯⋯⋯⋯⋯⋯⋯⋯⋯⋯⋯ 乾隆《高邮州志》

夏，（盐城）飞蝗伤禾苗。⋯⋯⋯⋯⋯⋯⋯⋯⋯《盐城市志》

夏，（大丰）飞蝗伤禾苗。⋯⋯⋯⋯⋯⋯⋯⋯⋯《大丰县志》

186. 明嘉靖二十年（1541 年）

夏，江苏南通、泰兴、如皋蝗虫大发生，害稼。⋯⋯《中国历代蝗患之记载》

夏，通州、如皋、泰兴旱蝗。⋯⋯⋯⋯⋯ 民国《江苏省通志稿》

夏，（南通）旱蝗。⋯⋯⋯⋯⋯⋯⋯⋯⋯⋯⋯⋯《南通市志》

（如皋）蝗灾。⋯⋯⋯⋯⋯⋯⋯⋯⋯⋯⋯⋯⋯⋯《如皋县志》

夏，（泰兴）旱蝗。⋯⋯⋯⋯⋯⋯⋯⋯⋯⋯⋯⋯《泰兴县志》

187. 明嘉靖二十一年（1542 年）

靖江蝗灾。⋯⋯⋯⋯⋯⋯⋯⋯⋯⋯⋯⋯⋯ 光绪《靖江县志》

188. 明嘉靖二十三年（1544 年）

江苏睢宁、宝应、常熟蝗灾大发生。⋯⋯⋯⋯《中国历代蝗患之记载》

睢宁蝗不入境。⋯⋯⋯⋯⋯⋯⋯⋯⋯⋯ 民国《江苏省通志稿》

（吴郡甫里）旱蝗。⋯⋯⋯⋯⋯⋯⋯⋯⋯⋯⋯⋯《吴郡甫里志》

（宝应）大旱蝗。⋯⋯⋯⋯⋯⋯⋯⋯⋯⋯⋯⋯⋯《宝应县志》

金湖大旱蝗。⋯⋯⋯⋯⋯⋯⋯⋯⋯⋯⋯⋯⋯⋯《金湖县志》

秋，泗州旱蝗，民饥。⋯⋯⋯⋯⋯⋯⋯⋯⋯⋯⋯《泗洪县志》

是年，（徐州府）蝗，未入睢宁境。⋯⋯⋯⋯ 同治《徐州府志》

189. 明嘉靖二十四年（1545 年）

夏，江苏赣榆、宝应、常熟、盱眙蝗虫大发生，害稼。

⋯⋯⋯⋯⋯⋯⋯⋯⋯⋯⋯⋯⋯⋯⋯⋯《中国历代蝗患之记载》

常州大旱蝗。⋯⋯⋯⋯⋯⋯⋯⋯⋯⋯⋯ 民国《江苏省通志稿》

（无锡）蝗。⋯⋯⋯⋯⋯⋯⋯⋯⋯⋯⋯⋯⋯⋯⋯《无锡市志》

（吴郡甫里）旱蝗。 ···《吴郡甫里志》

（宝应）大旱蝗。 ·······································《宝应县志》

（金湖）大旱蝗。 ·······································《金湖县志》

河由野鸡冈决，南至泗州合淮入海，夏，（盱眙）大蝗。

·· 光绪《盱眙县志稿》

夏，河由野鸡冈决，（泗洪）大蝗。 ················《泗洪县志》

（沭阳）蝗。 ···································· 民国《沭阳县志》

八月，海州蝗灾，禾稼受害，民苦。 ··········《连云港市志》

八月，赣榆大蝗，落地厚三寸。 ················《赣榆县志》

190. 明嘉靖二十五年（1546 年）

盱眙蝗灾。 ·······························《中国历代蝗患之记载》

（吴郡甫里）连被旱蝗，野多饿殍。 ············《吴郡甫里志》

（盱眙）蝗。 ······························ 光绪《盱眙县志稿》

（泗洪）蝗。 ·······································《泗洪县志》

191. 明嘉靖二十九年（1550 年）

七月，六合蝗。 ···························· 万历《应天府志》

192. 明嘉靖三十三年（1554 年）

春，（兴化）蝻灾。秋，蝗虫又至，田无谷物，屋草尽。 ······《兴化市志》

193. 明嘉靖三十四年（1555 年）

秋，泰州、东台蝗食草无遗；江浦蝗，不为灾。 ······ 民国《江苏省通志稿》

秋，江苏东台蝗灾，食草无遗。 ··········《中国历代蝗患之记载》

春，（兴化）蝗。秋又蝗，食屋草殆尽。 ············《兴化市志》

194. 明嘉靖三十七年（1558 年）

九月，徐州蝗。 ···························· 同治《徐州府志》

江苏徐州蝗。 ·····················《中国东亚飞蝗蝗区的研究》

195. 明嘉靖三十八年（1559 年）

秋，东台蝗。 ···························· 民国《江苏省通志稿》

江苏东台蝗。 ·····················《中国东亚飞蝗蝗区的研究》

秋，（兴化）蝗。 ·······································《兴化市志》

196. 明嘉靖三十九年（1560 年）

秋，丰县蝗。 ···························· 民国《江苏省通志稿》

秋，（丰县）有蝗蝻发生。 ·························《丰县志》

泗州大水蝗。 ……………………………………………………《泗洪县志》

197. 明嘉靖四十四年（1565 年）

七月，(邗江) 蝗灾。 ………………………………………………《邗江县志》

秋，(丰县) 发生蝗虫灾。 …………………………………………《丰县志》

198. 明万历四年（1576 年）

六月，丹阳飞蝗入境，民祷于神。 ……………………《治蝗全法》卷一

199. 明万历九年（1581 年）

夏，江苏东台蝗灾发生，有群鹜和海鸥飞食之。 ……《中国历代蝗患之记载》

200. 明万历十年（1582 年）

江苏沭阳蝗灾；铜山蝗，不为灾。 ………………《中国历代蝗患之记载》

沭阳大旱蝗；铜山蝗，不为灾。 ………………民国《江苏省通志稿》

沭阳旱，蝗灾严重。 ………………………………………………《沭阳县志》

秋，(徐州) 蝗，不为灾。 …………………………同治《徐州府志》

201. 明万历十一年（1583 年）

夏，淮阴、睢宁蝗灾；扬州、泰县蝗灾，有群鹜和海鸥追食之。

……………………………………………………《中国历代蝗患之记载》

夏，扬州大旱蝗，有鹜及海鸥食之；淮安、睢宁蝗。

……………………………………………………民国《江苏省通志稿》

夏，(扬州) 大蝗，有秃鹜、海鸥飞而食之。 ………嘉庆《重修扬州府志》

夏旱，(泰州) 多蝗，鹜鸥食之。 ………………道光《泰州志》

夏，(淮安) 蝗。 ……………………………………光绪《淮安府志》

夏，(山阳) 蝗。 ……………………………………同治《重修山阳县志》

夏，(睢宁) 蝗。 ……………………………………光绪《睢宁县志稿》

202. 明万历十二年（1584 年）

夏，(泗洪) 旱蝗。 ………………………………………………《泗洪县志》

203. 明万历十三年（1585 年）

夏旱，(泗州) 蝗盖地。 ………………………………乾隆《泗州志》

夏旱，(泗洪) 蝗蝻生，盖地数寸。 ………………………《泗洪县志》

204. 明万历十五年（1587 年）

秋七月，江北蝗。 ……………………………………《明史·五行志》

八月，江北蝗虫。 ……………………………………《明实录·神宗实录》

夏，淮安大旱蝗，草木皆空。 ………………民国《江苏省通志稿》

江苏淮阴大蝗，食稼尽。 ·················《中国历代蝗患之记载》

夏，（山阳）大旱蝗，草木皆空。 ·············同治《重修山阳县志》

205. 明万历十六年（1588 年）

江苏宝应蝗灾；涟水蝗伤稼，民饥。 ········《中国历代蝗患之记载》

（宝应）旱蝗。 ································《宝应县志》

（安东）蝗，大饥。 ·······················光绪《安东县志》

206. 明万历十七年（1589 年）

江苏扬州、泰县蝗灾；东台旱，蝗虫大发生，害稼，民流亡。

·····································《中国历代蝗患之记载》

秋，萧县、扬州、东台旱蝗。 ·········民国《江苏省通志稿》

（扬州）旱蝗。 ····················嘉庆《重修扬州府志》

（泰州）旱蝗。 ·························道光《泰州志》

207. 明万历十八年（1590 年）

涟水、扬州、东台蝗灾发生，害稼。 ·······《中国历代蝗患之记载》

扬州、仪征、东台旱蝗。 ············民国《江苏省通志稿》

（扬州）旱蝗相仍。 ················嘉庆《重修扬州府志》

（仪征）旱蝗。 ····················道光《仪征县志》

（泰州）旱蝗相仍，田尽成赤地。 ········道光《泰州志》

五月，安东蝗灾。 ·························《涟水县志》

208. 明万历二十四年（1596 年）

江苏海州、沭阳、宿迁蝗灾。 ·········《中国历代蝗患之记载》

秋，（沛县）蝗。 ····················乾隆《沛县志》

海州蝗灾。 ·····························《连云港市志》

是年，（赣榆）蝗。 ·······················《赣榆县志》

209. 明万历二十五年（1597 年）

（宿迁）蝗灾。 ····························《宿迁市志》

210. 明万历二十六年（1598 年）

溧水旱蝗。 ·························民国《江苏省通志稿》

211. 明万历三十四年（1606 年）

江苏宿迁、海州、沭阳蝗虫大发生，害稼。 ·····《中国历代蝗患之记载》

海州、赣榆、沭阳蝗。 ··············民国《江苏省通志稿》

海州、沭阳蝗食稼。 ·······················《连云港市志》

212. 明万历三十六年（1608 年）

海州蝗蝻肆虐，赤地千里，饥民流徙。 ·················《连云港市志》

213. 明万历三十七年（1609 年）

九月，徐州蝗。 ·····································《明史·五行志》

江苏徐州蝗灾。 ·····························《中国历代蝗患之记载》

九月，徐州蝗，禾稼失收，民众乞食。 ··················《铜山县志》

214. 明万历三十八年（1610 年）

江苏涟水蝗虫大发生，飞蔽天，食稼殆尽；海州、沭阳、赣榆、泗阳、淮
阴蝗灾。 ·································《中国历代蝗患之记载》

五月，淮安蝗飞蔽天，海州、赣榆、沭阳旱蝗。 ····· 民国《江苏省通志稿》

五月，安东飞蝗蔽天，食禾苗尽。 ·····················《涟水县志》

五月，（山阳）飞蝗蔽天。 ··················· 同治《重修山阳县志》

（洪泽）蝗灾。 ·····································《洪泽县志》

（沭阳）大旱，蝗灾。 ·······························《沭阳县志》

五月，（泗阳）飞蝗蔽天，禾苗尽食。 ··················《泗阳县志》

（海州）蝗蝻肆虐，赤地千里，饥民流徙，赈济。 ··········《海州区志》

夏，（赣榆）旱蝗。 ·································《赣榆县志》

215. 明万历三十九年（1611 年）

六月，徐州以北阴雨连绵，到处蝗飞蔽天，所过之处，千里如扫，房屋倾
颓，万室无烟。淮安蝗旱灾伤，分别蠲赈。 ········《明实录·神宗实录》

盱眙蝗蝻遍野，食米稻尽。 ··················《中国历代蝗患之记载》

（盱眙）蝗蝻遍野，禾苗食尽。 ·············· 光绪《盱眙县志稿》

（泗洪）蝗蝻遍野，食禾苗尽。 ·····················《泗洪县志》

六月，（铜山）飞蝗蔽天，所过赤地，千里如扫。 ·········《铜山县志》

216. 明万历四十年（1612 年）

淮安、徐州等处先罹蝗旱，后遭淫雨。 ·········《明实录·神宗实录》

江苏赣榆、海州蝗灾。 ·····················《中国历代蝗患之记载》

六月，（涟水）旱蝗。 ·······························《涟水县志》

六月，（安东）旱蝗。 ···························· 光绪《安东县志》

217. 万历四十一年（1613 年）

江苏南通、泰兴蝗灾。 ·····················《中国历代蝗患之记载》

夏，泰兴大蝗，无禾；通州飞蝗害稼。 ······· 民国《江苏省通志稿》

218. 万历四十二年（1614 年）

（建湖）飞蝗蔽日，声如雷，食稼尽。 ·············《建湖县志》

（泗洪）旱，飞蝗蔽天。 ·················《泗洪县志》

219. 万历四十三年（1615 年）

江苏赣榆蝗灾。 ···············《中国历代蝗患之记载》

（赣榆）大旱蝗，山东稍贩子女日数百车，争夺相杀。

·················嘉庆《增修赣榆县志》

（建湖）飞蝗蔽日，声如雷，食稼尽。 ·············《建湖县志》

夏，（沭阳）蝗。 ···············民国《沭阳县志》

220. 万历四十四年（1616 年）

七月，常州、镇江、淮安、扬州蝗。九月，江宁蝗蝻大起，禾黍、竹树
俱尽。 ·····················《明史·五行志》

九月，江宁蝗蝻大起。 ·············《明实录·神宗实录》

五月，淮安飞蝗蔽天。秋，通州、如皋蝗；江宁蝗蝻大起，禾黍、竹树皆
尽；江浦蝗，不为灾。 ···········民国《江苏省通志稿》

江苏常州、镇江、高淳、江宁、淮安、如皋、宜兴、六合、扬州、江阴、
南通、涟水蝗灾。 ···········《中国历代蝗患之记载》

七月，（六合）蝗从山东来过六合境，蝗飞蔽天，声如雷，布六合境遍野，
伤稼过半，濒江芦苇如刈。 ···········光绪《六合县志》

九月，（句容）蝗大起，禾麦、竹树皆尽。 ·········《句容县志》

秋，（江阴）旱蝗。 ···············光绪《江阴县志》

九月，（如皋）蝗灾。 ···············《如皋县志》

七月，扬州蝗。 ···············嘉庆《重修扬州府志》

（靖江）蝗从西北来，田禾立尽。 ············《靖江县志》

（盐城）飞蝗蔽日，声如雷，食稼尽。 ··········《盐城市志》

（建湖）飞蝗蔽天，饥民外逃。 ·············《建湖县志》

（淮安）飞蝗蔽天。 ···············光绪《淮安府志》

（淮阴）飞蝗蔽日，声如雷，食禾尽。 ··········《淮阴县志》

夏，安东飞蝗遍野盈尺，草木俱尽。 ···········《涟水县志》

（山阳）飞蝗蔽天。 ···············同治《重修山阳县志》

（泗州）蝗。 ·················乾隆《泗州志》

（泗洪）蝗食田禾，赤地如焚。 ·············《泗洪县志》

221. 万历四十五年（1617 年）

四月，宜兴、江阴蝗；高淳、泰州旱蝗；江浦、常州蝗，不为灾；东台蝗食禾尽。夏，如皋蝗，高邮大旱蝗。 …………… 民国《江苏省通志稿》

江苏江阴、泰县、东台、如皋、宝应、高邮、涟水、六合、高淳、宜兴蝗灾。 ………………………………… 《中国历代蝗患之记载》

（六合）旱蝗。 ……………………………………… 《六合县志》

（常州）蝗生，知府设法捕捉坑杀殆尽。五月，他境蝗虫飞集府县，分遣各官督民捕捉，来献者计户给钱，武进坑杀蝗虫 25.5 万石，不为灾；靖江蝗虫从西北飞来，集地厚尺许。 ………… 康熙《常州府志》

（江阴）飞蝗集亘数十里。 ……………… 光绪《江阴县志》

夏，（如皋）蝗灾。 ……………………………… 《如皋县志》

（海安）旱，蝗飞蔽天，野草不留，蝗飞入民居，爬满床帐，平地积半尺。秋，蝗复至，庄稼全被吃尽。 ……………… 《海安县志》

（扬州）旱，飞蝗蔽天，入民室床帐皆满。 ………… 嘉庆《重修扬州府志》

（宝应）大旱蝗。 ……………………………… 《宝应县志》

（高邮）大旱，蝗飞蔽天。 ……………… 乾隆《高邮州志》

（泰州）旱蝗。 ……………………………… 道光《泰州志》

（靖江）蝗生，掘挖蝗卵九十余石。 …………… 《靖江县志》

（盐城）旱，蝗灾，野草无遗。 ……………… 《盐城市志》

（大丰）旱，飞蝗蔽天，食禾苗尽，草无遗。 ………… 《大丰县志》

四月，（东台）蝗飞蔽天，食禾苗尽，草无遗，入民居室，床帐皆满，积厚五寸。秋，购捕蝗，每蝗石给谷五斗，共得蝗七十五石。

………………………………… 嘉庆《东台市志》

（安东）蝗。 ……………………………… 光绪《安东县志》

（金湖）大旱蝗。 ……………………………… 《金湖县志》

222. 万历四十六年（1618 年）

夏，东台旱，蝗生。 …………… 民国《江苏省通志稿》

江苏东台、泰县蝗灾。 ……………… 《中国历代蝗患之记载》

夏，（扬州）旱蝗。 ……………… 嘉庆《重修扬州府志》

223. 万历四十七年（1619 年）

夏，江苏句容蝗虫盖地尺厚，食稼；涟水、江阴、高淳蝗灾。

………………………… 《中国历代蝗患之记载》

高淳蝗。 ·· 民国《江苏省通志稿》

（句容）蝗，平地尺许。 ································· 《句容县志》

（江阴）蝗。 ·· 光绪《江阴县志》

安东旱，蝗灾。 ·· 《涟水县志》

224. 万历四十八年（1620 年）

江苏高淳蝗灾。 ······························ 《中国历代蝗患之记载》

高淳蝗，不害稼。 ····················· 民国《江苏省通志稿》

225. 明天启元年（1621 年）

夏秋，江苏沭阳蝗灾。 ····················· 《中国历代蝗患之记载》

虹邑蝗。 ·· 乾隆《泗州志》

夏，（沭阳）飞蝗过境，遮天蔽日，庄稼、树叶吃尽。 ········· 《沭阳县志》

双沟①蝗灾。 ··· 《泗洪县志》

226. 明天启三年（1623 年）

（六合）蝗蝻丛生，麦禾俱伤。 ····················· 《六合县志》

227. 明天启四年（1624 年）

江苏赣榆蝗灾。 ······························ 《中国历代蝗患之记载》

赣榆蝗。 ··································· 民国《江苏省通志稿》

（赣榆）蝗。 ·· 光绪《赣榆县志》

（盐城）大旱，蝗灾。 ································· 《盐城县志》

228. 明天启五年（1625 年）

江苏高邮蝗灾。 ······························ 《中国历代蝗患之记载》

高邮、盐城旱蝗。 ····················· 民国《江苏省通志稿》

（高邮）旱蝗。 ·· 乾隆《高邮州志》

夏旱，（盐城）蝗灾。 ································· 《盐城县志》

（泗洪）飞蝗遍野。 ····································· 《泗洪县志》

229. 明天启六年（1626 年）

是夏，江北旱蝗。 ····················· 《明史·熹宗本纪》

九月，淮安、扬州各府属春夏旱蝗为灾。 ········· 《明实录·熹宗实录》

夏，江北旱蝗，淮安、泰州旱蝗，海州蝗。 ········· 民国《江苏省通志稿》

夏，江苏涟水蝗盖地尺厚，食禾稼俱尽；大批蝗虫自扬子江北向西南飞去，

---

① 双沟：乡镇名，在今江苏泗洪县南。

蔽日者8天；金坛蝗灾，害稼；沭阳、丹徒、宿迁、淮阴、宝应、高邮、
扬州、泰县、江阴、东台、盱眙蝗灾。………………《中国历代蝗患之记载》

六月，（丹阳）蝗灾。……………………………………………《丹阳县志》

六月，（金坛）飞蝗南飞，蔽天不绝者八日。……………………《金坛县志》

六月，（江阴）大旱蝗。……………………………光绪《江阴县志》

（高邮）旱，蝗飞蔽天。…………………………乾隆《高邮州志》

（宝应）旱蝗。………………………………………………《宝应县志》

秋，（泰县）旱蝗。……………………………………………《泰县志》

（淮安）旱，蝗害稼。……………………………光绪《淮安府志》

七月，淮安、扬州各府属春夏旱蝗为灾。…………光绪《盱眙县志稿》

（山阳）旱蝗害稼。………………………………同治《重修山阳县志》

（金湖）旱蝗。………………………………………………《金湖县志》

夏，（洪泽）蝗灾，禾草俱尽。………………………………《洪泽县志》

夏，安东蝗生盈尺，禾苗、草木俱尽。………………………《涟水县志》

夏，（宿迁）蝗。…………………………………同治《宿迁县志》

春夏旱，（泗洪）蝗为灾。………………………………………《泗洪县志》

（沭阳）蝗。………………………………………民国《沭阳县志》

夏，沛县蝗起遍野，损田禾十之七八。…………乾隆《沛县志》

海州蝗。……………………………………………………《连云港市志》

230. 明天启七年（1627年）

秋，江苏丰县、江阴、无锡蝗虫大发生，害稼。
……………………………………………《中国历代蝗患之记载》

秋，丰县蝗。………………………………民国《江苏省通志稿》

231. 明崇祯元年（1628年）

夏，江苏徐州蝗伤二麦，落穗满野；铜山、淮阴蝗灾。
……………………………………………《中国历代蝗患之记载》

夏，蝗伤麦。………………………………民国《江苏省通志稿》

夏，徐州、丰县蝗伤麦。…………………同治《徐州府志》

夏，徐州蝗伤麦。……………………………………《铜山县志》

丰县有蝗灾。……………………………………………《丰县志》

232. 明崇祯五年（1632年）

江苏铜山蝗灾，淮阴很多蝗虫入屋啮毁衣物。……《中国历代蝗患之记载》

秋，（徐州）蝗。……………………………………………… 同治《徐州府志》

秋，（铜山）飞蝗越城渡河，禾稼、草木尽，入室啮毁衣物。

…………………………………………………………………… 《铜山县志》

233. 明崇祯七年（1634 年）

江苏徐州蝗虫大发生，飞蔽天，越城渡河，爬满墙壁，食禾稼、树叶皆尽，

入屋吃毁衣物；南通蝗灾。………………… 《中国历代蝗患之记载》

萧县、丰县赤蝗，飞蝗食禾木，啮人衣。………… 民国《江苏省通志稿》

七月，（丹阳）蝗虫成灾。………………………………… 《丹阳县志》

（竹镇[①]）旱，飞蝗相并。…………………………… 道光《竹镇纪略》

徐属蝗飞蔽天，越城渡河，禾稼、木叶皆尽，或入人屋室啮毁衣物。

……………………………………………………… 同治《徐州府志》

丰县有蝗灾。……………………………………………………… 《丰县志》

234. 明崇祯八年（1635 年）

秋，江苏涟水蝗虫弥漫四野，食禾稼尽；铜山、淮阴、东台、泰县蝗灾。

………………………………………………… 《中国历代蝗患之记载》

七月，（泰县）蝗灾。…………………………………………… 《泰县志》

（涟水）蝗虫野地，食尽草木。………………………………… 《涟水县志》

七月，萧县蝗甚。………………………………………… 同治《徐州府志》

235. 明崇祯九年（1636 年）

江苏铜山、沭阳蝗灾；赣榆鹜食蝗，不为灾。……《中国历代蝗患之记载》

五月，徐州、高淳、沭阳蝗；赣榆蝗，有鹜食之。…… 民国《江苏省通志稿》

（沭阳）蝗害稼。………………………………………… 民国《沭阳县志》

五月，（徐州）有蝗。…………………………………… 同治《徐州府志》

四月，（连云港）蝗蝻大作，有鹜千群食之，赣榆、沭阳蝗害。

………………………………………………………………… 《连云港市志》

236. 明崇祯十年（1637 年）

江苏铜山、淮阴、无锡蝗灾。………………… 《中国历代蝗患之记载》

徐州蝗，饥。………………………………………… 民国《江苏省通志稿》

徐属蝗，饥。………………………………………… 同治《徐州府志》

秋，（无锡）旱蝗。……………………………………………… 《无锡市志》

---

① 竹镇：乡镇名，在今江苏南京六合区西北。

237. 明崇祯十一年（1638 年）

六月，两京大旱蝗。·····················《明史·五行志》

夏，徐州、丰县蝗食禾苗尽，南京、溧水旱蝗。八月，常州、仪征蝗；宜兴、泰州旱蝗；江阴、东台蝗飞蔽天，草木无遗。

·····················民国《江苏省通志稿》

铜山、六合、淮阴、东台、江宁、南京、金坛、吴江、丰县、泰县、丹徒、无锡、宜兴、沛县蝗灾；江阴飞蝗蔽天，食菽稻叶殆尽，秋，蝗蝻生，食麦。·····················《中国历代蝗患之记载》

六月，南京旱蝗。·····················同治《上江两县志》

夏，（六合）蝻从天长县北来，大如蜂蝇无数，团结渡城河，循女墙入城，人民相视震恐，入县堂内衙庖湢盈尺许，倏忽而去。

·····················光绪《六合县志》

五月，（竹镇）大蝗，蝗集处有异鸟如鹳大，啄食之。秋七月，又大蝗。

·····················道光《竹镇纪略》

（镇江）蝗，大饥，溧阳飞蝗蔽野。·····················乾隆《镇江府志》

（丹阳）蝗灾，大饥。·····················《丹江县志》

（溧阳）大旱，飞蝗遍野。·····················嘉庆《溧阳县志》

（无锡）蝗大至。·····················《无锡市志》

八月，（江阴）飞蝗蔽天，食禾豆、草木叶殆尽，捕不能绝。

·····················光绪《江阴县志》

八月，（太仓）飞蝗蔽天，伤禾。·····················民国《太仓州志》

九月，（海安）飞蝗蔽天，禾草无遗。·····················《海安县志》

秋，（仪征）蝗。·····················道光《仪征县志》

（泰州）旱蝗，无禾。·····················道光《泰州志》

八月，（靖江）飞蝗入境，声如烈风，漫天遍野，食禾苗俱尽，县出资购蝗四百余石，每石三百文。·····················《靖江县志》

秋，（盐城）蝗灾，食尽草木。·····················《盐城市志》

夏，徐、沛、丰县蝗飞蔽天，食禾苗尽。·····················同治《徐州府志》

夏，（铜山）飞蝗蔽天，食禾苗至尽。·····················《铜山县志》

夏，（沛县）蝗食尽田禾。·····················民国《沛县志》

（丰县）蝗灾，蚂蚱遮天盖地，庄稼叶被吃光。·····················《丰县志》

238. 明崇祯十二年（1639 年）

四月，高淳蝗。五月，江阴、常州旱蝗。夏，通州、泰兴、如皋、泰州、
东台旱蝗。 ·····················民国《江苏省通志稿》

江苏江阴、常州、泰兴、丹徒、无锡、涟水、南通、如皋、高淳、东台、
泰县蝗灾。 ·····················《中国历代蝗患之记载》

四月，（高淳）蝗食秧苗。 ·····················《高淳县志》

四月，（镇江）蝗，溧阳飞蝗遍野。 ·····················乾隆《镇江府志》

（丹阳）蝗灾，大饥。 ·····················《丹阳县志》

四月，（句容）蝗，民饥。 ·····················《句容县志》

无锡蝻生遍地，令民捕蝗交粮长，给以粟。 ·····················《治蝗全法》

七月，（无锡）飞蝗蔽天，大饥。 ·····················《无锡市志》

五月，（江阴）旱蝗。 ·····················光绪《江阴县志》

（南通）旱，蝗飞蔽天，民大饥。 ·····················《南通市志》

（如皋）飞蝗蔽天。 ·····················《如皋县志》

（宝应）飞蝗自北来，天日为昏，禾苗尽食。 ·····················《宝应县志》

（泰州）旱蝗。 ·····················道光《泰州志》

夏，（涟水）蝗食麦禾。 ·····················《涟水县志》

夏旱，（安东）蝗食禾麦且尽。 ·····················光绪《安东县志》

八月旱，（金湖）飞蝗北来，天日为暗，禾苗尽食。 ·····················《金湖县志》

夏，（沛县）蝗食尽田禾。 ·····················民国《沛县志》

239. 明崇祯十三年（1640 年）

五月，两京大旱蝗。 ·····················《明史·五行志》

江苏徐州、邳州、涟水、扬州、江宁、丹徒、句容、常州、金坛、无锡、
昆山、东台、吴江、淮阴、宝应、泰兴、宜兴、南通蝗灾，南京蝗食禾
稼殆尽。 ·····················《中国历代蝗患之记载》

五月，南京蝗。 ·····················民国《江苏省通志稿》

（上元）旱蝗，大饥，斗米千钱。 ·····················康熙《上元县志》

五月，（溧水）旱蝗，大饥。 ·····················《溧水县志》

（镇江）旱蝗，溧阳飞蝗遍野。 ·····················乾隆《镇江府志》

五月，（句容）旱蝗，大饥，斗米千钱。 ·····················《句容县志》

（丹阳）蝗灾。 ·····················《丹阳县志》

秋，（常州）蝗，大饥。 ·····················康熙《常州府志》

（溧阳）大旱，飞蝗遍野。⋯⋯⋯⋯⋯⋯⋯⋯⋯⋯⋯⋯ 嘉庆《溧阳县志》

秋旱，（金坛）蝗食禾尽。⋯⋯⋯⋯⋯⋯⋯⋯⋯⋯⋯⋯ 《金坛县志》

秋，（无锡）旱蝗。⋯⋯⋯⋯⋯⋯⋯⋯⋯⋯⋯⋯⋯⋯⋯ 《无锡市志》

（吴江）大旱，蝗灾。⋯⋯⋯⋯⋯⋯⋯⋯⋯⋯⋯⋯⋯⋯ 《吴江县志》

六月，（昆山）飞蝗蔽天。⋯⋯⋯⋯⋯⋯⋯⋯⋯ 乾隆《昆山新阳合志》

（南通）旱，蝗食草木叶皆尽，民饥。⋯⋯⋯⋯⋯⋯⋯ 《南通市志》

（海安）蝗大发，食尽草木，大饥，人相食。⋯⋯⋯⋯⋯ 《海安县志》

（扬州）旱，飞蝗食草木、竹叶皆尽。⋯⋯⋯⋯⋯ 嘉庆《重修扬州府志》

（广陵）飞蝗食草木、竹叶尽。⋯⋯⋯⋯⋯⋯⋯⋯⋯⋯ 《广陵区志》

八月旱，（宝应）飞蝗蔽野，禾苗如扫。⋯⋯⋯⋯⋯⋯⋯ 《宝应县志》

（江都）飞蝗蔽天，草木、竹叶食尽。⋯⋯⋯⋯⋯⋯⋯⋯ 《江都县志》

（兴化）旱，飞蝗蔽天，食草木皆尽，道殣相望。⋯⋯⋯⋯ 《兴化市志》

八月，（靖江）蝗生蔽野，路难行。⋯⋯⋯⋯⋯⋯⋯⋯⋯ 《靖江县志》

七月，（盐城）蝗飞蔽天。⋯⋯⋯⋯⋯⋯⋯⋯⋯⋯⋯⋯ 《盐城县志》

（建湖）蝗虫飞蔽天日。⋯⋯⋯⋯⋯⋯⋯⋯⋯⋯⋯⋯⋯ 《建湖县志》

夏，（安东）大旱蝗。⋯⋯⋯⋯⋯⋯⋯⋯⋯⋯⋯⋯⋯ 光绪《安东县志》

（淮阴）蝗蝻遍野，民饥。⋯⋯⋯⋯⋯⋯⋯⋯⋯⋯⋯⋯ 《淮阴县志》

（盱眙）大旱，蝗蝻遍野，民饥。⋯⋯⋯⋯⋯⋯⋯ 光绪《盱眙县志稿》

八月，（金湖）旱蝗，禾苗一扫罄空，草木无遗。⋯⋯⋯⋯ 《金湖县志》

（洪泽）旱，蝗虫遍野，民饥。⋯⋯⋯⋯⋯⋯⋯⋯⋯⋯⋯ 《洪泽县志》

（泗洪）旱，飞蝗遍野，民饥。⋯⋯⋯⋯⋯⋯⋯⋯⋯⋯⋯ 《泗洪县志》

夏秋，蝗蝻遍野，积道旁成丘，臭秽闻数十里，民大饥，斗米千钱，徐、

邳人相食，流亡载道。⋯⋯⋯⋯⋯⋯⋯⋯⋯⋯ 同治《徐州府志》

夏秋，（铜山）蝗蝻遍野，人相食，流亡载道，或以妇子易钱百文、米数

升，即去不顾。⋯⋯⋯⋯⋯⋯⋯⋯⋯⋯⋯⋯ 民国《铜山县志》

（邳县）蝻生遍野，人相食。⋯⋯⋯⋯⋯⋯⋯⋯⋯⋯ 咸丰《邳州志》

夏，（沛县）大蝗，饥，人相食，斗米千钱，或以子妇易饭。

⋯⋯⋯⋯⋯⋯⋯⋯⋯⋯⋯⋯⋯⋯⋯⋯ 民国《沛县志》

秋初，（丰县）蝗蝻遍生田间，百姓捕打，打死蚂蚱堆积路边像丘陵，其臭

味传数十里。⋯⋯⋯⋯⋯⋯⋯⋯⋯⋯⋯⋯⋯⋯⋯⋯ 《丰县志》

240. 明崇祯十四年（1641 年）

六月，两畿旱蝗。⋯⋯⋯⋯⋯⋯⋯⋯⋯⋯⋯⋯ 《明史·庄烈帝纪》

六月，南京、苏州、溧水旱蝗。夏，常州、盐城、赣榆、沭阳、高邮、徐州旱蝗。八月，高淳大旱蝗。秋，昆山蝗。 …… 民国《江苏省通志稿》

江苏赣榆、沭阳、铜山、淮阴、涟水、高邮、泰兴、东台、泰县、苏州、吴江、南通、南京、丹徒、高淳、金坛、常州、无锡、常熟、昆山蝗灾。

……………………………………………………《中国历代蝗患之记载》

六月，南畿大旱蝗，民饥。…………………………… 同治《上江两县志》

六月，（溧水）飞蝗遍野，饥。……………………………《溧水县志》

（高淳）大旱，有蝗。………………………………………《高淳县志》

五月，镇江、溧阳蝗飞蔽天，饿殍载道。……………… 乾隆《镇江府志》

六月，（句容）大旱，蝗蝻遍野，民饥。………………………《句容县志》

（丹阳）蝗飞蔽天，禾稼被食，饿殍载道。…………………《丹阳县志》

（无锡）又蝗，人相食，饥死者众。……………………………《无锡市志》

苏州大旱蝗，疫。……………………………………… 乾隆《江南通志》

（太仓）大旱蝗。…………………………………… 民国《太仓州志》

六月，（吴县）旱蝗。秋，蝗复生蝻，伤稼。………… 民国《吴县志》

（吴郡甫里）大旱，蝗飞蔽天，谷贵民饥，死者众。………《吴郡甫里志》

至八月不雨，（吴江）蝗飞蔽天。………………………《吴江县志》

秋，（昆山）蝗。……………………………………………《昆山县志》

夏，（常熟）旱蝗，米粟涌贵。…………………………… 康熙《常熟县志》

（高邮）大旱蝗，谷贵民饥。…………………………… 乾隆《高邮州志》

（泰县）蝗，疫。………………………………………………《泰县志》

（泰兴）蝗蝻复生，民大饥。………………………………《泰兴县志》

（盐城）蝗虫为害。………………………………………《盐城县志》

（大丰）旱，蝗虫。…………………………………………《大丰县志》

三月，（安东）蝗蝻生。……………………………… 光绪《安东县志》

（沭阳）旱蝗。………………………………………… 民国《沭阳县志》

（泗洪）蝗生，大饥。………………………………………《泗洪县志》

（徐州）又大旱蝗，人相食。…………………………… 同治《徐州府志》

（铜山）又大旱，蝗灾，饥，人相食。…………………………《铜山县志》

（沛县）蝗，大饥。…………………………………… 民国《沛县志》

（丰县）蝗灾，颗粒不收，大饥，人相食。………………………《丰县志》

赣榆、沭阳蝗。………………………………………《连云港市志》

夏五月，（赣榆）蝗食禾稼尽空。⋯⋯⋯⋯⋯⋯⋯ 嘉庆《增修赣榆县志》

241. 明崇祯十五年（1642 年）

江苏赣榆、南通、丹徒、高淳、常州、金坛、常熟蝗。

⋯⋯⋯⋯⋯⋯⋯⋯⋯⋯⋯⋯⋯⋯⋯⋯⋯ 《中国历代蝗患之记载》

四月，赣榆蝗蝻生，食禾尽。⋯⋯⋯⋯⋯ 民国《江苏省通志稿》

（镇江）蝗。⋯⋯⋯⋯⋯⋯⋯⋯⋯⋯⋯⋯⋯ 乾隆《镇江府志》

（丹阳）蝗灾，人相食。⋯⋯⋯⋯⋯⋯⋯⋯⋯⋯ 《丹阳县志》

六月，（金坛）蝗蝻生，积地寸余。⋯⋯⋯⋯⋯⋯ 《金坛县志》

（常熟）蝗蝻生。⋯⋯⋯⋯⋯⋯⋯⋯⋯⋯⋯ 康熙《常熟县志》

四月，（赣榆）黑蜂与蝝并出，食蝝尽，乡民取蝝放入釜中，次日启视，俱
化蜂飞去。⋯⋯⋯⋯⋯⋯⋯⋯⋯⋯⋯⋯⋯ 光绪《赣榆县志》

六、清代蝗灾

242. 清顺治七年（1650 年）

泰州旱蝗。⋯⋯⋯⋯⋯⋯⋯⋯⋯⋯⋯⋯ 民国《江苏省通志稿》

夏，（沛县）蝗。⋯⋯⋯⋯⋯⋯⋯⋯⋯⋯⋯⋯ 乾隆《沛县志》

243. 清顺治七年（1651 年）

江苏淮阴蝗蝻害稼。⋯⋯⋯⋯⋯⋯⋯⋯ 《中国历代蝗患之记载》

244. 清顺治十年（1653 年）

江苏宝应蝗灾。⋯⋯⋯⋯⋯⋯⋯⋯⋯⋯ 《中国历代蝗患之记载》

（宝应）大旱蝗。⋯⋯⋯⋯⋯⋯⋯⋯⋯⋯⋯⋯⋯ 《宝应县志》

（金湖）大旱蝗。⋯⋯⋯⋯⋯⋯⋯⋯⋯⋯⋯⋯⋯ 《金湖县志》

245. 清顺治十一年（1654 年）

夏，江苏常州蝗灾。⋯⋯⋯⋯⋯⋯⋯⋯ 《中国历代蝗患之记载》

无锡蝗。⋯⋯⋯⋯⋯⋯⋯⋯ 《江苏省清代旱蝗灾关系之推论》

246. 清顺治十二年（1655 年）

江苏宜兴蝗灾。⋯⋯⋯⋯⋯⋯⋯⋯⋯⋯ 《中国历代蝗患之记载》

六月，宜兴旱蝗。⋯⋯⋯⋯⋯⋯⋯⋯⋯ 民国《江苏省通志稿》

247. 清顺治十四年（1657 年）

秋，江苏如皋蝗灾。⋯⋯⋯⋯⋯⋯⋯⋯ 《中国历代蝗患之记载》

如皋旱蝗。⋯⋯⋯⋯⋯⋯⋯⋯⋯⋯⋯⋯ 民国《江苏省通志稿》

（如皋）蝗灾。 ································《如皋县志》

248. 清顺治十八年（1661年）

夏，江苏铜山蝗灾；江阴蝗，不为灾。 ········《中国历代蝗患之记载》

铜山蝗蝻生；江阴蝗，不为灾。 ·········民国《江苏省通志稿》

七月，（江阴）蝗，不为灾。 ···········光绪《江阴县志》

（泗州）蝗食禾尽，蠲灾三分。 ··········乾隆《泗州志》

（泗洪）蝗食禾尽。 ··············《泗洪县志》

秋，（徐州府）蝗。 ···········同治《徐州府志》

秋，（铜山）蝗蝻为灾。 ··········民国《铜山县志》

249. 清康熙元年（1662年）

溧阳旱蝗。 ··········《江苏省清代旱蝗灾关系之推论》

秋，（安东）蝗。 ···········光绪《安东县志》

250. 清康熙四年（1665年）

四月，（赣榆）旱蝗。 ·············《赣榆县志》

251. 清康熙五年（1666年）

五月，江浦大旱蝗。 ·········《清史稿·灾异志》

赣榆、桃源[1]蝗，江浦大旱蝗。 ·······民国《江苏省通志稿》

五月，（赣榆）大旱蝗，免蝗灾额税。 ········《赣榆县志》

252. 清康熙六年（1667年）

江苏徐州、邳州、沭阳、东台、仪征、高淳、盱眙蝗灾；扬州蝗，不为灾。

··················《中国历代蝗患之记载》

东台、邳县蝗，高淳、靖江、淮阴旱蝗。

·············《江苏省清代旱蝗灾关系之推论》

夏，清河蝗食禾草尽；东台蝗飞蔽天；高淳蝗，不为灾。八月，仪征蝗。

·················民国《江苏省通志稿》

临淮、泗州蝗蝻为灾。 ·········乾隆《江南通志》

秋八月，（仪征）蝗入境，不为灾。 ······道光《仪征县志》

夏，盱眙蝗灾。 ··············《淮阴市志》

夏，（盱眙）蝗。 ··········光绪《盱眙县志稿》

夏，（清河）蝗食草根略尽，赤地百里。 ·····光绪《清河县志》

---

① 桃源：旧县名，治所在今江苏泗阳。

夏，（沭阳）大旱，蝗害。 ························ 《沭阳县志》

夏，（泗洪）蝗。 ··································· 《泗洪县志》

春，安东卫^①蝗复起，扑灭之，禾无害。 ·········· 《赣榆县志》

253. 清康熙七年（1668 年）

江苏铜山、淮阴蝻蝗害稼，盱眙蝗灾。 ······· 《中国历代蝗患之记载》

八月，铜山蝗蝻为灾。 ················· 民国《江苏省通志稿》

秋，盱眙蝗灾。 ·································· 《淮阴市志》

秋，（盱眙）蝗。 ···················· 光绪《盱眙县志稿》

秋，（泗洪）蝗。 ································· 《泗洪县志》

徐州蝗。 ··································· 同治《徐州府志》

（铜山）蝗。 ······························ 民国《铜山县志》

254. 清康熙十年（1671 年）

六月，溧水大旱蝗。 ···················· 《清史稿·灾异志》

江苏赣榆、宝应、溧水、盱眙蝗灾。 ······· 《中国历代蝗患之记载》

江宁、徐、海等州府蝗。 ·············· 《中国历代天灾人祸表》

溧水、赣榆旱蝗。 ····················· 民国《江苏省通志稿》

昆山蝗，江宁、溧水、仪征、宝应、东海、赣榆旱蝗。

·················· 《江苏省清代旱蝗灾关系之推论》

（溧水）旱蝗。 ································· 《溧水县志》

（仪征）旱蝗，大饥。 ·················· 道光《仪征县志》

盱眙旱，蝗灾严重。 ····························· 《淮阴市志》

八月，（盱眙）蝗食禾稼殆尽，民剥树皮、掘石粉而食之。

································ 光绪《盱眙县志稿》

秋，（泗州）蝗，民食树皮，停征本年丁粮之半。 ········ 乾隆《泗洲志》

（金湖）旱，蝗虫发生，食禾稼殆尽。 ············· 《金湖县志》

（洪泽）大旱，蝗食田禾尽。 ···················· 《洪泽县志》

（泗洪）旱，飞蝗蔽天，麦禾尽，饥。 ············· 《泗洪县志》

秋，（赣榆）大旱蝗。 ················· 光绪《赣榆县志》

255. 清康熙十一年（1672 年）

江苏如皋、南通、泰兴、东台、江阴、赣榆、吴江、丹徒、无锡、昆山、

---

① 安东卫：乡镇名，在今山东日照西南。

盱眙蝗灾。 ···《中国历代蝗患之记载》

夏，常州蝗。六月，东台、江阴蝗飞蔽天。七月，苏州蝗自北来，半月悉去。 ·······························民国《江苏省通志稿》

镇江、丹阳、太仓、吴县、昆山、吴江、武进、江阴、南通、如皋、泰兴、盐城、东台、赣榆蝗。 ·················《江苏省清代旱蝗灾关系之推论》

江南大蝗。七月，入苏州，民以为神而不敢捕，沈受宏闻之，作《捕蝗记》。 ···《治蝗全法》

(镇江府) 蝗飞蔽天。 ·························乾隆《镇江府志》

夏，(无锡) 有蝗，不为灾。 ·························《无锡市志》

六月，(江阴) 蝗飞蔽天。 ·······················光绪《江阴县志》

七月，(苏州) 蝗飞蔽天，不伤稼。 ·················同治《苏州府志》

七月，(吴县) 飞蝗蔽天，未伤稼。 ·················民国《吴县志》

七月，(昆山) 飞蝗过境，不伤稼。 ·············乾隆《昆山新阳合志》

夏，(太仓) 蝗自西北来，既而入海，灾亦不甚。 ·······民国《太仓州志》

(如皋) 蝗灾。 ·······························《如皋县志》

五月，(盐城) 蝗虫起。 ·························《盐城市志》

五月，(建湖) 蝗虫起。 ·························《建湖县志》

五月，淮安大旱，蝗灾严重。 ·····················《淮阴市志》

五月，(盱眙) 蝗蝻遍地，不食禾稼而蝗尽飞去。 ·····光绪《盱眙县志稿》

五月，赣榆蝗害。 ·························《连云港市志》

五月，(赣榆) 蝗大作，千里云集，日照、赣榆半罹其灾。 ······《赣榆县志》

256. 清康熙十二年（1673 年）

五月，(洪泽) 蝗灾。 ·························《洪泽县志》

257. 清康熙十三年（1674 年）

盐城旱蝗。 ·······························民国《江苏省通志稿》

(盐城) 县北蝗灾。 ·························《盐城县志》

258. 清康熙十七年（1678 年）

江苏盱眙蝗灾。 ·······················《中国历代蝗患之记载》

(仪征) 旱蝗，大饥。 ·······················光绪《仪征县志》

清河、桃源、盱眙蝗灾。 ·······················《淮阴市志》

(盱眙) 旱蝗。 ·························光绪《盱眙县志稿》

(安东) 蝗。 ·························光绪《安东县志》

（泗洪）旱蝗。 ··· 《泗洪县志》

259. 清康熙十八年（1679 年）

正月，苏州飞蝗蔽天。 ····································· 《清史稿·灾异志》

淮阴、宝应、高邮、泰县、东台、如皋、南通、苏州、昆山蝗灾；常熟蝗食禾
稼尽；盱眙飞蝗越淮，入屋食墙壁纸殆尽。 ········ 《中国历代蝗患之记载》

吴县、常熟、昆山、南通、如皋、淮阴、盐城、东台、兴化、高邮、宝应、
铜山旱蝗。 ··························· 《江苏省清代旱蝗灾关系之推论》

八月，（吴县）飞蝗伤稼。 ································· 民国《吴县志》

秋，（吴郡甫里）旱蝗，米贵。 ··························· 《吴郡甫里志》

（常熟）旱，飞蝗蔽天，赤地无苗。 ················· 康熙《常熟县志》

（南通）大旱，飞蝗蔽天。 ······························· 《南通市志》

（如皋）飞蝗蔽天。 ····································· 《如皋县志》

（宝应）旱，蝗遍野，田无遗穗。 ························· 《宝应县志》

（高邮）旱，飞蝗食禾殆尽。 ····················· 乾隆《高邮州志》

（泰州）蝗旱。 ······································· 道光《泰州志》

（兴化）大旱，飞蝗蔽天。 ······························· 《兴化市志》

（盐城市）蝗伤禾。 ····································· 《盐城市志》

（盐城）蝗虫为害。 ····································· 《盐城县志》

（建湖）蝗虫食苗，五谷歉收。 ··························· 《建湖县志》

（淮阴）骆马湖蝗灾。 ··································· 《淮阴市志》

（清河）旱蝗。 ····································· 光绪《清河县志》

（洪泽）蝗灾。 ··· 《洪泽县志》

（金湖）旱蝗，野无遗禾。 ······························· 《金湖县志》

（盱眙）大旱，飞蝗渡淮，散漫民居，食壁纸殆尽。 ····· 光绪《盱眙县志稿》

夏旱，（泗洪）蝗食禾尽。 ······························· 《泗洪县志》

（徐州府）旱蝗。 ··································· 同治《徐州府志》

260. 清康熙十九年（1680 年）

淮阴蝗。 ······························· 《江苏省清代旱蝗灾关系之推论》

（清河）蝗。 ······································· 光绪《清河县志》

（洪泽）蝗灾严重，野无遗禾。 ··························· 《洪泽县志》

261. 清康熙二十年（1681 年）

江苏蝗灾，害稼。 ······························· 《中国历代蝗患之记载》

（盱眙）蝗虫遍地，庄稼吃光。 ·······························《盱眙县志》

262. 清康熙二十四年（1685 年）

秋，（沛县）蝗。 ·····································乾隆《沛县志》

263. 清康熙二十五年（1686 年）

江苏徐州、沛县、六合、涟水、盱眙蝗灾。 ········《中国历代蝗患之记载》

安东蝗蝻生。 ····························民国《江苏省通志稿》

（安东）蝗。 ································光绪《安东县志》

泗阳、涟水旱蝗。 ·················《江苏省清代旱蝗灾关系之推论》

夏，盱眙蝗灾。 ·······························《淮阴市志》

夏，（盱眙）旱蝗。 ··························光绪《盱眙县志稿》

（泗洪）旱蝗。 ·······························《泗洪县志》

264. 清康熙二十六年（1687 年）

江苏宿迁蝗蝻，有蛤蟆食之，不为灾；盱眙蝗灾。

···························《中国历代蝗患之记载》

宿迁蝗，仪征旱蝗。 ·············《江苏省清代旱蝗灾关系之推论》

八月，（上元）蝗。 ··························康熙《上元县志》

秋，（仪征）大旱蝗。 ·························道光《仪征县志》

秋，（盱眙）大旱蝗，饥。 ·····················光绪《盱眙县志稿》

夏秋旱，（泗洪）蝗食禾苗几尽。 ···················《泗洪县志》

宿迁蝗，蛤蟆食之，不为灾。 ··················同治《徐州府志》

265. 清康熙二十七年（1688 年）

江苏涟水蝗灾。 ·····················《中国历代蝗患之记载》

安东县蝗蝻。 ·····························乾隆《江南通志》

安东蝗。 ··································《淮阴市志》

涟水蝗。 ······················《江苏省清代旱蝗灾关系之推论》

266. 清康熙二十九年（1690 年）

江苏宿迁蝗灾；宝应蝗，不为灾。 ··········《中国历代蝗患之记载》

沛县蝗，宝应、宿迁旱蝗。 ········《江苏省清代旱蝗灾关系之推论》

八月，（宝应）旱蝗。 ·························《宝应县志》

（宿迁）旱，有蝝为灾。 ·······················同治《宿迁县志》

盱眙蝗生遍野，食麦一空。 ······················《淮阴市志》

秋，（沛县）蝗。 ····························乾隆《沛县志》

267. 清康熙三十年（1691 年）

是岁，武进飞蝗蔽江而来，旋绕江岸不入境，大雨毙蝗若丘积。

.... 乾隆《江南通志》

江苏兴化、宿迁、常州、盱眙蝗灾。 .... 《中国历代蝗患之记载》

夏，常州蝗不入境。 .... 民国《江苏省通志稿》

武进、仪征蝗。 .... 《江苏省清代旱蝗灾关系之推论》

夏，（常州）蝗，自京口①蔽天而来，至奔牛郡忽向江岸旋绕飞去，未入境。

.... 康熙《常州府志》

夏，（武进）飞蝗蔽天。 .... 光绪《武进阳湖县志》

六月，（仪征）蝗入境，不伤稼。 .... 道光《仪征县志》

五月，（盱眙）蝗生遍野，食麦一空。 .... 光绪《盱眙县志稿》

五月，（泗洪）蝗遍野，食禾一空。 .... 《泗洪县志》

268. 清康熙三十一年（1692 年）

夏，（仪征）蝗蝻食草，不伤稼，群鸟争食之。 .... 道光《仪征县志》

269. 清康熙三十二年（1693 年）

盱眙蝗灾。 .... 《中国历代蝗患之记载》

夏旱，（盱眙）蝗食苗。 .... 光绪《盱眙县志稿》

春夏旱，（泗洪）蝗食苗。 .... 《泗洪县志》

270. 清康熙三十三年（1694 年）

诏江南捕蝗。 .... 《古今图书集成·庶征典·蝗灾部汇考》

（洪泽）蝗灾。 .... 《洪泽县志》

271. 清康熙三十八年（1699 年）

江苏南通、泰兴、如皋、江阴蝗虫大发生，伤麦。

.... 《中国历代蝗患之记载》

夏，通州、泰兴、如皋大旱蝗。秋，江阴蝗，不为灾。

.... 民国《江苏省通志稿》

江阴、南通、如皋、泰兴旱蝗。 .... 《江苏省清代旱蝗灾关系之推论》

秋，（江阴）蝗，不为灾。 .... 光绪《江阴县志》

（南通）大旱蝗。 .... 《南通市志》

泰兴大旱蝗。 .... 《扬州市志》

---

① 京口：今江苏镇江市。

272. 清康熙四十一年（1702 年）

（盐城）蝗灾。 ……………………………………………………《盐城县志》

273. 清康熙四十二年（1703 年）

盐城蝗，宝应旱蝗。 ………………………《江苏省清代旱蝗灾关系之推论》

（盐城）飞蝗蔽日，食禾尽。 ……………………………………《盐城市志》

274. 清康熙四十五年（1706 年）

江苏宿迁蝗灾。 …………………………………《中国历代蝗患之记载》

（宿迁）有螽。 …………………………………………同治《宿迁县志》

275. 清康熙四十八年（1709 年）

盱眙蝗灾。 ………………………………………《中国历代蝗患之记载》

276. 清康熙五十年（1711 年）

江苏涟水蝗灾；盱眙飞蝗过境，未伤稼。 …………《中国历代蝗患之记载》

安东旱蝗。 ………………………………………民国《江苏省通志稿》

涟水、宝应旱蝗。 …………………………《江苏省清代旱蝗灾关系之推论》

（安东）旱蝗。 …………………………………………光绪《安东县志》

夏，（盱眙）飞蝗过境，不食稼。 ……………………光绪《盱眙县志稿》

宝应蝗。 ………………………………………………………《宝应县志》

（泗洪）飞蝗过境。 ………………………………………………《泗洪县志》

277. 清康熙五十二年（1713 年）

盐城蝗。 ………………………………………………民国《江苏省通志稿》

（盐城）蝗灾。 …………………………………………………《盐城县志》

278. 清康熙五十三年（1714 年）

秋，沛县蝗。 ………………………………………………《清史稿·灾异志》

秋，（沛县）大蝗。 ……………………………………………乾隆《沛县志》

279. 清康熙五十五年（1716 年）

江苏宿迁及邻近县蝗灾；徐州、睢宁蝗，抱草死。

…………………………………………………《中国历代蝗患之记载》

秋，蝗发邳州，徐州邻县蝗，抱草死。 ……………民国《江苏省通志稿》

铜山、邳县蝗。 …………………………《江苏省清代旱蝗灾关系之推论》

秋，邳有蝗，入徐境，皆抱草死。 ……………………同治《徐州府志》

秋，有蝗，不入睢宁境。 ………………………………光绪《睢宁县志稿》

280. 清康熙五十七年（1718 年）

二月，江浦蝗。·······················《清史稿·灾异志》

江苏江浦蝗，不为灾。···············《中国历代蝗患之记载》

秋，江浦蝗，不为灾。 ···············民国《江苏省通志稿》

夏，安东蝗。·····························《涟水县志》

281. 清康熙五十九年（1720 年）

铜山蝗。···············《江苏省清代旱蝗灾关系之推论》

282. 清康熙六十年（1721 年）

（丹阳）旱蝗交加。 ·····················《丹阳县志》

283. 清康熙六十一年（1722 年）

江苏金坛蝗灾。···············《中国历代蝗患之记载》

秋，溧水蝗自东来，害禾苗。········民国《江苏省通志稿》

溧水、镇江、溧阳旱蝗。······《江苏省清代旱蝗灾关系之推论》

秋旱，溧阳蝗蝻遍野，田禾被灾。········乾隆《镇江府志》

（溧阳）蝗蝻遍野。·····················光绪《溧阳县志》

284. 清雍正元年（1723 年）

四月，江浦、高淳旱蝗。···············《清史稿·灾异志》

江苏金坛、高淳蝗灾；江阴蝗虫遍野，害稼。·····《中国历代蝗患之记载》

夏，高淳蝗伤稼。秋，江浦蝗，江阴飞蝗四塞。 ·····民国《江苏省通志稿》

高淳、镇江、金坛、溧阳、昆山、江阴旱蝗。

···············《江苏省清代旱蝗灾关系之推论》

（六合）旱蝗为灾。 ·····················《六合县志》

（高淳）旱，飞蝗蔽日，伤稼。···············《高淳县志》

秋，溧阳旱蝗，灾伤特甚。 ···············乾隆《镇江府志》

（丹阳）旱蝗交加。 ·····················《丹阳县志》

秋，（溧阳）大旱蝗。·················嘉庆《溧阳县志》

八月，（江阴）飞蝗四塞成灾。···········光绪《江阴县志》

五月，（仪征）飞蝗过境，落新洲食芦苇，官令民捕之。

···············道光《仪征县志》

285. 清雍正二年（1724 年）

江苏南通、常熟、如皋、昆山、苏州、高淳蝗灾。

···············《中国历代蝗患之记载》

五月，苏州、昆山、通州、如皋蝗；高淳蝗蝻生，不为灾。

     …………………………………………………… 民国《江苏省通志稿》

吴县、常熟、南通、如皋、盐城旱蝗。…… 《江苏省清代旱蝗灾关系之推论》

五月，（苏州）蝗。…………………………………………… 同治《苏州府志》

夏，（太仓）有蝗自西北向东南去，伤禾数十顷。……… 民国《太仓州志》

五月，（吴县）蝗。…………………………………………… 民国《吴县志》

夏，南通蝗虫为害。…………………………………………… 《南通县志》

夏，（如皋）蝗灾。…………………………………………… 《如皋县志》

（盐城）蝗灾。………………………………………………… 《盐城县志》

夏，（建湖）蝗食禾。………………………………………… 《建湖县志》

286. 清雍正三年（1725 年）

盱眙蝗灾；泰兴蝗灾，民饥，以石粉为食。……… 《中国历代蝗患之记载》

泰兴蝗。…………………………………………… 民国《江苏省通志稿》

秋，（盱眙）大旱蝗，饥。………………………………… 光绪《盱眙县志稿》

287. 清雍正四年（1726 年）

江苏句容蝗灾；盱眙飞蝗过境，未伤禾稼。……… 《中国历代蝗患之记载》

句容蝗。………………………………… 《江苏省清代旱蝗灾关系之推论》

秋，（盱眙）飞蝗过境，不伤禾稼。……………………… 光绪《盱眙县志稿》

288. 清雍正六年（1728 年）

秋，江苏江阴蝗伤稼。…………………………… 《中国历代蝗患之记载》

夏，（南通）旱蝗。………………………………………… 《南通市志》

289. 清雍正七年（1729 年）

江苏江都、如皋、东台、泰县、南通蝗灾；扬子江淹死很多蝗虫，不为灾。

     …………………………………………………… 《中国历代蝗患之记载》

夏，泰州、东台、通州、如皋旱蝗；江都蝗自投江，未伤禾。

     …………………………………………………… 民国《江苏省通志稿》

江都县忽集蝗蝻无数，旋皆自投于江。………………… 乾隆《江南通志》

江都蝗，南通、如皋、东台、兴化、泰县旱蝗。

     ……………………………………… 《江苏省清代旱蝗灾关系之推论》

七月，江都瓜洲①忽集蝗蝻无数，知县往捕。……… 嘉庆《重修扬州府志》

---

① 瓜洲：乡镇名，在今江苏邗江西南。

夏,(南通)旱蝗。 ·························《南通市志》

夏,(如皋)蝗灾。 ·························《如皋县志》

夏,泰州旱蝗。 ···························《扬州市志》

夏,(泰县)旱蝗。 ·························《泰县志》

290. 清雍正九年 (1731 年)

铜山蝗。 ·····················《江苏省清代旱蝗灾关系之推论》

291. 清雍正十年 (1732 年)

江南淮安之山阳、阜宁及海州之沭阳、扬州之宝应蝗蝻生。 ·····《授时通考》

江苏泗阳蝻蝗害稼,旋抱草死。 ···········《中国历代蝗患之记载》

泗阳蝗,兴化旱蝗。 ··············《江苏省清代旱蝗灾关系之推论》

(泗阳)蝗蝻遍野,厚数寸,旋抱草木僵死。 ········· 民国《泗阳县志》

292. 清雍正十二年 (1734 年)

泗阳蝗。 ·····················《江苏省清代旱蝗灾关系之推论》

293. 清雍正十三年 (1735 年)

江苏淮阴、阜宁蝗灾。 ···············《中国历代蝗患之记载》

六月,山阳旱蝗。 ···············民国《江苏省通志稿》

六月,(山阳)旱蝗。 ···············同治《重修山阳县志》

淮安、阜宁旱蝗。 ············《江苏省清代旱蝗灾关系之推论》

六月,(阜宁)大旱蝗。 ···············光绪《阜宁县志》

(滨海)旱,遍地蝗虫。 ···················《滨海县志》

六月,(淮安)旱蝗。 ···················光绪《淮安府志》

294. 清乾隆元年 (1736 年)

溧水蝗。 ···················民国《江苏省通志稿》

(溧水)境西北有蝗。 ·····················《溧水县志》

295. 清乾隆二年 (1737 年)

江苏高淳蝗灾。 ···················《中国历代蝗患之记载》

296. 清乾隆三年 (1738 年)

八月,江苏海州蝗。 ···············《清史稿·高宗本纪》

六月,震泽旱蝗。 ···············《清史稿·灾异志》

江南旱蝗。 ···················《中国历代天灾人祸表》

江苏海州、江阴、吴江蝗灾。 ···········《中国历代蝗患之记载》

吴江、江阴、淮阴旱蝗。 ·········《江苏省清代旱蝗灾关系之推论》

夏，清河、山阳、盐城旱蝗。七月，溧水、高淳、宜兴蝗蝻生。

·· 民国《江苏省通志稿》

七月，（江阴）东乡蝗生芦苇中。·························· 光绪《江阴县志》

夏，（清河）大旱蝗。··· 光绪《清河县志》

297. 清乾隆四年 （1739 年）

秋七月，江苏淮安等府州蝗。·························· 《清史稿·高宗本纪》

江苏蝗灾。··· 《中国历代蝗患之记载》

溧水蝗，不为灾。·································· 民国《江苏省通志稿》

四月，饬江南捕蝗。··· 《中国历代天灾人祸表》

溧水、镇江、溧阳、盐城蝗。················ 《江苏省清代旱蝗灾关系之推论》

（溧水）白鹿乡蝗。·· 《溧水县志》

夏，（溧阳）有蝗，扑灭不为灾。················ 嘉庆《溧阳县志》

四月，（盐城）蝗大起。··· 《盐城县志》

（建湖）蝗灾。··· 《建湖县志》

（盱眙）蝗。··· 光绪《盱眙县志稿》

298. 清乾隆五年 （1740 年）

六月，命江苏捕除蝻子。·························· 《清史稿·高宗本纪》

秋，（如皋）蝗灾。··· 《如皋县志》

299. 清乾隆八年 （1743 年）

靖江蝗。·· 《江苏省清代旱蝗灾关系之推论》

（沭阳）蝗害横行，禾无收。·························· 《沭阳县志》

300. 清乾隆九年 （1744 年）

九月，江南蝗。·· 《清史稿·高宗本纪》

江苏东台、铜山、南通、泰县、泰兴、如皋、盱眙蝗虫大发生，民捕蝗，

无大害。·· 《中国历代蝗患之记载》

五月，淮安蝗，不为灾。秋，如皋、铜山蝗，东台旱蝗。

·· 民国《江苏省通志稿》

南通、如皋、泰兴、东台、兴化、泰县旱蝗。

·································· 《江苏省清代旱蝗灾关系之推论》

秋，（如皋）蝗灾。··· 《如皋县志》

秋，泰州旱蝗。··· 《扬州市志》

秋，（泰县）旱蝗。·· 《泰县志》

（盱眙）蝗，扑灭，禾稼无伤。夏六月，有蝗自昭阳湖经山阳而来，遮蔽天日，适讷公同督湖二宪入境目击，谕以扑捕为急，余躬率隶氓遍历四乡，五鼓乘露翅未起扑捉，计升给钱，匝月而蝗报净，未几蝻子旋生，复周流无闲，扑灭如法。来安令妄报蝗生盱野，羽檄频下，幸士民同心协扑，并未伤禾。 ………………………………… 光绪《盱眙县志稿》

秋，（徐州府）蝗。 …………………………………………… 同治《徐州府志》

301. 清乾隆十年（1745 年）

靖江蝗。 ……………………………… 《江苏省清代旱蝗灾关系之推论》

302. 清乾隆十七年（1752 年）

五月，江南上元等十二州县生蝻。 …………………… 《清史稿·高宗本纪》

江苏蝗灾。 ………………………………… 《中国历代蝗患之记载》

303. 清乾隆十八年（1753 年）

江苏沛县、海州、涟水蝗灾。 …………………… 《中国历代蝗患之记载》

江南属县蝗孽萌生，上谕州县，捕蝗不力必重治其罪，著为令。

……………………………………………………………… 《治蝗全法》

夏，（泗洪）蝗。 …………………………………………… 《泗洪县志》

304. 清乾隆二十年（1755 年）

六月，苏州大雨蝗。 …………………………………… 《清史稿·灾异志》

秋，苏州、吴江蝗灾发生，害稼。 …………… 《中国历代蝗患之记载》

六月雨，（苏州）蝗蝻生，伤稼。 …………………… 同治《苏州府志》

吴县蝗，吴江旱蝗。 ………………… 《江苏省清代旱蝗灾关系之推论》

六月，（吴县）蝗蝻生，伤稼。 …………………………… 民国《吴县志》

305. 清乾隆二十二年（1757 年）

江苏涟水蝗灾。 …………………………………… 《中国历代蝗患之记载》

（涟水）蝗灾。 …………………………………………… 《涟水县志》

（安东）蝗。 ……………………………………………… 光绪《安东县志》

306. 清乾隆二十三年（1758 年）

丰县蝗。 …………………………… 《江苏省清代旱蝗灾关系之推论》

（丰县）飞蝗过县境。 ……………………………………… 《丰县志》

307. 清乾隆二十四年（1759 年）

三月，江苏淮安等三府州蝗。六月，江苏海州等州县蝗。

…………………………………………………………… 《清史稿·高宗本纪》

夏，高邮大旱，蝗集数寸。 ……………………………《清史稿·灾异志》

江南蝗，京畿道御史史茂上《捕蝗事宜疏》。 ………………《治蝗全法》

江苏南通、如皋蝗灾；高邮蝗，不为灾。 ………《中国历代蝗患之记载》

如皋旱蝗。 ……………………………………… 民国《江苏省通志稿》

南通、如皋、江都、高邮旱蝗。 ………《江苏省清代旱蝗灾关系之推论》

夏，（南通）旱蝗。 ………………………………………《南通市志》

夏，（如皋）蝗灾。 ………………………………………《如皋县志》

夏旱，高邮蝗。 …………………………… 嘉庆《重修扬州府志》

五月旱，（高邮）南乡蝗积数寸，一夕大雨，蝗尽灭。 …… 乾隆《高邮州志》

308. 清乾隆三十年（1765 年）

沛县蝗。 …………………………《江苏省清代旱蝗灾关系之推论》

秋，（沛县）蝗不入境。 ……………………………… 民国《沛县志》

309. 清乾隆三十一年（1766 年）

靖江蝗。 …………………………《江苏省清代旱蝗灾关系之推论》

310. 清乾隆三十三年（1768 年）

江苏东台、扬州蝗灾。 …………………………《中国历代蝗患之记载》

江都、东台旱蝗。 ………………………《江苏省清代旱蝗灾关系之推论》

夏秋，（东台）大旱蝗。 ……………………………… 嘉庆《东台县志》

311. 清乾隆三十四年（1769 年）

秋，江苏宿迁蝗食禾稼尽。 ………………………《中国历代蝗患之记载》

秋，宿迁蝗，大伤禾稼。 …………………………… 同治《徐州府志》

（宿迁）蝗，秋禾无遗。 …………………………… 同治《宿迁县志》

312. 清乾隆三十五年（1770 年）

仪征旱蝗。 …………………………《江苏省清代旱蝗灾关系之推论》

（沭阳）蝗。 ………………………………………… 民国《沭阳县志》

313. 清乾隆三十九年（1774 年）

秋，江苏江阴蝗灾发生，害稼。 …………………《中国历代蝗患之记载》

秋，江阴蝗。 …………………………………… 民国《江苏省通志稿》

江阴、靖江、仪征旱蝗。 ………………《江苏省清代旱蝗灾关系之推论》

八月，（仪征）飞蝗入境，伤禾稼，饥。 ………………… 道光《仪征县志》

314. 清乾隆四十年（1775 年）

夏，江苏宜兴、江阴、东台、泰州蝗害稼。 ………《中国历代蝗患之记载》

宜兴、仪征、东台、泰县旱蝗。⋯⋯⋯⋯⋯《江苏省清代旱蝗灾关系之推论》

泰州、宜兴、江阴、荆溪①蝗。⋯⋯⋯⋯⋯ 民国《江苏省通志稿》

夏,(江阴)蝗。⋯⋯⋯⋯⋯⋯⋯⋯⋯ 光绪《江阴县志》

(宜兴)大旱蝗。⋯⋯⋯⋯⋯⋯⋯⋯⋯ 嘉庆《宜兴县志》

泰州蝗。⋯⋯⋯⋯⋯⋯⋯⋯⋯⋯⋯⋯⋯《扬州市志》

秋,(泰县)旱蝗。⋯⋯⋯⋯⋯⋯⋯⋯⋯⋯《泰县志》

夏,(仪征)旱蝗。⋯⋯⋯⋯⋯⋯⋯⋯ 道光《仪征县志》

(东台)飞蝗成灾。⋯⋯⋯⋯⋯⋯⋯⋯⋯《东台市志》

315. 清乾隆四十六年（1781 年）

(沭阳)蝗。⋯⋯⋯⋯⋯⋯⋯⋯⋯⋯⋯ 民国《沭阳县志》

316. 清乾隆四十七年（1782 年）

夏,江苏宝应、阜宁蝗灾。⋯⋯⋯⋯⋯《中国历代蝗患之记载》

阜宁、宝应旱蝗。⋯⋯⋯⋯⋯⋯《江苏省清代旱蝗灾关系之推论》

(宝应)旱蝗。⋯⋯⋯⋯⋯⋯⋯⋯⋯⋯⋯《宝应县志》

六月不雨,(阜宁)蝗。⋯⋯⋯⋯⋯⋯ 光绪《阜宁县志》

(滨海)蝗虫大发生。⋯⋯⋯⋯⋯⋯⋯⋯《滨海县志》

七月,(响水)飞蝗蔽天,大荒。⋯⋯⋯⋯《响水县志》

(射阳)蝗飞蔽天。⋯⋯⋯⋯⋯⋯⋯⋯⋯《射阳县志》

(金湖)旱蝗。⋯⋯⋯⋯⋯⋯⋯⋯⋯⋯⋯《金湖县志》

(沭阳)旱蝗害稼。⋯⋯⋯⋯⋯⋯⋯⋯ 民国《沭阳县志》

317. 清乾隆四十九年（1784 年）

夏,江苏宿迁蝗害稼。⋯⋯⋯⋯⋯《中国历代蝗患之记载》

四月,宿迁蝗食麦。⋯⋯⋯⋯⋯⋯⋯ 同治《徐州府志》

(沭阳)旱蝗。⋯⋯⋯⋯⋯⋯⋯⋯⋯⋯ 民国《沭阳县志》

318. 清乾隆五十年（1785 年）

六月,苏州、泰州大旱蝗。⋯⋯⋯⋯⋯《清史稿·灾异志》

江苏宝应、东台、泰县、常熟、苏州大蝗,严重害稼。

⋯⋯⋯⋯⋯⋯⋯⋯⋯⋯⋯⋯《中国历代蝗患之记载》

吴县、常熟、吴江、东台、泰县、宝应蝗,溧阳旱蝗。

⋯⋯⋯⋯⋯⋯⋯⋯⋯⋯《江苏省清代旱蝗灾关系之推论》

---

① 荆溪:旧县名,治所在今江苏宜兴。

（溧阳）有蝗，走而不飞。 ························ 嘉庆《溧阳县志》

（苏州）旱，蝗蝻生，岁大饥。 ··············· 同治《苏州府志》

（吴江）蝗蝻生。 ···························· 《吴江县志》

（宝应）蝗。 ································· 《宝应县志》

泰州蝗。 ···································· 《扬州市志》

（泰县）大旱蝗，无麦无禾，民大饥。 ··············· 《泰县志》

夏秋，（东台）蝗生，无收。 ····················· 《东台市志》

（金湖）大旱蝗。 ·························· 《金湖县志》

（沭阳）旱蝗。 ························· 民国《沭阳县志》

319. 清乾隆五十一年（1786年）

泰兴旱蝗。 ··············《江苏省清代旱蝗灾关系之推论》

秋，（沭阳）旱蝗。 ···················· 民国《沭阳县志》

320. 清乾隆五十二年（1787年）

江苏宿迁、睢宁蝗害麦。 ·············《中国历代蝗患之记载》

宿迁有缘伤麦。 ····················· 同治《徐州府志》

（宿迁）有蝗伤麦。 ·················· 同治《宿迁县志》

（沭阳）蝗。 ························· 民国《沭阳县志》

（睢宁）蝗伤麦。 ···················· 光绪《睢宁县志稿》

321. 清乾隆五十四年（1789年）

江苏东台、泰县蝗灾，民捕蝗。 ·········《中国历代蝗患之记载》

东台、泰县蝗。 ···········《江苏省清代旱蝗灾关系之推论》

（泰县）蝗，寻灭。 ·························· 《泰县志》

秋，（东台）有蝗。 ························· 《东台市志》

322. 清乾隆五十七年（1792年）

五月，（睢宁）飞蝗接翅，势极骇人，幸不为灾。

·························· 光绪《睢宁县志稿》

323. 清嘉庆元年（1796年）

秋，（沭阳）蝗食麦苗。 ·················· 民国《沭阳县志》

324. 清嘉庆六年（1801年）

（沭阳）蝗。 ························· 民国《沭阳县志》

325. 清嘉庆七年（1802年）

（沭阳）旱蝗。 ························· 民国《沭阳县志》

326. 清嘉庆八年（1803 年）

靖江蝗。⋯⋯⋯⋯⋯⋯⋯⋯⋯《江苏省清代旱蝗灾关系之推论》

(海州) 蝗蝻繁生，捕一斤蝻讨银三钱，民踊跃，蝗蝻遂灭。

⋯⋯⋯⋯⋯⋯⋯⋯⋯⋯⋯⋯⋯《海州区志》

327. 清嘉庆十二年（1807 年）

兴化旱蝗。⋯⋯⋯⋯⋯⋯⋯⋯《江苏省清代旱蝗灾关系之推论》

328. 清嘉庆十四年（1809 年）

兴化旱蝗。⋯⋯⋯⋯⋯⋯⋯⋯《江苏省清代旱蝗灾关系之推论》

329. 清嘉庆十六年（1811 年）

飞蝗由北飞至江阴，河流堵塞，河岸、山坡牧草吃光。

⋯⋯⋯⋯⋯⋯⋯⋯⋯⋯⋯《中国历代蝗患之记载》

330. 清嘉庆十七年（1812 年）

江苏江阴蝗，不为灾。⋯⋯⋯⋯⋯⋯《中国历代蝗患之记载》

331. 清嘉庆十八年（1813 年）

(东海) 蝗灾。⋯⋯⋯⋯⋯⋯⋯⋯⋯⋯⋯《东海县志》

332. 清嘉庆十九年（1814 年）

夏，盱眙蝗灾；高邮蝗蝻生，忽有群鸦由北来，食蝗尽。

⋯⋯⋯⋯⋯⋯⋯⋯⋯⋯⋯《中国历代蝗患之记载》

夏，高邮旱蝗。⋯⋯⋯⋯⋯⋯民国《江苏省通志稿》

夏，(宝应) 旱蝗。⋯⋯⋯⋯⋯⋯⋯⋯《宝应县志》

泗洪、盱眙旱蝗。⋯⋯⋯⋯⋯光绪《盱眙县志稿》

夏，(金湖) 旱蝗。⋯⋯⋯⋯⋯⋯⋯⋯《金湖县志》

333. 清嘉庆二十年（1815 年）

夏，飞蝗过常州及邻县，蔽天。⋯⋯⋯《中国历代蝗患之记载》

五月，武进、阳湖①蝗，不为灾。⋯⋯民国《江苏省通志稿》

五月，(武进) 飞蝗蔽天而过，不为灾。⋯⋯光绪《武进阳湖县志》

334. 清道光元年（1821 年）

(丹阳) 蝗灾。⋯⋯⋯⋯⋯⋯⋯⋯⋯⋯《丹阳县志》

335. 清道光三年（1823 年）

江苏涟水蝗灾。⋯⋯⋯⋯⋯⋯⋯《中国历代蝗患之记载》

① 阳湖：旧县名，治所在今江苏武进。

安东蝗灾。 ···《涟水县志》

（安东）蝗。 ·· 光绪《安东县志》

336. 清道光七年（1827 年）

春旱，（沛县）螽蝗遍野，麦菽皆尽，大饥，蝗灾数年乃灭。

··· 民国《沛县志》

337. 清道光八年（1828 年）

沛县蝗灾。 ·· 民国《沛县志》

338. 清道光十二年（1832 年）

（沭阳）旱蝗。 ·· 民国《沭阳县志》

339. 清道光十五年（1835 年）

江苏宿迁、阜宁、宝应、高淳、盱眙蝗灾。 ········《中国历代蝗患之记载》

六月，溧水、高邮旱蝗。 ·····················民国《江苏省通志稿》

溧水、江浦、阜宁、兴化旱蝗。 ········《江苏省清代旱蝗灾关系之推论》

（溧水）旱蝗。 ··《溧水县志》

（江浦）旱，蝗灾。 ····································《江浦县志》

（高淳）旱蝗，县令扑捕，给价收买。 ·············《高淳县志》

秋，（宝应）蝗。 ······································《宝应县志》

（盐城）蝗灾。 ··《盐城市志》

（阜宁）大旱蝗。 ··································· 光绪《阜宁县志》

（建湖）蝗灾。 ··《建湖县志》

（滨海）蝗虫大发生。 ································《滨海县志》

（东台）旱，蝗灾。 ····································《东台市志》

秋，（盱眙）旱蝗。 ································· 光绪《盱眙县志稿》

秋，（金湖）旱蝗。 ····································《金湖县志》

宿迁蝗。 ·· 同治《徐州府志》

秋，（泗洪）旱蝗。 ····································《泗洪县志》

340. 清道光十六年（1836 年）

江苏阜宁、涟水、如皋、丹徒蝗灾；南通、江阴蝗食牧草，未食庄稼。

··《中国历代蝗患之记载》

江阴、靖江蝗，江浦、镇江、阜宁、仪征、兴化、高邮旱蝗。

···《江苏省清代旱蝗灾关系之推论》

秋，通州、句容、江阴、高邮、仪征皆蝗，不为灾。

······ 民国《江苏省通志稿》

秋，（江阴）飞蝗自北而南，多集于江涯，啮食草根。 ····· 光绪《江阴县志》

高邮、仪征蝗。 ······ 《扬州市志》

秋，（仪征）蝗，不伤稼。 ····· 道光《仪征县志》

（泰州）蝗，不为灾。 ····· 民国《续纂泰州志》

（阜宁）旱蝗。 ····· 光绪《阜宁县志》

（滨海）旱，蝗蝻遍地，草木食尽。 ····· 《滨海县志》

（东台）旱，蝗灾。 ····· 《东台市志》

安东蝗灾。 ····· 《涟水县志》

341. 清道光十七年（1837 年）

江苏江阴、涟水蝗灾。 ····· 《中国历代蝗患之记载》

夏，江阴蝗，如皋蝻生，不为灾。 ····· 民国《江苏省通志稿》

夏，（江阴）蝗复生，不为灾。 ····· 光绪《江阴县志》

二月，（泰州）设局收买蝻子。六月，蝗大作。 ······ 民国《续纂泰州志》

（安东）蝗。 ····· 光绪《安东县志》

342. 清道光二十三年（1843 年）

七月，（兴化）大蝗。 ····· 《兴化市志》

343. 清道光二十七年（1847 年）

夏秋，江苏涟水蝗灾。 ····· 《中国历代蝗患之记载》

夏秋间，（涟水）大旱蝗。 ····· 《涟水县志》

夏秋，（安东）大旱蝗。 ····· 光绪《安东县志》

344. 清道光二十九年（1849 年）

江苏睢宁蝗，不为灾。 ····· 《中国历代蝗患之记载》

睢宁蝗，不为灾。 ····· 民国《江苏省通志稿》

六月，（睢宁）蝗，不为灾。 ····· 光绪《睢宁县志稿》

345. 清咸丰元年（1851 年）

八月，（洪泽）飞蝗遍野。 ····· 《洪泽县志》

346. 清咸丰三年（1853 年）

八月，（睢宁）飞蝗蔽日，禾苗尽伤。 ····· 《睢宁县志》

347. 清咸丰四年（1854 年）

江苏宝应、盱眙蝗灾。 ····· 《中国历代蝗患之记载》

（宝应）河西旱蝗。 ···《宝应县志》

（盱眙）旱蝗。 ·····································光绪《盱眙县志稿》

348. 清咸丰五年（1855 年）

江苏蝗。 ·································《中国东亚飞蝗蝗区的研究》

江苏睢宁蝗灾。 ···························《中国历代蝗患之记载》

夏旱，（睢宁）蝗蝻作。 ·····················光绪《睢宁县志稿》

349. 清咸丰六年（1856 年）

江苏徐州、宿迁、睢宁、高淳、阜宁、涟水、宝应、江阴、泰兴、南通、
六合、丹徒、无锡、苏州、昆山、常熟、宜兴蝗灾。

·································《中国历代蝗患之记载》

江苏徐州、宝应、南通、苏州大蝗，严重成灾。

·······························《中国东亚飞蝗蝗区的研究》

秋，武进、阳湖、句容、溧水蝗，苏州蝗食稼，通州、泰兴、睢宁、高邮
旱蝗成灾。 ·························民国《江苏省通志稿》

江宁、句容、溧水、六合、镇江、丹阳、金坛、溧阳、太仓、吴县、常熟、
昆山、吴江、武进、无锡、宜兴、靖江、如皋、泰兴、涟水、阜宁、盐城、
泰县、高邮、铜山、沛县旱蝗。 ·······《江苏省清代旱蝗灾关系之推论》

秋，（江浦）大旱，飞蝗遍野，饿死者无数。 ········《江浦县志》

秋，（浦口）大旱，飞蝗遍野，饥死者无数。 ········《浦口区志》

（六合）大旱，飞蝗蔽天。 ····················光绪《六合县志》

（溧水）旱蝗。 ·································《溧水县志》

秋，（丹徒）蝗。 ···························光绪《丹徒县志》

秋，（丹阳）飞蝗蔽天，庄稼受灾。 ···············《丹阳县志》

七月，（句容）飞蝗蔽天。 ·····················《句容县志》

秋，（常州）蝗灾。 ··························《常州市志》

八月，（金坛）蝗飞蔽天，食禾菽过半，民饥。 ········《金坛县志》

八月，无锡、金匮有蝗，从江北猝至，食禾稼。 ·····《治蝗全法·序》

七月旱，（无锡）飞蝗遍野。 ···················《无锡市志》

七月，（苏州）蝗自西北来，如云蔽空，伤禾。 ·····同治《苏州府志》

七月，（吴县）蝗从西北来，如云蔽空，伤禾。 ·····民国《吴县志》

秋，（太仓）蝗伤禾，城中设厂收捕蝗子。 ········民国《太仓州志》

八月，（昆山）飞蝗蔽天，集田伤禾稼。 ············《昆山县志》

夏，（如皋）蝗灾。 …………………………………………《如皋县志》

八月旱，（海安）蝗飞蔽天，岁大饥。 ………………………《海安县志》

高邮旱，蝗虫成灾。 ……………………………………………《扬州市志》

（广陵）蝗灾。 …………………………………………………《广陵区志》

（宝应）飞蝗蔽野。 ……………………………………………《宝应县志》

（泰州）运河水涸，赤地千里，飞蝗蔽天。 …………民国《续纂泰州志》

八月，（兴化）飞蝗为灾。 ……………………………………《兴化市志》

八月，（靖江）飞蝗自西北来，岁大荒。 ……………………《靖江县志》

夏秋，（泰兴）飞蝗蔽天，歉收。 ……………………………《泰兴县志》

（盐城）旱，蝗灾。 ……………………………………………《盐城县志》

八月，（阜宁）蝗。 …………………………………………光绪《阜宁县志》

（建湖）蝗虫遍野。 ……………………………………………《建湖县志》

（射阳）飞蝗四起，岁大饥。 …………………………………《射阳县志》

（滨海）大旱，蝗虫大发生。 …………………………………《滨海县志》

（响水）蝗虫四起，禾苗吃光，人以草根为粮。 ……………《响水县志》

夏，宿迁、安东、桃源、盱眙、山阳旱，蝗飞蔽天，食尽禾苗。
…………………………………………………………………《淮阴市志》

八月旱，（金湖）飞蝗遍野。 …………………………………《金湖县志》

（涟水）飞蝗蔽天，禾苗、草木尽食。 ………………………《涟水县志》

（泗洪）蝗。 ……………………………………………………《泗洪县志》

夏，（沭阳）旱蝗。 …………………………………………民国《沭阳县志》

夏，（徐州府）旱蝗。 ………………………………………同治《徐州府志》

夏，（沛县）旱蝗，民饥。 …………………………………民国《沛县志》

夏，（铜山）旱蝗，民饥。 ……………………………………《铜山县志》

夏旱，（睢宁）蝗又作。 ……………………………………光绪《睢宁县志稿》

淮北蝗飞蔽天，遍地如焚。 …………………………………《连云港市志》

（灌南）旱，飞蝗蔽天，禾苗吃光。 …………………………《灌南县志》

350. 清咸丰七年（1857 年）

江苏阜宁、涟水、无锡、江阴、高淳、苏州、吴江、丹徒、宜兴、常熟蝗灾。 ……………………………………《中国历代蝗患之记载》

高淳、镇江、金坛、吴县、溧水、常熟、江阴蝗。
…………………………………………《江苏省清代旱蝗灾关系之推论》

春，句容、溧水蝗，高淳、江阴蝗蝻生。七月，苏州蝗飞蔽天。

　　　……………………………………………… 民国《江苏省通志稿》

四月，（溧水）蝗蝻如蚁。 ………………………………………《溧水县志》

四月，无锡、金匮蝻始生，多在山麓，军嶂山蝻，亦以鸭七八百捕蝻，顷

　　刻即尽。 …………………………………………………《治蝗全法》卷一

三月，（江阴）蝗蝻生。 ………………………………… 光绪《江阴县志》

七月，（苏州府）飞蝗大至。 …………………………… 同治《苏州府志》

七月，（吴县）飞蝗大至。 ……………………………… 民国《吴县志》

七月，（如皋）蝗灾。 …………………………………………《如皋县志》

（阜宁）蝗，不为灾。 …………………………………… 光绪《阜宁县志》

夏，（安东）蝗。 ………………………………………… 光绪《安东县志》

六月，（淮阴）蝗灾严重。 ……………………………………《淮阴县志》

351. 清咸丰八年（1858 年）

江苏阜宁蝗灾；睢宁蝗飞蔽天，食稼尽。 ……… 《中国历代蝗患之记载》

秋，睢宁蝗伤稼。 ………………………………… 民国《江苏省通志稿》

秋，（睢宁）飞蝗蔽日，禾稼尽伤。 …………… 光绪《睢宁县志稿》

（盐城）旱，蝗虫遍野，食禾尽。 ………………………………《盐城市志》

（东台）旱，蝗虫遍野，食禾苗尽。 …………………………《东台市志》

（阜宁）旱蝗。 …………………………………………… 光绪《阜宁县志》

秋旱，（泗洪）蝗食稼几尽。 …………………………………《泗洪县志》

352. 清咸丰十年（1860 年）

江苏高淳蝗，飞鸟食蝗尽，不为灾。 …………《中国历代蝗患之记载》

（宿迁）有蝗，飞鸟食之，不为灾。 …………… 同治《宿迁县志》

353. 清同治元年（1862 年）

江苏宿迁、丹徒、高淳、苏州蝗灾。 …………《中国历代蝗患之记载》

春，高邮旱蝗。七月，苏州飞蝗，声如雷。 ……… 民国《江苏省通志稿》

吴江蝗，镇江、太仓、高邮旱蝗。 ………《江苏省清代旱蝗灾关系之推论》

六月，（句容）旱蝗，大饥，人相食。 ………………………《句容县志》

六月，（丹徒）见蝗。 …………………………………… 光绪《丹徒县志》

七月，（苏州）飞蝗自北来，向南飞去。 ……………… 同治《苏州府志》

七月，（太仓）蝗。 ……………………………………… 民国《太仓州志》

夏，高邮旱蝗。 …………………………………………………《扬州市志》

（沭阳）蝗，岁饥。 ························· 民国《沭阳县志》

宿迁有蝗。 ····························· 同治《徐州府志》

五月，（沛县）蝗伤禾。 ····················· 民国《沛县志》

354. 清同治二年（1863 年）

江苏溧水蝗灾。 ······················ 《中国历代蝗患之记载》

（溧水）蝗。 ·························· 《溧水县志》

355. 清同治四年（1865 年）

冬初，蝗群由东来，降落江苏高淳及邻县低洼地。

·························· 《中国历代蝗患之记载》

高淳蝗。 ················· 《江苏省清代旱蝗灾关系之推论》

356. 清同治五年（1866 年）

春，江苏高淳蝗蝻遍野，抱草死。 ······· 《中国历代蝗患之记载》

溧水蝗。 ················· 《江苏省清代旱蝗灾关系之推论》

357. 清同治十二年（1873 年）

江苏宝应蝗灾。 ······················ 《中国历代蝗患之记载》

（宝应）旱蝗。 ························ 《宝应县志》

（洪泽）旱，蝗灾。 ····················· 《洪泽县志》

秋，（金湖）旱蝗。 ····················· 《金湖县志》

358. 清同治十三年（1874 年）

夏，江苏宝应蝗灾。 ···················· 《中国历代蝗患之记载》

（宝应）旱蝗。 ························ 《宝应县志》

（洪泽）旱，蝗灾。 ····················· 《洪泽县志》

（金湖）旱蝗。 ························ 《金湖县志》

359. 清光绪元年（1875 年）

江苏宝应蝗灾。 ······················ 《中国历代蝗患之记载》

句容、溧水蝗，不为灾。 ··············· 民国《江苏省通志稿》

（溧水）蝗。 ·························· 《溧水县志》

（宝应）旱蝗。 ························ 《宝应县志》

（洪泽）旱，蝗灾。 ····················· 《洪泽县志》

（金湖）旱蝗。 ························ 《金湖县志》

360. 清光绪二年（1876 年）

江苏睢宁、泰兴、丹徒蝗灾。 ·············· 《中国历代蝗患之记载》

春，泰兴旱蝗；高邮蝗灾；清河蝗蝻生，食禾几尽。秋，睢宁蝗。

....民国《江苏省通志稿》

丹阳蝗，镇江、靖江、泰兴、淮阴、淮安、盐城、泰县旱蝗。

....《江苏省清代旱蝗灾关系之推论》

（如皋）蝗灾。 ....《如皋县志》

（宝应）旱蝗。 ....《宝应县志》

泰兴旱蝗。 ....《扬州市志》

夏，（泰兴）旱蝗。 ....《泰兴县志》

夏，（泰州）旱蝗。 ....民国《续纂泰州志》

夏，（兴化）蝗，不为灾。 ....民国《续修兴化县志》

夏旱，（盐城）蝗虫。 ....《盐城县志》

夏，（淮安）大旱蝗。 ....光绪《淮安府志》

夏旱，（清河）蝗飞蔽天，蝻生，食禾苗几尽。 ....光绪《清河县志》

（洪泽）旱，蝗灾。 ....《洪泽县志》

（金湖）旱蝗。 ....《金湖县志》

秋，（睢宁）蝗。 ....光绪《睢宁县志稿》

春，（东海）遭蝗袭击。秋，禾遭飞蝗啃食，未食芝麻、荞麦、绿豆。

....《东海县志》

361. 清光绪三年（1877年）

夏，高淳旱蝗。 ....《清史稿·灾异志》

江苏蝗。 ....《中国历代天灾人祸表》

江苏睢宁、江宁、无锡、江阴、昆山、吴江蝗灾；阜宁蝗，抱草死；江浦、
六合蝗飞蔽天，军民捕之殆尽；高淳飞蝗遍野，树枝压折；金坛蝗自扬
子江北来，芦苇、竹树叶食尽，未伤庄稼。 ......《中国历代蝗患之记载》

金坛、太仓、靖江、高邮蝗，江浦、六合、溧阳、武进、宜兴、江阴、阜
宁旱蝗。 ....《江苏省清代旱蝗灾关系之推论》

五月，武进、阳湖、高淳飞蝗遍野。秋，高邮蝗灾，睢宁蝗。

....民国《江苏省通志稿》

（江宁）上元邑绅倡捐积谷捕蝗蝻。 ....光绪《续纂江宁府志》

夏，（六合）蝗飞蔽天，县令民捕蝗，每石给钱数百。

....民国《六合县续志稿》

五月，（高淳）飞蝗遍境，树枝压折。 ....《高淳县志》

五月，（常州）蝗食禾。 ························ 《常州市志》

夏五月，（溧阳）蝗。 ······················ 光绪《溧阳县续志》

五月，（无锡）飞蝗入境，不为灾。 ················ 《无锡市志》

（江阴）蝗，未成灾。 ······················ 光绪《江阴县志》

五月，（如皋）飞蝗蔽日。 ···················· 《如皋县志》

五月，（海门）蝗灾。 ······················ 《海门县志》

高邮蝗。 ···························· 《扬州市志》

（兴化）飞蝗为灾。 ······················ 《兴化市志》

（阜宁）旱蝗，蝗抱草毙。 ·················· 光绪《阜宁县志》

（滨海）旱，蝗飞蔽日，饥民塞路。五月，大风，蝗被刮起摔死。

　　　　 ·························· 《滨海县志》

（泗阳）蝗灾。 ························· 《泗阳县志》

秋，（泗洪）蝗。 ························ 《泗洪县志》

秋，（睢宁）蝗。 ···················· 光绪《睢宁县志稿》

（赣榆）旱蝗。 ························ 《赣榆县志》

362. 清光绪四年（1878 年）

江苏江宁蝗灾；春，南京挖掘蝗卵；高淳蝗，不为灾。

　　　　 ···················· 《中国历代蝗患之记载》

句容、溧水蝗，不害稼。 ············· 民国《江苏省通志稿》

溧水、靖江、高邮蝗。 ········ 《江苏省清代旱蝗灾关系之推论》

（江宁）上元掘除蝗子。 ·············· 光绪《续纂江宁府志》

五月，武进、阳湖飞蝗遍境，食禾尽。 ··········· 《武进县志》

夏，高邮蝗。 ························· 《扬州市志》

夏，（泰州）蝗，不为灾。 ············· 民国《续纂泰州志》

夏，（兴化）蝗。 ······················ 《兴化市志》

363. 清光绪五年（1879 年）

八月，江、皖各属蝗。 ··············· 《清史稿·德宗本纪》

364. 清光绪六年（1880 年）

八月，江苏捕蝗。 ················· 《清史稿·德宗本纪》

夏，（淮阴）蝗灾。 ······················ 《淮阴县志》

365. 清光绪十年（1884 年）

冬，江苏赣榆蝗蝻生，成千蛤蟆食之尽。 ········ 《中国历代蝗患之记载》

春，泰兴蝗蝻生，有蛤蟆食之尽。 ·················· 民国《江苏省通志稿》

（赣榆）县北蝝生，数千蛤蟆食之尽。 ·················· 《赣榆县志》

366. 清光绪十一年（1885 年）

夏，（泗洪）蝗。 ································· 《泗洪县志》

367. 清光绪十七年（1891 年）

秋，江苏宝应、高淳蝗灾。 ············· 《中国历代蝗患之记载》

江浦、金坛、盐城旱蝗。 ········ 《江苏省清代旱蝗灾关系之推论》

夏旱，（江浦）蝗灾。 ····················· 《江浦县志》

（丹阳）蝗灾。 ························· 《丹阳县志》

（常州）蝗灾。 ························· 《常州市志》

秋，（武进）大旱蝗。 ····················· 《武进县志》

夏五月，（高邮）旱蝗。 ············· 民国《三续高邮州志》

（宝应）旱蝗。 ························· 《宝应县志》

五月，（兴化）旱蝗。 ····················· 《兴化市志》

（盐城）旱，蝗灾。 ····················· 《盐城县志》

（东台）旱，蝗灾。 ····················· 《东台市志》

（建湖）蝗虫成灾。 ····················· 《建湖县志》

五月，（金湖）旱蝗。 ····················· 《金湖县志》

（洪泽）蝗灾。 ························· 《洪泽县志》

368. 清光绪十八年（1892 年）

江苏蝗。 ····················· 《中国历代天灾人祸表》

江苏常熟等蝗灾。 ············· 《中国历代蝗患之记载》

句容旱蝗。 ················· 民国《江苏省通志稿》

镇江、丹阳、溧阳、常熟、淮安、盐城旱蝗。

················· 《江苏省清代旱蝗灾关系之推论》

秋，（溧水）蝗。 ····················· 《溧水县志》

秋，（丹阳）蝗飞蔽天，歉收。 ··············· 《丹阳县志》

（丹徒）蝗害。 ························· 《丹徒县志》

（常州）蝗灾。 ························· 《常州市志》

秋，（武进）蝗飞蔽天，饥。 ··············· 《武进县志》

（金坛）旱，蝗飞蔽天，食禾草殆尽，赈济。 ········· 《金坛县志》

夏秋旱，（溧阳）有蝗。 ············· 光绪《溧阳县续志》

（如皋）蝗灾。 ···《如皋县志》

夏，（高邮）旱蝗。 ·····························民国《三续高邮州志》

夏，（兴化）蝗。 ···《兴化市志》

（建湖）蝗虫成灾。 ···《建湖县志》

夏，（山阳）旱蝗。 ·····························宣统《续纂山阳县志》

夏，（金湖）旱蝗。 ···《金湖县志》

369. 清光绪二十年（1894 年）

秋，江苏常熟蝗灾。 ·····················《中国历代蝗患之记载》

（沭阳）仔蝗食麦叶殆尽。 ·····················民国《沭阳县志》

（宿迁）蝗害稼。 ·································民国《宿迁县志》

秋七月，（金坛）蝗食竹叶、芦苇殆尽。 ········民国《金坛县志》

370. 清光绪二十一年（1895 年）

（金坛）蝗蝻生，岁歉。 ·······················民国《金坛县志》

（铜山）县内飞蝗遮天盖地，所到之处禾稼无余。 ·········《铜山县志》

（丰县）蝗灾，蝗虫盖天遮日，庄稼叶被吃光。 ············《丰县志》

371. 清光绪二十六年（1900 年）

夏，句容蝗，不为灾。 ·····················民国《江苏省通志稿》

（海门）蝗灾。 ·································《海门县志》

大旱，阜宁蝗虫遍野。 ·································《滨海县志》

（东台）旱，蝗灾。 ·······································《东台市志》

夏，（泗洪）蝗虫为害庄稼，损失严重。 ···········《泗洪县志》

372. 清光绪二十七年（1901 年）

夏，（高邮）蝗。 ·······························民国《三续高邮州志》

373. 清光绪二十八年（1902 年）

南京蝗蝻生。 ·····························《中国历代蝗患之记载》

江都旱蝗。 ·····················《江苏省清代旱蝗灾关系之推论》

秋旱，（高邮）蝻生。 ·····················民国《三续高邮州志》

秋，（兴化）蝗蝻生。 ·································《兴化市志》

374. 清光绪三十年（1904 年）

春，（盱眙）蝗虫。 ·······································《盱眙县志》

375. 清光绪三十四年（1908 年）

（丰）县屡闹蝗灾，蝗虫盖天蔽日。 ··················《丰县志》

376. 清宣统元年（1909 年）

六月，淮安、扬州属县蝗。 ……………………… 民国《江苏省通志稿》

夏，（宿迁）蝗灾。 …………………………………………… 《宿迁市志》

夏秋，（泗洪）旱、涝、蝗灾并发。 ………………………… 《泗洪县志》

七、民国时期蝗灾

377. 民国元年（1912 年）

（兴化）飞蝗。 ……………………………………… 民国《续修兴化县志》

378. 民国二年（1913 年）

夏，（泗洪）沿湖及双沟、鲍集蝗灾严重。 ………………… 《泗洪县志》

379. 民国三年（1914 年）

秋，（六合）旱蝗，岁饥。 ………………………… 民国《六合县续志稿》

（如皋）东北乡飞蝗遍野。 ………………………………… 《如皋县志》

泰县蝗灾 100 万亩，损失 440 万元。 ……………………… 《扬州市志》

夏，（靖江）蝗灾。 ………………………………………… 《靖江县志》

（盐城）旱，蝗起。 ………………………………………… 《盐城县志》

（丰县）蝗灾。 ……………………………………………… 《丰县志》

380. 民国四年（1915 年）

八月，（常州）栖鸾、奔牛等地蝗群集聚芦苇丛，设局收买，每斤铜元
4 枚。 …………………………………………………………… 《常州市志》

七月，（太仓）飞蝗成灾，县令捕捉。 …………………… 《太仓县志》

（泰州）蝗。 ………………………………………………… 《泰州志》

381. 民国五年（1916 年）

七月，（睢宁）县东南飞蝗遍野，田禾受灾。 …………… 《睢宁县志》

382. 民国六年（1917 年）

（宝应）里下河旱蝗。 ……………………………………… 《宝应县志》

（滨海）旱，蝗虫四起，草木尽食。 ……………………… 《滨海县志》

夏，（泗洪）蝗食禾稼。 …………………………………… 《泗洪县志》

383. 民国七年（1918 年）

江苏蝗。 …………………………………………………… 《中国的飞蝗》

秋，成群飞蝗由江苏吴江飞到浙江嘉善，很快又迁飞到嘉兴。

....《中国历代蝗患之记载》

（泰州）蝗。..《泰州志》

（泰兴）飞蝗蔽天，蝗蝻成灾。....................................《泰兴县志》

384. 民国八年（1919 年）

（句容）东昌乡蝗灾，民奋力捕打。..............................《句容县志》

（滨海）蝗虫大面积发生。......................................《滨海县志》

（泗洪）沿湖旱，蝗灾严重，无收。..............................《泗洪县志》

夏，（睢宁）高作、沙集蝗虫成灾。..............................《睢宁县志》

秋，（兴化）飞蝗。..民国《续修兴化县志》

385. 民国九年（1920 年）

六月，（常州）蝗灾。..《常州市志》

六月，（武进）尚宜、栖鸾乡蝗虫无数。..........................《武进县志》

秋，（兴化）飞蝗。..民国《续修兴化县志》

386. 民国十年（1921 年）

六月，（沛县）蝗虫起飞铺天盖地，庄稼吃光。....................《沛县志》

387. 民国十一年（1922 年）

江苏蝗。..《中国的飞蝗》

秋，江苏南京、南通蝗。....................................《中国历代蝗患之记载》

春，（泗洪）蝗虫发生。..《泗洪县志》

388. 民国十二年（1923 年）

江苏蝗。..《中国的飞蝗》

夏，江苏淮阴蝗蝻生，禾草如刈。..........................《中国历代蝗患之记载》

淮安、高邮、宝应三县蝗灾，民不堪苦。..........................《宝应县志》

（金湖）旱蝗成灾。..《金湖县志》

389. 民国十四年（1925 年）

吴县蝗。..《苏州市志》

五月，（泗洪）沿湖蝗灾，庄稼损失严重。........................《泗洪县志》

390. 民国十五年（1926 年）

江苏蝗。..《中国的飞蝗》

夏秋，江苏灌云、东海、丰县、铜山等地蝗虫生。

....《中国历代蝗患之记载》

吴县蝗。 ……………………………………………《苏州市志》

春，（泗洪）蝗虫为害。 ………………………………《泗洪县志》

夏，（睢宁）蝗虫成灾。 ………………………………《睢宁县志》

391. 民国十六年（1927 年）

夏，大批蝗虫在（常州）境内产卵。 …………………《常州市志》

七月，（金坛）飞蝗蔽天，禾苗尽伤，收成甚差。 ………《金坛县志》

夏，（如皋）西南乡蝗自东北飞来，遮天蔽日。 ………《如皋县志》

四月，蝗落（盱眙）县城，盖地五六寸，商店无法开门，蝗虫过处禾草

无存。 ……………………………………………………《盱眙县志》

夏，（洪泽）湖区飞蝗遍野，大部庄稼吃光。 …………《洪泽县志》

四月，（泗洪）蝗虫起飞，铺天盖地，所到之处庄稼、草木荡然无存，屋上

茅草亦被啃光。 …………………………………………《泗洪县志》

夏，（睢宁）县东南蝗虫成灾。 ………………………《睢宁县志》

392. 民国十七年（1928 年）

江苏蝗。 …………………………………………………《中国的飞蝗》

夏，南京、镇江等地发生飞蝗，沪宁铁路沿线下蜀地方蝗虫群集路轨，火

车不能通行，镇上商店不敢开门营业。 …………《江苏省志·农业志》

江苏省东台、沛县、如皋、邳县、南通、常熟、泰兴、铜山、六合、兴化、

宿迁、睢宁、太仓、泰县、淮阴、涟水、靖江、江阴、无锡、江都、淮

安、东海、阜宁、镇江、萧县、江浦、宝山、句容、泗阳、高淳、灌云、

宝应、宜兴、吴县、江宁、金坛、青浦、赣榆、高邮、武进、溧阳、崇

明、松江、上海、吴江、丰县、扬中、溧水、丹阳等县蝗。江苏省昆虫

局先后任用捕蝗员 50 余人，分赴各县指导治蝗，并设置蝗虫研究所，开

展蝗虫研究工作[①]。同年 11 月 16 日，江苏省政府委员会第 159 次会议通

过《江苏省政府特定县长治蝗考成章程》及《江苏省各县治蝗人员奖惩

规则》。 ……………………………《江苏省昆虫局十七、十八年年刊》

江苏东台、铜山、淮阴、淮安、句容、江宁、南京、六合、沛县、涟水、

---

① 据《江苏省昆虫局十七、十八年年刊》：江苏省昆虫局于 1928 年 1 月改组成立后，设置蝗虫股，蝗虫股内分
设研究、推广二部。关于研究者：设治蝗虫研究所于灌云，陈家祥任主任。关于推广者：分别设第一治蝗所，分管
铜山、砀山、宿迁、萧县、邳县、丰县、沛县、睢宁 8 县的治蝗，吴宏吉任主任；第二治蝗所，分管淮阴、淮安、泗
阳、宝应、高邮、涟水 6 县的治蝗，张而耕任主任；第三治蝗所，分管东海、灌云、赣榆、沭阳 4 县的治蝗，杨惟义
任主任；第四治蝗所，分管阜宁、盐城、东台的治蝗，戈恩溥任主任。

东海、泗阳、金坛、如皋、兴化、阜宁、高淳、镇江、灌云、邳县、南通、睢宁、江阴、宿迁、宝应、高邮、江浦、常熟、宜兴、武进、泰县、江都、吴县、丹阳、溧阳、丰县、溧水、扬中、仪征、太仓、吴江、无锡、沭阳、赣榆、昆山、泰兴、盐城等 56 县，民捕蝗 11.71 万担[1]，东海、赣榆、灌云 4 000 平方里内蝗盖地。………《中国历代蝗患之记载》

（江苏）全省 58 县蝗，捕蝻 111.7 万石。…………………………《淮阴县志》

陈家祥氏在浦口发明注油灭蝻法，获得良好效果。办法是将石油注入水沟中，再将蝗蝻追落入沟，蝗蝻接触石油而死。……………《飞蝗概说》

七月，（溧水）蝗由句容入境。…………………………………《溧水县志》

（丹徒）旱，蝗虫为灾，受灾 61.9 万亩。……………………………《丹徒县志》

七月，（常州）蝗飞蔽天，遍地皆是。……………………………《常州市志》

七月，（武进）大批飞蝗由北向南，天日为蔽，次日又从东南折回，遍地皆蝗，稻豆尽食。………………………………………《武进县志》

七月，大批飞蝗由无锡飞入苏州境内，市郊及东桥等地受灾。
…………………………………………………………………《苏州市志》

七月，大批飞蝗飞临（吴县）境，自西而东，数日不断。………《吴县志》

七月，（昆山）飞蝗灾，农田颗粒无收。…………………………《昆山县志》

七月，（沙洲）鹿苑、福山等地从西北飞来大批蝗虫，遮天蔽日，所到之处禾苗尽食，常熟县府令合力扑打。…………………………《沙洲县志》

夏，（海安）大旱，蝗灾，庄稼无收。……………………………《海安县志》

泰兴蝗灾，高邮旱蝗成灾。………………………………………《扬州市志》

九月，（江都）忽有大批飞蝗漫天蔽日而来，飞时声浪如狂风暴雨，遍地皆是，渐向西南散去。…………………………………《江都县志》

七月，（泰州）蝗蝻生。九月，飞蝗过境，为害。………………《泰州志》

春旱，（滨海）蝗蝻大发生。……………………………………《滨海县志》

麦收时，（泗洪）大蝗，庄稼损失严重。…………………………《泗洪县志》

秋，（铜山）蝗大作，每平方米密度千头以上，起飞时遮天蔽日，降落时铺盖大地，秋作被吃光，受灾面积 8 万亩。………………《铜山县志》

393. 民国十八年（1929 年）

江苏省宝应、江宁、阜宁、镇江、盐城、句容、江浦、仪征、泰县、南通、

---

[1] 担为中国非法定计量单位，1 担＝50 千克。下同。——编者注

溧阳、东台、金坛、海门、宿迁、六合、如皋、高邮、淮安、淮阴、宜
兴、高淳、睢宁、邳县、丹阳、启东、涟水、兴化、江都、溧水、灌云、
吴县、扬中、沛县、东海、泗阳、常熟、江阴、武进、铜山、昆山、太
仓、沭阳、靖江等县蝗。⋯⋯⋯⋯⋯《江苏省昆虫局十七、十八年年刊》

江苏灌云、东海、沭阳、沛县、邳县、睢宁、宿迁、泗阳、涟水、淮阴、
淮安、阜宁、盐城、东台、兴化、宝应、高邮、泰县、江都、江浦、江
宁、高淳、南京、仪征、六合、句容、溧水、丹阳、溧阳、镇江、扬中、
武进、金坛、宜兴、江阴、吴县、常熟、昆山、太仓、如皋、启东、南
通、海门、泰兴、淮阴、盱眙蝗灾。⋯⋯⋯⋯《中国历代蝗患之记载》

江苏省下蜀[①]镇大群蝗蝻从长江直趋内地，当群蝻跳跃铁路时，把轨道盖
没，火车无法通行。下蜀镇受成千万蝗蝻袭击，房屋墙壁、屋顶都爬满蝗
虫，商店无法开门营业。⋯⋯⋯⋯⋯⋯⋯⋯《中国的飞蝗》

盱眙蝗蝻遍野，波及六合。⋯⋯⋯⋯⋯⋯⋯⋯⋯《六合县志》

四月，（溧水）白鹿、上原、仙坛、山阳、思鹤、赞贤、仪凤等乡蝗害，县
成立捕蝗会。⋯⋯⋯⋯⋯⋯⋯⋯⋯⋯⋯⋯《溧水县志》

六月，江北都天庙、八蒙、嘉兴桥蝗虫飞渡江南，境内焦东、谏壁、丹徒蝗
虫遍地皆是，高资至龙潭铁轨布满蝗虫，火车被迫滞行。⋯⋯《丹徒县志》

（丹阳）飞蝗成灾，水稻减产三成。⋯⋯⋯⋯⋯⋯⋯⋯《丹阳县志》

（常州）蝗蝻生，捕获 400 余石。⋯⋯⋯⋯⋯⋯⋯⋯《常州市志》

（武进）惠化发生蝗蝻，数千亩麦田受灾。⋯⋯⋯⋯⋯⋯《武进县志》

（苏州）蝗，全县有 17 个区受灾。⋯⋯⋯⋯⋯⋯⋯⋯《苏州市志》

（吴江）旱，蝗虫为害。⋯⋯⋯⋯⋯⋯⋯⋯⋯⋯⋯《吴江县志》

七月，（启东）蝗虫大发。⋯⋯⋯⋯⋯⋯⋯⋯⋯⋯⋯《启东县志》

兴化蝗灾；泰兴蝗灾，损失 1 万元；江都、新城、永兴、瓜洲、济善、大
桥、邵伯湖及绿洋湖皆蝗。⋯⋯⋯⋯⋯⋯⋯⋯⋯⋯《扬州市志》

夏，（江都）邵伯湖东蝗蝻遍野。⋯⋯⋯⋯⋯⋯⋯⋯⋯《江都县志》

夏，（泰州）蝗蝻为灾。⋯⋯⋯⋯⋯⋯⋯⋯⋯⋯⋯⋯《泰州志》

（建湖）蝗灾。⋯⋯⋯⋯⋯⋯⋯⋯⋯⋯⋯⋯⋯⋯《建湖县志》

（阜宁）蝗灾，限期扑灭之。⋯⋯⋯⋯⋯⋯⋯⋯⋯⋯《阜宁县志》

夏，（滨海）蝗蝻大发生，限期扑灭之。⋯⋯⋯⋯⋯⋯《滨海县志》

---

① 下蜀：乡镇名，在今江苏句容北。

（响水）蝗蝻遍野。 ················《响水县志》

六月旱，（东台）蝗灾，损失 500 万元。 ········《东台市志》

淮安旱，蝗虫成灾。 ················《淮安市志》

（涟水）蝗食禾。 ·················《涟水县志》

夏，（泗洪）蝗虫成灾。 ·············《泗洪县志》

394. 民国十九年（1930 年）

六月，（启东）蝗虫大发。 ···········《启东县志》

395. 民国二十年（1931 年）

（洪泽）蝗灾，黄集最重，90％庄稼吃光。 ·····《洪泽县志》

396. 民国二十一年（1932 年）

江苏等省蝗灾。 ·················《华北的飞蝗》

秋，江苏淮阴、铜山、淮安、高邮、兴化、泗阳、江浦、江宁、宜兴、沛
　　县、六合、宝应、镇江、阜宁蝗伤稼。 ·····《中国历代蝗患之记载》

夏，丰县、沛县、铜山、泗阳、阜宁、赣榆、宝应、海门、涟水、淮安、
　　如皋、泰兴等县发生蝗灾。 ·········《江苏省志·农业志》

夏秋，（句容）蝗，受灾面积大、范围广。 ·····《句容县志》

秋，（盐城）蝗虫遍野。 ·············《盐城市志》

（淮阴）洪泽湖、老子山蝗飞蔽日。 ·······《淮阴市志》

（盱眙）飞蝗过境，田禾、屋草一扫而光。 ····《盱眙县志》

八月，（洪泽）老子山蝗由北向南飞蔽日，食稼尽。 ···《洪泽县志》

五月，（泗洪）蝗虫为害，遮天蔽日，所到处禾苗、花草、树叶一扫而尽。
　　···························《泗洪县志》

夏，（睢宁）朱楼蝗虫成灾。 ··········《睢宁县志》

九月，铜山北柳泉、利国沿湖一带严重蝗灾，蝗蝻遍野，秋禾、树苗均食
　　尽，津浦路列车竟因蝗蝻飞满所阻，灾民外逃。 ····《铜山县志》

（连云港新浦区）蝗虫成灾。 ··········《新浦区志》

397. 民国二十二年（1933 年）

江苏省赣榆、阜宁、溧水、江阴、丹阳、宜兴、海门、兴化、东海、江宁、
　　东台、泰县、江浦、如皋、仪征、江都、启东、常熟、铜山、沭阳、淮
　　阴、宝应、宿迁、南通、丰县、武进、涟水、灌云、金坛、睢宁、淮安、
　　盐城、六合、高邮、邳县、沛县、镇江、靖江、泗阳等县蝗。南京市蝗。
　　···························《中国的飞蝗》

江苏赣榆、阜宁、江阴、海门、丹阳、溧水、泗阳、宜兴、如皋、兴化、东海、江宁、东台、泰县、江浦、仪征、江都、启东、常熟、铜山、金坛、沭阳、淮阴、宝应、睢宁、宿迁、南通、丰县、武进、涟水、灌云、淮安、盐城、高邮、邳县、沛县、六合、镇江、靖江、盱眙等县蝗。

....《中国历代蝗患之记载》

六月，溧水、江浦、高邮、宝应、盐城、东台、阜宁、灌云、东海、六合等县蝗蝻。七月，镇江飞蝗成灾，稻苗殆尽。……《江苏省志·农业志》

（溧水）蝗蝻生。...《溧水县志》

七月，（常州）飞蝗由宜兴入境，东安等 14 乡受灾。...........《常州市志》

八月，（武进）飞蝗由丹阳来，尚宜、栖鸾等乡受灾。........《武进县志》

高邮蝗灾。...《扬州市志》

秋，（滨海）蝗虫大发生，群集如蚁，起飞蔽日。...........《滨海县志》

（泗洪）蝗灾。...《泗洪县志》

（东海）蝗灾。...《东海县志》

398. 民国二十三年（1934 年）

江苏省东台、宿迁、泰县、宝应、淮安、仪征、南通、阜宁、沛县、铜山、江宁、泗阳、江阴、靖江、常熟、东海、宜兴、溧阳、六合、吴江、金坛、太仓、江浦、泰兴、淮阴、盐城、如皋、镇江、武进、高淳、溧水、海门等县蝗。...................《民国二十三年全国蝗患调查报告》

东台、宿迁、泰县、宝应、江宁、南通、江阴、靖江、淮安、仪征、阜宁、沛县、铜山、泗阳、常熟、东海、江浦、宜兴、溧阳、六合、武进、金坛、泰兴、盐城、镇江、高淳、溧水、海门、吴江、太仓、如皋、淮阴、盱眙等县蝗。.......................《中国历代蝗患之记载》

五月，国民政府召开江苏、安徽、山东、河北、河南、湖南、浙江七省治蝗会议[①]。...《飞蝗概说》

夏，镇江旱，蝗虫蔓延，受灾 46 万亩。.................《丹徒县志》

夏，（丹阳）蝗灾蔓延，受灾 104.5 万亩。..............《丹阳县志》

（常州）东安乡蝗灾。.................................《常州市志》

---

① 据《飞蝗概说》，民国二十三年蝗害最大，政府鉴于以前治蝗之缺点（全国治蝗缺乏系统组织；治蝗方法墨守旧习，且部分农民迷信观念过深；治蝗经费未确定；缺乏全国蝗患调查统计），召集江苏、安徽、山东、河北、河南、湖南、浙江七省农政官厅，开七省治蝗会议，讨论关于中央与各省能力之联合、治蝗组织之统一、治蝗技术之改良、经费调整及全国蝗害调查方法等问题。

（苏州）蝗蝻生。 ···《苏州市志》

（吴江）蝗，扑灭之。 ·····································《吴江县志》

九月，（启东）蝗灾严重。 ····························《启东县志》

（扬州市）蝗灾。 ···《扬州市志》

（泗洪）蝗灾。 ···《泗洪县志》

（丰县）蝗灾。 ···《丰县志》

夏，大批蝗虫飞进新浦，庄稼严重受害。 ·········《新浦区志》

秋，（灌南）飞蝗铺天盖地而至，顿时天昏地暗，遍地蝗虫，农民鸣锣驱

　　赶，农作被吃光，民四出逃荒要饭。 ·················《灌南县志》

399. 民国二十四年（1935 年）

江苏、浙江、安徽、河北、山东、河南 6 省蝗，蒋介石电令治蝗。

　　···························《昆虫与植病》1935 年第 3 卷第 18 期

江苏宝应、如皋、南通、泗阳、淮安、溧水、江宁、吴县、吴江、金坛、

　　句容、灌云、武进、无锡、常熟、宜兴、南京蝗灾。

　　···《中国历代蝗患之记载》

江苏省武进、溧水、泗阳、如皋、吴县、无锡、吴江、宜兴、江宁、南通、

　　常熟蝗，苏州飞蝗遍天，南京、常州蝻。

　　···························《昆虫与植病》1935 年第 3 卷第 28 期

（溧水）蝗虫遍野。 ·····································《溧水县志》

五月，灵台、寨桥、大成等乡蝗。 ···············《常州市志》

五月，（武进）灵台乡沿湖蝗蝻生，寨桥、大成、坊前等乡芦苇叶吃尽。

　　···《武进县志》

六月，蝗由吴江飞入（苏州）境内，大批飞蝗致使农田受害。

　　···《苏州市志》

400. 民国二十五年（1936 年）

夏，（泗阳）飞蝗蔽日，禾稼无存。 ·············《泗阳县志》

五月，（海州）蝗灾。 ··································《海州区志》

401. 民国二十六年（1937 年）

六月，苏北蝗虫猖獗，蔓延东海等 10 余个县，受灾 3 000 余顷。

　　···《江苏省志·农业志》

夏，（滨海）蝗虫大发生。 ····························《滨海县志》

（东海）蝗灾。 ···《东海县志》

402. 民国二十八年（1939 年）

蝗虫飞越洪泽湖至湖东，遮天蔽日，农作损失严重。 ………《洪泽县志》

春，（泗洪）蝗灾。 ………《泗洪县志》

403. 民国二十九年（1940 年）

苏北蝗灾。 ………《泗洪县志》

秋，（盐城）飞蝗过境，歉收。 ………《盐城县志》

（铜山）蝗灾，每平方米密度达 2 000 头，麦叶被吃光。………《铜山县志》

404. 民国三十年（1941 年）

秋，（铜山）蝗虫成灾，每平方米密度达千头以上，庄稼、杂草、树叶均

吃光。 ………《铜山县志》

405. 民国三十一年（1942 年）

江苏蝗。 ………《中国的飞蝗》

盐城蝗灾，蝗蝻之多，百年所仅见。 ………《江苏省志·农业志》

406. 民国三十二年（1943 年）

兴化蝗灾，动员 5 万民众扑灭蝗害。 ………《扬州市志》

七月，大丰疆北、南团、沈灶、九灶、王港、竹港、祥丰、新东、鼎新、

韦团、南造等地蝗虫。 ………《大丰县志》

四月，（泗洪）大批飞蝗入田野，庄稼遭灾。 ………《泗洪县志》

（连云港新浦）飞蝗突至，遮天蔽日，遍地皆是，蝗灾严重。

………《新浦区志》

（东海）境东部蝗虫为灾，颗粒无收。 ………《东海县志》

407. 民国三十三年（1944 年）

六月，（泗洪）由成子湖飞来大批蝗虫，泗南、泗阳、洪泽三县组织扑灭蝗

虫 1 万担。 ………《泗洪县志》

六月，（灌云）县东草滩飞蝗蝻生，成虫后大批蝗虫从云台山飞往伊山、南

岗、王集、李集等区，解放区组织民众扑灭之。 ………《灌云县志》

408. 民国三十四年（1945 年）

阜宁蝗，民众灭蝻11.4 万担。 ………《江苏省志·农业志》

（栖霞）境内太平、仙鹤、尧化、龙潭等地蝗蝻成灾，乡设灭蝗队，乡长任

队长，保长任分队长，甲长任小队长，限期消灭。 ………《栖霞区志》

七月，大批飞蝗由东而西入六合境，群众大力捕灭之。 ………《六合县志》

七月，（武进）丰南、丰北蝗自西北来，遮天蔽日，散落田间，田禾遭灾。

....《武进县志》

泰兴蝗灾。...《扬州市志》

（江都）县境蝗蝻灾害。...................................《江都县志》

（盐城）飞蝗为害。.......................................《盐城县志》

秋，（建湖）蝗灾。.......................................《建湖县志》

六月，（响水）六套、七套、老舍等地草滩发生蝗蝻 30 千米^2，来势凶猛，庄稼吃光，王集、陈家港发生蝗蝻 10 千米^2，经扑打，消灭蝗蝻 3 000 担以上。...................................《响水县志》

（沛县）沿湖蝗灾暴发，害禾苗。.......................《沛县志》

七月，（灌云）县东北大批蝗虫飞落，晚苗多被吃光，县委组织民众灭蝗。

....《灌云县志》

409. 民国三十五年（1946 年）

江苏蝗。...《中国的飞蝗》

五月，（阜宁）蝗虫遍野，损害禾苗。...................《阜宁县志》

夏，（滨海）蝗虫大发生，庄稼歉收。...................《滨海县志》

秋，（邳县）蝗蔽空而来，声如风雨，庄稼、树叶吃光。.........《邳县志》

（沛县）沿湖蝗灾暴发，害禾苗。.......................《沛县志》

（东海）境东蝗虫遍野，每平方米 300 头以上，田作严重受灾。

....《东海县志》

410. 民国三十六年（1947 年）

江苏蝗。...《中国的飞蝗》

七月，苏北淮安、邳县、睢宁、灌云发生蝗灾。......《江苏省志·农业志》

高邮蝗灾。...《扬州市志》

（沛县）沿湖蝗灾暴发，害禾苗。.......................《沛县志》

夏秋，（新浦）蝗灾。.......................................《新浦区志》

411. 民国三十八年（1949 年）

夏，（滨海）蝗灾严重，三千亩玉米被吃光。...................《滨海县志》

第五章
安徽省历史蝗灾

一、唐前时期蝗灾

1. 西汉元始二年（公元 2 年）

秋，（阜阳）蝗虫为害，颗粒无收。 ⋯⋯⋯⋯⋯⋯⋯⋯《阜阳县志》

2. 新莽地皇三年（22 年）

（阜阳）蝗虫为害。 ⋯⋯⋯⋯⋯⋯⋯⋯⋯⋯⋯《阜阳县志》

3. 东汉中元元年（56 年）

山阳、楚、沛多蝗，其飞至九江①界者，辄东西散去。 ⋯⋯《后汉书·宋均传》

安徽萧县蝗灾。 ⋯⋯⋯⋯⋯⋯⋯⋯⋯《中国历代蝗患之记载》

山阳、楚、沛多蝗。 ⋯⋯⋯⋯⋯⋯⋯⋯ 嘉庆《萧县志》

4. 东汉永初四年（110 年）

夏四月，六州蝗。 ⋯⋯⋯⋯⋯⋯⋯⋯⋯《后汉书·安帝纪》

5. 东汉永初六年（112 年）

（霍邱）旱蝗，民大饥。 ⋯⋯⋯⋯⋯⋯⋯⋯《霍邱县志》

6. 东汉永初七年（113 年）

（霍邱）连续旱蝗，民大饥。 ⋯⋯⋯⋯⋯⋯⋯《霍邱县志》

---

① 沛：古国名，治所在今安徽淮北市西北；九江：旧郡名，治所在今安徽寿县。

7. 东汉延光元年（122 年）

兖、豫①蝗蟓滋生。 ·····················《资治通鉴·汉纪》

8. 东汉延熹九年（166 年）

扬州六郡②连水、旱、蝗害。 ···············《后汉书·五行志》

安徽蝗灾。 ···················《中国历代蝗患之记载》

9. 东汉建安二年（197 年）

袁术在寿春③，谷石百余万，载金钱之市求籴，市无米，而弃钱去，百姓饥

穷，以桑葚、蝗虫为干饭。 ········《艺文类聚·灾异部·蝗》

霍邱蝗虫食麦。 ·················《安徽省志·农业志》

10. 东晋太兴元年（318 年）

七月，淮南④郡蝗灾，伤禾豆。 ···············《定远县志》

七月，淮南郡阴陵⑤西曲阳蝗，禾苗受损。 ·······《滁县地区志》

临淮郡（宿州）蝗。 ·················嘉靖《宿州志》

11. 东晋太兴二年（319 年）

五月，淮陵、临淮、淮南、安丰、庐江⑥等五郡蝗虫食秋麦。

···《晋书·五行志》

安徽庐州蝗灾，民多饥死。 ·········《中国历代蝗患之记载》

五月，淮南、庐江诸郡蝗，食秋麦。 ·······光绪《续修庐州府志》

五月，淮南、安丰蝗虫食秋麦。 ···········光绪《寿州志》

三月，（颍州⑦）山桑县蝗。 ···········乾隆《颍州府志》

（蒙城）蝗灾。 ·····················《蒙城县志》

徐、扬及江西诸郡蝗。 ···············嘉靖《宿州志》

五月，徐州及诸郡蝗。 ···············嘉庆《萧县志》

五月，淮南、安丰诸郡蝗虫食秋麦。 ·······光绪《凤阳府志》

五月，（定远）蝗害，禾苗受损。 ···········《定远县志》

庐江郡旱蝗。 ·················康熙《安庆府志》

---

① 兖、豫：东汉时兖州、豫州相连，据今山东西南部、河南东部及安徽北部的部分地区。
② 扬州：旧州名，治所在今安徽和县，时辖今安徽寿县、宣城和舒城。
③ 寿春：旧县名，治所在今安徽寿县。
④ 淮南：旧郡名，治所在今安徽寿县。
⑤ 阴陵：旧县名，治所在今安徽定远西北。
⑥ 淮陵：旧郡名，治所在今安徽明光市东北；临淮：旧郡名，治所在今江苏盱眙东北，时辖今安徽天长、明光等地；安丰：旧郡名，治所在今安徽霍邱西南，南朝梁移置今安徽寿县安丰铺；庐江：旧郡名，治所在今安徽舒城。
⑦ 颍州：旧州、府名，治所在今安徽阜阳。

五月，庐江等郡蝗虫食秋麦。 …………………… 民国《怀宁县志》

四月，庐江郡旱蝗。 …………………… 康熙《潜山县志》

扬州诸郡蝗。宿松蝗。 …………………… 民国《宿松县志》

12. 东晋太兴三年（320 年）

安徽蝗灾，民多饥死。 …………………… 《中国历代蝗患之记载》

（蒙城）蝗灾。 …………………… 《蒙城县志》

13. 南朝梁太清三年（549 年）

江南旱蝗。 …………………… 《资治通鉴·梁纪》

14. 南朝梁大宝元年（550 年）

时，江南连年旱蝗。 …………………… 《资治通鉴·梁纪》

二、唐代（含五代十国）蝗灾

15. 唐兴元元年（784 年）

安徽蝗虫铺天盖地，害稼，民饥。 …………… 《中国历代蝗患之记载》

16. 唐元和五年（810 年）

夏，安徽淮南蝗灾，害稼。 …………… 《中国历代蝗患之记载》

17. 唐开成五年（840 年）

六月，淮南①蝗，疫，除其徭。 …………… 《新唐书·武宗本纪》

夏，安徽凤阳蝗灾，害稼。 …………… 《中国历代蝗患之记载》

夏，淮南（寿州）蟓蝗害稼。 …………… 光绪《寿州志》

18. 唐咸通三年（862 年）

六月，淮南蝗。 …………………… 《新唐书·五行志》

夏，安徽凤阳蝗灾。 …………… 《中国历代蝗患之记载》

淮南（寿州）蝗。 …………………… 光绪《寿州志》

夏，淮南（凤阳）蝗旱，民饥。 …………… 光绪《凤阳府志》

19. 唐咸通九年（868 年）

江淮蝗。 …………………… 《新唐书·五行志》

江淮（颍州）旱蝗。 …………………… 乾隆《颍州府志》

江淮（寿州）旱蝗。 …………………… 光绪《寿州志》

---

① 淮南：唐方镇名，治所在今江苏扬州，时辖安徽淮河以南广大地区。

舒州^①旱蝗。 ·· 康熙《安庆府志》

舒州旱蝗，江淮皆旱蝗。 ······························ 康熙《潜山县志》

江淮（宿松）旱蝗。 ·································· 民国《宿松县志》

20. 唐光启元年（885 年）

淮南（寿州）蝗。 ·································· 光绪《寿州志》

21. 唐光启二年（886 年）

安徽蝗灾。 ································ 《中国历代蝗患之记载》

淮南蝗自西来。 ·································· 乾隆《江南通志》

22. 后梁开平元年（907 年）

六月，颍州蝝生，有野禽群飞蔽空，食之皆尽。 ······ 《旧五代史·五行志》

（阜阳）蝗虫为害。 ································ 《阜阳县志》

23. 后梁开平四年（910 年）

七月，颍州境内有蝝为灾。 ············· 《旧五代史·梁书·太祖纪》

24. 后唐同光三年（925 年）

九月，宿州飞蝗害稼。 ·················· 《中国历代天灾人祸表》

25. 后晋天福七年（942 年）

夏秋，安徽大蝗，民饥死。 ·············· 《中国历代蝗患之记载》

六月，大蝗，自淮北蔽空而至。辛巳，命州县捕蝗瘗之。

·································· 《古今图书集成·庶征典·蝗灾部汇考》

26. 后晋天福八年（943 年）

六月，宿州飞蝗抱草干死。 ·············· 《旧五代史·晋书·少帝纪》

是岁，蝗大起，东自海堧，西距陇坻，南逾江淮，北抵幽蓟，原野、山谷、城郭、庐舍皆满，竹木叶皆尽。重以官括民谷，使者督责严急，至封碓硙，不留其食，有坐匿谷抵死者。县令往往以督趣不办，纳印自劾去。民馁死者数十万口，流亡不可胜数。 ············· 《资治通鉴·后晋纪》

27. 后汉乾祐二年（949 年）

六月，宿州蝗抱草而死。己卯，宿州蝗，分命中使致祭于所在川泽山林之神。 ································ 《旧五代史·汉书》

安徽宿州蝗灾大发生，抱草死。 ··········· 《中国历代蝗患之记载》

六月，宿地蝗灾严重，至秋，蝗抱草死。 ············· 《宿县县志》

---

① 舒州：旧州名，治所在今安徽潜山。

28. 后周广顺三年（953 年）

安徽蝗灾大发生，民饥。 ·····················《中国历代蝗患之记载》

安徽蝗大发生，饥。 ·····················《中国东亚飞蝗蝗区的研究》

三、宋代（含辽、金）蝗灾

29. 宋开宝七年（974 年）

安徽亳州蝗灾。 ·····················《中国历代蝗患之记载》

亳州蝗。 ·····················乾隆《颍州府志》

30. 宋雍熙二年（985 年）

五月，天长[①]军蝝生。 ·····················《宋史·太宗本纪》

31. 宋淳化元年（990 年）

七月，单州砀山县蝗。 ·····················《文献通考·物异考》

32. 宋淳化二年（991 年）

三月，亳州蝻虫生，遇雨而死。 ·····················《文献通考·物异考》

33. 宋至道二年（996 年）

六月，亳州蝗。秋七月，宿州蝗抱草死。 ·····················《宋史·太宗本纪》

六月，亳州、宿州蝗生，食苗。 ·····················《宋史·五行志》

安徽亳州、宿州、凤阳蝗害。 ·····················《中国东亚飞蝗蝗区的研究》

六月，宿州蝗生，食苗。七月，宿州蝗，抱草死。 ·········光绪《凤阳府志》

34. 宋大中祥符三年（1010 年）

七月，（马鞍山）蝗虫为灾。 ·····················《马鞍山市志》

35. 宋大中祥符九年（1016 年）

七月，过京师，群飞翳空，延至江、淮南，趣河东，及霜寒始毙。

·····················《宋史·五行志》

（霍邱）蝗灾，食民田禾稼，入公私庐舍。 ·····················《霍邱县志》

七月，（寿州）蝗群飞蔽空，延至江、淮。 ·····················光绪《寿州志》

36. 宋天禧元年（1017 年）

六月，江、淮南蝗，并言自死。 ·····················《宋史·真宗本纪》

---

① 天长：旧军名，治所在今安徽天长。

二月，和州①蝗生卵，如稻粒而细。六月，江、淮大风，多吹蝗入江海，或
    抱草木僵死。 ………………………………………… 《宋史·五行志》

五月，江、淮蝗蝻食苗。 ………………………… 《续资治通鉴·宋纪》

凤阳、和县蝗灾，抱草木僵死。 ………… 《中国历代蝗患之记载》

霍邱蝗自死。 …………………………………… 乾隆《颍州府志》

(霍邱) 连续蝗灾，食民田禾稼，入公私庐舍。 …………… 《霍邱县志》

(含山) 蝗生卵，如稻粒而细。 ………………… 康熙《含山县志》

六月，江、淮南 (凤阳) 蝗，自死。 ………… 光绪《凤阳府志》

37. 宋天禧二年（1018 年）

安徽蝗虫复生。 …………………………… 《中国历代蝗患之记载》

38. 宋乾兴元年（1022 年）

泗县蝗灾，大风吹蝗入水。 ………… 《中国历代蝗患之记载》

江淮大风吹蝗入水。 ………………………… 光绪《泗虹合志》

39. 宋明道元年（1032 年）

十月，濠州②蝗。 …………………………… 《文献通考·物异考》

40. 宋明道二年（1033 年）

岁大蝗旱，江、淮滋甚，开仓振之。 ………… 《宋史·范仲淹传》

41. 宋宝元四年（1041 年）

淮南旱蝗。 …………………………………… 《宋史·五行志》

淮南 (寿州) 旱蝗。 ………………………… 光绪《寿州志》

42. 宋庆历四年（1044 年）

春，淮南旱蝗。 …………………………… 《文献通考·物异考》

43. 宋皇祐四年（1052 年）

淮南旱蝗。 ………………………………… 《中国历代天灾人祸表》

44. 宋熙宁六年（1073 年）

安徽全椒、滁县蝗灾。 ………… 《中国历代蝗患之记载》

(全椒) 旱，百姓捕食蝗虫。 ………………… 《全椒县志》

(安庆府) 大蝗。 ………………………… 康熙《安庆府志》

(潜山) 大蝗。 …………………………… 康熙《潜山县志》

---

① 和州：旧州名，治所在今安徽和县。

② 濠州：旧州名，治所在今安徽凤阳东北。

（宿松）大蝗害稼。 ⋯⋯⋯⋯⋯⋯⋯⋯⋯⋯⋯ 民国《宿松县志》

45. 宋熙宁七年（1074 年）

秋七月，诏淮南提点、提举司检覆蝗旱。冬十月，以常平米于淮南西路[①]易饥民所掘蝗种。 ⋯⋯⋯⋯⋯⋯⋯⋯⋯⋯《宋史·神宗本纪》

安徽全椒蝗灾。 ⋯⋯⋯⋯⋯⋯⋯⋯《中国历代蝗患之记载》

淮南诸路旱，民捕蝗为食。 ⋯⋯⋯⋯⋯⋯ 民国《全椒县志》

46. 宋熙宁八年（1075 年）

八月，淮西蝗，颍州蔽野。 ⋯⋯⋯⋯⋯⋯⋯《宋史·五行志》

安徽全椒、颍州蝗灾，募民捕蝗交官易粟。 ⋯⋯《中国历代蝗患之记载》

淮南诸路旱，民捕蝗为食。 ⋯⋯⋯⋯⋯⋯ 民国《全椒县志》

八月，淮西（寿州）蝗。 ⋯⋯⋯⋯⋯⋯⋯⋯ 光绪《寿州志》

47. 宋熙宁九年（1076 年）

夏，安徽全椒蝗灾。 ⋯⋯⋯⋯⋯⋯⋯《中国历代蝗患之记载》

48. 宋熙宁十年（1077 年）

帝问曰：闻滁、和民食蝗以济，有之乎？对曰：有之。民饥甚，死者相枕籍。 ⋯⋯⋯⋯⋯⋯⋯⋯⋯⋯《续资治通鉴·宋纪》

49. 宋崇宁元年（1102 年）

夏，淮南等路蝗。 ⋯⋯⋯⋯⋯⋯⋯⋯⋯⋯《宋史·五行志》

夏，安徽凤阳蝗灾。 ⋯⋯⋯⋯⋯⋯⋯《中国历代蝗患之记载》

淮南（寿州）蝗。 ⋯⋯⋯⋯⋯⋯⋯⋯⋯⋯ 光绪《寿州志》

夏，淮南（凤阳）蝗。 ⋯⋯⋯⋯⋯⋯⋯⋯ 光绪《凤阳府志》

50. 宋建炎二年（1128 年）

六月，淮甸[②]蝗。 ⋯⋯⋯⋯⋯⋯⋯⋯⋯《宋史·高宗本纪》

六月，淮甸（寿州）大蝗。 ⋯⋯⋯⋯⋯⋯⋯ 光绪《寿州志》

安徽泗县蝗，为害作物。 ⋯⋯⋯《中国东亚飞蝗蝗区的研究》

（泗县）大蝗。 ⋯⋯⋯⋯⋯⋯⋯⋯⋯⋯⋯ 光绪《泗虹合志》

（五河）蝗。 ⋯⋯⋯⋯⋯⋯⋯⋯⋯⋯⋯ 光绪《五河县志》

51. 宋建炎三年（1129 年）

安徽泗县蝗灾。 ⋯⋯⋯⋯⋯⋯⋯⋯《中国历代蝗患之记载》

---

① 淮南西路：即淮西路，宋路名，治所在今安徽凤台。

② 淮甸：指今安徽淮河附近低洼之处。

六月，淮甸大蝗。 ·······················《古今图书集成·庶征典·蝗灾部汇考》

52. 宋绍兴五年（1135 年）

八月，（和州）蝗。 ···································· 光绪《直隶和州志》

八月，（含山）蝗。 ···································· 《含山县志》

53. 宋绍兴二十九年（1159 年）

七月，盱眙军、楚州金界三十里，蝗为风所坠，风止，复飞还淮北。

··· 《宋史·五行志》

安徽蝗灾。 ·· 《中国历代蝗患之记载》

54. 宋绍兴三十二年（1162 年）

六月，淮南北郡县蝗。 ······························· 《宋史·五行志》

安徽凤阳蝗灾。 ····································· 《中国历代蝗患之记载》

六月，淮南、北郡县（寿州）蝗。 ···················· 光绪《寿州志》

六月，淮南、北郡县（凤阳）蝗。 ···················· 光绪《凤阳府志》

55. 宋隆兴元年（1163 年）

八月，飞蝗过都，蔽天日，徽、宣州①害稼。 ········· 《宋史·五行志》

安徽宁国②、泾县、旌德蝗灾。 ······················ 《中国历代蝗患之记载》

七月，（徽州）大蝗。八月，飞蝗过都，蔽天日，徽、宣州害稼。

··· 道光《徽州府志》

七月，（歙县）蝗害稼。 ····························· 《歙县志》

八月，飞蝗过郡，蔽天，徽、宣州害稼。 ············· 《宣城地区志》

七月，（宁国）飞蝗蔽天，害稼。 ···················· 《宁国县志》

七月，（泾县）飞蝗蔽天，徽、宣州害稼。 ············ 嘉庆《泾县志》

（绩溪）飞蝗蔽天，徽、宣州蝗害稼。 ················ 《绩溪县志》

56. 宋乾道元年（1165 年）

六月，淮西蝗，宪臣姚岳贡死蝗为瑞，以佞坐黜。 ······ 《宋史·五行志》

六月，以淮南转运判官姚岳言境内飞蝗自死，夺一官罢之。

··· 《宋史·孝宗本纪》

夏，安徽死蝗。 ····································· 《中国历代蝗患之记载》

六月，淮西（寿州）蝗。 ····························· 光绪《寿州志》

---

① 徽：徽州，治所在今安徽歙县；宣州：治所在今安徽宣城。

② 宁国：旧府名，治所在今安徽宣城。

57. 宋乾道二年（1166 年）

太平①府蝗灾大发生。 ……………………………《中国历代蝗患之记载》

八月，（宣城）飞蝗过境蔽天，害稼。 ……………………………《宣城县志》

58. 宋淳熙元年（1174 年）

秋七月，（砀山）蝗。 ……………………………………乾隆《砀山县志》

59. 宋淳熙三年（1176 年）

八月，淮北飞蝗入楚州、盱眙军界，如风雷者，逾时遇大雨，皆死，稼用
不害。 ………………………………………………………《宋史·五行志》

60. 宋淳熙四年（1177 年）

五月，淮北多蝗。 ……………………………………《续资治通鉴·宋纪》

61. 宋淳熙九年（1182 年）

六月，滁州全椒县，和州历阳、乌江②县蝗。七月，淮甸大蝗。令淮、浙郡
国捕除。 ………………………………………………《文献通考·物异考》

夏秋，安徽全椒、凤阳、乌江、和县大蝗。 ………《中国历代蝗患之记载》

七月，淮甸（寿州）大蝗。 ……………………………………光绪《寿州志》

七月，淮甸（怀远）大蝗。 …………………………………嘉庆《怀远县志》

七月，淮甸（凤阳）大蝗。 …………………………………光绪《凤阳府志》

秋，（全椒）蝗害稼，令所在捕除。 …………………………民国《全椒县志》

乌江县蝗。 …………………………………………………光绪《直隶和州志》

62. 宋淳熙十年（1183 年）

六月，蝗遗种于淮、浙，害稼。 ………………………………《宋史·五行志》

六月，江淮（寿州）旧蝗遗育害稼。 …………………………光绪《寿州志》

63. 宋绍熙五年（1194 年）

八月，和州蝗。 ………………………………………………《宋史·五行志》

秋，安徽和县蝗。 ………………………………《中国东亚飞蝗蝗区的研究》

八月，（和州）蝗灾，大饥，人食草木。 …………………光绪《直隶和州志》

八月，（含山）蝗灾。 …………………………………………《含山县志》

64. 宋嘉定元年（1208 年）

（霍邱）旱蝗，民大饥。 ………………………………………《霍邱县志》

---

① 太平：旧府、路名，治所在今安徽当涂。

② 历阳：旧县名，治所在今安徽和县；乌江：旧县名，治所在今安徽和县乌江镇。

（歙县）蝗灾。 ···《歙县志》

65. 宋嘉定二年（1209 年）

（当涂）旱，蝗灾，大饥，人食草木。 ······················《当涂县志》

66. 宋嘉定七年（1214 年）

池州旱蝗。 ·· 乾隆《池州府志》

（贵池）旱蝗。 ·· 光绪《贵池县志》

67. 宋嘉定八年（1215 年）

四月，飞蝗越淮而南，江、淮郡蝗，食禾苗、山林、草木皆尽。

···《宋史·五行志》

八月，蝗，祷于霍山。 ·························《宋史·礼志五》

四月，淮郡寿州蝗食禾苗、山林、草木皆尽。 ·········· 光绪《寿州志》

68. 宋嘉定九年　金贞祐四年（1216 年）

五月，亳、宿等州蝗。 ·····················《金史·宣宗本纪》

安徽宿州、亳州、泗县蝗虫害稼。 ·········《中国历代蝗患之记载》

（亳州）蝗。 ·· 光绪《亳州志》

宿州蝗。 ··· 光绪《宿州志》

69. 宋端平元年（1234 年）

五月，当涂县蝗。 ···························《宋史·五行志》

夏，安徽当涂蝗灾。 ·······················《中国历代蝗患之记载》

五月，（当涂）蝗。 ······································ 乾隆《当涂县志》

70. 宋嘉熙四年（1240 年）

夏，安徽太平蝗灾。 ·······················《中国历代蝗患之记载》

六月，（当涂）大旱蝗。 ································· 乾隆《当涂县志》

71. 宋淳祐二年（1242 年）

五月，两淮蝗。 ·····························《宋史·五行志》

夏，安徽凤阳蝗灾。 ·······················《中国历代蝗患之记载》

五月，两淮（寿州）蝗。 ································· 光绪《寿州志》

两淮（怀远）蝗。 ·· 嘉庆《怀远县志》

两淮（凤阳）蝗。 ·· 光绪《凤阳府志》

72. 宋淳祐六年（1246 年）

霍邱蝗。 ·· 乾隆《颍州府志》

六月，江淮飞蝗蔽天，集食禾豆。 ·········· 万历《应天府志》

四、元代蝗灾

73. 蒙古至元元年　宋景定五年（1264 年）

夏，安徽全椒、滁县蝗灾，食禾豆。 ·················《中国历代蝗患之记载》

六月，（全椒）飞蝗集食禾豆。 ················· 民国《全椒县志》

74. 蒙古至元二年（1265 年）

宿蝗旱。 ·····································《元史·世祖本纪》

徐、宿、邳蝗旱。萧县蝗。 ··············· 嘉庆《萧县志》

75. 蒙古至元四年（1267 年）

亳州蝗。 ································· 乾隆《重刻归德府志》

76. 蒙古至元五年　宋咸淳四年（1268 年）

安徽亳县蝗灾。 ·····················《中国历代蝗患之记载》

七月，亳州蝗。 ····················· 乾隆《颍州府志》

77. 元至元十七年（1280 年）

宿州蝗。 ·····································《元史·世祖本纪》

夏，安徽宿州蝗灾。 ·············《中国历代蝗患之记载》

78. 元至元二十二年（1285 年）

夏四月，庐州①蝗。 ···············《元史·世祖本纪》

79. 元元贞元年（1295 年）

（芜湖）蝗灾。 ·····························《芜湖县志》

80. 元元贞二年（1296 年）

六月，太平、庐州蝗。 ···············《元史·成宗本纪》

夏秋，安徽太平、庐州蝗灾。 ·······《中国历代蝗患之记载》

庐州蝗。 ·································《肥西县志》

六月，（当涂）大蝗，民饥，赈之。 ······· 乾隆《当涂县志》

芜湖大蝗，民饥。 ·····················《芜湖市志》

（芜湖）蝗灾。 ·····························《芜湖县志》

81. 元大德元年（1297 年）

六月，归德、徐、邳等州蝗。宿州蝗。 ······· 嘉靖《宿州志》

---

① 庐州：旧州、路、府名，治所在今安徽合肥。

六月，归德、徐、邳等州蝗。萧县蝗。 …………………… 嘉庆《萧县志》

六月，（五河）蝗生遍野。 …………………… 光绪《五河县志》

82. 元大德二年（1298 年）

夏四月，江南、两淮属县蝗。 …………………… 《元史·成宗本纪》

安徽滁县、太平、全椒蝗灾。 …………………… 《中国历代蝗患之记载》

（全椒）蝗。 …………………… 民国《全椒县志》

夏四月，（当涂）大蝗。 …………………… 乾隆《当涂县志》

83. 元大德四年（1300 年）

五月，濠、芍陂①旱蝗。 …………………… 《元史·成宗本纪》

夏秋，安徽蝗灾。 …………………… 《中国历代蝗患之记载》

五月，徐、濠、芍陂旱蝗。 …………………… 光绪《凤阳府志》

84. 元大德五年（1301 年）

是岁，和州蝗。 …………………… 《元史·成宗本纪》

八月，淮南、和州蝗。 …………………… 《元史·五行志》

夏至秋，安徽和县蝗灾。 …………………… 《中国历代蝗患之记载》

八月，（和州）蝗。 …………………… 光绪《直隶和州志》

八月，（含山）蝗。 …………………… 《含山县志》

85. 元大德六年（1302 年）

秋七月，安丰、濠州蝗。 …………………… 《元史·成宗本纪》

濠州钟离②蝗。 …………………… 《元史·五行志》

安徽凤阳蝗灾。 …………………… 《中国历代蝗患之记载》

七月，钟离蝗。 …………………… 乾隆《凤阳县志》

86. 元大德八年（1304 年）

夏，（宿县）蝗虫遍野，庄稼、草木殆尽。 …………………… 《宿县县志》

87. 元大德九年（1305 年）

泗州天长等县蝗。 …………………… 《元史·五行志》

安徽泗县、天长蝗灾大发生。 …………………… 《中国历代蝗患之记载》

88. 元大德十一年（1307 年）

（绩溪）蝗自西北至，蔽天，风雨交加，蝗尽灭。 …………………… 《绩溪县志》

---

① 芍陂：水利工程名，在今安徽寿县南。

② 钟离：旧县名，治所在今安徽凤阳东北。

89. 元至大元年（1308 年）

安徽庐州、无为大蝗灾，伤稼，大饥。 ……………《中国历代蝗患之记载》

（庐州）蝗，民大饥，无为尤甚。 …………… 光绪《续修庐州府志》

（无为）蝗，民大饥。 …………………………………《无为县志》

八月，（安庆府）诸路旱蝗，饥。 ………………… 康熙《安庆府志》

八月，（潜山）诸路旱蝗，饥。 ………………… 康熙《潜山县志》

九月，（望江）诸路旱蝗，饥疫。 ………………… 乾隆《望江县志》

八月，（宿松）诸路水、旱、蝗，江淮民采草木为食。 …… 民国《宿松县志》

90. 元至大二年（1309 年）

夏四月，滁蝗。六月，舒城、历阳、合肥、六安蝗。 ……《元史·武宗本纪》

安徽和县、舒城、合肥、六安蝗灾。 ……………《中国历代蝗患之记载》

舒城、合肥蝗。 ………………………… 光绪《续修庐州府志》

祁门蝗。 ………………………………… 道光《徽州府志》

（和州）蝗。 ………………………………… 光绪《直隶和州志》

91. 元至大三年（1310 年）

五月，合肥、舒城、历阳、蒙城、霍邱、怀宁等县蝗。

……………………………………………《元史·武宗本纪》

夏秋，安徽庐州、和县、舒城、合肥、蒙城、和州、怀宁蝗灾。

……………………………………………《中国历代蝗患之记载》

五月，合肥、舒城蝗。 ………………… 光绪《续修庐州府志》

五月，（和州）蝗。 ………………………… 光绪《直隶和州志》

92. 元延祐二年（1315 年）

飞蝗独不入（芜湖）境。 ………………… 《元史·欧阳玄传》

93. 元至治元年（1321 年）

安徽临淮等蝗灾。 ………………………《中国历代蝗患之记载》

四月，芍陂屯田旱蝗，并免其租。 ……………… 光绪《凤阳府志》

94. 元泰定三年（1326 年）

九月，庐州路蝗。 …………………………… 《元史·泰定本纪》

安徽庐州、泗县蝗灾。 ………………… 《中国历代蝗患之记载》

九月，庐州路蝗。 ………………………… 光绪《续修庐州府志》

95. 元泰定四年（1327 年）

五月，庐州路属县旱蝗。秋七月，江南旱蝗荐至。 ……《元史·泰定本纪》

庐州路蝗。 ……………………………………《元史·五行志》

安徽庐州蝗灾。 …………………………《中国历代蝗患之记载》

五月，庐州路属县蝗。 …………………………………《肥西县志》

四月，（安庆）旱蝗，大饥。 ……………………… 康熙《安庆府志》

四月，（潜山）旱蝗，大饥。 ……………………… 康熙《潜山县志》

夏四月，（宿松）旱蝗，大饥。 ……………………… 民国《宿松县志》

96. 元致和元年（1328 年）

五月，汝宁府颍州蝗。 …………………………《元史·泰定本纪》

五月，颍州蝗。阜阳蝗。 ……………………… 道光《阜阳县志》

五月，（界首）蝗灾。 ……………………………………《界首县志》

97. 元天历二年（1329 年）

夏四月，庐州无为州蝗。秋七月，庐州属县蝗。 ………《元史·文宗本纪》

庐州、安丰路属县蝻。 …………………………《元史·五行志》

夏，安徽无为、庐州蝗灾。 ……………………《中国历代蝗患之记载》

安丰路属县蝻。 ……………………………………… 光绪《寿州志》

安丰路蝻。 ………………………………………… 光绪《凤阳府志》

四月，（无为）蝗。 ………………………………………《无为县志》

98. 元至顺元年（1330 年）

安徽蝗灾。 ……………………………………《中国历代蝗患之记载》

夏，祁门旱蝗。秋，复蝗，民饥。 ……………… 道光《徽州府志》

99. 元至顺二年（1331 年）

秋，祁门蝗灾大发生。 …………………………《中国历代蝗患之记载》

秋，（祁门）蝗，大饥。 ………………………… 同治《祁门县志》

100. 元元统元年（1333 年）

六月，（宿州）蝗生于野。 ……………………… 嘉靖《宿州志》

六月，（安庆府）旱蝗。 ………………………… 康熙《安庆府志》

六月，（潜山）旱蝗。 …………………………… 康熙《潜山县志》

101. 元元统二年（1334 年）

夏，（宿县）蝗虫遍野。 …………………………………《宿县县志》

102. 元至元元年（1335 年）

怀宁县蝗。 ……………………………………… 民国《怀宁县志》

103. 元至元二年（1336 年）

（安庆府）旱蝗。 ··· 康熙《安庆府志》

（潜山）旱蝗。 ··· 康熙《潜山县志》

至八月不雨，（宿松）旱蝗，大饥。 ············· 民国《宿松县志》

104. 元至正四年（1344 年）

亳州蝗。 ·· 《元史·五行志》

安徽凤阳、亳州蝗，大发生。 ········ 《中国东亚飞蝗蝗区的研究》

（凤阳）旱蝗，大饥。 ····························· 乾隆《凤阳县志》

（亳州）蝗。 ·· 光绪《亳州志》

105. 元至正十九年（1359 年）

蒙城县蝗灾。 ··································· 乾隆《颍州府志》

106. 元至正二十五年（1365 年）

安徽绩溪蝗灾，自西北蔽空而来。 ····· 《中国历代蝗患之记载》

绩溪县蝗自西北蔽空而至。 ········· 《古今图书集成·庶征典·蝗灾部汇考》

五、明代蝗灾

107. 明永乐元年（1403 年）

四月，安庆等府蝗，上命户部遣人捕之。 ········· 《明实录·太宗实录》

夏，安徽凤阳蝗灾。 ····················· 《中国历代蝗患之记载》

（灵璧）蝗。 ·· 乾隆《灵璧志略》

（凤阳）蝗。 ·· 天启《凤阳新书》

飞蝗入（铜陵）境。 ······························· 乾隆《铜陵县志》

飞蝗入池州境。 ································· 乾隆《池州府志》

飞蝗入池境。 ···································· 光绪《贵池县志》

秋，（青阳）发生严重蝗灾。 ··························· 《青阳县志》

108. 明永乐十五年（1417 年）

夏，凤阳蝗灾。 ····························· 《中国历代蝗患之记载》

（灵璧）蝗。 ·· 乾隆《灵璧志略》

（凤阳）蝗。 ·· 天启《凤阳新书》

109. 明宣德五年（1430 年）

四月，户部奉宣宗皇帝旨：恁户部便行文书各处军卫、有司知道，但有蝗蝻生发，着他遵依原奉太宗皇帝圣旨，务要打捕尽绝，敢有怠慢的，拿来不饶。钦此。 ································· 嘉靖《宿州志》

安徽凤阳蝗灾，皇帝遣官督捕。 ················· 《中国历代蝗患之记载》

（灵璧）蝗。 ································· 乾隆《灵璧志略》

（凤阳）蝗。 ································· 天启《凤阳新书》

110. 明宣德十年（1435 年）

五月，凤阳、庐州、太平、池州等府俱蝗旱灾伤，人民艰食，无以赈济。
································· 《明实录·英宗实录》

111. 明正统四年（1439 年）

五月，凤阳、淮安府属县有蝗，上谓户部传令所司捕之。七月，宿州境内蝗，上命户部严督军民官司扑灭尽绝以闻。十一月，寿州境内蝗，上命所司多集军民捕瘗。 ················· 《明实录·英宗实录》

夏，安徽凤阳蝗灾，民捕蝗。 ················· 《中国历代蝗患之记载》

五月，凤阳蝗，命捕之。 ········· 《古今图书集成·庶征典·蝗灾部汇考》

112. 明正统五年（1440 年）

夏，凤阳蝗。 ································· 《明史·五行志》

五月，凤阳府多蝗，上命行在户部速令有司设法捕之。
································· 《明实录·英宗实录》

夏秋，安徽凤阳蝗灾。 ················· 《中国历代蝗患之记载》

夏，凤阳蝗。 ································· 光绪《凤阳府志》

夏，（定远）蝗。 ································· 道光《定远县志》

113. 明正统六年（1441 年）

夏，凤阳蝗。 ································· 《明史·五行志》

夏，安徽凤阳蝗虫严重发生。 ················· 《中国历代蝗患之记载》

夏，凤阳蝗。 ································· 光绪《凤阳府志》

（定远）旱蝗。 ································· 道光《定远县志》

（五河）旱蝗。 ································· 光绪《五河县志》

114. 明正统七年（1442 年）

五月，凤阳蝗。 ································· 《明史·五行志》

四月，上以凤阳府去岁蝗灾，虑有遗种复生，命往督有司。五月，凤阳府蝗蝻生发。 ················· 《明实录·英宗实录》

夏，安徽凤阳蝗灾。 ················· 《中国历代蝗患之记载》

五月，凤阳蝗。 ··· 光绪《凤阳府志》

（定远）旱蝗。 ··· 道光《定远县志》

115. 明正统十二年（1447 年）

秋，凤阳蝗。 ··· 《明史·五行志》

七月，凤阳府旱蝗，上命户部移文严督扑灭，勿遗民患。八月，安庆、广
德等府州，建阳、新安等卫[①]旱蝗相仍，军民饥窘，鬻子女易食。

·· 《明实录·英宗实录》

安徽蝗灾。 ································· 《中国历代蝗患之记载》

夏，凤阳蝗。 ································· 乾隆《凤阳县志》

116. 明正统十三年（1448 年）

四月，凤阳府捕蝗。 ······························· 《明实录·英宗实录》

安徽凤阳蝗。 ························· 《中国东亚飞蝗蝗区的研究》

凤阳捕蝗。 ················· 《古今图书集成·庶征典·蝗灾部汇考》

秋，（定远）蝗。 ································· 道光《定远县志》

117. 明景泰五年（1454 年）

六月，宁国、安庆、池州蝗。 ··················· 《明史·五行志》

九月，宁国、安庆、池州府属县今年六月以来，旱蝗伤稼，令户部覆视
以闻。 ································· 《明实录·英宗实录》

夏，安徽宁国府、安庆等蝗伤稼。 ········· 《中国历代蝗患之记载》

六月，（定远）大旱蝗。 ··················· 道光《定远县志》

六月，宁国府蝗。 ····························· 《宣城地区志》

六月，（宁国）蝗灾。 ························· 《宁国县志》

六月，安庆蝗。 ························· 民国《怀宁县志》

118. 明景泰六年（1455 年）

建阳卫蝗灾。 ································· 《明实录·英宗实录》

119. 明景泰七年（1456 年）

六月，凤阳大旱蝗。九月，太平府蝗。 ········· 《明史·五行志》

九月，太平府蝗。 ····························· 《明实录·英宗实录》

夏，安徽凤阳、当涂大蝗灾，迁移。 ······· 《中国历代蝗患之记载》

六月，凤阳大旱蝗。 ························· 光绪《凤阳府志》

---

① 建阳：明卫所名，治所在今安徽当涂；新安：明卫所名，治所在今安徽歙县。

120. 明天顺元年（1457 年）

十一月，泗州并天长、石埭①、青阳县俱奏：六、七月，旱蝗伤稼，命户部
覆视之。……………………………………………《明实录·英宗实录》

六月，（天长）旱蝗伤稼。……………………………………《天长县志》

121. 明天顺六年（1462 年）

安徽合肥、舒城蝗灾。………………………《中国历代蝗患之记载》

合肥、舒城蝗。………………………光绪《续修庐州府志》

舒城蝗灾。……………………………………………《舒城县志》

（铜陵）蝗。……………………………乾隆《铜陵县志》

（安庆府）蝗。……………………………康熙《安庆府志》

六月，（怀宁）蝗。……………………………民国《怀宁县志》

秋，（桐城）螽，其飞蔽天，坠满地，为害禾苗。………《桐城县志》

秋，（潜山）螽。……………………………康熙《潜山县志》

（望江）蝗。……………………………乾隆《望江县志》

秋，（宿松）螽害稼。……………………………民国《宿松县志》

122. 明成化十年（1474 年）

（歙县）旱蝗。……………………………………………《歙县志》

123. 明弘治八年（1495 年）

三月，当涂县蝗虫生，食草枝、秧苗略尽。四月，当涂县蝗。
……………………………………………《明实录·孝宗实录》

（霍邱）飞蝗蔽天。……………………………………………《霍邱县志》

124. 明正德二年（1507 年）

安徽凤阳蝗灾。………………………《中国历代蝗患之记载》

（凤阳）大水蝗。……………………………天启《凤阳新书》

125. 明正德三年（1508 年）

临淮蝗灾。………………………《中国历代蝗患之记载》

（霍邱）大旱，蝗灾，民大饥。……………………………《霍邱县志》

（舒城）蝗灾，民饥。……………………………《舒城县志》

秋，（临泉）蝗虫为害。……………………………《临泉县志》

（临淮）蝗，大饥疫。……………………………康熙《临淮县志》

---

① 石埭：旧县名，治所在今安徽石台。

126. 明正德四年（1509 年）

安徽凤阳、泗县蝗灾，害稼。⋯⋯⋯⋯⋯⋯⋯《中国历代蝗患之记载》

夏，（凤阳）大旱，蝗飞蔽日，岁大饥，人相食。⋯⋯⋯光绪《凤阳府志》

夏，（寿州）蝗飞蔽日，大饥，人相食。⋯⋯⋯⋯⋯光绪《寿州志》

（舒城）大旱蝗。⋯⋯⋯⋯⋯⋯⋯⋯⋯⋯⋯⋯⋯⋯《舒城县志》

夏，（濉溪）旱蝗，遮天蔽日，大饥，人相食。⋯⋯⋯⋯《濉溪县志》

夏旱，（宿州）飞蝗自北来遮天蔽日，所过五谷殆尽，草木皆空。

⋯⋯⋯⋯⋯⋯⋯⋯⋯⋯⋯⋯⋯⋯⋯⋯⋯⋯⋯《宿县县志》

夏，（泗县）大旱，蝗飞蔽日。⋯⋯⋯⋯⋯⋯⋯⋯光绪《泗虹合志》

夏旱，（灵璧）蝗飞蔽天，大饥，人相食。⋯⋯⋯⋯乾隆《灵璧志略》

夏，（固镇）旱蝗，庄稼无收，人相食。⋯⋯⋯⋯⋯⋯《固镇县志》

夏，（五河）大旱，蝗飞蔽日。⋯⋯⋯⋯⋯⋯⋯⋯光绪《五河县志》

127. 明正德六年（1511 年）

（怀远）蝗飞蔽天，岁大饥，人相食。⋯⋯⋯⋯⋯嘉庆《怀远县志》

128. 明嘉靖元年（1522 年）

安徽凤阳、临淮蝗灾。⋯⋯⋯⋯⋯⋯⋯⋯⋯《中国历代蝗患之记载》

夏，（寿州）蝗。⋯⋯⋯⋯⋯⋯⋯⋯⋯⋯⋯⋯⋯光绪《寿州志》

夏，霍邱、蒙城蝗。⋯⋯⋯⋯⋯⋯⋯⋯⋯⋯⋯乾隆《颍州府志》

夏，（霍邱）蝗。⋯⋯⋯⋯⋯⋯⋯⋯⋯⋯⋯⋯⋯⋯《霍邱县志》

（蒙城）蝗灾，饥荒。⋯⋯⋯⋯⋯⋯⋯⋯⋯⋯⋯⋯⋯《蒙城县志》

（怀远）蝗，大饥。⋯⋯⋯⋯⋯⋯⋯⋯⋯⋯⋯⋯嘉庆《怀远县志》

夏，（五河）蝗。⋯⋯⋯⋯⋯⋯⋯⋯⋯⋯⋯⋯⋯光绪《五河县志》

夏，（凤阳）蝗。⋯⋯⋯⋯⋯⋯⋯⋯⋯⋯⋯⋯⋯光绪《凤阳府志》

（临淮）蝗。⋯⋯⋯⋯⋯⋯⋯⋯⋯⋯⋯⋯⋯⋯⋯康熙《临淮志》

夏，（嘉山[①]）蝗。⋯⋯⋯⋯⋯⋯⋯⋯⋯⋯⋯⋯⋯《嘉山县志》

宁国旱蝗。⋯⋯⋯⋯⋯⋯⋯⋯⋯⋯⋯⋯⋯⋯⋯《宣城地区志》

129. 明嘉靖四年（1525 年）

八月，广德、建平[②]蝗害。⋯⋯⋯⋯⋯⋯⋯⋯⋯《宣城地区志》

八月，（郎溪）蝗虫害稼。⋯⋯⋯⋯⋯⋯⋯⋯⋯⋯⋯《郎溪县志》

---

① 嘉山：旧县名，1994 年改设今安徽明光市。
② 建平：旧县名，治所在今安徽郎溪。

八月，（广德）蝗虫害稼。 ···《广德县志》

130. 明嘉靖五年（1526 年）

夏，（宿州）旱蝗。秋，遗蝗复生。 ······················光绪《宿州志》

131. 明嘉靖六年（1527 年）

夏，（宿州）大旱，有飞蝗入境，来自徐、邳，生小蝻遍野，厚数寸。

··· 嘉靖《宿州志》

夏，（灵璧）旱蝗。 ·································乾隆《灵璧志略》

夏，（固镇）旱蝗，麦无收。 ························《固镇县志》

（来安）旱蝗，人多饥死。 ·····················道光《来安县志》

132. 明嘉靖七年（1528 年）

安徽合肥、舒城蝗灾。 ···············《中国历代蝗患之记载》

秋，合肥、舒城蝗。 ·····················光绪《续修庐州府志》

八月，（六安）蝗自西北来，落地尺许，食谷无遗。 ····· 同治《六安州志》

八月，（舒城）飞蝗落地厚尺许，落处谷尽食人。 ········《舒城县志》

（来安）旱蝗，人多饥死。 ·····················道光《来安县志》

（和州）蝗。 ·································光绪《直隶和州志》

133. 明嘉靖八年（1529 年）

六月，以旱蝗减免凤阳府属县夏税。 ·········《明实录·世宗实录》

安徽滁县、全椒、凤阳蝗灾。 ···········《中国历代蝗患之记载》

（霍邱）大旱，蝗飞蔽天。 ·····················《霍邱县志》

（宿州）连岁蝗旱，民多流亡。 ···············嘉靖《宿州志》

（灵璧）旱蝗，多流亡。 ·····················乾隆《灵璧志略》

（固镇）旱蝗。 ·································《固镇县志》

（滁州）蝗自西北来蔽天，所至禾黍辄尽。 ···········光绪《滁州志》

（来安）旱蝗，人多饥死。 ·····················道光《来安县志》

（凤阳）蝗飞蔽天。 ·······························天启《凤阳新书》

（全椒）蝗，禾稼、草木食尽。 ···············民国《全椒县志》

六月，建平蝗飞蔽天。 ·····························《宣城地区志》

六月，（郎溪）蝗飞蔽天。 ·······················《郎溪县志》

134. 明嘉靖九年（1530 年）

安徽合肥、滁县蝗虫大发生。 ···········《中国历代蝗患之记载》

合肥蝗。 ·································光绪《续修庐州府志》

合肥旱蝗。 ···《肥西县志》

（宿州）连岁蝗旱，民多流亡。 ···········嘉靖《宿州志》

（灵璧）旱蝗，民多流亡。 ···········乾隆《灵璧志略》

（来安）旱蝗，人多饥死。 ···········道光《来安县志》

135. 明嘉靖十年（1531年）

九月，以庐州、凤阳府及滁州、和州水旱、虫蝗，诏以兑运粮二仓支运。

···《明实录·世宗实录》

安徽宣城蝗灾。 ···········《中国历代蝗患之记载》

（宿州）连岁蝗旱，多流亡。 ···········嘉靖《宿州志》

（灵璧）旱蝗，多流亡。 ···········乾隆《灵璧志略》

萧县蝗。 ···嘉庆《萧县志》

（来安）旱蝗，人多饥死。 ···········道光《来安县志》

（南陵）飞蝗食稼。 ···········民国《南陵县志》

宣城飞蝗蔽天，食禾稼。 ···········《宣城地区志》

（宣城）飞蝗食禾稼。 ···········《宣城县志》

（泾县）飞蝗食禾稼。 ···········《泾县志》

五月，（绩溪）飞蝗至，禾稼遭害。 ···········《绩溪县志》

136. 明嘉靖十一年（1532年）

九月，以旱蝗诏改折庐州、凤阳府及滁州、和州正兑米八万石改兑米三万石，仍免租有差。 ···········《明实录·世宗实录》

（六安州）英山向无蝗，忽自北蔽空而来，食禾且尽。 ······ 同治《六安州志》

（宿州）连岁蝗旱，民多流亡。 ···········嘉靖《宿州志》

（灵璧）旱蝗，多流亡。 ···········乾隆《灵璧志略》

（来安）旱蝗，人多饥死。 ···········道光《来安县志》

五月，婺源绩溪蝗。 ···········道光《徽州府志》

（歙县）蝗灾。 ···········《歙县志》

夏，（石台）飞蝗入境，遮天蔽日，庄稼被毁。 ···········《石台县志》

（安庆）蝗虫为害。 ···········《安庆地区志》

（潜山）大旱蝨。 ···········康熙《潜山县志》

夏六月，（太湖）蝗害稼。 ···········民国《太湖县志》

四月不雨，（望江）有蝨，疫。 ···········乾隆《望江县志》

（宿松）大旱，蝗害稼。 ···········民国《宿松县志》

137. 明嘉靖十二年（1533 年）

安徽亳县、砀山蝗灾。 ·············《中国历代蝗患之记载》

颍州亳州蝗。 ·············乾隆《颍州府志》

（宿州）连岁蝗旱，民多流亡。 ·············嘉靖《宿州志》

（灵璧）旱蝗，多流亡。 ·············乾隆《灵璧志略》

（砀山）蝗。 ·············乾隆《砀山县志》

（来安）旱蝗，人多饥死。 ·············道光《来安县志》

夏六月，蝗飞入贵池、铜陵、石埭境。 ·············乾隆《池州府志》

夏六月，蝗飞入境。 ·············光绪《贵池县志》

138. 明嘉靖十三年（1534 年）

安徽蝗，大发生。 ·············《中国东亚飞蝗蝗区的研究》

夏，安徽庐江蝗虫大发生，害稼。 ·············《中国历代蝗患之记载》

（阜阳）蝗害，田无遗穗。 ·············《阜阳市志》

（太和）旱，大蝗，跳蝻塞路，食禾殆尽。 ·············《太和县志》

（临泉）飞蝗蔽日，田无遗穗。 ·············《临泉县志》

（界首）大蝗，田无遗穗。 ·············《界首县志》

（濉溪）蝗自北方入境，延蔓至秋，禾稼无收。 ·············《濉溪县志》

六月，（宿州）飞蝗从东北入境，延蔓不绝，至七月始去，秋稼无收。

·············嘉靖《宿州志》

（五河）旱蝗，禾稼不登。 ·············光绪《五河县志》

（庐江）蝗自北来，聚集成片，农田毁于一旦。 ·············《庐江县志》

139. 明嘉靖十四年（1535 年）

安徽庐江、无为、泗县蝗灾。 ·············《中国历代蝗患之记载》

安徽泗县蝗，严重猖獗。 ·············《中国东亚飞蝗蝗区的研究》

颍州蝗，田无遗穗。 ·············乾隆《颍州府志》

（阜阳）蝗害，田无遗穗。 ·············《阜阳市志》

（临泉）飞蝗蔽日，田无遗穗。 ·············《临泉县志》

（宿州）连岁飞蝗遍野。 ·············嘉靖《宿州志》

五月不雨，（泗县）蝗生不绝，遍入民房室吃衣服。 ·············光绪《泗虹合志》

（五河）旱蝗，禾稼不登。 ·············光绪《五河县志》

（含山）蝗。 ·············康熙《含山县志》

庐江、无为蝗。 ·············光绪《续修庐州府志》

（和州）蝗。 ·································· 光绪《直隶和州志》

（无为）蝗。 ·································· 《无为县志》

（庐江）蝗灾。 ·································· 《庐江县志》

（当涂）飞蝗蔽天。 ·································· 乾隆《当涂县志》

九月，（宣城）飞蝗大作。 ·································· 《宣城地区志》

九月，（广德）蝗虫大作，成灾。 ·································· 《广德县志》

140. 明嘉靖十五年（1536 年）

（宿州）连岁飞蝗遍野。 ·································· 嘉靖《宿州志》

（五河）连岁旱蝗，禾稼不登。 ·································· 光绪《五河县志》

三月，（朗溪）蝗虫食麦。 ·································· 《郎溪县志》

141. 明嘉靖十六年（1537 年）

五月，舒城蝗。 ·································· 光绪《续修庐州府志》

五月，（舒城）大旱，飞蝗蔽天，沟堑尽平。 ·································· 《舒城县志》

（宿州）蝗之为灾，甚于水旱，凡所过处，草枯地赤，六畜无以为饲，不惟

伤禾稼而已。 ·································· 嘉靖《宿州志》

142. 明嘉靖十七年（1538 年）

安徽舒城大蝗伤稼，饥。 ·································· 《中国历代蝗患之记载》

143. 明嘉靖十九年（1540 年）

夏秋，安徽舒城、巢县蝗灾大发生，飞蔽天，害稼。

·································· 《中国历代蝗患之记载》

夏，舒城、巢县蝗。 ·································· 光绪《续修庐州府志》

秋，六安、霍山俱蝗，落地二尺，树枝压损。 ············ 同治《六安州志》

夏秋，（金寨）蝗灾，树枝压弯，地面蝗厚 60 厘米。 ············ 《金寨县志》

八月，（舒城）飞蝗落地二尺许，树枝压折。 ············ 《舒城县志》

秋，（霍山）飞蝗落地二尺，树枝压损。 ·············· 光绪《霍山县志》

（霍邱）旱蝗。 ·································· 《霍邱县志》

太和、霍邱县蝗。 ·································· 乾隆《颍州府志》

（太和）大蝗。 ·································· 《太和县志》

（界首）大蝗。 ·································· 《界首县志》

夏，巢县蝗。 ·································· 道光《巢县志》

（和州）蝗。 ·································· 光绪《直隶和州志》

（含山）蝗。 ·································· 康熙《含山县志》

144. 明嘉靖二十三年（1544 年）

安徽凤阳蝗灾大发生。 ·······《中国历代蝗患之记载》

霍邱县旱蝗。 ·······乾隆《颍州府志》

（凤阳）旱蝗，民流亡。 ·······天启《凤阳新书》

145. 明嘉靖二十九年（1550 年）

十月，以旱蝗免英武①并寿州等卫所屯粮有差。 ······《明实录·世宗实录》

146. 明嘉靖三十四年（1555 年）

夏，（来安）蝗。秋，蝗害稼。 ·······道光《来安县志》

（和州）蝗。 ·······光绪《直隶和州志》

147. 明嘉靖三十八年（1559 年）

（宿州）旱蝗。 ·······光绪《宿州志》

148. 明嘉靖三十九年（1560 年）

九月，以水灾、蝗蝻免泗州等卫所屯粮有差。 ·······《明实录·世宗实录》

安徽蝗，严重大发生。 ·······《中国东亚飞蝗蝗区的研究》

安徽亳县蝗灾。 ·······《中国历代蝗患之记载》

亳州蝗。 ·······乾隆《颍州府志》

（亳州）大蝗。 ·······光绪《亳州志》

（宿州）旱蝗。 ·······光绪《宿州志》

149. 明嘉靖四十四年（1565 年）

萧县蝗灾。 ·······《中国历代蝗患之记载》

萧县旱蝗。 ·······同治《徐州府志》

萧县旱蝗。 ·······嘉庆《萧县志》

150. 明嘉靖四十五年（1566 年）

安徽舒城蝗灾。 ·······《中国历代蝗患之记载》

舒城蝗，禾稼尽枯。 ·······光绪《续修庐州府志》

151. 明隆庆元年（1567 年）

秋，（宿州）旱蝗。 ·······光绪《宿州志》

152. 明万历十一年（1583 年）

（怀远）浉河南北蝗起，有野鹳及群鸦万余食之殆尽。 ······嘉庆《怀远县志》

（来安）旱蝗。 ·······道光《来安县志》

---

① 英武：旧卫名，治所在今安徽定远县东北。

153. 明万历十三年（1585 年）

夏，安徽泗县蝗生，蝻盖地数寸。·············《中国历代蝗患之记载》

夏旱，（泗县）蝗蝻盖地数寸。···············光绪《泗虹合志》

（五河）飞蝗蔽天。·······················光绪《五河县志》

154. 明万历十五年（1587 年）

夏，（怀远）连月不雨，禾损于蝗。·············嘉庆《怀远县志》

夏秋，（嘉山）大旱蝗。·····················《嘉山县志》

155. 明万历十七年（1589 年）

萧县蝗灾。·····························《中国历代蝗患之记载》

秋，萧县旱蝗。·························民国《江苏省通志稿》

萧县旱蝗。·····························嘉庆《萧县志》

156. 明万历二十年（1592 年）

（安庆）螽。·····························康熙《安庆府志》

秋，（潜山）旱螽。·····················康熙《潜山县志》

秋不雨，（宿松）螽。···················民国《宿松县志》

157. 明万历二十二年（1594 年）

泗县蝗食禾稼，赤地如焚。···············光绪《泗虹合志》

158. 明万历二十五年（1597 年）

芜湖蝗灾，养鸭除蝗。···········《农史研究》1983 年第 3 辑

159. 明万历三十七年（1609 年）

安徽亳县蝗灾。·····················《中国历代蝗患之记载》

（阜阳）蝗。·····························道光《阜阳县志》

（太和）大旱蝗。·························《太和县志》

（临泉）蝗灾。·····························《临泉县志》

（亳州）蝗。·····························光绪《亳州志》

（怀远）蝗。·····························嘉庆《怀远县志》

160. 明万历三十八年（1610 年）

太和、蒙城县俱蝗。·····················乾隆《颍州府志》

夏，（颍上）蝗，不为灾。···············同治《颍上县志》

（太和）大旱蝗。·························《太和县志》

（界首）大蝗。·····························《界首县志》

（宿县）蝗灾，禾枯死，令民捕蝗一石给粮一石。·········《宿县县志》

（固镇）旱蝗，庄稼枯死。 ·····················《固镇县志》

（来安）旱蝗。 ·····················道光《来安县志》

161. 明万历三十九年（1611 年）

六月，凤阳蝗旱灾伤。 ·····················《明实录·神宗实录》

162. 明万历四十年（1612 年）

凤阳、泗州先罹蝗旱，后遭淫雨。 ·····················《明实录·神宗实录》

（界首）大蝗。 ·····················《界首县志》

163. 明万历四十二年（1614 年）

颍上县蝗。 ·····················乾隆《颍州府志》

（颍上）蝗，禾麦、树叶皆空。 ·····················同治《颍上县志》

（五河）大旱，飞蝗伤稼。 ·····················光绪《五河县志》

164. 明万历四十三年（1615 年）

（六安）旱蝗，谷价腾贵。 ·····················同治《六安州志》

（霍山）旱蝗，谷价腾贵。 ·····················光绪《霍山县志》

165. 明万历四十四年（1616 年）

九月，广德蝗蝻大起，禾黍、竹树俱尽。 ·····················《明史·五行志》

九月，广德等处蝗蝻大起，骆骎曾疏陈其状云：蝗不渡江，渡江乃异。今垂天蔽日而来，集于田而禾黍尽，集于地而菽粟尽，集于山林而草皮不实，柔桑、疏竹之属条干、枝叶都尽。·····················《明实录·神宗实录》

安徽泗县、滁县、合肥、巢县、无为、太平蝗灾。

·····················《中国历代蝗患之记载》

八月，飞蝗自北来，合肥、庐江、无为、巢县蝗食稻过半。

·····················光绪《续修庐州府志》

（六安）蝗亦如之。 ·····················同治《六安州志》

（霍山）蝗复如之。 ·····················光绪《霍山县志》

夏，（滁县）蝗灾。 ·····················《滁县地区志》

夏旱，（来安）飞蝗蔽天。 ·····················道光《来安县志》

四至八月不雨，（天长）蝗生，民流亡。 ·····················嘉庆《备修天长县志稿》

飞蝗自北来巢县，食稻过半。 ·····················道光《巢县志》

七月，（和州）旱蝗。 ·····················光绪《直隶和州志》

八月，（无为）飞蝗食稻过半。 ·····················《无为县志》

（庐江）蝗灾。 ·····················《庐江县志》

夏,(当涂) 大蝗。 ························· 乾隆《当涂县志》

九月,(郎溪) 蝗虫大起,竹树、禾叶俱尽。 ········· 《郎溪县志》

(太湖) 蝗害稼。 ·························· 民国《太湖县志》

166. 明万历四十五年（1617 年）

安徽全椒、滁县、和县、舒城、无为、太平蝗灾。

·································· 《中国历代蝗患之记载》

合肥、无为、庐江、舒城蝗。 ········· 光绪《续修庐州府志》

合肥蝗。 ····························· 《肥西县志》

夏,(舒城) 旱蝗,禾稼尽枯。 ··············· 《舒城县志》

蒙城县蝗。 ······················ 乾隆《颍州府志》

(蒙城) 大蝗灾。 ······················· 《蒙城县志》

(滁州) 蝗旱交作,流殍载道。 ··········· 光绪《滁州志》

(全椒) 蝗飞蔽天,县令捐俸金 60 两、籴粮 300 石,谕民捕蝗,每百斤给谷一石,蝗绝。 ·············· 泰昌《全椒县志》

至八月不雨,(天长) 蝗复生。 ········· 嘉庆《备修天长县志稿》

(无为) 蝗。 ·························· 《无为县志》

(庐江) 蝗灾。 ························· 《庐江县志》

夏,(马鞍山) 蝗灾,县令民捕之,患始息。 ······· 《马鞍山市志》

(当涂) 复蝗,县令捕之,里纳数石,如数受赏,患乃息。

·························· 乾隆《当涂县志》

建平旱,蝗飞蔽天。 ·················· 《宣城地区志》

(郎溪) 大旱,飞蝗蔽天。 ·············· 《郎溪县志》

夏,(铜陵) 旱蝗,不损稼。 ·········· 乾隆《铜陵县志》

(潜山) 蝗灾严重,减赋一年。 ·············· 《潜山县志》

167. 明万历四十六年（1618 年）

安徽亳县、滁县、来安蝗灾。 ········ 《中国历代蝗患之记载》

(阜阳) 蝗灾。 ······················· 《阜阳市志》

(阜阳) 蝗。 ······················ 道光《阜阳县志》

(临泉) 蝗灾。 ······················· 《临泉县志》

(亳州) 蝗。 ······················ 光绪《亳州志》

秋,(宿州) 旱蝗,食稼殆尽,大饥。 ········· 《宿县县志》

秋,(固镇) 蝗起,庄稼无收,饥。 ········· 《固镇县志》

（怀远）蝗。 ·· 嘉庆《怀远县志》

（来安）螽，忽自灭，有年。 ······················· 道光《来安县志》

168. 明万历四十七年（1619 年）

安徽亳州蝗灾。 ······························· 《中国历代蝗患之记载》

（阜阳）蝗。 ·· 道光《阜阳县志》

（临泉）蝗灾。 ····································· 《临泉县志》

秋，（太和）蝗。 ··································· 《太和县志》

（亳州）蝗。 ··· 光绪《亳州志》

九月，（五河）旱蝗，禾苗皆枯。 ··················· 《五河县志》

（怀远）蝗。 ··· 嘉庆《怀远县志》

169. 明万历四十八年（1620 年）

太和县蝗。 ··· 乾隆《颍州府志》

（太和）蝗灾。 ····································· 《太和县志》

夏，（灵璧）旱蝗。 ································· 乾隆《灵璧志略》

夏，（固镇）旱蝗。 ································· 《固镇县志》

170. 明天启元年（1621 年）

夏秋，安徽泗县蝗灾。 ··················· 《中国历代蝗患之记载》

四月，（六安）蝗。 ································· 同治《六安州志》

夏，（临泉）蝗灾。 ································· 《临泉县志》

（泗县）蝗灾。 ····································· 光绪《泗虹合志》

灵璧蝗灾。 ··· 《泗洪县志》

171. 明天启二年（1622 年）

安徽无为蝗灾。 ··················· 《中国历代蝗患之记载》

八月，无为蝗。 ································· 光绪《续修庐州府志》

七月，（六安）蝗。 ································· 同治《六安州志》

（临泉）蝗灾。 ····································· 《临泉县志》

（无为）蝗。 ··· 《无为县志》

172. 明天启四年（1624 年）

五月，（颍上）大旱蝗。 ··········· 同治《颍上县志》

（天长）大旱，蝗蔽天。 ··········· 嘉庆《备修天长县志稿》

173. 明天启五年（1625 年）

（五河）飞蝗蔽天。 ································· 光绪《五河县志》

（天长）又旱，蝗生更甚，草不生。 …………………… 嘉庆《备修天长县志稿》

174. 明天启六年（1626 年）

夏，江北旱蝗。 …………………………………… 《明史·熹宗本纪》

九月，庐、凤各府属春夏旱蝗为灾。 ………………… 《明实录·熹宗实录》

安徽凤阳、庐州、临淮蝗灾。 ………………… 《中国历代蝗患之记载》

七月，庐州、凤阳各府属春夏旱蝗为灾。 ………… 光绪《盱眙县志稿》

（舒城）蝗成灾。 ………………………………………… 《舒城县志》

蒙城县旱蝗。 ………………………………………… 乾隆《颍州府志》

（临淮）旱兼蝗。 ………………………………… 康熙《临淮县志》

175. 明天启七年（1627 年）

凤阳等地方一岁而水、旱、蝗蝻三灾叠至，禾稼尽伤。

………………………………………… 《明实录·熹宗实录》

秋，安徽临淮蝗虫大发生，害稼。 ……… 《中国历代蝗患之记载》

（临淮）水蝗。 ………………………………… 康熙《临淮县志》

176. 明崇祯元年（1628 年）

萧县蝗灾。 ……………………………… 《中国历代蝗患之记载》

夏，萧县蝗伤麦。 ……………………………… 同治《徐州府志》

夏，（萧县）蝗截麦穗满地。 ………………… 嘉庆《萧县志》

177. 明崇祯五年（1632 年）

萧县蝗灾。 ……………………………… 《中国历代蝗患之记载》

秋，（萧县）有蝗。 ……………………………… 嘉庆《萧县志》

（砀山）有蝗，饥。 ……………………………… 乾隆《砀山县志》

178. 明崇祯七年（1634 年）

萧县飞蝗食禾木，啮人衣。 ………………… 民国《江苏省通志稿》

萧县蝗灾。 ……………………………… 《中国历代蝗患之记载》

七月大雨，（萧县）飞蝗蔽天，食禾稼、树叶皆尽，入屋室吃毁衣物。

………………………………………… 嘉庆《萧县志》

五月，（太和）大蝗。秋，飞蝗至。 ………………… 《太和县志》

（界首）大蝗。 ……………………………………… 《界首县志》

蒙城县大蝗。 ………………………………… 乾隆《颍州府志》

179. 明崇祯八年（1635 年）

萧县蝗灾。 ……………………………… 《中国历代蝗患之记载》

五月，（太和）大蝗。 ························《太和县志》

（界首）飞蝗复至。 ························《界首县志》

七月，萧县蝗甚。 ························同治《徐州府志》

七月大雨，萧县蝗甚。 ······················嘉庆《萧县志》

七月，（砀山）有蝗。 ······················乾隆《砀山县志》

180. 明崇祯十年（1637 年）

萧县蝗灾。 ························《中国历代蝗患之记载》

（萧县）旱蝗。 ························嘉庆《萧县志》

181. 明崇祯十一年（1638 年）

夏，砀山蝗，饥。 ··················民国《江苏省通志稿》

芜湖、天长蝗灾。 ··················《中国历代蝗患之记载》

（砀山）蝗，饥。 ··················乾隆《砀山县志》

（当涂）旱蝗。 ····················乾隆《当涂县志》

（芜湖）蝗飞蔽天，庄稼食尽。 ··············《芜湖县志》

广德大旱蝗。 ······················《宣城地区志》

（郎溪）旱，蝗灾，广德州亦然。 ············《郎溪县志》

182. 明崇祯十二年（1639 年）

安徽舒城、巢县、无为蝗灾。 ········《中国历代蝗患之记载》

舒城、巢县旱蝗；无为遍地皆蝻，人不得行。 ····光绪《续修庐州府志》

夏，砀山蝗。 ······················民国《江苏省通志稿》

夏秋，（砀山）蝗。 ··················乾隆《砀山县志》

舒城蝗灾。 ························《舒城县志》

巢县旱蝗。 ························道光《巢县志》

（无为）蝗蝻遍地，人不能行。 ··············《无为县志》

（郎溪）旱，蝗虫为害。 ··················《郎溪县志》

（屯溪）蝗虫盛行，饥。 ··················《屯溪市志》

（铜陵市）蝗灾。 ····················《铜陵市志》

183. 明崇祯十三年（1640 年）

宁国、全椒、合肥、庐州、太平、萧县蝗灾。 ······《中国历代蝗患之记载》

舒城、合肥旱蝗。 ··················光绪《续修庐州府志》

夏，六安、霍山旱，飞蝗蔽天，人相食。 ········同治《六安州志》

（霍邱）旱蝗，民大饥，斗米千钱，人相食。 ········《霍邱县志》

（霍山）大旱，蝗盈尺，飞扑人面，堆衢塞路，践之有声，至秋田禾尽蚀。

　　　　　　　　　　　　　　　　　　　　　　　　　　　　光绪《霍山县志》

秋旱，（舒城）飞蝗塞路，禾尽食，民多饿死。　　　　　　　《舒城县志》

（金寨）旱蝗交集，民饥。　　　　　　　　　　　　　　　　《金寨县志》

（阜阳）大旱蝗。　　　　　　　　　　　　　　　　　道光《阜阳县志》

颍上、霍邱、蒙城县大旱蝗。　　　　　　　　　　　乾隆《颍州府志》

（颍上）大旱蝗。　　　　　　　　　　　　　　　　同治《颍上县志》

（临泉）旱，蝗灾。　　　　　　　　　　　　　　　　　《临泉县志》

秋，（宿县）蝗虫遍野，田无遗穗，大饥。　　　　　　　《宿县县志》

秋，（萧县）蝗蔽野，田无遗穗，大饥，人相食，以妇子易米三升，无有受
　　者，人争食干蝗，树根、灰苋、牛皮皆尽。　　　　　嘉庆《萧县志》

秋，（五河）旱蝗，饥，人相食。　　　　　　　　　　　《五河县志》

（全椒）旱，蝗飞蔽天，禾苗殆尽，民大饥。　　　　民国《全椒县志》

夏秋，（嘉山）大旱蝗，饥疫，人相食，草木、树皮食尽，飞蝗塞路，秋禾
　　尽食。　　　　　　　　　　　　　　　　　　　　　　《嘉山县志》

（当涂）大水蝗。　　　　　　　　　　　　　　　　乾隆《当涂县志》

（南陵）蝗虫起，大疫。　　　　　　　　　　　　　民国《南陵县志》

夏旱，（宣城）蝗起。　　　　　　　　　　　　　　　《宣城地区志》

秋，（池州府）蝗，民大饥。　　　　　　　　　　　乾隆《池州府志》

秋，（贵池）蝗，民大饥。　　　　　　　　　　　　光绪《贵池县志》

（铜陵市）蝗灾。　　　　　　　　　　　　　　　　　　《铜陵市志》

秋，（铜陵）蝗，饥殍遍野。　　　　　　　　　　　乾隆《铜陵县志》

184. 明崇祯十四年 （1641 年）

太平蝗灾。　　　　　　　　　　　　　　　　《中国历代蝗患之记载》

（庐州）郡属旱蝗。　　　　　　　　　　　　　光绪《续修庐州府志》

合肥旱蝗。　　　　　　　　　　　　　　　　　　　　《肥西县志》

夏，（六安）蝗蝻所至草无遗根，民间衣被皆穿、羹釜俱秽。

　　　　　　　　　　　　　　　　　　　　　　　　同治《六安州志》

（霍山）旱，蝗虫更甚，野无青草，人相食。　　　　光绪《霍山县志》

夏，（舒城）旱蝗，野无青草，大饥，人相食。　　　　　《舒城县志》

（五河）复旱蝗，大饥，野无青草，死者众。　　　　　　《五河县志》

八月，（嘉山）蝗飞蔽天。　　　　　　　　　　　　　　《嘉山县志》

（和州）飞蝗蔽天。 ·································· 光绪《直隶和州志》

（无为）蝗，树皮、草根皆枯。 ·························· 《无为县志》

（含山）蝗飞蔽天，饥民枕藉。 ·················· 康熙《含山县志》

芜湖旱蝗，大饥，死者枕藉。 ························ 《芜湖市志》

（宣城）大旱蝗。 ·································· 《宣城地区志》

（郎溪）大旱，蝗害，斗米千钱。 ·················· 《郎溪县志》

（广德）蝗灾。 ···································· 《广德县志》

蝗虫来宁，弥天遍野，秋稼少收，饥民成群。 ········ 《宁国县志》

秋，（绩溪）蝗自宁国入境，蔽天，至雄路、临溪止，一路害稼。

··························· 《绩溪县志》

（铜陵市）连续蝗灾。 ······························ 《铜陵市志》

（铜陵）旱蝗尤甚。 ······················ 乾隆《铜陵县志》

（安庆府）大旱蝥。 ······················ 康熙《安庆府志》

八月，（太湖）飞蝗蔽天，民大饥。 ·········· 民国《太湖县志》

（潜山）蝥。 ······························ 康熙《潜山县志》

（望江）大旱蝥，疫。 ······················ 乾隆《望江县志》

（宿松）大旱蝥。 ························ 民国《宿松县志》

185. 明崇祯十五年（1642 年）

夏，（石台）蝗虫为灾。 ·························· 《石台县志》

秋，（铜陵）旱蝗，米价腾贵，饥疾殍路者无算。 ········· 乾隆《铜陵县志》

186. 明崇祯十六年（1643 年）

泾县蝗灾。 ·························· 《中国历代蝗患之记载》

春，（泾县）飞蝗遍野，雨霜百日，蝗乃绝。 ·············· 嘉庆《泾县志》

六、清代蝗灾

187. 清顺治六年（1649 年）

秋，安徽泗县蝗灾。 ···················· 《中国历代蝗患之记载》

泗县大水蝗。 ·························· 光绪《泗虹合志》

188. 清顺治八年（1651 年）

安徽凤阳蝗灾；临淮有鸟高二尺，状如秃鹜，食蝗。

··························· 《中国历代蝗患之记载》

临淮有鸟高二尺许，状如秃鹜，飞食蝗虫，是岁，大有年。

　　……………………………………………… 光绪《凤阳府志》

（东至）蝗虫食禾苗，歉收。 …………………………………《东至县志》

189. 清顺治十年（1653 年）

（舒城）蝗灾严重，禾尽枯。 ……………………………《舒城县志》

（怀远）旱蝗。 ……………………………………… 嘉庆《怀远县志》

190. 清顺治十八年（1661 年）

萧县蝗灾。 …………………………………《中国历代蝗患之记载》

萧县、砀山蝗蝻生。 …………………………… 民国《江苏省通志稿》

秋，（萧县）蝗蝝灾。 ……………………………… 嘉庆《萧县志》

（砀山）蝗灾。 …………………………………… 乾隆《砀山县志》

秋，（五河）蝗灾。 ………………………………………《五河县志》

秋，（嘉山）蝗灾。 ………………………………………《嘉山县志》

191. 清康熙元年（1662 年）

八月，颍州蝗。 …………………………………… 乾隆《颍州府志》

八月，（阜阳）蝗虫。 ……………………………………《阜阳市志》

八月，（临泉）蝗灾。 ……………………………………《临泉县志》

192. 清康熙三年（1664 年）

秋，（含山）蝗入境，不为灾。 ………………… 康熙《含山县志》

193. 清康熙五年（1666 年）

五月，萧县蝗。 …………………………………《清史稿·灾异志》

（萧县）旱蝗。 …………………………………………《萧县志》

颍州蝗。 ………………………………………… 乾隆《颍州府志》

（阜阳）蝗。 …………………………………… 道光《阜阳县志》

（临泉）蝗。 ……………………………………………《临泉县志》

194. 清康熙六年（1667 年）

夏，凤阳、临淮、怀远、泗州、颍州、合肥、六安、霍邱等地蝗虫成灾。

　　……………………………………………《安徽省志·大事记》

安徽凤阳、泗县、合肥、无为、巢县、全椒、临淮、怀远、颍州、霍邱蝗

　　灾发生，害稼。 ………………………《中国历代蝗患之记载》

临淮、怀远、泗州、颍州、霍邱蝗蝻灾。 ……… 光绪《重修安徽通志》

合肥、巢县、无为蝗。 …………………… 光绪《续修庐州府志》

合肥蝗，禾麦皆空。 ············· 《肥西县志》

六月，六安蝗起。 ············· 同治《六安州志》

颖州、霍邱县旱蝗。 ············· 乾隆《颖州府志》

（阜阳）蝗。 ············· 道光《阜阳县志》

（颖上）旱蝗。 ············· 《颖上县志》

（临泉）蝗。 ············· 《临泉县志》

夏，（泗县）蝗。 ············· 光绪《泗虹合志》

夏，（萧县）蝗。 ············· 《萧县志》

（怀远）旱蝻。 ············· 嘉庆《怀远县志》

凤阳、临淮、怀远蝗蝻为灾。 ············· 光绪《凤阳府志》

（全椒）蝗。 ············· 民国《全椒县志》

巢县蝗。 ············· 道光《巢县志》

195. 清康熙七年（1668 年）

安徽泗县、宣城蝗灾。 ············· 《中国历代蝗患之记载》

（泗县）蝗。 ············· 光绪《泗虹合志》

四月，宣城蝗大发。 ············· 《宣城地区志》

秋，（桐城）遍地蝗蝻，群鸦啄食立尽。 ············· 《桐城县志》

196. 清康熙九年（1670 年）

夏，（宿县）蝗。 ············· 《宿县县志》

197. 清康熙十年（1671 年）

六月，虹县[①]、凤阳、巢县、合肥大旱蝗。七月，全椒、含山、六安州大
旱蝗。 ············· 《清史稿·灾异志》

夏，泗县、五河、怀远、蒙城、滁县、凤阳、全椒、天长、来安、合肥、
舒城、六安、和县、含山、无为、庐江、巢县、宿松、望江、桐城、潜
山、太湖、怀宁、贵池、东流[②]、建德（东至）、石埭、当涂、芜湖、繁
昌、南陵、泾县、宣城、宁国等地旱，蝗飞蔽天，民大饥。

············· 《安徽省志·大事记》

安徽凤阳蝗灾，食禾麦尽，民大饥；全椒蝗飞蔽天，食禾苗殆尽，民无收，
挖石粉充饥；庐州、临淮、滁县、来安蝗灾。 ······ 《中国历代蝗患之记载》

---

① 虹县：旧县名，治所在今安徽泗县。

② 东流：旧县名，治所在今安徽东至县西北东流镇。

夏，（肥西）蝗。 ....《肥西县志》

（六安州）大旱蝗。 ....同治《六安州志》

（蒙城）蝗灾。 ....《蒙城县志》

秋，（泗县）蝗灾，民食树皮。 ....《泗县志》

（怀远）旱蝗。 ....嘉庆《怀远县志》

夏，（滁州）旱蝗。 ....光绪《滁州志》

夏，（凤阳）大旱蝗，禾麦皆无，人食树皮。 ....光绪《凤阳府志》

（临淮）大旱蝗，禾麦皆无，人食树皮。 ....康熙《临淮县志》

七月，（嘉山）蝗飞蔽天，禾麦皆无，人相食。 ....《嘉山县志》

七月，（全椒）蝗飞蔽天，禾苗殆尽，民大饥。 ....民国《全椒县志》

九月，（来安）螽蝝并作。 ....道光《来安县志》

大旱不雨至九月，（天长）飞蝗蔽天，人民相食，鬻子女，奉旨发帑恤蠲。

....嘉庆《备修天长县志稿》

巢县蝗。 ....道光《巢县志》

秋，（含山）蝗食禾，蝗生卵。 ....康熙《含山县志》

（和州）旱蝗，生卵。 ....光绪《直隶和州志》

198. 清康熙十一年（1672年）

临淮蝗，不为灾。 ....光绪《重修安徽通志》

安徽庐州、凤阳蝗食禾稼殆尽；滁县、全椒、合肥、巢县、临淮蝗灾。

....《中国历代蝗患之记载》

合肥蝗。 ....《肥西县志》

春，（六安）蝗蝻遍生，蔓延数百里。 ....同治《六安州志》

四月，（蒙城）蝗蝻遍地，成灾。 ....《蒙城县志》

秋，（宿州）蝗扑地弥天，下令焚捕，皆抱藁死，民获有秋。

....光绪《宿州志》

夏，（怀远）蝗起蔽天，不为灾。 ....嘉庆《怀远县志》

夏，（滁州）蝗蝻生，郡守令民捕之，纳蝗一石给米三升，蝗势顿杀。

....光绪《滁州志》

凤阳旱蝗。 ....光绪《凤阳府志》

（临淮）麦穗两岐，蝗不为灾。 ....康熙《临淮县志》

夏，（全椒）蝗蝻生。 ....民国《全椒县志》

四月，（和州）蝗，不伤苗。 ....光绪《直隶和州志》

(天长) 飞蝗入境，不为灾。 ……………… 嘉庆《备修天长县志稿》

巢县蝝生，食麦及秧苗。 ……………… 道光《巢县志》

春，(含山) 蝝生。 ……………… 康熙《含山县志》

(来安) 旱蝗，停征九年分摊米。 ……………… 道光《来安县志》

199. 清康熙十二年 (1673 年)

蒙城县蝗蝻生。 ……………… 乾隆《颍州府志》

200. 清康熙十三年 (1674 年)

安徽灵璧蝗害谷类庄稼。 ……………… 《中国历代蝗患之记载》

夏，灵璧旱蝗。 ……………… 乾隆《灵璧志略》

(来安) 旱蝗。 ……………… 道光《来安县志》

201. 清康熙十六年 (1677 年)

三月，来安蝗。 ……………… 《清史稿·灾异志》

202. 清康熙十七年 (1678 年)

安徽泗县、滁县、全椒蝗灾。 ……………… 《中国历代蝗患之记载》

(泗县) 旱蝗。 ……………… 光绪《泗虹合志》

(来安) 旱蝗。 ……………… 道光《来安县志》

203. 清康熙十八年 (1679 年)

夏，全椒蝗。七月，五河、含山蝗。 ……………… 《清史稿·灾异志》

秋，砀山、来安、六安、五河、和县、含山旱，蝗飞蔽天，野无遗草。

……………… 《安徽省志·大事记》

秋，安徽泗县蝗食禾稼尽。 ……………… 《中国历代蝗患之记载》

秋，(五河) 蝗旱。 ……………… 光绪《五河县志》

(来安) 旱蝗。 ……………… 道光《来安县志》

秋，(嘉山) 蝗飞蔽天，大饥，人相食。 ……………… 《嘉山县志》

(舒城) 旱蝗，野无青草。秋，蝗蔽日，大饥，人相食。 …… 《舒城县志》

(泗县) 大旱蝗，食禾稼、草根尽。 ……………… 光绪《泗虹合志》

(砀山) 旱蝗，蠲赈。 ……………… 《砀山县志》

(和州) 旱蝗。 ……………… 光绪《直隶和州志》

(含山) 旱蝗。 ……………… 康熙《含山县志》

宣城、建平旱蝗。 ……………… 《宣城地区志》

(宣城) 旱，有蝗。 ……………… 《宣城县志》

(旌德) 旱蝗，大饥。 ……………… 《旌德县志》

204. 清康熙十九年（1680 年）

春三月，（六安）蝗蝻生，至夏大盛，忽降霖雨，蝗皆抱枝死。

　　　　　　　　　　　　　　　　　　　　　　…………………… 同治《六安州志》

春，（舒城）旱蝗，饥。 …………………………………………《舒城县志》

秋，（宿州）有蝗蔽天。 ……………………………………… 光绪《宿州志》

205. 清康熙二十年（1681 年）

安徽旱蝗害稼。 ……………………………………《中国历代蝗患之记载》

206. 清康熙二十三年（1684 年）

太和县蝗。 ……………………………………………… 乾隆《颍州府志》

（太和）蝗灾。 …………………………………………………《太和县志》

夏，（界首）飞蝗大至。 ………………………………………《界首县志》

207. 清康熙二十五年（1686 年）

安徽泗县蝗灾。 …………………………………《中国历代蝗患之记载》

泗州旱蝗。 …………………………………………… 光绪《重修安徽通志》

夏，（泗县）蝗。 ……………………………………… 光绪《泗虹合志》

208. 清康熙二十六年（1687 年）

泗县蝗灾，食稼尽。 ……………………………《中国历代蝗患之记载》

（泗县）大旱，蝗食禾尽。 ………………………… 光绪《泗虹合志》

209. 清康熙二十九年（1690 年）

安徽凤阳蝗灾；宿县蝗生害稼，民饥。 …………《中国历代蝗患之记载》

秋，宿州蝗，大饥。 ………………………… 光绪《重修安徽通志》

（含山）蝗。 ……………………………………………………《含山县志》

210. 清康熙三十年（1691 年）

江南①武进飞蝗蔽江而来，旋绕江岸不入境，大雨，毙蝗若丘积。

　　　　　　　　　　　　　　　　　…………………… 乾隆《江南通志》

（太和）蝗蝻为灾。 …………………………………………《太和县志》

六月，（界首）蝗蝻生。 ………………………………………《界首县志》

211. 清康熙三十一年（1692 年）

秋，安徽西北部旱，遭蝗灾。 ………………………《安徽省志·大事记》

---

　　① 江南：旧省名，治所在今江苏南京，主要辖江苏、安徽两省。康熙六年（1667 年）分置江苏、安徽两省后，习惯上仍称此两省为江南。

宿州蝗。 ················· 光绪《重修安徽通志》

安徽宿县蝗灾。 ················· 《中国历代蝗患之记载》

宿州飞蝗蔽天。 ················· 光绪《凤阳府志》

（太和）复蝗灾。 ················· 《太和县志》

（界首）大蝗。 ················· 《界首县志》

宿、萧之间飞蝗蔽天。 ················· 光绪《宿州志》

212. 清康熙三十三年（1694 年）

安徽凤阳蝗灾。 ················· 《中国历代蝗患之记载》

江南捕蝗，凤阳未能尽捕。 ········ 《古今图书集成·庶征典·蝗灾部汇考》

八月，（南陵）飞蝗蔽天，声如雷震者六七昼夜。 ········ 民国《南陵县志》

213. 清康熙三十八年（1699 年）

安徽宿县蝗虫大发生，伤麦。 ················· 《中国历代蝗患之记载》

夏，（宿州）蝗。 ················· 光绪《宿州志》

214. 清康熙三十九年（1700 年）

安徽灵璧蝗灾。 ················· 《中国历代蝗患之记载》

五月，（灵璧）蝗伤麦。 ················· 乾隆《灵璧志略》

215. 清康熙四十九年（1710 年）

七月，（来安）飞蝗至。 ················· 道光《来安县志》

216. 清康熙五十年（1711 年）

夏，庐州蝗。 ················· 《清史稿·灾异志》

六安州旱，蝗飞蔽天。 ················· 光绪《重修安徽通志》

安徽庐州、六安蝗灾。 ················· 《中国历代蝗患之记载》

夏，合肥、庐江、无为旱蝗，六安蝗飞蔽天。 ········ 《安徽省志·大事记》

庐州郡县旱蝗。 ················· 光绪《续修庐州府志》

夏秋，（六安州）大旱，蝗飞蔽天，督民扑灭之。 ······· 同治《六安州志》

（肥西）旱蝗。 ················· 《肥西县志》

（无为）旱蝗。 ················· 《无为县志》

217. 清康熙五十一年（1712 年）

春，安徽北部旱，蝗虫成灾，合肥以南亦蝗灾。 ······ 《安徽省志·大事记》

春，（肥西）蝗。 ················· 《肥西县志》

218. 清康熙五十三年（1714 年）

秋，合肥、庐江、舒城、无为、巢县蝗。 ················· 《清史稿·灾异志》

合肥旱蝗。 ·····················《肥西县志》

秋，（六安）旱蝗，报灾请赈。 ·········· 同治《六安州志》

（霍山）旱蝗。 ················· 光绪《霍山县志》

秋，（滁县）蝗灾。 ················ 《滁县地区志》

秋旱，（来安）多蝗蝻。 ··········· 道光《来安县志》

219. 清康熙五十四年（1715 年）

四月，安徽桐城之蝻始生遍野，厚尺余。 ······ 《治蝗全法》卷一

（桐城）滨江之地遍生蝗蝻，聚集盈尺，捕除尽。 ····· 《桐城县志》

220. 清康熙五十六年（1717 年）

夏，（宿州）蝗，官民协捕，有秋。 ········ 光绪《宿州志》

221. 清康熙五十七年（1718 年）

（颍上）蝗不入境。 ·············· 同治《颍上县志》

222. 清雍正元年（1723 年）

四月，铜陵、无为蝗。 ··········· 《清史稿·灾异志》

安徽舒城、无为、巢县、宣城蝗灾。 ······ 《中国历代蝗患之记载》

八月，舒城飞蝗蔽天，落地厚尺许。 ···· 光绪《重修安徽通志》

无为、巢县大旱蝗。 ·········· 光绪《续修庐州府志》

六月，（太和）蝗。七月，蝻生。 ········ 《太和县志》

六月，（界首）飞蝗大至。七月，蝗蝻生。 ······ 《界首县志》

五月，（宿州）蝗。 ·············· 光绪《宿州志》

秋，（天长）大旱，飞蝗蔽天。 ······· 嘉庆《备修天长县志稿》

（宣城）北乡云山飞蝗入境。 ········· 《宣城县志》

（郎溪）飞蝗蔽天，自北至西，禾稼无损。 ····· 《郎溪县志》

九月，（铜陵）飞蝗入境。 ········· 乾隆《铜陵县志》

223. 清雍正二年（1724 年）

安徽舒城蝗灾。 ·········· 《中国历代蝗患之记载》

舒城蝗蝻遍野，沟堑皆平，压树坠如球。 ···· 光绪《重修安徽通志》

三月，舒城蝗蝻遍野，沟堑皆平，十数日尽去。 ···· 光绪《续修庐州府志》

三月，（天长）蝗蝻食禾秧，大雨杀蝻，苗盛倍于初。

················ 嘉庆《备修天长县志稿》

五月，（铜陵）洋湖蝗蝻生，扑灭之。 ········ 乾隆《铜陵县志》

224. 清雍正九年（1731 年）

阜阳、霍邱县旱蝗。 ························· 乾隆《颍州府志》

225. 清雍正十三年（1735 年）

（砀山）蝗，不为灾。 ························· 乾隆《砀山县志》

226. 清乾隆二年（1737 年）

安徽当涂、宣城蝗灾，捕之。 ········· 《中国历代蝗患之记载》

（宣城）北乡蝗害稼。 ························· 《宣城县志》

秋七月，（连州）蝗害稼。 ················· 同治《连州志》

227. 清乾隆三年（1738 年）

江南蝗灾。 ····························· 《中国历代天灾人祸表》

秋，（宿州）蝗，不为灾。 ················· 光绪《宿州志》

228. 清乾隆四年（1739 年）

秋七月，安徽凤阳等府州蝗。 ········· 《清史稿·高宗纪》

四月，饬江南捕蝗。 ················· 《中国历代天灾人祸表》

六月旱，（舒城）蝗灾，秋半收。 ········· 《舒城县志》

六月，（铜陵）螟螣害稼。 ················· 乾隆《铜陵县志》

229. 清乾隆五年（1740 年）

六月，命安徽捕除蝻子。 ············· 《清史稿·高宗本纪》

无为蝗灾。 ····························· 《中国历代蝗患之记载》

无为蝗。 ····························· 光绪《续修庐州府志》

秋，（宿州）蝗。 ························· 光绪《宿州志》

230. 清乾隆八年（1743 年）

安徽蝗虫，未造成伤害。 ············· 《中国历代蝗患之记载》

231. 清乾隆九年（1744 年）

九月，江南蝗。 ····················· 《清史稿·高宗本纪》

七月，阜阳、亳州蝗。 ················· 《清史稿·灾异志》

安徽亳县蝗灾大发生，民捕蝗，无大害。 ······· 《中国历代蝗患之记载》

（阜阳）旱，蝗虫。 ························· 《阜阳市志》

七月，（颍上）蝗，不为灾。 ············· 同治《颍上县志》

（临泉）蝗灾。 ····························· 《临泉县志》

（亳州）飞蝗过境。 ························· 光绪《亳州志》

（宿州）蝗。 ····························· 光绪《宿州志》

（和州）蝗。 ·· 光绪《直隶和州志》

232. 清乾隆十年（1745 年）

（铜陵）青将军滩蝗生，不入境。 ····························· 乾隆《铜陵县志》

233. 清乾隆十七年（1752 年）

安徽凤阳蝗灾。 ·· 《中国历代蝗患之记载》

秋，（灵璧）蝗。 ·· 乾隆《灵璧志略》

凤阳旱蝗。 ·· 光绪《凤阳府志》

（凤阳）旱蝗，成灾五分。 ··································· 乾隆《凤阳县志》

234. 清乾隆十八年（1753 年）

江南属县蝗孽萌生，上谕州县：捕蝗不力，必重治其罪，著为令。

　　　　 ·· 《治蝗全法》

安徽泗县蝗灾。 ·· 《中国历代蝗患之记载》

夏，（灵璧）蝗。 ·· 乾隆《灵璧志略》

夏旱，（泗县）蝗灾。 ·· 《泗县志》

四月，凤阳大旱蝗，扬疃、苇疃两湖久涸，蝗数十里无隙地。

　　　　 ·· 《安徽灾害史料》

四月，（固镇）蝗灾。 ·· 《固镇县志》

235. 清乾隆二十年（1755 年）

秋七月，（霍山）有蝗自州入县东北境，止集林木，不伤禾稼，未及城
而灭。 ·· 光绪《霍山县志》

宣城、建平蝗害稼。 ·· 《宣城地区志》

（宣城）蝗害稼。 ·· 《宣城县志》

秋，（郎溪）蝗害稼。 ·· 《郎溪县志》

236. 清乾隆二十四年（1759 年）

江南蝗。 ·· 《治蝗全法》

安徽怀宁蝗灾。 ·· 《中国历代蝗患之记载》

八月，怀宁蝗。 ·· 光绪《重修安徽通志》

秋八月，（怀宁）蝗。 ·· 民国《怀宁县志》

（和州）蝗入境，不伤禾。 ··································· 光绪《直隶和州志》

237. 清乾隆二十五年（1760 年）

（和州）飞蝗蔽日。 ·· 光绪《直隶和州志》

（含山）飞蝗蔽日。 ·· 《含山县志》

238. 清乾隆三十二年（1767 年）

秋，（嘉山）大旱蝗。 ················《嘉山县志》

239. 清乾隆三十三年（1768 年）

安徽凤阳蝗蝻生，害稼十之七；霍邱蝗灾。 ········《中国历代蝗患之记载》

秋，霍邱大旱蝗。 ···········光绪《重修安徽通志》

（怀远）飞蝗蔽野，集于房屋皆满，知县捕蝗有功。 ····· 嘉庆《怀远县志》

凤阳旱蝗成灾。 ·············光绪《凤阳府志》

夏，（天长）旱蝗。 ··········嘉庆《备修天长县志稿》

240. 清乾隆三十五年（1770 年）

安徽宿州等州县蝗。 ··········《清史稿·高宗本纪》

安徽凤阳、宿县、亳县蝗灾。 ·······《中国历代蝗患之记载》

（亳州）飞蝗过境。 ···········光绪《亳州志》

夏，（宿州）蝗，遍野蔽天。 ········光绪《宿州志》

（来安）蝗。 ·············道光《来安县志》

（定远）蝗。 ·············道光《定远县志》

（天长）蝗。 ·············《天长县志》

241. 清乾隆三十七年（1772 年）

凤阳旱蝗。 ··············《清史稿·灾异志》

242. 清乾隆三十八年（1773 年）

安徽凤阳蝗灾，伤稼十之七。 ·······《中国历代蝗患之记载》

243. 清乾隆三十九年（1774 年）

秋，安徽凤阳蝗灾发生，伤稼。 ······《中国历代蝗患之记载》

凤阳旱蝗。 ·············光绪《凤阳府志》

244. 清乾隆四十年（1775 年）

来安、合肥、六安、寿县、霍山、桐城、贵池、东至、芜湖、宣城、广德
大旱，且有蝗灾。 ···········《安徽省志·大事记》

秋旱，（池州）飞蝗入境，旋飞去投江。 ····· 乾隆《池州府志》

秋旱，（贵池）飞蝗入境，旋飞去投于江。 ···· 光绪《贵池县志》

秋，（东至）飞蝗入境。 ··········《东至县志》

（宿松）旱蝗。 ············民国《宿松县志》

245. 清乾隆四十三年（1778 年）

三月，南陵旱蝗。 ···········《清史稿·灾异志》

（南陵）有蝗。 ·························· 民国《南陵县志》

246. 清乾隆四十八年（1783 年）

（天长）大蝗。 ·························· 嘉庆《备修天长县志稿》

247. 清乾隆五十年（1785 年）

春，（宿州）大旱蝗。 ·························· 光绪《宿州志》

春旱，（固镇）蝗灾。 ·························· 《固镇县志》

（嘉山）蝗，所过之处草木尽食，人死十之四。 ········· 《嘉山县志》

（含山）蝗灾，所过处野草无遗。 ·············· 《含山县志》

（南陵）大旱蝗。 ·························· 民国《南陵县志》

建平蝗灾，所过寸草不留。 ·················· 《宣城地区志》

（旌德）旱蝗，所过野草无遗。 ··············· 《旌德县志》

安庆大旱，蝗虫成灾，民饥死十之四。 ··········· 《安庆地区志》

248. 清乾隆五十一年（1786 年）

春，（霍山）蝗蝻大作，缀树塞途，愈扑愈多，忽天飞黑鹊，地出青蛙，啮之殆尽。 ·················· 光绪《霍山县志》

秋，（霍邱）蝗。 ·························· 《霍邱县志》

249. 清乾隆五十二年（1787 年）

春，泗州①严饬挖捕蝗蝻。夏，捕蝗蝻，收买易换。 ········ 乾隆《泗州志》

250. 清嘉庆三年（1798 年）

五月，怀宁大蝗。 ·························· 光绪《重修安徽通志》

从夏到秋，安徽怀宁蝗虫大发生。 ·········· 《中国历代蝗患之记载》

五月，（怀宁）蝗，至冬不绝。 ··············· 民国《怀宁县志》

夏六月，（宿松）洲地蝗。 ·················· 民国《宿松县志》

251. 清嘉庆四年（1799 年）

安徽亳县蝗灾。 ·························· 《中国历代蝗患之记载》

（颍上）蝗。 ·························· 同治《颍上县志》

（亳州）蝗。 ·························· 光绪《亳州志》

（怀宁）蝗。 ·························· 民国《怀宁县志》

252. 清嘉庆五年（1800 年）

九月，祁门蝗。 ·························· 道光《徽州府志》

---

① 泗州：旧州名，原治所在盱眙，清乾隆四十二年（1777 年）移治虹县，今安徽泗县。

九月，蝗至（祁门）邑西，蝗被鸟啄食。 ·············· 同治《祁门县志》

253. 清嘉庆七年（1802 年）

（怀远）蝗。 ······························· 嘉庆《怀远县志》

254. 清嘉庆九年（1804 年）

九月，（宣城）飞蝗过境，未害田稼。 ············· 《宣城县志》

255. 清嘉庆十四年（1809 年）

夏，（天长）蝗，有翅不飞，多抱食芦草而死。 ····· 嘉庆《备修天长县志稿》

256. 清嘉庆十九年（1814 年）

萧县蝗灾。 ······················· 《中国历代蝗患之记载》

夏，（阜阳）蝗虫为害。 ·················· 《阜阳县志》

三月，（萧县）出蝗蝻如蝇者无数，忽有乌鸦自西飞来，食尽而去。

·································· 嘉庆《萧县志》

257. 清嘉庆二十三年（1818 年）

（五河）旱蝗成灾。 ··················· 光绪《五河县志》

258. 清道光二年（1822 年）

（五河）蝗生遍野，民大饥。 ·············· 光绪《五河县志》

259. 清道光四年（1824 年）

夏，安徽宿州蝗集，有群鸦和蛙食蝗殆尽。 ····· 《中国历代蝗患之记载》

夏，凤郡蝗。 ··················· 光绪《重修安徽通志》

夏，（濉溪）蝗虫成灾。 ·················· 《濉溪县志》

六月，（宿州）旱蝗，官民协捕，且焚且瘗，有群鸦及蛤蟆争食殆尽，禾苗
获全。 ······················· 光绪《宿州志》

夏旱，（固镇）蝗灾。 ··················· 《固镇县志》

260. 清道光六年（1826 年）

巢县西乡湖滩生蝗，蔓延十余里，督捕殆尽。 ······ 道光《巢县志》

261. 清道光七年（1827 年）

夏五月，（宿松）洲地蝗蝻延蔓，会大雨，飘荡入江。 ····· 民国《宿松县志》

262. 清道光十年（1830 年）

来安蝗，附陆曾禹捕蝗法八条。 ············ 道光《来安县志》

263. 清道光十三年（1833 年）

（定远）大旱，蝗灾。 ··················· 《定远县志》

264. 清道光十四年（1834 年）

安徽沿江旱蝗。 …………………………………《安徽省志·大事记》

巢县、阜阳旱蝗。 …………………………… 光绪《重修安徽通志》

安徽巢县、阜阳蝗灾。 …………………………《中国历代蝗患之记载》

巢县旱蝗。 ………………………………… 光绪《续修庐州府志》

（阜阳）旱，蝗虫。 ……………………………………《阜阳市志》

265. 清道光十五年（1835 年）

安徽巢县、祁门蝗灾。 …………………………《中国历代蝗患之记载》

秋，（六安州）蝗飞蔽空，六安未灾，霍山蝗伤稼十之三。

………………………………………………… 同治《六安州志》

（霍山）西山蝗，伤苗十之三。 ………………… 光绪《霍山县志》

（临泉）蝗虫。 ………………………………………《临泉县志》

（五河）蝗生遍野。 …………………………… 光绪《五河县志》

巢县蝗。 …………………………………… 光绪《续修庐州府志》

（庐江）旱蝗。 ………………………………………《庐江县志》

至秋不雨，（祁门）蝗，岁饥。 ………………… 同治《祁门县志》

266. 清道光十六年（1836 年）

夏，定远蝗。 ……………………………………《清史稿·灾异志》

安徽亳县蝗灾。 …………………………………《中国历代蝗患之记载》

夏，（亳州）蝗。 ……………………………… 光绪《亳州志》

（和州）蝗，不为灾。 ………………………… 光绪《直隶和州志》

（庐江）旱蝗。 ………………………………………《庐江县志》

（宿松）大旱，蝗害稼。 ……………………… 民国《宿松县志》

267. 清道光十九年（1839 年）

（六安州）蝗自西南来，飞蔽天日。 ………… 同治《六安州志》

春，（霍山）有蝗自西来，飞蔽天。 ………… 光绪《霍山县志》

（金寨）蝗自西南来，飞蔽天。 …………………………《金寨县志》

268. 清道光二十一年（1841 年）

七月，（六安州）蝗，不为灾。 ……………… 同治《六安州志》

七月，（霍山）蝗，不为灾。 ………………… 光绪《霍山县志》

269. 清道光二十三年（1843 年）

（六安）蝗蝻遍野，知府以米易蝗子数百石。 ……… 同治《六安州志》

270. 清道光二十五年（1845 年）

安徽合肥蝗灾。 ··《中国历代蝗患之记载》

合肥旱蝗。 ··光绪《续修庐州府志》

271. 清咸丰元年（1851 年）

安徽虹乡、含山蝗灾。 ···《中国历代蝗患之记载》

含山、虹乡蝗。 ··光绪《重修安徽通志》

272. 清咸丰二年（1852 年）

宁国蝗。 ··光绪《重修安徽通志》

安徽宁国蝗灾。 ··《中国历代蝗患之记载》

宁国飞蝗蔽天，禾稼立尽。 ······································《宣城地区志》

273. 清咸丰四年（1854 年）

秋，（霍邱）旱蝗，民大饥。 ··《霍邱县志》

宁国蝗飞蔽天，禾稼立尽。 ······································《宣城地区志》

274. 清咸丰五年（1855 年）

宁国、寿州大旱，蝗飞蔽天，颗粒无收。 ··············《安徽省志·大事记》

夏秋，安徽萧县蝗灾；寿县蝗虫大发生，飞蔽天，食稼尽。

··《中国历代蝗患之记载》

安徽寿县大蝗，迁移。 ············《中国东亚飞蝗蝗区的研究》

夏，（寿县）大旱，蝗飞蔽天，禾稼俱伤。 ··············光绪《寿州志》

六月旱，（萧县）蝻子生。 ····························同治《续萧县志》

夏旱，（凤阳）蝗飞蔽天，禾稼俱伤。 ··············光绪《凤阳府志》

宁国连年飞蝗蔽天，禾稼立尽。 ······················《宣城地区志》

（石台）蝗灾。 ··《石台县志》

275. 清咸丰六年（1856 年）

萧县、滁县、芜湖、亳县、凤台、灵璧、庐州、颍州等安徽很多地方蝗灾。

··《中国历代蝗患之记载》

庐州、凤阳、颍州、六安四属蝗甚。 ··············光绪《重修安徽通志》

萧县旱蝗成灾。 ··民国《江苏省通志稿》

庐郡①旱蝗，米价腾贵，野有饿殍。 ··············光绪《续修庐州府志》

秋，（六安州）蝗。 ··同治《六安州志》

---

① 庐郡：指庐州，旧郡、府名，治所在今安徽合肥。

（霍邱）旱蝗。 ………………………………………………《霍邱县志》

（舒城）蝗。 ………………………………………………《舒城县志》

（太和）飞蝗至，食禾几尽。 ………………………………《太和县志》

（界首）飞蝗大至，食禾几尽。 ……………………………《界首县志》

秋，（颍上）大旱蝗。 ……………………………… 同治《颍上县志》

（亳州）蝗。 ………………………………………… 光绪《亳州志》

春，（涡阳）蝗虫食麦。 ……………………………………《涡阳县志》

夏，（宿州）大旱，飞蝗蔽野。 …………………… 光绪《宿州志》

泗县蝗。 …………………………………………… 光绪《泗虹合志》

四月，凤台、灵璧旱蝗。 …………………………… 光绪《凤阳府志》

安徽五河大蝗，严重成灾。 ………………《中国东亚飞蝗蝗区的研究》

（五河）蝗虫食禾几尽。 ……………………………………《五河县志》

夏，（固镇）蝗灾。 …………………………………………《固镇县志》

秋，（嘉山）蝗，赤地千里，人相食。 ……………………《嘉山县志》

（天长）旱，飞蝗蔽天，大饥。 …………………………《天长县志》

（庐江）旱蝗。 ……………………………………………《庐江县志》

八月，（南陵）蝗大起。 …………………………… 民国《南陵县志》

夏，（宣城）大旱蝗，人相食。 …………………………《宣城地区志》

（旌德）大旱，有蝗。 ……………………………………《旌德县志》

九月，（广德）蝗灾。 ……………………………………《广德县志》

夏秋，（桐城）飞蝗蔽日，米价腾贵。 …………………《桐城县志》

276. 清咸丰七年（1857 年）

安徽巢县、亳县、六安蝗灾；萧县蝗飞蔽天，蝗蝻盖地，县令军民相继捕
打一百石。 ……………………………《中国历代蝗患之记载》

八月，六安蝗。 …………………………… 光绪《重修安徽通志稿》

八月，（六安）蝗飞蔽天。 ………………………… 同治《六安州志》

六月，（霍山）蝗入境，不为灾。 ………………… 光绪《霍山县志》

秋，（霍邱）旱蝗。 …………………………………………《霍邱县志》

（界首）蝗复至。 …………………………………………《界首县志》

四月，（颍上）蝗蝻入城。 ………………………… 同治《颍上县志》

夏，（亳州）蝗，填塞市廛。 ……………………… 光绪《亳州志》

六月，（萧县）飞蝗蔽天，各村相率扑打，城内设局收买蝻子数百石。

.... 同治《续萧县志》

巢县蝗。.. 光绪《续修庐州府志》

（庐江）旱蝗。.. 《庐江县志》

秋，（无为）蝗。.. 《无为县志》

（宣城）蝗发。.. 《宣城县志》

夏，（广德）蝗灾。.. 《广德县志》

夏旱，（郎溪）蝗灾。.. 《郎溪县志》

（歙县）蝗灾。.. 《歙县志》

277. 清咸丰八年（1858 年）

安徽合肥、寿县蝗灾；睢宁、泗县蝗飞蔽天，食稼尽。

.... 《中国历代蝗患之记载》

合肥、巢县旱蝗。.. 光绪《续修庐州府志》

夏秋，（六安）蝗蝻复作。.. 同治《六安州志》

夏，（霍山）蝗蝻复作。.. 光绪《霍山县志》

秋，（寿州）蝗蝻遍地，禾稼尽伤。.. 光绪《寿州志》

秋，（舒城）旱蝗。.. 《舒城县志》

（颍上）飞蝗蔽天。.. 同治《颍上县志》

秋，（泗县）蝗食禾殆尽。.. 《泗县志》

秋，（五河）蝗虫食禾稼几尽。.. 《五河县志》

（宣城）蝗大发，伤稼。.. 《宣城县志》

（太湖）飞蝗蔽天三昼夜，稼无害。.. 民国《太湖县志》

278. 清咸丰九年（1859 年）

（寿州）蝗蝻生，扑灭之，禾稼未伤。.. 光绪《寿州志》

（舒城）蝗蝻生。.. 《舒城县志》

（颍上）蝗。.. 同治《颍上县志》

279. 清咸丰十年（1860 年）

秋，（六安）蝗自北蔽天而来，飞四五日，遗子入地。..... 同治《六安州志》

（寿州）蝗蝻生，扑灭之，禾稼未伤。.. 光绪《寿州志》

（颍上）蝗。.. 同治《颍上县志》

（南陵）蝗大起。.. 民国《南陵县志》

280. 清咸丰十一年（1861 年）

萧县蝗灾。 ···《中国历代蝗患之记载》

（颍上）蝗。 ·· 同治《颍上县志》

（濉溪）蝗虫遍野。 ··································· 《濉溪县志》

秋，萧县蝗。 ··· 同治《徐州府志》

281. 清同治元年（1862 年）

萧县、宿州、定远、庐州、霍邱、和县、贵池旱蝗。

···《安徽省志·大事记》

萧县、合肥蝗灾。 ·····················《中国历代蝗患之记载》

合肥旱蝗。 ·····························光绪《续修庐州府志》

（霍邱）蝗灾。 ································《霍邱县志》

（宿州）旱蝗。 ·····························光绪《宿州志》

（五河）旱，蝗虫为害。 ·······················《五河县志》

（固镇）蝗灾。 ································《固镇县志》

（定远）蝗灾。 ································《定远县志》

（和州）蝗，不伤苗。 ·················光绪《直隶和州志》

（贵池）飞蝗蔽天，食苗殆尽。 ·········光绪《贵池县志》

282. 清同治二年（1863 年）

亳县蝗灾。 ·····························《中国历代蝗患之记载》

夏，（亳州）蝗。 ·························光绪《亳州志》

夏，（涡阳）蝗虫遍地。 ·····················《涡阳县志》

283. 清同治七年（1868 年）

夏，萧县蝗蝻生遍野，捕之，忽百平方里蝗抱芦苇、禾稼死。

···《中国历代蝗患之记载》

五月，（萧县）里智四乡蝻子生，扑之经旬，而蝗飞遍野，忽一夜尽悬抱芦苇、禾稼上，以死累累如自缢然者，纵横二三十里，或拔取传观经行百余里，死蝗一不坠落，见者以为奇。 ·········· 同治《续萧县志》

284. 清同治八年（1869 年）

夏，安徽六安蝗灾。 ·····················《中国历代蝗患之记载》

六安蝗。 ·····························光绪《重修安徽通志》

285. 清同治九年（1870 年）

安徽六安蝗灾。 ·························《中国历代蝗患之记载》

六安蝗。 ⋯⋯⋯⋯⋯⋯⋯⋯⋯⋯⋯⋯⋯⋯⋯ 光绪《重修安徽通志》

286. 清同治十二年（1873 年）

（濉溪）蝗虫遮天蔽日，庄稼吃光，民多乞食他乡。 ⋯⋯⋯⋯《濉溪县志》

287. 清光绪元年（1875 年）

（宿县）蝗灾。 ⋯⋯⋯⋯⋯⋯⋯⋯⋯⋯⋯⋯⋯⋯⋯⋯⋯《宿县县志》

288. 清光绪二年（1876 年）

六月，安徽蝗。 ⋯⋯⋯⋯⋯⋯⋯⋯⋯⋯⋯⋯《清史稿·德宗本纪》

安徽无为、亳县蝗灾。 ⋯⋯⋯⋯⋯⋯⋯⋯《中国历代蝗患之记载》

四月，无为蝗，不为灾。 ⋯⋯⋯⋯⋯⋯光绪《续修庐州府志》

（太和）蝗害。 ⋯⋯⋯⋯⋯⋯⋯⋯⋯⋯⋯⋯⋯⋯⋯《太和县志》

（界首）蝗。 ⋯⋯⋯⋯⋯⋯⋯⋯⋯⋯⋯⋯⋯⋯⋯⋯《界首县志》

（亳州）旱蝗。 ⋯⋯⋯⋯⋯⋯⋯⋯⋯⋯⋯⋯⋯光绪《亳州志》

（蒙城）蝗灾。 ⋯⋯⋯⋯⋯⋯⋯⋯⋯⋯⋯⋯⋯⋯《蒙城县志》

（宿州）多蝗，官民协捕。 ⋯⋯⋯⋯⋯⋯⋯光绪《宿州志》

秋七月，（五河）蝗生遍野。 ⋯⋯⋯⋯⋯⋯光绪《五河县志》

七月，（嘉山）蝗灾，蝻生遍野。 ⋯⋯⋯⋯⋯《嘉山县志》

九月，（和州）飞蝗蔽日。 ⋯⋯⋯⋯⋯光绪《直隶和州志》

九月，（含山）飞蝗蔽日。 ⋯⋯⋯⋯⋯⋯⋯⋯《含山县志》

（无为）蝗，不为灾。 ⋯⋯⋯⋯⋯⋯⋯⋯⋯⋯⋯《无为县志》

289. 清光绪三年（1877 年）

安徽蝗蝻。 ⋯⋯⋯⋯⋯⋯⋯⋯⋯⋯⋯《中国历代天灾人祸表》

安徽泗县、五河蝗灾。 ⋯⋯⋯⋯⋯⋯⋯《中国历代蝗患之记载》

秋旱，五河蝗飞蔽天。 ⋯⋯⋯⋯⋯⋯⋯《安徽省志·农业志》

（宿州）捕蝗。 ⋯⋯⋯⋯⋯⋯⋯⋯⋯⋯⋯⋯⋯光绪《宿州志》

秋，（泗县）蝗。 ⋯⋯⋯⋯⋯⋯⋯⋯⋯⋯⋯光绪《泗虹合志》

秋旱，（五河）蝗飞蔽天。 ⋯⋯⋯⋯⋯⋯光绪《五河县志》

（芜湖）蝗飞蔽天。 ⋯⋯⋯⋯⋯⋯⋯⋯⋯⋯⋯《芜湖县志》

九月，（繁昌）飞蝗入境，所到寸草无遗。 ⋯⋯⋯《繁昌县志》

建平旱蝗。 ⋯⋯⋯⋯⋯⋯⋯⋯⋯⋯⋯⋯⋯⋯⋯《宣城地区志》

夏旱，（郎溪）飞蝗入境。 ⋯⋯⋯⋯⋯⋯⋯⋯⋯《郎溪县志》

290. 清光绪四年（1878 年）

（宿州）捕蝗。 ⋯⋯⋯⋯⋯⋯⋯⋯⋯⋯⋯⋯⋯光绪《宿州志》

291. 清光绪五年 （1879 年）

八月，江、皖各属蝗。 ………………………………《清史稿·德宗本纪》

安徽灵璧蝗害稼。 ………………………………《中国历代蝗患之记载》

宿州旱蝗，麦如烧，奉文令民捕蝗，蝗一石粮一石。秋，蝗虫食禾豆。

………………………………………………… 光绪《宿州志》

灵璧蝗伤稼。 ……………………………………… 光绪《凤阳府志》

292. 清光绪十一年 （1885 年）

泗县蝗灾。 ………………………………………《中国历代蝗患之记载》

（泗县）蝗。 ……………………………………… 光绪《泗虹合志》

夏，（五河）蝗。 ………………………………… 光绪《五河县志》

293. 清光绪十二年 （1886 年）

六月，（宿州）飞蝗入境，遍地遗子，挖掘两月，又西乡会永城县协捕，蝗

不为灾。 ……………………………………… 光绪《宿州志》

294. 清光绪十五年 （1889 年）

八月，（舒城）螽。 ……………………………………《舒城县志》

295. 清光绪十六年 （1890 年）

（和州）蝗。 ……………………………………… 光绪《直隶和州志》

（含山）蝗。 …………………………………………《含山县志》

296. 清光绪十七年 （1891 年）

秋，安徽亳县、全椒蝗灾。 ………………………《中国历代蝗患之记载》

（霍山）蝗，知县率民捕之。 …………………… 光绪《霍山县志》

（太和）县西北蝗灾。 …………………………………《太和县志》

（界首）飞蝗入境。 …………………………………《界首县志》

秋，（亳州）蝗。 ………………………………… 光绪《亳州志》

秋，（五河）蝗，不为灾。 ……………………… 光绪《五河县志》

（全椒）大蝗。 …………………………………… 民国《全椒县志》

（和州）大旱蝗。 ………………………………… 光绪《直隶和州志》

297. 清光绪十八年 （1892 年）

五月，合肥等州县旱蝗，赈之。 ………………《清史稿·德宗本纪》

安徽蝗。 ………………………………………《中国历代天灾人祸表》

安徽亳县蝗食粟叶殆尽。 ………………………《中国历代蝗患之记载》

（霍山）收买蝗子，遗蝻遂尽。 ………………… 光绪《霍山县志》

(亳州）蝗蝻食粟叶殆尽。 ················· 光绪《亳州志》

秋，（五河）蝗，不为灾。 ················· 光绪《五河县志》

(和州）旱蝗，不为灾。 ················· 光绪《直隶和州志》

四月，（马鞍山）蝗灾，厚积二三寸，山岗、原野一望弥漫。

·································· 《马鞍山市志》

298. 清光绪十九年（1893 年）

(滁县）蝗灾。 ····························· 《滁县地区志》

(来安）蝗虫吃光庄稼，民不聊生。 ············· 《来安县志》

五月，（马鞍山）蝗灾，大批民夫以竹帚扑蝗，浇以火油将蝗虫烧死。

·································· 《马鞍山市志》

299. 清光绪二十一年（1895 年）

(固镇）蝗灾。 ····························· 《固镇县志》

300. 清光绪二十二年（1896 年）

夏旱，（宿县）飞蝗入境，遮天蔽日，飞声呜呜，民望之心惊胆战，所过草
木皆空。 ·································· 《宿县县志》

301. 清光绪二十三年（1897 年）

(宿县）蝗蝻遍地，挖沟驱埋、火烧两月方尽，伤禾。 ······· 《宿县县志》

302. 清光绪二十五年（1899 年）

(太和）县西北蝗灾。 ······················· 《太和县志》

(界首）飞蝗至，生子。 ······················ 《界首县志》

303. 清光绪二十七年（1901 年）

(阜阳）蝗虫为害。 ························· 《阜阳县志》

304. 清光绪二十八年（1902 年）

(阜阳）蝗虫为害。 ························· 《阜阳县志》

(濉溪）蝗旱为灾，赤地千里。 ·················· 《濉溪县志》

夏，（凤台）焦岗湖一带发生蝗虫，虫口密度每平方米 5～6 只，受灾面积
10 万亩，减产 60％以上。 ················· 《凤台县志》

305. 清光绪三十一年（1905 年）

秋，（临泉）蝗虫飞过。 ······················ 《临泉县志》

306. 清宣统元年（1909 年）

六月，（凤台）境内大力捕捉蝗蝻。 ············· 《凤台县志》

307. **清宣统二年**（1910 年）

　　夏，（宿县）蝗灾，蝗群起，蔽日如夜，田禾尽。 ⋯⋯⋯⋯《宿县地区志》

七、民国时期蝗灾

308. **民国二年**（1913 年）

　　（霍邱）蝗灾。 ⋯⋯⋯⋯⋯⋯⋯⋯⋯⋯⋯⋯⋯⋯⋯⋯《霍邱县志》

　　（蒙城）蝗灾。 ⋯⋯⋯⋯⋯⋯⋯⋯⋯⋯⋯⋯⋯⋯⋯⋯《蒙城县志》

309. **民国三年**（1914 年）

　　安徽蝗。 ⋯⋯⋯⋯⋯⋯⋯⋯⋯⋯⋯⋯⋯⋯⋯⋯⋯《中国的飞蝗》

　　安徽全椒蝗灾。 ⋯⋯⋯⋯⋯⋯⋯⋯⋯⋯《中国历代蝗患之记载》

　　六月，（肥西）严重蝗灾。 ⋯⋯⋯⋯⋯⋯⋯⋯⋯⋯《肥西县志》

　　秋，（蒙城）蝗灾。 ⋯⋯⋯⋯⋯⋯⋯⋯⋯⋯⋯⋯⋯《蒙城县志》

　　（濉溪）蝗。 ⋯⋯⋯⋯⋯⋯⋯⋯⋯⋯⋯⋯⋯⋯⋯《濉溪县志》

　　五月，（宿县）飞蝗入境，伤害秋禾。 ⋯⋯⋯⋯⋯⋯《宿县县志》

　　秋，（全椒）大旱蝗。 ⋯⋯⋯⋯⋯⋯⋯⋯⋯民国《全椒县志》

　　夏，（嘉山）蝗蛹为灾。 ⋯⋯⋯⋯⋯⋯⋯⋯⋯⋯⋯《嘉山县志》

310. **民国四年**（1915 年）

　　安徽蝗。 ⋯⋯⋯⋯⋯⋯⋯⋯⋯⋯⋯⋯⋯⋯⋯⋯《中国的飞蝗》

　　四月，合肥、庐江、无为、全椒、桐城、怀宁、滁州、来安、定远、盱眙

　　　　等县均遭蝗灾。 ⋯⋯⋯⋯⋯⋯⋯⋯⋯⋯《安徽省志·大事记》

　　安徽全椒蝗食麦。 ⋯⋯⋯⋯⋯⋯⋯⋯⋯《中国历代蝗患之记载》

　　六月，（宿县）旱蝗。 ⋯⋯⋯⋯⋯⋯⋯⋯⋯⋯⋯《宿县地区志》

　　夏，（全椒）蝗食麦。 ⋯⋯⋯⋯⋯⋯⋯⋯⋯民国《全椒县志》

311. **民国五年**（1916 年）

　　（蒙城）飞蝗遍野，食尽禾谷，捕杀 5 万千克。 ⋯⋯⋯《蒙城县志》

　　（定远）蝗灾。 ⋯⋯⋯⋯⋯⋯⋯⋯⋯⋯⋯⋯⋯⋯⋯《定远县志》

　　（马鞍山）蝗灾。 ⋯⋯⋯⋯⋯⋯⋯⋯⋯⋯⋯⋯⋯《马鞍山市志》

312. **民国六年**（1917 年）

　　（临泉）蝗虫成灾。 ⋯⋯⋯⋯⋯⋯⋯⋯⋯⋯⋯⋯⋯《临泉县志》

　　（马鞍山）蝗灾。 ⋯⋯⋯⋯⋯⋯⋯⋯⋯⋯⋯⋯⋯《马鞍山市志》

313. 民国七年（1918 年）

夏，泗县捕灭蝗蝻。六月，灵璧大批飞蝗过境。 ……《安徽省志·大事记》

314. 民国八年（1919 年）

（嘉山）蝗蝻为灾。 ……………………………………《嘉山县志》

315. 民国九年（1920 年）

（临泉）蝗虫成灾。 ……………………………………《临泉县志》

（嘉山）旱，蝗蝻为灾。 …………………………………《嘉山县志》

316. 民国十一年（1922 年）

五月，（阜南）蝗灾。 ……………………………………《阜南县志》

317. 民国十二年（1923 年）

夏，（濉溪）飞蝗自西向东飞过，遮天影日，持续二日，庄稼被吃光。

…………………………………………………………《濉溪县志》

318. 民国十五年（1926 年）

夏秋，萧县、砀山蝗灾。 ……………………《中国历代蝗患之记载》

夏，（砀山）蝗灾。 ……………………………………《砀山县志》

（无为）蝗害。 ………………………………………………《无为县志》

（巢湖）旱蝗。 ………………………………………………《巢湖市志》

319. 民国十六年（1927 年）

（无为）蝗害。 ………………………………………………《无为县志》

320. 民国十七年（1928 年）

安徽蝗。 ………………………………………………………《中国的飞蝗》

太和、五河、定远、蒙城、霍邱、涡阳、全椒、来安、滁县、东流、青阳

　　等 11 县蝗灾，受灾面积 34.93 万亩。 …………《安徽省志·农业志》

安徽颍州、亳州、涡阳、蒙城、滁县、蚌埠、五河、泗县、宿县、天长、

　　来安、宣城、萧县、砀山等蝗灾。 ………《中国历代蝗患之记载》

（霍邱）飞蝗遍地。 ………………………………………《霍邱县志》

六月，（萧县）蝗。 ………………………………………《萧县志》

（砀山）蝗灾。 ………………………………………………《砀山县志》

（嘉山）旱蝗。 ………………………………………………《嘉山县志》

（马鞍山）蝗灾。 ……………………………………………《马鞍山市志》

（青阳）蝗虫入境，毁稻。 ………………………………《青阳县志》

321. 民国十八年（1929 年）

安徽 7 县蝗。·····《江苏省昆虫局十七、十八年年刊》

秋，合肥蝗灾，庄稼殆尽。·····《安徽省志·大事记》

安徽合肥、当涂、含山、颍上、涡阳、全椒、霍邱、蒙城、来安、亳县、
宿县、凤台、寿县、怀远、凤阳、泗县、滁县、贵池、五河、定远蝗灾。
·····《中国历代蝗患之记载》

怀宁、全椒、当涂、宣城、和县、繁昌、天长、含山、庐江、凤台、铜陵、
灵璧、桐城、来安、无为、宿县 16 县蝗，受灾面积 325.54 万亩。
·····《安徽省志·农业志》

秋，砀山、萧县、宿县、灵璧、泗县蝗灾严重。·····《宿县地区志》

秋，（萧县）蝗灾。·····《萧县志》

夏，（怀远）蝗灾，歉收。·····《怀远县志》

（嘉山）旱蝗。·····《嘉山县志》

（马鞍山）蝗灾。·····《马鞍山市志》

（繁昌）以县东北蝗灾为重。·····《繁昌县志》

夏，（青阳）章埠、五溪发生飞蝗，督民捕杀，未蔓延。·····《青阳县志》

（太湖）蝗灾。·····《太湖县志》

322. 民国十九年（1930 年）

（太湖）蝗灾。·····《太湖县志》

323. 民国二十年（1931 年）

（亳州）蝗灾。·····《亳州市志》

324. 民国二十一年（1932 年）

安徽蝗灾。·····《飞蝗概说》

秋，安徽东北部旱，蝗灾，尤以亳县、太和、涡阳、宿县、泗县、五河、
嘉山、定远、舒城、桐城、合肥、和县、泾县、广德为甚。
·····《安徽省志·大事记》

秋，砀山蝗伤稼。·····《中国历代蝗患之记载》

秋，（舒城）飞蝗为害。·····《舒城县志》

（砀山）蝗灾。·····《砀山县志》

八月，漫天蝗虫飞蔽蚌埠上空，傍晚方止。·····《蚌埠市志》

（怀远）蝗灾，受灾 703 千米^2。·····《怀远县志》

（嘉山）蝗灾。·····《嘉山县志》

（巢湖）蝗灾。 ⋯⋯⋯⋯⋯⋯⋯⋯⋯⋯⋯⋯⋯⋯⋯《巢湖市志》

325. 民国二十二年（1933 年）

安徽省怀宁、合肥、凤阳、全椒、涡阳、天长、和县、含山、滁县、嘉山、当涂、宿县、灵璧、芜湖、定远、繁昌、泗县、舒城、蒙城、六安、来安、怀远等县蝗。砀山、萧县蝗。 ⋯⋯⋯⋯⋯⋯⋯《中国的飞蝗》

安徽怀宁、合肥、当涂、凤阳、全椒、涡阳、滁县、天长、和县、含山、嘉山、宿县、灵璧、芜湖、定远、来安、繁昌、泗县、舒城、蒙城、六安、怀远、砀山、萧县蝗灾。 ⋯⋯⋯⋯《中国历代蝗患之记载》

凤台、合肥、来安、嘉山、和县、天长、灵璧、定远、亳县、无为等 10 县蝗灾，受灾面积 57.52 万亩。 ⋯⋯⋯⋯《安徽省志·农业志》

326. 民国二十三年（1934 年）

五月，国民政府召开江苏、安徽、山东、河北、河南、湖南、浙江七省治蝗会议。 ⋯⋯⋯⋯⋯⋯⋯⋯⋯⋯⋯⋯⋯《飞蝗概说》

繁昌、青阳、来安、滁县、桐城、铜陵、无为、芜湖、泗县、嘉山、和县、泾县、怀宁、宿县等 15 县蝗灾。 ⋯⋯⋯⋯《安徽省志·农业志》

安徽省当涂、铜陵、和县、泾县、怀宁、滁县、嘉山、来安、繁昌、无为、桐城、青阳等县蝗。 ⋯⋯⋯《民国二十三年全国蝗患调查报告》

安徽当涂、无为、铜陵、和县、泾县、嘉山、怀宁、滁县、来安、繁昌、桐城、青阳蝗灾。 ⋯⋯⋯⋯⋯《中国历代蝗患之记载》

（霍邱）蝗灾。 ⋯⋯⋯⋯⋯⋯⋯⋯⋯⋯⋯⋯⋯⋯《霍邱县志》

秋，（蒙城）蝗灾。 ⋯⋯⋯⋯⋯⋯⋯⋯⋯⋯⋯⋯《蒙城县志》

（濉溪）蝗。 ⋯⋯⋯⋯⋯⋯⋯⋯⋯⋯⋯⋯⋯⋯《濉溪县志》

327. 民国二十四年（1935 年）

江苏、浙江、安徽、河北、山东、河南 6 省蝗，蒋介石电令治蝗。
⋯⋯⋯⋯⋯⋯⋯⋯⋯《昆虫与植病》1935 年第 3 卷第 18 期

安徽怀宁、安庆、宿松、望江蝗灾。 ⋯⋯⋯《中国历代蝗患之记载》

怀宁、舒城、繁昌、泾县、铜陵、无为、桐城、宿松、望江、青阳、滁县、盱眙、来安、嘉山等 14 县蝗灾。 ⋯⋯⋯⋯《安徽省志·农业志》

328. 民国二十五年（1936 年）

秋，（舒城）飞蝗严重为害。 ⋯⋯⋯⋯⋯⋯⋯⋯⋯《舒城县志》

329. 民国三十年（1941 年）

夏，（亳州）蝗遍野，秋稼受灾严重。 ⋯⋯⋯⋯⋯《亳州市志》

330. 民国三十一年（1942 年）

安徽一带蝗虫特大发生，农业无收成。

·················· 农牧渔业部〔1986〕农农字第 13 号文件

夏，皖西、皖北蝗灾。·············《安徽省志·大事记》

（舒城）蝗害。·······················《舒城县志》

（界首）大蝗。·······················《界首县志》

秋，（临泉）蝗害。·····················《临泉县志》

（马鞍山）蝗灾。·····················《马鞍山市志》

（当涂）蝗虫遮天蔽日，玉米叶全被吃光。········《当涂县志》

331. 民国三十二年（1943 年）

（霍邱）蝗灾。·······················《霍邱县志》

夏，（界首）飞蝗自西北飞向东南，连续三日，禾稼尽。······《界首县志》

（临泉）过飞蝗，遮天蔽日，后起跳蝻，覆盖地皮，从西北向东南，不分河
流、院墙皆不能当，高粱、谷子、甘蔗叶穗皆被吃光。······《临泉县志》

夏，（颍上）蝗，谷子、高粱、玉米被吃光。秋，起跳蝻，盖地皆是。

·····························《颍上县志》

（马鞍山）蝗灾。·····················《马鞍山市志》

332. 民国三十三年（1944 年）

立煌[①]、霍邱等 14 县蝗，受灾面积 230 万亩。········《安徽省志·农业志》

秋，皖中以巢县、无为中心区蝗灾严重，中共皖中区委、行署发动并组织
军民灭蝗救灾，是年，皖西蝗灾。·········《安徽省志·大事记》

（金寨）县境蝗灾。·····················《金寨县志》

秋，（阜阳）蝗虫为害。·················《阜阳县志》

八月，（太和）蝗蝻遍野，聚结大如瓜斗，禾苗无存，芦苇、竹蒲尽光，村
庄积蝗尺许，居民三天捕蝗四千斤。·········《太和县志》

夏秋之交，（亳州）蝗灾。·················《亳州市志》

（无为）蝗灾严重。·····················《无为县志》

333. 民国三十四年（1945 年）

立煌、阜阳、庐江、含山、寿县、太和、颍上、凤台等 8 县蝗灾，受灾面
积 24.98 万亩。·················《安徽省志·农业志》

---

① 立煌：旧县名，1947 年改名今安徽金寨县。

（砀山）蝗虫过境，酿成灾害。 ·························《砀山县志》

（马鞍山）蝗灾。 ···············《马鞍山市志》

334. 民国三十五年 （1946 年）

安徽蝗。 ·······················《中国的飞蝗》

安徽全省 13 县蝗，怀远、蒙城、凤阳、定远、宿县、寿县、嘉山、蚌埠、
滁县、全椒、东至发动 55.8 万人，收蝗蛹 35 万斤，发面粉 26.3 万斤。
························《安徽灾害史料》

定远、合肥、滁县、嘉山、怀远、凤台、凤阳、蒙城、全椒、盱眙、寿县
等地发生蝗害。 ···············《安徽省志·大事记》

嘉山、滁县、凤阳、泗县、灵璧、怀远、宿县、蒙城、涡阳、蚌埠、亳县、
全椒、阜阳、临泉、太和、颍上、霍邱、寿县、凤台等 19 县蝗灾，受灾
面积 324.67 万亩。 ···········《安徽省志·农业志》

（濉溪）蝗虫为害高粱，减产七成。 ···········《濉溪县志》

（怀远）蝗灾，受灾 19.4 万亩，损失 20.7 万担。 ····《怀远县志》

（滁县）蝗灾。 ···············《滁县地区志》

（马鞍山）蝗灾。 ···············《马鞍山市志》

绩溪岭北蝗虫为害田禾，仅收四五成。 ·········《绩溪县志》

335. 民国三十六年 （1947 年）

安徽蝗。 ·······················《中国的飞蝗》

336. 民国三十七年 （1948 年）

（和县）西埠镇蝗灾。 ···············《和县志》

（广德）蝗灾，收成减少。 ···········《广德县志》

337. 民国三十八年 （1949 年）

（怀远）蝗灾，受灾 50 万亩。 ···········《怀远县志》

（和县）西埠蝗灾。 ···············《和县志》

第六章
陕西省历史蝗灾

一、唐前时期蝗灾

1. 秦王政四年（前 243 年）

十月，蝗虫从东方来，蔽天，天下疫。·····················《史记·秦始皇本纪》

陕西蝗虫从东方来。·····················《中国历代蝗患之记载》

关中地区蝗虫蔽天。·····················《乾县志》

（西安）蝗灾，饥。·····················《西安市志》

七月，（未央区）蝗灾，大饥荒。·····················《未央区志》

（大荔）蝗从东方来，蔽天遍野。·····················《大荔县志》

十月，（咸阳）蝗虫蔽天。·····················《咸阳市志》

七月，（礼泉）蝗飞蔽天，食糜谷苗，歉收。·····················《礼泉县志》

（宝鸡）蝗虫从东方来，蔽天。·····················《宝鸡市志》

七月，秦国大蝗，饥。·····················《眉县志》

2. 秦王政五年（前 242 年）

（扶风）大蝗，疫。·····················顺治《扶风县志》

（岐山）大蝗，疫。·····················《岐山县志》

眉县蝗灾。·····················《眉县志》

3. 西汉后元六年（前 158 年）[①]

陕西白水旱蝗。 ·····························《中国历代蝗患之记载》

（白水）蝗虫食禾。 ·····························《白水县志》

（长安）大旱，蝗虫为灾。 ·····················《长安县志》

4. 西汉中元三年（前 147 年）

秋九月，陕西蝗。 ·····························《陕西蝗区勘察与治理》

5. 西汉中元四年（前 146 年）

夏，陕西大蝗。 ·······························《陕西蝗区勘察与治理》

6. 西汉建元五年（前 136 年）

五月，陕西大蝗。 ·····························《陕西蝗区勘察与治理》

7. 西汉元光五年（前 130 年）

关中[②]蝗虫。 ·······························《兴平县志》

8. 西汉元光六年（前 129 年）

夏，陕西蝗。秋，蝗。 ·························《陕西蝗区勘察与治理》

9. 西汉元鼎五年（前 112 年）

秋，陕西蝗。 ·······························《陕西蝗区勘察与治理》

10. 西汉元封六年（前 105 年）

陕西蝗。 ·····································《陕西蝗区勘察与治理》

关中蝗虫。 ···································《兴平县志》

11. 西汉太初元年（前 104 年）

陕西蝗从东方来。 ·····························《中国历代蝗患之记载》

八月，关东蝗大起，飞经关中，西至敦煌。 ·······《陕西省志·大事记》

蝗从东方飞至高陵。 ···························《高陵县志》

夏，关东蝗飞至（扶风）。 ·················顺治《扶风县志》

12. 西汉太初二年（前 103 年）

秋，陕西蝗。 ·······························《陕西蝗区勘察与治理》

13. 西汉太初三年（前 102 年）

秋，陕西蝗。 ·······························《陕西蝗区勘察与治理》

---

① 《白水县志》（乾隆版、1989 年版）在记载此次蝗灾时均记"汉文帝六年"，未说明是前元六年（前 174 年）还是后元六年（前 158 年）。据《史记·孝文本纪》"汉后元六年，天下旱蝗"和《汉书·文帝本纪》"汉后元六年夏四月，大旱蝗"之记载，《白水县志》和《中国历代蝗患之记载》，此次蝗灾均从《史记》《汉书》，改用汉后元六年。

② 关中：古地区名，泛指今陕西关中盆地。

14. 西汉征和三年（前 90 年）

秋，陕西蝗。 ·······························《陕西蝗区勘察与治理》

15. 西汉征和四年（前 89 年）

夏，陕西蝗。 ·······························《陕西蝗区勘察与治理》

16. 西汉建始四年（前 29 年）

（长武）蝗虫害稼。 ·······························《长武县志》

17. 西汉元始二年（公元 2 年）

秋，蝗遍天下。 ·······························《未央区志》

18. 新莽始建国三年（11 年）

夏，（西安）蝗飞蔽日，自东方来，至长安，草木尽食。·······《西安市志》

夏，（未央区）蝗飞蔽日，自东方来，至长安，草木食尽。·····《未央区志》

19. 新莽地皇三年（22 年）

夏，蝗自东方来，飞蔽天，至长安，入未央宫，缘殿阁。

·······························《汉书·王莽传》

夏，蝗从东方来，飞蔽天，至长安，入未央宫，缘殿阁，草木尽。

·······························《文献通考·物异考》

陕西长安以东蝗虫从东方来，庄稼吃光。 ·······《中国历代蝗患之记载》

夏，蝗从东方来，飞蔽天，至长安，入未央宫，缘殿阁。

·······························雍正《陕西通志》

秋，关东蝗群飞到西安，爬满未央宫诸殿阁。 ·······《西安市志》

夏，（长安）飞蝗蔽天。 ·······························《长安县志》

秋，关东蝗虫飞至长安，入未央宫，爬满殿阁。 ·······《未央区志》

夏，（临潼）飞蝗蔽天，自东方来，至长安，草木食尽。

·······························乾隆《临潼县志》

（高陵）蝗自东方来，草木尽食。 ·······························《高陵县志》

夏，（扶风）蝗飞蔽天。 ·······························顺治《扶风县志》

20. 东汉建武二年（26 年）

（泾阳）大旱，蝗虫成灾，人相食。 ·······························《泾阳县志》

21. 东汉建武五年（29 年）

陕西长安蝗灾。 ·······························《中国历代蝗患之记载》

夏四月，陕西旱蝗。 ·······························《陕西蝗区勘察与治理》

夏四月，关中蝗灾。 ·······························《宝鸡市志》

四月，（高陵）旱蝗。 ·······《高陵县志》

四月，（华阴）旱蝗。 ·······《华阴县志》

四月旱，（陇县）蝗灾。 ·······《陇县志》

四月，（眉县）蝗灾。 ·······《眉县志》

22. 东汉建武二十九年（53 年）

夏，陕西蝗灾。 ·······《中国历代蝗患之记载》

23. 东汉永元九年（111 年）

是岁，九州①蝗。 ·······《后汉书·安帝纪》

春，羌既转盛，朝廷遂移上郡徙衙②。时连旱蝗饥荒。

·······《后汉书·西羌传》

24. 东汉熹平四年（175 年）

七月，关中蝗，延及秦、陇。 ·······《长武县志》

六月，三辅③旱蝗。 ·······《高陵县志》

秋，（大荔）蝗大发，食禾稼、草木尽。 ·······《大荔县志》

25. 三国魏太和元年（227 年）

夏，（高陵）蝗自关东来。 ·······《高陵县志》

26. 西晋咸宁三年（277 年）

陕西及秦、雍④诸州大蝗，食草木、牛马毛皆尽。 ·······《西安市志》

（未央区）大蝗，草木、牛马毛皆食尽。 ·······《未央区志》

秦、雍等州大蝗，食草木、牛马毛皆尽。 ·······《临潼县志》

（高陵）大蝗，食草木、牛马毛皆尽。 ·······《高陵县志》

（眉县）大蝗，食草木、牛马毛皆尽。 ·······《眉县志》

（陇县）大蝗，百草殆尽。 ·······《陇县志》

（延安）大蝗。 ·······《延安地区志》

（安塞）大蝗，饥民食草木、牛马毛尽。 ·······《安塞县志》

（定边）蝗虫成灾，草茎、树叶、牛马毛皆被食尽。 ·······《定边县志》

---

① 九州：《周礼·职方》有冀、兖、青、幽、并、扬、荆、豫、雍九州之说，泛指全国。
② 上郡：旧郡名，治所在今陕西西北部；衙：旧县名，治所在今陕西白水东北。
③ 三辅：区域名，泛指今陕西中部地区。
④ 雍：雍州，旧州名，治所长安，在今陕西西安市西北。

27. 西晋永康二年（301 年）

七月，(梁州①) 蝗。 ……………………………………………《汉中市志》

28. 西晋永兴元年（304 年）

五月，秦、雍大蝗灾，草木、牛马毛鬣毁尽，民众荒饥。 ……《秦安县志》

29. 西晋永嘉四年（310 年）

五月，幽、并、司、冀、秦、雍等六州大蝗，食草木、牛马毛皆尽。

……………………………………………………………《晋书·怀帝纪》

五月，大蝗，自幽、并、司、冀至于秦、雍，草木、牛马毛鬣皆尽。

……………………………………………………………《晋书·五行志》

秦、雍大蝗，草木及牛马毛皆尽。 ……………… 雍正《陕西通志》

五月，(未央区) 大蝗，草木、牛马毛皆尽。 ………《未央区志》

夏，(大荔) 大蝗，食草木、牛马毛皆尽，饥馑。 ……… 乾隆《大荔县志》

(礼泉) 大蝗，民食草木。 ………………………………《礼泉县志》

雍州大蝗，食草木、牛马毛皆尽。三原蝗。 ……… 乾隆《三原县志》

六月，(陇县) 大蝗，百草无遗。 …………………………《陇县志》

六月，(眉县) 大蝗，草木、牛马毛皆尽。 ……………………《眉县志》

六月，(延安) 大蝗。 …………………………………《延安地区志》

整个黄河流域遭受大蝗灾，草茎、树叶、牛马毛被食殆尽。 ……《定边县志》

30. 西晋建兴四年（316 年）

夏，陕西蝗灾大发生。 …………………《中国历代蝗患之记载》

六月，(陕西) 大蝗。 …………………… 雍正《陕西通志》

(未央区) 大蝗。 ……………………………………《未央区志》

六月，(三原) 大蝗。 …………………… 乾隆《三原县志》

(高陵) 大蝗。 …………………………………………《高陵县志》

(陇县) 大蝗。 …………………………………………《陇县志》

六月，(略阳) 大蝗。 …………………………………《略阳县志》

31. 西晋建兴五年（317 年）

秋七月，雍州螽蝗，石勒亦竟取百姓禾，时人谓之"胡蝗"。

…………………………………………………………《晋书·愍帝纪》

秋七月，雍州大蝗。 ……………………《资治通鉴·晋纪》

---

① 梁州：旧州、郡名，治所南郑，在今陕西汉中市东。

秋，陕西蝗灾。 ·············《中国历代蝗患之记载》

七月，（高陵）大蝗。 ·····················《高陵县志》

七月，同州①大蝗。 ·····················《华阴县志》

七月，（陇县）大蝗。 ·····················《陇县志》

（眉县）大蝗。 ························《眉县志》

七月，（延安）大蝗。 ·····················《延安地区志》

七月，（子长）大蝗。 ·····················《子长县志》

七月，（安塞）大蝗。 ·····················《安塞县志》

（定边）蝗虫大起，食百草无遗，牛马相啖毛。 ·······《定边县志》

32. 东晋建武二年　太兴元年（318 年）

（礼泉）大旱，蝗灾，民食野草、树皮。 ··········《礼泉县志》

九月，雍州大蝗。 ·····················《宝鸡市志》

33. 东晋太兴二年（319 年）

九月，（陇县）大蝗。 ·····················《陇县志》

34. 东晋永和十年（354 年）

蝗虫大起，自华泽至陇山②，食百草无遗，牛马相啖毛。蠲百姓租税。

·····························《晋书·苻健载记》

关中蝗大起，自华阴至陇山，食百草无遗。 ·······《麟游县志》

35. 东晋永和十一年　前秦寿光元年（355 年）

二月，秦大蝗，百草无遗，牛马相啖毛。 ·······《资治通鉴·晋纪》

陕西凤翔、富平、华阴、千阳蝗灾大发生，草木、牛马毛皆尽。

·····························《中国历代蝗患之记载》

蝗虫大起，自华泽至陇山，食百草无遗，牛马相啖毛。····· 雍正《陕西通志》

关中蝗大起，自华泽至陇山，食草无遗。 ·······《西安市志》

（未央区）大蝗灾，百草无遗。 ·············《未央区志》

（周至）蝗遍地，禾草尽食。 ··············《周至县志》

（高陵）蝗大起，食百草无遗。 ·············《高陵县志》

秋，（大荔）蝗虫大发，禾稼、百草尽食。 ·······《大荔县志》

（富平）蝗虫为害，百草无遗。 ·············《富平县志》

---

① 同州：旧州名，治所在今陕西大荔。

② 华泽：湿地大洼名，在今陕西华阴西；陇山：山名，在今陕西陇县西北。

雍州蝗虫大起，食草木无遗。 ⋯⋯⋯⋯⋯⋯⋯⋯⋯《宝鸡市志》

（凤翔）蝗虫大起，食草木无遗。 ⋯⋯⋯⋯⋯⋯⋯《凤翔县志》

（千阳）蝗虫大起，自华泽至陇山，食百草无遗。 ⋯⋯ 道光《汧阳县志》

（陇县）蝗大起，食百草无遗。 ⋯⋯⋯⋯⋯⋯⋯⋯《陇县志》

眉县蝗灾，百草无遗。 ⋯⋯⋯⋯⋯⋯⋯⋯⋯⋯《眉县志》

（柞水）蝗从东而西，田禾一空。 ⋯⋯⋯⋯⋯⋯《柞水县志》

（铜川）北地郡县蝗害，百草皆光。 ⋯⋯⋯⋯⋯《铜川市志》

36. 北魏太和八年（484 年）

四月，雍州蝗。 ⋯⋯⋯⋯⋯⋯⋯⋯⋯⋯《魏书·灵征志》

夏，陕西蝗灾。 ⋯⋯⋯⋯⋯⋯⋯⋯《中国历代蝗患之记载》

四月，雍州雨蝗。 ⋯⋯⋯⋯⋯⋯⋯⋯ 雍正《陕西通志》

四月，（未央区）蝗。 ⋯⋯⋯⋯⋯⋯⋯⋯《未央区志》

四月，雍州蝗。三原蝗。 ⋯⋯⋯⋯⋯⋯ 乾隆《三原县志》

四月，（高陵）雨蝗。 ⋯⋯⋯⋯⋯⋯⋯⋯《高陵县志》

四月，（富平）蝗。 ⋯⋯⋯⋯⋯⋯⋯⋯⋯《富平县志》

（凤翔）蝗灾。 ⋯⋯⋯⋯⋯⋯⋯⋯⋯⋯《凤翔县志》

（眉县）蝗。 ⋯⋯⋯⋯⋯⋯⋯⋯⋯⋯⋯《眉县志》

37. 北魏正始元年（504 年）

六月，夏州[①]蝗害稼。 ⋯⋯⋯⋯⋯⋯⋯《魏书·灵征志》

六月，夏州蝗害稼。 ⋯⋯⋯⋯⋯⋯⋯ 雍正《陕西通志》

夏，陕西榆林、横山蝗灾大发生。 ⋯⋯⋯《中国历代蝗患之记载》

六月，（安塞）蝗害稼。 ⋯⋯⋯⋯⋯⋯⋯《安塞县志》

六月，（定边）县东部蝗虫为害，损坏庄稼。 ⋯⋯《定边县志》

38. 北周建德二年（573 年）

八月，关内大蝗。 ⋯⋯⋯⋯⋯⋯⋯⋯《周书·武帝本纪》

八月，关中大蝗。 ⋯⋯⋯⋯⋯⋯⋯⋯《北史·周本纪》

陕西潼关以西蝗灾大发生。 ⋯⋯⋯⋯《中国历代蝗患之记载》

八月，（大荔）大蝗。 ⋯⋯⋯⋯⋯⋯⋯ 乾隆《大荔县志》

关中大蝗。三原蝗。 ⋯⋯⋯⋯⋯⋯⋯ 乾隆《三原县志》

八月，（高陵）大蝗。 ⋯⋯⋯⋯⋯⋯⋯⋯《高陵县志》

---

① 夏州：旧州名，治所岩绿，在今陕西靖边北。

（凤翔）大蝗。 ·································《凤翔县志》

七月，（眉县）大蝗。 ·······················《眉县志》

九月，（陇县）大蝗。 ·······················《陇县志》

二、唐代（含五代十国）蝗灾

39. 唐武德六年（623 年）

夏州蝗。 ···························《新唐书·五行志》

秋，陕西蝗灾。 ·····················《中国历代蝗患之记载》

夏州（定边）蝗虫成灾。 ················《定边县志》

40. 唐贞观元年（627 年）

六月，终南①县蝗。 ···················《中国历代天灾人祸表》

41. 唐贞观二年（628 年）

六月，京畿旱蝗。 ····················《新唐书·五行志》

六月，畿内蝗灾。 ····················《陕西省志·大事记》

陕西长安蝗灾。 ·····················《中国历代蝗患之记载》

京畿旱蝗。 ·······················《富平县志》

（周至）蝗。 ·················· 民国《盩厔县志》

（潼关）蝗灾。 ·····················《潼关县志》

京畿旱蝗。三原蝗。 ················ 乾隆《三原县志》

六月，关中旱蝗。 ····················《宝鸡市志》

六月，（眉县）旱蝗。 ··················《眉县志》

42. 唐永徽元年（650 年）

雍、同等九州旱蝗。 ··················《旧唐书·高宗纪》

陕西同州蝗灾。 ·····················《中国历代蝗患之记载》

京畿旱蝗。 ·······················《未央区志》

京畿、雍州旱蝗。三原蝗。 ············· 乾隆《三原县志》

同州蝗。大荔蝗。 ················· 乾隆《大荔县志》

（高陵）旱蝗。 ·····················《高陵县志》

夏，（千阳）旱蝗。 ···················《千阳县志》

---

① 终南：旧县名，治所在今陕西周至东终南镇。

43. 唐永淳元年（682 年）

六月，京兆、岐、陇①螟蝗食苗并尽。·················《旧唐书·高宗本纪》

三月，京畿蝗，无麦苗。六月，雍、岐、陇等州蝗。······《新唐书·五行志》

五月，关中先水后旱、蝗，斗米四百，两京间死者相枕于路，人相食。

·······················《资治通鉴·唐纪》

长安、白水、白河蝗灾，小麦吃光。··············《中国历代蝗患之记载》

未央区蝗虫成灾，三月，京畿蝗，无麦苗。············《未央区志》

（周至）蝗。····························民国《盩厔县志》

（高陵）旱蝗。··························《高陵县志》

（大荔）旱蝗。························乾隆《大荔县志》

六月，关中蝗。三原蝗。·················乾隆《三原县志》

五月，（户县）旱蝗，饥。·····················《户县志》

夏五月，（白水）蝗虫遍地。···················《白水县志》

（礼泉）旱蝗。··························《礼泉县志》

（眉县）螟蝗食禾苗并尽。·····················《眉县志》

三月，（汉中）蝗。························《汉中市志》

四月，陕南蝗，无麦。·······················《南郑县志》

三月，（勉县）蝗。························《勉县志》

三月，（留坝）蝗灾。·······················《留坝县志》

三月，（西乡）蝗。························《西乡县志》

六月，山南②等二十六州蝗，饥。···············《旬阳县志》

（白河）蝗灾，民饥。·······················《白河县志》

44. 唐宝应元年（762 年）

关中旱，蝗灾。··························《西安市志》

（高陵）旱蝗。··························《高陵县志》

（韩城）旱蝗。··························《韩城市志》

（三原）旱蝗。··························《三原县志》

秋，（礼泉）蝗灾。·······················《礼泉县志》

（眉县）旱蝗。··························《眉县志》

---

① 京兆：唐京兆府名，治所长安，今陕西西安；岐：岐州，治所在今陕西凤翔；陇：陇州，治所在今陕西陇县。

② 山南：唐山南东道名，治所在今湖北襄阳，时辖今陕西旬阳。

45. 唐广德元年（763 年）

夏，（长安）飞蝗蔽天。 ……………………………………………《长安县志》

秋，（临潼）蝗害稼，关中尤甚。 ……………………………《临潼县志》

关中旱、蝗、疫交织。 ………………………………………………《乾县志》

（眉县）蝗。 …………………………………………………………《眉县志》

洛川蝗害。 ……………………………………………………《延安地区志》

46. 唐广德二年（764 年）

秋，蝗，关辅尤甚，米斗千钱。 ……………………《新唐书·五行志》

九月，关中虫蝗，斗米千余钱。 ……………………《资治通鉴·唐纪》

陕西大蝗害稼。 ………………………………《中国历代蝗患之记载》

秋七月，（未央区）蝗，斗米千钱。 ………………………《未央区志》

秋，（周至）蝗灾。 …………………………………………………《周至县志》

秋，（三原）蝗。 ………………………………………乾隆《三原县志》

（户县）蝗。 …………………………………………………………《户县志》

秋，（富平）蝗。 ……………………………………………………《富平县志》

（凤翔）蝗灾。 ………………………………………………………《凤翔县志》

七月，（眉县）蝗食田苗。 …………………………………………《眉县志》

洛川蝗害。 ……………………………………………………《延安地区志》

47. 唐兴元元年（784 年）

秋，关辅大蝗，田稼食尽，百姓饥。捕蝗为食，蒸，曝，扬去足翅而食之。
………………………………………………………《旧唐书·五行志》

八月，关中蝗灾，草木无遗。 ……………………………………《西安市志》

秋，（长安）蝗灾，秋田殆尽，饥民捕蝗为食。 …………《长安县志》

秋，（未央区）大蝗灾，毁秧田殆尽，饥民捕蝗为食。 …………《未央区志》

四月，（高陵）蝗灾，饥民蒸蝗而食。 ……………………《高陵县志》

（凤翔）蝗虫遍地，草木无遗，饥民捕蝗、蒸曝而食。 …………《凤翔县志》

秋，（眉县）大蝗，田稼食尽，百姓捕蝗为食。 ……………《眉县志》

48. 唐贞元元年（785 年）

夏四月，关中饥民蒸蝗虫而食之。五月，蝗自海而至，飞蔽天，每下则草木及
　　畜毛无复子遗，谷价腾踊。秋七月，关中蝗食草木都尽。诏：虫蝗继臻，弥
　　亘千里。菽粟翔贵，稼穑枯瘁，嗷嗷蒸人，聚泣田亩，兴言及此，实切痛
　　伤。遍祈百神，曾不获应，方悟祷祠非救灾之术。朕自今视朝不御正殿，有

司供膳并宜减省，不急之务，一切停罢。除诸军将士外，应食粮人诸色用
度，本司本使长官商量减罢，以救凶荒。 ……………………《旧唐书·德宗本纪》

夏，蝗，东自海，西尽河、陇，群飞蔽天，旬日不息，所至草木叶及畜毛靡有
子遗，饿馑枕道。民蒸蝗，曝，扬去翅足而食之。 ……《新唐书·五行志》

陕西蝗灾，飞蔽天，草木叶及畜毛皆尽，民蒸蝗而食。

………………………………………………………《中国历代蝗患之记载》

四月旱，（陕西）蝗灾，关东饥民煮蝗而食之。 ………《陕西省志·大事记》

四月，西安旱蝗，饥民蒸蝗而食。五月，蝗飞蔽天，草木、畜毛无遗。

…………………………………………………………………《西安市志》

七月旱，（未央区）蝗灾，旬日不息，饥馑枕道。 …………《未央区志》

夏，（蓝田）蝗，西尽河、陇，群飞蔽天。 …………嘉庆《蓝田县志》

五月，（高陵）蝗灾更重，群飞蔽日。 …………………《高陵县志》

夏，（周至）蝗。 ……………………………………民国《盩厔县志》

夏，（渭南）蝗灾，所至草木叶及畜毛食尽。 …………《渭南地区志》

朝邑①连年蝗灾。 ………………………………咸丰《同州府志》

六月，（礼泉）飞蝗遮天蔽日。 ………………………《礼泉县志》

夏，（宝鸡）蝗，群飞蔽天，旬日不息，所至草木叶及畜毛靡有子遗。

…………………………………………………………………《宝鸡市志》

夏，（扶风）蝗虫从东来，群飞蔽天，旬日不息，禾稼、杂草、树皮皆尽。

…………………………………………………………………《扶风县志》

夏，（凤翔）蝗飞蔽天，旬日不息，草木叶食尽，饥民食蝗。……《凤翔县志》

夏，（眉县）蝗自东来，群飞蔽天，旬日不息，草木俱尽，民蒸蝗而食。

…………………………………………………………………《眉县志》

夏，（洛川）蝗。 ………………………………嘉庆《洛川县志》

夏州蝗虫群飞蔽天，旬日不息。 ………………………《定边县志》

49. 唐兴元十五年（798 年）

七月，凤翔等州蝗。 ………………………………乾隆《凤翔府志》

50. 唐永贞元年（805 年）

七月，关东蝗食田稼。 …………………………《旧唐书·顺宗本纪》

---

① 朝邑：旧县名，治所在今陕西大荔东朝邑镇。

51. 唐元和元年（806 年）

陕西蝗灾。 ………………………………《中国历代蝗患之记载》

夏州蝗害稼。 ………………………………《横山县志》

52. 唐元和七年（812 年）

夏，（周至）蝗灾。 ………………………………《周至县志》

53. 唐元和十三年（818 年）

夏，（丹凤）蝗灾。 ………………………………《丹凤县志》

54. 唐大和元年（827 年）

（澄城）蝗虫害稼。 ………………………………《澄城县志》

55. 唐大和七年（833 年）

夏，（周至）蝗灾。 ………………………………《周至县志》

56. 唐开成二年（837 年）

京师旱蝗害稼。 ………………………………《中国历代天灾人祸表》

西安蝗害稼，京师尤甚。 ………………………《陕西蝗区勘察与治理》

（未央区）蝗害稼，京师尤甚。 …………………《未央区志》

57. 唐开成四年（839 年）

（未央区）蝗。 ………………………………《未央区志》

（临潼）蝗。 ………………………………《临潼县志》

乾县蝗。 ………………………………《乾县志》

宝鸡蝗虫为害。 ………………………………《宝鸡市志》

（凤翔）蝗灾。 ………………………………《凤翔县志》

（眉县）蝗害。 ………………………………《眉县志》

延安蝗虫成灾。 ………………………………《延安地区志》

（定边）蝗虫成灾。 ………………………………《定边县志》

58. 唐开成五年（840 年）

夏，陕西蝗灾，害稼。 ………………………《中国历代蝗患之记载》

59. 唐会昌元年（841 年）

七月，关东、山南①邓、唐等州蝗。 ……………《新唐书·五行志》

秋，陕西蝗灾。 ………………………………《中国历代蝗患之记载》

七月，山南、陕南等州蝗。 ……………………《南郑县志》

---

① 山南：唐山南西道名，治所梁州，在今陕西汉中市东。

七月，(留坝) 蝗灾，禾草俱尽。 ·········· 《留坝县志》

七月，山南等州蝗。旬阳蝗。 ·········· 《旬阳县志》

60. 唐会昌六年（846 年）

八月，同、华①等州，大荔、韩城、合阳、白水、澄城、蒲城、华阴、渭南、
临潼等县蝗。 ·········· 《陕西蝗区勘察与治理》

61. 唐咸通六年（865 年）

八月，同、华等州蝗。 ·········· 《新唐书·五行志》

秋，陕西长安等蝗灾。 ·········· 《中国历代蝗患之记载》

同州蝗。 ·········· 咸丰《同州府志》

八月，同、华蝗。大荔蝗。 ·········· 乾隆《大荔县志》

八月，(合阳) 蝗害。 ·········· 《合阳县志》

八月，(澄城) 蝗灾。 ·········· 《澄城县志》

韩城蝗。 ·········· 《韩城市志》

62. 唐咸通七年（866 年）

夏，同、华及京畿蝗。 ·········· 《新唐书·五行志》

秋，陕西长安等蝗灾。 ·········· 《中国历代蝗患之记载》

夏，临潼蝗。 ·········· 《临潼县志》

夏，同、华及京畿蝗。大荔蝗。 ·········· 乾隆《大荔县志》

韩城、合阳蝗。 ·········· 《韩城市志》

京畿蝗。三原蝗。 ·········· 乾隆《三原县志》

夏，华阴蝗。 ·········· 《华阴县志》

夏，(澄城) 蝗。 ·········· 《澄城县志》

63. 唐咸通九年（868 年）

关内蝗。 ·········· 《新唐书·五行志》

陕西蝗灾。 ·········· 《中国历代蝗患之记载》

秋，(未央区) 蝗，关内饥。 ·········· 《未央区志》

六月，关中蝗灾，人饥。 ·········· 《宝鸡市志》

关内蝗。三原蝗。 ·········· 乾隆《三原县志》

六月，(眉县) 蝗灾，人饥。 ·········· 《眉县志》

六月，(陇县) 蝗。 ·········· 《陇县志》

---

① 华：华州，旧州名，治所在今陕西华县。

（富县）飞蝗食禾。 ···《富县志》

（洛川）蝗，饥。 ·····························嘉庆《洛川县志》

64. 唐咸通十年（869 年）

六月，陕西蝗。 ·····················《陕西蝗区勘察与治理》

65. 唐乾符二年（875 年）

秋七月，蝗自东而西蔽日，所过赤地。京兆尹奏：蝗入京畿不食稼，皆抱荆
棘而死。 ·····································《资治通鉴·唐纪》

秋，陕西蝗灾，自东而西蔽天。 ·········《中国历代蝗患之记载》

七月，（陕西）蝗灾，蝗自东而西遮天蔽日，所过一片赤荒。

·······························《陕西省志·大事记》

关中蝗虫遮天蔽日，所过之处一片赤土。 ·············《乾县志》

（礼泉）蝗虫遮天蔽日，所过一片赤荒。 ··············《礼泉县志》

八月，安塞蝗虫铺天盖地，作物吃光。 ··············《延安地区志》

66. 唐乾符三年（876 年）

（潼关）蝗灾。 ··《潼关县志》

67. 唐光启元年（885 年）

秋，陕西蝗自东方来，群飞蔽天。 ·········《陕西蝗区勘察与治理》

68. 后梁开平元年（907 年）

八月，（澄城）蝗灾。 ···································《澄城县志》

69. 后晋天福四年（939 年）

七月，关西①诸郡蝗害稼。 ·················《旧五代史·五行志》

70. 后晋天福七年（942 年）

六月，关西蝗害稼。秋七月，帝宣制：天下有虫蝗处，并与除放租税。八
月，商州②蝗。 ··················《旧五代史·晋书·少帝纪》

四月，关西诸郡蝗害稼。 ···············《旧五代史·五行志》

闰三月，天兴③蝗食麦。 ···············《新五代史·晋高祖纪》

夏，陕西大蝗，民饥死。 ···············《中国历代蝗患之记载》

四月，关西诸郡皆蝗，人死者十有七八。 ·······雍正《陕西通志》

四月，关中诸州皆蝗，人死十有七八。 ··············《西安市志》

---

① 关西：地区名，泛指今陕西潼关以西广大区域。

② 商州：旧州名，治所在今陕西商洛市。

③ 天兴：旧县名，治所在今陕西凤翔。

四月，（未央区）蝗，人死者十有七八。 ················《未央区志》

（蓝田）蝗。 ·················嘉庆《蓝田县志》

关内诸郡皆蝗，人死者十有七八。三原蝗。 ·······乾隆《三原县志》

（凤翔）蝗灾，人死十有七八。 ··············《凤翔县志》

（周至）蝗灾。 ·······················《周至县志》

四月，（宝鸡）蝗害。 ··················《宝鸡市志》

四月，（陇县）蝗。 ····················《陇县志》

（宁陕）蝗。 ··················道光《宁陕厅志》

四月，（定边）皆蝗，人死者十有七八。 ·········《定边县志》

71. 后晋天福八年（943 年）

夏四月，关西诸州旱蝗，分命使臣捕之。 ······《旧五代史·晋书·少帝纪》

四月，天下诸州飞蝗害田，食草木叶皆尽，诏州县长吏捕蝗。华州、雍州节度使命百姓捕蝗一斗，以禄粟一斗偿之。时蝗旱相继，人民流移，饥者盈路，关西饿殍尤甚，死者十七八。朝廷以军食不充，分命使臣诸道括粟麦，晋祚自兹衰矣。 ···············《旧五代史·五行志》

是岁，春夏旱，蝗大起，东自海堧，西距陇坻，南逾江淮，北抵幽蓟，原野、山谷、城郭、庐舍皆满，竹木叶俱尽。重以官括民谷，使者督责严急，至封碓磑，不留其食，有坐匿谷抵死者。县令往往以督趣不办，纳印自劾去。民馁死者数十万口，流亡不可胜数。 ······《资治通鉴·后晋纪》

陕西旱蝗相继。 ·····················《清涧县志》

（三原）旱蝗相继。 ···················《三原县志》

（武功）旱蝗相继，饿殍盈路。 ·············《武功县志》

（宝鸡）旱蝗相继，人流徙。 ··············《宝鸡市志》

（眉县）旱蝗相继，民流徙，饿殍遍野。 ········《眉县志》

（千阳）旱蝗相继。 ···················《千阳县志》

陇县旱蝗相继，民流徙，饥死者十之八九。 ·······《陇县志》

三、宋代（含辽、金）蝗灾

72. 宋建隆三年（962 年）

是岁，陕西诸州旱蝗，悉蠲其租。 ········《续资治通鉴·宋纪》

陕西旱蝗，飞入蓝田。 ··················《蓝田县志》

73. 宋乾德二年（964 年）

五月，陕西诸州有蝗。 ·······················《宋史·五行志》

陕西诸州有蝗。 ·······················雍正《陕西通志》

夏，陕西蝗灾，食稼。 ·······················《中国历代蝗患之记载》

秋，同州蝗。 ·······················《韩城市志》

陕西诸州蝗。宝鸡蝗。 ·······················民国《宝鸡县志》

（临潼）蝗。 ·······················乾隆《临潼县志》

同州蝗。大荔蝗。 ·······················乾隆《大荔县志》

关西诸郡有蝗。三原蝗。 ·······················乾隆《三原县志》

（长武）蝗伤禾，秋无收。 ·······················《长武县志》

（永寿）蝗虫伤禾，秋无收。 ·······················《永寿县志》

（汉中）蝗。 ·······················《汉中市志》

五月，耀州有蝗。 ·······················《耀县志》

六月，延安蝗害稼。 ·······················《延安地区志》

（洛川）有蝗。 ·······················嘉庆《洛川县志》

五月，（府谷）蝗。 ·······················《府谷县志》

74. 宋乾德三年（965 年）

（永寿）蝗虫伤禾。 ·······················《永寿县志》

75. 宋太平兴国七年（982 年）

九月，邠州①蝗。 ·······················《宋史·太宗本纪》

秋，陕西邠州蝗灾。 ·······················《中国历代蝗患之记载》

76. 宋淳化三年（992 年）

七月，商州蝗，蛾抱草自死。 ·······················《宋史·五行志》

77. 宋大中祥符六年（1013 年）

九月，（澄城）蝗食苗。 ·······················《澄城县志》

78. 宋大中祥符九年（1016 年）

八月，华州蝗，不为灾。 ·······················《宋史·真宗本纪》

79. 宋天禧元年（1017 年）

六月，陕西蝗，自死。 ·······················《宋史·真宗本纪》

二月，陕西等百三十州军蝗蝻复生，多去岁蛰者。 ········《宋史·五行志》

---

① 邠州：旧州名，治所在今陕西彬县。

五月，陕西等百三十州军，并言二月后蝗蝻食苗，诏：遣使臣与本县官吏焚

捕，每三五州命内臣一人提举之。 ……………………《续资治通鉴·宋纪》

陕西百三十州县蝗灾。 …………………………………《陕西省志·大事记》

陕西蝗蝻复生，多去岁蛰者。六月，陕西（三原）蝗。 …… 乾隆《三原县志》

（汉中）蝗蝻复生，多去岁蛰者。六月，蝗。 …………………《汉中市志》

洛川蝗灾。 …………………………………………………《延安地区志》

80. 宋天圣五年（1027 年）

十一月，以陕西旱蝗，减其民租赋。是岁，京兆府蝗。……《宋史·仁宗本纪》

十一月，京兆府旱蝗。 …………………………………《宋史·五行志》

（未央区）旱蝗。 ………………………………………………《未央区志》

（高陵）旱蝗。 …………………………………………………《高陵县志》

陕西旱蝗，减其租。三原蝗。 …………………………… 乾隆《三原县志》

（周至）蝗灾。 …………………………………………………《周至县志》

（户县）蝗。 ……………………………………………………《户县志》

（澄城）旱蝗。 …………………………………………………《澄城县志》

（镇安）蝗灾。 …………………………………………………《镇安县志》

81. 宋天圣六年（1028 年）

（澄城）蝗食苗。 ………………………………………………《澄城县志》

82. 宋明道二年（1033 年）

是岁，陕西蝗。 …………………………………………《宋史·仁宗本纪》

秋，陕西蝗灾。 ………………………………………《中国历代蝗患之记载》

（临潼）蝗。 …………………………………………… 乾隆《临潼县志》

陕西蝗，遣使安抚，除其租。三原蝗。 ………………… 乾隆《三原县志》

（周至）蝗灾。 …………………………………………………《周至县志》

（洛川）蝗。 …………………………………………… 嘉庆《洛川县志》

83. 宋皇祐六年（1054 年）

夏，陕西蝗。 …………………………………………《陕西蝗区勘察与治理》

84. 宋熙宁八年（1075 年）

陕西蝗。 ………………………………………………《陕西蝗区勘察与治理》

85. 宋熙宁九年（1076 年）

秋七月，关以西蝗蝻生。 ………………………………《宋史·神宗本纪》

夏，陕西蝗。 …………………………………………………《宋史·五行志》

夏秋，陕西蝗灾。 ·································《中国历代蝗患之记载》

夏，（户县）蝗灾。 ·······································《户县志》

（周至）旱蝗。 ·································民国《盩厔县志》

夏，陕西（富平）蝗。 ·································《富平县志》

夏，（洛川）蝗。 ·································嘉庆《洛川县志》

86. 金大定十六年（1176年）

是岁，陕西路旱蝗。 ·································《金史·五行志》

陕西中部[①]蝗灾。 ·································《中国历代蝗患之记载》

（大荔）蝗旱。 ·································乾隆《大荔县志》

五月，陕西旱蝗，诏免租赋。三原蝗。 ·········乾隆《三原县志》

五月，陕西（富平）旱蝗。 ·································《富平县志》

七月，洛川、黄陵蝗虫成灾。 ·················《延安地区志》

87. 金贞祐四年（1216年）

夏四月，陕西蝗。五月，凤翔及华州蝗，京兆、同、华等州蝗。

·································《金史·宣宗本纪》

陕西凤翔、大荔、华县蝗虫害稼，民饥。 ··········《中国历代蝗患之记载》

（大荔）蝗旱。 ·································乾隆《大荔县志》

五月，陕西大蝗。三原蝗。 ·················乾隆《三原县志》

五月，（周至）大蝗灾。 ·································《周至县志》

五月，同、华等州蝗。 ·································咸丰《同州府志》

五月，凤翔、岐山、扶风蝗灾。 ·················《宝鸡市志》

五月，（汉中）大蝗。 ·································《汉中市志》

（洛川）大蝗。 ·································嘉庆《洛川县志》

四、元代蝗灾

88. 元至元十九年（1282年）

陕西蝗灾，禾稼俱尽。 ·································《中国历代蝗患之记载》

89. 元至元十九年（1283年）

秋，陕西凤翔、岐山蝗灾。 ·················《中国历代蝗患之记载》

---

① 中部：旧县名，治所在今陕西黄陵县西南。

90. 元至元二十五年（1288 年）

夏至秋，陕西凤翔、岐山蝗害稼。　……………………《中国历代蝗患之记载》

陕西凤翔蝗，为害作物。　……………………《中国东亚飞蝗蝗区的研究》

91. 元大德三年（1299 年）

冬十月，陇蝗，免其田租。　………………………………《元史·成宗本纪》

十月，陕西蝗灾。　…………………………………………《陕西省志·大事记》

秋，陕西千阳蝗灾。　………………………………《中国历代蝗患之记载》

（陇县）蝗。　……………………………………………………………《陇县志》

92. 元至大二年（1309 年）

秋七月，耀、同、华等州蝗。　……………………………《元史·武宗本纪》

秋，陕西大蝗，伤稼，大饥；同州、华县蝗灾。　……《中国历代蝗患之记载》

七月，耀、同、华、韩城蝗。　…………………………………《韩城市志》

七月，同、华等州蝗。大荔蝗。　…………………… 乾隆《大荔县志》

七月，（合阳）蝗害。　………………………………………《合阳县志》

七月，（澄城）蝗灾。　………………………………………《澄城县志》

七月，同官①蝗灾。　………………………………………《铜川市志》

93. 元泰定三年（1326 年）

夏秋，陕西蒲城蝗灾。　………………………………《中国历代蝗患之记载》

94. 元泰定四年（1327 年）

八月，奉元②等路蝗。　………………………………………《元史·泰定本纪》

陕西蝗灾。　………………………………………《中国历代蝗患之记载》

95. 元致和元年（1328 年）

四月，凤翔岐山县蝗，无麦苗。六月，武功县蝗。　………《元史·五行志》

陕西凤翔大蝗，小麦吃光；岐山、武功、千阳蝗灾。

　……………………………………………………《中国历代蝗患之记载》

四月，眉县蝗食麦苗。　…………………………………………《眉县志》

四月，（凤翔）蝗灾，无麦苗。　………………………………《凤翔县志》

四月，凤翔、岐山县蝗，无麦苗。千阳蝗。　……………… 道光《汧阳县志》

（武功）蝗食禾稼、草木皆尽，所至蔽日，荒。　………………《武功县志》

---

① 同官：旧县名，治所在今陕西铜川北。

② 奉元：元路名，治所在今陕西西安。

96. 元天历二年（1329 年）

夏，陕西蒲城、白水、奉元蝗灾。 ·················《中国历代蝗患之记载》

七月，（白水）蝗食秋禾，大饥，人相食。 ···········《白水县志》

97. 元至顺元年（1330 年）

秋七月，奉元等路蝗。 ······················《元史·文宗本纪》

七月，华州蝗。 ·························《元史·五行志》

陕西奉元蝗灾。 ·····················《中国历代蝗患之记载》

七月，（未央区）蝗。 ·······················《未央区志》

98. 元至顺二年（1331 年）

秋七月，奉元属县蝗。 ······················《元史·文宗本纪》

七月，奉元蒲城、白水等县蝗。 ···············《元史·五行志》

秋，陕西蒲城、白水、奉元蝗灾大发生。 ········《中国历代蝗患之记载》

七月，奉元属县蝗，免今年田租。三原蝗。 ········乾隆《三原县志》

99. 元至元六年（1340 年）

（洛川）旱，蝗虫为灾。 ·····················《洛川县志》

100. 元至正十年（1350 年）

七月，（澄城）蝗食稼。 ·····················《澄城县志》

101. 元至正十九年（1359 年）

五月，关中等处蝗飞蔽天，人马不能行，所落沟堑尽平，民大饥。

·······························《元史·顺帝本纪》

奉元蝗，食禾稼、草木俱尽，所至蔽日，碍人马不能行，填坑堑皆盈，饥
民捕蝗以为食，或曝干而积之，又罄，则人相食。

······························《元史·五行志》

陕西奉元蝗灾。 ·················《中国历代蝗患之记载》

（西安）蝗食禾稼、草木俱尽，所至蔽日，碍人马不能行，填坑堑皆盈。

·······························《西安市志》

（未央区）蝗，禾稼、草木俱被食尽，所至蔽日，碍人马不能行，填坑堑皆盈。

·······························《未央区志》

（周至）蝗虫吃尽庄稼，飞蔽日，路难行，百姓捕蝗为食。 ·····《周至县志》

（高陵）蝗食禾稼、草木俱尽，所至蔽日，碍人马不能行，饥民捕蝗为食。

·······························《高陵县志》

夏，蝗入（澄城）境，遍野。 ·················《澄城县志》

（华县）蝗虫遮天蔽日，庄稼、草木吃光，饥民捕蝗而食。 ……《华县志》

（乾县）蝗食禾苗、草木俱尽，所至蔽日，碍人马不能行，填坑堑皆满，饥
　　民捕蝗以为食。 ……………………………………………《乾县志》

夏，奉元蝗食禾稼、草木俱尽。三原蝗。 ……………… 乾隆《三原县志》

（礼泉）蝗食禾稼、草木俱尽，飞蔽日，人难行，饥民捕蝗而食之。
　　………………………………………………………………《礼泉县志》

（泾阳）蝗食禾稼、草木俱尽，饥民捕蝗为食。 …………《泾阳县志》

五月，（凤翔）蝗飞蔽天，落地成堆，人马不能行，民大饥，人相食。
　　………………………………………………………………《凤翔县志》

五月，关西（眉县）蝗飞蔽天，人马不能行，民大饥，捕蝗为食。
　　………………………………………………………………《眉县志》

夏，（富县）蝗群飞蔽天，食禾苗尽。 …………………………《富县志》

102. 元至正二十年（1360 年）

凤翔岐山县蝗。 ……………………………………………《元史·五行志》

陕西岐山、千阳蝗灾。 …………………………《中国历代蝗患之记载》

七月，凤翔、岐山蝗。千阳蝗。 ………………………… 道光《汧阳县志》

103. 元至正二十五年（1365 年）

凤翔岐山县蝗。 ……………………………………………《元史·五行志》

陕西岐山、千阳蝗灾。 …………………………《中国历代蝗患之记载》

凤翔、岐山蝗。千阳蝗。 ………………………………… 道光《汧阳县志》

五、明代蝗灾

104. 明洪武六年（1373 年）

六月，陕西延安府蝗。八月，华州临潼、咸阳、渭南、高陵四县蝗，诏免
　　其田租。 ……………………………………………《明实录·太祖实录》

七月，陕西延安诸府州县蝗。 …………………《陕西蝗区勘察与治理》

七月，陕北诸州县蝗。 ……………………………………《横山县志》

八月，延安诸府州县蝗灾严重，蠲免田租。 ………………《子长县志》

七月，（安塞）蝗灾。 ………………………………………《安塞县志》

105. 明洪武七年（1374 年）

三月，西安府咸宁[①]、华阴二县蝗，命有司捕之。……《明实录·太祖实录》

三月，（未央区）蝗。………………………………………《未央区志》

（户县）蝗。……………………………………………………《户县志》

六月，（凤翔）蝗害稼。………………………………………《凤翔县志》

（眉县）蝗伤稼。………………………………………………《眉县志》

106. 明永乐元年（1403 年）

三月，陕西乾州[②]地蝗，田稼无收。十二月，陕西连岁蝗旱，人民饥困。

………………………………………………………………《明实录·太宗实录》

107. 明永乐二年（1404 年）

五月，（延川）蝗灾。…………………………………………《延川县志》

108. 明永乐三年（1405 年）

五月，延安蝗。…………………………………………………《明史·五行志》

春夏，陕西延安蝗灾。……………………………《中国历代蝗患之记载》

五月，（甘泉）蝗。……………………………………………《甘泉县志》

109. 明洪熙元年（1425 年）

夏，（千阳）蝗害稼，民艰食。………………………………《千阳县志》

110. 明正统二年（1437 年）

六月，陕西西安等府奏：天久不雨，蝗蝻伤稼。上命行在户部官覆视以闻。

………………………………………………………………《明实录·英宗实录》

六月，（未央区）久不雨，蝗蝻伤稼。………………………《未央区志》

（高陵）蝗蝻伤害庄稼。………………………………………《高陵县志》

六月，（华县）蝗蝻滋生，庄稼受害。………………………《华县志》

111. 明正统七年（1442 年）

夏，陕西旱蝗。…………………………………………………《明会要》

七月，陕西西安府同州奏：蝗虫伤透。………………《明实录·英宗实录》

112. 明正统十年（1445 年）

陕西连年荒旱、蝗、涝。………………………………《明实录·英宗实录》

五月，陕西西安等府所属州县旱蝗灾伤。…………《陕西蝗区勘察与治理》

---

① 咸宁：旧县名，治所在今陕西西安。

② 乾州：旧州名，治所在今陕西乾县。

五月，陕西所属州县旱蝗伤禾。 ·····························《乾县志》

五月旱，（未央区）蝗灾伤稼。 ·····························《未央区志》

（高陵）旱蝗伤稼。 ·····································《高陵县志》

夏秋旱，（华县）蝗虫成灾。 ·····························《华县志》

（长武）蝗害稼，民缺食。 ·····························《长武县志》

六月，关中（宝鸡）旱蝗。 ·····························《宝鸡市志》

六月，（凤翔）旱蝗。 ·································《凤翔县志》

（千阳）旱蝗。 ·······································《千阳县志》

五月旱，（眉县）蝗伤禾。 ·····························《眉县志》

（安康）旱蝗，灾伤。 ·································《安康县志》

113. 明成化三年（1467 年）

（黄陵）大蝗灾。 ·······································《黄陵县志》

114. 明成化十年（1474 年）

秋，陕西白水蝗灾，食稼俱尽，民饥。 ·······《中国历代蝗患之记载》

秋，白水蝗食禾稼、草木俱尽。 ···············《陕西省志·大事记》

115. 明成化十一年（1475 年）

（白水）蝗食禾、草木尽，所到处遮天蔽日，人马不能行，饥民捕蝗以食。

·····································《白水县志》

116. 明弘治二年（1489 年）

五月，定边等四卫军岁旱蝗。 ···········《陕西蝗区勘察与治理》

117. 明弘治三年（1490 年）

陕西旱蝗。 ···《明史·刘吉传》

118. 明弘治十年（1497 年）

七月，（延安）蝗灾。 ·································《延安地区志》

119. 明正德四年（1509 年）

陕西西镇①番卫蝗灾。 ·····················《明实录·武宗实录》

120. 明正德十五年（1520 年）

夏，米脂蝗飞蔽天。 ·······················《陕西省志·大事记》

121. 明嘉靖二年（1523 年）

陕西蝗灾。 ·······························《中国历代蝗患之记载》

---

①　西镇：山名，在今陕西省陇县西南。

出太仓银二十万赴陕西蝗旱地方给赈。三原蝗。 ········ 乾隆《三原县志》

122. 明嘉靖三年（1524 年）

陕西咸阳蝗灾。 ···《中国历代蝗患之记载》

123. 明嘉靖五年（1526 年）

（汉中）蝗虫食禾。 ·····································《汉中市志》

（白河）蝗食禾稼，五谷不登。 ·····················《白河县志》

延长蝗蔽天。 ···································· 嘉庆《延安府志》

124. 明嘉靖六年（1527 年）

（陕西）蝗飞蔽天。 ···························· 雍正《陕西通志》

夏，陕西华阴、白河、旬阳蝗虫大发生，伤稼。 ·····《中国历代蝗患之记载》

四月，华阴飞蝗蔽天。 ·····························《华阴县志》

（富平）飞蝗蔽天，自河南来。 ·····················《富平县志》

（旬阳）蝗螓生，五谷不登。 ·······················《旬阳县志》

（白河）蝗食禾稼，五谷不登。 ·····················《白河县志》

125. 明嘉靖七年（1528 年）

陕西商州蝗灾。 ···································《中国历代蝗患之记载》

（高陵）蝗，大饥。 ·······························《高陵县志》

夏，（丹凤）飞蝗蔽天。 ···························《丹凤县志》

（商州洛南）蝗飞蔽天。 ·······················乾隆《直隶商州志》

（商南）蝗飞蔽天，禾稼被食。 ·····················《商南县志》

126. 明嘉靖八年（1529 年）

陕西飞蝗蔽天，自河南来。七月，蔡、颍间蝗，食禾穗殆尽，及经陕、阌、
潼关，晚禾无遗，流民载道。

·····················《古今图书集成·庶征典·蝗灾部汇考》

秋，陕西凤翔、华阴、千阳、白水、咸阳、潼关蝗灾。

·····················《中国历代蝗患之记载》

秋，关中东部蝗灾。 ·····················《陕西省志·大事记》

七月，潼关蝗食晚禾无遗，流民载道。 ······· 雍正《陕西通志》

（西安）蝗飞蔽天，自河南来，食禾无遗。 ···········《西安市志》

七月，（临潼）蝗飞蔽天，自河南来，食禾无遗。 ···········《临潼县志》

（高陵）蝗飞蔽天，自河南来。 ·····················《高陵县志》

（渭南）蝗飞蔽天，大饥。 ·························《渭南县志》

（同州）飞蝗蔽天。 ·············· 咸丰《同州府志》

（大荔）蝗飞蔽天，大饥。 ·············· 《大荔县志》

（华县）蝗飞蔽天，自河南来。 ·············· 《华县志》

（白水）蝗食禾，民饥。 ·············· 《白水县志》

夏，（澄城）大蝗，飞蔽日，食稼。 ·············· 《澄城县志》

（咸阳）蝗飞蔽天。 ·············· 《咸阳市志》

关中蝗飞蔽天。 ·············· 《乾县志》

（永寿）飞蝗蔽天。 ·············· 《永寿县志》

凤翔、千阳蝗灾，群飞蔽天。 ·············· 《宝鸡市志》

（千阳）蝗自东来，群飞蔽天。 ·············· 道光《汧阳县志》

（陇县）蝗飞蔽天。 ·············· 《陇县志》

（眉县）蝗自东来，群飞蔽天。 ·············· 《眉县志》

（延安）蝗飞蔽日，大饥，人相食。 ·············· 嘉庆《延安府志》

（黄陵）蝗灾。 ·············· 《黄陵县志》

（延长）飞蝗蔽天。 ·············· 《延长县志》

六月，（子长）蝗，饥。 ·············· 《子长县志》

127. 明嘉靖九年（1530年）

（潼关）蝗蝻生，食苗。 ·············· 《潼关县志》

夏，汉中蝗食禾。 ·············· 《汉中市志》

128. 明嘉靖十年（1531年）

西安等六府蝗食苗尽。 ·············· 《西安市志》

（未央区）旱，蝗食苗尽。 ·············· 《未央区志》

（高陵）旱，蝗食苗尽。 ·············· 《高陵县志》

（永寿）蝗灾。 ·············· 《永寿县志》

七月，（洛川）大蝗。 ·············· 嘉庆《洛川县志》

129. 明嘉靖十一年（1532年）

陕西榆林蝗飞蔽天，民捕蝗为食。 ······《中国历代蝗患之记载》

陕北蝗飞蔽天，人取食之。 ·············· 《甘泉县志》

四月，（延安）蝗飞蔽天，人取食之。 ·············· 嘉庆《延安府志》

（延长）蝗飞蔽天。 ·············· 《延长县志》

四月，（子长）蝗飞蔽天。 ·············· 《子长县志》

四月，（榆林）蝗飞蔽天，人取食之。 ·············· 道光《榆林府志》

130. 明嘉靖十二年（1533 年）

陕西白水蝗灾。 ················《中国历代蝗患之记载》

六月，（白水）蝗食禾苗。 ··············《白水县志》

131. 明嘉靖十四年（1535 年）

（清涧）蝗飞蔽天。 ················《清涧县志》

132. 明嘉靖十五年（1536 年）

米脂蝗飞蔽日。绥德蝗。 ············《子洲县志》

（绥德）蝗虫成灾。 ················《绥德县志》

133. 明嘉靖十六年（1537 年）

陕西府谷大蝗，飞蔽天。 ···········《中国历代蝗患之记载》

八月，有蝗自洛河来宜君，其势蔽天，其声如雷，大食田禾，平川尤甚。

··································《铜川市志》

洛川、黄陵蝗。 ············《陕西蝗区勘察与治理》

秋八月，（鄜州①）有蝗自洛河川来，其势遮天，其声如雷，大食田穗，平川

尤甚，插尾地中生子。 ··········康熙《鄜州志》

八月，飞蝗入（甘泉）洛河川，食田穗。 ·········《甘泉县志》

（府谷）飞蝗蔽天，饥民塞路。 ············《府谷县志》

134. 明嘉靖十七年（1538 年）

春，（富县）遍地生子，食豆苗，有司捕治不能止，忽大雨，蝗子尽光。

··································康熙《鄜州志》

135. 明嘉靖三十年（1551 年）

夏，（潼关）蝗，遮天障日。秋，蝻生，禾被害。 ·······《潼关县志》

136. 明嘉靖四十年（1561 年）

五月，（延安）蝗灾。 ···············《延安地区志》

137. 明嘉靖四十一年（1562 年）

（安康）蝗。 ···················《安康县志》

（旬阳）蝗。 ···················《旬阳县志》

138. 明嘉靖四十四年（1565 年）

陕西紫阳蝗灾。 ·············《中国历代蝗患之记载》

（紫阳）蝗灾。 ··················《紫阳县志》

---

① 鄜州：旧州名，治所在今陕西富县。

139. 明隆庆五年（1571 年）

陕西蝗灾，伤稼；旬阳、白河、紫阳蝗灾。………《中国历代蝗患之记载》

（安康）蝗。………………………………………………《安康县志》

兴安①、紫阳蝗。…………………………………… 乾隆《兴安府志》

（紫阳）蝗灾。……………………………………………《紫阳县志》

旬阳、白河飞蝗害稼。……………………………………《旬阳县志》

（白河）蝗虫伤害庄稼。…………………………………《白河县志》

140. 明万历元年（1573 年）

陕西白河、旬阳蝗灾。……………………《中国历代蝗患之记载》

（安康）蝗食稻。…………………………………………《安康县志》

（旬阳）蝗食稻，叶尽穗落。……………………………《旬阳县志》

（白河）蝗食稻叶尽。……………………………………《白河县志》

141. 明万历二年（1574 年）

（白河）蝗发。……………………………………………《白河县志》

142. 明万历五年（1577 年）

陕西白河、旬阳蝗灾。……………………《中国历代蝗患之记载》

夏，（兴安）复生蝗。…………………………… 乾隆《兴安府志》

夏，（旬阳）蝗复生。……………………………………《旬阳县志》

（白河）蝗复生。………………………………… 光绪《白河县志》

143. 明万历十年（1582 年）

（安塞）蝗虫遍野，民大饥。……………………………《安塞县志》

144. 明万历十四年（1586 年）

六月，同官蝗飞蔽天，向西飞去，不为灾。……………《铜川市志》

145. 明万历十五年（1587 年）

春，（铜川）蝗蝻食禾。…………………………………《铜川市志》

146. 明万历十七年（1589 年）

商州蝗伤禾。………………………………《陕西蝗区勘察与治理》

147. 明万历三十三年（1605 年）

（洛南）蝗飞蔽天。……………………………… 乾隆《雒南县志》

（商南）飞蝗入境，粮无收。……………………………《商南县志》

---

① 兴安：旧府、州名，治所在今陕西安康南。

（山阳）蝗灾。 ·· 《山阳县志》

148. 明万历三十四年（1606 年）

夏，（丹凤）蝗灾。 ·· 《丹凤县志》

（榆林）蝗害。 ··· 《榆林地区志》

149. 明万历三十九年（1611 年）

陕北蝗灾。 ··· 《米脂县志》

（延安）蝗。 ·· 嘉庆《延安府志》

（子长）蝗灾。 ··· 《子长县志》

（安塞）蝗灾。 ··· 《安塞县志》

（榆林）蝗。 ·· 道光《榆林府志》

（绥德）蝗灾。 ··· 《绥德县志》

（清涧）蝗。 ··· 《清涧县志》

150. 明万历四十四年（1616 年）

陕西白水、麟游、榆林、蓝田蝗灾。 ············· 《中国历代蝗患之记载》

六月，蓝田蝗飞蔽天。 ···································· 雍正《陕西通志》

六月，（蓝田）蝗飞蔽天，食田禾，遇雨蝗尽死。 ············· 《蓝田县志》

（户县）蝗，大饥。 ··· 《户县志》

（周至）飞蝗遍地，大饥。 ··· 《周至县志》

六月，（潼关）飞蝗自东南来，食禾苗，蛹成灾。 ············· 《潼关县志》

秋，（大荔）大蝗。 ·· 乾隆《大荔县志》

七月，（蒲城）蝗飞蔽天自东南来，秋禾大损。 ··············· 《蒲城县志》

七月，（富平）大蝗害稼。 ··· 《富平县志》

（澄城）蝗害稼。 ··· 《澄城县志》

秋八月，（白水）有蝗。 ··· 《白水县志》

秋，（永寿）蝗虫伤禾。 ··· 《永寿县志》

（麟游）飞蝗蔽天。 ··· 《麟游县志》

六月，蝗自关东入耀州，声如风雨，大毁秋禾。 ··············· 《耀县志》

（延安）旱蝗。 ·· 嘉庆《延安府志》

（黄陵）蝗灾。 ··· 《黄陵县志》

（榆林）旱蝗。 ·· 道光《榆林府志》

（清涧）旱蝗。 ··· 《清涧县志》

151. 明万历四十五年（1617 年）

是秋，邠岐①之间遍地皆蝗。 ┄┄┄┄┄┄┄┄┄┄《农政全书》

（礼泉）蝗从东南来，禾尽伤，蝻生。 ┄┄┄┄民国《续修醴泉县志稿》

六月，（眉县）蝗飞蔽天，旋向西飞去。 ┄┄┄┄┄┄┄┄《眉县志》

（商州）蝗。 ┄┄┄┄┄┄┄┄┄┄┄┄┄┄乾隆《直隶商州志》

夏，（丹凤）蝗灾。 ┄┄┄┄┄┄┄┄┄┄┄┄┄┄《丹凤县志》

152. 明万历四十六年（1618 年）

（鄜州）飞蝗蔽天，经过不为灾。 ┄┄┄┄┄┄┄┄康熙《鄜州志》

153. 明万历四十七年（1619 年）

（子长）蝗食禾，灾害。 ┄┄┄┄┄┄┄┄┄┄┄┄《子长县志》

154. 明天启二年（1622 年）

（洛南）蝗。 ┄┄┄┄┄┄┄┄┄┄┄┄┄┄┄乾隆《雒南县志》

155. 明天启三年（1623 年）

陕西洛南蝗灾，害稼。 ┄┄┄┄┄┄┄┄《中国历代蝗患之记载》

（洛南）又蝗。 ┄┄┄┄┄┄┄┄┄┄┄┄┄┄乾隆《雒南县志》

（商州）蝗。 ┄┄┄┄┄┄┄┄┄┄┄┄┄┄乾隆《直隶商州志》

156. 明崇祯二年（1629 年）

铜川飞蝗从东南来，天日为之暗，触人面目挥之不去，禾苗立尽，岁大饥。

┄┄┄┄┄┄┄┄┄┄┄┄┄┄┄┄《陕西省志·大事记》

飞蝗自东南来同官，天日为暗，触人面目挥之不去，禾苗立尽。

┄┄┄┄┄┄┄┄┄┄┄┄┄┄┄┄┄┄┄《铜川市志》

157. 明崇祯四年（1631 年）

同官旱蝗。 ┄┄┄┄┄┄┄┄┄┄┄┄┄┄┄┄《铜川市志》

158. 明崇祯六年（1633 年）

安塞境内有蝗。 ┄┄┄┄┄┄┄┄┄┄┄┄嘉庆《延安府志》

（延川）蝗灾，大饥。 ┄┄┄┄┄┄┄┄┄┄┄┄《延川县志》

159. 明崇祯七年（1634 年）

陕西全省蝗灾。 ┄┄┄┄┄┄┄┄┄┄《中国历代蝗患之记载》

秋，（陕西）全省蝗，大饥。 ┄┄┄┄┄┄┄┄雍正《陕西通志》

秋，（长安）飞蝗成灾，大饥。 ┄┄┄┄┄┄┄┄┄《长安县志》

---

① 邠岐：区域名，指今陕西彬县至岐山一带。

秋，（未央区）蝗，大饥。 ································ 《未央区志》

（澄城）蝗。 ·· 《澄城县志》

陕西蝗，大饥。富平蝗。 ······················· 乾隆《富平县志》

秋，咸阳蝗蝻为灾，大饥。 ························· 《咸阳市志》

秋，全省蝗，大饥。乾县蝗。 ······················ 《乾县志》

秋，全省蝗。三原蝗。 ························· 乾隆《三原县志》

（永寿）蝗虫伤禾，大饥。 ························· 《永寿县志》

秋，（汉中）蝗，大饥。 ··················· 民国《重刻汉中府志》

秋，（南郑）蝗。 ···································· 《南郑县志》

秋，（略阳）蝗，大饥。 ···························· 《略阳县志》

秋，（城固）蝗，大饥。 ······················· 康熙《城固县志》

秋，（柞水）蝗食禾尽，民饥。 ····················· 《柞水县志》

秋，同官飞蝗成灾，大饥。 ························· 《铜川市志》

秋，（宁陕）蝗，大饥。 ······················· 道光《宁陕厅志》

（延安）蝗。 ······································ 《延安地区志》

秋，（洛川）蝗，大饥。 ······················· 嘉庆《洛川县志》

（志丹）蝗飞蔽天。 ································· 《志丹县志》

（黄陵）蝗灾，民大饥。 ···························· 《黄陵县志》

160. 明崇祯八年（1635 年）

（华县）蝗灾。 ····································· 《华县志》

华阴蝗蝻生，延及十年。 ··························· 《华阴县志》

（潼关）蝗发，食禾苗。 ···························· 《潼关县志》

（澄城）蝗。 ······································· 《澄城县志》

韩城蝗。 ·· 《韩城市志》

（同州）蝗。 ································· 咸丰《同州府志》

飞蝗自眉县来，遍满天地，秋谷尽食。 ·············· 《宝鸡市志》

（洋县）蝗害稼，无收。 ···························· 《洋县志》

夏秋，（汉阴）蝗飞蔽日，遍落城郊，害稼。 ········· 《汉阴县志》

161. 明崇祯九年（1636 年）

商县蝗，大饥。 ······················· 《陕西省志·大事记》

（商州）蝗，大饥，饿殍载道。 ················ 乾隆《直隶商州志》

（商南）飞蝗入境，遮天蔽日。 ····················· 《商南县志》

夏，（丹凤）蝗，大饥。 ························《丹凤县志》

（山阳）蝗，民饥。 ·························《山阳县志》

（潼关）蝗发，食禾苗。 ·····················《潼关县志》

（汉中）旱蝗。 ··················· 民国《重刻汉中府志》

（南郑）蝗。 ····························《南郑县志》

（略阳）旱蝗。 ··························《略阳县志》

162. 明崇祯十年 （1637 年）

陕西蝗飞蔽天，食禾无遗。 ········《古今图书集成·庶征典·蝗灾部汇考》

陕西中部蝗食稼尽，洛南蝗啮人衣，凤翔、千阳蝗灾。

　　·····························《中国历代蝗患之记载》

八月，凤翔蝗飞蔽天。 ··············· 雍正《陕西通志》

关中蝗灾，民大饥；洛南蝗蝻浃岁，食禾苗及穗，啮田间人衣。

　　·····························《陕西省志·大事记》

洋县飞蝗蔽天，食禾。 ·············《陕西蝗区勘察与治理》

秋，（泾阳）蝗食禾殆尽。 ············· 宣统《泾阳县志》

（永寿）飞蝗入境，大伤禾稼。 ··········· 康熙《永寿县志》

（潼关）蝗发，食禾苗。 ·····················《潼关县志》

凤翔蝗飞蔽天。千阳蝗。 ············· 道光《汧阳县志》

（洛南）飞蝗食尽禾苗。 ·····················《洛南县志》

秋，（黄陵）蝗飞蔽天，食禾无遗。 ·············《黄陵县志》

163. 明崇祯十一年 （1638 年）

是岁，陕西蝗。 ·············《古今图书集成·庶征典·蝗灾部汇考》

陕西凤翔、耀县、千阳、麟游、商州、中部蝗灾。

　　·····························《中国历代蝗患之记载》

（长安）蝗蝻生，草木尽食。 ·················《长安县志》

六月，（高陵）蝗从东来，伤稼，野无青草。 ·········《高陵县志》

（潼关）蝗发，食禾苗。 ·····················《潼关县志》

（澄城）蝗。 ····························《澄城县志》

飞蝗入（永寿）境，大伤禾稼。 ··········· 康熙《永寿县志》

六月，（武功）蝗自东来，群飞蔽天，禾苗、草木尽食，岁大饥。

　　·······························《武功县志》

春，凤翔蝻生食麦。六月，蝗食禾，饥。 ········· 乾隆《凤翔府志》

凤翔螟生，食麦。六月，（千阳）蝗食禾，大饥。········· 道光《汧阳县志》

六月，（扶风）蝗飞蔽天，草木俱尽。············· 顺治《扶风县志》

六月，（眉县）蝗食禾苗，大饥。··················· 《眉县志》

（麟游）蝗食禾苗、草木尽。··················· 《麟游县志》

夏，（汉中）蝗飞蔽天，禾苗、木叶尽伤，大饥。····· 民国《重刻汉中府志》

夏，（南郑）飞蝗蔽天，禾苗尽伤。··············· 《南郑县志》

夏，（定远①）蝗食苗。··················· 光绪《定远厅志》

夏，（西乡）飞蝗蔽天，食田苗及叶俱尽。········· 康熙《西乡县志》

夏，（略阳）飞蝗蔽天，禾苗、木叶尽伤，大饥。········· 《略阳县志》

夏，（城固）飞蝗蔽天，禾苗、木叶俱尽，大饥。····· 康熙《城固县志》

（洛南）飞蝗食尽禾苗。··················· 《洛南县志》

（宜君）蝗自东南来遮天蔽日，禾苗尽食。··········· 《宜君县志》

六月，蝗自关东入耀州，草木叶皆光。··············· 《耀县志》

（黄陵）蝝生，民大饥。··················· 《黄陵县志》

164. 明崇祯十二年（1639 年）

陕西蝗。··················· 《子洲县志》

陕西白水、凤翔、榆林、麟游、商州、咸阳蝗灾。
··················· 《中国历代蝗患之记载》

（西安）蝗虫自东而西，将禾苗食尽。··········· 《西安市志》

五月，（高陵）复蝗，糜谷三种三食。··········· 《高陵县志》

（户县）蝗，大饥。··················· 《户县志》

（周至）蝗自东而西，食禾苗尽。··············· 《周至县志》

夏，（潼关）螟食禾苗。··················· 《潼关县志》

七月，（白水）有蝗，草木皆空。··············· 《白水县志》

（澄城）蝗。··················· 《澄城县志》

（咸阳）蝗螟食禾。··················· 《咸阳市志》

（乾县）旱蝗相织，草木俱尽，饥民相食。········· 《乾县志》

（旬邑）旱，蝗虫灾害。··················· 《旬邑县志》

飞蝗入（永寿）境，大伤禾稼。··············· 康熙《永寿县志》

岐山蝗食秋禾，麟游蝗螟食麦，扶风螟生遍地。········· 《宝鸡市志》

---

① 定远：旧厅名，治所在今陕西镇巴县。

（凤翔府）遗蝻遍野。 ·· 乾隆《凤翔府志》

（千阳）蝻生遍野。 ·· 道光《汧阳县志》

秋，（汉中）蝗，禾草俱尽，大饥。 ·········· 民国《重刻汉中府志》

夏秋，（南郑）蝗。 ·· 《南郑县志》

秋，（略阳）蝗，禾苗皆尽，大饥。 ················· 《略阳县志》

夏，（城固）蝗食禾草俱尽，大饥。 ··········· 康熙《城固县志》

秋，（留坝）蝗。 ·· 《留坝县志》

秋，（商州）洛南蝗。 ·································· 乾隆《直隶商州志》

（宜君）蝗灾。 ·· 《宜君县志》

陕北蝗灾。 ·· 《米脂县志》

（延安）蝗。 ·· 嘉庆《延安府志》

（延长）蝗。 ·· 《延长县志》

（子长）蝗。 ·· 《子长县志》

（榆林）蝗。 ·· 道光《榆林府志》

（定边）蝗虫成灾。 ·· 《定边县志》

（绥德）蝗虫灾害。 ·· 《绥德县志》

165. 明崇祯十三年（1640年）

五月，陕西大旱蝗。 ·· 《明史·五行志》

陕西凤翔、千阳、麟游蝗灾。 ················· 《中国历代蝗患之记载》

（西安）蝗蝻增生，食禾尽，饥死者十之六七。 ·········· 《西安市志》

（户县）蝗食禾殆尽，大饥，人相食。 ················· 《户县志》

陕西旱蝗，人相食。三原蝗。 ··················· 乾隆《三原县志》

（周至）蝗蝻增生，庄稼尽伤。 ················· 《周至县志》

（渭南）旱蝗，人相食。 ·· 《渭南县志》

夏旱，潼关蝗蝻生，食苗。 ··················· 咸丰《同州府志》

夏，（潼关）蝻食禾苗，饥，人相食。 ················· 《潼关县志》

七月，（华阴）蝗，饥，人相食。 ················· 《华阴县志》

七月，（华县）蝗从东来，食尽田苗，大饥。 ················· 《华县志》

（澄城）蝗。 ·· 《澄城县志》

（合阳）蝗蝻生，食苗。 ·· 《合阳县志》

韩城蝗蝻生。 ·· 《韩城市志》

（乾县）旱蝗相织，草木俱尽，饥民相食。 ················· 《乾县志》

（旬邑）旱，蝗虫灾害。……………………………………《旬邑县志》

（凤翔）大旱蝗，岁饥，人相食。……………………乾隆《凤翔府志》

（千阳）大旱蝗，岁饥，人相食。……………………道光《汧阳县志》

（扶风）大旱蝗，岁饥。………………………………顺治《扶风县志》

（眉县）蝗灾，饥，人相食。……………………………《眉县志》

（麟游）旱蝗为灾，人相食。……………………………《麟游县志》

秋，（洋县）蝗飞蔽日，食禾苗尽。……………………《洋县志》

（定边）旱蝗，人相食。…………………………………《定边县志》

166. 明崇祯十四年（1641 年）

关中属郡旱蝗。……………………………………《明史·傅宗龙传》

陕西白水蝗灾。…………………………………《中国历代蝗患之记载》

（华县）蝗虫生子，为害禾稼。…………………………《华县志》

（乾县）旱蝗相织，草木俱尽，饥民相食。……………《乾县志》

夏六月，（白水）有蝗。…………………………………《白水县志》

（宜君）又蝗灾。…………………………………………《宜君县志》

167. 明崇祯十五年（1642 年）

秋，（长安）飞蝗蔽天，食禾尽。………………………《长安县志》

（乾县）旱蝗相织，草木俱尽，饥民相食。……………《乾县志》

168. 明崇祯十七年（1644 年）

（吴堡）蝗虫吃田稼。……………………………………《吴堡县志》

六、清代蝗灾

169. 清顺治二年（1645 年）

秋，陕西咸阳、富平蝗，不为灾。……………《中国历代蝗患之记载》

秋，（咸阳）蝗，不为灾。………………………民国《重修咸阳县志》

（富平）蝗，不为灾。……………………………乾隆《富平县志》

170. 清顺治三年（1646 年）

陕西延安、榆林蝗灾。…………………………《中国历代蝗患之记载》

陕北蝗。……………………………………………《神木县志》

陕北绥德、榆林、延安府属州县蝗灾。…………《陕西省志·大事记》

八月，子长、延安、洛川蝗伤禾稼。……………《延安地区志》

（子长）蝗灾。 ···《子长县志》

（安塞）蝗灾。 ···《安塞县志》

（佳县）蝗灾。 ··《佳县志》

（米脂）蝗灾。 ···《米脂县志》

（靖边）蝗虫，轻灾。 ···《靖边县志》

（定边）蝗虫为灾。 ···《定边县志》

七月，（绥德）飞蝗蔽天。 ···································《绥德县志》

171. 清顺治四年（1647 年）

六月，山阳、商州雹蝗。八月，宝鸡蝗，延安蝗，榆林蝗。

···《清史稿·灾异志》

是岁山、陕蝗见，胡全才为扑蝗法授州县吏，蝗至，如法捕辄尽，不伤稼。

　因以其法上闻，命传示诸省直。 ···············《清史稿·胡全才传》

七月，榆林、延安府属及宝鸡、周至、北山①、潼关、商洛诸县蝗飞蔽天，

　毁秋。 ···《陕西省志·大事记》

秋，陕西白水蝗灾，飞蔽天，食稼殆尽，民饥；商州、榆林蝗灾。

···《中国历代蝗患之记载》

夏六月，（宝鸡）蝗，大饥。 ···············民国《宝鸡县志》

（白水）蝗食禾，民饥。 ····················《白水县志》

秋，（澄城）蝗灾。 ·························《澄城县志》

六月，兴平蝗从秦岭下，蔽天而行，食稼。 ·········《兴平县志》

六月，（宁陕）南山飞蝗蔽天而过，不为灾。 ·······道光《宁陕厅志》

山阳蝗飞蔽天。 ·························乾隆《直隶商州志》

（洛南）蝗飞蔽天。 ·······················乾隆《雒南县志》

陕北蝗。 ·································《神木县志》

安塞、志丹、子长、延安、延川、延长飞蝗成灾。 ··········《延安地区志》

（子长）蝗。 ·····························《子长县志》

甘泉蝗。 ·································《甘泉县志》

（横山）飞蝗突至，天日不见，禾苗立尽。 ·········《横山县志》

（佳县）蝗灾。 ·····························《佳县志》

（靖边）蝗虫，轻灾。 ·····················《靖边县志》

---

① 北山：指今陕西关中平原北部诸山。

（定边）蝗。 ···《定边县志》

六月，（清涧）飞蝗突至，天日不见，禾苗立尽。 ·········《清涧县志》

172. 清顺治五年（1648 年）

铜川蝗灾。 ·····································《陕西省志·大事记》

同官蝗飞蔽天。 ··································《铜川市志》

七月，凤翔蝗灾。 ································《宝鸡市志》

173. 清顺治六年（1649 年）

秋，陕西凤翔蝗灾。 ·····················《中国历代蝗患之记载》

秋七月，凤翔县蝗。 ··················· 乾隆《凤翔府志》

七月，（眉县）蝗灾。 ····························《眉县志》

（山阳）蝗飞蔽天。 ······························《山阳县志》

174. 清顺治七年（1650 年）

韩城蝗。 ·································《陕西蝗区勘察与治理》

175. 清顺治九年（1652 年）

（镇安）蝗灾。 ·································《镇安县志》

176. 清顺治十年（1653 年）

十一月，府谷蝗。 ·······················《清史稿·灾异志》

陕西府谷蝗严重害稼，从西南来，食禾稼尽，幼蝻持续好几年。

··《中国历代蝗患之记载》

府谷飞蝗自西南来，伤禾稼殆尽。 ··········· 道光《榆林府志》

177. 清顺治十四年（1657 年）

八月，（蓝田）飞蝗食禾。 ·······················《蓝田县志》

（户县）旱蝗。 ·································《户县志》

六月，（周至）飞蝗从南山下，蔽天而过，不为灾。 ····· 民国《盩厔县志》

178. 清康熙四年（1665 年）

夏，商县蝗。秋，大荔大蝗，自东北来。 ··········《陕西蝗区勘察与治理》

夏，（商南）旱蝗。 ······························《商南县志》

179. 清康熙十年（1671 年）

府谷蝗灾。 ·····························《陕西省志·大事记》

180. 清康熙十五年（1676 年）

陕西府谷蝗灾。 ·······················《中国历代蝗患之记载》

八月，（府谷）蝗灾。 ····························《府谷县志》

181. 清康熙二十九年（1690 年）

八月，（白水）蝗遍地。 ⋯⋯⋯⋯⋯⋯⋯⋯⋯⋯⋯⋯⋯⋯⋯⋯⋯⋯⋯《白水县志》

关中蝗灾。 ⋯⋯⋯⋯⋯⋯⋯⋯⋯⋯⋯⋯⋯⋯⋯⋯⋯⋯⋯⋯⋯⋯⋯⋯《咸阳市志》

关中旱，蝗害，泾阳、三原、乾县、礼泉、兴平、武功一带最为严重。

⋯⋯⋯⋯⋯⋯⋯⋯⋯⋯⋯⋯⋯⋯⋯⋯⋯⋯⋯⋯⋯⋯⋯⋯⋯⋯《乾县志》

兴平蝗。 ⋯⋯⋯⋯⋯⋯⋯⋯⋯⋯⋯⋯⋯⋯⋯⋯⋯⋯⋯⋯⋯⋯⋯⋯《兴平县志》

关中蝗害，泾阳饿殍遍野。 ⋯⋯⋯⋯⋯⋯⋯⋯⋯⋯⋯⋯⋯⋯⋯⋯《泾阳县志》

武功蝗。 ⋯⋯⋯⋯⋯⋯⋯⋯⋯⋯⋯⋯⋯⋯⋯《陕西蝗区勘察与治理》

秋，扶风蝗自东南来，蔽天，遗蝻。 ⋯⋯⋯⋯⋯⋯⋯⋯⋯⋯⋯《宝鸡市志》

182. 清康熙三十年（1691 年）

六月，乾州飞蝗蔽天。七月，中部县蝗。 ⋯⋯⋯⋯⋯⋯《清史稿·灾异志》

陕西蝗。 ⋯⋯⋯⋯⋯⋯⋯⋯⋯⋯⋯⋯⋯⋯⋯《中国历代天灾人祸表》

陕西白水、咸阳、千阳等蝗灾。 ⋯⋯⋯⋯⋯⋯⋯《中国历代蝗患之记载》

六月，延安、凤翔府属及耀州、同州、乾州飞蝗蔽天，民饥。

⋯⋯⋯⋯⋯⋯⋯⋯⋯⋯⋯⋯⋯⋯⋯⋯⋯⋯⋯《陕西省志·大事记》

七月，大荔飞蝗东南来。韩城蝗蝻食禾苗尽。 ⋯⋯《陕西蝗区勘察与治理》

七月，（渭南）飞蝗蔽天，岁歉。 ⋯⋯⋯⋯⋯⋯⋯⋯⋯⋯⋯《渭南县志》

七月，（华阴）飞蝗蔽天，歉收。 ⋯⋯⋯⋯⋯⋯⋯⋯⋯⋯⋯《华阴县志》

（白水）蝗食禾，民饥。 ⋯⋯⋯⋯⋯⋯⋯⋯⋯⋯⋯⋯⋯⋯⋯⋯《白水县志》

七月，（合阳）蝗害。 ⋯⋯⋯⋯⋯⋯⋯⋯⋯⋯⋯⋯⋯⋯⋯⋯⋯《合阳县志》

咸阳、乾州飞蝗蔽天，树叶、杂草几尽。 ⋯⋯⋯⋯⋯⋯⋯⋯《咸阳市志》

（礼泉）大旱，飞蝗蔽天。 ⋯⋯⋯⋯⋯⋯⋯⋯　民国《续修醴泉县志稿》

（乾县）大旱，飞蝗蔽天，民饥，死者大半。 ⋯⋯⋯⋯⋯⋯⋯《乾县志》

夏秋，关中旱，蝗飞蔽天，树叶、杂草几尽。 ⋯⋯⋯⋯⋯⋯⋯《淳化县志》

（永寿）大旱，飞蝗蔽天，民饥。 ⋯⋯⋯⋯⋯⋯⋯⋯⋯⋯⋯《永寿县志》

宝鸡蝗自东南来，蔽天，集树枝折。眉县蝗飞蔽天，食禾。 ⋯⋯《宝鸡市志》

（千阳）蝗自东来，蔽天，集树枝折。 ⋯⋯⋯⋯⋯⋯　道光《汧阳县志》

（眉县）蝗自东来，群飞蔽天，大饥。 ⋯⋯⋯⋯⋯⋯⋯⋯⋯⋯《眉县志》

夏，同官蝗飞蔽天，饥。 ⋯⋯⋯⋯⋯⋯⋯⋯⋯⋯⋯⋯⋯⋯⋯《铜川市志》

延川、宜川飞蝗遮天盖地，食苗尽；黄陵飞蝗成灾，民不聊生。

⋯⋯⋯⋯⋯⋯⋯⋯⋯⋯⋯⋯⋯⋯⋯⋯⋯⋯⋯⋯⋯⋯⋯《延安地区志》

宜川飞蝗蔽天，禾苗尽食。 ⋯⋯⋯⋯⋯⋯⋯⋯⋯⋯⋯⋯⋯⋯《宜川县志》

七月,(黄陵)蝗螽生,民大饥。 ················ 《黄陵县志》

(延川)飞蝗入境,食稼。 ················ 《延川县志》

183. 清康熙三十一年(1692年)

(乾县)旱、蝗、疫相加,饿殍载道。 ················ 《乾县志》

(汉中)蝗虫遍野,禾苗尽食,驱之不尽。 ················ 《汉中市志》

(城固)蝗遍野,食禾,令驱之不止。 ················ 康熙《城固县志》

184. 清康熙三十二年(1693年)

十月初十日,上谕内阁:命户部速牒直隶、山东、河南、山西、陕西巡抚等,示所领郡县咸令悉知,田则必于来春皆勉力耕耨,螟蝗之灾务令消灭。 ················ 《古今图书集成·庶征典·蝗灾部汇考》

陕西蝗灾,上谕令民耕翻蝗卵。 ················ 《中国历代蝗患之记载》

185. 清康熙三十三年(1694年)

诏直隶、山东、河南、山西、陕西捕蝗。

················ 《古今图书集成·庶征典·蝗灾部汇考》

陕西蝗灾。 ················ 《中国历代蝗患之记载》

(镇安)蝗灾。 ················ 《镇安县志》

186. 清康熙三十七年(1698年)

陕西中部蝗伤稼,民饥。 ················ 《中国历代蝗患之记载》

187. 清康熙四十七年(1708年)

绥德、米脂、清涧旱蝗成灾。 ················ 《陕西省志·大事记》

188. 清乾隆二十六年(1761年)

春,(永寿)蝗虫伤麦,无收。 ················ 《永寿县志》

189. 清道光六年(1826年)

(白河)蝗发。 ················ 《白河县志》

190. 清道光十年(1830年)

飞蝗(镇巴)入境。 ················ 光绪《定远厅志》

191. 清道光十四年(1834年)

(洋县)蝗伤禾苗。 ················ 《洋县志》

192. 清道光十五年(1835年)

(山阳)蝗虫成灾。 ················ 《山阳县志》

193. 清道光十六年(1836年)

夏,定远蝗,紫阳蝗。 ················ 《清史稿·灾异志》

夏四月，商州蝗，募民捕之。 ·························· 民国《续修陕西通志稿》

秋，葭州①、同州、汉中、兴安、商州蝗大起，损禾十之八九。

··························· 《陕西省志·大事记》

陕西商州、紫阳蝗灾。 ·················· 《中国历代蝗患之记载》

西安、同州、汉中、兴安、商州蝗，由河南、湖北飞入。 ······《临潼县志》

夏，（蓝田）蝗蝻为灾，县率民捕杀之。 ············《蓝田县志》

飞蝗赢入（渭南）。 ························· 《渭南县志》

（大荔）蝗大起，群飞蔽天，田禾顷刻食尽。 ········· 《大荔县志》

湖北飞蝗入汉中。 ·························· 《南郑县志》

（镇巴）蝗生，县令督捕，幸不成灾。 ·········· 光绪《定远厅志》

陕南有飞蝗自河南、湖北入。 ·················· 《旬阳县志》

飞蝗自河南、湖北入（安康）。 ················ 《安康县志》

五月，飞蝗入（紫阳）境，大雨，蝗殒。 ··········· 《紫阳县志》

五月，飞蝗入（石泉）境。 ················· 民国《石泉县志》

五月，蝗自东北入（汉阴）境。 ················ 《汉阴县志》

四月，（丹凤）蝗灾。 ······················ 《丹凤县志》

（神木）蝗灾。 ························· 《神木县志》

194. 清道光十七年（1837 年）

春正月，陕西葭州等九州县蝗灾。 ··········· 《清史稿·宣宗本纪》

定边、佳县、志丹蝗灾。 ············ 《陕西蝗区勘察与治理》

夏，（白河）飞蝗遍野，结队渡河。 ············· 《白河县志》

（子长）蝗灾。 ························· 《子长县志》

195. 清道光二十一年（1841 年）

秋，（镇巴）蝗伤稼。 ···················· 光绪《定远厅志》

196. 清道光二十三年（1843 年）

（镇巴）蝗复生。 ······················ 光绪《定远厅志》

同官旱蝗。 ··························· 《铜川市志》

197. 清道光二十七年（1847 年）

七月，（商南）蝗。 ····················· 民国《商南县志》

---

① 葭州：旧州名，治所在今陕西佳县。

198. 清道光二十八年（1848 年）

春，（商南）蝗虫成灾。 ·····························《商南县志》

199. 清咸丰元年（1851 年）

七月，（镇安）蝗灾。 ·····························《镇安县志》

200. 清咸丰四年（1854 年）

夏，（丹凤）飞蝗蔽日，禾稼尽伤。 ·················《丹凤县志》

201. 清咸丰六年（1856 年）

七月，（陕西）有蝗自东方来，飞蔽日。 ········ 民国《续修陕西通志稿》

（西安）蝗自东方来，飞蔽日。 ·····················《西安市志》

七月，（长安）蝗自东来，飞蔽日。 ·················《长安县志》

（户县）蝗自东方来，飞蔽天。 ·····················《户县志》

七月，（周至）蝗生，百姓捕捉驱逐。 ···············《周至县志》

七月，（渭南）蝗虫东来，飞行蔽日。 ···············《渭南县志》

七月，（兴平）蝗自东来，飞行蔽天。 ···············《兴平县志》

七月，（旬阳）蝗自东方来，飞蔽日。秋，蝗伤稼。 ·······《旬阳县志》

七月，（岚皋）飞蝗蔽天。 ·························《岚皋县志》

七月，（佳县）飞蝗蔽日。 ·························《佳县志》

七月，（定边）蝗飞蔽日。 ·························《定边县志》

202. 清咸丰七年（1857 年）

秋，关中、陕南地区蝗飞蔽天，食禾及树叶殆尽。

·····························《陕西省志·大事记》

秋，忽有豫、晋飞蝗入境，由潼、华延及西南地面宽广附近，省城之咸、
长一带，势颇滋蔓。 ·················《捕除蝗蝻要法三种》

秋，（高陵）蝗飞蔽日。 ·························《高陵县志》

秋，（渭南）飞蝗蔽天。 ·························《渭南县志》

秋，（华县）飞蝗蔽天，田禾尽食。 ·················《华县志》

秋，兴平蝗飞蔽天。 ·····························《兴平县志》

六月，宝鸡飞蝗蔽天，食禾稼，民争捕之。 ···········《宝鸡市志》

（勉县）蝗。 ·····························《勉县志》

八月，（白河）飞蝗蔽天，所到处赤地。 ·············《白河县志》

飞蝗入（汉阴）境，群飞蔽天。 ·····················《汉阴县志》

七月，（柞水）蝗虫成灾，被食者三分之二。 ···········《柞水县志》

（孝义①）飞蝗为灾。 …………………………………… 光绪《孝义厅志》

（镇安）蝗灾。 …………………………………………… 《镇安县志》

夏，（丹凤）蝗灾。 ……………………………………… 《丹凤县志》

七月，（商南）蝗，民饥。 …………………………… 民国《商南县志》

203. 清咸丰八年（1858 年）

陕西蝗灾。 ……………………………………… 《中国历代蝗患之记载》

甫交夏令，同、商、兴安各府州县，均有蝻子萌生。继而咸宁、长安、蓝
田、鄠县所辖山坡阳面渐次蠢动。李炜撰刻《捕除蝗蝻要法三种》。

………………………………………… 《捕除蝗蝻要法三种》

夏，（陕西）蝗蝻遍野，饬州县督民捕蝗，昼夜不息。

………………………………………… 民国《续修陕西通志稿》

夏，关中、陕南蝗蝻遍野，贻害不浅。 ……… 《陕西省志·大事记》

（西安）飞蝗过境，所到食禾几尽。 ………………… 《西安市志》

夏秋，（长安）蝗蝻遍野。 …………………………… 《长安县志》

（蓝田）飞蝗由县东过境，飞蔽日，所过食禾几尽。 … 《蓝田县志》

夏秋，（渭南）飞蝗遍野，令乡民昼夜捕蝗。 ……… 《渭南县志》

夏秋，兴平蝗蝻遍野。 ………………………………… 《兴平县志》

五月，飞蝗入（陇县）境，扑灭之。 ………………… 《陇县志》

夏秋，（岚皋）蝗蝻遍野。 …………………………… 《岚皋县志》

夏，（丹凤）蝗灾。 …………………………………… 《丹凤县志》

（山阳）蝗飞蔽日，民大饥。 ………………………… 《山阳县志》

夏秋，安塞飞蝗成灾。 ………………………………… 《延安地区志》

夏秋，（佳县）飞蝗遍野。 …………………………… 《佳县志》

夏秋之际，（定边）蝗虫遍野。 ……………………… 《定边县志》

204. 清咸丰九年（1859 年）

千阳飞蝗蔽日，官府奖励捕蝗。 ……………………… 《宝鸡市志》

夏，（丹凤）蝗灾。 …………………………………… 《丹凤县志》

205. 清咸丰十一年（1861 年）

秋，武功、扶风飞蝗过境，遮天蔽日，落地，禾苗、树叶食尽，此次蝗虫
由山东而来，西飞至陇东皆死。 ……………………… 《武功县志》

---

① 孝义：旧厅名，治所在今陕西柞水。

六月，岐山飞蝗蔽天，高粱、糜谷吃光，眉县蝗虫成灾。……《宝鸡市志》

七月，（岐山）飞蝗蔽天，食糜谷。………………………《岐山县志》

八月，眉县蝗为灾，禾稼尽食。………………………………《眉县志》

秋，（扶风）飞蝗过境，禾稼尽食，飞至陇县关山皆死，死蝗积数寸。

………………………………………………………………《扶风县志》

206. 清同治元年（1862年）

由夏到秋，蝗灾发生，陕西麟游谷类庄稼全部吃尽。

……………………………………………《中国历代蝗患之记载》

（长安）蝗虫成灾。………………………………………《长安县志》

六月，（周至）飞蝗自西向东去。……………民国《盩厔县志》

七月，（渭南）飞蝗蔽日，所过禾苗一光。…………《渭南县志》

秋，（华县）蝗虫为灾。…………………………………《华县志》

六月，兴平蝗自西向东飞去。…………………………《兴平县志》

六月，（乾县）飞蝗蔽天，食苗罄尽。………………《乾县志》

六月，（永寿）飞蝗蔽天，由东而西，食禾殆尽。……《永寿县志》

六月，（礼泉）飞蝗蔽天。………………民国《续修醴泉县志稿》

六月，岐山飞蝗入境。……………………………………《宝鸡市志》

六月，（麟游）蝗食禾尽。………………………………《麟游县志》

（佳县）蝗虫遍野。………………………………………《佳县志》

207. 清同治二年（1863年）

五月，（陕西）蝗。………………………民国《续修陕西通志稿》

陕西蝗灾。………………………………《中国历代蝗患之记载》

（西安）飞蝗蔽日，食禾立尽。…………………………《西安市志》

（户县）飞蝗蔽日，食田禾立尽。………………………《户县志》

五月，（渭南）蝗灾。……………………………………《渭南县志》

五月，兴平蝗灾。…………………………………………《兴平县志》

五月，（陇县）蝗。………………………………………《陇县志》

五月，（岚皋）蝗虫为灾。………………………………《岚皋县志》

五月，（定边）蝗。………………………………………《定边县志》

五月，（佳县）蝗虫泛滥。………………………………《佳县志》

五月，（米脂）蝗。………………………………………《米脂县志》

208. 清同治三年（1864 年）

六月，（柞水）蝗自东而西，蔽日，尽食田禾。 ……………………《柞水县志》

209. 清同治四年（1865 年）

夏，（丹凤）蝗灾，飞蔽日，落盖地。 ……………………《丹凤县志》

夏，（镇安）蝗灾。 ……………………………………………《镇安县志》

210. 清同治五年（1866 年）

（山阳）蝗自东来，田禾尽食，饥。 ……………………………《山阳县志》

211. 清同治七年（1868 年）

六月，（安康）蝗害稼。 ………………………………………《安康县志》

六月，（岚皋）蝗虫为灾。 ……………………………………《岚皋县志》

（紫阳）蝗害稼，饥。 …………………………………………《紫阳县志》

（镇安）蝗灾。 …………………………………………………《镇安县志》

七月，（孝义）飞蝗蔽天。 …………………………… 光绪《孝义厅志》

212. 清光绪二年（1876 年）

（永寿）飞蝗伤禾。 ……………………………………………《永寿县志》

213. 清光绪三年（1877 年）

华阴、潼关蝗害。 ………………………………………………《华阴县志》

（潼关）蝗虫食苗殆尽。 ………………………………………《潼关县志》

214. 清光绪五年（1879 年）

（周至）蝗灾。 …………………………………………………《周至县志》

五月，兴平蝗蝻食苗。 …………………………………………《兴平县志》

215. 清光绪六年（1880 年）

六月，（永寿）蝗虫伤禾。 ……………………………………《永寿县志》

216. 清光绪七年（1881 年）

夏，三原、临潼、蒲城、泾阳、富平、耀州、高陵土蚂蚱滋生，啮伤禾苗。

……………………………………………………《陕西省志·大事记》

217. 清光绪十年（1884 年）

（华阴）蝗虫遍野。 ……………………………………………《华阴县志》

218. 清光绪十八年（1892 年）

陕西蝗灾。 …………………………………………《中国历代蝗患之记载》

夏，（陕西）旱蝗。 ………………………… 民国《续修陕西通志稿》

夏，（韩城）蝗虫为灾。 ………………………………………《韩城市志》

夏，兴平蝗灾。 ·····························《兴平县志》

夏，（陇县）蝗。 ·····························《陇县志》

（麟游）蝗灾。 ·····························《麟游县志》

夏，（岚皋）蝗虫为灾。 ·····················《岚皋县志》

夏，（佳县）蝗虫成灾。 ·····················《佳县志》

夏，（定边）蝗。 ·····························《定边县志》

219. 清光绪二十三年（1897 年）

七月，（蓝田）飞蝗从东方来，秋苗被食大半。 ·······《蓝田县志》

（韩城）蝗灾。 ·····························《韩城市志》

220. 清光绪二十六年（1900 年）

（韩城）蝗灾，西原村村民程任子因蝗灾而病死，有顺口溜曰：立立之眉，
瞪瞪之眼，只吃叶儿不吃秆，蝗虫越吃越凶啦，把任子哥吃得送命啦。
·····························《韩城市志》

221. 清光绪二十七年（1901 年）

（韩城）龙亭蝗灾，秋田歉收。 ·················《韩城市志》

222. 清光绪二十八年（1902 年）

五月，华阴、潼关飞蝗自山西入。 ·············《华阴县志》

五月，飞蝗自山西渡河入韩城、合阳境。 ·········《韩城市志》

五月，蝗自晋渡河入（合阳）境。 ·············《合阳县志》

同州府属滨河一带毗连山西境界，五月，忽有飞蝗自晋渡河入境。
·····························《陕西蝗区勘察与治理》

七、民国时期蝗灾

223. 民国三年（1914 年）

同官蝗食麦。 ·····························《铜川市志》

224. 民国四年（1915 年）

（汉阴）蝗起。 ·····························《汉阴县志》

（商南）旱蝗。 ·····························《商南县志》

225. 民国五年（1916 年）

八月，（华县）飞蝗蔽天，北乡尤甚，伤禾苗。 ·····《华县志》

八月，华阴飞蝗蔽天，北乡尤甚。 ·············《华阴县志》

226. 民国六年（1917 年）

七月，（华县）飞蝗自华阴来，伤禾苗。 ⋯⋯⋯⋯⋯⋯⋯⋯⋯《华县志》

七月，（华阴）蝗自华阴向西至赤水，大伤禾苗。 ⋯⋯⋯⋯《华阴县志》

同官旱蝗。 ⋯⋯⋯⋯⋯⋯⋯⋯⋯⋯⋯⋯⋯⋯⋯⋯⋯⋯⋯⋯⋯⋯⋯《铜川市志》

227. 民国九年（1920 年）

陕西蝗灾。 ⋯⋯⋯⋯⋯⋯⋯⋯⋯⋯⋯⋯《中国历代蝗患之记载》

陕西蝗。 ⋯⋯⋯⋯⋯⋯⋯⋯⋯⋯⋯⋯⋯⋯⋯⋯⋯《中国的飞蝗》

夏，飞蝗入（汉阴）境，伤禾苗。 ⋯⋯⋯⋯⋯⋯⋯⋯⋯《汉阴县志》

228. 民国十二年（1923 年）

秋，（汉阴）蝗。 ⋯⋯⋯⋯⋯⋯⋯⋯⋯⋯⋯⋯⋯⋯⋯⋯《汉阴县志》

229. 民国十五年（1926 年）

同官蝗食麦苗，无收。 ⋯⋯⋯⋯⋯⋯⋯⋯⋯⋯⋯⋯⋯《铜川市志》

230. 民国十七年（1928 年）

（白河）蝗。 ⋯⋯⋯⋯⋯⋯⋯⋯⋯⋯⋯⋯⋯⋯⋯⋯⋯《白河县志》

商南旱，蝗食禾殆尽。 ⋯⋯⋯⋯⋯⋯⋯⋯⋯《陕西蝗区勘察与治理》

231. 民国十八年（1929 年）

陕西二县蝗。 ⋯⋯⋯⋯⋯《江苏省昆虫局十七、十八年年刊》

陕西宝鸡、澄城蝗灾。 ⋯⋯⋯⋯⋯⋯《中国历代蝗患之记载》

六月，华阴、华县蝗。 ⋯⋯⋯⋯⋯⋯⋯⋯⋯⋯⋯《华阴县志》

（大荔）蝗大发，飞则蔽天，落则满地，所过之处禾稼一空。

⋯⋯⋯⋯⋯⋯⋯⋯⋯⋯⋯⋯⋯⋯⋯⋯⋯⋯⋯⋯⋯⋯⋯⋯《大荔县志》

（淳化）蝗灾。 ⋯⋯⋯⋯⋯⋯⋯⋯⋯⋯⋯⋯⋯⋯⋯《淳化县志》

（陇县）旱，蝗蝻为灾。 ⋯⋯⋯⋯⋯⋯⋯⋯⋯⋯⋯《陇县志》

（西乡）旱蝗。 ⋯⋯⋯⋯⋯⋯⋯⋯⋯⋯⋯⋯⋯⋯《西乡县志》

（南郑）蝗虫食禾。 ⋯⋯⋯⋯⋯⋯⋯⋯⋯⋯⋯⋯⋯《南郑县志》

232. 民国十九年（1930 年）

陕西等省大蝗，损失 1.5 亿元。 ⋯⋯⋯⋯⋯⋯⋯《中国的飞蝗》

秋初，陕西咸阳飞蝗蔽天，食禾稼尽。 ⋯⋯⋯《中国历代蝗患之记载》

七月，（陕西）飞蝗蔓延，所过蔽日遮空，秋禾多被啮食。

⋯⋯⋯⋯⋯⋯⋯⋯⋯⋯⋯⋯⋯⋯⋯⋯⋯⋯⋯⋯⋯《陕西省志·大事记》

早秋吐穗时期，陕西各县忽有蝗虫，飞则遮天蔽日，落则遍陌盈阡，周道

布满蝗虫，行人无隙足地，早秋晚作同被啮食罄尽，男哭女号，痛无生

路。夏秋之交，平利蝗虫四起，东二、三区及南一、二区延长 300 余里；

延安蝗虫大起，禾苗尽食；定边蝗。 ……………《陕西蝗区勘察与治理》

秋，（西安）蝗飞蔽日，落地遍陌盈阡，道路布满，行人无隙地。

…………………………………………………………《西安市志》

七月，（长安）蝗虫铺天盖地，减产三分之二。 …………《长安县志》

夏，（蓝田）蝗虫成灾，田禾殆尽。 …………………《蓝田县志》

秋，蝗从东入户县，蚕食有声，玉米谷叶全被吃光。 ………《户县志》

秋，（临潼）蝗飞蔽日，遍陌盈阡，道路受阻，行人无隙地，秋禾尽食。

…………………………………………………………《临潼县志》

秋，（高陵）飞蝗蔽天，食苗殆尽。 …………………《高陵县志》

秋，（渭南）飞蝗蔽日，落地遍陌盈阡，行人无隙足地，作物殆尽。

…………………………………………………………《渭南县志》

夏，（韩城）蝗灾，秋粮歉收。 …………………《韩城市志》

（大荔）蝗大发，飞则蔽天，落则满地，所过之处禾稼一空。

…………………………………………………………《大荔县志》

九月，（合阳）突发蝗群，遮天蔽日，禾苗一空。 ………《合阳县志》

秋，（潼关）蝗虫食棉苗。 …………………………《潼关县志》

（富平）蝗虫为灾，庄稼几尽。 ……………………《富平县志》

八月，（澄城）蝗虫成灾。 …………………………《澄城县志》

秋，（蒲城）飞蝗蔽天，所过田禾皆尽。 ……………《蒲城县志》

七月，咸阳、礼泉飞蝗蔽日，食苗殆尽。 ……………《咸阳市志》

（乾县）蝗虫为虐，南北纵贯五六十里，落地啄食田禾嚓嚓作响，飞行遮天蔽

日呼呼有声，老幼追捕于田间或放炮扬鞭，无济于事。 ………《乾县志》

夏，（礼泉）蝗虫从东向西飞来，遮天蔽日，禾苗尽食。 ……《礼泉县志》

七月，兴平蝗飞蔽日，落则遍陌盈阡，道路塞满，行人不能隙足，食苗

殆尽。 ……………………………………………………《兴平县志》

秋，（武功）蝗虫吃苗。 …………………………《武功县志》

（泾阳）大旱，蝗虫成灾。 …………………………《泾阳县志》

七月，（永寿）蝗虫成灾，秋禾尽食。 …………………《永寿县志》

岐山蝗大起，伤禾。 ………………………………《宝鸡市志》

初秋，（陇县）蝗遮天蔽日，道路布满蝗虫，行人无隙足地，秋苗啮食

殆尽。 ……………………………………………………《陇县志》

八月，（眉县）蝗害，伤玉米、荞麦和谷。 ················《眉县志》

（西乡）蝗害。 ················《西乡县志》

褒城①蝗。 ················《勉县志》

秋，陕西（旬阳）蝗。 ················《旬阳县志》

（商南）旱蝗。 ················《商南县志》

（山阳）蝗生，由东而西遮天蔽日。 ················《山阳县志》

同官县东北蝗灾。 ················《铜川市志》

秋，耀县飞蝗蔽日，食禾稼殆尽。 ················《耀县志》

（志丹）蝗灾，收成无几。 ················《志丹县志》

秋，（佳县）蝗飞蔽日，落则遍陌盈阡，行人无落足地，作物尽食。

················《佳县志》

233. 民国二十年（1931 年）

陕西蝗灾。 ················《飞蝗概说》

陕西宝鸡、蓝田、朝邑、陇县蝗伤稼。 ··········《中国历代蝗患之记载》

礼泉蝻。宝鸡、合阳、兴平、武功蝻为灾。乾县、扶风多蝗。凤翔蝗食苗，
　　夏无收。三原蝗生遍地。眉县、高陵蝗食秋苗尽。临潼蝗起。周至蝗食
　　早禾尽。永寿飞蝗遍野，秋苗净尽，歉收。铜川蝗蝻生。

················《陕西蝗区勘察与治理》

秋，（长安）蝗虫遮天蔽日，食禾几尽。 ················《长安县志》

春，（蓝田）蝗卵孵化，遍地皆蝗，成翅后成群向西飞去，不为灾。

················《蓝田县志》

六月，（陇县）蝗复大起，飞蔽日，蔓延更甚，禾苗多被啮食。

················《陇县志》

234. 民国二十一年（1932 年）

（长安）蝗灾，农业歉收。 ················《长安县志》

（未央区）蝗虫成灾，大部秧苗吃光。 ················《未央区志》

秋，（潼关）蝗食禾。 ················《潼关县志》

（旬邑）遭蝗灾，减产二三成。 ················《旬邑县志》

235. 民国二十二年（1933 年）

陕西省扶风、三原二县蝗。 ················《中国的飞蝗》

---

① 褒城：旧县名，治所在今陕西勉县东褒城镇。

陕西扶风、三原蝗灾。 ························《中国历代蝗患之记载》

（韩城）蝗灾，弥漫天际，所过高粱殆尽。 ···············《韩城市志》

236. 民国二十三年（1934 年）

陕西蝗。旬阳蝗。 ·····································《旬阳县志》

237. 民国二十四年（1935 年）

岐山蝗大起，遍地皆是，秋禾殆尽。 ···············《宝鸡市志》

（白河）蝗发，集道，难以下足。 ·················《白河县志》

（靖边）龙州、青阳、镇罗蝗虫害禾稼。 ···········《靖边县志》

238. 民国二十七年（1938 年）

八月，（韩城）蝗蝻自黄河滩蜂拥而来，散布原野，全县遭灾减产三分

之一。 ···《韩城市志》

239. 民国二十九年（1940 年）

（白水）蝗虫遍地，秋禾被食。 ···················《白水县志》

240. 民国三十二年（1943 年）

八月，飞蝗由豫经晋渡河飞陕，翔集于韩城、朝邑、大荔、合阳等县。

···《韩城市志》

四月，（柞水）蝗虫为害，田禾被食半数。 ·········《柞水县志》

241. 民国三十三年（1944 年）

商南、富平、平民[①]、朝邑蝗灾，乡民扑杀飞蝗。 ····《陕西省志·大事记》

五月，（未央区）蝗蝻甚多，所过之处禾苗悉被损伤。 ····《未央区志》

临潼蝗。 ··《临潼县志》

夏，（高陵）蝗灾。秋，蝗蝻生。 ·················《高陵县志》

七月，（华县）蝗食禾。 ···························《华县志》

华阴、潼关蝗蝻成灾。 ·····························《华阴县志》

秋，蝗虫自阌底镇飞入（潼关），食秋禾。 ·········《潼关县志》

（澄城）蝗灾。 ·····································《澄城县志》

夏，蝗虫由黄河滩起飞，自呇村北而南遍及（韩城）全境，飞时几乎遮住

月亮。八月，蝗虫塞满田间，行人受阻，蝗蝻成群结队，纵横南北，农

田渐赤。 ···《韩城市志》

兴平蝗灾，秋，蝗蝻生。 ···························《兴平县志》

---

① 平民：旧县名，治所在今陕西大荔东。

七月，武功、扶风、岐山蝗食禾谷。·····································《武功县志》

（乾县）城镇、杨庄、注沿、杨子、薛王、新阳、临平遭受蝗灾，庄稼秆叶
　　啮食殆尽。···《乾县志》

六月，（三原）蝗害，除治后灭迹。·····························《三原县志》

八月，（眉县）蝗灾。···《眉县志》

豫省蝗大起，波及（陇县）本县。·····························《陇县志》

七月，（安康）境内蝗灾蔓延，稻叶、苞谷受害。·····《安康县志》

（紫阳）蝗灾。···《紫阳县志》

六月，（旬阳）蝗灾。八月，蝻生，庄稼几乎吃光。·····《旬阳县志》

（白河）蝗虫猖獗。···《白河县志》

飞蝗入（商南）境，富水等地蝗灾严重。·················《商南县志》

六月，（丹凤）飞蝗蔽天，自豫西而来，铺天盖地，道路塞满，积蝗盈野，
　　田禾殆尽。···《丹凤县志》

六月，（镇安）蝗害。···《镇安县志》

六月，太安等六个乡镇蝗生，禾苗殆尽。·················《山阳县志》

（延安）飞蝗成灾。···《延安地区志》

夏秋，（延长）蝗灾，庄稼无收。·····························《延长县志》

（延川）东阳、清延区发生蝗虫。·····························《延川县志》

夏秋，（子长）蝗灾。···《子长县志》

夏秋，（甘泉）蝗灾。···《甘泉县志》

夏秋，（佳县）蝗灾。···《佳县志》

夏秋，（米脂）蝗灾。···《米脂县志》

夏秋，陕北榆林等县蝗；大荔飞蝗遍野，伤禾苗；韩城安瑜乡蝗伤秋禾 1.8
　　万亩。···《陕西蝗区勘察与治理》

242. 民国三十四年（1945 年）

临潼蝗。···《临潼县志》

夏秋，华阴飞蝗为灾。···《华阴县志》

（华县）蝗自东来，捕杀以石计。·····························《华县志》

七月，（潼关）蝗食秋田及棉苗。·····························《潼关县志》

蒲城贾曲、内府地区蝗蝻成灾。·································《蒲城县志》

八月，（韩城）咎村蝗虫向南蔓延至芝川、堡安原、龙亭。·····《韩城市志》

四月，（武功）全县蝗蝻生。秋，蝗大起。·············《武功县志》

五月，（白河）蝗虫成灾，玉米、稻叶吃光。 ……………………《白河县志》

六月，由山阳县飞来一群蝗虫落本县，百余里庄稼受害。 ……《镇安县志》

（延川）清延区蝗虫成灾。 ……………………………………《延川县志》

（子长）蝗，有 63 垧农田遭蝗灾。 ……………………………《子长县志》

243. 民国三十五年（1946 年）

七月，（韩城）飞蝗自东向西群起迁飞，所过禾草一空。 ……《韩城市志》

秋，蒲河流域蝗虫严重。佛坪蝗。 ……………………………《佛坪县志》

244. 民国三十六年（1947 年）

七月，龙亭蝗虫为害玉米、糜谷。 ……………………………《韩城市志》

245. 民国三十八年（1949 年）

秋，（汉阴）蝗。 ………………………………………………《汉阴县志》

第七章
山西省历史蝗灾

一、唐前时期蝗灾

1. 西汉元光六年（前 129 年）

夏，（山西）大旱蝗。……………………………………… 雍正《山西通志》

2. 东汉元初元年（114 年）

夏，（运城）蝗害。 ………………………………………………《运城市志》

3. 西晋咸宁三年（277 年）

并州①大蝗，食草木、牛马毛皆尽。 ………………………《临潼县志》

4. 西晋咸宁五年（279 年）

（稷山）大蝗。 …………………………………………………《稷山县志》

5. 西晋元康四年（294 年）

（河津）大蝗。 …………………………………………………《河津县志》

6. 西晋永安元年（304 年）

（河津）大蝗。 …………………………………………………《河津县志》

7. 西晋永嘉四年（310 年）

五月，并州大蝗，食草木、牛马毛皆尽。 ……………《晋书·怀帝纪》

山西蝗灾大发生，草木、牛马毛皆尽。 …………《中国历代蝗患之记载》

---

① 并州：旧州名，治所在今山西太原西南晋源区。

五月，并州、司州①大蝗，食草木、牛马毛皆尽。⋯⋯⋯⋯ 雍正《山西通志》

六月，（太原）大蝗，食草木、牛马毛皆尽。⋯⋯⋯⋯⋯ 道光《太原县志》

六月，（太原南郊区）大蝗，草木叶皆尽。⋯⋯⋯⋯《太原市南郊区志》

五月，（榆次）大蝗，食草木及牛马毛皆尽。⋯⋯⋯⋯ 《榆次市志》

翔山②一带发生严重蝗灾。⋯⋯⋯⋯⋯⋯⋯⋯⋯⋯ 《翼城县志》

（交城）大蝗，草木、牛马毛皆尽。⋯⋯⋯⋯⋯⋯⋯ 《交城县志》

五月，幽、并大蝗，食草木、牛马毛皆尽。大同蝗。⋯⋯ 乾隆《大同府志》

五月，幽州、司州蝗，食草木、牛马毛皆尽。天镇蝗。⋯⋯ 《天镇县志》

8. 西晋永嘉五年（311 年）

司州螽。⋯⋯⋯⋯⋯⋯⋯⋯⋯⋯⋯⋯⋯⋯⋯⋯⋯ 雍正《山西通志》

9. 西晋建兴三年（315 年）

河东大蝗，唯不食黍豆，靳准率部人收而埋之。后乃钻土飞出，复食黍豆，平
阳饥甚③。⋯⋯⋯⋯⋯⋯⋯⋯⋯⋯⋯⋯⋯⋯⋯ 雍正《山西通志》

河东大蝗，民流殍者十五六。临汾蝗。⋯⋯⋯⋯⋯⋯ 《临汾市志》

河东大蝗。绛县蝗。⋯⋯⋯⋯⋯⋯⋯⋯⋯⋯⋯⋯ 光绪《绛县志》

10. 西晋建兴四年（316 年）

河东大蝗，唯不食黍豆。靳准率部人收而埋之，哭声闻于十余里，后乃钻土
飞出，复食黍豆。平阳尤甚。⋯⋯⋯⋯⋯⋯ 《晋书·刘聪载记》

秋七月，河东、平阳大蝗，民流殍者什五六。⋯⋯ 《资治通鉴·晋纪》

（泽州④）大蝗，民流殍过半。⋯⋯⋯⋯⋯⋯⋯ 雍正《泽州府志》

（晋城）大蝗灾，百姓逃亡，饿死者过半。⋯⋯⋯⋯ 《晋城市志》

（凤台⑤）大蝗，民多流殍。⋯⋯⋯⋯⋯⋯⋯⋯ 乾隆《凤台县志》

（芮城）大蝗，民流殍者殆半。⋯⋯⋯⋯⋯⋯⋯⋯ 《芮城县志》

秋七月，（临汾）大蝗，流殍者十五六。⋯⋯⋯⋯ 民国《临汾县志》

（曲沃）大蝗。⋯⋯⋯⋯⋯⋯⋯⋯⋯⋯⋯⋯ 民国《新修曲沃县志》

（侯马）大蝗。⋯⋯⋯⋯⋯⋯⋯⋯⋯⋯⋯⋯⋯⋯ 《侯马市志》

七月，河东、平阳蝗灾严重，百姓饿死十之五六。⋯⋯⋯⋯ 《洪洞县志》

---

① 司州：旧州名，治所在今河南洛阳东北，时辖山西西南一部分地区。

② 翔山：山名，海拔1 290米，位于今山西翼城县二曲乡东北。

③ 河东：旧郡名，治所在今山西夏县西北，东晋末移治今山西永济西南蒲州镇；平阳：旧郡、府名，治所在今山西临汾。

④ 泽州：旧州名，治所在今山西晋城。

⑤ 凤台：旧县名，治所在今山西晋城。

11. 西晋建兴五年　东晋建武元年（317 年）

秋七月，司州螽蝗，石勒亦竟取百姓禾，时人谓之"胡蝗"。

………………………………………………………………《晋书·愍帝纪》

秋七月，大旱，并州大蝗。 …………………………《资治通鉴·晋纪》

五月，聪所居螽斯则百堂灾；河朔①大蝗，初穿地而生，二旬化状若蚕，七

八日而卧，四日蜕而飞，弥亘百草，唯不食三豆及麻，并州尤甚。七月，

司州螽蝗，聪境内大蝗，平阳尤甚。 ………………雍正《山西通志》

（稷山）大蝗。 ………………………………………同治《稷山县志》

（河津）大蝗。 ………………………………………光绪《河津县志》

秋七月，（临汾）大蝗，唯不食黍豆，靳准率部人收而埋之，哭声闻十余里，

后乃钻土飞出食黍豆。 ………………………………民国《临汾县志》

七月，河东大蝗，靳准率部人收而埋之，后钻土飞出，复食黍豆。

………………………………………………………………民国《洪洞县志》

12. 后赵石勒十四年（332 年）

五月，飞蝗穿地而生，二十日化如蚕，七八日作虫，四日则飞，周遍河朔，

百草无遗，唯不食三豆及麻。 …………………《艺文类聚·灾异部·蝗》

13. 前秦寿光二年（356 年）

（崞县②）大蝗，食百草无遗。 ………………………乾隆《崞县志》

14. 北魏太和二年（478 年）

夏，山西大同蝗灾。 …………………………《中国历代蝗患之记载》

夏四月，代京③蝗。 …………………………………雍正《山西通志》

夏四月，代京蝗旱。 …………………………………乾隆《大同府志》

四月，代郡蝗旱。 ……………………………………《天镇县志》

15. 北魏太和八年（484 年）

四月，肆州④蝗。 ……………………………………《魏书·灵征志》

夏，山西蝗灾。 ………………………………《中国历代蝗患之记载》

四月，肆州蝗。 ……………………………光绪《忻州直隶州志》

四月，肆州蝗灾。 ……………………………………《代县志》

---

① 河朔：地区名，泛指黄河以北地区。
② 崞县：旧县名，治所在今山西原平崞阳镇。
③ 代京：北魏旧称代国，398 年建都今山西大同，指称大同。
④ 肆州：旧州名，治所在今山西忻州。

16. 北魏正始元年（504 年）

夏，山西蝗灾大发生。 ··· 《中国历代蝗患之记载》

17. 北魏正始四年（507 年）

秋，山西蝗虫大害。 ··· 《中国历代蝗患之记载》

18. 南朝梁绍泰二年（556 年）

（长子）发生蝗虫。 ··· 《长子县志》

19. 北齐天保八年（557 年）

（泽州）蝗。 ··· 雍正《泽州府志》

（凤台）蝗。 ··· 乾隆《凤台县志》

（新绛）蝗。 ·· 《新绛县志》

20. 北齐乾明元年（560 年）

（新绛）蝗。 ·· 《新绛县志》

21. 北齐河清二年（563 年）

四月，（浮山）蝗虫害稼。 ································· 《浮山县志》

22. 隋开皇十四年（594 年）

山西太原蝗灾。 ··· 《中国历代蝗患之记载》

并州大蝗。 ··· 雍正《山西通志》

（太原）蝗。 ··· 道光《太原县志》

23. 隋开皇十六年（596 年）

六月，并州大蝗。 ··· 《隋书·高祖本纪》

夏，山西并州蝗灾大发生。 ························· 《中国历代蝗患之记载》

并州蝗。 ··· 雍正《山西通志》

（太原南郊区）蝗虫泛滥。 ··························· 《太原市南郊区志》

二、唐代（含五代十国）蝗灾

24. 唐贞观四年（630 年）

秋，辽州①蝗。 ··· 《新唐书·五行志》

秋，山西蝗灾。 ··· 《中国历代蝗患之记载》

秋，（昔阳）蝗。 ··· 民国《昔阳县志》

---

① 辽州：旧州名，治所在今山西左权。

秋，乐平^①蝗。 ·························· 光绪《平定州志》

25. 唐贞观十二年（638 年）

平陆蝗。 ···························· 民国《陕县志》

26. 唐永徽元年（650 年）

绛州^②旱蝗。 ······················ 《旧唐书·高宗本纪》

绛州蝗。 ························· 《新唐书·五行志》

山西绛州蝗灾。 ······················ 《中国历代蝗患之记载》

六月，绛州旱蝗。秋，河东^③旱蝗。 ········ 《运城地区志》

秋，河东旱蝗。 ···················· 光绪《永济县志》

秋，（芮城）旱蝗。 ···················· 《芮城县志》

（万荣）蝗灾。 ······················ 《万荣县志》

四月，（新绛）旱蝗。 ·················· 民国《新绛县志》

（稷山）旱蝗。 ···················· 同治《稷山县志》

（曲沃）旱蝗。 ··················· 民国《新修曲沃县志》

（侯马）蝗。 ························ 《侯马市志》

27. 唐兴元元年（784 年）

秋，螟蝗蔽野，草木无遗。冬闰十月，诏：泽潞^④、河东等八节度，螟蝗为
　　害，蒸民饥馑，每节度赐米五万石。 ·········· 《旧唐书·德宗本纪》

山西绛州、稷山蝗虫铺天盖地，害稼，民饥。 ····· 《中国历代蝗患之记载》

（绛县）螟蝗为害，蒸民饥馑。 ············ 光绪《绛县志》

泽潞、河东等节度螟蝗为害，蒸民饥馑。 ········ 雍正《山西通志》

（长子）蝗虫为害，饥荒。 ················ 《长子县志》

（晋城）螟蝗成灾，大饥。 ················ 《晋城市志》

河东蝗，民饥，诏赐粟以赈。 ············ 乾隆《蒲州府志》

（万荣）蝗灾。 ······················ 《万荣县志》

（稷山）蝗，民饥，诏赈之。 ·········· 同治《稷山县志》

（河津）蝗，民饥。 ·················· 光绪《河津县志》

河东等节度螟蝗为害。吉县蝗。 ·········· 光绪《吉县志》

---

① 乐平：旧县名，治所在今山西昔阳。
② 绛州：旧州名，治所在今山西新绛。
③ 河东：唐方镇名，治所在今山西太原晋源区。
④ 泽潞：唐方镇名，治所在今山西长治。

28. 唐贞元元年（785 年）

夏，蝗，东自海壖，西尽河、陇，群飞蔽天，旬日不息，所至草木叶及畜毛
靡有孑遗，饿馑枕道。民蒸蝗，曝，扬去翅足而食之。

....《新唐书·五行志》

夏，（曲沃）蝗。............................ 民国《新修曲沃县志》

夏，（侯马）蝗。...《侯马市志》

29. 唐长庆四年（824 年）

（稷山）蝗蝻害稼。.......................................《稷山县志》

30. 唐开成元年（836 年）

夏，河中①蝗，害稼。..........................《新唐书·五行志》

夏，山西河中蝗灾，害稼。..........《中国历代蝗患之记载》

（虞乡②）蝗害稼。...........................光绪《虞乡县志》

夏，（芮城）蝗灾。...《芮城县志》

31. 唐开成二年（837 年）

六月，泽潞等州蝗害稼。..............《旧唐书·文宗本纪》

六月，昭义③蝗。..............................《新唐书·五行志》

32. 后唐天成二年（927 年）

七月初，灵石雨露调匀，稼穑滋茂，当于尖阳山上石洞崖中起黑雾蒙蒙，蝗
虫队队，家家忧惧，户户生愁，恐见荒年，怕逢饥馑。......《灵石县志》

33. 后晋天福七年（942 年）

八月，河中、河东、晋州④蝗。.........《旧五代史·晋书·少帝纪》

34. 后晋天福八年（943 年）

是岁，春夏旱，蝗大起，东自海壖，西距陇坻，南逾江淮，北抵幽蓟，原
野、山谷、城郭、庐舍皆满，竹木叶俱尽。重以官括民谷，使者督责严
急，至封碓硙，不留其食，有坐匿谷抵死者。县令往往以督趣不办，纳印
自劾去。民馁死者数十万口，流亡不可胜数。 ......《资治通鉴·后晋纪》

山西浮山蝗灾，食禾稼、草木叶都尽，命士兵捕捉。

....《中国历代蝗患之记载》

---

① 河中：唐方镇名，治所在今山西永济蒲州镇。
② 虞乡：旧县名，治所在今山西永济东虞乡镇。
③ 昭义：唐方镇名，治所在今山西长治。
④ 晋州：旧州名，治所在今山西临汾。

晋州大蝗。 ……………………………………………………《临汾市志》

(翼城) 蝗虫食草、害稼十分严重。 ………………………………《翼城县志》

四月，天下诸道飞蝗害稼，食草木叶皆尽。浮山蝗。 …… 民国《浮山县志》

四月，天下诸道飞蝗害稼，食草木叶皆尽。洪洞蝗。 …… 民国《洪洞县志》

三、宋代（含辽、金）蝗灾

35. 宋建隆元年（960 年）

七月，泽州蝗。 ……………………………………《中国历代天灾人祸表》

36. 宋建隆四年（963 年）

六月，绛州有蝗。 …………………………………………《宋史·五行志》

夏，山西绛州蝗灾。 ………………………………《中国历代蝗患之记载》

六月，(绛县) 有蝗。 ………………………………………光绪《绛县志》

六月，(新绛) 蝗。 …………………………………………民国《新绛县志》

夏六月，(太平①) 蝗。 ……………………………………光绪《太平县志》

37. 宋淳化三年（992 年）

七月，平定蝗，蛾抱草自死。 ………………………………《宋史·五行志》

山西蝗灾。 ……………………………………………《中国历代蝗患之记载》

七月，(阳泉) 蝗，俄抱草自死。 …………………………………《阳泉市志》

七月，(昔阳) 蝗，俄抱草自死。 …………………………………民国《昔阳县志》

38. 宋大中祥符五年（1012 年）

(万荣) 飞蝗蔽天，及霜寒始毙。 …………………………………《万荣县志》

39. 宋大中祥符九年（1016 年）

七月，过京师，群飞翳空，延至江、淮南，趣河东，及霜寒始毙。

………………………………………………《宋史·五行志》

六月，(山西) 蝗蝻趣河东，及霜寒始毙。 ………………………《山西通志》

七月，绛县、稷山蝗灾。 ………………………………《中国历代蝗患之记载》

七月，(安邑②) 蝗。 ………………………………………乾隆《安邑县志》

七月，(永济) 蝗群飞翳天，趣河东，及霜寒始毙。 …………《永济县志》

---

① 太平：旧县名，治所在今山西襄汾西南汾城镇。

② 安邑：旧县名，治所在今山西运城东北。

（虞乡）蝗飞蔽空，及霜寒始毙。 ……………… 光绪《虞乡县志》

七月，（万荣）蝗群飞蔽天，及霜寒始尽。 …………… 《万荣县志》

（解州[①]）蝗飞翳空，及霜寒始毙。 ……………… 光绪《解州志》

六月，（绛县）蝗蝻趣河东，及霜寒始毙。 ………… 光绪《绛县志》

六月，（稷山）蝗蝻生，至霜寒始毙。 ……………… 同治《稷山县志》

秋七月，（曲沃）蝗。 ………………………… 民国《新修曲沃县志》

六月，（吉县）蝗蝻趣河东，及霜寒始毙。 ………… 光绪《吉县志》

40. 宋天禧元年（1017 年）

二月，河东蝗蝻复生，多去岁蛰者。 ………… 《宋史·五行志》

山西稷山蝗灾。 ……………………… 《中国历代蝗患之记载》

二月，（万荣）蝗蝻复生。 …………………… 《万荣县志》

（安邑）蝗蝻复生。 ………………………… 乾隆《安邑县志》

（芮城）蝗灾。 ……………………………… 《芮城县志》

（河津）蝗蝻生。 …………………………… 光绪《河津县志》

（稷山）蝗蝻复生，多去岁蛰者。 …………… 同治《稷山县志》

二月，（蒲县）部分地区蝗虫成灾，遮天蔽日，草木尽食。 ……… 《蒲县志》

（曲沃）蝗蝻复生。 ………………… 民国《新修曲沃县志》

（侯马）蝗蝻交生。 ………………………… 《侯马市志》

河东（吉县）蝗蝻复生，多去岁蛰者。 ……… 光绪《吉县志》

41. 宋天禧二年（1018 年）

山西稷山蝻虫复生。 ………………… 《中国历代蝗患之记载》

河东蝗蝻复生，多去岁蛰者。 ………… 光绪《绛县志》

42. 宋天圣二年（1024 年）

山西蝗灾，食稼。 …………………… 《中国历代蝗患之记载》

七月，（万荣）蝗生。 ……………………… 《万荣县志》

43. 宋天圣六年（1028 年）

五月，河北[②]蝗。 ………………………… 雍正《山西通志》

五月，（芮城）蝗灾。 ……………………… 《芮城县志》

---

① 解州：旧州名，治所在今山西运城西南解州镇。
② 河北：区域名，指今黄河以北山西境。

44. 宋明道二年（1033 年）

是岁，河东蝗。 ……………………………………………《宋史·仁宗本纪》

秋，山西浮山、绛县、稷山蝗灾。 ………………《中国历代蝗患之记载》

河东蝗。 …………………………………………… 雍正《山西通志》

七月，河东蝗，河津、稷山、芮城蝗。 …………………《运城地区志》

河东（万荣）蝗。 …………………………………………《万荣县志》

七月，河东（永济）蝗。 …………………………… 光绪《永济县志》

七月，（芮城）蝗灾。 ……………………………………《芮城县志》

（稷山）蝗。 ……………………………………… 同治《稷山县志》

（河津）蝗。 ……………………………………… 光绪《河津县志》

河东（绛县）蝗。 …………………………………… 光绪《绛县志》

（曲沃）蝗。 ……………………………………… 民国《新修曲沃县志》

河东（浮山）蝗。 …………………………………… 民国《浮山县志》

（侯马）蝗灾。 ……………………………………………《侯马市志》

七月，河东（洪洞）蝗。 …………………………… 民国《洪洞县志》

45. 宋元丰四年（1081 年）

六月，河北蝗。 …………………………………… 雍正《山西通志》

（芮城）蝗灾。 ……………………………………………《芮城县志》

46. 宋宣和二年（1120 年）

山西浮山等蝗灾。 ………………………………《中国历代蝗患之记载》

47. 宋宣和三年（1121 年）

（山西）诸路蝗。 ………………………………… 雍正《山西通志》

（平阳）诸路蝗。 ………………………………… 雍正《平阳府志》

（浮山）诸路蝗。 ………………………………… 民国《浮山县志》

48. 金天辅七年（1123 年）

（左云）蝗。 ……………………………………………《左云县志》

49. 金正隆二年（1157 年）

秋，河东蝗。 ……………………………………………《金史·五行志》

山西绛县蝗灾大发生。 …………………………《中国历代蝗患之记载》

河东（万荣）蝗。 …………………………………………《万荣县志》

河东（永济）蝗。 …………………………………… 光绪《永济县志》

秋，（稷山）蝗。 ………………………………… 同治《稷山县志》

秋，（河津）蝗。 ·· 光绪《河津县志》

秋，河东（绛县）蝗。 ···································· 光绪《绛县志》

秋，（曲沃）蝗。 ···································· 民国《新修曲沃县志》

秋，（侯马）蝗。 ·· 《侯马市志》

秋，河东（吉县）蝗。 ···································· 光绪《吉县志》

八月，河东（洪洞）等地蝗灾。 ················· 《洪洞县志》

50. **金大定三年**（1163 年）

荣河①蝗旱。 ·· 乾隆《蒲州府志》

秋，（万荣）蝗。 ·· 《万荣县志》

（芮城）蝗灾。 ·· 《芮城县志》

51. **金大定四年**（1164 年）

荣河相继蝗旱。 ·································· 乾隆《蒲州府志》

52. **金大定十六年**（1176 年）

是岁，河东路旱蝗。 ······················· 《金史·五行志》

山西蝗灾。 ··························· 《中国历代蝗患之记载》

河东路旱蝗。绛县蝗。 ···················· 光绪《绛县志》

（万荣）旱蝗。 ·· 《万荣县志》

河东旱蝗。（永济）蝗。 ················· 光绪《永济县志》

河东旱蝗。（吉县）蝗。 ················· 光绪《吉县志》

河东路蝗灾。洪洞蝗。 ···················· 《洪洞县志》

53. **金泰和八年**（1208 年）

夏，（灵石）黍禾方茂，飞蝗腾至县东境，三日蝗遂北飞。 ········· 《灵石县志》

四、元代蝗灾

54. **蒙古至元二年**（1265 年）

是岁，西京②蝗旱。 ······················· 《元史·世祖本纪》

西京蝗。 ······································ 雍正《山西通志》

山西大同蝗灾大发生。 ············· 《中国历代蝗患之记载》

---

① 荣河：旧县名，治所在今山西万荣县西南宝井乡。

② 西京：元路名，治所在今山西大同。

（大同）蝗。　………………………………………………　道光《大同县志》

（灵丘）蝗。　………………………………………………　康熙《灵邱县志》

55. 蒙古至元四年（1267 年）

（稷山）蝗灾。　…………………………………………………《稷山县志》

56. 蒙古至元七年（1270 年）

（大同）旱，遭蝗灾。　…………………………………………《大同市志》

57. 元至元八年（1271 年）

六月，平阳诸州县蝗。　…………………………《元史·世祖本纪》

夏，山西临汾蝗灾。　………………………《中国历代蝗患之记载》

六月，平阳蝗。　…………………………………　雍正《山西通志》

（临汾）蝗灾。　…………………………………………………《临汾市志》

（曲沃）蝗。　……………………………………　民国《新修曲沃县志》

六月，平阳蝗灾。（洪洞）蝗。　…………………………………《洪洞县志》

（大同）旱，又遭蝗灾。　………………………………………《大同市志》

58. 元至元十年（1273 年）

襄垣县蝗。　………………………………………　乾隆《潞安府志》

（襄垣）蝗食禾稼，民饥。　……………………………………《襄垣县志》

59. 元至元十七年（1280 年）

五月，忻州蝗。　…………………………………《元史·世祖本纪》

夏，山西忻州蝗灾。　………………………《中国历代蝗患之记载》

五月，忻州蝗。　…………………………………　光绪《忻州直隶州志》

60. 元至元十九年（1282 年）

山西大同蝗灾，禾稼俱尽，飞蔽天，坑堑皆满，民饥，捕蝗为食。

　………………………………………………《中国历代蝗患之记载》

八月，大同路蝗。　………………………………　雍正《山西通志》

潞城、壶关、襄垣蝗虫伤稼，草木尽，饥民捕蝗为食，或曝干备荒，人

　相食。　……………………………………………………《潞城市志》

（潞城）蝗伤稼，草木俱尽，大饥，人相食。　…………　光绪《潞城县志》

（襄垣）蝗食禾稼、草木叶俱尽，饥民相食。　……………………《襄垣县志》

（汾阳）蝗虫成灾，收成减少，民大饥。　………………………《汾阳县志》

秋八月，大同路蝗伤禾稼。　……………………　乾隆《大同府志》

西京遭蝗灾，飞蔽天，人马不能行，沟堑被蝗虫填满，民大饥，捕蝗为食，

并曝干储食之。 ·· 《大同市志》

秋八月，（大同）蝗。 ······························ 道光《大同县志》

秋八月，（大同南郊区）蝗灾，稼伤八九。 ········ 《大同市南郊区志》

八月，大同路蝗。（左云）蝗。 ························ 《左云县志》

61. 元至元二十七年（1290 年）

泽州蝗。 ···································· 雍正《山西通志》

（凤台）蝗。 ································ 乾隆《凤台县志》

（长子）蝗虫。 ································ 《长子县志》

62. 元元贞元年（1295 年）

夏秋，山西浮山蝗灾。 ·············· 《中国历代蝗患之记载》

七月，平阳蝗。 ···························· 雍正《平阳府志》

七月，（浮山）旱蝗。 ···················· 民国《浮山县志》

63. 元元贞二年（1296 年）

秋七月，平阳蝗。八月，太原蝗。 ········ 《元史·成宗本纪》

八月，平阳等郡蝗。 ···················· 《元史·五行志》

七月，平阳蝗，太原雹蝗。 ·············· 雍正《山西通志》

秋，山西太原大蝗伤稼，民饥死。 ······ 《中国历代蝗患之记载》

七月，太原雨、雹、蝗。 ················ 乾隆《太原府志》

七月，（临汾）蝗灾。 ···················· 《临汾市志》

八月，（曲沃）蝗。 ················ 民国《新修曲沃县志》

秋八月，（侯马）蝗。 ···················· 《侯马市志》

64. 元大德十一年（1307 年）

夏，山西晋宁①大蝗。 ·············· 《中国历代蝗患之记载》

六月，晋宁路蝗灾。（洪洞）蝗。 ············ 《洪洞县志》

65. 元至大元年（1308 年）

五月，晋宁等处蝗。 ···················· 《元史·武宗本纪》

五月，晋宁路蝗。 ······················ 《元史·五行志》

山西晋宁、浮山蝗灾。 ·············· 《中国历代蝗患之记载》

晋宁路蝗。平阳蝗。 ···················· 雍正《平阳府志》

夏五月，（曲沃）蝗。 ················ 民国《新修曲沃县志》

---

① 晋宁：元路名，治所在今山西临汾。

夏五月，（侯马）蝗。 ···《侯马市志》

五月，晋宁路蝗。（浮山）蝗。 ···················· 民国《浮山县志》

五月，晋宁路蝗灾。（洪洞）蝗。 ·························《洪洞县志》

66. 元至大二年（1309 年）

秋七月，河中、解、绛等州蝗。 ················《元史·武宗本纪》

山西绛县、稷山蝗灾。 ···················《中国历代蝗患之记载》

七月，河中解、绛等州蝗，稷山、河津蝗。 ··········《运城地区志》

七月，（绛州）蝗。 ······················· 光绪《直隶绛州志》

七月，（新绛）蝗。 ······················· 民国《新绛县志》

（稷山）蝗。 ··························· 同治《稷山县志》

（河津）蝗旱。 ························· 光绪《河津县志》

67. 元泰定三年（1326 年）

秋，荣河蝗。 ························· 雍正《山西通志》

（荣河）旱蝗。 ························· 民国《荣河县志》

（万荣）旱蝗。 ·····························《万荣县志》

68. 元泰定四年（1327 年）

荣河蝗旱相继。 ······················· 乾隆《蒲州府志》

（万荣）相继旱蝗。 ·························《万荣县志》

69. 元天历二年（1329 年）

夏，山西大宁蝗灾。 ···················《中国历代蝗患之记载》

70. 元至顺元年 天历三年（1330 年）

秋七月，晋宁、河中等路蝗。 ···············《元史·文宗本纪》

七月，解州蝗。 ······················《元史·五行志》

从夏至秋，山西浮山、稷山蝗灾大发生，免税。 ······《中国历代蝗患之记载》

七月，晋宁旱蝗，解州蝗。 ················· 雍正《山西通志》

七月，晋宁蝗。 ······················· 雍正《平阳府志》

七月，（万荣）蝗。 ·························《万荣县志》

七月，（稷山）蝗。 ······················· 同治《稷山县志》

七月，（浮山）蝗。 ······················· 民国《浮山县志》

是年，（临县）又蝗。 ····················· 民国《临县志》

71. 元至顺二年（1331 年）

夏四月，河中府蝗。六月，晋宁路属县蝗。 ········《元史·文宗本纪》

夏，山西浮山、稷山蝗灾。　·····················《中国历代蝗患之记载》

六月，（芮城）蝗灾。　·····························《芮城县志》

六月，临晋、猗氏①蝗。　·························《临猗县志》

六月，（稷山）蝗。　·······················同治《稷山县志》

六月，（河津）蝗。　·······················光绪《河津县志》

六月，晋宁路属县蝗灾。　····················《临汾市志》

六月，（浮山）蝗。　·······················民国《浮山县志》

六月，晋宁路（洪洞）蝗灾。　·················《洪洞县志》

72. 元至正六年（1346 年）

（长子）蝗伤稼。　·························光绪《长子县志》

73. 元至正十一年（1351 年）

（襄垣）遭蝗灾。　···························《襄垣县志》

74. 元至正十八年（1358 年）

五月，辽州蝗。　·························《元史·顺帝本纪》

夏，辽州蝗。　···························《元史·五行志》

五月，辽州蝗。　·························雍正《山西通志》

75. 元至正十九年（1359 年）

五月，河东等处蝗飞蔽天，人马不能行，所落沟堑尽平，民大饥。秋七月，
　介休、灵石县蝗。八月，大同路蝗，襄垣螟蝼。　······《元史·顺帝本纪》

大同、冀宁二郡，文水、榆次、寿阳、徐沟四县，忻、汾二州及孝义、平
　遥、介休三县，晋宁潞州及壶关、潞城、襄垣三县，霍州赵城、灵石二
　县，隰之永和，沁之武乡，辽之榆社皆蝗，食禾稼、草木俱尽，所至蔽
　日，碍人马不能行，填坑堑皆盈。饥民捕蝗以为食，或曝干而积之。又
　罄，则人相食。②　·······················《元史·五行志》

夏，大同、解县、稷山、赵城、寿阳、榆次、文水、徐沟、汾州、孝义、平
　遥、介休、潞城、襄垣、灵石等蝗灾，食禾稼、草木俱尽，所至蔽日，填
　坑堑皆满，饥民捕蝗为食，或曝干积之，又尽，人相食。

　·····································《中国历代蝗患之记载》

---

① 临晋、猗氏：均为旧县名，1954 年两县合并为今山西临猗县。

② 冀宁：元路名，治所在今山西太原；徐沟：旧县名，治所在今山西清徐县东南徐沟镇；汾：汾州，旧州、府
名，治所在今山西汾阳；潞州：旧州名，治所在今山西长治，嘉靖八年（1529 年）升为潞安府治；赵城：旧县名，
治所在今山西洪洞北赵城镇；隰：隰州，旧州名，治所在今山西隰县；沁：沁州，旧州名，治所在今山西沁县。

五月，冀宁路徐沟等县蝗灾甚重，遮天蔽日，人马不能行，所过沟堑皆平，
　　禾稼俱尽，居民捕蝗为食，蝗尽，人相食。……………………《清徐县志》

(阳曲)蝗灾，致禾稼尽，民捕蝗虫以食之。………………………《阳曲县志》

榆次蝗食禾稼、草木俱尽，所至蔽日，饥民捕蝗为食，或曝干而积之。
　　…………………………………………………………………《榆次市志》

夏四月，(寿阳)蝗食禾稼、草木俱尽，所至蔽日，碍人马不能行，填坑堑皆
　　盈，饥民捕蝗以食，干而积之，又尽，则人相食。……… 光绪《寿阳县志》

秋七月，(介休)蝗。……………………………………… 民国《介休县志》

(壶关)蝗灾，禾稼、草木俱尽，民饥，人相食。………………《壶关县志》

蝗虫入(潞城)境。………………………………………………《潞城市志》

夏，(潞城)旱蝗。………………………………………… 光绪《潞城县志》

(襄垣)蝗食禾稼俱尽，蔽日盈坑，饥民相食。…………………《襄垣县志》

(武乡)蝗虫所到之处，吃尽草木、庄稼，蝗遮天盖地，碍人马不能行，人
　　捕蝗虫当饭吃。……………………………………………《武乡县志》

五月，河东(永济)蝗飞蔽天，人马不能行，所落沟堑尽平，民大饥。
　　………………………………………………………… 光绪《永济县志》

五月，(万荣)蝗飞蔽天，人马不能行，所落沟堑尽平。……《万荣县志》

五月，临晋、猗氏蝗飞蔽天，人马不能行，所落沟堑尽平。……《临猗县志》

五月，(解州)蝗群飞蔽天，人马不能行，蝗落处沟堑为平。
　　………………………………………………………… 光绪《解州志》

河东(绛县)蝗飞蔽天，人马不能行，所落沟堑尽平，民大饥。
　　………………………………………………………… 光绪《绛县志》

五月，(稷山)蝗。………………………………………… 同治《稷山县志》

五月，(芮城)蝗飞蔽天，岁大饥。………………………………《芮城县志》

五月，(河津)蝗。……………………………………… 光绪《河津县志》

七月，灵石蝗飞蔽天，碍人马不能行，填坑堑皆盈，大饥。
　　………………………………………………………… 雍正《平阳府志》

五月，(临汾)蝗，大饥。…………………………………………《临汾市志》

夏五月，(曲沃)飞蝗蔽天，碍人马不能行，所落沟堑尽平，大饥，人相食。
　　……………………………………………………… 民国《新修曲沃县志》

夏五月，(侯马)飞蝗蔽天，所落沟堑尽平，大饥，人相食。
　　………………………………………………………………《侯马市志》

（乡宁）蝗灾。 ⋯⋯⋯⋯⋯⋯⋯⋯⋯⋯⋯⋯⋯《乡宁县志》

（翼城）飞蝗蔽天，人马皆不能行，沟堑被蝗虫填平，庄稼吃光。

⋯⋯⋯⋯⋯⋯⋯⋯⋯⋯⋯⋯⋯⋯⋯⋯⋯⋯《翼城县志》

霍州灵石、赵城皆蝗。 ⋯⋯⋯⋯⋯⋯⋯⋯⋯ 道光《赵城县志》

隰县蝗灾，蝗食禾稼、草木俱尽，所至蔽日，碍人马不能行，饥民捕蝗为

食，又尽，人相食。 ⋯⋯⋯⋯⋯⋯⋯⋯⋯⋯《隰县志》

五月，河东蝗飞蔽天，人马不能行，所落沟堑尽平，民大饥。

⋯⋯⋯⋯⋯⋯⋯⋯⋯⋯⋯⋯⋯⋯⋯ 民国《洪洞县志》

八月，（孝义）蝗食禾稼、草木俱尽，蝗飞蔽日，碍人马不能行，死蝗填坑

堑皆盈，饥民捕蝗为食。 ⋯⋯⋯⋯⋯⋯⋯⋯《孝义县志》

秋七月，介休蝗。八月，汾州孝义、平遥、介休三县蝗，食禾稼、草木俱

尽，所至蔽日，碍人马不能行，饥民捕蝗为食。 ⋯⋯ 乾隆《汾州府志》

夏，（崞县）蝗飞蔽天，人马不能行，沟堑尽平。 ⋯⋯ 乾隆《崞县志》

夏，（原平）蝗飞蔽天，人马不能行，沟堑尽平。 ⋯⋯《原平县志》

八月，（朔平[①]）蝗。 ⋯⋯⋯⋯⋯⋯⋯⋯⋯ 雍正《朔平府志》

蝗虫危及大同路各地，庄稼无收。 ⋯⋯⋯⋯⋯⋯《右玉县志》

八月，（平鲁）蝗虫遍境，灾。 ⋯⋯⋯⋯⋯⋯⋯《平鲁县志》

夏四月，平定州蝗食禾稼、草木俱尽，所至蔽日，人马不能行，填坑堑皆盈，

饥民捕蝗以为食，干而积之，又尽，则人相食。 ⋯⋯ 光绪《平定州志》

八月，大同路蝗。 ⋯⋯⋯⋯⋯⋯⋯⋯⋯⋯⋯ 乾隆《大同府志》

八月，（大同）蝗。 ⋯⋯⋯⋯⋯⋯⋯⋯⋯⋯ 道光《大同县志》

八月，大同路（左云）蝗。 ⋯⋯⋯⋯⋯⋯⋯⋯⋯《左云县志》

五、明代蝗灾

76. 明洪武五年（1372 年）

七月，大同蝗。 ⋯⋯⋯⋯⋯⋯⋯⋯⋯⋯⋯⋯《明史·五行志》

七月，大同府蝗。 ⋯⋯⋯⋯⋯⋯⋯⋯⋯⋯《明实录·太祖实录》

秋，山西大同蝗灾。 ⋯⋯⋯⋯⋯⋯⋯⋯⋯《中国历代蝗患之记载》

七月，山西蝗，大同（天镇）蝗。 ⋯⋯⋯⋯⋯⋯⋯《天镇县志》

---

① 朔平：旧府名，治所在今山西右玉。

七月，大同蝗。 ·································· 乾隆《大同府志》

77. 明洪武六年（1373 年）

七月，山西蝗。 ·································· 《明实录·太祖实录》

七月，山西蝗。 ·································· 《明史·五行志》

秋，山西蝗灾。 ·································· 《中国历代蝗患之记载》

七月，（长治）蝗灾。 ·································· 《长治县志》

七月，（万荣）蝗。 ·································· 《万荣县志》

78. 明洪武七年（1374 年）

二月，平阳、太原、汾州旱蝗，并免租税。六月，山西蝗，并蠲田租。

·································· 《明史·太祖本纪》

二月，平阳、太原、汾州蝗。六月，山西蝗。 ·········· 《明史·五行志》

山西太原、汾州蝗灾。 ·································· 《中国历代蝗患之记载》

六月，（昔阳）蝗，诏蠲其租。 ·········· 民国《昔阳县志》

六月，（长治）蝗灾，伤禾。 ·································· 《长治县志》

（万荣）蝗。 ·································· 《万荣县志》

（临汾）旱，蝗灾，并免租赋。 ·································· 《临汾市志》

（曲沃）蝗。 ·································· 民国《新修曲沃县志》

春旱，（侯马）蝗灾，免租税。 ·········· 《侯马市志》

平阳（洪洞）等地遭旱蝗灾害。 ·································· 《洪洞县志》

六月，乐平蝗。 ·································· 光绪《平定州志》

79. 明洪武三十一年（1398 年）

浑源县大蝗。 ·········· 《古今图书集成·庶征典·蝗灾部纪事》

80. 明永乐元年（1403 年）

夏，山西蝗。 ·································· 《明史·五行志》

夏，山西蝗灾。 ·································· 《中国历代蝗患之记载》

夏，（长治）蝗灾。 ·································· 《长治县志》

夏，（万荣）蝗。 ·································· 《万荣县志》

81. 明永乐十年（1412 年）

六月，平阳、荣河、太原、交城县蝗，督捕已绝。 ······《明实录·太宗实录》

夏，山西平阳、荣河、交城、太原捕蝗虫。 ········《中国历代蝗患之记载》

六月，山西平阳、荣河、太原、交城捕蝗已绝。

·································· 《古今图书集成·庶征典·蝗灾部汇考》

82. 明永乐二十二年（1424 年）

(浑源）蝗虫滋生蔓延。 ·····················《浑源县志》

83. 明宣德三年（1428 年）

(兴县）旱蝗，饥民流徙。 ·····················《兴县志》

84. 明宣德八年（1433 年）

奉命察蝗灾于河津。 ·····················《明史·李贤传》

85. 明宣德九年（1434 年）

七月，山西蝗蝻覆地尺许，伤稼。 ·············《明史·五行志》

秋七月，遣官督捕山西蝗，蠲秋粮十之四。 ·······《明史·宣宗本纪》

七月，平阳府蒲州^①、河津县蝗蝻生，命户部遣官驰驿督捕。

·····················《明实录·宣宗实录》

山西蝗蝻盖地尺厚，皇帝遣官督捕。 ·····《中国历代蝗患之记载》

七月，（长治）蝗灾，伤禾。 ·····················《长治县志》

七月，（万荣）蝗。 ·····················《万荣县志》

86. 明正统元年（1436 年）

七月，山西平定州蝗蝻生发，扑之未绝，上命行在户部遣官覆视以闻。

·····················《明实录·英宗实录》

87. 明正统四年（1439 年）

夏，山西蝗灾大发生，民捕蝗。 ·········《中国历代蝗患之记载》

88. 明正统六年（1441 年）

春夏，山西旱蝗。六月，大同都司奏：捕灭已尽。七月，太原府蝗生，上命

行在户部速移文，严督军卫、有司捕灭。 ·······《明实录·英宗实录》

秋，太原蝗。 ·····················《明史·五行志》

秋，山西太原蝗虫严重发生。 ·········《中国历代蝗患之记载》

89. 明正统七年（1442 年）

夏，山西旱蝗。 ·····················《明会要》

90. 明成化二十一年（1485 年）

山西垣曲、汾城飞蝗蔽天，稻穗、树叶吃尽，民流亡。

·····················《中国历代蝗患之记载》

---

① 蒲州：旧州、府名，治所在今山西永济蒲州镇。

太平县蝗群飞蔽天，禾穗、树叶食之殆尽。垣曲大旱，飞蝗兼至，人相食，
流亡者大半。 ……………………《古今图书集成·庶征典·蝗灾部汇考》

太平、垣曲蝗。 ……………………………………… 雍正《山西通志》

（垣曲）大旱蝗，人相食，赈之。 ………………… 光绪《垣曲县志》

（襄汾）蝗群飞蔽天，禾穗、树叶食之殆尽，民不聊生。………《襄汾县志》

（太平）蝗群飞蔽天，禾穗、树叶食之殆尽。 ……… 光绪《太平县志》

91. 明成化二十二年（1486 年）

三月，山西平阳府蝗。 ……………………………《明实录·宪宗实录》

三月，平阳蝗。 …………………………………………《明史·五行志》

山西临汾蝗灾。 …………………………………《中国历代蝗患之记载》

三月，平阳（洪洞）蝗灾。 ………………………………《洪洞县志》

92. 明弘治三年（1490 年）

山西旱蝗。 …………………………………………《明史·刘吉传》

93. 明弘治八年（1495 年）

高平蝗。 ……………………………………………… 雍正《山西通志》

（高平）蝗灾。 …………………………………………《高平县志》

八月，（屯留）虫蝗。 …………………………………《屯留县志》

94. 明正德元年（1506 年）

六月，河曲蝗。 ……………………………………… 雍正《山西通志》

（河曲）蝗灾。 …………………………………………《河曲县志》

95. 明正德二年（1507 年）

（万荣）蝗。 ……………………………………………《万荣县志》

（荣河）蝗。 ………………………………………… 民国《荣河县志》

96. 明正德八年（1513 年）

六月，泽州阳城、荣河蝗。 ………………………… 雍正《山西通志》

夏六月，（凤台）蝗。 ……………………………… 乾隆《凤台县志》

荣河蝗。 ……………………………………………… 乾隆《蒲州府志》

六月，（阳城）蝗。 ………………………………… 同治《阳城县志》

七月，盂县飞蝗翳日。 …………………………………《阳泉市志》

97. 明正德十二年（1517 年）

平定蝗。 ……………………………………………… 雍正《山西通志》

（平定）蝗。 ………………………………………… 光绪《平定州志》

98. 明嘉靖七年（1528 年）

平阳诸州县、阳城大旱蝗。 ………《古今图书集成·庶征典·蝗灾部汇考》

七月，泽州阳城、稷山蝗。 ……………………… 雍正《山西通志》

七月，泽州阳城旱蝗，饥荒。 …………………………《晋城市志》

泽州旱蝗，饥。 …………………………………… 乾隆《凤台县志》

七月，（阳城）旱蝗，饥。 ………………………… 同治《阳城县志》

临晋蝗灾。 …………………………………………《临猗县志》

（新绛）蝗，饥。 …………………………………《新绛县志》

（稷山）飞蝗蔽天，食禾稼为赤地。 ………… 同治《稷山县志》

秋，（临汾）大旱蝗。 ……………………… 民国《临汾县志》

（襄陵①）大旱蝗，二麦无收，开仓赈济。 ………… 光绪《襄陵县志》

（襄汾）蝗灾。 …………………………………………《襄汾县志》

秋，（翼城）大旱蝗。 ………………………… 光绪《翼城县志》

99. 明嘉靖八年（1529 年）

六月，以旱蝗减免山西代州、阳城等州县夏税。 ……《明实录·世宗实录》

六月，山西垣曲、太原、平阳、潞州飞蝗蔽天，食民田将尽，蝗自相食，民
　大饥。 ………………………《古今图书集成·庶征典·蝗灾部汇考》

夏，山西太原、平阳、垣曲、汾阳、潞安②、寿阳蝗灾。

　　　……………………………………《中国历代蝗患之记载》

六月，太原、榆次、寿阳、祁县、汾阳、长治、黎城、潞城、屯留、洪洞、
　临汾、曲沃、河津、垣曲、荣河螟蝗食稼。 …………… 雍正《山西通志》

六月，太原、榆次、祁县蝗食稼。 ……………… 乾隆《太原府志》

七月，（太原）飞蝗蔽日。 ………………………… 道光《太原县志》

七月，（太原南郊区）飞蝗蔽日。 ……………………《太原市南郊区志》

六月，（榆次）螟蝗食稼。 …………………………《榆次市志》

夏六月，（寿阳）蝗螟，岁饥。 ………………… 光绪《寿阳县志》

六月，（祁县）螟蝗食稼。 …………………………《祁县志》

夏，飞蝗自河南入（长治）境。 …………………《长治市志》

夏，（潞安）蝗自河南来，食稼。 ………………… 乾隆《潞安府志》

---

① 襄陵：旧县名，治所在今山西襄汾西北襄陵镇。

② 潞安：旧府名，治所在今山西长治。

六月，飞蝗入（潞城）境。七月，蝗蝻生，食禾，岁饥。 ……《潞城市志》

（黎城）螽蝗食稼。 …………………………………《黎城县志》

五月，（屯留）螽蝗食稼。 ………………………………《屯留县志》

六月，（襄垣）蝗从河南飞来，遮天蔽日，庄稼吃尽。 ………《襄垣县志》

河津、垣曲、荣河蝗害稼。 ……………………………《运城地区志》

秋，（垣曲）螽蝗食稼尽，蝗自相食，发粟赈之。 ……… 光绪《垣曲县志》

六月，（河津）螽蝗食稼，大饥。 ……………… 光绪《河津县志》

六月，洪洞、临汾、曲沃螽蝗食稼。 ……………… 雍正《平阳府志》

（临汾）蝗螽食稼，蔽天匝地，田禾将尽，民大饥。 ………《临汾市志》

六月，（临汾）蝗飞蔽天匝地，食禾殆尽，民大饥。 …… 民国《临汾县志》

夏六月，（曲沃）蝗，大饥。 ……………… 民国《新修曲沃县志》

夏六月，（侯马）大蝗。 ………………………………《侯马市志》

秋，（洪洞）飞蝗蔽日，祭蜡乃息。 ……………… 民国《洪洞县志》

六月，汾州螽蝗食稼。 ……………………… 乾隆《汾州府志》

六月，（汾阳）螽蝗泛滥，秋稼遭灾。 …………………《汾阳县志》

夏六月，寿阳螽蝗，饥。孟县飞蝗蔽天。 ……… 乾隆《平定州志》

七月，（孟县）飞蝗蔽日。 …………………… 光绪《孟县志》

夏六月，（寿阳）螽蝗，岁饥。 ………………… 光绪《寿阳县志》

100. 明嘉靖十年（1531 年）

秋七月，长子蝗。 …………………………… 雍正《山西通志》

七月，（长子）蝗。 …………………………… 光绪《长子县志》

101. 明嘉靖十四年（1535 年）

山西蝗，严重猖獗。 …………………《中国东亚飞蝗蝗区的研究》

山西寿阳蝗虫大发生，禾稼无收。 ………《中国历代蝗患之记载》

寿阳大蝗。 …………………………………… 雍正《山西通志》

（寿阳）大蝗，禾稼殆尽。 ………………… 光绪《寿阳县志》

秋，（清源①）飞蝗蔽日，为民患。 ……………… 顺治《清源县志》

102. 明嘉靖十五年（1536 年）

秋，山西大同蝗虫大发生，飞蔽天，食稼殆尽；太原、广灵蝗灾。

……………………………………《中国历代蝗患之记载》

---

① 清源：旧县名，治所在今山西清徐。

六月，以旱蝗免山西大同等府税粮有差。················《明实录·世宗实录》

七月，大同、阳高、灵丘、广灵蝗飞蔽天，伤稼。文水蝗，不为灾。

··雍正《山西通志》

夏，（祁县）蝗。·····································《祁县志》

六月，（临汾）蝗灾。································《临汾市志》

夏，（文水）蝗，不为灾。······················光绪《文水县志》

秋七月，大同蝗，群飞蔽天，食稼殆尽，边境从无蝗，见者大骇。

··雍正《朔平府志》

七月，大同、阳高、灵丘、广灵蝗飞蔽空，伤稼。·····乾隆《大同府志》

七月，（大同）蝗飞蔽天，伤稼。·················道光《大同县志》

七月，大同蝗灾，蝗飞蔽空，蝗虫过处禾稼秃。····《大同市南郊区志》

七月，（阳高）蝗飞蔽天，伤稼殆尽，边土旧无蝗，见者大骇，免税粮。

··《阳高县志》

七月，（天镇）蝗飞蔽天，食稼殆尽，免大同等府税粮。······《天镇县志》

七月，（广灵）蝗飞蔽天，食稼殆尽。·············《广灵县志》

七月，（灵丘）飞蝗蔽天，伤稼殆尽。···········康熙《灵邱县志》

103. 明嘉靖十六年（1537 年）

山西临汾、太谷、泽州蝗灾。··············《中国历代蝗患之记载》

太谷、岢岚、保德、临汾、泽州蝗。···········雍正《山西通志》

太谷、岢岚蝗。·····························乾隆《太原府志》

（太谷）蝗飞蔽天。·························民国《太谷县志》

泽州蝗。·································雍正《泽州府志》

（凤台）蝗。·······························乾隆《凤台县志》

夏五月，临汾蝗。···························雍正《平阳府志》

（临汾）蝗灾。·····························《临汾市志》

（岢岚）蝗。·······························光绪《岢岚州志》

（保德）飞蝗蔽天，伤禾，民饥。·············康熙《保德州志》

104. 明嘉靖十九年（1540 年）

十月，以旱蝗免大同民屯军粮有差。···········《明实录·世宗实录》

灵石蝗。·································雍正《山西通志》

六月，（灵石）蝗虫遮天，残食禾稼殆尽。·········《灵石县志》

105. 明嘉靖三十九年（1560 年）

山西蝗，严重大发生。 ················《中国东亚飞蝗蝗区的研究》

八月，定襄飞蝗害稼。 ···················雍正《山西通志》

（寿阳）大旱蝗。 ·····················光绪《寿阳县志》

七月，（昔阳）大旱蝗。 ··················民国《昔阳县志》

八月，（定襄）飞蝗自东来，庄稼遭食殆尽。 ·······《定襄县志》

平定大旱蝗。 ·······················光绪《平定州志》

106. 明嘉靖四十三年（1564 年）

（崞县）蝗，不为灾。 ···················乾隆《崞县志》

107. 明嘉靖四十五年（1566 年）

祁县蝗。 ························雍正《山西通志》

祁县蝗。 ························乾隆《太原府志》

108. 明隆庆二年（1568 年）

夏，山西浮山蝗灾。 ·············《中国历代蝗患之记载》

六月，翼城蝗。 ·····················雍正《山西通志》

（浮山）旱蝗。 ·····················民国《浮山县志》

（翼城）蝗灾。 ·······················《翼城县志》

109. 明万历七年（1579 年）

山西稷山蝗伤稼。 ·············《中国历代蝗患之记载》

（稷山）蝗。 ·······················同治《稷山县志》

110. 明万历十一年（1583 年）

八月，霍州蝗。 ·····················雍正《山西通志》

霍州蝗食禾如扫。 ··············道光《霍州直隶州志》

（吉县）旱，蝗灾。 ······················《吉县志》

111. 明万历十二年（1584 年）

（榆次）蝗。 ·························《榆次市志》

112. 明万历十三年（1585 年）

秋，榆次蝗食禾。 ····················雍正《山西通志》

秋七月，榆次蝗。 ····················乾隆《太原府志》

（榆次）蝗食禾有声。 ····················《榆次市志》

113. 明万历十五年（1587 年）

山西临晋、猗氏蝗灾。 ···········《中国历代蝗患之记载》

临晋、猗氏蝗。 ················· 雍正《山西通志》

猗氏蝗，大饥。 ················· 康熙《猗氏县志》

临晋、猗氏蝗灾。 ················· 《临猗县志》

（永济）蝗灾，民大饥，有弃婴于野，赈之。 ········· 《永济县志》

114. 明万历十六年（1588 年）

山西绛县蝗飞蔽天，食稼殆尽。 ········· 《中国历代蝗患之记载》

秋七月，绛县蝗。 ················· 雍正《山西通志》

秋七月，绛县大蝗，飞蔽天日，食稼殆尽。

················· 《古今图书集成·庶征典·蝗灾部汇考》

秋七月，绛县蝗。 ················· 光绪《绛县志》

七月，（新绛）大蝗，飞蔽天，食稼殆尽。 ········· 《新绛县志》

115. 明万历十七年（1589 年）

山西安邑蝗灾。 ················· 《中国历代蝗患之记载》

安邑蝗。 ················· 雍正《山西通志》

116. 明万历十八年（1590 年）

解州、安邑蝗。 ················· 雍正《山西通志》

117. 明万历四十年（1612 年）

秋，（隰县）大蝗，飞蝗头翅尽赤，翳日蔽天。 ········· 《隰县志》

118. 明万历四十一年（1613 年）

临晋蝗灾。 ················· 《临猗县志》

夏六月，（蒲县）旱蝗，食苗尽。 ········· 乾隆《蒲县志》

秋，（大宁）蝗虫食禾至尽。 ········· 《大宁县志》

119. 明万历四十二年（1614 年）

临晋蝗灾。 ················· 《临猗县志》

120. 明万历四十三年（1615 年）

山西沁县、万泉①、浮山蝗灾。 ········· 《中国历代蝗患之记载》

夏，沁州蝗飞蔽天日，禾稼大损。

················· 《古今图书集成·庶征典·蝗灾部汇考》

翼城、武乡、沁州蝗。 ················· 雍正《山西通志》

四月，沁州蝗从东南来，飞蔽天，禾稼大损。 ········· 乾隆《沁州志》

---

① 万泉：旧县名，治所在今山西万荣西南万泉村。

四月，（武乡）蝗虫为害，从东南来，飞蔽天日，庄稼被吃光，人民饿死
　　过半。·································《武乡县志》

解县蝗，大灾。···························《运城市志》

四月，蒲州诸县大旱蝗。···············乾隆《蒲州府志》

临晋蝗灾。·····························《临猗县志》

四月，（万荣）大旱蝗。···············《万荣县志》

四月，（万泉）大旱蝗。···············民国《万泉县志》

（浮山）蝗蝻害稼。·····················民国《浮山县志》

（翼城）蝗蝻害稼。·····················光绪《翼城县志》

121. 明万历四十四年 （1616年）

六月，山西平阳府蝗，蒲、解方甚。·········《明实录·神宗实录》

六月，文水、蒲州、安邑、闻喜、稷山、猗氏、万泉飞蝗蔽天，复生蝻，
　　禾稼立尽；临晋飞蝗，禾稼一空。七月，蝻生，寸草不遗；垣曲飞蝗自
　　东来，遮天蔽日，捕之易粟，仓廪积满。次年春，蝻生遍野，民饥，困
　　饿死者甚多。············《古今图书集成·庶征典·蝗灾部汇考》

文水、绛县、蒲县、稷山、万泉、晋宁、安邑、闻喜、猗氏、垣曲、解县
　　蝗灾，害稼，食禾立尽，草叶无遗。·········《中国历代蝗患之记载》

夏四月，文水、长治、潞城、临汾、安邑、闻喜、稷山、临晋、猗氏、万
　　泉、芮城、垣曲、蒲、解、绛诸州县飞蝗蔽天，食禾立尽。
　　·····························雍正《山西通志》

夏四月，文水飞蝗蔽天，食禾立尽。·········乾隆《太原府志》

（长治）蝗灾。···························《长治县志》

（潞安）蝗。···························乾隆《潞安府志》

蝗虫入（潞城）境，为害严重。···············《潞城市志》

春旱，（运城）飞蝗蔽天，庄稼一空，至秋，蝻生遍野，寸草不留，人不能
　　扑，多于垄首掘坑驱之。···············《运城市志》

（安邑）飞蝗蔽天，复生蝻，禾稼立尽。·········乾隆《安邑县志》

（永济）春夏大旱，飞蝗蔽日，禾稼一空，官以斗粟易斗蝗，犹不能尽，至
　　秋，复生蝻蟓遍野，人不能捕，多于垄首掘坑瘗之。
　　·····························光绪《永济县志》

（解州）飞蝗蔽天，食禾立尽。七月，蝻生，寸草不遗。······光绪《解州志》

夏旱，（芮城）飞蝗蔽日，禾稼一空，至秋，复生蝗蝻遍野，食禾立尽，人

不能捕，多于垄首掘坑驱埋，为害不已。 ················· 《芮城县志》

春旱，（万荣）蝗飞蔽日，庄稼一空，至秋，蛹生遍野，寸草无遗，人不能
捕，多于垄首掘坑驱之，秋无禾。 ················· 《万荣县志》

（万泉）蝗蛹为灾，秋无禾。 ················· 民国《万泉县志》

六月，猗氏蝗自东而来，飞蔽天，食禾殆尽。 ········· 康熙《猗氏县志》

临晋、猗氏蝗飞蔽天，复生蛹，禾稼立尽。 ········· 《临猗县志》

六月，（闻喜）蝗飞蔽天，东来，数日不绝，食禾立尽。

················· 民国《闻喜县志》

（垣曲）飞蝗蔽日，食苗立尽，邑令谕民捕之易粟。 ····· 光绪《垣曲县志》

（河津）蝗。 ················· 光绪《河津县志》

四月，（绛县）飞蝗蔽天，食禾立尽。 ········· 光绪《绛县志》

（新绛）蝗。 ················· 民国《新绛县志》

（稷山）飞蝗蔽天，食禾立尽。 ········· 同治《稷山县志》

四月，临汾飞蝗蔽天，食禾立尽。 ········· 雍正《平阳府志》

六月，（临汾）飞蝗蔽天，食禾稼几尽。 ········· 《临汾市志》

（乡宁）蝗灾。 ················· 《乡宁县志》

（文水）蝗虫遍野，伤禾。 ········· 光绪《文水县志》

122. 明万历四十五年（1617 年）

七月，山西或大旱、或大水、或蝗蛹，又或水而旱、旱而复蝗。

················· 《明实录·神宗实录》

秋七月，岳阳[①]、蒲州、绛州、稷山、闻喜、安邑、沁州蝗，头翅尽赤，蔽
天翳日。 ········· 《古今图书集成·庶征典·蝗灾部汇考》

山西蒲县、绛县、安邑、稷山、闻喜、沁县、垣曲、万泉、解县蝗灾。

················· 《中国历代蝗患之记载》

夏五月，蒲、解、绛、隰、沁州，岳阳、万泉、稷山、闻喜、安邑、阳城、
长子复飞蝗，头翅尽赤，翳日蔽天；沁源蝗，不为灾。

················· 雍正《山西通志》

（长子）旱，蝗灾，飞蔽日，势不可挡。 ········· 《长子县志》

七月，（沁源）飞蝗从东南来，飞蔽天，有群鸦食之，禾稼不致大损。

················· 民国《沁源县志》

---

① 岳阳：旧县名，治所在今山西古县。

（沁县）旱，蝗起成灾。 ···《沁县志》

夏，阳城旱蝗，飞蔽天。 ·····························雍正《泽州府志》

夏，阳城蝗灾，头翅尽赤，遮天盖地。 ·················《晋城市志》

蒲、解、绛诸州旱蝗，翳飞蔽天，头翅尽赤。 ········《运城地区志》

春，（垣曲）蝻生，食麦苗。 ·····························《垣曲县志》

（安邑）蝗蝻为害。 ···································乾隆《安邑县志》

五月，（解州）复旱蝗。 ·······························光绪《解州志》

（万泉）蝗蝻为灾，秋无禾。 ·····················民国《万泉县志》

六月，（闻喜）飞蝗蔽天，食苗立尽。 ···········民国《闻喜县志》

（绛县）旱蝗。 ·······································光绪《绛县志》

（新绛）蝗。 ···民国《新绛县志》

（稷山）飞蝗自东南来，十二日不断，虫蝻满地，害苗更虐。

···同治《稷山县志》

六月，（平陆）飞蝗蔽天。 ·····························《平陆县志》

（乡宁）仍有蝗虫。 ···································《乡宁县志》

夏五月，岳阳飞蝗头翅尽赤，翳空蔽天。 ········雍正《平阳府志》

（古县）蝗虫食谷，岁大饥。 ·····························《古县志》

秋，（隰州）大蝗。 ···································康熙《隰州志》

（安泽）飞蝗食禾，成灾。 ·····························《安泽县志》

123. 明万历四十六年 （1618 年）

夏四月，平陆、蒲州、曲沃蝗。 ···············雍正《山西通志》

（蒲州）蝗。 ···乾隆《蒲州府志》

（荣河）蝗。 ···民国《荣河县志》

六月，（永济）蝗。 ···································光绪《永济县志》

猗氏飞蝗蔽天。 ·······································《临猗县志》

夏四月，曲沃蝗。 ···································雍正《平阳府志》

夏六月，（曲沃）飞蝗蔽天。 ···············民国《新修曲沃县志》

六月，（侯马）飞蝗蔽天，食禾几尽。 ·················《侯马市志》

124. 明万历四十七年 （1619 年）

蒲、解、绛等 15 州县飞蝗蔽天。 ·····················《运城市志》

（万荣）蝗飞蔽天。 ···································《万荣县志》

125. 明万历四十八年（1620 年）

山西夏县蝗灾。 ·································《中国历代蝗患之记载》

夏五月，夏县蝗，饥。 ························· 雍正《山西通志》

（夏县）蝗蝻大作，岁荒。 ·····················《夏县志》

（运城）复蝗。 ·····························《运城市志》

126. 明崇祯四年（1631 年）

六月，榆社大蝗。 ·························· 雍正《山西通志》

（长子）蝗虫飞蔽日，集树枝折。 ················《长子县志》

临晋、猗氏蝗灾。 ··························《临猗县志》

（临汾）蝗，赈济。 ·························《临汾市志》

（汾西）蝗灾。 ····························《汾西县志》

七月，（广灵）蝗。 ·························《广灵县志》

（阳高）蝗灾。 ····························《阳高县志》

127. 明崇祯五年（1632 年）

（广灵）又蝗。 ····························《广灵县志》

（阳高）仍蝗灾。 ··························《阳高县志》

128. 明崇祯六年（1633 年）

（蒲县）蝗灾，禾苗、树叶尽伤。 ················《蒲县志》

129. 明崇祯八年（1635 年）

秋，山西稷山蝗虫弥漫四野，食禾稼尽；垣曲蝗灾。

·······································《中国历代蝗患之记载》

秋，稷山、垣曲旱蝗。 ······················ 雍正《山西通志》

稷山、垣曲飞蝗遍野。 ······················《运城地区志》

（万荣）蝗蝻食禾尤甚。 ·····················《万荣县志》

（稷山）飞蝗弥漫四野，秋禾一过如扫。 ·········· 同治《稷山县志》

（闻喜）蝗虫为害，食禾殆尽。 ·················《闻喜县志》

五月，（垣曲）蝗食禾尽，继生蝻，野无青草。 ········ 光绪《垣曲县志》

七月，（辽州）蝗。 ························· 雍正《辽州志》

130. 明崇祯九年（1636 年）

稷山蝻，害甚于蝗。七月，潞安蝗食禾，生蝻。

·····························《古今图书集成·庶征典·蝗灾部汇考》

秋，山西蝗虫严重害稼，稷山、潞安蝗灾。 ········《中国历代蝗患之记载》

荣河、交城、长治、潞城、襄垣、长子蝗蝻伤稼，稷山蝻害甚于蝗。

　　　　　　　　　　　　　　　　　　　　…………………… 雍正《山西通志》

交城蝗。　…………………………………………………… 乾隆《太原府志》

七月，（长治）蝗食禾。　……………………………………………《长治县志》

七月，（潞安）蝗食禾，生蝻。　………………………… 乾隆《潞安府志》

秋，（长子）蝗食禾，岁饥。　………………………………………《长子县志》

蝗虫入（潞城）境，生蝻，食禾尽。　…………………………………《潞城市志》

（潞城）蝗食禾，生蝻。　………………………………… 光绪《潞城县志》

（屯留）蝗食禾，大饥。　………………………………………………《屯留县志》

七月，（襄垣）蝗食禾稼。　…………………………………………《襄垣县志》

荣河蝗。　…………………………………………………… 乾隆《蒲州府志》

（万荣）蝗蝻食禾尤甚。　……………………………………………《万荣县志》

（闻喜）蝗灾。　………………………………………………………《闻喜县志》

（稷山）蝻害更甚于蝗。　………………………………… 同治《稷山县志》

秋，（交城）飞蝗食禾，岁饥。　……………………………………《交城县志》

131. 明崇祯十年（1637 年）

山西绛县蝗灾。　…………………………………《中国历代蝗患之记载》

荣河蝗。　…………………………………………………… 雍正《山西通志》

蒲州（荣河）复蝗，临晋如之。　……………………… 乾隆《蒲州府志》

秋，（绛县）蝗，禾叶尽食，茎折穗干。　………………………………《绛县志》

132. 明崇祯十一年（1638 年）

山西解县、绛县、蒲县、交城蝗灾。　………………《中国历代蝗患之记载》

六月，襄陵、太平、临晋、蒲、解、绛州、安邑、沁水蝗。

　　　　　　　　　　　　　　　　　　　　…………………… 雍正《山西通志》

六月，蒲州蝗。秋，交城蝗伤禾。

　　　　　　　　…………………………《古今图书集成·庶征典·蝗灾部汇考》

山西（代县）旱蝗。　…………………………………………………《代县志》

（沁水）蝗。　………………………………………………… 光绪《沁水县志》

七月，飞蝗蔽天，伤禾立尽，解县、安邑大灾。　…………………《运城市志》

（永济）蝗。　………………………………………………… 光绪《永济县志》

六月，临晋、猗氏蝗灾。　……………………………………………《临猗县志》

夏六月，猗氏蝗。　………………………………………… 康熙《猗氏县志》

六月，（垣曲）蝗。 ·· 光绪《垣曲县志》

七月，（安邑）飞蝗蔽天，伤禾。 ···························· 乾隆《安邑县志》

七月，（解州）飞蝗蔽天，伤禾立尽。 ····················· 光绪《解州志》

（绛州）蝗。 ··· 光绪《直隶绛州志》

（新绛）蝗。 ··· 民国《新绛县志》

（襄汾）飞蝗蔽日，食禾殆尽。 ····························· 《襄汾县志》

（襄陵）飞蝗蔽日，食禾殆尽。 ························· 光绪《襄陵县志》

（汾西）蝗灾。 ··· 《汾西县志》

（太平）蝗。 ··· 光绪《太平县志》

133. 明崇祯十二年（1639 年）

六月，山西旱蝗。 ··· 《明史·庄烈帝纪》

山西解县、浮山、汾城、闻喜、绛县、霍县、蒲县、安邑、孝义、垣曲
蝗灾。 ··· 《中国历代蝗患之记载》

秋，太平、闻喜、安邑、绛州、霍州、孝义、垣曲、蒲州蝗。

·················· 《古今图书集成·庶征典·蝗灾部汇考》

秋，孝义、介休、清源、太平、闻喜、安邑、垣曲、翼城、绛、霍、蒲蝗
食禾如扫。 ··································· 雍正《山西通志》

（清徐）蝗灾。 ··· 《清徐县志》

（清源）蝗食禾如扫。 ··· 顺治《清源县志》

秋八月，（介休）蝗食禾如扫。 ························· 民国《介休县志》

夏，沁水旱蝗，蝝生累累，蔓延伏地如鳞。 ·········· 雍正《泽州府志》

六月，（运城）蝗蝻大伤禾稼，扑杀不绝，安、解大灾。 ······ 《运城市志》

（永济）蝗。 ··· 光绪《永济县志》

（解州）蝗蝻大伤禾。 ································· 光绪《解州志》

六月，（安邑）蝗蝻大伤禾稼。 ························· 乾隆《安邑县志》

六月，（垣曲）蝗蝻生，食禾如扫。 ····················· 光绪《垣曲县志》

七月，（闻喜）蝗。 ··· 民国《闻喜县志》

（绛县）蝗食禾如扫。 ··································· 光绪《绛县志》

（新绛）蝗。 ··· 民国《新绛县志》

太平、翼城、霍州蝗食禾如扫。 ························· 雍正《平阳府志》

（浮山）蝗蝻食禾。 ··· 民国《浮山县志》

六月，蒲县蝗虫为灾，庄稼、草木被食一净。 ·············· 《蒲县志》

（大宁）蝗灾，流民死者甚重。 ……………………………… 《大宁县志》

（翼城）蝗蝻食禾。 …………………………… 光绪《翼城县志》

（襄汾）蝗灾。 ………………………………………… 《襄汾县志》

（太平）旱蝗。 ………………………………… 光绪《太平县志》

霍州蝗。 ……………………………… 道光《霍州直隶州志》

六月，乐平旱蝗。 …………………………… 光绪《平定州志》

六月，（昔阳）旱蝗。 ………………………… 民国《昔阳县志》

（孝义）蝗。 …………………………………… 乾隆《孝义县志》

秋，孝义、介休蝗食禾如扫。 ………………… 乾隆《汾州府志》

134. 明崇祯十三年（1640 年）

五月，山西大旱蝗。 ………………………… 《明史·五行志》

山西蝗灾。 ………………………… 《中国历代蝗患之记载》

秋七月，太谷蝗。 …………………………… 雍正《山西通志》

（太谷）蝗群飞蔽空，食禾几尽。 …………… 民国《太谷县志》

（阳曲）旱，蝗灾严重，遣官赈济。 …………… 《阳曲县志》

（高平）旱蝗，大饥，人相食。 ………………… 《高平县志》

五月，山西大旱，安邑、解县蝗飞蔽日，伤禾。 …………… 《运城市志》

（闻喜）连续蝗灾。 ………………………………… 《闻喜县志》

（夏县）大旱，蝗蝻食苗，岁大饥。 …………… 《夏县志》

（隰县）蝗灾，大饥，人相食。 ………………… 《隰县志》

霍州蝻。 ……………………………… 道光《霍州直隶州志》

平定旱蝗。 …………………………………… 光绪《平定州志》

135. 明崇祯十四年（1641 年）

六月，榆次蝗。 ……………………………… 乾隆《太原府志》

六月，（榆次）飞蝗蔽日，食禾至尽，民大饥。 …………… 《榆次市志》

（阳曲）旱，蝗灾严重，遣官赈济。 …………… 《阳曲县志》

解州、芮城旱蝗，无禾，父子相食。 …………… 《运城地区志》

（芮城）连年旱蝗，无禾。 ……………………… 《芮城县志》

136. 明崇祯十五年（1642 年）

六月，万泉蝗。 ………… 《古今图书集成·庶征典·蝗灾部汇考》

山西万泉蝗灾。 …………………………… 《中国历代蝗患之记载》

万泉蝗。 ……………………………………… 雍正《山西通志》

（阳曲）旱，蝗灾严重，遣官赈济。 ·············· 《阳曲县志》

137. 明崇祯十七年（1644 年）

六月雨雹，（介休）蝗食稼。 ·············· 民国《介休县志》

六、清代蝗灾

138. 清顺治二年（1645 年）

岳阳蝗。 ·············· 雍正《平阳府志》

（古县）飞蝗食禾，岁大饥。 ·············· 《古县志》

（安泽）飞蝗食禾，成灾。 ·············· 《安泽县志》

六月，（应县）蝗自西南来，禾食尽。 ·············· 《应县志》

139. 清顺治三年（1646 年）

七月，浑源州蝗。九月，洪洞蝗，宁乡①蝗。 ·············· 《清史稿·灾异志》

宁乡、洪洞、长治、襄垣、文水、祁县蝗。 ·············· 雍正《山西通志》

文水、祁县蝗。 ·············· 乾隆《太原府志》

七月，（长治）蝗飞蔽天。 ·············· 《长治县志》

七月，（潞安）蝗飞蔽天，向西南飞去。 ·············· 乾隆《潞安府志》

七月，（襄垣）蝗飞蔽天。 ·············· 《襄垣县志》

秋，（洪洞）飞蝗蔽日，绵亘三十里，所过穗叶立尽。 ··· 民国《洪洞县志》

（宁乡）蝗。 ·············· 康熙《宁乡县志》

（中阳）蝗。 ·············· 《中阳县志》

（文水）飞蝗蔽日，禾稼多伤。 ·············· 光绪《文水县志》

（应县）蝗出，复食禾。 ·············· 《应县志》

（浑源）州境发生蝗虫，庄稼被伤严重。 ·············· 《浑源县志》

140. 清顺治四年（1647 年）

六月，介休蝗。七月，太谷、祁县、徐沟、岢岚蝗；静乐飞蝗蔽天，食禾殆尽；定襄蝗，坠地尺许；吉州②、武乡、陵川、辽州、大同蝗；广灵、潞安蝗，长治飞蝗蔽天，集树折枝；灵石飞蝗蔽天，杀稼殆尽。

·············· 《清史稿·灾异志》

---

① 宁乡：旧县名，治所在今山西中阳。
② 吉州：旧州名，治所在今山西吉县。

是岁山、陕①蝗见，全才为扑蝗法授州县吏，蝗至，如法捕辄尽，不伤稼。
　　因以其法上闻，命传示诸直省。·················《清史稿·胡全才传》

静乐、岢岚、河曲、潞安、介休、临县、陵川、太平、临汾、灵石、汾西、
　　临晋、猗氏、大同、武乡、太谷、定襄、祁县、五台、辽、朔、蒲、吉、
　　隰州蝗，赈济；交城、徐沟、长治、潞城蝗，不食稼。
　　···雍正《山西通志》

山西大同、太谷、广灵、解县、万泉、潞安、静乐、太原、平阳、辽州、
　　泽州蝗灾；陵川蝗灾，飞蔽天，食稼殆尽，民饥。
　　·································《中国历代蝗患之记载》

太谷、祁县、岢岚蝗，赈恤有差。·········乾隆《太原府志》

秋，(太原) 蝗灾，徐沟蝗食禾。···············《太原市志》

七月，蝗由寿阳过徐沟，向西南飞去，遮天蔽日，集义、楚王等村遭蝗，
　　伤损禾苗。·······························《清徐县志》

(娄烦) 飞蝗食禾殆尽，岁大饥。···············《娄烦县志》

(左权) 飞蝗蔽日，食禾几尽。···············《左权县志》

(辽州) 飞蝗蔽日，食禾殆尽。···········雍正《辽州志》

六月，(祁县) 连日蝗飞蔽天，长亘六十里，阔四十里，集树枝干委垂、枝
　　折，大饥，赈之。························《祁县志》

夏六月，(介休) 飞蝗蔽天，食禾稼皆尽。·········民国《介休县志》

灵石蝗。·······························道光《霍州直隶州志》

七月，飞蝗入 (潞安) 境，集树枝折，未伤禾。········乾隆《潞安府志》

秋，飞蝗入 (潞城) 境，庄稼、野草吃光。···········《潞城市志》

秋，(平顺) 飞蝗蔽空，入田食禾罄尽。···········《平顺县志》

(长子) 蝗飞蔽日，集树枝折。···········光绪《长子县志》

七月，蝗灾，庄稼吃完，人吃草根、树皮。···········《武乡县志》

陵川蝗飞蔽天，食苗几尽，民流亡。·········雍正《泽州府志》

六月，(永济) 蝗。···················光绪《永济县志》

四月大雨，(安邑) 多蛤蟆，蝗，不为灾。·········乾隆《安邑县志》

六月，(芮城) 蝗灾。···················《芮城县志》

(蒲州) 有蝗。···················乾隆《蒲州府志》

---

① 山、陕：区域名，指今山西、陕西两省。

（解州）蝗，不为灾。 …………………………………… 光绪《解州志》

临晋、猗氏蝗灾。 …………………………………………… 《临猗县志》

六月，猗氏蝗。 …………………………………… 康熙《猗氏县志》

（万泉）有蝗。 …………………………………… 民国《万泉县志》

太平、临汾、灵石、汾西蝗，赈济。 ………… 雍正《平阳府志》

夏六月，（临汾）蝗。 …………………………… 民国《临汾县志》

（襄汾）蝗灾。 ……………………………………………… 《襄汾县志》

（太平）蝗。 ……………………………………… 光绪《太平县志》

六月，（吉州）飞蝗骤至，食苗几尽。 ……… 康熙《吉州志》

六月，（吉县）蝗，赈济有差。 ……………… 光绪《吉县志》

（汾西）蝗食苗。 …………………………………………… 《汾西县志》

介休、临县蝗，赈恤有差。 …………………… 乾隆《汾州府志》

四月，（文水）蝗蝻复生，民掘坎捕之立尽。 … 光绪《文水县志》

（交城）蝗从西南来，蔽日遮天，有如风声，伤禾稼。 ……… 《交城县志》

秋，（临县）蝗。 ………………………………… 民国《临县志》

七月，（定襄）飞蝗从东面窑头口来，遮天蔽日，坠地寸许，所落处苗稼
    皆尽。 ………………………………………………… 《定襄县志》

（静乐）飞蝗食禾殆尽，岁大饥。 …………………… 《静乐县志》

（保德）飞蝗，禾稼甚伤。 ……………………… 康熙《保德州志》

（岢岚）蝗飞蔽天，伤禾稼，凡三载。 ……… 光绪《岢岚州志》

四月，蝗蝻从西北入（河曲）境，食禾殆尽。 ………… 《河曲县志》

飞蝗入（朔县）境，秋禾食尽，民大饥。 ……………… 《朔县志》

（朔平）蝗，大饥。 ……………………………… 雍正《朔平府志》

（怀仁）蝗，奉旨赈饥。 ………………………… 光绪《怀仁县新志》

秋，（右玉）蝗虫伤禾，收成大减。 …………………… 《右玉县志》

（大同）蝗，奉旨赈济。 ………………………… 乾隆《大同府志》

（阳高）蝗虫灾害。 ………………………………………… 《阳高县志》

七月，（左云）飞蝗蔽日，食秋禾尽。 ………………… 《左云县志》

七月，飞蝗入（广灵）境。 ……………………………… 《广灵县志》

141. 清顺治五年（1648 年）

山西广灵蝗灾。 …………………………… 《中国历代蝗患之记载》

盂县、永和、蒲县、大同、朔州蝗。 ………… 雍正《山西通志》

春，（阳城）蝝生，未害稼。 ···················· 同治《阳城县志》

秋，（蒲县）蝗，大饥。 ···················· 乾隆《蒲县志》

秋，（隰县）飞蝗蔽日，谷黍尽食。 ···················· 《隰县志》

秋，（大宁）蝗飞蔽日，所过谷黍食尽。 ···················· 《大宁县志》

秋，（永和）蝗飞蔽日，所过谷黍无存。 ···················· 民国《永和县志》

五月，（定襄）蝗蝻复生，无翅，麦颇伤。 ···················· 《定襄县志》

（保德）飞蝗，禾稼甚伤。 ···················· 康熙《保德州志》

（岢岚）蝗。 ···················· 光绪《岢岚州志》

（河曲）蝗灾稍减。 ···················· 《河曲县志》

（朔县）蝗蝻为灾，禾苗尽食。 ···················· 《朔县志》

（朔平）又蝗。 ···················· 雍正《朔平府志》

（右玉）又有蝗灾。 ···················· 《右玉县志》

秋，盂县蝗灾。 ···················· 《阳泉市志》

秋，（盂县）蝗。 ···················· 光绪《盂县志》

秋，盂县蝗。 ···················· 乾隆《平定州志》

（天镇）蝗灾。 ···················· 《天镇县志》

（广灵）蝻子炽盛，损田严重。 ···················· 《广灵县志》

（阳高）蝗虫灾害。 ···················· 《阳高县志》

142. 清顺治六年 （1649 年）

三月，阳曲蝗，盂县蝗。 ···················· 《清史稿·灾异志》

秋，山西广灵蝗灾。 ···················· 《中国历代蝗患之记载》

夏四月，阳曲、灵石蝗。 ···················· 雍正《山西通志》

三月，阳曲蝗。 ···················· 乾隆《太原府志》

（阳曲）蝗飞蔽日。 ···················· 道光《阳曲县志》

灵石蝗。 ···················· 雍正《平阳府志》

（岢岚）蝗。 ···················· 光绪《岢岚州志》

（河曲）蝗灾稍减。 ···················· 《河曲县志》

（朔平）又蝗。 ···················· 雍正《朔平府志》

（右玉）又有蝗灾。 ···················· 《右玉县志》

大同发生特大蝗灾，饥荒，人死大半。 ···················· 《大同市志》

（阳高）蝗虫灾害。 ···················· 《阳高县志》

（灵丘）蝗。 ···················· 康熙《灵邱县志》

143. 清顺治七年（1650 年）

七月，太平、岢岚蝗，介休、宁乡蝗。·······················《清史稿·灾异志》

山西太谷蝗灾；阳曲蝗灾发生，害稼，免税。······《中国历代蝗患之记载》

岢岚、永宁①、太谷、介休、宁乡蝗。·······················雍正《山西通志》

太谷、岢岚蝗。···乾隆《太原府志》

（和顺）蝗。···民国《和顺县志》

夏五月，（介休）有蝗，四境击金驱逐如御贼。·······民国《介休县志》

（襄垣）蝗食禾稼，民大饥。·······································《襄垣县志》

六月，（武乡）雨、雹、蝗。·····································乾隆《武乡县志》

七月，（离石）蝗灾，大饥。···《离石县志》

秋七月，（永宁）蝗为灾，大饥。·····························光绪《永宁州志》

七月，（中阳）蝗。···《中阳县志》

七月，（宁乡）蝗，大饥。···康熙《宁乡县志》

（河曲）蝗灾稍减。···《河曲县志》

（阳高）连年蝗虫灾害，群飞蔽天，食禾殆尽。·········《阳高县志》

144. 清顺治八年（1651 年）

五月，（武乡）蝗。···乾隆《武乡县志》

145. 清顺治十二年（1655 年）

夏四月，曲沃蝗。···雍正《山西通志》

（曲沃）蝗。···民国《新修曲沃县志》

（侯马）蝗。···《侯马市志》

146. 清顺治十三年（1656 年）

正月，徐沟蝗。···《清史稿·灾异志》

徐沟、盂县蝗，不为害。·······································雍正《山西通志》

六月，（清徐）飞蝗食苗。···《清徐县志》

（盂县）蝗，不为灾。···光绪《盂县志》

147. 清康熙六年（1667 年）

六月，（垣曲）飞蝗东来，不为害。·························光绪《垣曲县志》

148. 清康熙十年（1671 年）

七月，芮城蝗。···《运城地区志》

---

① 永宁：旧县名，治所在今山西离石。

七月，（芮城）蝗灾。 ·····················《芮城县志》

149. 清康熙十一年（1672 年）

六月，长治蝗。七月，黎城、芮城蝗，解州蝗。 ········《清史稿·灾异志》

山西解县蝗灾。 ·····················《中国历代蝗患之记载》

秋七月，长治蝗不入境；平顺蝗，多不食稼。 ·······雍正《山西通志》

七月，飞蝗入（潞城）境，逾月蝻生，伤麦苗尽。 ·····光绪《潞城县志》

（黎城）飞蝗自东而来蔽天遮日，庄稼被毁。 ·········《黎城县志》

飞蝗入（屯留）境。 ·····················《屯留县志》

秋七月，（解州）蝗。 ·····················光绪《解州志》

秋七月，有蝗自灵宝来，旋飞而南，不为灾。 ·····乾隆《解州芮城县志》

八月，（芮城）蝗灾。 ·····················《芮城县志》

秋七月，太平（平阳）蝗，多不食禾。 ··········雍正《平阳府志》

（太平）蝗过，不为灾。 ·····················光绪《太平县志》

150. 清康熙十二年（1673 年）

四月，（屯留）蝗蝻食禾。 ·····················《屯留县志》

秋八月，飞蝗入（平陆）境，食禾尽。 ········乾隆《平陆县志》

151. 清康熙十三年（1674 年）

八月，飞蝗入（平陆）境，食禾尽。 ········乾隆《平陆县志》

152. 清康熙二十五年（1686 年）

六月，平定蝗。 ·····················《清史稿·灾异志》

四月，平定蝗不入境。 ·····················光绪《平定州志》

153. 清康熙二十九年（1690 年）

七月，平陆蝗。 ·····················《清史稿·灾异志》

六月，（平陆）蝗蝻食禾尽。 ········乾隆《平陆县志》

（沁水）蝗虫成灾，禾苗多被吃光。 ··········《沁水县志》

（蒲县）蝗飞蔽日，自东而西，食禾苗过半。 ·······乾隆《蒲县志》

154. 清康熙三十年（1691 年）

六月，浮山、翼城、岳阳蝗，万泉飞蝗蔽天，沁州、高平落地积五寸。七月，曲沃、临汾、襄陵蝗，平阳、猗氏、安邑、河津、蒲县、稷山、绛县、垣曲、宁乡等县蝗。 ·····················《清史稿·灾异志》

山西万泉、闻喜、解县、稷山、浮山、平遥等县蝗灾。

·····················《中国历代蝗患之记载》

平阳府属及泽州沁水、介休俱旱蝗，民饥；长子蝗飞十日，禾不为灾。

．．．．．．．．．．．．．．．．．．．．．．．．．．．．．．．．雍正《山西通志》

(平遥) 蝗虫为灾，大荒；平阳、安邑、夏县更甚。．．．．．．光绪《平遥县志》

六月，(长治) 蝗灾。．．．．．．．．．．．．．．．．．．．．．．《长治县志》

秋，(长子) 蝗飞蔽天，蔽日十天，所到处禾苗叶尽，民多流亡。

．．．．．．．．．．．．．．．．．．．．．．．．．．．．．．．．．．《长子县志》

六月，沁州蝗从东南来，飞蔽天，禾稼大损。八月，蝻生，禾稼啮食几尽，

民饥。．．．．．．．．．．．．．．．．．．．．．．．．．．．．．．乾隆《沁州志》

蝗入 (沁源) 境，随即远去。．．．．．．．．．．．．．．．．民国《沁源县志》

六月，(泽州) 蝗食苗稼。七月，蝻入人家舍与民争食，民死徙殆半，诏免

租赈济。．．．．．．．．．．．．．．．．．．．．．．．．．．．．雍正《泽州府志》

(晋城) 蝗虫食禾，蝻生遍地，饿死流亡大半，诏免赋赈济。

．．．．．．．．．．．．．．．．．．．．．．．．．．．．．．．．．．《晋城市志》

六月，(凤台) 蝗食苗。七月，蝻生，岁大饥，民流亡，发粟赈济，免

田租。．．．．．．．．．．．．．．．．．．．．．．．．．．．．乾隆《凤台县志》

五月，(沁水) 蝗食苗，人民死徙殆半。．．．．．．．．．．光绪《沁水县志》

夏六月，(高平) 飞蝗蔽日，自南而北落地积五寸，田禾一空，东南刘庄、双

井、李门至西北高良、柳林、通义等 35 村被灾独甚。．．．．．．．．《高平县志》

秋，(运城) 飞蝗蔽天，禾立尽，安、解大灾。．．．．．．．．《运城市志》

秋，(安邑) 飞蝗蔽天，禾立尽。．．．．．．．．．．．．．．乾隆《安邑县志》

秋，(解州) 飞蝗伤禾。．．．．．．．．．．．．．．．．．．光绪《解州志》

猗氏蝗蝻损禾。．．．．．．．．．．．．．．．．．．．．．．．．《临猗县志》

(芮城) 旱蝗，大饥。．．．．．．．．．．．．．．．．．．．．．《芮城县志》

秋，(夏县) 蝗蝻为灾，大伤民禾，遗蝻繁生，尽食禾苗，人民卖妻溺子，

道馑相望。．．．．．．．．．．．．．．．．．．．．．．．．．．．《夏县志》

六月，万泉飞蝗蔽天，食尽禾苗，民有饿死者。．．．．．．．．《万荣县志》

秋七月，(新绛) 蝗。．．．．．．．．．．．．．．．．．．．民国《新绛县志》

七月，(绛州) 蝗。．．．．．．．．．．．．．．．．．光绪《直隶绛州志》

(稷山) 蝗。．．．．．．．．．．．．．．．．．．．．．．．同治《稷山县志》

六月，(闻喜) 蝗。七月，蝻，大饥，赈济。．．．．．．．．民国《闻喜县志》

(垣曲) 蝗蝻食禾尽。．．．．．．．．．．．．．．．．．．光绪《垣曲县志》

(河津) 蝗。．．．．．．．．．．．．．．．．．．．．．．．光绪《河津县志》

平阳府属旱蝗，民饥，赈济。 ················· 雍正《平阳府志》

六月，（临汾）蝗，赈济。 ················· 民国《临汾县志》

六月，（浮山）大旱蝗，赈之，蠲免田租。 ········· 民国《浮山县志》

秋旱，（翼城）蝗灾严重，饥。 ················· 《翼城县志》

六月，（襄汾）蝗灾。 ····················· 《襄汾县志》

六月，（襄陵）蝗发，赈济。 ··············· 光绪《襄陵县志》

秋七月，（曲沃）蝗。 ················· 民国《新修曲沃县志》

（乡宁）蝗灾。 ························· 《乡宁县志》

（吉县）旱蝗，赈济。 ··················· 光绪《吉县志》

（蒲县）蝗旱，赈济。 ··················· 乾隆《蒲县志》

（隰县）蝗灾，民饥。 ····················· 《隰县志》

七月，（安泽）飞蝗伤禾，继蝻生遍野，禾一空。 ······· 《安泽县志》

（古县）飞蝗入境，蝻子弥山，苗吃一空。 ········· 《古县志》

介休旱蝗，民饥，诏发谷赈恤，蠲免税粮。 ······ 乾隆《汾州府志》

155. 清康熙三十一年（1692 年）

春，洪洞、临汾、襄陵、河津蝗。夏，浮山蝗。 ······· 《清史稿·灾异志》

山西稷山蝗灾；浮山蝗虫大发生，蝻食稼尽，饥。

················· 《中国历代蝗患之记载》

平阳又旱蝗，民饥。 ················· 雍正《山西通志》

（稷山）旱蝗，民饥，蠲免田租。 ··········· 同治《稷山县志》

（河津）旱蝗，民饥，免田租。 ············· 光绪《河津县志》

（临汾）旱蝗，大饥。 ················· 民国《临汾县志》

（浮山）蝗蝻为灾，无禾，民饥。 ··········· 民国《浮山县志》

（吉县）旱蝗，大饥，免钱粮。 ············· 光绪《吉县志》

（襄汾）蝗害。 ························· 《襄汾县志》

（襄陵）旱蝗，大饥，蠲免田粮。 ··········· 光绪《襄陵县志》

156. 清康熙三十二年（1693 年）

山西泽州、沁州郡县蝗灾，害稼，上谕令民耕翻蝗卵。

················· 《中国历代蝗患之记载》

山西平阳、泽州、沁州蝗。 ··········· 《中国历代天灾人祸表》

十月初十日，户部牒山西巡抚、郡县，咸令必于今岁来春勉力耕耨，螟蝗

之灾务令消灭。 ·········《古今图书集成·庶征典·蝗灾部汇考》

157. 清康熙三十三年（1694 年）

诏山西捕蝗。………………………《古今图书集成·庶征典·蝗灾部汇考》

山西蝗灾，令民耕翻田间蝗卵。………………………《中国历代蝗患之记载》

山西平阳府、泽州、沁州所属前因旱蝗灾伤，民生困苦，蠲免额赋并赈济。

………………………………………………… 光绪《山西通志》

（临汾）旱，蝗灾。………………………………………《临汾市志》

（沁县）旱蝗，灾伤。……………………………………《沁县志》

158. 清康熙三十四年（1695 年）

夏，（襄汾）蝗害。…………………………………………《襄汾县志》

159. 清康熙三十八年（1699 年）

夏，（太平）螽。…………………………………… 光绪《太平县志》

160. 清康熙四十年（1701 年）

（昔阳）大旱，蝗飞至松子岭，抱草木死。………… 民国《昔阳县志》

平定飞蝗至松子岭，俱抱树死。………………… 乾隆《平定州志》

161. 清康熙四十二年（1703 年）

（和顺）蝗食苗。………………………………… 民国《和顺县志》

162. 清康熙四十四年（1705 年）

山西广灵蝗灾。…………………………………《中国历代蝗患之记载》

（广灵）飞蝗。……………………………………………《广灵县志》

163. 清康熙五十七年（1718 年）

二月，天镇蝗。………………………………………《清史稿·灾异志》

（天镇）北川蝗灾。………………………………………《天镇县志》

164. 清康熙六十一年（1722 年）

（乡宁）蝗灾。……………………………………………《乡宁县志》

秋，（襄汾）蝗害。………………………………………《襄汾县志》

165. 清雍正十年（1732 年）

（夏县）蝗生，降雨，随皆消灭。………………………《夏县志》

166. 清乾隆五年（1740 年）

（繁峙）东乡诸村飞蝗食禾，知县率众捕捉，未成大害。……《繁峙县志》

167. 清乾隆十一年（1746 年）

秋，山西解县蝗灾。…………………………………《中国历代蝗患之记载》

七月，（解州）蝗。…………………………………… 光绪《解州志》

七月，（虞乡）蝗。 ·· 光绪《虞乡县志》

168. 清乾隆十八年（1753 年）

（天镇）边墙蝗灾。 ·· 《天镇县志》

（广灵）杜鹃来，蚂蚱多。 ·· 《广灵县志》

169. 清乾隆二十三年（1758 年）

秋，（垣曲）螣食禾。 ·· 光绪《垣曲县志》

170. 清乾隆二十四年（1759 年）

秋七月，山西平定等州县蝗。 ···················· 《清史稿·高宗本纪》

山西寿阳蝗，不为灾。 ···················· 《中国历代蝗患之记载》

（寿阳）大蝗，未害秋稼。 ·· 光绪《寿阳县志》

秋淫雨，（和顺）蝗蝻生。 ·· 民国《和顺县志》

六月，（昔阳）侯家垭、黄得寨等村有蝗，知县督兵役民夫扑灭之。

··· 民国《昔阳县志》

171. 清乾隆三十年（1765 年）

秋，（榆次）县东南等村有蝗。 ···················· 同治《榆次县志》

172. 清乾隆三十八年（1773 年）

春三月，（昔阳）县南忽生虫蝻，知县督率民夫扑灭。 ······ 民国《昔阳县志》

173. 清乾隆五十一年（1786 年）

七月，垣曲飞蝗蔽天，食禾几尽，仅余豆苗。 ···········《运城地区志》

七月，（垣曲）飞蝗蔽天，食禾十之九，仅存豆苗。 ······ 光绪《垣曲县志》

174. 清嘉庆七年（1802 年）

山西巡抚和瑛以匿蝗灾事觉，谴戍乌鲁木齐。 ···········《清史稿·和瑛传》

175. 清嘉庆八年（1803 年）

秋，（黎城）飞蝗蔽日，大饥。 ···················· 《黎城县志》

176. 清嘉庆十六年（1811 年）

飞蝗入（垣曲）境，蠲免钱粮。 ···················· 光绪《垣曲县志》

177. 清道光四年（1824 年）

七月，（阳泉）蝗，禾稼尽伤。 ···················· 《阳泉市志》

秋七月，平定蝗，禾稼尽伤。 ···················· 光绪《平定州志》

178. 清道光五年（1825 年）

七月，阳曲杨兴、贾庄等 28 村飞蝗伤稼。 ···········《太原市志》

七月，杨兴、贾庄等二十余村飞蝗入境，损伤禾稼，知县收捕。

.... 道光《阳曲县志》

秋，(昔阳) 飞蝗蔽日。 .... 民国《昔阳县志》

(盂县) 蝗食禾，饥。 .... 光绪《盂县志》

179. 清道光六年（1826 年）

四月，(阳曲) 贾庄等六村飞蝗复生，知县雇民夫扑灭。

.... 道光《阳曲县志》

(古县) 蝗灾。 .... 《古县志》

180. 清道光七年（1827 年）

秋，山西代县蝗灾。 .... 《中国历代蝗患之记载》

181. 清道光十二年（1832 年）

七月，(代县) 蝗起，州人捐钱赈灾。 .... 《代县志》

(神池) 飞蝗蔽日，大饥。 .... 光绪《神池县志》

(朔县) 旱，蝗虫为灾。 .... 《朔县志》

(马邑①) 旱蝗。 .... 民国《马邑县志》

182. 清道光十五年（1835 年）

山西绛县蝗灾。 .... 《中国历代蝗患之记载》

夏，(绛县) 有蝗。 .... 光绪《绛县志》

(新绛) 旱，有蝗虫。 .... 《新绛县志》

183. 清道光十六年（1836 年）

山西汾阳蝗灾。 .... 《中国历代蝗患之记载》

垣曲飞蝗蔽天，食禾。 .... 《运城地区志》

(垣曲) 蝗飞蔽天，食禾立尽，邑令分厂收买蝗虫一万五千余斤。

.... 光绪《垣曲县志》

七月，(虞乡) 蝗害稼。 .... 光绪《虞乡县志》

(安泽) 蝗虫伤禾，成灾。 .... 《安泽县志》

(汾阳) 蝗灾。 .... 《汾阳县志》

(文水) 蝗，不为灾。 .... 光绪《文水县志》

蝗蝻自西入 (河曲) 境。 .... 《河曲县志》

(平鲁) 蝗灾。 .... 《平鲁县志》

---

① 马邑：旧县名，治所在今山西朔州东北马邑村。

飞蝗入（怀仁）境，秋禾尽食，卖妻鬻子，流亡过半。

　　　　　　……………………………………………………… 光绪《怀仁县新志》

（左云）旱，飞蝗成灾。 ……………………………………………………《左云县志》

飞蝗入（天镇）境。 ………………………………………………………………《天镇县志》

夏，蝗入（浑源）境，伤禾稼，大饥。 ……………………………………《浑源县志》

（广灵）飞蝗。 ………………………………………………………………………《广灵县志》

184. **清道光十七年**（1837 年）

春正月，贷山西朔州等十一州厅县水灾、旱灾、蝗灾、雹灾、霜灾仓谷口
　　粮、籽种。 ……………………………………………………《清史稿·宣宗本纪》

（阳城）旱蝗。 …………………………………………………………… 同治《阳城县志》

秋，（芮城）蝗害稼。 …………………………………………………………《芮城县志》

秋，（永济）蝗虫害稼。 ………………………………………………… 光绪《永济县志》

七月，飞蝗入（平陆）境，食田禾，秋无粟。 ……………………………《平陆县志》

春，（垣曲）蝗蝻生，食麦苗如扫，邑令分厂收买蝗蝻二万斤。

　　　　　　…………………………………………………………………… 光绪《垣曲县志》

六月，飞蝗入（绛州）境，不为灾。 ……………………… 光绪《直隶绛州志》

六月，飞蝗入（新绛）境，不为灾。 ……………………… 民国《新绛县志》

夏六月，（曲沃）飞蝗蔽天。 ……………………… 民国《新修曲沃县志》

六月，（侯马）飞蝗蔽天。 ……………………………………………………《侯马市志》

（河曲）旱，蝗灾。 ………………………………………………………………《河曲县志》

五月，朔州 16 个村蝗蝻出土，知府亲到田里察看，出告示收买蝻子，指示捕
　　蝗之法，勒令 10 日内扑捕净尽，后大雨三天，蝗蝻净尽。 ……《朔县志》

185. **清道光二十三年**（1843 年）

飞蝗入（荣河）境，不为灾。 …………………………………… 民国《荣河县志》

186. **清道光二十七年**（1847 年）

秋，（曲沃）蝗，不为灾。 ………………………………………… 民国《新修曲沃县志》

187. **清咸丰元年**（1851 年）

秋，（沁水）多蝗。 ………………………………………………………………《沁水县志》

六月，（垣曲）旱蝗，邑令率民扑灭，不为灾。 ………… 光绪《垣曲县志》

188. **清咸丰四年**（1854 年）

飞蝗入（荣河）境，不为灾。 …………………………………… 民国《荣河县志》

189. 清咸丰六年（1856 年）

凤台、黎城、潞城、绛县各属，均禀报有飞蝗停落。……《捕蝗除种告谕》

九月，飞蝗入（长治）境。…………………………………《长治市志》

秋，（阳城）蝗害稼。…………………………………同治《阳城县志》

秋，（沁水）多蝗。…………………………………光绪《沁水县志》

秋，荣河蝗蝻遍野，食麦苗。…………………………《运城地区志》

秋，（万荣）蝗蝻遍野，食麦苗。…………………………《万荣县志》

190. 清咸丰七年（1857 年）

本年，虞乡、榆社、静乐、平定、长治、潞城、黎城、壶关、永济、临晋、
荣河、辽州、和顺、平遥、垣曲、太原、文水、凤台遭受蝗灾。

………………………………………………《山西通志·大事记》

七月，（榆次）有蝗，不为灾。…………………………同治《榆次县志》

七月，（左权）蝗虫从东南来，两日后不知去向，十五日复返，食禾甚惨。

………………………………………………………………《左权县志》

八月，飞蝗入（和顺）境。……………………………民国《和顺县志》

秋，（昔阳）蝗，米价腾贵。…………………………民国《昔阳县志》

长治、潞城、黎城、壶关蝗灾。…………………………《长治市志》

七月，飞蝗从陵川入（壶关）境，伤禾。…………………《壶关县志》

（潞城）蝗灾。…………………………………………《潞城市志》

七月，（黎城）蝗自东来，食秋禾、麦苗，庄稼颗粒无收。……《黎城县志》

八月，（长子）蝗，不为灾。…………………………光绪《长子县志》

七月，飞蝗入（平顺）境。………………………………《平顺县志》

七月，蝗虫入襄境，数村秋禾被食。………………………《襄垣县志》

秋，（陵川）飞蝗成灾。…………………………………《陵川县志》

（运城）蝗飞蔽日，为害庄稼。…………………………《运城市志》

（永济）蝗飞蔽日，害稼。……………………………光绪《永济县志》

（垣曲）飞蝗蔽天，邑令率兵民扑灭。…………………光绪《垣曲县志》

秋，（芮城）蝗飞蔽日，为害禾苗。………………………《芮城县志》

（万荣）飞蝗蔽日，为害庄稼。…………………………《万荣县志》

（平陆）飞蝗蔽日，大伤禾苗。…………………………《平陆县志》

（永和）飞蝗害稼。……………………………………民国《永和县志》

夏，（交城）城南飞蝗遍野，伤禾。………………………《交城县志》

秋，乐平旱蝗，米价腾贵；平定旱蝗，测鱼屯等灾，开仓放谷。

.... 光绪《平定州志》

（灵丘）蝗。 .... 光绪《灵邱县补志》

191. 清咸丰八年（1858 年）

（壶关）蛹生，有乌鸦无数飞集，啄食及半。 .... 《壶关县志》

春，（黎城）蛹生，收买蛹子，蝗灭。 .... 光绪《黎城县续志》

192. 清咸丰九年（1859 年）

（昔阳）蝗食禾几尽。 .... 民国《昔阳县志》

七月，（垣曲）蝗食禾。 .... 光绪《垣曲县志》

193. 清咸丰十一年（1861 年）

夏，山西解县蝗飞蔽天，食禾稼立尽。 .... 《中国历代蝗患之记载》

六月，（运城）蝗飞蔽日，食秋禾立尽，解县特灾。 .... 《运城市志》

六月，（解州）飞蝗蔽天，食秋禾立尽。 .... 光绪《解州志》

六月，（永济）蝗飞蔽日，秋禾立尽。 .... 《永济县志》

（芮城）蝗灾。 .... 《芮城县志》

194. 清同治元年（1862 年）

山西绛县蝗灾。 .... 《中国历代蝗患之记载》

六月，飞蝗入（长治）境。 .... 《长治市志》

七月，蝗自河南林县入（壶关）境，伤禾。 .... 《壶关县志》

七月，（潞城）有蝗，不为灾。 .... 光绪《潞城县志》

六月，（晋城）飞蝗遍野，遮天盖地，所到之处庄稼几净，知县组织捕捉，
按斤奖赏，陵川设局收买。 .... 《晋城市志》

（阳城）飞蝗蔽天，县督民捕之，计斤给赏。 .... 同治《阳城县志》

（沁水）飞蝗遍野。 .... 光绪《沁水县志》

（陵川）大旱，飞蝗伤禾，邑令设局收买蝗虫。 .... 《陵川县志》

六月，（高平）蝗自南来，遮天盖地，所到之处田禾尽净。七月中，蝗蛹如
蚁，遍地皆是。 .... 《高平县志》

六月，猗氏蝗食禾尽，虞乡、垣曲、夏县蝗。七月，安邑、稷山飞蝗害稼，
食禾尽。 .... 《运城地区志》

六月，（运城）飞蝗害稼，张良、裴郭、苦池等村有飞蝗自东南来，安、解
大灾。 .... 《运城市志》

秋，（万荣）蝗虫食禾，歉收。 .... 《万荣县志》

六月，（虞乡）飞蝗害稼。 ………………………… 光绪《虞乡县志》

六月，猗氏飞蝗蔽日，食禾殆尽。 ……………… 同治《续猗氏县志》

（夏县）蝗虫大作。 ……………………………………… 《夏县志》

六月，（垣曲）蝗食田稚。 ………………………… 光绪《垣曲县志》

六月，飞蝗入（绛县）境。 ……………………………… 《绛县志》

秋，（稷山）旱蝗，腾空而飞集于北山下，食禾苗殆尽。

……………………………………………… 同治《稷山县志》

六月，（平陆）飞蝗食禾殆尽。 ………………………… 《平陆县志》

八月，（襄汾）蝗生。 ……………………………………… 《襄汾县志》

（曲沃）蝗飞蔽天。 …………………………… 民国《新修曲沃县志》

七月，（侯马）蝗飞蔽天。 ……………………………… 《侯马市志》

秋，（翼城）蝗蝻害稼。 ………………………… 光绪《翼城县志》

秋八月，（太平）蝗生。 ………………………… 光绪《太平县志》

195. 清同治二年（1863 年）

春三月雪，（凤台）蝗蝻冻死。 ………………… 光绪《凤台县续志》

六月，（平陆）飞蝗蔽日，秋稼无收。 ………………… 《平陆县志》

七月，（临汾）大蝗。 …………………………… 民国《临汾县志》

196. 清同治三年（1864 年）

六月，（平陆）飞蝗蔽日。 ……………………………… 《平陆县志》

197. 清同治十一年（1872 年）

秋，（万荣）蝗。 …………………………………………… 《万荣县志》

秋，（荣河）蝗。 ………………………………… 民国《荣河县志》

198. 清光绪二年（1876 年）

（山西）蝗。 ………………………………… 《山西通志·农业志》

199. 清光绪四年（1878 年）

山西绛县蝗灾。 ………………………… 《中国历代蝗患之记载》

秋，（稷山）蝗蝻害稼。 ………………………………… 《稷山县志》

七月大雨，（文水）有禾之处被蝗食尽，诏免税粮。 ……… 《文水县志》

（应县）蝗灾。 …………………………………………… 《应县志》

200. 清光绪五年（1879 年）

北路有飞蝗入（山西）境，严饬各属实力搜捕。 ……… 光绪《山西通志》

山西解县蝗害稼。 ………………………… 《中国历代蝗患之记载》

五月，（平陆）遍地生蝗蛹。 ················· 《平陆县志》

八月，（虞乡）蝗，捕瘗乃退。 ················ 光绪《虞乡县志》

秋，（绛县）螣生。 ······················· 光绪《绛县志》

201. 清光绪十八年（1892 年）

闰六月，山西蝗灾，蝗虫遍飞，匝野蔽天，不可胜数。

　　　　　　··························· 《山西通志·大事记》

山西蝗灾。 ················· 《中国历代蝗患之记载》

七月，山西蝗飞蔽天，灾。 ········· 《山西通志·农业志》

阳曲飞蝗蔽天，作物歉收。 ············· 《太原市志》

临晋多蝗。 ·············· 《临猗县志》

七月，（洪洞）蝗虫遍飞，匝野蔽天，不可胜数。 ······· 《洪洞县志》

夏旱，（永和）飞蝗蔽日，食苗殆尽。 ······· 民国《永和县志》

山西蝗虫成灾，匝野蔽天，不可胜数，边外七厅及大同府受灾尤重。

　　　　　　····························· 《天镇县志》

（大同）城乡出现蝗害，蝗虫遍野蔽天，不可胜数。 ······ 《大同市南郊区志》

202. 清光绪二十二年（1896 年）

（稷山）蝗害，蝗虫铺天盖地，所过之处绿色绝无。 ·········· 《稷山县志》

203. 清光绪二十三年（1897 年）

（平遥）蝗灾。 ····················· 《平遥县志》

204. 清光绪二十五年（1899 年）

五月，（新绛）蝗。 ·················· 民国《新绛县志》

205. 清光绪二十六年（1900 年）

山西遭受蝗灾。洪洞蝗。 ··············· 《洪洞县志》

206. 清光绪二十七年（1901 年）

（运城）多蝗，无麦。 ················· 《运城市志》

（万荣）多蝗蛹，麦无收。 ··············· 《万荣县志》

（荣河）旱，多蝗蛹。 ················ 民国《荣河县志》

（永济）旱，多蝗，麦无收。 ············· 《永济县志》

秋旱，（新绛）蝗为灾。 ··············· 民国《新绛县志》

207. 清光绪二十八年（1902 年）

山西安泽蝗灾。 ············· 《中国历代蝗患之记载》

五月，飞蝗自山西渡河入韩城、合阳境。 ········· 《韩城市志》

秋，（河津）蝗灾。 ···《河津县志》

七、民国时期蝗灾

208. **民国二年**（1913 年）

（永济）蝗虫密集，食稼。 ·······························《永济县志》

（汾阳）蝗虫成灾，农民掘坑灭蝗。 ·················《汾阳县志》

209. **民国三年**（1914 年）

四月，（长治）蝗灾，33 个村严重受害 1.78 万亩。 ·······《长治县志》

210. **民国四年**（1915 年）

七月，飞蝗从山西永济县渡河入（阌乡）境，宽长约 1 里。·····《阌乡县志》

八月，（介休）西乡一带发生蝗蝻。 ·············· 民国《介休县志》

（阳泉）大股蝗虫自（河北）平山边界铺天盖地而来，青苗踏食一空。

···《阳泉市志》

（平定）岔口一带有大股蝗虫自（河北）平山边界铺天盖地涌来，青苗踏食

一空。 ···《平定县志》

211. **民国五年**（1916 年）

（运城）沿河一带蝗飞蔽天。 ·····················《运城地区志》

临晋滨河一带蝗飞蔽天，知县派巡警率民捕打，数日净尽。·····《临猗县志》

七月，蝗虫由河北省遮天蔽日飞入本县，因庄稼渐熟，未成大灾。

···《昔阳县志》

212. **民国七年**（1918 年）

秋，（汾阳）蝗蝻泛滥成灾，谷穗无收。 ·············《汾阳县志》

213. **民国八年**（1919 年）

七月，（榆次）蝗突起，由东北向西南飞去，弥天蔽日，农田受害。

···《榆次市志》

七月，（榆次）蝗灾突起，由县东北飞向西南，弥天蔽日，北田、东阳等村农

田受其害，土人以为鱼子化生。 ·············· 民国《榆次县志》

214. **民国九年**（1920 年）

山西蝗灾，严重伤稼。 ·················《中国历代蝗患之记载》

山西蝗。 ···《中国的飞蝗》

215. **民国十年**（1921 年）

（永济）黄河滩蝗虫密集，食禾稼，虞、临、解帮助扑灭。 ……《永济县志》

216. **民国十二年**（1923 年）

秋，（太谷）蝗，歉收。 ………………………………… 民国《太谷县志》

217. **民国十六年**（1927 年）

夏秋，（永济）蝗虫严重。 ……………………………………《永济县志》

218. **民国十八年**（1929 年）

山西洪洞、襄陵、绛县、黎城蝗灾。 ……………《中国历代蝗患之记载》

山西四县蝗。 …………《江苏省昆虫局十七、十八年年刊》

219. **民国十九年**（1930 年）

永济蝗灾。 …………………………………《山西省蝗灾记载一览表》

220. **民国二十二年**（1933 年）

山西五台、曲沃蝗灾。 ……………………《中国历代蝗患之记载》

山西省五台、曲沃二县蝗。 ………………………………《中国的飞蝗》

221. **民国三十年**（1941 年）

（黎城）蝗灾。 …………………………………………《黎城县志》

夏秋，（阳城）部分地区蝗虫成灾，大部庄稼被吃掉。 ………《阳城县志》

（浮山）观音庙以北、西坪以南蝗灾严重。 …………………《浮山县志》

麦收前，（孝义）蝗虫为害，田中蝗虫过苗儿光。 …………《孝义县志》

222. **民国三十一年**（1942 年）

（黎城）连续二年蝗灾。 …………………………………《黎城县志》

晋城、高平、沁水蝗灾。 …………………………………《晋城市志》

秋，飞蝗入（高平）境，伤麦毁秋，歉收。 ………………《高平县志》

夏，绛州蝗灾，飞则蔽天，落则盖地，食禾尽。 …………《运城地区志》

秋，猗氏蝗灾，飞蔽日。 …………………………………《临猗县志》

夏，（绛县）蝗飞蔽天，落则盖地，由冷口峪沿河漕向三、四区蔓延，食禾
立尽，损失极大。 …………………………………………《绛县志》

夏，（新绛）蝗灾，飞则蔽天，落则盖地，食禾尽。 ………《新绛县志》

（平陆）蝗虫食禾。 …………………………………………《平陆县志》

（闻喜）蝗灾，飞蝗自河南济源来，飞蔽天，落盖地，积地寸余厚，芦苇被
压断，稼禾食为光秆。 ……………………………………《闻喜县志》

（古县）旱，飞蝗蔽日，蛹子成群，政府发动群众捕打一月，蝗蛹始尽。

....《古县志》

秋，（交城）蝗虫遍野，伤禾稼。 ....《交城县志》

223. 民国三十二年（1943 年）

太行区、太岳区遭受特大旱灾、蝗灾。 ....《山西通志·大事记》

八月，飞蝗由豫经晋渡黄河飞陕，翔集于韩城等县。 ....《韩城市志》

（襄垣）蝗灾。 ....《襄垣县志》

沁水蝗灾严重，捕捉蝗虫 11.29 万千克，晋城、高平亦蝗灾。

....《晋城市志》

（阳城）部分地区发生蝗害。 ....《阳城县志》

春夏无雨，（高平）蝗蛹盖地，田禾一空。 ....《高平县志》

太行山地发生大面积蝗灾，（陵川）境内夺火、横水一带更为严重，几十里

内遮天蔽日，庄稼顷刻吃光。 ....《陵川县志》

秋，（永济）蝗灾，飞蔽日，禾苗啃食大半，民饥。 ....《永济县志》

秋，（芮城）黄河滩蝗虫吃光豆谷叶。 ....《芮城县志》

（万荣）蝗虫成灾，禾稼几尽。 ....《万荣县志》

七月，（夏县）蝗蛹大作，中条山一带秋禾几乎食尽。 ....《夏县志》

八月，（稷山）蝗害，两周时间，汾北庄稼尽成为光秆，第三周，小蝗遍地

皆是，爬满农家锅灶，民以火烧、拍打均无济于事。 ....《稷山县志》

（平陆）复发生蝗灾。 ....《平陆县志》

（垣曲）飞蝗蔽日，落则无立足之地，食禾尽，饥民大量外逃，饿死者

甚众。 ....《垣曲县志》

秋，（翼城）遭大蝗，严重地区秋禾被吃光，蝗虫遮天蔽日，落地几寸厚，

行人断路。 ....《翼城县志》

（古县）旱，蝗食禾苗，歉收。 ....《古县志》

七月，（汾阳）遭蝗虫灾害，大面积农田受损。 ....《汾阳县志》

224. 民国三十三年（1944 年）

山西蝗。 ....《中国的飞蝗》

五月，太行区发生数十年来未见的特大蝗灾。上年夏，从河南敌占区飞来

大批蝗虫，在太行区繁殖，本年春，边区政府组织群众挖卵，共灭蝗蛹

910 万斤。五月，河南蝗虫再次向太行区东部 20 余县 900 多个村庄袭来，

蝗群遮天蔽日，有地头婴儿被蝗咬死，据不完全统计，蝗虫吃光禾苗 27

万亩，部分禾苗吃光 29 万亩，太行区党委、政府从上到下建立剿蝗指挥
部，拨出公粮 15 万斤奖励灭蝗人员，外村打蝗时，踏坏庄稼给予赔偿，
至七月底，全区战胜蝗灾，延安《解放日报》刊有太行剿蝗经验专文，
同时，太岳区晋城等县也开展剿蝗运动。八月，中共太行区委召开地委
联席会议，区党委副书记赖若愚在会议上作了《生产运动的初步总结》，
总结了太行区的生产情况及灭蝗运动。⋯⋯⋯⋯⋯⋯⋯《山西通志·大事记》

七月，太行区蝗灾严重。⋯⋯⋯⋯⋯⋯⋯⋯⋯⋯《山西通志·农业志》

八月，左权、和顺两县组织 1 万余人开展剿灭蝗虫运动。 ⋯《晋中地区志》

五月，（榆社）县成立灭蝗委员会，开展全民灭蝗运动。 ⋯⋯⋯《榆社县志》

白露节，蝗虫从（河北）邢台浆水、路罗蜂拥而至，先后落于东山、上庄、
关滩、土棚、下庄、漳漕、四里庄、禅房、高家井、水陂、新店、水泉、
后庄、磨沟、小羊角一带，所至遮天蔽日，农作物及干鲜果树损失惨重。
县委县政府成立剿蝗指挥部，组织 2 000 余人的剿蝗大队，苦战 10 昼夜，
灭蝗 168 万千克，扑灭了蝗灾，受到了边区政府通令嘉奖。
⋯⋯⋯⋯⋯⋯⋯⋯⋯⋯⋯⋯⋯⋯⋯⋯⋯⋯⋯⋯⋯《左权县志》

八月，（和顺）松烟、马连曲一带飞蝗遍野，为害秋稼，中共和东县委县政
府组织军民灭蝗。⋯⋯⋯⋯⋯⋯⋯⋯⋯⋯⋯⋯⋯⋯⋯《和顺县志》

夏四月，飞蝗入（潞城）境，抗日民主政府组织人民灭蝗。五月，调民兵
300 人赴平顺支援灭蝗。⋯⋯⋯⋯⋯⋯⋯⋯⋯⋯⋯⋯《潞城市志》

夏，蝗虫为灾，由中条山一带蔓延至安邑、临晋、虞乡之间，所过田亩一
扫而光。⋯⋯⋯⋯⋯⋯⋯⋯⋯⋯⋯⋯⋯⋯⋯⋯⋯⋯⋯《运城市志》

（永济）蝗灾，秋禾无收。 ⋯⋯⋯⋯⋯⋯⋯⋯⋯⋯⋯⋯《永济县志》

（夏县）前山沿一带蝗蝻大作，蝗虫起飞如浮云遮日，落地禾苗叶全被
吃光。⋯⋯⋯⋯⋯⋯⋯⋯⋯⋯⋯⋯⋯⋯⋯⋯⋯⋯⋯《夏县志》

秋，（稷山）蝗虫蔽天遮日呼啸而来，所到处食尽庄稼，秋无收成。
⋯⋯⋯⋯⋯⋯⋯⋯⋯⋯⋯⋯⋯⋯⋯⋯⋯⋯⋯⋯⋯《稷山县志》

五至七月，（芮城）蝗灾，麦苗被吃。 ⋯⋯⋯⋯⋯⋯⋯⋯《芮城县志》

夏，（河津）蝗虫由北而南遮天蔽日，秋禾被害。 ⋯⋯⋯《河津县志》

（临汾）蝗灾，减产五成。 ⋯⋯⋯⋯⋯⋯⋯⋯⋯⋯⋯⋯《临汾市志》

夏，（浮山）蝗灾，庄稼无收。 ⋯⋯⋯⋯⋯⋯⋯⋯⋯⋯⋯《浮山县志》

秋，冀氏①县飞蝗伤禾，抗日政府扑灭之。 ·················《安泽县志》

七月，(襄汾)蝗虫遮天蔽日，田间道路不见地皮，继而越城入户、遍及民
宅，所经处高粱、谷子、玉米叶均被吃光，群众捕打、赶埋无济于事，
是秋，颗粒无收。 ···························《襄汾县志》

九月，(曲沃)蝗虫成灾，蝗群沿县东南飞向西北，遮天蔽日，所落之地禾
苗被吃一空，蝗虫过后蝗卵孵化为蝻，结队爬行，玉米、谷子受灾。
·······························《曲沃县志》

(侯马)境内蝗灾，秋粮绝收，村民纷纷挖卵、埋蝻灭蝗。 ······《侯马市志》

225. 民国三十四年（1945 年）

五月，太行山区 15 县蝗蝻出土，从陵川、高平到赞皇蔓延达 250 公里，其
中以平顺为重，至六月逐渐肃清。 ············《山西通志·大事记》

七月，(灵石)飞蝗自北而南飞来，遮天盖地，所过之地庄稼吃光，群众扑
打、烟熏、坑埋几昼夜，始被扑灭，秋田减产五成，玉米、谷子尤甚。
·······························《灵石县志》

五月，(壶关)发生严重蝗灾，县成立灭蝗指挥部，组织扑灭 3 万亩，秋田
免遭蝗害。 ·····························《壶关县志》

五月，(黎城)蝗虫。 ···························《黎城县志》

二月，(平顺)动员 3 000 余人刨蝗卵，中共平顺县委县政府派 10 余名干部
到灾区组织群众打蝗虫，县成立打蝗指挥部，在 110 天的灭蝗战斗中，
据统计，挖蝗卵 12 614 千克，灭幼蝗 3 881 千克，抓飞蝗 7 150 万个，涌
现模范突击队 100 个，模范村 9 个，灭蝗英雄 28 人，蝗灾被扑灭。
·······························《平顺县志》

(襄垣)蝗虫为害。 ···························《襄垣县志》

春，(阳城)固隆、孤山等地蝗害。 ················《阳城县志》

夏旱，(平陆)蝗为灾，大伤禾苗。 ················《平陆县志》

万荣宝井大蝗，由河西飞来，路难行。 ·············《万荣县志》

三月，(浮山)蝗灾严重。 ·····················《浮山县志》

八月，（文水）蝗虫为灾，由汾阳罗城村一带进入本县，马西、孝义二乡镇
20 余村遭灾最重。 ·······················《文水县志》

---

① 冀氏：旧县名，治所在今山西安泽县东南冀氏镇。

226. 民国三十五年（1946 年）

山西蝗。 ··《中国的飞蝗》

五月，飞蝗入（潞城）境，生蝻，食麦苗。 ················《潞城市志》

227. 民国三十六年（1947 年）

是年，遭受严重蝗灾，平定、昔阳、寿阳、榆次、太谷等地严重。

·······································《山西通志·大事记》

228. 民国三十八年（1949 年）

（永济）蝗虫伤害庄稼。 ·······························《永济县志》

（阳泉）蝗虫自（河北）元氏县来，新城等村谷苗被害。 ·····《阳泉市志》

（平定）县东南蚂蚱由河北元氏县南佐镇涌来，雁过口、改道庙遭害，新城

等 9 村咬坏谷苗 500 亩。 ·····························《平定县志》

第八章
浙江省历史蝗灾

一、唐前时期蝗灾

1. 东汉延熹九年（166 年）

扬州①六郡连水、旱、蝗害。 …………………………………《后汉书·五行志》

2. 东晋太兴二年（319 年）

浙江杭州、湖州等蝗灾，民多饥死。 …………………《中国历代蝗患之记载》

五月，扬州蝗，吴兴②无麦禾，大饥。 …………………《浙江省农业志》

五月，（湖州）蝗灾。 ……………………………………《湖州市志》

二月，（乌程③）蝗，无麦禾，大饥。 …………………光绪《乌程县志》

3. 南朝梁大宝元年（550 年）

江南（湖州）连年旱蝗，百姓流亡，死者蔽野，千里绝烟，人迹罕见，白骨

如丘垄。 ……………………………………………………《湖州市志》

4. 南朝陈永定二年（558 年）

缙州④蝗旱，百姓不足。 …………………………………《陈书·高祖本纪》

浙江金华蝗灾大发生，民捕捉而埋之。 …………………《中国历代蝗患之记载》

（金华）旱蝗。 ……………………………………………光绪《金华县志》

---

① 扬州：旧州名，治所在今安徽和县，时辖会稽（今浙江绍兴）等地。

② 吴兴：旧郡、县名，治所在今浙江湖州，时属扬州。

③ 乌程：旧县名，治所在今浙江湖州。

④ 缙州：旧州名，治所在今浙江金华。

（东阳）旱蝗。 ···《东阳市志》

二、唐代（含五代十国）蝗灾

5. 唐武周长寿二年（693 年）

台州①蝗。 ··《新唐书·五行志》

浙江台州、黄岩蝗灾。 ································《中国历代蝗患之记载》

（台州）蝗害。 ··《台州地区志》

（临海）蝗。 ··《临海县志》

6. 唐长庆二年（822 年）

临海蝗为害。 ··《台州地区志》

（宁海）蝗。 ··《宁海县志》

7. 唐开成四年（839 年）

浙江吴兴蝗灾，食稼。 ····················《中国历代蝗患之记载》

六月旱，（湖州）蝗虫食苗。 ················《湖州市志》

（乌程）旱，蝗食田。 ····················光绪《乌程县志》

（长兴）旱，蝗食苗。 ····················《长兴县志》

（新昌）蝗食苗。 ····································《新昌县志》

六月，（东阳）蝗灾。 ····················《东阳市志》

8. 唐开成五年（840 年）

六月，浙东②蝗，疫，除其徭。 ··········《新唐书·武宗本纪》

浙东（新昌）蝗。 ································《新昌县志》

夏，浙江兰溪蝗灾，害稼。 ··········《中国历代蝗患之记载》

六月，（磐安）蝗灾。 ····················《磐安县志》

（浦江）蝗，疫。 ····································《浦江县志》

9. 后唐天成三年（928 年）

夏六月，（吴越③）大旱，有蝗蔽日而飞，昼为之黑，庭户衣帐悉充塞，是夕
　　大风，蝗坠浙江而死。 ··········《十国春秋·吴越世家》

浙江杭州等蝗飞蔽天，入庭户，窗帘、衣料俱食。 ······《中国历代蝗患之记载》

---

① 台州：旧州名，治所在今浙江临海。

② 浙东：唐方镇名，治所在今浙江绍兴。

③ 吴越：五代十国之一，建都今浙江杭州，时辖浙江全省。

六月，（浙江）大旱，有蝗蔽天而飞，昼为之黑，庭户衣帐悉充塞之。

　　　……………………………………………………………《浙江省农业志》

六月，（杭州）蝗蔽日而飞，昼为之黑，庭户衣帐悉充塞。

　　　…………………………………………………………… 光绪《杭州府志》

六月，吴越旱，蝗虫蔽天而来，白昼变为黑，衣帐悉充塞。 ……《绍兴市志》

六月，（临安）有蝗蔽日而飞，昼为之黑。 ………………《临安县志》

六月，（新昌）蝗蔽天而飞，昼为之黑。 …………………《新昌县志》

六月旱，（平阳）有蝗飞蔽天。 ……………………………《平阳县志》

六月旱，（义乌）有蝗群飞蔽天而行，昼为之黑，庭户衣帐悉充塞。

　　　…………………………………………………………………《义乌县志》

三、宋代（含辽、金）蝗灾

10. 宋天禧元年（1017 年）

二月，两浙①蝗蝻复生，多去岁蛰者。 ……………………《宋史·五行志》

浙江杭州、嘉兴、湖州、吴兴、余姚蝗灾。 ………《中国历代蝗患之记载》

两浙蝗，民饥。新昌蝗。 …………………………………《新昌县志》

（湖州）蝗灾，民饥。 ……………………………………《湖州市志》

（乌程）蝗，民饥。 …………………………………… 光绪《乌程县志》

（东阳）蝗灾。 ……………………………………………《东阳市志》

六月，（浦江）蝗虫往来五日。 …………………………《浦江县志》

（余姚）蝗。 ………………………………………… 光绪《余姚县志》

11. 宋天禧二年（1018 年）

浙江杭州蝻虫复生。 ………………………………《中国历代蝗患之记载》

12. 宋熙宁元年（1068 年）

秀州②蝗。 …………………………………………………《宋史·五行志》

浙江嘉兴蝗灾。 …………………………………《中国历代蝗患之记载》

秀州蝗。 ……………………………………………………《桐乡县志》

---

　① 两浙：宋路名，治所在今浙江杭州，南宋时分为两浙西路（治所在今浙江杭州）和两浙东路（治所在今浙江绍兴）。

　② 秀州：旧州名，治所在今浙江嘉兴。

（秀水①）蝗。 ·································· 康熙《秀水县志》

13. 宋熙宁三年（1070 年）

浙江杭州等蝗灾。 ··················《中国历代蝗患之记载》

两浙旱蝗。余杭蝗。 ·······················《余杭县志》

两浙旱蝗。湖州蝗。 ·······················《湖州市志》

两浙蝗，民饥。新昌蝗。 ·····················《新昌县志》

（东阳）蝗灾。 ··························《东阳市志》

14. 宋熙宁四年（1071 年）

（临安）旱蝗。 ··························《临安县志》

15. 宋熙宁七年（1074 年）

（临安）又蝗。 ··························《临安县志》

16. 宋熙宁十年（1077 年）

五月，赵抃知越州②时，两浙旱蝗，米价踊贵，饿死者什五六。诸州皆榜衢
路，立告赏，禁人增米价。抃独榜衢路，令有米者任增价粜之，于是诸州
米商辐辏诣越，米价更贱，民无饿死者。 ···········《续资治通鉴·宋纪》

17. 宋崇宁二年（1103 年）

秋，浙江湖州蝗灾。 ··················《中国历代蝗患之记载》

乌程、归安③蝗灾。 ·······················《湖州市志》

乌程蝗灾。 ··························· 光绪《乌程县志》

18. 宋崇宁三年（1104 年）

浙江富阳、湖州蝗虫盖地，食稼尽。 ·········《中国历代蝗患之记载》

秋，杭州、富阳飞蝗蔽野，田禾俱尽；湖州、长兴连岁大蝗。

·························《浙江省农业志》

秋，（富阳）飞蝗蔽野，田禾俱尽。 ···············《富阳县志》

乌程、归安、长兴蝗灾，其飞蔽日。 ··············《湖州市志》

乌程连岁大蝗，其飞蔽日。 ················· 光绪《乌程县志》

（长兴）大蝗，其飞蔽日。 ···················《长兴县志》

19. 宋崇宁四年（1105 年）

浙江湖州蝗虫大发生，飞蔽天。 ··········《中国历代蝗患之记载》

---

① 秀水：旧县名，明始建，治所在今浙江嘉兴。

② 越州：旧州名，治所在今浙江绍兴。

③ 归安：旧县名，治所在今浙江湖州。

乌程、归安、长兴连岁蝗灾，其飞蔽日。 ……………………《湖州市志》

乌程连岁大蝗，其飞蔽日。 ……………………光绪《乌程县志》

长兴连岁蝗灾，其飞蔽日。 ……………………《长兴县志》

20. 宋宣和三年（1121年）

浙江湖州等蝗灾。 …………………………《中国历代蝗患之记载》

乌程、归安蝗灾。 …………………………《湖州市志》

乌程蝗。 …………………………………光绪《乌程县志》

21. 宋宣和五年（1123年）

浙江湖州等蝗灾。 …………………………《中国历代蝗患之记载》

22. 宋建炎二年（1128年）

浙江杭州蝗灾，害稼，免田赋。 ……………………《中国历代蝗患之记载》

浙江蝗，为害作物。 ……………………《中国东亚飞蝗蝗区的研究》

23. 宋建炎三年（1129年）

浙江余姚飞蝗暴至。 …………………………《中国历代蝗患之记载》

五月，余姚蝗暴至，害稼。 ……………………《宁波市志》

（慈溪）蝗虫害稼。 …………………………《慈溪县志》

24. 宋绍兴五年（1135年）

秋，浙江兰溪蝗灾。 …………………………《中国历代蝗患之记载》

八月，（金华）旱蝗。 ……………………光绪《金华县志》

八月，（东阳）蝗灾。 …………………………《东阳市志》

八月，（磐安）蝗灾。 …………………………《磐安县志》

25. 宋绍兴十八年（1148年）

余杭、钱塘、仁和①蝗灾。 …………………………《余杭县志》

夏，（钱塘）大蝗。 …………………………康熙《钱塘县志》

26. 宋绍兴十九年（1149年）

秋，浙江丽水蝗灾。 …………………………《中国历代蝗患之记载》

夏，（丽水）蝗。 …………………………《丽水市志》

27. 宋绍兴二十八年（1158年）

武康②蝗飞蔽天。 …………………………《德清县志》

---

① 钱塘、仁和：均为旧县名，1912年两县合并为杭县，治所在今浙江杭州。

② 武康：旧县名，治所在今浙江德清。

28. 宋绍兴二十九年（1159 年）

九月，蠲江、浙蝗潦州县租。 ························《宋史·高宗本纪》

九月，诏：浙东民田为螟螣损稻者，其租赋皆蠲之。

························《续资治通鉴·宋纪》

秋，浙郡国旱，大螟蝗。 ···················《浙江省农业志》

秋，浙江杭州、绍兴、兰溪蝗灾，免田租。 ·······《中国历代蝗患之记载》

（绍兴）旱蝗。 ·······················乾隆《绍兴府志》

会稽[1]旱蝗。 ························《绍兴县志》

29. 宋绍兴三十年（1160 年）

冬，浙江杭州、嘉兴、湖州、兰溪蝝虫生。 ·····《中国历代蝗患之记载》

十月，江浙郡国螟蝝。 ·················雍正《浙江通志》

十月，江浙螟蝝。 ·····················《湖州市志》

十月，乌程螟蝝。 ·····················光绪《乌程县志》

30. 宋绍兴三十二年（1162 年）

六月，江东、淮南北郡县蝗，飞入湖州境，声如风雨。至七月，遍于畿县，余杭、仁和、钱塘皆蝗。丙午，蝗入京城[2]。 ···········《宋史·五行志》

六月，淮蝗飞入湖州，声如风雨，余杭、钱塘、仁和皆蝗。

························ 雍正《浙江通志》

六月，淮南北蝗飞入浙西湖州等境，声如风雨，害稼，民饥；余杭、仁和、钱塘等县皆蝗，蝗入杭州城。 ···········《浙江省农业志》

浙江余杭、桐乡、湖州、长兴、武康蝗灾；飞蝗大发生，从江苏西南进入浙江杭州，声如风雨。 ·········《中国历代蝗患之记载》

淮南北蝗飞入湖州境，声如风雨，害稼，民饥。 ·······《湖州市志》

安吉蝗。 ························同治《安吉县志》

六月，（富阳）大蝗。 ···················《富阳县志》

（桐乡）蝗害稼，民饥。 ···················《桐乡县志》

武康蝗飞遍境。 ·······················《德清县志》

31. 宋隆兴元年（1163 年）

是岁，以两浙旱蝗，悉蠲其租。 ·············《宋史·孝宗本纪》

---

[1] 会稽：旧县名，治所在今浙江绍兴。

[2] 京城：南宋绍兴八年（1138 年）定都临安（今浙江杭州），京城指今杭州；畿县：指杭州附近的县。

八月，飞蝗过都，蔽天日，湖州及浙东郡县害稼。 ……… 《宋史·五行志》

浙江杭州、湖州、崇德①、余杭、富阳、金华、兰溪飞蝗害稼，民缺食，悉
　　蠲其租。 …………………………………………… 《中国历代蝗患之记载》

七月，富阳旱蝗。八月，蝗飞过杭州城，蔽天遮日，害稼；婺州②飞蝗害稼。
　　……………………………………………………………… 《浙江省农业志》

六月，余杭县大蝗。八月，飞蝗过郡，蔽天，害稼。 …… 光绪《杭州府志》

七月旱，（富阳）蝗灾。 ………………………………………… 《富阳县志》

八月，飞蝗蔽日，害稼，湖州为甚。 …………………………… 《湖州市志》

八月，（乌程）飞蝗蔽日，害稼。 …………………………… 光绪《乌程县志》

八月，德清、武康飞蝗蔽日。 ………………………………… 《德清县志》

八月，（长兴）飞蝗蔽日，害稼。 …………………………… 同治《长兴县志》

会稽蝗灾，民大饥。 …………………………………………… 《绍兴县志》

八月，（金华）飞蝗害稼。 …………………………………… 光绪《金华县志》

八月，（东阳）蝗灾。 ………………………………………… 《东阳市志》

八月，（兰溪）飞蝗害禾稼。 ………………………………… 《兰溪市志》

32. 宋隆兴二年（1164 年）

从夏至秋，浙江杭州、余杭大蝗。 ……………… 《中国历代蝗患之记载》

夏，畿县余杭大蝗。 …………………………………… 《文献通考·物异考》

夏，余杭蝗。 …………………………………………… 雍正《浙江通志》

夏六月，（余杭）大蝗。 ……………………………… 嘉庆《余杭县志》

七月，（钱塘）大蝗。 ………………………………… 康熙《钱塘县志》

33. 宋乾道九年（1173 年）

浙江湖州蝗灾。 ………………………………………… 《中国历代蝗患之记载》

34. 宋淳熙元年（1174 年）

浙江湖州蝗灾，伤稼。 ………………………………… 《中国历代蝗患之记载》

35. 宋淳熙九年（1182 年）

六月，临安③府蝗，诏守臣亟加焚瘗。八月，浙西蝗。壬子，定诸州官捕蝗
　　之罚。 ………………………………………………… 《宋史·孝宗本纪》

---

① 崇德：旧县名，清改石门县，1914 年复改崇德县，1958 年并入今浙江桐乡。
② 婺州：旧州名，治所在今浙江金华。
③ 临安：旧府名，治所在今浙江杭州。

六月，飞蝗过都，遇大雨，坠仁和界芦荡茅穗，令徙瘞之。

　　　　　　　　　　　　　　　　　　　　　　　　《文献通考·物异考》

夏，浙江杭州、临安、湖州蝗灾大发生，害稼。……《中国历代蝗患之记载》

六月，飞蝗坠仁和县界。　　　　　　　　　　　　雍正《浙江通志》

六月，(钱塘) 蝗，诏守臣捕蝗焚而瘞之。八月，又蝗，定诸州官捕蝗之罚。

　　　　　　　　　　　　　　　　　　　　　　　　康熙《钱塘县志》

(余杭) 蝗灾。　　　　　　　　　　　　　　　　　　《余杭县志》

八月，(乌程) 蝗。　　　　　　　　　　　　　　光绪《乌程县志》

36. 宋淳熙十年 (1183 年)

六月，淮、浙旧蝗遗育害稼。　　　　　　　　　　《文献通考·物异考》

六月，蝗遗种于淮、浙，害稼。　　　　　　　　　　《宋史·五行志》

浙江杭州、吴兴蝗害稼，有鹜食之。　　　　　《中国历代蝗患之记载》

(湖州) 蝗遗种害稼。　　　　　　　　　　　　　　《湖州市志》

(乌程) 蝗遗种害稼。　　　　　　　　　　　　光绪《乌程县志》

(东阳) 蝗灾。　　　　　　　　　　　　　　　　　《东阳市志》

37. 宋淳熙十四年 (1187 年)

秋七月，命临安府捕蝗，募民输米赈济。　　　　　《宋史·孝宗本纪》

七月，畿县仁和蝗。蝗始生，令捕除之，不为灾。……《文献通考·物异考》

浙江杭州、临安蝗，不为灾。　　　　　　　《中国历代蝗患之记载》

秋七月，(钱塘) 蝗。　　　　　　　　　　　　康熙《钱塘县志》

(富阳) 蝗。　　　　　　　　　　　　　　　　　　《富阳县志》

38. 宋庆元二年 (1196 年)

(磐安) 蝗为害。　　　　　　　　　　　　　　　　《磐安县志》

39. 宋庆元三年 (1197 年)

秋，嘉兴府皆蝗。　　　　　　　　　　　　　　　　《桐乡县志》

40. 宋庆元六年 (1200 年)

浙江杭州等蝗灾大发生。　　　　　　　　　《中国历代蝗患之记载》

41. 宋嘉泰元年 (1201 年)

浙江大蝗。　　　　　　　　　　　　　　　　　　　《湖州市志》

(东阳) 蝗灾。　　　　　　　　　　　　　　　　　《东阳市志》

42. 宋嘉泰二年 (1202 年)

浙西诸县大蝗，湖之长兴捕数百石。时浙东近郡亦蝗。……《宋史·五行志》

浙江杭州、嘉兴、湖州、长兴、绍兴、余姚蝗灾，飞在空中若烟雾蔽天，民
　　捕蝗。 ·····················《中国历代蝗患之记载》

秀州蝗；湖州大蝗，若烟雾蔽天；余姚蝗。 ···········《浙江省农业志》

（钱塘）大蝗。 ···························康熙《钱塘县志》

（秀水）蝗。 ···························康熙《秀水县志》

乌程大蝗灾，若烟雾蔽天，其坠亘十余里。 ···········《湖州市志》

会稽蝗。 ·····························《绍兴县志》

余姚蝗。 ·····························《宁波市志》

（慈溪）蝗。 ····························《慈溪县志》

43. 宋开禧元年（1205 年）

浙江杭州等蝗灾，飞蔽天。 ············《中国历代蝗患之记载》

秋，（钱塘）大蝗，群飞蔽天。 ···············康熙《钱塘县志》

44. 宋开禧二年（1206 年）

浙江杭州蝗灾大发生。 ···············《中国历代蝗患之记载》

六月，飞蝗入临安。夏秋亢旱，大蝗，群飞蔽天，浙西豆粟皆食于蝗。
　　·······························《浙江省农业志》

（余杭）蝗灾。 ····························《余杭县志》

秋，（乌程）大蝗，群飞蔽天，豆粟皆既于蝗。 ········光绪《乌程县志》

45. 宋开禧三年（1207 年）

是岁，浙西旱蝗。 ·················《宋史·宁宗本纪》

夏秋久旱，大蝗，群飞蔽天，浙西豆粟皆既于蝗。 ·······《宋史·五行志》

浙江杭州、湖州、长兴蝗灾；慈溪飞蝗集地厚五寸，庄稼、叶草食尽。
　　·······························《中国历代蝗患之记载》

夏秋大旱，湖州、长兴大蝗飞天遮日，豆粟食尽；慈溪飞蝗蔽天日，集地厚
　　五寸，禾稼一空。 ··················《浙江省农业志》

浙西旱蝗，群飞蔽天，豆粟皆既于蝗。 ···········《桐乡县志》

夏秋旱，（海宁）蝗飞蔽天，浙西豆粟皆毁于蝗。 ·········《海宁市志》

夏秋，（湖州）飞蝗蔽天，浙西豆粟皆被食尽，长兴捕蝗三千余石。
　　·······························《湖州市志》

（慈溪）大蝗，飞则蔽天日，集地厚四五寸，禾稼一空，继食草木，遣人捕
　　之，且焚且瘗。 ····················《慈溪县志》

46. 宋嘉定元年（1208 年）

五月，江、浙大蝗。六月，有事于圆丘、方泽祭醣。七月，又醣，颁醣式于
郡县。 ·······························《宋史·五行志》

五月，浙江大蝗。 ·······························雍正《浙江通志》

浙江杭州、嘉兴、湖州、金华、兰溪蝗灾。 ········《中国历代蝗患之记载》

五月，（钱塘）大蝗。 ·······················康熙《钱塘县志》

夏，江、浙、淮大蝗。 ·······················《嘉兴市志》

夏五月，（秀水）大蝗。 ·····················康熙《秀水县志》

五月旱，（海盐）大蝗。 ·······················《海盐县志》

江浙（新昌）大蝗。 ·························《新昌县志》

（乌程）大蝗。 ·························光绪《乌程县志》

九月，（金华）蝗。 ·························光绪《金华县志》

九月，（兰溪）蝗灾。 ·························《兰溪市志》

九月，（东阳）蝗灾。 ·························《东阳市志》

47. 宋嘉定二年（1209 年）

四月，又蝗。五月，令诸郡修醣祀。六月，飞蝗入畿县。

·······························《宋史·五行志》

浙江杭州、富阳、湖州、长兴蝗虫如烟似雾，飞蔽天，落满地。

·······························《中国历代蝗患之记载》

六月，临安蝗。 ·························《临安县志》

夏四月，（钱塘）蝗。 ·····················康熙《钱塘县志》

飞蝗入畿县。余杭蝗。 ·····················嘉庆《余杭县志》

六月，（富阳）蝗。 ·························《富阳县志》

（湖州）大蝗，长兴捕蝗数百石。 ···············《湖州市志》

（乌程）大蝗。 ·························光绪《乌程县志》

48. 宋嘉定三年（1210 年）

八月，临安府蝗。 ·······················《宋史·宁宗本纪》

秋，浙江杭州蝗灾。 ···················《中国历代蝗患之记载》

八月，临安府蝗。 ·······················《浙江省农业志》

秋七月，（钱塘）蝗。 ·····················康熙《钱塘县志》

49. 宋嘉定七年（1214 年）

六月，浙郡蝗。 ·························《宋史·五行志》

夏，浙江杭州、湖州蝗害，民饥，官府令民捕蝗易粟，集地上千万。

　　　　　　　　　　　　　　　　　　　　《中国历代蝗患之记载》

夏四月，（钱塘）大蝗，自夏至秋，蝗患不息，诸道捕蝗者以千万石计，饥民

　　竞捕，官以粟易之。　　　　　　　　　　　康熙《钱塘县志》

六月，浙西郡县蝗。　　　　　　　　　　　　　　《湖州市志》

六月，浙郡（新昌）蝗。　　　　　　　　　　　　《新昌县志》

六月，（乌程）蝗。　　　　　　　　　　　　光绪《乌程县志》

50. 宋嘉定八年（1215 年）

是岁，两浙旱蝗。　　　　　　　　　　　　　《宋史·宁宗本纪》

四月，飞蝗入畿县，祭醮，令郡有蝗者如式以祭。自夏至秋，诸道捕蝗者以

　　千百石计，饥民竞捕，官出粟易之。　　　　　《宋史·五行志》

浙江杭州、湖州、新登①蝗灾，食禾稼、山林、草木皆尽。

　　　　　　　　　　　　　　　　　　　　《中国历代蝗患之记载》

两浙（新昌）蝗。　　　　　　　　　　　　　　《新昌县志》

（余杭）蝗灾。　　　　　　　　　　　　　　　《余杭县志》

四月，新城飞蝗入境，被灾。　　　　　　　　　《富阳县志》

八月，乌程、归安飞蝗蔽天，饥。　　　　　　　《湖州市志》

夏秋，百泉皆竭，杭、嘉、苏、江、浙、淮、闽蝗。　　《嘉兴市志》

（奉化）飞蝗蔽天。　　　　　　　　　　　　　《奉化市志》

鄞县林村飞蝗蔽野，民艰食。　　　　　　　　同治《鄞县志》

51. 宋嘉定九年（1216 年）

五月，浙东蝗，令郡国醮祭。是岁，饥，官以粟易蝗者千百斛。

　　　　　　　　　　　　　　　　　　　　《宋史·五行志》

浙江绍兴、处州②、兰溪蝗虫害稼，民饥。　　　《中国历代蝗患之记载》

浙东蝗。　　　　　　　　　　　　　　　乾隆《绍兴府志》

浙江蝗。　　　　　　　　　　　　　　　　　《新昌县志》

四月，浙东蝗。　　　　　　　　　　　　　　　《宁波市志》

（东阳）蝗灾。　　　　　　　　　　　　　　　《东阳市志》

---

① 新登：旧县名，北宋时为新城县，1914 年改新登县，治所在今浙江富阳新登镇。

② 处州：旧府、州名，治所在今浙江丽水。

52. 宋嘉定十四年（1221 年）

明[①]、台、温、婺、衢蟊螣为灾。·······················《宋史·五行志》

浙江宁波、镇海、金华、兰溪、永康、衢县、江山、温州、瑞安蝗害稼。

·······················《中国历代蝗患之记载》

（台州）蟊螣成灾。·······················《台州地区志》

（临海）大旱蝗。·······················《临海县志》

夏旱，（慈溪）蟊螣为灾。·······················《慈溪县志》

明州（鄞县）蟊螣为害。·······················同治《鄞县志》

（瑞安）旱，蟊螣成灾。·······················《瑞安市志》

（永嘉）旱，蟊螣为灾。·······················《永嘉县志》

夏，（东阳）蟊螣为灾。·······················《东阳市志》

（兰溪）蟊螣为灾。·······················《兰溪市志》

（永康）蟊螣为灾。·······················《永康县志》

（岱山）蟊螣害稼。·······················《岱山县志》

53. 宋宝庆三年（1227 年）

夏秋久旱，浙西大蝗，群飞蔽天，豆粟皆既于蝗。

·······················《中国历代天灾人祸表》

54. 宋嘉熙四年（1240 年）

六月，江、浙大旱蝗。秋七月，诏：今夏六月恒阳，飞蝗为孽，朕德未修，
民瘼尤甚，中外臣僚其直言阙失毋隐。又诏：有司振灾恤刑。

·······················《宋史·理宗本纪》

夏，浙江杭州、湖州蝗灾。·······················《中国历代蝗患之记载》

夏，杭、嘉，江、浙、闽湖竭，蝗。·······················《嘉兴市志》

六月，杭州府大旱蝗。·······················光绪《杭州府志》

六月，乌程、归安大旱蝗，人相食。·······················《湖州市志》

六月，江浙（新昌）旱蝗。·······················《新昌县志》

浙东（宁波）大旱蝗。·······················《宁波市志》

（平阳）旱蝗。·······················《平阳县志》

六月，（东阳）蝗灾。·······················《东阳市志》

---

① 明：明州，旧州名，治所在今浙江宁波。

55. 宋淳祐元年（1241 年）

两浙（新昌）旱蝗。 ·····《新昌县志》

56. 宋淳祐三年（1243 年）

秋，浙江余姚蝗灾。 ·····《中国历代蝗患之记载》

八月，余姚蝗。 ·····《宁波市志》

八月，（慈溪）蝗。 ·····《慈溪县志》

57. 宋淳祐五年（1245 年）

浙江余姚蝗灾。 ·····《中国历代蝗患之记载》

58. 宋景定三年（1262 年）

八月，两浙蝗。 ·····《宋史·五行志》

浙江湖州蝗灾。 ·····《中国历代蝗患之记载》

八月，湖州蝗。 ·····《浙江省农业志》

八月，（乌程）蝗。 ·····光绪《乌程县志》

两浙蝗，嵊邑蝗。 ·····《新昌县志》

59. 宋咸淳元年（1265 年）

（瑞安）蝗为害。 ·····《瑞安市志》

60. 宋咸淳三年（1267 年）

两浙（新昌）蝗。 ·····《新昌县志》

四、元代蝗灾

61. 元元贞二年（1296 年）

六月，绍兴蝗。 ·····《元史·成宗本纪》

夏，浙江绍兴、湖州等大蝗伤稼，民饥死。 ·····《中国历代蝗患之记载》

六月，绍兴蝗灾，赈之。 ·····《绍兴市志》

62. 元大德二年（1298 年）

夏四月，江浙属县蝗。 ·····《元史·成宗本纪》

夏，浙江湖州等蝗灾。 ·····《中国历代蝗患之记载》

浙江（新昌）蝗。 ·····《新昌县志》

四月，（乌程）蝗。 ·····光绪《乌程县志》

四月，（东阳）蝗灾。 ·····《东阳市志》

63. 元大德九年（1305 年）

八月，嘉兴蝗。 ·····························《元史·成宗本纪》

八月，海盐等州蝗。 ·····················《元史·五行志》

夏至秋，浙江杭州、海盐、嘉兴蝗灾大发生。 ·······《中国历代蝗患之记载》

八月，东安①、海盐等州蝗。 ···············光绪《嘉兴府志》

（秀水）蝗。 ·····························康熙《秀水县志》

八月，（海盐）蝗，民饥，人相食。 ···········《海盐县志》

八月，盐官②州蝗。 ·····················光绪《杭州府志》

64. 元大德十一年（1307 年）

夏，浙江诸暨大蝗，飞蝗抱竹死。 ············《中国历代蝗患之记载》

（诸暨）飞蝗害稼。 ·····················《诸暨县志》

65. 元至大元年（1308 年）

诸暨蝗及境，皆抱竹死。 ···············乾隆《绍兴府志》

66. 元至大二年（1309 年）

浙江丽水蝗灾。 ························《中国历代蝗患之记载》

（丽水）蝗。 ··························《丽水市志》

67. 元至治元年（1321 年）

浙江宁海蝗灾。 ························《中国历代蝗患之记载》

68. 元至治二年（1322 年）

十二月，庆元③蝗。 ·····················《元史·英宗本纪》

浙江宁海、慈溪蝗灾。 ···················《中国历代蝗患之记载》

庆元蝗为灾。 ·························《宁波市志》

（慈溪）蝗。 ··························光绪《慈溪县志》

69. 元天顺元年（1328 年）

七月，嘉兴蝗。 ························《桐乡县志》

70. 元至元二年（1336 年）

至秋不雨，（瑞安）蝗灾。 ·················《瑞安市志》

71. 元至元三年（1337 年）

浙江温州蝗灾。 ························《中国历代蝗患之记载》

---

① 东安：旧镇名，在今富阳西南新登镇东。

② 盐官：旧州、县名，治所在今浙江海宁西南盐官镇。

③ 庆元：元路名，治所在今浙江宁波。

五、明代蝗灾

72. 明洪武十五年（1382 年）

（温岭）有蝗自北来，禾穗、竹木叶皆尽。·················《温岭县志》

73. 明洪武十七年（1384 年）

河东（兰溪）蝗灾。·····························《兰溪市志》

74. 明洪武二十三年（1390 年）

夏秋，（天台）旱蝗。··························《天台县志》

75. 明洪武二十五年（1392 年）

桐庐蝗害，禾穗、竹叶几被吃光。················《桐庐县志》

（台州）飞蝗北来，禾稼、竹木俱毁。···············《台州地区志》

（临海）有蝗自北来，禾稼、竹木皆尽。··············《临海县志》

六月，（太平①）有飞蝗自北来，禾穗、竹木叶皆尽。····· 光绪《太平县志》

76. 明洪武三十年（1397 年）

龙游蝗。······························《衢州市志》

（龙游）蝗自北来。·························《龙游县志》

77. 明建文三年（1401 年）

六月，（衢州）有蝗自北来，食禾穗。··············《衢州市志》

六月，（衢县）有飞蝗自北来，食禾穗、竹叶皆尽。······· 民国《衢县志》

六月，（常山）飞蝗食禾穗、竹叶皆尽。············《常山县志》

七月，（江山）飞蝗食禾穗、竹木叶。··············《江山市志》

78. 明建文四年（1402 年）

台州府临海县旱蝗，禾稼不登。··············《明实录·太宗实录》

浙江蝗自北来，食禾稼、竹树俱尽；黄岩、天台、仙居、临海、兰溪蝗灾。

·····························《中国历代蝗患之记载》

兰溪县飞蝗食禾穗、竹叶皆尽。·············· 雍正《浙江通志》

六月，台州蝗；黄岩有飞蝗自北来，禾稼、竹木皆尽；仙居大蝗，禾稼、竹

木俱尽；兰溪县飞蝗，食禾穗、竹木叶皆尽。·········《浙江省农业志》

六月，（富阳）蝗发，禾竹木叶尽食。··············《富阳县志》

---

① 太平：旧县名，治所在今浙江温岭。

六月，桐庐县蝗自北来，禾穗及竹木叶食尽。·············· 光绪《严州府志》

六月，（台州）蝗害，禾稼、竹木尽毁。·············· 《台州地区志》

六月，（临海）大蝗，饥。·············· 《临海县志》

六月，台州蝗虫自北向各县飞来，禾穗、竹叶食尽。·········· 《三门县志》

六月，（黄岩）飞蝗自北来，禾稼、竹木皆尽。·········· 光绪《黄岩县志》

六月，（天台）蝗灾。·············· 《天台县志》

六月，（仙居）大蝗，禾稼、竹叶俱尽。·············· 光绪《仙居县志》

宁海蝗大害，减税粮一半。·············· 《宁波市志》

（宁海）蝗虫为害。·············· 《宁海县志》

79. 明永乐元年（1403 年）

六月，衢州、金华、兰溪、台州飞蝗自北来，禾穗及竹木叶食皆尽。

·············· 《古今图书集成·庶征典·蝗灾部汇考》

夏，浙江湖州蝗灾。·············· 《中国历代蝗患之记载》

（长兴）大旱蝗。·············· 《长兴县志》

（乌程）大旱蝗。·············· 光绪《乌程县志》

80. 明正统四年（1439 年）

七月，萧山境内蝗，上命户部移文，严督扑灭尽绝。

·············· 《明实录·英宗实录》

81. 明正统六年（1441 年）

（嵊县）旱蝗。·············· 民国《嵊县志》

82. 明正统十一年（1446 年）

（台州）蝗害。·············· 《台州地区志》

83. 明正统十二年（1447 年）

浙江吴兴、长兴、余姚蝗灾。·············· 《中国历代蝗患之记载》

乌程、归安、长兴大旱蝗，饥。·············· 《湖州市志》

（长兴）大旱蝗，饥。·············· 同治《长兴县志》

余姚蝗。·············· 乾隆《绍兴府志》

（余姚）蝗。·············· 光绪《余姚县志》

84. 明景泰五年（1454 年）

夏秋，浙江杭州蝗伤稼。·············· 《中国历代蝗患之记载》

秋七月，杭州蝗害稼。·············· 光绪《杭州府志》

85. 明景泰六年（1455 年）

庆元等田禾被蝗灾，乞免粮草。 ·············《明实录·英宗实录》

86. 明天顺元年（1457 年）

秋七月，浙江杭州、嘉兴诸府各奏：飞蝗众多，伤害稼穑，租税无征，事下
户部覆视以闻。 ·············《明实录·英宗实录》

浙江杭州、嘉兴、嘉善蝗灾。 ·············《中国历代蝗患之记载》

七月，杭州蝗。 ·············光绪《杭州府志》

七月，杭州、嘉兴蝗。 ·············光绪《嘉兴府志》

秋七月，（钱塘）蝗害稼。 ·············康熙《钱塘县志》

（余杭）蝗灾。 ·············《余杭县志》

87. 明天顺五年（1461 年）

夏，浙江余姚蝗灾。 ·············《中国历代蝗患之记载》

夏，余姚旱，蝗害。 ·············《宁波市志》

夏，（慈溪）旱蝗。 ·············《慈溪县志》

88. 明天顺六年（1462 年）

浙江新登蝗灾。 ·············《中国历代蝗患之记载》

（富阳）蝗。 ·············《富阳县志》

新城螟蝗。 ·············光绪《杭州府志》

89. 明成化十一年（1475 年）

浙江台州、黄岩、仙居、温岭蝗灾。 ·············《中国历代蝗患之记载》

（台州）蝗食苗。 ·············《台州地区志》

（黄岩）蝗。 ·············光绪《黄岩县志》

四月，（太平）蝗。 ·············光绪《太平县志》

（温岭）蝗灾，民掘草根为食。 ·············《温岭县志》

（仙居）蝗食苗。 ·············光绪《仙居县志》

（临海）蝗。 ·············《临海县志》

90. 明成化十三年（1477 年）

处州蝗。 ·············《古今图书集成·庶征典·蝗灾部汇考》

浙江处州蝗灾。 ·············《中国历代蝗患之记载》

秋七月，（会稽）螣生。 ·············道光《会稽县志稿》

91. 明弘治九年（1496 年）

秋，浙江崇德蝗灾。 ·············《中国历代蝗患之记载》

92. 明弘治十四年（1501 年）

余姚蝗。 ·····················《古今图书集成·庶征典·蝗灾部汇考》

浙江余姚蝗灾。 ························《中国历代蝗患之记载》

秋，（余姚）旱蝗，大饥。 ·················光绪《余姚县志》

秋，（慈溪）旱蝗，大饥。 ······················《慈溪县志》

93. 明正德元年（1506 年）

（嘉兴）蝗飞蔽天，稻如剪。 ··············光绪《嘉兴府志》

嘉兴府（桐乡）蝗飞蔽天，稻如剪。 ············《桐乡县志》

海盐蝗飞蔽天，稻如剪。 ······················《海盐县志》

94. 明正德三年（1508 年）

夏，（临海）蝗，大饥，民殍。 ················《临海县志》

夏，（三门）蝗虫为害，民大饥。 ··············《三门县志》

夏，（仙居）旱蝗，饥。 ·················光绪《仙居县志》

95. 明正德九年（1514 年）

浙江湖州、桐乡、崇德蝗虫大发生，伤稼。 ·······《中国历代蝗患之记载》

乌程蝗，不害稼。 ·····················光绪《乌程县志》

七月，崇德县蝗，不害稼。 ···············光绪《嘉兴府志》

七月，（石门[①]）蝗，不为灾。 ············嘉庆《石门县志》

96. 明嘉靖三年（1524 年）

秋，浙江余姚蝗灾。 ··················《中国历代蝗患之记载》

秋，飞蝗入（萧山）境，歉收。 ················《萧山县志》

余姚蝗。 ··························乾隆《绍兴府志》

97. 明嘉靖四年（1525 年）

秋，嘉兴蝗虫如蚁。 ·····················《浙江省农业志》

（余杭）蝗灾。 ·························《余杭县志》

秋，嘉兴蝝生，如蚁。 ······················《桐乡县志》

98. 明嘉靖五年（1526 年）

浙江奉化蝗灾严重发生，秋稼无收；义乌、衢州、龙游、江山蝗灾。

·····················《中国历代蝗患之记载》

夏，奉化大旱，蝗起，禾稼无收。 ··············《宁波市志》

---

① 石门：旧县名，治所在今浙江桐乡西南崇福镇。

（义乌）旱，蝗飞蔽天。 ·······················《义乌县志》

西安①、龙游、江山、常山旱，飞蝗蔽天。 ·············《衢州市志》

（衢县）大旱，飞蝗蔽天。 ·················· 民国《衢县志》

（龙游）飞蝗蔽天，所到处禾苗尽食。 ·············《龙游县志》

（江山）飞蝗蔽天，禾稻受害。 ················《江山市志》

99. 明嘉靖六年（1527 年）

诸暨蝗。 ·············《古今图书集成·庶征典·蝗灾部汇考》

夏秋，浙江诸暨蝗虫大发生，伤稼。 ·······《中国历代蝗患之记载》

（诸暨）飞蝗蔽天，成灾。 ················《诸暨县志》

100. 明嘉靖八年（1529 年）

六月，桐乡大蝗；海盐蝗来，田中水，蝗不集。七月，海宁蝗。秋，嘉兴
蝗，不害稼；立秋日，蝗飞入萧山境；诸暨、新昌蝗。

·····························《浙江省农业志》

夏秋，浙江杭州、海宁、昌化②、嘉善、桐乡、海盐、湖州、武康、余姚、
崇德、萧山蝗灾。 ·············《中国历代蝗患之记载》

七月，杭州府蝗。 ···················· 光绪《杭州府志》

秋，飞蝗入（萧山）境。 ·················《萧山县志》

秋，（秀水）蝗，不伤禾。 ·············· 康熙《秀水县志》

六月，（海盐）蝗来时田中有水，蝗不集。 ······· 光绪《海盐县志》

七月，（海宁）蝗。 ····················《海宁市志》

六月，桐乡大蝗，遮天蔽日。 ···············《桐乡县志》

六月，（石门）大蝗。 ················· 嘉庆《石门县志》

夏，（湖州）蝗。 ·····················《湖州市志》

夏，（乌程）蝗。 ··················· 光绪《乌程县志》

夏，武康蝗，德清新市蝗。 ················《德清县志》

余姚蝗。 ·············《古今图书集成·庶征典·蝗灾部汇考》

余姚、萧山蝗。 ···················· 乾隆《绍兴府志》

余姚蝗害稼。 ······················《宁波市志》

（慈溪）蝗害稼。 ·····················《慈溪县志》

① 西安：旧县名，治所在今浙江衢州。
② 昌化：旧县名，治所在今浙江临安西昌化镇。

101. **明嘉靖九年**（1530 年）

秋，浙江昌化蝗灾。 ···《中国历代蝗患之记载》

蝗入昌化境。 ···《临安县志》

蝗入（昌化）境，不害稼。 ·························· 民国《昌化县志》

武康又有飞蝗入境。 ·································《德清县志》

102. **明嘉靖十一年**（1532 年）

夏，浙江海盐蝗，大风吹蝗入海死。 ·········《中国历代蝗患之记载》

六月，（海盐）蝗来，忽大风，蝗尽入海死。 ······ 光绪《海盐县志》

103. **明嘉靖十四年**（1535 年）

德清新市镇飞蝗蔽日，昼忽暗。 ···················《德清县志》

104. **明嘉靖十八年**（1539 年）

嘉兴大蝗。 ···························《古今图书集成·庶征典·蝗灾部汇考》

夏，浙江湖州、嘉兴蝗灾。 ··············《中国历代蝗患之记载》

六月，嘉兴府旱蝗，大饥。 ·················· 雍正《浙江通志》

夏，嘉兴府飞蝗蔽日。 ···················· 光绪《嘉兴府志》

夏，（秀水）飞蝗蔽天，害稼，大饥。 ··········· 康熙《秀水县志》

德清有蝗。 ·······································《湖州市志》

德清蝗灾。 ·······································《德清县志》

105. **明嘉靖十九年**（1540 年）

六月，嘉兴飞蝗蔽天，食芦苇、竹叶无遗。 ·········· 雍正《浙江通志》

嘉兴、湖州、衢州、会稽、诸暨、余姚、新昌、处州大蝗。

···························《古今图书集成·庶征典·蝗灾部汇考》

夏秋，浙江桐乡、嘉兴、海盐、嘉善、平湖、湖州、吴兴、绍兴、诸暨、
江山、新昌、武康、严州[①]、衢县、余姚、桐庐、龙游、处州、丽水、缙
云蝗灾大发生，飞蔽天，害稼。 ·········《中国历代蝗患之记载》

六月，嘉兴、嘉善飞蝗蔽天，食芦苇竹叶无遗；平湖飞蝗蔽日，食稼，岁
大饥；湖州、桐乡飞蝗蔽天，伤稼大半。夏，余姚、新昌蝗蔽日；处州、
丽水、缙云蝗；江山蝗。八月，衢州蝗。 ·········《浙江省农业志》

（桐庐）蝗，不为害。 ···················· 民国《桐庐县志》

六月，（嘉善）蝗飞蔽天，芦苇、竹叶无遗。 ······ 光绪《嘉善县志》

---

① 严州：旧府、州名，治所在今浙江建德东北梅城镇。

六月，（嘉兴）蝗飞蔽天，所集处芦苇、竹叶无遗。 ……… 光绪《嘉兴府志》

六月，（秀水）蝗飞蔽天，所集芦苇、竹叶无遗。 ……… 康熙《秀水县志》

（海盐）蝗飞蔽天，稻如剪。 ………………… 《海盐县志》

（平湖）大旱，蝗飞蔽日，食稼，饥。 ………… 《平湖县志》

夏，桐乡飞蝗蔽天，所集处芦苇、竹叶俱尽。 … 光绪《桐乡县志》

（湖州）蝗灾，蝗飞蔽天，伤稼大半。 ………… 《湖州市志》

武康新市蝗灾，苇竹俱尽。 …………………… 《德清县志》

（武康）蝗飞蔽天，知县祷于城隍社稷庙，不为灾。 …… 道光《武康县志》

（长兴）蝗飞蔽天，伤稼大半。 ……………… 《长兴县志》

（乌程）蝗飞蔽天，伤稼大半。 ……………… 光绪《乌程县志》

会稽、诸暨、余姚、新昌蝗。 ………………… 乾隆《绍兴府志》

夏，会稽蝗。 …………………………………… 《绍兴县志》

夏，（诸暨）蝗灾。 …………………………… 《诸暨县志》

夏，（新昌）蝗飞蔽日。 ……………………… 《新昌县志》

夏，余姚蝗灾。 ………………………………… 《宁波市志》

夏，（慈溪）蝗。 ……………………………… 《慈溪县志》

（丽水）蝗。 …………………………………… 《丽水市志》

（缙云）蝗。 ………………………………… 光绪《缙云县志》

西安、龙游、江山蝗。 ………………………… 《衢州市志》

（衢县）多蝗。 ……………………………… 民国《衢县志》

（江山）蝗灾。 ………………………………… 《江山市志》

（龙游）蝗灾。 ………………………………… 《龙游县志》

106. 明嘉靖二十年（1541 年）

夏秋，浙江严州、建德、诸暨、嘉兴、江山、桐庐、淳安、寿昌①、瑞安、
  奉化蝗虫大发生，害稼。 …………………… 《中国历代蝗患之记载》

五月，（嘉兴）大雨连日，蝗赴水死。 ……… 光绪《嘉兴府志》

五月，（秀水）遗蝗赴水死。 ………………… 康熙《秀水县志》

（建德）大旱，蝗食禾稼不可胜计。 ………… 《建德县志》

淳安蝗，食禾稼不可胜计。 …………………… 《淳安县志》

武康又蝗灾。 …………………………………… 《德清县志》

---

① 寿昌：旧县名，治所在今浙江建德西南寿昌镇。

夏，（诸暨）蝗灾。 ┄┄┄┄┄┄┄┄┄┄┄┄┄┄┄┄┄┄┄《诸暨县志》

107. 明嘉靖二十一年（1542 年）

夏，浙江衢县蝗虫大发生，严重伤稼。 ┄┄┄┄┄《中国历代蝗患之记载》

西安、龙游、江山蝗。 ┄┄┄┄┄┄┄┄┄┄┄┄┄┄┄┄┄┄《衢州市志》

夏六月，（衢县）蝗多。 ┄┄┄┄┄┄┄┄┄┄┄┄┄ 民国《衢县志》

六月，（江山）飞蝗自北来，遮天蔽日，禾粟吃光。 ┄┄┄┄《江山市志》

六月，（龙游）蝗灾。 ┄┄┄┄┄┄┄┄┄┄┄┄┄┄┄┄┄┄《龙游县志》

108. 明嘉靖二十二年（1543 年）

浙江义乌蝗灾，食稼殆尽。 ┄┄┄┄┄┄┄┄┄┄《中国历代蝗患之记载》

（义乌）蝗虫为灾。 ┄┄┄┄┄┄┄┄┄┄┄┄┄┄┄┄┄┄《义乌县志》

109. 明嘉靖二十四年（1545 年）

夏，浙江崇德蝗虫大发生，害稼。 ┄┄┄┄┄┄┄《中国历代蝗患之记载》

石门县蝗，民大饥。 ┄┄┄┄┄┄┄┄┄┄┄┄┄┄┄┄┄┄《桐乡县志》

110. 明嘉靖二十五年（1546 年）

夏，浙江杭州、余杭蝗虫大发生，从西北来，庄稼无收。

┄┄┄┄┄┄┄┄┄┄┄┄┄┄┄┄┄┄┄┄┄《中国历代蝗患之记载》

夏六月，（余杭）大蝗，所过田禾、草木俱尽。 ┄┄┄┄ 嘉庆《余杭县志》

夏六月，（钱塘）大蝗，飞蔽天，所过田禾、草木俱尽。

┄┄┄┄┄┄┄┄┄┄┄┄┄┄┄┄┄┄┄┄┄┄┄ 康熙《钱塘县志》

111. 明嘉靖三十一年（1552 年）

秋，浙江兰溪蝗飞蔽天，食禾稻，穗尽落。 ┄┄┄┄《中国历代蝗患之记载》

七月，（兰溪）飞蝗为灾，禾穗尽落。 ┄┄┄┄┄┄┄┄┄《兰溪市志》

112. 明嘉靖四十一年（1562 年）

浙江桐庐蝗灾，伤稼。 ┄┄┄┄┄┄┄┄┄┄┄┄┄《中国历代蝗患之记载》

（桐庐）蝗虫害稼。 ┄┄┄┄┄┄┄┄┄┄┄┄┄┄┄ 民国《桐庐县志》

113. 明万历六年（1578 年）

秋，浙江长兴蝗伤稼。 ┄┄┄┄┄┄┄┄┄┄┄┄┄《中国历代蝗患之记载》

114. 明万历七年（1579 年）

浙江兰溪蝗伤稼。 ┄┄┄┄┄┄┄┄┄┄┄┄┄┄┄《中国历代蝗患之记载》

（兰溪）蝗虫害稼。 ┄┄┄┄┄┄┄┄┄┄┄┄┄┄┄┄┄┄《兰溪市志》

115. 明万历九年（1581 年）

夏，浙江临海、仙居蝗灾。 ┄┄┄┄┄┄┄┄┄┄┄《中国历代蝗患之记载》

台州旱蝗。 ·································· 雍正《浙江通志》

（台州）蝗食苗、根节俱尽。 ····················· 《台州地区志》

（临海）旱，蝗虫食苗。 ······················ 《临海县志》

（仙居）旱，蝗食苗、根节俱尽。 ················ 光绪《仙居县志》

116. 明万历十五年（1587 年）

秋，浙江开化蝗灾，食禾稼殆尽。 ········· 《中国历代蝗患之记载》

秋，（衢州）蝗食晚禾几尽。 ·················· 《衢州市志》

秋，（开化）飞蝗蔽野，晚禾蚕食殆尽。 ············ 《开化县志》

117. 明万历十六年（1588 年）

浙江吴兴、长兴、孝丰①蝗灾。 ········· 《中国历代蝗患之记载》

五月，（湖州）蝗灾，饥殍载道。 ··············· 《湖州市志》

五月，（长兴）旱蝗，饥殍载道。 ············ 同治《长兴县志》

五月，（乌程）蝗，饥殍载道。 ·············· 光绪《乌程县志》

（孝丰）旱蝗。 ························· 同治《孝丰县志》

（东阳）蝗灾，民饥。 ······················ 《东阳市志》

118. 明万历三十三年（1605 年）

夏，浙江仙居蝗食禾、豆苗亦尽。 ········· 《中国历代蝗患之记载》

台州旱蝗。 ··················· 《中国历代天灾人祸表》

（临海）旱，蝗虫食豆。 ······················ 《临海县志》

（仙居）旱蝗，豆粟亦尽。 ·················· 光绪《仙居县志》

119. 明万历四十一年（1613 年）

浙江余姚蝗灾，民捕蝗上千斛。 ········· 《中国历代蝗患之记载》

夏，（余杭）大蝗，人共捕之，集以千斛，投于通济桥下。

·························· 嘉庆《余杭县志》

120. 明万历四十二年（1614 年）

浙江湖州、温岭蝗灾。 ············· 《中国历代蝗患之记载》

（太平）蝗虫伤稼。 ······················ 光绪《太平县志》

121. 明万历四十二年（1616 年）

浙江吴兴、长兴蝗灾。 ············· 《中国历代蝗患之记载》

（长兴）高阜山乡有螽。 ··················· 同治《长兴县志》

① 孝丰：旧县名，治所在今浙江安吉西南孝丰镇。

（乌程）高阜山乡有螽。 ················· 光绪《乌程县志》

122. 明天启元年（1621 年）

湖州蝗灾。 ····························· 《中国昆虫学史》

123. 明天启六年（1626 年）

（湖州）蝗灾，飞集蔽野。 ··············· 《湖州市志》

（乌程）蝗灾。 ····················· 光绪《乌程县志》

124. 明崇祯元年（1628 年）

遂昌蝗。 ········· 《古今图书集成·庶征典·蝗灾部汇考》

浙江遂昌蝗灾。 ················· 《中国历代蝗患之记载》

125. 明崇祯九年（1636 年）

浙江海盐蝗灾。 ················· 《中国历代蝗患之记载》

秋，（海盐）蝗至，不伤禾。 ··········· 光绪《海盐县志》

126. 明崇祯十一年（1638 年）

浙江吴兴、萧山蝗灾。 ············· 《中国历代蝗患之记载》

六月，飞蝗入（萧山）境，田禾无收。 ······· 《萧山县志》

夏，（桐乡）旱蝗。 ······················· 《桐乡县志》

秋旱，（湖州）蝗灾。 ····················· 《湖州市志》

秋，（乌程）旱蝗。 ················· 光绪《乌程县志》

127. 明崇祯十二年（1639 年）

五月，杭州蝗从东南来，几蔽天。八月，蝗大积，积二三寸。

·························· 雍正《浙江通志》

（浙江）蝗飞蔽天，食禾殆尽。 ··········· 《浙江省农业志》

浙江杭州、余杭、嘉兴、诸暨蝗灾。 ····· 《中国历代蝗患之记载》

五月，蝗从（杭州）东南飞过蔽天，形类蚱蜢，俱落旷野。八月，蝗大至

　北关外，积二三寸，驱之不去。 ········· 光绪《杭州府志》

六月，（秀水）蝗飞蔽天。 ··········· 康熙《秀水县志》

六月，（嘉善）蝗飞蔽天。 ··········· 光绪《嘉善县志》

（萧山）皆有蝗。 ······················· 《萧山县志》

六月，（桐乡）蝗飞蔽天。 ················· 《桐乡县志》

秋，（诸暨）飞蝗蔽天，害稼。 ············· 《诸暨县志》

128. 明崇祯十三年（1640 年）

浙江嘉兴、嘉善、海盐、吴兴、长兴、武康、绍兴蝗。

······《中国历代蝗患之记载》

秋，（湖州）蝗灾，害稼。·····《湖州市志》

七月，（嘉兴）旱蝗。·····光绪《嘉兴府志》

七月，（秀水）旱蝗。·····康熙《秀水县志》

七月，（嘉善）旱蝗。·····光绪《嘉善县志》

五月，（长兴）蝗害稼，草根、树皮俱尽，人相食。·····《长兴县志》

八月，武康蝗害稼。·····《德清县志》

五月，（乌程）蝗害稼，饥。·····光绪《乌程县志》

四月，山阴①、会稽蝗。·····乾隆《绍兴府志》

五月，（东阳）蝗灾，民饥。·····《东阳市志》

129. 明崇祯十四年（1641 年）

六月，浙江旱蝗。·····《明史·庄烈帝纪》

六月，嘉兴、杭州蝗飞蔽天，食禾、草根殆尽。·····雍正《浙江通志》

（浙江）蝗飞蔽天，食禾殆尽。·····《浙江省农业志》

浙江长兴、海宁、桐乡、嘉兴、崇德、嘉善、杭州、上虞、吴兴、平湖、
余姚蝗灾；诸暨飞蝗遍野，官府令民捕蝗，以火照水，蝗赴水，蝗死十
之三。·····《中国历代蝗患之记载》

（余杭）蝗灾。·····《余杭县志》

（钱塘）蝗飞蔽天。·····康熙《钱塘县志》

六月大旱，杭、嘉、湖等 20 余县塘涸，蝗。·····《嘉兴市志》

六月，（嘉兴）蝗食禾殆尽，民饥死，至窃人肉以市。·····光绪《嘉兴县志》

夏六月，（秀水）飞蝗蔽天，所过食禾稻无存。·····康熙《秀水县志》

六月，（嘉善）蝗食禾殆尽。秋，蝗入水为鱼。·····光绪《嘉善县志》

六月，（海宁）大旱蝗，民饥。·····《海宁市志》

七月，（海盐）蝗食苗尽，民大饥。·····《海盐县志》

五月，（平湖）飞蝗蔽天，道殣相望。·····《平湖县志》

六月，石门飞蝗自西北来，障天蔽日，食禾几尽。·····《桐乡县志》

（湖州）大旱蝗。·····《湖州市志》

六月，（乌程）大旱蝗。·····光绪《乌程县志》

（诸暨）飞蝗蔽野，斗米千钱。·····《诸暨县志》

---

① 山阴：旧县名，治所在今浙江绍兴。

（长兴）旱蝗，知县出钱募民捕而瘗之。 ······················ 同治《长兴县志》

六月，（上虞）飞蝗蔽天，害稼。 ······························ 《上虞县志》

六月，余姚蝗灾，大饥。 ···································· 《宁波市志》

浙江嘉、湖旱蝗，乡民捕蝗饲鸭、畜猪，蝗可供猪鸭无怪也。······《捕蝗考》

130. 明崇祯十五年（1642 年）

浙江杭州、吴兴、长兴、德清、上虞、处州蝗灾。······《中国历代蝗患之记载》

杭州复旱蝗。 ·· 雍正《浙江通志》

杭州旱，飞蝗集地数寸。 ·································· 光绪《杭州府志》

於潜①旱，飞蝗集地数寸。 ································· 《临安县志》

（钱塘）旱，飞蝗集地数寸，草木皆尽。 ················· 康熙《钱塘县志》

（富阳）入秋而蝗，草不留。 ······························· 《富阳县志》

夏秋大旱，杭、嘉、湖、苏、松、常、镇 20 余县塘涸，蝗。······《嘉兴市志》

（海宁）旱蝗。 ··· 《海宁市志》

（湖州）蝗旱，蔽天而下，所集处禾立尽。 ················· 《湖州市志》

（乌程）旱蝗，蔽天而下，所集处禾立尽，人相食。 ······ 光绪《乌程县志》

德清新市蝗灾。 ·· 《德清县志》

六月，（长兴）蝗飞蔽天，禾立尽。 ······················· 《长兴县志》

诸暨蝗遍野，斗米千钱，邑人以火照水，蝗赴水，死者十之三；余姚、上
  虞皆蝗。 ·· 乾隆《绍兴府志》

（上虞）旱蝗。 ··· 《上虞县志》

六、清代蝗灾

131. 清顺治六年（1649 年）

秋，浙江海宁蝗灾。 ································· 《中国历代蝗患之记载》

天台蝗灾，庄稼殆尽。 ································· 《台州地区志》

132. 清顺治十三年（1656 年）

六月，海宁蝗。 ·· 《浙江省农业志》

133. 清顺治十七年（1660 年）

浙江寿昌飞蝗蔽天，害稼。 ························· 《中国历代蝗患之记载》

---

① 於潜：旧县名，治所在今浙江临安西於潜镇。

六月，寿昌蝗害稼。　　　　　　　　　　　　　　　　《浙江省农业志》

天台蝗灾。　　　　　　　　　　　　　　　　　　　　《台州地区志》

134. 清康熙五年（1666 年）

浙江仙居蝗灾。　　　　　　　　　　　　　《中国历代蝗患之记载》

秋，仙居旱蝗。　　　　　　　　　　　　　　　　《浙江省农业志》

秋，仙居蝗灾。　　　　　　　　　　　　　　　　　《台州地区志》

秋，（仙居）旱蝗。　　　　　　　　　　　　　光绪《仙居县志》

六月，宁海旱，蝗灾。　　　　　　　　　　　　　　《宁波市志》

（青田）蝗虫食稻。　　　　　　　　　　　　　　　《青田县志》

135. 清康熙六年（1667 年）

六月，杭州大旱蝗。　　　　　　　　　　　　　《清史稿·灾异志》

浙江萧山蝗灾；杭州蝗，不为灾。　　　　《中国历代蝗患之记载》

夏，浙江杭州蝗，不为灾。　　　　　　　　雍正《浙江通志》

萧山蝗。　　　　　　　　　　　　　　　　　乾隆《绍兴府志》

136. 清康熙八年（1669 年）

八月，海宁飞蝗蔽天而至，食稼殆尽。　　　　《清史稿·灾异志》

137. 清康熙九年（1670 年）

七月，丽水、桐乡、江山、常山大旱蝗。　　　《清史稿·灾异志》

七月，桐乡大旱蝗。　　　　　　　　　　　　　　　《桐乡县志》

六月，台州蝗虫为灾。　　　　　　　　　　　　　　《三门县志》

宁海大旱，蝗虫为灾。　　　　　　　　　　　　　　《宁波市志》

（江山）蝗虫成灾。　　　　　　　　　　　　　　　《江山市志》

138. 清康熙十年（1671 年）

六月，宁海、天台、仙居大旱蝗。七月，丽水蝗，桐乡、海盐、淳安大

　旱蝗。　　　　　　　　　　　　　　　　　　《清史稿·灾异志》

浙江嘉兴、桐乡、处州、海盐、湖州、仙居、江山、长兴、平阳蝗灾。

　　　　　　　　　　　　　　　　　　　　《中国历代蝗患之记载》

丽水县旱蝗。　　　　　　　　　　　　　　雍正《浙江通志》

五月，平阳有蝗食沿江田禾。七月，海盐蝗从西来，飞过城上，至澉浦外

　长山三日，不伤禾；湖州大旱蝗；淳安蝗，伤禾，民掘草根；丽水旱蝗；

　江山大旱蝗，禾苗尽槁，蝗食殆尽，民死者甚众；常山大旱蝗。秋，仙

　居蝗食苗、根节俱尽。　　　　　　　　　　　《浙江省农业志》

八月，（嘉兴）蝝食稻。·····················光绪《嘉兴府志》

淳安、遂安①两县蝗食禾。·····················《淳安县志》

七月，桐乡旱蝗。·····························《桐乡县志》

七月，（海盐）蝗从西北来，飞过城上至长山，不伤稼。

··光绪《海盐县志》

七月，（湖州）大旱蝗。······················《湖州市志》

七月，（乌程）大旱蝗。·················光绪《乌程县志》

（长兴）蝗。······························《长兴县志》

秋，仙居蝗食苗、根节俱尽。················《台州地区志》

五月，（平阳）有蝗食沿江田稼。八月，螣生遍野，大风三日，尽灭。

··民国《平阳县志》

九月不雨，（缙云）蝗虫食稻几尽，蠲免。··········康熙《缙云县志》

五月，（青田）蝗虫食稻，田无收。················《青田县志》

江山、常山、开化蝗。························《衢州市志》

（常山）蝗灾。·····························《常山县志》

夏六月，（乐清）螽。·····················光绪《乐清县志》

139. 清康熙十一年（1672 年）

浙江杭州、嘉兴、吴兴、长兴、崇德蝗灾。·········《中国历代蝗患之记载》

秋七月，杭州蝗，不为灾。·················光绪《杭州府志》

（余杭）蝗灾。·····························《余杭县志》

七月，（嘉兴）飞蝗西北来，食草根、木叶殆尽，独不食稻。

··光绪《嘉兴县志》

夏，（嘉善）蝗飞蔽天，食芦叶殆尽。秋，西塘多蝗，自西北来，昼夜不

绝，蝻虫伤稼，民饥。·······················《嘉善县志》

八月，（秀水）蝝食稻，民饥。··············康熙《秀水县志》

七月，（海宁）蝗。·························《海宁市志》

飞蝗过（海盐）境。·························《海盐县志》

（桐乡）飞蝗自西北而来，食草根、树叶殆尽。··········《桐乡县志》

秋，（湖州）蝗集于太湖滨芦苇上。··············《湖州市志》

秋，（长兴）有螽不入境，集于湖滨芦苇上。········同治《长兴县志》

---

① 遂安：旧县名，治所在今浙江淳安。

秋，（乌程）有螽不入境，集于湖滨芦苇上。⋯⋯⋯⋯⋯⋯ 光绪《乌程县志》

140. 清康熙十六年（1677 年）

浙江湖州等蝗灾。⋯⋯⋯⋯⋯⋯⋯⋯⋯⋯⋯ 《中国历代蝗患之记载》

（湖州）蝗飞蔽天，过而不下。⋯⋯⋯⋯⋯⋯⋯⋯⋯⋯ 《湖州市志》

141. 清康熙十八年（1679 年）

浙江仙居、处州、缙云蝗灾。⋯⋯⋯⋯⋯⋯⋯ 《中国历代蝗患之记载》

秋，处州、缙云蝗。⋯⋯⋯⋯⋯⋯⋯⋯⋯⋯⋯⋯ 《浙江省农业志》

（仙居）旱蝗。⋯⋯⋯⋯⋯⋯⋯⋯⋯⋯⋯⋯⋯ 光绪《仙居县志》

（缙云）蝗。⋯⋯⋯⋯⋯⋯⋯⋯⋯⋯⋯⋯⋯⋯ 光绪《缙云县志》

142. 清康熙二十年（1681 年）

浙江奉化蝗食禾稼。⋯⋯⋯⋯⋯⋯⋯⋯⋯⋯ 《中国历代蝗患之记载》

（奉化）蝗食禾稼。⋯⋯⋯⋯⋯⋯⋯⋯⋯⋯⋯⋯⋯ 《奉化市志》

143. 清康熙二十一年（1682 年）

浙江淳安蝗害稼，无收成。⋯⋯⋯⋯⋯⋯⋯⋯ 《中国历代蝗患之记载》

144. 清康熙二十五年（1686 年）

浙江金华蝗灾。⋯⋯⋯⋯⋯⋯⋯⋯⋯⋯⋯⋯ 《中国历代蝗患之记载》

夏六月，（金华）螣螽生。⋯⋯⋯⋯⋯⋯⋯⋯⋯ 光绪《金华县志》

145. 清康熙二十六年（1687 年）

浙江吴兴蝗灾。⋯⋯⋯⋯⋯⋯⋯⋯⋯⋯⋯⋯ 《中国历代蝗患之记载》

秋，（归安）蝗食禾。⋯⋯⋯⋯⋯⋯⋯⋯⋯⋯⋯ 光绪《归安县志》

146. 清康熙二十七年（1688 年）

浙江宣平①蝗灾。⋯⋯⋯⋯⋯⋯⋯⋯⋯⋯⋯ 《中国历代蝗患之记载》

147. 清康熙三十年（1691 年）

浙江淳安蝗灾。⋯⋯⋯⋯⋯⋯⋯⋯⋯⋯⋯⋯ 《中国历代蝗患之记载》

（淳安）县东南大蝗。⋯⋯⋯⋯⋯⋯⋯⋯⋯⋯⋯⋯ 《淳安县志》

148. 清康熙三十三年（1694 年）

秋，（衢县）螣螽为灾。⋯⋯⋯⋯⋯⋯⋯⋯⋯⋯ 民国《衢县志》

149. 清康熙四十四年（1705 年）

浙江嘉善蝗灾。⋯⋯⋯⋯⋯⋯⋯⋯⋯⋯⋯⋯ 《中国历代蝗患之记载》

秋，（嘉善）蝗蝻食禾。⋯⋯⋯⋯⋯⋯⋯⋯⋯⋯⋯ 《嘉善县志》

---

① 宣平：旧县名，治所在今浙江武义西南柳城镇。

150. 清康熙四十八年（1709 年）

浙江杭州蝗虫大发生，满野。·················《中国历代蝗患之记载》

秋，钱塘飞蝗遍野。·····················光绪《杭州府志》

151. 清康熙五十年（1711 年）

夏秋，杭、嘉、湖等 20 余县长江下游及太湖涸，蝗。·········《嘉兴市志》

152. 清雍正二年（1724 年）

浙江太湖和分水①县蝗灾。············《中国历代蝗患之记载》

分水县旱蝗，无收。················光绪《严州府志》

七月，太湖中蝗飞蔽天，食芦叶殆尽。·········《湖州市志》

湖州蝗飞蔽天，食芦苇殆尽。···········《长兴县志》

太湖中（乌程）蝗飞蔽天，食芦苇叶殆尽。······光绪《乌程县志》

153. 清雍正十年（1732 年）

浙江景宁蝗灾。··················《中国历代蝗患之记载》

夏秋间，景宁蝗伤稼。···············《浙江省农业志》

154. 清乾隆三年（1738 年）

浙江吴兴蝗灾。··················《中国历代蝗患之记载》

（乌程）旱蝗。··················光绪《乌程县志》

155. 清乾隆十五年（1750 年）

浙江乐清蝗灾。··················《中国历代蝗患之记载》

（乐清）螽。···················光绪《乐清县志》

156. 清乾隆二十年（1755 年）

（湖州）蝗蝻生。·················《湖州市志》

（长兴）蝗蝻生。·················《长兴县志》

（乌程）蝗蝻生。·················光绪《乌程县志》

157. 清乾隆三十七年（1772 年）

二月，景宁飞蝗蔽天，大可骈三尺。········《清史稿·灾异志》

158. 清乾隆四十一年（1776 年）

秋，浙江杭州蝗蝻生，捕之，不为灾。·······《中国历代蝗患之记载》

七月，仁和、钱塘沿江蝗蝻生，扑灭之，不害稼。····光绪《杭州府志》

---

① 分水：旧县名，治所在今浙江桐庐分水镇。

159. 清乾隆四十八年（1783 年）

景宁及邻县蝗入境。 ···《中国历代蝗患之记载》

景宁蝗入境。 ······································· 同治《景宁县志》

160. 清乾隆五十年（1785 年）

六月，湖州大旱蝗。 ·······························《清史稿·灾异志》

浙江吴兴、德清蝗虫大发生，严重害稼。 ·········《中国历代蝗患之记载》

乌程、归安、长兴、德清大旱蝗。 ···················《湖州市志》

湖州（长兴）大旱蝗。 ·····························《长兴县志》

七月，德清蝗灾。 ··································《德清县志》

（桐乡）蝗蝻生，大饥。 ·························《桐乡县志》

161. 清乾隆五十一年（1786 年）

浙江长兴蝗生，食禾稼尽。 ·····················《中国历代蝗患之记载》

（湖州）蝗食禾殆尽。 ·····························《湖州市志》

夏秋，（长兴）蝗食禾殆尽。 ·······················《长兴县志》

162. 清嘉庆七年（1802 年）

秋，（宁海）蝗虫为灾。 ···························《宁海县志》

163. 清嘉庆十六年（1811 年）

浙江永嘉、乐清蝗灾。 ·····················《中国历代蝗患之记载》

秋，（乐清）螽，沿海田禾无收。 ············· 光绪《乐清县志》

七月旱，（永嘉）晚禾有螽。 ·······················《永嘉县志》

164. 清道光八年（1828 年）

秋，浙江诸暨蝗灾发生。 ·····················《中国历代蝗患之记载》

秋，（诸暨）飞蝗成灾。 ···························《诸暨县志》

165. 清道光十三年（1833 年）

夏，（龙游）蝗灾。 ································《龙游县志》

166. 清道光十四年（1834 年）

（龙游）蝗灾。 ····································《龙游县志》

167. 清道光二十四年（1844 年）

浙江仙居蝗灾。 ···························《中国历代蝗患之记载》

仙居蝗灾。 ······································《台州地区志》

168. **清道光二十七年**（1847 年）

夏秋，浙江桐乡、汤溪①蝗灾。 ……………………………《中国历代蝗患之记载》

169. **清咸丰三年**（1853 年）

七月，（磐安）蝗灾。 ………………………………………………《磐安县志》

七月，（东阳）蝗灾。 ………………………………………………《东阳市志》

七月，（永康）螟蝗为灾。 …………………………………………《永康县志》

170. **清咸丰六年**（1856 年）

浙江长兴、富阳、嘉善、定海、慈溪、吴兴、上虞蝗。

………………………………………………《中国历代蝗患之记载》

浙江定海、上虞大蝗，严重成灾。 ………《中国东亚飞蝗蝗区的研究》

七月，慈溪蝗；湖州大旱蝗，饥。八月，嵊县有蝗自北来，顷刻蔽天；定

海、余姚蝗灾。 ………………………………………《浙江省农业志》

（富阳）飞蝗成灾。 ………………………………………………《富阳县志》

夏秋，杭、嘉、湖 36 县河涸，大蝗。 …………………………《嘉兴市志》

秋，（嘉善）蝗灾，米腾贵。 ……………………………………《嘉善县志》

秋，（平湖）蝗。 …………………………………………………《平湖县志》

（桐乡）蝗飞蔽天，大饥。 ………………………………………《桐乡县志》

（长兴）蝗蝻迅起蔽野，自北而南迁移。 ………………………《长兴县志》

（乌程）大旱螽。 ………………………………………………光绪《乌程县志》

八月，嵊县蝗北来，蔽天。 ……………………………………《新昌县志》

八月，（上虞）蝗灾，遮天蔽日，晚禾无收。 …………………《上虞县志》

夏秋间，鄞县飞蝗蔽野，灾；慈溪、余姚亦然。 ………………《宁波市志》

八月，（余姚）蝗。 ……………………………………………光绪《余姚县志》

七月，（慈溪）蝗。 ……………………………………………光绪《慈溪县志》

七月，（奉化）蝗虫为灾，延及鄞县。 …………………………《奉化市志》

夏秋间，（鄞县）东南乡飞蝗蔽野，村民捕煮之，日获十石。

………………………………………………………… 同治《鄞县志》

171. **清咸丰七年**（1857 年）

浙江富阳、海盐、吴兴、长兴、德清、孝丰蝗灾。

………………………………………………《中国历代蝗患之记载》

---

① 汤溪：旧县名，治所在今浙江金华西汤溪镇。

夏，（海盐）南乡飞蝗蔽天，居民捕逐。 ·····················《海盐县志》

秋，富阳蝗。 ························· 光绪《杭州府志》

夏，（桐乡）蝗复生，入水自毙。 ··············《桐乡县志》

夏，乌程蝗复生。秋，德清飞蝗蔽天，伤禾稼。九月，孝丰蝗灾。

·································《湖州市志》

九月，（孝丰）蝗。 ···················· 同治《孝丰县志》

秋，德清飞蝗蔽天，伤禾。 ·················《德清县志》

夏，（长兴）蝻复滋生，檄县捕蝗。 ········· 同治《长兴县志》

春，（嵊县）邑令捐资捕蝗。五月大雨，蝗蝻顿尽。 ······· 民国《嵊县志》

172. 清咸丰八年（1858 年）

六月，黄岩蝗害稼。 ··················《清史稿·灾异志》

浙江孝丰蝗灾。 ··················《中国历代蝗患之记载》

（孝丰）蝗。 ······················ 同治《孝丰县志》

黄岩蝗灾。 ·······················《台州地区志》

173. 清咸丰九年（1859 年）

浙江湖州蝗灾。 ··················《中国历代蝗患之记载》

归安蝗。 ·························《湖州市志》

174. 清咸丰十年（1860 年）

七月，（慈溪）北乡蝗。 ··················《慈溪县志》

175. 清同治十年（1871 年）

四月，（江山）蝗虫为灾。 ·················《江山市志》

176. 清光绪元年（1875 年）

浙江慈溪蝗灾。 ··················《中国历代蝗患之记载》

杭州府属县飞蝗蔽天，仁和、钱塘、海宁灾害尤重。 ······《浙江省农业志》

（慈溪）北乡蝗为灾。 ···················《慈溪县志》

177. 清光绪二年（1876 年）

庆元飞蝗遍野。 ····················《浙江省农业志》

夏，（桐乡）蝗。 ····················《桐乡县志》

夏，（湖州）蝗。 ····················《湖州市志》

178. 清光绪三年（1877 年）

浙江嘉善、平湖、嘉兴、桐乡、吴兴、孝丰、镇海、上虞蝗灾。

·································《中国历代蝗患之记载》

六月，（萧山）蝗，不害稼。 ························《萧山县志》

秋，有蝗入（嘉兴）境。 ····················光绪《嘉兴府志》

七月，（嘉善）蝗飞蔽天，害稼。 ·················《嘉善县志》

七月，（平湖）蝗。 ···························《平湖县志》

七月，蝗入（桐乡）境。 ·······················《桐乡县志》

夏，乌程蝗灾；归安蝗，不为灾。五月，孝丰蝗。·········《湖州市志》

夏，乌程蝗。 ·····················光绪《乌程县志》

六月，（上虞）蝗食竹叶、芦草殆尽。 ··········光绪《上虞县志》

五月，（孝丰）蝗。 ···················同治《孝丰县志》

（慈溪）四境多蝗，食草木、禾稼。 ···············《慈溪县志》

六月，（镇海）四境多蝗，食草木，稼无害。 ········民国《镇海县志》

179. 清光绪五年（1879年）

秋初，浙江东阳蝗蔽天而来，食稼尽。 ······《中国历代蝗患之记载》

飞蝗入（磐安）境，阵飞如黑云蔽日。 ···········《磐安县志》

罗山飞蝗入境，形如蚱蜢，阵飞蔽日，稻田受害。 ·····《东阳市志》

180. 清光绪十八年（1892年）

浙江嘉善蝗灾。 ···············《中国历代蝗患之记载》

六月，（嘉善）飞蝗过境，不害稼。 ·········光绪《嘉善县志》

七、民国时期蝗灾

181. 民国三年（1914年）

浙江蝗。 ·······················《中国的飞蝗》

浙江海宁、嘉兴、嘉善蝗灾，官府出资令捕蝗。 ······《中国历代蝗患之记载》

182. 民国四年（1915年）

浙江蝗。 ·······················《中国的飞蝗》

浙江汤溪蝗蝻伤稼；初冬，崇德、杭州蝗蝻生。 ······《中国历代蝗患之记载》

183. 民国七年（1918年）

浙江蝗。 ·······················《中国的飞蝗》

秋，成群飞蝗由江苏吴江飞到嘉善，很快又迁飞到嘉兴。

····················《中国历代蝗患之记载》

184. 民国八年（1919 年）

浙江蝗。 ·····························《中国的飞蝗》

秋，浙江杭州蝗伤稼。 ·····················《中国历代蝗患之记载》

185. 民国九年（1920 年）

浙江蝗。 ·····························《中国的飞蝗》

秋，浙江杭县蝗食蔗叶尽。 ···················《中国历代蝗患之记载》

186. 民国十二年（1923 年）

嘉、湖两属蝗患。 ·······················《桐乡县志》

187. 民国十四年（1925 年）

浙江蝗。 ·····························《中国的飞蝗》

秋，浙江海宁、海盐蝗灾。 ···················《中国历代蝗患之记载》

188. 民国十六年（1927 年）

浙江蝗。 ·····························《中国的飞蝗》

秋，浙江萧山、杭县、海宁飞蝗伤稼。 ··············《中国历代蝗患之记载》

浙江海宁、萧山蝗。八月，杭县沿海 10 余里飞蝗突至，食禾苗尽，捕之。

·················《昆虫与植病》1933 年第 1 卷第 30 - 35 期

六月，（龙泉）蝗虫为害严重。 ··············《龙泉县志》

189. 民国十七年（1928 年）

浙江蝗。 ·····························《中国的飞蝗》

浙江吴兴、海宁、嘉兴、嘉善、海盐、杭县、长兴、平湖、德清蝗灾。

·····························《中国历代蝗患之记载》

浙江省杭县、富阳、嘉善、海盐、桐乡、德清等县蝗。

·················《昆虫与植病》1933 年第 1 卷第 30 - 35 期

（湖州）各县蝗蝻生，禾稼多损。 ···············《湖州市志》

（富阳）飞蝗为害尤甚。 ·····················《富阳县志》

桐乡捕蝗。 ·····························《桐乡县志》

（海盐）蝗灾。 ·························《海盐县志》

七月，（慈溪）旱蝗，中稻无收。 ···············《慈溪县志》

190. 民国十八年（1929 年）

浙江 8 县蝗。 ················《江苏省昆虫局十七、十八年年刊》

浙江萧山、长兴、海宁、杭县、平湖、吴兴、海盐、新昌蝗灾。

·····························《中国历代蝗患之记载》

浙江省杭县、平湖、萧山蝗。……《昆虫与植病》1933 年第 1 卷第 30 - 35 期

（淳安）蝗灾。 ……………………………………………………《淳安县志》

八月，（萧山）西乡蝗。 …………………………………………《萧山县志》

六月，（嘉善）蝗虫为患，省昆虫局派员灭蝗。 ………………《嘉善县志》

（海宁）蝗虫。 ……………………………………………………《海宁市志》

六月，（平湖）蝗灾，减产 2 000 万石。……………………………《平湖县志》

夏秋，（台州）蝗虫成灾。 ………………………………………《台州地区志》

八月，（临海）蝗虫害稼。 ………………………………………《临海县志》

六月，宁海蝗大发，捕之不尽。七月，临海蝗虫为灾。 ………《三门县志》

（玉环）以飞蝗为甚，蔽天盖日，农作物减产七成，民饥。 ……《玉环县志》

六月，（宁海）蝗虫大发。 ………………………………………《宁海县志》

191. 民国二十一年（1932 年）

六月，（江山）蝗虫为灾。 ………………………………………《江山市志》

192. 民国二十二年（1933 年）

浙江省萧山、上虞、海宁、杭县、富阳、海盐、余姚、绍兴、长兴等 9
县蝗。 ………………………………………………………………《中国的飞蝗》

浙江杭县、富阳、海盐、绍兴、海宁、萧山、上虞、余姚、长兴蝗灾。

………………………………………………《中国历代蝗患之记载》

秋，（萧山）蝗。 …………………………………………………《萧山县志》

（富阳）飞蝗为害尤甚。 …………………………………………《富阳县志》

八月，（上虞）西华、章家、南江、后村及沥海镇、谢家塘蝗蝻生，所到处
玉米、杂草几无存。 …………………………………………《上虞县志》

193. 民国二十三年（1934 年）

五月，国民政府召开江苏、安徽、山东、河北、河南、湖南、浙江七省治
蝗会议。 …………………………………………………………《飞蝗概说》

浙江省海宁、绍兴、杭县、余姚、萧山等 5 县蝗。

…………………………………《民国二十三年全国蝗患调查报告》

浙江海宁、绍兴、杭县、余姚、杭州、萧山蝗灾。

………………………………………………《中国历代蝗患之记载》

夏，（萧山）蝗。秋，又蝗。 …………………………………《萧山县志》

（富阳）蝗患又发。 ………………………………………………《富阳县志》

八月，（嘉善）蝗灾。 ……………………………………………《嘉善县志》

194. **民国二十四年**（1935 年）

江苏、浙江、安徽、河北、山东、河南 6 省蝗，蒋介石下治蝗令。

..............................《昆虫与植病》1935 年第 3 卷第 18 期

浙江杭县、萧山蝗灾。..............................《中国历代蝗患之记载》

（上虞）蝗。..............................《上虞县志》

195. **民国二十五年**（1936 年）

（余杭）蝗灾。..............................《余杭县志》

196. **民国三十年**（1941 年）

（东阳）蝗灾，损失严重。..............................《东阳市志》

197. **民国三十六年**（1947 年）

杭县蝻蝗，损失稻谷 6 900 担。..............................《浙江省农业志》

八月，鄞县蝗害 4 万亩，大批蝗虫飞扰城区，民捕蝗 4 588 斤。

..............................《宁波市志》

第九章
北京市历史蝗灾

一、唐前时期蝗灾

1. 新莽天凤四年 （17 年）

(宣武区) 蝗旱，饥荒遍野。 ·····················《北京市宣武区志》

(房山) 蝗旱，饥馑遍野。 ·····················《北京市房山区志》

2. 西晋太康六年 （285 年）

良乡①飞蝗过境。 ····························《北京市房山区志》

3. 西晋永嘉四年 （310 年）

五月，幽州②等六州大蝗，食草木、牛马毛皆尽。 ·········《晋书·怀帝纪》

夏五月，幽州大蝗，食草木、牛马毛皆尽。 ·········光绪《顺天府志》

幽州蝗灾，草木食尽。 ·····················《北京市丰台区志》

幽州大蝗，草木吃尽。 ·······················《大兴县志》

4. 前秦建元十八年　东晋太元七年 （382 年）

幽州蝗，广袤千里，坚遣其散骑常侍刘兰持节为使者，发青、冀、幽、并百姓讨之。所司奏刘兰讨蝗幽州，经秋冬不灭，请征下廷尉诏狱。坚曰：灾降自天，殆非人力所能除也。此自朕之政违所致，兰何罪焉！

····································《晋书·苻坚载记》

---

① 良乡：旧县名，治所在今北京房山良乡镇。

② 幽州：旧州名，治所在今河北涿州，时辖今北京市，北魏还治蓟县，在今北京西南隅。

幽州蝗，广袤千里。 ·· 光绪《顺天府志》

幽州蝗灾千里，经扑打，至秋不减。 ·········· 《北京市丰台区志》

五月，幽州蝗祸，受灾千里。 ················ 《北京市房山区志》

五月，（大兴）大蝗灾。史载：幽州蝗灾千里，虽经扑打，经秋不减。

·· 《大兴县志》

5. 北魏太和五年（481 年）

秋，河北顺天蝗灾，食稼尽。 ·········· 《中国历代蝗患之记载》

幽州蝗。 ·· 光绪《顺天府志》

6. 北魏太和八年（484 年）

四月，幽州蝗。 ·································· 《魏书·灵征志》

7. 北齐天保八年（557 年）

自夏至九月，（燕①等）河北六州大蝗。诏：今年遭蝗之处，免租。

·· 《北齐书·文宣帝纪》

8. 北齐天保十年（559 年）

顺天蝗灾大发生。 ···················· 《中国历代蝗患之记载》

幽州大蝗。 ·· 光绪《顺天府志》

幽州大蝗。 ·· 《北京市房山区志》

9. 隋大业十年（614 年）

幽州大蝗。 ···························· 《河北省农业厅·志源（1）》

二、唐代（含五代十国）蝗灾

10. 唐开元二年（714 年）

秋，顺天蝗灾。 ······················ 《中国历代蝗患之记载》

11. 唐兴元元年（784 年）

冬闰十月，诏：幽、易定等八节度，螟蝗为害，蒸民饥馑，每节度赐米五

万石。 ····································· 《旧唐书·德宗本纪》

12. 唐开成五年（840 年）

夏，幽州螟蝗害稼。 ····················· 《新唐书·五行志》

夏，顺天蝗灾，害稼。 ················ 《中国历代蝗患之记载》

---

① 燕：燕州，旧州名，治所在今河北涿鹿，时辖北京延庆、昌平等地。

夏，幽州螟蝗害稼。 …………………………………… 光绪《顺天府志》

夏，幽州螟蝗害稼。 …………………………………… 《北京市房山区志》

三、宋代（含辽、金）蝗灾

13. 宋天禧元年　辽开泰六年（1017 年）

六月，南京①诸县蝗。 …………………………………… 《辽史·圣宗本纪》

夏，顺天蝗灾。 …………………………………… 《中国历代蝗患之记载》

六月，南京诸县蝗。 …………………………………… 光绪《顺天府志》

六月，南京诸县蝗。 …………………………………… 《北京市丰台区志》

六月，南京诸县蝗。 …………………………………… 《北京市海淀区志》

六月，南京诸县蝗害。 …………………………………… 《北京市房山区志》

南京诸县蝗。 …………………………………… 民国《顺义县志》

南京蝗。 …………………………………… 《大兴县志》

14. 宋嘉祐元年　辽清宁二年（1056 年）

六月，辽南京蝗蝻为灾。 …………………………………… 《续资治通鉴·宋纪》

六月，南京地区螟蝗害稼。 …………………………………… 《北京市房山区志》

南京蝗。 …………………………………… 《大兴县志》

15. 宋治平四年　辽咸雍三年（1067 年）

是岁，南京旱蝗。 …………………………………… 《辽史·道宗本纪》

顺天蝗灾。 …………………………………… 《中国历代蝗患之记载》

南京旱蝗。 …………………………………… 光绪《顺天府志》

南京旱蝗。 …………………………………… 《北京市丰台区志》

南京旱蝗。 …………………………………… 《北京市海淀区志》

南京蝗。 …………………………………… 《大兴县志》

（顺义）旱蝗。 …………………………………… 民国《顺义县志》

16. 宋熙宁九年　辽大康二年（1076 年）

九月，以南京蝗，免明年租税。 …………………………………… 《辽史·道宗本纪》

秋，顺天蝗灾。 …………………………………… 《中国历代蝗患之记载》

九月，南京蝗。 …………………………………… 光绪《顺天府志》

---

① 南京：辽道名，治所宛平，在今北京丰台区。

九月，南京蝗。 ·····《北京市丰台区志》

九月，南京蝗。 ·····《北京市海淀区志》

南京蝗，免明年租。 ·····《大兴县志》

17. 宋元丰四年（1081 年）

夏，宛平蝗。 ·····《中国东亚飞蝗蝗区的研究》

18. 宋元丰五年（1082 年）

宛平飞鸟食蝗。 ·····《中国历代蝗患之记载》

夏，宛平蝗。 ·····《中国东亚飞蝗蝗区的研究》

19. 宋元丰六年（1083 年）

夏，宛平蝗。 ·····《中国东亚飞蝗蝗区的研究》

20. 宋元祐三年　辽大安四年（1088 年）

八月，有司奏宛平蝗为飞鸟所食。 ·····《辽史·道宗本纪》

夏，宛平蝗灾。 ·····《中国历代蝗患之记载》

八月，宛平蝗，为飞鸟所食。 ·····光绪《顺天府志》

宛平蝗，为飞鸟所食。 ·····《北京市丰台区志》

宛平蝗，为飞鸟所食。 ·····《北京市海淀区志》

21. 宋崇宁二年　辽乾统三年（1103 年）

秋，顺天蝗灾。 ·····《中国历代蝗患之记载》

七月，南京蝗。 ·····光绪《顺天府志》

（顺义）蝗。 ·····民国《顺义县志》

22. 宋崇宁三年　辽乾统四年（1104 年）

秋七月，南京蝗。 ·····《辽史·天祚本纪》

七月，南京蝗。 ·····《北京市丰台区志》

七月，南京蝗。 ·····《北京市海淀区志》

南京蝗。 ·····《大兴县志》

23. 宋绍兴十一年　金皇统元年（1141 年）

秋，（丰台区）蝗。 ·····《北京市丰台区志》

24. 宋绍兴二十七年　金正隆二年（1157 年）

六月，蝗飞入京师。秋，中都蝗[①]。 ·····《金史·五行志》

顺天蝗灾大发生，飞入京师。 ·····《中国历代蝗患之记载》

---

① 京师：指首都，金京师在今北京西南隅；中都：金路名，治所在今北京西南隅。

六月，飞蝗入京师。秋，中都蝗。 ……………………… 光绪《顺天府志》

六月，飞蝗入京师。 ……………………………………… 《北京市丰台区志》

九月，中都蝗。 …………………………………………… 《北京市海淀区志》

（大兴）蝗。 ……………………………………………………… 《大兴县志》

25. 宋绍兴二十八年　金正隆三年（1158年）

六月，蝗入京师。 ………………………………………… 《金史·海陵本纪》

北平①及其邻县蝗灾，飞入京师。 …………… 《中国历代蝗患之记载》

（大兴）蝗。 ……………………………………………………… 《大兴县志》

26. 宋隆兴元年　宋金大定三年（1163年）

三月，中都以南八路蝗，诏尚书省遣官捕之。五月，中都蝗，诏参知政事完
　　颜守道按问大兴府捕蝗官。 ……………………… 《金史·世宗本纪》

梁肃大定二年改大兴少尹。三年，坐捕蝗不如期，贬川州刺史，削官一阶，
　　解职。 ……………………………………………………… 《金史·梁肃传》

北平、顺天飞蝗害稼，民缺食，悉蠲其租。 ……… 《中国历代蝗患之记载》

五月，中都蝗。 …………………………………………… 光绪《顺天府志》

（大兴）蝗。 ……………………………………………………… 《大兴县志》

27. 宋隆兴二年　金大定四年（1164年）

八月，中都南八路蝗，飞入京畿。 ……………………… 《金史·五行志》

八月，中都南八路蝗，飞入京师。 ……………………… 《北京市丰台区志》

八月，中都以南八路蝗，飞入京畿。 …………………… 《北京市海淀区志》

28. 宋淳熙三年　金大定十六年（1176年）

是岁，中都等十路旱蝗。 ………………………………… 《金史·五行志》

顺天蝗灾。 ……………………………………………… 《中国历代蝗患之记载》

中都旱蝗。 ………………………………………………… 光绪《顺天府志》

六月，中都等十路旱蝗。 ………………………………… 《北京市丰台区志》

六月，中都等十路旱蝗。 ………………………………… 《北京市海淀区志》

中都等十路旱蝗。 ………………………………………………… 《大兴县志》

29. 宋庆元六年　金承安五年（1200年）

（大兴）蝗。 ……………………………………………………… 《大兴县志》

---

① 北平：旧府名，治所大兴、宛平二县，在今北京西南隅。

30. 宋开禧三年　金泰和七年（1207 年）

（大兴）蝗。 ·······《大兴县志》

31. 宋嘉定元年　金泰和八年（1208 年）

六月，飞蝗入京畿。秋七月，诏：更定蝗虫生发坐罪法。朝献于衍庆宫。

诏：颁《捕蝗图》于中外。 ·······《金史·章宗本纪》

六月，飞蝗入京畿。 ·······《金史·五行志》

北平、顺天蝗虫大发生，政府颁发蝗灾发生坐罪法。

·······《中国历代蝗患之记载》

六月，飞蝗入京畿。 ·······光绪《顺天府志》

六月，飞蝗入京畿。 ·······《北京市丰台区志》

六月，飞蝗入京畿。 ·······《北京市海淀区志》

32. 宋嘉定六年　金至宁元年（1213 年）

（大兴）蝗。 ·······《大兴县志》

33. 宋嘉定九年　金贞祐四年（1216 年）

秋七月，飞蝗过京师，以旱蝗诏中外。 ·······《金史·宣宗本纪》

34. 宋嘉定十年　金兴定元年（1217 年）

三月，上宫中见蝗，遣官分道督捕，仍戒其勿以苛暴扰民。

·······《金史·宣宗本纪》

北平蝗灾，金朝皇宫见蝗。 ·······《中国历代蝗患之记载》

四、元代蝗灾

35. 蒙古中统三年（1262 年）

五月，顺天[①]蝗。 ·······《元史·世祖本纪》

顺天蝗灾。 ·······《中国历代蝗患之记载》

五月，顺天蝗。 ·······《北京市丰台区志》

五月，顺天蝗。 ·······《北京市海淀区志》

36. 蒙古中统四年（1263 年）

六月，燕京[②]蝗。 ·······《元史·五行志》

---

① 顺天：元路名，治所在今河北保定，元至元十二年（1275 年）改保定路。

② 燕京：元路名，治所在今北京西南隅。

夏至秋，顺天蝗灾。 ·····《中国历代蝗患之记载》

六月，燕京诸路蝗。 ·····光绪《顺天府志》

六月，燕京蝗。 ·····《北京市海淀区志》

六月，燕京蝗。 ·····《北京市丰台区志》

（顺义）蝗。 ·····民国《顺义县志》

37. 蒙古元至元三年（1266 年）

是岁，顺天、中都蝗。 ·····《元史·世祖本纪》

北平蝗灾，毁稼。 ·····《中国历代蝗患之记载》

（大兴）蝗。 ·····《大兴县志》

38. 元至元八年（1271 年）

六月，中都、顺天诸州县蝗。 ·····《元史·世祖本纪》

夏，北平、顺天蝗灾。 ·····《中国历代蝗患之记载》

六月，中都等县蝗。 ·····光绪《顺天府志》

六月，顺天蝗。 ·····《北京市丰台区志》

六月，顺天蝗。 ·····《北京市海淀区志》

（顺义）蝗害稼。 ·····民国《顺义县志》

（大兴）蝗。 ·····《大兴县志》

39. 元至元十年（1273 年）

（大兴）蝗。 ·····《大兴县志》

40. 元至元十六年（1279 年）

夏四月，大都①等十六路蝗。 ·····《元史·世祖本纪》

四月，大都等十六路蝗。 ·····《北京市丰台区志》

四月，大都路蝗祸。 ·····《北京市房山区志》

是年，京畿蝗灾，民大饥。 ·····《通县志》

41. 元至元十九年（1282 年）

大都、燕南、燕北等六十余处皆蝗，食苗稼、草木俱尽。

·····嘉靖《河间府志》

五月，京师飞蝗蔽天，人马难行。 ·····《山东蝗虫》

42. 元至元二十年（1283 年）

四月，燕京等路蝗。 ·····嘉靖《河间府志》

---

① 大都：元路名，治所在今北京西南隅。

43. 元至元二十二年（1285 年）

夏四月，大都蝗。秋七月，京师蝗。 ⋯⋯⋯⋯⋯⋯《元史·世祖本纪》

秋，北平蝗灾。 ⋯⋯⋯⋯⋯⋯⋯《中国历代蝗患之记载》

（大兴）蝗。 ⋯⋯⋯⋯⋯⋯⋯⋯⋯⋯《大兴县志》

44. 元至元二十三年（1286 年）

五月，潞州①螟生。 ⋯⋯⋯⋯⋯⋯⋯⋯《元史·世祖本纪》

夏，潞州蝗螟生。 ⋯⋯⋯⋯⋯⋯⋯《中国历代蝗患之记载》

潞州蝗。 ⋯⋯⋯⋯⋯⋯⋯⋯⋯光绪《顺天府志》

五月，潞螟。通州螟。 ⋯⋯⋯⋯⋯光绪《通州志》

45. 元至元三十年（1293 年）

六月，大兴县蝗。 ⋯⋯⋯⋯⋯⋯⋯⋯《元史·世祖本纪》

夏，北平、顺天等蝗灾。 ⋯⋯⋯⋯《中国历代蝗患之记载》

六月，大兴县蝗。 ⋯⋯⋯⋯⋯⋯光绪《顺天府志》

六月，大兴蝗灾。 ⋯⋯⋯⋯⋯⋯⋯《大兴县志》

通潞蝗食禾稼、草木几尽。 ⋯⋯⋯光绪《通州志》

46. 元元贞二年（1296 年）

六月，大都蝗。 ⋯⋯⋯⋯⋯⋯⋯⋯⋯《元史·成宗本纪》

夏，顺天大蝗伤稼，民饥死。 ⋯⋯《中国历代蝗患之记载》

六月，大都路蝗。 ⋯⋯⋯⋯⋯⋯光绪《顺天府志》

（顺义）蝗。 ⋯⋯⋯⋯⋯⋯⋯⋯民国《顺义县志》

47. 元大德元年（1297 年）

秋，顺天飞蝗蔽空。 ⋯⋯⋯⋯⋯《中国历代蝗患之记载》

夏秋，河北顺天蝗，大发生迁移。 ⋯《中国东亚飞蝗蝗区的研究》

七月，大都顺义蝗。 ⋯⋯⋯⋯⋯光绪《顺天府志》

七月，大都涿、顺②、固安三州蝗。 ⋯⋯民国《顺义县志》

48. 元大德二年（1298 年）

夏四月，燕南属县蝗。六月，燕南蝗。 ⋯⋯⋯《元史·成宗本纪》

49. 元大德六年（1302 年）

秋七月，大都诸县蝗。 ⋯⋯⋯⋯⋯《元史·成宗本纪》

① 潞州：旧州名，治所在今北京通州潞县镇，又称通潞。
② 顺州：旧州名，明初改为顺义县，今北京市顺义区。

七月，大都涿、顺、固安三州蝗。 ·······················《元史·五行志》

夏至秋，顺天蝗灾。 ·······················《中国历代蝗患之记载》

七月，大都诸县蝗。 ·······················光绪《顺天府志》

七月，大都、涿蝗。 ·······················《北京市丰台区志》

七月，大都蝗。 ·······················《北京市海淀区志》

（顺义）蝗。 ·······················民国《顺义县志》

（大兴）蝗。 ·······················《大兴县志》

50. 元大德九年（1305 年）

八月，涿州良乡蝗。 ·······················《元史·五行志》

秋，顺天蝗灾大发生。 ·······················《中国历代蝗患之记载》

八月，良乡等县蝗。 ·······················光绪《顺天府志》

八月，涿州、良乡等县蝗。 ·······················《北京市房山区志》

51. 元大德十年（1306 年）

四月，大都等郡蝗。 ·······················《元史·五行志》

夏，顺天蝗灾。 ·······················《中国历代蝗患之记载》

四月，大都等郡蝗。五月，大都复旱蝗。 ·······················光绪《顺天府志》

四月，大都蝗。 ·······················《北京市丰台区志》

四月，大都蝗。 ·······················《北京市海淀区志》

52. 元至大二年（1309 年）

六月，选官督捕蝗。檀州[①]、良乡等处蝗。 ·······················《元史·武宗本纪》

顺天、良乡蝗灾。 ·······················《中国历代蝗患之记载》

六月，檀州、良乡等处蝗，怀柔蝗。 ·······················光绪《顺天府志》

六月，（怀柔）蝗。 ·······················康熙《怀柔县新志》

六月，良乡蝗。 ·······················《北京市房山区志》

53. 元至大三年（1310 年）

夏，顺天、密云、怀柔蝗灾。 ·······················《中国历代蝗患之记载》

五月，密云蝗，怀柔蝻。 ·······················光绪《顺天府志》

五月，（密云）蝗。 ·······················《密云县志》

五月，（怀柔）蝻。 ·······················康熙《怀柔县新志》

---

① 檀州：旧州名，治所在今北京密云。

54. 元皇庆二年（1313 年）

五月，檀州蝻。 ·······················《元史·仁宗本纪》

夏秋，顺天蝗灾。 ·····················《中国历代蝗患之记载》

五月，檀州蝗。 ······················ 光绪《顺天府志》

55. 元延祐七年（1320 年）

夏秋，顺天蝗灾。 ·····················《中国历代蝗患之记载》

56. 元至治元年（1321 年）

夏至冬，顺天蝗灾。 ····················《中国历代蝗患之记载》

57. 元泰定元年（1324 年）

六月，大都等郡蝗。 ····················《元史·五行志》

夏，顺天蝗灾。 ·····················《中国历代蝗患之记载》

七月，大都蝗。 ····················· 光绪《顺天府志》

六月，大都等郡蝗。 ····················《北京市海淀区志》

六月，大都等郡蝗。 ····················《北京市丰台区志》

58. 元泰定三年（1326 年）

夏秋，顺天蝗灾。 ·····················《中国历代蝗患之记载》

59. 元泰定四年（1327 年）

五月，大都等路属县旱蝗。六月，大都属县蝗。八月，大都等路蝗。

·······················《元史·泰定本纪》

顺天蝗灾。 ·······················《中国历代蝗患之记载》

六月，大都蝗。 ····················· 光绪《顺天府志》

（大兴）蝗。 ······················《大兴县志》

60. 元泰定五年（1328 年）

顺天蝗灾。 ·······················《中国历代蝗患之记载》

61. 元至顺元年（1330 年）

五月，大有、千斯等屯田蝗。六月，大都及左都威卫屯田①蝗。

·······················《元史·文宗本纪》

六月，漷、蓟、固安等州蝗。 ···············《元史·五行志》

夏，顺天蝗灾大发生，免税。 ···············《中国历代蝗患之记载》

六月，漷州蝗。 ····················· 光绪《顺天府志》

---

① 大有、千斯：仓库名，为京师二十二仓之一；左都威卫：在今北京通州、天津武清和河北廊坊一带。

六月，潞州蝗。 ………………………………………… 光绪《通州志》

62. 元元统三年（1335 年）

五月，顺天蝗。 ………………………………………… 《北京市海淀区志》

五月，顺天蝗。 ………………………………………… 《北京市丰台区志》

63. 元至元三年（1337 年）

顺天蝗灾。 ………………………………………… 《中国历代蝗患之记载》

中都蝗。 ………………………………………… 光绪《顺天府志》

64. 元至元六年（1340 年）

（大兴）蝗。 ………………………………………… 《大兴县志》

65. 元至正元年（1341 年）

六月，京畿南北蝗飞蔽天。 ………………………… 《续资治通鉴·元纪》

66. 元至正二年（1342 年）

王思诚上疏言：京畿去年秋不雨，冬无雪，方春首月蝗生。

………………………………………… 《元史·王思诚传》

67. 元至正十一年（1351 年）

昌平大蝗。 ………………………………… 《河北省农业厅·志源（3）》

68. 元至正十八年（1358 年）

秋七月，京师大水蝗，民大饥。 …………………… 《元史·顺帝本纪》

秋，大都蝗。 ………………………………………… 《元史·五行志》

秋，北平蝗灾。 ………………………………… 《中国历代蝗患之记载》

七月，京师水蝗，民大饥。 ………………………… 光绪《顺天府志》

七月，（大兴）水，蝗灾，百姓大饥。 ……………………… 《大兴县志》

69. 元至正十九年（1359 年）

大都霸州、通州皆蝗，食禾稼、草木俱尽，所至蔽日，碍人马不能行，填坑堑皆盈。饥民捕蝗以为食，或曝干而积之。又罄，则人相食。

………………………………………… 《元史·五行志》

夏秋，顺天、通县蝗灾大发生，食禾稼、草木俱尽。

………………………………………… 《中国历代蝗患之记载》

大都通州蝗，食禾稼、草木俱尽，所至蔽日，碍人马不能行，填坑堑皆盈，饥民捕蝗为食，或曝干积之，又尽，则人相食。 ……… 光绪《顺天府志》

（昌平）蝗。 ………………………………………… 光绪《昌平州志》

（大兴）大蝗灾，蝗食禾稼、草木俱尽，所至蔽日，碍人马不能行，填坑堑

皆盈，饥民捕蝗以为食，或曝干积之，又尽，人相食。 ……《大兴县志》

通潞飞蝗蔽天，坑堑填塞皆满，人马不能行，蝗食禾稼、草木俱尽，民大饥，捕蝗为食，尽，人相食。………………………… 光绪《通州志》

五、明代蝗灾

70. 明洪武六年（1373年）

七月，北平蝗。……………………………………《明实录·太祖实录》

七月，北平蝗。……………………………………《明史·五行志》

秋，北平蝗灾。……………………………………《中国历代蝗患之记载》

七月，北平蝗。……………………………………… 光绪《顺天府志》

（顺义）蝗，免田租。……………………………… 民国《顺义县志》

71. 明洪武七年（1374年）

六月，北平蝗，蠲田租。…………………………《明史·太祖本纪》

72. 明洪武八年（1375年）

夏，北平府属县蝗。…………………………………《明史·五行志》

四月，北平府蝗。八月，房山县蝗。十二月，诏以北平府宛平县蝗，免其田租。………………………………………《明实录·太祖实录》

夏，北平、顺天蝗灾。……………………………《中国历代蝗患之记载》

夏，北平蝗。……………………………………… 光绪《顺天府志》

夏，北平蝗。………………………………………《北京市海淀区志》

夏，北平蝗。………………………………………《北京市丰台区志》

73. 明洪武十五年（1382年）

三月，（密云）螟祸。………………………………《密云县志》

四月，（怀柔）螟祸。………………………………《怀柔县志》

74. 明永乐十四年（1416年）

秋七月，遣使捕北京①州县蝗。……………………《明史·成祖本纪》

七月，北京通州及顺义、宛平二县蝗，命速遣人捕瘗。

………………………………………………《明实录·太宗实录》

---

① 北京：京师名，明永乐元年（1403年）封北平府为顺天府，建北京（今北京市），十九年迁都北京，改为京师，正统六年（1441年）定北京为首都，复称京师，与今江苏南京并称之为两京。

北平、通县、宛平蝗灾。 ·············《中国历代蝗患之记载》

七月，北京通州及顺义、宛平二县蝗，命遣人捕瘗。

·············《古今图书集成·庶征典·蝗灾部汇考》

七月，遣使捕北京等州蝗。 ·············光绪《顺天府志》

七月，畿内①蝗。 ·············《北京市海淀区志》

七月，畿内蝗。 ·············《北京市丰台区志》

（顺义）遣使捕蝗。 ·············民国《顺义县志》

75. 明宣德元年（1426 年）

七月，顺天府顺义县蝗蝻生。 ·············《明实录·宣宗实录》

夏，北平等蝗灾。 ·············《中国历代蝗患之记载》

六月，畿内蝗，命使者驿捕。 ······《古今图书集成·庶征典·蝗灾部汇考》

76. 明宣德三年（1428 年）

六月，良乡蝗蝻。 ·············《北京市房山区志》

77. 明宣德四年（1429 年）

六月，顺天府通州、良乡蝗蝻生，命户部遣官督捕。

·············《明实录·宣宗实录》

六月，顺天州县蝗。 ·············《明史·五行志》

夏，顺天各县蝗蝻生。 ·············《中国历代蝗患之记载》

六月，顺天州县蝗。 ·············光绪《顺天府志》

六月，顺天州县蝗。 ·············《北京市海淀区志》

顺天府州县蝗。 ·············《北京市丰台区志》

（顺义）蝗。 ·············民国《顺义县志》

78. 明宣德五年（1430 年）

二月，免顺天府房山、良乡二县民三百八十户蝗灾田地一百一十九顷七十

八亩。 ·············《明实录·宣宗实录》

六月，遣官捕近畿蝗。谕户部曰：往年捕蝗之使，害民不减于蝗，宜知此

弊。因作《捕蝗诗》示之。 ·············《明史·宣宗本纪》

顺天蝗灾，皇帝遣官督捕。 ·············《中国历代蝗患之记载》

六月，近畿蝗。 ·············光绪《顺天府志》

（顺义）蝗。 ·············民国《顺义县志》

---

① 畿内：区域名，畿，京畿，今北京附近州县，通常指北京市。

79. 明宣德九年（1434 年）

秋七月，遣给事中、御史、锦衣卫官督捕两畿①蝗，蠲秋粮十之四。

....《明史·宣宗本纪》

七月，两畿蝗蝻覆地尺许，伤稼。...............《明史·五行志》

秋，北平蝗蝻盖地尺厚，皇帝遣官督捕。.......《中国历代蝗患之记载》

七月，京畿蝗。...........................《北京市海淀区志》

京畿蝗。................................《北京市丰台区志》

京畿蝗蝻覆地尺许。......................《大兴县志》

七月，（通县）蝗虫覆地伤稼，州府督捕。.........《通县志》

80. 明宣德十年（1435 年）

四月，顺天府蝗蝻伤禾稼，上命驰驿往捕。.......《明实录·宣宗实录》

四月，两京蝗蝻伤稼。...................《明史·五行志》

夏，北平蝗伤稼。.......................《中国历代蝗患之记载》

四月，两京蝗蝻伤稼。....................《北京市海淀区志》

两京蝗蝻伤稼。........................《北京市丰台区志》

81. 明正统元年（1436 年）

顺天府蝗。...........................《明实录·英宗实录》

北平蝗灾严重发生，皇帝遣官督捕。.........《中国历代蝗患之记载》

四月，畿内蝗，两畿蝗蝻伤稼，命御史等驰驿往捕。

...................《古今图书集成·庶征典·蝗灾部汇考》

82. 明正统二年（1437 年）

四月，北畿蝗。........................《明史·五行志》

四月，顺天府蝗果复滋蔓，命户部驰驿督捕。.......《明实录·英宗实录》

夏，北平、顺天捕蝗。..................《中国历代蝗患之记载》

四月，北畿蝗。........................《北京市丰台区志》

83. 明正统五年（1439 年）

夏，北平蝗灾大发生，民捕蝗。.........《中国历代蝗患之记载》

84. 明正统五年（1440 年）

五月，顺天府蝗，上命户部速令有司设法捕之。......《明实录·英宗实录》

夏，顺天蝗。.........................《明史·五行志》

---

① 两畿：指今江苏南京和今北京两京附近地区。

夏秋，北平、顺天蝗灾大发生，捕之。 …………《中国历代蝗患之记载》

四月，两畿蝗，遣捕之。 …………《古今图书集成·庶征典·蝗灾部汇考》

夏，顺天蝗。 …………………………………… 光绪《顺天府志》

夏，顺天蝗。 …………………………………… 《北京市海淀区志》

夏，顺天蝗。 …………………………………… 《北京市丰台区志》

（顺义）蝗。 …………………………………… 民国《顺义县志》

85. 明正统六年（1441 年）

六月，顺天府蝗旱，谷草少收。所属捕蝗，所过涿州等一十州县，谷麦间有
伤损，尤未为害。惟房山县地僻蝗多，麦苗殆尽，其民饥乏损伤。

………………………………………《明实录·英宗实录》

夏，顺天蝗。 …………………………………… 《明史·五行志》

由春到秋，北平、顺天蝗虫严重发生。 …………《中国历代蝗患之记载》

夏，顺天蝗。 …………………………………… 光绪《顺天府志》

夏，顺天蝗。 …………………………………… 《北京市海淀区志》

夏，顺天蝗。 …………………………………… 《北京市丰台区志》

顺天府属州县蝗灾，房山尤甚。 ……………… 《北京市房山区志》

（顺义）蝗。 …………………………………… 民国《顺义县志》

86. 明正统七年（1442 年）

五月，顺天府蝗蝻生发。 ……………………… 《明实录·英宗实录》

五月，顺天蝗。 ………………………………… 《明史·五行志》

夏，北平、顺天蝗灾。 ………………………… 《中国历代蝗患之记载》

五月，顺天蝗。 ………………………………… 光绪《顺天府志》

五月，顺天蝗。 ………………………………… 《北京市海淀区志》

五月，顺天蝗。 ………………………………… 《北京市丰台区志》

（顺义）蝗。 …………………………………… 民国《顺义县志》

87. 明正统八年（1443 年）

夏，两畿蝗。 …………………………………… 《明史·五行志》

夏，北平捕蝗虫。 ……………………………… 《中国历代蝗患之记载》

夏，京畿蝗。 …………………………………… 《北京市海淀区志》

夏，京畿蝗。 …………………………………… 《北京市丰台区志》

五月，（通州）旱蝗。 ………………………… 光绪《通州志》

88. 明正统十二年（1447 年）

北平、顺天蝗灾。 ⋯⋯⋯⋯⋯⋯⋯⋯⋯⋯⋯⋯⋯《中国历代蝗患之记载》

89. 明正统十三年（1448 年）

七月，京师飞蝗蔽天。 ⋯⋯⋯⋯⋯⋯⋯⋯⋯⋯⋯《明实录·英宗实录》

秋七月，京师飞蝗蔽天。 ⋯⋯⋯⋯⋯⋯⋯⋯⋯⋯ 光绪《顺天府志》

四月，南北直隶捕蝗。 ⋯⋯⋯⋯《古今图书集成·庶征典·蝗灾部汇考》

河北顺天蝗，大发生迁移。 ⋯⋯⋯⋯⋯《中国东亚飞蝗蝗区的研究》

七月，顺天府属州县蝗灾。 ⋯⋯⋯⋯⋯⋯⋯⋯《北京市宣武区志》

七月，（丰台）飞蝗蔽天。 ⋯⋯⋯⋯⋯⋯⋯⋯《北京市丰台区志》

七月，京师飞蝗蔽天。 ⋯⋯⋯⋯⋯⋯⋯⋯⋯⋯⋯⋯《大兴县志》

90. 明正统十四年（1449 年）

正月，户部奏：畿内去岁蝗，恐今春遗种复生，分遣廷臣捕之。五月，顺天府所属州县旱蝗相继，二麦无收。上命户部移文所司捕之。

⋯⋯⋯⋯⋯⋯⋯⋯⋯⋯⋯⋯⋯《明实录·英宗实录》

夏，顺天蝗。 ⋯⋯⋯⋯⋯⋯⋯⋯⋯⋯⋯⋯⋯《明史·五行志》

夏，顺天蝗灾，飞蔽天。 ⋯⋯⋯⋯⋯⋯⋯《中国历代蝗患之记载》

夏，顺天蝗。 ⋯⋯⋯⋯⋯⋯⋯⋯⋯⋯⋯⋯ 光绪《顺天府志》

夏，顺天蝗。 ⋯⋯⋯⋯⋯⋯⋯⋯⋯⋯⋯⋯《北京市海淀区志》

夏，顺天蝗。 ⋯⋯⋯⋯⋯⋯⋯⋯⋯⋯⋯⋯《北京市丰台区志》

五月，顺天府属州县蝗灾。 ⋯⋯⋯⋯⋯⋯⋯⋯《北京市房山区志》

（顺义）蝗。 ⋯⋯⋯⋯⋯⋯⋯⋯⋯⋯⋯⋯ 民国《顺义县志》

91. 明景泰元年（1450 年）

三月，顺天等八处比年蝗。四月，京师等处蝗飞蔽天。

⋯⋯⋯⋯⋯⋯⋯⋯⋯⋯⋯⋯⋯《明实录·英宗实录》

92. 明景泰二年（1451 年）

夏，北平蝗灾。 ⋯⋯⋯⋯⋯⋯⋯⋯⋯⋯⋯《中国历代蝗患之记载》

六月，畿内蝗，命巡视之。 ⋯⋯⋯⋯《古今图书集成·庶征典·蝗灾部汇考》

通州蝗。 ⋯⋯⋯⋯⋯⋯⋯⋯⋯⋯⋯⋯⋯⋯ 光绪《通州志》

93. 明景泰七年（1456 年）

五月，畿内蝗蝻延蔓。 ⋯⋯⋯⋯⋯⋯⋯⋯⋯⋯《明史·五行志》

夏秋，北平大蝗灾，迁移。 ⋯⋯⋯⋯⋯⋯⋯《中国历代蝗患之记载》

五月，畿内蝗蝻延蔓。 ⋯⋯⋯⋯⋯⋯⋯⋯⋯《北京市海淀区志》

五月，畿内蝗蝻延蔓。 ·················《北京市丰台区志》

94. 明成化九年（1473 年）

夏，顺天蝗灾。 ·················《中国历代蝗患之记载》

95. 明成化二十二年（1486 年）

七月，顺天蝗。 ·················《明史·五行志》

顺天蝗灾。 ·················《中国历代蝗患之记载》

七月，顺天蝗。 ·················光绪《顺天府志》

七月，顺天蝗。 ·················《北京市海淀区志》

七月，顺天蝗。 ·················《北京市丰台区志》

（顺义）蝗。 ·················民国《顺义县志》

96. 明弘治三年（1490 年）

北畿蝗。 ·················《明史·五行志》

北平蝗灾，免税。 ·················《中国历代蝗患之记载》

京畿蝗。 ·················《北京市海淀区志》

京畿蝗。 ·················《北京市丰台区志》

97. 明弘治四年（1491 年）

夏，河北顺天蝗。 ·················《中国东亚飞蝗蝗区的研究》

五月，密云蝗。 ·················光绪《顺天府志》

五月，（通州）蝗。 ·················光绪《通州志》

98. 明弘治六年（1493 年）

六月，飞蝗过京师，自东南而西北，日为掩者三日，遣顺天府督捕。

·················《明会要》

六月，京畿旱，飞蝗过北京，蔽日达三天。 ·················《北京市宣武区志》

六月，京畿大旱，蝗虫自东南飞往西北，掠过京城连续三日。

·················《北京市崇文区志》

六月，（丰台）飞蝗自东南向西北，日为掩者三日。 ······《北京市丰台区志》

七月，京师飞蝗蔽日。 ·················《北京市房山区志》

六月，京畿旱，飞蝗过北京，蔽日达三日。 ·················《通县志》

99. 明弘治七年（1494 年）

三月，两畿蝗，命捕蝗一斗给米倍之。 ·················《明会要》

春，北平捕蝗虫。 ·················《中国历代蝗患之记载》

三月，京畿捕蝗，捕蝗一斗给米二斗。 ·················《北京市宣武区志》

三月，京畿蝗。 ·························《北京市海淀区志》

三月，京畿蝗。 ·························《北京市丰台区志》

三月，京师捕蝗，一斗给米二斗。 ··········《北京市房山区志》

三月，京畿蝗，命捕蝗一斗给米倍之。 ············《大兴县志》

三月，京畿捕蝗，一斗给米二斗。 ················《通县志》

100. 明正德十二年（1517 年）

四月，（通州）蝗。 ····················光绪《通州志》

101. 明嘉靖二年（1523 年）

北平蝗灾。 ······················《中国历代蝗患之记载》

102. 明嘉靖三年（1524 年）

六月，顺天蝗，户部请敕捕蝗，上曰：蝗蝻损稼，小民难食，朕心恻然。

　八月，以旱蝗灾减免顺天府州县夏税。 ·······《明实录·世宗实录》

六月，顺天蝗。 ······················《明史·五行志》

顺天蝗灾。 ······················《中国历代蝗患之记载》

六月，顺天蝗。 ······················光绪《顺天府志》

六月，顺天蝗。 ·····················《北京市海淀区志》

六月，顺天蝗。 ·····················《北京市丰台区志》

（顺义）蝗。 ······················民国《顺义县志》

103. 明嘉靖六年（1527 年）

良乡蝗。 ························《北京市房山区志》

104. 明嘉靖八年（1529 年）

十月，以旱蝗免顺天府夏税有差。 ·········《明实录·世宗实录》

105. 明嘉靖八年（1533 年）

七月，以旱蝗免顺天府夏税有差。 ·········《明实录·世宗实录》

106. 明嘉靖二十年（1541 年）

夏秋，顺天、怀柔、密云蝗虫大发生，害稼。 ······《中国历代蝗患之记载》

密云蝗，怀柔飞蝗蔽天，食禾几尽。 ········光绪《顺天府志》

（密云）蝗食禾。 ······················《密云县志》

（怀柔）飞蝗蔽天，食禾几尽。 ···········康熙《怀柔县新志》

107. 明嘉靖三十六年（1557 年）

夏，通县、潀州蝗虫大发生。 ··········《中国历代蝗患之记载》

通州、潀州蝗蝻食苗几尽。 ···············光绪《顺天府志》

潞州蝗蝻食苗几尽。 ························· 光绪《通州志》

108. 明嘉靖三十七年（1558 年）

九月，北畿蝗。 ····························《北京市丰台区志》

109. 明嘉靖三十八年（1559 年）

夏秋，河北宛平蝗。 ················《中国东亚飞蝗蝗区的研究》

110. 明嘉靖三十九年（1560 年）

顺天蝗，大饥。 ························ 光绪《顺天府志》

（顺义）蝗，大饥，赈济民灾。 ············ 民国《顺义县志》

（怀柔）飞蝗蔽天，日为之不明，禾稼殆尽，县南郑家庄、高家庄居民鸣锣、
焚火、掘地挡之，须臾蝗积如山，不分男女尽出焚埋，二庄独不受害。

···························· 康熙《怀柔县新志》

七月，（密云）蝗食禾几尽。 ·················《密云县志》

111. 明嘉靖四十年（1561 年）

怀柔、密云蝗灾。 ················《中国历代蝗患之记载》

密云、怀柔大旱蝗。 ···················· 光绪《顺天府志》

（怀柔）有蝗蝻。 ···················· 康熙《怀柔县新志》

112. 明嘉靖四十五年（1566 年）

北畿旱蝗。 ····························《北京市海淀区志》

北畿旱蝗。 ····························《北京市丰台区志》

113. 明万历十九年（1591 年）

是年，畿内蝗。 ······················《明史·神宗本纪》

夏，北平蝗灾。 ················《中国历代蝗患之记载》

闰三月，畿内蝗。 ···················· 光绪《顺天府志》

（顺义）蝗。 ························· 民国《顺义县志》

114. 明万历三十四年（1606 年）

六月，畿内大蝗。 ····················《明史·神宗本纪》

六月，畿内大蝗。 ····················《北京市海淀区志》

六月，畿内大蝗。 ····················《北京市丰台区志》

115. 明万历三十七年（1609 年）

九月，北畿蝗。 ······················《明史·五行志》

北平蝗灾。 ····················《中国历代蝗患之记载》

九月，畿内蝗。 ······················《北京市海淀区志》

九月，畿内蝗。 ……………………………………《北京市丰台区志》

秋，（通州）蝗。 ……………………………………… 光绪《通州志》

116. 明万历三十九年（1611 年）

四月，（通州）蝗食麦苗。 ……………………………… 光绪《通州志》

117. 明万历四十五年（1617 年）

十一月，畿南六郡水、旱、蝗蝻相继为虐。 ……………《明实录·神宗实录》

北畿旱蝗。 ……………………………………………《明史·五行志》

北平、昌平蝗灾。 …………………………《中国历代蝗患之记载》

昌平旱蝗。 ……………………………………… 光绪《顺天府志》

春三月，（昌平）蝗旱。 ………………………… 光绪《昌平州志》

三月，昌平旱蝗。 …………………………………《北京市海淀区志》

118. 明天启元年（1621 年）

七月，顺天等处旱蝗。 ……………………………《明实录·熹宗实录》

七月，顺天蝗。 ………………………………………《明史·五行志》

夏秋，顺天蝗灾。 …………………………《中国历代蝗患之记载》

七月，顺天蝗。 ………………………………… 光绪《顺天府志》

七月，顺天蝗。 …………………………………《北京市海淀区志》

七月，顺天蝗。 …………………………………《北京市丰台区志》

（顺义）蝗。 ………………………………………… 民国《顺义县志》

119. 明天启五年（1625 年）

良乡蝗。 …………………………………………《北京市房山区志》

120. 明天启六年（1626 年）

五月，顺天府言：北直等处苦旱又苦蝗。 …………《明实录·熹宗实录》

121. 明崇祯九年（1636 年）

夏，顺天蝗灾。 …………………………………《中国历代蝗患之记载》

122. 明崇祯十一年（1638 年）

六月，两京大旱蝗。 …………………………………《明史·五行志》

北平、顺天蝗灾。 …………………………《中国历代蝗患之记载》

六月，两京大旱蝗。 ……………………………《北京市丰台区志》

123. 明崇祯十二年（1639 年）

六月，畿内旱蝗。 …………………………………《明史·庄烈帝纪》

密云蝗灾。 ………………………………………《中国历代蝗患之记载》

六月，密云蝗蝻食苗几尽。 ·· 光绪《顺天府志》

六月，畿内旱蝗。七月，畿内捕蝗。 ······················· 《北京市海淀区志》

六月，畿内旱蝗。七月，捕蝗。 ····························· 《北京市丰台区志》

六月，（密云）蝗蝻食禾几尽。 ································· 《密云县志》

124. 明崇祯十三年（1640 年）

五月，两京大旱蝗。 ··· 《明史·五行志》

秋七月，畿内捕蝗，发帑振被蝗州县。是年，两畿旱蝗，人相食。

··· 《明史·庄烈帝纪》

北平、昌平蝗灾。 ································· 《中国历代蝗患之记载》

五月，昌平蝗。六月，蝻生。 ···················· 光绪《顺天府志》

五月，两京旱蝗，昌平蝗。六月，昌平蝻。 ······· 《北京市海淀区志》

两京旱蝗。 ······································· 《北京市丰台区志》

五月，（昌平）蝗。六月，蝻生。 ················· 光绪《昌平州志》

五月，京师蝗。七月，顺天府发钞 60 锭收蝗。 ········· 《大兴县志》

125. 明崇祯十四年（1641 年）

六月，两畿旱蝗。 ································· 《明史·庄烈帝纪》

夏，北平蝗灾。 ································· 《中国历代蝗患之记载》

六月，两京大旱蝗。 ······························· 《北京市丰台区志》

六月，两京大旱蝗。 ······························· 《北京市海淀区志》

六、清代蝗灾

126. 清顺治五年（1648 年）

良乡蝗。 ··· 《北京市房山区志》

127. 清顺治十三年（1656 年）

七月，昌平、密云蝗。 ····························· 《清史稿·灾异志》

秋，昌平、密云、北平及邻近县蝗灾。 ·········· 《中国历代蝗患之记载》

七月，昌平、密云蝗。八月，密云蝗蝻生。 ·········· 光绪《顺天府志》

八月，畿辅近地自夏至秋飞蝗。 ··················· 《北京市海淀区志》

七月，（密云）蝗。八月，蝻。 ······················· 《密云县志》

蝻入（昌平）城。 ································· 光绪《昌平州志》

128. 清康熙三年（1664 年）

潞地蝗灾。·································《通县志》

129. 清康熙三十年（1691 年）

良乡蝗。·····························《北京市房山区志》

130. 清康熙四十四年（1705 年）

九月，密云蝗。·····················《清史稿·灾异志》

夏，密云蝗灾。···················《中国历代蝗患之记载》

四月，密云蝻，至九月不绝。·········光绪《顺天府志》

131. 清康熙四十八年（1709 年）

秋，昌平蝗蝻为灾。·················光绪《顺天府志》

秋，昌平蝗灾。···················《中国历代蝗患之记载》

秋，（海淀）蝗蝻为灾。·············《北京市海淀区志》

秋，（昌平）蝗蝻为灾，调怀来知县带丁夫六百名赴桥子村一带捕蝗。

·····························光绪《昌平州志》

132. 清雍正元年（1723 年）

秋，密云蝗蝻生，逾夕抱黍死。·······《中国历代蝗患之记载》

七月，密云蝻生，逾夕抱黍自死。·······光绪《顺天府志》

133. 清雍正二年（1724 年）

北平蝗灾。·····················《中国历代蝗患之记载》

京畿附近蝗。·······················光绪《畿辅通志》

134. 清乾隆十八年（1753 年）

秋七月，顺天宛平等三十二州县卫蝗。·····《清史稿·高宗本纪》

七月，顺天宛平 32 州县卫蝗。·········《北京市海淀区志》

七月，顺天宛平 32 州县卫蝗。·········《北京市丰台区志》

135. 清乾隆二十四年（1759 年）

京畿捕蝗。京畿道御史史茂上《捕蝗事宜疏》，户部议准捕蝗法六条。

·······························《治蝗全法》

136. 清乾隆二十五年（1760 年）

因通州等处捕蝗之失，直督方观承饬司道议设护田之夫。

·······························《治蝗全法》

五月，顺天府尹至通州督捕蝗虫。·········《通县志》

137. 清乾隆二十七年（1762 年）

窦光鼐赴怀柔督捕蝗。 ·······················《清史稿·窦光鼐传》

138. 清乾隆三十五年（1770 年）

密云、顺义大蝗，官府令民捕蝗。 ·········《中国历代蝗患之记载》

顺义蝗。 ·································· 光绪《畿辅通志》

139. 清乾隆三十九年（1774 年）

夏四月，顺天大兴等州县蝗。 ·············《清史稿·高宗本纪》

四月，顺天蝗。 ························《北京市海淀区志》

四月，顺天大兴等州县蝗。 ·············《北京市丰台区志》

四月，顺天府属州县蝗灾，饥民迁徙逃亡。 ·······《北京市房山区志》

140. 清乾隆五十七年（1792 年）

秋七月，顺直宛平等州县蝗。 ·············《清史稿·高宗本纪》

八月，顺天各属县飞蝗食稼。 ············· 光绪《畿辅通志》

通县蝗灾。 ····························《中国历代蝗患之记载》

七月，顺直宛平等县蝗。 ···············《北京市海淀区志》

七月，顺直宛平等州县蝗。 ·············《北京市丰台区志》

七月，北京四周各州县蝗虫肆虐。 ···············《大兴县志》

141. 清嘉庆七年（1802 年）

秋，平谷蝗灾。 ·······················《中国历代蝗患之记载》

七月，平谷蝗。 ························ 光绪《顺天府志》

七月，（平谷）蝗飞蔽天，秋禾歉收。 ···············《平谷县志》

142. 清嘉庆九年（1804 年）

北平蝗灾，大群蝗虫飞进皇宫落案上，帝谕直隶捕蝗。

·······························《中国历代蝗患之记载》

近畿飞蝗，广渠门外田禾被食害十分之四。六月，宫内飞蝗落案上，太监
扑获十数个。顺天府属飞蝗。 ············· 光绪《畿辅通志》

143. 清道光元年（1821 年）

夏，顺天郡县蝗蝻大发生，官府令捕之。 ·······《中国历代蝗患之记载》

六月，顺天府属设厂收买蝻蝗，以钱米易蝗。 ········· 民国《顺义县志》

144. 清道光五年（1825 年）

夏，昌平蝗灾。 ·······················《中国历代蝗患之记载》

六月，昌平蝗。 ························ 光绪《顺天府志》

五月，顺天府蝗，蝻愈捕愈多，乃设大镬于堂，煮而埋之，未几长翅飞腾，延及大兴、宛平，顺天府尹朱为弼出城亲捕，设厂收买，并奏准捕蝗事宜六条。 ···《治蝗全法》

(顺义) 蝗。 ··· 民国《顺义县志》

六月，(昌平) 蝗。 ··· 光绪《昌平州志》

145. 清咸丰五年（1855 年）

九月，(密云) 蝗飞蔽天。 ··《密云县志》

146. 清咸丰六年（1856 年）

八月，昌平蝗，顺义蝗。 ···································《清史稿·灾异志》

秋，北平、昌平、平谷蝗灾。 ·····················《中国历代蝗患之记载》

八月，平谷飞蝗自南大至，蔽天，晚田损，闻江南、河南、山东、直隶、关东皆然，后即田中生子，田地小孔如筛。昌平蝗。 ······ 光绪《顺天府志》

八月，(昌平) 蝗。 ··· 光绪《昌平州志》

八月，(平谷) 飞蝗蔽天自南而至，晚禾损伤。 ·············《平谷县志》

147. 清咸丰七年（1857 年）

春，昌平蝗；平谷蝻生，春无麦。 ·····················《清史稿·灾异志》

春，昌平蝗灾；平谷蝗蝻食，食麦尽。 ············《中国历代蝗患之记载》

春，昌平旱蝗；平谷蝻生，无麦。 ······················· 光绪《顺天府志》

春，(昌平) 旱蝗。 ··· 光绪《昌平州志》

春，昌平旱蝗。 ···《北京市海淀区志》

房山蝗祸，县召民捕蝗，得虫 20 余石。 ·············《北京市房山区志》

(顺义) 旱蝗。 ··· 民国《顺义县志》

春，(平谷) 蝗蝻生，无麦收。 ·····························《平谷县志》

148. 清咸丰八年（1858 年）

夏，平谷蝗灾，害稼。 ·····························《中国历代蝗患之记载》

七月，近京各州县地方均有蝗蝻蠕动。 ················· 光绪《畿辅通志》

六月，平谷蝻自三河至，秋禾半伤。 ····················· 光绪《顺天府志》

六月，(平谷) 蝗自西南三河县至，秋禾伤损。 ·············《平谷县志》

149. 清同治元年（1862 年）

秋，顺天蝗灾。 ···································《中国历代蝗患之记载》

七月，(怀柔) 蝗灾。 ···《怀柔县志》

八月，良乡蝗蝻成灾。 ·····································《北京市房山区志》

（通县）蝗灾。 ···《通县志》

150. 清同治十一年（1872 年）

秋，顺天及以南部分县蝗灾，伤稼。 ···············《中国历代蝗患之记载》

151. 清光绪二年（1876 年）

五月，以近畿亢旱，直隶府小民艰食，谕长官抚恤，并捕蝗蝻。

···《清史稿·德宗本纪》

秋，直隶顺天蝗旱。 ···················《河北省农业厅·志源（1）》

（顺义）旱蝗。 ···································民国《顺义县志》

152. 清光绪三年（1877 年）

夏，昌平旱蝗。 ·····························《清史稿·灾异志》

畿辅蝗蝻。 ·····························《中国历代天灾人祸表》

夏，北平、昌平蝗灾。 ···················《中国历代蝗患之记载》

夏，昌平旱蝗。 ·······························光绪《顺天府志》

夏，（昌平）旱蝗。 ···························光绪《昌平州志》

夏，昌平旱蝗。 ·······························《北京市海淀区志》

153. 清光绪四年（1878 年）

昌平螣。 ·····································光绪《顺天府志》

（昌平）螣。 ·································光绪《昌平州志》

154. 清光绪十七年（1891 年）

五月，京畿蝗。 ···························《清史稿·德宗本纪》

五月，京畿蝗。 ·······························《北京市海淀区志》

五月，京畿蝗。 ·······························《北京市丰台区志》

155. 清光绪十八年（1892 年）

京师蝗。 ·····························《中国历代天灾人祸表》

夏，北平蝗灾。 ·······················《中国历代蝗患之记载》

六月，京畿蝗。 ·······························《北京市海淀区志》

六月，京畿蝗。 ·······························《北京市丰台区志》

156. 清光绪二十六年（1900 年）

（海淀）旱，飞蝗自西北来，京畿万亩受灾。 ·······《北京市海淀区志》

（丰台）飞蝗自西北来，京畿万亩受灾。 ·········《北京市丰台区志》

七、民国时期蝗灾

157. 民国九年（1920 年）

（顺义）旱蝗，马各庄等村受害为大。 …………………… 民国《顺义县志》

（房山）飞蝗过境。 …………………………………………《北京市房山区志》

（大兴）蝗灾严重。 …………………………………………《大兴县志》

是年，（通县）旱、蝗、水灾奇重。 …………………………《通县志》

158. 民国十二年（1923 年）

八月，大兴部分地区水灾后又遭蝗灾。 ………………………《大兴县志》

159. 民国十七年（1928 年）

秋，（密云）蝗蝻食谷。 ……………………………………《密云县志》

160. 民国十八年（1929 年）

良乡蝗灾。 ………………………………………《中国历代蝗患之记载》

（大兴）蝗灾严重。 …………………………………………《大兴县志》

六月，宛平蝗灾。 …………………………………………《北京市海淀区志》

六月，宛平蝗灾。 …………………………………………《北京市丰台区志》

161. 民国二十二年（1933 年）

昌平县蝗。 …………………………………………………《中国的飞蝗》

昌平蝗灾。 ………………………………………《中国历代蝗患之记载》

162. 民国二十三年（1934 年）

通县蝗灾。 ………………………………………《中国历代蝗患之记载》

第十章
天津市历史蝗灾

一、唐前时期蝗灾

1. 东汉永兴元年（153 年）

秋，天津等三十二郡县蝗灾。⋯⋯⋯⋯⋯⋯⋯⋯《中国历代蝗患之记载》

秋七月，郡国三十二蝗，诏所在赈给之。⋯⋯⋯⋯光绪《重修天津府志》

秋七月，郡国三十二蝗，冀州①尤甚。⋯⋯⋯⋯⋯光绪《畿辅通志》

2. 三国魏黄初二年（221 年）

天津蝗灾大发生，民饥。⋯⋯⋯⋯⋯⋯⋯⋯⋯《中国历代蝗患之记载》

冀州大蝗，民饥，遣使开仓赈之。⋯⋯⋯⋯光绪《重修天津府志》

3. 三国魏黄初三年（222 年）

天津蝗灾大发生，民饥。⋯⋯⋯⋯⋯⋯⋯⋯⋯《中国历代蝗患之记载》

秋七月，冀州大蝗，民饥，持节开仓赈之。⋯⋯光绪《重修天津府志》

4. 东晋咸康三年（337 年）

五月，（蓟县）大蝗。⋯⋯⋯⋯⋯⋯⋯⋯⋯⋯⋯⋯民国《蓟县志》

5. 东晋太元七年（382 年）

（宁河）蝗祸，广袤千里，至秋，蝗害如故。⋯⋯⋯《宁河县志》

6. 北齐天保八年（557 年）

天津蝗灾大发生，飞蔽日，声如风雨。⋯⋯⋯⋯《中国历代蝗患之记载》

---

① 冀州：汉十三刺史部之一，时辖今天津地区。

夏至九月，河北六州大蝗，诏今年遭蝗处免租。 ······ 光绪《重修天津府志》

（西青）境内皆蝗灾。 ······ 《西青区志》

（静海）蝗虫成灾。 ······ 《静海县志》

二、唐代（含五代十国）蝗灾

7. 唐贞观二年（628 年）

（蓟县）蝗。 ······ 民国《蓟县志》

8. 唐开元二年（714 年）

七月，（大港）蝗虫成灾。 ······ 《大港区志》

七月，（静海）蝗灾。 ······ 《静海县志》

9. 唐开元五年（717 年）

免河北蝗水县今岁租。 ······ 光绪《重修天津府志》

10. 唐开成元年（836 年）

（大港）蝗灾，草木叶俱食尽。 ······ 《大港区志》

（宁河）蝗旱，草叶皆尽。 ······ 《宁河县志》

11. 唐开成二年（837 年）

六月，（静海）蝗灾。 ······ 《静海县志》

12. 唐开成三年（838 年）

（静海）蝗灾，草木皆尽。 ······ 《静海县志》

13. 唐开成五年（840 年）

夏，天津蝗灾，害稼。 ······ 《中国历代蝗患之记载》

六月，河北等处蝗，疫，除其徭。 ······ 光绪《重修天津府志》

夏，（大港）螟蝗成灾。 ······ 《大港区志》

（武清）螟蝗害稼。 ······ 《武清县志》

夏，（静海）螟蝗害稼。 ······ 《静海县志》

三、宋代（含辽、金）蝗灾

14. 宋淳化元年（990 年）

七月旱，（大港）蝗蝻成灾，草木叶尽食。 ······ 《大港区志》

七月，（静海）蝗灾。 ······ 《静海县志》

15. 宋淳化三年（992 年）

七月，（大港）蝗虫成灾，蔽空遮日。·································《大港区志》

16. 宋天禧元年　辽开泰六年（1017 年）

六月，南京[①]诸县蝗。·································《辽史·圣宗本纪》

六月，南京诸县蝗。·································光绪《顺天府志》

17. 宋元丰四年　辽太康七年（1081 年）

五月，辽武清蝗。·································《续资治通鉴·宋纪》

夏，武清蝗灾。·································《中国历代蝗患之记载》

五月，武清等县蝗。·································光绪《顺天府志》

18. 宋元丰五年（1082 年）

夏，武清蝗。·································《中国东亚飞蝗蝗区的研究》

19. 宋元丰六年（1083 年）

夏，武清蝗。·································《中国东亚飞蝗蝗区的研究》

20. 宋隆兴二年　金大定四年（1164 年）

九月，上谓宰臣曰：平、蓟二州近复蝗旱。百姓艰食，父母、兄弟不能相
保，多冒鬻为奴，朕甚悯之。可速遣使阅实其数，出内库物赎之。

·································《金史·世宗本纪》

八月，中都南八路蝗，飞入京畿。·································《金史·五行志》

九月，蓟州近复蝗旱。·································光绪《畿辅通志》

四、元代蝗灾

21. 蒙古中统四年　宋景定四年（1263 年）

六月，（大港）蝗灾。·································《大港区志》

六月，（宁河）蝗。·································《宁河县志》

22. 元至元八年（1271 年）

（静海）蝗灾。·································《静海县志》

23. 元至元十九年（1282 年）

（宝坻）蝗食禾稼，所至蔽日，人不能行，入人屋室，乃大饥。

·································《宝坻县志》

---

① 据《辽史·地理志》，辽南京统天津武清、蓟州。

（宁河）蝗食禾稼，所至蔽日，人马不能行，入人屋室，乃大饥。

　　　　　　　　　　　　　　　　　　　　　·········· 乾隆《宁河县志》

（静海）蝗食苗稼、草木皆尽，蝗群起飞遮天蔽日，碍人马不能行。

　　　　　　　　　　　　　　　　　　　　　·········· 《静海县志》

24. 元至元二十一年（1284 年）

六月，中卫屯田蝗。 ·········· 《元史·世祖本纪》

25. 元至元二十五年（1288 年）

河北蓟州蝗，为害作物。 ·········· 《中国东亚飞蝗蝗区的研究》

26. 元大德六年（1302 年）

四月，（静海）蝗灾。 ·········· 《静海县志》

27. 元大德七年（1303 年）

七月，（宁河）蝗。 ·········· 《宁河县志》

28. 元大德八年（1304 年）

四月，（静海）蝗灾。 ·········· 《静海县志》

29. 元大德九年（1305 年）

六月，靖海①、武清蝗。 ·········· 《元史·成宗本纪》

六月，靖海、武清等州县蝗。 ·········· 《元史·五行志》

夏，武清、静海蝗灾大发生。 ·········· 《中国历代蝗患之记载》

六月，武清蝗。 ·········· 光绪《顺天府志》

四月，（静海）蝗灾。 ·········· 《静海县志》

30. 元大德十年（1306 年）

四月，（静海）蝗灾。 ·········· 《静海县志》

31. 元至大元年（1308 年）

八月，（静海）蝗灾。 ·········· 《静海县志》

32. 元至大二年（1309 年）

四月，（大港）蝗灾。 ·········· 《大港区志》

（静海）又蝗灾。 ·········· 《静海县志》

33. 元泰定四年（1327 年）

（静海）蝗灾。 ·········· 《静海县志》

---

① 靖海：旧县名，明改静海，今天津静海。

34. 元致和元年　元天历元年（1328 年）

四月，大都蓟州蝗。 ·····《元史·五行志》

夏四月，蓟州蝗。 ·····《元史·泰定本纪》

四月，大都蓟州蝗。 ·····光绪《顺天府志》

四月，（蓟县）蝗灾。 ·····《蓟县志》

（宁河）蝗。 ·····《宁河县志》

35. 元至顺元年（1330 年）

六月，大都及左都威卫屯田蝗。 ·····《元史·文宗本纪》

六月，蓟州蝗。 ·····《元史·五行志》

六月，蓟州蝗。 ·····光绪《顺天府志》

六月，（蓟县）蝗灾。 ·····《蓟县志》

夏旱，（西青）蝗灾。 ·····《西青区志》

夏，（宁河）蝗。 ·····《宁河县志》

（静海）蝗灾。 ·····《静海县志》

六月，（武清）蝗灾。 ·····《武清县志》

36. 元至顺二年（1331 年）

（静海）蝗灾。 ·····《静海县志》

37. 元至顺三年（1332 年）

（静海）蝗灾。 ·····《静海县志》

38. 元至正十八年（1358 年）

夏，蓟州蝗。 ·····《元史·五行志》

春，蓟州旱蝗。 ·····光绪《顺天府志》

六月，（蓟县）蝗灾。 ·····《蓟县志》

春，（宁河）蝗。 ·····《宁河县志》

39. 元至正十九年（1359 年）

（宁河）蝗食禾稼，所至蔽道，人不能行，入人屋室，大饥。

·····乾隆《宁河县志》

五、明代蝗灾

40. 明洪武七年（1374 年）

三月，北平府武清县蝗，命有司捕之。 ·····《明实录·太祖实录》

天津蝗灾。 ┈┈┈┈┈┈┈┈┈┈┈┈┈┈┈┈┈ 《中国历代蝗患之记载》

六月，北平等省蝗，蠲田租。 ┈┈┈┈┈┈┈ 光绪《重修天津府志》

41. 明永乐十四年（1416 年）

（静海）蝗灾。 ┈┈┈┈┈┈┈┈┈┈┈┈┈┈┈┈┈┈┈ 《静海县志》

42. 明宣德四年（1429 年）

六月，武清县蝗蝻生，命户部遣御史同往督捕。 ┈┈ 《明实录·宣宗实录》

43. 明宣德五年（1430 年）

（宁河）蝗。 ┈┈┈┈┈┈┈┈┈┈┈┈┈┈┈┈┈┈┈┈ 《宁河县志》

44. 明正统元年（1436 年）

四月，静海县蝗蝻遍野，田禾被伤。 ┈┈┈┈┈ 《明实录·英宗实录》

闰六月，静海县蝗，饥。 ┈┈┈┈ 《古今图书集成·庶征典·蝗灾部汇考》

45. 明正统四年（1439 年）

七月，顺天府蓟州蝗伤稼，令巡按严督扑捕。 ┈┈┈ 《明实录·英宗实录》

46. 明正统五年（1440 年）

夏，（宁河）蝗。 ┈┈┈┈┈┈┈┈┈┈┈┈┈┈┈┈┈ 《宁河县志》

47. 明正统六年（1441 年）

六月，蓟州蝗，捕灭已尽。十月，蓟州奏：不意今秋苗稼又为蝗蝻所伤。

┈┈┈┈┈┈┈┈┈┈┈┈┈┈┈┈ 《明实录·英宗实录》

夏，（宁河）蝗。 ┈┈┈┈┈┈┈┈┈┈┈┈┈┈┈┈┈ 《宁河县志》

48. 明正统七年（1442 年）

五月，（宁河）蝗。 ┈┈┈┈┈┈┈┈┈┈┈┈┈┈┈┈ 《宁河县志》

49. 明正统十四年（1449 年）

夏，（宁河）蝗。 ┈┈┈┈┈┈┈┈┈┈┈┈┈┈┈┈┈ 《宁河县志》

50. 明天顺二年（1458 年）

五月，武清、静海县蝗生，上命督属捕瘞。 ┈┈┈┈ 《明实录·英宗实录》

51. 明成化八年（1472 年）

六月，（静海）蝗灾。 ┈┈┈┈┈┈┈┈┈┈┈┈┈┈┈ 《静海县志》

52. 明成化二十一年（1485 年）

七月，（宁河）蝗。 ┈┈┈┈┈┈┈┈┈┈┈┈┈┈┈┈ 《宁河县志》

53. 明弘治七年（1494 年）

（西青）蝗灾，民捕蝗给米，蝗蝻一斗给米二斗。 ┈┈┈┈┈ 《西青区志》

54. 明弘治八年（1495 年）

宝砥蝗。 ⋯⋯⋯⋯⋯⋯⋯⋯⋯⋯⋯⋯⋯⋯⋯⋯⋯⋯⋯ 光绪《顺天府志》

55. 明嘉靖三年（1524 年）

夏，（静海）蝗灾。 ⋯⋯⋯⋯⋯⋯⋯⋯⋯⋯⋯⋯⋯⋯⋯⋯⋯ 《静海县志》

56. 明嘉靖六年（1527 年）

（西青）旱，蝗飞成灾。 ⋯⋯⋯⋯⋯⋯⋯⋯⋯⋯⋯⋯⋯⋯ 《西青区志》

（武清）大旱，蝗飞蔽天。 ⋯⋯⋯⋯⋯⋯⋯⋯⋯⋯⋯⋯⋯ 《武清县志》

57. 明嘉靖十一年（1532 年）

九月，（武清）旱、蝗、水涝。 ⋯⋯⋯⋯⋯⋯⋯⋯⋯⋯⋯ 《武清县志》

（宁河）蝗蝻生。 ⋯⋯⋯⋯⋯⋯⋯⋯⋯⋯⋯⋯⋯⋯⋯⋯⋯ 《宁河县志》

58. 明嘉靖三十五年（1556 年）

（大港）蝗灾。 ⋯⋯⋯⋯⋯⋯⋯⋯⋯⋯⋯⋯⋯⋯⋯⋯⋯⋯ 《大港区志》

59. 明嘉靖三十九年（1560 年）

（河西）蝗灾，禾苗几乎全被啃食。 ⋯⋯⋯⋯⋯⋯⋯⋯⋯ 《河西区志》

（宁河）蝗食麦禾殆尽。 ⋯⋯⋯⋯⋯⋯⋯⋯⋯⋯⋯⋯⋯⋯ 《宁河县志》

（宝坻）蝗食麦禾殆尽。 ⋯⋯⋯⋯⋯⋯⋯⋯⋯⋯⋯⋯⋯⋯ 《宝坻县志》

60. 明隆庆三年（1569 年）

六月，（大港）蝗灾。 ⋯⋯⋯⋯⋯⋯⋯⋯⋯⋯⋯⋯⋯⋯⋯ 《大港区志》

61. 明万历十三年（1585 年）

（大港）大旱，蝗飞蔽空。 ⋯⋯⋯⋯⋯⋯⋯⋯⋯⋯⋯⋯⋯ 《大港区志》

62. 明万历十四年（1586 年）

（宝坻）飞蝗蔽空，邑令捕蝗三十石，大饥，民相食。 ⋯⋯⋯ 《宝坻县志》

63. 明万历十五年（1587 年）

四月，（武清）先旱后蝗，乡民惊恐，知县乘蝗初产未翅，出示军民捕获，
以粟抵易，男女争先掘坑捕取二百余石，蝗不为灾。 ⋯⋯⋯⋯ 《武清县志》

64. 明万历十八年（1590 年）

夏，天津大蝗，群飞蔽天，声若风雨，流粪遍地，禾稼被食几尽。

⋯⋯⋯⋯⋯⋯⋯⋯⋯⋯⋯⋯⋯⋯⋯⋯⋯⋯⋯⋯⋯⋯《东丽区志》

夏，（北辰）境内飞蝗蔽天，禾稼被食殆尽。 ⋯⋯⋯⋯⋯⋯⋯ 《北辰区志》

65. 明万历十九年（1591 年）

夏，天津蝗虫大发生，飞蔽天，声如风雨，食稼殆尽。

⋯⋯⋯⋯⋯⋯⋯⋯⋯⋯⋯⋯⋯⋯⋯⋯⋯⋯《中国历代蝗患之记载》

夏，（天津）蝗飞蔽天，声如雷雨，食苗殆尽。 ………… 乾隆《天津府志》

夏，（天津）大蝗，群飞蔽天，声如雷雨，流粪遍地，落民田食禾稼殆尽。

………………………………………………………… 康熙《新校天津卫志》

夏，天津大蝗，群飞蔽天，声若雷雨，禾稼被食几尽。

………………………………………………………… 《天津通志·大事记》

夏，（天津）飞蝗蔽天，声如雷雨，食禾几尽。 ………… 乾隆《天津县志》

夏，（西青）大蝗，群飞蔽天，声若风雨，流粪遍地，禾稼被食几尽。

………………………………………………………… 《西青区志》

天津（河东）发生严重蝗灾，飞蝗蔽天蔽日，声如雷雨，流粪遍地，稻谷几
乎吃尽。 ………………………………………………… 《河东区志》

夏，（津南）蝗灾，庄稼几尽。 ……………………………… 《津南区志》

夏，（宁河）大蝗，群飞蔽天，声如雷雨，食禾几尽。 ………… 《宁河县志》

夏，（静海）蝗飞蔽天，声如雷雨，食禾苗几尽。 …………… 《静海县志》

66. 明万历二十四年（1596年）

（宁河）大蝗。 ……………………………………………… 《宁河县志》

67. 明万历三十四年（1606年）

六月，武清、宝坻等县大蝗。 …………………… 《明实录·神宗实录》

夏，宝坻蝗虫大发生，害稼。 …………………… 《中国历代蝗患之记载》

北方屡有蝗灾，当时天津人遇有蝗蝻就行捕食，或相互赠送，也有做熟制干
出卖者，是为天津人吃"炸蚂蚱"风俗之最早记载。

………………………………………………………… 《天津通志·大事记》

至夏不雨，宝坻大蝗。 …………………………………… 光绪《顺天府志》

68. 明万历四十五年（1611年）

兵部奏：蓟州镇团营地亩春夏旱蝗。 ……………… 《明实录·神宗实录》

69. 明万历四十五年（1617年）

春旱，（西青）大蝗。 …………………………………………… 《西青区志》

（武清）大旱，蝗飞蔽天。 …………………………………… 《武清县志》

70. 明天启五年（1625年）

十月，天津等处旱蝗，请议蠲恤。 ……………… 《明实录·熹宗实录》

（静海）蝗飞蔽天，蝻积地盈尺。 ………………………… 乾隆《天津府志》

（静海）飞蝗蔽天，蝗蝻积地盈尺。 ……………………… 《静海县志》

71. 明天启六年（1626 年）

（静海）蝗灾。 ·································· 《静海县志》

72. 明崇祯十一年（1638 年）

七月，武清蝗飞蔽天，食禾殆尽。 ·············· 光绪《顺天府志》

七月，（武清）蝗飞蔽天，食禾殆尽，饥民捕食之。 ····· 乾隆《武清县志》

（西青）飞蝗蔽天，大饥，人捕蝗以为食。 ··········· 《西青区志》

（大港）旱，蝗虫成灾，饥民捕蝗为食。 ············· 《大港区志》

73. 明崇祯十二年（1639 年）

天津蝗灾。 ························· 《中国历代蝗患之记载》

秋，（天津）蝗飞蔽天，食禾殆尽。 ·············· 乾隆《天津府志》

秋，（天津）飞蝗蔽天，食禾殆尽。 ············· 康熙《新校天津卫志》

秋，天津蝗虫蔽天，食禾殆尽。 ············· 《天津通志·大事记》

秋，（天津）蝗虫蔽天，食禾殆尽。 ·············· 乾隆《天津县志》

秋，天津（东丽）蝗虫蔽天，食禾殆尽。 ············· 《东丽区志》

秋，天津（河东）闹蝗虫，蝗虫遮天蔽日，食禾殆尽。 ········ 《河东区志》

秋，（宁河）蝗。 ························ 《宁河县志》

秋，（静海）飞蝗蔽天，食禾殆尽。 ··············· 《静海县志》

74. 明崇祯十三年（1640 年）

夏秋，（天津）飞蝗蔽天，禾苗枯槁，民饥死十之八九。

·································· 乾隆《天津府志》

夏，（静海）飞蝗蔽天，禾苗枯槁，民饥死大半。 ··········· 《静海县志》

夏旱，（河西）飞蝗遍野，百姓剥草根、树皮为食。 ········· 《河西区志》

（大港）旱，飞蝗遍野，饥民食树皮、草根，人相食。 ········ 《大港区志》

75. 明崇祯十四年（1641 年）

宝坻蝗飞蔽天，民捕食之。 ·············· 《中国历代蝗患之记载》

宝坻旱蝗，飞蔽空，邑令捕蝗三十石，民之饥者食之；蓟州旱蝗。

······························ 光绪《顺天府志》

（宁河）飞蝗蔽空，捕蝗三十石，民之饥者食之。 ·········· 《宁河县志》

（塘沽）旱，飞蝗蔽空。 ···················· 《塘沽区志》

（蓟县）旱蝗。 ····················· 民国《蓟县志》

六、清代蝗灾

76. 清康熙五年（1666 年）

宝坻蝗自东来，蔽日，伤禾。 ·······················光绪《顺天府志》

77. 清康熙十一年（1672 年）

天津蝗，诏减征。 ·····························光绪《重修天津府志》

78. 清康熙十五年（1676 年）

天津旱蝗，蠲免钱粮十之三。 ··················光绪《重修天津府志》

79. 清康熙十六年（1677 年）

天津旱蝗，蠲免钱粮十之三。 ··················光绪《重修天津府志》

80. 清康熙十七年（1678 年）

天津旱蝗，蠲免钱粮十之三。 ··················光绪《重修天津府志》

秋，（大港）蝗灾。 ······························《大港区志》

81. 清康熙十八年（1679 年）

天津蝗伤稼，蠲沧属钱粮十之三。 ···········光绪《重修天津府志》

（大港）旱，蝗起，蝗蝻遍野，人多流亡。 ···········《大港区志》

82. 清康熙二十三年（1684 年）

（武清）蝗蝻为灾，田禾无获，免田租十之二三。 ·········乾隆《武清县志》

83. 清康熙二十八年（1689 年）

春旱，（西青）蝗灾。 ·····························《西青区志》

夏旱，（武清）蝗灾。 ·····························《武清县志》

夏，（宁河）蝗蔽天，岁大饥。 ·······················《宁河县志》

84. 清康熙二十九年（1690 年）

武清蝗灾。 ·····························《中国历代蝗患之记载》

武清旱蝗。 ·····························光绪《顺天府志》

（武清）旱蝗成灾，奉旨免征。 ·················乾隆《武清县志》

85. 清康熙三十四年（1695 年）

武清、宝坻蝗灾。 ·····················《中国历代蝗患之记载》

蝗起武清、宝坻界。 ·····················光绪《顺天府志》

蝗起武宝界，遣官协捕。 ·····················《宝坻县志》

（宁河）蝗起。 ·······························《宁河县志》

86. 清康熙三十七年（1698 年）

天津蝗灾，城南捕蝗人声闻数里。 ……………《中国历代蝗患之记载》

秋，（天津）蝗灾，城南捕蝗人声闻数里。 …………《天津通志·大事记》

秋，（天津）蝗，城南捕蝗人声闻数里。 …………… 同治《续天津县志》

秋，（河西）蝗灾，区境及城南捕蝗人声闻数里。 ………《河西区志》

87. 清康熙三十八年（1699 年）

七月，（蓟县）飞蝗遍野，奉旨捕捉，阖郡官民无分昼夜捕灭罄尽，禾稼
不伤。 …………………………………………… 民国《蓟县志》

88. 清康熙四十四年（1705 年）

夏，天津蝗虫大发生，食麦尽。 …………《中国历代蝗患之记载》

闰四月，天津蝗食麦俱尽。 …………………《天津通志·大事记》

四月，（天津）蝗食麦俱尽。 ………………… 同治《续天津县志》

闰四月，（津南）蝗灾，食麦俱尽。 ……………………《津南区志》

89. 清康熙五十八年（1719 年）

静海飞蝗蔽天。 ……………………………… 光绪《广平府志》

90. 清雍正十三年（1735 年）

夏，天津蝗害稼，食麦尽。 …………《中国历代蝗患之记载》

夏，（天津）蝗食麦俱尽。 ………………… 同治《续天津县志》

夏，（河西）蝗灾，禾苗大部被食。 ……………………《河西区志》

91. 清乾隆五年（1740 年）

（武清）蝗，不为灾。 ……………………… 乾隆《武清县志》

92. 清乾隆十七年（1752 年）

五月，武清、宝坻、静海等县蝗蝻萌生，乾隆帝令侍郎胡宝前往天津督率扑
除。六月，天津县西南募民捕蝗，一斗给钱百文，一日扑灭；静海等处募
民捕蝗，收效颇高。 ……………………《天津通志·大事记》

天津总兵吉庆至（西青）境内募民捕蝗，一斗给钱 100 文，一日捕灭。
…………………………………………………………《西青区志》

（津南）蝗灾。 …………………………………………《津南区志》

五月，（宝坻）县内蝗灾。 …………………………………《宝坻县志》

93. 清乾隆十八年（1753 年）

四月，天津等处蝗孽复萌，直隶总督奏报，已与长芦盐政分头查办。五月，
天津、静海等处蝗，用以米易蝗办法分路设立厂局，凡捕蝗子一斗给米五

升，村民踊跃搜捕。 ···《天津通志·大事记》

春，天津李七庄等处蝗灾严重。 ·····································《西青区志》

（津南）蝗灾。 ···《津南区志》

94. 清乾隆二十四年（1759 年）

春旱，（蓟县）有螣伤禾。 ·····································民国《蓟县志》

95. 清乾隆二十八年（1763 年）

夏，（蓟县）蝻生，七月始尽。 ·······························民国《蓟县志》

（静海）庄稼将熟，飞蝗来自东北，一朝食尽。 ·················《静海县志》

96. 清乾隆三十三年（1768 年）

闰五月，武清蝗。 ···光绪《顺天府志》

97. 清乾隆三十五年（1770 年）

三月，天津蝗。闰五月，命裘曰修赴蓟州、宝坻一带捕蝗，甲子，裘曰修以
捕蝗不力免。 ···《清史稿·高宗本纪》

夏秋，蓟州、武清、宝坻大蝗，官府令民捕蝗。

···《中国历代蝗患之记载》

闰五月，武清飞蝗起，诏令该管上司及二县知县革职。

···光绪《畿辅通志》

98. 清乾隆四十八年（1783 年）

六月，（静海）飞蝗至，庄稼食尽。 ·····························《静海县志》

99. 清乾隆五十六年（1791 年）

天津蝗灾。 ···《中国历代蝗患之记载》

天津旱，有蝗。 ···《天津通志·大事记》

（天津）旱蝗。 ···同治《续天津县志》

100. 清乾隆五十七年（1792 年）

蓟州蝗灾，惩治捕蝗不力者。 ·······················《中国历代蝗患之记载》

101. 清乾隆五十八年（1793 年）

夏，天津蝗灾。 ·······································《中国历代蝗患之记载》

夏，（天津）有蝗。 ·····································同治《续天津县志》

102. 清乾隆五十九年（1794 年）

夏，天津蝗灾。 ·······································《中国历代蝗患之记载》

夏，（天津）有蝗。 ·····································同治《续天津县志》

103. 清乾隆六十年 (1795 年)

(天津) 旱，有蝗。 …………………………………………… 同治《续天津县志》

秋，(静海) 蝗蝻成灾。 ………………………………………………《静海县志》

104. 清嘉庆元年 (1796 年)

夏，天津蝗，不为灾。 ……………………………《中国历代蝗患之记载》

(天津) 蝗，不食稼。 …………………………………… 同治《续天津县志》

105. 清嘉庆五年 (1800 年)

蓟州蝗害稼，翌年免税十之三。 ……………………《中国历代蝗患之记载》

106. 清嘉庆六年 (1801 年)

夏，天津蝗灾。 …………………………………………《中国历代蝗患之记载》

五月，(天津) 蝗。 …………………………………… 同治《续天津县志》

五月，(河西) 飞蝗遍野。 ……………………………………………《河西区志》

107. 清嘉庆七年 (1802 年)

(蓟县) 大蝗。 …………………………………………………… 民国《蓟县志》

108. 清嘉庆八年 (1803 年)

夏，天津蝗灾。 …………………………………………《中国历代蝗患之记载》

夏，(天津) 旱蝗。 …………………………………… 同治《续天津县志》

春，(蓟县) 蝻。夏，蝗，复生蝻，至秋未绝。 …………… 民国《蓟县志》

109. 清嘉庆九年 (1804 年)

(静海) 双窑洼蝻孽蠕动，蔓延数十里，扑捕甚难，一夜烈风忽作，吹蝻
无踪。 ………………………………………………… 同治《静海县志》

110. 清嘉庆十一年 (1806 年)

秋，(静海) 蝗虫害庄稼。 ……………………………………………《静海县志》

111. 清嘉庆十七年 (1812 年)

天津蝗，不为灾。 ………………………………………《中国历代蝗患之记载》

秋，(天津) 蝗，不食稼。 …………………………… 同治《续天津县志》

112. 清道光元年 (1821 年)

夏，天津蝗蝻大发生，官府令捕之。 ……………………《中国历代蝗患之记载》

五月，天津、静海、宁河、宝坻、武清等县蝗蝻相继萌生，道光帝颁发
《康济录·捕蝗十宜》交顺天、天津等府指导捕蝗。七月，天津等 28 州
县蝗蝻均已扑除净尽，令收买遗子，务绝根株，并饬各州县核办田禾有
无损伤。 ……………………………………………《天津通志·大事记》

五月，天津、静海、武清各县蝗孽相继萌生，道光帝颁发《康济录·捕蝗十宜》交天津府指导捕蝗。 ……………………《西青区志》

五月，(武清)蝗蝻萌生，白日捕打，夜用火烧，扑蝗尽净。

…………………………《武清县志》

五月，宝坻等县相继萌生蝗蝻，各处扑打，以防孳生。………《宝坻县志》

113. 清道光五年（1825 年）

夏，天津蝗灾。………………………《中国历代蝗患之记载》

夏，(天津)蝗。…………………… 同治《续天津县志》

(宁河)蝗飞蔽日，所过禾稼一空。……………《宁河县志》

(蓟县)有蝗。…………………… 民国《蓟县志》

114. 清道光六年（1826 年）

(津南)蝗灾。 …………………………《津南区志》

115. 清咸丰二年（1852 年）

(宝坻)蝗起，督民自捕，集资购之。 ………《清史稿·刘秉琳传》

116. 清咸丰四年（1854 年）

武清蝗灾。…………………………《中国历代蝗患之记载》

武清蝗。 …………………… 光绪《顺天府志》

117. 清咸丰五年（1855 年）

夏，天津蝗灾。……………………《中国历代蝗患之记载》

夏，(天津)蝗。…………………… 同治《续天津县志》

(静海)蝗虫为灾。 …………………………《静海县志》

118. 清咸丰六年（1856 年）

天津蝗灾。…………………………《中国历代蝗患之记载》

(天津)蝗。…………………… 同治《续天津县志》

(西青)蝗灾。 …………………………《西青区志》

(武清)旱、蝗、雹、水灾。 …………………《武清县志》

(宁河)被蝗。…………………………《宁河县志》

(静海)蝗虫为灾。 …………………………《静海县志》

119. 清咸丰七年（1857 年）

(静海)蝗虫为灾。 …………………………《静海县志》

120. 清咸丰八年（1858 年）

(静海)蝗虫为灾。 …………………………《静海县志》

121. 清咸丰十一年（1861 年）

六月，天津蝗灾盛行，（东丽）26 个村庄受损。 ···············《东丽区志》

122. 清同治十一年（1872 年）

秋初，天津蝗灾，伤稼。 ···············《中国历代蝗患之记载》

123. 清光绪二年（1876 年）

军粮城[①]一带出现蝗灾。 ···············《东丽区志》

夏，（宁河）蝻孽萌动。 ···············《宁河县志》

124. 清光绪三年（1877 年）

武清蝗灾。 ···············《中国历代蝗患之记载》

六月，华北特大旱、蝗灾并发，各地灾民涌入天津数万人。

···············《天津通志·大事记》

六月，华北地区旱、蝗灾并发。 ···············《宝坻县志》

六月，（津南）发生特大蝗灾。 ···············《津南区志》

夏，武清蝗。 ···············光绪《顺天府志》

静海等地发生罕见蝗害，饥民涌入天津县城。 ···············《河西区志》

125. 清光绪七年（1881 年）

武清蝗灾发生，捕之，不为灾。 ···············《中国历代蝗患之记载》

六月，武清蝗，以米易蝗二千四百石，乃不为灾。 ·····光绪《顺天府志》

六月，（武清）蝗，以米三千四百石换蝗蝻，坑埋三十余万斤。

···············《武清县志》

秋，（宁河）禾将熟，飞蝗大至。 ···············《宁河县志》

126. 清光绪十八年（1892 年）

夏，武清及其邻县蝗，由北到南蔽天遍野，城乡内外蝗害稼。

···············《中国历代蝗患之记载》

（蓟县）蝗灾。 ···············民国《蓟县志》

127. 清光绪二十二年（1896 年）

五月，军粮城一带出现蝗灾。 ···············《东丽区志》

128. 清宣统三年（1911 年）

秋，汉沽蝗灾。 ···············《汉沽区志》

---

① 军粮城：乡镇名，今天津市东丽区军粮城镇。

七、民国时期蝗灾

129. 民国二年（1913 年）

夏，（西青）蝗。 ·············《西青区志》

130. 民国三年（1914 年）

是年，（武清）蝗患、河泛相继为灾。 ·············《武清县志》

131. 民国四年（1915 年）

九月，（武清）蝗群绵飞，乡民惊异。 ·············《武清县志》

132. 民国九年（1920 年）

（蓟县）蝗灾。 ·············《蓟县志》

133. 民国十三年（1924 年）

（宁河）蝗蝻为灾。 ·············《宁河县志》

134. 民国十六年（1927 年）

是年，（武清）蝗灾。 ·············《武清县志》

135. 民国十七年（1928 年）

是年，（西青）飞蝗成灾，庄稼多被毁食。 ·············《西青区志》

春，（宁河）蝗蝻遍地，秋禾尽损。 ·············《宁河县志》

（静海）蝗灾。 ·············《静海县志》

136. 民国十八年（1929 年）

天津蓟县、武清、静海蝗灾。 ·············《中国历代蝗患之记载》

五月，（武清）蝗蝻为害。 ·············《武清县志》

春，（宁河）蝗蝻为灾，禾稼被食尽绝。 ·············《宁河县志》

六月，（宝坻）三、四、五、六区蝗虫为灾。 ·············《宝坻县志》

（蓟县）蝗虫成灾。 ·············民国《蓟县志》

五、六月，（津南）蝗虫为害惨重，作物损失 70%～77%。

·············《津南区志》

（静海）蝗灾。 ·············《静海县志》

137. 民国十九年（1930 年）

五月，（宝坻）王各庄等地发生蝗虫。 ·············《宝坻县志》

（静海）蝗灾。 ·············《静海县志》

138. 民国二十年（1931 年）

夏，天津宁河、宝坻、武清蝗害稼。 ⋯⋯⋯⋯⋯⋯《中国历代蝗患之记载》

夏，（武清）蝗，经捕打未成灾。 ⋯⋯⋯⋯⋯⋯⋯⋯⋯《武清县志》

是年，（西青）境内东部村庄发生蝗灾，致使灾民四出。 ⋯⋯《西青区志》

（静海）蝗灾。 ⋯⋯⋯⋯⋯⋯⋯⋯⋯⋯⋯⋯⋯⋯⋯《静海县志》

139. 民国二十一年（1932 年）

（静海）蝗灾。 ⋯⋯⋯⋯⋯⋯⋯⋯⋯⋯⋯⋯⋯⋯⋯《静海县志》

140. 民国二十二年（1933 年）

天津、静海蝗灾。 ⋯⋯⋯⋯⋯⋯⋯⋯⋯《中国历代蝗患之记载》

（静海）蝗灾。 ⋯⋯⋯⋯⋯⋯⋯⋯⋯⋯⋯⋯⋯⋯⋯《静海县志》

141. 民国二十三年（1934 年）

武清蝗灾。 ⋯⋯⋯⋯⋯⋯⋯⋯⋯⋯《中国历代蝗患之记载》

（武清）蝗灾。 ⋯⋯⋯⋯⋯⋯⋯⋯⋯⋯⋯⋯⋯⋯⋯《武清县志》

142. 民国二十五年（1936 年）

六月，（津南）发生蝗灾。 ⋯⋯⋯⋯⋯⋯⋯⋯⋯⋯《津南区志》

143. 民国二十八年（1939 年）

（宁河）蝗蝻。 ⋯⋯⋯⋯⋯⋯⋯⋯⋯⋯⋯⋯⋯⋯⋯《宁河县志》

144. 民国二十九年（1940 年）

是年，（西青）张家窝、高村、老君堂等村庄蝗灾甚重，农作物皆被
毁食。 ⋯⋯⋯⋯⋯⋯⋯⋯⋯⋯⋯⋯⋯⋯⋯⋯⋯《西青区志》

八月，（宁河）蝗蝻为害。 ⋯⋯⋯⋯⋯⋯⋯⋯⋯⋯《宁河县志》

145. 民国三十二年（1943 年）

（宁河）蝗灾。 ⋯⋯⋯⋯⋯⋯⋯⋯⋯⋯⋯⋯⋯⋯⋯《宁河县志》

（大港）蝗灾，芦苇、庄稼叶俱被吃光，蝗蝻进村吃糊窗纸，咬掉婴儿
耳朵。 ⋯⋯⋯⋯⋯⋯⋯⋯⋯⋯⋯⋯⋯⋯⋯⋯⋯⋯《大港区志》

146. 民国三十五年（1946 年）

是年，军粮城发生蝗蝻灾，受灾面积 2 000 亩，县政府发动农民消灭蝗蝻
2 500 千克，并以 2 500 千克面粉奖给农民。 ⋯⋯⋯《东丽区志》

147. 民国三十六年（1947 年）

是年，茶淀一带蝗灾，万亩农田受害。 ⋯⋯⋯⋯⋯⋯《汉沽区志》

148. 民国三十七年（1948 年）

（静海）蝗灾，庄稼吃尽。 ⋯⋯⋯⋯⋯⋯⋯⋯⋯⋯《静海县志》

149. 民国三十八年（1949 年）

六月，军粮城北方圆二十公里发现二、三龄蝗蝻。⋯⋯⋯⋯《东丽区志》

六月，（宁河）七里海①南一带方圆三十余公里发生蝗虫，捕蝗三万余千克。

⋯⋯⋯⋯⋯⋯⋯⋯⋯⋯⋯⋯⋯⋯⋯⋯⋯⋯⋯⋯⋯《宁河县志》

---

① 七里海：洼地名，分布在今天津市海河西岸、宁河区西南。

第十一章
湖北省历史蝗灾

一、唐前时期蝗灾

1. 东汉永元四年（92年）

（武昌）旱蝗。 ································· 康熙《武昌府志》

（咸宁）旱蝗。 ································· 同治《咸宁县志》

（德安府）旱蝗。 ······························ 光绪《德安府志》

（安陆）旱蝗。 ································· 道光《安陆县志》

二、唐代蝗灾

2. 唐开元九年（721年）

江夏[①]飞蝗害稼。 ····················《中国历代天灾人祸表》

3. 唐兴元元年（784年）

（应山[②]）飞蝗遍地，吃尽草木，大饥。 ··········《应山县志》

4. 唐会昌元年（841年）

七月，山南[③]等州蝗。 ·················· 民国《湖北通志》

---

① 江夏：旧县名，治所在今湖北武昌。
② 应山：旧县名，1988年改名今湖北广水市。
③ 山南：唐方镇名，治所在今湖北襄阳市襄州区。

5. 唐咸通九年（868 年）

　　江夏飞蝗害稼。 ···《唐会要》

6. 唐光启元年（885 年）

　　二月，荆、襄①仍岁蝗，斗米三十千，人相食。 ······《中国历代天灾人祸表》

7. 唐光启二年（886 年）

　　五月，荆南、襄阳仍岁蝗旱，米斗三十千，人多相食。

　　···《旧唐书·僖宗本纪》

　　荆、襄蝗，米斗钱三千，人相食。 ····················《新唐书·五行志》

　　荆、襄蝗，大饥，斗米三千钱，人相食。 ········民国《湖北通志》

　　荆、襄蝗，斗米钱三千，人相食。 ············康熙《湖广通志》

　　(襄) 阳蝗，斗米三千，人相食。 ················同治《襄阳县志》

　　荆、襄蝗，斗米钱三千，人相食。 ············光绪《江陵县志》

三、宋代蝗灾

8. 宋太平兴国七年（982 年）

　　五月，峡州②蝗。 ·································民国《湖北通志》

　　五月，(宜昌) 峡州蝗。 ·························同治《宜昌府志》

　　五月，峡州蝗。东湖③蝗。 ·····················同治《东湖县志》

　　五月，峡州蝗。长阳蝗。 ·······················同治《长阳县志》

9. 宋天禧元年（1017 年）

　　二月，荆湖④百三十州军蝗蝻复生，多去岁蛰者。 ·······《宋史·五行志》

　　荆湖蝗蝻复生，多去岁蛰者。 ·······················民国《湖北通志》

　　荆州蝗蝻生。 ·······································康熙《湖广通志》

　　随县蝗蝻为害。 ·······································《随州志》

　　荆湖蝗蝻复生。长阳蝗。 ·························同治《长阳县志》

10. 宋隆兴元年（1163 年）

　　八月，京东大蝗，襄、随尤甚，民为乏食。 ·············《宋史·五行志》

---

① 荆：荆州，今湖北荆州市荆州区；襄：襄州，治所在今湖北襄阳市襄州区。

② 峡州：旧州名，治所在今湖北宜昌。

③ 东湖：旧县名，1912 年改名宜昌县，治所在今湖北宜昌市。

④ 荆湖：宋荆湖北路名，治所在今湖北荆州市荆州区。

八月，（湖北）大蝗，襄、随尤甚，民为乏食。 ………… 民国《湖北通志》

随州蝗，大饥，蕲春螟蝗杀稼。 ……………… 康熙《湖广通志》

秋，（黄梅）螟蝗蔽野，吃尽庄稼。 …………………《黄梅县志》

七月，（随州）蝗。 ……………………………………《随州志》

九月，（襄阳）蝗甚。 ……………………… 同治《襄阳县志》

11. 宋乾道三年（1167 年）

湖北路蝗，振之。 ……………………………《宋史·孝宗本纪》

湖北路蝗。 …………………………………… 民国《湖北通志》

12. 宋淳熙十四年（1187 年）

七月，（兴国①）旱蝗。 ……………………… 光绪《兴国州志》

秋，（阳新）蝗。 ……………………………………《阳新县志》

13. 宋庆元四年（1198 年）

随州旱蝗。 …………………………………… 民国《湖北通志》

随州旱蝗。 ……………………………………………《随州志》

14. 宋嘉定八年（1215 年）

湖北荆州、江陵蝗灾。 …………………《中国历代蝗患之记载》

四月，南郡（江陵）蝗，食禾苗、山林、草木皆尽。 …… 光绪《江陵县志》

四、元代蝗灾

15. 元至元二十九年（1292 年）

夏秋，湖北广济蝗。 ……………………《中国历代蝗患之记载》

16. 元元贞二年（1296 年）

六月，汉阳蝗。 ……………………………… 《元史·成宗本纪》

六月，汉阳蝗。 ……………………………… 民国《湖北通志》

夏六月，汉阳蝗。 …………………………… 同治《续辑汉阳县志》

夏，（汉口）蝗。 …………………………… 民国《夏口县志》

（汉川）蝗。 ………………………………… 同治《汉川县志》

17. 元大德二年（1298 年）

四月，江南属县蝗。 ……………………………《元史·五行志》

---

① 兴国：旧州名，治所在今湖北阳新。

夏，（汉川）蝗。 ···································· 同治《汉川县志》

18. 元大德三年（1299 年）

五月，江陵路旱蝗。十一月，江陵路蝗，并发粟赈之。

································· 《元史·成宗本纪》

湖北荆州、江陵大蝗。 ················ 《中国历代蝗患之记载》

五月，江陵路旱蝗。 ···················· 光绪《江陵县志》

19. 元大德五年（1301 年）

襄阳蝗。 ··························· 《元史·成宗本纪》

（襄阳）蝗。 ······················ 同治《襄阳县志》

襄阳蝗。宜城蝗。 ··················· 同治《宜城县志》

20. 元至大元年（1308 年）

八月，（英山）旱蝗，饥。 ················· 《英山县志》

21. 元皇庆二年（1313 年）

七月，兴国属县蝻，发米赈之。 ·········· 《元史·仁宗本纪》

秋七月，兴国属蝗。 ··················· 民国《湖北通志》

七月，（阳新）蝗。 ··················· 《阳新县志》

22. 元泰定三年（1326 年）

六月，兴国永兴①县蝗。 ·············· 《元史·五行志》

夏秋，湖北兴国蝗灾。 ·············· 《中国历代蝗患之记载》

七月，（阳新）蝗。 ··················· 《阳新县志》

23. 元泰定四年（1327 年）

六月，峡州属县蝗。 ················· 《元史·泰定本纪》

24. 元至顺元年（1330 年）

秋七月，兴国蝗。 ··················· 《元史·文宗本纪》

25. 元至元二年（1336 年）

秋七月，黄州蝗，督民捕之，人日五斗。 ·········· 《元史·顺帝本纪》

七月，黄州蝗。 ····················· 民国《湖北通志》

秋七月，（黄冈）蝗。 ·················· 光绪《黄冈县志》

七月，黄州蝗。 ···················· 民国《麻城县志前编》

---

① 永兴：旧县名，治所在今湖北阳新。

五、明代蝗灾

26. 明成化五年（1469 年）

湖北石门①蝗。 ························《中国历代蝗患之记载》

27. 明正德五年（1510 年）

蒲圻、崇阳蝗。 ························ 民国《湖北通志》

蒲圻蝗食松尽死。 ···················· 康熙《武昌府志》

（蒲圻）蝗食松尽死。 ················· 同治《蒲圻县志》

28. 明正德七年（1512 年）

六月，均州蝗。 ······················ 民国《湖北通志》

六月，（均州）蝗。 ··················· 光绪《均州志》

29. 明正德九年（1514 年）

秋，枣阳蝗，大饥。 ·················· 民国《湖北通志》

秋，枣阳旱蝗害稼。 ·················· 康熙《湖广通志》

秋，（随州）蝗。 ···················· 《随州志》

秋，（枣阳）蝗，大饥。 ·············· 民国《枣阳县志》

30. 明正德十一年（1516 年）

均州蝗。 ···························· 民国《湖北通志》

（均州）蝗。 ························ 光绪《均州志》

31. 明嘉靖五年（1526 年）

兴国蝗。 ···························· 康熙《武昌府志》

（兴国）蝗食禾几尽。 ················ 光绪《兴国州志》

（阳新）蝗食禾几尽。 ················ 《阳新县志》

32. 明嘉靖七年（1528 年）

均州蝗。 ···························· 民国《湖北通志》

秋，（随州）蝗。 ···················· 《随州志》

秋，（枣阳）蝗，大饥，人相食。 ······ 民国《枣阳县志》

（远安）蝗飞蔽日。 ·················· 《远安县志》

---

① 石门：旧镇名，在今湖北南漳县北，明成化年间改石门堡。

33. 明嘉靖八年（1529 年）

德安、咸宁蝗大起。···················· 民国《湖北通志》

飞蝗蔽天，德安蝗大起。··············· 光绪《德安府志》

（咸宁）飞蝗蔽天。···················· 同治《咸宁县志》

秋，（应山）飞蝗蔽天，落地堵塞小河沟。······ 《应山县志》

飞蝗蔽天，德安蝗大起。··············· 道光《安陆县志》

34. 明嘉靖九年（1530 年）

黄陂大蝗。·························· 乾隆《汉阳府志》

35. 明嘉靖十年（1531 年）

麻城蝗杀稼。秋，谷城蝗蝻并生。········· 康熙《湖广通志》

（麻城）蝗自商城来，其飞蔽日，食稻粟立尽。 ····· 民国《麻城县志前编》

秋，（随州）蝗。····················· 《随州志》

秋，（枣阳）蝗。···················· 民国《枣阳县志》

秋，谷城飞蝗蔽天，食稼殆尽。·········· 《谷城县志》

36. 明嘉靖十一年（1532 年）

襄阳、光化、均州蝗。九月，汉川蝗蔽天。······· 民国《湖北通志》

崇阳、襄郡县蝗。···················· 康熙《湖广通志》

崇阳飞蝗蔽天。····················· 康熙《武昌府志》

（汉阳）西北蝗来，蔽天。··············· 乾隆《汉阳府志》

英山向无蝗，忽自北蔽空而来，食禾且尽。········ 同治《六安州志》

（崇阳）蝗飞蔽天，逾月乃止。··········· 同治《崇阳县志》

九月，（汉川）蝗自西北来，蔽天。········· 同治《汉川县志》

（襄阳）蝗。······················· 同治《襄阳县志》

秋，襄阳蝗。谷城蝗。················· 《谷城县志》

（老河口）蝗。····················· 《老河口市志》

（均州）蝗。······················· 光绪《均州志》

37. 明嘉靖十二年（1533 年）

三月，应山蝗生。六月，飞蝗入境。········ 《应山县志》

38. 明嘉靖十三年（1534 年）

枣阳蝗。·························· 民国《湖北通志》

夏，谷城蝗蝻生，害稼。··············· 康熙《湖广通志》

夏，（随州）蝗。···················· 《随州志》

夏，（枣阳）蝗。 ·· 民国《枣阳县志》

39. 明嘉靖十四年（1535 年）

七月，（应城）蝗伤禾稼，岁饥。 ····························《应城县志》

40. 明嘉靖十五年（1536 年）

湖北荆州蝗灾。 ····································《中国历代蝗患之记载》

41. 明嘉靖十八年（1539 年）

安陆蝗。 ·· 民国《湖北通志》

（黄石）蝗。 ··《黄石市志》

（大冶）旱蝗。 ··《大冶县志》

六月，（咸宁）蝗飞弥彰天日。 ····················· 同治《咸宁县志》

（嘉鱼）蝗虫为害。 ··《嘉鱼县志》

（通城）蝗灾。 ··《通城县志》

六月，（德安）飞蝗弥彰天日。 ····················· 光绪《德安府志》

六月，（安陆）飞蝗弥彰天日。 ····················· 道光《安陆县志》

42. 明嘉靖十九年（1540 年）

七月，襄阳蝗。 ····································· 民国《湖北通志》

黄陂大水蝗，襄阳蝗。 ······························· 康熙《湖广通志》

（黄陂）大水蝗。 ··································· 同治《黄陂县志》

夏，英山蝗。 ······································· 同治《六安州志》

七月，（襄阳）蝗。 ································· 同治《襄阳县志》

七月，襄阳蝗。宜城蝗。 ····························· 同治《宜城县志》

43. 明嘉靖二十年（1541 年）

汉川、沔阳、麻城、钟祥、松滋、荆门、广济蝗。 ········ 民国《湖北通志》

沔阳、松滋大蝗。 ··································· 康熙《湖广通志》

八月，（麻城）蝗自光山来，飞声如雷，所过田禾无遗。

··· 民国《麻城县志前编》

（广济）飞蝗蔽日。 ··《广济县志》

（汉川）飞蝗蔽野。 ································· 同治《汉川县志》

松滋大蝗。 ··· 同治《松滋县志》

（天门）飞蝗蔽天。 ································· 道光《天门县志》

（沔阳）大蝗。 ····································· 光绪《沔阳州志》

八月，荆门飞蝗蔽日。 ······························· 乾隆《荆门州志》

44. 明嘉靖三十三年（1554 年）

九月，（麻城）蝗自东山入，无食，自去。 ………… 民国《麻城县志前编》

45. 明嘉靖三十八年（1559 年）

(秭归) 大蝗，伤禾稼，饥。 ……………………………… 《秭归县志》

46. 明嘉靖三十九年（1560 年）

松滋大蝗。 ……………………………………………… 民国《湖北通志》

47. 明嘉靖四十四年（1565 年）

麻城飞蝗蔽日。 ………………………………………… 乾隆《黄州府志》

48. 明嘉靖四十五年（1566 年）

远安雨蝗杀稼。 ………………………………………… 康熙《湖广通志》

49. 明隆庆四年（1570 年）

螟螣害稼。 ……………………………………………… 民国《湖北通志》

50. 明隆庆六年（1572 年）

夏，江夏、江陵、枝江、松滋蝗。 ……………… 民国《湖北通志》

江陵、松滋大水蝗。 …………………………………… 康熙《湖广通志》

江夏蝗。 ………………………………………………… 同治《江夏县志》

(枝江) 蝗虫成灾。 ……………………………………… 《枝江县志》

松滋、江陵大水蝗。 …………………………………… 同治《松滋县志》

江陵蝗。 ………………………………………………… 光绪《江陵县志》

51. 明万历元年（1573 年）

松滋、枝江、长阳、宜都蝗。 ………………………… 民国《湖北通志》

松滋、宜都蝗。 ………………………………………… 康熙《湖广通志》

(长阳) 蝗。 ……………………………………………… 同治《长阳县志》

(宜都) 蝗虫成灾。 ……………………………………… 《宜都县志》

(枝江) 蝗虫成灾。 ……………………………………… 《枝江县志》

松滋、宜都蝗。 ………………………………………… 同治《松滋县志》

52. 明万历二年（1574 年）

夏，江陵蝗。 …………………………………………… 民国《湖北通志》

江陵大水蝗。 …………………………………………… 康熙《湖广通志》

江陵蝗。 ………………………………………………… 光绪《江陵县志》

53. 明万历八年（1580 年）

夏，兴国蝗。 …………………………………………… 民国《湖北通志》

（武昌）蝗。 ·· 康熙《武昌府志》

（兴国）蝗遍野。 ······································ 光绪《兴国州志》

夏，（阳新）蝗虫遍野。 ································ 《阳新县志》

六月，（秭归）飞蝗食禾。 ····························· 《秭归县志》

54. 明万历九年（1581 年）

（黄陂）大水蝗，大饥。 ····················· 同治《黄陂县志》

55. 明万历十二年（1584 年）

以水、旱、蝗灾免湖广各被灾伤地方钱粮。 ········ 《明实录·神宗实录》

56. 明万历十四年（1586 年）

蝗入（应城）境。 ···································· 《应城县志》

57. 明万历十五年（1587 年）

（当阳）蝗虫为害，民不聊生，人食草木。 ··········· 《当阳县志》

58. 明万历四十二年（1614 年）

德安、咸宁、罗田蝗。 ····················· 民国《湖北通志》

罗田蝗食苗，德安蝗入城，岁大祲。 ··········· 康熙《湖广通志》

罗田蝗食苗。 ···························· 乾隆《黄州府志》

（罗田）旱，蝗食苗。 ····················· 光绪《罗田县志》

（咸宁）蝗入城，岁大祲。 ················· 同治《咸宁县志》

德安蝗入城，岁大饥。 ····················· 光绪《德安府志》

德安蝗入城，岁大饥。安陆蝗。 ············· 道光《安陆县志》

蝗入（应城）境。 ···································· 《应城县志》

59. 明万历四十三年（1615 年）

襄阳、黄安、罗田蝗。 ····················· 民国《湖北通志》

黄安蝗。 ······························· 康熙《湖广通志》

黄安蝗。 ······························· 乾隆《黄州府志》

（罗田）蝗。 ···························· 光绪《罗田县志》

（襄阳）蝗害。 ·························· 同治《襄阳县志》

60. 明万历四十四年（1616 年）

襄阳、光化、随州蝗。 ····················· 民国《湖北通志》

襄阳飞蝗食稼。 ·························· 康熙《湖广通志》

八月，（麻城）蝗飞蔽日。 ·············· 民国《麻城县志前编》

八月，（随州）蝗。 ··································· 《随州志》

（襄阳）蝗害。 ……………………………………………… 同治《襄阳县志》

（老河口）飞蝗蔽野，捕之。 ………………………………… 《老河口市志》

八月，（钟祥）蝗飞蔽天，禾稼尽损。 …………………… 民国《钟祥县志》

61. 明万历四十五年（1617年）

汉阳、罗田、黄安、襄阳、谷城、当阳蝗害稼。 ………… 民国《湖北通志》

黄安飞蝗蔽天，襄阳、谷城飞蝗害稼，汉阳蝗。 ………… 康熙《湖广通志》

汉阳飞蝗害稼。 …………………………………………… 乾隆《汉阳府志》

汉阳飞蝗害稼。 ………………………………………… 同治《续辑汉阳县志》

（汉口）飞蝗害稼。 ……………………………………… 民国《夏口县志》

黄安飞蝗害稼。 …………………………………………… 乾隆《黄州府志》

（黄安）大旱，蝗飞蔽天。 ……………………………… 同治《黄安县志》

（罗田）大旱，蝗飞蔽天。 ……………………………… 光绪《罗田县志》

（襄阳）蝗害。 …………………………………………… 同治《襄阳县志》

襄阳、谷城、光化飞蝗害稼。 …………………………………… 《谷城县志》

（老河口）飞蝗害稼。 …………………………………………… 《老河口市志》

（当阳）旱，蝗虫食尽禾苗，民大饥。 ………………………… 《当阳县志》

（秭归）旱，蝗食禾稼尽。 ……………………………………… 《秭归县志》

（天门）大旱，蝗虫蔽野。 ……………………………… 道光《天门县志》

62. 明万历四十六年（1618年）

黄州、汉阳蝗。 …………………………………………… 民国《湖北通志》

黄安蝗复为灾，汉阳蝗。 ………………………………… 康熙《湖广通志》

汉阳蝗。 …………………………………………………… 乾隆《汉阳府志》

黄州、汉阳蝗复为害。 ………………………………… 同治《续辑汉阳县志》

（汉口）蝗复为害。 ……………………………………… 民国《夏口县志》

黄安蝗复为灾。 …………………………………………… 乾隆《黄州府志》

（黄安）蝗复为灾。 ……………………………………… 同治《黄安县志》

（罗田）蝗复为灾。 ……………………………………… 光绪《罗田县志》

63. 明万历四十七年（1619年）

（秭归）蝗飞蔽天。 ……………………………………………… 《秭归县志》

（远安）蝗飞蔽天。 ……………………………………………… 《远安县志》

64. 明崇祯七年（1634年）

通城蝗。 …………………………………………………… 民国《湖北通志》

（通城）蝗。　‥‥‥‥‥‥‥‥‥‥‥‥‥‥‥‥‥ 同治《通城县志》

随州蝗。　‥‥‥‥‥‥‥‥‥‥‥‥‥‥‥‥‥‥‥‥‥《随州志》

65. 明崇祯八年（1635 年）

春，通城蝗。　‥‥‥‥‥‥‥‥‥‥‥‥‥‥‥ 民国《湖北通志》

（通城）蝗。　‥‥‥‥‥‥‥‥‥‥‥‥‥‥‥‥‥ 同治《通城县志》

66. 明崇祯九年（1636 年）

八月，通城、钟祥蝗，野草俱尽。　‥‥‥‥‥‥ 民国《湖北通志》

八月，钟祥蝗。　‥‥‥‥‥‥‥‥‥‥‥‥‥‥ 康熙《湖广通志》

孝感螟螣俱盛。　‥‥‥‥‥‥‥‥‥‥‥‥‥‥ 乾隆《汉阳府志》

（麻城）蝗飞蔽日，林数遍集。　‥‥‥‥‥ 民国《麻城县志前编》

（通城）蝗。　‥‥‥‥‥‥‥‥‥‥‥‥‥‥‥‥‥ 同治《通城县志》

（孝感）螟螣皆备。　‥‥‥‥‥‥‥‥‥‥‥‥ 光绪《孝感县志》

秋八月，（钟祥）蝗虫遍野，野草俱尽。　‥‥‥ 民国《钟祥县志》

67. 明崇祯十年（1637 年）

五月，钟祥蝝生遍野，害稼。　‥‥‥‥‥‥‥ 民国《湖北通志》

孝感螟螣俱盛。　‥‥‥‥‥‥‥‥‥‥‥‥‥‥ 乾隆《汉阳府志》

（孝感）螟螣皆备。　‥‥‥‥‥‥‥‥‥‥‥‥ 光绪《孝感县志》

夏五月，（钟祥）蝝渡河，入民居，遍野害稼。　‥‥‥‥‥ 民国《钟祥县志》

68. 明崇祯十一年（1638 年）

六月，罗田蝗。　‥‥‥‥‥‥‥‥‥‥‥‥‥‥ 民国《湖北通志》

七月，（武昌）有蝗，大冶禾棉俱尽。　‥‥‥‥ 康熙《武昌府志》

六月，（罗田）蝗，野无青草。　‥‥‥‥‥‥‥ 光绪《罗田县志》

（黄石）蝗飞蔽天，自西南来，凡七日，向东去。　‥‥‥《黄石市志》

（大冶）蝗飞蔽天，自西南来，稻、棉叶俱尽。　‥‥‥‥《大冶县志》

69. 明崇祯十二年（1639 年）

夏，江陵、钟祥旱蝗。　‥‥‥‥‥‥‥‥‥‥‥ 民国《湖北通志》

（远安）蝗虫。　‥‥‥‥‥‥‥‥‥‥‥‥‥‥‥‥‥《远安县志》

（江陵）南北飞蝗蔽日。　‥‥‥‥‥‥‥‥‥‥ 光绪《江陵县志》

70. 明崇祯十三年（1640 年）

七月，武昌蝗自北而南，食八乡田禾俱尽；蒲圻、枣阳远近亦蝗。

‥‥‥‥‥‥‥‥‥‥‥‥‥‥‥‥‥‥‥‥‥ 民国《湖北通志》

四月，（武昌）蝗飞蔽天。　‥‥‥‥‥‥‥‥‥ 康熙《武昌府志》

四月，（江夏）蝗飞蔽天。 ················· 同治《江夏县志》

七月，（武昌）蝗食禾及竹木叶尽。 ············ 光绪《武昌县志》

（黄安）蝗，大饥。 ··················· 同治《黄安县志》

是年，（麻城）大旱蝗。 ·············· 民国《麻城县志前编》

夏旱，（英山）蝗飞蔽天，草根、树皮俱尽。 ········ 《英山县志》

（蕲水）蝗。 ····················· 光绪《蕲水县志》

秋，（随州）蝗。 ······················ 《随州志》

（枣阳）旱，蝗蝝并作，食苗殆尽。 ·········· 民国《枣阳县志》

（当阳）旱，蝗飞蔽天，民大饥。 ············· 《当阳县志》

八月，（秭归）蝗飞蔽日。 ················· 《秭归县志》

八月，（远安）蝗虫。 ··················· 《远安县志》

71. 明崇祯十四年（1641 年）

六月，湖广旱蝗。 ·············· 《明史·庄烈帝纪》

四月，湖北飞蝗入境，飞蔽天。八月，沔阳、钟祥、京山大蝗。

·························· 康熙《湖广通志》

秋，襄阳、荆门蝗，蕲春、黄安等处蝗飞蔽天。 ······· 民国《湖北通志》

汉阳蝗飞蔽天，大饥；孝感蝗遍入宅及釜灶。 ······· 乾隆《汉阳府志》

（汉阳）蝗飞蔽天，民大饥。 ·········· 同治《续辑汉阳县志》

（汉口）飞蝗蔽天，民大饥。 ············· 民国《夏口县志》

六月，（新洲）飞蝗食苗，阴影蔽天。 ·········· 《新洲县志》

黄州郡县蝗，大饥，人相食。 ············ 乾隆《黄州府志》

夏六月，（黄冈）飞蝗食苗尽。 ··········· 光绪《黄冈县志》

（黄安）蝗。民谣云：草无实，树无皮，宰却耕牛罢却犁，辜负蝗虫来盛意，

可怜枵腹过黄陂。 ·············· 同治《黄安县志》

（麻城）大旱蝗。 ················ 民国《麻城县志前编》

夏旱，（英山）蝗害，饥。 ················ 《英山县志》

（罗田）蝗自北来，蔽天，人相食。 ·········· 光绪《罗田县志》

蕲、黄等处飞蝗蔽天。 ·············· 光绪《蕲州志》

蝗入（咸宁）城，岁大祲。 ············· 同治《咸宁县志》

秋，（蒲圻）蝗飞蔽天，所过禾粟一空。 ········ 同治《蒲圻县志》

（孝感）蝗，遍入民宅及釜灶。 ··········· 光绪《孝感县志》

蝗入（德安）城，女墙为满，岁大祲。 ········ 光绪《德安府志》

蝗入（安陆）城，女墙为满，岁大祲。 …………………… 道光《安陆县志》

夏，飞蝗入（应城）境。 …………………………………… 《应城县志》

夏，（汉川）旱蝗。 …………………………………… 同治《汉川县志》

秋，（襄阳）蝗飞蔽日。 …………………………………… 同治《襄阳县志》

秋，襄阳蝗飞蔽日。谷城蝗。 ……………………………… 《谷城县志》

秋，（长阳）蝗飞蔽日，经旬不停，小蝗复起，食禾苗尽，民多殍死。

　　　　…………………………………………………… 同治《长阳县志》

秋，（宜都）蝗飞蔽日，经旬不停，后小蝗复起，禾苗食尽。

　　　　…………………………………………………………… 《宜都县志》

六至九月，（枝江）蝗虫成灾，禾苗食尽。 ……………… 《枝江县志》

秋，（秭归）蝗飞蔽日，经旬不停，小蝗复起，食禾殆尽，民殍死。

　　　　…………………………………………………………… 《秭归县志》

夏，（天门）旱蝗。 …………………………………… 道光《天门县志》

夏五月，（沔阳）旱蝗。 …………………………………… 光绪《沔阳州志》

夏秋间，（荆门）蝗蝻食禾，蔽空而南，大饥。 ………… 乾隆《荆门州志》

秋，（京山）蝗蝻为灾，民食树皮、草根。 …………… 光绪《京山县志》

72. 明崇祯十五年（1642 年）

黄州郡县蝗。 …………………………………………… 民国《湖北通志》

黄州郡县蝗，大饥。 …………………………………… 康熙《湖广通志》

（武昌）虫螟生。 …………………………………… 光绪《武昌县志》

黄州郡县蝗，大饥。 …………………………………… 同治《黄陂县志》

黄州郡县蝗，大饥。 …………………………………… 同治《黄安县志》

（黄石）蝗，疫。 …………………………………………… 《黄石市志》

（大冶）旱蝗。 …………………………………………… 《大冶县志》

（兴国）飞蝗蔽天。 …………………………………… 光绪《兴国州志》

（阳新）飞蝗蔽天。 …………………………………………… 《阳新县志》

73. 明崇祯十六年（1643 年）

夏，通城、公安旱蝗。 …………………………………… 民国《湖北通志》

（通城）蝗灾。 …………………………………………… 《通城县志》

（公安）旱蝗，蔽日无光。 …………………………… 同治《公安县志》

六、清代蝗灾

74. 清顺治三年（1646 年）

宜城螟生，飞蝗害稼，岁大无。 ················· 民国《湖北通志》

四月，（宜城）螟起，飞蝗害稼。 ················· 同治《宜城县志》

75. 清顺治四年（1647 年）

春，宜城蝗螟又作，饥殍横野。 ················· 民国《湖北通志》

（宜城）蝗螟又作，殍横于野。 ················· 同治《宜城县志》

76. 清顺治十一年（1654 年）

湖广天门蝗。 ··············· 《中国历代天灾人祸表》

77. 清顺治十七年（1660 年）

湖北广济飞蝗蔽天，害稼。 ········· 《中国历代蝗患之记载》

78. 清康熙三年（1664 年）

湖北石首等三县蝗害稼，免租税。 ····· 《中国历代蝗患之记载》

79. 清康熙六年（1667 年）

六月，英山蝗起。 ················· 同治《六安州志》

（麻城）螽害稼。 ··············· 民国《麻城县志前编》

80. 清康熙十一年（1672 年）

（罗田）旱，蝗螟遍生。 ·············· 光绪《罗田县志》

81. 清康熙十六年（1677 年）

三月，（宜城）飞蝗蔽日。 ············· 民国《湖北通志》

三月，（宜城）黄宪塚、高观铺螟生数十亩。四月，蝗飞蔽日，不为灾。

··············· 同治《宜城县志》

82. 清康熙二十二年（1683 年）

（郧西）有螣。 ··············· 民国《郧西县志》

83. 清康熙二十四年（1685 年）

（当阳）蝗虫为害。 ················· 《当阳县志》

84. 清康熙三十年（1691 年）

（孝感）白、郭二乡多蝗。 ············· 光绪《孝感县志》

85. 清康熙三十五年（1696 年）

郧西有螽。 ··················· 民国《湖北通志》

(郧西)有螽。 ··· 民国《郧西县志》

86. 清康熙四十三年（1704 年）

五月，江夏旱螽。 ····································· 民国《湖北通志》

夏五月，（江夏）旱螽。 ···················· 同治《江夏县志》

87. 清康熙五十八年（1719 年）

南漳蝗。 ·· 民国《湖北通志》

南漳螽。 ·· 民国《南漳县志》

88. 清雍正八年（1730 年）

黄冈有蝗，官扑灭之。 ····················· 光绪《黄冈县志》

89. 清乾隆二年（1737 年）

武昌蝗。 ·· 民国《湖北通志》

武昌蝗，有司捕之尽。 ····················· 光绪《武昌县志》

秋，汉阳蝗，不为灾。 ····················· 乾隆《汉阳府志》

（大冶）蝗。 ··· 《大冶县志》

90. 清乾隆三十年（1765 年）

三月，黄安蝗。 ··························· 《清史稿·灾异志》

夏，飞蝗屡入（黄安）境，扑灭之。 ············· 同治《黄安县志》

91. 清乾隆三十五年（1770 年）

七月，（麻城）县东北飞蝗入境，官民力捕，患遂息。

··· 民国《麻城县志前编》

秋，（罗田）蝗，不为灾。 ··················· 光绪《罗田县志》

92. 清乾隆四十三年（1778 年）

三月，黄安旱蝗。九月，武昌蝗，江夏县、潜江大旱蝗。

··· 《清史稿·灾异志》

六月，江夏、汉川、潜江蝗。 ············· 民国《湖北通志》

（江夏）大旱蝗。 ·························· 同治《江夏县志》

飞蝗入（黄安）境。 ························ 同治《黄安县志》

秋，（汉川）大旱，飞蝗蔽野。 ··········· 同治《汉川县志》

93. 清乾隆五十一年（1786 年）

五月、七月，房县、宜城、枣阳旱蝗，罗田、麻城大旱蝗。

··· 《清史稿·灾异志》

罗田蝗。 ·· 民国《湖北通志》

（罗田）蝗。 ·· 光绪《罗田县志》

八月，（麻城）飞蝗弥空，半月乃止。 ·········· 民国《麻城县志前编》

七月，（随州）蝗飞蔽日。 ·························· 《随州志》

秋，（宜城）飞蝗蔽天，禾苗全尽。 ·········· 同治《宜城县志》

秋七月，（枣阳）飞蝗蔽日，·················· 民国《枣阳县志》

七月，（谷城）蝗，大饥。 ·························· 《谷城县志》

闰七月，（房县）蝗自谷城来，遮天蔽野，所过成空，大雨，蝗皆附草木死。
房自古无蝗，自是始见。 ························ 同治《房县志》

秋，（当阳）蝗食禾苗殆尽。 ····················· 《当阳县志》

94. 清乾隆五十二年（1787年）

四月，麻城蝗，积地寸许。七月，黄冈、宜都、麻城、罗田、荆门州蝗。
·· 《清史稿·灾异志》

房县蝗蝻大起，食麦苗几尽，严捕之。五月，蝗飞蔽空，罗田、荆州皆蝗，
不为灾。 ···································· 民国《湖北通志》

黄冈、罗田、麻城蝗，不为灾。 ·············· 光绪《黄州府志》

春，（黄冈）东乡蝗，有雀千万食之。 ·········· 光绪《黄冈县志》

四月，（麻城）飞蝗蔽野，集地厚寸许，旋毙。 ····· 民国《麻城县志前编》

春，（罗田）蝗蝻生。秋，蝗，不为灾。 ········ 光绪《罗田县志》

春，（房县）遗蝻大起，数倍于前，食麦苗几尽，知县募民严捕之。五月，
蝗蔽空向东飞去。 ·························· 同治《房县志》

七月，（宜都）蝗。 ································ 《宜都县志》

95. 清嘉庆二年（1797年）

七月，（黄梅）蝗灾。 ···························· 《黄梅县志》

96. 清道光元年（1821年）

夏，（黄梅）蝗虫繁殖。 ·························· 《黄梅县志》

97. 清道光七年（1827年）

秋，（应山）蝗。 ································ 《应山县志》

98. 清道光八年（1828年）

七月，（随州）蝗。 ······························ 《随州志》

秋七月，（枣阳）蝻腾害稼。 ····················· 民国《枣阳县志》

99. 清道光十年（1830年）

江陵蝗。 ···································· 民国《湖北通志》

100. 清道光十一年（1831 年）

江陵复蝗。 ……………………………………………………… 民国《湖北通志》

101. 清道光十二年（1832 年）

八月，宜昌、长阳蝗，食禾稼殆尽。 …………………… 民国《湖北通志》

八月，（宜昌）蝗飞过西坝，食禾稼殆尽。 ………………… 同治《宜昌府志》

八月，（东湖）蝗飞过西坝，食禾稼殆尽。 ………………… 同治《东湖县志》

（长阳）蝗。 ……………………………………………………… 同治《长阳县志》

（秭归）蝗为灾。 ………………………………………………… 《秭归县志》

102. 清道光十三年（1833 年）

秋，施恩、黄冈、郧县螟蝗害稼。 ……………………… 民国《湖北通志》

（黄石）蝗。 ……………………………………………………… 《黄石市志》

（大冶）蝗。 ……………………………………………………… 《大冶县志》

秋，（郧西）蝗为害。 …………………………………………… 《郧西县志》

103. 清道光十四年（1834 年）

五月，潜江、枣阳旱蝗，云梦旱蝗。 ……………………… 《清史稿·灾异志》

夏，随州蝗。 …………………………………………………… 民国《湖北通志》

（随州）旱蝗。 …………………………………………………… 《随州志》

（枣阳）旱蝗。 ………………………………………………… 民国《枣阳县志》

（京山）蝗。 …………………………………………………… 光绪《京山县志》

104. 清道光十五年（1835 年）

春，黄安、黄冈、罗田、江陵、公安、石首、松滋大旱蝗。五月，均州、
光化蝗。七月，谷城、应城蝗。八月，安陆、武昌、咸宁、崇阳蝗，黄
陂、汉阳大旱蝗。 …………………………………………… 《清史稿·灾异志》

谷城蝗飞蔽天；七月，沔阳蝗。 …………………………… 民国《湖北通志》

（武昌）大旱蝗。 ……………………………………………… 光绪《武昌县志》

汉阳蝗。 ……………………………………………………… 同治《续辑汉阳县志》

（汉口）蝗。 …………………………………………………… 民国《夏口县志》

（黄陂）大旱，蝗蔽日。 ……………………………………… 同治《黄陂县志》

（黄州）大旱蝗，岁大饥。 …………………………………… 光绪《黄州府志》

（黄冈）旱蝗。 ………………………………………………… 光绪《黄冈县志》

六月，（黄安）飞蝗蔽野，食禾，募民捕之。 ……………… 同治《黄安县志》

（麻城）旱蝗。 ……………………………………………… 民国《麻城县志前编》

（英山）飞蝗蔽空而来，遗子入地。 ·········《英山县志》

秋，（罗田）蝗蔽空，邑令率居民扑灭。 ·········光绪《罗田县志》

（广济）旱，飞蝗蔽日，竹叶被吃光。 ·········《广济县志》

（黄梅）旱，飞蝗蔽天，所到植物叶吃光。 ·········《黄梅县志》

（蕲州）大旱蝗。 ·········光绪《蕲州志》

（黄石）蝗虫。 ·········《黄石市志》

（大冶）蝗虫。 ·········《大冶县志》

夏，（咸宁）旱蝗，大饥。 ·········同治《咸宁县志》

（崇阳）旱，飞蝗入境，知县率众捕之。 ·········同治《崇阳县志》

（随州）大旱蝗。 ·········《随州志》

夏，（德安府）蝗，不为灾。秋，蝗。 ·········光绪《德安府志》

夏，（安陆）蝗，不为灾。 ·········道光《安陆县志》

秋，（应城）蝗。 ·········《应城县志》

是年，（云梦）水、旱、蝗兼有。 ·········道光《云梦县志》

夏，汉川旱蝗。 ·········同治《汉川县志》

七月，（谷城）蝗飞蔽天，禾苗一过乌有。 ·········《谷城县志》

四月，（老河口）蝗。七月，又蝗，西乡更甚。 ·········《老河口市志》

秋，蝗入（均州）境，无禾。 ·········光绪《均州志》

（当阳）蝗虫为害。 ·········《当阳县志》

（远安）飞蝗蔽日。 ·········《远安县志》

（公安）大旱，飞蝗蔽天，害稼殆尽。 ·········同治《公安县志》

夏，（松滋）大旱蝗。 ·········同治《松滋县志》

（石首）大旱，蝗灾。 ·········《石首县志》

（监利）大旱，飞蝗蔽天。 ·········同治《监利县志》

五月，（天门）蝗蝻成灾。七月，飞蝗遍野。 ·········《天门县志》

秋七月，（江陵）蝗。 ·········光绪《江陵县志》

秋七月，（沔阳）蝗飞蔽天，有啮小儿死者。 ·········光绪《沔阳州志》

是年，（钟祥）大旱，蝗飞蔽天。 ·········民国《钟祥县志》

105. 清道光十六年（1836 年）

夏，宜都、黄冈、随州、钟祥旱蝗。七月，谷城、郧县、郧西蝗。

·········《清史稿·灾异志》

春，宜都、谷城、郧县、郧西蝗。 ·········民国《湖北通志》

（武昌）蝗，不为灾。 ………………………………………… 光绪《武昌县志》

（黄冈）蝗。 …………………………………………………… 光绪《黄冈县志》

春，（英山）蝗蝻遍生，捕之。 ……………………………………… 《英山县志》

（随州）旱蝗。 ………………………………………………………… 《随州志》

夏旱，（襄阳）蝗害稼。 ……………………………………… 同治《襄阳县志》

春，谷城、郧县飞蝗食麦，县令捐俸捕蝗，购蝗四千五百担，扑灭之。

　　　…………………………………………………………………… 《谷城县志》

春，（均州）蝗复为灾，食麦苗殆尽，督民捕而蒸之。 …… 光绪《均州志》

夏六月，（郧县）蝗飞蔽日，知县率民捕之。 ……………… 同治《郧县志》

（郧西）旱蝗，大饥。 ……………………………………… 民国《郧西县志》

夏，（宜都）蝗食苗尽。 ……………………………………………… 《宜都县志》

秋七月，（钟祥）蝗飞蔽日，野草俱尽。 …………………… 民国《钟祥县志》

106. 清道光十七年 （1837 年）

郧县旱蝗。 …………………………………………………… 民国《湖北通志》

秋，（郧县）旱蝗。 …………………………………………… 同治《郧县志》

107. 清道光十八年 （1838 年）

夏，郧县蝗，应山大旱蝗。 ………………………………… 《清史稿·灾异志》

夏，潜江蝗入郧县境。 ……………………………………… 民国《湖北通志》

秋，（应山）飞蝗蔽日，扑灭之。 …………………………………… 《应山县志》

秋，（德安）蝗蔽日，赴乡督捕。 ………………………… 光绪《德安府志》

夏，蝗蝻入（郧县）境。 …………………………………… 同治《郧县志》

108. 清道光十九年 （1839 年）

九月，应山蝗。 ……………………………………………… 《清史稿·灾异志》

（应山）县令民挖掘蝗卵，设局定价收买。 ………………………… 《应山县志》

109. 清道光二十三年 （1843 年）

三月，郧西旱蝗。 …………………………………………… 《清史稿·灾异志》

七月，郧县、房县、郧西旱，蝗食稼。 …………………… 民国《湖北通志》

七月，（房县）螣生，食禾稻叶几尽。 …………………… 同治《房县志》

八月，（郧西）蝗虫。 ………………………………………………… 《郧西县志》

110. 清道光二十五年 （1845 年）

七月，光化、麻城蝗。 ……………………………………… 《清史稿·灾异志》

七月，光化飞蝗蔽天。 ……………………………………… 民国《湖北通志》

（麻城）蝗。 ………………………………………… 光绪《黄州府志》

麻城蝗。 ………………………………………… 民国《麻城县志前编》

七月，（老河口）飞蝗蔽天。 ………………………………… 《老河口市志》

111. 清道光二十六年（1846 年）

春，（麻城）收挖蝗子。秋，蝗仍炽，率众捕之。 …… 民国《麻城县志前编》

112. 清道光二十七年（1847 年）

夏，应城蝻生。 ………………………………………… 《清史稿·灾异志》

春，应城蝗蝻生，知县祷于刘猛将军祠。 …………… 光绪《德安府志》

四月，（应城）湖泽生蝗蝻，未几大雨，蝗尽死。 ……… 《应城县志》

113. 清咸丰三年（1853 年）

八月，（郧西）旱蝗。 ……………………………………… 民国《郧西县志》

114. 清咸丰五年（1855 年）

八月旱，（随州）飞蝗蔽日。 …………………………………… 《随州志》

（宜昌）旱蝗。 ………………………………………… 同治《宜昌府志》

（东湖）旱蝗。 ………………………………………… 同治《东湖县志》

（长阳）大旱蝗。 ……………………………………… 同治《长阳县志》

（松滋）旱蝗。 ………………………………………… 同治《松滋县志》

115. 清咸丰六年（1856 年）

六月，光化、江陵旱蝗，宜昌飞蝗蔽天，松滋蝗。 …… 《清史稿·灾异志》

九月，光化旱蝗。 ……………………………………… 民国《湖北通志》

（武昌）大旱蝗。 ……………………………………… 光绪《武昌县志》

（鄂州）旱，飞蝗过境。 …………………………………… 《鄂州市志》

秋，（通山）蝗。 ……………………………………… 同治《通山县志》

夏秋间，（德安）蝗飞障日。 …………………………… 光绪《德安府志》

夏，（应城）大旱蝗。 ……………………………………… 《应城县志》

（光化）蝗。 …………………………………………… 光绪《光化县志》

秋，（宜昌府）飞蝗蔽日。 ……………………………… 同治《宜昌府志》

秋，（东湖）飞蝗蔽日。 ………………………………… 同治《东湖县志》

（松滋）旱蝗。 ………………………………………… 同治《松滋县志》

（监利）旱蝗。 ………………………………………… 同治《监利县志》

（天门）稻蝗为害。 ………………………………………… 《天门县志》

七月，（江陵）蝗。 …………………………………… 光绪《江陵县志》

秋九月，（沔阳）蝗。 ························· 光绪《沔阳州志》

（钟祥）大旱，飞蝗蔽天。 ····················· 民国《钟祥县志》

（京山）大旱蝗。 ··························· 光绪《京山县志》

116. 清咸丰七年（1857 年）

春，武昌飞蝗蔽天，枣阳、房县、郧西、枝江、松滋旱蝗，宜都有蝗长三寸余。秋，咸宁、汉阳、宜昌、归州、松滋、江陵、枝江、宜都、黄安、蕲水、黄冈、随州蝗；应山蝗，落城厚尺许，未伤禾；钟祥飞蝗蔽天，亘数十里；潜江蝗。 ···················· 《清史稿·灾异志》

江陵、枝江、松滋、宜都、黄冈、麻城、蕲水、郧西、房县、枣阳旱蝗。

···································· 民国《湖北通志》

五月，（武昌）飞蝗蔽天。 ····················· 光绪《武昌县志》

汉阳飞蝗蔽日。 ························· 同治《续辑汉阳县志》

（汉口）飞蝗蔽日。 ························· 民国《夏口县志》

秋，黄冈、麻城、蕲水蝗。 ····················· 光绪《黄州府志》

秋，蝗入（黄冈）境。 ······················· 光绪《黄冈县志》

八月，飞蝗入（黄安）境，蔽日无光，未伤禾。 ········ 同治《黄安县志》

秋，（麻城）有蝗自北来，禾尽伤。 ··············· 民国《麻城县志前编》

秋，（罗田）有蝗，不为灾。 ···················· 光绪《罗田县志》

夏，（蕲州）蝗。 ··························· 光绪《蕲州志》

夏秋，（蕲水）旱蝗。 ······················· 光绪《蕲水县志》

五月，（鄂州）飞蝗蔽天。 ····················· 《鄂州市志》

夏，（黄石）蝗飞蔽天。 ····················· 《黄石市志》

（大冶）蝗飞蔽天。 ························· 《大冶县志》

（咸宁）蝗自东北飞来，蔽日遮天。 ··············· 同治《咸宁县志》

八月，（通城）飞蝗过境，蔽日，不为灾。 ··········· 同治《通城县志》

七月，蝗自崇阳大至（通山），谷未收者尽食。 ········· 同治《通山县志》

八月，（随州）飞蝗蔽日。 ····················· 《随州志》

（应山）蝗虫从北来，落地厚尺余，未伤稼。 ·········· 《应山县志》

闰五月，德安蝗，不为灾。 ····················· 光绪《德安府志》

五月，（应城）飞蝗自东而西。 ·················· 《应城县志》

夏，（枣阳）飞蝗蔽天。 ····················· 民国《枣阳县志》

五月，（房县）蝗害稼。 ····················· 同治《房县志》

夏，(郧西) 蝗为害。秋，蝗虫啃光禾苗。 ·············《郧西县志》

七月，(宜昌) 飞蝗蔽日，颇伤禾稼。 ·········· 同治《宜昌府志》

(当阳) 蝗虫为害，无收。 ··················《当阳县志》

七月，(东湖) 飞蝗蔽日，颇伤禾稼。 ·········· 同治《东湖县志》

夏，(宜都) 有蝗。秋，复蝗。 ···············《宜都县志》

(枝江) 蝗，督捕之，禾未被害。 ··············《枝江县志》

(松滋) 旱蝗，入乡民田食禾至尽。 ·········· 同治《松滋县志》

秋，(归州) 飞蝗至。 ·················· 光绪《归州志》

秋，(秭归) 飞蝗至。 ····················《秭归县志》

夏旱，(石首) 飞蝗蔽天。 ·················《石首县志》

(天门) 稻蝗为害。 ·····················《天门县志》

(江陵) 蝗。 ······················ 光绪《江陵县志》

夏，(沔阳) 旱蝗。 ··················· 光绪《沔阳州志》

秋七月，(钟祥) 飞蝗蔽天。 ············· 民国《钟祥县志》

117. 清咸丰八年（1858年）

六月，均州、宜城蝗害稼，应城飞蝗蔽天，房县、保康蝗害稼。秋，归州
蝻子生。十月，黄陂、汉阳蝗。十一月，宜都、松滋蝗。

·························《清史稿·灾异志》

三月，黄梅蝗。夏，宜城、松滋、保康蝗害稼。 ········ 民国《湖北通志》

汉阳蝗。 ··················· 同治《续辑汉阳县志》

(汉口) 蝗。 ····················· 民国《夏口县志》

(黄陂) 蝗，不为灾。 ················· 同治《黄陂县志》

秋，(黄安) 屡见飞蝗。 ··············· 同治《黄安县志》

春，(罗田) 遍地生蝗，邑令扑灭之。 ········· 光绪《罗田县志》

春，(黄梅) 蝗虫害稼。 ··················《黄梅县志》

夏，(蕲州) 蝗。 ··················· 光绪《蕲州志》

七月，(应山) 飞蝗蔽天，过几昼夜。 ············《应山县志》

(保康) 飞蝗食禾。 ················· 同治《保康县志》

(宜城) 蝗害稼。 ·················· 同治《宜城县志》

七月，(谷城) 飞蝗过境。 ·················《谷城县志》

秋八月，(均州) 蝗害稼。 ··············· 光绪《均州志》

春，(房县) 蝗生，不数日而尽。 ··········· 同治《房县志》

秋，（竹溪）飞蝗蔽日。 ······《竹溪县志》

（长阳）大旱蝗。 ······ 同治《长阳县志》

春，（归州）遗蝗生，捕之，不为害。 ······ 光绪《归州志》

八月，（宜都）有蝗，晚稻受灾。 ······《宜都县志》

秋，（兴山）蝗。 ······《兴山县志》

（松滋）旱蝗。 ······ 同治《松滋县志》

（天门）稻蝗为害。 ······《天门县志》

六月旱，（钟祥）蝗飞蔽日。 ······ 民国《钟祥县志》

118. 清咸丰九年 （1859 年）

春，（麻城）有蝗，逮之。 ······ 民国《麻城县志前编》

夏，（汉川）旱蝗。 ······ 同治《汉川县志》

（宜城）遗蝻复生。 ······ 同治《宜城县志》

（松滋）邻县俱蝗，有飞入境者自毙。 ······ 同治《松滋县志》

119. 清咸丰十年 （1860 年）

六月，枣阳、房县蝗。 ······《清史稿·灾异志》

秋，（罗田）有蝗，不为灾。 ······ 光绪《罗田县志》

春，（房县）蝗生，月余忽有山麻雀无数啄之，蝗乃尽。······ 同治《房县志》

夏秋，（远安）飞蝗蔽日。 ······《远安县志》

120. 清咸丰十一年 （1861 年）

方大湜革职留任，调署襄阳，飞蝗遍野，大湜跣屬持竿，躬率农民扑捕，
三日而尽。 ······《清史稿·方大湜传》

（罗田）蝻子遍地，扑灭之。 ······ 光绪《罗田县志》

121. 清同治元年 （1862 年）

六月，（武昌）蝗，不为灾。 ······ 光绪《武昌县志》

夏六月，（黄冈）蝗，不为灾。 ······ 光绪《黄冈县志》

七月，（随州）蝗。 ······《随州志》

（保康）蝗虫过境，不为灾。 ······ 同治《保康县志》

秋七月，（枣阳）有蝗。 ······ 民国《枣阳县志》

蝗入（均州）境，伤禾。 ······ 光绪《均州志》

秋，（房县）城南境蝗生。 ······ 同治《房县志》

秋七月，（郧县）蝗自西北来，飞鸟驱食之，旋灭。 ······ 同治《郧县志》

七月，飞蝗入（郧西）境。 ······ 民国《郧西县志》

122. **清同治二年**（1863 年）

襄阳蝗。 ·· 民国《湖北通志》

夏，（蕲州）有蝗自宿松、太湖至，不伤稼。 ·················· 光绪《蕲州志》

（襄阳）蝗，不为灾。 ·· 同治《襄阳县志》

123. **清同治三年**（1864 年）

夏，湖北光化蝗灾。 ·· 《中国历代蝗患之记载》

夏，（蕲州）旱蝗，不为灾。 ····································· 光绪《蕲州志》

（老河口）蝗，县令出示捕灭，无羔。 ························ 《老河口市志》

124. **清同治四年**（1865 年）

湖北长阳蝗。 ·· 《中国历代蝗患之记载》

125. **清光绪二年**（1876 年）

（德安）蝗屡见，不为灾。 ······································ 光绪《德安府志》

126. **清光绪三年**（1877 年）

沔阳蝗。 ·· 民国《湖北通志》

（德安）蝗屡见，不为灾。 ······································ 光绪《德安府志》

秋，（汉川）蝗。 ··· 《汉川县简志》

（天门）稻蝗为害。 ·· 《天门县志》

127. **清光绪四年**（1878 年）

湖北郧阳蝗飞蔽天，为群鸦食之尽。 ············· 《中国历代蝗患之记载》

秋，郧县飞蝗蔽天，为群鸟食尽。 ·················· 民国《湖北通志》

（黄冈）蝗，不为灾。 ·· 光绪《黄冈县志》

128. **清光绪十四年**（1888 年）

秋九月，（枣阳）蝝食麦苗几尽。 ················· 民国《枣阳县志》

129. **清光绪十九年**（1893 年）

（房县）蝗飞蔽日，禾尽食。 ····································· 《房县志》

130. **清宣统元年**（1909 年）

（随州）蝗。 ··· 《随州志》

131. **清宣统三年**（1911 年）

湖北黄州蝗灾。 ·· 《中国历代蝗患之记载》

黄州旱蝗。 ·· 民国《湖北通志》

春，（黄冈）蝗食椿树叶光。 ····································· 《黄冈县志》

七、民国时期蝗灾

132. **民国三年** （1914 年）

（应山）蝗虫为害。 ·····《应山县志》

夏旱，（天门）蝗害。 ·····《天门县志》

133. **民国四年** （1915 年）

九月，（武昌）蝗灾。 ·····《武昌县志》

（汉阳）蝗灾。 ·····《汉阳县志》

（汉口）旱蝗，四乡设捕蝗局，价购斤值二十文。 ····· 民国《夏口县志》

（随州）旱，飞蝗蔽日。 ·····《随州志》

（汉川）蝗由西北生，飞腾数日。 ·····《汉川县简志》

随县飞蝗蔽日，伤禾。 ·····《襄樊市志》

八月，（襄阳）飞蝗遮天蔽日，农作物损失严重。 ·····《襄阳县志》

（枣阳）飞蝗蔽日，庄稼吃尽。 ·····《枣阳县志》

（谷城）蝗灾，居民提前十天抢收庄稼以避。 ·····《谷城县志》

夏旱，（监利）遭蝗虫之害，颗粒无收。 ·····《监利县志》

134. **民国五年** （1916 年）

（汉阳）蝗灾严重，其势蔽日。 ·····《汉阳县志》

（汉口）飞蝗蔽日。 ····· 民国《夏口县志》

（汉川）蝗。 ·····《汉川县简志》

八月，（南漳）蛮河两岸飞蝗遮天盖地，所过庄稼损失惨重。

·····《南漳县志》

夏，（天门）蝗灾，庄稼无收。 ·····《天门县志》

135. **民国七年** （1918 年）

秋，（黄冈）蝗虫咬谷穗。 ·····《黄冈县志》

136. **民国十年** （1921 年）

谷城飞蝗蔽天，苞叶、稻叶吃光，饥。 ·····《谷城县志》

137. **民国十二年** （1923 年）

（枣阳）刘寨蝗灾。 ·····《枣阳县志》

138. **民国十三年** （1924 年）

（长阳）螟蝗成灾。 ·····《长阳县志》

139. 民国十四年（1925 年）

（应城）大旱，蝗虫为害。 ·······················《应城县志》

（房县）上甃蝗灾，禾叶几尽。 ·····················《房县志》

140. 民国十七年（1928 年）

（应城）县北蝗灾。 ·······························《应城县志》

七月，（天门）飞蝗蔽日，稻粟受灾。 ·················《天门县志》

141. 民国十八年（1929 年）

（嘉鱼）蝗虫为害。 ·······························《嘉鱼县志》

七月，（应山）县西北乡发生蝗灾。 ·················《应山县志》

是年，（荆州）天门蝗虫成灾，200 人饿死。·········《荆州地区志》

（天门）蝗虫为害成灾。 ·························《天门县志》

142. 民国二十年（1931 年）

（天门）稻蝗为害，庄稼被食。 ·····················《天门县志》

143. 民国二十三年（1934 年）

秋，（黄冈）蝗虫肆虐于回龙山，所到庄稼被毁。 ·········《黄冈县志》

（黄梅）旱，孔垄地区蝗灾，减产八成。 ·············《黄梅县志》

（黄石）蝗灾。 ·······························《黄石市志》

夏旱，（大冶）蝗虫成灾，大饥。 ·················《大冶县志》

（嘉鱼）蝗虫为害。 ·······························《嘉鱼县志》

夏，（应山）蝗虫为害。 ·························《应山县志》

（枣阳）蝗虫成灾。 ·······························《枣阳县志》

（当阳）飞蝗成灾，谷穗被食殆尽。 ·················《当阳县志》

144. 民国二十四年（1935 年）

（嘉鱼）蝗虫为害。 ·······························《嘉鱼县志》

七月，（当阳）蝗虫为灾。 ·························《当阳县志》

145. 民国三十年（1941 年）

（应城）县东南发生蝗灾。 ·························《应城县志》

146. 民国三十一年（1942 年）

七月，飞蝗从河南省飞入（郧西）县内，稻苗、包谷苗多被啃光。

·······································《郧西县志》

夏，（建始）蝗灾，饥荒。 ·························《建始县志》

147. 民国三十二年（1943 年）

秋，（应山）蝗虫为害。　　　　　　　　　　　　　　　　　　《应山县志》

（枣阳）旱，蝗虫成灾。　　　　　　　　　　　　　　　　　　《枣阳县志》

九月，（丹江口）从河南飞入大批飞蝗，石鼓、麻界、金葫等乡捕杀之，但已产卵遍地。　　　　　　　　　　　　　　　　　　　　《丹江口市志》

148. 民国三十三年（1944 年）

夏，（应山）蝗虫为害。　　　　　　　　　　　　　　　　　　《应山县志》

六月，（大悟）宣化、惠明、丰乐、吕黄蝗灾。　　　　　　　　《大悟县志》

八月，飞蝗由豫南侵入襄阳县境，飞蔽日，苗全尽，岁大饥。

　　　　　　　　　　　　　　　　　　　　　　　　　　　　《襄樊市志》

八月，飞蝗几次由豫南侵入本县，所过处庄稼悉毁，有 35 个乡遭蝗灾，减产 186 余万石。　　　　　　　　　　　　　　　　　　　　《襄阳县志》

四月，（谷城）蝗，蔓延十九乡。　　　　　　　　　　　　　　《谷城县志》

（十堰）白浪、茅箭、花果、黄龙发生蝗灾，由河南经均县蔓延至十堰，蝗势如海潮蜂拥而入，蝗自东而西遮天蔽日，所到之处禾苗被噬，田地多颗粒无收，民痛遭饥荒。　　　　　　　　　　　　　　　　　《十堰市志》

六月，（丹江口）五灵、老马、仁和、土山、金石、紫远、大柏、茯苓、丁道、浪河、城关、草店、白浪蝗结队起飞，遮天蔽日，禾苗尽食，全县民众不分昼夜奋力围捕，杀死蝗蝻 20 余万斤。　　　　　《丹江口市志》

秋，（竹溪）蝗为害甚烈，蝗虫由陕西至竹溪，将大同乡稻穗食尽。

　　　　　　　　　　　　　　　　　　　　　　　　　　　　《竹溪县志》

夏，（郧西）特大蝗灾，飞蝗日夜啮食禾苗，沙沙作声，县川、土秀、津祥、安道、观闫、夹黄尤甚。　　　　　　　　　　　　　　　《郧西县志》

五峰忠孝、信义、民族三乡蝗害。　　　　　　　　　　　　　　《五峰县志》

四月，（兴山）飞蝗为害，屈洞、古夫、妃台、仙侣、三溪、三阳、南阳、平水、湘坪九乡受灾严重。　　　　　　　　　　　　　　　　《兴山县志》

149. 民国三十四年（1945 年）

（枣阳）蝗灾。　　　　　　　　　　　　　　　　　　　　　　《枣阳县志》

（宜昌）黄陵、庙乡等地蝗虫为灾，稻谷歉收。　　　　　　　　《宜昌县志》

（宜都）蝗虫成灾。　　　　　　　　　　　　　　　　　　　　《宜都县志》

150. 民国三十五年（1946 年）

（兴山）蝗虫为灾，豆麦无收。　　　　　　　　　　　　　　　《兴山县志》

第十二章
广东省历史蝗灾

一、元代蝗灾

1. 元大德八年（1304 年）

（雷州）境内蝗害稼。·······················《元史·吴国宝传》

（海康）蝗害稼。·······························《海康县志》

二、明代蝗灾

2. 明正统六年（1441 年）

春，广东广州、南海蝗虫严重发生。·······《中国历代蝗患之记载》

二月，广东蝗。·····························光绪《广州府志》

广州有蝗。·································《番禺县志》

二月，广州蝗。····························《东莞市志》

3. 明天顺六年（1462 年）

新会蝗。··································光绪《广州府志》

4. 明弘治元年（1488 年）

广东南海蝗灾。·····················《中国历代蝗患之记载》

广东蝗。·················《古今图书集成·庶征典·蝗灾部汇考》

正月，广州有蝗。··························光绪《广州府志》

五月，（南海）蝗虫为害。·····················《南海县志》

（阳春）有蝗。 ································《阳春县志》

5. 明正德三年（1508 年）

秋，广东新宁蝗灾。 ··········《中国历代蝗患之记载》

新宁蝗。 ····························光绪《广州府志》

6. 明正德六年（1511 年）

春，广东新会、增城蝗灾。 ······《中国历代蝗患之记载》

春，新会、增城蝗。 ················道光《广东通志》

春，（增城）蝗虫祸害庄稼。 ·············《增城县志》

秋，（潮州）蝗虫成群，吃庄稼，歉收，饥荒。 ····《潮州市志》

7. 明正德七年（1512 年）

广东惠州蝗灾。 ············《中国历代蝗患之记载》

惠州飞蝗蔽天。 ··················道光《广东通志》

惠州蝗飞蔽天；秋七月，归善①蝗，其多蔽野，食田禾殆尽。

································光绪《惠州府志》

（惠阳）蝗虫蔽天，食禾殆尽。 ·········《惠阳县志》

8. 明正德八年（1513 年）

广东增城蝗灾。 ············《中国历代蝗患之记载》

三月，增城蝗害稼。 ················道光《广东通志》

增城蝗害稼。 ·····················光绪《广州府志》

秋，（增城）又遭蝗害。 ·················《增城县志》

河源蝗。 ························光绪《惠州府志》

冬，（河源）蝗灾。 ···················《河源县志》

9. 明正德九年（1514 年）

广东增城、东莞蝗虫大发生，伤稼。 ····《中国历代蝗患之记载》

东莞蝗害稼。 ·····················道光《广东通志》

东莞蝗害稼。 ·······················《东莞市志》

夏六月，河源蝗而不害。 ············光绪《惠州府志》

10. 明正德十二年（1517 年）

秋，广东海阳②蝗虫严重发生，禾稻无收，大饥。 ·····《中国历代蝗患之记载》

---

① 归善：旧县名，治所在今广东惠阳。

② 海阳：旧县名，治所在今广东潮州。

秋，(潮州) 蝗，稻禾无存。 ·························· 《潮州市志》

秋，(海阳县) 蝗，无禾，民大饥。 ········· 乾隆《潮州府志》

秋，(澄海) 蝗虫为害，大饥荒。 ·············· 《澄海县志》

11. 明嘉靖五年（1526 年）

秋，顺德蝗虫伤稼。 ···················· 光绪《广州府志》

(顺德) 蝗虫为害，作物受损。 ·············· 《顺德县志》

12. 明嘉靖七年（1528 年）

夏，(顺德) 蝗虫严重，为害稻田。 ············ 《顺德县志》

13. 明嘉靖九年（1530 年）

顺德旱，蝗虫杀稼，岁大饥。 ·········· 光绪《广州府志》

春，(顺德) 蝗灾，作物严重受损。 ·········· 《顺德县志》

英德、乐昌、翁源、乳源蝗害，民采竹笋充饥。 ····· 《韶关市志》

英德、乐昌、翁源、乳源蝗，饥。 ········· 同治《韶州府志》

(翁源) 蝗灾。 ·························· 《翁源县志》

(乳源) 蝗虫为灾，饥荒。 ·········· 《乳源瑶族自治县志》

英德等县蝗虫为害，岁大饥。 ·············· 《佛冈县志》

14. 明嘉靖十年（1531 年）

秋八月，(博罗) 蝗。 ················· 乾隆《博罗县志》

15. 明嘉靖十七年（1538 年）

(惠州) 蝗，不伤稼。 ················· 光绪《惠州府志》

兴宁蝗虫成灾。 ······················ 《梅州市志》

16. 明嘉靖十九年（1540 年）

夏，广东揭阳、大埔蝗灾大发生，飞蔽天，害稼。 ····· 《中国历代蝗患之记载》

五月，大埔蝗灾，早稻绝收。 ·············· 《梅州市志》

夏四月，(大埔) 蝗食苗殆尽。夏，揭阳蝗害稼。 ········ 乾隆《潮州府志》

五月，(大埔) 蝗食禾尽。 ················ 《大埔县志》

夏，(揭阳) 蝗害稼。 ················· 乾隆《揭阳县志》

17. 明嘉靖二十一年（1542 年）

秋，翁源蝗。 ···················· 同治《韶州府志》

秋，(翁源) 蝗灾。 ···················· 《翁源县志》

18. 明嘉靖三十二年（1553 年）

(顺德) 蝗虫为害早稻。 ················· 《顺德县志》

19. 明嘉靖三十七年（1558 年）

春三月，顺德旱蝗伤稼。 …………………………… 光绪《广州府志》

三月旱，（顺德）蝗虫为害作物。 …………………………《顺德县志》

20. 明嘉靖三十九年（1560 年）

九月，以水灾、蝗蝻免连阳①等卫所屯粮有差。 ……《明实录·世宗实录》

21. 明万历元年（1573 年）

夏，（惠来）蝗害稼。 …………………………… 乾隆《潮州府志》

夏，（惠来）蝗虫害稼。 …………………………… 雍正《惠来县志》

22. 明万历五年（1577 年）

秋七月，顺德飞蝗食苗尽。 …………………………… 光绪《广州府志》

七月，（顺德）蝗灾，禾苗被食尽。 …………………………《顺德县志》

23. 明万历九年（1581 年）

（潮阳）蝗。 …………………………………………………《潮阳县志》

24. 明万历十三年（1585 年）

英德县蝗虫食禾，大饥。 …………………………………《韶关市志》

英德蝗害稼，大饥。 …………………………… 同治《韶州府志》

（英德）蝗虫食禾，大饥。 …………………………… 道光《英德县志》

25. 明万历十五年（1587 年）

（佛冈）蝗虫食禾，大饥。 …………………………………《佛冈县志》

（遂溪）蝗杀稼。 …………………………………………………《遂溪县志》

（徐闻）发生蝗灾，庄稼受损。 …………………………………《徐闻县志》

（海康）蝗杀稼。 …………………………………………………《海康县志》

26. 明万历十六年（1588 年）

（海康）县境飞蝗杀稼。 …………………………………………《海康县志》

27. 明万历十九年（1591 年）

五月，大埔蝗害，禾苗被食殆尽。 …………………………《梅州市志》

五月，（大埔）蝗食禾殆尽。 …………………………………《大埔县志》

五月，（揭阳）蝗虫食苗殆尽。 …………………………………《揭阳县志》

五月，（揭西）蝗虫食苗殆尽。 …………………………………《揭西县志》

---

① 连阳：今广东连州、连南、连山、阳山。

28. 明万历三十九年（1611 年）

秋，石城蝗伤稼。 ·· 光绪《高州府志》

29. 明崇祯五年（1632 年）

龙门螽伤稼。 ·· 光绪《广州府志》

（龙门）螽害稼。 ·· 民国《龙门县志》

30. 明崇祯十年（1637 年）

龙门蝗，谷贵。 ··· 光绪《广州府志》

（龙门）蝗灾。 ··· 《龙门县志》

三、清代蝗灾

31. 清顺治八年（1651 年）

冬，信宜蝗虫为害。 ·· 《茂名市志》

冬，（信宜）蝗。 ··· 《信宜县志》

32. 清顺治九年（1652 年）

广东开平蝗灾。 ·· 《中国历代蝗患之记载》

秋，龙门有蝗。 ··· 光绪《广州府志》

秋，（龙门）蝗灾，一日夜食禾苗数顷。 ····················· 《龙门县志》

八月，（增城）蝗害庄稼。 ······································ 《增城县志》

八月，（开平）蝗虫食禾苗。 ···································· 《开平县志》

33. 清康熙四年（1665 年）

广东开平蝗灾。 ·· 《中国历代蝗患之记载》

九月旱，（开平）蝗灾。 ··· 《开平县志》

34. 清康熙六年（1667 年）

秋七、八月，（海丰）复有蝗虫，多损田禾。 ··········· 乾隆《海丰县志》

35. 清康熙十六年（1677 年）

是年，连平多蝗。 ·· 光绪《惠州府志》

36. 清康熙十八年（1679 年）

广东南海蝗灾。 ·· 《中国历代蝗患之记载》

九月，南海蝗。 ··· 光绪《广州府志》

（连州）蝗害稼。 ·· 同治《连州志》

37. 清康熙十九年（1680 年）

夏五月，（连州）蝗灾。 ························· 同治《连州志》

38. 清康熙三十五年（1696 年）

翁源上乡多蝗。 ························· 同治《韶州府志》

（翁源）上乡多蝗。 ························· 《翁源县志》

39. 清康熙三十六年（1697 年）

秋，信宜蝗虫为害。 ························· 《茂名市志》

40. 清康熙四十二年（1703 年）

广东开平蝗灾，潮阳蝗食禾稼、松树叶。 ·······《中国历代蝗患之记载》

夏六月，（开平）蝗害稼。 ························· 《开平县志》

五月，（惠州）蚱蜢害禾。 ························· 光绪《惠州府志》

五月，（惠阳）蚱蜢害禾。 ························· 《惠阳县志》

夏六月，（潮阳）蝗灾，食及松叶。 ········· 乾隆《潮州府志》

（潮阳）蝗灾，谷大贵。 ························· 《潮阳县志》

41. 清康熙四十三年（1704 年）

广东海阳蝗灾。 ····················《中国历代蝗患之记载》

夏四月，（海阳）蝗食禾茎。 ········· 乾隆《潮州府志》

四月，（潮州）蝗食禾茎。 ························· 《潮州市志》

42. 清康熙五十二年（1713 年）

夏四月，（佛冈）蝗灾，饥。 ························· 《佛冈县志》

43. 清康熙五十六年（1717 年）

秋，广东海阳、揭阳、潮阳、普宁、澄海蝗伤禾稼尽。

················《中国历代蝗患之记载》

冬十月，（德庆）螣。 ························· 光绪《德庆州志》

九月，（潮州）蝗。 ························· 《潮州市志》

秋九月，（潮阳）蝗虫四野，害禾稼。揭阳、澄海、普宁蝗。

························· 乾隆《潮州府志》

秋九月，（潮阳）蝗，四野害禾稼。 ········· 《潮阳县志》

九月，（揭阳）蝗。 ························· 乾隆《揭阳县志》

九月，（普宁）有蝗。 ········· 乾隆《普宁县志》

九月，（澄海）蝗虫。 ························· 《澄海县志》

44. 清康熙六十年（1721 年）

　　（开建）蝗食早禾。 ……………………………………………《封开县志》

45. 清雍正元年（1723 年）

　　吴川、石城蝗，饥。 ………………………………………光绪《高州府志》

　　（吴川）蝗害。 …………………………………………光绪《吴川县志》

46. 清雍正三年（1725 年）

　　冬，海阳、普宁蝗。 …………………………………《清史稿·灾异志》

　　广东海阳、揭阳、普宁蝗食蔬菜、果木叶。 ………《中国历代蝗患之记载》

　　冬，（潮州）蝗，蔬菜、果木皆伤，是年，大饥。 ………《潮州市志》

　　冬，（揭阳）蝗，蔬果、木叶皆贼。 …………………乾隆《揭阳县志》

　　冬，（普宁）有蝗，菜蔬、木叶皆贼。 …………………乾隆《普宁县志》

47. 清乾隆二年（1737 年）

　　秋七月，（连州）蝗害稼。 ………………………………同治《连州志》

　　七月，（连南）蝗灾，庄稼失收。 ……………《连南瑶族自治县志》

　　七月，（连山）蝗灾。 …………………《连山壮族瑶族自治县志》

48. 清乾隆六年（1741 年）

　　秋七月，（德庆）蝗。 ………………………………………《德庆县志》

49. 清乾隆九年（1744 年）

　　秋八月，化州、吴川大水蝗。 …………………………光绪《高州府志》

　　八月，（化州）蝗虫食田禾几尽。 ……………………光绪《化州志》

50. 清乾隆十三年（1748 年）

　　秋，怀集有蝗，不为灾。 ……………………………乾隆《梧州府志》

51. 清乾隆十六年（1751 年）

　　广东丰顺蝗害晚稻。 …………………………《中国历代蝗患之记载》

　　丰顺县晚稻被蝗虫为害。 …………………………………《梅州市志》

　　（丰顺）属县大小溜隍、葛布、小产、产溪晚禾被蝗。 …… 乾隆《潮州府志》

　　（丰顺）溜隍、葛布晚禾发生蝗灾。 ……………………《丰顺县志》

52. 清乾隆二十九年（1764 年）

　　茂名、吴川蝗。 ……………………………………………光绪《高州府志》

53. 清乾隆三十三年（1768 年）

　　大埔晚稻几乎被蝗虫吃光。 ………………………………《梅州市志》

　　秋，（大埔）蝗食禾殆尽。 ………………………………《大埔县志》

秋，（兴宁）蝗害甚烈。 …………………………………………《兴宁县志》

54. 清乾隆四十二年（1777 年）

　　秋，信宜蝗虫为害。 ……………………………………………《茂名市志》

　　秋，（高州）大旱蝗。 …………………………………… 光绪《高州府志》

　　秋，（信宜）旱蝗，饥。 …………………………………………《信宜县志》

　　夏，（潮州）蝗。 ………………………………………………《潮州市志》

　　夏，（潮阳）蝗。 ………………………………………………《潮阳县志》

55. 清乾隆四十三年（1778 年）

　　电白蝗虫为害，农作物失收，饥荒。 ……………………………《茂名市志》

　　是年，（电白）蝗虫为害，农作物失收，大饥。 …………………《电白县志》

56. 清乾隆五十年（1785 年）

　　春，（潮州）蝗。 ………………………………………………《潮州市志》

　　春，（潮阳）蝗。 ………………………………………………《潮阳县志》

57. 清乾隆五十一年（1786 年）

　　(宝安) 蝗虫食稻，歉收。 ……………………………………《宝安县志》

58. 清乾隆五十三年（1788 年）

　　秋，（潮州）蝗。 ………………………………………………《潮州市志》

　　秋，（潮阳）蝗，谷大贵。 ……………………………………《潮阳县志》

59. 清乾隆五十九年（1794 年）

　　秋，兴宁蝗灾，水稻歉收。 ……………………………………《梅州市志》

　　秋，（兴宁）蝗灾，歉收。 ……………………………………《兴宁县志》

60. 清嘉庆六年（1801 年）

　　五月，龙门大水蝗。 …………………………………… 光绪《广州府志》

　　五月，（龙门）蝗灾。 …………………………………………《龙门县志》

61. 清嘉庆十一年（1806 年）

　　冬，（潮阳）蝗。 ………………………………………………《潮阳县志》

62. 清嘉庆十二年（1807 年）

　　冬，（潮州）蝗。 ………………………………………………《潮州市志》

63. 清嘉庆十三年（1808 年）

　　六月，（广宁）蝗害。 …………………………………………《广宁县志》

64. 清嘉庆十六年（1811 年）

　　春，（潮州）蝗。 ………………………………………………《潮州市志》

春，（潮阳）蝗。 ···《潮阳县志》

65. 清嘉庆十七年（1812 年）

新安东路蝗食稻。 ·····································光绪《广州府志》

66. 清嘉庆二十二年（1817 年）

夏六月，（三水）早造蝗灾。 ·····················嘉庆《三水县志》

67. 清道光五年（1825 年）

秋，兴宁晚稻蝗虫为害。 ····························《梅州市志》

68. 清道光六年（1826 年）

秋，蝗虫两次为害兴宁晚稻。 ························《梅州市志》

69. 清道光十年（1830 年）

电白旱，蝗虫灾害，饥荒。 ·························《茂名市志》

（电白）蝗虫为害，农业失收。 ·····················《电白县志》

70. 清道光十一年（1831 年）

电白发生蝗害，农作物失收。 ·······················《茂名市志》

（电白）旱蝗，为害更甚。 ·························《电白县志》

电白旱，有蝗。 ····································光绪《高州府志》

71. 清道光十四年（1834 年）

三水有蝗。 ··光绪《广州府志》

五月，（广宁）蝗虫为害。 ·························《广宁县志》

八九月，封川蝗食禾。 ·····························《封开县志》

72. 道光十五年（1835 年）

广东开平、南海蝗灾。 ················《中国历代蝗患之记载》

夏，番禺蝗。 ······································光绪《广州府志》

夏六月，（德庆）蝗。 ·····························《德庆县志》

闰六月二日，大群蝗虫从广西方面飞入（高明）县境，遮天蔽日，八日，蝗虫
又到，比上次多一倍，乡民用锣鼓声驱赶，庄稼没受害。 ·····《高明县志》

夏，（顺德）蝗灾。 ································《顺德县志》

（阳春）蝗害。 ····································《阳春县志》

闰六月，（鹤山）蝗虫骤至，古劳镇蔽日无光。 ·········《鹤山县志》

七月，开平长沙镇有蝗，从东方飞来，蔽日无光，践踏田禾，狂风大雨，蝗
虫溺水而死，堆积如山。 ·····························《开平县志》

六月，（连南）蝗灾，庄稼失收。 ·······《连南瑶族自治县志》

闰六月，（连山）蝗虫残害庄稼，厅同知亲临山峒捕蝗，不幸中瘴身亡。

·· 《连山壮族瑶族自治县志》

73. 清道光十七年（1837 年）

三水有蝗。 ······································ 光绪《广州府志》

秋，高州府螣。 ···································· 光绪《高州府志》

74. 清道光十九年（1839 年）

九月，封川蝗飞蔽天，幸不伤禾，然遗蝻遍野，至冬乃绝。 ······《封开县志》

75. 清道光二十四年（1844 年）

（德庆）蒌峒蝗。 ····································· 《德庆县志》

76. 清道光二十九年（1849 年）

秋七月，（德庆）蝗。 ································· 《德庆县志》

（信宜）蝗。 ······································ 《信宜县志》

77. 清咸丰元年（1851 年）

吴川旱蝗。 ····································· 光绪《高州府志》

78. 清咸丰二年（1852 年）

电白蝗。 ······································· 光绪《高州府志》

电白蝗害严重，农作受损。 ···························· 《茂名市志》

（电白）蝗虫严重，农作物受损。 ························ 《电白县志》

79. 清咸丰三年（1853 年）

五月，石城蝗。八月，吴川蝗。 ························ 光绪《高州府志》

秋，信宜蝗虫为害。 ································ 《茂名市志》

秋，（信宜）蝗。 ···································· 《信宜县志》

八月，（罗定）蝗灾，飞蝗遮天蔽日，食尽禾苗，农民鸣锣驱逐。

·· 《罗定县志》

八月，（阳春）蝗。 ································· 《阳春县志》

80. 清咸丰四年（1854 年）

夏秋间，茂名、信宜蝗灾，飞蔽天。 ····················· 《茂名市志》

秋，（信宜）蝗。 ···································· 《信宜县志》

夏四月，茂名飞蝗蔽天，损禾稼，诸邑均有蝗，知县悬赏捕之，惟吴川蝗不
入境。 ······································ 光绪《高州府志》

五月，（阳春）蝗。 ································· 《阳春县志》

81. 清咸丰六年（1856 年）

八月，阳江飞蝗蔽天，大伤禾稼。 ......《阳江县志》

82. 清咸丰七年（1857 年）

春，（西宁）飞蝗遍野，大饥。 ......民国《西宁县志》

春，（郁南）飞蝗遍野，大饥。 ......《郁南县志》

83. 清咸丰八年（1858 年）

五月，（潮州）蝗害稼。 ......《潮州市志》

84. 清咸丰九年（1859 年）

八月，（阳春）蝗。 ......《阳春县志》

85. 清咸丰十年（1860 年）

秋，石城飞蝗蔽日，食禾稼。 ......光绪《高州府志》

86. 清同治六年（1867 年）

秋，三水有蝗。 ......光绪《广州府志》

（恩平）晚造蝗虫。 ......民国《恩平县志》

秋，（德庆）螣。 ......《德庆县志》

87. 清同治九年（1870 年）

冬，（惠阳）蝗，数日而没。 ......《惠阳县志》

归善县境蝗虫成灾，稻禾遭损。 ......《惠东县志》

八月，仁化蝗虫遍野，忽有乌鸦数百飞集食之，数日俱灭。 ......《韶关市志》

八月，仁化湖坑蝗虫遍野，忽有乌鸦数百飞来集食，数日蝗灭。

...... 《仁化县志》

冬十月，（饶平）蝗咬禾穗，满地皆是。 ......《饶平县志》

88. 清光绪三年（1877 年）

八月，（赤溪）蝗虫为灾。 ......民国《赤溪县志》

89. 清光绪十一年（1885 年）

仁化蝗虫成灾，早稻失收。 ......《韶关市志》

（仁化）蝗害，早稻失收。 ......《仁化县志》

90. 清光绪十五年（1889 年）

梅县蝗虫成灾，田禾只有少数生存。 ......《梅州市志》

91. 清光绪十七年（1891 年）

秋，（英德）蝗。 ......民国《英德县续志》

92. 清光绪二十五年（1899 年）

　　秋，（韶关）蝗为灾，荒歉。……………………………………《韶关市志》

　　秋，（乐昌）蝗为灾，粮食歉收。 ………………………… 民国《乐昌县志》

93. 清光绪二十六年（1900 年）

　　（仁化）蝗害，早稻歉收。…………………………………………《仁化县志》

94. 清光绪二十八年（1902 年）

　　仁化蝗虫成灾，早稻收不及半。…………………………………《韶关市志》

　　（仁化）蝗害，早稻收成不及十之四。…………………………《仁化县志》

95. 清光绪二十九年（1903 年）

　　五月，清远忽生蝗虫，赤头、青身、两角，专吃稻秧。 ………《韶关市志》

96. 清光绪三十四年（1908 年）

　　秋，（新兴）虫蝗为害，晚稻不登。……………………………《新兴县志》

四、民国时期蝗灾

97. 民国五年（1916 年）

　　乐昌蝗虫害稼，驱之遁水，旋即复集，歉收。 ………………《韶关市志》

　　乐昌坪石区蝗虫害稼，驱之，旋复集，岁歉收。 ………… 民国《乐昌县志》

98. 民国七年（1918 年）

　　秋，连县蝗虫成灾，晚稻失收。…………………………………《韶关市志》

99. 民国十四年（1925 年）

　　广东蝗。 …………………………………………………………《飞蝗概说》

100. 民国十五年（1926 年）

　　仁化蝗虫成灾，早稻收不及半。…………………………………《韶关市志》

101. 民国十六年（1927 年）

　　乐昌蝗虫害稼，早稻失收。………………………………………《韶关市志》

　　冬，（连平）县内蝗虫为害，农作严重歉收。 …………………《连平县志》

102. 民国二十一年（1932 年）

　　九月，清远早稻忽生蝗虫，歉收，农民甚苦。 ………………《韶关市志》

　　九月，（鹤山）蝗虫为害禾苗，宅梧镇一带尤为严重。 ………《鹤山县志》

　　（恩平）圣堂垌晚造蝗虫为害。 ………………………………《恩平县志》

103. 民国二十二年（1933 年）

(惠阳) 早造蝗虫千百成群。················《惠阳县志》

是年，(乳源) 蝗虫严重。··············《乳源瑶族自治县志》

秋，(潮阳) 发蝗虫，晚稻失收。··········《潮阳县志》

104. 民国二十三年（1934 年）

六月，(河源) 蝗虫为害，稻禾损失很大。·······《河源县志》

105. 民国二十四年（1935 年）

九月，清远蝗虫害稼，损失五成。··········《韶关市志》

106. 民国二十五年（1936 年）

十月，(潮阳) 飞蝗骤降，稻叶缺穗断，落埕遍地，损失三成。

··································《潮阳县志》

107. 民国二十九年（1940 年）

五月，连县禾遭蝗灾 6 000 亩，损失稻谷 10 万担。·······《韶关市志》

108. 民国三十一年（1942 年）

秋旱，(高要) 蝗虫害禾。·············《高要县志》

109. 民国三十二年（1943 年）

秋，(德庆) 蝗。·················《德庆县志》

110. 民国三十七年（1948 年）

(潮阳) 成田乡飞蝗成灾，为害稻田 3 000 亩，杂粮 850 亩，稻谷损失 600

吨，杂粮损失八成。···············《潮阳县志》

第十三章
湖南省历史蝗灾

一、宋代蝗灾

1. 宋天禧元年（1017 年）

湘潭蝗。 ································· 光绪《湖南通志》

（湘潭）蝗。 ····························· 光绪《湘潭县志》

（汨罗）蝗蝻吃尽稻秆苗。 ·················· 《汨罗市志》

二月，（湘阴）蝗蝻复生，多去岁蛰者。 ········· 《湘阴县志》

2. 宋乾道三年（1167 年）

是岁，湖南路蝗，振之。 ················· 《宋史·孝宗本纪》

湖南（永州）蝗，赈之。 ················ 道光《永州府志》

（岳阳）蝗灾。 ····························· 《岳阳县志》

（湘阴）蝗灾。 ····························· 《湘阴县志》

（会同）蝗虫成灾。 ························· 《会同县志》

3. 宋庆元三年（1197 年）

永兴蝗。 ····························· 康熙《湖广通志》

二、元代蝗灾

4. 元元贞二年（1296 年）

六月，澧州、岳州、龙阳州蝗。 ·········· 《元史·成宗本纪》

六月，澧州路蝗。 ···································· 道光《直隶澧州志》

六月，澧州路蝗。安福蝗。 ···························· 同治《安福县志》

六月，澧州路蝗。石门蝗。 ···························· 同治《石门县志》

5. 元大德九年（1305 年）

七月，桂阳郡蝝。 ································· 《元史·五行志》

六月，桂阳路蝝。 ···························· 光绪《湖南通志》

桂阳蝝。 ·································· 乾隆《衡州府志》

秋七月，（临武）蝝。 ·························· 嘉庆《临武县志》

6. 元泰定元年（1324 年）

夏，湖南蝗灾。 ···················· 《中国历代蝗患之记载》

六月，永兴蝗。 ···························· 光绪《湖南通志》

永兴蝗。 ·································· 康熙《湖广通志》

（永兴）旱，蝗灾，收成大减。 ····················· 《永兴县志》

7. 元泰定三年（1326 年）

夏秋，湖南永兴蝗灾。 ················ 《中国历代蝗患之记载》

8. 元至顺二年（1331 年）

夏四月，衡州路属县比岁旱蝗。 ··············· 《元史·文宗本纪》

衡州路属县比岁旱蝗。 ·························· 光绪《湖南通志》

四月，衡州蝗灾，民食草木殆尽。 ···················· 《衡阳市志》

夏四月，衡州路比岁旱蝗。 ····················· 同治《衡阳县志》

夏四月，衡州遭水、旱、蝗灾，民食草木殆尽。 ············· 《江东区志》

（常宁）水、旱、蝗虫为害严重，民众食草殆尽。 ·········· 《常宁县志》

耒阳发生蝗灾。 ······························· 《耒阳市志》

三、明代蝗灾

9. 明永乐十二年（1414 年）

安化蝗。 ·································· 光绪《湖南通志》

（安化）蝗，姜子万作《咒蝗文》以咒之。 ············· 同治《安化县志》

安化蝗灾。 ······························· 《涟源市志》

10. 明成化五年（1469 年）

石门大旱蝗，饥。 ···························· 康熙《湖广通志》

石门县旱蝗，饥。 .... 隆庆《岳州府志》

石门大旱蝗，饥。 .... 道光《直隶澧州志》

石门县旱蝗，饥。 .... 同治《石门县志》

11. 明成化七年（1471 年）

（浏阳）蝗。 .... 同治《浏阳县志》

12. 明正德二年（1507 年）

（长沙）多蝗。 .... 乾隆《长沙府志》

长沙飞蝗蔽天。 .... 《长沙县志》

（常宁）旱蝗，灾害严重。 .... 万历《常宁县志》

秋，（郴州）大蝗。 .... 万历《郴州志》

（湘阴）蝗灾。 .... 《湘阴县志》

13. 明正德三年（1508 年）

（宁乡）蝗伤稼。 .... 同治《宁乡县志》

14. 明正德九年（1514 年）

湖南石门蝗虫大发生，伤稼。 .... 《中国历代蝗患之记载》

15. 明正德十一年（1516 年）

辰州蝗。 .... 光绪《湖南通志》

辰州蝗。 .... 康熙《湖广通志》

（辰州）蝗。 .... 乾隆《辰州府志》

湖南沅陵蝗灾。 .... 《中国历代蝗患之记载》

（沅陵）蝗。 .... 同治《沅陵县志》

（怀化）蝗虫满地。 .... 《怀化市志》

（辰溪）蝗。 .... 道光《辰溪县志》

16. 明正德十四年（1519 年）

溆浦县蝗。 .... 乾隆《辰州府志》

（溆浦）蝗。 .... 同治《溆浦县志》

17. 明嘉靖八年（1529 年）

郴州螣食禾。 .... 光绪《湖南通志》

八月，（郴州）螣虫食禾殆尽，遂飞山泽，大饥。 .... 万历《郴州志》

18. 明嘉靖十年（1531 年）

夏六月，（常德）蝗，有鸲鹆食之。 .... 嘉庆《常德府志》

六月，（沅江）蝗，适有鸲鹆食之飞去。 .... 嘉庆《沅江县志》

19. 明嘉靖十一年（1532 年）

六月，龙阳蝗，有鸲鹆食之。 ……………… 光绪《湖南通志》

蝗入石门县境。 ……………… 隆庆《岳州府志》

蝗入石门县境。 ……………… 道光《直隶澧州志》

夏六月，（龙阳）蝗，有鸲鹆食之去。 ……………… 光绪《龙阳县志》

蝗入石门县境。 ……………… 同治《石门县志》

20. 明嘉靖二十三年（1544 年）

郴州蝗。 ……………… 光绪《湖南通志》

夏，郴州蝗。 ……………… 康熙《湖广通志》

秋，（衡州）蝗作，民大饥。 ……………… 乾隆《衡州府志》

夏，（衡南）蝗虫大发，禾稼毁伤严重。 ……………… 《衡南县志》

夏，（耒阳）蝗灾，民饥馑。 ……………… 《耒阳市志》

夏，（郴）州有蝗；宜章县旱蝗，大饥。 ……………… 万历《郴州志》

夏，（郴县）蝗害。 ……………… 《郴县志》

（宜章）旱蝗，大饥。 ……………… 民国《宜章县志》

（安仁）春夏大旱，蝗作，民大饥。 ……………… 同治《安仁县志》

21. 明隆庆三年（1569 年）

石门、慈利旱蝗。 ……………… 光绪《湖南通志》

湖南石门、慈利蝗灾。 ……………《中国历代蝗患之记载》

22. 明隆庆四年（1570 年）

石门、慈利旱蝗。 ……………… 康熙《湖广通志》

石门、慈利旱蝗。 ……………… 隆庆《岳州府志》

23. 明隆庆五年（1571 年）

桂阳蝗，大饥。 ……………… 光绪《湖南通志》

桂阳蝗，大饥。 ……………… 同治《桂阳县志》

24. 明隆庆六年（1572 年）

五月，桂阳、绥宁蝗。 ……………… 光绪《湖南通志》

湖南桂阳、绥宁蝗；永明[①]蝗灾，严重害稼。 ………《中国历代蝗患之记载》

桂阳县蝗，岁饥；是年，绥宁蝗。 ……………… 康熙《湖广通志》

永明蝗。 ……………… 道光《永州府志》

① 永明：旧县名，1956 年改名今湖南江永。

（江永）蝗害。 ··· 《江永县志》

25. 明万历元年（1573 年）

八月，靖州蝗，大饥。 ······························· 光绪《湖南通志》

八月，靖州蝗杀稼，大饥。 ························· 康熙《湖广通志》

（会同）蝗虫成灾，饥荒。 ··························· 《会同县志》

26. 明万历十四年（1586 年）

桂阳蝗害稼，忽风雷大作，蝗灭。 ············· 乾隆《衡州府志》

27. 明万历十六年（1588 年）

宜章旱蝗。 ·· 光绪《湖南通志》

（宜章）旱蝗。 ······································· 民国《宜章县志》

28. 明万历二十一年（1593 年）

城步螟蝗害稼。 ····································· 光绪《湖南通志》

城步螟蝗害稼。 ····································· 道光《宝庆府志》

七月，（城步）螟蝗成灾。 ··························· 《城步县志》

29. 明万历三十八年（1610 年）

秋，新化雨蝗伤稻。 ······························· 光绪《湖南通志》

湖南新化蝗灾。 ······························· 《中国历代蝗患之记载》

秋，新化雨蝗伤稻。 ······························· 道光《宝庆府志》

30. 明万历四十四年（1616 年）

夏，永州蝗，复大水。 ····························· 光绪《湖南通志》

夏，永明蝗。 ··· 道光《永州府志》

夏，（零陵）蝗。 ····································· 光绪《零陵县志》

夏，（祁阳）蝗。 ····································· 民国《祁阳县志》

31. 明万历四十五年（1617 年）

湖南零陵、岳阳蝗灾。 ······················ 《中国历代蝗患之记载》

永州蝗。 ··· 光绪《湖南通志》

永明蝗。 ··· 道光《永州府志》

（岳阳）蝗虫食谷，岁饥。 ························· 民国《岳阳县志》

32. 明万历四十七年（1619 年）

湖南零陵蝗灾。 ······························· 《中国历代蝗患之记载》

永州蝗。 ··· 光绪《湖南通志》

（零陵）蝗。 ··· 光绪《零陵县志》

33. 明崇祯九年（1636 年）

(安化) 旱，继而蝗灾。 ·····《安化县志》

34. 明崇祯十年（1637 年）

(浏阳) 螟螣蟊贼皆备。 ·····同治《浏阳县志》

35. 明崇祯十一年（1638 年）

湖南岳阳蝗灾。 ·····《中国历代蝗患之记载》

(浏阳) 螟螣蟊贼皆备。 ·····同治《浏阳县志》

36. 明崇祯十二年（1639 年）

澧州安福蝗。 ·····光绪《湖南通志》

秋，华容蝗，群飞蔽日，聚响如雷，所过秧苗及草木一空，衣服亦尽食。

·····光绪《华容县志》

六月，(益阳) 蝗。 ·····同治《益阳县志》

秋，(澧县) 蝗飞蔽日，集响如雷，所过草木、谷豆、衣服无有存者。

·····《澧县志》

秋，蝗虫自石首过青苔渡来 (安乡)，蔽日若云，聚响成雷，所过草木、禾
稻无有存者，经明公寺下县凡四，歇集琴堂尤厚尺许。

·····乾隆《安乡县志》

秋，蝗虫自石首过青苔渡来安乡，如云蔽日，聚响成雷，所过稻谷、草木、
衣服无存，自明公寺下县凡四，遍集市居，琴堂尤厚尺许。谣曰：蝗虫蝗
虫，流贼先锋。 ·····道光《直隶澧州志》

秋，(安福) 蝗。 ·····同治《安福县志》

37. 明崇祯十四年（1641 年）

六月，湖广旱蝗。 ·····《明史·庄烈帝纪》

岳州蝗，飞蝗蔽天，食草木叶俱尽。 ·····光绪《湖南通志》

岳州蝗飞蔽天，禾苗、草木叶皆尽。 ·····康熙《湖广通志》

(浏阳) 蝗遍野。 ·····同治《浏阳县志》

八月，(岳阳) 飞蝗成群，所过之处草木叶啃食净光。 ·····《岳阳县志》

(临湘) 飞蝗蔽天。 ·····同治《临湘县志》

八月，(湘阴) 飞蝗蔽天，食草木殆尽。 ·····《湘阴县志》

(澧县) 蝗灾，民饥。 ·····《澧县志》

澧州石门飞蝗蔽天，食禾苗尽。 ·····道光《直隶澧州志》

澧州石门飞蝗蔽天，食禾苗尽。 ·····同治《石门县志》

四、清代蝗灾

38. 清顺治二年（1645 年）

三月，（岳阳）飞蝗食禾。 ·· 民国《岳阳县志》

39. 清顺治十六年（1659 年）

邵阳、新化稼生螣。 ······································· 光绪《湖南通志》

湖南邵阳、新化蝗蝻和成虫害稼。 ··············· 《中国历代蝗患之记载》

40. 清顺治十七年（1660 年）

春三月，（湖南）飞蝗蔽天。 ··························· 光绪《湖南通志》

三月，（湘潭）蝗。 ····································· 光绪《湘潭县志》

三月，（常宁）飞蝗蔽天。 ······························· 《常宁县志》

春三月，（醴陵）飞蝗蔽天。 ··························· 民国《醴陵县志》

三月，（茶陵）飞蝗蔽天。 ······························· 《茶陵县志》

（汨罗）飞蝗遍野。 ····································· 《汨罗市志》

三月，（湘阴）蝗飞蔽天。 ······························· 《湘阴县志》

三月，（安化）飞蝗蔽天。 ······························· 《安化县志》

三月，（桃江）飞蝗蔽天。 ······························· 《桃江县志》

（芷江）蝗灾。 ··· 《芷江县志》

41. 清顺治十八年（1661 年）

（长沙府）浏邑飞蝗蔽野。 ··························· 乾隆《长沙府志》

（浏阳）飞蝗蔽野，伤稼，民有因害自缢者。 ··············· 同治《浏阳县志》

42. 清康熙三年（1664 年）

秋，永明蝗。 ··· 光绪《湖南通志》

（江永）蝗害。 ··· 《江永县志》

43. 清康熙四年（1665 年）

醴陵蝗。 ··· 光绪《湖南通志》

秋，（醴陵）蝗。 ····································· 民国《醴陵县志》

44. 清康熙六年（1667 年）

（常宁）旱，蝗虫为灾，民无半收。 ······················· 《常宁县志》

五月，（桃江）蝗食禾。 ································· 《桃江县志》

45. **清康熙十年**（1671 年）

　　秋，（常宁）蝗成灾。 ·······················《常宁县志》

　　夏旱，（桂阳）螟螣为灾。 ·················· 同治《桂阳县志》

　　夏旱，（汝城），螟螣为灾。 ················ 民国《汝城县志》

46. **清康熙十一年**（1672 年）

　　湖南泸溪蝗灾。 ·····················《中国历代蝗患之记载》

47. **清康熙十五年**（1676 年）

　　永州蝗食稼殆尽。 ·····················光绪《湖南通志》

48. **清康熙十六年**（1677 年）

　　夏，永明蝗食稼殆尽。 ·················· 道光《永州府志》

　　夏，（零陵）蝗食稼殆尽。 ·············· 光绪《零陵县志》

49. **清康熙十七年**（1678 年）

　　湖南泸溪蝗灾。 ·····················《中国历代蝗患之记载》

50. **清康熙十八年**（1679 年）

　　秋八月，（湘乡）螽。 ·················· 同治《湘乡县志》

　　（临武）旱，蝗虫大面积为害庄稼。 ············《临武县志》

51. **清康熙三十年**（1691 年）

　　六月，（岳阳）飞蝗入境继遭蝻，遍山遍野，绿苗一空。 ······ 民国《岳阳县志》

52. **清康熙四十五年**（1706 年）

　　（武冈）虫蝻食稼。 ·················· 同治《武冈州志》

　　湖南武冈蝗蝻生，千鸟食蝗。 ·········《中国历代蝗患之记载》

53. **清康熙四十六年**（1707 年）

　　（武冈）蝗灾，大饥。 ·····················《武冈县志》

54. **清雍正八年**（1730 年）

　　敕有司翦除（永州）蝗蝻。 ·············· 道光《永州府志》

55. **清乾隆十一年**（1746 年）

　　安化蝗。 ·······················光绪《湖南通志》

　　七月，（益阳）蝗。 ·················· 同治《益阳县志》

　　秋，（安化）蝗虫为害。 ···················《安化县志》

　　秋，安化蝗灾。 ·······················《涟源市志》

56. **清乾隆四十三年**（1778 年）

　　湖南洞庭湖蝗灾。 ·················《中国历代蝗患之记载》

（湘阴）蝗蝻为灾，民艰于食，饥荒尤甚。 ······ 《湘阴县志》

57. 清乾隆五十一年（1786 年）

八月，（湘阴）蝗自湖西来，遍满城乡。 ······ 《湘阴县志》

58. 清乾隆五十四年（1789 年）

秋，（临武）螽。 ······ 嘉庆《临武县志》

59. 清嘉庆二十二年（1817 年）

（益阳）蝗虫食竹殆尽。 ······ 同治《益阳县志》

（桃江）蝗食竹。 ······ 《桃江县志》

60. 清嘉庆二十三年（1818 年）

（益阳）蝗灾。 ······ 《益阳市志》

（益阳）蝗虫食竹殆尽。 ······ 同治《益阳县志》

61. 清嘉庆二十四年（1819 年）

（益阳）蝗虫食竹殆尽。 ······ 同治《益阳县志》

62. 清道光十二年（1832 年）

四月，新宁蝗。 ······ 光绪《湖南通志》

秋，新宁蝗伤稼，捕之不止。 ······ 道光《宝庆府志》

63. 清道光十五年（1835 年）

长沙飞蝗蔽天，晚稻无获。 ······ 光绪《湖南通志》

长沙、善化两县发生严重蝗灾。 ······ 《长沙市志》

长沙、善化飞蝗蔽天，稻无收。 ······ 《长沙县志》

（望城）大旱，境内禾稻被蝗虫啮尽，颗粒无收，大饥。 ······ 《望城县志》

（善化）大旱，飞蝗蔽天。 ······ 光绪《善化县志》

夏旱，（宁乡）蝗过界。 ······ 同治《宁乡县志》

七月，（浏阳）蝗。 ······ 同治《浏阳县志》

秋，（湘潭）蝗。 ······ 光绪《湘潭县志》

七月，（耒阳）飞蝗蔽天，稻无收。 ······ 《耒阳市志》

五月，（鄞县）飞蝗蔽天，禾稻尽为啮食。 ······ 《鄞县志》

（郴县）飞蝗蔽天，早中晚稻俱啮食无数。 ······ 《郴县志》

至七月无雨，（安仁）飞蝗蔽天，民饥，死者无数。 ······ 《安仁县志》

夏不雨，（零陵）蝗飞蔽天，岁大饥。 ······ 光绪《零陵县志》

夏旱，（宁远）飞蝗蔽天，大饥。 ······ 《宁远县志》

夏，（江永）蝗虫食稼。 ······ 《江永县志》

五月，飞蝗由粤西入（江华）境，伤稼甚多，邑令收捕。

.... 同治《江华县志》

（华容）大旱蝗。 .... 光绪《华容县志》

（临湘）大旱，飞蝗蔽天。 .... 同治《临湘县志》

（湘阴）飞蝗蔽天，早中晚稻俱枯槁，民大饥。 .... 《湘阴县志》

（益阳）飞蝗为害，禾稻无收。 .... 《益阳县志》

64. **清道光十六年**（1836 年）

六月，浏阳蝗。 .... 光绪《湖南通志》

六月，（浏阳）蝗，官渡诸村陨蝗如雨，隔溪不辨人。 ...... 同治《浏阳县志》

（岳阳）蝗。 .... 民国《岳阳县志》

三四月间，（澧县）蝻蜢遍野。 .... 《澧县志》

65. **清道光十七年**（1837 年）

（新宁）境内蝗虫肆虐，所过树叶皆焦，饥民挖食观音土，多腹胀而死。

.... 《新宁县志》

66. **清道光十九年**（1839 年）

秋旱，（湘乡）螟螣害稼。 .... 同治《湘乡县志》

67. **清道光二十二年**（1842 年）

湘乡螟螣害稼。 .... 《湖南省志　第八卷》

秋旱，（湘乡）螟螣害稼。 .... 同治《湘乡县志》

68. **清道光二十六年**（1846 年）

秋，浏阳螟螣生。 .... 光绪《湖南通志》

（浏阳）旱，螟螣生。 .... 同治《浏阳县志》

69. **清道光二十七年**（1847 年）

浏阳、湘乡螟螣害稼。 .... 《湖南省志·农林水利志》

秋旱，（湘乡）螟螣害稼。 .... 同治《湘乡县志》

70. **清咸丰四年**（1854 年）

夏，州北（桂阳）蝗、旱、瘟疫成灾。 .... 《桂阳县志》

71. **清咸丰六年**（1856 年）

九月，（祁阳）蝗虫为灾。 .... 《祁阳县志》

是年，慈利蝗出，不为灾。 .... 民国《慈利县志》

72. **清咸丰七年**（1857 年）

长沙、醴陵、湘潭、湘乡、攸县、安化、龙阳、武陵、平江、安福飞蝗蔽

天；八月，新化、清泉、衡阳、常宁蝗入境。 ………… 光绪《湖南通志》

秋，长沙、醴陵、湘潭、湘乡、攸县、安化、酃县、祁阳、零陵、清泉、常
宁、衡阳、新化、武陵、安福、龙阳、平江等十七州县飞蝗蔽天，竹木叶
伤害殆尽，各府县下令捕蝗，设局收买蝗卵蛹子，人民大力烧捕飞蝗，挖
掘卵块，每州县挖掘卵块百数十万不等。

………… 《湖南省志·湖南近百年大事纪述》

湖南长沙、邵阳、零陵、龙阳、湘潭、湘乡、桃源、醴陵、攸县、安化、武
陵、平江、新化、衡阳、常宁蝗灾。 ………… 《中国历代蝗患之记载》

八月，浏阳蝗虫为灾。九月，长沙飞蝗蔽天；宁乡飞蝗所过声如风雨，竹
叶、草根立尽。 ………… 《长沙市志》

九月，长沙飞蝗蔽天。 ………… 《长沙县志》

秋，（望城）境内飞蝗蔽天，竹木叶被啃食殆尽，群众烧捕飞蝗，挖掘卵块，
予以扑灭。 ………… 《望城县志》

秋冬旱，（善化）飞蝗蔽天，行捕蝗诸法。 ………… 光绪《善化县志》

九月，（善化）飞蝗蔽天，时禾稻登场，幸不为害。蝗食尖叶，不食圆叶，
棕竹过处几尽，用爆竹、金锣加以长竿系红布捕喊，使不落地，亦可稍使
远飏，夜间则于屯聚之处堆烧柴草，蝗扑火焚翅则坠，唯群聚处必有遗
种，邑令李逢春奉抚宪严饬督捕，并设局倡捐收买蛹子，遗种处必有小
孔，依孔掘取，遗卵长寸余，岁终收取不下千余石。

………… 光绪《善化县志》

秋，（宁乡）飞蝗蔽天，声如风雨，所过竹叶、草根立尽。冬，设收蝗局，
令民至县输蛹子，一斗给谷一斗，收蛹子数百石。 …… 同治《宁乡县志》

八月，（浏阳）蝗，食竹叶尽，遗子甚多。 ………… 同治《浏阳县志》

七月，（湘潭）飞蝗过境，惟食竹菜，督州县扑捕，以谷易蝗，并收蝗子。

………… 光绪《湘潭县志》

秋八月，飞蝗入（湘乡）境，食竹木叶殆尽。 ………… 同治《湘乡县志》

秋，（衡阳）境内大蝗，蝗虫遮天盖日，田禾被食净尽。 ………… 《衡阳市志》

秋，飞蝗入（衡阳）县境，募民出谷易蝗蛹。 ………… 同治《衡阳县志》

七月，（清泉）蝗食稼。 ………… 同治《清泉县志》

秋，飞蝗入（衡南）境，多如云团，蔽日遮天。 ………… 《衡南县志》

八月，（衡东）飞蝗过境。 ………… 《衡东县志》

秋，祁阳飞蝗蔽天，竹叶啃食殆尽，县大力烧捕飞蝗，挖掘卵块，虫得以

控制。 ⋯⋯⋯⋯⋯⋯⋯⋯⋯⋯⋯⋯⋯⋯⋯⋯⋯⋯⋯⋯⋯⋯ 《祁东县志》

八月，飞蝗入（常宁）境，竹木叶啃食殆尽，群众烧捕飞蝗，挖掘卵块，少
则百石，多则千石不等。 ⋯⋯⋯⋯⋯⋯⋯⋯⋯⋯⋯⋯⋯ 《常宁县志》

八月，（耒阳）蝗灾严重，知县设局收买蝻子，论功奖励。⋯⋯ 《耒阳市志》

八月，（耒阳）飞蝗害境，知县谕民扑灭，并设局收买蝻子，论功奖励，以
绝根株。 ⋯⋯⋯⋯⋯⋯⋯⋯⋯⋯⋯⋯⋯⋯⋯⋯ 光绪《耒阳县志》

秋八月，（衡山）飞蝗过境，无灾。 ⋯⋯⋯⋯⋯⋯ 光绪《衡山县志》

秋，蝗入（醴陵）境，禾苗、竹叶被啃尽，遗种遍野，各府县命农民挖取蝻
子送县，每升给钱百文。 ⋯⋯⋯⋯⋯⋯⋯⋯⋯⋯ 《醴陵市志》

八月，（醴陵）蝗忽大至，天为之蔽，遗种满山谷。 ⋯⋯ 民国《醴陵县志》

七月，忽有食禾蚱蜢入（攸县）境数无万，晚谷俱损。 ⋯⋯ 同治《攸县志》

秋后，（茶陵）飞蝗漫天，竹树叶多啃光。 ⋯⋯⋯⋯⋯⋯⋯ 《茶陵县志》

秋，（鄜县）飞蝗入，蔽天，禾稻、竹木叶尽为啃食，各处大力烧捕，掘卵
上百担，患终解。 ⋯⋯⋯⋯⋯⋯⋯⋯⋯⋯⋯⋯⋯⋯⋯ 《鄜县志》

秋，零陵县飞蝗蔽天，竹木叶被伤害殆尽。 ⋯⋯⋯⋯⋯ 《零陵地区志》

秋，（零陵）蝗自北至，遗卵入地。 ⋯⋯⋯⋯⋯⋯ 光绪《零陵县志》

秋，（祁阳）飞蝗蔽天，竹叶被食殆尽，经捕打挖卵，虫灾得以控制。
⋯⋯⋯⋯⋯⋯⋯⋯⋯⋯⋯⋯⋯⋯⋯⋯⋯⋯⋯⋯⋯⋯⋯ 《祁阳县志》

(平江) 蝗虫为害。 ⋯⋯⋯⋯⋯⋯⋯⋯⋯⋯⋯⋯⋯⋯⋯⋯⋯ 《平江县志》

秋，（湘阴）飞蝗蔽天，自北而南，食草叶尽，民烧捕飞蝗，挖掘卵块，少
则百石，多则数千石。 ⋯⋯⋯⋯⋯⋯⋯⋯⋯⋯⋯⋯⋯ 《湘阴县志》

秋，（益阳）飞蝗蔽天，食竹叶几尽。 ⋯⋯⋯⋯⋯⋯⋯⋯⋯ 《益阳县志》

秋七月，（安化）飞蝗蔽天从东南来，所过草木叶尽，遗卵入地寸许，巡抚
颁《除蝗备考》一书，知县督民如法捕之，并掘取其卵。
⋯⋯⋯⋯⋯⋯⋯⋯⋯⋯⋯⋯⋯⋯⋯⋯⋯⋯⋯ 同治《安化县志》

秋，（桃江）蝗食竹殆尽，民火蝗，有挖卵块百余担者。 ⋯⋯⋯ 《桃江县志》

安福县发生蝗灾，竹与稻叶均被食殆尽，农民大力烧捕飞蝗，挖掘卵块 100
担之多。 ⋯⋯⋯⋯⋯⋯⋯⋯⋯⋯⋯⋯⋯⋯⋯⋯⋯ 《常德地区志》

秋九月，（桃源）飞蝗蔽日。 ⋯⋯⋯⋯⋯⋯⋯⋯⋯⋯ 光绪《桃源县志》

九月，（安福）飞蝗蔽天。 ⋯⋯⋯⋯⋯⋯⋯⋯⋯⋯⋯ 同治《安福县志》

九月，（临澧）飞蝗蔽天，竹木叶食尽。 ⋯⋯⋯⋯⋯⋯⋯⋯ 《临澧县志》

七月，（龙阳）蝗飞蔽天。 ⋯⋯⋯⋯⋯⋯⋯⋯⋯⋯⋯ 光绪《龙阳县志》

七月，新化螣。八月，蝗虫蔽天，自东南飞来，所过之处禾苗及竹叶被食
尽。是年，挖蝗蝻七百余担。　…………………………《娄底地区志》

蝗虫肆虐新化、蓝田等地，农作物及竹叶皆被食尽，各地大力烧捕飞蝗，新
化县设收蝗局，收蝗 700 多担，杂石灰埋之。　………………《娄底地区志》

七月，（新化）螣伤稼。八月，有蝗自东南飞来，蔽天，食竹叶殆尽，落地
生子，知府檄县设收蝻局，派专人分途督挖蝻子，三乡亦设分局，共收蝗
700 余担，掺石灰埋城西。　…………………………同治《新化县志》

七月，安化蝗灾严重。　…………………………………………《涟源市志》

八月，蝗入（邵阳）县境，食棕竹叶，掘蝻子 3 000 余石。

…………………………………………………………光绪《邵阳县志》

73. 清咸丰八年（1858 年）

华容、桂东、石门、武冈蝗害稼；临湘旱，飞蝗蔽天。　……光绪《湖南通志》

（善化）蝻子复出现，经大力捕杀渐至消灭，不为灾。

……………………………………《湖南省志·湖南近百年大事纪述》

湖南化龙[①]、桂东、常宁、临湘、石门、武冈、衡阳、桃源、新化、零陵
蝗灾。　………………………………………《中国历代蝗患之记载》

春，长沙蝻害。　………………………………………………《长沙县志》

秋，善化旱，飞蝗食竹。望城蝗。　……………………………《望城县志》

春，（善化）蝻子遍生，官绅设局收捕。五月大雨，蝻种无遗。

………………………………………………………光绪《善化县志》

春，（善化）蝻孽复生，出土一二日蠕动如蚁，六七日即能跳跃，邑令奉饬
两次往乡督同绅耆趁其初出设法赶扑，法以竹枝去叶成帚或以篾片扎皮
掌，多人排立前扑，蝗喜向南走，辰末巳初，多用鱼罾、布障围住，各持
稻草围烧，总须因地制宜，相势捕取。是年，各都收买之蝻亦不下千余
石。古法以辰时则露翅飞迟，午刻则相交伏地，夜深则燃薪使捕，此外，
虔祷于刘猛将军庙以禳之，亦田祖有神之祝也，虫生时祷于神，后用白布
裁小旗尺许插田中，虫即灭。　…………………………光绪《善化县志》

春，（宁乡）文武官暨局绅下乡率民捕小蝗成堆不能尽。

…………………………………………………………同治《宁乡县志》

（浏阳）蝗，知县袁青绶督捕蝗虫。　……………………同治《浏阳县志》

---

① 化龙：溪名，在今湖南宁乡东。

是岁，（湘乡）蝻子遍生，知县赖史直设局收买，并令各都坊分段掘捕，凡五月乃净。按，县册计掘获蝻子二千一百二十余石，捕蝗虫十万一千余斤。

.... 同治《湘乡县志》

夏，（常宁）蝗灾，害稼。... 《常宁县志》

（醴陵）余蝻孳生，再督民搜捕灭绝。... 《醴陵市志》

春，（醴陵）蝻生，大府檄属搜捕，患乃绝。.............. 民国《醴陵县志》

桂东、安仁等县蝗虫蔽天，害稼。... 《郴州地区志》

八月，（安仁）蝗飞蔽天。冬，县令督掘蝗子数百石。...... 同治《安仁县志》

八月，（桂东）县内蝗虫蔽天，庄稼损毁严重。.............. 《桂东县志》

三月，（零陵）蝗出食秧苗，官绅捕焚，蝗尽灭。......... 光绪《零陵县志》

春，（祁阳）蝗蝻生，雨降，蝗尽死。..................... 民国《祁阳县志》

夏，（华容）蝗，群飞蔽天。..................................... 光绪《华容县志》

（临湘）旱，飞蝗蔽天。... 同治《临湘县志》

（平江）蝗虫为害。... 《平江县志》

春，（益阳）蝗起，捕之寻灭。..................................... 同治《益阳县志》

三月，（桃源）蝗虫盛，县令亲往四乡选派乡耆，督夫掘坑、捕烧二十余日，蝗绝。... 光绪《桃源县志》

（安福）蝗，知县督民扑捕，悉坑之，不为灾。.......... 同治《安福县志》

（澧县）西北乡蝗灾。... 《澧县志》

（龙阳）蝗，知县躬履四乡督民扑捕、坑之，日购蝗蝻数十百斛，不为灾。

.... 光绪《龙阳县志》

（石门）飞蝗蔽空，县令有捕蝗事宜八条。.......... 同治《石门县志》

湘乡县蝗灾严重，当局设局收买，交虫一斤奖米一斤，收蝗10.1万斤，挖蝻2 100余担。... 《娄底地区志》

二至五月，新化三乡设局分捕蝻子，未出土者掘之，一升易钱五十至八十文不等。初出土者编竹枝扑之。用火焚之五月，大雨，蝗遂没，不为灾。

.... 同治《新化县志》

（双峰）蝗虫遍起，伤禾，知县令分段掘捕，在各乡设局收购，收虫蝻3 000余担。... 《双峰县志》

九月，（武冈）飞蝗蔽天，竹木、蔬叶殆尽。.......... 同治《武冈州志》

（沅陵）邑东乡麻溆泋蝗。..................................... 同治《沅陵县志》

74. 清咸丰九年（1859 年）

春，（安仁）蝗蝻复生，县令率两学、城守、典史及绅民、村会等白昼扫扑，夜则纵火，蝗始息。 ················· 同治《安仁县志》

春，（武冈）蝻子满野，知州谕令乡民设局搜挖，颁布墙围捕法，收买 200 余石，焚溺之。 ················· 同治《武冈州志》

75. 清同治三年（1864 年）

秋，长沙、善化旱，飞蝗食竹。 ················· 《长沙市志》

长沙蝗食竹。 ················· 《长沙县志》

春，（望城）蝻子遍生，官绅设局收捕。五月大雨，蝻种无遗。

················· 《望城县志》

秋旱，（善化）飞蝗食竹。 ················· 光绪《善化县志》

六月，（道县）蝗虫为患，白地头、车头、大洞、清塘等地颗粒无收。

················· 《道县志》

76. 清同治七年（1868 年）

（益阳）蝗虫为害，蝗食竹殆尽。 ················· 《益阳县志》

九月，（桃源）飞蝗至。 ················· 光绪《桃源县志》

77. 清同治八年（1869 年）

（花垣）蝗虫食稼，半收。 ················· 《花垣县志》

78. 清同治十三年（1874 年）

（平江）蝗虫为害。 ················· 《平江县志》

79. 清光绪元年（1875 年）

（益阳）蝗灾。 ················· 《益阳县志》

80. 清光绪三年（1877 年）

夏，安化旱蝗。 ················· 《清史稿·灾异志》

81. 清光绪四年（1878 年）

（益阳）蝗灾。 ················· 《益阳县志》

（桃江）连续三年蝗灾。 ················· 《桃江县志》

82. 清光绪五年（1879 年）

（益阳）蝗灾。 ················· 《益阳县志》

83. 清光绪十四年（1888 年）

湘潭蝗。 ················· 《湖南省志·农林水利志》

84. 清光绪二十四年（1898 年）

（益阳）蝗食竹。 ·······················《益阳县志》

85. 清宣统二年（1910 年）

（平江）蝗虫为害。 ·····················《平江县志》

86. 清宣统三年（1911 年）

（衡南）蝗入侵。 ·······················《衡南县志》

五、民国时期蝗灾

87. 民国八年（1919 年）

夏间，汝城蝗虫遍野，禾稻、松叶概被食尽。······《湖南省志·农林水利志》

夏，（汝城）蝗虫遍起，稻禾为灾，松叶亦食尽。 ········ 民国《汝城县志》

益阳县多处蝗灾。 ·····················《益阳地区志》

（益阳）蝗虫食竹。 ····················《益阳县志》

新化雨水失调，顿起蝗虫，禾苗被食。 ·········《娄底地区志》

八月，（新化）蝗灾严重，稻谷收成不足四成。 ·······《新化县志》

88. 民国十年（1921 年）

（靖州）蝗虫为害百多日，减产七成。 ··········《靖州县志》

89. 民国十二年（1923 年）

永顺螟生。 ···················《湖南省志·农林水利志》

90. 民国十三年（1924 年）

四月，（大庸①）虫蝗，稻麦失收。 ···········《大庸县志》

六月，（平江）蝗虫大面积为害，大部分早稻无收。 ·····《平江县志》

91. 民国十六年（1927 年）

五月，（宜章）有蝗为灾。 ···············《宜章县志》

92. 民国十七年（1928 年）

夏，（常宁）雨成灾，蝗虫继起。 ············《常宁县志》

（安化）旱，蝗灾严重，仅收三成。 ···········《安化县志》

93. 民国十八年（1929 年）

宁乡螟蝗遍地。 ················《湖南省志·农林水利志》

---

① 大庸：旧县名，1994 年改名今湖南张家界市。

（湘乡）蝗特重。 ························《湘乡县志》

六月，（衡南）蝗虫大发，遍及乡里，为害严重。 ········《衡南县志》

（江永）蝗虫为害。 ·····················《江永县志》

秋，益阳县螟蝗成灾。 ····················《益阳地区志》

（益阳）蝗食竹严重。 ····················《益阳县志》

秋，（桃江）蝗食竹。 ····················《桃江县志》

94. 民国十九年（1930 年）

秋，益阳县蝗虫害竹。 ····················《益阳地区志》

（益阳）蝗食竹严重。 ····················《益阳县志》

95. 民国二十年（1931 年）

（耒阳）发生蝗灾，为害甚烈。 ··············《耒阳市志》

夏，（新宁）温塘、安山、油头、檀山等村遭蝗灾。 ······《新宁县志》

96. 民国二十一年（1932 年）

（耒阳）发生蝗灾，为害甚烈。 ··············《耒阳市志》

97. 民国二十二年（1933 年）

湖南邵阳、常德、安化、桃源、汉寿、永兴、益阳蝗灾。

·····················《中国历代蝗患之记载》

（耒阳）发生蝗灾，为害甚烈。 ··············《耒阳市志》

（平江）蝗虫为害东南各乡，中迟稻损失严重。 ········《平江县志》

（湘阴）蝗虫遍野，草木皆尽，收成大减。 ··········《湘阴县志》

98. 民国二十三年（1934 年）

（耒阳）发生蝗灾，为害甚烈。 ··············《耒阳市志》

（湘阴）蝗虫为害，20 万亩受灾。 ············《湘阴县志》

安化县蝗虫为害，损毁林木及农作物 1.5 万亩。 ·······《益阳地区志》

（安化）蝗虫成灾。 ·····················《安化县志》

99. 民国二十四年（1935 年）

（耒阳）各地连续发生蝗灾，为害甚烈。 ··········《耒阳市志》

是年，（涟源）马头山、青烟一带竹蝗成灾。 ········《涟源市志》

100. 民国二十五年（1936 年）

益阳第五区竹山发现二龄蝗虫，漫山遍野，千百成群，损失庄稼百余万元。

····················《湖南省志·农林水利志》

益阳县复有蝗虫害竹。 ····················《益阳地区志》

（益阳）蝗虫为害。 ···《益阳县志》

101. **民国二十七年**（1938 年）

夏秋，茶陵旱，蝗灾。 ···《茶陵县志》

102. **民国三十四年**（1945 年）

（湘潭）蝗虫为害，霞城乡蝗虫蔽日五里，禾苗、竹叶咬尽。······《湘潭县志》

103. **民国三十五年**（1946 年）

六月，（安化）水、蝗灾。 ·······································《安化县志》

104. **民国三十六年**（1947 年）

秋，（湘潭）飞蝗蔽天，竹叶多遭啮食。 ·······················《湘潭县志》

（益阳）山区各县竹蝗成灾。 ·······························《益阳地区志》

（益阳）竹蝗猖獗。 ···《益阳县志》

（安化）竹蝗猖獗，稻田失收。 ·······························《安化县志》

105. **民国三十七年**（1948 年）

七月，（湘潭）姜畲乡、仙女乡遭蝗虫为害。 ·················《湘潭县志》

夏，（韶山）蝗虫成灾。 ···《韶山志》

106. **民国三十八年**（1949 年）

（新化）蝗虫为害严重。 ···《新化县志》

第十四章
甘肃省历史蝗灾

一、唐前时期蝗灾

1. 秦王政四年（前 243 年）

秋，（庆阳）蝗，疫。⋯⋯⋯⋯⋯⋯⋯⋯⋯⋯⋯⋯⋯⋯⋯⋯⋯⋯ 民国《庆阳县志》

2. 西汉太初元年（前 104 年）

是岁，而关东蝗大起，飞西至敦煌①。⋯⋯⋯⋯⋯⋯⋯⋯ 《史记·大宛列传》

甘肃敦煌等蝗虫从东方来。⋯⋯⋯⋯⋯⋯⋯⋯ 《中国历代蝗患之记载》

夏，关东蝗飞至敦煌。⋯⋯⋯⋯⋯⋯⋯⋯⋯⋯⋯⋯ 乾隆《甘肃通志》

夏，蝗虫从关东飞到山丹等地。⋯⋯⋯⋯⋯⋯⋯⋯⋯⋯⋯⋯ 《山丹县志》

夏，（酒泉）蝗伤禾。⋯⋯⋯⋯⋯⋯⋯⋯⋯⋯⋯⋯⋯⋯⋯⋯ 《酒泉市志》

夏，蝗从东方飞至敦煌。肃州蝗。⋯⋯⋯⋯⋯⋯ 乾隆《重修肃州新志》

3. 西汉太初二年（前 103 年）

秋，蝗。遣浚稽②将军赵破奴二万骑出朔方，击匈奴，不还。

⋯⋯⋯⋯⋯⋯⋯⋯⋯⋯⋯⋯⋯⋯⋯⋯⋯⋯ 《汉书·武帝本纪》

秋，甘肃蝗。⋯⋯⋯⋯⋯⋯⋯⋯⋯⋯⋯⋯⋯⋯ 《中国历代蝗患之记载》

4. 西汉太初三年（前 102 年）

秋，甘肃蝗。⋯⋯⋯⋯⋯⋯⋯⋯⋯⋯⋯⋯⋯⋯⋯ 《中国历代蝗患之记载》

---

① 关东：指今甘肃瓜州县以东玉门关；敦煌：在河西走廊西端。据郑哲民《甘肃蝗虫图志》载，亚洲飞蝗在河西走廊的敦煌、玉门、金塔、酒泉、张掖等地均有分布，因此，这次迁飞的蝗虫是亚洲飞蝗。

② 浚稽：指浚稽山，在今甘肃武威北。

822

5. 西汉征和三年（前 90 年）

秋，甘肃蝗。 ·······························《中国历代蝗患之记载》

6. 西汉征和四年（前 89 年）

夏，甘肃蝗。 ·······························《中国历代蝗患之记载》

7. 西汉元始元年（公元 1 年）

（平凉）连年旱蝗。 ·····································《平凉市志》

8. 西汉元始二年（公元 2 年）

夏，（甘肃）全省蝗，食禾稼，麦歉收。榆中蝗。 ········《榆中县志》

秋，（武山）蝗害，食禾稼，麦歉收。 ···············《武山县志》

甘肃全省蝗食禾稼，麦歉收。广河蝗。 ···············《广河县志》

秋，（武都）全境蝗害，食禾稼，麦歉收。 ···········《武都县志》

（泾川）蝗虫为害，麦歉收。 ·······················《泾川县志》

秋，（静宁）蝗为害。 ·····························《静宁县志》

秋，（永昌）蝗害，歉收。 ·························《永昌县志》

秋，山丹蝗害，食禾稼，歉收。 ·····················《山丹县志》

9. 东汉建武二十九年（53 年）

四月，武威、酒泉蝗。 ·······················《后汉书·五行志》

四月，武威、酒泉蝗。 ·······················乾隆《甘肃通志》

四月，武威蝗。 ·································《武威市志》

夏四月，（古浪）蝗虫为害禾稼。 ·················《古浪县志》

四月，（永昌）蝗害。 ·····························《永昌县志》

四月，（酒泉）蝗伤禾。 ···························《酒泉市志》

四月，武威、酒泉蝗。 ·····················乾隆《重修肃州新志》

10. 东汉永平四年（61 年）

十二月，酒泉大蝗，从塞外入。 ···············《后汉书·五行志》

酒泉大蝗，从塞外入。 ·······················乾隆《甘肃通志》

（酒泉）大蝗，伤禾甚。 ···························《酒泉市志》

酒泉大蝗，从塞外入。 ·····················乾隆《重修肃州新志》

11. 东汉永元九年（97 年）

陇西①蝗。 ·································《中国历代天灾人祸表》

---

① 陇西：旧郡名，治所在今甘肃临洮南。

12. 东汉永初二年（108 年）

关东蝗大起，途经河西今永昌县，西飞至敦煌。 ⋯⋯⋯《永昌县志》

13. 东汉永初五年（111 年）

春，朝廷遂移陇西徙襄武，安定①徙美阳，北地徙池阳。时连旱蝗饥荒。

⋯⋯⋯⋯⋯⋯⋯⋯⋯⋯⋯⋯⋯⋯⋯⋯⋯⋯《后汉书·西羌传》

陇西、安定蝗为害，民饥。 ⋯⋯⋯⋯⋯⋯⋯⋯⋯《陇西县志》

陇西、安定连遭旱蝗为害，民饥。 ⋯⋯⋯⋯⋯⋯《临夏县志》

陇西临洮等地旱，蝗灾，百姓饥荒。 ⋯⋯⋯⋯⋯《甘南州志》

陇西、安定连遭旱蝗为害。临潭蝗。 ⋯⋯⋯⋯⋯《临潭县志》

(泾川) 蝗虫为害，发生饥荒。 ⋯⋯⋯⋯⋯⋯⋯⋯《泾川县志》

安定诸郡内徙，时连年旱蝗，饥荒，百姓流离。 ⋯⋯ 民国《重修镇原县志》

14. 西晋永宁元年（301 年）

秋七月，显美②县蝗。 ⋯⋯⋯⋯⋯⋯⋯⋯⋯ 光绪《甘肃新通志》

显美蝗。 ⋯⋯⋯⋯⋯⋯⋯⋯⋯⋯⋯⋯⋯⋯《武威市志》

七月，(永昌) 蝗害。 ⋯⋯⋯⋯⋯⋯⋯⋯⋯⋯《永昌县志》

15. 西晋永安元年（304 年）

五月，秦③、雍大蝗，草木、牛马毛皆食尽。甘谷蝗。 ⋯⋯⋯⋯《甘谷县志》

五月，秦、雍大蝗灾，草木、牛马毛鬣毁尽，民众荒饥。秦安蝗。

⋯⋯⋯⋯⋯⋯⋯⋯⋯⋯⋯⋯⋯⋯⋯⋯⋯⋯⋯《秦安县志》

五月，新兴④县遍地蝗虫，禾草食尽，民大饥。 ⋯⋯⋯⋯⋯《武山县志》

夏五月，(张家川) 大蝗，草木皆尽，民饥疫。 ⋯⋯《张家川回族自治县志》

夏五月，秦、雍大蝗，草木、牛马毛鬣皆尽，民饥。武都蝗。 ⋯⋯《武都县志》

五月，(平凉) 大蝗，草木叶、牛马毛皆尽，民饥。 ⋯⋯⋯⋯《平凉市志》

(静宁) 蝗虫为害，草木、牛马毛皆食尽，民饥。 ⋯⋯⋯⋯《静宁县志》

夏五月，(山丹) 大蝗，草木叶、马毛皆尽，民饥。 ⋯⋯⋯⋯《山丹县志》

16. 西晋永嘉四年（310 年）

夏，蝗食草木、牛马毛皆尽。 ⋯⋯⋯⋯⋯⋯⋯ 乾隆《甘肃通志》

秦州大蝗，草木、牛马毛鬣皆尽。 ⋯⋯⋯⋯⋯ 光绪《甘肃新通志》

---

① 安定：旧郡名，治所在今甘肃镇原县东南，晋迁泾川县，明迁定西县。

② 显美：旧县名，治所在今甘肃永昌东南。

③ 秦：秦州，旧州、卫名，治所在今甘肃天水。

④ 新兴：旧县名，治所在今甘肃武山西北鸳鸯镇。

五月，秦州大蝗，草木、牛马毛皆尽。 ········ 光绪《重纂秦州直隶州新志》

五月，秦、雍二州大蝗，害禾、草木皆尽。陇西蝗。 ··········《陇西县志》

五月，秦州（临夏）大蝗，草木、牛马毛皆尽。 ········《临夏县志》

五月，秦、雍二州蝗虫成灾，草木、叶被吃光。和政蝗。 ······《和政县志》

五月，枹罕①蝗灾，稼禾、牛马毛被食尽，民饥。广河蝗。 ······《广河县志》

五月，大蝗，自幽、并、司、冀至于秦、雍，草木、牛马鬣皆尽。成
县蝗。 ··············《成县志》

夏，（平凉）大蝗，草木叶、牛马毛鬣被食殆尽，民饥。 ········《平凉市志》

五月，秦、雍等州蝗灾，草木、牛马毛均被食尽。泾川蝗。 ······《泾川县志》

17. 西晋建兴四年（316 年）

七月，雍州（武都）蠡蝗食禾。 ············《武都县志》

七月，（平凉）蠡蝗食禾。 ············《平凉市志》

七月，（山丹）蠡蝗食禾。 ············《山丹县志》

18. 东晋建武元年（317 年）

秋七月，（平凉）蠡蝗。 ············《平凉市志》

19. 什翼犍建国十六年　前凉张重华八年（353 年）

张祚称凉州②牧，有蠡斯虫集安昌门外，缘壁逆行。

··············《魏书·私署凉州牧张寔传附张祚传》

20. 东晋永和十一年（355 年）

（张家川）蝗大起，自华泽至陇山，食百草无遗。 ······《张家川回族自治县志》

21. 东晋升平七年（363 年）

夏五月，（庆阳）蝗。 ············ 民国《庆阳县志》

22. 北魏太平真君十一年（450 年）

六月，枹罕蝗虫为害，伤禾稼。广河蝗。 ··········《广河县志》

23. 北魏太安四年（458 年）

六月，河州③等地蝗虫为害，伤害禾稼。积石山蝗。

··············《积石山保安族东乡族撒拉族自治县志》

24. 北魏太和元年（477 年）

夏四月，（平凉）蝗。 ············《平凉市志》

---

① 枹罕：旧郡、镇名，治所在今甘肃临夏。

② 凉州：旧州名，治所在今甘肃武威。

③ 河州：旧州名，治所在今甘肃临夏。

25. 北魏太和二年（478 年）

四月，（平凉）蝗食稼。 ·······················《平凉市志》

四月，雍州（武都）蝗食稼。 ················《武都县志》

（山丹）蝗食稼。 ·······················《山丹县志》

26. 北魏太和五年（481 年）

七月，敦煌镇蝗，秋稼略尽。 ············《魏书·灵征志》

27. 北魏太和十六年（492 年）

十月，枹罕镇蝗，害稼。 ···············《魏书·灵征志》

十月，枹罕镇蝗害。 ···················《临夏县志》

是年，（积石山）蝗害伤稼。 ········《积石山保安族东乡族撒拉族自治县志》

28. 北魏景明四年（503 年）

六月，河州大蝗。 ·····················《魏书·灵征志》

六月，河州大蝗。临夏蝗。 ················《临夏县志》

六月，河州大蝗。广河蝗。 ················《广河县志》

29. 北魏正始元年（504 年）

六月，夏州①蝗害稼。 ·················《魏书·灵征志》

秋八月，（平凉）蝗虫为害。 ···············《平凉市志》

（泾川）蝗虫为害。 ·····················《泾川县志》

凉州蝗虫为害。 ·······················《武威市志》

八月，（古浪）蝗虫成灾。 ················《古浪县志》

30. 北魏正始三年（506 年）

秋八月，凉州蝗。 ·······················《武威市志》

31. 北魏正始四年（507 年）

八月，泾州②蝗虫，凉州蝗虫为灾。 ········《魏书·灵征志》

秋八月，凉州蝗。 ···············光绪《甘肃新通志》

秋八月，凉州蝗。 ·······················《武威市志》

八月，（武威）蝗。 ···············乾隆《武威县志》

八月，（古浪）蝗虫成灾。 ················《古浪县志》

---

① 夏州辖今甘肃西北部。

② 泾州：旧州名，治所在今甘肃泾川北。

32. **北魏永平元年**（508 年）

六月，凉州蝗害稼。 ·····················《魏书·灵征志》

六月，凉州蝗害稼。 ·····················《武威市志》

33. **北魏永平三年**（510 年）

夏，凉州蝗害稼。 ·····················《武威市志》

夏，（古浪）蝗虫为害。 ·····················《古浪县志》

34. **北魏永平五年**（512 年）

夏，甘肃凉州蝗灾，害稼。 ·············《中国历代蝗患之记载》

二、唐代（含五代十国）蝗灾

35. **唐武德六年**（623 年）

夏州蝗。 ·····························《新唐书·五行志》

秋，甘肃蝗。 ·····················《中国历代蝗患之记载》

秋，夏州蝗。 ·····················乾隆《甘肃通志》

36. **唐贞观三年**（629 年）

夏秋，甘肃蝗灾。 ···············《中国历代蝗患之记载》

37. **唐永徽元年**（650 年）

六月，（榆中）蝗灾。 ·····················《榆中县志》

（平凉）水、旱、蝗灾。 ·····················《平凉市志》

（山丹）蝗害。 ·····················《山丹县志》

河西蝗成灾。 ·····················《酒泉市志》

河西（玉门）蝗成灾。 ·····················《玉门市志》

38. **唐仪凤元年**（676 年）

河西蝗，独不入肃州。 ···············《新唐书·王方翼传》

河西（酒泉）蝗伤禾。 ·····················《酒泉市志》

39. **唐永淳元年**（682 年）

甘肃蝗灾。 ·····················《中国历代蝗患之记载》

六月，（榆中）蝗灾。 ·····················《榆中县志》

（武山）全县螟蝗遍野，民大饥。 ·················《武山县志》

六月，陇右螟蝗食禾苗。通渭蝗。 ···············《通渭县志》

六月，河陇螟蝗灾，禾苗被食殆尽。和政蝗。 ·········《和政县志》

六月，陇右螟蝗食苗并尽，是年，雍州蝗。 ·················《武都县志》

六月，（平凉）螟蝗食苗殆尽。 ·····················《平凉市志》

六月，（静宁）螟蝗为害，食苗并尽。 ·················《静宁县志》

闰七月，（山丹）蝗害。 ···························《山丹县志》

40. 唐贞元元年（785 年）

夏，蝗，西尽河陇，群飞蔽天，旬日不息，草木叶及畜毛皆尽。

···················· 乾隆《甘肃通志》

夏，蝗，西尽河陇，群飞蔽天，旬日不息，草木叶及畜毛皆尽，饿殍枕道，
民蒸蝗，去翅而食之。 ···············光绪《甘肃新通志》

夏，蝗，西尽河陇，群飞蔽天，旬日不息，所至草木叶及畜毛皆尽，靡有子
遗，饥馑载道，民蒸蝗，去翅而食之。榆中蝗。 ·······《榆中县志》

夏，（秦州）蝗飞蔽天，旬日不息，所至草木叶畜毛皆尽，饿馑枕道，民蒸
蝗，去翅足而食之。 ···········光绪《重纂秦州直隶州新志》

夏，秦州清水蝗虫蔽日，十日内不息，所至草木枝叶及畜毛皆尽，饿殍枕
道，人食蝗虫。 ···························《清水县志》

夏，河陇间白昼蝗飞蔽天，旬日不息，树木叶及畜毛皆尽。 ······《陇西县志》

夏，河陇蝗，群飞蔽天，旬日不息，所至树木叶及畜毛皆尽，饥馑枕道，民
蒸蝗，去足而食之。和政蝗。 ···············《和政县志》

夏，蝗，东自海，西尽河陇，群飞蔽天，旬日不息，所至草木叶及畜毛靡有子
遗，饥馑枕道，民蒸蝗，曝，扬去翅足而食之。成县蝗。 ·········《成县志》

春旱，河陇发生蝗虫，群飞蔽天，草木叶及畜毛均被吃光，饥荒。泾川蝗。

·······································《泾川县志》

夏，（静宁）飞蝗蔽天。 ···························《静宁县志》

夏，宁州等地蝗群蔽天，旬日不息，所至草木叶苗及畜毛皆尽，靡有子遗。

·······································《宁县志》

（酒泉）蝗伤禾。 ······························《酒泉市志》

41. 唐贞元二年（786 年）

夏，（通渭）飞蝗蔽日，成灾。 ·····················《通渭县志》

（玉门）蝗伤禾。 ······························《玉门市志》

42. 唐元和八年（813 年）

成州蝗，饥。 ································《成县志》

43. 唐开成二年（837 年）

(张家川) 大旱，蝗食田。 ·····················《张家川回族自治县志》

(平凉) 旱，蝗食田。 ··································《平凉市志》

(玉门) 蝗伤禾。 ····································《玉门市志》

44. 唐咸通九年（868 年）

(平凉) 蝗害，民饥。 ································《平凉市志》

45. 后晋天福四年（939 年）

七月，(张家川) 蝗害稼。 ····················《张家川回族自治县志》

七月，(山丹) 蝗害稼。 ····························《山丹县志》

46. 后晋天福六年（941 年）

七月，关西诸郡蝗伤禾。玉门蝗。 ·····················《玉门市志》

47. 后晋天福七年（942 年）

八月，河西等州蝗。 ·························《旧五代史·晋书》

四月，关西诸郡皆蝗，大饥。 ···············乾隆《甘肃通志》

关西诸郡皆蝗，大饥，死者十七八。秦州蝗。

·····················光绪《重纂秦州直隶州新志》

天下大旱，继又蝗灾，人民流徙。清水蝗。 ···········《清水县志》

(张家川) 飞蝗害田，食草木皆尽，时蝗旱相继，人民流徙，饥者盈路。

·····················《张家川回族自治县志》

(通渭) 蝗虫成灾，民大饥。 ························《通渭县志》

(平凉) 飞蝗害田，食草木皆尽。 ····················《平凉市志》

四月，关西各郡普遍发生蝗虫，饥荒严重。泾川蝗。 ·········《泾川县志》

四月，武威诸郡皆蝗，民饥。 ······················《武威市志》

四月，永昌县地蝗虫为害。 ························《永昌县志》

山丹飞蝗害田，食草木皆尽，时蝗旱相继，人民流徙，饥者盈路。

·····················《山丹县志》

(酒泉) 蝗伤禾。 ································《酒泉市志》

四月，(玉门) 嘉峪关外各地飞蝗成灾，田禾、草木皆尽，饥民流徙，死者
十之七八。 ································《玉门市志》

48. 后晋天福八年（943 年）

夏四月旱，天下诸州飞蝗害田，草木皆尽。临夏蝗。

·····················《临夏回族自治州志》

秋，（平凉）蝗虫大起，原野、山谷、城郭、庐舍皆满，竹木叶被食殆尽，人流亡不可胜数，雍州节度使命百姓捕蝗一斗赏粟一斗。 ………………《平凉市志》

三、宋代（含辽、金）蝗灾

49. 宋乾德元年（963 年）

夏六月，广武①县蝗。 …………………………………… 光绪《甘肃新通志》

六月，广武县蝗灾。 ……………………………………………《永登县志》

夏，甘肃平番②蝗灾，不害稼。 ……………………《中国历代蝗患之记载》

50. 宋乾德二年（964 年）

夏六月，秦州蝗。 …………………………………… 光绪《甘肃新通志》

六月，秦州蝗。 …………………………… 光绪《重纂秦州直隶州新志》

51. 宋乾德三年（965 年）

七月，蝗食禾苗。榆中蝗。 ………………………………………《榆中县志》

七月，陇西诸路有蝗，食禾苗。通渭蝗。 ………………………《通渭县志》

七月，陇右诸路有蝗，禾苗被食。和政蝗。 ……………………《和政县志》

秋七月，陇右诸路有蝗，食禾苗。临潭蝗。 ……………………《临潭县志》

（静宁）蝗食禾苗。 ………………………………………………《静宁县志》

52. 宋雍熙二年（985 年）

秋八月，（平凉）蝗虫灾。 ………………………………………《平凉市志》

53. 宋天禧元年（1017 年）

是岁，（张家川）蝗害。 …………………………《张家川回族自治县志》

陇上诸州路蝗害，民饥馑，发廪赈之，蠲租赋，贷其种粮。和政蝗。

……………………………………………………………………《和政县志》

（静宁）蝗雹为害，民饥。 ………………………………………《静宁县志》

54. 宋熙宁九年（1076 年）

七月，（玉门）蝗蝻成灾。 ………………………………………《玉门市志》

55. 宋崇宁二年（1103 年）

（平凉）蝗虫灾。 …………………………………………………《平凉市志》

---

① 广武：旧县名，治所在今甘肃永登。
② 平番：旧县名，治所在今甘肃永登。

（张家川）蝗害。 ⋯⋯⋯⋯⋯⋯⋯⋯⋯⋯⋯⋯⋯⋯⋯⋯ 《张家川回族自治县志》

（静宁）蝗害。 ⋯⋯⋯⋯⋯⋯⋯⋯⋯⋯⋯⋯⋯⋯⋯⋯⋯⋯⋯⋯ 《静宁县志》

56. 金皇统元年（1141 年）

秋，熙州①蝗。 ⋯⋯⋯⋯⋯⋯⋯⋯⋯⋯⋯⋯⋯⋯⋯⋯ 光绪《甘肃新通志》

秋，（狄道州）蝗。 ⋯⋯⋯⋯⋯⋯⋯⋯⋯⋯⋯⋯⋯⋯⋯ 乾隆《狄道州志》

秋，熙河（洮河流域）蝗，岁馑。临洮蝗。 ⋯⋯⋯⋯⋯⋯ 《临洮县志》

洮河流域蝗。临潭蝗。 ⋯⋯⋯⋯⋯⋯⋯⋯⋯⋯⋯⋯⋯⋯⋯⋯ 《临潭县志》

57. 宋淳熙三年（1176 年）

河西诸郡旱，（古浪）蝗虫大起，庄稼被吃光。 ⋯⋯⋯⋯⋯ 《古浪县志》

（山丹）蝗大起，食稼殆尽。 ⋯⋯⋯⋯⋯⋯⋯⋯⋯⋯⋯⋯⋯ 《山丹县志》

（酒泉）大蝗起，禾稼殆尽。 ⋯⋯⋯⋯⋯⋯⋯⋯⋯⋯⋯⋯⋯ 《酒泉市志》

七月，（玉门）蝗大起，河西禾稼殆尽。 ⋯⋯⋯⋯⋯⋯⋯⋯ 《玉门市志》

58. 宋淳熙四年（1177 年）

武威蝗。 ⋯⋯⋯⋯⋯⋯⋯⋯⋯⋯⋯⋯⋯⋯⋯⋯⋯⋯⋯⋯⋯⋯ 《武威市志》

四、元代蝗灾

59. 元至元八年（1271 年）

夏，甘肃蝗灾。 ⋯⋯⋯⋯⋯⋯⋯⋯⋯⋯⋯⋯⋯⋯ 《中国历代蝗患之记载》

夏六月，河州蝗。 ⋯⋯⋯⋯⋯⋯⋯⋯⋯⋯⋯⋯⋯⋯ 光绪《甘肃新通志》

夏六月，河州蝗。兰州府蝗。 ⋯⋯⋯⋯⋯⋯⋯⋯⋯⋯ 道光《兰州府志》

六月，河州蝗。临夏蝗。 ⋯⋯⋯⋯⋯⋯⋯⋯⋯⋯⋯⋯⋯⋯ 《临夏县志》

夏六月，河州蝗灾。和政蝗。 ⋯⋯⋯⋯⋯⋯⋯⋯⋯⋯⋯⋯ 《和政县志》

夏六月，河州蝗。广河蝗。 ⋯⋯⋯⋯⋯⋯⋯⋯⋯⋯⋯⋯⋯ 《广河县志》

六月，（积石山）蝗虫伤禾稼。 ⋯⋯ 《积石山保安族东乡族撒拉族自治县志》

60. 元大德三年（1299 年）

甘肃大蝗。 ⋯⋯⋯⋯⋯⋯⋯⋯⋯⋯⋯⋯⋯⋯⋯ 《中国历代蝗患之记载》

（平凉）蝗虫灾。 ⋯⋯⋯⋯⋯⋯⋯⋯⋯⋯⋯⋯⋯⋯⋯⋯⋯⋯ 《平凉市志》

（静宁）蝗灾。 ⋯⋯⋯⋯⋯⋯⋯⋯⋯⋯⋯⋯⋯⋯⋯⋯⋯⋯⋯ 《静宁县志》

---

① 熙州：旧州名，治所狄道，今甘肃临洮。

五、明代蝗灾

61. 明洪武十一年（1378 年）

平凉府华亭县霜蝗害稼。 ·························《明实录·太祖实录》

62. 明正统二年（1437 年）

六月，秦州卫、阶州[①]右千户所蝗蝻伤稼。 ·········《明实录·英宗实录》

63. 明弘治二年（1489 年）

是年，肃州大蝗。 ·····························光绪《甘肃新通志》

（玉门）蝗大起。 ·····························《玉门市志》

64. 明弘治三年（1490 年）

（酒泉）大蝗，为害甚重，减免租赋。 ·················《酒泉市志》

（肃州）大蝗，免税。 ······················乾隆《重修肃州新志》

65. 明嘉靖七年（1528 年）

秋，（康县）蝗损害庄稼。 ··························《康县志》

66. 明嘉靖八年（1529 年）

飞蝗蔽天，临洮、庄浪[②]、固原、秦州、清水、秦安、礼县俱大饥。

························· 乾隆《甘肃通志》

（兰州）飞蝗蔽天。 ·······················道光《兰州府志》

（秦州）蝗飞蔽天。 ·················光绪《重纂秦州直隶州新志》

七月，秦安县飞蝗蔽天，大伤禾苗，无收，民饥。 ··········《秦安县志》

七月，清水飞蝗蔽天，禾苗无存，民饥。 ··············《清水县志》

秋七月，（张家川）飞蝗蔽天，大伤禾苗，无收，民饥。

·······················《张家川回族自治县志》

（陇西）飞蝗蔽天。 ·························《陇西县志》

临洮府旱，飞蝗蔽天，伤禾苗，民大饥，人相食。康乐蝗。 ····《康乐县志》

（礼县）蝗虫蔽天，大饥。 ······················《礼县志》

是年，（平凉）飞蝗蔽天，岁大饥，民食草木，人相食。 ········《平凉市志》

---

① 阶州：旧州名，治所在今甘肃陇南武都区。

② 庄浪：旧卫名，治所在今甘肃永登。

67. 明嘉靖十一年（1532 年）

夏，庆阳大旱，蝗飞蔽天。 …………………………… 乾隆《甘肃通志》

（庆阳）蝗。 …………………………………… 乾隆《庆阳府志》

夏，（庆阳）大旱，蝗飞蔽天。 …………………… 民国《庆阳县志》

（宁县）大旱，飞蝗盈野，害稼成灾，民饥。 ………………《宁县志》

真宁蝗灾。 ……………………………………………………《正宁县志》

夏，（华池）大旱，蝗虫群飞，遮天蔽日。 ………………《华池县志》

（环县）蝗灾。 ………………………………………………《环县志》

68. 明嘉靖十三年（1534 年）

是年，蝗从嘉峪关西来，至肃州蔽天。 ………… 光绪《甘肃新通志》

（酒泉）蝗大起，伤禾甚。 ………………………………《酒泉市志》

蝗从嘉峪关西来，至肃州蔽日，免田粮四分。 ……… 乾隆《重修肃州新志》

（玉门）蝗，蔽日而过。 …………………………………《玉门市志》

69. 明嘉靖三十二年（1553 年）

肃州大蝗起，兵备副使祷于南坛，蝗飞去关西，未伤稼。

………………………………………………… 光绪《甘肃新通志》

（酒泉）大蝗起，禾苗殆尽。 ………………………………《酒泉市志》

（肃州）蝗大起，飞去关西，未伤禾稼。 ……… 乾隆《重修肃州新志》

70. 明嘉靖三十八年（1559 年）

庄浪县螟螣食稼几尽。 ……………………… 光绪《甘肃新通志》

71. 明嘉靖三十九年（1560 年）

甘肃蝗，严重大发生。 ……………《中国东亚飞蝗蝗区的研究》

72. 明崇祯元年（1628 年）

秋，（康县）蝗。 …………………………………………《康县志》

73. 明崇祯七年（1634 年）

秋，陕西①全省蝗。 ……………………… 光绪《甘肃新通志》

秋，（甘肃）全省飞蝗遍野，大饥。榆中蝗。 …………………《榆中县志》

秋，陕西各州县蝗，大饥。秦州蝗。 ……… 光绪《重纂秦州直隶州新志》

秋，阶州及文县蝗灾，大饥。 ……………………………《武都县志》

秋，（康县）蝗，大饥。 …………………………………《康县志》

---

① 陕西时辖甘肃东南部。

秋，陕西全省蝗灾。华池蝗。 ………………………………………《华池县志》

74. 明崇祯八年（1635 年）

（会宁）飞蝗遍野。 ………………………………………… 道光《会宁县志》

75. 明崇祯九年（1636 年）

九月旱，（泾川）蝗虫为害。 ………………………………………《泾川县志》

76. 明崇祯十年（1637 年）

七月，宁夏、平凉飞蝗蔽天，禾谷立尽。 …………… 道光《甘肃通志》

（清水）旱蝗。 …………………………………………… 乾隆《清水县志》

（平凉）飞蝗蔽天，禾谷立尽。 ……………………………………《平凉市志》

秋七月，（灵台）蝗自东南来，其飞蔽天，遗尿如雨，所到处谷禾立尽。

………………………………………………… 民国《重修灵台县志》

（静宁）旱，飞蝗蔽天，所至秋禾立尽。 ……………………《静宁县志》

77. 明崇祯十一年（1638 年）

灵台、庄浪、环县、河西蝗蝻食禾。 ………………… 光绪《甘肃新通志》

春二月，（灵台）蝗，有子名曰蝻，势如流水，食麦民饥。秋，蝻成蝗，食

谷禾。 ………………………………………… 民国《重修灵台县志》

环县飞蝗蔽天，饲食田苗几尽。 …………………… 乾隆《庆阳府志》

（环县）蝗灾，田禾被食一空。 ……………………………………《环县志》

河西诸郡蝗虫食禾，势如流水，灾甚。武威蝗。 ………………《武威市志》

（民勤）蝗灾。 ………………………………………………………《民勤县志》

（永昌）蝗食禾殆尽。 ………………………………………………《永昌县志》

河西（玉门）诸郡蝗蝻食禾，势如流水，禾苗殆尽。 …………《玉门市志》

78. 明崇祯十二年（1639 年）

是年，秦州属县蝗，官民捕之，禾苗得以无害。 ……… 光绪《甘肃新通志》

（张家川）蝗灾。 ………………………………………《张家川回族自治县志》

（静宁）旱蝗成灾，民饥。 …………………………………………《静宁县志》

（庆阳）飞蝗蔽天，落地如冈阜。 …………………… 乾隆《庆阳府志》

（正宁）飞蝗蔽天，落地如冈阜。 …………………………………《正宁县志》

（环县）蝗灾，田禾被食一空。 ……………………………………《环县志》

79. 明崇祯十三年（1640 年）

庆阳飞蝗蔽天。 …………………………………………… 乾隆《甘肃通志》

是年，平、庆等处蝗飞蔽天，落地如冈阜。 …………… 光绪《甘肃新通志》

秦州属县旱蝗，巡道率民捕之，禾苗无害。 …… 光绪《重纂秦州直隶州新志》

（清水）旱蝗为灾。 ……………………………………………《清水县志》

五月，陕西大旱，蝗灾，庄稼无收，人相食。泾川蝗。 ………《泾川县志》

（静宁）旱蝗成灾，大饥。 ………………………………………《静宁县志》

（庆阳）飞蝗蔽天，落地如冈阜。 ………………………乾隆《庆阳府志》

（庆阳）蝗飞蔽天，落地如冈阜，岁大饥，人民十死八九，有易子而食者。

　　…………………………………………………………民国《庆阳县志》

宁州大旱，飞蝗蔽野，落地如冈阜。 ……………………………《宁县志》

（正宁）飞蝗蔽天，落地如冈阜。 ………………………………《正宁县志》

平凉、庆阳等处蝗飞蔽天，落地如冈阜，全陕大饥，人民十死八九，有易子
　　而食者。华池蝗。 …………………………………………《华池县志》

（合水）大旱，蝗飞蔽天，落地如冈阜，有易子而食者。

　　…………………………………………………………乾隆《合水县志》

80. 明崇祯十四年（1641 年）

伏羌①县飞蝗蔽天。 ……………………………………光绪《甘肃新通志》

（甘肃）全省蝗虫成灾。榆中蝗。 ………………………………《榆中县志》

（甘谷）飞蝗蔽日。 ………………………………………………《甘谷县志》

（伏羌）飞蝗蔽日。 ………………………………………乾隆《伏羌县志》

张家川蝗虫灾重，人相食。 ……………………《张家川回族自治县志》

全省大旱，复又蝗害。康乐蝗。 ………………………………《康乐县志》

（甘肃）全省大旱，蝗虫成灾。临潭蝗。 ………………………《临潭县志》

全省旱，蝗成灾重。 ……………………………………………《武都县志》

（平凉）旱蝗，成重灾。 ………………………………………《平凉市志》

（静宁）旱蝗成灾，民大饥，人相食，甚至有父子、夫妇相食者，十室九空，
　　城外积尸如山。 …………………………………………《静宁县志》

（庆阳）飞蝗蔽天，落地如冈阜。 ………………………乾隆《庆阳府志》

（正宁）飞蝗蔽天，落地如冈阜。 ………………………………《正宁县志》

（环县）蝗灾。 ……………………………………………………《环县志》

（会宁）蝗旱，大饥。 …………………………………………《会宁县志》

（山丹）蝗虫成灾，重。 ………………………………………《山丹县志》

---

① 伏羌：旧县名，治所在今甘肃甘谷。

81. 明崇祯十七年（1644 年）

甘肃蝗从中卫东来，部分蝗西飞边界，食莎草尽。

·····································《中国历代蝗患之记载》

六、清代蝗灾

82. 清顺治三年（1646 年）

夏，蝗自中卫东来，飞蔽天日，不落田间，有飞过边墙者，边外数十里沙草
尽，而中卫田禾不伤。·····················光绪《甘肃新通志》

（庆阳）蝗。·····························乾隆《庆阳府志》

（庆阳）蝗。·····························民国《庆阳县志》

真宁蝗灾。·······························《正宁县志》

（华池）蝗灾。···························《华池县志》

（合水）飞蝗如前，不大为害。···············乾隆《合水县志》

（环县）蝗灾。·····························《环县志》

83. 清顺治四年（1647 年）

泾州及庄浪卫等处飞蝗食苗稼。···············光绪《甘肃新通志》

庄浪卫飞蝗遍野，食苗稼几尽。·················《永登县志》

（平凉）飞蝗食稼。·························《平凉市志》

（泾川）飞蝗遍野，庄稼全被吃光。·············《泾川县志》

（镇原）飞蝗遍野，食禾殆尽。···············道光《镇原县志》

84. 清乾隆三年（1738 年）

平番县蝗灾，民饥。·························《永登县志》

85. 清乾隆二十三年（1758 年）

秋，（合水）蝥。·························乾隆《合水县志》

86. 清道光十年（1830 年）

三月，南风微起，（灵台）有飞蝗随风黑如云，落地密似雨，次日遗子而去。
是年，蝗食麦苗，仅收种子。·············民国《重修灵台县志》

87. 清道光十七年（1837 年）

甘肃金州[①]等十三州县蝗灾。·············《清史稿·宣宗本纪》

---

① 金州：旧州、县名，治所在今甘肃榆中。

88. 清咸丰七年（1857 年）

秦州、巩昌①府属大旱蝗。武山蝗。·················《武山县志》

（清水）大旱，蝗成灾，民饥。·················《清水县志》

（张家川）大旱，蝗成灾。·············《张家川回族自治县志》

狄道沙泥州判均蝗，伤害禾稼。临洮蝗。·······《临洮县志》

秦州、巩昌属县蝗灾。陇西蝗。·················《陇西县志》

秦州及巩昌府属县大旱蝗。临潭蝗。···········《临潭县志》

（会宁）旱、雹、蝗成灾，岁大饥。···········《会宁县志》

89. 清同治元年（1862 年）

秋七月，狄道大旱蝗，巩、秦属亦蝗。········光绪《甘肃新通志》

七月，秦州蝗。·············光绪《重纂秦州直隶州新志》

秋七月，（甘谷）飞蝗蔽天，大伤禾稼。········《甘谷县志》

七月，（伏羌）飞蝗蔽天，伤禾稼。·······同治《续伏羌县志》

七、八月，（武山）飞蝗蔽天，秋禾食尽。·······《武山县志》

秋七月，（张家川）大旱，蝗成灾。·····《张家川回族自治县志》

秋，狄道蝗，大伤田禾。·····················《临洮县志》

三月，（陇西）飞蝗自东往西漫天蔽野而来，捕治愈多，飞落田间，禾苗皆
尽。秋七月，巩昌、秦州蝗。···········《陇西县志》

七月，狄道大旱，复遭蝗灾。康乐蝗。·········《康乐县志》

巩昌府所属县蝗。临潭蝗。···················《临潭县志》

90. 清同治二年（1863 年）

秋，（皋兰）县南山及灵台、阶州等处多蝗。·······光绪《甘肃新通志》

七月，（皋兰）南山多蝗。·············光绪《重修皋兰县志》

秋七月，阶州属县蝗害，伤禾甚重。武都蝗。·······《武都县志》

秋，（康县）蝗蔽天，落地食草木叶皆尽。·········《康县志》

（灵台）蝗。·······················民国《重修灵台县志》

91. 清同治四年（1865 年）

三月，宁远②、清水蝗。·················光绪《甘肃新通志》

三月，清水蝗。·············光绪《重纂秦州直隶州新志》

---

① 巩昌：旧府名，治所在今甘肃陇西。

② 宁远：旧县名，治所在今甘肃武山。

三月，宁远蝗灾，伤禾严重。 ·························《武山县志》

三月，(张家川) 蝗灾，伤禾重。 ···········《张家川回族自治县志》

92. 清同治五年（1866 年）

夏，静宁南乡一带蝗害稼。 ············· 光绪《甘肃新通志》

夏，(静宁) 蝗虫成灾，南乡尤甚，禾歉收。 ·········《静宁县志》

93. 清同治九年（1870 年）

忽有蝇蟆蔽日而过，遗子化为绿蝗，集啮麦苗，麦歉收。

·························· 民国《重修灵台县志》

94. 清光绪三年（1877 年）

夏，安化①旱蝗。 ····················《清史稿·灾异志》

是年，安化蝗飞蔽天。 ·············· 光绪《甘肃新通志》

(庆阳) 蝗飞蔽天。 ················· 民国《庆阳县志》

(华池) 蝗飞蔽天。 ··················《华池县志》

六月，(民勤) 飞蝗蔽天，飞入柳村湖大东岔，时夏麦甫熟，秋禾尚未结实，

人皆惶恐，无所为计，典史带领各渠坝乡民一体捕捉，有乌鸦万千结阵群

飞空中，长数里，迎蝗排出，翅挞喙啄，纷纷坠地。 ········《民勤县志》

四月，(临泽) 大旱，蝗虫遍野，伤稼。 ·········· 民国《临泽县志》

95. 清光绪四年（1878 年）

安定蝗蝻萌生。 ····················《定西县志》

96. 清光绪五年（1879 年）

(定西) 蝗蝻萌生。 ··················《定西县志》

97. 清光绪七年（1881 年）

夏，飞蝗自中卫东来，几蔽天日，落沙边湖中水草之上，未伤禾稼。

························· 光绪《甘肃新通志》

98. 清光绪八年（1882 年）

是年，古浪蝗害稼。 ··············· 光绪《甘肃新通志》

(民勤) 蝗虫为害，有白鸦驱之。 ··········《民勤县志》

秋，(古浪) 蝗虫害稼。 ···············《古浪县志》

99. 清光绪十四年（1888 年）

(秦州) 有螽食禾及蔬。 ······· 光绪《重纂秦州直隶州新志》

---

① 安化：旧县名，治所在今甘肃庆阳。

100. 清光绪三十三年（1907 年）

五月，山丹县东南硖口老军寨诸处蝗食禾殆尽，其蝻暮地寸许。

.... 光绪《甘肃新通志》

五月，（山丹）蝗虫食禾稼殆尽，蝻积地厚尺许。.............《山丹县志》

七、民国时期蝗灾

101. 民国二十七年（1938 年）

八月，（张家川）龙山镇蝗，数日密集满野，田苗遭食。

....《张家川回族自治县志》

102. 民国三十四年（1945 年）

古浪王府沟一带发生蝗虫灾害，遍山遍地是蝗虫，走路无放足地，1 000 亩地被吃光。是年，裴家营的中川和新堡的崖头一带亦发生蝗灾，几天之内把庄稼吃光。...《古浪县志》

103. 民国三十六年（1947 年）

甘肃（甘南）旱、雹、水、蝗成灾。.....................《甘南州志》

第十五章
江西省历史蝗灾

一、唐前时期蝗灾

1. 西汉永光二年（前42年）

临川蝗虫为患。 ···《临川县志》

2. 东汉建武二十四年（48年）

九江大蝗。 ···光绪《江西通志》

九江飞蝗遍野，宋均为守，蝗悉出境。 ···············同治《九江府志》

九江飞蝗遍野，宋均为守，蝗出境。 ···················同治《德化县志》

（湖口）大蝗，时宋均为九江守，蝗至九江者辄飞去。 ······同治《湖口县志》

3. 东汉永平十八年（75年）

豫章①蝗，谷不收，民饥死县数千百人。 ···············光绪《江西通志》

豫章遭蝗，谷不收，民饥死县数千百人。 ·····················《南昌市志》

豫章遭蝗，谷不收，民饥死县数千百人。 ···············同治《南昌府志》

豫章发生蝗灾，稻谷没有收成，人民饿死者达数千人。 ···········《南昌县志》

豫章大蝗灾，谷不收，民饥死数千百十人。 ···············《南昌市郊区志》

豫章蝗，谷不收，民饥死每县几数千百人。 ···················《新建县志》

（奉新）蝗灾严重，谷物多无收成，饿死数千人。 ···············《奉新县志》

豫章蝗，谷不收，民饥死，县数千百人。奉新蝗。 ········同治《奉新县志》

---

① 豫章：旧郡名，治所在今江西南昌。

4. 东汉永兴二年（154 年）

(江西) 蝗，大饥。 ·· 光绪《江西通志》

5. 东汉延熹九年（166 年）

扬州六郡①连水、旱、蝗害。豫章蝗。 ····················· 《后汉书·五行志》

6. 西晋永兴二年（305 年）

豫章蝗，大饥。 ···································· 《南昌市志》

(南昌府) 蝗，大饥。 ·································· 同治《南昌府志》

(南昌) 蝗灾，饥荒严重。 ···························· 《南昌县志》

(新建) 蝗，大饥。 ································· 《新建县志》

(弋阳) 蝗灾。 ·································· 《弋阳县志》

(波阳) 蝗，饥。 ································· 《波阳县志》

7. 东晋大兴二年（319 年）

五月，江西诸郡蝗。 ······························· 《晋书·五行志》

夏五月，(江西) 蝗。 ·························· 光绪《江西通志》

夏五月，豫章蝗。 ···························· 《南昌市志》

夏五月，(南昌) 蝗。 ························· 同治《南昌府志》

五月，(南昌) 蝗灾。 ·························· 《南昌县志》

夏五月，(新建) 蝗。 ·························· 《新建县志》

夏五月，(义宁②) 蝗。 ······················· 同治《义宁州志》

夏五月，(武宁) 蝗。 ·························· 《武宁县志》

临川郡蝗。 ······························· 光绪《抚州府志》

五月，(安福) 蝗虫成灾。 ····················· 《安福县志》

8. 东晋大兴三年（320 年）

五月，江西诸郡蝗。 ···························· 《宋书·五行志》

(抚州) 蝗灾。 ······························ 《抚州市志》

9. 东晋太元六年（381 年）

飞蝗从南来，集江州③界，害苗稼。 ················ 同治《九江府志》

五月，(德化④) 飞蝗从南来，集堂邑县，害苗稼。 ········ 同治《德化县志》

---

① 扬州六郡含豫章郡。

② 义宁：旧州名，1914 年改名修水县。

③ 江州：旧州名，治所在今江西九江。

④ 德化：旧县名，1914 年改名九江县，治所在今江西九江市柴桑区。

10. 南朝宋元嘉八年（431 年）

五月，（波阳）蝗。 ··《波阳县志》

11. 南朝陈永定二年（558 年）

吴州①蝗旱。 ···《陈书·高祖本纪》

12. 南朝陈永定三年（559 年）

四月，（波阳）旱蝗，饥。 ··································《波阳县志》

二、唐代蝗灾

13. 唐长庆三年（823 年）

秋，洪州②旱，螟蝗害稼八万顷。

···《旧唐书·五行志》

秋，洪州旱，螟蝗害稼八万顷。 ·········· 光绪《江西通志》

秋，洪州蝗害稼八万顷。 ····················《南昌市志》

秋，洪州螟蝗害稼八万顷。 ··········· 同治《南昌府志》

秋，洪州螟虫、蝗虫损害庄稼八万顷。 ·········《南昌县志》

秋，洪州螟蝗害稼八万顷。 ················《新建县志》

（武宁）螟蝗害稼。 ·························《武宁县志》

秋，洪州螟蝗害稼八万顷。奉新蝗。 ·········同治《奉新县志》

秋，洪州螟蝗害稼八百顷。 ·········· 同治《丰城县志》

三、宋代蝗灾

14. 宋绍兴二十九年（1159 年）

九月，诏：江西民田为螟腾损稻，其租赋皆蠲之。 ······《续资治通鉴·宋纪》

15. 宋乾道三年（1167 年）

是岁，江东西路③蝗，振之。 ··················《宋史·孝宗本纪》

16. 宋淳熙七年（1180 年）

（江西）大旱蝗，民饥。 ··················· 光绪《江西通志》

---

① 吴州：旧州名，治所在今江西波阳。

② 洪州：旧州名，治所在今江西南昌。

③ 江东西路：指江南东路和江南西路（治所在今江西南昌）。

(奉新) 大旱蝗，民饥。 ························· 同治《奉新县志》

(高安) 蝗灾。 ······························· 《高安县志》

17. 宋嘉定元年 （1208 年）

(抚州) 蝗灾。 ····························· 《抚州市志》

(抚州) 大蝗。 ······················· 光绪《抚州府志》

(临川) 大面积蝗虫为害。 ··················· 《临川县志》

(金溪) 大蝗。 ····························· 《金溪县志》

18. 宋嘉定八年 （1215 年）

是岁，江东西路旱蝗。 ················《宋史·宁宗本纪》

19. 宋嘉定十年 （1217 年）

九月，宁都蝗。 ························ 乾隆《赣州府志》

九月，(宁都) 蝗虫害稼。 ··················· 《宁都县志》

20. 宋嘉定十四年 （1221 年）

(吉安) 蝗灾。 ····························· 《吉安县志》

(遂川) 旱蝗，大饥。 ······················· 《遂川县志》

21. 宋嘉熙四年 （1240 年）

夏六月，江西大旱蝗。 ················· 光绪《江西通志》

(弋阳) 蝗灾。 ····························· 《弋阳县志》

(波阳) 旱，蝗虫为害。 ····················· 《波阳县志》

(上高) 蝗灾甚烈。 ························· 《上高县志》

(高安) 蝗灾。 ····························· 《高安县志》

夏六月旱，(吉安) 蝗灾。 ··················· 《吉安市志》

夏六月，(吉安) 大旱蝗。 ··············· 光绪《吉安府志》

六月旱，(吉安) 蝗灾。 ····················· 《吉安县志》

六月，(安福) 旱蝗。 ··················· 同治《安福县志》

六月，(遂川) 大旱蝗。 ····················· 《遂川县志》

22. 宋淳祐五年 （1245 年）

(浮梁) 蝗食禾及松竹叶。 ··············· 道光《浮梁县志》

(乐平) 蝗，禾穗及松竹叶皆食尽。 ········· 同治《乐平县志》

(饶州①) 蝗食禾穗及松竹叶。 ··········· 同治《饶州府志》

---

① 饶州：旧府名，治所在今江西波阳。

843

（波阳）蝗食禾穗及松竹叶。 ···《波阳县志》

四、元代蝗灾

23. 元至元十七年（1280 年）

赣州蝗。 ···乾隆《赣州府志》

赣州蝗。 ···同治《定南厅志》

24. 元元贞二年（1296 年）

夏六月，泰和州蝗。 ···光绪《江西通志》

（吉安）蝗害。 ···《吉安市志》

（吉安府）蝗。 ···光绪《吉安府志》

（吉安）蝗害。 ···《吉安县志》

（泰和）蝗灾。 ···《泰和县志》

25. 元大德七年（1303 年）

龙兴①路蝗，饥。 ···《南昌市志》

（南昌）蝗，饥。 ···同治《南昌府志》

五月，（南昌）蝗灾，发生饥荒。 ·······························《南昌县志》

夏五月，龙兴路蝗，饥。 ···《新建县志》

六月，（星子）蝗害。 ···《星子县志》

（高安）蝗虫成灾，百姓大饥。 ···································《高安县志》

26. 元大德九年（1305 年）

六月，龙兴路蝗灾。 ···《南昌市志》

六月，龙兴路蝗灾。 ···《南昌县志》

夏六月，龙兴蝗。奉新蝗。 ···································同治《奉新县志》

27. 元大德十年（1306 年）

六月，龙兴、南康②诸郡蝗。 ·································《元史·成宗本纪》

夏六月，龙兴、南康蝗。 ·····································光绪《江西通志》

六月，龙兴路蝗灾。 ···《南昌市志》

龙兴路蝗。 ···同治《南昌府志》

---

① 龙兴：元路名，治所在今江西南昌。
② 南康：元路名，治所在今江西星子。

六月，龙兴路蝗灾。 ......《南昌县志》

夏六月，龙兴蝗。 ......《新建县志》

夏六月，（南康）蝗。 ......同治《南康府志》

（星子）蝗虫害稼。 ......《星子县志》

婺源蝗灾。 ......《上饶地区志》

（婺源）蝗灾，饥荒。 ......《婺源县志》

夏六月，龙兴路蝗。丰城蝗。 ......同治《丰城县志》

28. **元大德十一年**（1307 年）

婺源蝗灾。 ......《上饶地区志》

（婺源）蝗灾，饥荒。 ......《婺源县志》

29. **元至治元年**（1321 年）

赣州临江霖雨、潦、蝗相继。 ......乾隆《赣州府志》

（兴国）水灾、蝗灾相继发生，百姓大饥。 ......《兴国县志》

30. **元元统二年**（1334 年）

八月，南康路诸县旱蝗，民饥。 ......《元史·顺帝本纪》

五、明代蝗灾

31. **明洪武二十四年**（1391 年）

江西吉安府龙泉①县旱蝗。 ......《明实录·太祖实录》

32. **明永乐元年**（1403 年）

饶州蝗灾，民大饥。 ......《上饶地区志》

秋，（波阳）旱蝗。 ......《波阳县志》

秋，（饶州）旱蝗，民大饥。 ......同治《饶州府志》

33. **明永乐九年**（1411 年）

贵溪螟蝗害稼，知县祷于鸣山，蝗灭。 ......同治《广信府志》

（贵溪）螟蝗害稼。 ......《贵溪县志》

34. **明宣德九年**（1434 年）

（鹰潭）旱蝗。 ......《鹰潭市志》

（贵溪）旱蝗。 ......《贵溪县志》

---

① 龙泉：旧县名，治所在今江西遂川。

35. 明正统十二年（1447 年）

江西新昌、高安、上高旱，蝗灾。 ……………………………《明实录·英宗实录》

36. 明嘉靖五年（1526 年）

七月，进贤蝗灾。 …………………………………………………《南昌市志》

七月，南昌府蝗。 ……………………………………… 同治《南昌府志》

七月，进贤蝗。 ………………………………………… 同治《进贤县志》

37. 明嘉靖十一年（1532 年）

夏，建昌①蝗。 ……………………………………… 光绪《江西通志》

七月，南昌府蝗。 …………………………………………………《南昌市志》

秋七月，（南昌）蝗。 ………………………………… 同治《南昌府志》

七月，（南昌）蝗灾。 ………………………………………………《南昌县志》

秋七月，（新建）蝗灾。 ……………………………………………《新建县志》

四月，（安义）大蝗。 ………………………………… 同治《安义县志》

建昌县大蝗，蔽日。 ………………………………… 同治《南康府志》

四月，（永修）大蝗，蔽日。 ……………………………………《永修县志》

四月，（建昌）大蝗，蔽日。 ………………………… 同治《建昌县志》

五月，婺源蝗灾，蝗飞蔽天。 ……………………………《上饶地区志》

五月，（婺源）蝗虫飞蔽天。 ……………………………………《婺源县志》

夏，建昌蝗。 ………………………………………… 同治《建昌府志》

（南城）蝗灾。 ……………………………………………………《南城县志》

（南丰）蝗虫集田间如雨，庄稼受灾。 …………………………《南丰县志》

六月，（峡江）蝗虫为灾。 …………………………………………《峡江县志》

38. 明嘉靖十二年（1533 年）

安义蝗虫为害，满空皆是。 ………………………………………《南昌市志》

奉新蝗大至，遮蔽天日，落田食谷辄尽，道院临县设法捕之，民卖炒死蝗一

石给米一石。 ………………………………………… 同治《南昌府志》

（奉新）蝗虫成灾，捕捉一担蝗虫，奖给一担大米。 ……………《奉新县志》

夏四月，十三府大水，蝗大至，遮蔽天日，落田食谷辄尽数十亩，院道临县

设法捕之，贫民捕卖炒死蝗一石给米一石。 ………… 同治《奉新县志》

秋七月，（丰城）蝗。 ………………………………… 同治《丰城县志》

---

① 建昌：旧县名，治所在今江西永修西北艾城镇。

秋七月，吉安蝗虫满野。 ………………………………… 光绪《吉安府志》

（万安）蝗灾，禾苗尽。 …………………………………… 《万安县志》

39. 明嘉靖十七年（1538 年）

（上高）飞蝗蔽天，树叶被吃光。 ………………………… 《上高县志》

40. 明嘉靖十八年（1539 年）

瑞昌大水，飞蝗蔽日。 …………………………………… 同治《瑞昌县志》

41. 明嘉靖二十四年（1545 年）

宜黄蝗食禾稼。 …………………………………………… 嘉靖《抚州府志》

42. 明万历二十年（1592 年）

（宁都）蝗蝻遍野，饥民流离。 ………………………… 《宁都县志》

43. 明万历三十八年（1610 年）

武宁大水蝗。 ……………………………………………… 同治《南昌府志》

（武宁）大水蝗。 ………………………………………… 《武宁县志》

44. 明万历四十二年（1614 年）

江西德安蝗。 …………………………………… 《中国历代蝗患之记载》

45. 明万历四十五年（1617 年）

七月，江西以及大江南北或大旱、或大水、或蝗蝻，又或水而旱、旱而
复蝗。 ………………………………………… 《明实录·神宗实录》

六、清代蝗灾

46. 清顺治十年（1653 年）

七月，（武宁）中晚稻蝗。 ……………………………… 《武宁县志》

47. 清康熙八年（1669 年）

秋，（袁州①）万载蝗。 ………………………………… 同治《袁州府志》

秋，（万载）蝗集民居，醮禳之。 ……………………… 民国《万载县志》

48. 清康熙十年（1671 年）

夏，（弋阳）蝗灾。 ……………………………………… 《弋阳县志》

（广丰）蝗旱交祲。 ……………………………………… 同治《广丰县志》

秋，（萍乡）旱蝗。 ……………………………………… 同治《萍乡县志》

---

① 袁州：旧府名，治所在今江西宜春。

（吉水）蝗灾。 ···《吉水县志》

49. **清康熙十一年** （1672 年）

泸溪①旱蝗。 ···同治《建昌府志》

蝗虫入（资溪）境，禾稼无收，民饥疫。 ··················《资溪县志》

50. **清康熙十七年** （1678 年）

七月，蝗虫入（资溪）境，禾稼遭灾。 ·····················《资溪县志》

51. **清康熙十八年** （1679 年）

泸溪有蝗。 ···同治《建昌府志》

52. **清康熙十九年** （1680 年）

夏旱，（上饶）蝗虫成灾。 ··································《上饶地区志》

夏，弋阳旱，蝗生。 ···同治《广信府志》

夏，（弋阳）蝗灾。 ···《弋阳县志》

53. **清康熙二十二年** （1683 年）

十月，（宁都）蝗蝻伤稼。 ··································《宁都县志》

54. **清康熙三十八年** （1699 年）

（瑞昌）蝗灾。 ···《瑞昌县志》

55. **清康熙四十二年** （1703 年）

（莲花）蝗虫为害。 ···《莲花县志》

56. **清雍正元年** （1723 年）

永丰②县蝗虫伤稼。 ···《上饶地区志》

永丰蝗虫害稼。 ···同治《广信府志》

57. **清乾隆十三年** （1748 年）

南昌蝗灾。 ···《南昌市志》

58. **清乾隆十四年** （1749 年）

（余江）蝗灾。 ···《余江县志》

59. **清乾隆十五年** （1750 年）

南昌蝗害稼。 ···《南昌市志》

（余江）蝗灾。 ···《余江县志》

---

① 泸溪：旧县名，治所在今江西资溪。
② 永丰：旧县名，治所在今江西广丰。

60. **清乾隆十六年**（1751 年）

南昌市近郊蝗灾，禾尽死。 ·················《南昌市郊区志》

（余江）连遭蝗灾。 ·····················《余江县志》

61. **清乾隆二十年**（1755 年）

秋七月，都昌螽害稼。 ················ 同治《都昌县志》

62. **清乾隆三十八年**（1773 年）

（宜丰）有蝗虫飞集各山，驱之不散，食竹叶殆尽。 ·······《宜丰县志》

63. **清乾隆四十年**（1775 年）

八月，奉新螽伤稼。 ················ 同治《南昌府志》

（奉新）螽伤稼。 ················· 同治《奉新县志》

64. **清嘉庆四年**（1799 年）

七月，蝗虫入（九江）境，湖口、彭泽禾稼多伤。 ······ 同治《九江府志》

七月，蝗虫入（德化）境。 ············· 同治《德化县志》

七月，蝗虫入（湖口）境，中、下二乡禾稼多伤。 ····· 同治《湖口县志》

65. **清嘉庆十五年**（1810 年）

秋，江西清江蝗灾，伤稼。 ··········《中国历代蝗患之记载》

66. **清道光元年**（1821 年）

新城①蝗，大饥。 ················· 同治《建昌府志》

秋，（黎川）蝗虫损害庄稼，大饥。 ··········《黎川县志》

67. **清道光六年**（1826 年）

七月，（黎川）蝗虫损害庄稼。 ············《黎川县志》

68. **清道光十四年**（1834 年）

（崇仁）旱，飞蝗遍野，各富户捐款设局收买蝗虫，投沸水煮死，蝗渐少。

·····························《崇仁县志》

新城蝗。 ····················· 同治《建昌府志》

秋，（黎川）蝗虫损害庄稼，大饥。 ··········《黎川县志》

69. **清道光十五年**（1835 年）

八月，玉山蝗。 ················《清史稿·灾异志》

大旱蝗，饥。 ················· 光绪《江西通志》

安义飞蝗蔽天，伤稼；南昌蝗，民饥。 ········《南昌市志》

---

① 新城：旧县名，1914 年改名今江西黎川县。

秋七月，南昌府属县旱蝗，民饥，豁免钱粮。⋯⋯⋯⋯ 同治《南昌府志》

六月，（南昌）蝗蝻。八月中秋夜晚，蝗群聚飞集，天空被遮住月亮，该年
　　大旱，人民饿死很多。⋯⋯⋯⋯⋯⋯⋯⋯⋯⋯⋯⋯⋯⋯《南昌县志》

夏，建昌、安义旱蝗。⋯⋯⋯⋯⋯⋯⋯⋯⋯⋯⋯ 同治《南康府志》

夏六月，（新建）蝗蝻生。八月中秋，群飞蔽天，掩月光芒，久之，值大雨
　　始死。⋯⋯⋯⋯⋯⋯⋯⋯⋯⋯⋯⋯⋯⋯⋯⋯⋯⋯《新建县志》

八月，（进贤）蝗虫遍野，飞蔽天日。⋯⋯⋯⋯⋯ 同治《进贤县志》

（安义）飞蝗蔽天，伤稼。⋯⋯⋯⋯⋯⋯⋯⋯⋯⋯ 同治《安义县志》

（九江）大旱蝗。⋯⋯⋯⋯⋯⋯⋯⋯⋯⋯⋯⋯⋯ 同治《九江府志》

（德化）大旱蝗。⋯⋯⋯⋯⋯⋯⋯⋯⋯⋯⋯⋯⋯ 同治《德化县志》

（永修）蝗灾。⋯⋯⋯⋯⋯⋯⋯⋯⋯⋯⋯⋯⋯⋯⋯⋯《永修县志》

夏，（建昌）旱蝗。⋯⋯⋯⋯⋯⋯⋯⋯⋯⋯⋯⋯ 同治《建昌县志》

秋，（湖口）蝗为灾，民多流亡。⋯⋯⋯⋯⋯⋯⋯ 同治《湖口县志》

秋，（瑞昌）蝗为灾。⋯⋯⋯⋯⋯⋯⋯⋯⋯⋯⋯⋯⋯⋯《瑞昌县志》

八月，蝗自建昌入（武宁）境，蔓延遍野，知县率兵役出捕，复捐俸募民穴
　　地火攻，弥旬不灭。⋯⋯⋯⋯⋯⋯⋯⋯⋯⋯⋯⋯⋯《武宁县志》

至七月不雨，（景德镇）蝗虫食禾。⋯⋯⋯⋯⋯⋯⋯《景德镇市志》

至七月未下雨，（浮梁）蝗虫食禾。⋯⋯⋯⋯⋯⋯⋯⋯《浮梁县志》

（乐平）旱蝗，岁饥。⋯⋯⋯⋯⋯⋯⋯⋯⋯⋯⋯⋯ 同治《乐平县志》

九月，安仁①蝗患，飞蔽天日，不见天日，作物尽食。⋯⋯⋯《鹰潭市志》

至九月大旱，（安仁）蝗虫起，飞蔽天日，食禾粟殆尽，民间张灯以禳之。
　　⋯⋯⋯⋯⋯⋯⋯⋯⋯⋯⋯⋯⋯⋯⋯⋯⋯⋯ 同治《安仁县志》

秋，（贵溪）螟蝗害稼。⋯⋯⋯⋯⋯⋯⋯⋯⋯⋯⋯⋯⋯《贵溪县志》

九月，（余江）蝗虫为患，成群蔽天，农作物食尽。⋯⋯⋯⋯《余江县志》

秋，广信②府蝗虫害稼。七月，楚北蝗虫渡江来饶州府，声如潮涌，食禾苗、
　　蔬菜、竹木叶俱尽，岁大饥。⋯⋯⋯⋯⋯⋯⋯⋯⋯《上饶地区志》

六月，有蝗虫自楚北渡江至鄱阳，声如潮涌，蝗虫再由鄱阳、万年蔓延至余
　　干，庄稼、蔬菜、松竹叶被蝗虫食尽，晚稻和秋作绝收，成为特大蝗虫
　　灾害。⋯⋯⋯⋯⋯⋯⋯⋯⋯⋯⋯⋯⋯⋯⋯⋯⋯⋯《上饶地区志》

---

① 安仁：旧县名，治所在今江西余江东北锦江镇。
② 广信：旧府名，治所在今江西上饶。

秋，（广信府）蝗害稼。 …………………………………… 同治《广信府志》

七月，（弋阳）城郊、湖山、湾里蝗虫遍野。 ………………………《弋阳县志》

夏旱，（德兴）并发蝗蝻，收成大减。 ……………………………《德兴县志》

秋旱，（万年）飞蝗遍野，受灾。 …………………………………《万年县志》

闰六月，蝗蝻由鄱阳、万年蔓延入（余干）境，庄稼、蔬菜、松竹叶食尽，
晚稻及秋作无收。 ……………………………………………《余干县志》

七月，（饶州）有蝗自楚北渡江来，声如浪涌，所至禾苗、菜蔬、松竹叶皆
尽，大饥。 …………………………………………… 同治《饶州府志》

（抚州）郡境蝻生满山谷，至次年三月尽死。 ………… 光绪《抚州府志》

（崇仁）旱，飞蝗遍野，各富户捐款设局收买蝗虫，投沸水煮死，蝗渐少。
………………………………………………………………《崇仁县志》

八月，（宜黄）蝗虫蔽日漫天，咬食田禾，邑侯亲往各乡督用旗锣鼓炮惊驱
捕蝗法，蝗乃息。 …………………………………… 同治《宜黄县志》

南城蝗。 ……………………………………………………… 同治《建昌府志》

七月，（南城）蝗灾。 ………………………………………………《南城县志》

（金溪）飞蝗食禾。 …………………………………………………《金溪县志》

五月旱，（东乡）初生蝗虫漫山遍谷，次年三月死尽。 ……………《东乡县志》

（临江①）蝗，饥。 ………………………………………… 同治《临江府志》

秋，（奉新）螽。 …………………………………………… 同治《奉新县志》

夏旱，（上高）蝗灾，庄稼无收。 …………………………………《上高县志》

八月，（清江）蝗，饥。 …………………………………… 同治《清江县志》

六月，（丰城）蝗，大饥，饿殍载道。 …………………… 同治《丰城县志》

70. 清道光十六年（1836 年）

南昌府旱，蝗灾。 ……………………………………………………《南昌县志》

瑞昌飞蝗蔽日。 ………………………………………………………《九江市志》

秋，瑞昌飞蝗蔽日。 ………………………………………… 同治《九江府志》

（德化）旱蝗。 ……………………………………………… 同治《德化县志》

建昌蝗更甚，邑令率民捕治，六月，有黑翼白腹之鸟翔集成群，啄而食之，
蝗渐消灭。 …………………………………………… 同治《南康府志》

（永修）蝗灾更甚，邑侯谕民扑治，六月，有黑翼白腹之鸟成群啄食之，蝗

---

① 临江：旧府名，治所在今江西樟树市西南临江镇。

虫渐灭。 ···《永修县志》

(建昌) 蝗更甚, 邑侯谕民捕治, 六月, 有黑翼白腹之鸟翔集成群, 啄而食之, 蝗渐消灭。 ·································· 同治《建昌县志》

秋, (瑞昌) 蝗蔽日, 禾尽食。 ·······················《瑞昌县志》

春, (乐平) 有蝻孳生。 ······················ 同治《乐平县志》

春, 饶州多蝗。四月雨, 蝗始止, 死蝗遍地。 ·········《上饶地区志》

(弋阳) 蝗虫猖獗, 按察使募人捕捉, 蝗灾始灭。 ·····《弋阳县志》

春, (余干) 令收蝗蝻遗种, 邑绅捐资收买, 不为灾。 ·· 同治《余干县志》

夏四月, (波阳) 多蝗, 大雨, 蝗乃死。 ···········《波阳县志》

春, (饶州府) 多蝗, 知府出钱募民捕蝗, 复迎刘猛将军神祷焉, 四月雨, 蝗乃死。 ························· 同治《饶州府志》

春, (宜黄) 蝗复如是。 ······················ 同治《宜黄县志》

71. 清道光十七年 (1837 年)

夏末, 江西建昌发生蝗灾多年, 官民不捕, 有黑翅白腹鸟食之尽。

·································《中国历代蝗患之记载》

72. 清道光二十六年 (1846 年)

三月, 弋阳蝗虫猖獗, 人心波动, 按察使令知县募民捕蝗, 按量计价, 蝗灭平息。 ····························《上饶地区志》

73. 清咸丰三年 (1853 年)

七月, (莲花) 蝗虫伤害庄稼。 ·····················《莲花县志》

春, (万安) 有绿虫如蝗者遍野, 伤禾。 ···········《万安县志》

74. 清咸丰五年 (1855 年)

(瑞昌) 旱, 蝗灾。 ·····························《瑞昌县志》

75. 清咸丰六年 (1856 年)

秋, 南昌府蝗, 飞集田间如雨, 饥民多取而食, 蝻子遗地下, 团如粟, 民于冬月掘之, 多者数十斛。 ·················《南昌市志》

秋, (南昌府) 大旱, 蝗飞集田间如雨, 民多取食之。 ····· 同治《南昌府志》

(南昌) 蝗蝻像下雨一般飞集田间, 很多饥民都将它捉来吃, 或用来饲养鸡猪。 ·····························《南昌县志》

秋, 近郊与南昌、新建两县大旱, 蝗灾, 蝗飞集田间如雨, 饥民多取而食, 或饲猪、鸡, 蝻子遗地下, 团如粟, 民于冬月掘之, 多者数十斛。

·································《南昌市郊区志》

秋，（新建）大旱，蝗飞集田间如雨，居民多取食之，或饲猪、鸡。

                    ………………………………………………………………《新建县志》

76. 清咸丰七年（1857 年）

南昌、南康、九江、袁州蝗。………………………… 光绪《江西通志》

奉新县蝗，知县率同官往捕。……………………… 同治《南昌府志》

春，（新建）令民间掘蝻子送官给赏，其出力督捕及收买之多者，赏六品功牌。

         ………………………………………………… 同治《新建县志》

（安义）飞蝗蔽天，食稼。……………………………… 同治《安义县志》

九月，（南康府）飞蝗食稼。………………………… 同治《南康府志》

七月，飞蝗自德化入境。………………………………… 同治《德安县志》

（永修）飞蝗蔽日，集处吃稻苗、树叶殆尽，邑侯谕民扑治，又谕民掘土取
    蝗子，数月尽灭。……………………………………………《永修县志》

（建昌）飞蝗蔽日，集处吃禾苗、树叶殆尽，邑侯谕民捕治，又谕民掘土取
    蝗子，数月尽灭。………………………………………… 同治《建昌县志》

九月，（星子）飞蝗蔽天。……………………………………《星子县志》

秋，（湖口）蝗。…………………………………………… 同治《湖口县志》

秋，（瑞昌）蝗蔽日，止处谷粟、草叶食尽。………………《瑞昌县志》

（武宁）飞蝗蔽天，乡人鸣金驱逐，县令毙以火器，设局悬赏，有捕者过秤
    给值，冬示民掘卵。…………………………………………《武宁县志》

秋九月，（义宁）蝗由西南来，所至遮天蔽日，州牧督民捕扑。

            …………………………………………… 同治《义宁州志》

八月，（宜春）蝗虫从西北来遮天蔽日，落地厚数寸，抢食晚稻、杂植、棕
    竹等，顷刻而尽，西北各乡为害更甚。……………………《宜春市志》

秋八月，（宜春）蝗自西北来遮天蔽日，落地厚数寸，食晚稻、杂植、棕竹
    等，顷刻而尽，西北尤甚。…………………………… 同治《宜春县志》

秋七月，（袁州）飞蝗蔽日，所落之处食稻禾、竹木。…… 同治《袁州府志》

春，（奉新）蝗，县令率同城官督乡团捕之，设局收买。五月大水，蝗尽漂没。

         ………………………………………………… 同治《奉新县志》

秋七月，飞蝗入（万载）境，扑捕之。……………… 民国《万载县志》

（高安）飞蝗蔽日，伤晚稻，邻境皆然，至冬月捕尽。………《高安县志》

八月，（靖安）飞蝗过境，伤害禾稼。…………………………《靖安县志》

七月，飞蝗入（遂川）境。……………………………………《遂川县志》

秋，（萍乡）飞蝗蔽日，捕逐后蝻子蠕动，县收买乃尽，禾稼受害。

　　　　　　　　………………………………………… 同治《萍乡县志》

秋七月，安福飞蝗入境。………………………… 光绪《吉安府志》

秋，飞蝗由西北入（安福）境，群飞如云，时晚稻已熟，不为灾。

　　　　　　　　………………………………………… 同治《安福县志》

77. 清咸丰八年（1858 年）

秋八月，（南昌）蝗。………………………………… 同治《南昌府志》

（安义）蝗蝻生，知县率民捕之，害始戢。………… 同治《安义县志》

七月，（德化）大蝗。……………………………… 同治《德化县志》

（南康）蝗蝻生。…………………………………… 同治《南康府志》

春，（湖口）蝗，不为灾。………………………… 同治《湖口县志》

四月，（抚州）蝗满境。……………………………… 《抚州市志》

（抚州）蝗复四起，旋遇雨死。…………………… 光绪《抚州府志》

三月，（东乡）蝗虫又起，后遇雨皆死。……………… 《东乡县志》

三月，（宜春）蝗蝻孳生，邑令设局收买不下数百石，势不能尽。

　　　　　　　　…………………………………………………… 《宜春市志》

三月，（宜春）蝗蝻孳生，邑令四路设局收买不下数百石，势不能尽，乃为
　　文祷于刘猛将军祠，忽天雨数日，蝗尽漂流，遗孽悉净。

　　　　　　　　………………………………………… 同治《宜春县志》

春，（袁州）搜挖蝻子，各处收买无数。………… 同治《袁州府志》

八月，（临江）蝗害稼。…………………………… 同治《临江府志》

春，（万载）搜挖蝗子，各处收买无数，遗孽乃尽。…… 民国《万载县志》

春三月，（上高）蝗虫。……………………………… 《上高县志》

春，（高安）各乡掘蝻子多至千余石，蝗害始平。……… 《高安县志》

八月，（清江）蝗害稼。…………………………… 同治《清江县志》

八月，（丰城）蝗。………………………………… 同治《丰城县志》

夏，（萍乡）蝗，不为灾。………………………… 同治《萍乡县志》

二月，（莲花）蝗虫盛起。三四月间，蝗食幼禾，民间昼扑夜焚，蝗虫逐渐
　　平息。…………………………………………………… 《莲花县志》

正月，（安福）捕蝗，初乡民不知捕蝗法，有陕西人张委员者，教民掘地数
　　寸，有白子成串如粟米大即蝗蝻也，人掘一升予钱百文，成虫跳跃者给钱
　　五十，掘益多，钱递减，悉坑焚之。………………… 同治《安福县志》

78. **清咸丰十年**（1860 年）

（宜丰）飞蝗蔽天，西乡尤甚，草根、竹叶几尽。 ……………………《宜丰县志》

79. **清同治四年**（1865 年）

五月，（莲花）飞蝗数千过境。 ………………………………《莲花县志》

80. **清同治七年**（1868 年）

袁州蝗。 ………………………………………………… 光绪《江西通志》

81. **清光绪元年**（1875 年）

四月，（莲花）蝗虫数万自东北飞往西南。 …………………《莲花县志》

82. **清光绪八年**（1882 年）

五月，（宜丰）黄茅岭一带蝗虫蔽天，田禾尽为所食。 ………《宜丰县志》

83. **清光绪十八年**（1892 年）

（永新）蝗虫为害，稻薯歉收，民以野菜、树皮充饥。 ………《永新县志》

84. **清光绪二十五年**（1899 年）

（兴国）蝗灾，上社严重。 …………………………………《兴国县志》

七、民国时期蝗灾

85. **民国五年**（1916 年）

（兴国）蝗虫成灾。 …………………………………………《兴国县志》

86. **民国六年**（1917 年）

（兴国）蝗虫成灾。 …………………………………………《兴国县志》

87. **民国七年**（1918 年）

（兴国）蝗虫成灾。 …………………………………………《兴国县志》

88. **民国八年**（1919 年）

（兴国）蝗虫成灾。 …………………………………………《兴国县志》

89. **民国九年**（1920 年）

（兴国）蝗虫成灾。 …………………………………………《兴国县志》

（崇义）拔萃乡竹蝗为害，500 亩竹山毁于一旦。 ………《崇义县志》

90. **民国十年**（1921 年）

（兴国）蝗虫成灾。 …………………………………………《兴国县志》

91. **民国十一年**（1922 年）

（乐平）蝗灾，农作物几被吃光。 …………………………《乐平县志》

（兴国）蝗虫成灾，歉收。 ⋯⋯⋯⋯⋯⋯⋯⋯⋯⋯⋯⋯⋯《兴国县志》

92. 民国十六年（1927 年）

（泰和）碧溪、桥头、禾市竹蝗蔓延。 ⋯⋯⋯⋯⋯⋯⋯⋯⋯《泰和县志》

93. 民国十八年（1929 年）

（南昌）市郊区蝗灾，早晚稻受害。

⋯⋯⋯⋯⋯⋯⋯⋯⋯⋯⋯⋯⋯⋯⋯⋯⋯⋯⋯⋯《南昌市志》

（高安）蝗灾，早稻受损二成，晚稻受损三成。 ⋯⋯⋯⋯《高安县志》

94. 民国十九年（1930 年）

（石城）洋地、上洞等地发生竹蝗，受害竹木 6 万余亩。 ⋯⋯《石城县志》

95. 民国二十一年（1932 年）

秋，江西南康蝗伤稼。 ⋯⋯⋯⋯⋯⋯⋯⋯《中国历代蝗患之记载》

96. 民国二十三年（1934 年）

（彭泽）一区马湖、辰字号、洪字号，二区江北，三区黄字号、八号圩等飞蝗蔽天，稻秆剪食一空，农民用煤油喷杀，掘沟杀蝗蝻数百担乃止。

⋯⋯⋯⋯⋯⋯⋯⋯⋯⋯⋯⋯⋯⋯⋯⋯⋯⋯⋯⋯《彭泽县志》

97. 民国二十四年（1935 年）

五月，（彭泽）蝗灾，县成立治蝗委员会，组织农民采取挖沟和喷洒煤油等措施灭蝗数百担。 ⋯⋯⋯⋯⋯⋯⋯⋯⋯⋯⋯⋯⋯《彭泽县志》

六月，湖口、彭泽两县蝗蝻成灾，势猛，经半月而歼灭。 ⋯⋯《湖口县志》

98. 民国二十六年（1937 年）

（泰和）碧溪、桥头、禾市竹蝗蔓延。 ⋯⋯⋯⋯⋯⋯⋯⋯⋯《泰和县志》

99. 民国二十七年（1938 年）

（泰和）碧溪、桥头、禾市竹蝗蔓延。 ⋯⋯⋯⋯⋯⋯⋯⋯⋯《泰和县志》

100. 民国二十九年（1940 年）

（高安）蝗灾。 ⋯⋯⋯⋯⋯⋯⋯⋯⋯⋯⋯⋯⋯⋯⋯⋯⋯⋯《高安县志》

（石城）洋地河脚下、社公湾、禾仓下发生竹蝗，受害面积万亩。

⋯⋯⋯⋯⋯⋯⋯⋯⋯⋯⋯⋯⋯⋯⋯⋯⋯⋯⋯⋯《石城县志》

101. 民国三十年（1941 年）

（乐安）石陂一带蝗虫伤禾，歉收。 ⋯⋯⋯⋯⋯⋯⋯⋯⋯《乐安县志》

102. 民国三十一年（1942 年）

贵溪蝗虫遍地，晚稻受害。 ⋯⋯⋯⋯⋯⋯⋯⋯⋯⋯⋯⋯《鹰潭市志》

九月，（贵溪）普安乡境内蝗虫遍地，晚稻受害。 ⋯⋯⋯⋯《贵溪县志》

103. 民国三十二年（1943 年）

（泰和）桥头、碧溪一带 4 万亩竹林被竹蝗为害 40％。 ………《泰和县志》

104. 民国三十五年（1946 年）

六月，（湖口）蝗虫为害。 ……………………………………《湖口县志》

（遂川）中晚稻发生蝗害。 ……………………………………《遂川县志》

第十六章
广西壮族自治区历史蝗灾

一、宋代蝗灾

1. 宋淳熙五年（1178 年）

昭州[①]荐有螟螣。 ······················《宋史·五行志》

广西昭州蝗灾。 ······················《中国历代蝗患之记载》

（平乐）荐有螟螣。 ······················ 光绪《平乐县志》

（蒙山）螟、蝗虫灾害。 ······················《蒙山县志》

2. 宋绍熙二年（1191 年）

横州[②]旱，蝗灾。 ······················《广西通志·大事记》

横州旱蝗。 ······················ 道光《南宁府志》

（横县）旱，蝗灾。 ······················《横县县志》

二、明代蝗灾

3. 明永乐二年（1404 年）

兴业[③]县蝗害稼。 ······················《玉林市志》

（兴业）蝗害稼，岁大饥。 ······················ 嘉庆《兴业县志》

---

① 昭州：旧州名，治所在今广西平乐。
② 横州：旧州名，治所在今广西横县。
③ 兴业：旧县名，治所在今广西玉林市西北石南镇。

4. 明弘治元年（1488 年）

广西苍梧蝗灾。 ……………………………………………《中国历代蝗患之记载》

是年，（广西）蝗灾。 …………………………………………《广西通志·大事记》

春正月，广西蝗。 …………………………………………………《邕宁县志》

春，南宁府旱蝗。 ……………………………………………嘉靖《南宁府志》

（桂林）蝗灾。 ……………………………………………………《桂林市志》

春正月，（平乐）蝗。 ……………………………………光绪《平乐县志》

（灌阳）全县发生蝗灾。 …………………………………………《灌阳县志》

正月，（来宾）蝗。 ………………………………………………《来宾县志》

（苍梧）蝗灾。 ……………………………………………………《苍梧县志》

正月，（蒙山）水稻遭蝗虫灾害。 ………………………………《蒙山县志》

正月，（桂平）蝗灾。 ……………………………………………《桂平县志》

5. 明正德八年（1513 年）

广西北流蝗灾大发生，伤稼，饥荒。 ……………《中国历代蝗患之记载》

郁林①州蝗灾，庄稼吃光。 ………………………………………《玉林市志》

（北流）蝗，大饥。 ………………………………………………《北流县志》

6. 明正德九年（1514 年）

广西北流蝗虫大发生，伤稼。 ……………………《中国历代蝗患之记载》

7. 明正德十二年（1517 年）

秋，宣化②蝗。 ……………………………………………………《邕宁县志》

8. 明万历三十八年（1610 年）

秋九月，廉州③境内蝗伤稼。 ……………………………康熙《廉州府志》

9. 明崇祯十六年（1643 年）

三月，（临桂）境内飞蝗蔽天，野无青草，米贵。 ………………《临桂县志》

三、清代蝗灾

10. 清顺治八年（1651 年）

春夏间，（博白）蝗食田禾殆尽。 ………………………………《博白县志》

① 郁林：旧州名，治所在今广西玉林市。
② 宣化：旧县名，治所在今广西南宁。
③ 廉州：旧府名，治所在今广西合浦。

11. 清康熙二十一年（1682 年）

秋，（融水）蝗害成灾。 ·······················《融水苗族自治县志》

12. 清康熙二十二年（1683 年）

田州①蝗。 ······························· 民国《隆山县志》

13. 清康熙二十五年（1686 年）

廉州蝗灾。 ·······················《中国历代蝗患之记载》

九月，（合浦）蝗害。 ·······················《合浦县志》

14. 清康熙四十四年（1705 年）

广西容县蝗食稼尽。 ·················《中国历代蝗患之记载》

15. 清康熙五十九年（1720 年）

兴安蝗虫为害。 ···························《兴安县志》

16. 清乾隆二年（1737 年）

八月，（钟山）蝗虫成群为害农作物。 ···············《钟山县志》

（富川）蝗虫成灾。 ···················《富川瑶族自治县志》

17. 清乾隆四十二年（1777 年）

（广西）部分州县蝗灾，歉收。 ··············《广西通志·大事记》

罗城发生蝗灾，加之旱，颗粒无收。 ·······《罗城仫佬族自治县志》

榴江②县遭蝗虫为害，农作物失收。 ···············《鹿寨县志》

（桂平）蝗灾。 ···························《桂平县志》

兴业蝗灾，大饥。 ·························《玉林市志》

（兴业）蝗旱，大饥。 ·················· 嘉庆《兴业县志》

田州蝗灾，大饥。 ·························《田阳县志》

18. 清乾隆四十三年（1778 年）

廉州蝗灾。 ·······················《中国历代蝗患之记载》

是年旱，（钦州）大蝗，复大饥。 ············· 道光《钦州志》

秋，合浦大受蝗害。 ·······················《合浦县志》

19. 清嘉庆十二年（1807 年）

秋，（邕宁）蝗成灾。 ·······················《邕宁县志》

---

① 田州：旧州名，治所在今广西田阳。

② 榴江：旧县名，治所在今广西鹿寨东寨沙镇。

20. 清嘉庆十三年（1808 年）

兴业蝗害稼，民饥。 ··《玉林市志》

（兴业）蝗旱，大饥。 ·································· 嘉庆《兴业县志》

（灵山）旱蝗。 ··· 民国《灵山县志》

21. 清嘉庆二十二年（1817 年）

郁林州蝗灾，损禾稼。 ··································《玉林市志》

22. 清道光三年（1823 年）

（平乐）蝗虫起。 ····································· 光绪《平乐县志》

23. 清道光九年（1829 年）

立秋后，（资源）蝗虫为害遍及禾稼，风不能扫，雨不能淹，农民无计，扎
草龙、燃灯烛、敲锣打鼓通宵达旦。 ·················《资源县志》

飞蝗入（平南）境，成灾。 ······················《平南县志》

24. 清道光十一年（1831 年）

南宁府蝗灾。 ··································《广西通志·大事记》

飞蝗入（邕宁）境。 ···························《邕宁县志》

飞蝗入（横县）境，州县带头捕蝗。 ·············《横县县志》

25. 清道光十二年（1832 年）

苍梧蝗灾。 ······························《中国历代蝗患之记载》

（荔浦）蝗。 ································· 民国《荔浦县志》

迁江①蝗害禾。 ······························《来宾县志》

（迁江）蝗害禾。 ··························· 民国《迁江县志》

26. 清道光十三年（1833 年）

大批蝗虫由邻县桂平到容县，容县、苍梧蝗灾。 ······《中国历代蝗患之记载》

（隆山②）飞蝗蔽天。 ··························· 民国《隆山县志》

五月，上林蝗飞蔽天，食禾。 ···················《上林县志》

飞蝗入（宾阳）境。 ·····························《宾阳县志》

（武鸣）有蝗，群飞蔽日，多方捕除，不甚为害。 ·············《武鸣县志》

五月，（邕宁）三宁方（今百济、那楼、新江镇）蝗。 ·········《邕宁县志》

（宜州）蝗飞满天，遮天蔽日。 ···················《宜州市志》

---

① 迁江：旧县名，治所在今广西来宾西南迁江镇。

② 隆山：旧县名，1951 年和那马合并为今广西马山县。

罗城蝗虫伤禾，损失严重。⋯⋯⋯⋯⋯⋯⋯⋯⋯《罗城仫佬族自治县志》

四月，(融水)飞蝗蔽天。六月，遗卵复发，数日成虫，食禾更烈，歉收。

⋯⋯⋯⋯⋯⋯⋯⋯⋯⋯⋯⋯⋯⋯⋯⋯⋯《融水苗族自治县志》

四月，(融安)飞蝗蔽天。六月，遗卵复发，飞蝗成灾，歉收。

⋯⋯⋯⋯⋯⋯⋯⋯⋯⋯⋯⋯⋯⋯⋯⋯⋯⋯⋯⋯《融安县志》

(阳朔)蝗虫大作，为害甚烈。⋯⋯⋯⋯⋯⋯⋯⋯⋯⋯《阳朔县志》

秋，蝗虫入(藤县)境，所到之处庄稼、青草、树叶耗食殆尽。

⋯⋯⋯⋯⋯⋯⋯⋯⋯⋯⋯⋯⋯⋯⋯⋯⋯⋯⋯⋯《藤县志》

(贵港)飞蝗遍野，损害禾稼。⋯⋯⋯⋯⋯⋯⋯⋯⋯⋯《贵港市志》

五月，桂平蝗灾。⋯⋯⋯⋯⋯⋯⋯⋯⋯⋯⋯ 同治《浔州府志》

六月，(桂平)蝗灾。⋯⋯⋯⋯⋯⋯⋯⋯⋯⋯⋯⋯《桂平县志》

(贵县)飞蝗遍野，各乡处处鸣锣驱逐，或扎衫裤、桌围于竹竿，执而挥之。

⋯⋯⋯⋯⋯⋯⋯⋯⋯⋯⋯⋯⋯⋯⋯⋯ 光绪《贵县志》

郁林州蝗发。⋯⋯⋯⋯⋯⋯⋯⋯⋯⋯⋯⋯⋯⋯⋯《玉林市志》

北流蝗害。⋯⋯⋯⋯⋯⋯⋯⋯⋯⋯⋯⋯⋯⋯⋯⋯《北流县志》

五月，(灵山)三宁及武利方蝗。⋯⋯⋯⋯⋯⋯ 民国《灵山县志》

27. 清道光十四年 (1834 年)

广西苍梧连续三年蝗灾。⋯⋯⋯⋯⋯⋯⋯《中国历代蝗患之记载》

浔州、梧州、柳州、庆远蝗灾，捕之。⋯⋯⋯⋯《广西通志·大事记》

浔、梧、柳、庆属水灾兼蝗灾，迁江蝗虫害稼。⋯⋯⋯⋯《来宾县志》

夏，浔属蝗灾。⋯⋯⋯⋯⋯⋯⋯⋯⋯⋯⋯ 同治《浔州府志》

夏，浔州蝗灾。⋯⋯⋯⋯⋯⋯⋯⋯⋯⋯⋯⋯⋯《平南县志》

(马山)有蝗，群飞蔽日，集木枝为之折。⋯⋯⋯⋯《马山县志》

上林蝗虫为害。⋯⋯⋯⋯⋯⋯⋯⋯⋯⋯⋯⋯⋯《上林县志》

(宾阳)蝗虫飞蔽天日，禾麦大损。⋯⋯⋯⋯⋯⋯《宾阳县志》

(武鸣)有蝗。⋯⋯⋯⋯⋯⋯⋯⋯⋯⋯⋯⋯⋯⋯《武鸣县志》

(宜州)蝗飞满天，遮天蔽日。⋯⋯⋯⋯⋯⋯⋯⋯《宜州市志》

罗城蝗虫伤禾，损失严重。⋯⋯⋯⋯⋯⋯《罗城仫佬族自治县志》

(柳州)蝗灾。⋯⋯⋯⋯⋯⋯⋯⋯⋯⋯⋯⋯⋯⋯《柳州市志》

柳州蝗灾。⋯⋯⋯⋯⋯⋯⋯⋯⋯⋯⋯⋯⋯⋯⋯《柳江县志》

(恭城)蝗虫大发，农作物受损六成。⋯⋯⋯⋯⋯《恭城县志》

七月，兴安蝗虫食禾稼。⋯⋯⋯⋯⋯⋯⋯⋯⋯⋯《兴安县志》

秋七月，（全县）长万、升平区有蝗食禾稼。 ············· 民国《全县县志》

（迁江）蝗虫害稼。 ············· 民国《迁江县志》

（苍梧）蝗蝻残害庄稼。 ············· 《苍梧县志》

秋八月，（藤县）蝗虫陡起，所到之处，飞则遮天蔽日，止则遍野满山，所
到之境禾稼、青草、树叶耗食殆尽。 ············· 同治《藤县志》

（桂平）蝗灾，早禾被害几尽，蝗漫空如烟雾。 ············· 《桂平志》

郁林蝗飞蔽天，害稼，大饥。 ············· 《玉林市志》

（北流）蝗害稼。 ············· 《北流县志》

（陆川）蝗害稼。 ············· 《陆川县志》

八月，（灵山）飞蝗蔽天，食田禾几尽。 ············· 民国《灵山县志》

28. 清道光十五年（1835 年）

广西苍梧、容县蝗食禾稼尽。 ············· 《中国历代蝗患之记载》

广西蝗灾蔓延。 ············· 《广西通志·大事记》

（宾阳）连年蝗虫飞蔽天日，禾麦大损，米价腾贵。 ············· 《宾阳县志》

夏，（武鸣）余蝗未尽灭。 ············· 《武鸣县志》

入夏，（邕宁）蝗蝻萌动，广西各地蝗灾甚烈。 ············· 《邕宁县志》

（宜州）蝗飞满天，遮天蔽日。 ············· 《宜州市志》

罗城蝗虫伤禾，损失严重。 ············· 《罗城仫佬族自治县志》

柳州入夏以来，蝗蝻萌动。 ············· 《柳江县志》

（桂林）蝗灾甚烈。 ············· 《桂林市志》

五月，永宁①州飞蝗入境，飞蔽天，飞落田间，顷刻把禾苗食尽。

············· 《永福县志》

五月，飞蝗入（永宁）境，飞空蔽日，飞落田间，顷刻禾苗食尽，在草坪亦
然，鸣锣警之，亦可逐去。 ············· 光绪《永宁州志》

（临桂）蝗成灾。 ············· 《临桂县志》

（恭城）蝗虫大发，农作物受损六成。 ············· 《恭城县志》

夏，（灌阳）全县蝗虫成灾。 ············· 《灌阳县志》

六月，（全县）万全乡蝗食青苗，来时蔽天。 ············· 民国《全县县志》

象州、来宾、武宣等州蝗蝻，闰六月，迁江飞蝗蔽天。 ······· 《来宾县志》

（迁江）大饥，飞蝗蔽天。 ············· 民国《迁江县志》

---

① 永宁：旧州名，治所在今广西永福西北百寿镇。

闰六月，（象州）州内有蝗蝻。 ···································《象州县志》

六月旱，（钟山）蝗虫为害庄稼。 ·····························《钟山县志》

（富川）蝗虫大作。 ····························《富川瑶族自治县志》

（苍梧）飞蝗蔽天，禾稻啮食一空。 ·························《苍梧县志》

夏六月，（藤县）蝗虫又起，害稼，署县捐俸设局收之。冬十二月，大雨雪
平地尺许，蝗一夕死尽。 ··························· 同治《藤县志》

（桂平）蝗灾。 ···································《桂平县志》

平南蝗食草木、百谷殆尽。 ·························《平南县志》

十一月，（北流）大雪，蝗毙竹树间，成球。 ·············《北流县志》

夏秋间，（灵山）蝗。 ························ 民国《灵山县志》

29. 清道光十六年（1836 年）

（桂林）蝗灾仍烈。 ·······························《桂林市志》

（临桂）蝗成灾。 ·································《临桂县志》

（恭城）蝗虫大发，农作物受损六成。 ·················《恭城县志》

永安①受蝗虫灾害。 ·······························《蒙山县志》

（平南）蝗灾，草木、百谷被食净光。 ·················《平南县志》

（灵山）檀圩方蝗。 ·························· 民国《灵山县志》

30. 清道光十七年（1837 年）

冬雪，（桂平）蝗尽死。 ······················ 民国《桂平县志》

31. 清道光十九年（1839 年）

六月，（武鸣）蝗伤禾稼。 ·························《武鸣县志》

32. 清道光二十年（1840 年）

八月，（浦北）平睦蝗灾。 ·························《浦北县志》

33. 清道光二十二年（1842 年）

八月，（灵山）蝗。 ·························· 民国《灵山县志》

34. 清道光二十三年（1843 年）

夏，郁林州蝗发，大饥。 ···························《玉林市志》

夏，（北流）蝗。 ·································《北流县志》

35. 清道光二十五年（1845 年）

（柳城）蝗虫为灾，飞满天空，大饥。 ·················《柳城县志》

---

① 永安：旧州、县名，治所在今广西蒙山。

36. 清道光二十六年（1846 年）

（柳城）蝗虫为灾。 ··《柳城县志》

37. 清道光二十七年（1847 年）

（柳城）蝗虫为灾。 ··《柳城县志》

（荔浦）蝗，不害稼。 ··· 民国《荔浦县志》

38. 清道光二十八年（1848 年）

宾州、修仁、贵县、荔浦蝗灾。 ··············· 《广西通志·大事记》

（宾阳）蝗虫成灾，为害禾苗。 ···························《宾阳县志》

（荔浦）蝗盛，飞蔽日，集害稼。 ··············· 民国《荔浦县志》

上林飞蝗入境，为害早禾，未几大风，蝗抱草木尽死。 ·······《上林县志》

（贵港）飞蝗蔽日，禾苗被食一空。 ···················《贵港市志》

（贵县）飞蝗蔽日，飘风骤雨而至，飒飒有声，所下之处禾苗、菽麦嚼食

一空。 ···光绪《贵县志》

（北流）蝗害稼。 ··《北流县志》

秋旱，（灵山）旧州及武利方蝗。 ··············· 民国《灵山县志》

39. 清道光二十九年（1849 年）

六月，（马山）有蝗，伤禾稼。 ···························《马山县志》

五月，（横县）飞蝗蔽日，下食禾稼，失收。 ·······《横县县志》

夏，（灵山）蝗。 ··· 民国《灵山县志》

向武土州蝗虫为害，吃禾殆尽。 ···························《天等县志》

40. 清道光三十年（1850 年）

（全县）四维乡、金山乡蝗害稼，饥馑。 ······· 民国《全县县志》

郁林州蝗害稼。 ···《玉林市志》

（北流）蝗害稼。 ··《北流县志》

秋旱，（灵山）檀圩方蝗。 ··························· 民国《灵山县志》

41. 清咸丰元年（1851 年）

（桂林）蝗灾严重。 ··《桂林市志》

（临桂）蝗成灾。 ··《临桂县志》

（象州）蝗虫满野。 ··《象州县志》

郁林州蝗灾，伤禾稼。 ··《玉林市志》

（陆川）蝗害稼。 ··《陆川县志》

（北流）蝗害稼。 ··《北流县志》

42. 清咸丰二年（1852 年）

（柳州）蝗灾。 ···《柳州市志》

马平蝗灾。 ··《柳江县志》

来宾早稻遭蝗灾，飞蝗蔽天，所至田禾俱尽。四月，迁江蝗。

···《来宾县志》

夏四月，（迁江）旱蝗。 ·······················民国《迁江县志》

（武宣）蝗虫食禾，颗粒无收。 ················民国《武宣县志》

（贵港）蝗灾。 ··《贵港市志》

是年，（浔州）蝗灾。 ···························同治《浔州府志》

（贵县）蝗灾。 ······································光绪《贵县志》

是年，（平南）蝗灾。 ································《平南县志》

七月，土思州飞蝗成群，遮天蔽日，所过之处田禾均被啮食，为百年所
未见。 ···《宁明县志》

七月，（融安）蝗虫为害农作物，损失严重。 ···········《融安县志》

43. 清咸丰三年（1853 年）

夏，广西容县飞蝗遍野，隆安蝗灾。 ·······《中国历代蝗患之记载》

夏，（隆山）蝗。 ································民国《隆山县志》

上林蝗害。 ··《上林县志》

五月，飞蝗入（宾阳）境，为害作物。 ················《宾阳县志》

四月，（武鸣）有蝗。 ······························《武鸣县志》

秋七月，（邕宁）有五色蝗害稼，并及草木。 ············《邕宁县志》

（柳州）蝗灾。 ····································《柳州市志》

柳州蝗灾。 ··《柳江县志》

七月，（融水）蝗虫为害。 ·············《融水苗族自治县志》

五月，（桂林）蝗灾。 ······························《桂林市志》

（临桂）蝗成灾。 ··································《临桂县志》

（来宾）早晚稻均有蝗，分途捕捉。 ··················《来宾县志》

（武宣）再蝗，无收。 ·······················民国《武宣县志》

（贵港）蝗群飞蔽日。 ······························《贵港市志》

浔州蝗。 ···同治《浔州府志》

（贵县）蝗群飞过，天如云蔽日。 ··············光绪《贵县志》

（桂平）蝗灾。 ····································《桂平县志》

六月，（平南）蝗灾。 ·······················《平南县志》

五月，郁林蝗飞蔽天。秋，蝗伤禾苗。 ·········《玉林市志》

（北流）蝗飞蔽天，秋，蝗伤苗。 ·············《北流县志》

五月，（陆川）蝗飞蔽天。 ···················《陆川县志》

五月，（容县）飞蝗遍野。 ···············光绪《容县志》

（灵山）蝗飞蔽天，田禾俱尽。 ·········民国《灵山县志》

（崇左）旱，蝗灾，民饥死过半。 ···········《崇左县志》

八月，（龙州）大蝗，所过之处禾稻为空。 ·民国《龙州县志》

（天等）蝗食禾殆尽，民多饿死。 ···········《天等县志》

44. 清咸丰四年（1854 年）

广西容县蝗灾发生，害稼。 ·········《中国历代蝗患之记载》

义宁、武缘、融县①、北流、博白蝗灾，督捕之，蠲赋。

·····················《广西通志·大事记》

七月，（武鸣）有蝗。 ·····················《武鸣县志》

七月，蝗虫飞集思恩②全县境内，蝗灾严重，有一小孩被蝗虫咬死。

·················《环江毛南族自治县志》

七月，（桂林）蝗灾。 ·····················《桂林市志》

七月，义宁蝗灾。 ·························《临桂县志》

永宁州严重蝗灾。 ·························《永福县志》

十月，（永宁）蝗虫堆积路侧，各户出外避贼，蝗随入屋。十二月，蝗自飞
入芭芒中尽死。 ···················光绪《永宁州志》

蝗入（平乐）境。 ·····················光绪《平乐县志》

秋，（荔浦）蝗，不害稼。 ···············民国《荔浦县志》

迁江蝗。 ·······························《来宾县志》

春，（迁江）旱蝗。 ·····················民国《迁江县志》

秋，新宁州、永康州③蝗，蝗群腾飞如密云，集田咬食庄稼，民以鸣锣或用
竹竿驱赶。 ·······················《扶绥县志》

---

① 义宁：旧县名，治所在今广西临桂西北五通镇；武缘：旧县名，治所在今广西武鸣；融县：旧县名，治所在
今广西融水苗族自治县。

② 思恩：旧县名，治所在今广西环江毛南族自治县。

③ 新宁：旧州名，治所在今广西扶绥；永康：旧州名，治所在今广西扶绥西北。

太平①旱，蝗灾。 ························《崇左县志》

秋旱，(昭平)飞蝗扑野，大饥。 ···········《昭平县志》

七月，(蒙山)飞蝗遍野，五谷不登。 ·········《蒙山县志》

闰七月，(北流)蝗。 ·················《北流县志》

五月，(灵山)蝗。 ··············民国《灵山县志》

六月，蝗虫食(靖西)新圩一带田禾，蔓延一州，歉收。 ······《靖西县志》

45. 清咸丰五年（1855 年）

(平南)蝗灾。 ····················《平南县志》

郁林蝗大发，伤稼过半。 ·············《玉林市志》

夏，(陆川)蝗飞蔽天，所过食禾过半，农民击铜器以逐之。······《陆川县志》

夏，(北流)蝗飞蔽天。秋，蝗食禾苗过半。 ······《北流县志》

(灵山)蝗。 ·················民国《灵山县志》

八月，(上思)蝗虫至，田禾被食，飞遮半，天日为之暗，于田间多挖土灶，架以大锅，煮水至沸，两面用席遮围，驱而逐之，使蝗尽跳入锅水而死，锅满即予捞出，卒至堆积如山，蝗乃绝。 ·········民国《上思县志》

二月，(靖西)蝗虫复生，三月大雨，蝗尽死。 ······《靖西县志》

46. 清咸丰六年（1856 年）

罗城飞蝗蔽天，食尽五谷之苗，歉收。 ····《罗城仫佬族自治县志》

夏，(防城)蝗虫为害，饥荒。 ···········《防城县志》

47. 清咸丰七年（1857 年）

(横县)蝗灾，歉收。 ················《横县县志》

(柳州)蝗灾。 ····················《柳州市志》

柳州蝗灾。 ·····················《柳江县志》

养利②州发生蝗灾。 ···············《大新县志》

48. 清咸丰九年（1859 年）

(灵山)檀圩方蝗。 ·············民国《灵山县志》

49. 清咸丰十年（1860 年）

(昭平)蝗虫为害竹林。 ···············《昭平县志》

(岑溪)蝗灾。 ····················《岑溪市志》

---

① 太平：旧府、路名，治所在今广西崇左。

② 养利：旧州名，治所在今广西大新。

50. 清咸丰十一年（1861 年）

(昭平) 大旱，飞蝗为害竹林。 ·······················《昭平县志》

(博白) 蝗虫成群结队飞来，每次入境蝗虫覆盖面大至十多千米^2，小至二三
千米^2，所至之处植物被吃光，县北受灾尤重。 ···············《博白县志》

51. 清同治二年（1863 年）

(灵山) 蝗，饥。 ·······························民国《灵山县志》

52. 清同治三年（1864 年）

(柳城) 蝗虫为灾。 ·····························《柳城县志》

53. 清同治五年（1866 年）

五月，(三江) 蝗虫由南而北，漫山遍野，飞腾蔽天，响声震地，所到之处
禾苗、五谷霎时啮尽。 ·················《三江侗族自治县志》

54. 清同治十三年（1874 年）

八月，(武宣) 东乡蝗。 ························民国《武宣县志》

55. 清光绪元年（1875 年）

(全县) 升平区蝗食苗，乡人鸣锣驱之，稍减。 ·········民国《全县县志》

56. 清光绪八年（1882 年）

(北流) 蝗害稼，飞蔽天日，竹木叶群集而食，瞬息叶尽。 ·····《北流县志》

57. 清光绪十二年（1886 年）

(昭平) 蝗虫为害，岁大饥。 ·····················《昭平县志》

58. 清光绪十三年（1887 年）

(乐业) 蝗患。 ·····························民国《乐业县志》

59. 清光绪十九年（1893 年）

四月，(合浦) 蝗害。 ··························《合浦县志》

60. 清光绪二十年（1894 年）

九月，(合浦) 蝗害。 ··························《合浦县志》

61. 清光绪二十一年（1895 年）

八月，(武宣) 东乡蝗，大失收成。 ···············民国《武宣县志》

62. 清光绪二十三年（1897 年）

(合浦) 蝗害。 ····························《合浦县志》

秋，崇善①蝗虫害禾，损失严重。 ·················《崇左县志》

---

① 崇善：旧县名，治所在今广西崇左西北新和镇。

63. 清光绪二十五年（1899 年）

（宜北[①]）蝗虫四起，食尽禾心，唧唧有声，歉收。 ········· 民国《宜北县志》

思恩北部蝗虫四起，食尽禾心，庄稼歉收。 ········《环江毛南族自治县志》

七月，（靖西）新圩有蝗虫，大雨，蝗尽死。 ·················《靖西县志》

64. 清光绪三十二年（1906 年）

九月，（上思）蝗虫又来，晚造无收。 ·····················民国《上思县志》

65. 清宣统二年（1910 年）

夏，（合浦）蝗害。 ·······································《合浦县志》

四、民国时期蝗灾

66. 民国三年（1914 年）

四五月，（上思）蝗蝻复生。 ························民国《上思县志》

67. 民国十年（1921 年）

（昭平）大旱，飞蝗成灾。 ·····························《昭平县志》

68. 民国十三年（1924 年）

六至八月，（田林）蝗虫为害，无收。 ····················《田林县志》

69. 民国十四年（1925 年）

（天峨）县境发生蝗灾，粮食无收。 ····················《天峨县志》

70. 民国十七年（1928 年）

罗城蝗虫伤禾稼，歉收。 ···················《罗城仫佬族自治县志》

71. 民国二十一年（1932 年）

上林蝗害。 ···《上林县志》

（宜北）蝗虫满田，禾苗受损，是年半收。 ········· 民国《宜北县志》

72. 民国二十四年（1935 年）

七、八月，（田阳）禾苗普遍受蝗虫为害，损失严重。 ········《田阳县志》

73. 民国二十七年（1938 年）

（德保）蝗虫。 ·····································《德保县志》

74. 民国三十年（1941 年）

（灌阳）全县蝗虫成灾。 ·····························《灌阳县志》

---

① 宜北：旧县名，治所在今广西环江毛南族自治县东北明伦镇。

75. 民国三十一年（1942 年）

(德保) 蝗虫。 ···《德保县志》

76. 民国三十二年（1943 年）

来宾蝗虫为害颇烈。 ·······························《来宾县志》

77. 民国三十五年（1946 年）

八月，永福、百寿发生蝗灾，损失严重。 ················《永福县志》

第十七章
辽宁省历史蝗灾

一、唐前时期蝗灾

1. 前燕元玺元年　东晋永和八年（352 年）

五月，燕人斩冉闵于龙城[①]。会大旱蝗，燕王谓闵为祟，遣使祀之。

⋯⋯⋯⋯⋯⋯⋯⋯⋯⋯⋯⋯⋯⋯⋯⋯⋯⋯《资治通鉴·晋纪》

五月，龙城旱，遭蝗灾。⋯⋯⋯⋯⋯⋯⋯⋯⋯⋯⋯⋯⋯《朝阳市志》

2. 北魏兴安元年（452 年）

十有二月，诏：以营州[②]蝗，开仓赈恤。⋯⋯⋯⋯⋯《魏书·高宗纪》

营州蝗灾，诏开仓赈恤。⋯⋯⋯⋯⋯⋯⋯⋯⋯⋯⋯⋯《朝阳市志》

3. 北魏太和六年（482 年）

秋，辽宁蝗灾，害稼。⋯⋯⋯⋯⋯⋯⋯⋯⋯《中国历代蝗患之记载》

4. 北魏太和六八年（484 年）

夏，辽宁蝗灾。⋯⋯⋯⋯⋯⋯⋯⋯⋯⋯⋯⋯《中国历代蝗患之记载》

5. 北齐天保八年（557 年）

营州蠡斯虫害。⋯⋯⋯⋯⋯⋯⋯⋯⋯⋯⋯⋯⋯⋯⋯⋯⋯《朝阳市志》

---

① 龙城：旧县名，治所在今辽宁朝阳。
② 营州：旧州名，治所在今辽宁朝阳。

二、宋代（含辽、金）蝗灾

6. 宋太平兴国八年（983 年）

九月，辽以东京①旱蝗，暂停关征。··············《续资治通鉴·宋纪》

秋，辽宁蝗灾。··············《中国历代蝗患之记载》

7. 金皇统二年（1142 年）

七月，广宁②府蝗。··············《金史·熙宗本纪》

秋，辽宁广宁府蝗灾。··············《中国历代蝗患之记载》

八月，广宁府蝗灾。··············《北镇县志》

8. 金大定十六年（1176 年）

辽东③等十路旱蝗。··············《金史·五行志》

辽宁蝗灾。··············《中国历代蝗患之记载》

（金县）旱，蝗灾重发生。··············《金县志》

婆速路大旱，遭蝗灾。··············《丹东市志》

婆速路总管府旱，并遭蝗虫灾害。··············《宽甸县志》

东京路蝗灾。··············《辽阳市志》

9. 金大定十七年（1177 年）

辽宁辽东多蝗。··············《中国历代蝗患之记载》

三、元代蝗灾

10. 蒙古至元二年（1265 年）

辽宁蝗灾大发生。··············《中国历代蝗患之记载》

11. 蒙古至元三年（1266 年）

辽宁蝗灾，毁稼。··············《中国历代蝗患之记载》

12. 元至元十七年（1280 年）

五月，咸平蝗。··············《元史·世祖本纪》

---

① 东京：辽五京道之一，治所在今辽宁辽阳老城。

② 广宁：旧府名，治所在今辽宁北镇市。

③ 辽东：金置辽东路转运司名，治所咸平府，在今辽宁开原东北。

13. 元大德二年（1298 年）

六月，山北辽东道大宁路金源①县蝗。┈┈┈┈┈┈┈《元史·成宗本纪》

辽宁飞蝗大发生。 ┈┈┈┈┈┈┈┈┈┈《中国历代蝗患之记载》

六月，大宁路金源县蝗虫成灾。 ┈┈┈┈┈┈┈┈《朝阳市志》

14. 元大德五年（1301 年）

八月，（金县）蝗灾。┈┈┈┈┈┈┈┈┈┈┈┈┈┈《金县志》

15. 元大德六年（1302 年）

大宁路蝗。 ┈┈┈┈┈┈┈┈┈┈┈┈┈┈┈┈┈┈《朝阳市志》

16. 元大德七年（1303 年）

六月，大宁路蝗。┈┈┈┈┈┈┈┈┈┈┈┈《元史·成宗本纪》

夏，辽宁蝗灾。┈┈┈┈┈┈┈┈┈┈┈《中国历代蝗患之记载》

六月，大宁路蝗。┈┈┈┈┈┈┈┈┈┈┈┈┈┈《朝阳市志》

17. 元泰定二年（1325 年）

六月，柳城②等县蝗。┈┈┈┈┈┈┈┈┈┈┈《元史·五行志》

六月，柳城蝗。┈┈┈┈┈┈┈┈┈┈┈┈┈┈┈《朝阳市志》

18. 元天历二年（1329 年）

夏四月，大宁兴中③州蝗。秋七月，大宁属县及辽阳之盖州蝗。

┈┈┈┈┈┈┈┈┈┈┈┈┈┈┈┈┈┈┈《元史·文宗本纪》

四月，大宁路兴中州蝗。七月，大宁诸属县蝗。┈┈┈《朝阳市志》

七月，（辽阳）蝗。 ┈┈┈┈┈┈┈┈┈┈┈┈康熙《辽阳州志》

七月，（沈阳）献蝗。 ┈┈┈┈┈┈┈┈┈┈光绪《奉天县志》

19. 元元统二年（1334 年）

夏秋，辽宁沈阳、辽阳蝗灾。 ┈┈┈┈┈┈┈《中国历代蝗患之记载》

六月，大宁路蝗。 ┈┈┈┈┈┈┈┈┈┈┈┈┈┈┈《朝阳市志》

广宁水、旱、蝗灾，百姓饥馑。 ┈┈┈┈┈┈┈┈┈《北镇县志》

六月，辽阳、沈州、懿州④等处遭水、旱、蝗灾，饥，发银钞 2 万锭赈济。

┈┈┈┈┈┈┈┈┈┈┈┈┈┈┈┈┈┈┈┈┈┈《辽阳市志》

---

① 金源：旧县名，治所在今辽宁建平东北喀喇沁镇。

② 柳城：旧县名，治所在今辽宁朝阳。

③ 兴中：旧州名，治所在今辽宁朝阳。

④ 懿州：旧州名，治所在今辽宁阜新东北。

20. 元至正十九年（1359 年）

　　夏，辽宁蝗灾。 ···························《中国历代蝗患之记载》

四、明代蝗灾

21. 明永乐元年（1403 年）

　　七月，金州旱蝗。 ·································《新金县志》

　　金州卫蝗。 ·······································《金县志》

22. 明正统元年（1436 年）

　　七月，辽东广宁等卫蝗蝻生发。 ···········《明实录·英宗实录》

23. 明正统六年（1441 年）

　　辽东广宁前、中屯二卫①蝗。 ················《明史·五行志》

　　辽东广宁前、中屯二卫，直隶东胜、兴州二卫蝗生，上命行在户部移文，严
　　　督军卫、有司捕灭。十一月，增给辽东、广宁等十卫官吏、军士口粮，以
　　　各卫今年旱蝗无收。今岁广宁、宁远②等十卫屯田俱被飞蝗伤食。

　　　　·······································《明实录·英宗实录》

　　由春到秋，辽宁辽东、广宁等蝗虫严重发生。 ···《中国历代蝗患之记载》

　　(锦县)旱蝗，无收。 ······························《锦县志》

　　(阜新)旱，蝗灾。 ·······················《阜新蒙古族自治县志》

24. 明弘治五年（1492 年）

　　(阜新)旱，又发生严重蝗灾。 ···········《阜新蒙古族自治县志》

25. 明嘉靖三年（1524 年）

　　九月，以旱蝗免辽东广宁、宁远诸卫屯粮。 ····《明实录·世宗实录》

26. 明嘉靖六年（1527 年）

　　夏秋，辽宁河西蝗虫大发生，伤稼。 ·······《中国历代蝗患之记载》

　　六月，金县河西飞蝗蔽天。七月，蝻生，平地深数尺。 ·········《金县志》

27. 明嘉靖八年（1529 年）

　　六月，北镇③河西蝗飞蔽天，害禾稼。 ···············《锦州市志》

　　六月，(北镇)河西飞蝗蔽天。 ·····················《北镇县志》

---

①　广宁前屯卫：治所在今辽宁绥中西南；广宁中屯卫：治所在今辽宁锦州。
②　宁远：旧州名，治所在今辽宁兴城。
③　北镇：旧县名，1995 年改设辽宁北宁市，今辽宁北镇市。

28. 明嘉靖十二年（1533 年）

辽宁蝗灾。 ··《中国历代蝗患之记载》

（北镇）蝗灾。 ···《北镇县志》

（金县）飞蝗蔽天。 ···《金县志》

29. 明嘉靖三十一年（1552 年）

七月，（兴城）蝗虫成灾，歉收。 ·······················《兴城县志》

30. 明嘉靖三十七年（1558 年）

七月，（兴城）蝗虫成灾，宁远卫歉收。 ···········《兴城县志》

秋七月，（绥中）生蝗虫，庄稼歉收，贫困百姓剥树皮、吃糠菜度荒。

··《绥中县志》

31. 明嘉靖四十年（1561 年）

（北镇）蝗虫发生。 ···《北镇县志》

32. 明崇祯十三年（1640 年）

（绥中）蝗虫为害。 ···《绥中县志》

（锦县）久旱不雨，飞蝗成灾。 ·······················《锦县志》

五、清代蝗灾

33. 清顺治十三年（1656 年）

（绥中）蝗虫为害。 ···《绥中县志》

宁远州蝗灾。 ···《兴城县志》

（锦县）久旱不雨，飞蝗成灾。 ·······················《锦县志》

34. 清乾隆二十九年（1764 年）

六月，奉天①、宁远等州县蝗。 ···············《清史稿·高宗本纪》

六月，锦县蝗灾。 ···《锦县志》

35. 清乾隆三十八年（1773 年）

辽中蝗虫猝起，侵害田苗。 ···················民国《奉天通志》

36. 清乾隆三十九年（1774 年）

广宁蝗蝻成灾，诏谕周围地区一体收捕。 ···········《北镇县志》

---

① 奉天：旧府名，治所在今辽宁沈阳。

37. 清嘉庆七年（1802 年）

　　秋，宁远州蝗随潮至，飞蔽天日，数日生蝻，禾苗食尽。　……《兴城县志》

　　秋，（绥中）生蝗虫。………………………………………………《绥中县志》

38. 清嘉庆八年（1803 年）

　　六月，（锦州）蝗虫成灾，清廷派员协同锦州副都统到山海关一带扑除
　　飞蝗。……………………………………………………………《锦州市志》

　　五月，锦县发生严重蝗灾，清政府派官员赴锦州督办捕蝗一事。

　　………………………………………………………………………《锦县志》

39. 清道光五年（1825 年）

　　六月，（绥中）蝗虫随海潮至，飞蔽天日，不久，蝻生遍野，吃光田苗，
　　大饥。………………………………………………………………《绥中县志》

40. 清道光十五年（1835 年）

　　夏，建昌①旱蝗。…………………………………………………《建平县志》

　　夏，（陵源）蝗。…………………………………………………《凌源县志》

41. 清咸丰八年（1858 年）

　　(绥中）蝗虫成灾。………………………………………………《绥中县志》

　　宁远蝗灾。…………………………………………………………《兴城县志》

　　宁海②旱蝗。…………………………………………………………《金县志》

42. 清光绪八年（1882 年）

　　五月，（昌图）蝱。………………………………………… 宣统《昌图府志》

六、民国时期蝗灾

43. 民国二年（1913 年）

　　辽阳旱，蝗灾，蝗虫遮天盖地，咬食庄稼，蝗虫过处作物绝收。

　　…………………………………………………………………………《辽阳市志》

　　(灯塔）旱，蝗虫遮天盖地，咬食庄稼，蝗虫过处作物绝收。……《灯塔县志》

44. 民国八年（1919 年）

　　秋，（绥中）蝗虫成灾，庄稼穗叶吃光。………………………《绥中县志》

---

　　① 建昌：旧县名，治所在今辽宁陵源。
　　② 宁海：旧县名，治所在今辽宁大连市金州区。

秋，（兴城）蝗虫成灾，禾苗被吃光。 ·················《兴城县志》

45. 民国九年（1920 年）

（凌源）蝗，无秋。 ·······························《凌源县志》

46. 民国十二年（1923 年）

夏，（庄河）蝗灾。 ·······························《庄河县志》

47. 民国十七年（1928 年）

秋，（绥中）第四、五、六区蝗虫成灾，庄稼受害。 ········《绥中县志》

48. 民国十八年（1929 年）

辽宁锦县、兴城蝗灾。 ···············《中国历代蝗患之记载》

夏，（绥中）蝗虫成灾，10 天时间捕杀蝗虫 3.9 万千克。 ·······《绥中县志》

（兴城）春旱，蝗虫遍野。 ·······················《兴城县志》

夏，（建平）沙海、上下店、三家、王子坟、马架子等 10 余村田苗被蝗虫
吃尽。 ·····································《建平县志》

九月，（凌源）一区八间房、修杖子、康杖子、热水汤等牌飞蝗群至，禾稼
蚕食无余。 ·································《凌源县志》

六月，北镇一带飞蝗成灾，为害严重。 ···············《锦州市志》

六月，北镇飞蝗成灾，为害甚重。 ·················《北镇县志》

49. 民国十九年（1930 年）

（建昌）三、四、五、六区发生蝗蝻。 ···············《建昌县志》

（凌源）蝗。 ·······························《凌源县志》

50. 民国二十年（1931 年）

（凌源）蝗。 ·······························《凌源县志》

51. 民国二十一年（1932 年）

六月，（庄河）县境蝗虫成灾。 ···················《庄河县志》

52. 民国二十四年（1935 年）

夏，（本溪）蝗，灾情空前。 ·····················《本溪市志》

53. 民国三十八年（1949 年）

七月，阜新 11 个村发生土蝗虫，谷子被食 25 垧，豆子受灾 20 余垧。

···《阜新市志》

（阜新）十三区丹桂营子等 11 村发生蝗虫灾害，受灾作物有谷子、豆子，吃
光谷子 25 垧、豆子 20 垧。 ···········《阜新蒙古族自治县志》

第十八章
上海市历史蝗灾

一、宋代蝗灾

1. 宋嘉熙四年（1240 年）

八月，嘉定旱，蝗食秋稻、木叶、屋茅。 ·················· 民国《江苏省通志稿》

八月，（嘉定）蝗食秋稻、木叶、屋茅。 ···················· 光绪《嘉定县志》

二、元代蝗灾

2. 元大德九年（1305 年）

六月，上海旱蝗。 ···································· 民国《江苏省通志稿》

（上海）旱蝗。 ······································ 同治《上海县志》

（川沙厅）旱蝗。 ···································· 光绪《川沙厅志》

（娄县①）旱蝗。 ···································· 乾隆《娄县志》

（华亭）旱蝗。 ······································ 光绪《重修华亭县志》

（南汇）旱蝗。 ······································ 民国《南汇县续志》

上海、松江蝗灾大发生。 ····················《中国历代蝗患之记载》

3. 元大德十年（1306 年）

夏，上海蝗灾。 ····························《中国历代蝗患之记载》

---

① 娄县：旧县名，1912 年并入华亭，1914 年改名松江，今上海松江区。

三、明代蝗灾

4. 明宣德九年（1434 年）

（松江）蝗灾。 ···《松江县志》

5. 明景泰四年（1453 年）

夏，（松江）蝗蝻生发。 ····························《明实录·英宗实录》

6. 明景泰六年（1455 年）

五月，苏、松等府水、旱、蝗灾。 ···············《明实录·英宗实录》

7. 明嘉靖三年（1524 年）

秋，上海蝗虫大发生，飞蔽空，大风吹蝗入海。 ······《中国历代蝗患之记载》

8. 明嘉靖八年（1529 年）

六月，嘉定蝗食草木、竹、芦荻殆尽。七月，松江蝗飞蔽天，蝻满民庐。

·· 民国《江苏省通志稿》

上海宝山、川沙蝗灾。 ····················《中国历代蝗患之记载》

六月，（嘉定）蝗。 ·····························光绪《嘉定县志》

秋七月，（松江）飞蝗蔽天，飓风大作，驱蝗入海，遗种化为蟹，食稻。

·· 嘉庆《松江府志》

秋七月，（上海）飞蝗蔽天，大风驱蝗入海。 ············· 同治《上海县志》

八月，（上海）飞蝗蔽天，食稻。 ····················《上海县志》

秋七月，（川沙厅）飞蝗蔽天，风大作，驱蝗入海。 ········ 光绪《川沙厅志》

秋七月，（青浦）飞蝗蔽天，飓风作，蝗入于海，其遗种化为蟹，伤稻。

·· 光绪《青浦县志》

（松江）飞蝗蔽天，飓风大作，驱蝗入海。 ·············《松江县志》

秋七月，（娄县）飞蝗蔽天，飓风大作，驱蝗入海，遗种化为蟹，食稻。

·· 光绪《娄县志》

秋七月，（奉贤）飞蝗蔽天，适飓风作，驱蝗入海。 ········ 光绪《奉贤县志》

秋七月，（华亭）飞蝗蔽天，飓风大作，驱蝗入海，遗种化为蟹，食稻。

·· 光绪《重修华亭县志》

秋七月，（南汇）飞蝗蔽天，适飓风作，驱蝗入海，遗种化蟹，食稻。

·· 民国《南汇县续志》

七月，（金山）飞蝗蔽天。 ·························《金山县志》

9. 明嘉靖十八年（1539 年）

七月，青浦旱，蝗食禾几尽。 ·············· 民国《江苏省通志稿》

上海松江蝗灾。 ·············· 《中国历代蝗患之记载》

青浦旱，蝗食禾几尽。 ·············· 嘉庆《松江府志》

（青浦）旱，蝗食禾几尽。 ·············· 光绪《青浦县志》

10. 明崇祯十一年（1638 年）

夏，嘉定旱蝗。 ·············· 民国《江苏省通志稿》

夏，（嘉定）旱蝗。 ·············· 光绪《嘉定县志》

（宝山）旱蝗。 ·············· 光绪《宝山县志》

11. 明崇祯十二年（1639 年）

上海崇明、宝山蝗灾。 ·············· 《中国历代蝗患之记载》

八月，（崇明）有蝗自江北来，食禾如刈。 ·············· 光绪《崇明县志》

12. 明崇祯十三年（1640 年）

上海青浦、松江蝗灾。 ·············· 《中国历代蝗患之记载》

青浦飞蝗蔽天。 ·············· 嘉庆《松江府志》

（青浦）飞蝗蔽天。 ·············· 光绪《青浦县志》

13. 明崇祯十四年（1641 年）

夏，松江旱蝗，嘉定蝗飞蔽天。 ·············· 民国《江苏省通志稿》

上海川沙、宝山、松江蝗灾。 ·············· 《中国历代蝗患之记载》

七月，（嘉定）飞蝗蔽天，蝗积数寸。 ·············· 光绪《嘉定县志》

四至八月无雨，（上海）庄稼被蝗虫食尽，饿殍载道，婴儿多被人食。

·············· 《上海县志》

夏，（上海）大旱蝗，饿殍载道。 ·············· 同治《上海县志》

夏，（川沙厅）大旱蝗，饿殍载道。 ·············· 光绪《川沙厅志》

夏至秋旱，（宝山）飞蝗蔽天，积数寸厚。 ·············· 光绪《宝山县志》

夏，（华亭）大旱蝗。 ·············· 光绪《重修华亭县志》

夏，（娄县）大旱蝗，饿殍载道。 ·············· 乾隆《娄县志》

夏，（奉贤）大旱，飞蝗食稼。 ·············· 光绪《奉贤县志》

夏，（南汇）大旱蝗，米粟涌贵，道殣相望。 ·············· 光绪《南汇县志》

（金山）蝗，饿殍载道。 ·············· 《金山县志》

14. 明崇祯十五年（1642 年）

四月，松江蝗蝻生，食禾尽。 ·············· 民国《江苏省通志稿》

上海青浦、松江、川沙蝗灾。 ……………………《中国历代蝗患之记载》

春，（松江）蝗螕生，遇雨化为鳅蟹。 …………… 嘉庆《松江府志》

春，（上海）蝗螕生，遇雨化为鳅蟹。 …………… 同治《上海县志》

春，（娄县）蝗螕生，遇雨化为鳅蟹。 …………… 乾隆《娄县志》

春，（川沙厅）蝗螕生，遇雨化为鳅蟹。 ………… 光绪《川沙厅志》

春，（青浦）蝗螕生，遇雨化为鳅蟹。 …………… 光绪《青浦县志》

春，（华亭）蝗螕生，遇雨化为鳅蟹。 ………… 光绪《重修华亭县志》

四、清代蝗灾

15. 清康熙五年（1666 年）

十一月，（崇明）蝗，不为灾。 ……………………… 民国《崇明县志》

16. 清康熙十年（1671 年）

青浦旱蝗。 …………………………《江苏省清代旱蝗灾关系之推论》

17. 清康熙十一年（1672 年）

七月，松江蝗自北来，半月悉去。 ……………… 民国《江苏省通志稿》

松江、川沙、崇明蝗。 ………《江苏省清代旱蝗灾关系之推论》

（松江）飞蝗蔽天自北来，食竹叶、芦穗，蝗皆抱穗死。…… 嘉庆《松江府志》

七月，（上海）飞蝗从西北蔽天而来，草根、木叶立尽，不食稻，半月悉向
南去。 …………………………………………… 同治《上海县志》

秋七月，（川沙厅）飞蝗从西北蔽天而来，草根、木叶立尽，不食稻，半月
后悉向南去。 ……………………………………… 光绪《川沙厅志》

秋，（崇明）有蝗投海死，不为灾。 …………… 光绪《崇明县志》

秋七月，（青浦）飞蝗过境，不为灾。 …………… 光绪《青浦县志》

秋七月，（华亭）蝗，不为灾。 ………………… 光绪《重修华亭县志》

秋七月，（南汇）飞蝗自西北蔽天而来，草根、木叶立尽，独不食稻，半月悉
向南去，农人欢呼罗拜。 ……………………… 民国《南汇县续志》

七月，（金山）飞蝗蔽天自北而南。 ……………………… 《金山县志》

18. 清康熙十八年（1679 年）

川沙、松江蝗灾。 ……………………《中国历代蝗患之记载》

上海川沙、青浦、宝山、松江旱蝗。 ……《江苏省清代旱蝗灾关系之推论》

八月，（嘉定）蝗，蠲缓钱粮。 …………… 光绪《嘉定县志》

八月，（上海）蟓蝗食芦势如火燃，二日而去，禾稻无恙，二麦、蚕豆无收。

...... 同治《上海县志》

八月，（松江）飞蝗蔽天自江北来，集于芦苇，不食禾稼。

...... 嘉庆《松江府志》

秋八月，（娄县）蝗，不为灾。是年，蝗飞蔽天，自北而南，所过或食竹叶或食芦，无食禾者，知府鲁超自苏州归来，见蝗皆抱穗而死。

...... 乾隆《娄县志》

八月，（川沙厅）蟓蝗食芦势如火燃，禾稻无恙，二日而去，二麦、蚕豆无收。

...... 光绪《川沙厅志》

八月，（宝山）蝗，大祲。吴屯侯作《愁蝗篇》。...... 光绪《宝山县志》

秋八月，（青浦）大旱，蝗生，岁祲。...... 光绪《青浦县志》

是年，（华亭）蝗，不为灾。...... 光绪《重修华亭县志》

八月，（南汇）蟓蝗食芦势如火燃，禾稻无恙，二日而去，二麦、蚕豆无收。

...... 民国《南汇县续志》

19. 清康熙三十三年（1694 年）

宝山旱蝗。...... 《江苏省清代旱蝗灾关系之推论》

20. 清康熙三十七年（1698 年）

崇明县蝗。...... 乾隆《江南通志》

崇明蝗。...... 《江苏省清代旱蝗灾关系之推论》

（崇明）有蝗，岁饥。...... 光绪《崇明县志》

21. 清雍正二年（1724 年）

五月，金山、青浦、嘉定蝗。...... 民国《江苏省通志稿》

川沙、崇明旱蝗。...... 《江苏省清代旱蝗灾关系之推论》

上海崇明、宝山、川沙、青浦、松江蝗灾。...... 《中国历代蝗患之记载》

六月，（上海）飞蝗随风而南。七月，禾槁多被虫啮。...... 同治《上海县志》

六月，（川沙厅）飞蝗随风而南。秋七月，禾槁多被啮。

...... 光绪《川沙厅志》

七月，（宝山）蟓螣。...... 光绪《宝山县志》

六月，（崇明）蝗蝻自西北来。...... 光绪《崇明县志》

夏五月，（青浦）蝗。...... 光绪《青浦县志》

22. 清雍正九年（1731 年）

七月，青浦蝝生，金山蝗蝝食禾。...... 民国《江苏省通志稿》

松江蝗灾，伤稼。 ···《中国历代蝗患之记载》

秋七月，（金山）蝝生，岁饥。 ·····················光绪《金山县志》

秋七月，（青浦）蝝生。 ·····························光绪《青浦县志》

秋七月，（娄县）蝝生，饥。 ·························乾隆《娄县志》

七月，（金山）蝻生，岁饥。 ·····························《金山县志》

23. 清雍正十年（1732 年）

松江蝗灾。 ···《中国历代蝗患之记载》

秋七月，（金山）蝝生食禾，岁大饥。 ·············光绪《金山县志》

（华亭）蝝食禾，岁大饥。 ·····················光绪《重修华亭县志》

秋七月，（娄县）蝝生食禾，岁大饥。 ·············乾隆《娄县志》

24. 清乾隆十八年（1753 年）

宝山蝗灾。 ···《中国历代蝗患之记载》

秋，（宝山）螟螣。 ·································光绪《宝山县志》

25. 清乾隆二十年（1755 年）

上海青浦、奉贤、松江蝗灾。 ·················《中国历代蝗患之记载》

秋，（华亭）蝝生，五谷、木棉皆不实。 ·······光绪《重修华亭县志》

秋，（娄县）蝝生，五谷、木棉皆不实，官煮粥赈饥。 ····· 乾隆《娄县志》

秋，（奉贤）蝝生，五谷、木棉皆不实。 ·········光绪《奉贤县志》

26. 清乾隆四十一年（1776 年）

（南汇）塘外芦地生蝻，不数日皆抱草死。 ···········民国《南汇县续志》

27. 清咸丰六年（1856 年）

七月，娄县、上海、南汇、奉贤、青浦蝗。秋，嘉定蝗食稼。

···民国《江苏省通志稿》

六月，（上海）东乡有蝗自北来，草根、芦叶俱尽，县令收捕至数百斛。上
海大蝗，严重成灾。 ·····················《中国东亚飞蝗蝗区的研究》

上海、松江、南汇、青浦、奉贤、金山、川沙旱蝗。

·····································《江苏省清代旱蝗灾关系之推论》

夏旱，（上海）有蝗自北来，捕杀至数百斛。 ···········《上海县志》

六月，（上海）东乡有蝗自北来，草根、芦叶俱尽，县令收捕至数百斛。八
月，飞蝗复来。 ·····························同治《上海县志》

六月，（川沙厅）飞蝗自北来，食草根、芦叶俱尽。 ····· 光绪《川沙厅志》

秋，（嘉定）蝗食稼，竹叶被啮。 ·············光绪《嘉定县志》

秋，（宝山）大旱蝗。 ·················· 光绪《宝山县志》

秋七、八月，（金山）大旱蝗，大饥。 ·········· 光绪《金山县志》

秋，（崇明）蝗，岁不登。 ·············· 光绪《崇明县志》

七月，飞蝗入（青浦）境，岸草、竹叶几尽，不甚伤稻。

·················· 光绪《青浦县志》

八月，（松江）飞蝗蔽天。 ················· 《松江县志》

（娄县）有蝗自北来，田禾被食，中秋后热如夏，蝗复来。

·················· 光绪《娄县续志》

秋八月，（华亭）飞蝗蔽天，城乡俱有。 ···· 光绪《重修华亭县志》

秋七月，（奉贤）有蝗自海滨来，蔽野。 ········ 光绪《奉贤县志》

八月，（金山）飞蝗蔽天。 ·················· 《金山县志》

八月，（南汇）飞蝗蔽天，仅食芦叶，未成灾。邑令祷于刘猛将军庙，蝗即飞集庙树听约束，人异之。 ········· 光绪《南汇县志》

28. 清咸丰七年（1857 年）

春，上海蝗，奉贤、南汇蝗蝻生。 ········ 民国《江苏省通志稿》

松江、南汇、金山、川沙旱蝗。 ···· 《江苏省清代旱蝗灾关系之推论》

春，（上海）有蝗。四月，浦滨蟓生如蚁，得雨而绝。八月，飞蝗集西南乡伤晚禾。 ·················· 同治《上海县志》

春，（川沙厅）有蝗。夏四月，蟓生如蚁，得雨而绝。 ··· 光绪《川沙厅志》

春，（松江）蝗蝻萌生，浦南尤甚。 ·············· 《松江县志》

春，（华亭）蝗孽萌生，浦南尤甚。五月风雷，遗蝗皆尽。

·················· 光绪《重修华亭县志》

四月，（奉贤）有蝗遍地。 ·············· 光绪《奉贤县志》

春，（金山）蝗蝻萌生，浦南尤甚。 ·············· 《金山县志》

夏大雨，（南汇）蝗群赴海滩死。 ·········· 光绪《南汇县志》

29. 清咸丰八年（1858 年）

上海蝗，嘉定蝗蝻生，雨，俱死。 ········ 民国《江苏省通志稿》

松江、川沙蝗。 ············ 《江苏省清代旱蝗灾关系之推论》

春，（上海）有蝗。 ·············· 同治《上海县志》

春，（川沙厅）有蝗。 ·············· 光绪《川沙厅志》

春，（南汇）有蝗。 ·············· 民国《南汇县续志》

30. 清光绪三年（1877 年）

六月，娄县蝗。秋，安亭、黄渡二镇①蝗。 ………… 民国《江苏省通志稿》

上海、松江、嘉定蝗，川沙旱蝗。 ……… 《江苏省清代旱蝗灾关系之推论》

秋，（上海）蝗灾，农作物歉收。 ………………………… 《上海县志》

秋，（上海）有蝗，岁祲。 ………………………… 民国《上海县志》

七月，（松江）蝗食禾，灾。 …………………………… 《松江县志》

六月，（娄县）飞蝗自西北来，集泗泾一带，越二宿而去。七月，蝻复萌，

路为之蔽，田禾间有损伤。 …………………… 光绪《娄县续志》

秋七月，（川沙厅）七、八团有蝗，不害稼。 ……… 光绪《川沙厅志》

秋七月，（华亭）蝗，不为灾。 ……… 光绪《重修华亭县志》

七月，（金山）蝗，禾不实。 …………………………… 《金山县志》

31. 清光绪二十三年（1897 年）

秋，（青浦）蝗蝻伤稼。 …………………………… 民国《青浦县续志》

32. 清光绪二十八年（1902 年）

（川沙）飞蝗啮芦，声如蚕食，不害禾棉。 ……………… 民国《川沙县志》

33. 清光绪二十九年（1903 年）

（川沙）飞蝗啮芦，声如蚕食，不害禾棉。 ……………… 民国《川沙县志》

五、民国时期蝗灾

34. 民国八年（1919 年）

（松江）五库乡蝗蝻生。 ………………………………… 《松江县志》

35. 民国十五年（1926 年）

八月，（嘉定）南翔飞蝗过境，稻田受损。十月，钱门乡蝗害成灾。

………………………………………… 《嘉定县志》

36. 民国十六年（1927 年）

（崇明）西沙蝗虫群聚田野，吃尽禾苗。 ……… 《崇明县志》

37. 民国十七年（1928 年）

嘉定、宝山、青浦、崇明、松江、上海、南汇蝗，江苏省昆虫局先后任用捕

蝗员分赴各县指导治蝗。 ……… 《江苏省昆虫局十七、十八年年刊》

---

① 安亭、黄渡：镇名，均在今上海嘉定区。

七月，（嘉定）娄塘发现飞蝗，未几延及各乡，田间玉米、黄豆被蝗啮食
殆尽。 ···《嘉定县志》

七月，（宝山）飞蝗蔽天自西北来，集结于城厢、月浦、盛桥、罗店、杨行
五市乡，盘旋空际遮云蔽日，全县组织捕蝗，共收买蝗蝻 2.63 万斤，结
价 2 360 元。 ···《宝山县志》

（崇明）庙镇、均安、新河、东庶、堡市蝗虫为害禾苗。 ········《崇明县志》

六月，（松江）飞蝗过境，县城上空似蔽约一刻钟之久。八月，新桥①蝗。

···《松江县志》

38. 民国十八年（1929 年）

三月，（嘉定）北乡北垂蝗蝻。五月，蔓延至各乡。 ···········《嘉定县志》

八月，（崇明）飞蝗自东北来飞满天空，降落田间绵延十余里，农作物受灾。

···《崇明县志》

39. 民国二十一年（1932 年）

（奉贤）蝗虫泛滥。 ···《奉贤县志》

40. 民国二十二年（1933 年）

川沙、南汇蝗。 ···《中国的飞蝗》

七月，（嘉定）东北各乡发生蝗蝻为害。 ·····················《嘉定县志》

41. 民国二十三年（1934 年）

南汇、上海、青浦、奉贤、崇明等县蝗。

·································《民国二十三年全国蝗患调查报告》

42. 民国二十四年（1935 年）

奉贤、松江蝗灾。 ·································《中国历代蝗患之记载》

南汇、奉贤蝗。 ···《昆虫与植病》

（奉贤）蝗虫泛滥。 ···《奉贤县志》

（金山）蝗。 ···《金山县志》

43. 民国二十六年（1937 年）

（金山）蝗。 ···《金山县志》

---

① 新桥：镇名，在今上海松江区。

第十九章
新疆维吾尔自治区历史蝗灾

一、元代蝗灾

1. 元至元十九年（1282 年）

四月，别十八里①部东三百余里蝗害麦。 ·····················《元史·五行志》

五月，别十八里城东三百余里蝗害麦。 ·····················《元史·世祖本纪》

五月，别十八里城东 300 余里蝗虫成灾，奇台等地农作物受损。

··《奇台县志》

二、清代蝗灾

2. 清乾隆三十年（1765 年）

四月，哈密蝗从西北飞来。 ·····················《新疆通志》

3. 清乾隆三十一年（1766 年）

八月，伊犁②蝗。 ·····················《清史稿·高宗本纪》

锡伯索伦等十佐领兵丁耕种地亩被蝗。 ·····················《新疆通志》

伊犁发生蝗灾，回屯田禾受损。 ·····················《伊宁县志》

喀什河两岸发生大面积蝗灾，田禾受损。 ·····················《尼勒克县志》

---

① 别十八里：亦称别失八里，古地名，在今新疆吉木萨尔北。

② 伊犁：清乾隆年间设新疆伊犁将军，治所在今新疆霍城南，1914 年改设伊犁道，治所在今新疆伊宁市。

4. 清乾隆三十九年（1774 年）

七月，乌鲁木齐额鲁特部①蝗。 ·····························《清史稿·高宗本纪》

5. 清同治十三年（1874 年）

塔城蝗旱为灾，收成歉薄。 ·····························《新疆通志》

（塔城）蝗旱为灾，收成歉薄。 ·····························《塔城市志》

6. 清光绪元年（1875 年）

蝗虫吃光（乌苏）车排子等处庄稼。 ·····················《乌苏县志》

7. 清光绪二年（1876 年）

托克逊蝗为灾，收成歉薄。 ·························《托克逊县志》

（博湖）旱，蝗虫为灾，农作物歉收。 ·················《博湖县志》

九月，（疏勒）境内旱蝗为灾，歉收。 ·················《疏勒县志》

是年，（巴楚）蝗灾，收成歉薄。 ·····················《巴楚县志》

8. 清光绪三年（1877 年）

乌鲁木齐、昌吉、绥来②蝗飞蔽天，幸只啮草，不伤禾稼，亦缘黍地草多于

禾耳。 ···《昌吉市志》

（呼图壁）蝗虫成灾。 ·································《呼图壁县志》

（乌苏）车排子等地禾苗被蝗虫吃光。 ·················《乌苏县志》

9. 清光绪四年（1878 年）

精河发生严重蝗灾，尤以贝勒散吉赉辖区受灾严重。 ·········《精河县志》

10. 清光绪五年（1879 年）

（巴里坤）蝗虫为害严重，豁免田赋。 ············《巴里坤哈萨克自治县志》

11. 清光绪八年（1882 年）

（巴里坤）蝗虫为害惨重，祈祷神灵保佑。 ·······《巴里坤哈萨克自治县志》

12. 清光绪九年（1883 年）

巴里坤县牧民要求官府灭蝗。 ·························《新疆通志》

13. 清光绪十八年（1892 年）

（吐鲁番）胜金东发生蝗灾。 ·······················《吐鲁番地区志》

六月，（吐鲁番）胜金东突起蝗蝻，当地政府觅雇民夫扑采蝗蝻，每蝗蝻一

斤发工银一钱，连日扑灭。 ·························《吐鲁番市志》

---

① 额鲁特：亦称卫拉特，清朝对西部蒙古各部的统称。清时，额鲁特共分为杜尔伯特、准噶尔、土尔扈特、和硕特四部，主要在今新疆乌鲁木齐及伊犁哈萨克自治州游牧。

② 绥来：旧县名，治所在今新疆玛纳斯。

乌苏蝗虫成灾，厅署令兵勇下乡捕灭。 …………………《乌苏县志》

14. 清光绪十九年（1893 年）

乌苏蝗虫为灾，驻军派兵勇下乡捕捉。 ……………《塔城地区志》

(乌苏）车排子等地蝗虫肆虐，被一种形如鸺鹠的鸟啄食殆尽。

…………………………………………………………《乌苏县志》

15. 清光绪二十年（1894 年）

乌苏甘河子、车排子等地连年蝗虫成灾，有鸟形如鸺鹠，首尾皆黑，数千成

群，在农田中飞啄食之立尽。 …………………《塔城地区志》

(乌苏）甘河子、车排子等地蝗灾。 …………………《乌苏县志》

16. 清光绪二十二年（1896 年）

是秋，赈新疆蝗灾。 …………………………《清史稿·德宗本纪》

(塔城地区）发生蝗灾，区域大、面积广。 ………………《塔城地区志》

17. 清光绪二十三年（1897 年）

是秋，赈新疆蝗灾。 …………………………《清史稿·德宗本纪》

呼图壁地区蝗虫为患。 ……………《农六师垦区·五家渠市志》

呼图壁再次发生蝗灾。 …………………………《呼图壁县志》

18. 清光绪二十四年（1898 年）

十一月，赈土鲁番等处水灾、蝗灾。 ……………《清史稿·德宗本纪》

吐鲁番、迪化①水灾、蝗害。 ……………《中国历代蝗患之记载》

十一月，朝廷谕令迪化地方官员复勘水蝗灾情，妥筹赈抚。

…………………………………………………………《乌鲁木齐市志》

十一月，吐鲁番厅水、蝗灾严重，政府筹款抚恤赈济。 …《吐鲁番地区志》

十一月，吐鲁番、迪化等厅县水蝗灾害甚重，政府筹款抚恤赈济。

…………………………………………………………《吐鲁番市志》

喀喇沙尔②发生蝗害。 …………………《焉耆回族自治县志》

19. 清光绪二十六年（1900 年）

奇台地区蝗灾，农作物颗粒无收。 ……………《农六师垦区·五家渠市志》

(奇台）全县发生蝗灾，庄稼颗粒无收，知县奏请朝廷开仓救济灾民。

…………………………………………………………《奇台县志》

---

① 迪化：旧市名，1953 年改名今新疆乌鲁木齐市。

② 喀喇沙尔：旧厅名，治所在今新疆焉耆回族自治县。

20. 清光绪二十九年（1903 年）

是秋，赈镇西[①]、绥来蝗灾。·····························《清史稿·德宗本纪》

（乌苏）境内飞蝗如云，庄稼被食一空。·····················《乌苏县志》

21. 清光绪三十三年（1907 年）

玛纳斯河流域飞蝗大发生，成群结队遍地皆是，曾出动上千群众扑打。

···《新疆通志》

九月，呼图壁遭蝗灾，赈济。·····························《呼图壁县志》

22. 清宣统元年（1909 年）

五月，孚远[②]县蝗灾，减免部分粮草。·····················《吉木萨尔县志》

（巴里坤）蝗虫蔓延成灾。·····························《巴里坤哈萨克自治县志》

（伊宁）县境发生蝗灾。·································《伊宁县志》

三、民国时期蝗灾

23. 民国五年（1916 年）

六月，（精河）沙山子一带包括路北苇湖地带，宽 10 余里发生蝗虫，异常稠
密，县政府派蒙古兵 34 人、民众 138 人，以 7 天时间用芦苇、柴草、火药
焚烧扑灭。···《精河县志》

24. 民国七年（1918 年）

沙湾县小拐、福海县乌伦古湖等地发生飞蝗，面积达百万亩，虫口密度每平
方米 300～400 头。·································《新疆通志》

25. 民国八年（1919 年）

（布尔津）蝗灾。·····································《布尔津县志》

26. 民国九年（1920 年）

（布尔津）蝗灾。·····································《布尔津县志》

27. 民国十年（1921 年）

（布尔津）蝗灾。·····································《布尔津县志》

28. 民国十一年（1922 年）

（布尔津）蝗灾。·····································《布尔津县志》

---

① 镇西：旧厅名，治所在今新疆巴里坤哈萨克自治县。

② 孚远：旧县名，治所在今新疆吉木萨尔。

29. 民国十二年（1923 年）

(布尔津) 蝗灾。 ⋯⋯⋯⋯⋯⋯⋯⋯⋯⋯⋯⋯⋯⋯⋯⋯⋯⋯⋯《布尔津县志》

30. 民国十四年（1925 年）

(呼图壁) 西乡五洼庄农田蝗灾，田禾几乎被蝗吃光，东乡各地亦相继发生蝗灾。 ⋯⋯⋯⋯⋯⋯⋯⋯⋯⋯⋯⋯⋯⋯⋯⋯⋯⋯⋯《呼图壁县志》

六月，呼图壁地区蝗灾，有的禾苗全被吃光，农民翻地重种。

⋯⋯⋯⋯⋯⋯⋯⋯⋯⋯⋯⋯⋯⋯⋯⋯⋯⋯⋯《农六师垦区·五家渠市志》

31. 民国二十四年（1935 年）

六月，沙湾县部分地区蝗灾。 ⋯⋯⋯⋯⋯⋯⋯⋯⋯⋯⋯⋯⋯⋯⋯⋯《塔城地区志》

32. 民国二十六年（1937 年）

(新疆) 蝗灾。 ⋯⋯⋯⋯⋯⋯⋯⋯⋯⋯⋯⋯⋯⋯⋯⋯⋯⋯⋯⋯⋯⋯《新疆通志》

六月，迪化南山发生蝗灾。 ⋯⋯⋯⋯⋯⋯⋯⋯⋯⋯⋯⋯⋯⋯⋯《乌鲁木齐市志》

33. 民国二十八年（1939 年）

七月，(巴里坤) 蝗虫蔓延县东 70 里、城西 180 里。

⋯⋯⋯⋯⋯⋯⋯⋯⋯⋯⋯⋯⋯⋯⋯⋯⋯⋯《巴里坤哈萨克自治县志》

七月，(乌苏) 三苏木、三里图蝗虫食尽田苗。 ⋯⋯⋯⋯⋯⋯⋯⋯《乌苏县志》

34. 民国二十九年（1940 年）

六月，(伊吾) 前山地区发生蝗灾，设治局组织人力用药水拌马粪灭蝗。

⋯⋯⋯⋯⋯⋯⋯⋯⋯⋯⋯⋯⋯⋯⋯⋯⋯⋯⋯⋯⋯⋯⋯《伊吾县志》

七月，(乌苏) 赛里克提、谢家地方圆 340 千米^2 发生蝗灾。 ⋯⋯⋯《乌苏县志》

35. 民国三十年（1941 年）

(新疆) 蝗灾，东起哈密、巴里坤、木垒河，西至伊犁、博乐、温泉、霍尔果斯发生的农田和牧场面积达 70 余万公顷，蝗虫如雨，使北疆整个农业处于蝗虫恐怖局面，当时动员民众、士兵、学生 5.5 万余人，从哈密到迪化、伊犁展开了捕蝗战斗。 ⋯⋯⋯⋯⋯⋯⋯⋯⋯⋯⋯⋯⋯《新疆通志》

六月，(呼图壁) 县境发现蝗虫，有 863 亩小麦被蝗虫吃光。

⋯⋯⋯⋯⋯⋯⋯⋯⋯⋯⋯⋯⋯⋯⋯⋯⋯⋯⋯⋯⋯⋯⋯《呼图壁县志》

六月，呼图壁地区发生蝗灾 200 公顷，有 60 公顷小麦被蝗虫吃光。

⋯⋯⋯⋯⋯⋯⋯⋯⋯⋯⋯⋯⋯⋯⋯⋯⋯⋯《农六师垦区·五家渠市志》

七月，(巴里坤) 蝗灾严重。 ⋯⋯⋯⋯⋯⋯⋯⋯《巴里坤哈萨克自治县志》

六月，除下马崖外，(伊吾) 各地均发生蝗灾，尤以吐葫芦、前山两地严重，设治局组织 120 人捕打。 ⋯⋯⋯⋯⋯⋯⋯⋯⋯⋯⋯⋯⋯⋯《伊吾县志》

(塔城) 境内部分地区发生蝗灾。•••••••••••••••••••••••••••《塔城地区志》

五月，(温泉) 发现蝗虫流动区 9 处，发动民众 3 000 余人采取挖沟、捕打、火烧等办法灭蝗，并电请派飞机一架喷洒灭蝗药物，至 6 月 27 日灭蝗工作结束，受灾农田 1 868 亩，免征受灾 89 户农民当年田赋。

•••••••••••••••••••••••••••《温泉县志》

博温地区蝗虫灾害极烈，面积 15 万～17 万公顷，组织五千人挖沟、扑打、火烧，均未奏效，后请苏联派飞机喷药，于六月全部控制。

•••••••••••••••••••••••••••《博乐市志》

七月，(精河) 三台、四台地区发生蝗虫，精河县政府奉伊犁区行政长指令，协同伊犁派来的农牧指导员前往大河沿子发动群众 80 人，调拨马车 12 辆，以麦麸 9 石拌入毒蝗药物在蝗区洒药灭蝗 3 天。••••••••《精河县志》

霍尔果斯发生蝗虫灾害。••••••••••••••••••••《霍城县志》

36. 民国三十一年（1942 年）

(塔城) 境内部分地区发生蝗灾。••••••••••••••••••《塔城地区志》

六月，绥定①、霍尔果斯两县发生蝗虫灾害。••••••••••《霍城县志》

37. 民国三十二年（1943 年）

(新疆) 蝗灾。••••••••••••••••••••••••••《新疆通志》

玛纳斯地区蝗灾严重。••••••••••••《农六师垦区•五家渠市志》

(玛纳斯) 蝗虫为害草原。••••••••••••••••••《玛纳斯县志》

(乌苏) 飞蝗为害牧草、庄稼。••••••••••••••••《乌苏县志》

38. 民国三十三年（1944 年）

(乌苏) 飞蝗为害牧草、庄稼。••••••••••••••••《乌苏县志》

39. 民国三十四年（1945 年）

(乌苏) 飞蝗为害牧草、庄稼。••••••••••••••••《乌苏县志》

40. 民国三十五年（1946 年）

六月，迪化市发现蝗虫。••••••••••••••••••《乌鲁木齐市志》

41. 民国三十六年（1947 年）

五月，米泉北部发生蝗灾，蝗虫自西北入境，沿梧桐窝子、蒋家湾一带飞往三道坝，沿途千米范围内树叶、芦苇吃光，麦田受害严重。

•••••••••••••••••••••《农六师垦区•五家渠市志》

---

① 绥定：旧县名，治所在今新疆霍城。

五月，（米泉）县境北部发生蝗灾，蝗虫自西北方向入境，后沿梧桐窝子、蒋家湾一带飞往三道坝，在宽约 1 公里的飞经途中，树叶、芦苇被吃光，麦田受灾甚重，县政府动员 3 000 余人扑打半月。 ⋯⋯⋯⋯《米泉县志》

（塔城地区）大面积蝗灾发生。 ⋯⋯⋯⋯⋯⋯⋯⋯⋯⋯《塔城地区志》

五月，塔城发生严重蝗灾，歉收。 ⋯⋯⋯⋯⋯⋯⋯⋯⋯⋯《塔城市志》

（裕民）县内发生蝗灾，塔城专署拨专款 5 万元治蝗。 ⋯⋯⋯《裕民县志》

六月，精河县城周围，大河沿子、白庙乡等地发生不同程度蝗虫为害，县政府组织群众和机关人员扑灭。 ⋯⋯⋯⋯⋯⋯《精河县志》

42. 民国三十七年（1948 年）

六月，（昌吉）土墩子、新坝湾等地 1 200 亩农田发生蝗灾，当地民众与军队用土法灭蝗，省政府拨省币 32 640 万元作为治蝗补助。 ⋯⋯⋯《昌吉市志》

（玛纳斯）北五岔一带蝗虫灾情严重。 ⋯⋯⋯⋯⋯⋯⋯⋯《玛纳斯县志》

六月，（呼图壁）东、西、北三乡发生蝗灾，北乡将蝗虫赶到下湖的 7 500 亩麦田里点火焚烧，全县参加灭蝗 4 523 人。⋯⋯⋯⋯⋯《呼图壁县志》

六月，玛纳斯、呼图壁发生蝗灾，玛纳斯县政府组织居民捕蝗，政府每人发给 5 石小麦的报酬；呼图壁北乡将大批蝗虫赶到下湖的 170 公顷麦地里点火焚烧。 ⋯⋯⋯⋯⋯⋯⋯⋯《农六师垦区·五家渠市志》

鄯善县城东柳树泉地方发生蝗灾，受灾面积 1 000 余亩。 ⋯⋯《吐鲁番地区志》

（鄯善）县东 20 里柳树泉发生密集蝗虫，被侵耕地 1 000 亩，驻军、民众和省捕蝗队经过 6 天捕杀，蝗被灭净。 ⋯⋯⋯⋯⋯⋯⋯《鄯善县志》

（塔城地区）大面积蝗灾发生。 ⋯⋯⋯⋯⋯⋯⋯⋯⋯⋯《塔城地区志》

五月，（精河）大河沿子地区发生蝗害，县政府组织群众扑灭。

⋯⋯⋯⋯⋯⋯⋯⋯⋯⋯⋯⋯《精河县志》

43. 民国三十八年（1949 年）

迪化、哈密发生蝗虫，损失禾苗 6 000 余亩，减产粮食 2 500 万大石，为害牧草 6 000 余公顷，防治耗人工 10 万个以上。伊犁、塔城、阿山①三区动员 1 万人捕蝗，耗省币 350 余万元，当时防治药品缺乏，多以人力驱赶、捕打或举火焚烧。 ⋯⋯⋯⋯⋯⋯⋯⋯⋯《新疆通志》

六月，昌吉第三乡发生蝗灾，经县民众与省扑蝗队扑灭。 ⋯⋯《昌吉市志》

呼图壁发生蝗灾，东西北大小海子等地 700 公顷农作物受害。（玛纳斯）北

---

① 阿山：旧道名，治所在今新疆阿勒泰。

五岔一带发生蝗虫。 ·····································《玛纳斯县志》

五月，（呼图壁）东西北乡发生蝗灾 1 000 亩，秋粮受害。七月，北乡东河坝
　　千亩秋禾被蝗虫吃光。 ·····························《呼图壁县志》

七月，北乡东河坝 600 公顷秋作吃光。 ·········《农六师垦区·五家渠市志》

（塔城地区）大面积蝗灾发生。 ·························《塔城地区志》

六月，喀木斯特等地发生蝗虫为害，塔城专员公署专员、副专员率千人大军
　　分 9 个大队 45 个小队扑蝗，将蝗虫全部扑灭。 ··············《塔城市志》

五月，（博乐）查干苏木、夏日布呼发生蝗灾，受灾 1 504 公顷，参加灭蝗
　　3.32 万人次，全部控制。 ···························《博乐市志》

六月，（精河）大河沿子发生蝗害，县政府组织灭蝗委员会发动群众灭蝗。
　　···《精河县志》

第二十章
福建省历史蝗灾

一、唐代蝗灾

1. 唐贞观二年（628 年）

泉州蝗。 ·· 乾隆《泉州府志》

晋江、南安蝗害。 ··· 《泉州市志》

2. 唐贞观二十年（646 年）

（泉州）蝗。 ·· 乾隆《福建通志》

秋，福建泉州蝗灾。 ································· 《中国历代蝗患之记载》

3. 唐贞观二十一年（647 年）

秋，泉州蝗。 ·· 《新唐书·五行志》

秋，泉州蝗。 ·· 《文献通考·物异考》

秋，福建泉州蝗灾。 ································· 《中国历代蝗患之记载》

4. 唐武周如意元年（692 年）

建州①蝗。 ·· 乾隆《福建通志》

（建宁②）蝗。 ·· 康熙《建宁府志》

（建瓯）蝗。 ·· 民国《建瓯县志》

秋，（松溪）蝗伤稼。 ··· 《松溪县志》

---

① 建州：旧州名，治所在今福建建瓯。

② 建宁：旧府名，治所在今福建建瓯。

5. 唐武周长寿二年（693 年）

建州蝗。 ⋯⋯⋯⋯⋯⋯⋯⋯⋯⋯⋯⋯⋯⋯⋯⋯⋯⋯⋯《新唐书·五行志》

建州蝗。 ⋯⋯⋯⋯⋯⋯⋯⋯⋯⋯⋯⋯⋯⋯⋯⋯《文献通考·物异考》

福建建州蝗灾。 ⋯⋯⋯⋯⋯⋯⋯⋯⋯⋯⋯⋯⋯《中国历代蝗患之记载》

6. 唐广德二年（764 年）

福建大蝗害稼，米价昂贵。 ⋯⋯⋯⋯⋯⋯⋯⋯⋯《中国历代蝗患之记载》

7. 唐开成三年（838 年）

夏，（连江）蝗，疫。 ⋯⋯⋯⋯⋯⋯⋯⋯⋯⋯⋯⋯⋯⋯民国《连江县志》

8. 唐开成五年（840 年）

六月，福建蝗，疫，除其徭。 ⋯⋯⋯⋯⋯⋯⋯⋯⋯《新唐书·武宗本纪》

夏，（福州）蝗，疫。沙县蝗，疫。 ⋯⋯⋯⋯⋯⋯乾隆《福建通志》

夏，（福州）蝗，疫。 ⋯⋯⋯⋯⋯⋯⋯⋯⋯⋯⋯⋯乾隆《福州府志》

（长乐）蝗，疫。 ⋯⋯⋯⋯⋯⋯⋯⋯⋯⋯⋯⋯⋯⋯乾隆《长乐县志》

夏，沙县蝗，疫。 ⋯⋯⋯⋯⋯⋯⋯⋯⋯⋯⋯⋯⋯⋯乾隆《延平府志》

夏，（沙县）蝗，疫。 ⋯⋯⋯⋯⋯⋯⋯⋯⋯⋯⋯⋯⋯道光《沙县志》

二、宋代蝗灾

9. 宋嘉定元年（1208 年）

福建蝗虫大发生。 ⋯⋯⋯⋯⋯⋯⋯⋯⋯⋯⋯⋯《中国历代蝗患之记载》

10. 宋嘉定二年（1209 年）

是年旱，（明溪）蝗虫为害。 ⋯⋯⋯⋯⋯⋯⋯⋯⋯⋯⋯《明溪县志》

11. 宋绍定三年（1230 年）

福建蝗。 ⋯⋯⋯⋯⋯⋯⋯⋯⋯⋯⋯⋯⋯⋯⋯⋯⋯⋯《宋史·五行志》

福建蝗。 ⋯⋯⋯⋯⋯⋯⋯⋯⋯⋯⋯⋯⋯⋯⋯《续文献通考·物异考》

（福州）蝗。 ⋯⋯⋯⋯⋯⋯⋯⋯⋯⋯⋯⋯⋯⋯⋯乾隆《福建通志》

（福州）蝗。 ⋯⋯⋯⋯⋯⋯⋯⋯⋯⋯⋯⋯⋯⋯⋯乾隆《福州府志》

（长乐）蝗。 ⋯⋯⋯⋯⋯⋯⋯⋯⋯⋯⋯⋯⋯⋯⋯乾隆《长乐县志》

沙县蝗。 ⋯⋯⋯⋯⋯⋯⋯⋯⋯⋯⋯⋯⋯⋯⋯⋯⋯乾隆《延平府志》

（沙县）蝗。 ⋯⋯⋯⋯⋯⋯⋯⋯⋯⋯⋯⋯⋯⋯⋯⋯道光《沙县志》

12. 宋嘉熙四年（1240 年）

六月，福建大旱蝗。 ⋯⋯⋯⋯⋯⋯⋯⋯⋯⋯⋯⋯《宋史·理宗本纪》

六月，福建大旱蝗。 …………………………………………… 同治《福建通志》

六月旱，（建瓯）蝗虫毁稼。 ……………………………………… 《建瓯县志》

（松溪）蝗害。 …………………………………………………… 《松溪县志》

三、明代蝗灾

13. 明永乐七年（1409 年）

（惠安）全县遭蝗虫灾害，知县组织百姓扑灭之。 ………… 《惠安县志》

14. 明永乐二十二年（1424 年）

五月，惠安有蝗蠕伤稼。 ……………………………………… 《泉州市志》

15. 明正德二年（1507 年）

福建建宁、邵武二府自八月始旱涝、蝗虫递作。 ……… 《明实录·武宗实录》

16. 明正德四年（1509 年）

漳浦蝗入境，食禾稼。 ………………………………………… 乾隆《福建通志》

漳浦蝗入境，食禾稼，知县为文以祭，害旋息。 ………… 光绪《漳州府志》

（漳浦）蝗入境，知县为文祭之。 …………………………… 光绪《漳浦县志》

福建漳浦蝗灾，害稼。 …………………………………… 《中国历代蝗患之记载》

（诏安）蝗入境，食禾稼。 …………………………………… 康熙《诏安县志》

17. 明嘉靖十五年（1536 年）

南靖大旱，蝗起。 ……………………………………………… 光绪《漳州府志》

南靖旱，并发蝗灾。 …………………………………………… 《漳州市志》

（南靖）大旱，蝗起。 ………………………………………… 乾隆《南靖县志》

18. 明嘉靖二十四年（1545 年）

沙县旱蝗。 ……………………………………………………… 乾隆《延平府志》

（沙县）旱蝗。 ………………………………………………… 道光《沙县志》

19. 明万历四年（1576 年）

是年，将乐蝗。 ………………………………………………… 乾隆《延平府志》

（将乐）蝗虫食禾。 …………………………………………… 《将乐县志》

20. 明万历七年（1579 年）

正月，福建蝗。 ………………… 《古今图书集成·庶征典·蝗灾部汇考》

（泉州府）大旱蝗，民饥馑。 ………………………………… 乾隆《福建通志》

（泉州）大旱蝗，民饥馑。 …………………………………… 乾隆《泉州府志》

（南安）旱，蝗灾，民饥馑。 ···《南安县志》

（同安）大旱蝗，饥。 ···《同安县志》

21. 明万历十六年（1588 年）

六月，建阳蝗。 ··· 乾隆《福建通志》

六月，建阳蝗。 ··· 康熙《建宁府志》

六月，（建阳）蝗灾。 ···《建阳县志》

四、清代蝗灾

22. 清康熙十六年（1677 年）

秋，（漳州）蝗，晚禾无收。 ··················· 乾隆《福建通志》

23. 清康熙二十四年（1685 年）

夏，（连江）有蝗。 ························· 民国《连江县志》

24. 清康熙二十八年（1689 年）

五月，（漳州）海滨蝗，渐入内地，至近郊而止。 ······· 乾隆《福建通志》

25. 清康熙三十年（1691 年）

秋，（福州）蝗为灾。 ··························· 乾隆《福建通志》

福建蝗灾。 ··························《中国历代蝗患之记载》

26. 清康熙四十一年（1702 年）

（长泰）蝗，早禾失收。 ····················· 乾隆《长泰县志》

27. 清道光五年（1825 年）

七月，（沙县）蝗。 ··························· 道光《沙县志》

（光泽）螽伤稼十之四。 ············· 光绪《重纂邵武府志》

28. 清道光十三年（1833 年）

福建浦城蝗食禾稼、树叶。 ··········《中国历代蝗患之记载》

六月，（泰宁）螟蝗害稼，禾苗不登。 ···············《泰宁县志》

29. 清道光十四年（1834 年）

秋八月，（建阳）蝗，早稻歉收。 ···················《建阳县志》

30. 光绪二年（1876 年）

（光泽）螽伤稼十之五，大饥。 ············· 光绪《重纂邵武府志》

31. 清光绪三年（1877 年）

（邵武府）螣虫食禾叶。 ················· 光绪《重纂邵武府志》

32. 清光绪十四年（1888 年）

(松溪) 飞蝗遍野。 ……………………………………………《松溪县志》

33. 清光绪二十五年（1899 年）

五月旱,（宁化) 蝗虫为灾。 ……………………………………《宁化县志》

五、民国时期蝗灾

34. 民国元年（1912 年）

德化蝗虫成灾,减产。 ……………………………………………《泉州市志》

35. 民国三年（1914 年）

五月,（寿宁) 蝗虫成灾,稻谷被毁严重。 ……………………《寿宁县志》

36. 民国十年（1921 年）

六月旱,（平和) 蝗虫遍野。 ……………………………………《平和县志》

37. 民国二十四年（1935 年）

九月,德化稻被蝗害。 ……………………………………………《泉州市志》

38. 民国三十七年（1948 年）

五月,（将乐) 蝗灾,受灾面积 10.7 万亩。 ……………………《将乐县志》

第二十一章
海南省历史蝗灾

一、明代蝗灾

1. 明永乐元年（1403 年）

六月，（临高）蝗。八月，又蝗，诏遣沿田畴捕之。 ……… 光绪《临高县志》

2. 明永乐二年（1404 年）

六月，（琼山）蝗虫成灾。 …………………………………《琼山县志》

六月雨，（儋州）蝗发，禾不收，民饥。 …………… 康熙《续修儋州志》

3. 明永乐七年（1409 年）

琼州蝗虫大发生。 ………………………………《中国历代蝗患之记载》

八月，（琼州①）旱蝗，令民捕之。 ……………… 道光《琼州府志》

八月，（琼山）蝗虫成灾，官府令民捕捉。 …………………《琼山县志》

八月，（儋州）蝗发，遣官沿田捕之。 ……………… 康熙《续修儋州志》

4. 明嘉靖八年（1529 年）

秋，（万州②）淫雨，有蝗。 ……………………… 道光《万州志》

秋雨，（万宁）蝗虫。 ……………………………………《万宁县志》

5. 明嘉靖二十二年（1543 年）

（临高）大旱，蝗伤稼，民饥。 …………………… 光绪《临高县志》

---

① 琼州：旧府名，治所在今海南海口市琼山区。
② 万州：旧州名，治所在今海南万宁。

6. 明万历十五年（1587 年）

（文昌）蝗虫食稻殆尽。 ························《文昌县志》

7. 明万历四十八年（1620 年）

秋，（定安）大水，飞蝗满地，禾稼一空，陌上草根均被食尽。

····························· 光绪《定安县志》

8. 明天启元年（1621 年）

秋涝，（儋州）禾尽，蝗。 ············ 康熙《续修儋州志》

二、清代蝗灾

9. 清顺治四年（1647 年）

七月，（三亚）蝗灾，禾苗被蝗虫吃光。 ·······《三亚市志》

秋七月，（崖州[①]）蝗食禾苗几尽。 ········· 民国《崖州志》

10. 清康熙五十三年（1714 年）

五月，（琼海）亢旱，蝗虫食秧。 ··········《琼海县志》

11. 清乾隆元年（1736 年）

崖州蝗灾，来年粮价昂贵。 ·······《中国历代蝗患之记载》

崖州蝗。 ···························· 道光《琼州府志》

（三亚）大蝗灾。 ···················《三亚市志》

（崖州）蝗虫食苗。 ················· 民国《崖州志》

12. 清乾隆七年（1742 年）

（三亚）大旱，蝗灾。 ·················《三亚市志》

（崖州）旱蝗，米价愈贵。 ············ 民国《崖州志》

13. 清乾隆五十三年（1788 年）

五月，（会同）亢旱，蝗虫食秧。 ······ 嘉庆《会同县志》

14. 清道光三年（1823 年）

琼州蝗灾。 ···················《中国历代蝗患之记载》

九月，（琼山）大旱，蝗虫漫天遍野，饿殍载道。 ·······《琼山县志》

15. 清道光四年（1824 年）

琼州蝗灾。 ···················《中国历代蝗患之记载》

---

① 崖州：旧州名，治所在今海南三亚市西北崖城镇。

九月至次年八月，（海口）大旱，蝗虫漫天遍野，饿殍载道。······《海口市志》

四月，（琼山）久旱，蝗虫漫天遍野，所过稻禾一空，饥民满路。

··《琼山县志》

（琼州）旱，蝗虫漫天遍野，所过禾麦一空，饿殍载道。····· 道光《琼州府志》

（文昌）蝗灾。··《文昌县志》

秋，屯昌新兴、大同乡发生蝗灾，群飞蔽日，所到处田稻一空。

··《屯昌县志》

秋，（定安）蝗，群飞蔽天，落地盈寸，所至之野禾稼一空。

··光绪《定安县志》

16. 清同治三年（1864 年）

八月，（三亚）蝗灾。··《三亚市志》

八月，（崖州）蝗虫食苗。·······························民国《崖州志》

17. 清光绪四年（1878 年）

州东部（三亚）蝗灾，禾苗被吃光。·······················《三亚市志》

（崖州）蝗食谷殆尽。·······································民国《崖州志》

18. 清光绪三十四年（1908 年）

十月，（崖州）蝗虫食禾。·······························民国《崖州志》

19. 清宣统三年（1911 年）

四月，（琼山）蝗虫食禾，成灾。·····················《琼山县志》

三、民国时期蝗灾

20. 民国三十四年（1945 年）

夏，南吕、乌坡、枫木、屯昌、坡心一带连年遭蝗虫为害，粮食失收。

··《屯昌县志》

21. 民国三十五年（1946 年）

六月，文昌、定安蝗虫盛发成灾。 ·····················《海南省志·农业志》

东鲁乡蝗虫为害，103 公顷水稻被蝗虫吃光。·····················《屯昌县志》

第二十二章
内蒙古自治区历史蝗灾

一、唐前时期蝗灾

1. 东汉建武二十二年（46年）

匈奴中连年旱蝗，赤地数千里，草木尽枯。 ············《后汉书·南匈奴列传》

2. 东汉建武二十七年（51年）

臧宫与武杨虚侯马上书曰：匈奴旱蝗赤地，疫困之力，不当中国一郡。岂宜
固守文德而堕武事乎？命将攻其左、击其右。如此，北虏之灭，不过数年。
············《后汉书·臧宫传》

3. 北魏太和二年（478年）

（凉城）遭蝗灾、旱灾。 ············《凉城县志》

二、宋代（含辽、金）蝗灾

4. 宋嘉祐元年　辽清宁二年（1056年）

六月，中京[1]蝗蝻为灾。 ············《宁城县志》

5. 宋绍兴十二年　金皇统二年（1142年）

七月，北京[2]蝗。 ············《金史·熙宗本纪》

---

[1]　中京：辽五京道之一，故址在今内蒙古宁城西大明镇。

[2]　北京：金路名，治所在今内蒙古巴林左旗南，1153年改迁今内蒙古宁城西。

6. 宋淳熙三年　金大定十六年（1176 年）

（凉城）遭蝗灾，免除租税。 ┈┈┈┈┈┈┈┈┈┈┈┈┈┈《凉城县志》

三、元代蝗灾

7. 蒙古至元二年（1265 年）

是岁，北京蝗旱。 ┈┈┈┈┈┈┈┈┈┈┈┈┈┈┈┈《元史·世祖本纪》

北京旱蝗。 ┈┈┈┈┈┈┈┈┈┈┈┈┈┈┈┈┈┈《宁城县志》

（凉城）蝗灾。 ┈┈┈┈┈┈┈┈┈┈┈┈┈┈┈┈┈《凉城县志》

两京路蝗。呼和浩特市蝗。 ┈┈┈┈┈┈┈┈┈┈《呼和浩特市志》

8. 蒙古至元三年（1266 年）

是岁，北京蝗。 ┈┈┈┈┈┈┈┈┈┈┈┈┈┈┈┈《元史·世祖本纪》

北京蝗。 ┈┈┈┈┈┈┈┈┈┈┈┈┈┈┈┈┈┈┈┈《宁城县志》

凉城蝗灾。 ┈┈┈┈┈┈┈┈┈┈┈┈┈┈┈┈┈┈┈《凉城县志》

9. 元至元八年（1271 年）

六月，上都[1]诸州县蝗。 ┈┈┈┈┈┈┈┈┈┈┈┈《元史·世祖本纪》

夏，内蒙古多伦蝗灾。 ┈┈┈┈┈┈┈┈┈┈《中国历代蝗患之记载》

呼和浩特旱、蝗、水灾，免其税。 ┈┈┈┈┈┈《呼和浩特市志》

（凉城）蝗灾。 ┈┈┈┈┈┈┈┈┈┈┈┈┈┈┈┈┈《凉城县志》

10. 元至元十九年（1282 年）

（凉城）蝗灾。 ┈┈┈┈┈┈┈┈┈┈┈┈┈┈┈┈┈《凉城县志》

11. 元大德七年（1303 年）

六月，大宁[2]路蝗。 ┈┈┈┈┈┈┈┈┈┈┈┈┈┈《元史·成宗本纪》

六月，大宁路蝗。 ┈┈┈┈┈┈┈┈┈┈┈┈《中国历代天灾人祸表》

六月，大宁路蝗。 ┈┈┈┈┈┈┈┈┈┈┈┈┈┈┈┈《宁城县志》

12. 元天历二年（1329 年）

七月，大宁属县蝗。 ┈┈┈┈┈┈┈┈┈┈┈┈┈┈┈《宁城县志》

13. 元至顺元年（1330 年）

秋七月，宗仁卫诸屯田蝗。 ┈┈┈┈┈┈┈┈┈┈《元史·文宗本纪》

---

① 上都：旧路名，治所在今内蒙古正蓝旗东。

② 大宁：元路名，治所在今内蒙古宁城西大明镇，明改大宁府。

14. 元元统二年（1334 年）

六月，大宁水、旱、蝗，大饥，遣官赈之。…………《元史·顺帝本纪》

六月，大宁等地水、旱、蝗灾，大饥。…………《宁城县志》

15. 元至正十九年（1359 年）

（凉城）遭蝗虫灾害，禾稼、草木吃尽，蝗虫遮天蔽日，碍人马不能行，饥民以蝗虫为食。…………《凉城县志》

大同路蝗食禾稼、草木俱尽，所至蔽日，碍人马不能行，填坑堑皆盈，饥民捕蝗为食。…………《呼和浩特市志》

大同路（清水河）蝗食禾稼、草木俱尽，所至蔽日，碍人马不能行，填坑堑皆盈，饥民捕蝗为食，又尽，人相食。…………《清水河县志》

四、明代蝗灾

16. 明永乐元年（1403 年）

夏，（凉城）蝗灾。…………《凉城县志》

17. 明宣德九年（1434 年）

七月，蝗虫覆地尺许，庄稼尽伤。…………《凉城县志》

18. 明崇祯十三年（1640 年）

四月，（凉城）大蝗灾。…………《凉城县志》

五、清代蝗灾

19. 清顺治四年（1647 年）

七月，（丰镇）蝗灾。…………《丰镇市志》

20. 清顺治五年（1648 年）

（丰镇）蝗灾严重。…………《丰镇市志》

21. 清顺治六年（1649 年）

（丰镇）蝗灾严重。…………《丰镇市志》

22. 清乾隆十八年（1753 年）

（清水河）蝗虫作祟，食禾田不留叶穗。…………《清水河县志》

23. 清乾隆二十五年（1760 年）

六月，（凉城）蝗灾。…………《凉城县志》

24. 清道光十六年（1836 年）

秋，（丰镇）蝗虫伤害庄稼严重。·················《丰镇市志》

25. 清道光二十六年（1846 年）

秋，归化一带蝗灾，饥。·················《内蒙古自治区志》

秋，归化城①厅蝗灾。·················《呼和浩特市志》

26. 清光绪五年（1879 年）

四月，乌拉特三旗、阿拉善旗遭受蝗灾。·············《内蒙古自治区志》

（五原）东起乌拉特，西至阿拉善，蝗灾。·············《五原县志》

27. 清光绪二十一年（1895 年）

夏，萨拉齐厅西境后套飞蝗蔽日，食禾成灾。···········《内蒙古自治区志》

夏，（五原）后套飞蝗蔽日。·················《五原县志》

28. 清光绪二十二年（1896 年）

夏，萨拉齐厅临河西境之后套飞蝗蔽日，田野密集如沙，禾苗仅余十之一
二，告饥。·················《临河市志》

29. 清光绪二十六年（1900 年）

夏，五原萨拉齐厅西境之后套飞蝗蔽日，田野密集如沙，禾苗仅余十之一
二，告饥。·················《五原县志》

30. 清光绪三十二年（1906 年）

五月，后套地区遭受蝗灾，始起洋堂庙圪堵、鱼洼圪堵、乌梁素，东入鄂尔
多斯左翼后旗（达拉特旗），蝗虫多者厚七八寸，长宽数里至 20 里，弥望
天际，人难插足。·················《内蒙古自治区志》

蝗自西北入（固阳）境，食禾殆尽。·············《固阳县志》

五月，（五原）蝗蝻成灾，始自洋堂庙圪堵、鱼洼圪堵、乌梁素三处，东入
达拉特地，聚集之多，厚至三四寸至七八寸，长宽数里至 20 余里，弥望
天际，人难插足，所至惟罂粟、麻豆不食，其余田禾茎叶无遗，经垦局督
驻套军兵扑捕，而势盛不能灭，达旗东段受灾最重，继延至中段及杭锦之
布袋口、皂火河各处，官购荞麦籽种贷民并免田租。········《五原县志》

31. 清光绪三十三年（1907 年）

（固阳）蝗犹遗孽。·················《固阳县志》

春，（五原）后套各地上年遗子解冻后蠕动，挖虫蝗卵如小桶，每桶 99 子，

---

① 归化城：旧厅名，治所在今内蒙古呼和浩特市西南隅。

厚积数寸，未几出土生翅，群飞为害，遍布垦界数百里，一望皆黑，刨坑埋之，引火焚之，扑灭迅速，为害尚轻。 ·····················《五原县志》

六、民国时期蝗灾

32. 民国十八年（1929 年）

夏，（敖汉）上店、下店、王子坟、马架子等 10 余村忽起飞蝗，田苗大部吃尽。 ··《敖汉旗志》

33. 民国二十一年（1932 年）

（清水河）县境蝗灾，蝗虫从和林格尔三支树起，经刘四窑至四王墓，农作物成灾面积 4 266 公顷，莜麦、高粱、谷子等田禾大幅度减产。

····································《清水河县志》

34. 民国二十七年（1938 年）

（凉城）蝗灾。 ··《凉城县志》

第二十三章
贵州省历史蝗灾

一、宋代蝗灾

1. 宋建隆三年（962 年）

思邛①地雨蝗灾，遍地飞蝗，粮食减产六成。⋯⋯⋯⋯《印江土家族苗族自治县县志》

2. 宋天禧元年（1017 年）

思邛地蝗灾甚重，饥荒。⋯⋯⋯⋯⋯⋯⋯⋯⋯《印江土家族苗族自治县县志》

二、明代蝗灾

3. 明洪武十一年（1378 年）

播州②蝗。⋯⋯⋯⋯⋯⋯⋯⋯⋯⋯⋯⋯⋯⋯⋯⋯⋯ 乾隆《贵州通志》

八月，播州蝗大行。⋯⋯⋯⋯⋯⋯⋯⋯⋯⋯⋯⋯ 道光《遵义府志》

八月，（绥阳）蝗灾流行。⋯⋯⋯⋯⋯⋯⋯⋯⋯⋯⋯⋯《绥阳县志》

（龙里）蝗灾。⋯⋯⋯⋯⋯⋯⋯⋯⋯⋯⋯⋯⋯⋯⋯⋯⋯《龙里县志》

4. 明成化十八年（1482 年）

绥阳蝗食粟。⋯⋯⋯⋯⋯⋯⋯⋯⋯⋯⋯⋯⋯⋯⋯ 道光《遵义府志》

六月，（绥阳）蝗食稻禾。⋯⋯⋯⋯⋯⋯⋯⋯⋯⋯⋯⋯⋯《绥阳县志》

---

① 思邛：旧县名，治所在今贵州印江。

② 播州：旧州名，治所在今贵州遵义。

5. 明正德九年（1514 年）

（都匀）蝗。 ·· 乾隆《贵州通志》

（都匀）蝗灾，禾苗受害。 ·· 《都匀市志》

6. 明嘉靖八年（1529 年）

六月，（贵州）河西飞蝗蔽天，害禾稼。七月，蝻生，平地深数尺。

··· 《古今图书集成·庶征典·蝗灾部汇考》

7. 明嘉靖二十八年（1549 年）

秋，（贵州）旱蝗，诏免秋粮。 ·············· 乾隆《贵州通志》

秋，（贵阳）旱蝗，诏免秋粮。 ·············· 道光《贵阳府志》

8. 明嘉靖四十年（1561 年）

（贵州）蝗飞蔽天，禾有伤者。 ······ 《古今图书集成·庶征典·蝗灾部汇考》

9. 明万历四十七年（1619 年）

（独山）飞蝗食禾穗、竹叶皆尽。 ·············· 《独山县志》

10. 明天启七年（1627 年）

黄平兴隆①蝗。 ·· 道光《黄平州志》

11. 明崇祯四年（1631 年）

黄平兴隆蝗。 ·· 道光《黄平州志》

三、清代蝗灾

12. 清康熙二十一年（1682 年）

（龙里）蝗灾。 ·· 《龙里县志》

13. 清康熙二十六年（1687 年）

（玉屏）遭蝗灾。 ·································· 《玉屏侗族自治县志》

14. 清乾隆五年（1740 年）

夏，（沿河）蝗虫灾重，秋粮歉收。 ·············· 《沿河土家族自治县志》

15. 清道光十五年（1835 年）

六、七月，（黎平）蝗虫伤稼，蝗初生曰蝻，长翅曰蝗，黎邑向无此种，适
因广西滋生，飞入境内致伤禾稼，武官遣兵持铳捕灭。

··· 光绪《黎平府志》

---

① 兴隆：旧卫名，治所在今贵州黄平。

16. 清咸丰五年（1855 年）

（黎平）岩洞等处蝗虫。 ·····························《黎平县志》

17. 清光绪二十六年（1900 年）

秋，平远①蝗虫为害。 ·····························《毕节地区志》

秋，（织金）蝗虫为害。 ·····························《织金县志》

四、民国时期蝗灾

18. 民国六年（1917 年）

（岑巩）思旸、羊桥、马鞍山蝗灾。 ·····················《岑巩县志》

19. 民国八年（1919 年）

（印江）蝗灾。 ··················《印江土家族苗自治县县志》

20. 民国十年（1921 年）

（贵州）全省上半年遭遇蝗、旱灾害。 ·················《贵州省志》

21. 民国十三年（1924 年）

秋，（仁怀）蝗虫为害，粮食收成欠佳。 ··············《仁怀县志》

秋，（兴义）蝗虫成灾。 ·····························《兴义县志》

（望谟）久旱不雨，入秋淫雨，蝗虫遍及罗炎、王母、桑郎、乐旺等地，粮
收成不及五成。 ·····························《望谟县志》

四月，（册亨）蝗灾四起，收成不到四分。 ···········《册亨县志》

22. 民国十七年（1928 年）

（施秉）境内蝗灾，收成大减，百姓饥馑。 ···········《施秉县志》

23. 民国十八年（1929 年）

（施秉）境内蝗灾，收成大减，百姓饥馑。 ···········《施秉县志》

24. 民国十九年（1930 年）

（施秉）境内蝗灾，收成大减，百姓饥馑。 ···········《施秉县志》

25. 民国二十一年（1932 年）

（贞丰）发生蝗害。 ·····························《贞丰县志》

26. 民国二十三年（1934 年）

下半年，（镇远）蕉溪、江古、包家寨、寿斗等乡旱，螟蝗复至，人无食，

---

① 平远：旧府、州名，治所在今贵州织金。

牛无草。 ···《镇远县志》

(仁怀) 蝗虫为灾，严重为害作物，省建设厅发出驱蝗暂行办法。

···《仁怀县志》

27. 民国二十四年（1935 年）

八月，(江口) 蝗涝交生，2 500 亩农田无收。 ·········《江口县志》

(福泉) 遭受蝗灾。 ····································《福泉县志》

28. 民国二十八年（1939 年）

(松桃) 全县蝗灾，大饥。 ·············《松桃苗族自治县志》

29. 民国三十一年（1942 年）

夏旱，(黔西) 蝗虫为害。 ·······················《黔西县志》

30. 民国三十二年（1943 年）

秋，(黔西) 蝗虫四起。 ··························《黔西县志》

(施秉) 又遭蝗灾，农作物歉收。 ··············《施秉县志》

31. 民国三十三年（1944 年）

(施秉) 又遭蝗灾，农作物歉收。 ··············《施秉县志》

32. 民国三十四年（1945 年）

(岑巩) 县境蝗灾惨重。 ··························《岑巩县志》

秋，(铜仁) 阴雨连绵，且为蝗虫所害，收成歉薄。 ···《铜仁市志》

(六盘) 水城蝗虫为害，农作减产二成。 ·········《六盘水市志》

秋，(黔西) 蝗虫又起，全县受灾面积 3 945 亩，城关、礼贤、通衢、太来、

定新、钟山、金波等地特别严重。 ·················《黔西县志》

秋，(天柱) 蝗虫盛行，粮食歉收。 ···············《天柱县志》

33. 民国三十七年（1948 年）

秋，(黔西) 蝗虫为害，损失严重。 ···············《黔西县志》

第二十四章
西藏自治区历史蝗灾

一、清代蝗灾

1. 清道光八年　土鼠年（1828 年）

古朗①地区准达根布属下之庄稼，于土鼠年遭受严重蝗灾，因而减免收入之三分之一。……………………………………………《灾异志——雹霜虫灾篇》

2. 清道光九年　土牛年（1829 年）

杰地②、古朗政府差民之庄稼受严重蝗灾，减免杰地之马饲料粮及古朗青稞及草料。……………………………………………《灾异志——雹霜虫灾篇》

3. 清道光二十七年　火羊年（1847 年）

自火羊年以来，（隆子宗）连遭旱灾、蝗灾，几年颗粒无收。特别是今年，上、中、下大部分地区青稞、麦子荡然无存，豌豆亦有被虫吃之危险。对此，上官大人大发慈悲，派一治虫喇嘛前来此地，卑等自费新建佛塔一座，以求治虫禳解，但效果不佳。卑等近闻有一治虫喇嘛赴蔡公塘治虫甚有效验。为使卑地治虫有效，祈请恩准，令该治虫喇嘛于本月十五日前来卑地隆宗治虫。……………………………《灾异志——雹霜虫灾篇》

澎达地区多年遭受虫灾，特别是地域辽阔，虫巢荒地面积较大，蝗虫特多，不堪忍受。祈请从速降赐圆满佳音。……………《灾异志——雹霜虫灾篇》

---

① 古朗：今西藏山南市朗县。
② 杰地：今西藏山南市朗县古如朗杰区。

4. 清道光二十八年　土猴年（1848年）

（卡孜地区）庄稼又遭霜、雹、蝗灾，秋收愈差。

　　　　　　　　　　　　　　　　　　　　　……………………《灾异志——雹霜虫灾篇》

（萨拉地区）遭蝗灾已逾五年。　……………《灾异志——雹霜虫灾篇》

5. 清道光二十九年　土鸡年（1849年）

今年纽谿整个地区遭受严重蝗灾。按惯例，从秋收中向杂涅列空缴纳之豌豆、草料、饲料代金银、粮食等，今因秋收无望，难以支应，故祈请最好蠲免上述差赋。……………………《灾异志——雹霜虫灾篇》

（萨当地区）土鸡年以来所有庄稼被蝗虫啃吃一空。今年更不同于他地，小麦、青稞和豌豆均被啃吃殆尽。　……………《灾异志——雹霜虫灾篇》

（萨拉地区）缴纳力役差与财物税所依靠之庄稼，虽遭蝗灾已逾五年，但仍千方百计设法支应，未给上官带来麻烦。对各项差税从不拖延，积极支应。今年收割、打场如遭雹灾一样，份地所种麦子、青稞都遭严重虫害。祈请在蝗虫、豆虫灾害未消除之前，甲、兴、俄等所有差税准予减免。

　　　　　　　　　　　　　　　　……………………《灾异志——雹霜虫灾篇》

（卡孜地区）土鸡年复遭受严重蝗灾。正值对消除蝗灾抱极大希望之时，去年庄稼又遭霜、雹、蝗灾，秋收愈差。然今年四月份，蝗虫遍及整个地区，其危害重于往昔，秋收毫无指望。从天降落之鬼怪蝗虫，啃吃庄稼，使卑等一群乞丐，难以支应收入簿内明载噶谿承担之汉饷、柴费、传召糌粑等差税。祈请准予蠲免汉饷、柴费及传召糌粑等差税。

　　　　　　　　　　　　　　　　……………………《灾异志——雹霜虫灾篇》

（澎达）遭受严重蝗虫灾害。　……………………《灾异志——雹霜虫灾篇》

昔时林宗[①]辖区百姓呈来共禀内称：遭受严重蝗灾，拟请达龙活佛吉仓到地方做禳解法事。……………………《灾异志——雹霜虫灾篇》

6. 清道光三十年　铁狗年（1850年）

（澎达）去年遭受严重蝗虫灾害，今年因虫卵繁殖，可能又将受灾。为眷念百姓之安乐，政府将从速特派卡儿多活佛到各地举办禳解佛事。据查，昔时林宗辖区百姓呈来共禀内称：去年遭受严重蝗灾，拟请达龙活佛吉仓到地方做禳解法事。　……………………《灾异志——雹霜虫灾篇》

---

① 林宗：林周宗的简称，今西藏拉萨市林周县。

今年四月底（澎波、朗塘、谿堆）又出现蝗灾。受灾者主要有政府自营地什
一税上等农田约一百朵尔[①]；青饲草基地之雄扎亚草场、杰玛卡草场，寸草
未收。原抱希望于洼地所种少量豌豆，亦为蝗虫吃光，连种子、草秆都已
无望。·····《灾异志——雹霜虫灾篇》

林周宗孜准格旦自始至终为蝗虫灾害困扰，自铁狗年起，蒙赐予救济补贴，
此乃上师大人之莫大恩典。但此地时运乖蹇，连年遭受蝗灾。
·····《灾异志——雹霜虫灾篇》

7. 清咸丰元年　铁猪年（1851 年）

澎波、达孜、墨竹工卡及德庆等地区庄稼，连遭严重蝗虫灾害。
·····《灾异志——雹霜虫灾篇》

铁猪、水鼠两年（墨工谿堆）蝗灾严重，收成不佳。
·····《灾异志——雹霜虫灾篇》

8. 清咸丰二年　水鼠年（1852 年）

去年澎波、达孜及墨竹工卡等地之庄稼，连续遭受严重蝗灾，幸福之命脉受
到严重危害，对此，正采取有效防范措施。此为，据说樟木贡萨寺有一领
诵师，咒法灵验。对彻底禳解虫害是否灵验可靠，需找他本人认真了解，
迅报真情。若漫不经心，搁置不理，造成延误，决不允许。切记。
·····《灾异志——雹霜虫灾篇》

去年澎波、达孜、墨竹工卡及德庆等地区庄稼，连遭严重蝗虫灾害，幸福之
命脉被毁。对此，前几年已连续进行防治。此外，听说尔地塔拉岗布有根
治蝗虫之喇嘛。是否属实，由尔彻底查询。如果属实，从速如实呈报。若
漫不经心，随意搁置不理，则决不允许。切记。
·····《灾异志——雹霜虫灾篇》

铁猪、水鼠两年（墨工谿堆）蝗灾严重，收成不佳。
·····《灾异志——雹霜虫灾篇》

9. 清咸丰三年　水牛年（1853 年）

林周宗孜准格旦自始至终为蝗虫灾害困扰，自铁狗年起，蒙赐予救济补贴，
此乃上师大人之莫大恩典。但此地时运乖蹇，连年遭受蝗灾。迄今为止，
已历经四年。今年蝗灾，小麦、青稞无收。
·····《灾异志——雹霜虫灾篇》

---

① 朵尔：藏语，一对耕牛之意，一朵尔指一对耕牛一天所耕土地之面积。

去年十二月盖有内府①印记令示：为防范蝗虫灾害，各地需做祈福禳灾法事。

按照饬示：所做各项法事，由本区大小寺庙及山间各村落平均承担费用。近来时运不济，今年又不同于往年，上下各地蝗害蔓延，其量惊人。现除个别地块外，其余各地正采取防护措施，举行禳灾法事。惟因铁猪、水鼠两年蝗灾严重，收成不佳，百姓生活困难，无力抗御虫灾。若此番蝗虫危害庄稼，不用说粮食，就是草也难收。故祈求政府怜悯卑等黎民疾苦，为禳灾保收，予以赏赐。治虫人员需否派往各地，亦请上师大人定断。过去两年，（墨工豁堆）各地受程度不等之虫害，有些地方只能收草。然今年各村又出现大量蝗虫，将使驿站百姓寸草不收，人畜难以忍受，汉藏驿站往来受到威胁。此类蝗虫一入农田，农户便有沦为乞丐之厄运，到时既无苦乐选择之余地，又无呈禀之必要。现今各村对无蝗虫之农田进行灌水防虫，希望能有少量收获。……………………………………《灾异志——雹霜虫灾篇》

（江谿、雪属②）所种庄稼遭受蝗灾，全无收成。全部农田，今年只好废置。
……………………………………《灾异志——雹霜虫灾篇》

10. 清咸丰四年　木虎年（1854 年）

（江谿、雪属）去年所种庄稼遭受蝗灾，全无收成。全部农田，今年只好废置。因此，老人、儿童难以生存，能走者即将逃往他地。
……………………………………《灾异志——雹霜虫灾篇》

尼木地区自木虎年起出现蝗虫。……………………《灾异志——雹霜虫灾篇》

11. 清咸丰五年　木兔年（1855 年）

诅咒人畜共同安乐果实之魑魅蝗虫，今年在该区（曲水宗）内大量出现。此前早有阻止其蔓延孳生之法，可继续抓紧使用。如头人及百姓再次认真负责，则无不可防范之理。当今不仅要确保上述区内庄稼及草场不受灾害，还要防止飞虫蔓延到其他地方。不论控制还是根治，均应念及自己和他人之安乐果实，坚持关心到底，切切。
……………………………………《灾异志——雹霜虫灾篇》

尼木地区自木虎年起出现蝗虫。卑等二人福薄命浅，在住地后边之广阔山上，漫山遍野长有茅草、酸草等，成为蝗虫集中栖息之所，遍地皆有无数虫卵，尼木不同于其他地方，所种之庄稼遭受虫灾严重，青稞、小麦只能

---

① 内府：指达赖喇嘛处。

② 江谿：在今西藏拉萨市曲水县；雪属：指雪列空所属十八宗谿。

收回种子。直至今年（木兔年），先后不断出现蝗虫，多如水波。

·······················《灾异志——雹霜虫灾篇》

12. 清咸丰六年　火龙年（1856 年）

噶厦对卫藏①各宗谿下达驱赶蝗虫彻底铲除虫卵事之指令载：据称该区个别地方涌来劫夺幸福命脉之蝗虫，危害庄稼等情。若发慈悲心，让其滞留，势必导致蔓延，逐渐危及各地，故需驱赶，并在秋末铲除虫卵。去年即对江孜、白朗、日喀则等地下过指令，不知是宗堆未曾传达命令，抑或属下各地撒手不管，反正今年又发现蝗虫。现尔宗谿头目以及属下根布头人等，负责在各地彻底驱赶蝗虫，务必尽心尽职，想尽一切办法，不使一只蝗虫孳生。不论何地，若出现蝗虫，则定将宗堆、根布及各头人严惩不贷。·······················《灾异志——雹霜虫灾篇》

噶厦对卫藏各宗谿下达驱赶蝗虫彻底铲除虫卵事之指令又载：据占卜预示，对危害幸福之蝗虫，如不采取禳解治理，任其蔓延发展，人主百姓即将全部毁灭，需作驱赶措施等情。现今蝗虫正在尔地区左右，如乌云飞腾，故着令尔等头目及属下根布头人等，如俗话所说，一根灯芯燃到底，要主动承办，及早驱赶；并着令各宗谿、各根布属下及各村镇，负责铲除去年所孵之虫卵，不使一只留存。另外，不许各辖区之个别坏人耍赖、撒手不管、不遵指令、疏忽大意等情况发生。此事要公布于众，全体动员，同心协力，全面展开。明年不论宗谿、根布属下，如有蝗虫出现，则对尔等宗堆、谿堆及根布等，必将严惩不贷。切记。·······················《灾异志——雹霜虫灾篇》

（乃东地区）又连遭蝗灾，颗粒无收。·············《灾异志——雹霜虫灾篇》

（尼木门卡尔）连遭蝗虫危害，收成无望。·········《灾异志——雹霜虫灾篇》

13. 清咸丰七年　火蛇年（1857 年）

（乃东地区）去年又连遭蝗灾，颗粒无收。但平摊之禳解佛事之费用，应尽力支应。·······················《灾异志——雹霜虫灾篇》

在大噶丹颇章政府属民之地区内，为佛教安乐、众生存在所依托之庄稼，于去年连遭蝗虫危害，收成无望。前世因缘之黑品，即佛教敌对者及鬼神，心怀毁灭邪念，以叛逆之愤恨，变成有翅会飞之蝗虫，对善品、民众生幸福之财富，肆行暴虐。地方政府为抑制虫害，使其自行消解，曾大做佛事，并下令各地亦做佛事，但仍未制服此类邪恶势力。因此，只能采用彻

---

① 卫藏：区域名，旧时西藏的别称。

底根治之法。按照去年噶厦政府之指示，此类蝗虫劫掠幸福根之邪心业已
得逞，即使放在善果取舍之要旨上，亦属严重违反之列。近来，以普地为
主之达赖喇嘛口粮产地，由于去年蝗虫孳生，繁殖迅速，以致今年灾害严
重。为此，着该地宗谿头人与政府、贵族、寺庙三方之谿堆、根布、头人
等，不必理会豪门权贵者之铁券文书，应集中尼木全境差民，立即全体动
手，彻底消灭蝗虫，连名也不让其留下。　……《灾异志——雹霜虫灾篇》

14. 19世纪50年代

去年六月，蔡地（诺杰囊巴）出现蝗虫，秋季庄稼损失严重，但不敢向上师
大人呈报疾苦，总想自己设法解决。惟今年收成，豌豆连二百克亦难保
证，其他作物连根带枝全被啃吃精光。　………《灾异志——雹霜虫灾篇》

近来（江孜）个别村落据称出现吃庄稼之蝗虫。对此，自利自爱，恐皆有灭
虫之愿，而尔二宗堆身为主管差税、司法之官员，应即对该区各地凡有蝗
虫之处，予以根除，在秋季来临时，坚决设法不让一只虫卵残留于地下。
即令所有大小各户，就地灭除蝗虫，不使向各区蔓延。估计目下（蝗虫）
虽不会有严重发展，但仍遵从上师大人之饬令，动员所有贵贱人等，自利
自爱，继续扑灭。　………………………《灾异志——雹霜虫灾篇》

由于政府关顾，危害庄稼之蝗虫，仅在今年在本区（朗杰岗谿）出现过。但
现今不断增多，麦子、青稞穗秆被折成两段。为该地安乐，针对蝗虫进行
孳债食子、息灭护摩、常规、增额之甘珠尔、般若十万颂等佛事，谿卡百
姓均按天神喇嘛授记，奉行无悔。　………………《灾异志——雹霜虫灾篇》

15. 清光绪十七年　铁兔年（1891年）

最近三月十日宗嘎二宗堆来禀称：铁兔年出现蝗虫。

………………………………………《灾异志——雹霜虫灾篇》

16. 清光绪十八年　水龙年（1892年）

据称，尔地玉昂维地界江孜牙玛地边发现蝗虫幼蝻，立即予以彻底扑灭，甚
好。还应对尔地政府、贵族及寺庙各自所辖山川、树林等偏僻地带，进行巡
查。若有发现，为不使其孳生蔓延，需坚持指挥，予以彻底扑灭。若对西藏
之康乐基业，掉以轻心、麻痹大意，以致出现蝗虫，即将对尔谿堆及该区佐
扎、根布等人，当众惩治，决不宽贷。　………《灾异志——雹霜虫灾篇》

遵照内府指令精神，正在作经忏佛事，对（朗塘谿堆）发现之少量蝗虫设法
驱除，甚好。还应对尔地政府、贵族、寺庙三方各自之山川、农田间有无
蝗虫出现，进行巡查。若有发现，为不使其孳生蔓延，需坚持指挥，予以

彻底扑灭。对西藏康乐之基业，倘若掉以轻心、麻痹大意，以致出现蝗虫，即将对尔谿堆及佐扎、根布等人，当众惩治。
　　　　　　　　　　　　　　　　　　……《灾异志——雹霜虫灾篇》

遵照内府指令精神，正在作经忏佛事，并对（墨竹工卡谿堆）发现之少量蝗虫，正设法驱除中等情，甚好。还应对尔地政府、贵族、寺庙各自之山川、农田间，有无蝗虫出现，进行巡查。若有发现，为不使其孳生蔓延，需坚持指挥，予以彻底扑灭。切记。　……《灾异志——雹霜虫灾篇》

（色谿堆）地区发现之蝗虫，已设法予以彻底消灭等情，甚好。还应对尔地政府、贵族及寺庙各自所辖山川、农田间，有无蝗虫，进行巡查。若有发现，为不使其孳生蔓延，需坚持指挥，予以彻底扑灭。如对西藏康乐基业掉以轻心、麻痹大意，以致出现蝗虫，即将对尔谿堆及该区佐扎、根布等人当众惩治。　……《灾异志——雹霜虫灾篇》

遵照内府指令精神，切实做经忏佛事，并近日在（林周宗）斋地之擦巴塘等地出现蝗虫，正在竭力扑灭中等情，甚好。还应以西藏民生康乐为重，设法不使蝗虫孳生繁殖，予以彻底扑灭。若蝗虫蔓延，危及本区庄稼，或在其他地方有所发展，则对尔等一地之主十分不利，即对该地为首之佐扎、根布等人，亦将当众惩治。　……《灾异志——雹霜虫灾篇》

往年出现蝗灾时，确无从尔处（柳吾谿堆）派人去玛林灭虫之惯例。虫害到处无异，不应让别人承担，或依靠别人。任意强迫，更为不妥。既然以往出现虫害时，未曾派过灭虫人员，现尔等就得各守各地，就地灭虫，不得互派灭虫人员。切记。　……《灾异志——雹霜虫灾篇》

（拉布谿堆）采取土埋治蝗之办法，及遵照命令作经忏佛事，甚好。还应对尔地政府、贵族、寺庙各自所辖山川、树林等偏僻地带，有无蝗虫，进行巡查。若有发现，为不使其孳生蔓延，需坚持指挥，予以彻底扑灭。对西藏康乐之基业，若掉以轻心、麻痹大意，以致出现蝗虫，即对尔谿堆及该区佐扎、根布等当众惩治。……《灾异志——雹霜虫灾篇》

17. 清光绪十九年　水蛇年（1893年）

（宗嘎二宗堆）天暖时（蝗虫）出现于地面，冬天产卵于地下。对此等不祥妖魔，不惜财务，曾做隆重法事。　……《灾异志——雹霜虫灾篇》

18. 清光绪二十年　木马年（1894年）

三月十日，宗嘎二宗堆来禀称：铁兔年曾出现蝗虫，去年天暖时出现于地面，冬天产卵于地下。对此等不祥妖魔，不惜财务，曾做隆重法事。今年天气开始转暖，经调查，发现无论山地、平原皆有虫卵。若不根除此类蝗虫，边鄙贫困子民将无以为生。如此繁衍蔓延，对庄稼之危害则不堪设想。对此类害虫不得不采取根治办法：（1）为及时消解此等蝗虫，应做何种法事为佳？（2）根治由宗嘎本地努力完成好，抑或由本政府进行为妥？

……………………………………………………《灾异志——雹霜虫灾篇》

19. 清光绪二十七年　铁牛年（1901 年）

近接日喀则二宗本来呈：该宗属下森孜地区于四月间突然出现大量蝗虫，迄今已使三十朵尔耕地面积之庄稼颗粒无收。经向三宝大海虔诚问卜，卜示：切实完成除邪佛事，诵大云经全文，奉献十万孽债食子供，诵读万遍灭惠经，敬神香，诵读百遍莲花生遗教。　……《灾异志——雹霜虫灾篇》

日喀则宗所属森孜地区，四月间以来，突然出现大量蝗虫，约有三十朵尔面积之庄稼，今已全部被毁，灾情尚在蔓延。………《灾异志——雹霜虫灾篇》

20. 清宣统三年　铁猪年（1911 年）

（卡孜地区）庄稼遭受严重蝗灾，别说收成，连饲草、麦秆也难以收到。

……………………………………………………《灾异志——雹霜虫灾篇》

二、民国时期蝗灾

21. 民国元年　水鼠年（1912 年）

（卡孜）遭受蝗虫灾害，不得不割青苗，只收少许劣质青稞与饲草。加之去年庄稼遭受严重蝗灾，别说收成，连饲草、麦秆也难以收到，而且亦无处可借贷。………………………………《灾异志——雹霜虫灾篇》

22. 民国四年（1915 年）

七月，西藏春碑谷[①]蝻蝗成群，日日自空中飞过，如是者，约有两星期之久。

…………………………………………… 柏尔《西藏志》

23. 民国十七年　土龙年（1928 年）

据呈：撒拉地区求瓦附近之后山上发现蝗虫。为使明年不再出现，应取各种文武措置为宜等语。此类蝗虫，若有卵存留，则定然孳生繁衍，严重危害禾稼。今应趁其尚未孳生之前，以有效方法根除。至于用何法为宜，可由尔宗本、百姓议定。　………《灾异志——雹霜虫灾篇》

---

① 　春碑谷：藏语音译，即春丕谷，在今西藏亚东县。

24. 20 世纪 30 年代

(扎希) 现在庄稼还未成熟，却遭受蝗虫灾害，不仅麦秆全被咬断，而且叶子亦被吃光，残留之麦秆也被吃得一天比一天短，难望收到粮食、饲草。

....《灾异志——雹霜虫灾篇》

25. 20 世纪 40 年代

今年六月间，温达地区沿藏布江一带上下村庄，出现较多蝗虫，且不断增加。上部村庄虽从蝗虫嘴中收回部分庄稼，然巴根珠萨辖地门达地区宗府经营之多热谿、德新二地所种，以及政府差民桑岗根布属下、德新根布属下、扎雪根布属下等贫困百姓，负担租税甚重，现有与抛荒田亩出入很大之支应差务约十四岗差民农田，被蝗虫啃吃严重。当时无法可想，只好提前收割。未熟作物产量，只能收回种子。 ......《灾异志——雹霜虫灾篇》

七月二日，帕里宗二宗堆来呈称：近期下亚东阿桑一带突然出现大量蝗虫，铺天盖地而降，亚东地区庄稼损失较大。蝗虫沿河道已蔓延至帕里，且正沿路朝卫藏方向推移，等语。此事暂且不论是否由外人施法术，但若翻越山岭，飞抵拉萨，则庄稼定受严重灾害。不使此类蝗虫扩散，就地驱回消灭，应用何法、做何经忏佛事为佳？佛事应在帕里地区尽力完成，或由政府完成，祈请占卜智定，速即明示所现无遮法相，明白无隐。同时，恳请大怙主保佑，勿从金刚护轮弃置为祷。 ....《灾异志——雹霜虫灾篇》

经向三宝祈祷，卜示：有关下亚东阿桑一带出现蝗虫事，为不使蔓延至其他大部地区，可做以下经忏佛事：在后山之各要地尽量多诵药师佛经及其仪轨，诵一亿次皈依经和玛尼经，孽债食子十万，顺遂息护摩、五部传记，齐诵甘珠尔经，顺遂禅心，广挂经幡，一再燔香，洗礼三宝与地方。若各地皆能完成，则不会出现大灾害。 ....《灾异志——雹霜虫灾篇》

第二十五章
其他省（区、市）历史蝗灾

一、重庆市

（一）明代蝗灾

1. 明正德五年（1510 年）

永川、荣昌两县蝗。 ·· 道光《重庆府志》

永川与荣昌交界处永荣乡一带蝗虫为害。 ··················《永川县志》

荣昌发生蝗灾。 ···《荣昌县志》

2. 明正德十二年（1517 年）

四川永川、荣昌界大蝗。 ·········《古今图书集成·庶征典·蝗灾部汇考》

永川、荣昌界蝗。 ·· 雍正《四川通志》

3. 明嘉靖二十年（1541 年）

夏，（潼南）蝗灾。 ·· 《潼南县志》

4. 明万历二年（1574 年）

武隆、丰都螟虫生，禾根如刈。 ···························· 雍正《四川通志》

（丰都）螟虫生，禾根如刈。 ····························· 光绪《丰都县志》

5. 明万历五年（1577 年）

武隆蝗虫，禾根如刈。 ·························· 民国《涪陵县续修涪州志》

（二）清代蝗灾

6. 清康熙四十五年（1706 年）

秋，（彭水）禾生蝝。 ·· 光绪《彭水县志》

7. 清道光七年（1827 年）

秋，綦江蝝生，害稼。 ··· 道光《重庆府志》

8. 清道光十九年（1839 年）

夏，（江北）蝗灾，高田尤甚。 ································ 《重庆市江北区志》

夏，（巴县）蝗灾，高田尤烈。 ·································· 《巴县志》

9. 清道光二十一年（1841 年）

夏秋间，（重庆）府属蝝生，害稼。 ···················· 道光《重庆府志》

五月，（綦江）田间生害稼虫，谓之蝝，翅足短，青黄、苍赤色不一，能飞能

走，如箕如席，满田都是，遂延及各村。 ·········· 道光《綦江县志》

10. 清道光三十年（1850 年）

（大足）发生严重竹蝗灾害。 ·································· 《大足县志》

11. 清同治三年（1864 年）

（黔江）讹传有神虫降，其形如蝗。 ···················· 光绪《黔江县志》

12. 清同治八年（1869 年）

夏旱，（秀山）蝗虫为害，粮食歉收，大饥。 ········· 《秀山县志》

13. 清同治十年（1871 年）

江津等 18 县旱蝗并作，饥，道馑相望。 ················ 《江津县志》

14. 清同治十二年（1873 年）

（巫山）蝗虫为灾，岁歉无收。 ······························ 《巫山县志》

15. 清光绪十二年（1886 年）

（江津）嘉升乡蚱蜢为害，田禾被食殆尽。 ············ 民国《江津县志》

16. 清宣统二年（1910 年）

（永川）蝗虫为害，竹子受害甚巨。 ······················· 《永川县志》

（三）民国时期蝗灾

17. 民国十八年（1929 年）

四川省 8 县蝗。 ················ 《江苏省昆虫局十七、十八年年刊》

18. 民国二十三年（1934 年）

(巫溪) 蝗虫为害，减产 2 万担。 …………………………………《巫溪县志》

19. 民国二十五年（1936 年）

五月，(开县) 蝗灾。 …………………………………………………《开县志》

20. 民国三十三年（1944 年）

九月，(巫山) 福田乡蝗患，多方捕杀无效，收不及四成。 ……《巫山县志》

21. 民国三十四年（1945 年）

(永川) 九龙、普莲、石庙等乡发现竹蝗。 …………………………《永川县志》

22. 民国三十五年（1946 年）

(璧山) 梓潼、福禄、大路、河边、定林等乡发生蝗灾。 ………《璧山县志》

23. 民国三十六年（1947 年）

(江北) 蝗虫为害，损失颇大。 …………………………《重庆市江北区志》

(永川) 竹蝗蔓延到复兴、金鼎、荣店、东南、万寿、罗汉、新店等乡，专员公署在璧山召开永川、大足、铜梁、璧山联防治虫会议，制定防治实施办法，控制了灾害。 ……………………………………………《永川县志》

24. 民国三十七年（1948 年）

秋，(南川) 兴隆场虫螟 (蛹) 数日，谷穗多成粃壳。 ………《南川县志》

25. 民国三十八年（1949 年）

(大足) 水稻蝗虫为害。 …………………………………………《大足县志》

二、云南省

（一）元代蝗灾

1. 元至元三年（1337 年）

禄丰蝗。 ……………………………………………… 光绪《续云南通志稿》

2. 元至正二年（1342 年）

禄丰蝗灾，粮食无收。 …………………………………………《禄丰县志》

（二）明代蝗灾

3. 明成化元年（1465 年）

禄丰蝗，无秋。 ……………………………………………… 光绪《续云南通志稿》

4. 明成化六年（1470 年）

禄丰地区蝗灾，粮食歉收。 ·························《禄丰县志》

5. 明嘉靖三年（1524 年）

禄丰中村发生蝗灾，村人建蝗虫塔禳之。 ·········《禄丰县志》

6. 明嘉靖八年（1529 年）

云南河西蝗灾。 ·····················《中国历代蝗患之记载》

7. 明嘉靖十二年（1533 年）

云南河西蝗灾。 ·····················《中国历代蝗患之记载》

8. 明嘉靖二十六年（1547 年）

六月，（富源）旱、蝗、雹灾甚重，禾苗毁损严重。 ·····《富源县志》

（石屏）坝区旱，蝗虫成灾。 ················《石屏县志》

9. 明嘉靖三十二年（1553 年）

富民蝗飞蔽天。 ················光绪《续云南通志稿》

（富民）蝗飞蔽天，成灾严重。 ···············《富民县志》

10. 明万历二十六年（1598 年）

夏，鹤庆旱蝗。 ················光绪《续云南通志稿》

夏，（鹤庆）旱蝗。 ·····················《鹤庆县志》

（三）清代蝗灾

11. 清顺治十六年（1659 年）

定远①蝗食苗。 ················光绪《续云南通志稿》

12. 清顺治十七年（1660 年）

（牟定）螟虫食苗。 ·····················《牟定县志》

13. 清康熙五十三年（1714 年）

（罗平）蝗虫成灾，千百累累结成绳状，大饥。 ·····《罗平县志》

14. 清乾隆三十五年（1770 年）

楚雄螽，饥。 ················光绪《续云南通志稿》

（楚雄）螽。 ················宣统《楚雄县志》

15. 清同治五年（1866 年）

七月，（洱源）蝗虫成灾。 ·················《洱源县志》

---

① 定远：旧县名，治所在今云南牟定。

16. 清光绪十七年（1891 年）

景东蝗灾，粮食无收。 ……………………《思茅地区志（上）》

（景东）蝗如蚁，稼禾多被其食。 ………《景东彝族自治县志》

（四）民国时期蝗灾

17. 民国七年（1918 年）

（景东）蝗虫为害乡里。 ………………《景东彝族自治县志》

18. 民国十六年（1927 年）

澜沧蝗虫伤禾严重。 ………………………《思茅地区志（上）》

（澜沧）全县发生蝗虫灾害，禾苗受害严重。 ………《澜沧拉祜族自治县志》

19. 民国二十年（1931 年）

镇沅蝗虫成灾，水稻多无收。 ……………《思茅地区志（上）》

（镇沅）境内智、信、恩乐发生蝗害，稻谷大多无收。

………………………………《镇沅彝族哈尼族拉祜族自治县志》

20. 民国三十二年（1943 年）

秋，（广南）县境普遍发生蝗虫灾害，稻叶被虫吃光。 ………《广南县志》

21. 民国三十五年（1946 年）

凤仪①县受蝗灾，收成仅七成。 ……………………《大理市志》

三、宁夏回族自治区

（一）唐前时期蝗灾

1. 东汉永初五年（111 年）

安定②连遭蝗害，民众饥荒。 ………………《固原地区志》

2. 东晋永和十一年（355 年）

（固原）蝗虫大起，自华泽至陇山，食百草无遗，牛马相啖毛。

………………………………………………《固原地区志》

（二）唐代蝗灾

3. 唐武德六年（623 年）

秋，宁夏蝗灾。 ……………………《中国历代蝗患之记载》

---

① 凤仪：旧县名，治所在今云南大理东凤仪镇。
② 安定：旧郡名，治所在今宁夏固原。

秋，夏州^①蝗。 ⋯⋯⋯⋯⋯⋯⋯⋯⋯⋯⋯⋯⋯⋯⋯ 乾隆《宁夏府志》

（三）宋代蝗灾

4. 宋建隆元年（960 年）

六月，广武乡^②蝗虫为害。 ⋯⋯⋯⋯⋯⋯⋯⋯⋯⋯⋯ 《中宁县志》

（四）元代蝗灾

5. 元至大元年（1308 年）

宁夏蝗。 ⋯⋯⋯⋯⋯⋯⋯⋯⋯⋯⋯⋯⋯ 《中国历代蝗患之记载》

（五）明代蝗灾

6. 明成化二十年（1484 年）

六月，银川地区蝗虫大作，禾稼殆尽，大饥。⋯⋯⋯⋯《银川市志》
宁夏大蝗。⋯⋯⋯⋯⋯⋯《古今图书集成·庶征典·蝗灾部汇考》
宁夏蝗灾大发生。⋯⋯⋯⋯⋯⋯⋯《中国历代蝗患之记载》

7. 明嘉靖八年（1529 年）

隆德、固原等县大旱，飞蝗蔽天，饥荒。⋯⋯⋯⋯⋯《固原地区志》
（海原）大旱，飞蝗蔽天，民不聊生。⋯⋯⋯⋯⋯《海原县志》
六月，宁夏飞蝗遍野，残害禾稼，民众大饥。⋯⋯⋯《平罗县志》

8. 明崇祯三年（1630 年）

是年，隆德县不雨，蝗飞蔽天，父子相食。⋯⋯⋯ 光绪《甘肃新通志》
隆德飞蝗蔽天，大饥。⋯⋯⋯⋯⋯⋯⋯⋯⋯⋯⋯《固原地区志》
（隆德）大旱，飞蝗成灾。⋯⋯⋯⋯⋯⋯⋯⋯⋯⋯《隆德县志》

9. 明崇祯十年（1637 年）

宁夏和平凉蝗飞蔽天，禾稼立尽。⋯⋯⋯⋯《中国历代蝗患之记载》
隆德等处大旱，飞蝗蔽天，禾苗立尽。⋯⋯⋯⋯⋯《固原地区志》
（隆德）大旱，蝗灾。⋯⋯⋯⋯⋯⋯⋯⋯⋯⋯⋯⋯《隆德县志》
宁夏、平凉等处大旱，飞蝗蔽天，禾谷立尽。⋯⋯⋯《中宁县志》

---

① 夏州时辖银川。
② 广武乡：即广武营，在今宁夏青铜峡西南。

10. 明崇祯十三年（1640 年）

隆德飞蝗蔽天。 ……………………………………………………《固原地区志》

（隆德）旱，蝗灾。 ……………………………………………………《隆德县志》

秋八月，（西吉）大旱，飞蝗蔽日，伤禾，民大饥，父子相食。

………………………………………………………………………《西吉县志》

11. 明崇祯十七年（1644 年）

甘肃蝗从中卫东来，未降田间，部分蝗西飞边界，食莎草尽。

……………………………………………………………《中国历代蝗患之记载》

（六）　**清代蝗灾**

12. 清顺治三年（1646 年）

夏，（中卫）蝗自东来飞蔽天日，不落田间，有飞过河南者，有飞过边墙者，

边外数十里沙草尽吃，而中卫田苗不伤，异事也。 …… 道光《中卫县志》

夏，（中宁）蝗自东来飞蔽天日，不落田间，有飞过黄河者，有飞过边墙者，

边外数十里沙草尽吃。 ………………………………………………《中宁县志》

13. 清顺治四年（1647 年）

是岁，山、陕蝗见，（宁夏巡抚胡）全才以捕蝗法授州县吏如法捕蝗。上闻，

命传示诸省直。 …………………………………………《清史稿·胡全才传》

海原蝗虫为害，蝗虫从关桥西南飞来，到双河等地，布罩百余里，夏秋作物

一空。 ………………………………………………………………《固原地区志》

14. 清同治五年（1866 年）

宁夏蝗伤稼。 ……………………………………………《中国历代蝗患之记载》

15. 清光绪初

平远①县境飞蝗为灾，邑绅雇人扑捕，邑免于患。 …………………《同心县志》

16. 清光绪三年（1877 年）

宁夏灵武蝗。 ……………………………………………《中国历代蝗患之记载》

17. 清光绪四年（1878 年）

九月，灵州②蝗。 ……………………………………………《清史稿·灾异志》

是年，灵州飞蝗成灾。 ………………………………………………《吴忠市志》

---

① 平远：旧县名，治所在今宁夏同心东北下马关镇。

② 灵州：旧州名，1913 年改名今宁夏灵武县。

宁夏灵武蝗飞蔽天。 ·································《中国历代蝗患之记载》

18. 清光绪六年（1880 年）

五月，（宁夏银川）飞蝗蔽天，禾稼大损。 ··············《银川市志》

六月，（永宁）飞蝗蔽天，禾稼大损。 ················《永宁县志》

五月，大批飞蝗起自陇南飞往兰州。六月，又由兰州进入宁夏，使宁各县飞

蝗蔽天，受害严重。 ···························《中宁县志》

五月，宁夏飞蝗遮天蔽日。平罗蝗。 ················《平罗县志》

19. 清光绪七年（1881 年）

宁夏蝗灾。 ·······································《中国历代蝗患之记载》

四、四川省

（一）唐前时期蝗灾

1. 东汉永元四年（92 年）

四川蝗灾，害稼。 ································《中国历代蝗患之记载》

2. 东汉永元九年（97 年）

陇西①蝗。 ·······································《中国历代天灾人祸表》

（二）唐代（含五代十国）蝗灾

3. 唐贞观二十一年（647 年）

秋，渠州②蝗。 ···································《新唐书·五行志》

渠州蝗。 ·······································嘉庆《四川通志》

4. 唐永徽元年（650 年）

夔州③蝗。 ·······································嘉庆《四川通志》

5. 唐大中八年（854 年）

七月，剑南东川④蝗。 ·····························嘉庆《四川通志》

七月，东川蝗。 ··································道光《安岳县志》

---

① 陇西：旧郡名，辖区含今四川汉水上游以北地区。
② 渠州：旧州名，治所在今四川渠县。
③ 夔州：旧州、路、府名，治所在今重庆奉节。
④ 剑南东川：唐方镇名，治所在今四川三台。

6. 后晋天福五年（940 年）

夏，四川蝗。 ·································《中国历代蝗患之记载》

7. 后蜀广政四年（941 年）

夏四月，（后蜀）蝗。 ·························《十国春秋·后蜀本纪》

（三） 宋代蝗灾

8. 宋建隆二年　后蜀广政二十四年（961 年）

螟蝗见成都。 ·······························《十国春秋·后蜀本纪》

（四） 明代蝗灾

9. 明嘉靖二十年（1541 年）

夏，（遂宁）蝗害。 ································《遂宁县志》

（五） 清代蝗灾

10. 清康熙二十三年（1684 年）

六月，渠县有虫似蝗黑色、头锐、有翅足飞集，大害。 ····· 康熙《顺庆府志》

11. 清康熙二十五年（1686 年）

六月，渠县治内有虫似蝗，黑色、头锐、有翼。 ··········· 民国《渠县志》

12. 清咸丰七年（1857 年）

秋，飞蝗入（太平[①]）境。 ····················· 光绪《太平县志》

13. 清同治十三年（1874 年）

夏旱，（乐山）有蝗为灾。 ····················· 民国《乐山县志》

夏旱，（沙湾）有蝗为灾。 ·························《沙湾区志》

（六） 民国时期蝗灾

14. 民国七年（1918 年）

（芦山）旱、洪、蝗灾相续，庄稼歉收。 ···············《芦山县志》

15. 民国九年（1920 年）

（中江）邑大蝗，西北被灾尤甚。 ················· 民国《中江县志》

16. 民国十年（1921 年）

（三台）飞蝗损苗。 ························· 民国《三台县志》

（中江）邑大蝗，西北被灾尤甚。 ················· 民国《中江县志》

---

① 太平：旧县名，1914 年改为万源县，今四川万源市。

至秋，（芦山）旱洪、蝗涝灾害不断，粮食多无收成。 ……………《芦山县志》

17. 民国十八年（1929 年）

四川省 8 县蝗。 ……………《江苏省昆虫局十七、十八年年刊》

18. 民国二十四年（1935 年）

五月，（简阳）蝗虫食谷，田禾收成减半。 ……………《简阳县志》

五、台湾省

（一）清代蝗灾

1. 清光绪二十二年（1896 年）

台湾蝗。 ……………………………………………………………《中国的飞蝗》

2. 清光绪二十六年（1900 年）

台湾蝗。 ……………………………………………………………《中国的飞蝗》

3. 清光绪三十一年（1905 年）

台湾蝗。 ……………………………………………………………《中国的飞蝗》

（二）民国时期蝗灾

4. 民国三年（1914 年）

台湾蝗。 ……………………………………………………………《中国的飞蝗》

5. 民国十二年（1923 年）

台湾蝗。 ……………………………………………………………《中国的飞蝗》

6. 民国十四年（1925 年）

台湾蝗。 ……………………………………………………………《中国的飞蝗》

7. 民国三十五年（1946 年）

台湾蝗。 ……………………………………………………………《中国的飞蝗》

六、青海省

（一）唐前时期蝗灾

1. 后凉麟嘉二年（390 年）

且渠罗仇为西宁太守。往年蝗虫所到之处，产子地中，是月尽生，或一顷二
顷，覆地跳跃，宿昔变异。王乃躬临扑虫，幸扬川荡水北，大驾所到，蝗
寻除尽，是以麦苗损耗无几。 ……………《艺文类聚·灾异部·蝗》

（二）唐代（含五代十国）蝗灾

2. 唐贞观三年（629 年）

秋，廓州①蝗。 ·························《新唐书·五行志》

秋，廓州蝗灾。 ·························《海南州志》

3. 唐贞元元年（785 年）

夏，河湟②地区飞蝗蔽天，旬日不息，草木茎叶及畜毛皆尽，饥民蒸蝗虫为食。 ·····················《平安县志》

（三）民国时期蝗灾

4. 民国六年（1917 年）

五月，（贵德）蝗虫遍地，农作物茎叶大部吃光。 ·····《贵德县志》

5. 民国十九年（1930 年）

西宁蝗灾。 ·························《西宁市志》

都兰县蝗灾。 ···············《海西蒙古族藏族自治州志》

6. 民国三十二年（1943 年）

秋，（平安）蝗灾。 ·····················《平安县志》

7. 民国三十七年（1948 年）

秋，（湟中）蝗虫为害。 ·················《湟中县志》

七、吉林省

（一）宋代（含辽、金）蝗灾

1. 宋宣和六年（1124 年）

吉林蝗灾，食稼。 ···············《中国历代蝗患之记载》

（二）元代蝗灾

2. 元元统二年（1334 年）

六月，开元③水、旱、蝗，大饥，诏遣官赈之。 ···《元史·顺帝本纪》

---

① 廓州：旧州名，治所在今青海化隆西。
② 河湟：区域名，泛指今青海黄河与湟水之间广大区域。
③ 开元：元路名，治所在今吉林农安。

八、黑龙江省

清代蝗灾

1. 清乾隆二十八年（1763 年）

黑龙江呼兰及其邻县蝗灾，蝗群经呼兰沿着黑龙江向南去，令军队官兵灭蝗。

....《中国历代蝗患之记载》

2. 清乾隆三十八年（1773 年）

秋七月，齐齐哈尔蝗。.................................《清史稿·高宗本纪》

七月初九，齐齐哈尔城南发现蝗虫幼虫，官员率领兵丁捕灭。

....《齐齐哈尔市志·综合卷》

图书在版编目（CIP）数据

中国蝗灾发生防治史. 第三卷，分省蝗灾史志 / 朱恩林主编. —北京：中国农业出版社，2021.10
国家出版基金项目
ISBN 978-7-109-28324-4

Ⅰ.①中… Ⅱ.①朱… Ⅲ.①飞蝗－植物虫害－防治－历史－中国 Ⅳ.①S433.2

中国版本图书馆 CIP 数据核字（2021）第 108543 号

审图号：GS（2020）3705 号

中国蝗灾发生防治史　第三卷　分省蝗灾史志

ZHONGGUO HUANGZAI FASHENG FANGZHI SHI　DI-SAN JUAN
FEN SHENG HUANGZAI SHIZHI

中国农业出版社出版
地址：北京市朝阳区麦子店街 18 号楼
邮编：100125
责任编辑：孙鸣凤　姚　红　赵　刚　张　丽　邓琳琳　杨　春
文字编辑：王玉水　宫晓晨　李大旗　丁晓六　齐向丽　张　毓
版式设计：王　晨　杜　然　责任校对：刘丽香　责任印制：王　宏
印刷：北京通州皇家印刷厂
版次：2021 年 10 月第 1 版
印次：2021 年 10 月北京第 1 次印刷
发行：新华书店北京发行所
开本：787mm×1092mm　1/16
印张：59.25
字数：1125 千字
定价：680.00 元（全四卷）